U0221141

CAD/CAM/CAE 工程应用丛书

Mastercam X9 中文版完全自学一本通

钟日铭　等编著

机 械 工 业 出 版 社

本书从实用角度出发，介绍了 Mastercam X9 的应用。全书内容包括 Mastercam X9 入门基础、Mastercam 基本二维图形绘制、图形编辑与变换、图形尺寸标注、三维曲线与曲面设计、三维实体设计、数控加工基础、二维加工路径、三维曲面加工与线框加工、多轴加工路径、车削加工、线切割数控加工。本书结构严谨、内容丰富、条理清晰、实例典型、易学易用，注重实际应用性和技巧性，是一本很好的“一本通”类的学习宝典。

本书还附赠包含实用操作视频在内的网盘资源，方便实用，便于读者学习使用。

本书适合广大 Mastercam X9 初、中级用户和数控加工设计人员使用，同时也可用作各职业培训机构、高等院校相关专业的 CAD/CAM/CAE 课程的辅助教材。

图书在版编目（CIP）数据

Mastercam X9 中文版完全自学一本通 / 钟日铭等编著. —北京：机械工业出版社，2016.8（2022.7 重印）
（CAD/CAM/CAE 工程应用丛书）
ISBN 978-7-111-54909-3

Ⅰ. ①M… Ⅱ. ①钟… Ⅲ. ①计算机辅助制造—应用软件 Ⅳ. ①TP391.73

中国版本图书馆 CIP 数据核字（2016）第 227144 号

机械工业出版社（北京市百万庄大街 22 号　邮政编码 100037）
策划编辑：张淑谦　　责任编辑：张淑谦
责任校对：张艳霞　　责任印制：单爱军

北京虎彩文化传播有限公司印刷

2022 年 7 月第 1 版 · 第 8 次印刷
184mm×260mm · 35 印张 · 866 千字
标准书号：ISBN 978-7-111-54909-3
定价：99.00 元

电话服务
客服电话：010-88361066
010-88379833
010-68326294

网络服务
机 工 官 网：www.cmpbook.com
机 工 官 博：weibo.com/cmp1952
金 书 网：www.golden-book.com
机工教育服务网：www.cmpedu.com

出 版 说 明

随着信息技术在各领域的迅速渗透，CAD/CAM/CAE 技术已经得到了广泛的应用，从根本上改变了传统的设计、生产、组织模式，对推动现有企业的技术改造、带动整个产业结构的变革、发展新兴技术、促进经济增长都具有十分重要的意义。

CAD 在机械制造行业的应用最早，使用也最为广泛。目前其最主要的应用涉及机械、电子、建筑等工程领域。世界各大航空、航天及汽车等制造业巨头不但广泛采用 CAD/CAM/CAE 技术进行产品设计，而且投入大量的人力、物力及资金进行 CAD/CAM/CAE 软件的开发，以保持自己技术上的领先地位和国际市场上的优势。CAD 在工程中的应用，不但可以提高设计质量，缩短工程周期，还可以节约大量建设投资。

各行各业的工程技术人员也逐步认识到 CAD/CAM/CAE 技术在现代工程中的重要性，掌握其中的一种或几种软件的使用方法和技巧，已成为他们在竞争日益激烈的市场经济形势下生存和发展的必备技能之一。然而，仅仅知道简单的软件操作方法是远远不够的，只有将计算机技术和工程实际结合起来，才能真正达到通过现代的技术手段提高工程效益的目的。

基于这一考虑，机械工业出版社特别推出了这套主要面向相关行业工程技术人员的“CAD/CAM/CAE 工程应用丛书”。本丛书涉及 AutoCAD、Pro/ENGINEER、Creo、UG、SolidWorks、Mastercam、ANSYS 等软件在机械设计、性能分析、制造技术方面的应用，以及 AutoCAD 和天正建筑 CAD 软件在建筑和室内配景图、建筑施工图、室内装潢图、水暖、空调布线图、电路布线图以及建筑总图等方面的应用。

本套丛书立足于基本概念和操作，配以大量具有代表性的实例，并融入了作者丰富的实践经验，使得本丛书内容具有专业性强、操作性强、指导性强的特点，是一套真正具有实用价值的书籍。

机械工业出版社

前　言

Mastercam 是美国 CNC Software 公司研发的一款计算机辅助制造系统软件，它有效地将 CAD 和 CAM 两大功能整合在一起，广泛应用在机械、汽车、航空、造船、模具、电子和家电等领域，尤其在模具行业有很高的声誉。

本书从实用角度出发，充分考虑读者的学习规律，以 Mastercam X9 作为操作基础，结合典型操作实例辅助讲解 Mastercam X9 的基础设计功能及相关的数控加工技术、操作技巧等。本书引导读者循序渐进地掌握软件的基本用法和设计技能，并通过典型实例使读者加强实践能力。

一、本书内容及知识结构

本书共分 12 章，各章主要内容介绍如下。

- 第 1 章　介绍 Mastercam X9 入门基础知识，包括 Mastercam 软件简介、Mastercam X9 的启动与关闭、Mastercam X9 工作界面、Mastercam X9 文件管理基础、视图视角管理、系统配置、释放内存空间、Mastercam 图层管理、通用选择方法和串连方法等。
- 第 2 章　主要介绍如何使用 Mastercam X9 的二维图形绘制功能绘制各类基本的二维图形，包括点、直线、圆与圆弧、矩形、正多边形、椭圆、样条曲线、螺旋线、文字、圆周点、边界盒和一些特殊二维图形（如释放槽、楼梯状图形和门状图形）等。
- 第 3 章　介绍图形编辑与转换的实用知识，包括常用命令、倒圆角、倒角、转换图形和编辑图形等。
- 第 4 章　重点介绍图形尺寸标注的知识，具体内容包括图形标注概述、标注尺寸、快速标注、图形注释、图案填充（剖面线）、重建标注、多重编辑与设置标注等。
- 第 5 章　介绍的主要内容包括三维基础、创建预定义的基本曲面、常见曲面绘制、曲面编辑、曲面曲线的应用。
- 第 6 章　介绍三维实体设计方面的实用知识，具体内容包括创建预定义的基本实体、实体布尔运算、创建拉伸实体、创建旋转实体、创建扫描实体、创建举升实体、由曲面生成实体与薄片加厚、实体的一些编辑操作、实体管理器应用概述、查找实体特征等。
- 第 7 章　介绍数控加工基础知识，包括数控加工工艺概述、刀具设置、材料设置、机床群组属性的其他设置、刀路的操作管理（刀路模拟、加工模拟验证、锁定加工、关闭刀路、刀路后处理等）、刀路转换和刀路修剪等内容。
- 第 8 章　介绍二维加工路径的知识，包括二维加工路径的类型、面铣、标准挖槽加工、外形铣削、钻孔加工、雕刻、全圆铣削路径和二维高速刀路。
- 第 9 章　主要包括三维曲面加工概述、曲面粗切、曲面精修、线框加工和三维高速刀路等知识。
- 第 10 章　首先介绍多轴加工基础，接着结合范例重点介绍常用的几种多轴加工。

- 第 11 章 首先介绍车削加工的一些基础内容，接着结合软件功能、车削理论和范例来介绍粗车加工、精车加工、车端面、沟槽车、车螺纹、车床钻孔、切断车削、车床简式加工与切削循环等实用知识。
- 第 12 章 首先概述线切割数控加工，接着结合软件功能以范例形式来分别介绍外形线切割加工、无屑线切割加工和四轴线切割加工。

二、本书特点及阅读注意事项

本书内容全面，是一本知识容量较广的 Mastercam X9 学习用书，一册在手，学习无忧。书中附有大量的功能实例，能够使读者快速掌握软件功能和应用技能。

在阅读本书时，配合书中实例进行上机操作，学习效果更佳。

本书还附赠超值网盘资源，内含各章所需的素材源文件、一些参考模型文件和精选的实用操作视频文件（AVI 视频格式），以辅助读者学习。

三、技术支持及答疑

读者在阅读本书时遇到问题，可以通过 E-mail 方式与我们联系，作者的电子邮箱为 sunsheep79@163.com。另外，读者可通过设计梦网（www.dreamcax.com）技术论坛获取技术答疑并进行交流。

本书主要由钟日铭编著，参与编写的还有肖秋连、钟观龙、庞祖英、钟日梅、钟春雄、刘晓云、陈忠钰、周兴超、陈日仙、黄观秀、钟寿瑞、沈婷、钟周寿、曾婷婷、邹思文、肖钦、赵玉华、钟春桃、黄后标、劳国红、肖宝玉、肖世鹏、黄瑞珍和肖秋引。

书中难免有疏漏之处，望广大读者不吝赐教。

天道酬勤，熟能生巧，以此与读者共勉。

钟日铭

目　　录

第 1 章 Mastercam X9 入门基础

本章导读

本章首先对 Mastercam 软件进行简单介绍，然后介绍 Mastercam X9 的启动与关闭、Mastercam X9 工作界面、Mastercam X9 文件管理基础、视图视角管理、系统配置、释放内存空间、Mastercam 图层管理、通用选择方法和串连方法等基础知识。学好本章，将有助于读者更好地学习后面章节的应用知识。

1.1 Mastercam 软件简介

Mastercam 是一款计算机辅助制造系统软件，它有效地将 CAD 和 CAM 这两大功能整合在一起，成为目前十分流行的 CAD/CAM 系统软件，广泛应用于机械、汽车、航天航空、模具、电子、家电和五金等领域。

概括来说，Mastercam 具有的基本应用特点如表 1-1 所示。

表 1-1 Mastercam 的基本应用特点

序号	基本应用特点
1	Mastercam 具有强大的 CAD 功能，包括二维/三维图形设计、曲面造型、尺寸标注、动态旋转、图形阴影处理等功能
2	可以直接在系统上制图并转换成 NC 加工程序，也可以把其他绘图软件绘制好的有效图形通过一些标准的或特定的转换文件（如 DXF 文件、IGES 文件等）转换到 Mastercam 软件中，然后生成 NC 加工程序
3	具有强大的二维铣削加工、线架加工、三维曲面加工、多轴加工、车削加工、线切割加工、雕刻加工等数控加工功能
4	能够预先依据使用者定义的刀具、进给率、转速等，模拟刀具路径和计算加工时间，也可把 NC 加工程序（NC 代码）转换成刀具路径图
5	Mastercam 是一款以图形驱动的软件，其应用广泛，并且操作方便，同时它能提供适合目前国际上通用的各种数控系统的后处理程序文件，以便将刀具路径文件（NCI）转换成相应的 CNC 控制器上所使用的数控加工程序（NC 代码）
6	Mastercam 系统设有刀具库及材料库，能根据被加工工件材料及刀具规格尺寸自动确定进给率、转速等加工参数
7	把 CAD 造型与 CAM 加工刀具路径及数控代码程序的生成集成在一起，实现从零件外形设计到刀具材料选择、刀具路径生成、加工模拟、数控加工程序生成及输出，最后到数控加工设备加工完成的“一条龙”服务

Mastercam X9 是目前的较新版本。在应用 Mastercam X9 进行三维造型和数控加工等操作时，需要掌握以下基本概念。

（1）轮廓

轮廓是指一系列首尾相接的曲线的集合，通常通过串连方式来选定外形轮廓。在进行数控编程、交互指定待加工图形时，可以定义轮廓来界定被加工区域，此时要求指定的轮廓是闭合的；如果被加工的是轮廓本身，那么该轮廓可以是不闭合的。

（2）外轮廓、区域和岛

外轮廓是指一个可围成内部空间的外围闭合轮廓，其内部可以有岛，所谓的岛也是由闭合轮廓界定的，外轮廓和岛之间的部分称为区域。外轮廓、区域和岛这三者之间的关系如图 1-1 所示。注意，由外轮廓和岛共同指定要加工的区域，其外轮廓用来定义加工区域的外边界，而岛则用来屏蔽其内部不需要加工或需保护的部分。

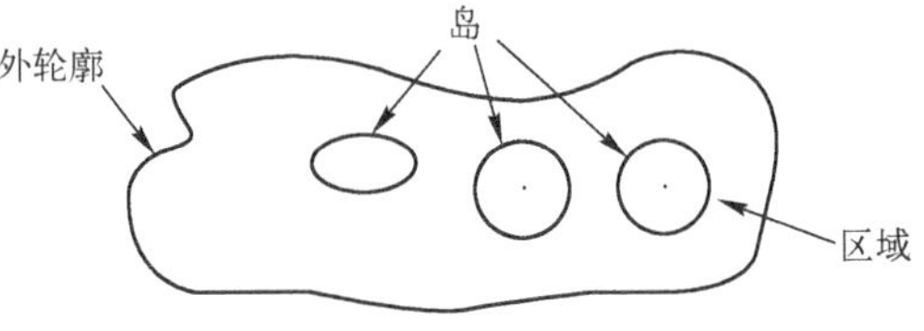

图 1-1　外轮廓、区域和岛三者之间的关系

（3）安全高度和起止高度

安全高度是指保证在此高度以上可快速走刀而不发生干涉的高度，其应该高于零件的最大高度。起止高度是指进退刀时刀具的起始和终止高度，其中，起止高度应大于安全高度。

（4）速度参数

在数控铣床等加工设备中，要了解和掌握一些速度参数，如主轴转速、进给（切削）速度、接近速度和退刀速度。主轴转速是切削时机床主轴转动的角速度；进给（切削）速度是正常切削时刀具行进的线速度，它主要根据被加工零件的加工精度、表面粗糙度要求，以及刀具、工件的材料性能、设备条件等因素来选取；接近速度又称进刀速度，它是指从安全高度切入工件前行进的线速度；退刀速度是刀具离开工件回到安全高度时刀具行进的线速度。而在安全高度以上，刀具是以 G00 行进的。

（5）数控机床的加工坐标系

数控机床的加工坐标系有机床坐标系和工件坐标系，这两种坐标系的建立都需要遵守“刀具相对于静止的工件而运动原则”和“标准坐标系均采用右手直角笛卡儿坐标系原则”。

在数控机床中，一般都有一个称为“机床原点”或“机床绝对原点”的基准位置，以这个由机床制造商设置的物理位置建立起来的坐标系为机床坐标系，在一般情况下不允许用户改动。机床坐标系的原点由机床制造商确定，它由回参考点（参考点的位置通常设在各轴的正向行程极限附近）操作建立，由于许多机床都将参考点和机床原点设置为同一个点，因此回参考点也称“回零”。

工件坐标系也常称为加工坐标系。在数控编程时，一般会选择工件上的某一个点作为程序原点，并以此原点作为坐标系的原点来建立一个新的工件坐标系。工件原点应该尽可能选择在工件工艺定位基准上，以更好地保证加工精度。一旦确定了工件原点，那么工件坐标系也就确定了。

Mastercam X9 可以根据零件的特征给出最适合的加工策略。在学习 Mastercam X9 设计的操作应用知识之前，读者应简单地了解一下 Mastercam X9 加工的基本流程。现代的数控编程一般是指基于 CAD 技术的交互式图像编程，具有速度快、精度高、直观性强、使用与修改快捷、检查方便等诸多优点。使用 Mastercam X9 的工作流程一般包括以下 3 个阶段。

1）“获得零件几何造型”阶段：在此阶段中，既可以使用 Mastercam 自身的 CAD 设计模块来设计好零件几何造型，也可以通过 Mastercam 软件系统提供的图形转换接口将其他 CAD 软件生成的图形转换成 Mastercam 的图形文件来完成。

2）“模拟加工”阶段：根据所需加工产品的几何形状确定加工方式，运用 Mastercam 系统提供的功能选择合适的刀具、材料和工艺参数等，并产生刀具路径和生成刀具的运行轨迹数据，可以进行加工模拟以检测进行中的错误并进行修正。

3）“生成数控加工程序并输出”阶段：这是一种后处理的过程。由于世界上有各种型号的数控系统，如西门子、法兰克、三菱等，它们的指令格式不完全相同，因此 Matercam 软件系统应针对某一特定的数控系统生成的数控加工程序才能完成数控加工，从而得到理想的产品。

1.2 Mastercam X9 的启动与退出

1.2.1 启动 Mastercam X9

在计算机中按照安装说明安装好 Mastercam X9 软件后，可以通过直接打开 Mastercam 类型（如 MCX 格式）文件的方式来启动 Mastercam X9 软件。

此外，用户还可以通过下述两种常用的方法启动 Mastercam X9 软件。

一、采用快捷方式

若设置了在计算机桌面上显示如图 1-2 所示的 Mastercam X9 快捷方式图标，则可以在计算机桌面上使用鼠标左键双击该快捷方式图标来启动 Mastercam X9 软件。

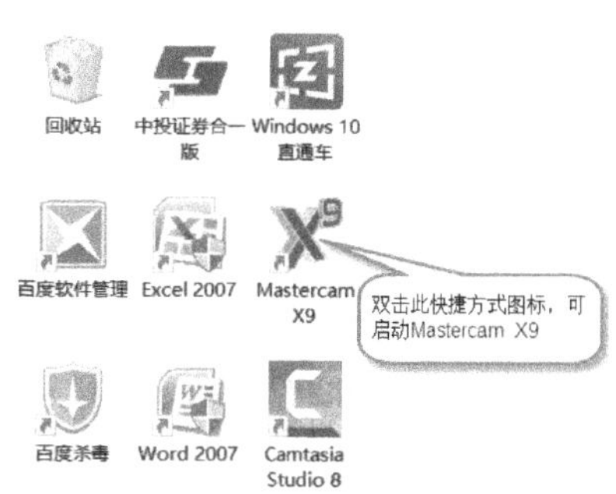

图 1-2　采用桌面快捷方式启动

二、采用“开始”菜单方式

以 Windows 10 操作系统为例，单击 Windows 10 操作系统的左下角的“开始”图标按钮，接着选择“所有应用”，再在程序列表中选择“Mastercam X9”程序组中的“Mastercam X9”命令，如图 1-3 所示，即可启动 Mastercam X9 软件。

图 1-3　采用“开始”菜单方式启动

1.2.2 退出 Mastercam X9

正常退出 Mastercam X9 软件的方法通常有以下 3 种。

方法 1：在菜单栏的“文件”菜单中选择“退出”命令，可退出此应用程序，同时可能会提示保存文件。

方法 2：在 Mastercam X9 工作界面的右上角单击“关闭”图标按钮×。

方法 3：按〈Alt+F4〉组合键。

1.3 初识 Mastercam X9 工作界面

Mastercam X9 的工作界面如图 1-4 所示，该工作界面由标题栏、菜单栏、相关工具栏、图形窗口（制图区域）、状态栏（包含功能状态栏）和操作管理器等组成。操作管理器包含了“刀路”选项卡、“实体”选项卡和“Art”选项卡，其中，“刀路”选项卡、“实体”选项卡分别用于刀具路径操作管理和实体操作管理。

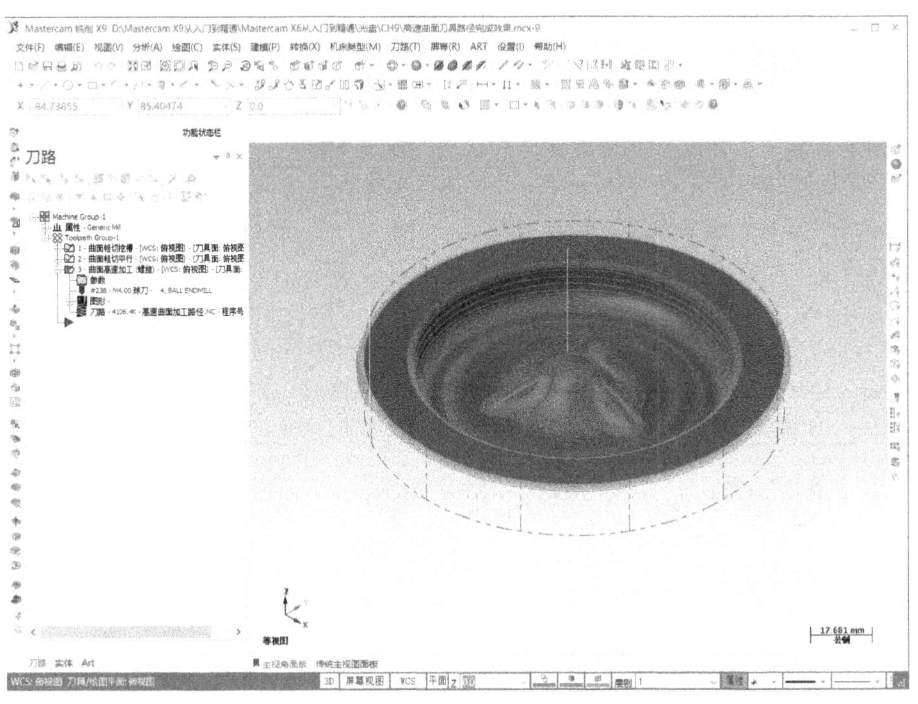

图 1-4　Mastercam X9 的工作界面

1.4 Mastercam X9 文件管理基础

Mastercam X9 的基本文件管理包括新建文件、打开文件、合并文件、编辑/打开外部文件、保存文件、另存文件、部分保存、项目管理、导入文件夹、导出文件夹、打印文件、打印预览和更改识别等。本节主要介绍其中一些常用的文件管理操作。

一、新建文件

要新建 Mastercam X9 文件，可在“文件”工具栏中单击“新建”图标按钮，或者从菜单栏中选择“文件”/“新建”命令，即可创建一个新绘图环境。

二、打开文件

要在 Mastercam X9 中打开有效的文件，可以执行下述操作之一。

- 在“文件”工具栏中单击“打开文件”图标按钮。
- 在菜单栏的“文件”菜单中选择“打开”命令。

执行上述一种操作后，系统弹出如图 1-5 所示的“打开”对话框，指定文件类型（可供选择的文件类型见图 1-6）和欲打开文件的文件名，然后单击“打开”按钮，便可打开所选择的文件。

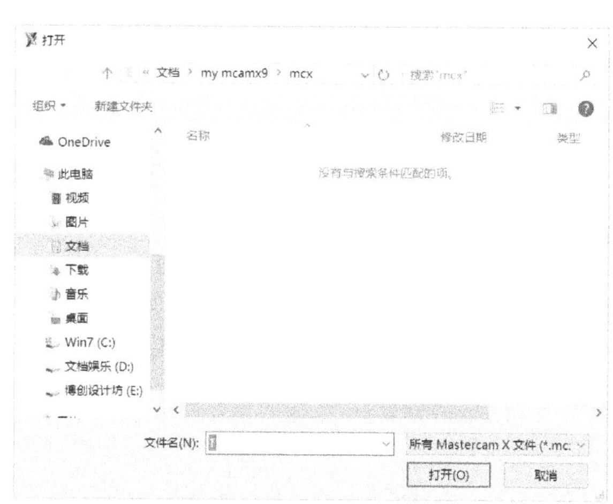

图 1-5 “打开”对话框

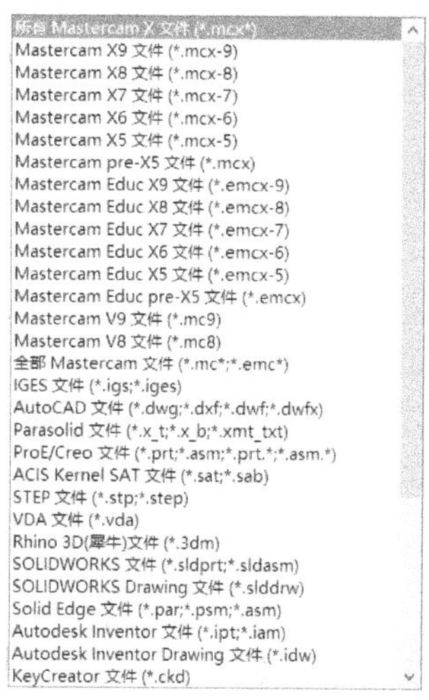

图 1-6 可供选择的文件类型

三、合并文件

使用“文件”菜单中的“合并文件”命令，可以单一合并 MCX 文件，也就是可以将多个图形文件合并到一个文件中。例如，在一个新 MCX 文件中，选择“合并文件”命令后，弹出“打开”对话框；接着在选定文件夹中指定文件名和文件类型，单击“打开”按钮，系统弹出如图 1-7 所示的“合并/模式”工具栏，利用该工具栏进行相关的操作可以完成两个文件的合并。

图 1-7 “合并/模式”工具栏

四、编辑/打开外部文件

使用“文件”菜单中的“编辑/打开外部”命令，可以打开并编辑现有的外部文件。

五、保存、另存文件与部分保存

用于文件保存的命令主要有“保存”“另存为”和“部分保存”。这 3 个命令位于菜单栏的“文件”菜单中。

- “保存”命令：该命令用于保存当前文件，对应的按钮为“保存”图标按钮。对于新文件，第一次执行“保存”命令时，将打开如图 1-8 所示的“另存为”对话框，指定文件要保存到的文件夹（目录路径），输入文件名和设置保存类型后单击“保存”按钮即可。对于某些在指定目录下设定的保存类型，用户还可以根据可用情况单击“另存为”对话框中额外提供的“选项”按钮来更改其输出的保存版本。例如，对于 Mastercam 设计 X9 文档，设置要保存的新目录并从“保存类型”下拉列表框中选择“AutoCAD DWG 文件（*.dwg）”，此时“另存为”对话框提供“选项”按钮，单击“选项”按钮，系统弹出如图 1-9 所示的“AutoCAD 写出参数”对话框，从“输出 AutoCAD 版本”下拉列表框中选择“2013-2016”“2010-2012”“2007-2009”“2004-2006”“2000-2002”“R14”“R13”或“R12”后单击“确定”图标按钮。

图 1-8 “另存为”对话框

知识点拨 完成初次保存后，以后再执行该“保存”命令，系统将不再弹出“另存为”对话框。

- “另存为”命令：该命令用于更换名称保存文件。在“文件”菜单中选择“另存为”命令，将弹出“另存为”对话框，可以在该对话框中指定要保存的位置，并设定新文件名和保存类型。
- “部分保存”命令：该命令用于为选取的图形（图素）另存到新文件。执行该命令，系统提示选择要保存的图形，选择所需要的图形（如图 1-10 所示的“标准选择”工具栏列出了可用的选择工具和选项），单击“标准选择”工具栏中的“结束选择”图标按钮，接着利用弹出的“另存为”对话框完成部分保存操作。

六、项目管理

在菜单栏的“文件”菜单中选择“项目管理”命令，系统弹出如图 1-11 所示的“项目文件管理”对话框。

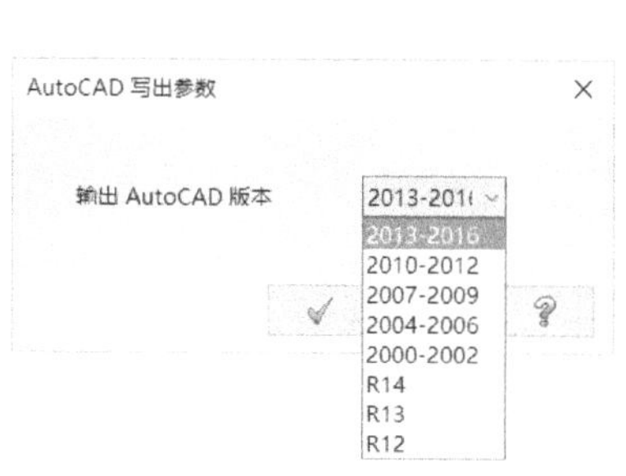

图 1-9 “AutoCAD 写出参数”对话框

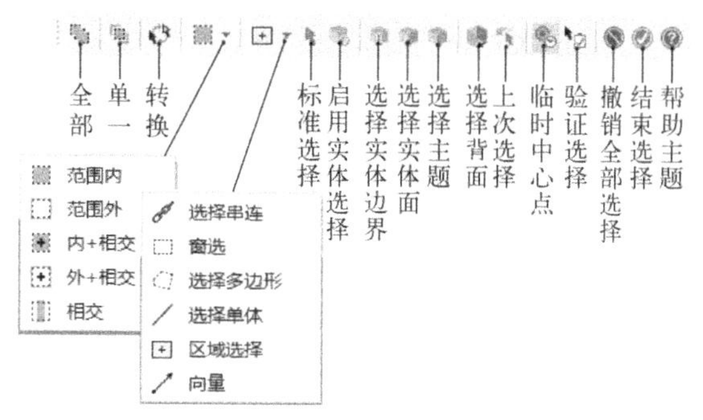

图 1-10 “标准选择”工具栏

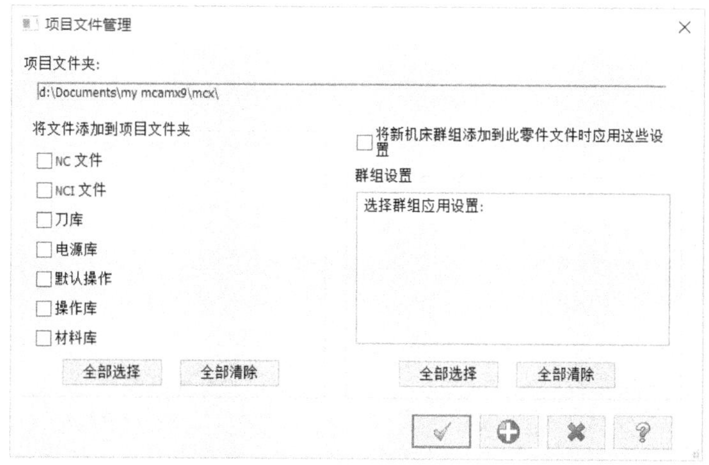

图 1-11 “项目文件管理”对话框

在“项目文件夹”文本框中显示了工程项目文件夹的目录路径，在“将文件添加到项目文件夹”选项组中可根据实际情况选择“NC 文件”“NCI 文件”“刀库”“电源库”“默认操作”“操作库”和“材料库”这几项中的一项或多项。若在“将文件添加到项目文件夹”选项组中单击“全部选择”按钮，则选中该选项组中的所有复选框，若单击该选项组中的“全部清除”按钮，则取消选中该选项组中的所有复选框。

如果需要，则可以选中“将新机床群组添加到此零件文件时应用这些设置”复选框。用户还可以进行群组设置。

单击“确定”图标按钮，完成项目管理设置并关闭对话框；单击“应用”图标按钮，则应用所设置的项目管理内容；单击“取消”图标按钮，则取消当前设置的项目管理内容并退出对话框。

七、导入文件夹与导出文件夹

为了便于图形文件管理和格式转换，可根据项目设计情况来设置输入目录和输出目录。

先介绍导入文件夹的操作。在菜单栏的“文件”菜单中选择“导入文件夹”命令，弹出如图 1-12 所示的“导入文件夹”对话框。利用该对话框，可设置导入文件的类型、源文件目录（从这个文件夹）和导入到的文件夹目录（到这个文件夹），还可以设置是否在子文件夹内查找。在设置源文件目录或导入到的文件夹目录时，可以单击相应的“浏览”图标按钮，弹出如图 1-13 所示的“浏览文件夹”对话框，从中选取一个新的目录或在指定目录下新建一个文件夹。

图 1-12 “导入文件夹”对话框

图 1-13 “浏览文件夹”对话框

导出文件夹的操作与导入文件夹的操作类似，这里不再赘述。

八、打印文件与打印预览

在菜单栏的“文件”菜单中选择“打印”命令，或者在“文件”工具栏中单击“打印”图标按钮，系统弹出如图 1-14 所示的“打印”对话框。利用该对话框，可以设置打印机属性、纸张方向、边缘参数、打印比例、线宽以及其他选项（如“颜色”“名称/日期”和“屏幕信息”等），并可以在“打印预览”框中预览将要打印的文件效果。

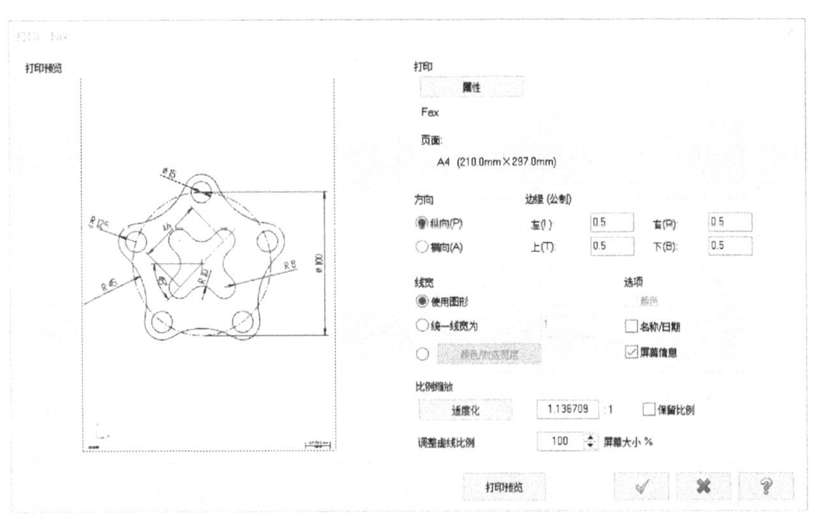

图 1-14 “打印”对话框

在“打印”对话框的“打印”选项组中，显示了当前打印机设置和纸张设置，如果要重置打印机属性，则可以在此“打印”选项组中单击“属性”按钮，接着在弹出的“打印设置”对话框中指定打印机名称、纸张大小、纸张来源和方向等，如图 1-15 所示，然后单击“确定”按钮。

图 1-15 “打印设置”对话框

设置好打印选项及参数后，可以在“打印”对话框中单击“打印预览”按钮，系统弹出如图 1-16 所示的打印预览窗口，如果对打印预览满意，可在该窗口中单击“打印”图标按钮，从而实施打印；如果在该窗口中单击“Close”（关闭）按钮，则关闭该预览窗口。

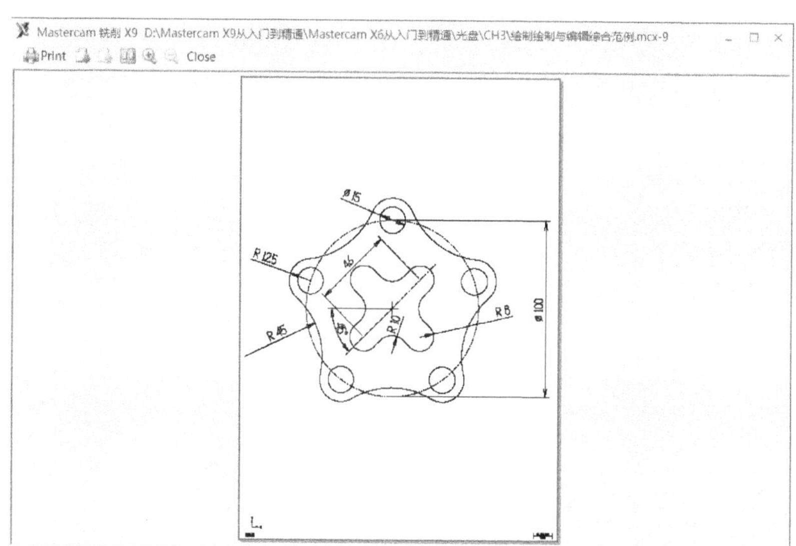

图 1-16 打印预览窗口

在“打印”对话框中单击“确定”图标按钮，则按照所设定的打印参数实施打印。另外，如果在“文件”工具栏中单击“打印预览”图标按钮，或者在菜单栏中选择“文件”/“打印预览”命令，也会弹出打印预览窗口，用户可从中预览默认设置的打印效果。

1.5 视图视角管理

用于视图视角管理的命令位于菜单栏的“视图”菜单中，如图 1-17 所示。下面介绍“视图”菜单中各主要命令的功能。

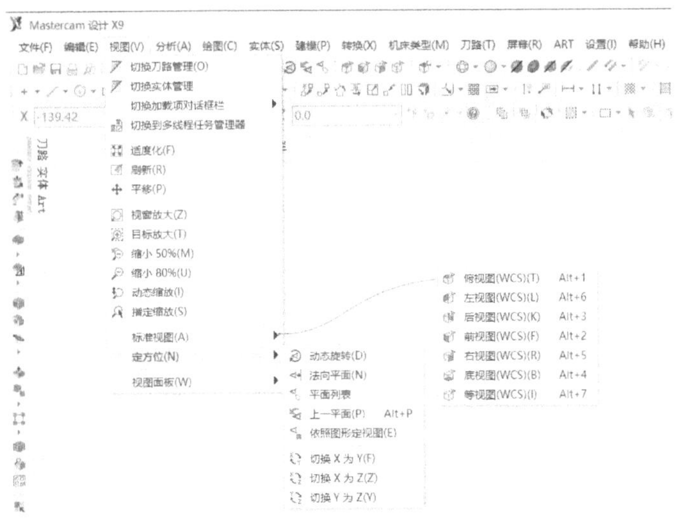

图 1-17 “视图”菜单

（1）“切换刀路管理”命令与“切换实体管理”命令

这两个命令用于切换相应的操作管理器，前者用于切换刀路管理器，后者用于切换实体管理器。这两个操作管理器位于图形窗口的左侧区域，如图 1-18 所示。在操作管理器处于显示状态时，用户亦可通过操作管理器下方的“刀路”选项卡和“实体”选项卡来对所需操作管理器进行切换。如果单击“自动隐藏”图标按钮，则可以自动隐藏操作管理器窗口而只留下一个竖排的小标题栏，如图 1-19 所示，绘图窗口将获得更大的空间；在这种情况下要打开某操作管理器窗口，只需将鼠标移动到该竖排小标题栏的相应标题名称处即可自动打开相应操作管理器窗口，而当将鼠标移到操作管理器之外的有效区域时，系统将自动隐藏操作管理器窗口。

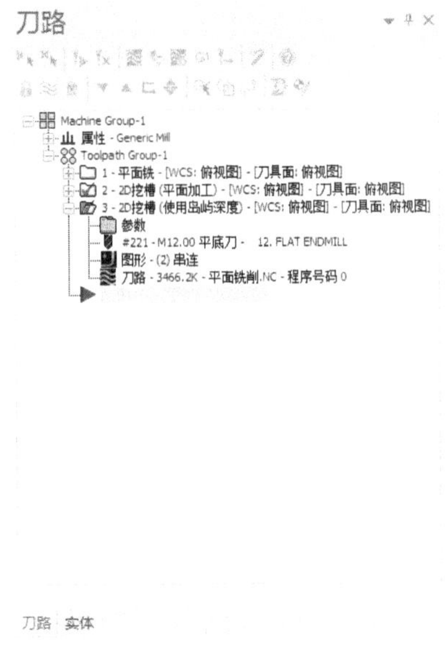

图 1-18 操作管理器

图 1-19 自动隐藏了操作管理器状态

（2）“切换到多线程任务管理器”命令

该命令用于切换到多线程任务管理器。

（3）“适度化”命令

选择该命令，可以将屏幕窗口（图形窗口）中的图形以适合的方式全部显示在屏幕窗口中。该命令的组合快捷键为〈Alt+F1〉。

（4）“刷新”命令

该命令用于刷新屏幕。

（5）“平移”命令

该命令用于平移显示视图。选择该命令后，将鼠标指针置于屏幕窗口内，按住鼠标左键并拖动鼠标，可随意平移显示视图。

（6）“视窗放大”命令

选择该命令时，系统提示“指定窗口缩放”，此时可在图形窗口中指定一个窗口用于图形显示缩放。该命令的快捷键为〈F1〉。

（7）“目标放大”命令

选择该命令时，系统提示“选择指定缩放”，在图形窗口中指定一点，接着系统提示“选择窗口的第二个角度”，拖动十字光标出现一个以虚线显示的矩形框，在合适位置处单击即可确定目标显示缩放。该命令的组合快捷键为〈Ctrl+F1〉。

（8）“缩小 50%”命令

该命令用于将前一个视图缩小 50%，其快捷键为〈F2〉。

（9）“缩小 80%”命令

选择该命令，屏幕中的图形将以缩小至 80%的方式进行显示。该命令的组合快捷键为〈Alt+F2〉。

（10）“动态缩放”命令

选择该命令，需要指定一点，接着移动十字光标可实现图形显示的动态缩放，再次单击鼠标左键可结束动态缩放操作。

（11）“指定缩放”命令

该命令用于缩放显示已选择的物体。

（12）“标准视图”命令

选择该命令，则打开其级联菜单，从中可选择一个标准视图选项，包括“俯视图”“左视图”“后视图”“前视图”“右视图”“底视图”和“等视图”。

（13）“定方位”命令

选择该命令，打开其级联菜单，从中可以选择以下选项之一进行定方位操作。

- “动态旋转”：用于动态旋转屏幕图素。执行该命令，需要选择一点以开始动态旋转，单击鼠标左键可结束动态旋转操作。
- “法向平面”：用于以法向视角显示。执行该命令，需要选择法线和定义新视角方向。
- “平面列表”（指定视角）：选择该命令，系统弹出如图 1-20 所示的“选择平面”对话框，该对话框的列表中列出了定义好的平面或视角名称，从中选择所需一个平面或视角名称，并可设置新的原点（视图坐标）；然后单击“确定”图标按钮 ✓ ，即可用指定的平面或视角显示图形（模型）。

● “上一平面”（前一视角）：用于返回到前一个平面或视角。

● “依照图形定视图”：选择该命令，系统提示“依照图形设置绘图平面，选择图形”，选择一个满足要求的图素，弹出如图 1-21 所示的“选择平面”对话框，使用“上一个视角”图标按钮 和“下一个视角”图标按钮 来选择平面/视角，最后单击“确定”图标按钮 ，即可以以定义的平面/视角来显示图形。

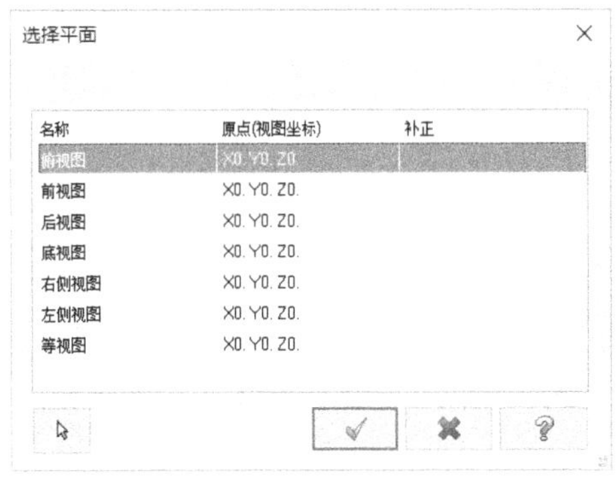

图 1-20 “选择平面”对话框

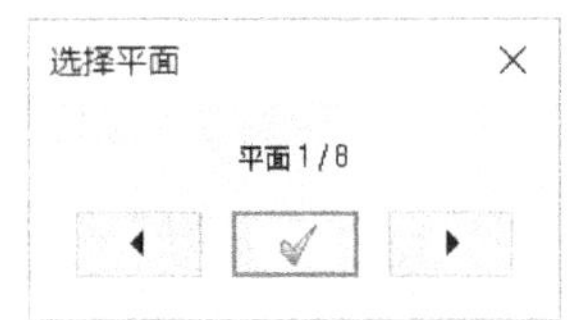

图 1-21 “选择平面”对话框

● “切换 X 为 Y”：用于切换 x 轴为 y 轴。

● “切换 X 为 Z”：用于切换 x 轴为 z 轴。

● “切换 Y 为 Z”：用于切换 y 轴为 z 轴。

Mastercam X9 还为用户提供了包含常用视角操作工具的“视角管理”工具栏。用户可以在“视角管理”工具栏中选择所需的视角操作工具，如图 1-22 所示，也可以从“视图”菜单中选择对应的视角操作命令。

另外，在图形窗口中按住鼠标中键并拖动十字光标可以快速翻转图形来显示；而直接滚动鼠标中键滚轮，则可以即时且快速地缩放显示图形；按住鼠标中键和〈Shift〉键的同时在图形窗口中移动十字光标可以平移显示图形。

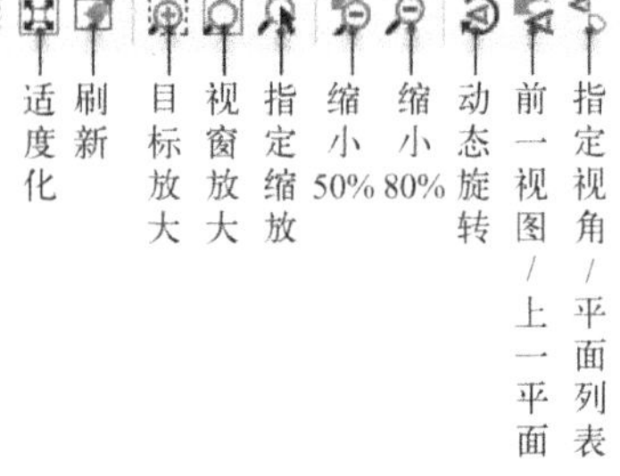

图 1-22 “视角管理”工具栏

1.6 系统配置

Mastercam X9 系统配置的内容主要包括“CAD 设置”“标注与注释”“传输”“串连选项”“打印”“刀路”“刀路管理”“刀路模拟”“分析”“公差”“加工报表”“默认后处理”“默认机床”“屏幕”“启动/退出”“实体”“文件”“文件转换（实体转换）”“线切割模拟”“旋转控制”“颜色”和“着色”。

若要更改默认的系统配置，则可以在菜单栏的“设置”菜单中选择“系统配置”选项，打开如图 1-23 所示的“系统配置”对话框。在“系统配置”对话框中，根据设计需要来对相应的配置项进行设置，注意该对话框中以下图标按钮的功能用途。

● “确定”图标按钮 ：单击此按钮，确定所设置的系统配置内容，并关闭“系统配置”对话框。

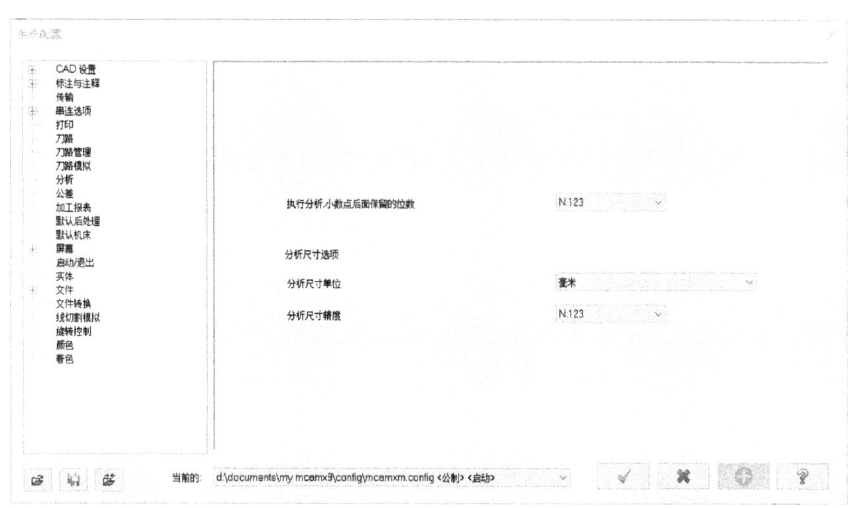

图 1-23 “系统配置”对话框

- “取消”图标按钮 ：单击此按钮，取消所更改的系统配置，并关闭“系统配置”对话框。
- “应用”图标按钮 ：单击此按钮，应用所设置的系统配置。
- “打开”图标按钮 ：用于打开已有的系统配置文件（如“*.config”）。
- “另存为”图标按钮 ：用于将更改的系统配置另存为指定名称的文件，其文件保存类型为“Mastercam 配置文件（*.config）”。建议用户事先将原始的系统默认设置文件另存为一个文件进行备份，以避免误操作后无法恢复的意外现象。
- “合并”图标按钮 ：用于合并系统配置文件。

一、CAD 设置

在“系统配置”对话框左侧的列表框中选择“CAD 设置”选项，则“系统配置”对话框右框区域出现如图 1-24 所示的选项内容，从中设置 CAD 方面的相关选项及其参数。

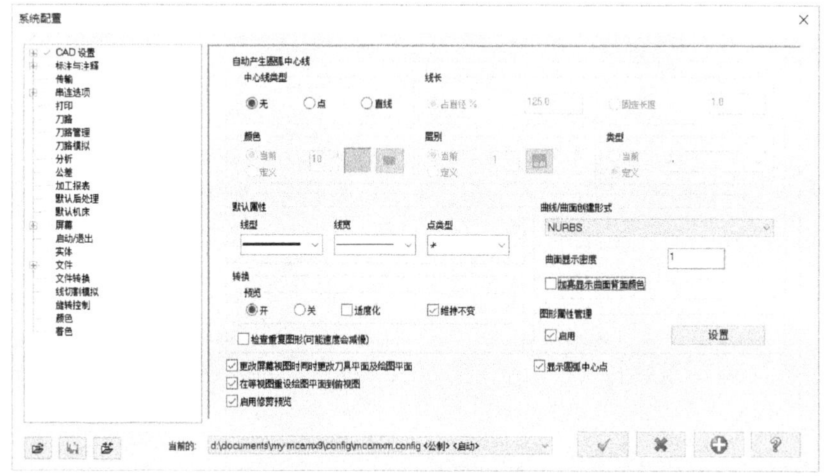

图 1-24 CAD 设置

（1）自动产生圆弧中心线

“自动产生圆弧中心线”选项组可以设置“中心线类型（形式）”“线长”“颜色”“层别”和“类型”。在“中心线类型”选项组中提供了 3 个单选按钮，即“无”“点”和“直线”。当选择“无”单选按钮时，表示在绘制圆弧时不自动产生中心线，此时，相应的“线长”“颜色”“层别”和“类型”配置内容不可用；当选择“点”单选按钮时，可设置相应的“颜色”和“层别”内容；当选择“直线”单选按钮时，表示在绘制圆弧时自动生成中心线，此时可设置它的颜色、线长、层别和类型。

（2）默认属性

在“默认属性”选项组中可设置图素的线型、线宽和点类型。

（3）转换选项

在“转换”选项组中，可以设置是否检查重复的图素，以及设置使用转换命令编辑图素时预览功能的开与关等。

（4）曲线/曲面创建形式

在“曲线/曲面创建形式”下拉列表框中可以设定曲线/曲面的创建形式，可供选择的曲线/曲面创建形式选项有“参数式”、“NURBS”、“曲线生成（假如不允许则为参数式）”和“曲线生成（假如不允许则为 NURBS）”。

在“曲面显示密度”文本框中可通过输入有效数值设置曲面用线框显示时的密度，有效数值的范围为 0～15（包含 0 和 15）。

通过“加亮显示曲面背面颜色”复选框可以设置加亮显示曲面背面的颜色。

（5）图形属性管理

如果需要，可以在“图形属性管理”选项组中选中“启用”复选框，此时可单击“设置”按钮，打开如图 1-25 所示的“图形属性管理”对话框，在该对话框中进行相关图素的属性管理操作。

图 1-25 “图形属性管理”对话框

（6）其他复选框

其他复选框包括“更改屏幕视图时同时更改刀具平面及绘图平面”“显示圆弧中心点”“在等视图重设绘图平面到俯视图”和“启用修剪预览”，可进行相应设置。

二、颜色设置

在“系统配置”对话框左侧的列表框中选择“颜色”选项，可以设置如图 1-26 所示的系统颜色配置内容。例如，要将绘图工作区域的背景颜色设置为白色，则在对话框相关的列表框中选择“背景颜色（渐变起始）”，接着在右侧的颜色图标列表中选择白色图标，然后单击“应用”图标按钮 ，并在弹出的询问对话框中单击“是”按钮以保存当前所有设置到配置文件，同样，还需要确保背景颜色（渐变结束）也为白色。

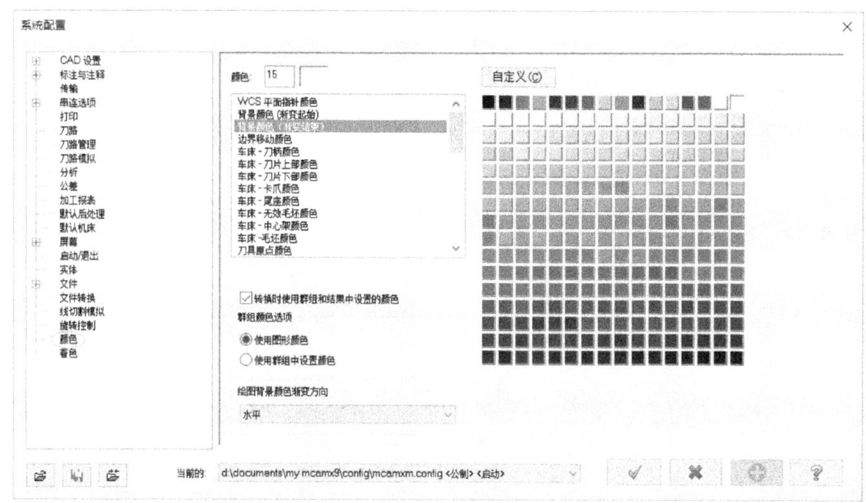

图 1-26　颜色的设置

三、传输设置

在“系统配置”对话框左侧的列表框中选择“传输”选项，切换到“传输”选项设置区，从中可设置如图 1-27 所示的传输选项。

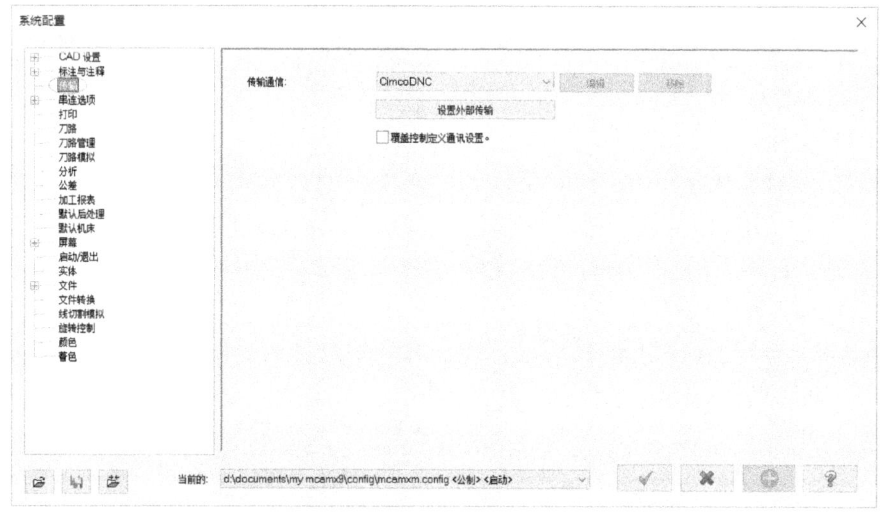

图 1-27　传输设置

四、文件（实体）转换设置

在“系统配置”对话框左侧的列表框中选择“文件转换”选项，切换到“文件转换”选项设置区，如图 1-28 所示，从中可以设置以下主要内容。

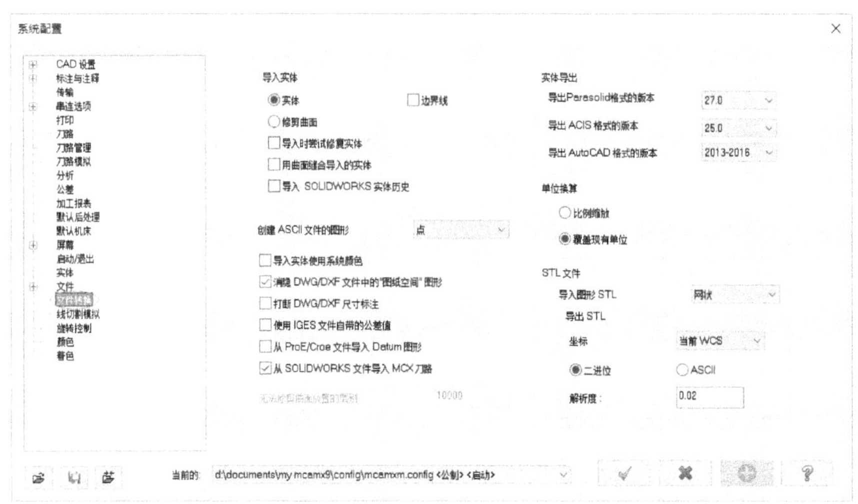

图 1-28　文件转换设置

（1）导入实体

“导入实体”选项组用于设置其他软件生成的图形输入 Mastercam 时如何初始化，以及所使用的修补技术。

（2）实体导出

“实体导出”选项组用于设置实体导出的相应格式版本号。

（3）创建 ASCⅡ文件的图形

“创建 ASCⅡ文件的图形”下拉列表框用于设置创建 ASCⅡ文件时使用的图形，如点、直线或曲线。

（4）单位换算

在“单位换算”选项组中，可以选择“比例缩放”单选按钮或“覆盖现有单位”单选按钮来设置单位换算方式。

（5）STL 文件

在“STL 文件”选项组中，可以设置“导入图形 STL”选项为“网状”或“线性”，可以设置导出 STL 时使用的坐标类型等，如选择“二进位”单选按钮或“ASCⅡ”单选按钮，并可根据实际需要设定使用“世界坐标”或“当前 WCS”，以及定制解析度（分辨率）。

（6）其他实体转换选项

“消隐 DWG/DXF 文件中的‘图纸空间’图形”复选框可以设置是否消隐 DWG/DXF 文件内的“图纸空间”图形；“打断 DWG/DXF 尺寸标注”复选框可以设置是否打断 DWG/DXF 尺寸标注；“使用 IGES 文件自带的公差值”复选框可以设置是否使用 IGES 文件自带的公差值；“从 ProE/Croe 文件导入 Datum 图形”复选框可以设置是否从 ProE/Croe 文件输入数据图素；“导入实体使用系统颜色”复选框可以设置在导入实体时是否使用系统颜色。

五、文件设置

在“系统配置”对话框左侧的列表框中选择“文件”选项，切换到“文件设置”选项设置区，此时可以设定开始运行时默认的调用文件、格式、数据路径和文件的一些其他参数等，如图 1-29 所示。

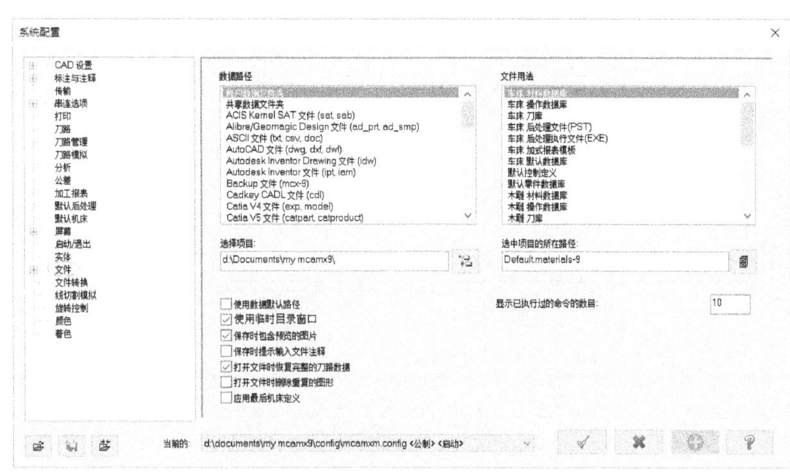

图 1-29 文件设置

如果在“系统配置”对话框中，选择“文件”节点下的“自动保存/备份”选项，可以设置启用文件的自动保存功能，如设置每隔 30 分钟自动保存一次（“保存时间选项设置”为 30 分钟），如图 1-30 所示。

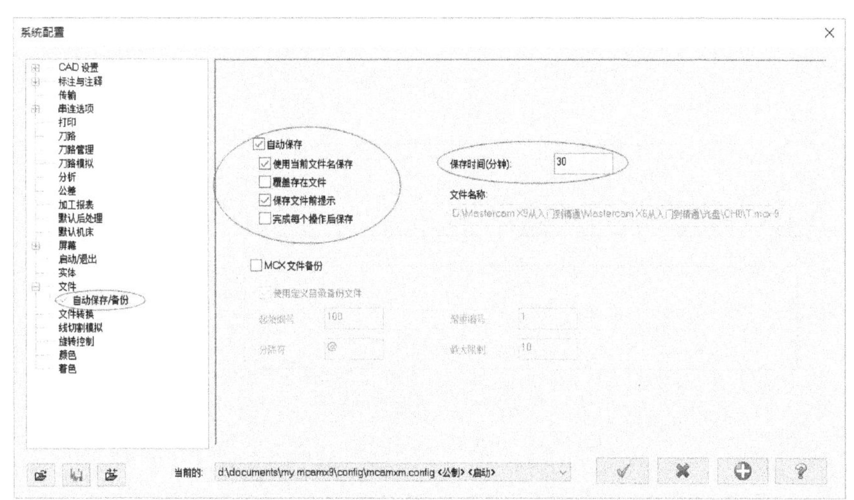

图 1-30 设置自动保存/备份

六、屏幕设置

要进行屏幕设置，可在“系统配置”对话框的左侧列表框中单击“屏幕”选项，接着在右侧选项区域根据需要设置动态旋转时显示图形数量、刀路错误信息显示到的位置、MRU 选项、鼠标中键/鼠标轮的功能、仅线切割有效的设置选项和图层对话框的显示等，如图 1-31

所示。通常采用默认的屏幕设置即可。

图 1-31　屏幕设置

如果要进行网格设置，则可以在“系统配置”对话框的左侧列表框中展开“屏幕”选项节点，单击“屏幕”选项节点下的“网格设置”选项，然后可以在右侧的“网格”选项组中设置启用网格和显示网格，并可设置相应的间距、原点和抓取时的方式选项，如图 1-32 所示。另外，使用同样的方法还可以设置视图面板的配置选项。

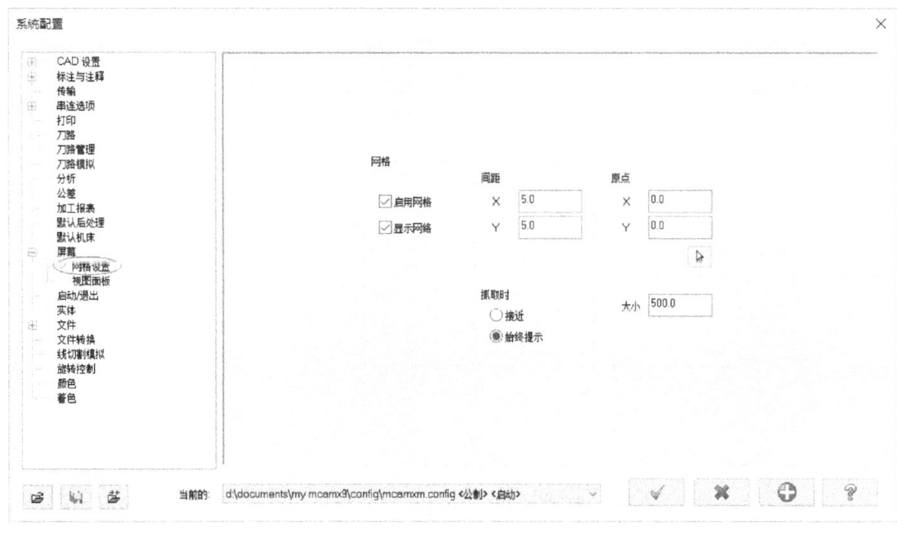

图 1-32　网格设置

七、着色设置

在“系统配置”对话框的左侧列表框中选择“着色”选项，可以设置图形颜色方式（原始图形颜色、选择颜色或材质）、颜色参数、实体颜色参数和灯光模式，如图 1-33 所示。着色设置的相关内容如下。

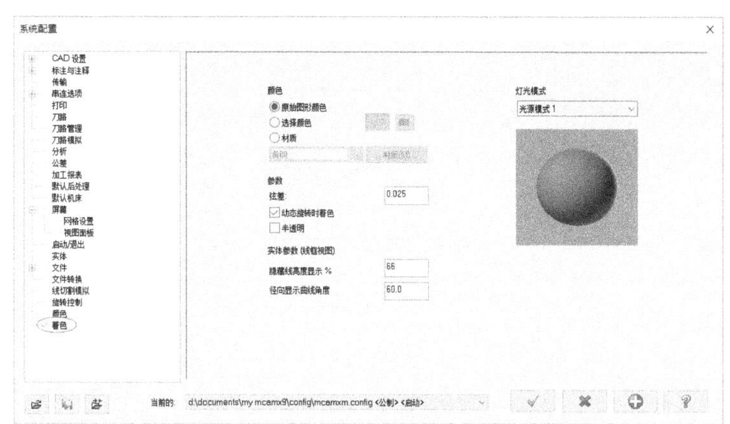

图 1-33　着色设置

（1）颜色

在“颜色”选项组中提供以下 3 个单选按钮。

- “原始图形颜色”：用于设置曲面和实体着色的颜色与其原始图形颜色相同。
- “选择颜色”：用于设置所有曲面和实体以所选的颜色进行着色显示。
- “材质”：用于设置模型以指定的材质来进行着色显示。选择此单选按钮，则可以从可用的如图 1-34 所示的“材质”下拉列表框中选择其中一个材质选项，如选择“黄铜”。如果在选择“材质”单选按钮后单击“材质”按钮，则打开如图 1-35 所示的“材质”对话框，从中可选择所需的材质，或者新建材质和编辑材质，还可以删除选定的材质。

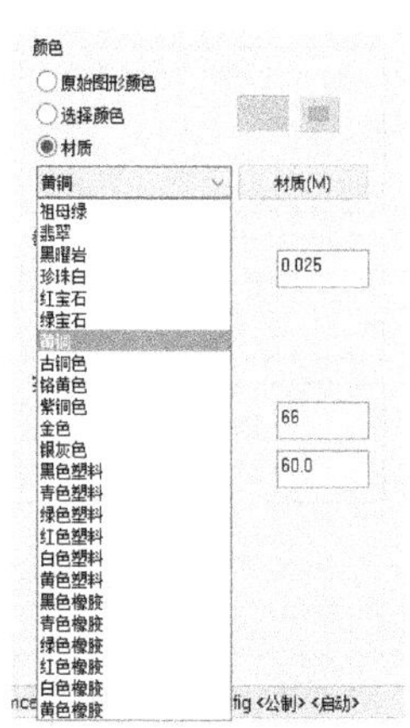

图 1-34　选择材质

图 1-35　“材质”对话框

（2）参数

在“参数”选项组中可以设置“弦差”参数值，以及设置是否启用动态旋转时着色和是否半透明化。

（3）实体着色参数

在“实体参数（线框视图）”选项组中需要设置以下两个参数。

- “隐藏线亮度显示%”：用于定义实体隐藏线的显示亮度。

- “径向显示曲线角度”：用于输入实体径向显示线之间的角度。

（4）灯光模式

在“灯光模式”选项组中，可以从一个下拉列表框中选择“光源模式 1”“光源模式 2”“光源模式 3”或“光源模式 4”，并可预览所选光源模式的缩略图效果。

八、打印设置

在“系统配置”对话框的左侧列表框中单击“打印”选项，可以设置系统打印参数，包括线宽、打印选项和虚线比例等，如图 1-36 所示。系统打印相关参数的设置及功能简述如下。

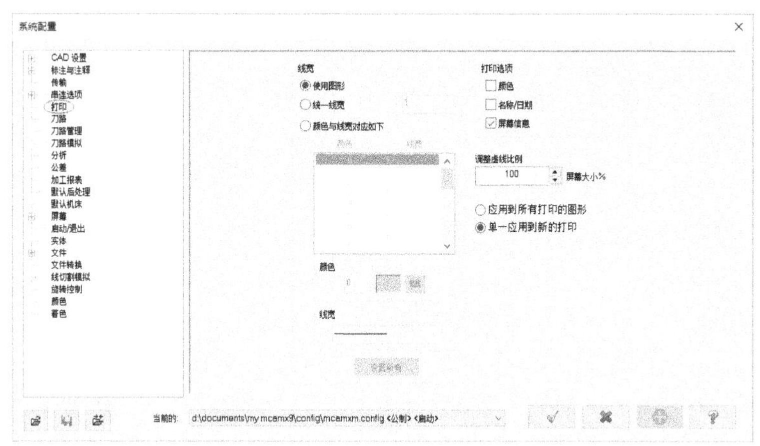

图 1-36　打印设置

（1）线宽

在“线宽”选项组中，可以选择“使用图形”单选按钮、“统一线宽”单选按钮或“颜色与线宽对应如下”单选按钮，从而相应地定制打印的线宽。

- “使用图形”：选择此单选按钮，可以以几何图形本身的线宽来实施打印。
- “统一线宽”：选择此单选按钮，可在右侧的文本框中输入所需要的打印线宽，则系统以设定的统一线宽实施打印。
- “颜色与线宽对应如下”：选择此单选按钮，可在其列表框中对几何图形的颜色和线宽进行相应设置。

（2）打印选项

在“打印选项”选项组中提供了 3 个复选框供用户选择，包括“颜色”复选框、“名称/日期”复选框和“屏幕信息”复选框，它们分别用于彩色打印、打印名称/日期、打印屏幕信息。

（3）调整虚线比例

用于设置虚线比例的大小。

（4）“应用到所有打印的图形”与“单一应用到新的打印”

用于确定将打印设置应用到所有打印的图形还是单一应用到新的打印。

九、实体设置

在“系统配置”对话框的左侧列表框中单击“实体”选项，可以设置关于实体操作方面的参数，如图 1-37 所示，包括设置将新的实体操作加在最后的刀具路径之前、在实体管理器中使用高亮显示模式，还可以设置曲面转为实体的相关配置等。

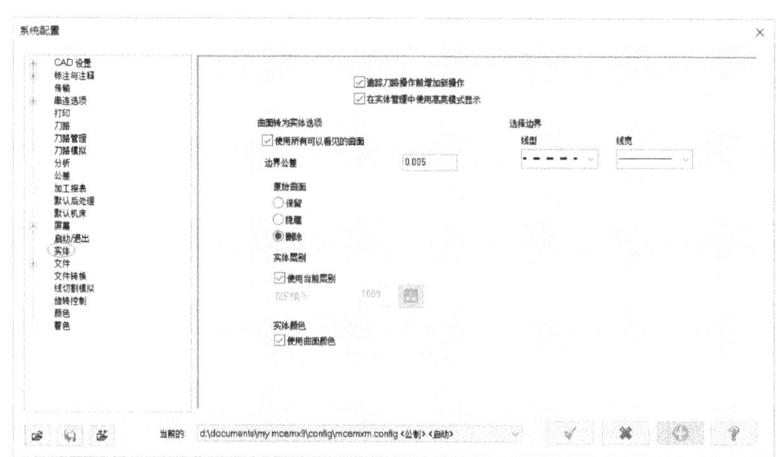

图 1-37　实体设置

对于普通的设计者，建议采用系统默认的实体设置。

十、启动/退出设置

在“系统配置”对话框的左侧列表框中单击“启动/退出”选项，如图 1-38 所示，可以对启动设置参数、编辑器、当前配置单位、附加的应用程序、撤销和默认 MCX 文件名进行配置。例如，在“启动设置”选项组的“系统设置”下拉列表框中可以设置系统启动时自动调入的单位制（公制或英制）。

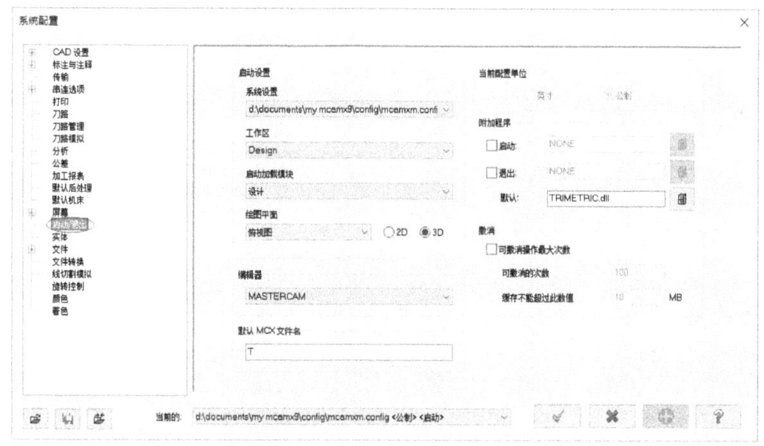

图 1-38　启动/退出设置

十一、公差设置

在“系统配置”对话框的左侧列表框中单击“公差”选项，如图 1-39 所示，此时可以进行公差设置，所谓的公差设置是指设定 Mastercam 在进行某些具体操作时的精度。可以设置的公差内容包括系统公差、串连公差、平面串连公差、最短圆弧长、曲线最小步进距离、曲线最大步进距离、曲线弦差、曲面最大公差和刀路公差。

十二、刀具路径设置

在“系统配置”对话框的左侧列表框中单击“刀路”选项，如图 1-40 所示，此时可以设置刀具路径方面的选项及其参数，包括刀具路径的曲面选取方案、在创建路径时启用在点上的变更、标准设置、加工报表程序、删除记录文件和缓存。

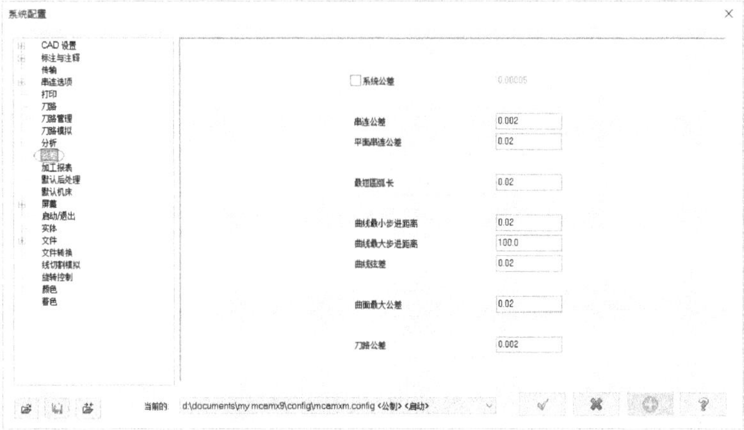

图 1-39　公差设置

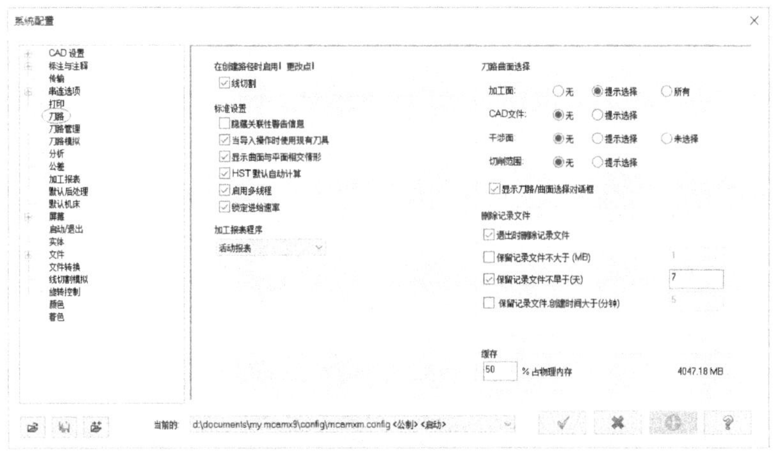

图 1-40　刀具路径设置

十三、其他设置

在“系统配置”对话框中，还可以进行其他方面的设置，如分析、串连选项、默认机床、标注与注释、默认后处理、刀路管理和线切割模拟等。这些设置的相关内容将在本书的后续章节中介绍。

1.7　释放内存空间

在某些设计场合可能需要释放内存空间。释放内存空间的操作很简单，即在“设置”菜单中选择“释放内存空间”命令，弹出如图 1-41 所示的“Mastercam 文件 RAM-Saver”对话框，根据系统的提示信息，单击“是”或“否”按钮来决定是否完成释放内存空间的操作。

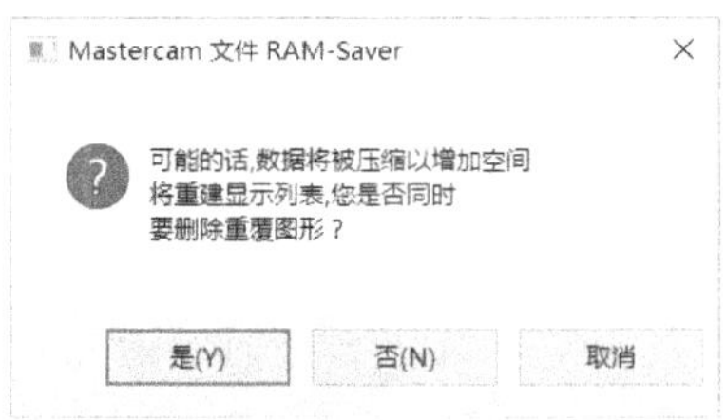

图 1-41　MCX 文件内存节省器

1.8 Mastercam 图层管理

许多设计软件都有“图层”这个重要的概念，Mastercam X9 也不例外。Mastercam X9 提供的图层是一个重要的工具，用户可以使用它来组织和管理图形，例如在设计中将图素、刀具路径和尺寸标注等内容放在不同的图层中，以便控制各类设计内容的可见性等。使用图层工具还可以很方便地修改某一个图层的图素属性，而不会影响到其他图层。

在如图 1-42 所示的操作栏中单击“层别”按钮，弹出如图 1-43 所示的“层别管理”对话框（也称“层别管理器”）。利用“层别管理”对话框可以查看图形文件中相关的图层属性（如“号码”（编号）、“高亮”“名称”“图形数量”和“层别设置”），也可以新建图层、设置主层别（当前层）、定制层别列表和设置层别显示等。

图 1-42　操作栏

图 1-43　“层别管理”对话框

一、新建图层与设置主层别（当前层）

在“层别管理”对话框的“主层别”选项组中，在“层别号码”文本框中输入一个新层号，并在“层别名称”文本框中输入新图层的名称，然后按〈Enter〉键便指定了一个新图层。例如，可以指定一个新图层专门用来绘制轮廓线，指定另一个新图层来专门放置作为辅助线的中心线等。

在制图时，需要注意哪个图层处于主层别（当前层），所谓的主层别是指当前用于操作的图层，用户当前所创建的图素都将被放置在当前层中。

在 Mastercam X9 设置当前层的方法比较简单，也比较灵活。用户可以采用以下方法来设置当前层。

- 在“层别管理”对话框的图层列表中，单击图层编号后单击“确定”图标按钮 ✓，便可将该层设置为当前层。
- 在“层别管理”对话框的“主层别”选项组中，在“层别号码”文本框中重新输入要作为当前层的编号，然后按〈Enter〉键即可。也可以在“主层别”选项组中单击“选择”图标按钮 ，接着在图形窗口中选择所需的图素，则该图素所在的图层被设置为当前图层。

- 在如图 1-44 所示的“层别”列表框中选择或输入要作为当前层的层号，则该层便被快速地设置为当前图层。

“层别管理”对话框的“主层别”选项组中还提供“设置主层别为箭头”复选框，以及在“层别显示”选项组中提供“始终显示主层别”和“只显示主层别”两个复选框，后两个复选框分别用于设置始终显示主层别、只显示主层别，如图 1-45 所示。

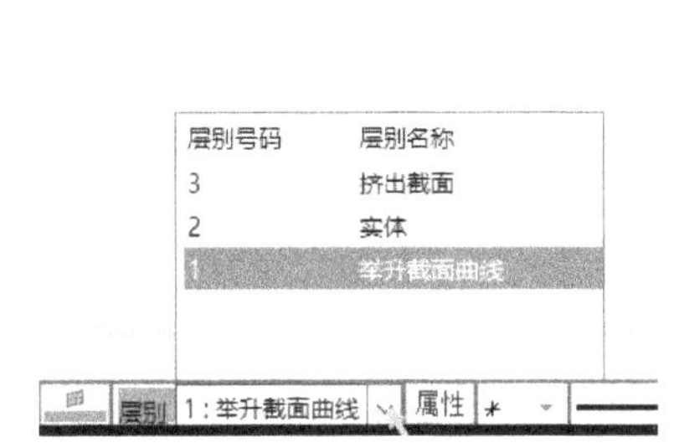

图 1-44　快速指定当前层

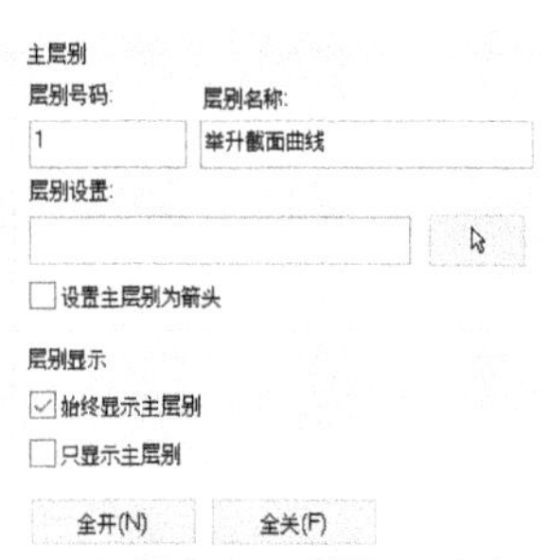

图 1-45　“主层别”和“层别显示”选项组

二、定制层别列表

在“层别管理”对话框中，可以利用“层别列表”选项组中的选项（可供选择的选项有“已使用”、“已命名”、“已使用或已命名”和“范围”）来设置哪些图层将显示在该对话框的层别列表中。例如，在“层别列表”选项组中选择“范围”单选按钮，层别范围次序设置为 1～8，如图 1-46 所示。

图 1-46　定制层别列表

三、设置层别显示

在某些场合下为了便于设计，可以将某些图层隐藏起来。隐藏图层实际上是指将该图层中的元素设置为不可见。

在“层别管理”对话框的图层列表中，单击指定图层的“高亮”单元格，可以设置该图层在显示状态和隐藏状态之间切换，但要注意“始终显示主层别”复选框和“只显示主层别”复选框对主层别（当前层）高亮突出显示的限制影响。

在“层别管理”对话框的“层别显示”选项组中，单击“全开”按钮，可以设置打开全部图层的“显示开关”；单击“全关”按钮，则可关闭全部图层的“显示开关”，当前层的限制设置除外。

1.9 通用选择方法

在设计工作中会经常对图形对象进行选择操作，Mastercam X9为用户提供了灵活丰富的图素选择方法。用户既可以根据实际情况采用单击、窗口选择等方法来选择所需图素，也可以根据图素的图层、颜色、线型等多种属性来选择图素。

在使用某些创建工具或编辑工具时，可能会用到如图 1-47 所示的“标准选择”工具栏，系统会根据执行任务的要求激活此工具栏中的一些图标按钮。

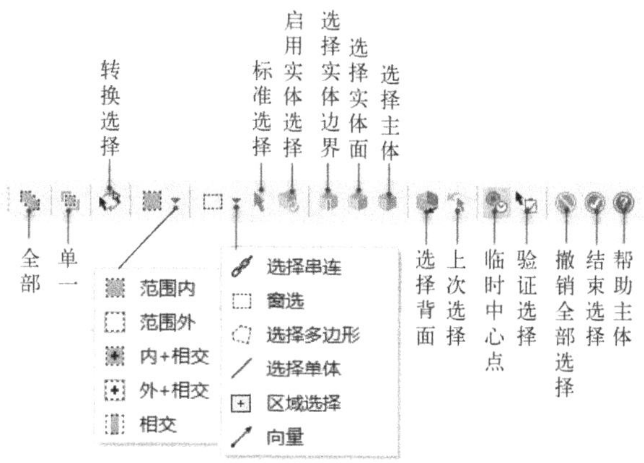

图 1-47 “标准选择”工具栏

下面主要介绍 6 种选择方法，见表 1-2，而其他选择方式则很容易从图标按钮的字面含义上理解和掌握。

表 1-2 6 种选择方法

序号	选择方法	图标	功能含义/说明	备 注
1	选择串连		用于选取一系列串连在一起的图素	只要选择这些图素中的任意一条，系统便根据拓扑关系自动搜索并选中相连的所有图素
2	窗选		在图形窗口中使用矩形框选（或矩形窗选）的方式来选择图素，可以指定不同的窗选设置	视窗内：完全处于窗口内的图素被选中 视窗外：完全处于窗口外的图素才被选中 范围内：处于窗口内且与窗口相交的图素被选中 范围外：处于窗口外且与窗口相交的图素被选中 交点：只与窗口相交的图素被选中
3	选择多边形		指定多边形区域来选择对象	该方法与窗选类似，可使用与窗选一样的设置，包括“视窗内”“视窗外”“范围内”“范围外”和“交点”
4	选择单体		单击图素（对象）即选中该图素（对象）	该选择方法是最常用的选择方法之一

（续）

序号	选择方法	图标	功能含义/说明	备　注
5	区域选择（范围）	⊞	选择封闭范围内的对象	范围选择方法是在封闭区域内单击一点，则选中包围指定点的封闭区域内的所有图素，包括封闭边界
6	向量	↗	可在绘图区连续指定数点，系统在这些点之间按照顺序建立矢量，那么与该矢量相交的图素被选中	该方法使用较少

1.10　串连方法

在前面的介绍中曾涉及“串连”这个术语，本节将对“串连”进行详细介绍。串连是一种选择对象的典型方式，常使用该方法来选择一系列连接在一起的图素。在执行修改、转换图形或生成刀具路径等过程中选择图素时会使用串连。串连主要分为开放式串连和封闭式串连两种。

- 开放式串连：起始点和终止点不重合，如圆弧、直线和不闭合的样条曲线等。
- 封闭式串连：起始点和终止点重合，如圆、椭圆和矩形等。

在串连图形时，必须特别注意图形的串连方向。例如，串连方向在规划刀具路径上是很重要的，它代表刀具切削的行走方向，并作为刀具补偿（补正偏移方向）的依据。串连图素的串连方向以一个箭头标识，并且以串连起点为基础。

在 Mastercam X9 中执行某些命令（如“刀路”/“2D 挖槽”命令等）后，会打开如图 1-48 所示的“串连选项”对话框，结合使用该对话框中的相关选项及按钮可以在图形窗口（绘图区）中选择所需的串连图素。如果在如图 1-48 所示的“串连选项”对话框的标题行中单击“展开”图标按钮，则该对话框可以显示更多的选项，如图 1-49 所示，此时若单击“收起”图标按钮，则返回原先的对话框显示状态。

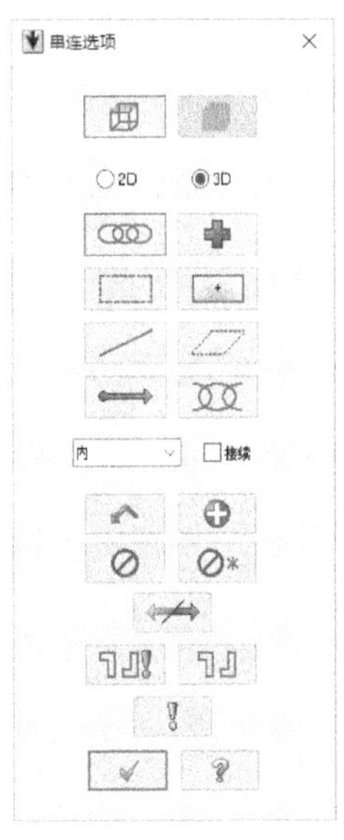

图 1-48 “串连选项”对话框

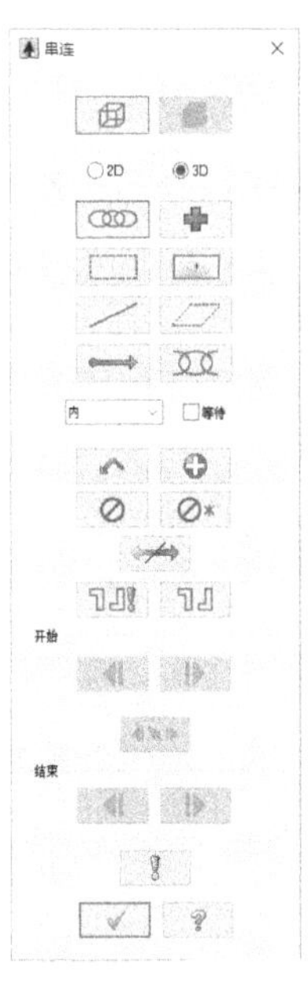

图 1-49　展开的“串连”对话框

下面介绍“串连选项”对话框中主要选项的功能，见表 1-3。

表 1-3 “串连选项”对话框的选项功能

序　号	主要选项或按钮	操作或功能说明
1	○2D　◉3D	选择“2D”或“3D”单选按钮，可以指定范围
2	（串连）	为默认项，通过选择线链中的任意一个图素来定义串连，如果该线链的某一个交点是由 3 个或 3 个以上的线条相交而成，则系统会无法判断往哪个方向搜寻，此时系统会在分支处出现一个箭头符号，提示用户指明串连方向，在这种情况下用户可根据需要选择合适的分支点附近的线条来确定串连方向
3	（单点）	选择单一点作为构成串连的图素
4	（窗选）	使用鼠标框选封闭范围内的图素构成串连图素，注意系统通过窗口的第一个角点来设置串连方向
5	（区域）	在边界区域内单击一点，可以自动选取范围内的图素作为串连图素
6	（单体）	选择单一图素作为串连图素
7	（多边形）	指定一个闭合多边形来选择串连，这与窗口选择串连的方法比较相似
8	（向量）	与向量围栏相交的图素被选中可以构成串连
9	（部分串连）	指定一个开放式串连，可以将其看做是由整个串连的一部分图素串连而成，需要先选择图素的起点，再选择图素的终点
10	内	用于设置窗口、多边形或区域选择，有 5 种设置选项：①“内”，表示选择窗口、多边形或区域内的所有图素；②“内+相交”，表示选择窗口、区域或多边形内以及与窗口、区域或多边形相交的所有图素；③“相交”，表示仅选择与窗口、区域或多边形边界相交的图素；④“外+相交”，表示选择窗口、区域或多边形外以及与窗口、区域或多边形边界相交的所有图素；⑤“外”，表示选取窗口、区域或多边形外的所有图素
11	□接续　（“接续”复选框）	用于设置是否接续
12	（选择上次）	用于选择上次
13	（结束串连）	用于结束选择
14	（撤销选取）	用于撤销当前的串连选择
15	（撤销全部）	用于撤销所有串连
16	（反向）	用于更改串连的方向
17	（串连特征选项）	用于设置串连特征选项，单击此图标按钮，弹出“串连特征”对话框
18	（串连特征）	用于定义串连特征
19	（选项）	用于设置串连的相关参数
20	（确定）	确定定义的串连图素
21	（帮助）	查看串连选项的帮助文档

如果在“串连选项”对话框中单击“选项”图标按钮，则打开如图 1-50 所示的“串连选项”对话框，从中可以设置串连的相关参数，包括串连的限定选项、封闭式串连、开放式串连、嵌套式串连、图形对应模式、串连公差、平面公差及其他。对于初学者，建议采用系统默认设置的串连参数即可。设置好串连的相关参数后，单击“确定”图标按钮，返回到如前面图 1-48 所示的“串连选项”对话框或如图 1-49 所示的“串连”对话框。

另外，用户可以在菜单栏的“设置”菜单中选择“系统配置”命令，弹出“系统配置”对话框，并切换到“串连选项”主题选项区域，如图 1-51 所示，可以设置串连的限定选项、默认串连模式、封闭式串连方向、开放式串连、嵌套式串连、标准限定选项、仅线切割有效的设置，以及与串连相关的其他配置等。建议初学者使用默认的串连设置。

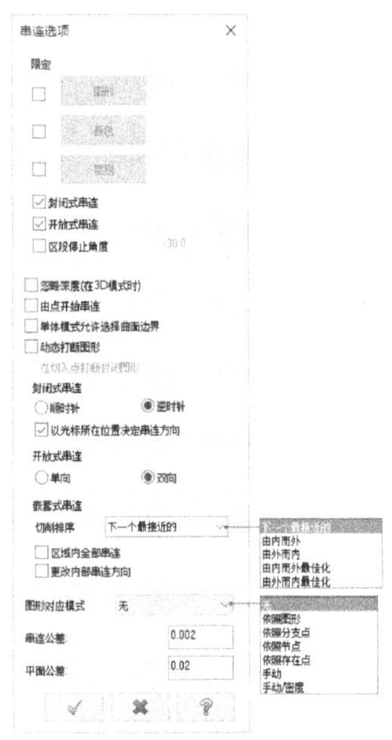

图 1-50　用于设置串连参数的“串连选项”对话框

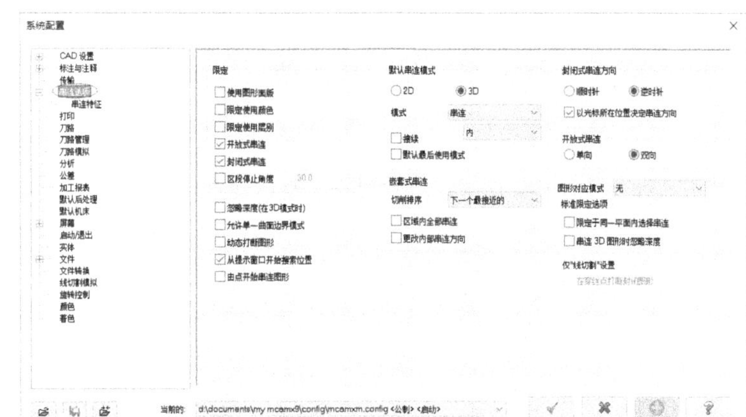

图 1-51　通过“系统配置”对话框进行串连选项设置

第 2 章 二维图形绘制

本章导读

二维图形绘制是 Mastercam X9 三维造型和数控加工最重要的基础之一。很多设计效果的完成都离不开二维图形绘制。要在实际设计中获得较高的设计效率和设计质量，必须熟练掌握二维图形绘制的方法和技巧。

Mastercam X9 提供了十分强大的二维图形绘制功能。本章将主要介绍如何使用 Mastercam X9 的二维图形绘制功能绘制各类基本的二维图形，包括点、直线、圆与圆弧、矩形、正多边形、椭圆、样条曲线、螺旋线、文字、圆周点、边界盒和一些特殊二维图形（如释放槽、楼梯状图形和门状图形）等。

2.1 二维图形绘制命令

Mastercam X9 为用户提供了实用而强大的二维图形绘制和编辑功能，包括绘制点、直线、圆弧（包含圆）、圆角、倒角、曲线、矩形、多边形、椭圆、螺旋线、文字、边界盒、释放槽、楼梯状图形和门状图形等。绘制基本二维图形的命令主要集中在如图 2-1 所示的“绘图”菜单中，而一些常用基本二维图形绘制命令的映射工具按钮集中在如图 2-2 所示的“基础绘图”工具栏中。用户既可以从“绘图”菜单中选择所需的绘制命令，也可以在“基础绘图”工具栏中单击相应的绘制工具按钮（如果有的话）执行相应的命令，通过这两种方式进行绘图的工作效果是一样的。

在“基础绘图”工具栏中，若单击某绘图工具按钮右侧的“下拉三角形”图标按钮▾，则会打开其相应的按钮列表，如图 2-3 所示，接着从该按钮列表中选择所需的按钮来执行相应的绘制操作。

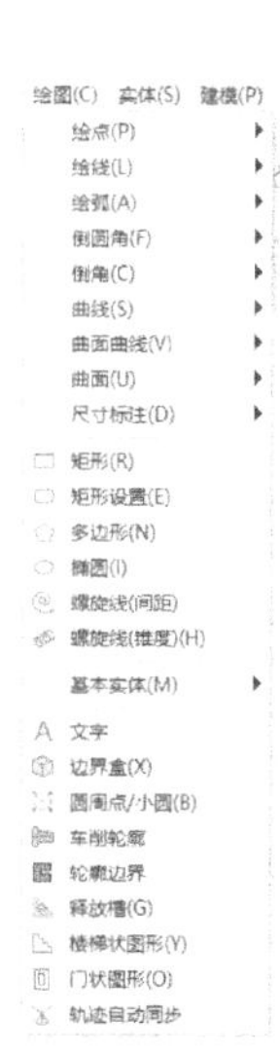

图 2-1 “绘图”菜单

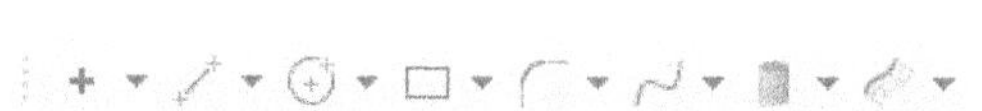

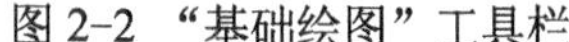

图 2-2 “基础绘图”工具栏

图 2-3 在“基础绘图”工具栏中打开按钮列表

2.2 绘制点

可以将点视为最基础的图素，任何线条都可以看成是由无数个点构成的。绘制的点通常用于为其他图素提供定位参考。

Mastercam X9 为用户提供了多种绘制点的实用方法，这些方法的启动命令位于“绘图”/“绘点”级联菜单中，如图 2-4 所示，包括“绘点”“动态绘点”“曲线节点”“等分点”“端点”“小圆心点”“穿线点”（螺旋点）和“切点”命令。

图 2-4 “绘点”级联菜单

2.2.1 在指定位置绘点

用户可以在某一个指定位置处创建点，该位置可以是端点、中点、交点、圆心点和最近点等。

在“绘图”/“绘点”级联菜单中选择“绘点”命令，或者在“基础绘图”工具栏中单击“绘点”图标按钮＋，此时“自动抓点”工具栏中的相关工具处于可用状态，如图 2-5 所示。用户可以根据实际设计情况执行以下方法之一来绘制所需的点。

X -741.33191 Y -272.36575 Z 0.0

图 2-5 “自动抓点”工具栏

- 直接在绘图区的任意位置处单击，则在该单击位置创建一个新点。
- 在“自动抓点”工具栏的“X”“Y”和“Z”文本框中输入相应的坐标值，确认后即在坐标（x，y，z）处创建一个新点。
- 在“自动抓点”工具栏中单击“快速绘点”图标按钮，接着在出现的文本框中输入要创建新点的位置坐标，输入格式为“x，y，z”。例如，输入“30，42，-17”，如图 2-6 所示，然后按〈Enter〉键。

图 2-6 快速输入点的坐标

- 结合捕捉功能并使用鼠标在已有图形中捕捉点来创建一个新点。

Mastercam X9 提供了两种典型的点捕捉方式，即自动捕捉和设定捕捉。若要配置自动捕捉，则在“自动抓点”工具栏中单击“配置”图标按钮，弹出如图 2-7 所示的“自动抓点设置”对话框，从中设置光标自动捕捉点的相关配置，然后单击“确定”图标按钮。设定捕捉的优先级比自动捕捉的优先级要高，但设定捕捉每次只能捕捉指定的一类点，当完成设定捕捉操作后，自动捕捉功能会恢复。在“自动抓点”工具栏中单击图标按钮，将打开用于设定捕捉操作的按钮列表，如图 2-8 所示，从中选择所需的点捕捉按钮，然后使用鼠标在绘图区捕捉对象的特征点来创建点。例如，选择“中点”命令图标按钮并在绘图区单击一条已有线段，则捕捉该线段的中点来创建一个新点。

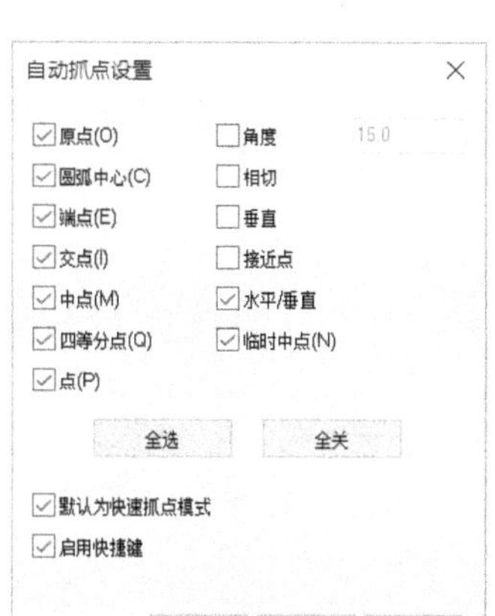

图 2-7 “自动抓点设置”对话框

图 2-8 选择用于设定捕捉的按钮

在绘制一个新点后，位置点的绘制命令并没有自动结束，此时用户可以继续绘制其他的位置点。要结束点绘制命令，可在如图 2-9 所示的“点”操作栏中单击“确定”图标按钮。注意，该操作栏中的图标按钮用于编辑点。

图 2-9 “点”操作栏

2.2.2 动态绘点

动态绘点是指在某已知图素（如直线、圆弧等）或实体面上绘制点。使用该方式绘制的点常称为“动态点”。下面介绍动态绘点的操作步骤。

1 在菜单栏中选择“绘图”/“绘点”/“动态绘点”命令，或者在“基础绘图”工具栏中单击“动态绘点”图标按钮。

2 系统提示“选择直线、圆弧、曲线或实体面”。在绘图区选择已存在的某一个图形，移动所选图形上产生的箭头光标并单击鼠标左键，即可在所选图素上绘制一点。用户也可以在如图 2-10 所示的“动态绘点”操作栏的“距离”文本框中输入相应的距离值，按〈Enter〉键并按“应用”图标按钮即可精确地在所选图形上绘制一点。

图 2-10 “动态绘点”操作栏

3 可以继续在所选图形上绘制新点。

4 如果想在所选图形的指定偏置距离上绘制动态点，那么需在“动态绘点”操作栏的“补正/偏置”文本框中输入偏置距离值。

5 在“动态绘点”操作栏中单击“确定”图标按钮。

选定一条曲线绘制动态点的示例如图 2-11 所示，在该示例中，绘制两个位于指定曲线上的动态点和一个偏置的动态点。

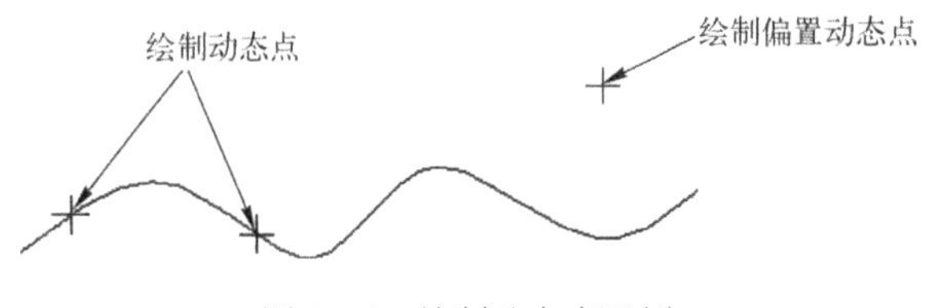

图 2-11　绘制动态点示例

2.2.3 绘制曲线节点

绘制曲线节点是指绘制控制曲线形状的节点。绘制曲线节点的一般操作步骤如下。

1 在菜单栏中选择“绘图”/“绘点”/“曲线节点”命令，或者在“基础绘图”工具栏中单击“曲线节点”图标按钮。

2 系统提示“请选择曲线”，在绘图区选择一条曲线，如选择如图 2-12 所示的一条曲线，则绘制的曲线节点如图 2-13 所示。

图 2-12　选择一条曲线

图 2-13　绘制的曲线节点

2.2.4 绘制等分点

绘制等分点是指在一个图素上通过设置距离值或等分点个数来绘制一系列的点。绘制等分点的一般方法及步骤如下。

1 在菜单栏中选择“绘图”/“绘点”/“等分点”命令，或者在“基础绘图”工具栏中单击“等分点”图标按钮。

2 在绘图区选择一个图形，系统出现“输入数量、间距或选择新图形”提示信息。

3 在如图 2-14 所示的“等分绘点”操作栏中，激活“间距”图标按钮，输入等分的间距值；或者单击激活“次数”图标按钮，输入等分点的个数。

图 2-14　“等分绘点”操作栏

4 设置相应的参数后，按〈Enter〉键或者在“等分绘点”操作栏中单击“应用”图标按钮及“确定”图标按钮。

绘制等分点的示例如图 2-15 所示。需要注意的是，当采用设定等分距离来创建等分点时，系统以接近图形选择点的端点（近端点）作为测量的起始点。

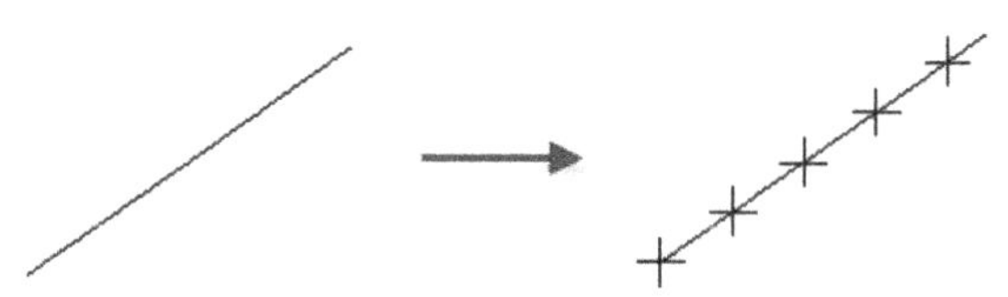

图 2-15　绘制等分点

2.2.5 绘制端点

绘制端点是指在当前绘图区中绘制所有图形的端点。绘制端点的典型示例如图 2-16 所示。绘制端点的方法很简单，就是在菜单栏中选择“绘图”/“绘点”/“端点”命令，或者在“基础绘图”工具栏上单击点列表中的“绘制端点”图标按钮，则系统会自动绘制所有有效图形的端点。

图 2-16　绘制端点示例

2.2.6 绘制小圆心点

绘制小圆心点是指绘制所选圆/圆弧的圆心点。绘制小圆心点的一般方法及步骤如下。

1 在菜单栏中选择“绘图”/“绘点”/“小圆心点”命令，或者在“基础绘图”工具栏中单击“小圆心点”图标按钮。

2 系统弹出如图 2-17 所示的“小于指定半径的圆心点”操作栏。在“最大半径”文本框中输入最大半径值。“最大半径”图标按钮用于对所选择的圆/圆弧进行半径筛选，圆弧半径/圆半径大于最大半径的则不会绘制其圆心点。

图 2-17　“小于指定半径的圆心点”操作栏

3 在系统提示下选择要绘制圆心点的圆。如果要为圆弧绘制圆心点，则需要在“小于指定半径的圆心点”操作栏中选中“包含不完整的圆弧”图标按钮，然后选择所需的圆弧。

4 按〈Enter〉键，或者单击“确定”图标按钮。

绘制小圆心点的典型示例如图 2-18 所示。在该示例中，设置“最大半径”的值为 15，并单击选中“包含不完整的圆弧”图标按钮，结果只能为其中的两个图形绘制小圆心点。

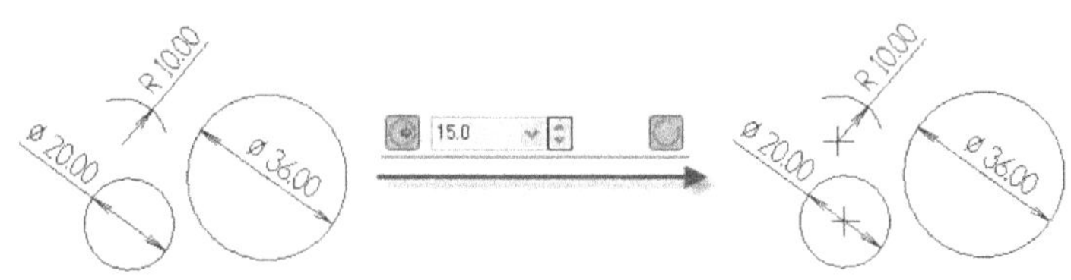

图 2-18　绘制小圆心点的示例

如果要在创建小圆心点的同时删除其相应的圆弧/圆，则需要在操作过程中单击选中“小于指定半径的圆心点”操作栏中的“删除圆弧”图标按钮。在图 2-19 中，图 2-19a 为原有圆弧和圆，图 2-19b 和图 2-19c 为绘制小圆心点的两种情况。

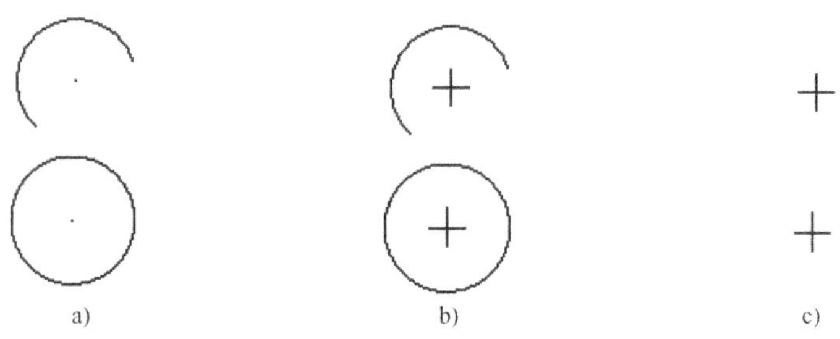

图 2-19　绘制小圆心点

a) 原有圆弧和圆　b) 绘制小圆心点　c) 绘制小圆心点且删除圆弧

2.2.7 绘制穿线点

绘制穿线点（螺旋点）的典型方法及步骤如下。

1. 在菜单栏中选择“绘图”/“绘点”/“穿线点”命令。
2. 在绘图区指定位置可创建穿线点，也可以继续创建一系列的穿线点，最后单击“确定”图标按钮。

绘制的穿线点如图 2-20 所示。

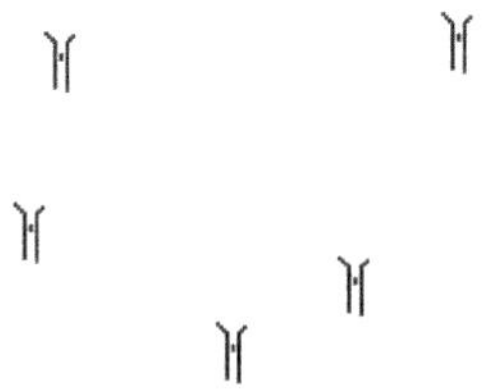

图 2-20　绘制一系列穿线点

2.2.8 绘制切点

绘制切点的方法和绘制穿线点的方法相似，即在菜单栏中选择“绘图”/“绘点”/“切点”命令，接着在绘图区单击即可创建一个切点，也可以继续创建其他切点，最后单击“确定”图标按钮。绘制的一系列切点如图 2-21 所示。

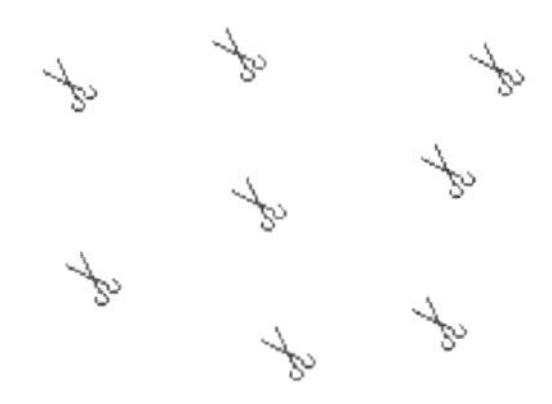

图 2-21　绘制一系列切点

2.3 绘制直线

Mastercam X9 为用户提供了多种绘制直线的工具命令，下面分别进行介绍。

2.3.1 绘制任意线

众所周知，两点可以定义一条直线。绘制任意线其实是通过确定线段的两个端点（起点和终点）来绘制直线。两个端点既可以采用绝对坐标或相对坐标的方式直接输入，也可以使用鼠标在绘图区指定或通过捕捉方式来确定。绘制的线可以是线段、连续线、垂直线、水平线和切线。

在“绘图”菜单中选择“绘线”/“任意线”命令，或者在“基础绘图”工具栏中单击“绘制任意线”图标按钮，接着在绘图区分别指定第 1 个端点和第 2 个端点，然后单击如图 2-22 所示的“直线”操作栏中的“确定”图标按钮，即可完成一条直线的绘制。

在使用“绘制任意线”工具按钮时，除了可以直接指定两个点来绘制直线之外，还可以根据设计情况灵活地应用“直线”操作栏（见图 2-22）中的相关按钮和文本框，以获得所需的直线。

图 2-22 “直线”操作栏

- （编辑第 1 点）：用于编辑线段第 1 点。
- （编辑第 2 点）：用于编辑线段第 2 点。
- （连续线）：用于绘制连续线。即选中此图标按钮，可通过指定一系列点来绘制连续的多段线。
- （长度）：用于输入线段长度。
- （角度）：用于输入线段相对于上一点的角度。
- （垂直）：用于绘制垂直线。选中该图标按钮时，可以先在绘图区任意位置单击指定垂直线的两个临时端点，接着在“直线”操作栏中设置长度（）值和垂直线（），单击“确定”图标按钮完成垂直线绘制。
- （水平）：用于绘制水平线。同绘制垂直线的方法类似。
- （相切）：用于创建一条与圆弧或样条曲线相切的线段。

【典型范例】绘制任意线

目的：要求掌握采用坐标输入法画线、采用输入线段长度和角度法画线、修改线段端点坐标、绘制水平线。

一、采用坐标输入法画线

1 在“绘图”菜单中选择“绘线”/“任意线”命令，或者在“基础绘图”工具栏中单击“绘制任意线”图标按钮，打开“直线”操作栏，注意“直线”操作栏中的相关按钮设置。

2 系统提示指定第一个端点。在“自动抓点”工具栏中单击“快速绘点”图标按钮，并在出现的文本框中输入“0,0”，如图 2-23 所示，然后按〈Enter〉键确认该点。

图 2-23 “自动抓点”工具栏

3 系统提示指定第二个端点。在“自动抓点”工具栏中单击“快速绘点”图标按钮，并在出现的文本框中输入“50,50”，按〈Enter〉键。

4 在“直线”操作栏中单击“应用”图标按钮，绘制的第 1 条直线如图 2-24 所示。

二、采用输入线段长度和角度法画线

1 自动捕捉并选定第 1 条直线的中点作为新线段的第 1 个点。

2 在“直线”操作栏中分别输入线段的长度为 60，角度为-30（°），如图 2-25 所示。

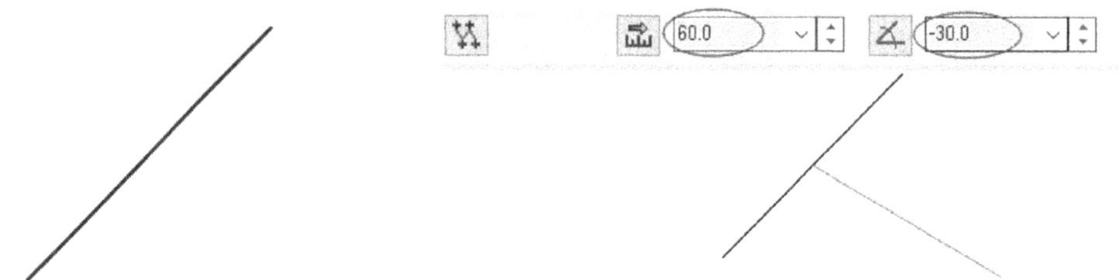

图 2-24　绘制的第 1 条直线　　　　图 2-25　输入线段长度和角度

3 在“直线”操作栏中单击“应用”图标按钮，绘制的第 2 条直线如图 2-26 所示。

三、在绘图区指定两点绘制一条直线并编辑其端点

1 使用鼠标在绘图区的空白区域依次单击两处，以指定新线段的两个临时端点。

2 在“直线”操作栏中单击“编辑第 1 点”图标按钮，接着在坐标栏分别输入 X、Y 和 Z 的坐标值，即 X=-58、Y=120、Z=0，如图 2-27 所示，并按〈Enter〉键确认。

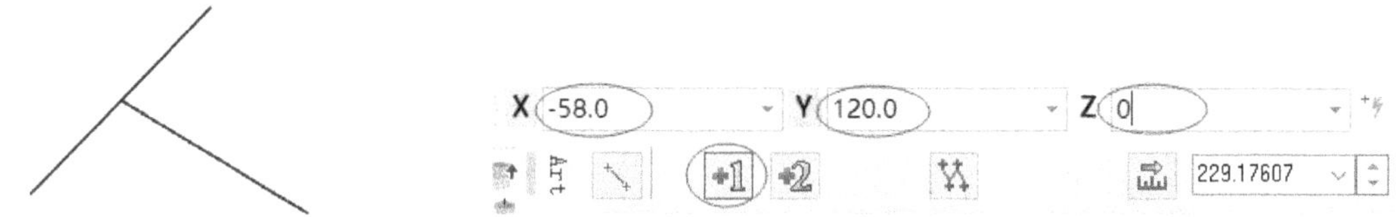

图 2-26　绘制的第 2 条直线　　　　图 2-27　修改第一点坐标

3 在“直线”操作栏中单击“编辑第 2 点”图标按钮，将第 2 点坐标修改为（-100，200，0）。

4 单击“确定”图标按钮，完成直线绘制，结果如图 2-28 所示。图 2-28 中特意标注了两个端点处的点位坐标。

四、绘制一条长度为 100 的水平线段

1 在“绘图”菜单中选择“绘线”/“任意线”命令，或者在“基础绘图”工具栏中单击“绘制任意线”图标按钮。

2 在打开的“直线”操作栏中单击“水平”图标按钮。

3 在绘图区任意位置单击以指定线段的两个临时端点，接着在操作栏的“长度”文本框中输入“100”，在“垂直”文本框中输入“150”，如图 2-29 所示。

图 2-28　编辑好端点坐标的线段　　　　图 2-29　设置长度和垂直参数

4 在“直线”操作栏中单击“确定”图标按钮，从而完成该水平线段的绘制。

2.3.2 绘制两图素间的近距线

用户还可以绘制两图素间的近距线（两个图素之间的最近距离连线），如图 2-30 所示。

图 2-30 绘制近距线的示例

在两图素之间绘制近距线的一般方法及步骤（典型操作流程）如下。

1 在“绘图”菜单中选择“绘线”/“近距线”命令，或者在“基础绘图”工具栏中单击“绘制两图素间的近距线”图标按钮。

2 选择两个图素（直线、圆弧或样条曲线），系统便在所选的两个有效图素之间绘制近距线。

如果所选的两个图素实际相交，那么系统将创建一个交点来表示一个零长度的近距线。

2.3.3 绘制分角线

可以绘制两条直线夹角间的分角线。下面结合范例介绍如何绘制分角线。

1 在“绘图”菜单中选择“绘线”/“分角线”命令，或者在“基础绘图”工具栏中单击“分角线”图标按钮。

2 系统打开“平分线”操作栏，确保选中“单线解法”图标按钮，并在“长度”文本框中输入分角线的长度，如图 2-31 所示。

图 2-31 “平分线”操作栏

3 选择要创建分角线的两条直线，如图 2-32 所示。

4 在“平分线”操作栏中单击“应用”图标按钮，创建一条分角线。

5 在“平分线”操作栏中单击“四线解法”图标按钮，接着选择如图 2-33 所示的两条直线，此时出现 4 条可能的线段供用户选择。

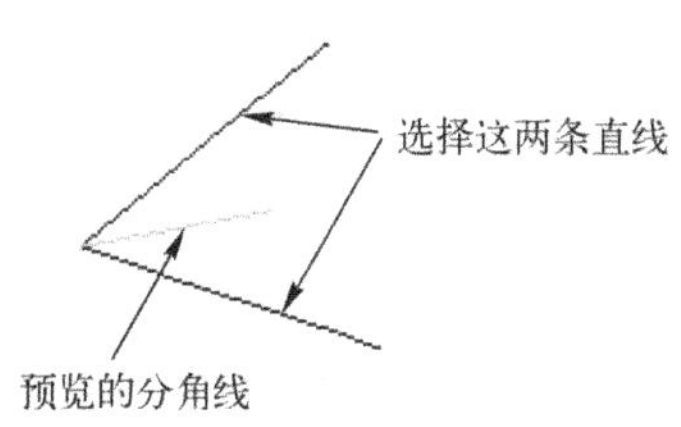

图 2-32 选择要创建分角线的两条直线

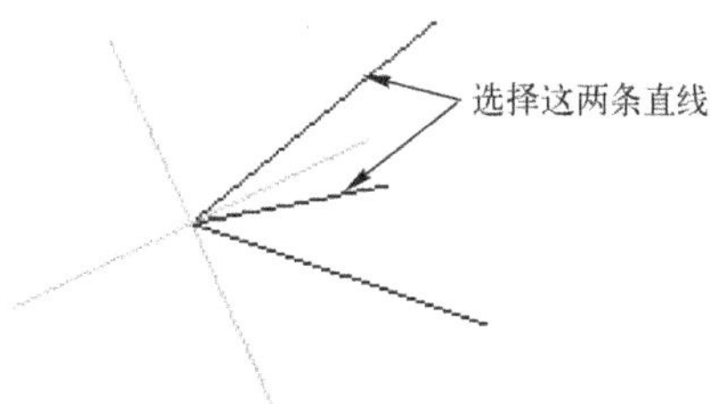

图 2-33 选择要创建另一分角线的两条直线

6 单击如图 2-34a 所示的线段作为要保留的分角线，然后在“平分线”操作栏中单击“确定”图标按钮，绘制的第 2 条分角线如图 2-34b 所示。

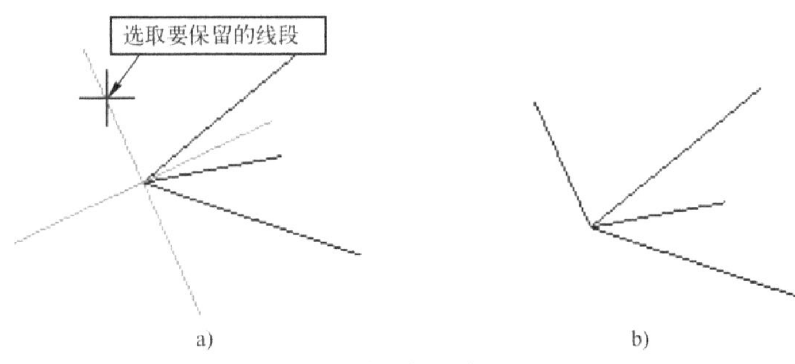

图 2-34 绘制第 2 条分角线

a) 指定要保留的线段 b) 完成的图形效果

知识点拨 在执行绘制分角线的命令时，如果选择的两条线段是相互平行的，如图 2-35 所示，那么系统会弹出如图 2-36 所示的对话框提示用户，单击“确定”图标按钮，可以在“平分线”操作栏中设置分角线的长度并按〈Enter〉键，然后在“平分线”操作栏中单击“确定”图标按钮，创建的分角线效果如图 2-37 所示，该分角线方向与选择的第一条线段方向相同，且其起点为第一条线段的起点与第二条线段近端点间连线的中点。

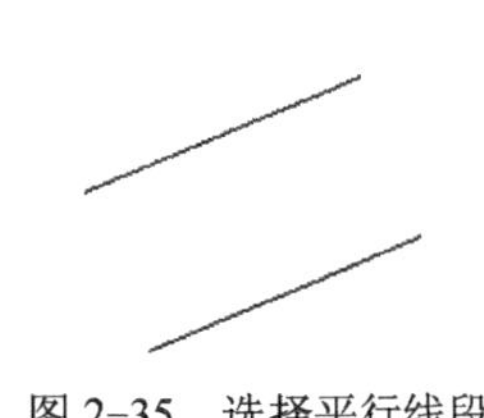

图 2-35 选择平行线段

图 2-36 提示只能建立 2D 方案

图 2-37 绘制的分角线

2.3.4 绘制垂直正交线（法线）

可以绘制一条与已知线条（包括直线、圆弧、圆、曲线）垂直正交的线，也就是通常所说的法线。

一、绘制经过图形某一点的垂直正交线

如果要绘制经过指定图形某一点的垂直正交线，那么可以按照以下的方法来操作。

1 在“绘图”菜单中选择“绘线”/“垂直正交线”命令，或者在“基础绘图”工具栏中单击“垂直正交线”图标按钮。

2 系统提示选择直线、圆弧、曲线或边界，在该提示下选择一个图形（直线、圆弧、曲线或边界线），如选择一条圆弧。

3 确保在相应操作栏中没有选中“相切”图标按钮。在此状态下捕捉或输入坐标，从而确定垂直正交线通过的点。

4 在相应操作栏的“长度”文本框中输入垂直正交线长度，按〈Enter〉键确认所输入的长度值。

5 在相应操作栏中单击“确定”图标按钮，从而创建一条垂直正交线（法线），典型示例如图 2-38 所示。

二、绘制与圆弧相切的垂直正交线

还可以创建与圆弧相切的垂直正交线。下面以图 2-39 所示的原有图形为例介绍绘制垂直正交线的方法。

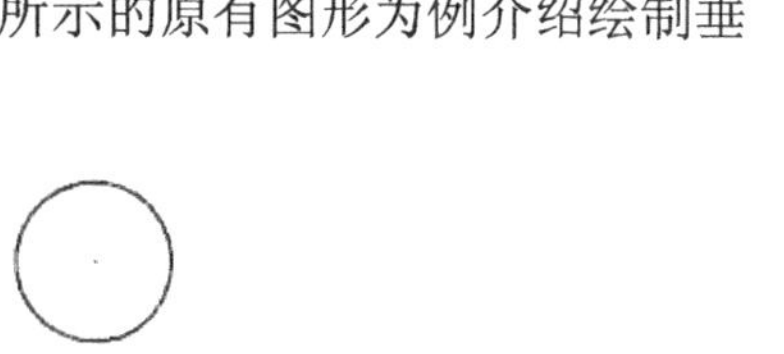
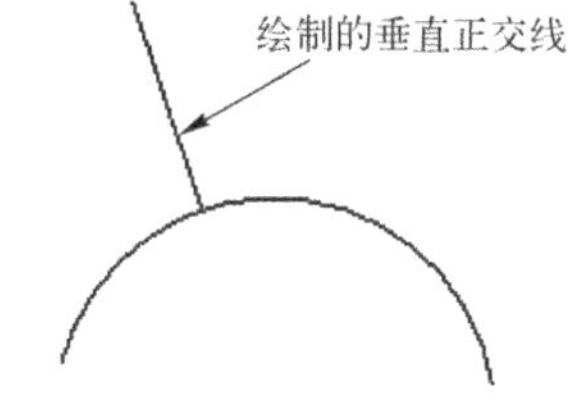

图 2-38 绘制垂直正交线的示例

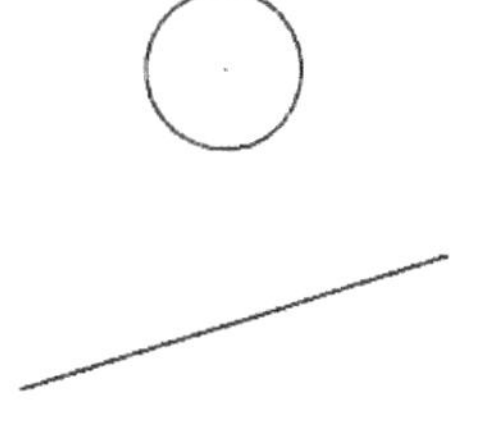

图 2-39 原有图形

1 在“绘图”菜单中选择“绘线”/“垂直正交线”命令，或者在“基础绘图”工具栏中单击“垂直正交线”图标按钮。

2 在出现的操作栏中单击“相切”图标按钮以确保选中该按钮。

3 选择直线，接着选择圆弧（圆）。

4 选取如图 2-40 所示的线段作为要保留的线段。

5 在相应操作栏中单击“确定”图标按钮，绘制的与圆弧相切的垂直正交线如图 2-41 所示。

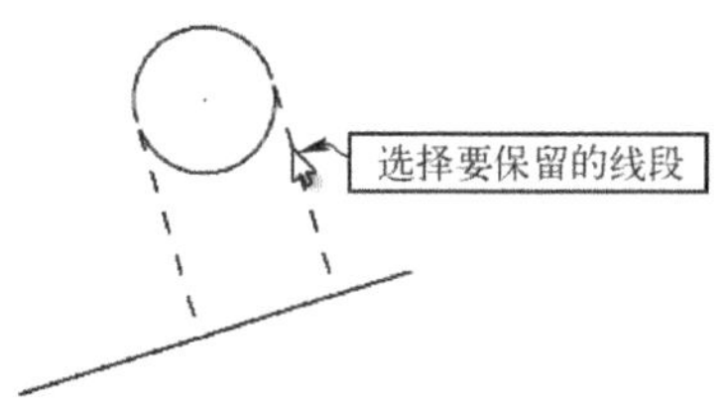

图 2-40 选择要保留的线段

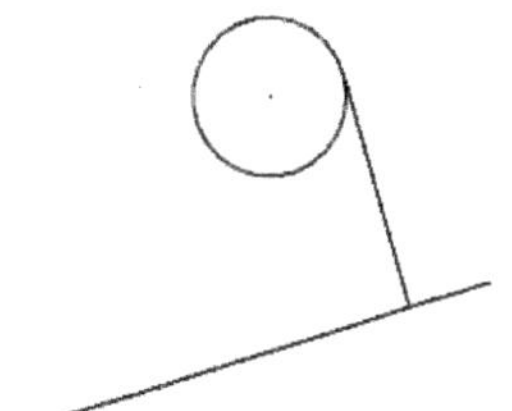

图 2-41 绘制与圆弧相切的垂直正交线

2.3.5 绘制平行线

绘制平行线是指在已有直线的基础上，绘制一条与之平行的直线。绘制平行线的操作方法如下。

1 在“绘图”菜单中选择“绘线”/“平行线”命令，或者在“基础绘图”工具栏中单击“平行线”图标按钮，打开如图 2-42 所示的“平行线”操作栏。注意，需要确保没有选中“切线”图标按钮。

图 2-42 “平行线”操作栏

2 在绘图区选择一条直线。

3 选取平行线要通过的一个点，或者在该操作栏的“间距”文本框中输入距离值并使用鼠标指定补正方向，从而确定平行线要通过的位置。

4 如果需要，可以使用“平行线”操作栏中的以下图标按钮进行相关的操作。

- （编辑第 1 点）：使用此图标按钮可以修改平行线通过的点。
- / / （切换）：使用该组“切换”图标按钮，可以切换平行线的生成方向（即位于原直线的哪一侧）。平行线的补正方向有向左、向右和向两侧（双向）3 种，如图 2-43 所示。
- （切线）：使用此图标按钮可以使创建的平行线与已知圆弧相切，如图 2-44 所示。单击选中此图标按钮时，在选择了一条直线后需要选择与平行线相切的圆弧/圆，同时要注意选择圆弧/圆的位置，因为系统会在选择的位置处就近确定切点来产生平行线。

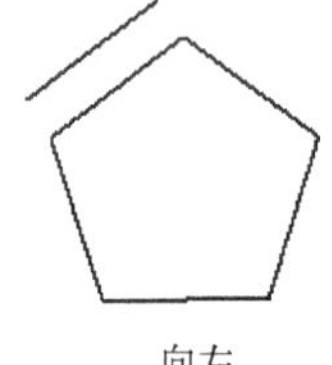

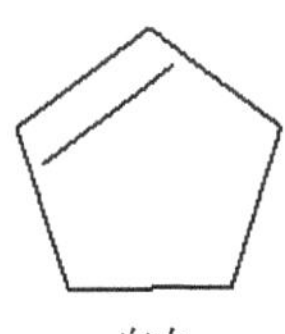

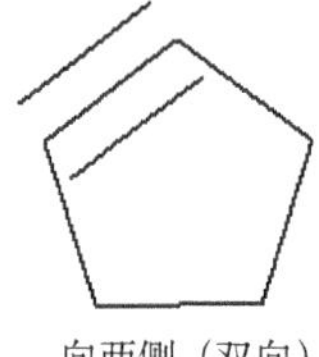

图 2-43 切换平行线的生成方向侧

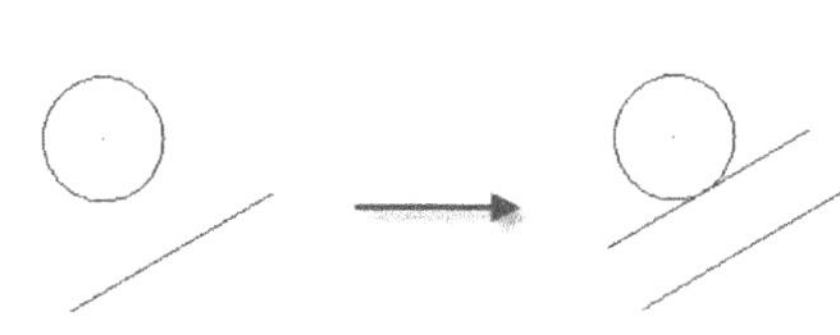

图 2-44 创建与圆弧/圆相切的平行线

5 在“平行线”操作栏中单击“确定”图标按钮。

2.3.6 绘制通过点与图形相切的切线

可以绘制通过点与图形相切的切线。下面以一个简单的操作实例介绍其操作方法及步骤。

1 在“绘图”菜单中选择“绘线”/“切线通过点相切”命令，或者在“基础绘图”工具栏中单击“切线通过点相切”图标按钮。

2 系统提示选择圆弧或曲线，如选择如图 2-45 所示的圆弧。

3 系统出现“选择圆弧或者曲线上的相切点”提示信息。在本例中，选择如图 2-46 所示的端点作为曲线上的相切点。

4 选择曲线的第 2 个端点或者在“线切”操作栏中输入长度。

5 在“线切”操作栏中单击“确定”图标按钮。绘制的切线如图 2-47 所示。

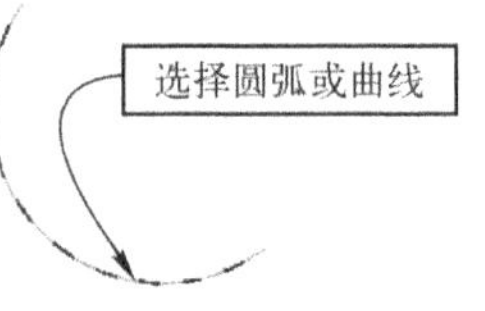

图 2-45 选择圆弧

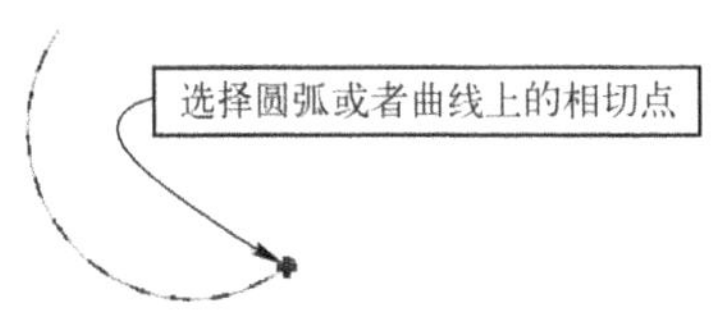

图 2-46 指定曲线上的相切点

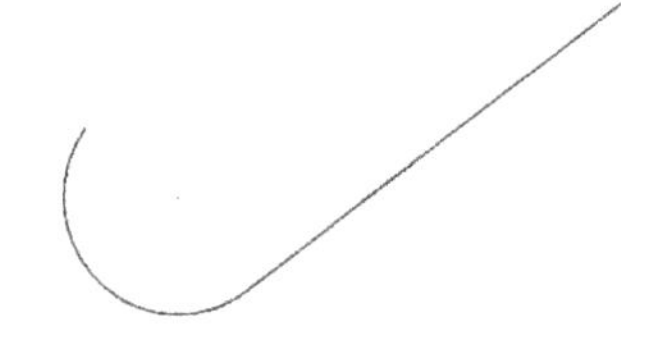

图 2-47 绘制通过点与图形相切的切线

2.4 绘制圆与圆弧

圆与圆弧在 CAD 中经常用到。Mastercam X9 为用户提供了多种绘制圆/圆弧的工具及命令，包括“三点画圆”“已知圆心点画圆”（圆心+点）、“极坐标圆弧”“极坐标画弧”“两点画弧”“三点画弧”和“切弧”等，这些画圆与圆弧的命令位于“绘图”/“绘弧”级联菜单中，用户也可以在“基础绘图”工具栏中选择对应的工具按钮来执行相应的创建操作。

2.4.1 三点画圆

三点画圆是指通过选取或指定圆周上的 3 个点来绘制一个圆。在执行“三点画圆”命令的过程中，还可以从其操作栏中通过指定直径的两个端点绘制圆，或创建与 3 个图素（如 3 条直线）相切的圆等。

三点画圆的方法：在菜单栏的“绘图”/“绘弧”级联菜单中选择“三点画圆”命令，或者在“基础绘图”工具栏中单击“三点画圆”图标按钮，打开如图 2-48 所示的“已知边界三点画圆”操作栏后进行相应的操作。用户要掌握该操作栏中的以下功能按钮。

图 2-48 “已知边界三点画圆”操作栏

- （编辑第一点）：编辑第 1 点。
- （编辑第二点）：编辑第 2 点。
- （编辑第三点）：编辑第 3 点。
- （三点）：通过指定圆周上的 3 个点绘制圆。
- （两点）：通过指定直径上的两个端点绘制圆。
- （半径）：用于显示和设定半径。
- （直径）：用于显示和设定直径。
- （相切）：用于创建同时与 3 个图形相切的圆，前提是要求在这 3 个图形之间必须存在着相切的圆，如图 2-49 所示。

图 2-49 创建同时与 3 个图形相切的圆

【典型范例】使用“三点画圆”命令来绘制所需的圆

目的：①通过指定圆周上的 3 个点绘制圆；②通过指定直径上的两点绘制圆；③通过指定 3 个图元来创建与这 3 个图元均相切的圆。

一、通过指定圆周上的 3 个点绘制圆

1 在菜单栏的“绘图”/“绘弧”级联菜单中选择“三点画圆”命令，或者在“基础绘图”工具栏中单击“三点画圆”图标按钮，打开“已知边界三点画圆”操作栏。

2 在“已知边界三点画圆”操作栏中确保选中“三点”图标按钮，并确保没有选中“相切”图标按钮。

3 在绘图区任意指定 3 个有效点，如图 2-50 所示。

4 在“已知边界三点画圆”操作栏中单击“应用”图标按钮绘制第 1 个圆，如图 2-51 所示。

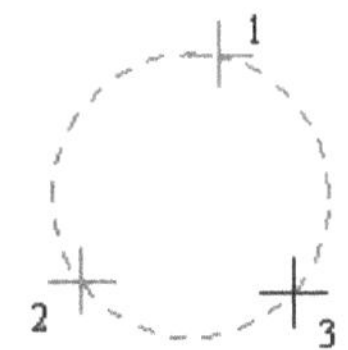

图 2-50 在绘图区单击 3 个点

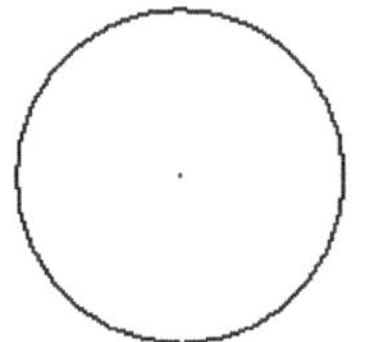

图 2-51 绘制第 1 个圆

二、通过指定直径上的两点绘制圆

1 在“已知边界三点画圆”操作栏中单击“两点”图标按钮。

2 在绘图区指定两点，如图 2-52 所示。

3 在“已知边界三点画圆”操作栏中单击“应用”图标按钮，绘制第 2 个圆。

4 使用同样的方法在绘图区绘制第 3 个圆，结果如图 2-53 所示。

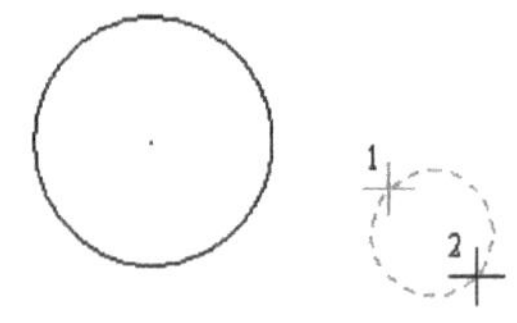

图 2-52 在绘图区指定两点

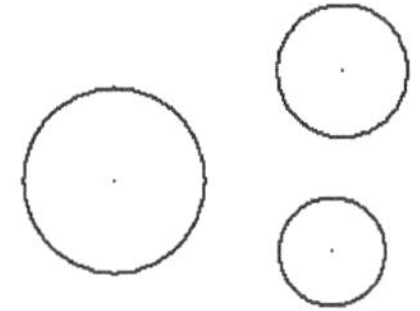

图 2-53 绘制第 3 个圆

三、创建同时与 3 个图元相切的圆

1 在“已知边界三点画圆”操作栏中单击选中“相切”图标按钮，并确保取消“两点”图标按钮和“三点”图标按钮的选中状态，如图 2-54 所示。

图 2-54 单击选中“相切”图标按钮

2 根据系统提示，依次选择如图 2-55 所示的 3 个圆，注意相应的选择位置。

3 在“已知边界三点画圆”操作栏中单击“应用”图标按钮，创建的相切圆如图 2-56 所示。

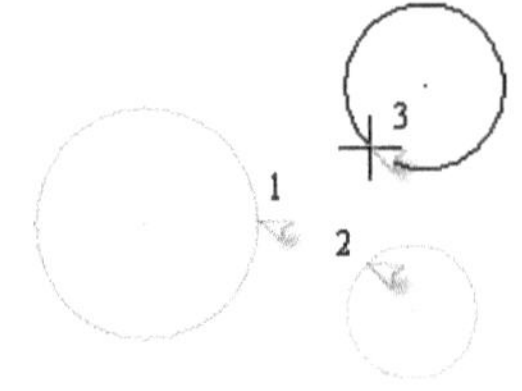

图 2-55 选择 3 个图形

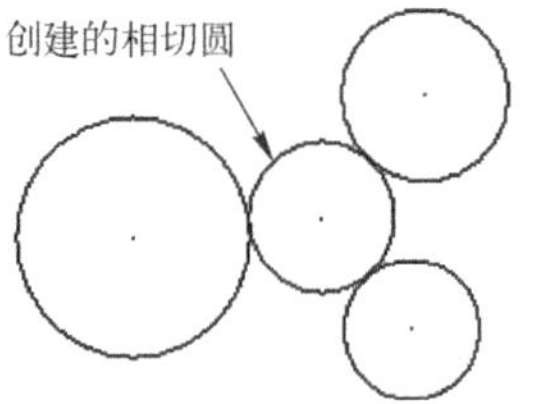

图 2-56 创建一个相切圆

4 根据系统提示，再依次选择如图 2-57 所示的 3 个圆，并注意相应的选择位置。

5 在“已知边界三点画圆”操作栏中单击“确定”图标按钮，绘制如图 2-58 所示的相切圆。

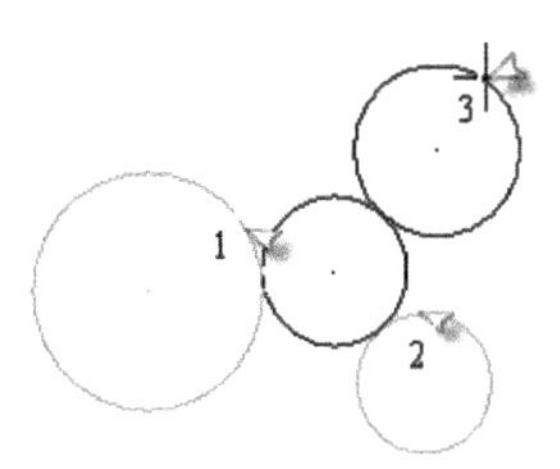

图 2-57 选择 3 个圆

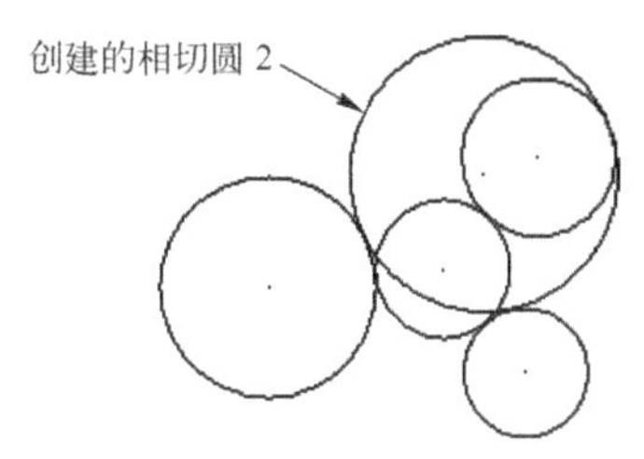

图 2-58 绘制第 2 个相切圆

2.4.2 已知圆心点画圆

采用“已知圆心点画圆”命令绘制圆其实是指通过指定圆心点和半径来创建一个圆，还可以绘制与直线或圆弧相切的圆。其方法是在菜单栏的“绘图”/“绘弧”级联菜单中选择“已知圆心点画圆”命令，或者在“基础绘图”工具栏中单击“已知圆心点画圆”（简称“圆心+点”）图标按钮，打开如图 2-59 所示的“编辑圆心点”操作栏，然后进行相应的操作。

图 2-59 “编辑圆心点”操作栏

【典型范例】使用“已知圆心点画圆”命令来绘制所需的圆

1 在菜单栏的“绘图”/“绘弧”级联菜单中选择“已知圆心点画圆”命令，或者在“基础绘图”工具栏中单击“圆心+点”图标按钮，打开“编辑圆心点”操作栏。

2 利用“自动抓点”工具栏的坐标输入框输入圆心点坐标（0，0，0）。

3 在“编辑圆心点”操作栏中单击选中“半径”图标按钮，在其文本框中输入“50”，然后按〈Enter〉键。

4 在“编辑圆心点”操作栏中单击“应用”图标按钮，创建如图 2-60 所示的第 1 个圆。

5 在“自动抓点”工具栏中单击“快速绘点”图标按钮，在出现的文本框中输入“130，0”，然后按〈Enter〉键。

6 在“编辑圆心点”操作栏中单击“应用”图标按钮，创建第 2 个圆，结果如图 2-61 所示。

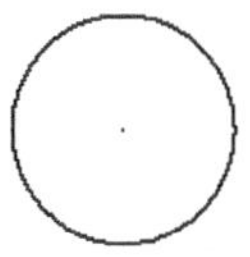
图 2-60 创建第 1 个圆

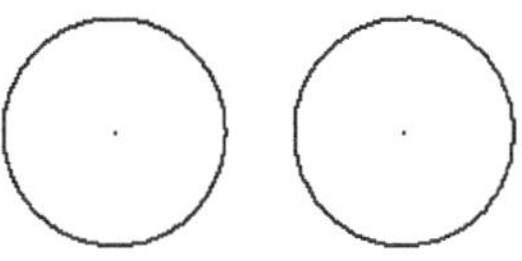
图 2-61 创建第 2 个圆

7 在“编辑圆心点”操作栏中单击“相切”图标按钮，并取消“半径”图标按钮的选中状态。

8 在“自动抓点”工具栏中单击“快速绘点”图标按钮，在出现的文本框中输入“60，109”，如图 2-62 所示，然后按〈Enter〉键。

9 系统提示选择圆弧或直线。在本例中，选取绘制的第 1 个圆，也就是选取左边的圆。

10 在“编辑圆心点”操作栏中单击“确定”图标按钮，绘制结果如图 2-63 所示。

图 2-62　输入圆心点的坐标　　　图 2-63　创建与选定圆相切的圆

2.4.3 极坐标圆弧

采用“极坐标圆弧”命令绘制圆弧是指通过指定圆心点位置、半径（或直径），以及圆弧的起始角度、终止角度来绘制一个圆弧。

【典型范例】采用“极坐标圆弧”命令绘制圆弧

1 在菜单栏的“绘图”/“绘弧”级联菜单中选择“极坐标圆弧”命令，或者在“基础绘图”工具栏中单击“极坐标圆弧”图标按钮，打开一个操作栏。

2 系统提示输入圆心点。在“自动抓点”工具栏中单击“快速绘点”图标按钮，在出现的文本框中输入“500，210”，然后按〈Enter〉键。

3 在操作栏中输入圆弧半径为“50”，按〈Enter〉键确定；输入圆弧的起始角度值为“30”，按〈Enter〉键确定；输入圆弧终止角度值为“160”，按〈Enter〉键确定，如图 2-64 所示，注意方向切换箭头的方向状态，然后单击“应用”图标按钮。

图 2-64　在操作栏中设置参数

4 在操作栏中单击“确定”图标按钮，完成“极坐标圆弧”命令操作。本例创建的圆弧效果如图 2-65 所示。

知识点拨 在使用“极坐标圆弧”命令绘制圆弧的过程中，可以使用鼠标直接在绘图区分别选择圆弧圆心位置、起始点和终止点来完成圆弧绘制。使用上述操作栏中的图标按钮，可以切换圆弧的起始角度和终止角度，如图 2-66 所示。而使用上述操作栏中的“相切”图标按钮，则可以创建与直线或圆弧/圆相切的圆弧。

图 2-65　创建的圆弧

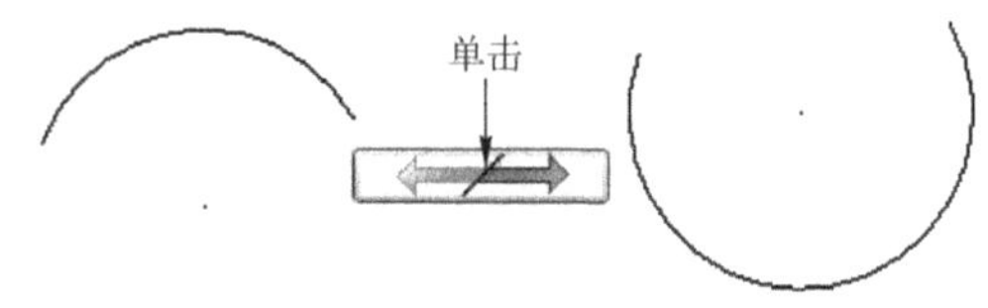

图 2-66　切换圆弧生成的范围

2.4.4 极坐标画弧

采用“极坐标画弧”命令绘制圆弧是指通过指定圆弧的起始点/终止点、半径、起始角度和终止角度来绘制圆弧。其中，只需指定圆弧的起始点和终止点两者之一即可。

【典型范例】采用“极坐标画弧”命令绘制圆弧

1 在菜单栏的“绘图”/“绘弧”级联菜单中选择“极坐标画弧”命令，或者在“基础绘图”工具栏中单击“极坐标画弧”图标按钮，打开“极坐标画弧”操作栏。

2 在“极坐标画弧”操作栏中确保选中“起始点”图标按钮，此时系统提示输入起点。在“自动抓点”工具栏中单击“快速绘点”图标按钮，在出现的文本框中输入“80，80”，然后按〈Enter〉键。

3 系统提示输入半径、起始点角度和终点角度。在“极坐标画弧”操作栏中设置圆弧半径为75、起始角度为0、终止角度为210，如图2-67所示。

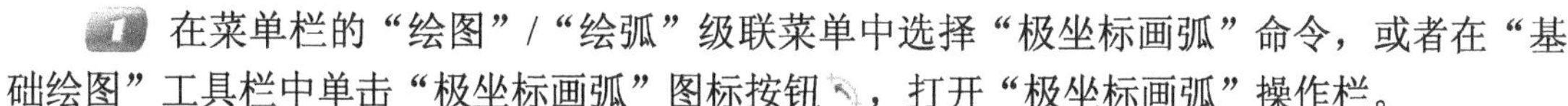

图2-67 在“极坐标画弧”操作栏中进行相关设置

4 单击“极坐标画弧”操作栏中的“确定”图标按钮，绘制的圆弧如图2-68所示。

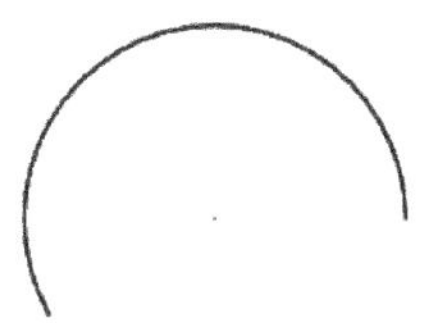

图2-68 绘制的圆弧

2.4.5 两点画弧

采用“两点画弧”命令绘制非相切圆弧的一般方法及步骤如下。

1 在菜单栏的“绘图”/“绘弧”级联菜单中选择“两点画弧”命令，或者在“基础绘图”工具栏中单击“两点画弧”图标按钮，打开如图2-69所示的“两点画弧”操作栏。

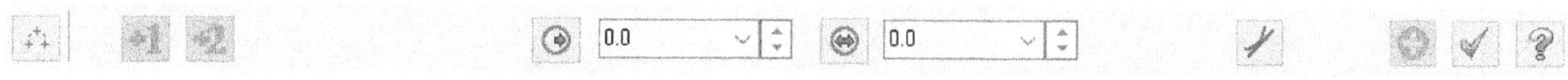

图2-69 “两点画弧”操作栏

2 系统提示输入第一点，在该提示下输入第一点。

3 系统提示输入第二点，在该提示下输入第二点。

4 系统提示输入第三点，此时，在绘图区移动鼠标光标，可以看到以虚线显示的依附于鼠标光标的圆弧，如图2-70所示。满意时可在绘图区单击鼠标确定圆弧形状及大小。

用户也可以在指定两点后，在“两点画弧”操作栏的“半径”文本框中输入有效半径值，按〈Enter〉键确定。有效半径值应该不小于点1和点2之间距离的一半。系统在绘图区显示出所有可能的圆弧，并提示用户选择要保留的圆弧，如图2-71所示。

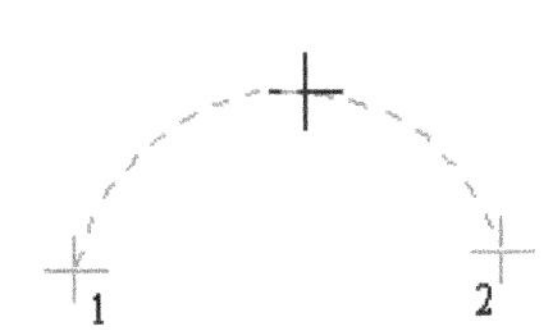

图 2-70　指定两点之后移动光标

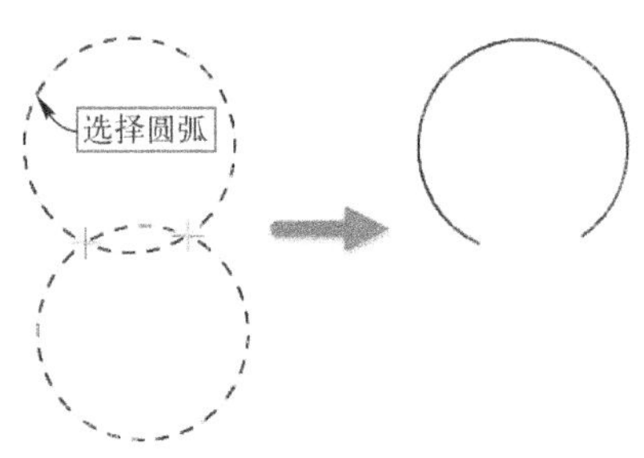

图 2-71　选择圆弧来获得所需的圆弧

5 如果需要，可以单击“编辑第一点”图标按钮 或“编辑第二点”图标按钮 来编辑所需的圆弧端点。

6 在“两点画弧”操作栏中单击“确定”图标按钮 。

另外，利用“两点画弧”命令也可以创建与直线或圆弧/圆相切的圆弧，其一般方法及步骤如下（结合简单范例进行介绍）。

1 在菜单栏的“绘图”/“绘弧”级联菜单中选择“两点画弧”命令，或者在“基础绘图”工具栏中单击“两点画弧”图标按钮 ，打开“两点画弧”操作栏。

2 在“两点画弧”操作栏中单击“相切”图标按钮 。

3 分别选取如图 2-72 所示的两个点。

4 拾取要与之相切的圆弧。

5 在“两点画弧”操作栏中单击“确定”图标按钮 ，绘制的一条相切圆弧如图 2-73 所示。

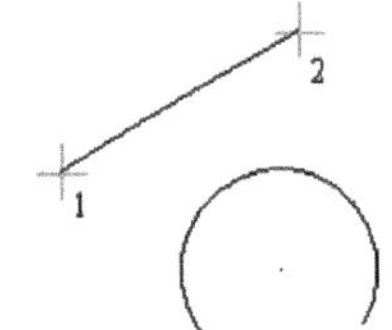

图 2-72　选取两个点

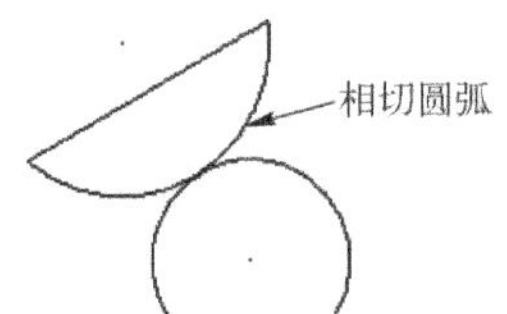

图 2-73　完成绘制的相切圆弧

2.4.6 三点画弧

使用“三点画弧”命令，可以通过指定不在同一条直线上的 3 个点来创建圆弧，其中指定的第 1 点和第 3 点将作为圆弧的端点；使用“三点画弧”命令，也可以通过依次选取 3 个图素来绘制相切圆弧，圆弧的端点位于第 1 个和第 3 个切点处。

【典型范例】使用“三点画弧”命令通过指定 3 个点绘制圆弧

1 在菜单栏的“绘图”/“绘弧”级联菜单中选择“三点画弧”命令，或者在“基础绘图”工具栏中单击“三点画弧”图标按钮 ，打开“三点画弧”操作栏，如图 2-74 所示。

图 2-74　“三点画弧”操作栏

2 确保“相切”图标按钮 未被选中后，依次在绘图区指定 3 个点，如图 2-75 所示。

3 在“三点画弧”操作栏中单击“确定”图标按钮 ，绘制的圆弧如图 2-76 所示。

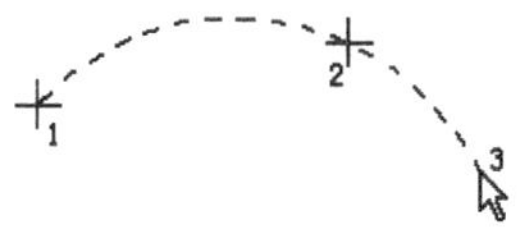

图 2-75　指定 3 个点

图 2-76　绘制的圆弧

【典型范例】使用“三点画弧”命令通过选取 3 个图形绘制相切圆弧

1. 在菜单栏的“绘图”/“绘弧”级联菜单中选择“三点画弧”命令，或者在“基础绘图”工具栏中单击“三点画弧”图标按钮，打开“三点画弧”操作栏。
2. 在“三点画弧”操作栏中单击选中“相切”图标按钮。
3. 依次选择如图 2-77 所示的直线、圆和圆弧。
4. 在“三点画弧”操作栏中单击“确定”图标按钮，绘制的圆弧如图 2-78 所示。

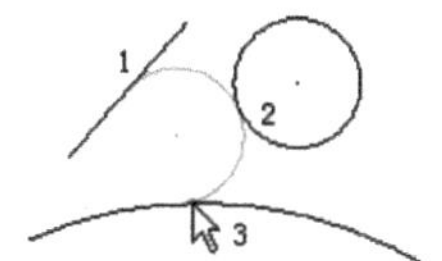

图 2-77　拾取 3 个图形

图 2-78　绘制的相切圆弧

2.4.7 切弧

使用“切弧”命令可以创建相切于一条或多条直线、圆弧或样条曲线等图素的圆/圆弧，其命令的使用非常灵活。

在菜单栏的“绘图”/“绘弧”级联菜单中选择“切弧”命令，或者在“基础绘图”工具栏中单击“切弧”图标按钮，打开如图 2-79 所示的“切弧”操作栏。

图 2-79　“切弧”操作栏

- （切一物体）：相切于选定的一个图素。选择此图标按钮，需要选择一个图素，并指定切点，接着选取要保留的圆弧。图解示例如图 2-80 所示。

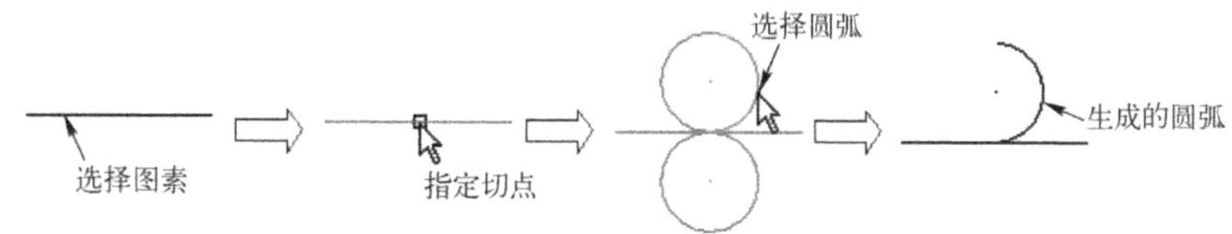

图 2-80　执行“切一物体”操作

- （经过一点）：经过一点并与指定图素相切。单击此图标按钮，需选取一个新圆弧将要与之相切的图素，接着指定经过点，并选取要保留的圆弧。图解示例如图 2-81 所示。
- （切中心线）：单击此图标按钮后，选择新圆弧要与之相切的一条直线，接着指定要让新圆弧的圆心经过的线，然后选择要保留的部分。图解示例如图 2-82 所示。

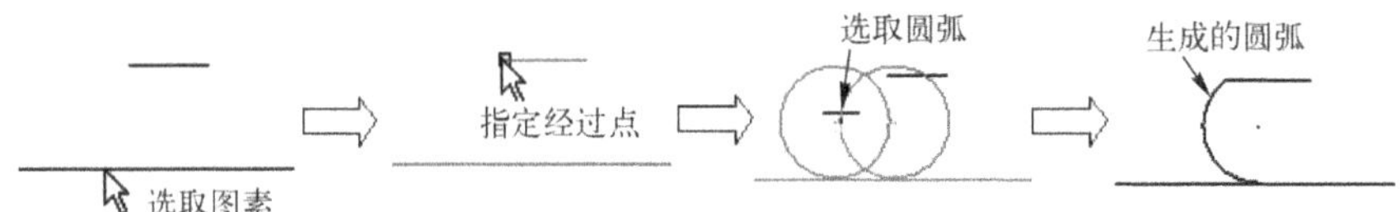

图 2-81　执行经过一点并与指定图素相切操作

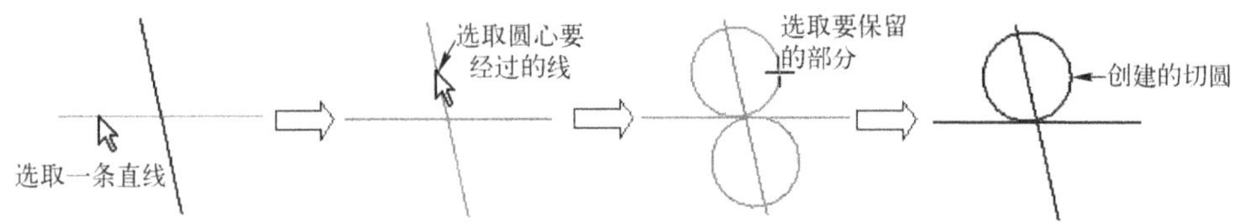

图 2-82　执行“切中心线”操作

- （动态切弧）：启用动态切弧方式。
- （三物体切弧）：创建与 3 个图素相切的圆弧，如图 2-83 所示。
- （三物体切圆）：创建与 3 个图素相切的圆，如图 2-84 所示。

图 2-83　三物体切弧　　　　图 2-84　三物体切圆

- （两物体切弧）：创建与两个图素相切的圆弧。

2.5　创建矩形

在 Mastercam X9 系统中，可以使用“矩形”和“矩形设置”两个命令来绘制矩形。

2.5.1　使用“矩形”命令

在“绘图”菜单中选择“矩形”命令，或者在“基础绘图”工具栏中单击“矩形”图标按钮，打开如图 2-85 所示的“矩形”操作栏，从中设置矩形的相关参数，并在提示下执行相关操作来绘制矩形。

图 2-85　“矩形”操作栏

“矩形”操作栏中选项说明如下。

- （编辑第一点）：用于编辑第 1 点。
- （编辑第二点）：用于编辑第 2 点。
- （基准点为中心点）：用于设置基准点为中心点，即指定点作为矩形中心点。
- （创建曲面）：用于创建矩形曲面。
- 2.29478（宽度）：用于设置矩形宽度。

● 23.66488（高度）：用于设置矩形高度。

当在“矩形”操作栏中没有选中“基准点为中心点”图标按钮时，可以通过指定矩形的两个对角点来绘制矩形，如图 2-86 所示。

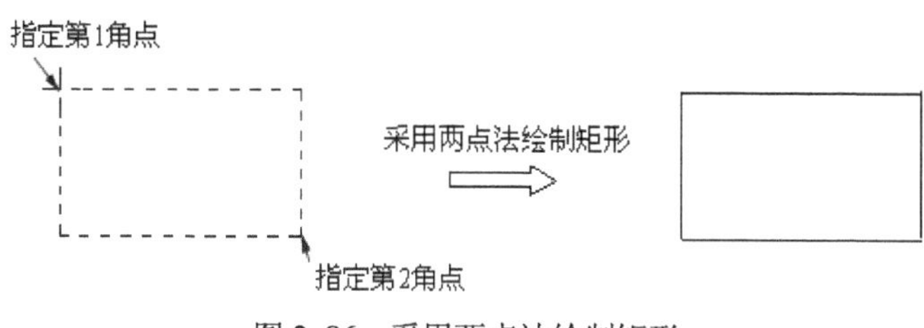

图 2-86　采用两点法绘制矩形

如果要精确地绘制一个指定宽度和高度尺寸的矩形，可以在指定第 1 角点后，在“矩形”操作栏的“宽度” 2.29478 文本框中输入宽度值并按〈Enter〉键确定，在“高度” 23.66488 文本框中输入矩形高度值并按〈Enter〉键确定，然后单击“确定”图标按钮即可。

当在“矩形”操作栏中单击选中“基准点为中心点”图标按钮时，则可以采用基准点法绘制矩形。所谓的基准点法是指通过指定一个基准点作为矩形的中心点，并指定矩形的宽度和高度来绘制矩形。

【典型范例】采用基准点法绘制常规矩形

1 在“绘图”菜单中选择“矩形”命令，或者在“基础绘图”工具栏中单击“矩形”图标按钮，打开“矩形”操作栏。

2 在“矩形”操作栏中单击“基准点为中心点”图标按钮，以选中该按钮，如图 2-87 所示。

3 在“自动抓点”工具栏中单击“快速绘点”图标按钮，在出现的文本框中输入“0，0”，然后按〈Enter〉键。

4 系统提示输入宽度和高度或选择对角位置。在“矩形”操作栏的“宽度”文本框中输入“100”并按〈Enter〉键确定，在“高度”文本框中输入“60”并按〈Enter〉键确定。

5 在“矩形”操作栏中单击“确定”图标按钮，绘制的矩形如图 2-88 所示。

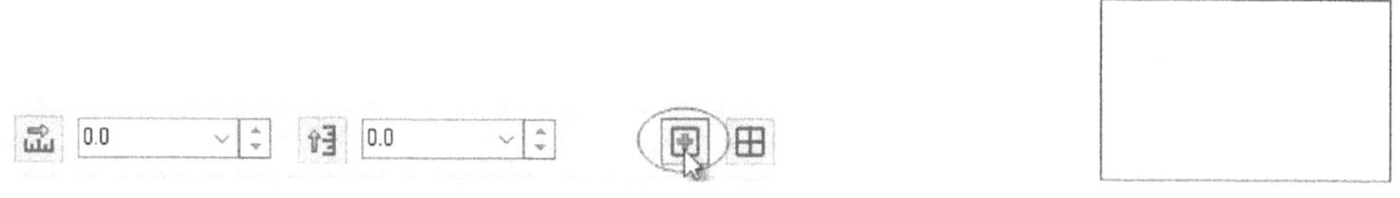

图 2-87　单击选中“基准点为中心点”图标按钮

图 2-88　绘制的矩形

2.5.2 使用“矩形设置”命令

在“绘图”菜单中选择“矩形设置”命令，或者在“基础绘图”工具栏中单击“矩形设置”图标按钮，系统弹出如图 2-89 所示的“矩形选项”对话框。下面介绍“矩形选项”对话框中主要选项的功能含义。

- “基点”单选按钮：选择此单选按钮时，采用基准点法绘制矩形。
- “两点”单选按钮：选择此单选按钮时，通过指定两角点的方式绘制矩形。选择“两点”单选按钮时，“矩形选项”对话框提供的选项内容如图 2-90 所示。

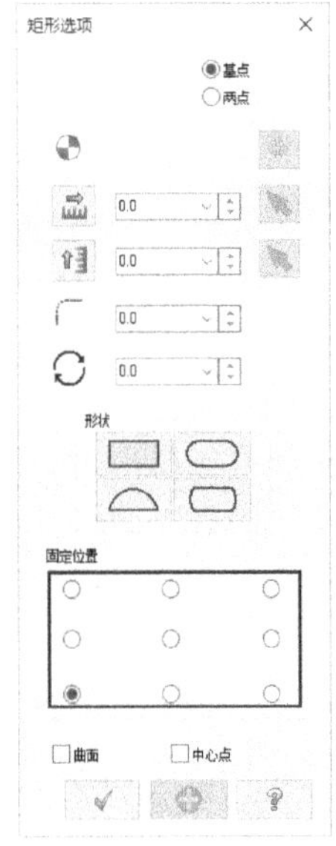

图 2-89 “矩形选项”对话框之基点选项

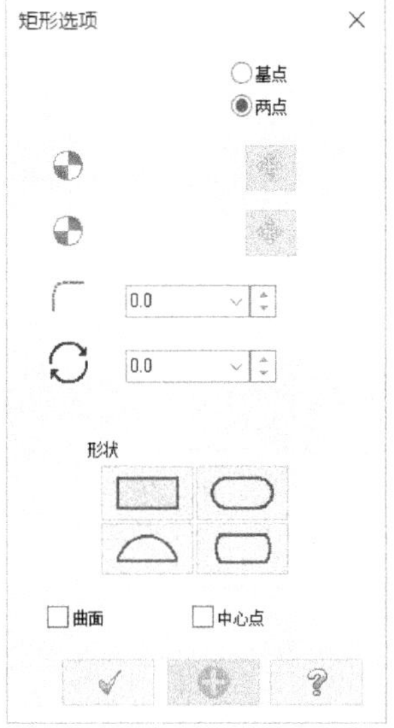

图 2-90 “矩形选项”对话框之两点选项

- （基点或两点的编辑区域）：当选择“基点”单选按钮时，该区域用于修改矩形的定位基准点，此时单击位于标识“”右侧的“基准点”图标按钮，则可重新指定矩形的基准点位置。当选择“两点”单选按钮时，该区域提供两个标识“”，允许根据设计要求单击相应的图标按钮来分别编辑两点位置。
- （宽度）：用于设置矩形宽度。可以在其文本框中直接输入宽度值，也可以单击图标按钮在绘图区选定位置以确定新的宽度。
- （高度）：用于设置矩形高度。可以在其文本框中直接输入高度值，也可以单击图标按钮在绘图区选定位置来确定新的高度。
- （圆角半径）：在该文本框中输入矩形圆角的半径值。
- （旋转）：在该文本框中输入矩形旋转的角度数值。在该文本框中设置旋转角度值，便可绘制长度边与水平线具有夹角的矩形，如图 2-91 所示。
- “形状”选项组：在该选项组中，设置要创建的矩形的形状。矩形的特殊形状分为 4 种，如图 2-92 所示。

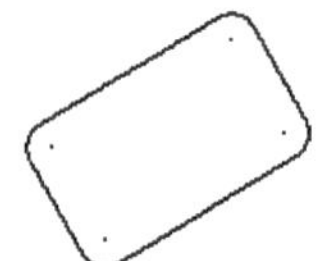

图 2-91 倾斜的特殊矩形

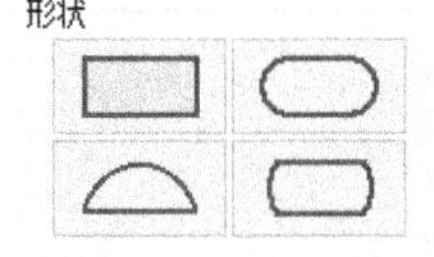

图 2-92 “形状”选项组

- “固定位置”选项组：在该选项组中设置矩形基准点的定位方式，即设置给定的基准点在矩形中的具体方位。
- “曲面”复选框：如果选中此复选框，则创建矩形时产生矩形曲面。

● “中心点”复选框：如果选中此复选框，则在绘制矩形时创建矩形的中心点。

【典型范例】绘制特殊矩形练习

1 在“绘图”菜单中选择“矩形设置”命令，或者在“基础绘图”工具栏中单击“矩形设置”图标按钮，系统弹出“矩形选项”对话框。

2 在“矩形选项”对话框中设置如图 2-93 所示的选项及参数。

3 选取基准点的位置。在“自动抓点”工具栏中单击“快速绘点”图标按钮，将基准点位置设置在（80，40）处。

4 在“矩形选项”对话框中单击“应用”图标按钮，创建的特殊矩形如图 2-94 所示。

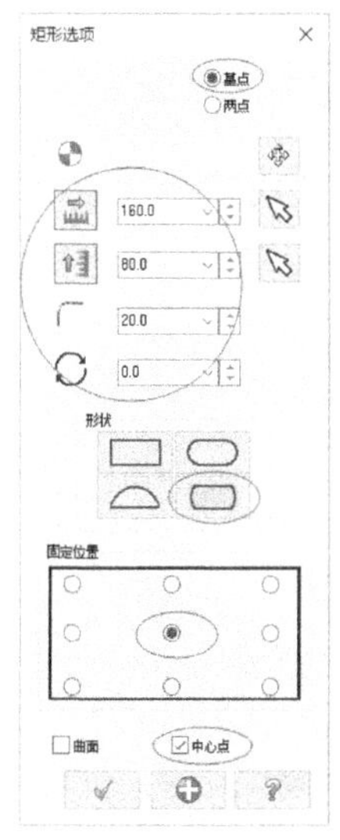

图 2-93 设置矩形选项及参数

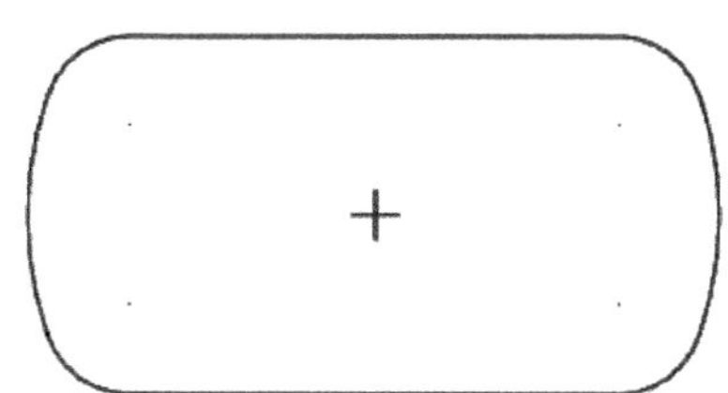

图 2-94 绘制的特殊矩形

5 在“矩形选项”对话框中设置如图 2-95 所示的选项及参数。

6 分别指定如图 2-96 所示的对角点 1 和对角点 2。

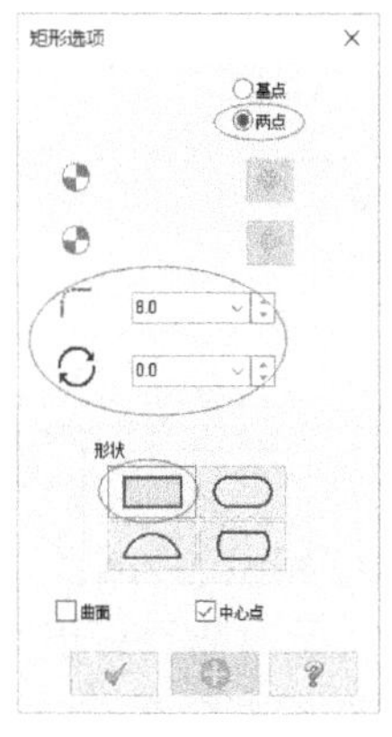

图 2-95 设置矩形选项及参数

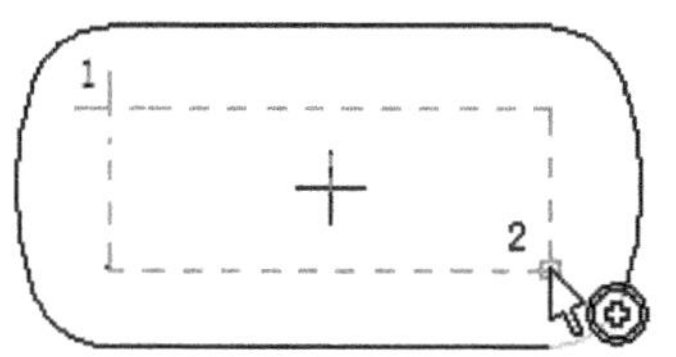

图 2-96 指定两个对角点

7 在“矩形选项”对话框中单击“确定”图标按钮 ✓ ，完成的图形效果如图 2-97 所示。

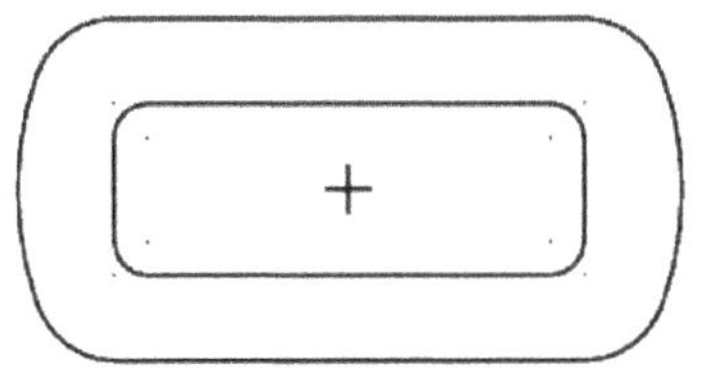

图 2-97 完成的图形效果

2.6 绘制正多边形

正多边形是指由 3 条或 3 条以上等长的边组成的封闭轮廓图形。

在 Mastercam X9 中，绘制正多边形的操作和使用“矩形设置”命令绘制特殊矩形的操作相似。在“绘图”菜单中选择“多边形”命令，或者在“基础绘图”工具栏中单击“画多边形”图标按钮，弹出如图 2-98 所示的“多边形”对话框。在该对话框中单击“展开”图标按钮，则可以使该对话框显示更多的选项，如图 2-99 所示。

图 2-98 “多边形”对话框

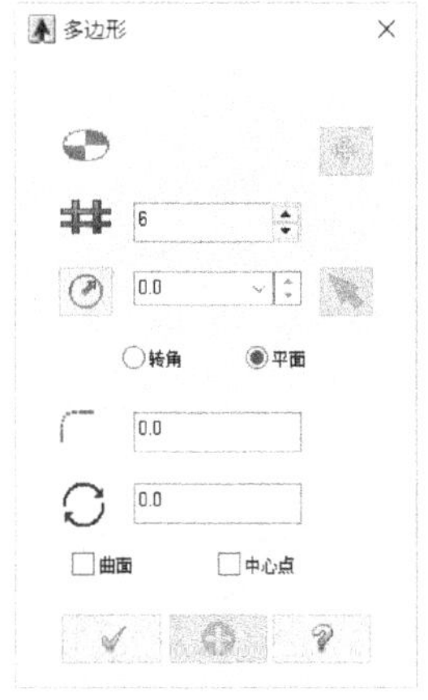

图 2-99 展开的“多边形”对话框

下面介绍“多边形”对话框中各选项的功能。

- （编辑基准点区域）：该区域用于修改多边形的基准点，单击右侧相应的“基准点”图标按钮，则可以为多边形指定一个新的定位基准点。
- （边数）：在该文本框中设置多边形的边数。
- （半径）：用于设置多边形内接圆或外切圆的半径，既可以在其文本框中输入，也可以单击右侧的图标按钮来使用鼠标光标在绘图区指定。
- “内接圆”单选按钮和“外切圆”单选按钮：用于设置与圆相接的方式。“内接圆”单选按钮用于设置正多边形内接于圆，如图 2-100a 所示，此时需要直接或间接定义该圆半径；“外切圆”单选按钮用于设置正多边形外切于圆，如图 2-100b 所示，此时需要直接或间接定义该圆的半径。

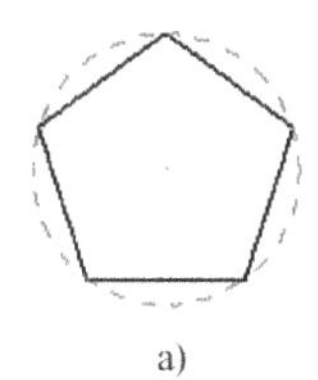
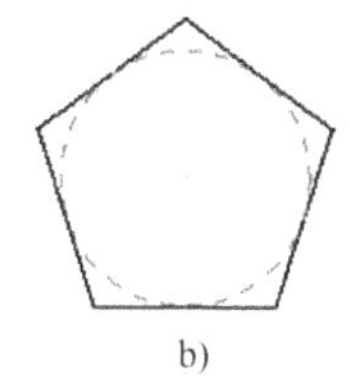

图 2-100 设置相接于圆的方式

a) 内接圆 b) 外切圆

- ◜（圆角半径）：在该文本框中输入多边形的圆角半径值。
- ⟳（旋转）：设置多边形的旋转角度值。
- “曲面”复选框：用于设置产生正多边形曲面。
- “中心点”复选框：用于设置产生正多边形的中心点。

【典型范例】绘制正六边形

1 在“绘图”菜单中选择“多边形”命令，或者在“基础绘图”工具栏中单击“画多边形”图标按钮⬠，打开“多边形”对话框。

2 在“多边形”对话框中设置如图 2-101 所示的选项及参数，即设置正多边形的边数为 6，选中“转角”单选按钮，设置该圆的半径为 80，并选中“中心点”复选框。

3 在“自动抓点”工具栏中单击“快速绘点”图标按钮，在其文本框中输入“100，100”，如图 2-102 所示，然后按〈Enter〉键确认。

4 在“多边形”对话框中单击“确定”图标按钮✔，绘制的正六边形如图 2-103 所示。

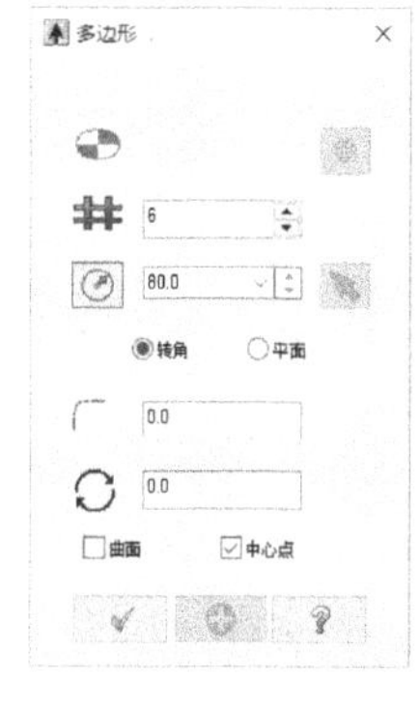

图 2-101 设置多边形选项及参数

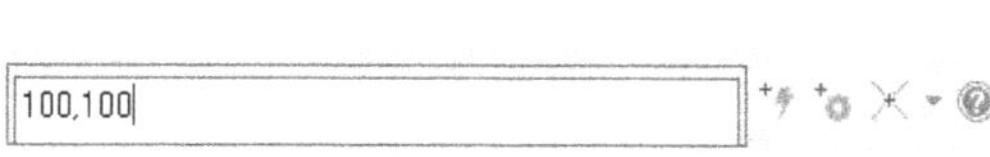

图 2-102 设置基准点坐标

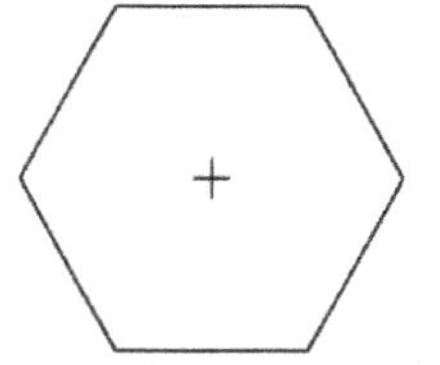

图 2-103 绘制的正六边形

2.7 绘制椭圆

可以绘制完整的椭圆，也可以绘制椭圆弧。绘制方法：在“绘图”菜单中选择“椭圆”命令，或者在“基础绘图”工具栏中单击“画椭圆”图标按钮⬭，打开如图 2-104 所示的“椭圆”对话框，从中进行相应的设置即可。在“椭圆”对话框中单击“展开”图标按钮▼，则可以使该对话框显示更多的选项，如图 2-105 所示。

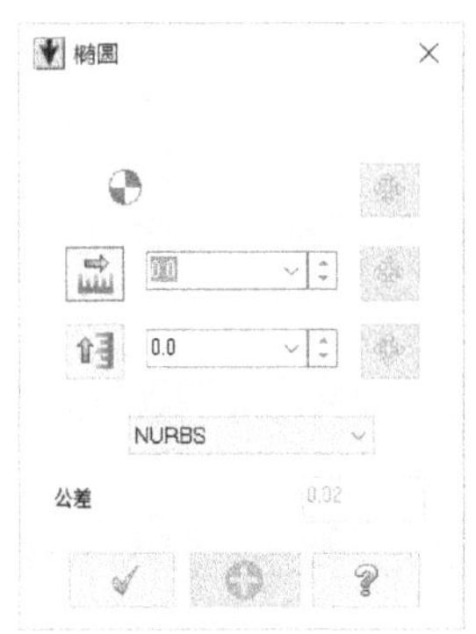

图 2-104 “椭圆”对话框

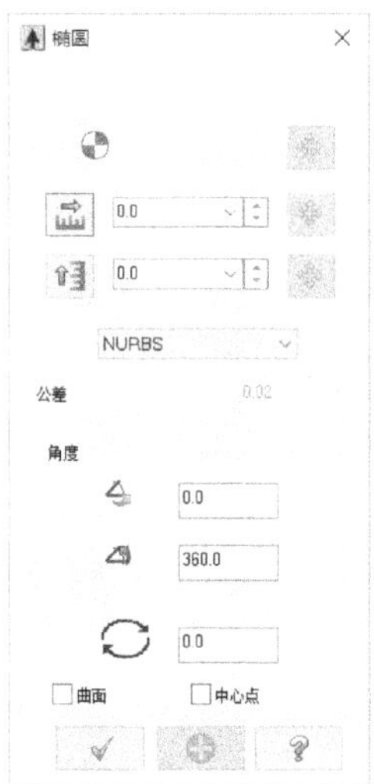

图 2-105 展开的“椭圆”对话框

下面介绍“椭圆”对话框中主要选项的功能。

- （长轴半径）：用于设置椭圆在水平方向上的半轴长度（通常称长轴半径），可以在其文本框中输入数值。
- （短轴半径）：用于设置椭圆在垂直方向上的半轴长度（通常称短轴半径），可以在其文本框中输入数值。
- NURBS：从该下拉列表框中可以选择“NURBS”、“区段圆弧”或“区段直线”选项，以定义椭圆生成方式。
- “公差”文本框：用于设置公差值。
- “角度”选项组：在该选项组中，可以在“起始角度”文本框中输入椭圆的起始角度，在“结束角度”文本框中输入椭圆的终止角度（结束角度），从而形成椭圆弧。
- （旋转）：在“旋转”文本框中设置椭圆的旋转角度，可以生成倾斜的椭圆或椭圆弧。
- “曲面”复选框：若选中该复选框，则产生椭圆形状的曲面。
- “中心点”复选框：若选中该复选框，则在绘制椭圆时产生椭圆的中心点。

【典型范例】绘制给定参数的一个椭圆及一个椭圆弧

1 在“绘图”菜单中选择“椭圆”命令，或者在“基础绘图”工具栏中单击“画椭圆”图标按钮，打开“椭圆”对话框。

2 在“椭圆”对话框中设置长轴半径为 54，短轴半径为 37，默认椭圆的生成方式为“NURBS”，如图 2-106 所示。

3 在“自动抓点”工具栏中单击“快速绘点”图标按钮，在其文本框中输入“0，0”，然后按〈Enter〉键确认。

4 在“椭圆”对话框中单击“应用”图标按钮，绘制的椭圆如图 2-107 所示。

5 单击“椭圆”对话框中的“展开”图标按钮，使该对话框显示更多的选项。

6 在“椭圆”对话框中设置如图 2-108 所示的选项及参数。

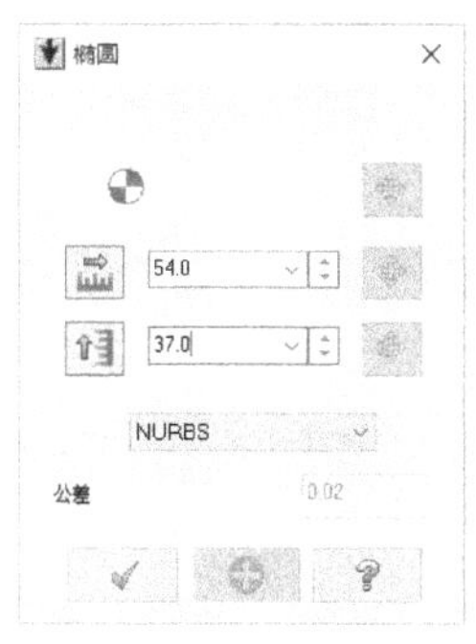

图 2-106 设置椭圆参数

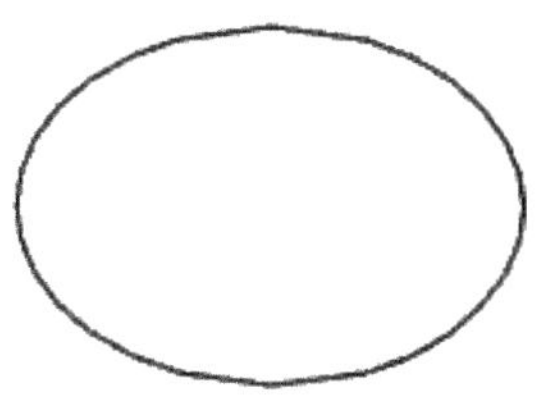

图 2-107 绘制的椭圆

7 在“自动抓点”工具栏中单击“快速绘点”图标按钮，在其文本框中输入“120，0”，然后按〈Enter〉键确认。

8 在“椭圆”对话框中单击“确定”图标按钮，绘制的椭圆弧如图 2-109 所示。

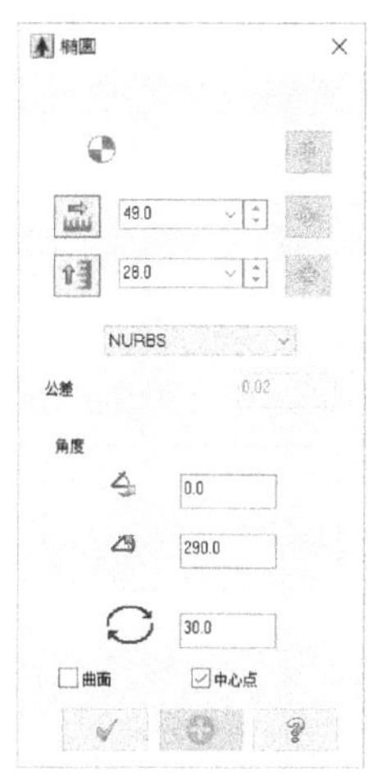

图 2-108 “椭圆”对话框

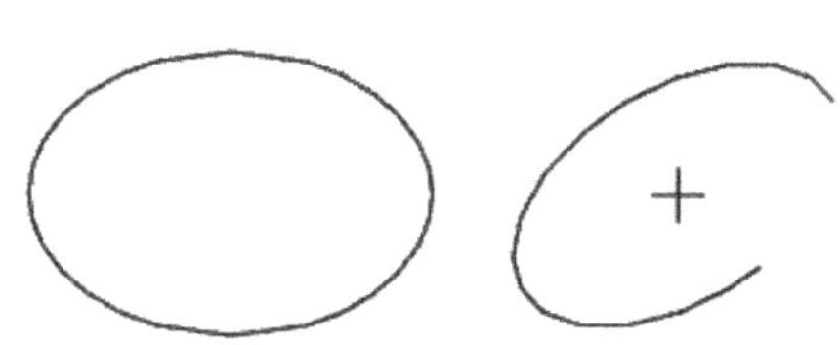

图 2-109 绘制的椭圆弧

2.8 绘制样条曲线

Mastercam X9 样条曲线包括 SPINE 曲线和 NURBS 曲线，前者是将所有的离散点作为曲线的节点并使曲线通过这些节点，即其形状由曲线经过的节点决定，属于参数式曲线；后者则不一定，后者是非均匀有理 B 样条曲线，其形状由控制点决定，曲线通过首点和末点，但并不一定通过中间的控制点，而是尽量按照一定的方式逼近这些中间的控制点。对于 NURBS 曲线，可通过移动它的控制点来编辑，它是一种可以比 SPINE 曲线更为光滑的且更容易调整的曲线，适用于设计模具模型的外形与复杂曲面的轮廓曲线。

用户可以执行“设置”/“系统配置”命令，打开“系统配置”对话框，切换到“CAD 设置”选项界面，在“曲线/曲面创建形式”选项组的下拉列表框中设置曲线/曲面的构建形式，如图 2-110 所示，系统默认的曲线/曲面构建形式为 NURBS。

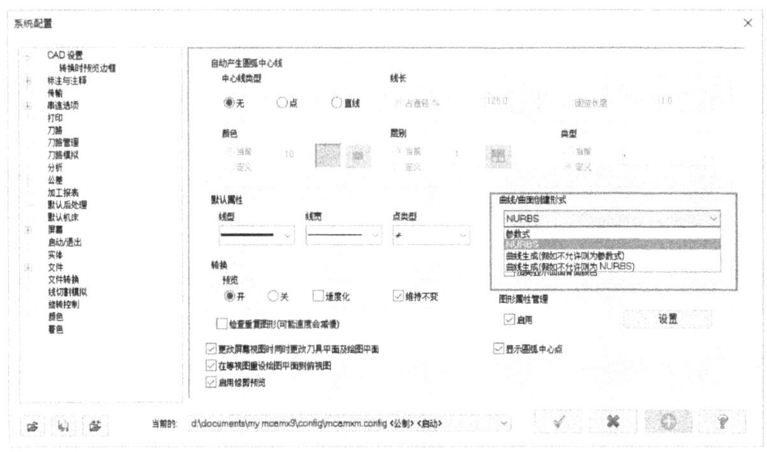

图 2-110　设置曲线/曲面的构建形式

用于绘制样条曲线的主要命令位于“绘图”/“曲线”级联菜单中，如图 2-111 所示，包括“手动画曲线”“自动生成曲线”“转成单一曲线”和“熔接曲线”。这些命令的相应按钮位于“基础绘图”工具栏中，如图 2-112 所示。

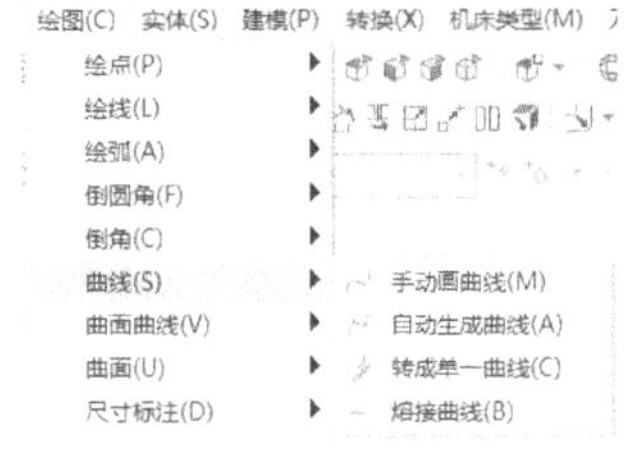

图 2-111　“绘图”/“曲线”级联菜单

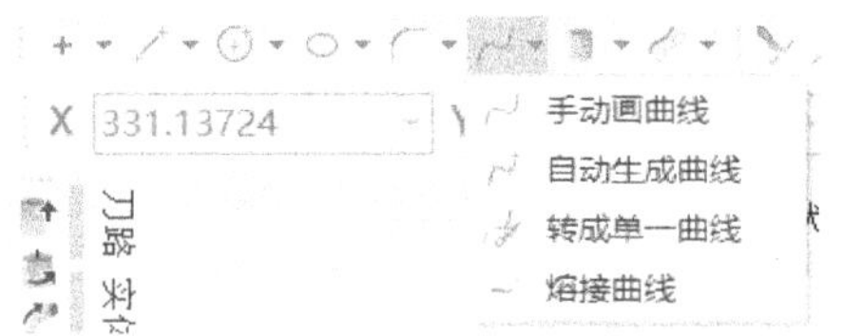

图 2-112　绘制样条曲线的工具按钮

2.8.1 手动画曲线

“手动画曲线”是指绘制曲线时按照系统提示逐个指定点（见图 2-113）来生成一条样条曲线，图例如图 2-114 所示。

图 2-113　逐个指定点

图 2-114　手动画曲线（结果）

选择“手动画曲线”命令时，系统将打开“曲线”操作栏。如果要在创建曲线的过程中设置曲线端点的切线方向，那么可以在指定第 1 个点之前，在“曲线”操作栏中单击选中“编辑端点”图标按钮，待在绘图区指定所有点并按〈Enter〉键后，则“曲线端点”操作栏显示为如图 2-115 所示，从中可以编辑端点状态。

图 2-115　“曲线端点”操作栏

曲线端点（起始点和终止点）的状态可以在“曲线端点”操作栏相应的下拉列表框中选择，可供选择的状态选项包括以下几种。

- “3 点圆弧”：由曲线的开始（最后）3 个点所构成的圆弧，将起点处的切线方法作为曲线起点的切线方法。
- “法向”：这是系统默认的选项，曲线两端的切线方向如图 2-116 所示。

图 2-116　默认的切线方向

- “到图形（至图素）”：选取已经绘制的图形，将其选取点的切线方向作为本曲线指定端点处的切线方向。
- “到端点”：指定其他图形的某个端点的切线方向作为本曲线指定端点的切线方向。
- “角度”：指定端点切线的角度。

如果需要，可以在编辑指定端点的切线方向时切换其方向。

【典型范例】采用“手动画曲线”方式绘制一条样条曲线

1 在“绘图”/“曲线”级联菜单中选择“手动画曲线”命令，或者在“基础绘图”工具栏中单击“手动画曲线”图标按钮。

2 在“曲线”操作栏中确保选中“编辑端点”图标按钮，如图 2-117 所示。

图 2-117　“曲线”操作栏

3 系统提示“选择一点。按 <Enter> 或 <应用> 键完成.”，使用鼠标光标在绘图区中依次单击如图 2-118 所示的点 1～点 9，然后按〈Enter〉键。

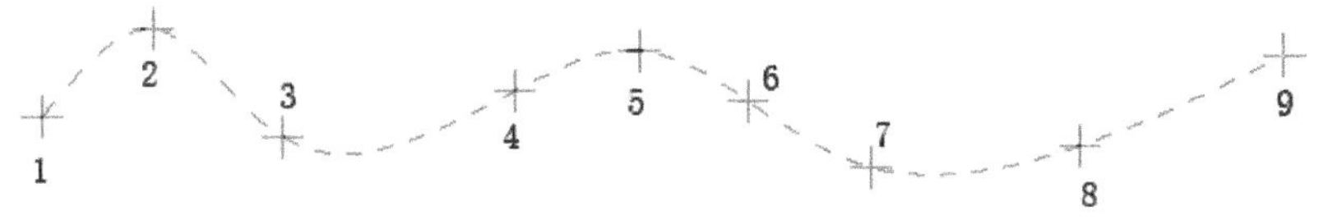

图 2-118　依次指定 9 个点

4 在“曲线端点”操作栏中设置曲线端点 1 的状态为“法向”，设置曲线端点 2 的状态为“角度”，并设置该角度值为“-60”，如图 2-119 所示。

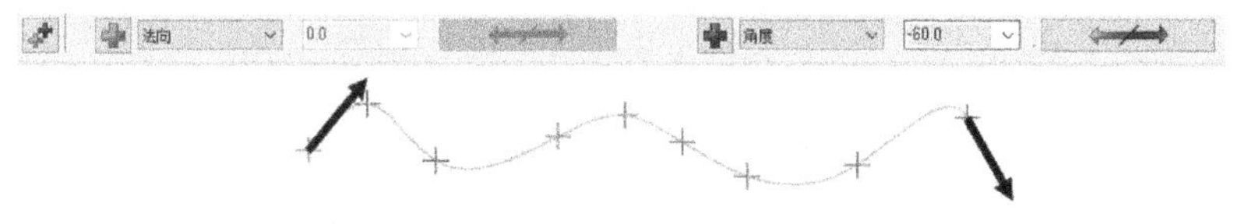

图 2-119　编辑曲线端点

5 在“曲线端点”操作栏中单击“确定”图标按钮，绘制的样条曲线如图 2-120 所示。

图 2-120　绘制的样条曲线

2.8.2 自动生成曲线

“自动生成曲线”是指利用已有的 3 个点来绘制样条曲线。在执行“自动生成曲线”命令过程中，依次选择这 3 个点（分别作为曲线的第一点、第二点和最后一点），系统便会自动生成曲线，如图 2-121 所示。

图 2-121　自动生成曲线

【典型范例】自动生成曲线

1 在“绘图”/“曲线”级联菜单中选择“自动生成曲线”命令，或者在“基础绘图”工具栏中单击“自动生成曲线”图标按钮，系统打开如图 2-122 所示的“自动创建曲线”操作栏。

图 2-122　“自动创建曲线”操作栏

2 在系统提示下，依次选择第一点、第二点和最后一点，如图 2-123 所示。

3 按〈Esc〉键或单击“确定”图标按钮，结束自动绘制曲线的操作。自动绘制的曲线效果如图 2-124 所示。

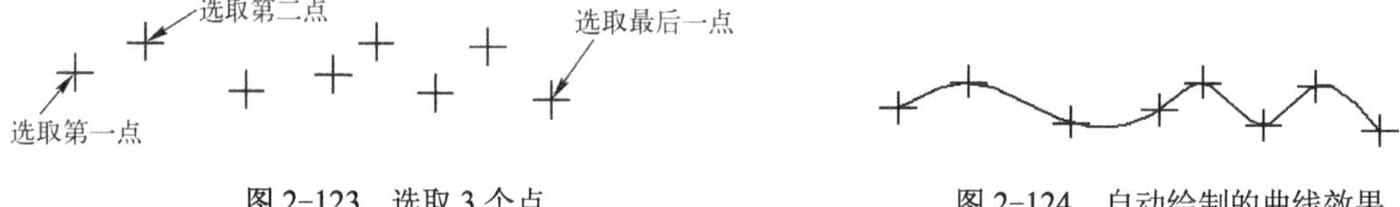

图 2-123　选取 3 个点

图 2-124　自动绘制的曲线效果

2.8.3 转成单一曲线

“转成单一曲线”是指将一系列首尾相连的图素，如圆弧、直线和曲线等，转换为所设置的单一样条曲线。

将相连的多条曲线合并转换为单一曲线，其典型的操作流程如下。

1 在“绘图”/“曲线”级联菜单中选择“转成单一曲线”命令，或者在“基础绘图”工具栏中单击“转成单一曲线”图标按钮，打开如图 2-125 所示的“转成曲线”操作栏。

图 2-125 “转成曲线”操作栏

2 结合同时弹出的如图 2-126 所示的“串连选项”对话框，选取所需的线条，然后单击“串联选项”对话框中的“确定”图标按钮。

3 在“转成曲线”操作栏的“公差”文本框中设置拟合公差，误差值越小，则生成的单一样条曲线与原曲线串连越接近；在“原始曲线”下拉列表框中选择对原始曲线的处理方式，如图 2-127 所示。

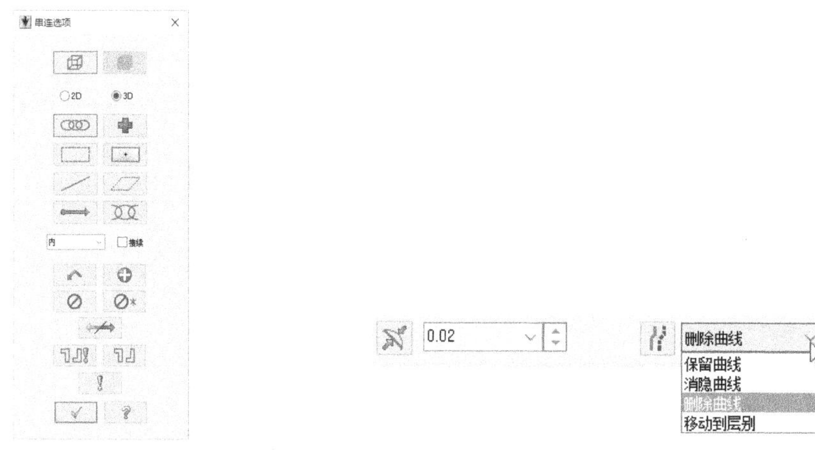

图 2-126 “串连选项”对话框　　　　图 2-127 选择原始曲线的处理方式

对原始曲线，除了可以执行“保留曲线”“消隐曲线”和“删除曲线”设置之外，还可以选择“移动到层别”选项，并在“层别号码”文本框中输入要将原始曲线移动到的图层编号。

如果在“转成曲线”操作栏中选中“串连”图标按钮，则打开“串连选项”对话框，重新指定串连。

4 在“转成曲线”操作栏中单击“应用”图标按钮或“确定”图标按钮，完成转成单一曲线的操作。

2.8.4 熔接曲线

“熔接曲线”是指创建一条与指定的两条曲线在选择位置处光滑相切的样条曲线。

【典型范例】熔接曲线的应用操作

1 在“绘图”/“曲线”级联菜单中选择“熔接曲线”命令，或者在“基础绘图”工具栏中单击“熔接曲线”图标按钮，打开如图 2-128 所示的“曲线熔接”操作栏。

图 2-128 “曲线熔接”操作栏

2 在绘图区选择第 1 条曲线，系统显示出一个表示切点位置及切线方向的箭头，接着移动鼠标将箭头移动到需要的切点位置处单击鼠标左键，以指定该曲线的熔接切点位置，如图 2-129 所示。

3 在绘图区选择第 2 条曲线，接着在该曲线的合适位置处单击以指定该曲线的熔接切点位置，如图 2-130 所示。

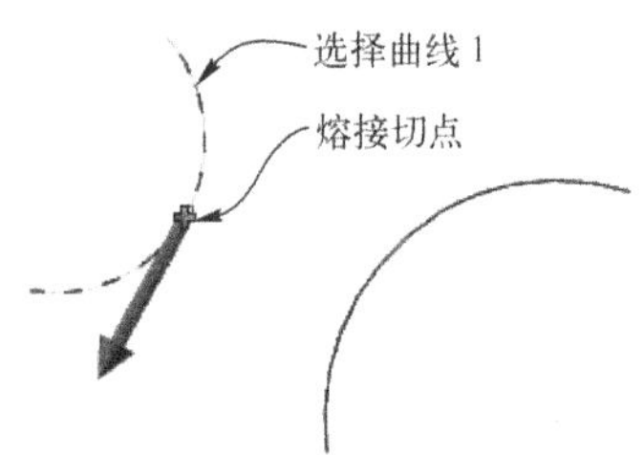

图 2-129 选择第 1 条曲线及切点位置

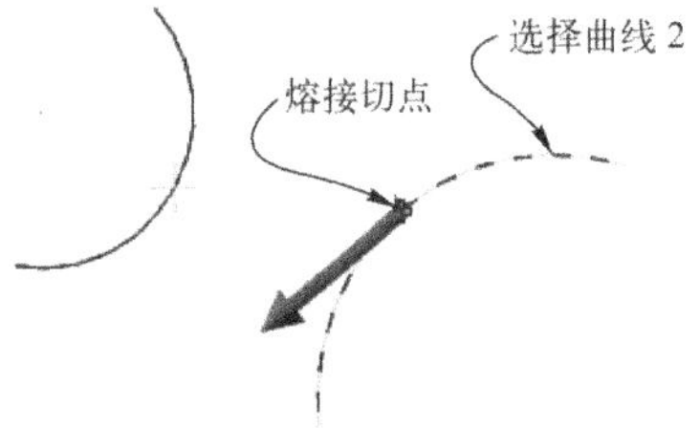

选择曲线 2
熔接切点

图 2-130 选择第 2 条曲线及切点位置

4 在“曲线熔接”操作栏中设置相关参数，如图 2-131 所示。

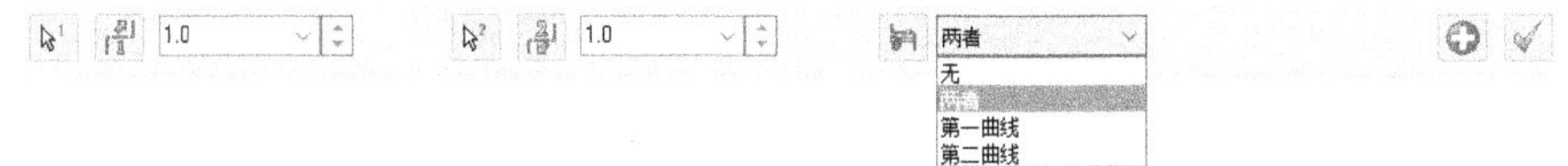

图 2-131 设置曲线熔接状态

知识点拨 在“曲线熔接”操作栏的“修剪”下拉列表框中，可供选择的修剪选项有“无”“两者”“第一曲线”和“第二曲线”。当选择“无”选项时，表示不对原始曲线进行修剪；当选择“两者”选项时，表示同时修剪被选取的几何对象；当选择“第一曲线”选项或“第二曲线”选项时，表示只对第一条或第二条曲线进行修剪。另外，该操作栏中的 1.0 文本框和 1.0 文本框分别用来设置在两个选取对象熔接切点的熔接值。

5 单击“确定”图标按钮，曲线熔接后的图形效果如图 2-132 所示。

图 2-132 曲线熔接后的图形效果

2.9 绘制螺旋线

螺旋线包括一般螺旋线（间距）和锥度螺旋线等。

2.9.1 绘制螺旋线（间距）

在“绘图”菜单中选择“螺旋线（间距）”命令，或者在“基础绘图”工具栏中单击“螺旋线（间距）”图标按钮，弹出如图 2-133 所示的“螺旋”对话框。

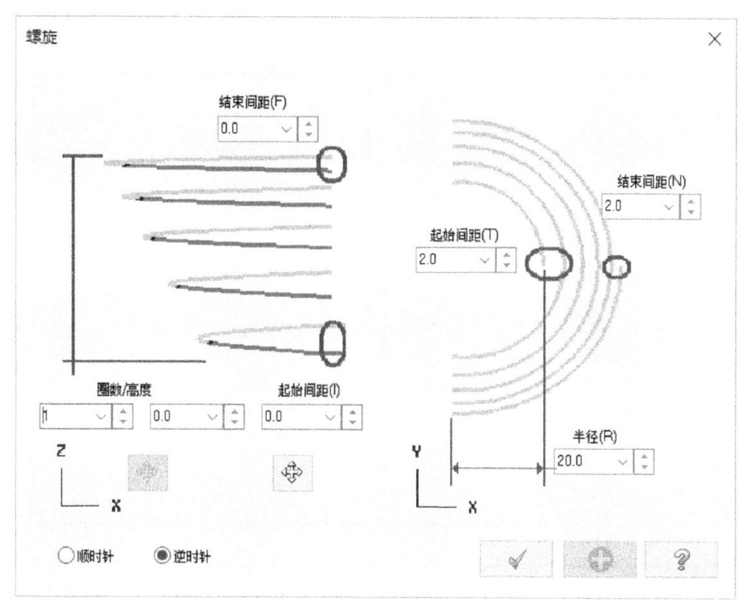

图 2-133 “螺旋”对话框

在“螺旋”对话框中，可以设置该螺旋形曲线（也常称为“盘旋线”）是顺时针螺旋还是逆时针螺旋，并且可以设置起始间距、结束间距、螺旋半径、圈数、高度。该对话框中的“基准点”图标按钮用于修改螺旋线的基准点位置。

如果设置螺旋线的高度值为 0，那么创建的螺旋线为平面螺旋线，如图 2-134 所示；如果设置螺旋线的高度值大于 0，那么创建的螺旋线为空间螺旋线，如图 2-135 所示。

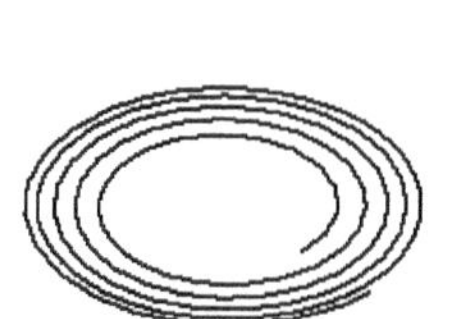

图 2-134 平面螺旋线

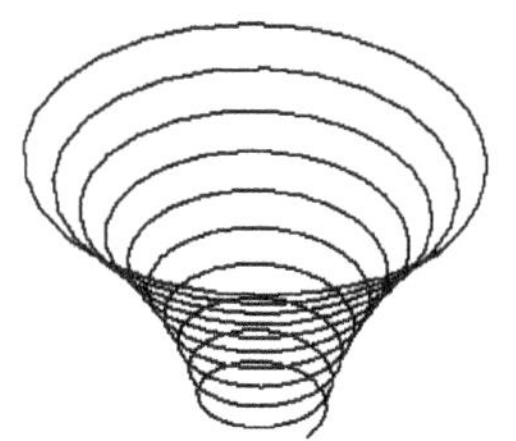

图 2-135 空间螺旋线

【典型范例】创建一种空间螺旋线

1 在“绘图”菜单中选择“螺旋线（间距）”命令，或者在“基础绘图”工具栏中单击“螺旋线（间距）”图标按钮，系统弹出“螺旋”对话框。

2 为了便于观察将要创建的空间螺旋线的效果，可以在菜单栏中选择“视图”/“标准视角”/“等视图”命令。

3 在“螺旋”对话框中，设置如图 2-136 所示的选项及参数。

4 在绘图区中的合适位置处单击，以指定螺旋形中心的放置基准点位置。

5 在“螺旋”对话框中单击“确定”图标按钮，创建的空间螺旋线如图 2-137 所示。

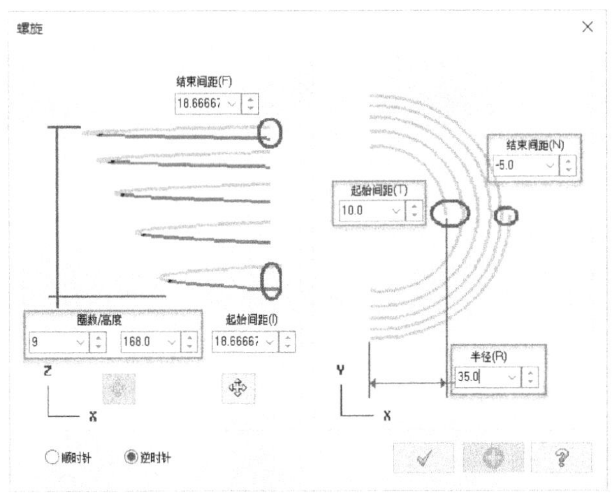

图 2-136 “螺旋”对话框

知识点拨 如果要创建如图 2-138 所示的“圆柱形”的空间螺旋线，那么需要在单击“螺旋线（间距）”图标按钮打开的“螺旋”对话框中，将右侧的“X-Y”选项组中的起始间距值和结束间距值均设置为 0，其他参数根据设计要求来设置。

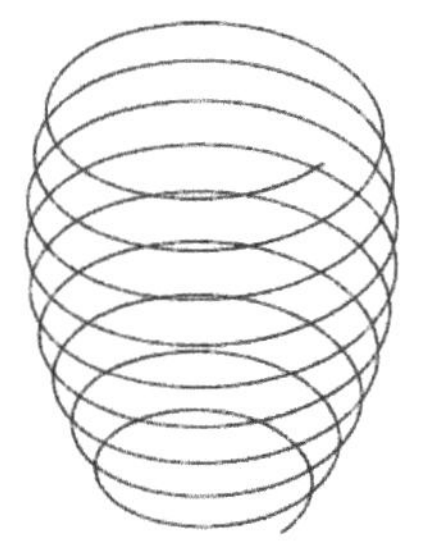

图 2-137 创建空间螺旋线

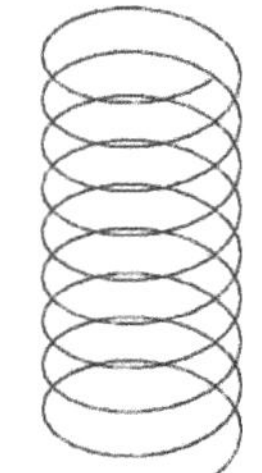

图 2-138 “圆柱形”的空间螺旋线

2.9.2 绘制锥度螺旋线

具有锥度形状的螺旋线其实就是一条围绕着中心轴向上旋转的曲线，该曲线的创建需要定义其螺旋线半径、螺距和旋转圈数。

在“绘图”菜单中选择“螺旋线（锥度）”命令，或者在“基础绘图”工具栏中单击“螺旋线（锥度）”图标按钮，弹出如图 2-139 所示的“螺旋”对话框。

下面介绍该对话框中主要选项及参数的功能。

- “圈数”：在该文本框中定义螺旋线旋转的圈数。
- “高度”：在该文本框中设置螺旋线的总高度。注意，螺旋线的总高度与螺旋线的旋转圈数/螺距是相互关联的。
- “锥度角”：在该文本框中设置螺旋线的锥度角参数值。锥度角是由于螺旋线每圈的半径不同而形成的。

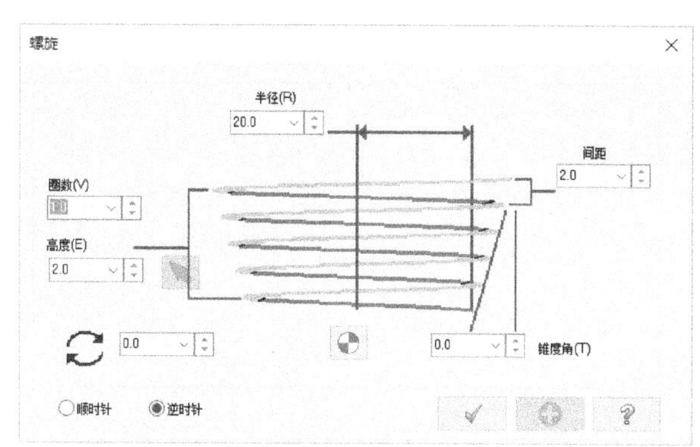

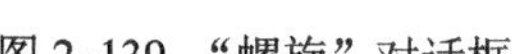
图 2-139 “螺旋”对话框

- “顺时针”单选按钮和“逆时针”单选按钮：用于设置螺旋线的旋转方向。
- （旋转）：用于设置螺旋线放置时的初始角度值，其初始默认值为 0。
- （基准点）：该图标按钮用于选取新的螺旋线中心。

【典型范例】创建锥形的螺旋线

1 在“绘图”菜单中选择“螺旋线（锥度）”命令，或者在“基础绘图”工具栏中单击“螺旋线（锥度）”图标按钮，弹出“螺旋”对话框。

2 在“螺旋”对话框中设置如图 2-140 所示的参数。

3 在“自动抓点”工具栏中单击“快速绘点”图标按钮，在其文本框中输入“0，0，0”，然后按〈Enter〉键确认。

4 在“螺旋”对话框中单击“确定”图标按钮，创建的锥形螺旋线如图 2-141 所示（以等角视图显示）。

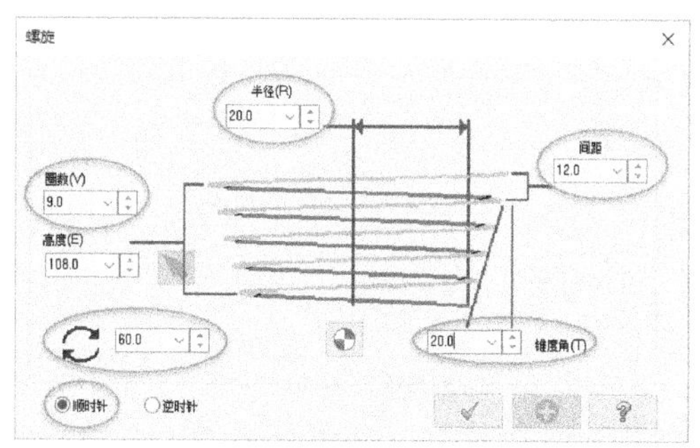

图 2-140　设置锥形螺旋线的相关选项及参数

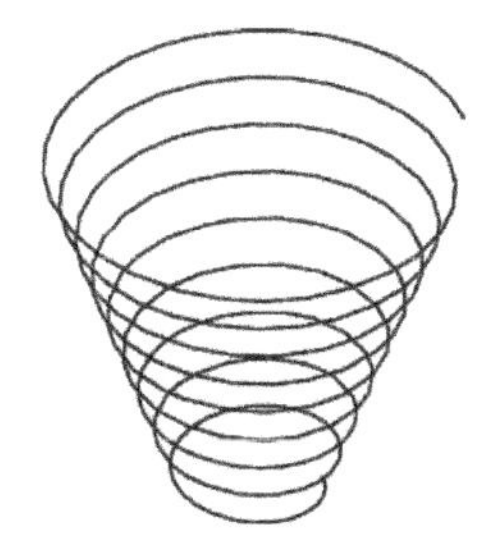
图 2-141　创建的锥形螺旋线

2.10　绘制文字

绘制文字多用于产品表面上的标识雕刻。这里所指的文字（为了便于描述，不妨将其称为图形文字）与尺寸标注中的注释文字是不同的，图形文字是图样中的几何信息要素，可以用在数控加工中，而尺寸标注中的注释文字则只能用于标注说明，不能用于制造加工，属于图样中的非几何信息要素。

绘制的文字可以按照图形来处理，可以将其看作由直线、圆弧、样条曲线等图素构成的图形组合体。在菜单栏的“绘图”菜单中选择“文字”命令，或者在“基础绘图”工具栏中单击“文字”图标按钮A，弹出如图 2-142 所示的“文字”对话框。利用该对话框，可以设置文字的字体、对齐方式和相关参数等。在“文字”文本框中可以输入文字，然后单击“确定”图标按钮✓，并根据系统提示来指定文字的放置基准点。下面总结一下在“文字”对话框中的主要操作。

图 2-142 “文字”对话框

一、指定文字的字体

“文字”对话框中的“字体”选项组用于指定文字的字形。用户可以从该选项组的“字体”下拉列表框中选择所需的字体，如图 2-143 所示。如果想要使用 Windows 系统的真实字体绘制文字，那么可以在“字体”选项组中单击“TrueType”按钮，打开如图 2-144 所示的“字体”对话框，从中选择所需的真实字体，并设置相应的字形和大小等。

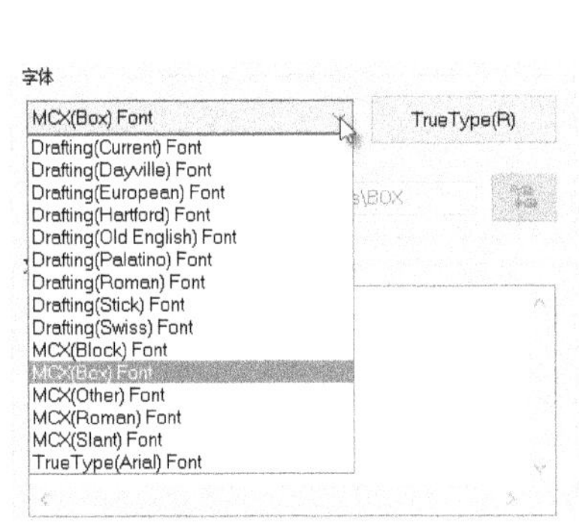

图 2-143 “字体”下拉列表框

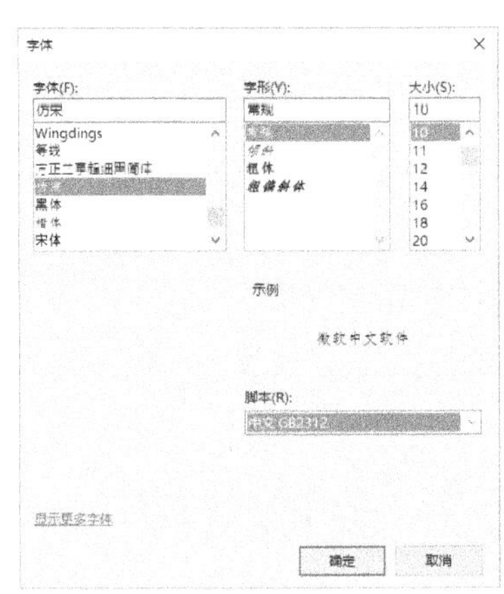

图 2-144 “字体”对话框

二、设置文字对齐方式

在“文字”对话框的“对齐”选项组中，选择“水平”“垂直”“圆弧顶部”“圆弧底部”这些单选按钮之一来设置文字图形的对齐方式，也可以根据需要选中“串连到顶部”复选框。图 2-145 给出了 4 种文字对齐方式的效果。

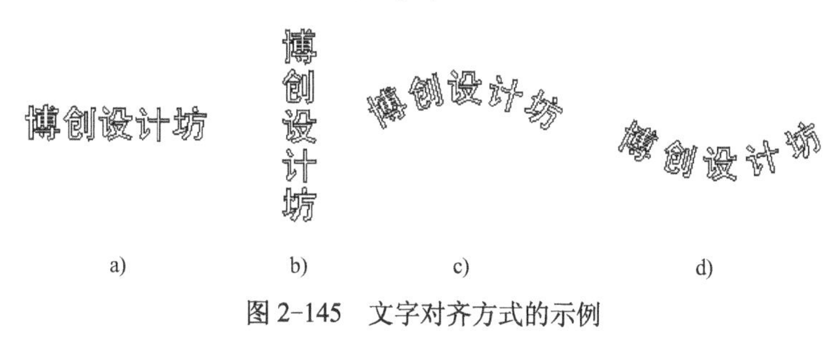

图 2-145 文字对齐方式的示例

a) 水平 b) 垂直 c) 圆弧顶部 d) 圆弧底部

三、设置文字参数

“文字”对话框中的“参数”选项组用于设定文字参数，包括文字高度、文字间距和圆弧半径（如果需要的话）。

对于名称不是以“MCX”字母开头的字体，则可以在“文字”对话框中单击“尺寸标注选项”按钮，打开如图 2-146 所示的“注释文字”对话框。在“注释文字”对话框中可以设置文字大小、直线加在文字的部位、文字路径（书写方向）、文字对齐方式、文字镜像和旋转角度等。

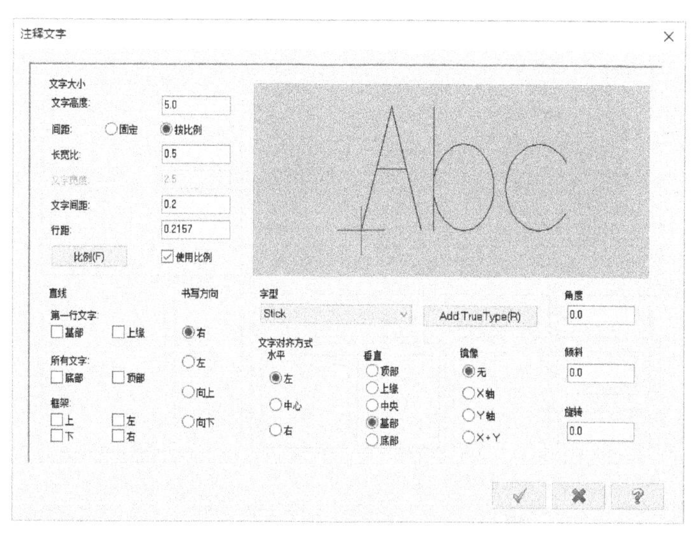

图 2-146 “注释文字”对话框

四、输入文字内容

用户可以在“文字”对话框的“文字”文本框中输入所需的文字内容。

【典型范例】创建倾斜的具有四周框架的文字

1 在菜单栏的“绘图”菜单中选择“文字”命令，或者在“基础绘图”工具栏中单击“文字”图标按钮 A，弹出“文字”对话框。

2 在“字体”选项组的“字体”下拉列表框中选择“Drafting（Dayville）Font”，在“参数”选项组的“高度”文本框中输入“5.0”，在“文字”文本框中输入“DREAMCAX”，如图 2-147 所示。

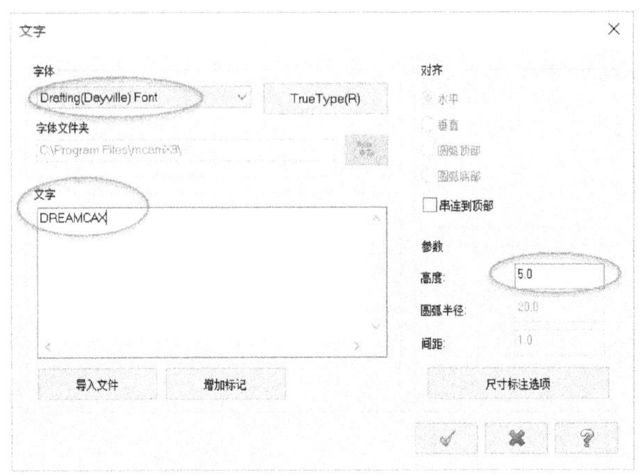

图 2-147 “文字”对话框

3 单击“尺寸标注选项”按钮，系统弹出“注释文字”对话框，在该对话框中设置如图 2-148 所示的选项及参数，注意预览框中文字的预览效果。

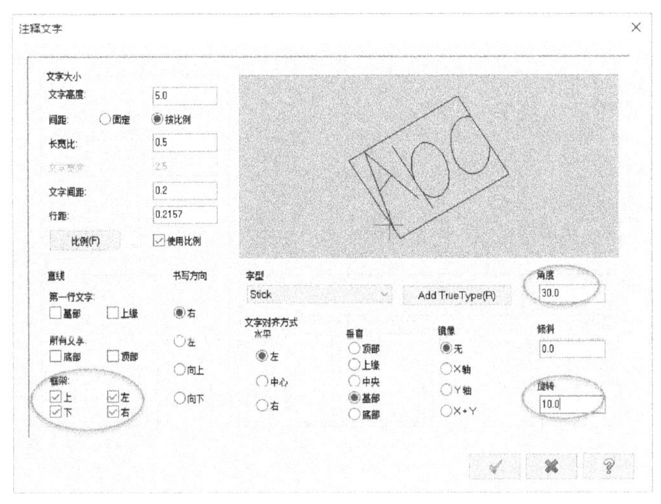

图 2-148 设置相关文字选项及参数

4 在“注释文字”对话框中单击“确定”图标按钮 ✓ ，接着确保在“文字”对话框的“字体”下拉列表框中选择“Drafting（Dayville）Font”，然后单击“确定”图标按钮 ✓ 。

5 系统提示输入文字起点位置。在绘图区任意位置单击一点作为文字的起点基准点，如图 2-149 所示。按〈Esc〉键结束绘制文字操作。

试一试：在“注释文字”对话框的“镜像”选项组中分别选择“X 轴”“Y 轴”或“X+Y”单选按钮，注意比较这几种镜像设置生成的文字效果。例如，假设将文字镜像选项设置为“X+Y”，那么本例最后生成的文字效果如图 2-150 所示。

图 2-149　指定文字的起点位置

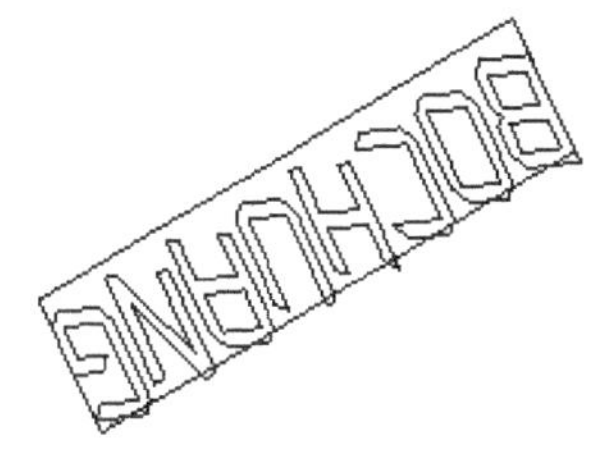

图 2-150　“X+Y”镜像效果

2.11　绘制圆周点

用户可以在设定的圆周上创建均布的若干个圆周点或小圆孔，如图 2-151 所示。

在“绘图”菜单中选择“圆周点/小圆”命令，接着指定基准点位置，系统弹出如图 2-152 所示的“圆周点”对话框。在该对话框中，可以设定圆周半径、图案模式、创建图形方式和旋转轴等。其中，在“图案”选项组中设置是否应用整个圆周，以及根据情况指定圆周点/小圆的数目、圆周开始角度、角度增量等参数。在“创建图形”选项组中设置要创建的图形为点位、圆弧、中心点、参考圆周中的一种或几种。在“旋转轴”选项组中可以选中或取消选中“旋转轴”复选框，以及定义旋转轴及其方向等。另外，在“圆周点”对话框中，还提供了“移除副本”图标按钮和“重置副本”图标按钮，前者用于设置移除圆周中的某个点或小圆副本，后者则用于恢复圆周中要移除的副本以重置副本。

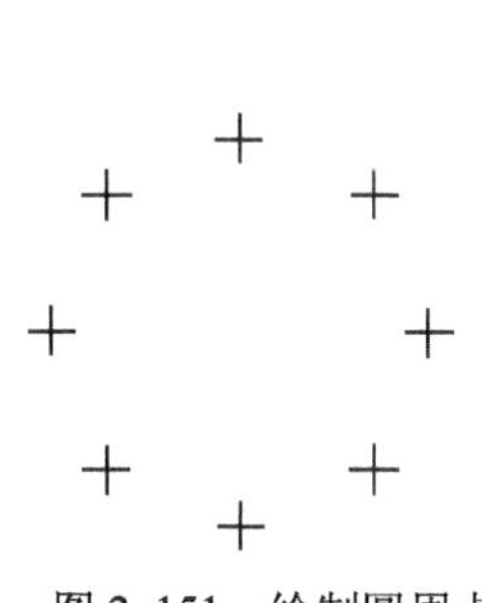

图 2-151　绘制圆周点

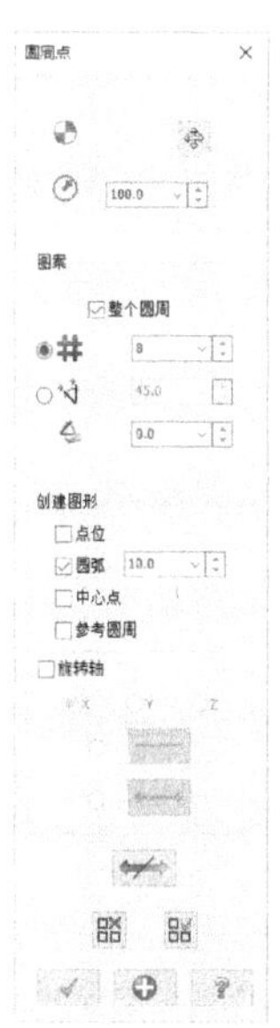

图 2-152　“圆周点”对话框

【典型范例】在一个正六边形中绘制均布的 5 个圆周点

一、绘制一个正六边形

1 在“绘图”菜单中选择“多边形”命令，或者在“基础绘图”工具栏中单击“画多边形”图标按钮⬡，打开“多边形”对话框，并使该对话框显示更多的选项。

2 在“多边形”对话框中设置如图 2-153 所示的选项及参数，即设置多边形的边数为 6，选择“平面”单选按钮，设置相应的圆半径为 100，并选中“中心点”复选框。

3 在绘图区中单击一点作为正六边形的中心放置基准点，然后在“多边形”对话框中单击“确定”图标按钮 ✓ 。完成绘制的正六边形如图 2-154 所示。

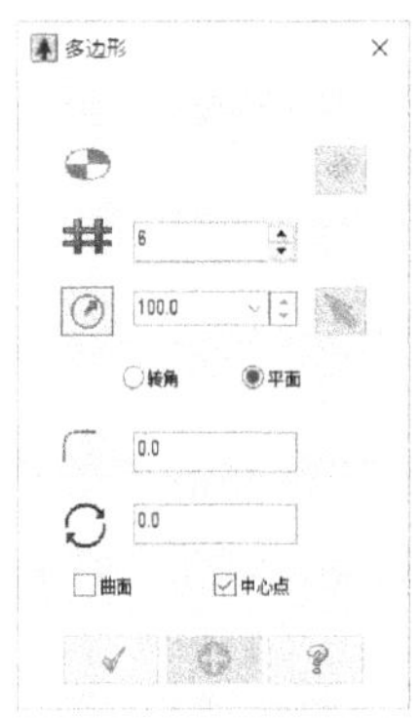

图 2 153 设置多边形选项

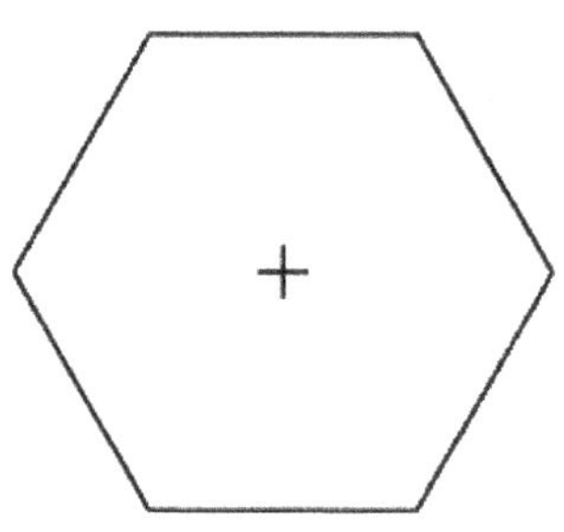

图 2-154 绘制正六边形

二、绘制带圆孔的圆周点

1 在“绘图”菜单中选择“圆周点/小圆”命令。

2 选择正六边形的中心点作为基准点位置，系统弹出“圆周点”对话框。

3 在“圆周点”对话框中设置如图 2-155 所示的参数和选项，尤其注意在“创建图形”选项组中选中“点位”复选框、“圆弧”复选框、“中心点”复选框和“参考圆周”复选框。

4 在“圆周点”对话框中单击“确定”图标按钮 ✓ ，最终完成的效果如图 2-156 所示。

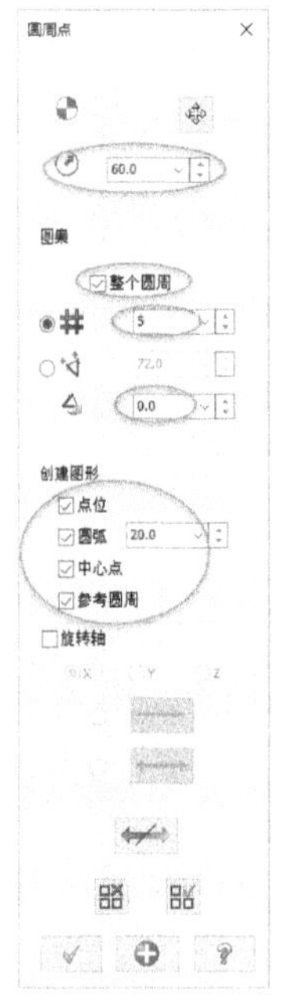

图 2-155 设置圆周点的参数和选项

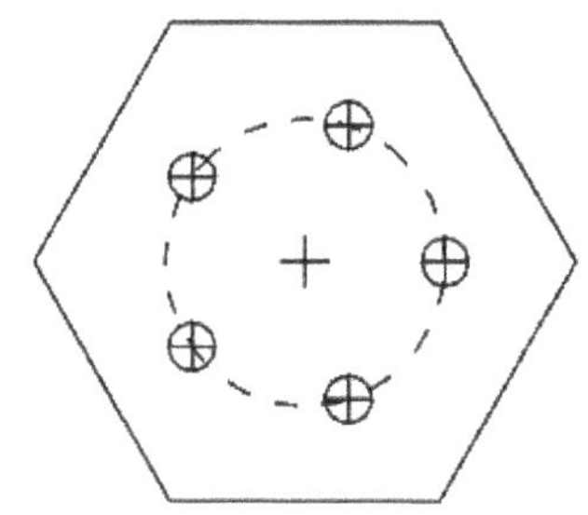

图 2-156 绘制带圆孔的圆周点

2.12 绘制边界盒

“绘制边界盒”是指根据图形尺寸及其扩展量来绘制将选定图素包含在内的边界图形，它可以是长方体也可以是圆柱体。这个边界图形就好像一个完全包围图素的“盒子”，故被形象地称为“边界盒”。在设计中绘制边界盒是非常有用的，它可确定工件坯件的加工边界，以及辅助确定工件中心和重量等。

在“绘图”菜单中选择“边界盒”命令，或者在“基础绘图”工具栏中单击“画边界盒”图标按钮，弹出如图 2-157 所示的“边界盒”对话框。接着指定要绘制边界盒的图素，并在“边界盒”对话框中设置相关的选项及参数，然后单击“应用”图标按钮或“确定”图标按钮来完成边界盒的绘制。下面介绍“边界盒”对话框的“基本”选项卡中主要选项的功能。

一、“图形”选项组

“图形”选项组提供“手动”和“全部显示”两个单选按钮。当选中“全部显示”单选按钮时，系统自动选择绘图区内的所有显示的图形来绘制边界盒。当选中“手动”单选按钮时，需要手动选择图形来创建边界盒，即此时可以单击“选择图形”图标按钮以选择要为其绘制边界盒的图形。

二、“创建圆柱体”选项组

在该选项组中定义边界框的构成图形。可以使用以下 4 个复选框。

- “线和圆弧”复选框：若选中此复选框，则创建的边界盒由线、圆弧构建，如图 2-158 所示。
- “点”复选框：若选中此复选框，则将在边界盒的各顶点位置处创建点，如图 2-159 所示。

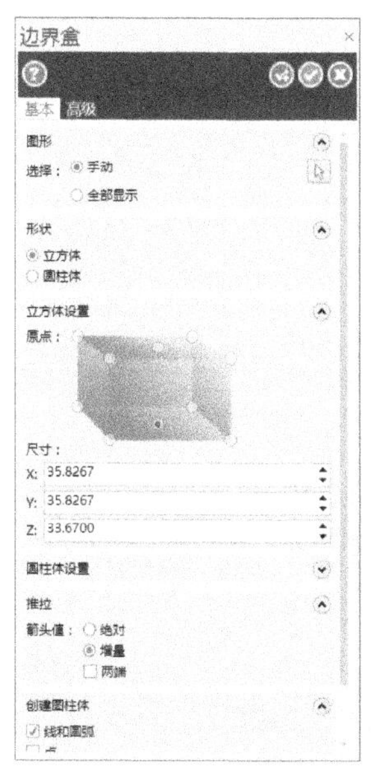

图 2-157 “边界盒”对话框

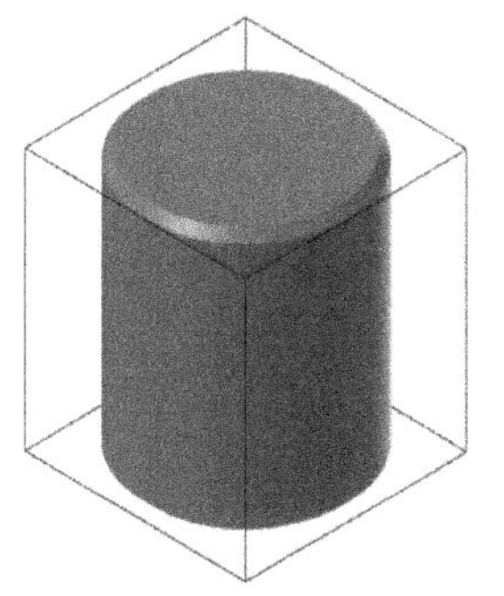

图 2-158 边界盒为“线和圆弧”

图 2-159 边界盒为“点”

- “中心点”复选框：若选中此复选框，则结果为绘制出它的中心点，如图 2-160 所示。
- “实体”复选框：若选中此复选框，则绘制的边界盒为实体，如图 2-161 所示。

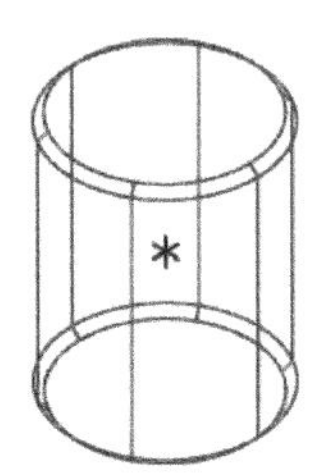

图 2-160　边界盒为“中心点”模式

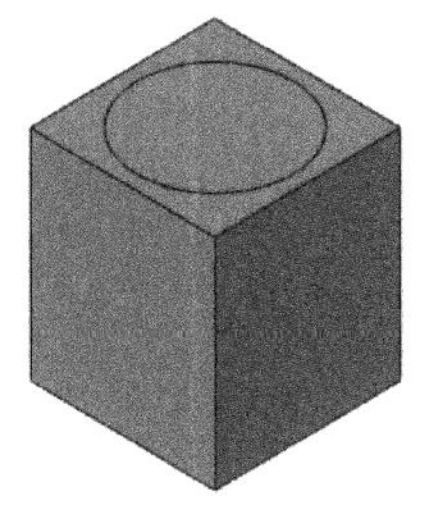

图 2-161　边界盒为“实体”模式

三、“推拉”选项组

在该选项组中设置推拉箭头值方式为“绝对”或“增量”，还可以根据需要选中“两端”复选框。

四、“形状”选项组、“立方体设置”选项组和“圆柱体设置”选项组

在“形状”选项组中设置边界盒的形状为“立方体”或“圆柱体”。“形状”选项组与“立方体设置”和“圆柱体设置”选项组密切关联。当形状为立方体时，使用“立方体设置”选项组来设置立方体尺寸，如图 2-162a 所示；当形状为圆柱体时，使用“圆柱体设置”选项组来设置圆柱体尺寸，如图 2-162b 所示，圆柱体需要定义的主要参数有半径、高度和轴心。

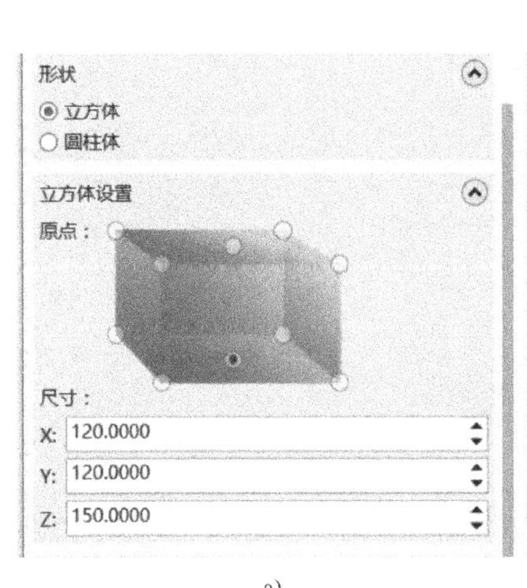

a)

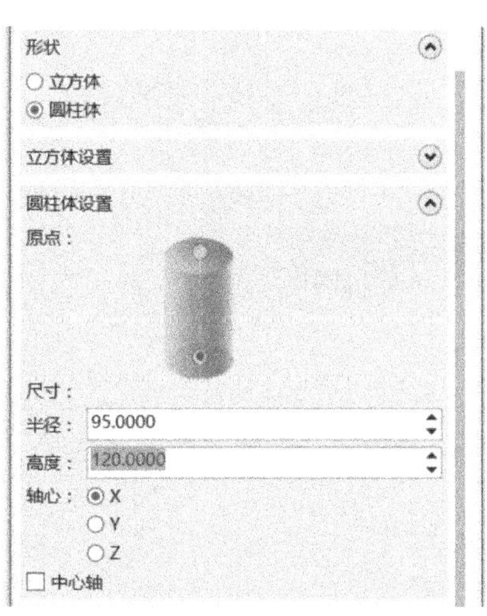

b)

图 2-162　形状设置选项组

a) 立方体设置　b) 圆柱体设置

注意：对于圆柱体形状的边界盒，需要指定 z 轴、y 轴或 x 轴定义圆柱体边界盒的轴线方向，如图 2-163 所示。

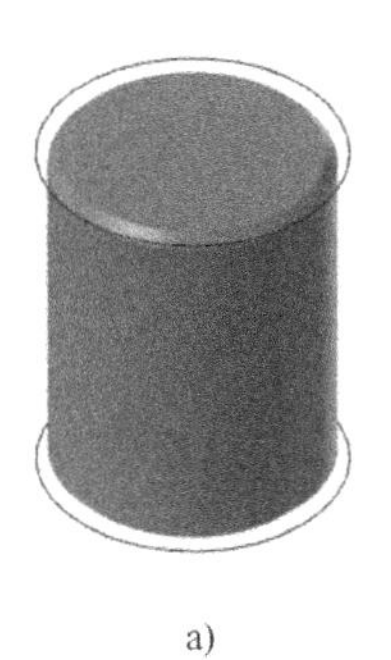
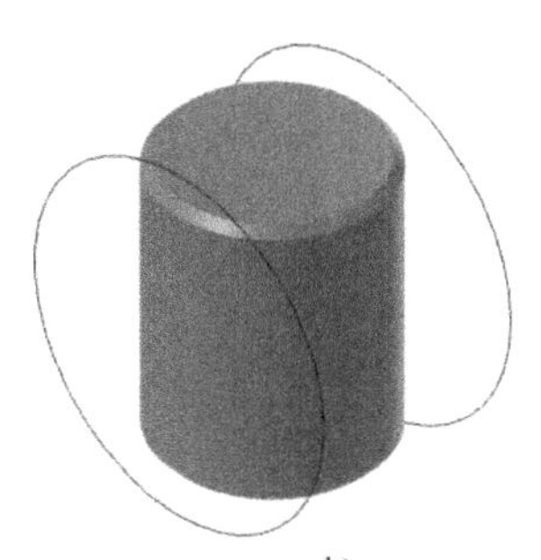
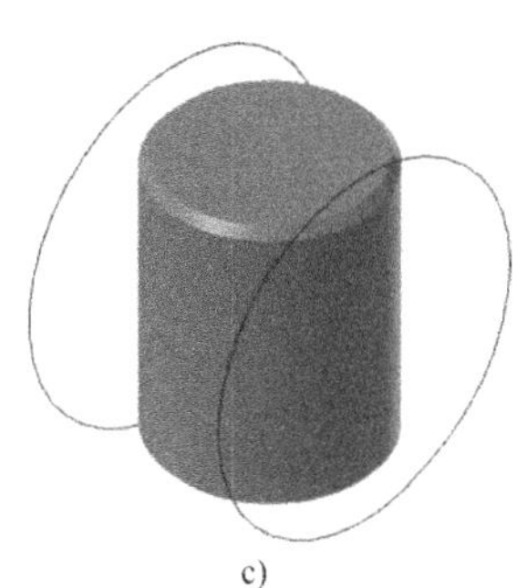

a) b) c)

图 2-163 边界盒为圆柱体形式时

a) z 轴 b) y 轴 c) x 轴

2.13 绘制其他特殊的典型二维图形

本节将介绍如何绘制其他一些特殊的典型二维图形，包括释放槽图形、楼梯状图形和门状图形。

2.13.1 绘制释放槽图形

释放槽也常作为环切凹槽、退刀槽。在“绘图”菜单中选择“释放槽”命令，或者在“基础绘图”工具栏中单击“创建释放槽”图标按钮，弹出如图 2-164 所示的“标准环切凹槽参数”对话框，在该对话框中可以设置释放槽的形状（可以为“外螺纹”“内螺纹”“轴肩”或“轴肩（高压压力）”）、方向、尺寸和位置等。

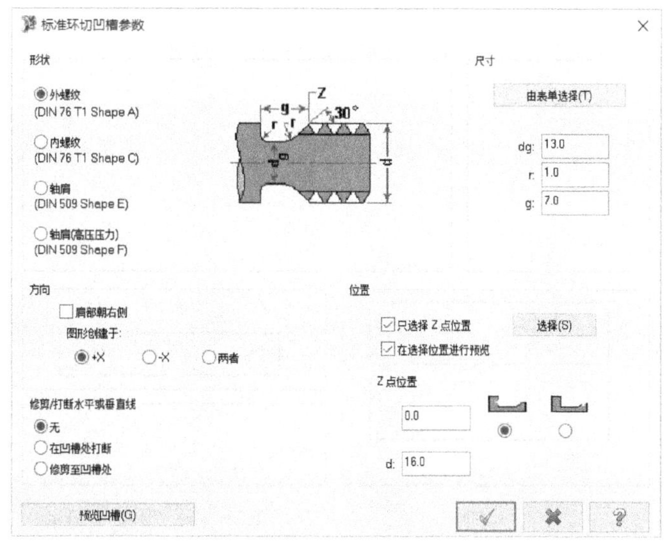

图 2-164 “标准环切凹槽参数”对话框

设置好相关选项及参数后，单击“预览凹槽”按钮可以看到释放槽图形的效果，按〈Enter〉键返回到“标准环切凹槽参数”对话框。若预览效果令人满意，则可单击“确定”图标按钮完成创建工作。

2.13.2 绘制楼梯状图形

在 Mastercam X9 中绘制楼梯状图形非常方便，因为它提供了一个专门绘制楼梯状图形的命令。

在“绘图”菜单中选择“楼梯状图形”命令，系统弹出如图 2-165 所示的“画楼梯状图形”对话框。在该对话框中可以将楼梯状图形的类型设置为开放式或封闭式，可以设置楼梯总高度、楼梯底面总宽度、楼梯阶数、支撑板厚、垂直板厚、楼梯宽度、伸出部分长度、顶部垂直板补正值、底部垂直板补正值、每阶高度和楼梯角度，还可以根据设计要求给楼梯设定斜度参数等。

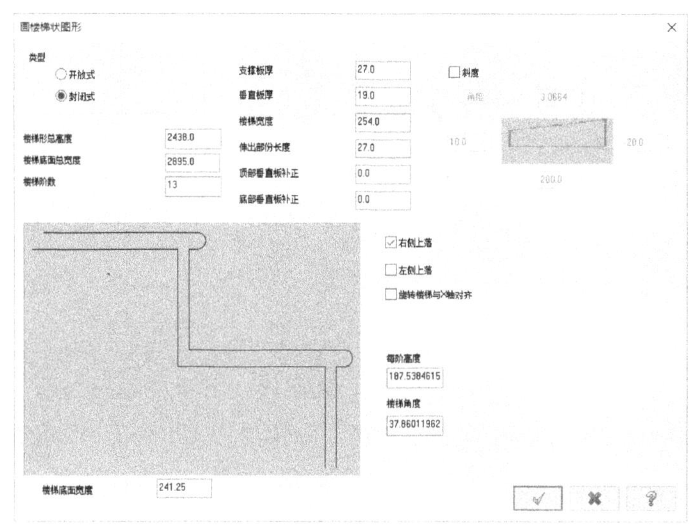

图 2-165 “画楼梯状图形”对话框

设置好楼梯状图形的相关选项及参数后，还需要在提示下指定较低的角落位置来定位楼梯状图形。

图 2-166 给出了两种类型的楼梯状图形；而图 2-167 则给出了右侧上落、左侧上落的典型示例。

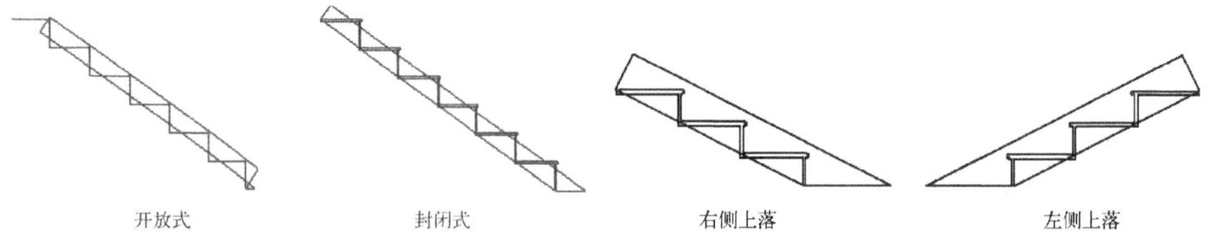

图 2-166 楼梯状图形的两种类型　　图 2-167 右侧上落和左侧上落的楼梯比较

【典型范例】绘制一个左侧上落的封闭式的楼梯状图形

1 在“绘图”菜单中选择“楼梯状图形”命令，弹出“画楼梯状图形”对话框。

2 在“类型”选项组中选择“封闭式”单选按钮，接着设置与楼梯相关的参数，注意

选中“斜度”复选框并设置相应的斜度参数值，并选中“左侧上落”复选框，如图 2-168 所示。

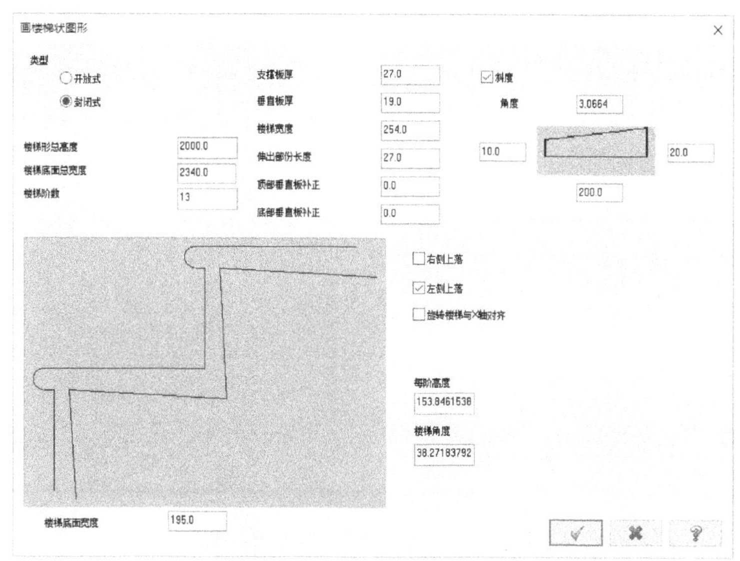

图 2-168 “画楼梯状图形”对话框

3 在“画楼梯状图形”对话框中单击“确定”图标按钮。

4 系统弹出“请指定较低的角落位置”的提示信息，在绘图区指定一点，绘制的楼梯状图形如图 2-169 所示。

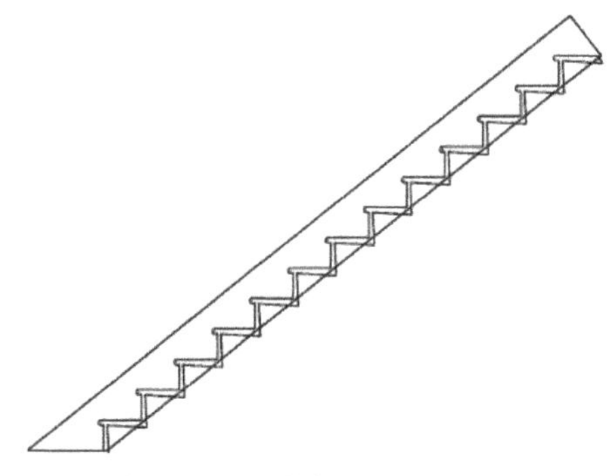

图 2-169 画楼梯状图形的效果

5 按〈Esc〉键结束画楼梯状图形操作。

2.13.3 绘制门状图形

Mastercam X9 也为用户提供了画门状图形的命令，即位于“绘图”菜单中的“门状图形”命令。选择“门状图形”命令后，系统弹出如图 2-170 所示的“画门状图形”对话框。在该对话框中可以设置门的类型（在“门状类型”下拉列表框中，可供选择的门状类型选项有“罗马形”“左侧罗马形”“右侧罗马形”“教堂形”“左侧教堂形”“右侧教堂形”“弧形”“有凹角的”“立方体”和“简单矩形”）。指定门状类型后，根据设计要求继续指定相应的参数和选项等，单击“确定”图标按钮，然后在系统提示下指定门的基准点放置位置，从而完成绘制门状图形的操作。

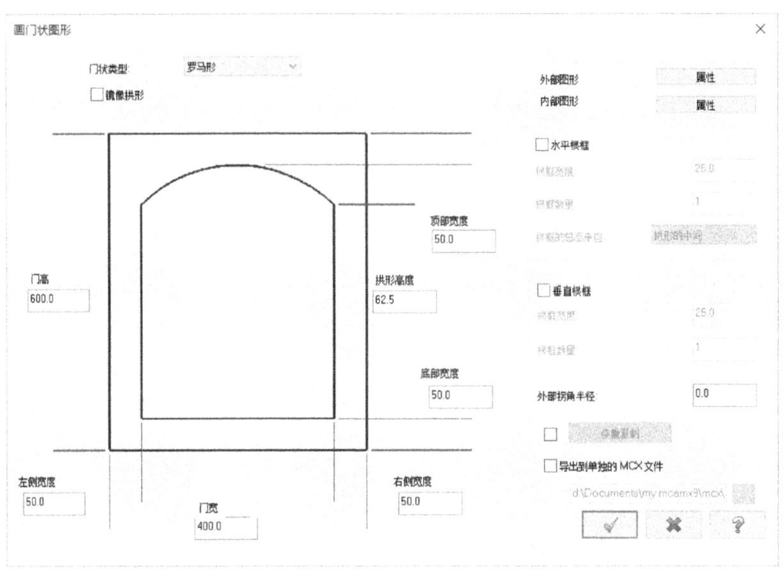

图 2-170 “画门状图形”对话框

【典型范例】绘制一个弧形的门状图形

1 在“绘图”菜单中选择“门状图形”命令，系统弹出“画门状图形”对话框。

2 在“门状类型”下拉列表框中选择“弧形”命令，选中“镜像拱形”复选框，接着设置如图 2-171 所示的门状图形的主要参数。

3 在“画门状图形”对话框的右侧区域选中“水平棂框”复选框，并设置水平棂框宽度为 25、棂框数量为 1、棂框的总高来自拱形的中间；选中“垂直棂框”复选框，并设置垂直棂框宽度为 25、棂框数量为 1；设置外部拐角半径为 0，如图 2-172 所示。

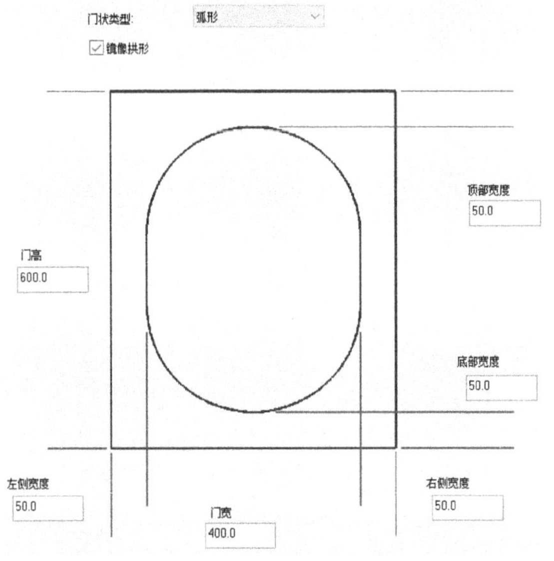

图 2-171 设置门状图形的主要参数

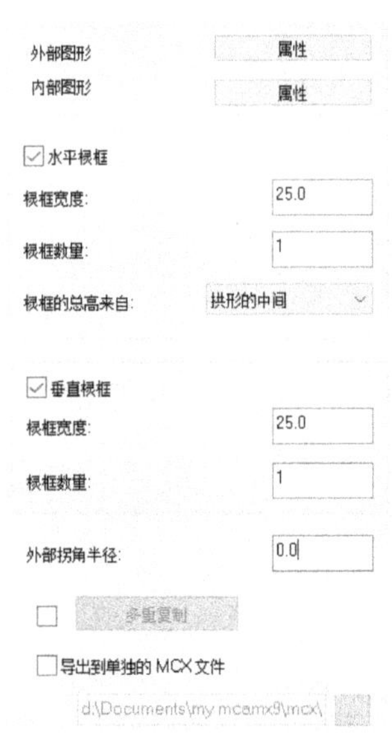

图 2-172 设置水平棂框和垂直棂框

4 在“画门状图形”对话框中单击“确定”图标按钮☑。

5 系统弹出“请指定门板的左下角位置”的提示信息，在绘图区指定一点，以指定门板的左下角位置，如图 2-173 所示。

6 可以继续指定点来绘制同样的门状图形。按〈Esc〉键完成并退出绘制门状图形的命令操作。

操作思考： 在本例中，如果没有设置水平棂框和垂直棂框，那么最后绘制出来的门状图形如图 2-174 所示。

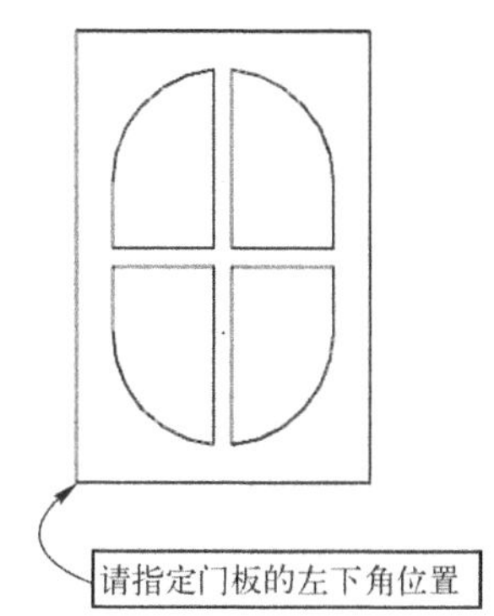

图 2-173 指定门板的左下角位置

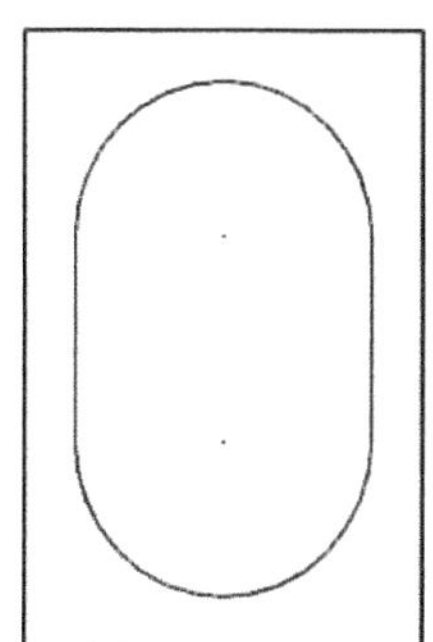

图 2-174 无棂框的门状图形

第 3 章　图形编辑与变换

本章导读

绘制好若干基本二维图形后，可以对这些图形进行编辑与转换操作，以获得满足设计要求的复杂图形。本章介绍图形编辑与转换的实用知识，包括倒圆角、倒角、转换图形和编辑图形等。

3.1　图形编辑与转换的常用命令

图形编辑与转换的命令基本上位于“编辑”菜单和“转换”菜单中，如图 3-1 和图 3-2 所示。同时系统也为一些常用的编辑和转换命令提供了快捷按钮。

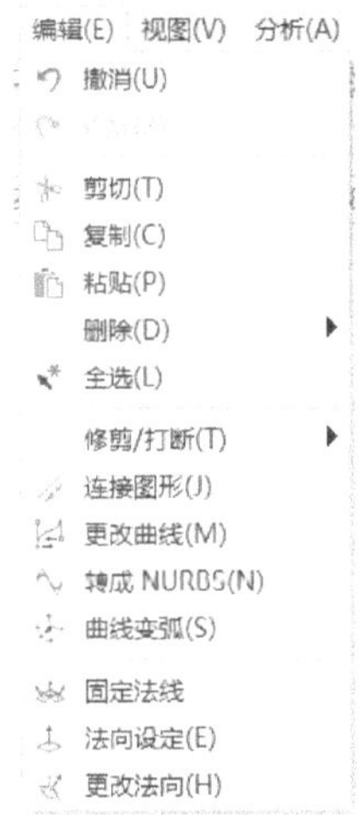

图 3-1 “编辑”菜单

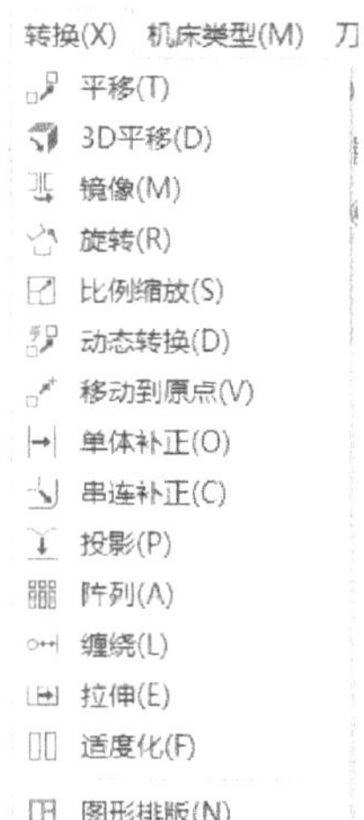

图 3-2 “转换”菜单

考虑到倒圆角和倒角需要在现有图形上才能创建，特意将倒圆角和倒角的应用知识放在本章介绍。

3.2　倒圆角

用户可以在有效的图素间生成圆角过渡。Mastercam X9 提供了用于生成倒圆角的命令，即“倒圆角”和“串连倒圆角”。前者常用于在选定的两个图素间绘制一个圆角，后者则用来绘制串连圆角。

3.2.1 创建倒圆角

在“绘图”菜单中选择“倒圆角”/“倒圆角”命令，或者在“基础绘图”工具栏中单击“倒圆角”图标按钮，打开如图 3-3 所示的“圆角”操作栏。

图 3-3 “圆角”操作栏

下面介绍“圆角”操作栏中主要选项的功能。

- （半径）：在其文本框中输入圆角的半径值。
- （类型）：用于设置倒圆角的类型（方式），在其下拉列表框中提供了“常规（普通）”“相反”“圆环”和“间隙”4 种类型选项，如图 3-4 所示。
- （修剪）：若单击选中此图标按钮，则绘制圆角时对图素进行修剪。
- （不修剪）：若单击选中此图标按钮，则绘制圆角时不对图素进行修剪。

在“圆角”操作栏中设置圆角半径、选择倒圆角的类型选项，并选中“修剪”图标按钮或“不修剪”图标按钮，接着在绘图区选择要创建倒圆角的两个图素，然后单击“应用”图标按钮或“确定”图标按钮，从而完成倒圆角设计。

在两个图素中创建倒圆角的图解如图 3-5 所示。

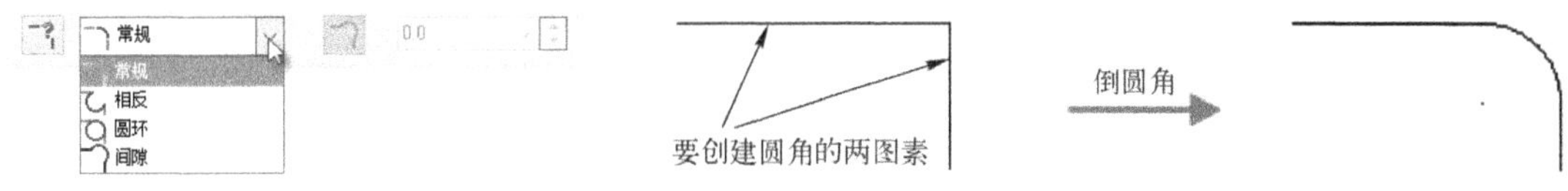

图 3-4 设置倒圆角方式

图 3-5 在两个图素中倒圆角（修剪）

3.2.2 串连倒圆角

“串连倒圆角”是指在选择的串连几何图形的所有拐角处一次性创建倒圆角，如图 3-6 所示。

图 3-6 串连倒圆角

下面介绍串连倒圆角的操作方法及步骤。

1 在“绘图”菜单中选择“倒圆角”/“串连倒圆角”命令，或者在“基础绘图”工具栏中单击“串连倒圆角”图标按钮，打开如图 3-7 所示的“串连倒圆角”操作栏。

图 3-7 “串连倒圆角”操作栏

2 利用如图 3-8 所示的“串连选项”对话框，在绘图区选取曲线串连，如选择如图 3-9 所示的曲线以指定串连 1，然后在“串连选项”对话框中单击“确定”图标按钮 。

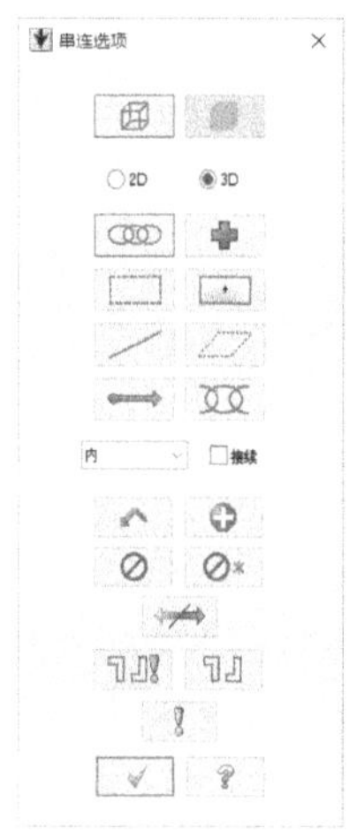

图 3-8 “串连选项”对话框

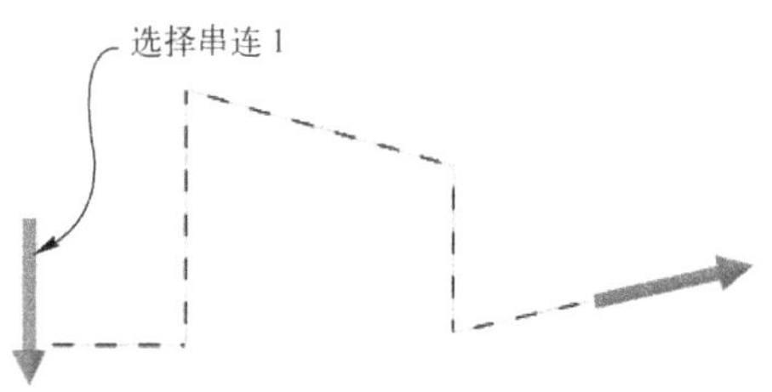

图 3-9 选择串连 1

3 在“串连倒圆角”操作栏中设定圆角半径，在“距离方向” 下拉列表框中选择“所有角落”“正向扫描（+扫描）”或“反向扫描（-扫描）”选项，注意绘图区图形中串连倒圆角的动态预览。在“类型” 下拉列表框中可以选择“常规”“相反”“圆环”或“间隙”（安全距离），并单击“修剪”图标按钮 或“不修剪”图标按钮 。例如，将圆角类型设置为“常规”，并单击“修剪”图标按钮 。

4 在“串连倒圆角”操作栏中单击“应用”图标按钮 或“确定”图标按钮 。创建的串连倒圆角如图 3-10 所示。

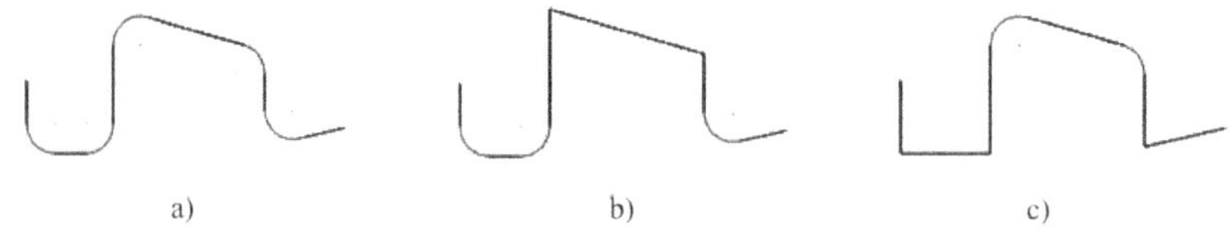

图 3-10 串连倒圆角结果

a) 所有角落 b) 正向扫描 c) 反向扫描

3.3 倒角

倒角是指在图素间生成斜角，多见于机械加工的零件。用于创建倒角的命令也有两种，即“倒角”和“串连倒角”，前者用来绘制单个倒角，后者则用来创建串连倒角。

3.3.1 创建倒角

在“绘图”菜单中选择“倒角”/“倒角”命令，或者在“基础绘图”工具栏中单击“倒角”图标按钮 ，打开如图 3-11 所示的“倒角”操作栏。

图 3-11 “倒角”操作栏

下面介绍“倒角”操作栏中主要选项的功能。

- （距离 1）：用于设置倒角距离 1。
- （距离 2）：用于设置倒角距离 2。
- （角度）：用于设置倒角相应的角度值。
- （类型）：在该下拉列表框中可以选择倒角的几何尺寸标注方式（为了表述方便，特意将其简称为倒角方式），如图 3-12 所示。倒角方式分为“距离 1”（单一距离）、“距离 2”（不同距离）、“距离/角度”和“宽度”，各倒角方式的图例如图 3-13 所示。当选择“距离 1”（单一距离）时，需在“距离 1”文本框中设置单一的距离尺寸 D；当选择“距离 2”（不同距离）时，需在“距离 1”文本框和“距离 2”文本框中分别输入相应的距离值 D1 和 D2；当选择“距离/角度”时，需在“距离 1”文本框中输入距离值 D，以及在“角度”文本框中输入倒角测量角度值 A；当选择“宽度”时，需在“距离 1”文本框中输入倒角宽度参数值 W（宽度的定义可看“宽度”选项后的示意图标）。

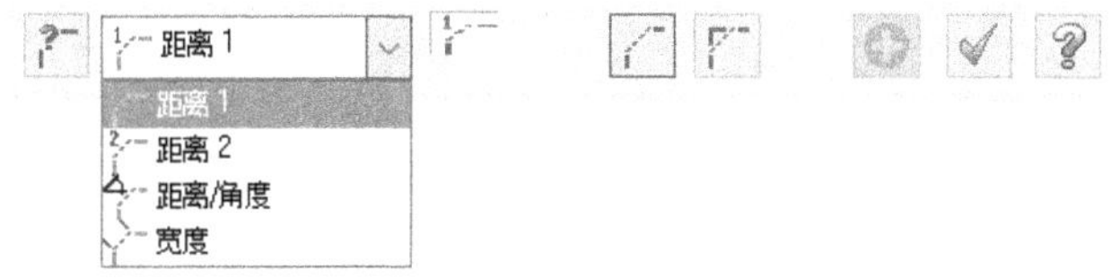

图 3-12 设置倒角方式

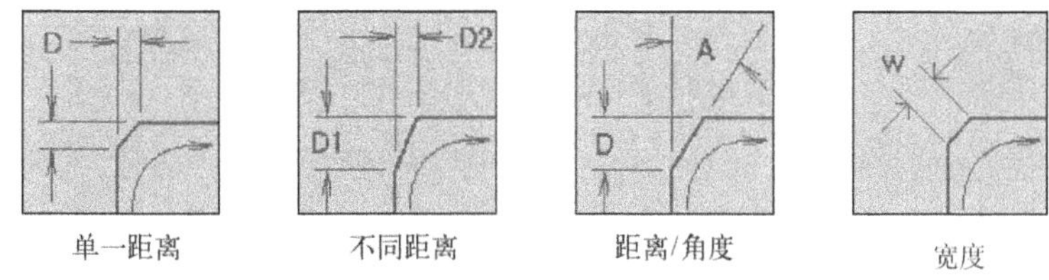

图 3-13 4 种倒角方式

- （修剪）：该图标按钮用于设置修剪要倒角的图素。
- （不修剪）：该图标按钮用于设置不修剪要倒角的图素，即保留原有图素。

在“倒角”操作栏中选择倒角方式，接着根据所选的倒角方式设置相应的倒角尺寸，并单击选中“修剪”图标按钮或“不修剪”图标按钮，然后在绘图区选择要倒角的两条直线图素，最后单击“应用”图标按钮或“确定”图标按钮，即可完成该倒角的设计。

在两条直线图素中创建倒角的图解示例如图 3-14 所示。

图 3-14 在两条直线图素中创建倒角

3.3.2 串连倒角

“串连倒角”命令可以将选择的串连几何图形中所有满足要求的拐角一次性生成倒角，如图 3-15 所示。

使用“串连倒角”命令的方法及步骤如下。

1 在“绘图”菜单中选择“倒角”/“串连倒角”命令，或者在“基础绘图”工具栏中单击“串连倒角”图标按钮，打开如图 3-16 所示的“串连倒角”操作栏。

图 3-15　串连倒角示例

图 3-16 “串连倒角”操作栏

2 结合使用弹出的“串连选项”对话框，选择串连图形，然后在“串连选项”对话框中单击“确定”图标按钮。

3 在“串连倒角”操作栏中设定倒角方式（如“距离 1”（单一距离）或“宽度”），接着根据所设定的倒角方式设置相应的倒角尺寸。

4 在“串连倒角”操作栏中单击“修剪”图标按钮或“不修剪”图标按钮。

5 在“串连倒角”操作栏中单击“应用”图标按钮或“确定”图标按钮。

3.4 转换图形

在 Mastercam X9 中，转换图形是指改变选定图形（图素）的位置、方向和大小等，并可以根据情况对改变的图形（图素）进行保留、删除等操作。转换图形（图素）的命令位于菜单栏的“转换”菜单中，如图 3-17 所示。本节将介绍其中一些较为常用的转换命令。

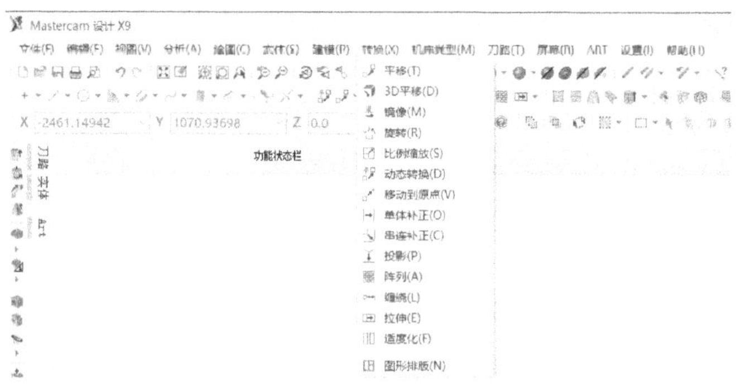

图 3-17 “转换”菜单

3.4.1 镜像

镜像操作是指将选定的图形（图素）相对于指定的镜像轴做对称处理。图 3-18 所示为镜像复制的典型示例。

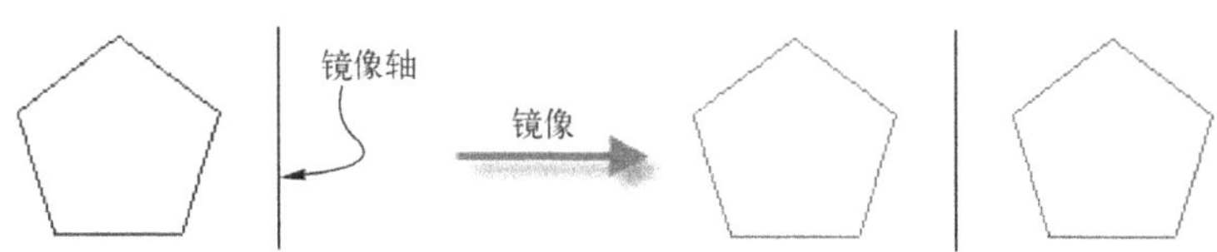

图 3-18 镜像

在“转换”菜单中选择“镜像”命令，系统出现“镜像：选择要镜像的图形”的提示信息。在该提示下选择要镜像的图形，选好后按〈Enter〉键确认，系统会弹出如图 3-19 所示的“镜像”对话框。下面介绍该对话框中各主要选项的功能。

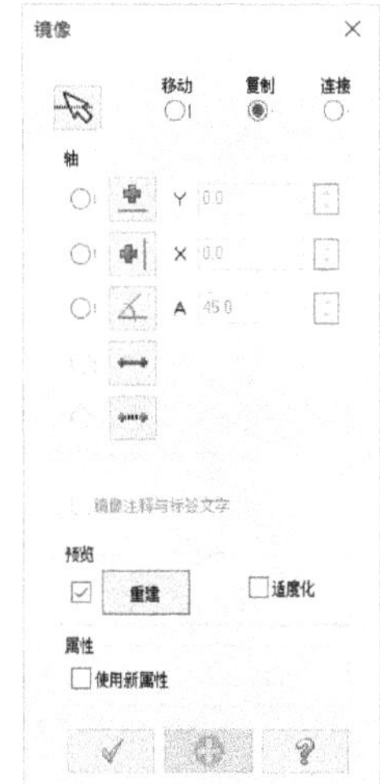

图 3-19 “镜像”对话框

一、“增加/移除图形”图标按钮

单击此图标按钮，可以增加或移除要镜像的图素。

二、“移动”、“复制”和“连接”单选按钮

这些单选按钮用于设置镜像处理时对原图形进行处理的方式。如果选中“移动”单选按钮，则表示对原图形做镜像移动处理，不在原地方保留原图形；如果选中“复制”单选按钮，则表示创建镜像图形时保留原图形；如果选中“连接”单选按钮，则表示镜像图形与原图形组合，即新图形与原图形以直线连接。

三、“轴”选项组

“轴”选项组中提供了指定镜像轴的多种方式。

- Y 0.0：若选中该单选按钮，则使用水平线作为镜像轴。镜像轴的位置既可以通过在其相应的文本框中输入数值来指定，也可以通过单击“X 轴：选择点”图标按钮并在绘图区中单击来指定。
- X 0.0：若选中此单选按钮，则使用垂直线作为镜像轴。镜像轴的位置既可以通过在其相应的文本框中输入数值来指定，也可以通过单击“Y 轴：选择点”图标按钮并在绘图区单击来指定。
- A 45.0：若选中此单选按钮，则使用倾斜线作为镜像轴，此时可以在其文本框中设置倾斜的角度。若单击“极坐标：选择点”图标按钮，则可以选择参考点来定位倾斜的镜像轴。
- “选择线”图标按钮：若单击此图标按钮，则可选择现有的直线作为镜像轴。
- “选择两点”图标按钮：若单击此图标按钮，则通过指定两个点来定义镜像轴。

四、“预览”选项组

在“预览”选项组中，可以通过选中“重建”复选框并单击“重建”按钮预览镜像效果，也可以选中“适度化”复选框以使预览时得到最适合的视图效果。

五、“属性”选项组

在“属性”选项组中，可以决定是否使用新的图形属性，也就是确定新图形是否使用当前设置的图层、线型和颜色等。

【典型范例】：镜像练习

1 在“文件”工具栏中单击“打开”图标按钮，打开网盘资料的“CH3”\“镜像.MCX”文件，该文件中有如图 3-20 所示的原始图形。

2 在菜单栏的“转换”菜单中选择“镜像”命令，或者在“转换”工具栏中单击“转换-镜像”图标按钮。

3 系统出现“镜像：选择要镜像的图形”提示信息。在“标准选择”工具栏中将“交叉方式”设置为“范围内”，接着使用鼠标分别指定角点 1 和角点 2，以框选要镜像的图形，如图 3-21 所示。

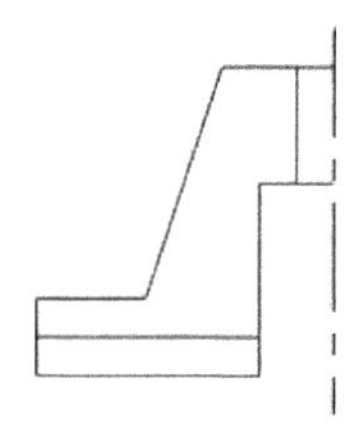

图 3-20　原始图形

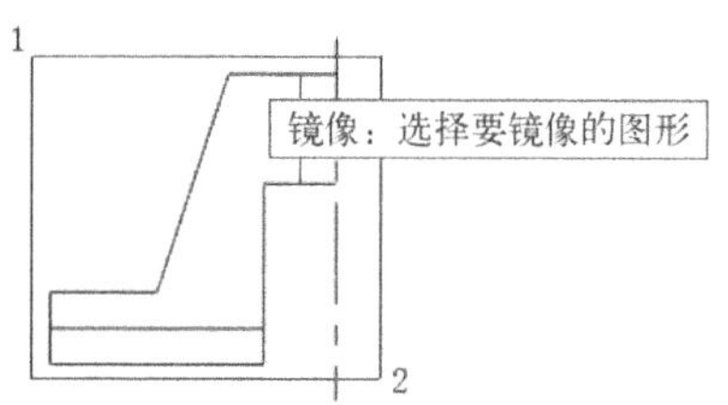

图 3-21　框选要镜像的图形

4 按〈Enter〉键确定，系统弹出“镜像”对话框，从中选择“复制”单选按钮，如图 3-22 所示。

5 在“镜像”对话框的“轴”选项组中单击“选择线”图标按钮，接着在绘图区中选择竖直中心线，绘图区出现镜像预览，如图 3-23 所示。

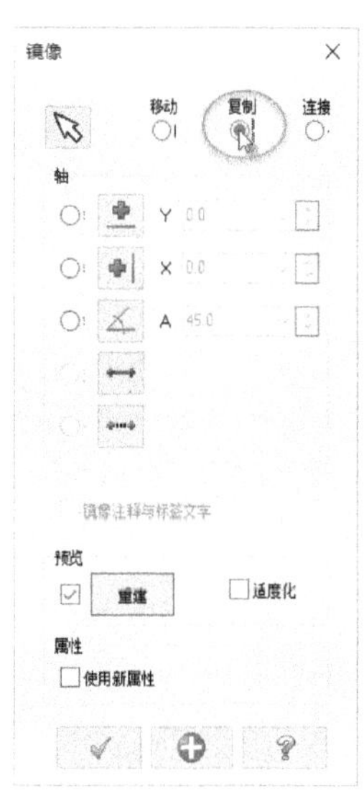

图 3-22　设置镜像选项

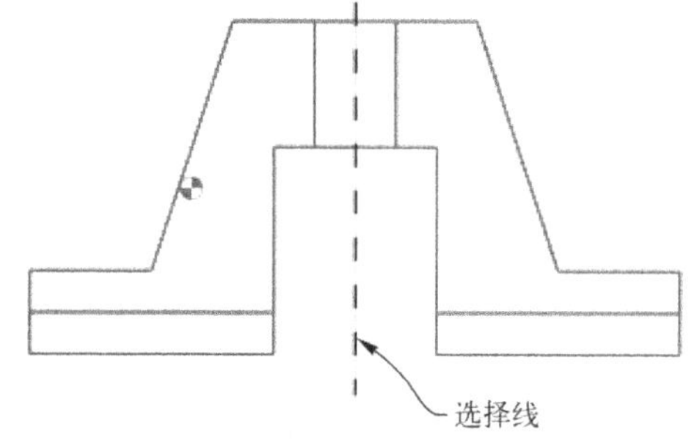

图 3-23　选择镜像轴时的镜像预览

6 在“镜像”对话框中单击“确定”图标按钮，镜像结果如图 3-24 所示。

知识点拨 使用转换的相关命令转换出来的图形，颜色会发生变化。用户可以在“屏幕”菜单中选择“清除颜色”命令，或者在绘图区内的空余区域单击鼠标右键并在弹出的快捷菜单中选择“清除颜色”命令，如图 3-25 所示，清除转换图形的颜色，使之变成默认的图形颜色。

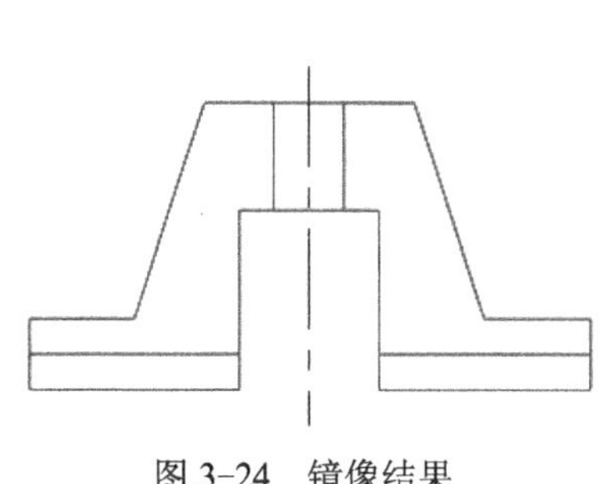
图 3-24 镜像结果

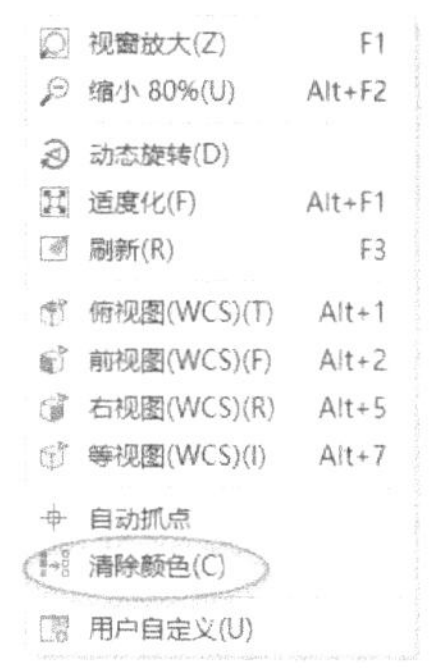

图 3-25 选择“清除颜色”命令

3.4.2 旋转

旋转操作是指将所选的图形对象绕指定基点旋转指定角度，从而获得新的图形效果。旋转操作可以实现旋转移动、旋转复制和旋转连接，可以实现“圆周阵列”的图形设计效果。

在“转换”菜单中选择“旋转”命令，或者在“转换”工具栏中单击“转换-旋转”图标按钮，系统出现“旋转：选择要旋转的图形”提示信息，在该提示下选择要旋转的图素，按〈Enter〉键确认后，系统弹出如图 3-26 所示的“旋转”对话框。

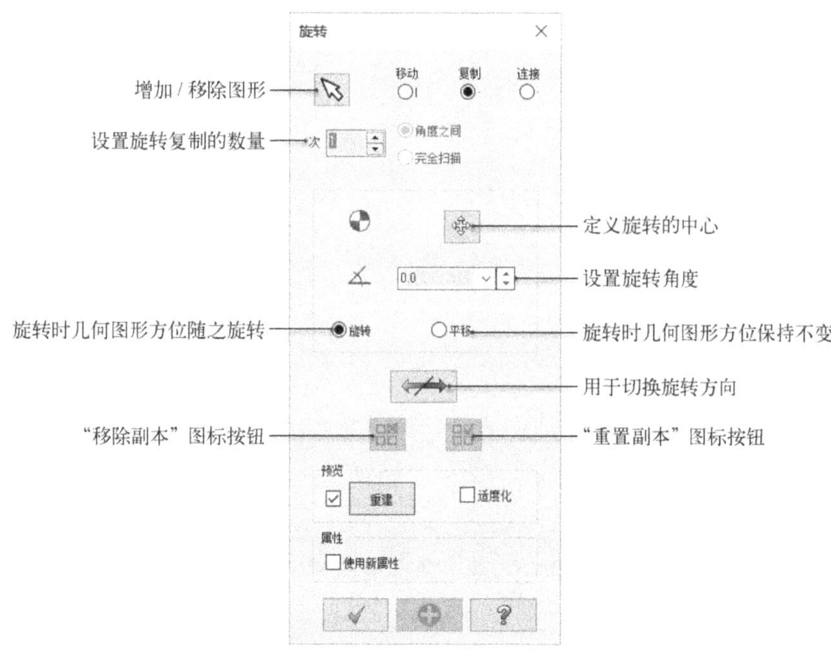

图 3-26 “旋转”对话框

需要特别说明的是，在执行旋转操作产生多个新图形时，如果要移除其中的某个或多个新图形，那么需要在“旋转”对话框中单击“移除副本”图标按钮，接着在旋转预览图形中单击要移除的图形副本，然后按〈Enter〉键即可；如果要恢复被移除的新图形以重新设置旋转副本，那么可以在“旋转”对话框中单击“重置副本”图标按钮。

另外，还要注意以下两种情况。

● **情况 1**：“角度之间”（单次旋转角度）和“完全扫描”应用。

当在“次”文本框中设置次数大于 1，且选择“角度之间”单选按钮时，“旋转角度”∡文本框中设置的旋转角度是指相邻两个新图形副本之间的角度；当在“次”文本框中设置次数大于 1，且选择“完全扫描”单选按钮时，“旋转角度”∡文本框中设置的旋转角度是指最后一个新图形与原图形之间的旋转角度。例如，图 3-27a 和图 3-27b 示例中旋转复制的次数均为 2，在“旋转角度”∡文本框中设置的旋转角度都为 90°。注意图 3-27a 旋转结果和图 3-27b 旋转结果的差别。

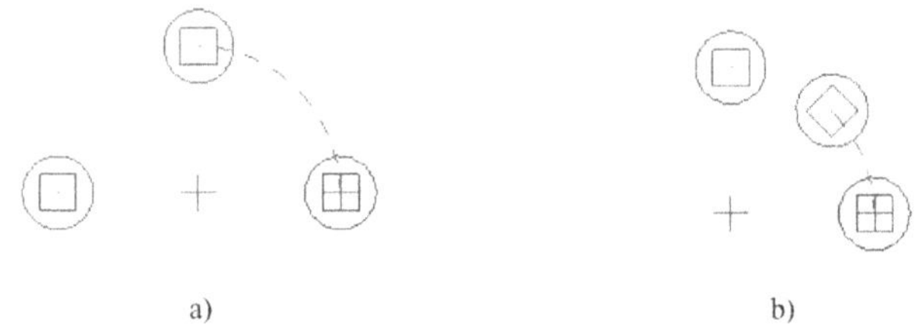

图 3-27 “角度之间”和“完全扫描”的旋转复制效果对比

a) 设置单次旋转角度（角度之间） b) 完全扫描

● **情况 2**：“旋转”单选按钮与“平移”单选按钮的应用。

如果选择“旋转”单选按钮，则旋转时几何图形的方位也随之旋转，如图 3-28a 所示；如果选择“平移”单选按钮，则旋转时几何图形的方位不旋转，即旋转时几何图形的方位保持不变，如图 3-28b 所示。

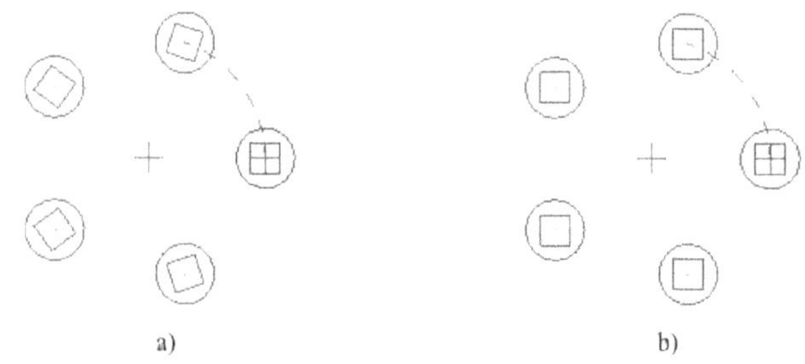

图 3-28 设置“旋转”或“平移”

a) 旋转时方位旋转 b) 旋转时方位保持不变

【典型范例】：利用旋转命令绘制如图 3-29 所示的草图

1 打开网盘资料的“CH3”\“旋转.MCX”文件，该文件中有如图 3-30 所示的原始图形。

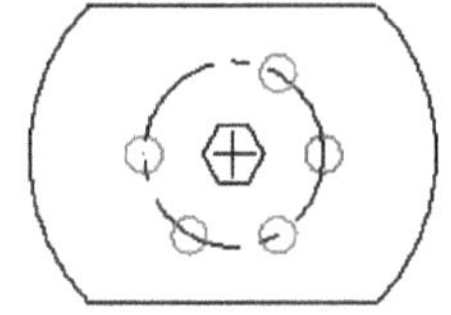

图 3-29 旋转操作的完成结果

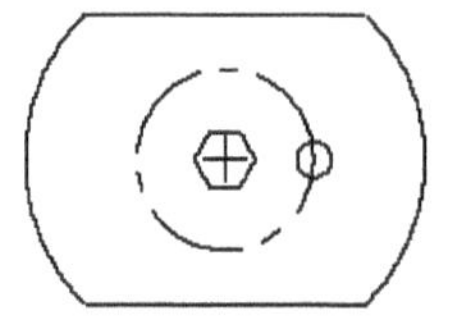

图 3-30 原始图形

2 在“转换”菜单中选择“旋转”命令，或者在“转换”工具栏中单击“转换-旋转”图标按钮，系统出现“旋转：选择要旋转的图形”提示信息。

3 在“标准选择”工具栏中选择“选择单体”／方式，接着在绘图区选择要转换的小圆，然后按〈Enter〉键确认。

4 系统弹出“旋转”对话框，从中选择“复制”单选按钮，设置旋转次数为 5，选择“角度之间”单选按钮，设置单次旋转角度为 60（默认单位为“°”），注意，默认的旋转中心位于正六边形的中心，然后选择“旋转”单选按钮，如图 3-31 所示。

知识点拨 在设计中，如果发现旋转中心位置不是所需的，那么可以在“旋转”对话框中单击“定义旋转的中心”图标按钮，接着重新定义旋转中心位置。

5 在“旋转”对话框中单击“移除副本”图标按钮，系统出现“选择复制或移动按 <ENTER>”提示信息，同时“旋转”对话框被系统临时自动关闭。单击如图 3-32 所示的一个小圆以移除它，然后按〈Enter〉键，系统重新弹出“旋转”对话框。

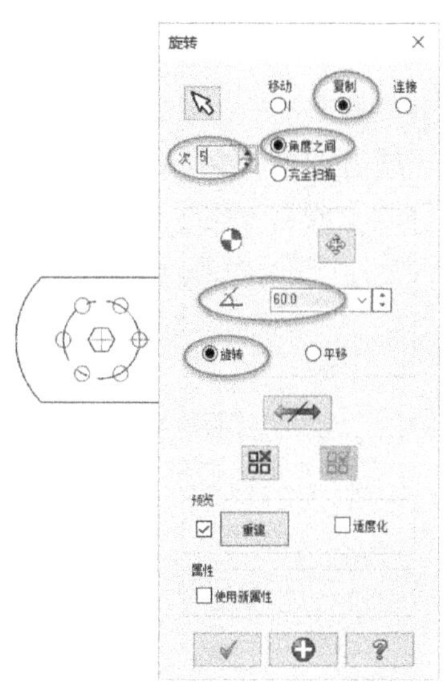

图 3-31 设置旋转选项及参数

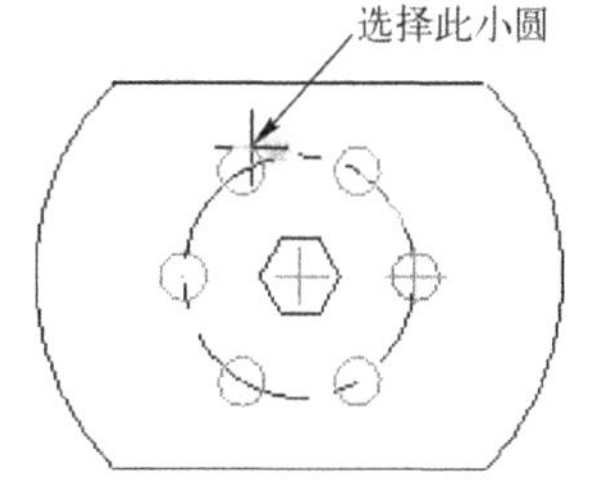

图 3-32 选择要移除的图形副本

6 在“旋转”对话框中单击“确定”图标按钮。

3.4.3 比例缩放

比例缩放是指将选定对象按照指定的基点和比例因子来整体放大或缩小，从而获得新的图形效果。使用该功能可以在模具设计中设置产品的收缩率等。

在“转换”菜单中选择“比例缩放”命令，或者在“转换”工具栏中单击“比例缩放”图标按钮，此时系统出现“比例：选择要缩放的图形”提示信息，选择要缩放的图形后，按〈Enter〉键，系统弹出如图 3-33 所示的“比例”对话框。注意，选择“等比例”单选按钮时，“比例”对话框中的选项和选择“XYZ”单选按钮时略有不同。

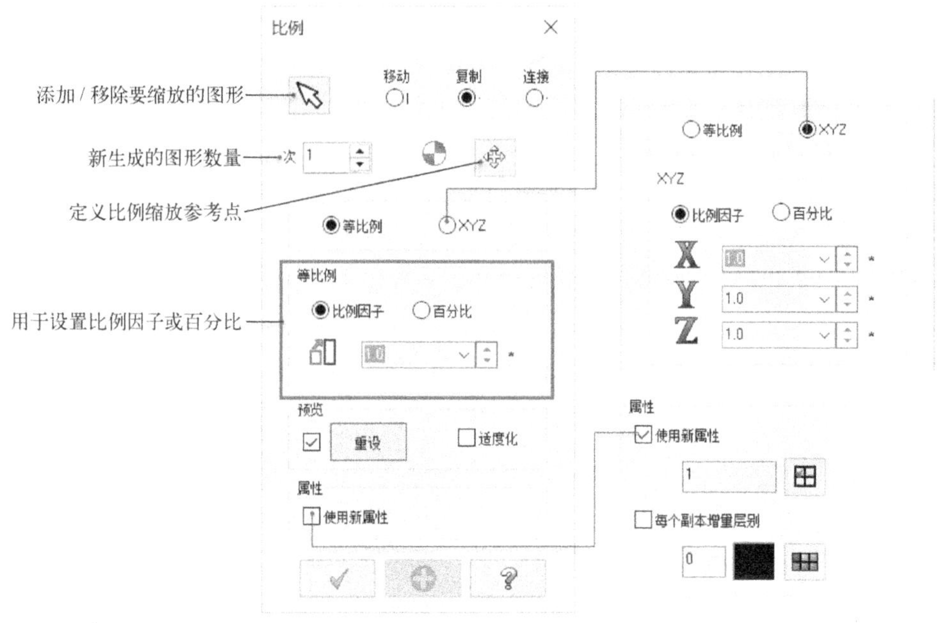

图 3-33 “比例”对话框

选择“等比例”单选按钮时，将按照设定的比例因子或者百分比来等比例缩放对象，即选择的对象将沿着 x、y、z 三个坐标轴按设定的同一比例因子或百分比进行放大或缩小。当比例因子大于 1 时，对象等比例放大；当比例因子小于 1 时，对象等比例缩小。选择“XYZ”单选按钮时，需要分别为 X、Y、Z 设置相应的比例因子或缩放百分比，以实现不等比例缩放的设计效果。

等比例缩放对象的典型示例如图 3-34 所示，最内侧的三角形为缩放前的图形。不等比例缩放对象的典型示例如图 3-35 所示，其比例缩放的参考点被设置为原始圆的圆心位置，X 比例因子为 1，Y 比例因子为 1.25，Z 比例因子为 1。

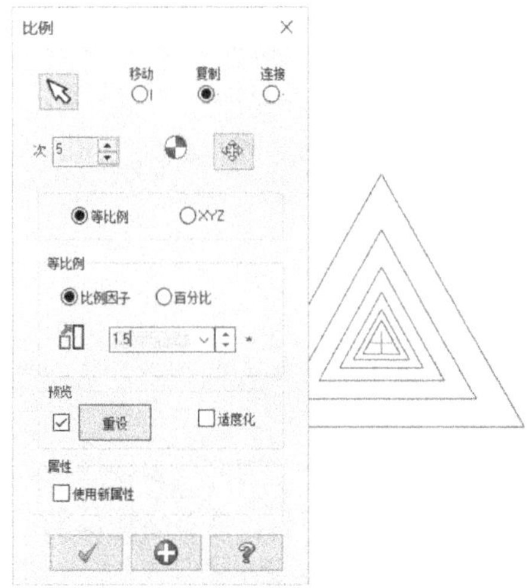

图 3-34 等比例缩放的典型示例

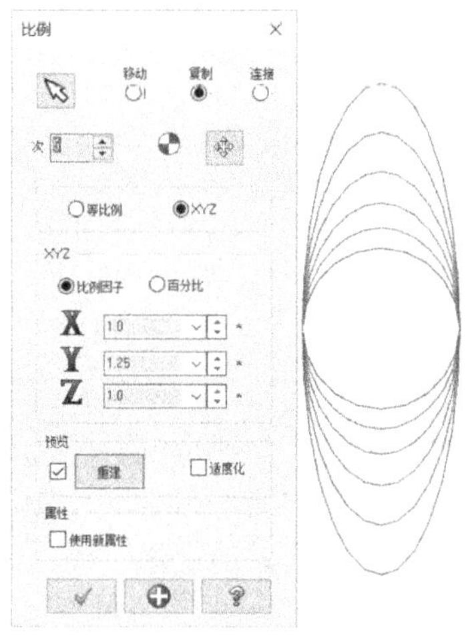

图 3-35 不等比例缩放的典型示例

【典型范例】：利用比例缩放完成图形

1 在菜单栏中选择“绘图”/“绘弧”/“已知圆心点画圆”命令，在绘图区任意单击一点以定义圆心位置，设置半径为 20，单击“确定”图标按钮。

2 在“转换”菜单中选择“比例缩放”命令，或者在“转换”工具栏中单击“比例缩放”图标按钮，此时系统出现“比例：选择要缩放的图形”提示信息。

3 选择刚绘制的圆，按〈Enter〉键。

4 系统弹出“比例”对话框。在“比例”对话框中，设置如图 3-36 所示的选项及参数。

5 在“比例”对话框中单击“定义比例缩放参考点”图标按钮，在绘图区中选择如图 3-37 所示的一个圆周象限点（左象限点）作为比例缩放的参考点（控制基点）。

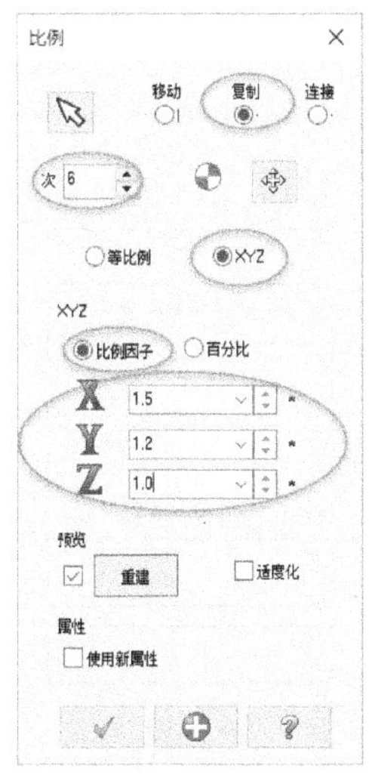

图 3-36 设置比例缩放选项及参数

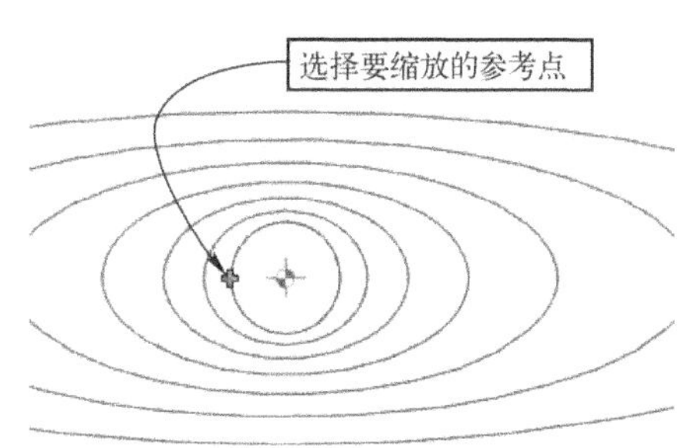

图 3-37 选择比例缩放的参考点

6 在“比例”对话框中单击“确定”图标按钮，完成后的结果如图 3-38 所示。

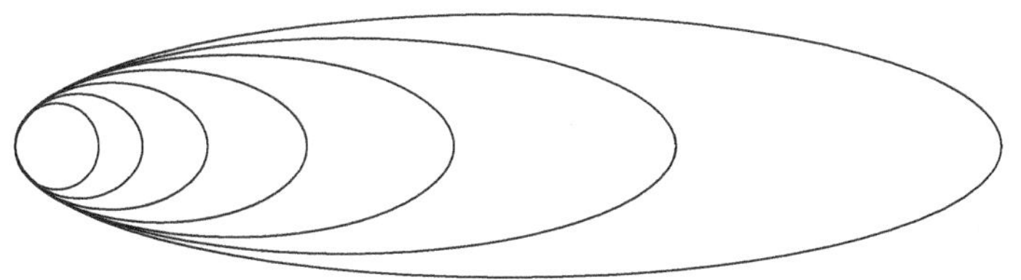

图 3-38 完成比例缩放的结果

3.4.4 移动到原点

可以将选定的图形移动到原点，其操作方法比较简单，也就是在“转换”菜单中选择“移动到原点”命令，或者在“转换”工具栏中单击“移动到原点”图标按钮，系统提示选取平移起点，在该提示下为图形选择平移基点，则系统以该平移基点为基准将图形移动到原点。

3.4.5 平移

使用“平移”功能，可以将几何对象移动或复制到新的位置，从而获得一个或多个与原始图形平行的相同图形。

要平移图形对象，需在菜单栏的“转换”菜单中选择“平移”命令，或者在“转换”工具栏中单击“转换-平移”图标按钮，系统出现“平移/阵列：选择要平移/阵列的图形”提示信息，在该提示下选取所需的图形，并按〈Enter〉键，系统弹出如图 3-39 所示的“平移”对话框。从该对话框中可以看出，系统提供了 3 种平移法，即直角坐标平移法、两点平移法和极坐标平移法。

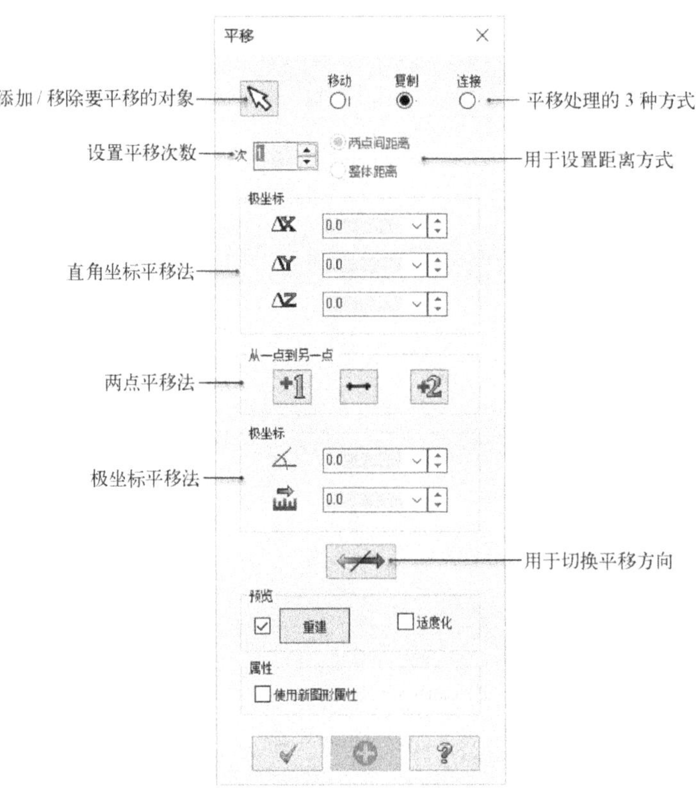

图 3-39 “平移”对话框

下面通过典型范例介绍这 3 种平移法的应用。

【典型范例】：利用直角坐标平移法平移图形

1 单击“画多边形”图标按钮，绘制一个正六边形，如图 3-40 所示。该正六边形外切于一个半径为 30 的圆，其中心点位于（0，0）。

2 在“转换”菜单中选择“平移”命令，或者在“转换”工具栏中单击“转换-平移”图标按钮。

3 在“平移/阵列：选择要平移/阵列的图形”提示下，选择整个正多边形，按〈Enter〉键确定，系统弹出“平移”对话框。

4 在“平移”对话框中，设置如图 3-41 所示的平移选项及参数。

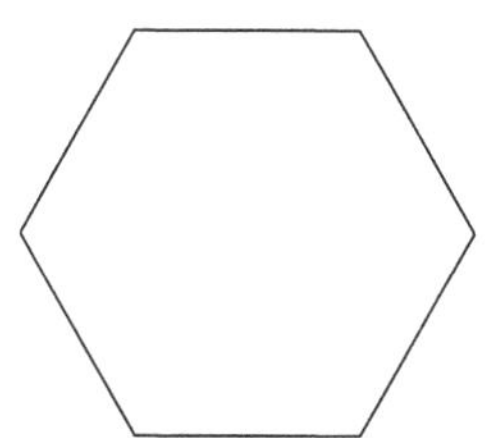

图 3-40　绘制正六边形

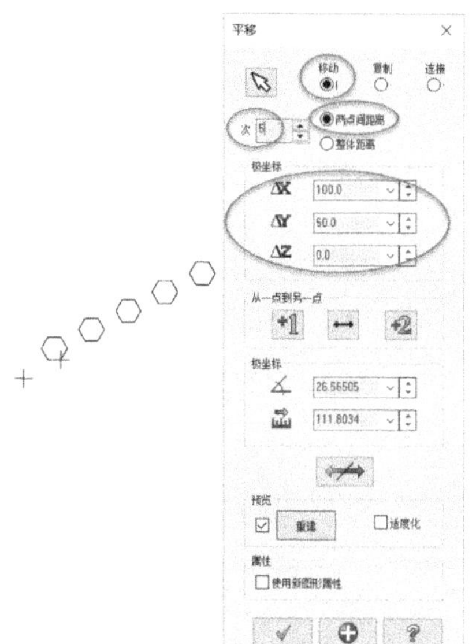

图 3-41　设置平移选项及参数

5 在“平移”对话框中单击“确定”图标按钮 ✓ ，平移结果如图 3-42 所示。

知识点拨 在本例中，选择的是“两点间距离”单选按钮，表示设置的平移距离为单次平移距离。如果选择“整体距离”单选按钮，则设置的平移距离为设定平移次数的总距离，其他参数设置一样，则最后得到的平移结果如图 3-43 所示。

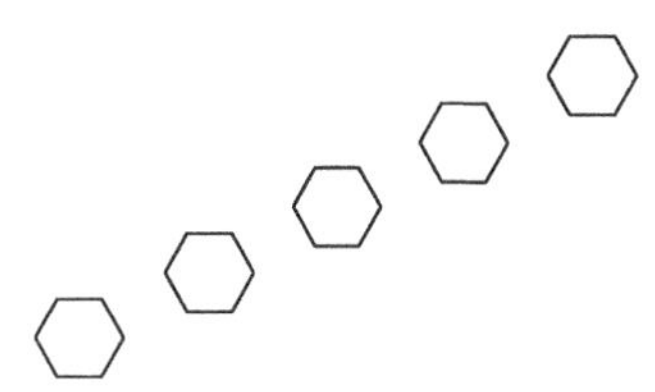

图 3-42　平移结果

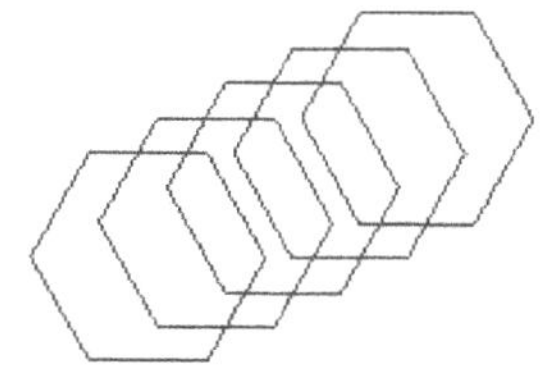

图 3-43　设置整体距离时的平移结果

【典型范例】：利用两点平移法（点到点平移法）平移图形

1 打开网盘资料的“CH3”\“点到点平移.MCX”文件，该文件中有如图 3-44 所示的原始图形。

2 在“转换”菜单中选择“平移”命令，或者在“转换”工具栏中单击“转换-平移”图标按钮。

3 在“平移/阵列：选择要平移/阵列的图形”提示下，设置“ ”选择方式，使用鼠标框选整个长方形，按〈Enter〉键确认，系统弹出“平移”对话框。

4 在“平移”对话框中选择“移动”单选按钮，在“次”文本框中输入“1”，接着在“从一点到另一点”选项组中单击“选择起始点”图标按钮，系统提示选取平移起点，选择如图 3-45 所示的点作为平移起点。

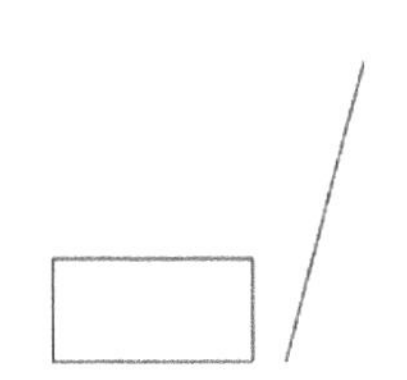

图 3-44　原始图形

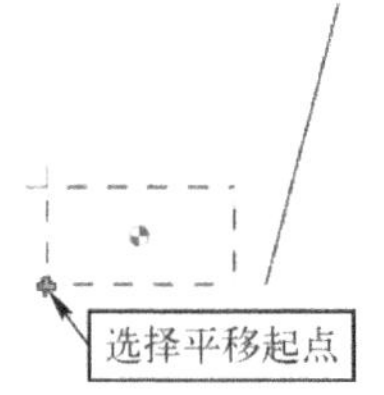

图 3-45　选择平移起点

系统提示选择平移终点，选择如图 3-46 所示的端点作为平移终点。此时，单击“应用”图标按钮 ，则第一次平移结果如图 3-47 所示。

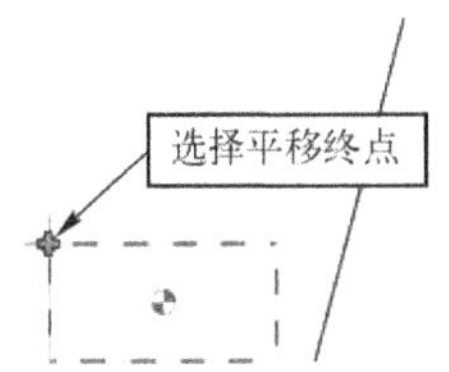

图 3-46　选择平移终点

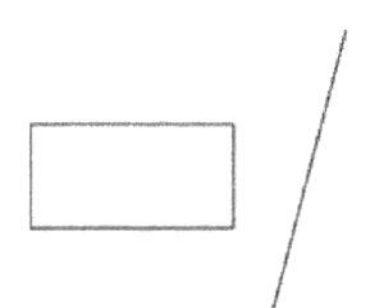

图 3-47　第一次平移结果

5 再次选择整个长方形，按〈Enter〉键确认。

6 确保选择“移动”单选按钮，平移次数设定为 1，在“从一点到另一点”选项组中单击“选择线”图标按钮 ，在绘图区选择倾斜的线段，如图 3-48 所示。

7 在“平移”对话框中单击“确定”图标按钮 ，平移结果如图 3-49 所示。从该范例可以看出，通过选择线段来确定平移的方向和距离时，图形平行于线段移动，并且移动的距离等于线段的长度。

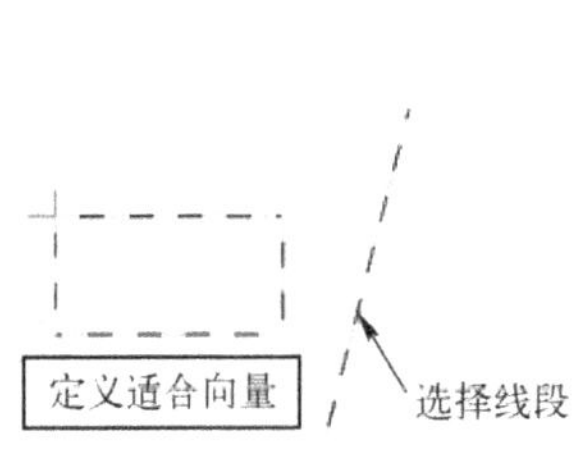

图 3-48　选择线段

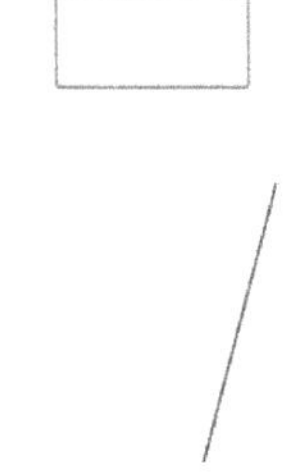

图 3-49　平移结果

【典型范例】：利用极坐标法平移图形

1 新建一个文件，在坐标原点处绘制一个半径为 20 的圆。

2 在“转换”菜单中选择“平移”命令，或者在“转换”工具栏中单击“转换-平移”图标按钮 。

3 使用鼠标框选整个圆，按〈Enter〉键确认，系统弹出“平移”对话框。

4 在“平移”对话框中选择“复制”单选按钮，在“次”文本框中输入“3”并按〈Enter〉键，选择“两点间距离”单选按钮，接着在第二个“极坐标”选项组的“角度” 文本框中输入极坐标角度值为“30”，在“距离” 文本框中输入偏移距离为“80”，如图 3-50 所示。

5 在“平移”对话框中单击“确定”图标按钮 ✓ ，得到的平移结果如图 3-51 所示。

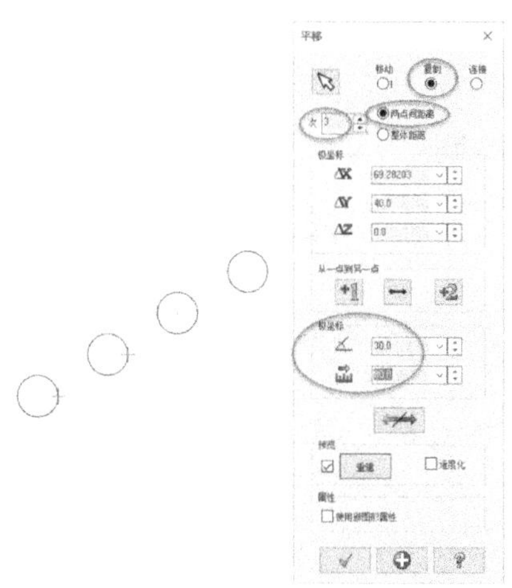

图 3-50 设置极坐标平移法的相关选项及参数

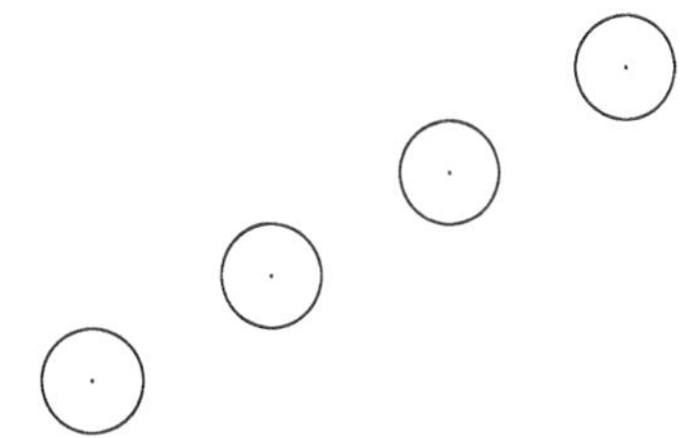

图 3-51 极坐标平移的结果

3.4.6 单体补正

单体补正是指按照用户指定的距离和方向移动或复制一个几何对象。可以用于单体补正操作的几何对象包括直线、圆弧、圆、椭圆和样条曲线等，且每次仅能选择一个几何对象去补正。

在菜单栏的“转换”菜单中选择“单体补正”命令，或者在“转换”工具栏中单击“单体补正”图标按钮 ，系统弹出如图 3-52 所示的“补正”对话框。在该对话框中，根据设计要求选择“移动”单选按钮或“复制”单选按钮，并设置补正的次数、每次补正距离，以及设置补正方向等。

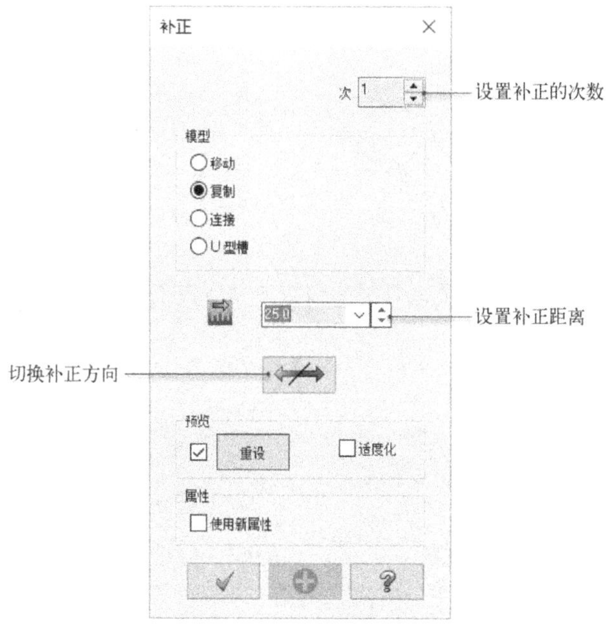

图 3-52 “补正”对话框

值得注意的是，对单体进行补正时，在某些情况下（例如，总的补正距离大于图形尺寸时）系统会弹出对话框提示无法完成补正。

另外，如果设置的补正距离为负值时，则实际补正的方向与选择的补正方向相反。

【典型范例】：使用“单体补正”命令完成图形绘制

1 打开网盘资料的“CH3”\“单体补正.MCX”文件，该文件中有如图 3-53 所示的一个椭圆。

2 在菜单栏的“转换”菜单中选择“单体补正”命令，或者在“转换”工具栏中单击“单体补正”图标按钮，系统弹出“补正”对话框。

3 在“选择补正线、圆弧、曲线或曲面曲线”提示下，选择要补正的椭圆。接着系统提示指定补正方向，在椭圆的外侧单击以指定补正方向由椭圆当前位置指向椭圆外侧，如图 3-54 所示。

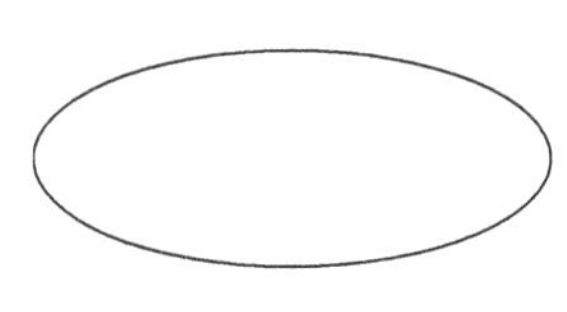

图 3-53　已有椭圆

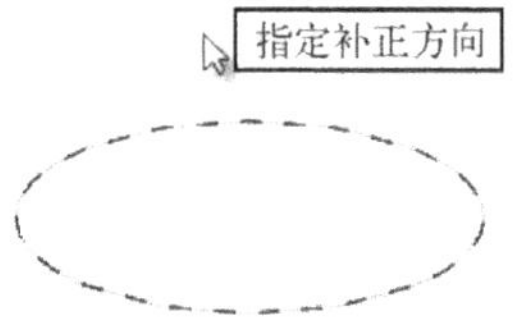

图 3-54　指定补正方向

4 在“补正”对话框中选择“复制”单选按钮，在“次”文本框中输入“4”，在“每次补正距离”文本框中输入“30”，按〈Enter〉键，如图 3-55 所示。

5 在“补正”对话框中单击“确定”图标按钮，得到的补正结果如图 3-56 所示。

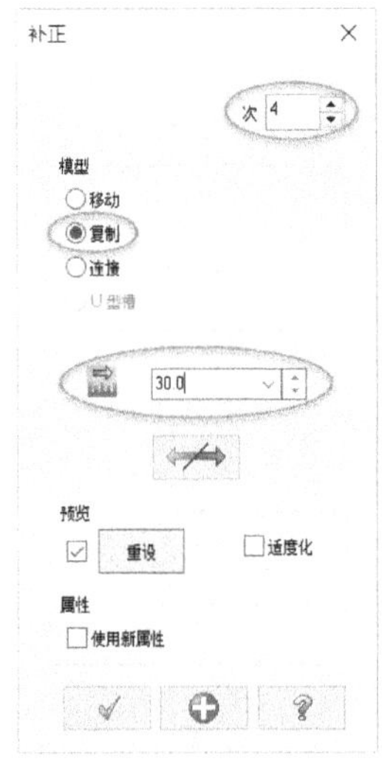

图 3-55　“补正”对话框

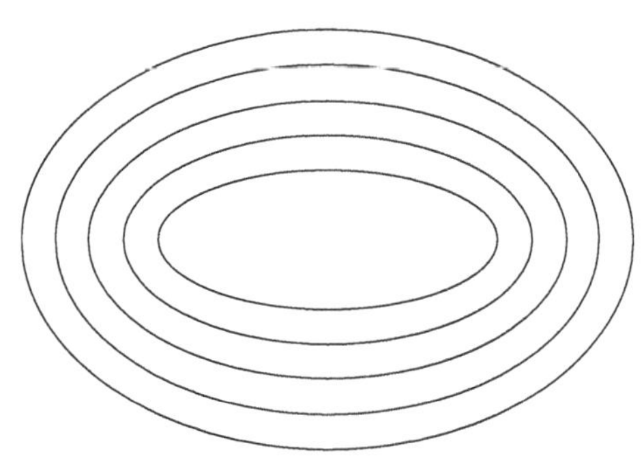

图 3-56　单体补正的结果

3.4.7 串连补正

串连补正是图形补正的另一种典型方式。使用该方式，可以按给定的距离、方向及方式移动或复制串连在一起的几何图形。

在菜单栏的"转换"菜单中选择"串连补正"命令，或者在"转换"工具栏中单击"串连补正"图标按钮，弹出"串连选项"对话框，利用该对话框选取所需的串连曲线并确认后，系统弹出如图 3-57 所示的"串连补正选项"对话框。利用"串连补正选项"对话框选择"移动"单选按钮或"复制"单选按钮，设置串连补正的次数、方向和补正距离等相关参数，还可以设置转角的性质。串连补正的转角设置有"无""尖角"和"全部"。如果将转角设置为"无"，则串连补正时保留原有串连图形的转角，即转角处不产生圆角；如果将转角设置为"尖角"，则当串连图形转角处角度不大于 135° 时，补正时以圆弧过渡；如果将转角设置为"全部"，则串连补正时对所有的转角进行圆弧过渡。

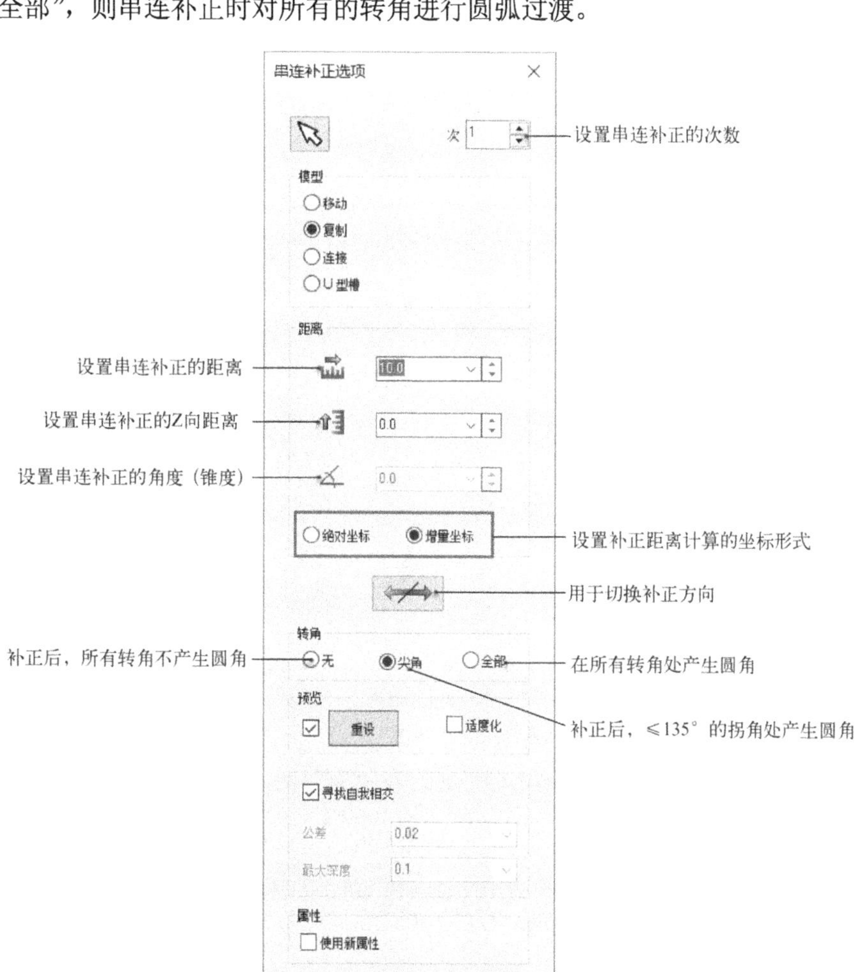

图 3-57 "串连补正选项"对话框

【典型范例】：使用"串连补正"命令完成图形绘制

1 打开网盘资料的"CH3"\"串连补正.MCX"文件，该文件中包含如图 3-58 所示的图形。

2 在菜单栏的“转换”菜单中选择“串连补正”命令，或者在“转换”工具栏中单击“串连补正”图标按钮，弹出“串连选项”对话框。

3 在“串连选项”对话框中选择，选择原始图形，然后单击该对话框中的“确定”图标按钮。

4 系统弹出“串连补正选项”对话框，选择“复制”单选按钮，设置补正的次数为“1”、串连补正的距离为“5”，选择“增量坐标”单选按钮，在“转角”选项组中选择“尖角”单选按钮，如图 3-59 所示。

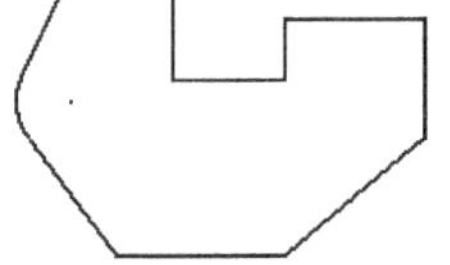

图 3-58　串连补正的原始图形

图 3-59　设置串连补正选项及参数

5 此时，串连补正的预览效果如图 3-60 所示。在“串连补正选项”对话框中单击“切换方向”图标按钮两次，使串连补正的方向为双向，预览效果如图 3-61 所示。

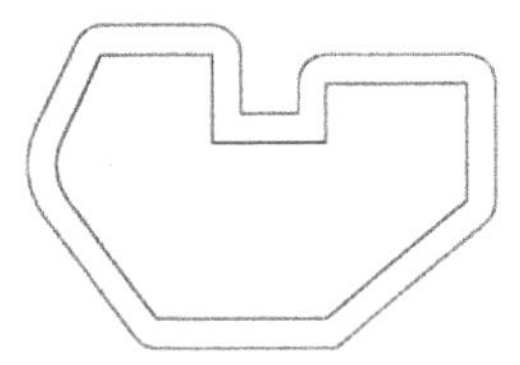

图 3-60　串连补正的预览效果

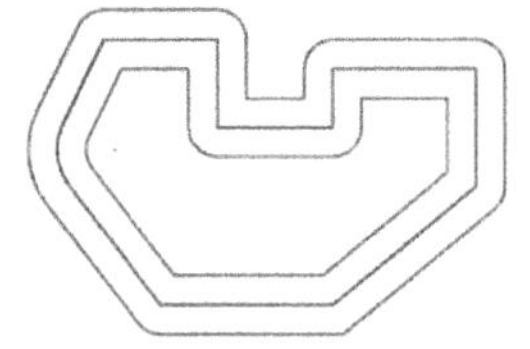

图 3-61　切换为双向的串连补正

6 在“串连补正选项”对话框中单击“确定”图标按钮。

3.4.8 投影

使用“转换”菜单中的“投影”命令，可以将选定的图形投影到构图平面、指定的平面或曲面上，从而生成新的图形。

在菜单栏的“转换”菜单中选择“投影”命令，或者在“转换”工具栏中单击“投影”图标按钮，系统出现“选择图形去投影”提示信息。在该提示下选择所需的图形，按〈Enter〉键确认，系统弹出如图 3-62 所示的“投影”对话框。下面介绍该对话框的“投影到”和“曲面投影选项”选项组中的各项功能。

一、“投影到”选项组

在“投影到”选项组中，提供了 3 种投影方式选项，即 0.0（投影到绘图面）、（投影到平面）和（投影到曲面上）。

- 0.0（投影到绘图面）：选择此单选按钮时，可以将所选的图形投影到绘图面（绘图面也称“构图面”），包括与构图面平行的偏距面上。
- （投影到平面）：选择此单选按钮时，可单击“投影到平面”图标按钮，打开如图 3-63 所示的“选择平面”对话框，从中利用相关的按钮及设置参数来选择所需的平面。

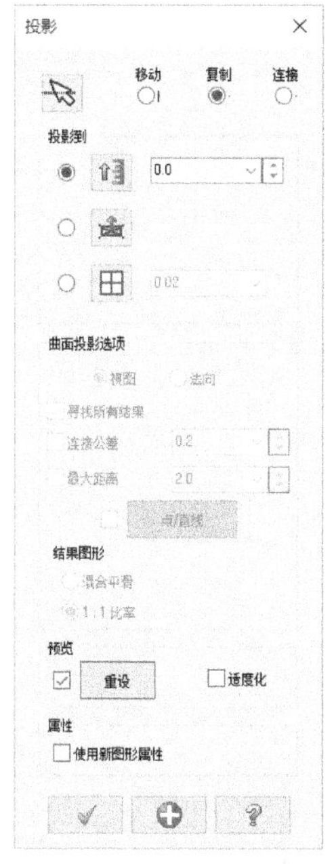

图 3-62 “投影”对话框

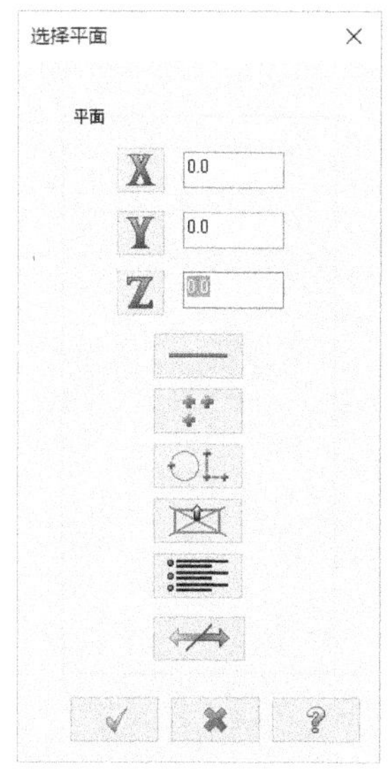

图 3-63 “选择平面”对话框

- （投影到曲面上）：用于将选定的图形投影到曲面上。若单击“投影到曲面上”图标按钮，则需选择要投影到的曲面，并可在“投影”对话框的“曲面投影选项”选项组中设置相关的选项，包括选择“视图”（构图平面）或“法向”单选按钮，设置连接公差和最大距离等。

二、“曲面投影选项”选项组

“曲面投影选项”选项组的内容只有在设置将选定的图形投影到曲面上时才可用。在该选项组中，可以设置投影到曲面的方式为“视图”（视角）或“法向”，并可以设置寻找所有结果，以及设置连接公差和最大距离等。

3.4.9 阵列

对图形进行阵列处理可以获得新图形，这在实际设计中会经常应用。阵列是指将已选定的图形（图素）根据设定的参数（包括距离、方向和次数等）有规律地复制到其他位置。

对图形进行阵列操作的一般方法及步骤如下。

1 在菜单栏的“转换”菜单中选择“阵列”命令，或者在“转换”工具栏中单击“阵列”图标按钮。

2 系统出现“平移/阵列：选择要平移/阵列的图形”提示信息。选择要阵列的图形，按〈Enter〉键确定。

3 系统弹出如图 3-64 所示的“直角坐标阵列选项”（矩形阵列选项）对话框。在该对话框中，分别设置方向 1（通常也称为行阵列方向）和方向 2（通常也称为列阵列方向）的选项及参数。在每一个方向的阵列设置中，都可设置其相应的“间距”（或）参数和“角度”参数，并可以单击“方向”图标按钮来切换该方位的阵列方向（一共有 3 种阵列方向可供切换，即向一侧、向另一侧和向两侧）。

4 如果要从阵列结果中移除某些阵列成员（图形），那么可以单击“移除副本”图标按钮，系统弹出“选择复制或移动按 <ENTER>”提示信息，根据提示在阵列预览中选择要删除的阵列成员（图形），然后按〈Enter〉键，即完成设置并将所选的阵列成员（图形/项目）从阵列结果中移除，如图 3-65 所示。

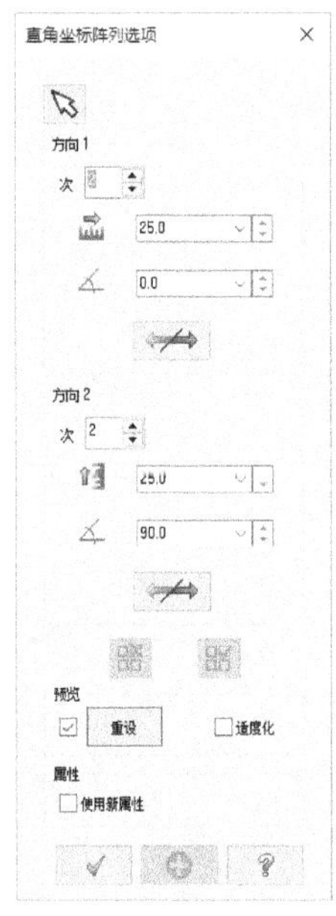

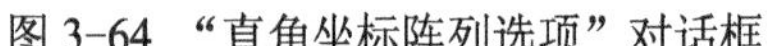

图 3-64 “直角坐标阵列选项”对话框

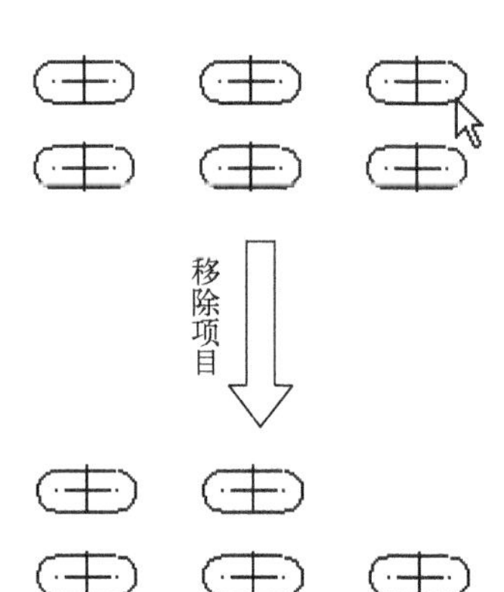

图 3-65 从阵列结果中移除一部分图形

如果要从阵列结果中恢复那些被指定要删除的图形副本/项目，那么可以在“直角坐标阵列选项”对话框中单击“重置副本”图标按钮。

5 在“直角坐标阵列选项”对话框中单击“确定”图标按钮。

【典型范例】：使用"阵列"命令绘制图形

1 打开网盘资料的"CH3"\"阵列.MCX"文件，该文件中包含如图 3-66 所示的图形。

2 在菜单栏的"转换"菜单中选择"阵列"命令，或者在"转换"工具栏中单击"阵列"图标按钮。

3 使用鼠标框选要阵列的图形，如图 3-67 所示，然后按〈Enter〉键确定。

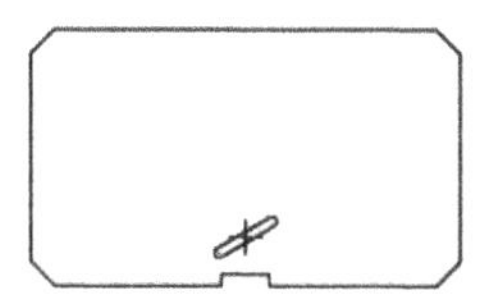

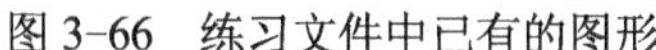

图 3-66 练习文件中已有的图形

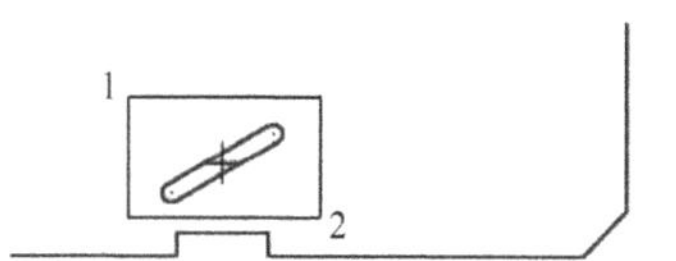

图 3-67 选择要阵列的图形

4 系统弹出"直角坐标阵列选项"对话框。在该对话框的"方向 1"选项组中，设置该方向（行方向）的阵列次数为"3"，阵列距离为"68"，阵列角度为"0"，并连续两次单击"方向"图标按钮，切换成向两侧阵列；在"方向 2"选项组中，设置该方向（列方向）的阵列次数为"5"，阵列距离为"35"，阵列角度为"90"，如图 3-68 所示。

5 在"直角坐标阵列选项"对话框中单击"移除副本"图标按钮，在如图 3-69 所示的矩形阵列预览中选择要删除的 5 个阵列成员。

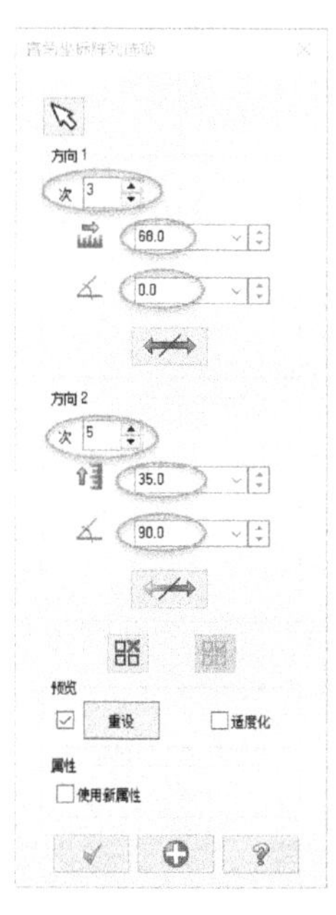

图 3-68 设置阵列选项及参数

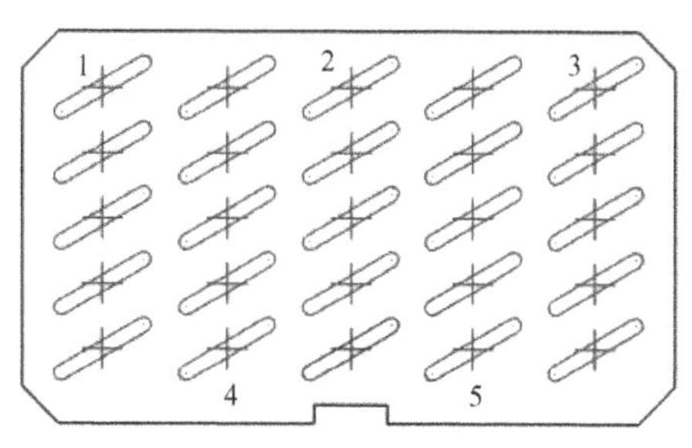

图 3-69 完整的阵列预览

6 选定要从阵列结果中删除的 5 个阵列成员后的阵列预览如图 3-70 所示，按〈Enter〉键确认选择。最后在"直角坐标阵列选项"对话框中单击"确定"图标按钮，完成该阵列操作。

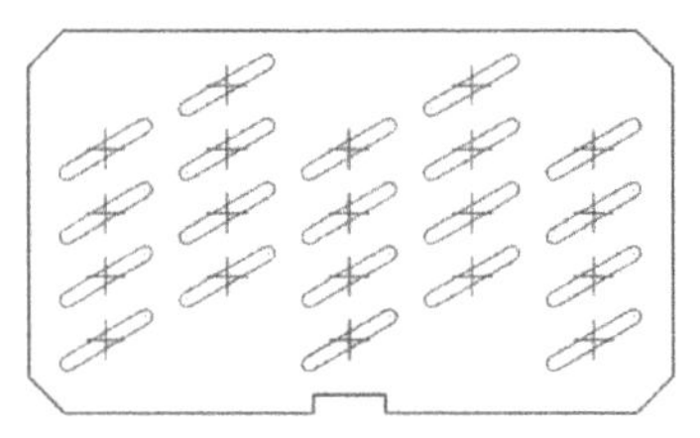

图 3-70　指定 5 个要删除的阵列成员后

3.4.10 缠绕

使用“缠绕”功能可以将选定的一条线条等图素卷成圈，类似于将图素盘绕于假设的圆柱面上，如图 3-71 所示。另外，使用该功能还可以将卷好的图形重新展开。

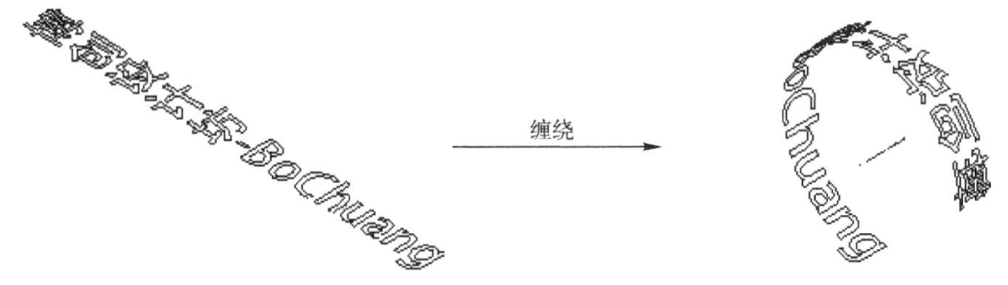

图 3-71　缠绕示例

下面结合上述示例介绍“缠绕”功能的应用方法及操作技巧。该示例的原始文件为随书光盘中配套的“CH3”\“缠绕.MCX-6”文件。

1 在菜单栏的“转换”菜单中选择“缠绕”命令，或者在“转换”工具栏中单击“缠绕”图标按钮，系统弹出“串连选项”对话框。

2 在“串连选项”对话框中单击选中“窗选”图标按钮，如图 3-72 所示，使用鼠标指定两点使所有文字图素完全处于选择框内，如图 3-73 所示。

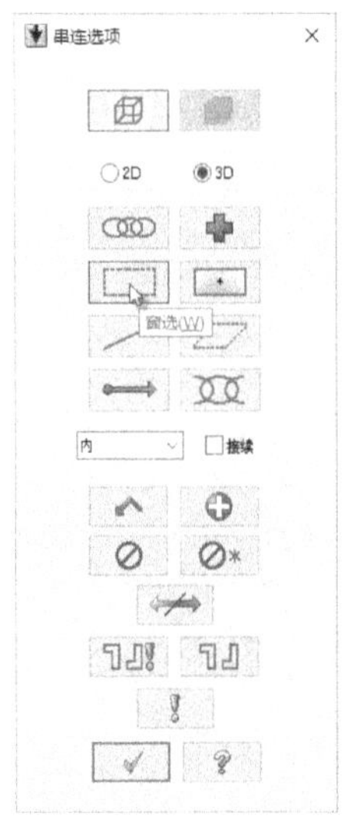

图 3-72 “串连选项”对话框

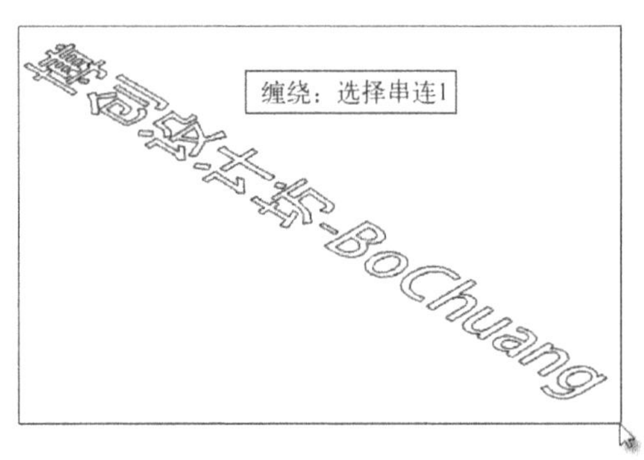

图 3-73　框选所有文字图素

3 系统弹出“输入草绘起始点”提示信息，选择如图 3-74 所示的点。然后，系统弹出如图 3-75 所示的信息框提示选择串连的数量。

图 3-74 输入草绘起始点　　图 3-75 完成缠绕的串连

4 在“串连选项”对话框中单击“确定”图标按钮，系统弹出“缠绕选项”对话框。“缠绕选项”对话框中主要选项的含义如图 3-76 所示。

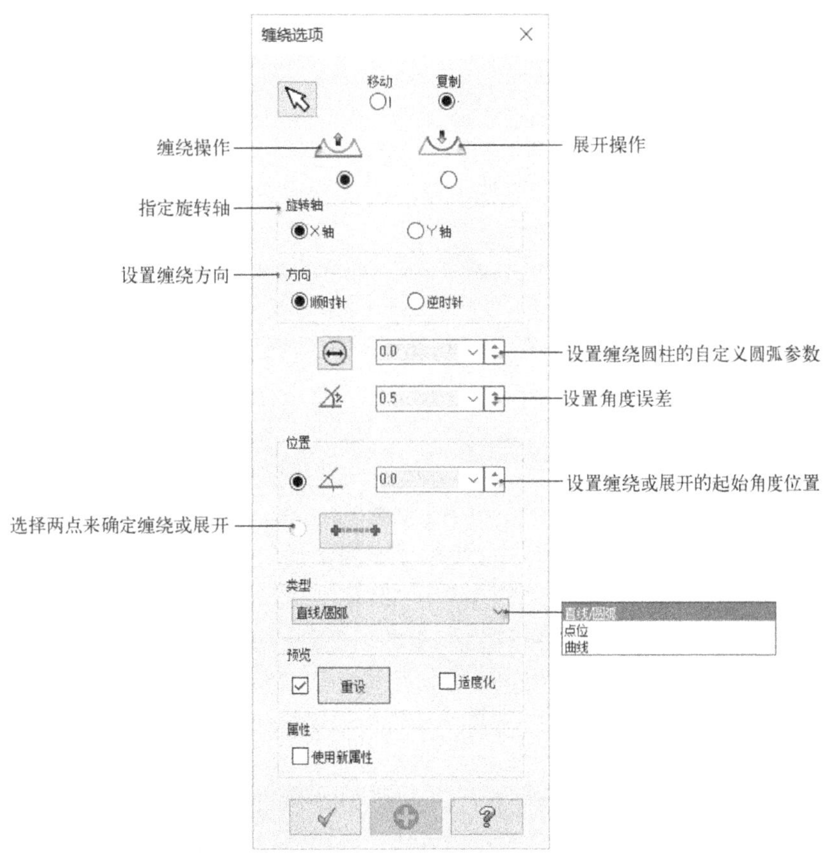

图 3-76 “缠绕选项”对话框

5 在“缠绕选项”对话框中选择“移动”单选按钮，设置进行缠绕操作，在“旋转轴”选项组中选择“Y 轴”单选按钮，在“方向”选项组中选择“逆时针”单选按钮，设置缠绕圆柱的圆弧直径为 86、角度误差为 0.2，设置“类型”为“直线/圆弧”，如图 3-77 所示。

6 在“缠绕选项”对话框中单击“确定”图标按钮 ✓ ，结果如图 3-78 所示。

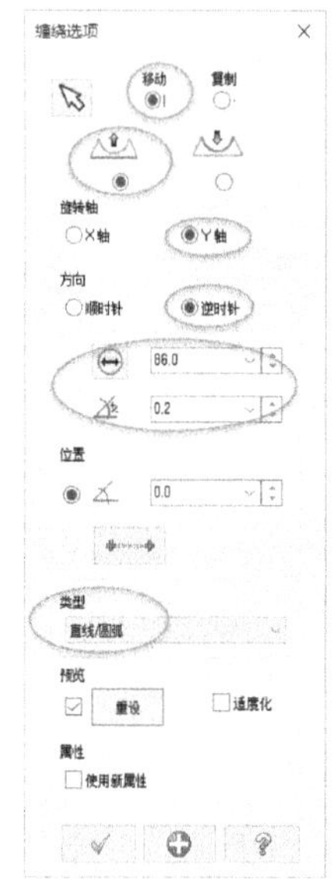

图 3-77 设置缠绕选项

图 3-78 缠绕结果

3.5 编辑图形

编辑图形的操作主要包括删除图形、恢复被删除的图形、修剪/打断几何图形、连接图形、改变曲线控制点、剪切图形、复制与粘贴图形、撤销与恢复、转换成“NURBS”曲线和将曲线转换为圆弧等。

3.5.1 删除图形与恢复被删除的图形

在设计过程中，有时需要将某些不再需要的图形删除。用于删除几何图形的命令位于菜单栏的“编辑”/“删除”级联菜单中，包括“删除图形”、“删除重复图形”和“删除重复图形：高级选项”命令。同时，在“编辑”/“删除”级联菜单中还提供了恢复删除图形的命令，包括“恢复删除”、“恢复删除指定数量的图形”和“恢复删除限定的图形”。删除图形与恢复删除的图形的操作在图形编辑中较为频繁，它们属于比较基础和比较重要的图形编辑操作。

一、删除图形

使用“删除图形”命令（快捷键为〈Delete〉）可以删除绘图区已经绘制好的指定图形。下面结合操作示例介绍删除图形对象的一般方法及操作步骤。

1 首先打开网盘资料的“CH3”\“删除对象.MCX”文件，该文件中包含已经绘制好的图形，如图 3-79 所示。

2 在菜单栏的“编辑”/“删除”级联菜单中选择“删除图形”命令，也可以在“删除/恢复被删除”工具栏中单击“删除图形”图标按钮。

3 系统出现“选择图形”提示信息。使用鼠标选择线段 AB 和线段 CD 作为要删除的图形对象，然后按〈Enter〉键确定，删除操作的结果如图 3-80 所示。

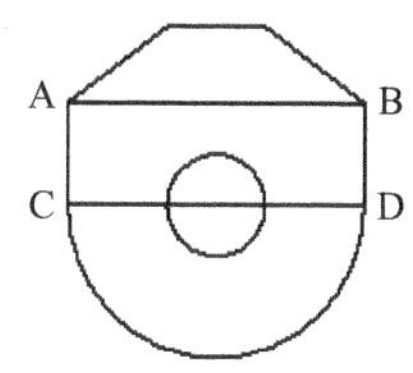

图 3-79 已经绘制好的图形

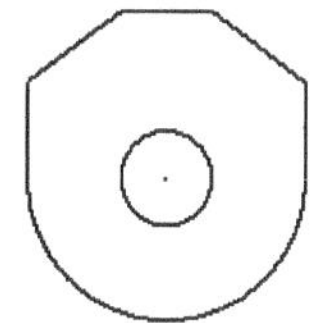

图 3-80 删除操作后的结果

知识点拨 用户也可以先选择要删除的图形，然后选择“编辑”/“删除”级联菜单中的“删除图形”命令，或者单击“删除/恢复被删除”工具栏中的“删除图形”图标按钮，也可以直接按键盘上的〈Delete〉键，从而快速将所选的图形删除。

二、删除重复图形

在绘制草图的过程中，有时会重复进行多次操作，创建出多余的重复图形，这就需要使用系统提供的“删除重复图形”命令将重复的几何图形删除，而只保留其中的一个同类型图素，便于以后的图形编辑操作。

通常，删除重复图形的操作比较简单，即在菜单栏的“编辑”/“删除”级联菜单中选择“删除重复图形”命令，或者在“删除/恢复被删除”工具栏中单击“删除重复图形”图标按钮，系统会自动检测出图形中是否存在重复图素，并弹出如图 3-81 所示的“删除重复图形”对话框以给出重复图形的信息，然后单击该对话框中的“确定”图标按钮，即可删除重复图形。

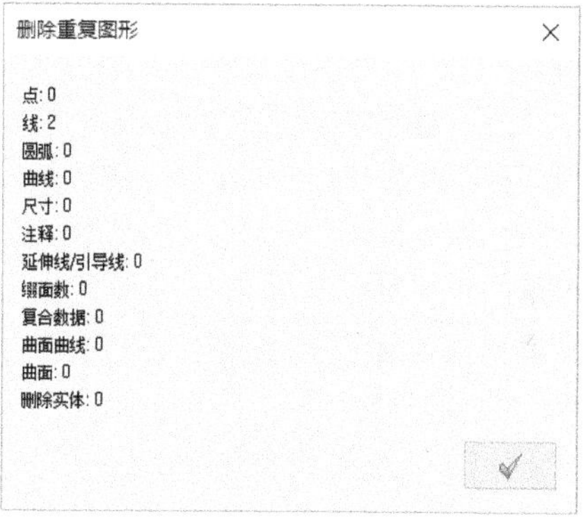

图 3-81 “删除重复图形”对话框

三、删除重复图形：高级选项

当删除重复图形具有特殊要求时，可以在菜单栏的“编辑”/“删除”级联菜单中选择“删除重复图形：高级选项”命令，或者在“删除/恢复被删除”工具栏中单击“删除重复图形：高级选项”图标按钮，在“选择图形”提示下选择所需的图形，按〈Enter〉键确定，系统弹出如图 3-82 所示的“删除重复图形”对话框，从中设置相关的属性内容（如“颜色”“层别”“线条样式”“线宽”和“点型”）来控制测定满足要求的重复的图形，然后单击“确定”图标按钮，系统将弹出如图 3-83 所示的“删除重复图形”对话框来给出图形重复的统计信息，最后单击“确定”图标按钮即可删除重复图形。

四、恢复删除

恢复删除是指按照被删除的次序，重新恢复已经被删除的图形对象。注意，在没有执行任何删除操作之前，“恢复删除”命令是不可用的，其处于暂时被屏蔽状态。

执行“恢复删除”操作很简单，即在菜单栏的“编辑”/“删除”级联菜单中选择“恢复删除”命令，或者在“删除/恢复被删除”工具栏中单击“恢复删除”图标按钮，即可逆向逐一恢复之前被删除的几何图形。

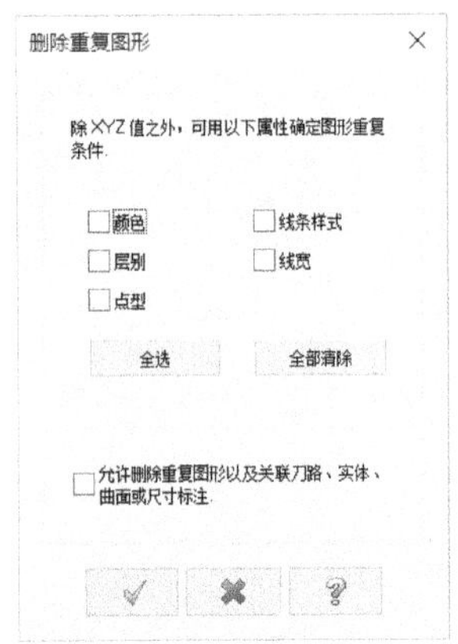

图 3-82 “删除重复图形”对话框

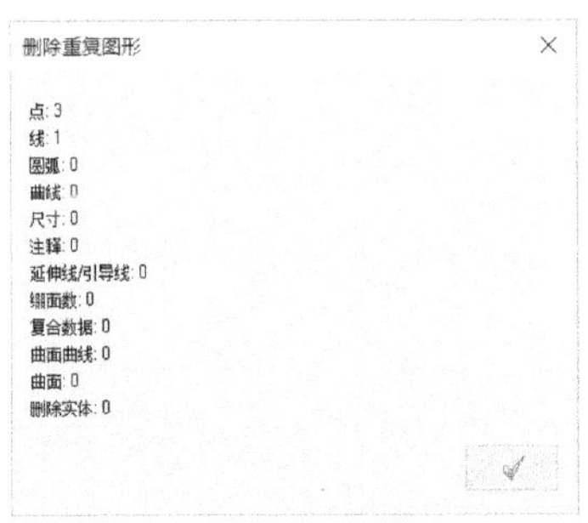

图 3-83 给出图形重复的提示信息

五、恢复删除指定数量的图形

在菜单栏的“编辑”/“删除”级联菜单中选择“恢复删除指定数量的图形”命令，或者在“删除/恢复被删除”工具栏中单击“恢复删除指定数量的图形”图标按钮，系统弹出如图 3-84 所示的“输入恢复删除的数量”对话框。在该对话框中的文本框中设置要恢复删除的数量，然后单击“确定”图标按钮，则系统按照与删除顺序相反的顺序恢复指定次数的删除处理。

六、恢复删除限定的图形

在菜单栏的“编辑”/“删除”级联菜单中选择“恢复删除限定的图形”命令，或者在“删除/恢复被删除”工具栏中单击“恢复删除限定的图形”图标按钮，系统弹出如图 3-85 所示的“选择所有—单一选择”对话框。在该对话框中设置要恢复删除的几何图形的属性，或者说是设置要恢复删除的几何图形的限定条件，这些限定条件的内容可以为“图形”“颜色”“层别”“宽度”“类型”“点”和“其他项目”。设置好限定条件后，单击“确定”图标按钮，只有符合设置属性（限定条件）的已删除几何图形才能被恢复。

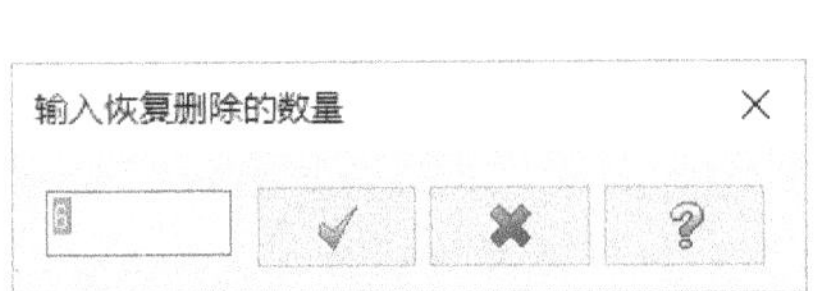

图 3-84 “输入恢复删除的数量”对话框

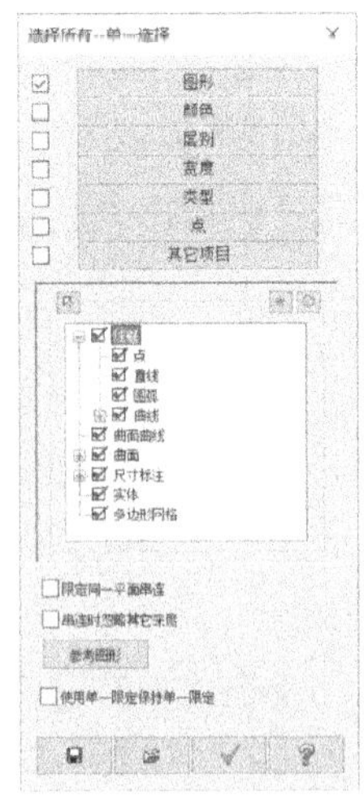

图 3-85 设置要恢复删除的几何图形的限定条件

3.5.2 修剪/打断几何图形

用于修剪/打断几何图形的命令位于菜单栏的“编辑”/“修剪/打断”级联菜单中，包括“修剪/打断/延伸”“多物修整”“两点打断”“在交点处打断”“打成若干段”“将尺寸标注转换成图形”“全圆打断”和“恢复全圆”。

一、修剪/打断/延伸

在菜单栏中选择“编辑”/“修剪/打断”/“修剪/打断/延伸”命令，打开如图 3-86 所示的“修剪/打断/延伸”操作栏。当在该操作栏中单击选中“修剪”图标按钮时，表示修剪/延伸图形；当单击选中“打断”图标按钮时，表示要执行打断图形的操作。无论是选中“修剪”图标按钮还是选中“打断”图标按钮，都要注意“单一物体修剪”图标按钮、“两物体修剪”图标按钮、“三物体修剪”图标按钮、“将图形在两交点处修剪或打断”（简称分割物体）图标按钮、“修剪至点”图标按钮和“延伸长度”图标按钮的选择状态，这些按钮将决定具体的修剪、延伸或打断方式。

图 3-86 “修剪/延伸/打断”操作栏

一般要求要修剪的两个对象具有交点，要延伸的两个对象具有延伸交点。

下面以典型范例的形式介绍该命令的应用。该范例所使用的源文件“修剪-打断.MCX”位于随书光盘的“CH3”文件夹中，打开该源文件进行以下相关的“修剪/打断/延伸”命令操作。

【典型范例】：修剪一个物体

可以修剪一条曲线，使它止于同选定的第二条曲线的交点，但不对第二条曲线进行修剪。

1. 在菜单栏中选择“编辑”/“修剪/打断”/“修剪/打断/延伸”命令，或者在“修剪/打断”工具栏中单击“修剪/打断/延伸”图标按钮，打开“修剪/延伸/打断”操作栏。
2. 在“修剪/打断/延伸”操作栏中确保“修剪”图标按钮处于被选中的状态，接着单击“单一物体修剪”图标按钮。
3. 在如图 3-87 所示的位置处单击线段 1。
4. 选择线段 2 作为修剪的界线，修剪结果如图 3-88 所示。

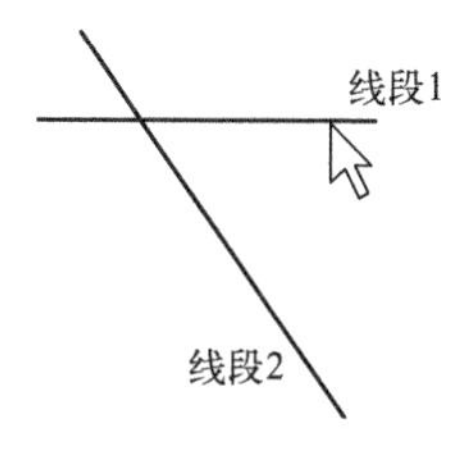

图 3-87 单击线段 1

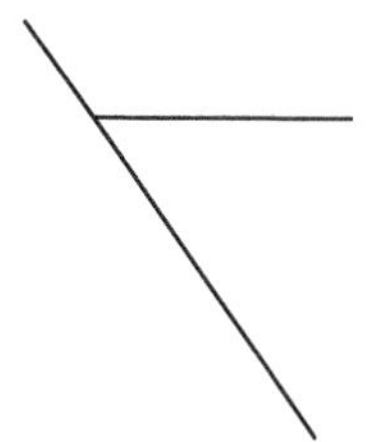

图 3-88 修剪一个物体的结果

【典型范例】：修剪两个物体

选取两条曲线进行修剪，修剪至它们的交点，注意曲线的选取位置决定了曲线要保留的部分。

1 在“修剪/打断/延伸”操作栏中确保“修剪”图标按钮处于被选中的状态，单击“两物体修剪”图标按钮。

2 选择线 1 和线 2，注意线 1 和线 2 的选择位置，如图 3-89 所示。得到的修剪结果如图 3-90 所示。

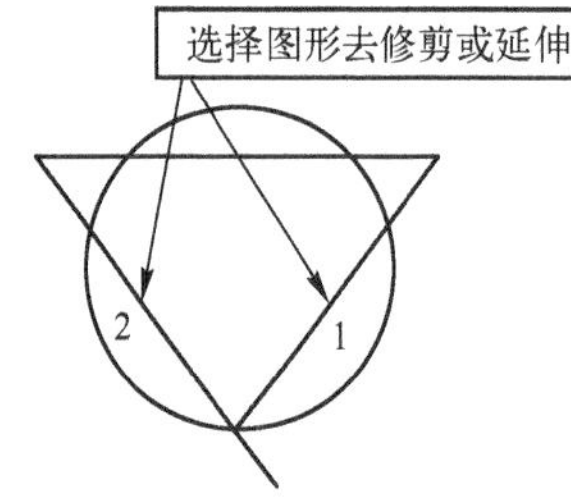

图 3-89　选择两条线来修剪

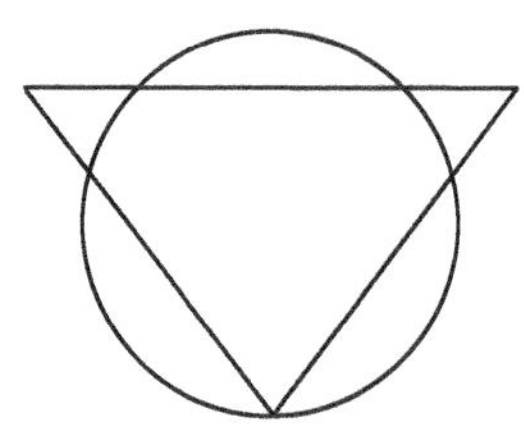
图 3-90　修剪两个物体的结果

【典型范例】：修剪三个物体

可以同时修剪或编辑三个图素到交点处。在操作过程中，需要分别选择三个被修剪编辑的图形中要保留的部分。

1 在“修剪/打断/延伸”操作栏中确保“修剪”图标按钮处于被选中的状态，并单击 “三物体修剪”图标按钮。

2 分别选择曲线 A、曲线 B 和曲线 C，如图 3-91 所示，图中箭头指示了相关曲线的选择位置。修剪三个物体的结果如图 3-92 所示。

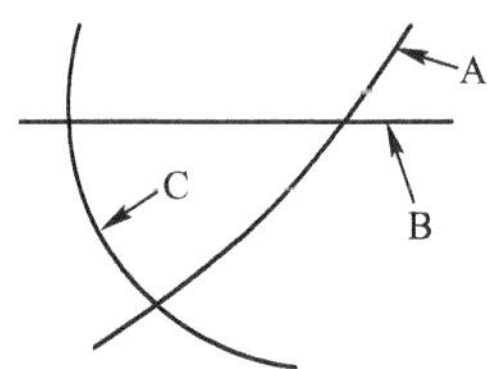

图 3-91　选择 3 条曲线要保留的部分

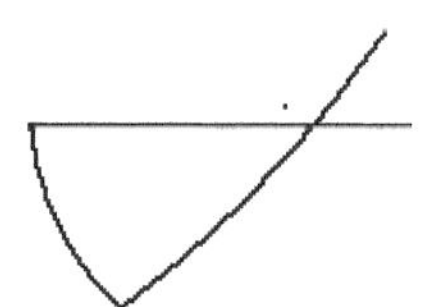
图 3-92　修剪三个物体的结果

【典型范例】：分割物体

使用“分割物体”修剪方式可以将一个图形在两线或弧之间的部分修剪掉。

1 在“修剪/打断/延伸”操作栏中确保“修剪”图标按钮处于被选中的状态，并单击“分割物体”图标按钮。

2 系统出现“选择曲线或圆弧去分割/删除”提示信息，在如图 3-93 所示的图形中，使用鼠标选择圆的部分 1，则该部分被裁剪掉，结果如图 3-94 所示。

3 系统继续出现“选择曲线或圆弧去分割/删除”提示信息，分别在图形中拾取 2～5 对应的图形部分，最后得到的结果如图 3-95 所示。

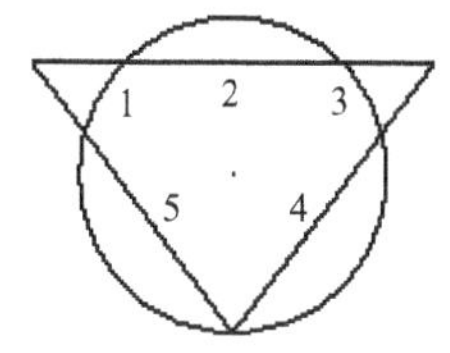

图 3-93 选择要分割的图形

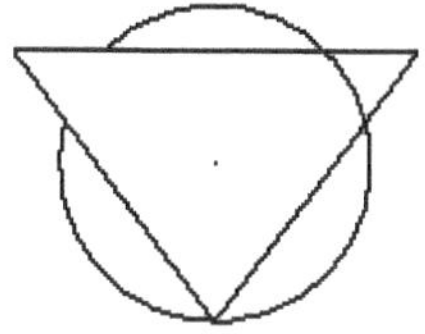

图 3-94 分割物体结果

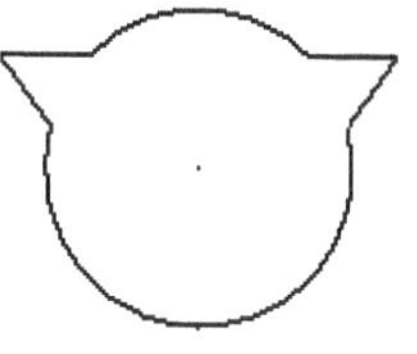

图 3-95 修剪结果

【典型范例】：修剪至点

可以把一个几何图形修剪到指定的点。

1 在“修剪/打断/延伸”操作栏中确保“修剪”图标按钮处于被选中的状态，然后单击“修剪至点”图标按钮。

2 系统出现“选择图形去修剪或延伸”提示信息，使用鼠标单击圆弧靠近要修剪至点的附近位置，如图 3-96 所示。

3 使用鼠标选择竖直线段的上端点 A，修剪至点的结果如图 3-97 所示。

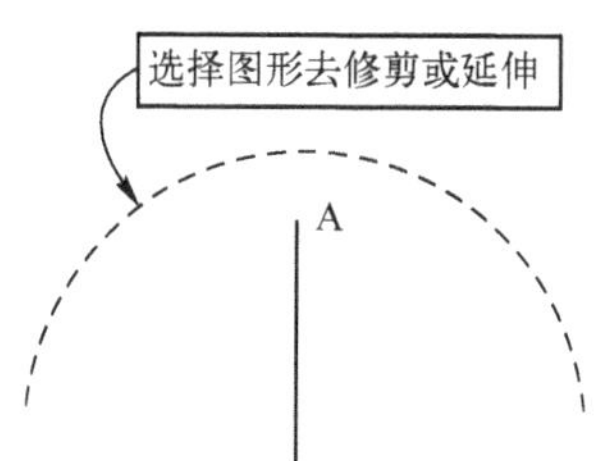

图 3-96 选择图形去修剪

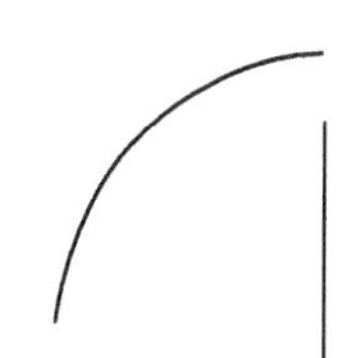

图 3-97 修剪至点的结果

4 最后，在“修剪/打断/延伸”操作栏中单击“确定”图标按钮。

【典型范例】：延伸几何图形

可以把一个几何图形延伸或缩短设定的长度。

1 在菜单栏中选择“编辑”/“修剪/打断”/“修剪/打断/延伸”命令，打开“修剪/打断/延伸”操作栏。

2 在“修剪/打断/延伸”操作栏中单击选中“延伸长度”图标按钮，并在其文本框中输入延伸长度为 80，如图 3-98 所示。

图 3-98 设置延伸参数

3 在如图 3-99 所示的图形中，单击线段 AB 靠近 B 端的部位，得到的延伸结果如图 3-100 所示。

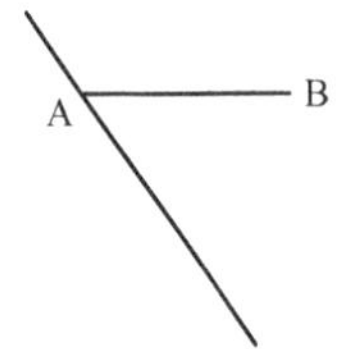

图 3-99　要选择的图形

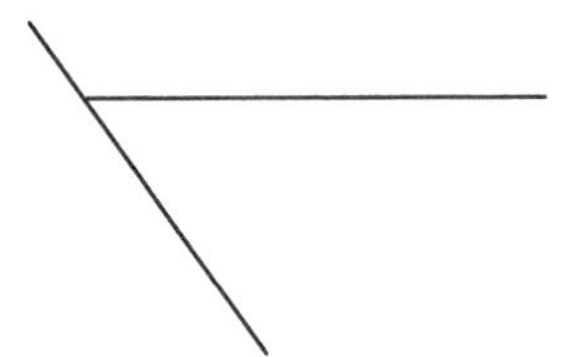

图 3-100　延伸指定长度的效果

4 最后，在“修剪/打断/延伸”操作栏中单击“确定”图标按钮✓。

二、多物修整

多物修整是指以所选的公共边界同时修剪/延伸多个图形。多物修整的操作示例如图 3-101 所示，步骤如下。

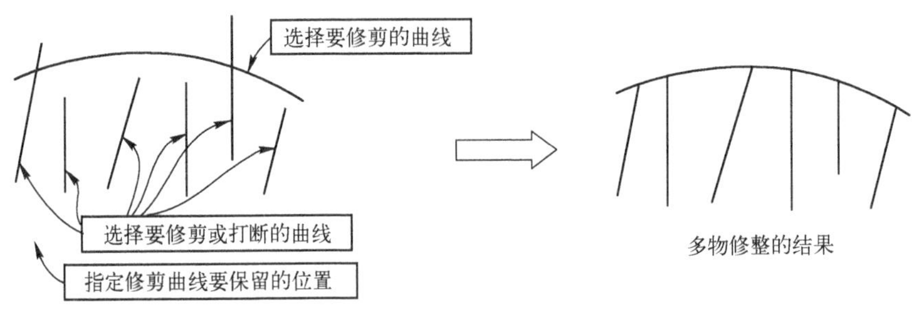

图 3-101　多物修整的操作示例

1 在菜单栏中选择“编辑”/“修剪/打断”/“多物修整”命令，或者在“修剪/打断”工具栏中单击“多物修整”图标按钮。

2 打开“多物体修剪”操作栏，同时系统提示选择要修剪或打断的曲线。分别选择要修剪的多条曲线，按〈Enter〉键确定。

3 系统提示选择要修剪的曲线（这里指修剪曲线）。在该提示下，选择修剪曲线，即指定修剪的公共边界。

4 系统出现“指定修剪曲线要保留的位置”提示信息。在该提示下，指定修剪曲线要保留的位置。

5 最后，在如图 3-102 所示的“多物体修剪”操作栏中单击“确定”图标按钮✓。

图 3-102　“多物体修剪”操作栏

三、两点打断

使用“两点打断”命令，可以在指定的打断点处打断直线/曲线。执行该命令打断图形的一般操作如下。

1 在菜单栏中选择“编辑”/“修剪/打断”/“两点打断”命令，或者在“修剪/打断”工具栏中单击“两点打断”图标按钮，打开如图 3-103 所示的“两点打断”操作栏。

图 3-103　“两点打断”操作栏

2 选择要打断的图形，即在要打断的图形中单击一点。

3 指定打断位置。此时，既可以在指定的图形中单击以指定打断位置，也可以在指定图形之外的有效区域单击一点来确定打断位置（经过该点并与指定图形垂直的直线的交点为打断位置）。

4 可以继续执行打断其他图形的操作。若无进一步操作，可单击“确定”图标按钮✓，结束该打断命令操作。

四、在交点处打断

可以将所选择的图形对象在其交点处同时打断，从而产生以交点为界的多个图形。

【典型范例】：在交点处打断图形并执行图形删除操作

1 打开网盘资料的“CH3”\“在交点处打断.MCX”文件，该文件中包含的原始图形如图 3-104 所示。

2 在菜单栏中选择“编辑”/“修剪/打断”/“在交点处打断”命令，或者在“修剪/打断”工具栏中单击“在交点处打断”图标按钮。

3 使用鼠标框选的方式选择所有图形，并按〈Enter〉键确定，则系统将所有图形在交点处打断。

4 单击“删除”图标按钮，选择多余的图形并删除。删除结果如图 3-105 所示。

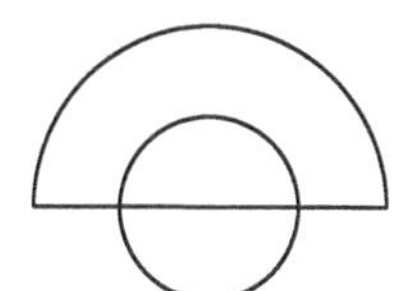

图 3-104　原始图形

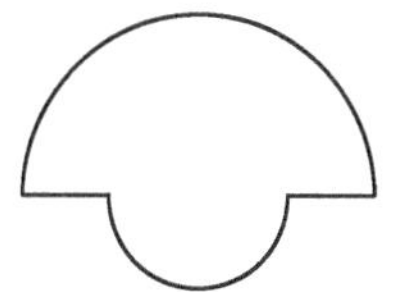

图 3-105　删除结果

五、打成若干段

使用“打成若干段”命令，可以将指定对象按照指定段长或指定段数打断成若干段。

在菜单栏中选择“编辑”/“修剪/打断”/“打成若干段”命令，系统提示选择图形，选择要打成若干段的图形后，按〈Enter〉键，系统弹出如图 3-106 所示的“打断成若干段”操作栏。“打断成若干段”操作栏中主要选项的功能介绍如下。

图 3-106 “打断成若干段”操作栏

- （精确距离）：设定使用精确距离。
- （完整距离）：设定使用完整距离。
- （数量）：用于设定打断数量。
- （距离）：用于设定打断间距。
- （公差）：用于设定打断时的公差/弦高。
- （曲线）：用于设置打断结果为圆弧曲线。
- （直线）：用于设置打断结果为直线。
- 删除：在该下拉列表框中提供“删除”“保留”和“消隐”（隐藏）3 个选项，它们分别用于删除原图形、保留原图形和隐藏原图形。

【典型范例】：将图形打断成若干段

1 在菜单栏中选择“编辑”/“修剪/打断”/“打成若干段”命令。

2 系统出现“选择图形打断或延伸”提示信息，选择如图 3-107 所示的圆弧，按〈Enter〉键确认。

3 在“打断成若干段”操作栏中，单击选中“直线”图标按钮和“精确距离”图标按钮，然后单击“数量”图标按钮，并设置打断数目为“5”，公差值默认为“0.02”，然后从下拉列表框中选择“删除”选项。

4 在“打断成若干段”操作栏中单击“确定”图标按钮，结果如图 3-108 所示。

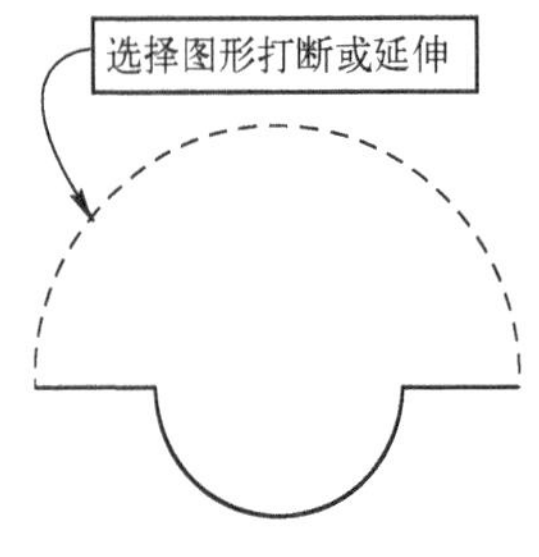

图 3-107 选择图形

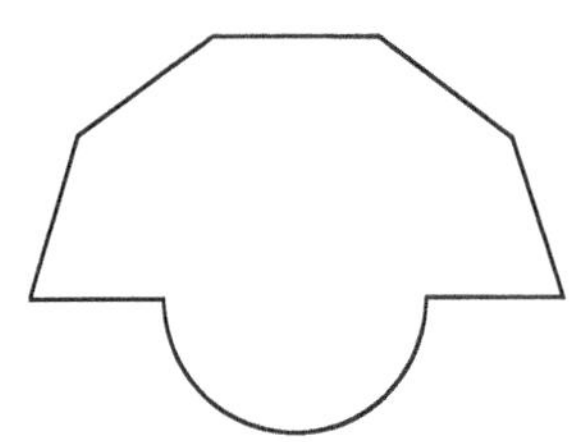

图 3-108 打断成若干段的结果

六、将尺寸标注转换成图形

使用“将尺寸标注转换成图形”命令，可以选择尺寸标注、剖面线或复合数据来分解图形。例如，可以将单一的尺寸标注分解成尺寸线、尺寸界线、箭头和标注内容等多个单独的对象。执行该命令的操作比较简单，即从“编辑”/“修剪/打断”级联菜单中选择“将尺寸标注转换成图形”命令，接着在提示下选择尺寸标注、剖面线或符合的数据，按〈Enter〉键确定即可。

七、全圆打断

使用“全圆打断”命令可以将一个完整的圆打断成多段圆弧。将一个全圆均匀地打断成若干段的示例如图 3-109 所示（为了便于观察打断的段数，特意在各打断点绘制端点符号）。

全圆打断的一般操作步骤如下。

1 在菜单栏的“编辑”/“修剪/打断”级联菜单中选择“全圆打断”命令，或者在“修剪/打断”工具栏中单击“全圆打断”图标按钮。

2 系统提示选择要打断的圆弧，即选择所需的圆，按〈Enter〉键确定。

3 系统弹出如图 3-110 所示的“全圆打断的圆数量”对话框，从中设置打断的圆数量值（打断段数），按〈Enter〉键确认，则所选的圆将打断成所设定数量的几段圆弧。

图 3-109 全圆打断

图 3-110 “全圆打断的圆数量”对话框

八、恢复全圆

“恢复全圆”命令可用于将一段圆弧修复为一个完整的圆，如图 3-111 所示。将圆弧修复成全圆的典型方法及步骤如下。

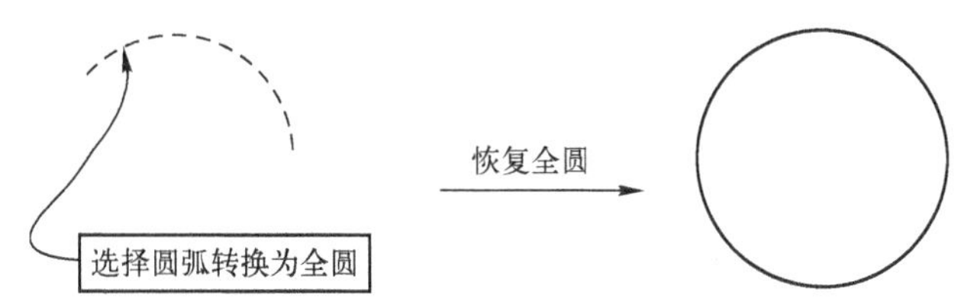

图 3-111　恢复全圆的示例

1 在菜单栏的“编辑”/“修剪/打断”级联菜单中选择“恢复全圆”命令，或者在“修剪/打断”工具栏中单击“恢复全圆”图标按钮。

2 选择一个所需的圆弧。

3 按〈Enter〉键确定，即可将该圆弧修复为一个完整的圆。

3.5.3 连接图形

连接图形是指将原来打断成两段的图形对象连接成一个图形对象。可以将连接图形看作打断图形的逆操作。用于连接的两个图形必须是可相容的，若是两条直线，则它们的斜率应该相同；若是两段圆弧，则它们应该同圆心且同半径；若是两条曲线，则要求它们必须来自同一原始曲线。

下面以同圆心且同半径的两段圆弧为例进行说明。

1 在菜单栏的“编辑”菜单中选择“连接图形”命令，或者在“修剪/打断”工具栏中单击“连接图形”图标按钮。

2 系统提示选择图形去连接。在该提示下选择要连接的两个图形，如选择如图 3-112 所示的两段圆弧 C1 和 C2。

3 按〈Enter〉键确定，则得到连接图形的结果，如图 3-113 所示。

图 3-112　选择要连接的两段圆弧　　图 3-113　连接图形

3.5.4 改变曲线控制点

使用“编辑”菜单中的“更改曲线”命令，可以通过更改选定 NURBS 曲线的控制点来调整该曲线的形状，如图 3-114 所示。

使用“更改曲线”命令的操作步骤如下。

1 在“编辑”菜单中选择“更改曲线”命令，或者在“修剪/打断”工具栏中单击“更改曲线”图标按钮。

2 在绘图区选择一条有效曲线（如样条曲线），则系统显示该曲线的各控制点。

3 选择曲线上的某个控制点，将其移动到合适的位置，即可改变曲线的形状。

4 按〈Enter〉键确定，完成修改曲线的操作。

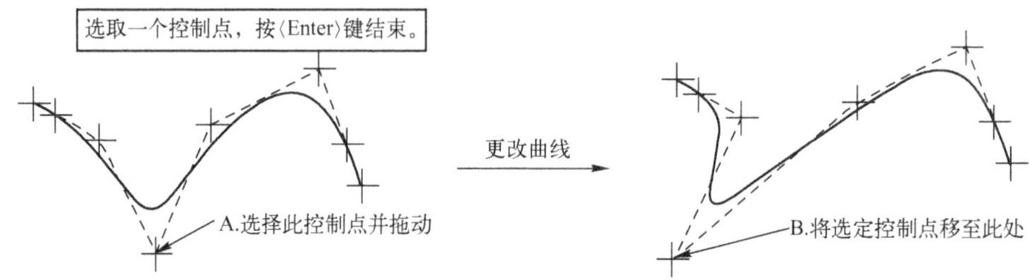

图 3-114　更改曲线控制点的示例

3.5.5 转换成 NURBS 曲线

在 Mastercam X9 中，可以将直线、圆弧、曲线或曲面转换为 NURBS 格式，操作过程如下。

1 在“编辑”菜单中选择“转成 NURBS”命令，或者在“修剪/打断”工具栏中单击“转成 NURBS”图标按钮。

2 系统出现“选取直线、圆弧、曲线或曲面去转换为 NURBS 格式”提示信息，在绘图区选择相关的直线、圆弧或曲线等，按〈Enter〉键确定，即可将这些图形对象转换成 NURBS 格式。

将选定图形转换成 NURBS 曲线后，如果需要，则可以使用“更改曲线”命令来调整其控制点，以获得新的曲线形状。

3.5.6 曲线变弧

可以将外形类似于圆弧的曲线转变为圆弧。参考下面的典型范例，但首先需要打开范例源文件“曲线变弧.MCX”，该文件位于网盘资料的“CH3”文件夹中。

【典型范例】：将曲线转变成圆弧

1 在菜单栏的“编辑”菜单中选择“曲线变弧”命令，或者在“修剪/打断”工具栏中单击“曲线变弧”图标按钮。

2 系统打开“转成圆弧”操作栏，以及出现“选择曲线转换为圆弧”提示信息。此时，选择如图 3-115 所示的曲线。

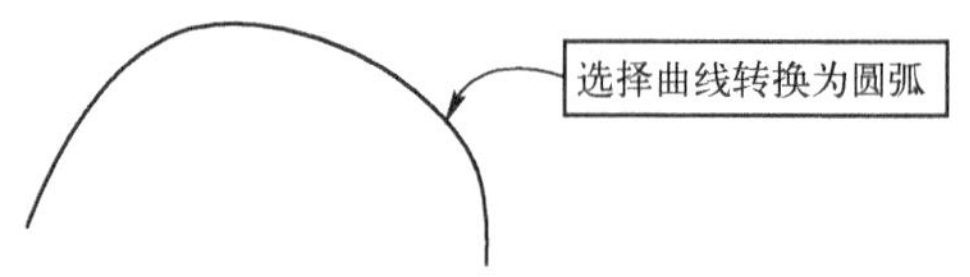

图 3-115　选择曲线

3 在“转成圆弧”操作栏的“公差”文本框中输入转换公差/误差值为“30”，并在其后的下拉列表框中选择“保留”选项（表示保留原曲线，另外还可以设置删除原曲线或隐藏原曲线），如图 3-116 所示。

图 3-116 设置相关的参数和选项

4 在“转成圆弧”操作栏中单击“确定”图标按钮✓，结果如图 3-117 所示。

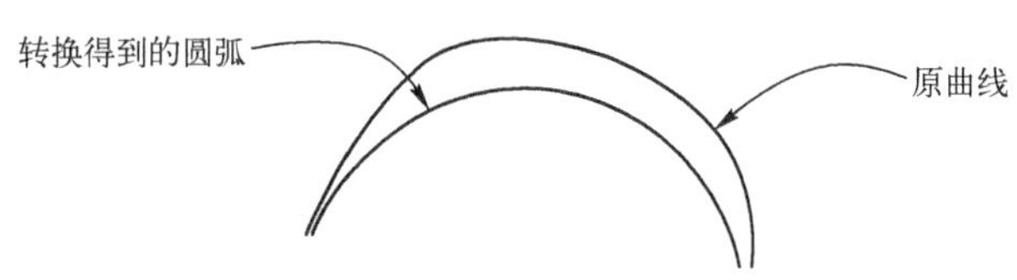

图 3-117 曲线变弧的操作结果

3.5.7 图形剪切、复制与粘贴

下面介绍“编辑”菜单中的 3 个编辑命令。

- “剪切”：可以将所选的图形剪切到粘贴板。剪切图形的方法很简单，即先选择要剪切的图形（原图形），接着在“编辑”菜单中选择“剪切”命令，则原图形被剪切至粘贴板。
- “复制”：将所选的对象复制到粘贴板，原对象仍然保留。复制图形的方法和剪切图形的方式类似。
- “粘贴”：执行对象剪切或复制操作后，可以使用“粘贴”命令来通过“复制”原对象获得新对象。

假设对某图形执行了“剪切”操作，在“编辑”菜单中选择“粘贴”命令，系统打开如图 3-118 所示的“粘贴”操作栏（注意该操作栏中主要图标按钮的功能），利用该操作栏完成图形的粘贴操作。

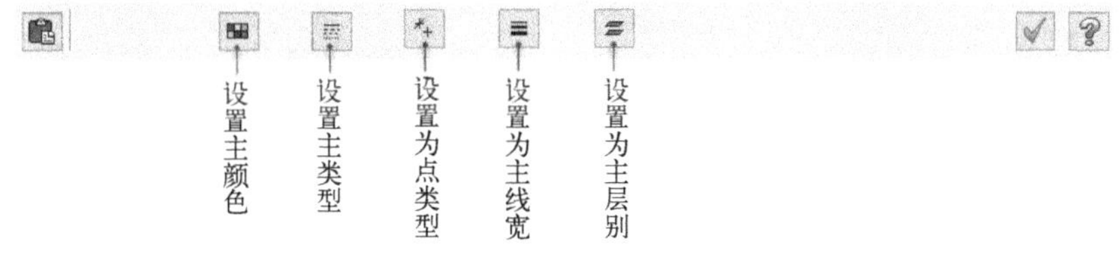

图 3-118 “粘贴”操作栏

3.5.8 撤销与恢复

“编辑”菜单中的“撤销”命令（其相应的工具按钮为↶）与“恢复”命令（其相应的工具按钮为↷）是比较实用的。“撤销”命令用于取消当前完成的操作，而“恢复”命令则用于恢复先前的撤销操作。只有当执行了“撤销”命令后，“恢复”命令才可用。“撤销”命令和“恢复”命令是一对可逆操作。

“撤销”命令的组合快捷键为〈Ctrl+U〉，“恢复”命令的组合快捷键为〈Ctrl+R〉。

第 4 章　图形尺寸标注

本章导读

图形标注是工程制图中的一个重要组成部分。本章首先简要介绍图形标注的基本知识，接着介绍尺寸标注、快速标注、图形注释、图案填充、重建标注、多重编辑和标注设置等内容，其中尺寸标注包括水平标注、垂直标注、平行标注、基准标注、串连标注、圆弧标注、角度标注、相切标注、正交标注、点位标注和纵坐标标注等。

4.1 图形标注概述

在工程制图中，绘制好所需的视图图样后，为了完整地表达图样信息，通常要为图样进行相关的标注处理。图形标注的基本知识包括重建标注、标注尺寸、多重编辑、延伸线、引导线、注解文字、剖面线和快速标注等。其中标注尺寸方面又包括水平标注、垂直标注、平行标注、基准标注、串连标注、角度标注、圆弧标注、正交标注、相切标注、纵坐标标注和点位标注。

在 Mastercam X9 系统中，用于绘图尺寸标注的命令位于“绘图”/“尺寸标注”级联菜单中，如图 4-1 所示。关于常用的相关标注命令的使用方法，将在本章的其他小节中介绍。

图 4-1 “绘图”/“尺寸标注”级联菜单

在进行尺寸标注之前，用户可以根据设计环境要求对尺寸标注样式进行设置，即在菜单栏的“绘图”/“尺寸标注”级联菜单中选择“选项”命令，弹出如图 4-2 所示的“自定义选项”对话框，从中设置尺寸属性、尺寸文字、尺寸标注、注释文字和引导线/延伸线样式。具体的设置说明可以查看 4.7 节。

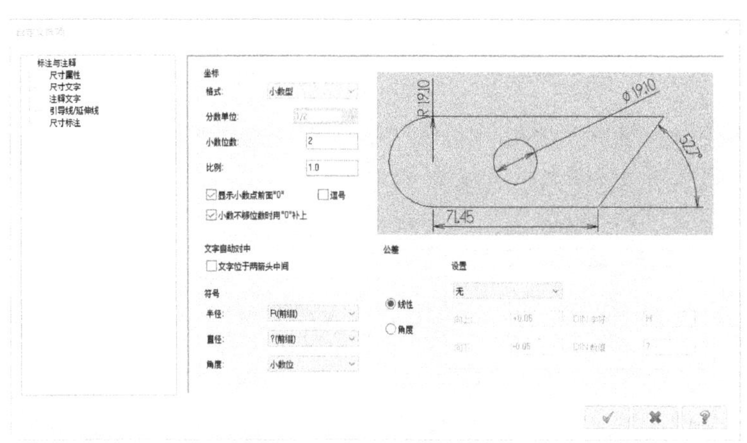

图 4-2　用于尺寸标注设置的“自定义选项”对话框

4.2　尺寸标注

图样中所标注的尺寸，通常为该图样所示机件的最后完工尺寸，否则应加说明。图样中的一个完整的尺寸标注应该由尺寸界线、尺寸线和尺寸数字这 3 个部分组成，如图 4-3 所示。

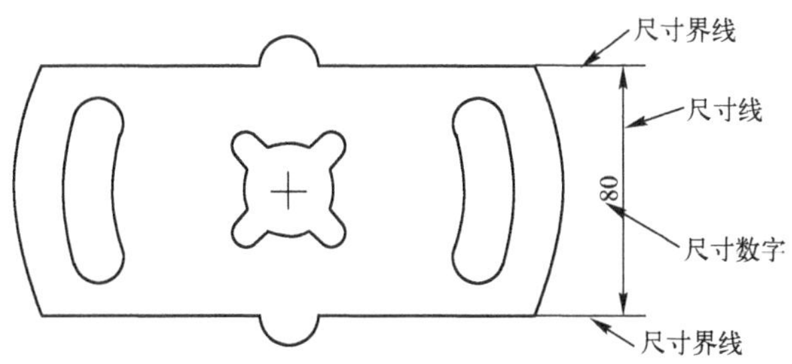

图 4-3　尺寸标注的组成示意

- 尺寸界线（延伸线）：尺寸界线用细实线绘制，它应超出尺寸线 2～5mm。尺寸界线由图形轮廓线、轴线或对称中心线处引出，也可以将轮廓线、轴线或对称中心线作为尺寸界线。
- 尺寸线：尺寸线用细实线绘制，其终端可以是箭头形式（机械制图中一般采用箭头作为尺寸线的终端）或斜线形式（斜线用细实线绘制。当尺寸线的终端使用斜线形式时，尺寸线与尺寸界线应相互垂直）。在画箭头时，若空间不够，允许使用圆点或斜线代替箭头。尺寸线通常不能用其他图线代替，一般也不得与其他图线重合或画在其他图线的延长线上。另外需要注意的是，在标注线性尺寸时，相同方向各尺寸线之间的距离要尽量均匀，并尽量避免与其他尺寸线和尺寸界线交叉。对于未完整表示的要素，可以仅在尺寸线的一端画出箭头，但尺寸线应超过该要素的中心线或断裂处。

- 尺寸数字：对于线性尺寸的数字，一般注写在尺寸线的上方；对于非水平方向的尺寸，其数字也可以水平地注写在尺寸线的中断处。当空间不够时，可以使用引出标注。尺寸数字尽量不要与任何图线重合/通过，不可避免时，需要将该图线断开。

下面介绍系统提供的 11 种尺寸标注方式。

4.2.1 水平标注

水平标注主要用于标注两点间的水平距离，如图 4-4 所示。

在图形中创建水平标注的典型流程如下。

1 在菜单栏中选择“绘图”/“尺寸标注”/“标注尺寸”/“水平标注”命令，打开“尺寸标注”操作栏。

2 指定第一个端点，接着指定第二个端点。也可以直接选择要标注的图形对象（图素）。在选择图形对象时，注意最好不开启网格，以免影响图形对象选择操作。

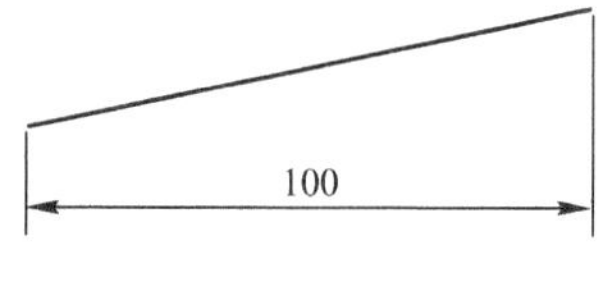

图 4-4　水平标注

3 系统在绘图区显示水平尺寸标注，移动鼠标可以调整尺寸标注的放置位置。在合适的位置单击，以确定放置该尺寸标注。

4 如果需要，可以使用如图 4-5 所示的“尺寸标注”操作栏中的可用图标按钮来设置尺寸的各种参数和选项等。

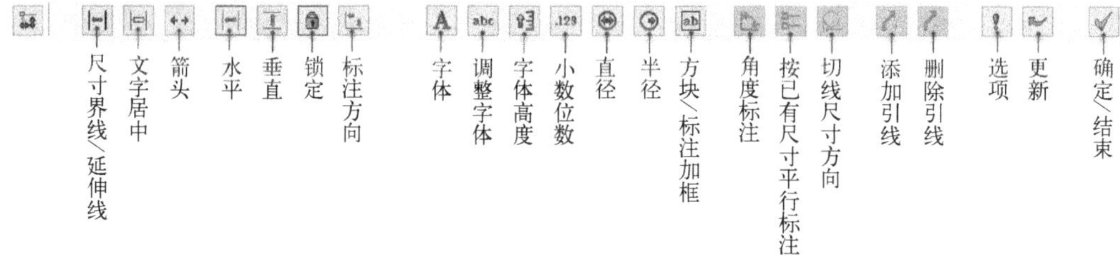

图 4-5 “尺寸标注”操作栏

如果单击选中“尺寸标注”操作栏中的“尺寸界线”（延伸线）图标按钮，可以将尺寸界线在以下 4 种方式之间切换。注意该按钮图标的显示差别。

- ：无尺寸界线，如图 4-6a 所示。
- ：左尺寸界线，如图 4-6b 所示。
- ：右尺寸界线，如图 4-6c 所示。
- ：双尺寸界线，如图 4-6d 所示。此为默认项。

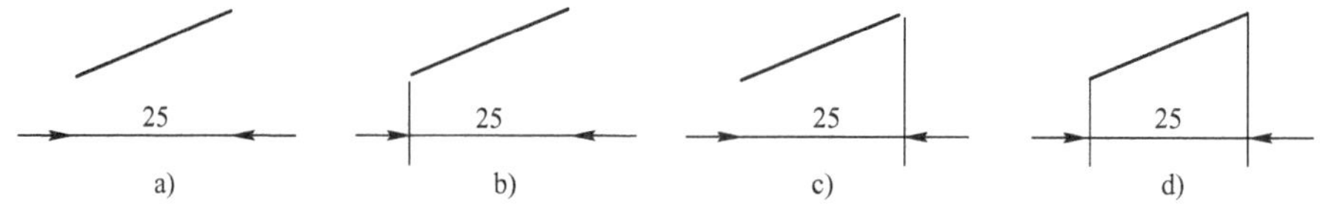

图 4-6　切换尺寸界线设置

a) 无尺寸界线　b) 左尺寸界线　c) 右尺寸界线　d) 双尺寸界线

单击选中“文字居中”图标按钮时，尺寸文字居中放置，如图 4-7a 所示；再次单击“文字居中”图标按钮可取消其选中状态，此时尺寸文字以非居中方式放置，如图 4-7b 所示。

图 4-7　尺寸文字设置的两种情况

a) 尺寸文字居中　b) 尺寸文字非居中

若在“尺寸标注”操作栏中单击“箭头”图标按钮，则可以反向箭头，示例如图 4-8 所示。

图 4-8　箭头方向设置

a) 默认时的箭头　b) 反向箭头

若在“尺寸标注”操作栏中单击“字体”图标按钮，则打开如图 4-9 所示的“字体编辑”对话框，可在字体下拉列表框中选择所需的字体，并可在该对话框中预览该字体。可以单击“Add True Type”按钮，弹出如图 4-10 所示的“字体”对话框，从中可以指定要增加的字体。

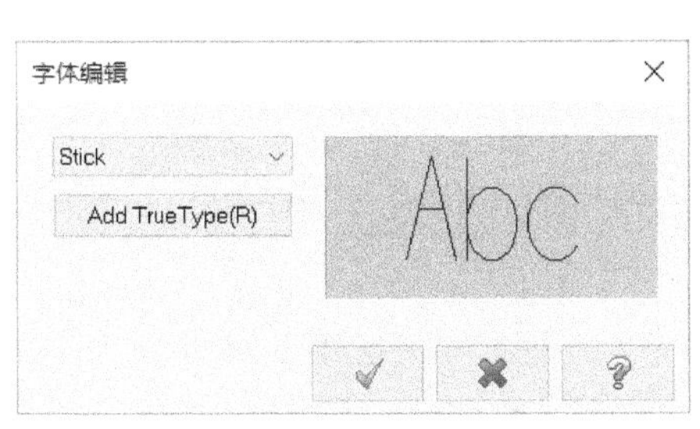

图 4-9　“字体编辑”对话框

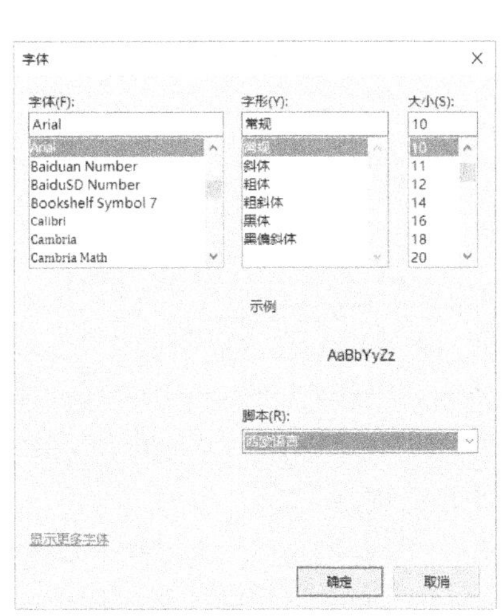

图 4-10　“字体”对话框

若在“尺寸标注”操作栏中单击“调整字体”图标按钮，则打开如图 4-11 所示的“编辑尺寸文字”对话框，从中可以更改尺寸标注的文字内容。如果要插入一些特殊符号，那么可以单击位于“恢复原数值”复选框最右侧的“符号”图标按钮，在打开的“选择符号”对话框中选择所需的一个符号即可。

若在“尺寸标注”操作栏中单击“字体高度”图标按钮，则打开如图 4-12 所示的“高度”对话框。在“高度”对话框中，可以输入文字高度，以及调整箭头和公差高度。

图 4-11 “编辑尺寸文字”对话框

图 4-12 “高度”对话框

若在“尺寸标注”操作栏中单击“小数位数”（尺寸精度）图标按钮，系统弹出如图 4-13 所示的“输入有效数字位数”文本框，输入所需的小数位数，按〈Enter〉键确认。

图 4-13 “输入有效数字位数”文本框

若在“尺寸标注”操作栏中单击选中“直径标注”图标按钮，则可以在当前正在标注的尺寸数字前增加直径符号“∅”，如图 4-14a 所示。再次单击“直径标注”图标按钮可以取消它的选中状态，此时会切换到一般的线性标注，如图 4-14b 所示。

图 4-14 切换直径标注

a) 选中“直径标注”图标按钮时 b) 没有选中“直径标注”图标按钮时

若在“尺寸标注”操作栏中单击选中“半径标注”图标按钮，则可以在当前正在标注的尺寸数字前增加半径符号“R”，如图 4-15 所示。再次单击“半径标注”图标按钮可以取消其选中状态，此时会切换到一般的线性标注。

若在“尺寸标注”操作栏中单击选中“标注加框”图标按钮，则可以为尺寸标注添加一个矩形框。

若在“尺寸标注”操作栏中单击“标注方向”图标按钮，则弹出如图 4-16 所示的“输入角度”文本框，可以在其中输入所需的角度，最后按〈Enter〉键即可。

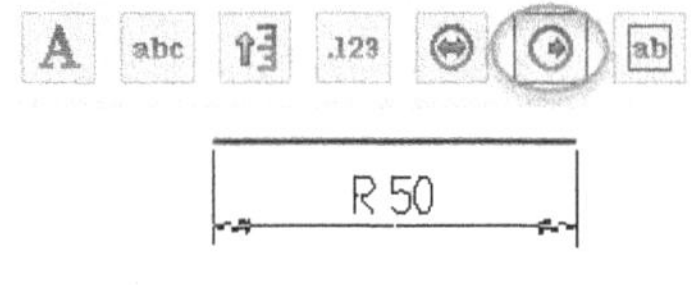

图 4-15 半径标注

图 4-16 “输入角度”文本框

如果要进行尺寸标注选项设置，那么可以在“尺寸标注”操作栏中单击“选项”图标按钮，接着利用弹出的“自定义选项”（尺寸标注设置）对话框进行相关的设置。

5 可以继续创建新的尺寸。若无进一步操作，可以在“尺寸标注”操作栏中单击“确定”图标按钮，结束标注命令。

4.2.2 垂直标注

垂直标注用于标注两点间的垂直距离，如图 4-17 所示。

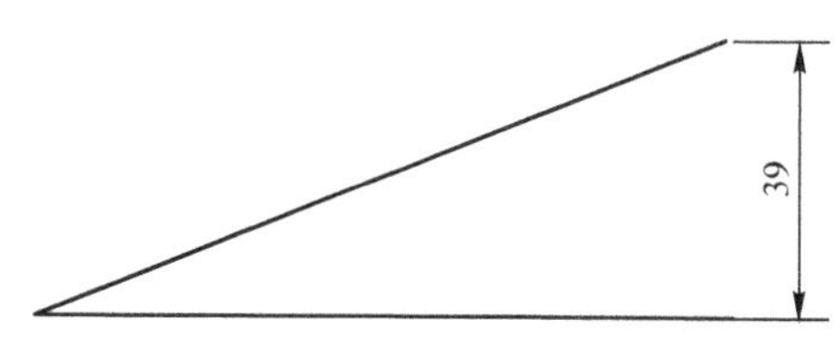

图 4-17 垂直标注

在图形中创建垂直标注的典型流程与创建水平标注的典型流程类似。

1 在菜单栏中选择“绘图”/“尺寸标注”/“标注尺寸”/“垂直标注”命令，打开“尺寸标注”操作栏。

2 指定第一个端点，接着指定第二个端点。也可以直接选择要标注的图形对象。

3 系统在绘图区显示垂直的线性尺寸，移动鼠标将该线性尺寸移到合适的位置，单击以确定该尺寸的放置位置。

4 如果需要，可以利用“尺寸标注”操作栏的可用图标按钮来更改该尺寸的各种参数和选项等。

5 可以继续创建一个新的尺寸。在“尺寸标注”操作栏中单击“确定”图标按钮，结束标注命令。

4.2.3 平行标注

平行标注用于标注两点间的最短距离，如图 4-18 所示。

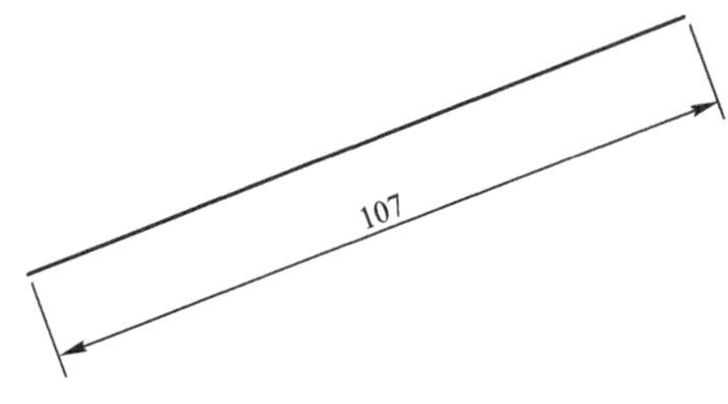

图 4-18 平行标注

平行标注的创建方法与垂直标注或水平标注的创建方法类似。

1 在菜单栏中选择“绘图”/“尺寸标注”/“标注尺寸”/“平行标注”命令，打开“尺寸标注”操作栏。

2 指定第一个点，接着指定第二个点。也可以直接选择要标注的图形。

3 系统在绘图区显示平行线性尺寸，移动鼠标将该线性尺寸移到合适的位置，单击以确定该尺寸的放置位置。

4 如果需要，可以利用“尺寸标注”操作栏的可用图标按钮来更改该尺寸的各种参数和选项等。

5 可以继续创建一个新的尺寸。若无进一步操作，可以按〈Esc〉键或在“尺寸标注”操作栏中单击“确定”图标按钮，结束标注命令。

4.2.4 基准标注

基准标注是以已创建的线性标注（如水平标注、垂直标注或平行标注）作为基准，并对一系列点进行线性标注，如图 4-19 所示。在创建基准标注时，基准标注的第一个端点为所选线性标注尺寸的第一个端点。

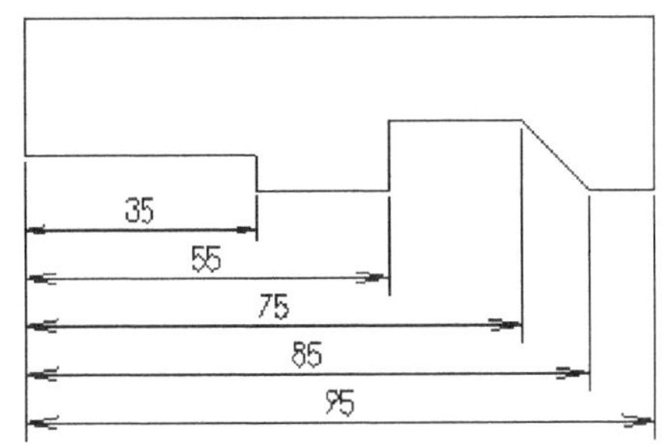

图 4-19　基准标注示例

【典型范例】：创建一系列的基准标注

1 打开网盘资料的“CH4”\“基准标注.MCX”文件，该文件中包含如图 4-20 所示的原始图形和一个线性尺寸。

2 在菜单栏中选择“绘图”/“尺寸标注”/“标注尺寸”/“基准标注”命令。

3 系统提示选择线性标注，在绘图区选取已有的一个线性尺寸。

4 系统提示指定第二个端点，在如图 4-21 所示的端点处单击。创建的一个基准标注尺寸如图 4-22 所示。

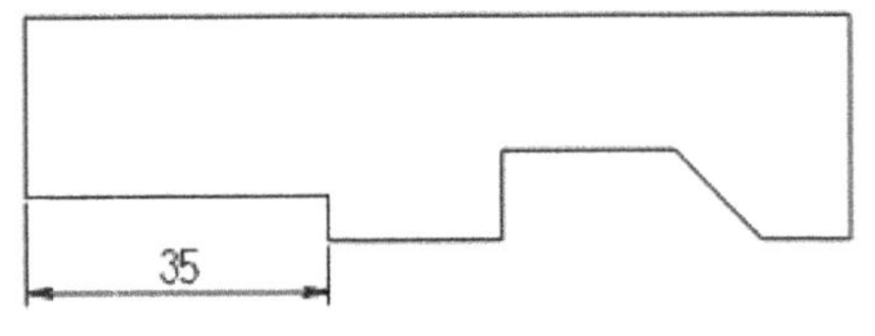

图 4-20　原始图形和已有尺寸

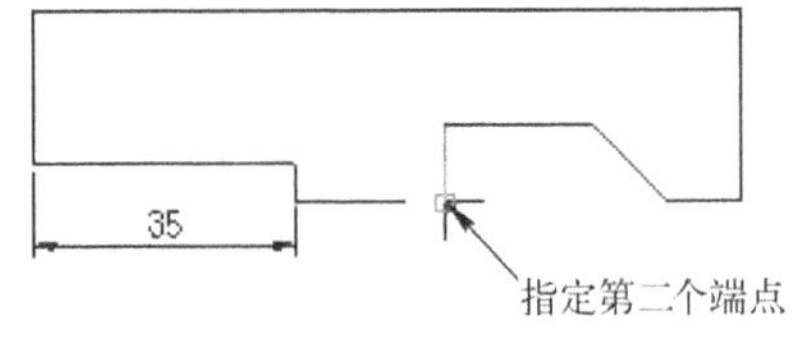

图 4-21　指定第二个端点

5 系统继续提示指定第二个端点。接着继续在绘图区中分别指定其他端点 A、B 和 C 来创建该系列的其他基准标注尺寸，结果如图 4-23 所示。

6 按〈Esc〉键直到结束“基准标注”命令操作。

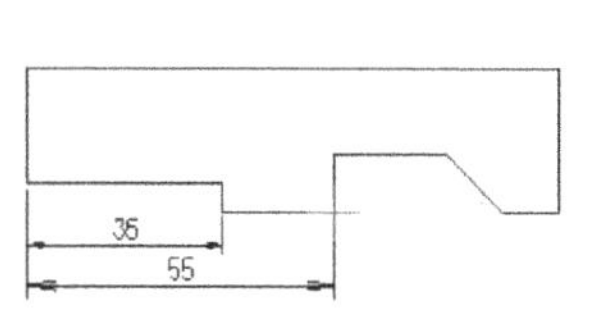

图 4-22　创建的第一个基准标注尺寸

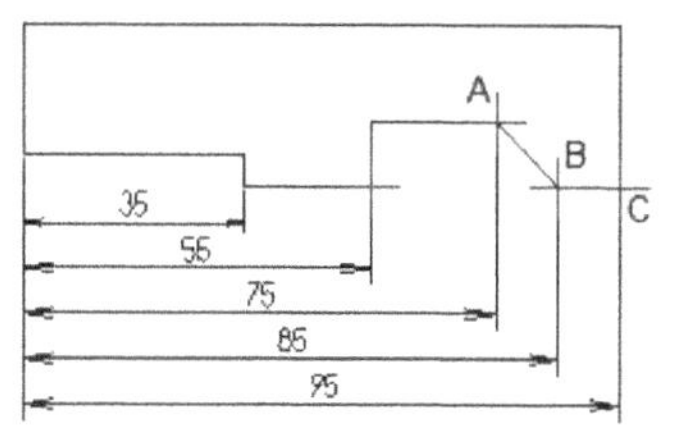

图 4-23　继续创建基准标注尺寸

4.2.5 串连标注

串连标注和基准标准有些类似，都需要选择一个线性标注来对一系列点进行标注，但要注意的是，串连标注的第一个端点总是相应变化的，以形成一个好像“串连”在一起的一系列标注，如图 4-24 所示。

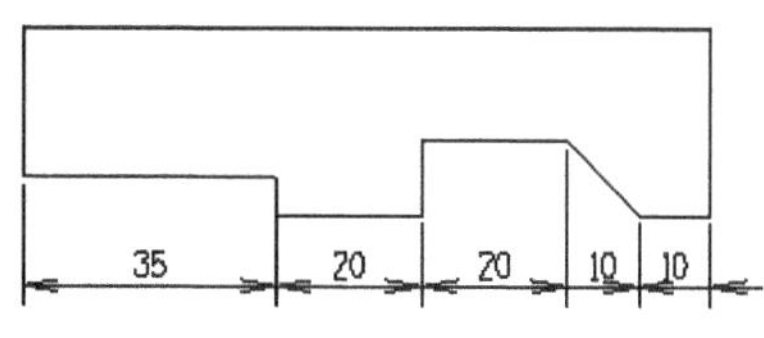

图 4-24　串连标注的示例

【典型范例】：创建一系列的串连标注

1. 打开网盘资料的“CH4”\“串连标注.MCX”文件，该文件中包含如图 4-25 所示的原始图形和一个线性尺寸。

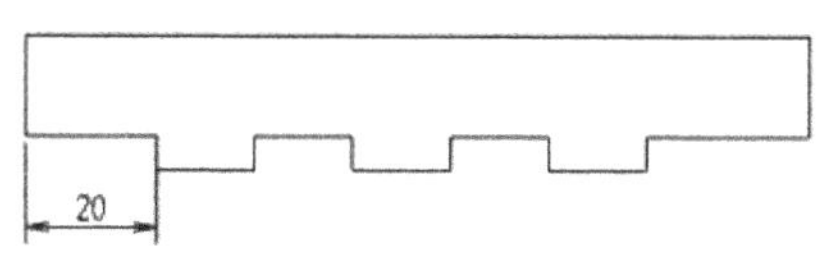

图 4-25　已有原始图形和线性尺寸

2. 在菜单栏中选择“绘图”/“尺寸标注”/“标注尺寸”/“串连标注”命令。
3. 系统提示选择线性标注，在绘图区选择已有的一个线性尺寸。
4. 系统提示指定串连标注尺寸的第二个端点，在绘图区单击如图 4-26 所示的一个端点来创建第一个串连标注尺寸。
5. 在系统提示下继续分别单击如图 4-27 所示的点 A、B、C、D 和 E 来创建一系列的串连标注尺寸。

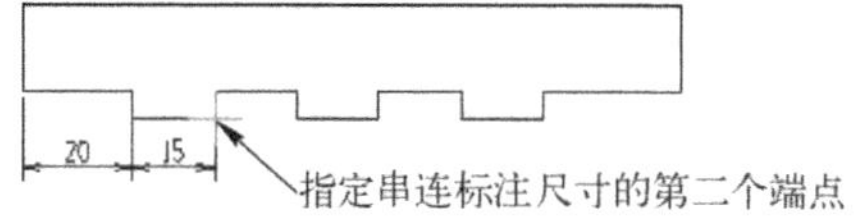

图 4-26　创建第一个串连标注尺寸

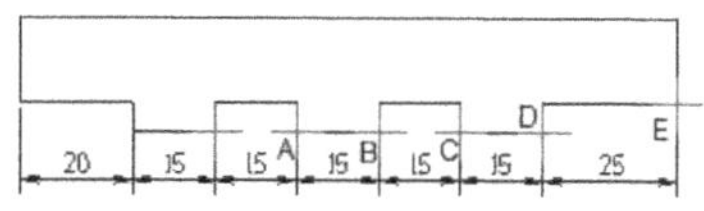

图 4-27　继续创建串连标注尺寸

6 按〈Esc〉键直到结束“串连标注”命令操作。

4.2.6 圆弧标注

圆弧标注用来标注圆或圆弧的直径/半径，如图 4-28 所示。

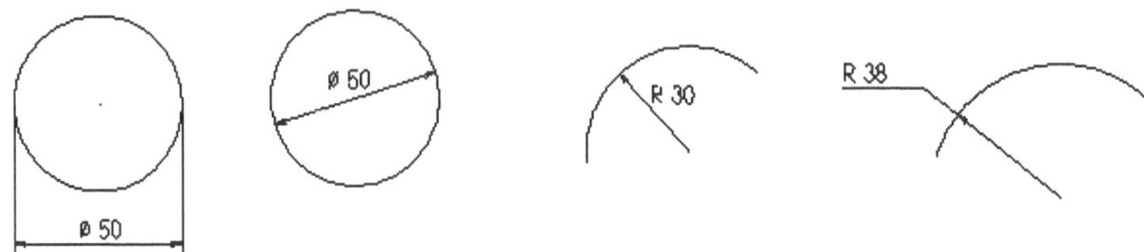

图 4-28 圆弧标注的典型示例

圆弧标注的典型步骤如下。

1 在菜单栏中选择“绘图”/“尺寸标注”/“标注尺寸”/“圆弧标注”命令。

2 系统提示选择要标示圆弧尺寸的圆弧/圆，在绘图区选择要标注的圆弧/圆。

3 将尺寸标注移至合适的位置单击。如果需要，则可以在“尺寸标注”操作栏中选择“直径标注”图标按钮或“半径标注”图标按钮来手动指定直径尺寸或半径尺寸。

4 可以利用“尺寸标注”操作栏进行其他相关的尺寸属性更改操作。

5 最后，在“尺寸标注”操作栏中单击“确定”图标按钮。

4.2.7 角度标注

角度标注既可以为两条不平行的直线标注其夹角角度，也可以为一个圆弧标注其圆心角，如图 4-29 所示。

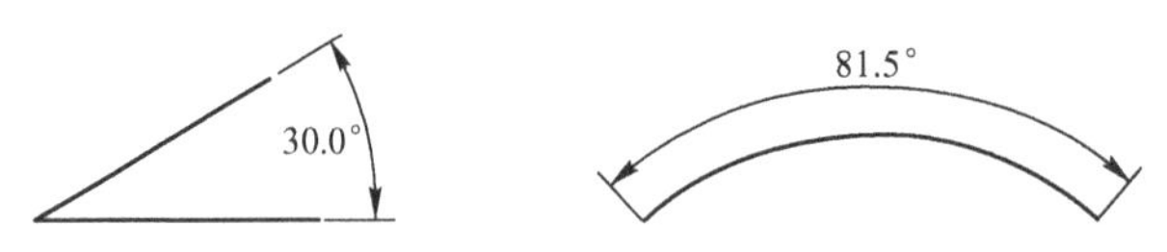

图 4-29 角度标注示意

角度标注的典型方法及操作流程简述如下。

1 在菜单栏中选择“绘图”/“尺寸标注”/“标注尺寸”/“角度标注”命令。

2 如果是要标注两直线的夹角角度，那么在绘图区依次选择要标注的两条不平行的直线。如果是要标注圆弧的圆心角角度，那么在绘图区选择所需的圆弧。

3 使用鼠标将角度尺寸移动到合适的放置位置后单击。

4 可以在“尺寸标注”操作栏中更改该尺寸的一些属性，然后在该操作栏中单击“确定”图标按钮。

用户也可以采用以下方法来标注角度尺寸。

1 在菜单栏中选择“绘图”/“尺寸标注”/“标注尺寸”/“角度标注”命令。

2 选择位于角顶的一点，接着选择一条角边上的一点（角顶点除外），再选择第二条角边上的一点（角顶点除外），如图 4-30a 所示。

3 使用鼠标将角度尺寸移动到合适的放置位置后单击，如图 4-30b 所示。

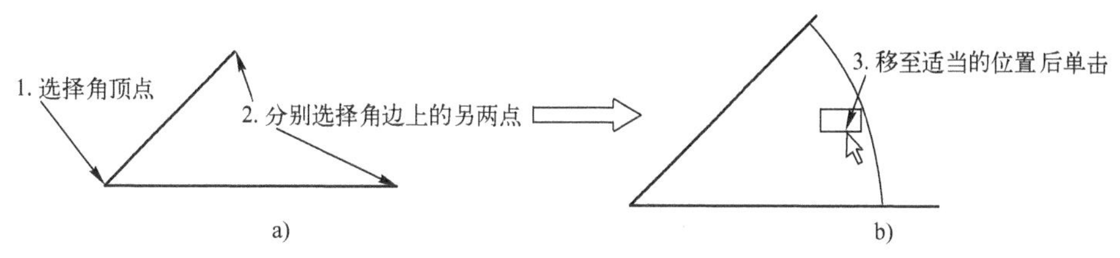

图 4-30 指定 3 点来创建角度尺寸

a) 分别指定 3 点 b) 在合适的位置单击以放置尺寸

4 可以在“尺寸标注”操作栏中更改该尺寸的一些属性，然后在该操作栏中单击“确定”图标按钮✓。

4.2.8 相切标注

相切标注又称“切线标注”，它标注的是如图 4-31 所示的尺寸。

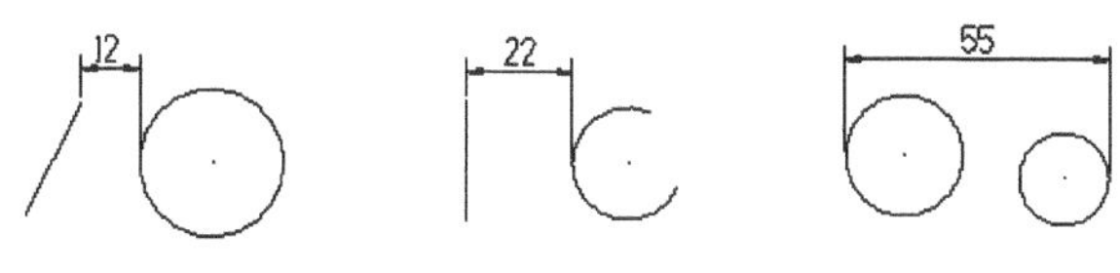

图 4-31 相切标注

相切标注的操作方法：在菜单栏中选择“绘图”/“尺寸标注”/“标注尺寸”/“相切标注”命令，选择所需的一个圆弧或圆，接着选择一个合适的图形（如点、直线、圆弧或圆），然后将尺寸标注移到合适的位置后单击，最后在“尺寸标注”操作栏中单击“确定”图标按钮✓即可。

4.2.9 正交标注

正交标注既可以为互相平行的两条直线进行正交标注，也可以为一条直线和一个点进行正交标注。正交标注示例如图 4-32 所示。

为图形进行正交标注的典型方法是在菜单栏中选择“绘图”/“尺寸标注”/“标注尺寸”/“正交标注”命令，接着选择一条线，再选择平行线或点，然后移动鼠标至合适的位置处并单击，以放置和确定尺寸，最后在“尺寸标注”操作栏中单击“确定”图标按钮✓。

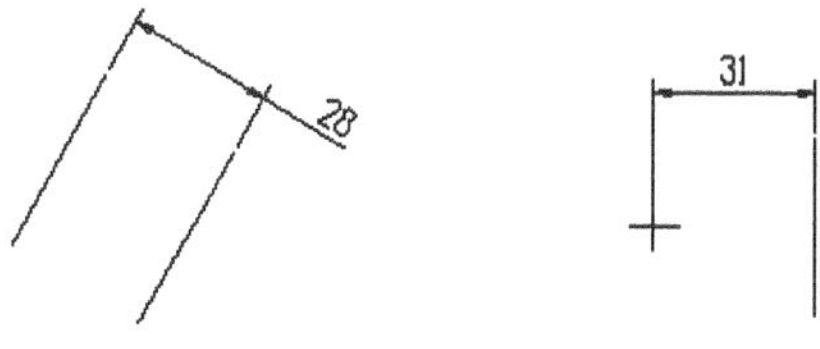

图 4-32 正交标注的示例

4.2.10 点位标注

点位标注其实就是标注指定点的坐标值，如图 4-33 所示。点位标注的操作方法：在菜单栏中选择“绘图”/“尺寸标注”/“标注尺寸”/“点位标注”命令，接着选择要标示坐标的点，将点位标注尺寸移至合适的位置处并单击鼠标左键，也可以继续创建其他的点位标注，最后在“尺寸标注”操作栏中单击“确定”图标按钮✓。

【典型范例】：点位标注练习

1 打开网盘资料的“CH4”\“点位标注.MCX-6”文件，该文件中包含的原始图形如图 4-34 所示。

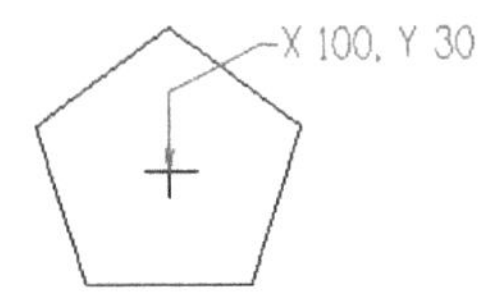

图 4-33　点位标注的示例

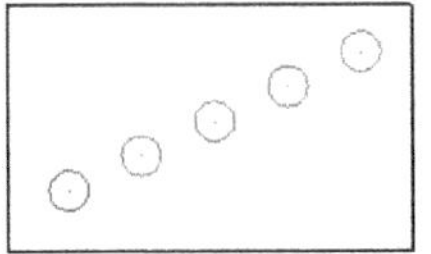
图 4-34　文件中的原始图形

2 在菜单栏中选择“绘图”/“尺寸标注”/“标注尺寸”/“点位标注”命令，分别在该原始图形中创建如图 4-35 所示的点位标注尺寸（小数位数可设置为 0）。

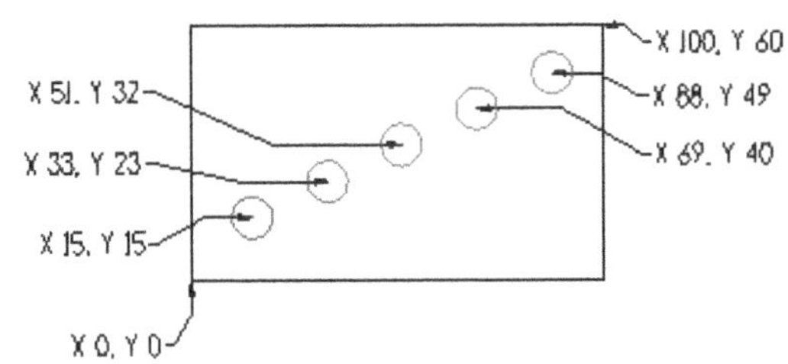

图 4-35　点位标注尺寸的示例

4.2.11 纵坐标标注

可以指定某一点作为基准点，相对于该点来创建相应的纵坐标标注，如图 4-36 所示。

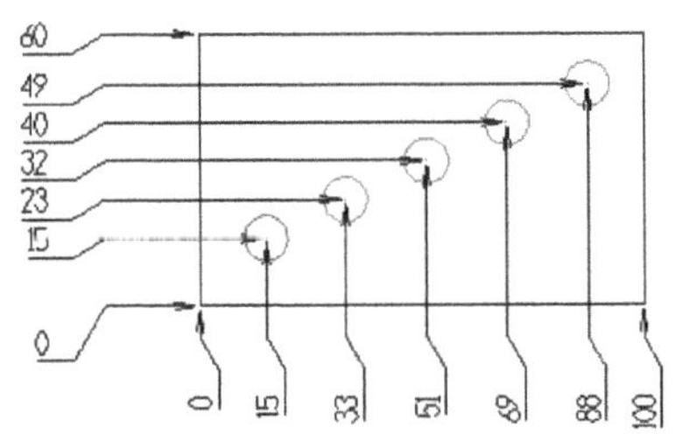

图 4-36　纵坐标标注的示例

纵坐标标注的创建和处理命令有“水平顺序标注”“垂直纵坐标标注”“平行纵坐标标注”“增加至现有纵坐标标注”“自动标注纵坐标标注”和“对齐纵坐标标注”，这些命令位于“绘图”/“尺寸标注”/“标注尺寸”/“纵坐标标注”级联菜单中。

一、水平顺序标注

水平顺序标注用于进行水平方向上的顺序标注，其方法如下。

1 在“绘图”/“尺寸标注”/“标注尺寸”/“纵坐标标注”级联菜单中选择“水平顺序标注”命令。

2 指定开始水平顺序尺寸标注的位置（初始纵坐标位置），如选择如图 4-37 所示的顶点作为相对原点，即作为开始水平顺序尺寸标注的位置。

3 将尺寸标注移至合适的位置，并单击鼠标左键，如图 4-38 所示。

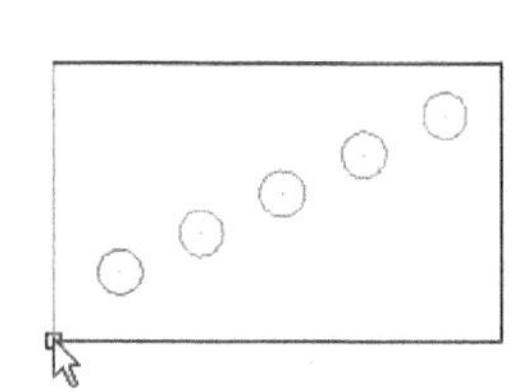

图 4-37 指定相对原点

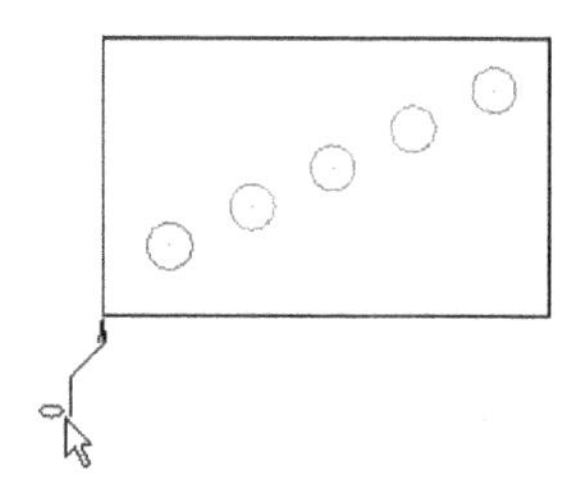

图 4-38 将尺寸标注移至合适的位置

4 系统提示指定下一顺序尺寸标注的位置，单击如图 4-39 所示的圆心，接着将该尺寸标注移动到合适的位置后单击，如图 4-40 所示。

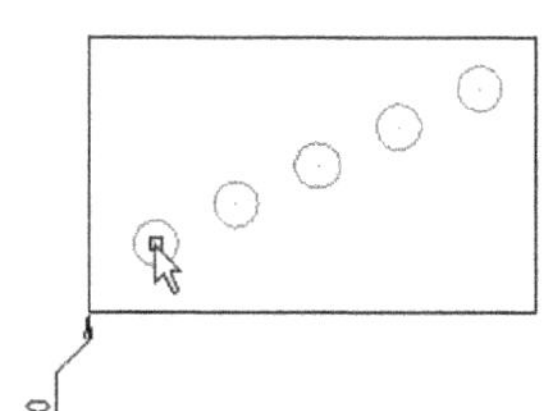

图 4-39 指定下一顺序尺寸标注的位置

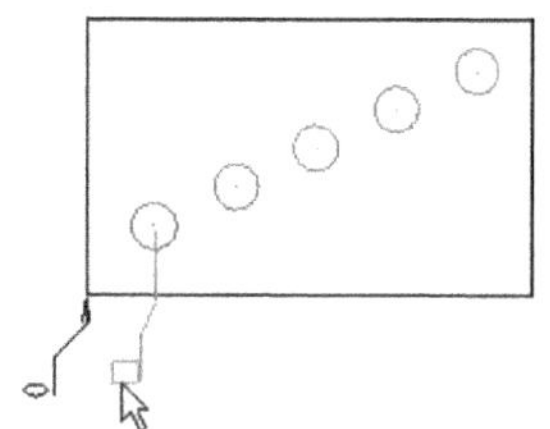

图 4-40 移至合适位置后单击

5 和步骤 4 的方法一样，继续为其他位置点创建水平顺序尺寸标注，然后按〈Esc〉键退出该标注命令操作，结果如图 4-41 所示。

二、垂直纵坐标标注

垂直纵坐标标注用于进行垂直方向上的纵坐标标注，如图 4-42 所示。垂直纵坐标标注的操作方法和水平顺序标注的操作方法类似。

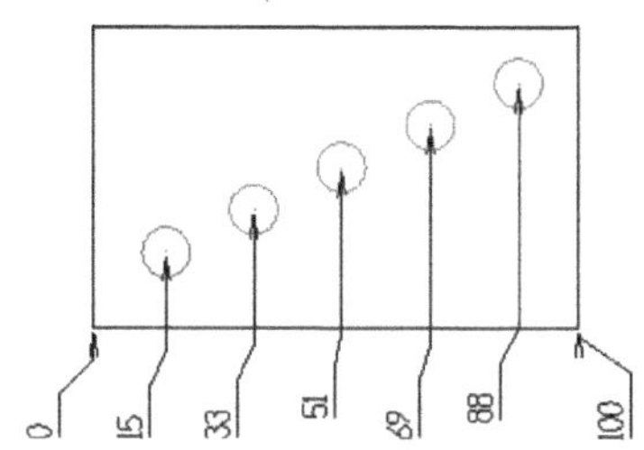

图 4-41 创建水平顺序尺寸标注的结果

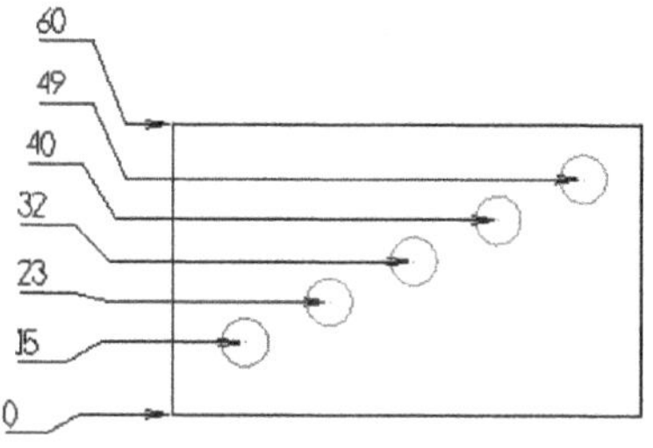

图 4-42 创建垂直纵坐标尺寸标注的示例

三、平行纵坐标标注

平行纵坐标标注的示例如图 4-43 所示。在“绘图”/“尺寸标注”/“标注尺寸”/“纵坐标标注”级联菜单中选择“平行纵坐标标注”命令后，首先指定开始顺序尺寸标注的位置和指定方向位置点，如图 4-44 所示，接下来的操作和水平顺序标注/垂直纵坐标标注的相关操作类似。

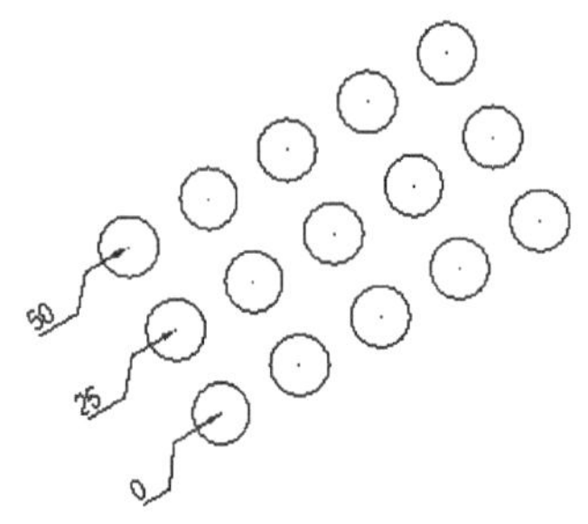

图 4-43　平行纵坐标标注的示例

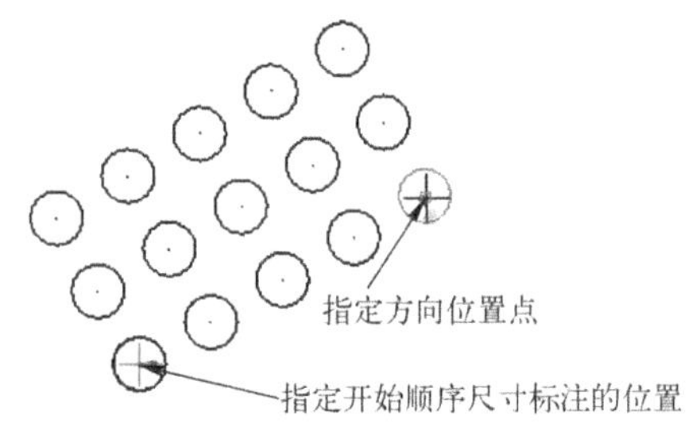

图 4-44　指定用于平行纵坐标标注的两个关键点

四、增加至现有纵坐标标注

“增加至现有纵坐标标注”命令可以在现有纵坐标标注的基础上继续增加同一基准点的标注内容。

【典型范例】：增加至现有纵坐标标注

1. 打开网盘资料的“CH4”\“增加至现有纵坐标标注.MCX-6”文件，该文件中的原始图形和现有纵坐标标注如图 4-45 所示。
2. 在“绘图”/“尺寸标注”/“标注尺寸”/“纵坐标标注”级联菜单中选择“增加至现有纵坐标标注”命令。
3. 系统提示选择纵坐标标注，在绘图区选取数值为 0 的纵坐标标注尺寸。
4. 系统提示指定下一纵坐标要素的位置，使用鼠标捕捉并单击如图 4-46 所示的圆心位置。

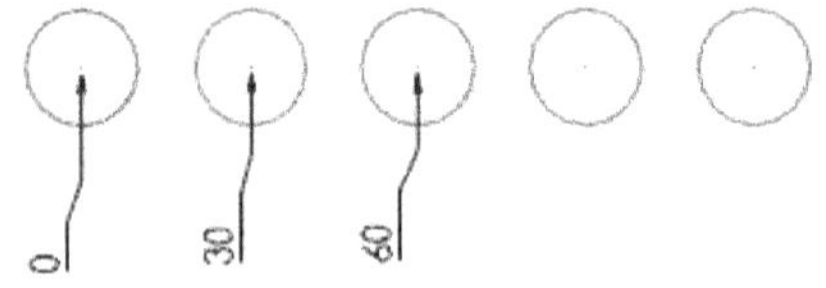

图 4-45　原始图形和现有纵坐标标注

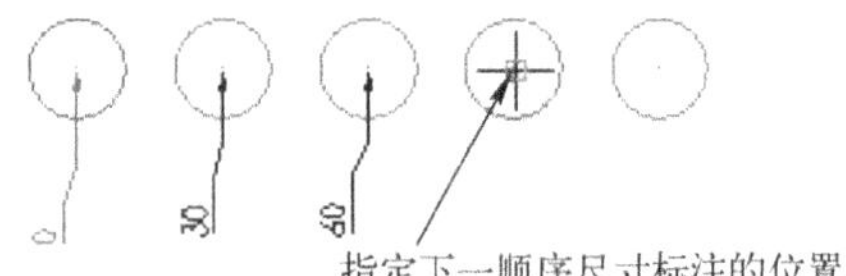

图 4-46　指定下一顺序尺寸标注的位置

5. 将该新尺寸标注移至合适的位置后单击，如图 4-47 所示。
6. 使用相同的方法，再添加一个纵坐标尺寸标注，结果如图 4-48 所示。

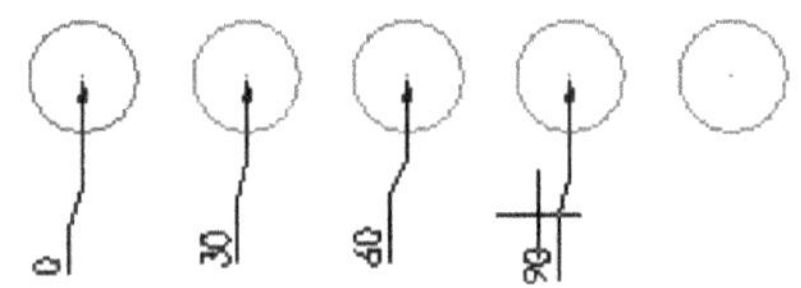

图 4-47　指定新尺寸标注放置位置

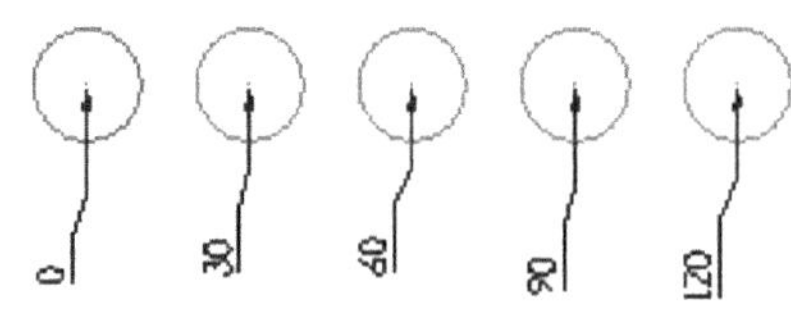

图 4-48　完成操作

五、自动标注纵坐标标注

可以自动标注纵坐标标注，其典型的操作方法如下。

1. 在“绘图”/“尺寸标注”/“标注尺寸”/“纵坐标标注”级联菜单中选择“自动标注纵坐标标注”命令。
2. 系统弹出“纵坐标标注/自动标注”对话框，在该对话框中设置如图 4-49 所示的选项及参数。

3 在“纵坐标标注/自动标注”对话框中单击“确定”图标按钮 ✓ 。

4 使用窗选或多边形框选方式选择如图 4-50 所示的所有圆。

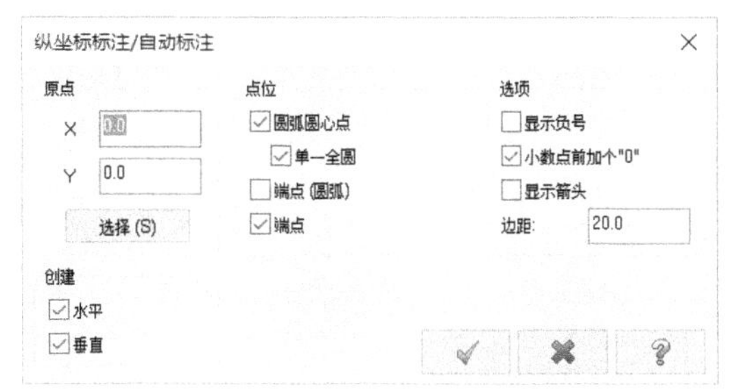

图 4-49 “纵坐标标注/自动标注”对话框

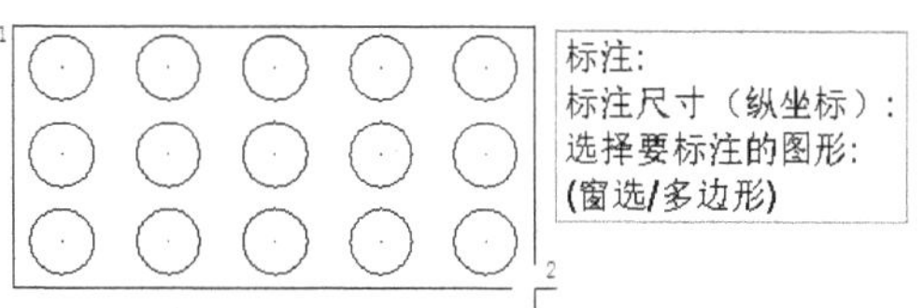

图 4-50 框选所有的圆

系统自动标注所选图形的纵坐标尺寸，结果如图 4-51 所示。

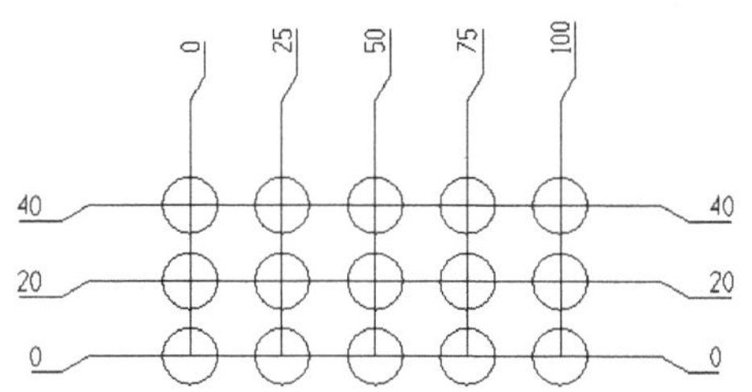

图 4-51 自动标注纵坐标尺寸

六、对齐纵坐标标注

对于手动创建的纵坐标标注，可以对它们进行排列对齐操作。

【典型范例】：对齐纵坐标标注

1 打开网盘资料的“CH4”\“对齐纵坐标标注.MCX-6”文件，该文件中的原始图形和现有纵坐标标注如图 4-52 所示。

2 在“绘图”/“尺寸标注”/“标注尺寸”/“纵坐标标注”级联菜单中选择“对齐纵坐标标注”命令。

3 系统出现“标注尺寸（纵坐标）：选择纵坐标标注”提示信息，在绘图区选择其中一个纵坐标尺寸作为基准尺寸。

4 使用鼠标将所选的尺寸标注移至合适位置后单击，而其他纵坐标尺寸标注以所选的尺寸标注为对齐基准，然后在“尺寸标注”操作栏中单击“确定”图标按钮 ✓，结果如图 4-53 所示。

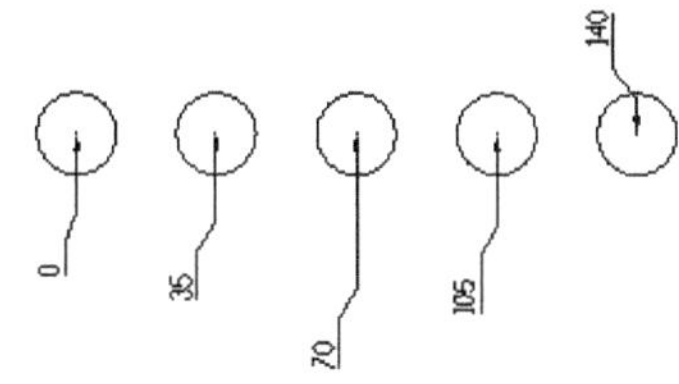

图 4-52 原始图形和现有纵坐标标注

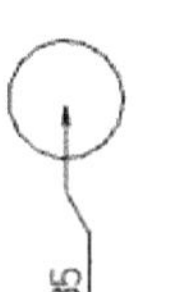

图 4-53 对齐纵坐标标注

4.3 快速标注

在 Mastercam X9 系统中提供了一个用于快速标注的命令，即“绘图”/“尺寸标注”/“快速标注”命令，其对应的快捷按钮为 （快速标注）。使用“快速标注”命令可以很灵活地标注图形的线性尺寸（如水平距离尺寸、垂直距离尺寸和平行标注尺寸）、标注圆/圆弧的直径或半径尺寸、标注两平行直线之间的距离尺寸和标注两直线间的夹角度数等，如图 4-54 所示，还可以选择现有尺寸进行移位编辑和属性编辑。

知识点拨 为了便于在执行快速标注的过程中单击图形对象，可以在“屏幕”菜单中选择“网格设置”命令，打开“网格参数”对话框，取消选中“启用网格”复选框，如图 4-55 所示，然后单击“确定”图标按钮 。

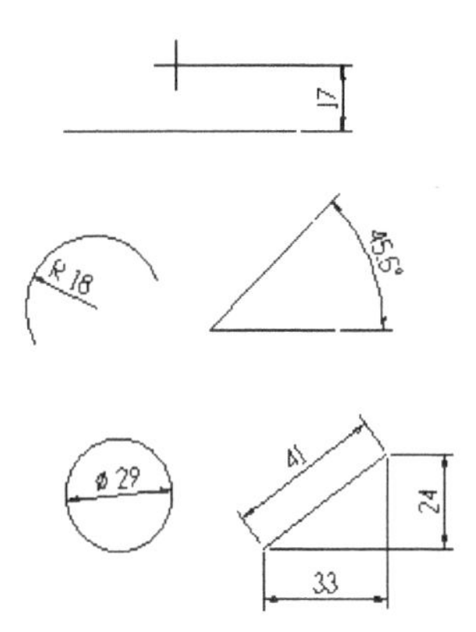

图 4-54 使用“快速标注”标注尺寸示例

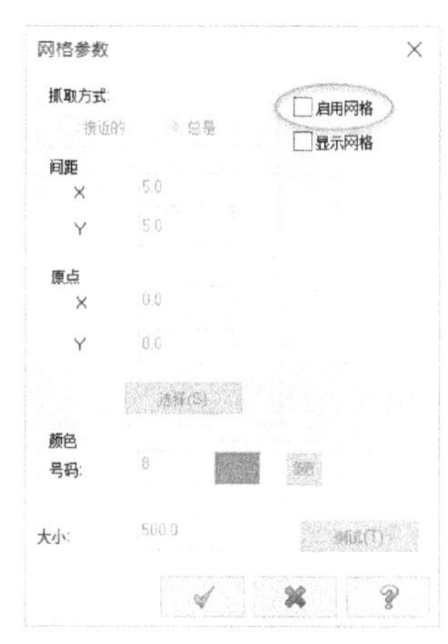

图 4-55 “网格参数”对话框

使用快速标注为图形创建尺寸的操作流程和前面介绍的标注相关尺寸的操作流程是大致相同的。在这里仅重点介绍如何使用“快速标注”命令来对现有尺寸进行移位等编辑操作。

1 在菜单栏中选择“绘图”/“尺寸标注”/“快速标注”命令，或者在“尺寸标注”工具栏中单击“快速标注”图标按钮 。

2 选择要编辑的一个现有尺寸。

3 使用鼠标将其移至新的合适位置后单击，或者使用“尺寸标注”操作栏中可用的工具按钮来更改现有尺寸的属性。

4 可以继续对其他现有尺寸进行相应的编辑处理。最后，在“尺寸标注”操作栏单击“确定”图标按钮 。

4.4 图形注释

本节介绍的图形注释知识包括：绘制引导线与延伸线、输入注释文字、进行注释参数设置。

4.4.1 绘制引导线与延伸线

引导线与延伸线的示例如图 4-56 所示，从图中可以看出，延伸线为线段，而引导线带有引出箭头并可以带有多段折线。

创建延伸线的方法：在菜单栏中选择“绘图”/“尺寸标注”/“延伸线”命令，接着指定延伸线的第一个端点和第二个端点，也可以继续指定其他端点来绘制其他延伸线。最后按〈Esc〉键结束并退出命令操作。

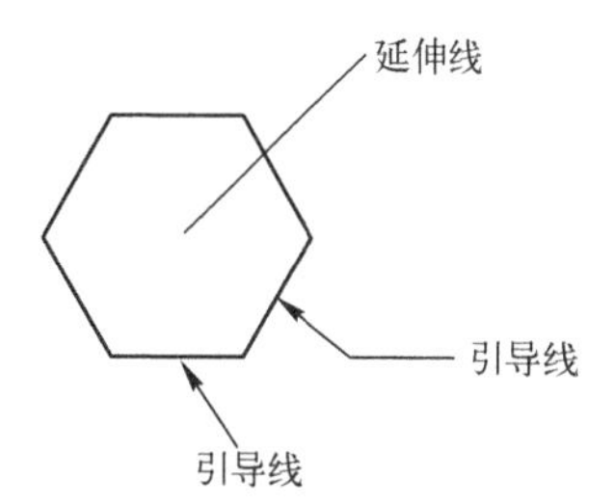

图 4-56　引导线与延伸线的示例

创建引导线的方法：在菜单栏中选择“绘图”/“尺寸标注”/“引导线”命令，接着指定引导线箭头位置，指定引导线尾部位置 1，指定引导线尾部位置 2，也可以继续指定引导线其他位置，完成后按〈Esc〉键。如果只是指定引导线尾部位置 1，那么创建的引导线没有折线段。

4.4.2 输入注释文字

绘制几何图形和标注尺寸后，在某些设计场合下，还可以添加注释文字对图形进行附加说明。输入注释文字的示例如图 4-57 所示。注释文字的创建方式有“单一注释”、“连续注释”、“标签同-单一引线”、“标签同-分段引线”、“标签同-多重引线”、“单一引线”、“分段引线”和“多重引线”。

在图形中输入注释文字的操作步骤简述如下。

1 在菜单栏中选择“绘图”/“尺寸标注”/“注释文字”命令，或者在“尺寸标注”工具栏中单击“注释文字”图标按钮，打开如图 4-58 所示的“注释文字”对话框。

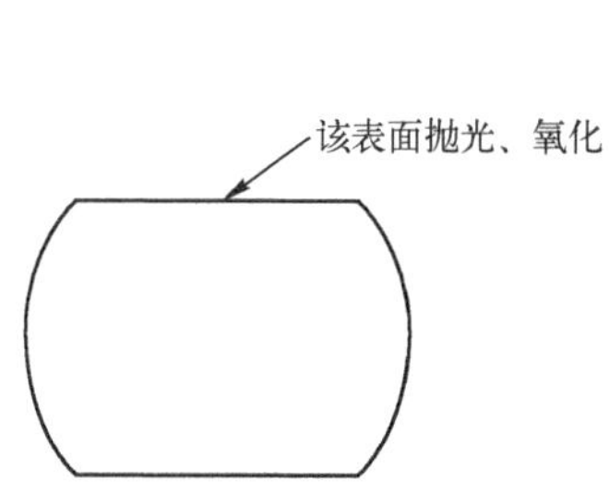

图 4-57　输入注释文字的示例

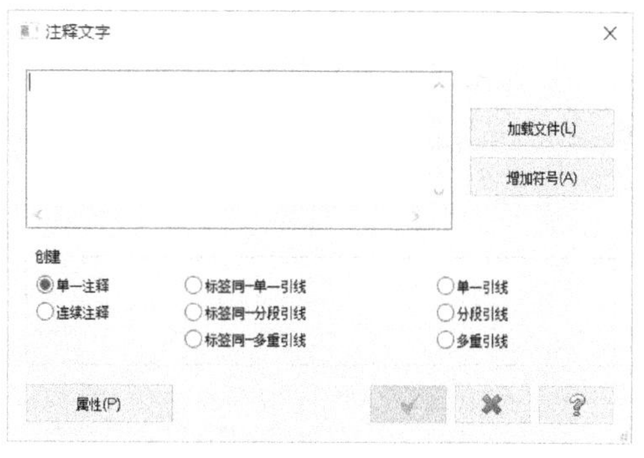

图 4-58　“注释文字”对话框

2 在“注释文字”对话框中选择注释文字的创建方式，并根据情况在文本框中输入所需的文字，然后单击“增加符号”按钮，可从弹出的“选择符号”对话框中选择所需的符号来输入。若单击“加载文件”按钮，则可利用弹出的“打开”对话框选择“*.txt”类型的文件来打开，以载入该文本文件中的文字。注意，有些图形注释的类型不需要输入文本。

3 在“注释文字”对话框中单击“确定”图标按钮 。

4 在相应提示下指定相关的位置来完成注释文字/图形注释过程。

【典型范例】：输入注释文字练习

1 在菜单栏中选择“绘图”/“尺寸标注”/“注释文字”命令，或者在“尺寸标注”工具栏中单击“注释文字”图标按钮，系统弹出“注释文字”对话框。

2 在“创建”选项组中选择“单一注释”单选按钮，在文本框中输入“BOCHUANG”，然后单击“确定”图标按钮 ✓ 。

3 系统出现“创建注释：显示文本位置”提示信息，在绘图区单击一点以放置该文本，结果如图 4-59 所示。

4 在菜单栏中选择“绘图”/“尺寸标注”/“注释文字”命令，或者在“尺寸标注”工具栏中单击“注释文字”图标按钮，系统弹出“注释文字”对话框。

5 在“创建”选项组中选择“标签同-单一引线”单选按钮，在文本框中输入“DreamCAX”，然后单击“确定”图标按钮 ✓ 。

6 系统提示指定引导线箭头位置，在绘图区的空白区域单击一点以指定引导线的箭头位置。系统给出“创建标签抬头：显示文本位置”提示信息，移动鼠标并在合适的位置处单击一点以指定文本位置，结果如图 4-60 所示。

BOCHUANG

图 4-59 完成单一的注释文本

图 4-60 完成的第二处注释文字

4.4.3 注释参数设置

在执行“注释文字”命令的过程中，在弹出的“注释文字”对话框中单击“属性”按钮，则打开如图 4-61 所示的“自定义选项”对话框，从中可以设置注释文字的文字大小、直线选项、书写方位选项（路径选项）、字型、文字对齐方式和旋转角度等。

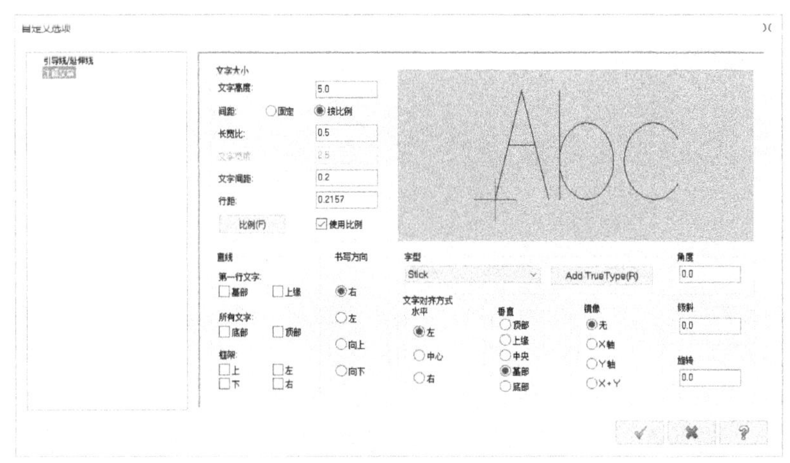

图 4-61 “自定义选项”对话框

另外，也可以通过在“绘图”/“尺寸标注”级联菜单中选择“选项”命令，打开“自定义选项”对话框，切换到“注释文字”列别选项区域中进行相关注释参数设置。

4.5 图案填充（剖面线）

在工程制图中，可以根据设计要求在图形的某些封闭区域绘制一些特定的图案进行填充，从而更清晰地表达该区域的特征信息，一般而言，不同的填充图案表示不同的零部件或材料。

在菜单栏的“绘图”菜单中选择“尺寸标注”/“剖面线”命令，系统弹出如图 4-62 所示的“剖面线”对话框。在“剖面线”对话框中，选定要填充的图样和设置相应的参数（如间距和角度）。

其中，在“图案”选项组的图案列表框中，可以选择其中一种标准图样，并可预览所选的图样图案。如果图案列表框中没有所需的图样，那么可以单击“用户定义剖面线图样”按钮，打开如图 4-63 所示的“自定义剖面线图样”对话框，从中可以新建并自定义剖面线等（包括自定义相交的剖面线）。

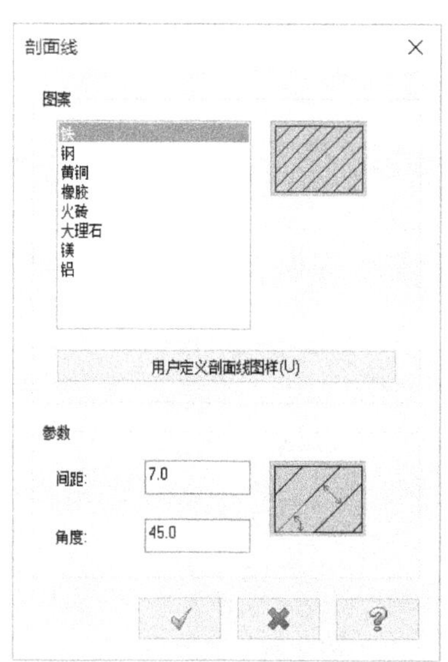

图 4-62 “剖面线”对话框

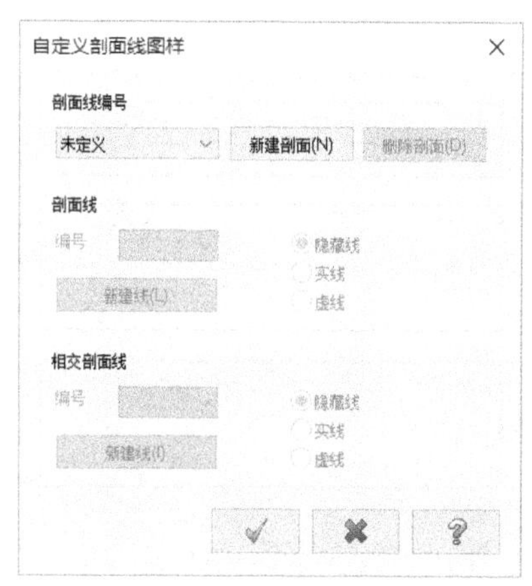

图 4-63 “自定义剖面线图样”对话框

在“剖面线”对话框的图案列表框中选择所需的剖面线图样后，可以在“参数”选项组中分别设置其间距值和角度值，然后单击“确定”图标按钮 ✓ 。系统弹出“串连选项”对话框，定义好串连选项和选择有效串连图形后，单击“确定”图标按钮 ✓ ，从而完成剖面线的绘制。

【典型范例】：在封闭区域内绘制剖面线

1 打开网盘资料的“CH4”\“剖面线绘制范例.MCX”文件。

2 在菜单栏的“绘图”菜单中选择“尺寸标注”/“剖面线”命令，系统弹出“剖面线”对话框。

3 在“剖面线”对话框的“图案”选项组的图案（图样）列表框中选择“铁”图样，接着在“参数”选项组中，设置间距值为“10”，角度值为“45”，如图 4-64 所示，然后单击“剖面线”对话框中的“确定”图标按钮 ✓ 。

4 系统弹出“串连选项”对话框，单击“区域”图标按钮 ，如图 4-65 所示。

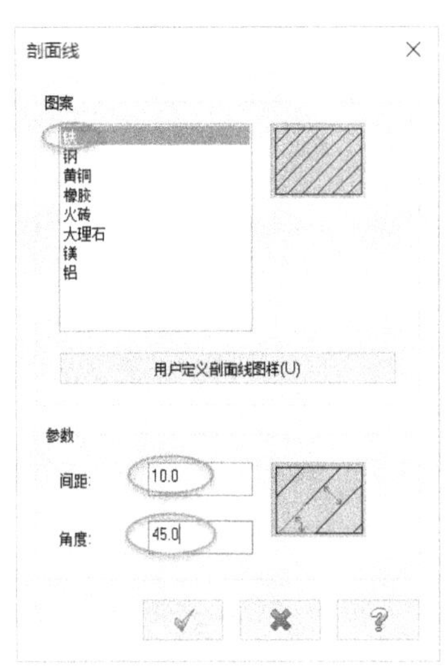

图 4-64　设置剖面线参数

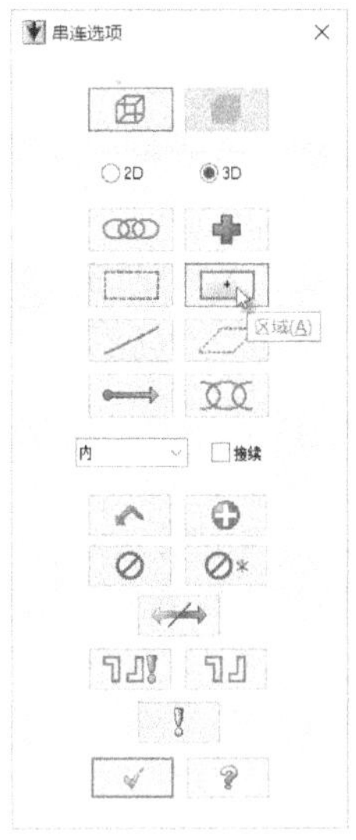

图 4-65 “串连选项”对话框

5 在如图 4-66 所示的图形区域内单击，以选定串连图形，然后在“串连选项”对话框中单击“确定”图标按钮 ✓ ，系统便在该封闭区域内绘制设定的剖面线，结果如图 4-67 所示。

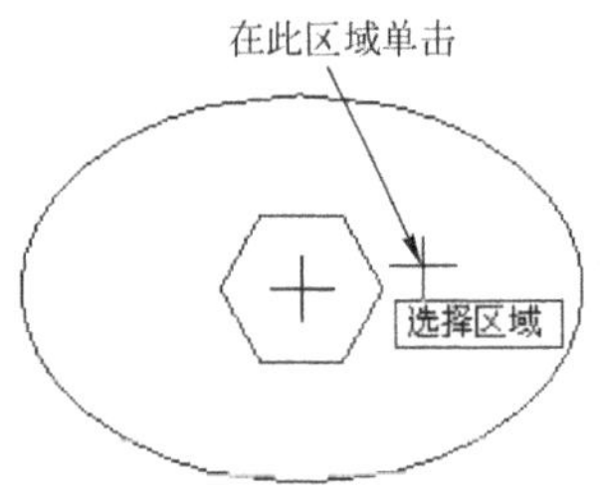

图 4-66　在图形区域内单击

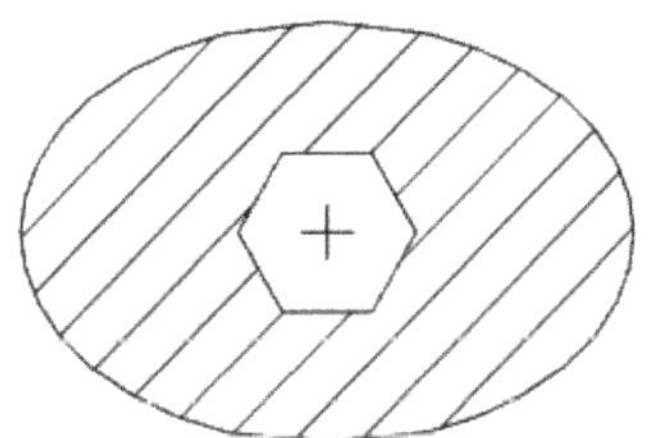

图 4-67　绘制剖面线

4.6　重建标注

完成尺寸标注后，如果要修改相关图形，那么其相应的尺寸标注也应该随之发生变化。在实际设计工作中，用户可以通过自动或手动选取方式来重建具有关联性的已有尺寸标注。重建标注的命令位于“绘图”/“尺寸标注”/“重建”级联菜单中，包括“快速重建尺寸标注”“验证标注”“选择尺寸标重建”和“重建所有标注”命令。这些命令的应用都很简单，执行相关的重建标注命令后，系统或自动重建标注或要求选取尺寸标注去重建。通常可以默认设置系统自动重建标注。

4.7 多重编辑与设置标注

可以一次同时编辑选定的多个尺寸标注。例如，在菜单栏中选择“绘图”/“尺寸标注”/“多重编辑”命令，系统出现“选择图形”提示信息，选择要编辑的若干个标注，按〈Enter〉键确认，系统弹出“自定义选项”(尺寸标注设置）对话框，从中进行相关内容的设置，如在“尺寸属性”类别选项区域中将小数位数设置为“2”，如图 4-68 所示。单击“确定”图标按钮 ，在所选标注中应用该编辑设置。多重编辑典型示例如图 4-69 所示，图中将选定的两个尺寸的显示小数位数由“0”修改为“2”。

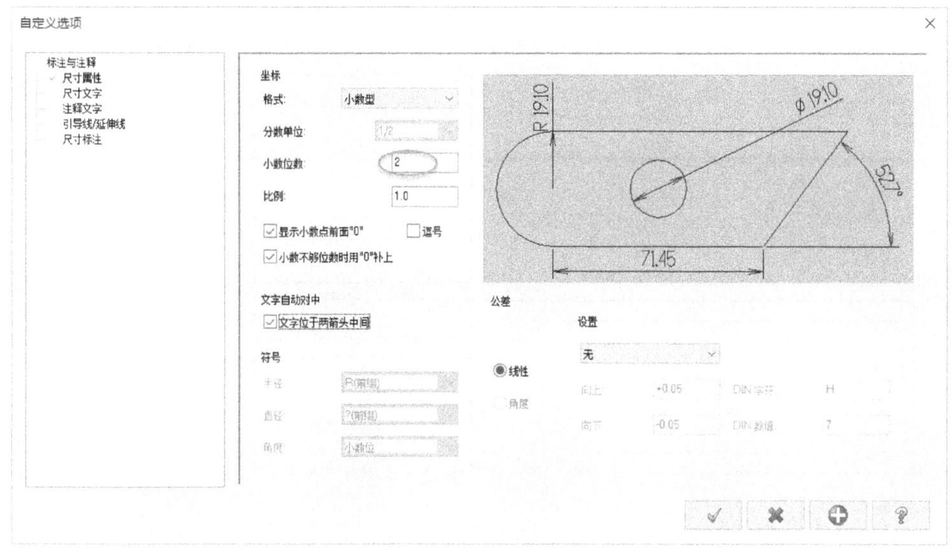

图 4-68　用于定义尺寸属性的“自定义选项”对话框

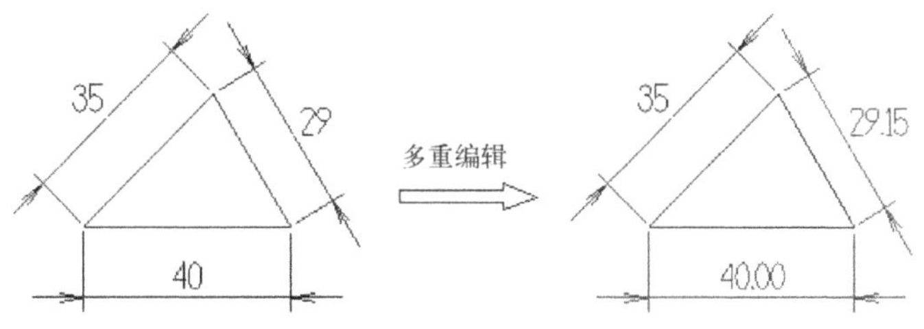

图 4-69　多重编辑

在进行尺寸标注之前，可以根据设计要求或约定的制图标准对尺寸标注样式进行相关的设置，方法是在菜单栏中选择“绘图”/“尺寸标注”/“选项”命令，打开如图 4-70 所示的“自定义选项”对话框。利用该对话框可以设置关于尺寸属性、尺寸文字、尺寸标注、注释文字、引导线/延伸线的选项及参数，在该对话框的预览框中可以预览设置的效果。各设置内容从字面意义上便可以很清楚地了解到。设置好相关的内容后，单击“确定”图标按钮 。

特别说明的是，在“自定义选项”对话框的左窗格中选择“尺寸标注”类别，切换到“尺寸标注”选项区域，可以设置创建的标注与选择的图形具有关联性，并且可以默认选中“重建”选项组中的“自动”复选框。

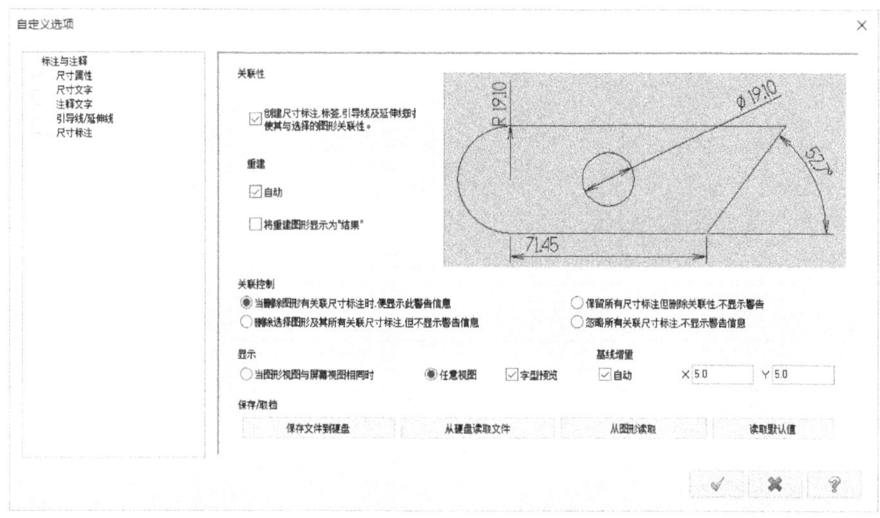

图 4-70 “自定义选项”对话框

第 5 章　三维曲线与曲面设计

本章导读

在三维造型设计中，三维线架、曲线与曲面设计是需要重点掌握的核心知识。Mastercam X9 为用户提供了强大的三维曲线与曲面设计功能。

本章介绍的主要内容包括：三维基础、创建预定义曲面、常见曲面绘制、曲面编辑、曲面曲线（三维空间曲线）的应用。

5.1　三维基础

根据模型的表现方式，可以将三维造型主要分为三维线架模型、曲面模型和实体模型 3 种。

三维线架模型用来描述三维对象的轮廓及断面特征，它是曲面造型的一个基础方面，其特点表现在主要由点和线（直线、曲线）组成，不具有面和体的特征。线架通常用来定义曲面的边界和曲面横截面。

曲面模型一般是在线架模型的基础上通过定义和编辑各组成的曲面片来创建的，它可以模拟出模型的真实形状，但是在曲面模型中不能计算重量、惯性力矩等物理特性。

相对于曲面模型，实体模型不但具有面的特征，还具有体的特征，在设计模拟中具有举足轻重的作用。有关实体的设计和编辑将在第 6 章中专门介绍。

5.1.1　设置图形显示样式

进行三维设计时，尤其是在进行实体模型设计时，为了获得所需的模型效果，需要应用如图 5-1 所示的相关按钮功能，包括“线框”“显示隐藏线”“移除隐藏线”“图形着色”“边线着色”“着色设置”“半透明着色”“切换曲面背面着色”“毛坯着色切换”和“显示/隐藏毛坯”。

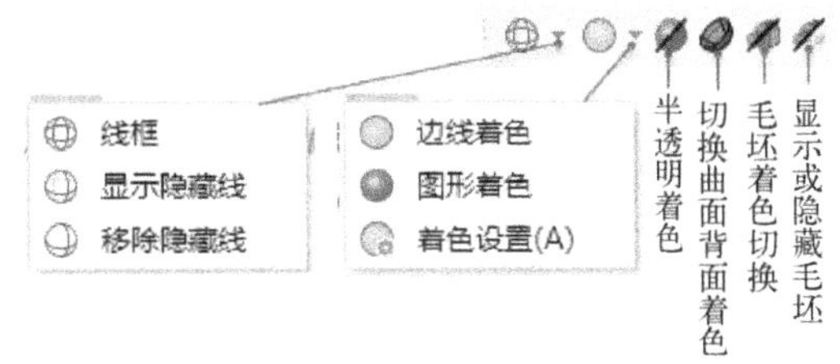

图 5-1　使用“着色”工具栏设置显示样式

例如，对于屏幕中的一个实体模型，若在“着色”工具栏中单击“线框”(线架实体)图标按钮，则以线架形式显示模型，如图 5-2a 所示；若单击“移除隐藏线”图标按钮，则以如图 5-2b 所示的形式显示模型；若单击“图形着色”图标按钮，则模型显示如图 5-2c 所示；若单击“边线着色”图标按钮，则模型显示如图 5-2d 所示。

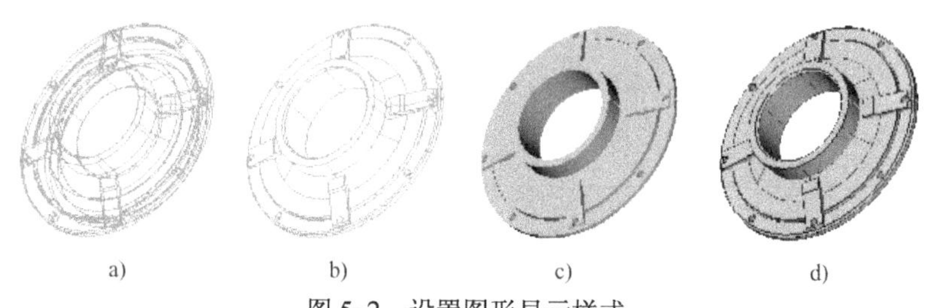

a) b) c) d)

图 5-2 设置图形显示样式

a) 线架实体 b) 移除隐藏线 c) 图形着色 d) 边线着色

如果在如图 5-1 所示的“着色”工具栏中单击“着色设置”图标按钮，那么系统弹出如图 5-3 所示的“着色”对话框，为图形指定颜色、着色参数、光源和实体参数等。其中，指定颜色有 3 种方式，即采用原始图形颜色、选择颜色和指定材质。以指定材质为例，在“颜色”选项组中选择“材质”单选按钮，然后从材质下拉列表框中选择所需的一种材质；也可以单击“材质”按钮，打开如图 5-4 所示的“材质”对话框，接着可以从“材质”下拉列表框中选择所需的一种已有材质，还可以根据设计情况新建材质、编辑材质和删除材质。在“着色”对话框中设置好相关内容后，单击“确定”图标按钮，则绘图区中的图形应用设定的材质来显示。

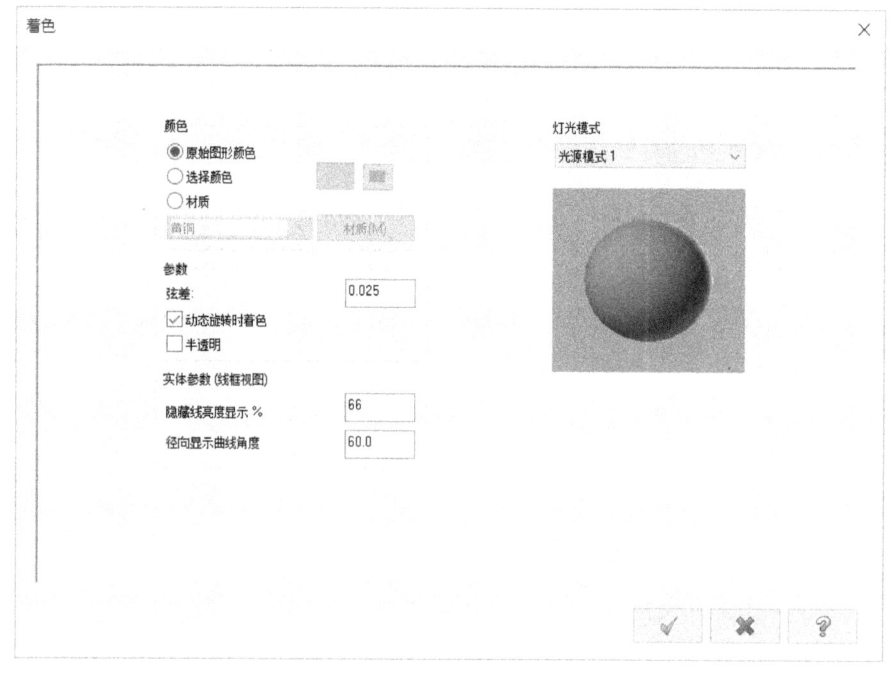

图 5-3 “着色”对话框

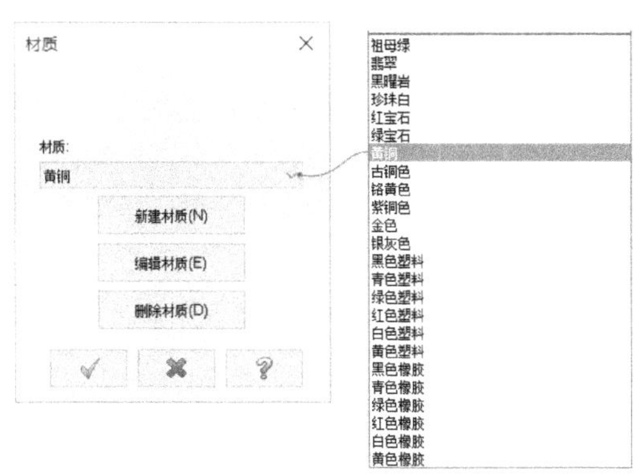

图 5-4 “材质”对话框

5.1.2 设置绘图面与构图深度

绘图平面（构图平面）简称为绘图面或构图面，它是用户当前要使用的绘制平面，与相应的坐标面平行。设置及选择绘图面的一般方法如下。

1）在“视图”工具栏中单击 中的下三角图标按钮“▾”，打开视图下拉列表框，如图 5-5a 所示。从该下拉列表框中单击相应的按钮来设置统一（一致）的三维绘图面和刀具面。其中，以下两种常用的绘图面设置按钮需要用户重点掌握。

- （实体定面）：用于按指定的实体面来设置绘图面。单击选择此按钮，则可以通过指定的实体面来确定当前使用的绘图面。
- （图形定面）：用于按图形设置绘图面。单击选择此按钮，则可以通过选择绘图区的某一个平面几何图形、两条线、三个点等来确定当前要使用的绘图面。

2）另外，用户也可以从如图 5-5b 所示的“绘图平面”工具栏中选择所需按钮来快速地设置单独的绘图面。

3）在位于绘图区下方的属性栏中单击如图 5-6 所示的“平面”标签位置，系统出现如图 5-6 所示的“绘图面和刀具面”菜单，从中可选择所需的绘图面选项来设置为当前绘图面。定义绘图面后注意绘图区左下角的相关标识。

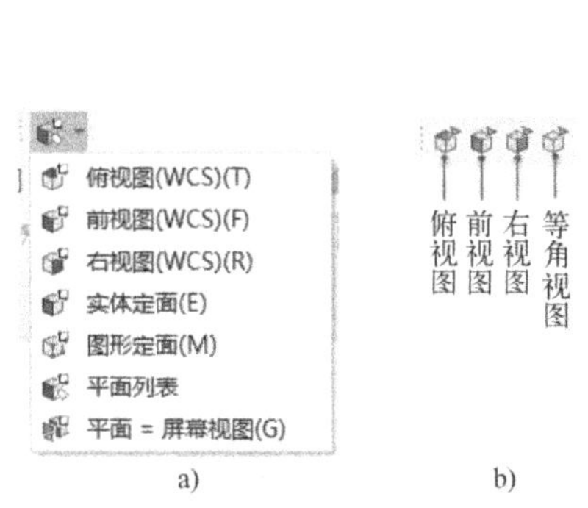

图 5-5 设置绘图面的一些工具按钮
a)“视图”下拉列表框 b)“绘图平面”工具栏

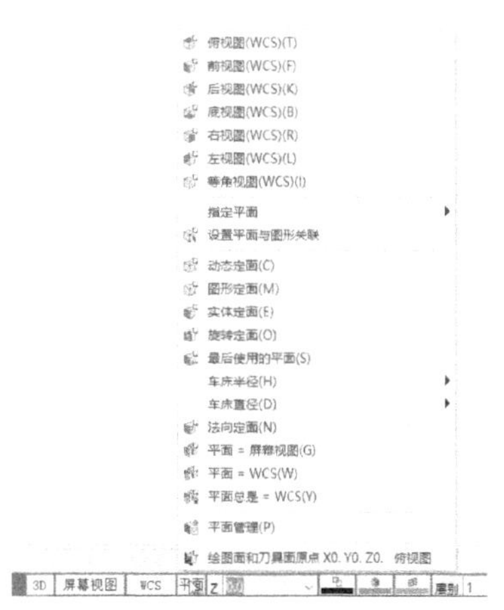

图 5-6 选择绘图面

在 Mastercam X9 系统中，与绘图面紧密联系的位置概念是构图深度（也称为绘图深度）。构图深度表示图形绘制的平面深度。这样便很容易理解：对于同一个绘图面，若设置的绘图面 Z 深度不同，那么所绘制的几何图形所在的空间位置也不同。构图深度的示意如图 5-7 所示。构图深度值可以为正值也可以为负值，正值表示沿绘图面法线正方向，负值沿反方向。

系统默认的绘图面 Z 深度为 0。若要设置绘图面的 Z 深度，则可以在如图 5-8 所示的属性栏的“Z”文本框中输入构图深度值。用户也可以单击“Z”文本框左侧的深度图标按钮，系统出现“选择一点使用于绘图深度”提示信息，在该提示下指定一点定义当前的构图深度 Z。

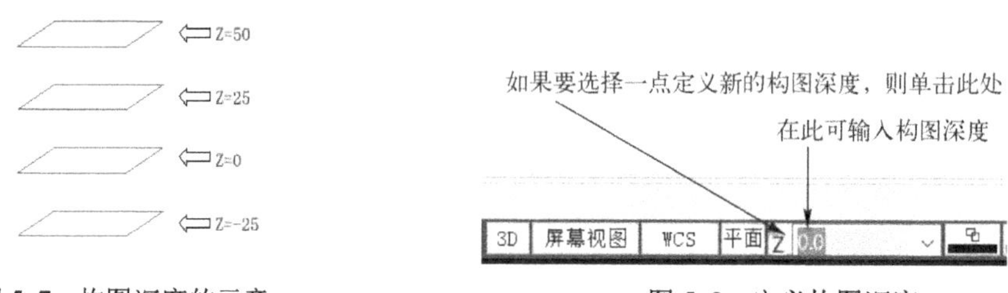

图 5-7　构图深度的示意

图 5-8　定义构图深度

5.2　创建预定义的基本曲面

在 Mastercam X9 系统中，可以很方便地绘制几种预定义的基本规则曲面，如圆柱曲面、圆锥曲面、立方体曲面、球状曲面和圆环状曲面。用于创建这些预定义基本曲面的相关命令位于菜单栏的“绘图”/“基本实体（基本曲面/实体）”级联菜单中（亦可绘制基本实体）。下面以范例的方式介绍如何创建这些预定义的基本曲面。

5.2.1　创建圆柱曲面

按照以下方法及步骤创建一个圆柱曲面。

1 在菜单栏的“绘图”/“基本实体（基本曲面/实体）”级联菜单中选择“圆柱体”命令，或者在“绘图”工具栏中单击“画圆柱体”图标按钮。

2 系统弹出如图 5-9 所示的“圆柱”对话框，单击位于该对话框标题栏中的“展开”图标按钮可以使该对话框显示更多的选项，如图 5-10 所示。

3 在“圆柱”对话框中选择“曲面”单选按钮以创建曲面，设置圆柱曲面半径为“25”，圆柱面高度为“80”，其他设置默认。

4 系统提示选择圆柱体的基准点位置，指定基准点位置的坐标为（0，0，0）。

5 在“圆柱”对话框中单击“确定”图标按钮。为了看到圆柱曲面的立体效果，可以将屏幕视角设置为“等角视图”，曲面效果如图 5-11 所示。

知识点拨　在本例中，如果在“圆柱”对话框中选择“曲面”单选按钮，设置圆柱面半径为“25”，圆柱面高度为“80”，并设置起始角度为“30”，终止角度为“290”，则最后创建的圆柱曲面如图 5-12 所示。

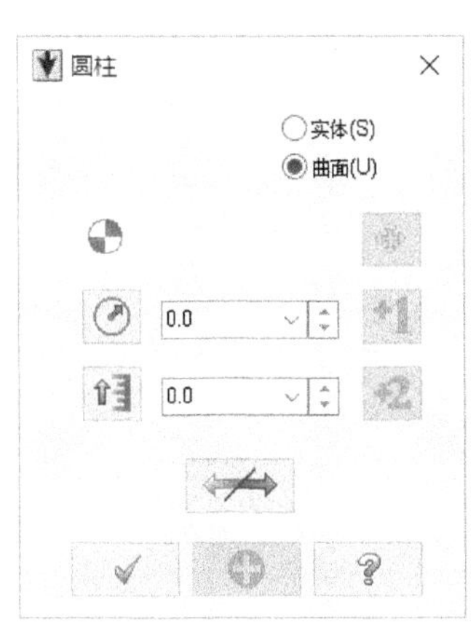

图 5-9 “圆柱”对话框

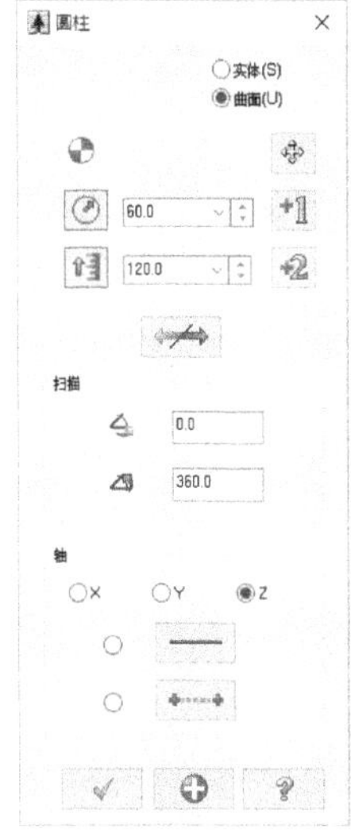

图 5-10 展开的“圆柱”对话框

图 5-11 创建的圆柱曲面

图 5-12 不完整的圆柱曲面

5.2.2 创建圆锥曲面

按照以下方法及步骤创建一个圆锥曲面。

1 在菜单栏的“绘图”/“基本实体（基本曲面/实体）”级联菜单中选择“圆锥体”命令，或者在“绘图”工具栏中单击“画圆锥体”图标按钮。

2 系统弹出“锥体”对话框。选择“曲面”单选按钮，设置基部半径为“60”，圆锥体高度为“50”，顶面半径为“20”，如图 5-13 所示。

知识点拨 在“俯视图”选项组中，用户既可以在“角度”文本框中设置圆锥角，也可以在“半径”文本框中输入顶面半径。要想得到顶尖的圆锥曲面，那么将顶面半径设置为“0”即可。

3 系统出现“选择圆锥体的基准点位置”提示信息，在绘图区指定一点作为圆锥体的基准点位置。

4 在“锥体”对话框中单击“确定”图标按钮，创建的圆锥曲面如图 5-14 所示。

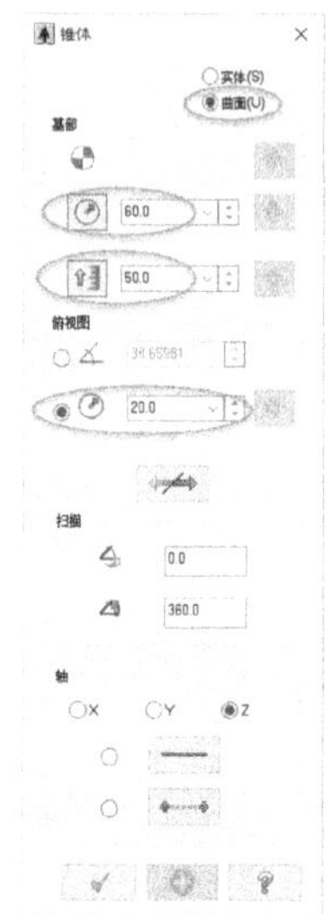

图 5-13　设置圆锥体选项

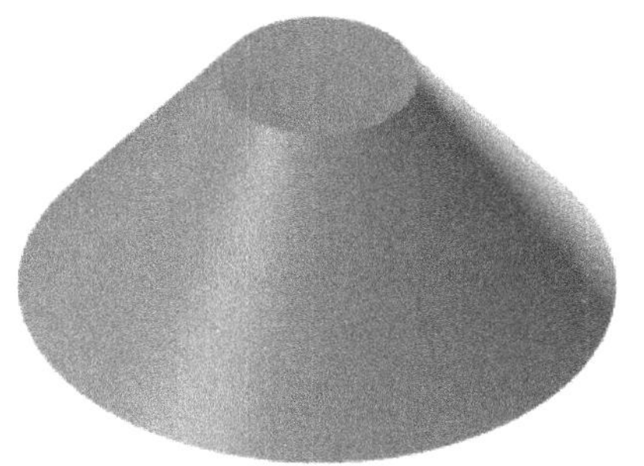

图 5-14　圆锥曲面

5.2.3 创建立方体曲面

在菜单栏的“绘图”/“基本实体（基本曲面/实体）”级联菜单中选择“立方体”命令，或者在“绘图”工具栏中单击“画立方体”图标按钮，打开如图 5-15 所示的“立方体”对话框。

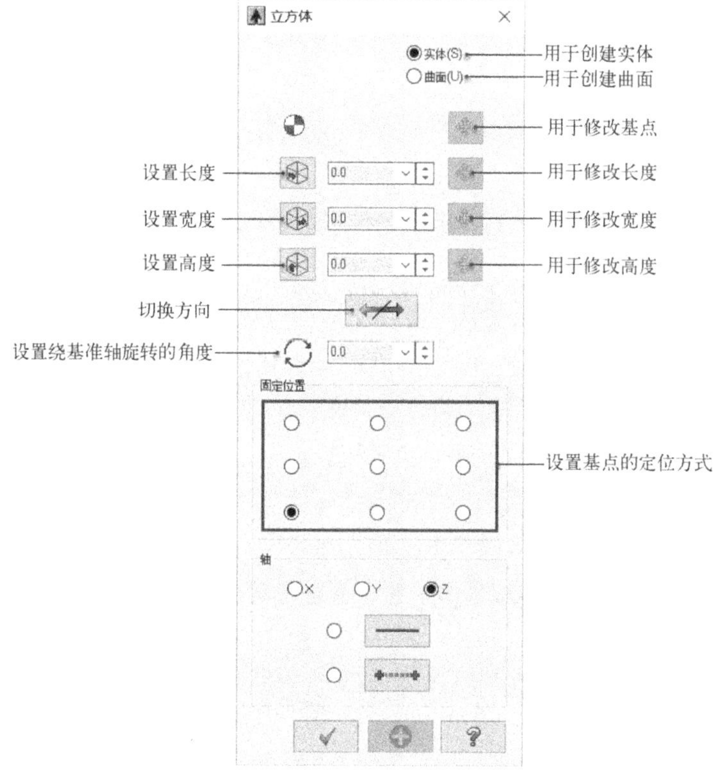

图 5-15　“立方体”对话框

例如，在“立方体”对话框中，选择“曲面”单选按钮，设置长度为“100”、宽度为“68”、高度为“39”，在“固定位置”选项组中选择最中间的单选按钮，使用在“轴”选项组中默认选择的“Z”单选按钮，如图5-16所示，接着在“选择立方体的基准点位置”提示下指定一点作为基准点，然后单击“确定”图标按钮，创建的立方体曲面如图5-17所示（图形着色）。

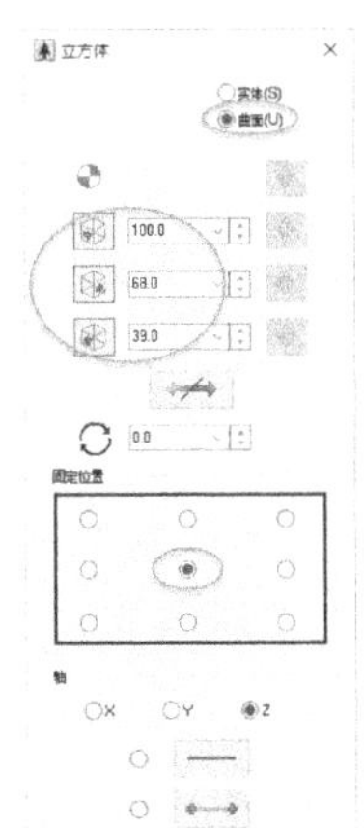

图 5-16 设置立方体选项

图 5-17 创建的立方体曲面

5.2.4 创建球状曲面

按照以下方法及步骤创建一个球状曲面。

1 在菜单栏的“绘图”/“基本实体（基本曲面/实体）”级联菜单中选择“球形”命令，或者在“绘图”工具栏中单击“画球形”图标按钮。

2 系统弹出“球形”对话框，从中选择“曲面”单选按钮，设置球体半径，如将球体半径设置为“50”，如图5-18所示。

3 在绘图区选取球体的基准点位置。

4 在“球形”对话框中单击“确定”图标按钮，创建的完整球状曲面如图5-19所示。

图 5-18 “球形”对话框

图 5-19 创建的完整球状曲面

可以创建如图5-20所示的“不完整”的球状曲面，这需要在创建过程中，使“球形”对话框显示更多的内容，并在“扫描”选项组中的“起始角度”文本框和“终止角度”文本框中分别设置起始角度和终止角度，如图5-21所示。

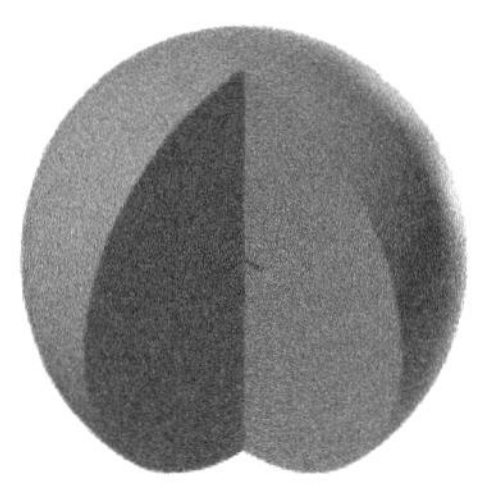

图 5-20 “不完整”的球状曲面

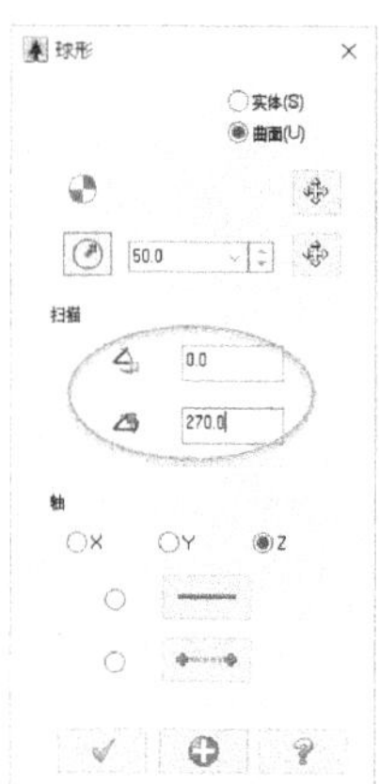

图 5-21 设置起始角度和终止角度

5.2.5 创建圆环曲面

可以创建如图 5-22 所示的圆环曲面，方法是在菜单栏的“绘图”/“基本实体（基本曲面/实体）”级联菜单中选择“圆环体”命令，或者在“绘图”工具栏中单击“画圆环体”图标按钮，打开如图 5-23 所示的“圆环体”对话框，从中选择“曲面”单选按钮，设置“半径”值和“较小半径”值等，接着指定圆环体的基准点位置，最后单击“确定”图标按钮即可。

图 5-22 圆环曲面

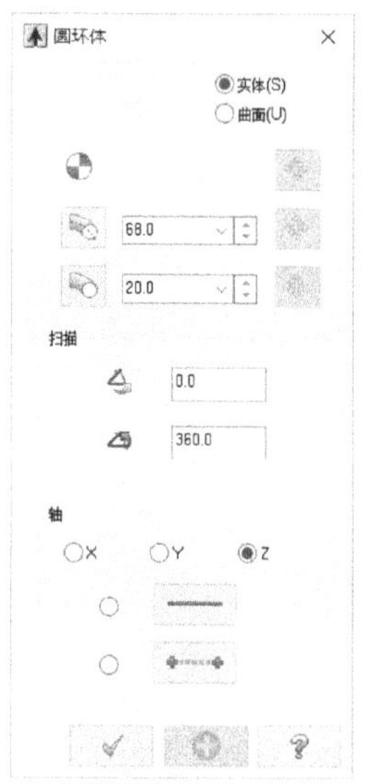

图 5-23 “圆环体”对话框

5.3 常见曲面绘制

常见曲面包括直纹/举升曲面、旋转曲面、扫描曲面、网状曲面、围篱曲面、牵引曲面和拉伸曲面等。

5.3.1 直纹/举升曲面

直纹曲面和举升曲面都是将指定的多个剖面线框以一定的方式连接起来而生成的曲面。其中，如果每个剖面线框之间用曲线相连，那么生成的曲面称为举升曲面；如果每个剖面线框之间用直线相连，那么生成的曲面为直纹曲面。直纹曲面和举升曲面的示例如图 5-24 所示。

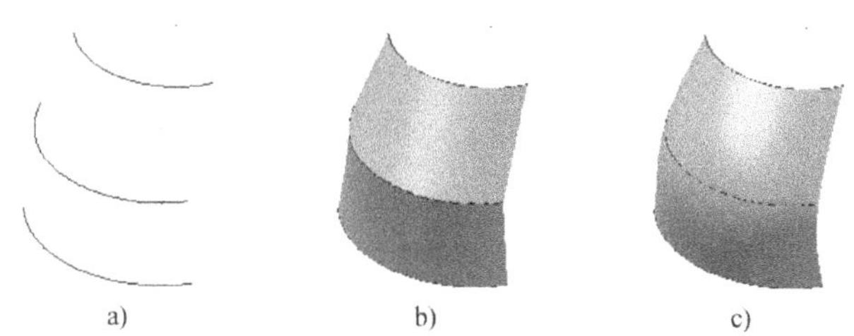

图 5-24　直纹曲面与举升曲面

a) 剖面线框　b) 直纹曲面　c) 举升曲面

创建直纹/举升曲面的一般方法及步骤简述如下。

1 在菜单栏的“绘图”/“曲面”级联菜单中选择“直纹/举升曲面”命令，或者在“曲面”工具栏中单击“直纹/举升曲面”图标按钮。

2 系统弹出如图 5-25 所示的“串连选项”对话框。利用该对话框，在绘图区依次选择作为剖面线框的若干个串连。在定义串连时，一定要注意鼠标的选取位置，应该使剖面外形的串连方向（箭头指向）相同，并确保各串连的起始点相一致，否则生成的曲面将产生扭曲的效果。定义各串连后，单击“串连选项”对话框中的“确定”图标按钮。

3 系统弹出“直纹/举升”操作栏，根据设计要求在该操作栏中单击“直纹曲面”图标按钮或“举升曲面”图标按钮，如图 5-26 所示。如果需要，可以单击“串连定义”图标按钮，重新指定各剖面串连。

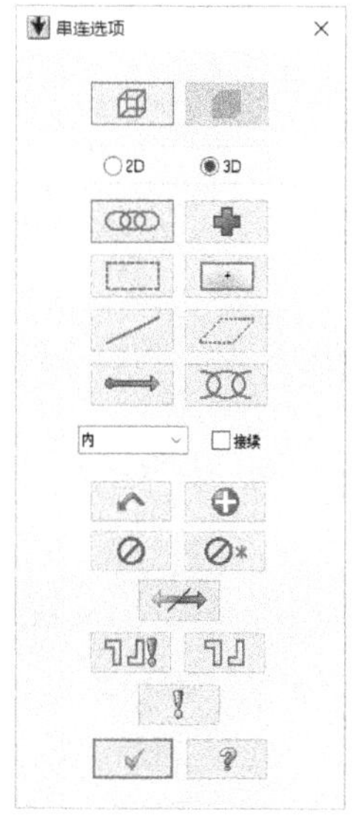

图 5-25 “串连选项”对话框

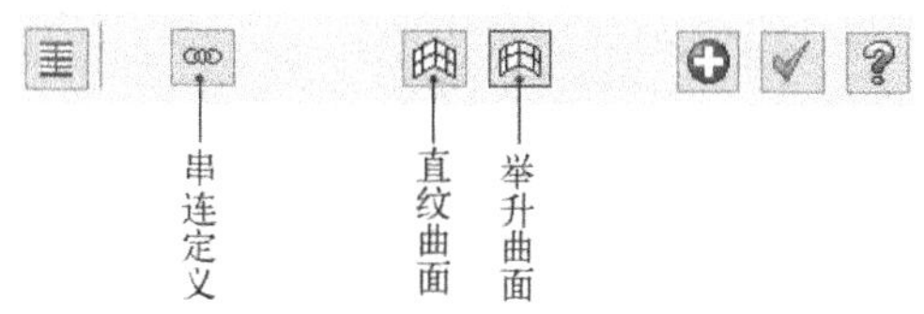

图 5-26 “直纹/举升”操作栏

4 最后，在“直纹/举升”操作栏中单击“应用”图标按钮或“确定”图标按钮。

【典型范例】：创建举升曲面

1 新建一个 Mastercam X9 设计文件，当前视角为俯视图，WCS 和绘图平面也为俯视图设置。在该范例中，首先要绘制好所需的三维线架剖面曲线。

2 在“绘图”菜单中选择“椭圆”命令，或者在“绘图”工具栏中单击“画椭圆”图标按钮，打开“椭圆”对话框。在“椭圆”对话框中设置如图 5-27 所示的椭圆参数，利用“自动抓点”工具栏的坐标文本框输入椭圆中心点的坐标（0，0，0），然后在“椭圆”对话框中单击“确定”图标按钮，绘制的椭圆如图 5-28 所示。

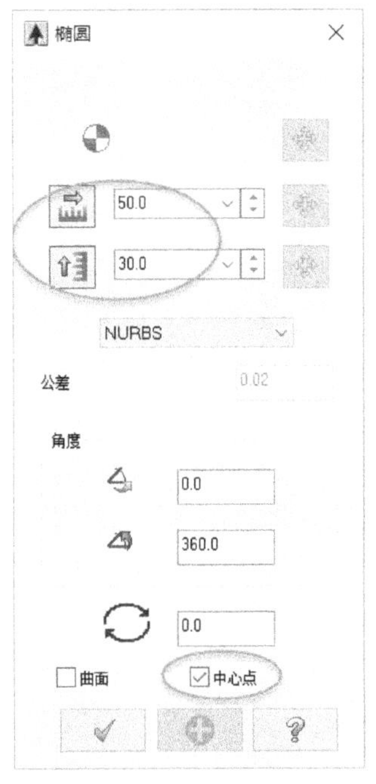

图 5-27 设置椭圆参数

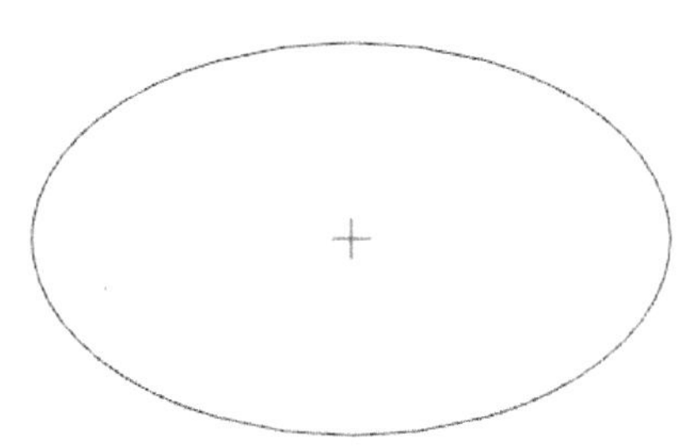

图 5-28 绘制的椭圆

3 在属性栏中单击“3D/2D”标签，切换至 2D 状态，接着在“Z”文本框中输入构图深度为“100”，如图 5-29 所示。

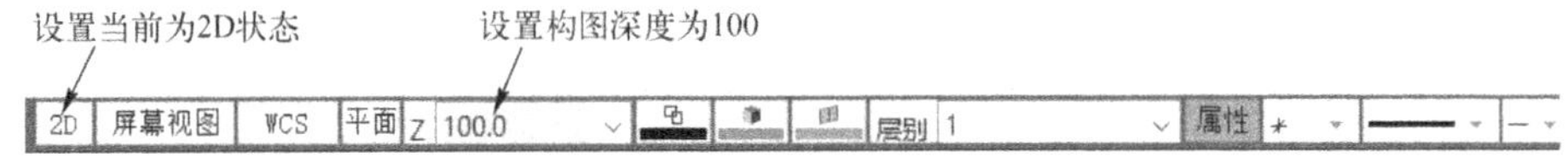

图 5-29 设置绘图空间状态和构图深度

4 在“绘图”菜单中选择“椭圆”命令，或者在“绘图”工具栏中单击“画椭圆”图标按钮，打开“椭圆”对话框。在文本框中输入“80”，在文本框中输入“50”，接着指定椭圆中心点（基准点）位置为（0，0），然后在“椭圆”对话框中单击“确定”图标按钮，绘制的第二个椭圆的图形效果如图 5-30 所示。

5 在属性栏的“Z”文本框中输入构图深度为“200”，如图 5-31 所示。

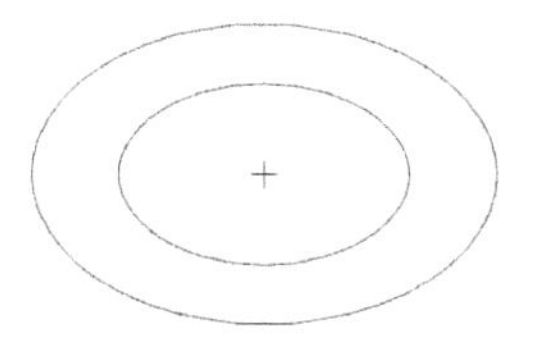

图 5-30 绘制第二个椭圆

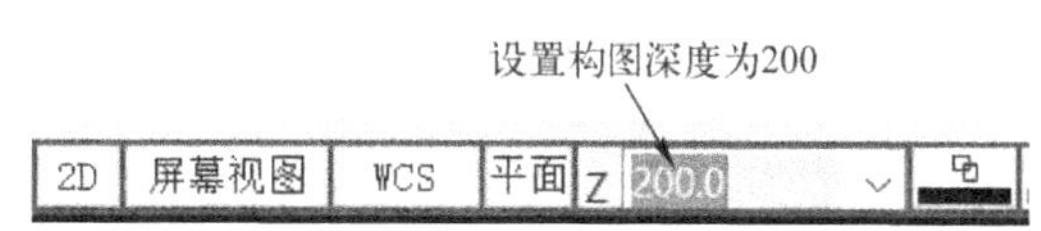

图 5-31 设置新的构图深度

6 在“绘图”菜单中选择“椭圆”文本命令，或者在“绘图”工具栏中单击“画椭圆”图标按钮，打开“椭圆”对话框。在文本框中输入“30”，在文本框中输入“25”，接着指定椭圆中心点（基准点）位置为（0，0），然后在“椭圆”对话框中单击“确定”图标按钮，绘制的第三个椭圆的图形效果如图 5-32 所示。

7 在“绘图平面”（亦称“绘图视角”）工具栏中单击“等角视图”图标按钮，将视角切换到等角视图，此时图形显示如图 5-33 所示。用户也可以在“视图”菜单中选择“标准视角”/“等视图”命令将视角切换到等角视图。

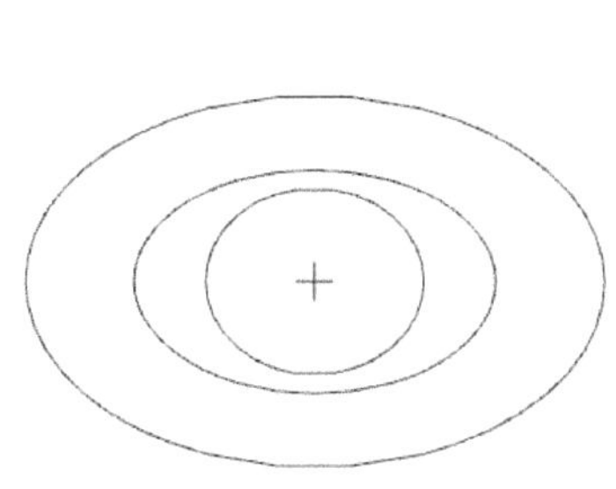

图 5-32 绘制第三个椭圆

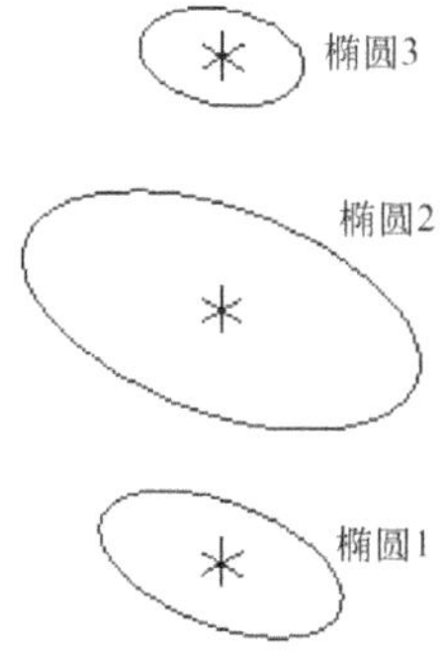

图 5-33 等角视图

8 在菜单栏的“绘图”/“曲面”级联菜单中选择“直纹/举升曲面”命令，或者在“曲面”工具栏中单击“直纹/举升曲面”图标按钮。

9 系统弹出“串连选项”对话框，确保选中“串连”图标按钮，其他使用默认选项，然后按照系统提示依次选取椭圆 1、椭圆 2 和椭圆 3，注意选取位置及串连方向，如图 5-34 所示。在“串连选项”对话框中单击“确定”图标按钮。

10 在“直纹/举升”操作栏中单击选中“举升曲面”图标按钮，然后单击“确定”图标按钮，绘制的举升曲面如图 5-35 所示。

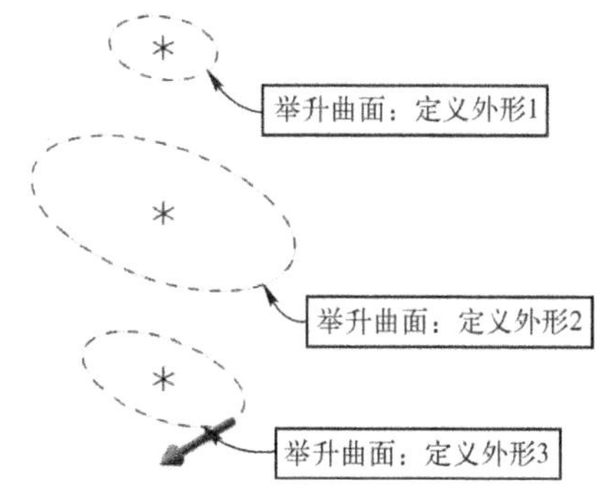

图 5-34 定义剖面外形

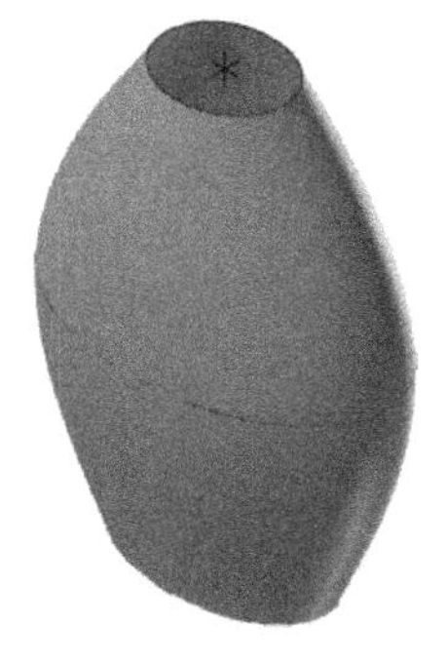

图 5-35 绘制的举升曲面

5.3.2 旋转曲面

旋转曲面是指以所定义的串连外形，绕着定义的一条旋转轴旋转指定的角度而生成的曲面。在绘制旋转曲面之前，应该绘制好或准备好旋转轮廓曲线（母线）和轴线。

绘制旋转曲面的典型示例如图 5-36 所示，旋转角度既可以是 360°，也可以是设定的其他旋转角度值（由起始角度和终止角度界定）。

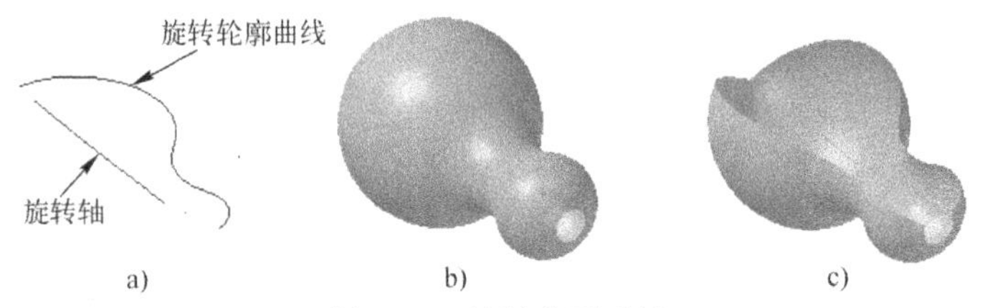

图 5-36 旋转曲面示例

a) 旋转轮廓曲线与旋转轴 b) 旋转 360° c) 旋转其他角度

绘制旋转曲面的一般方法及步骤简述如下。

1 在菜单栏的“绘图”/“曲面”级联菜单中选择“旋转曲面”命令，或者在“曲面”工具栏中单击“旋转曲面”图标按钮。

2 利用系统弹出的“串连选项”对话框，指定旋转轮廓曲线。

3 系统出现如图 5-37 所示的“旋转曲面”操作栏，同时提示选择旋转轴。在绘图区，选择所需的有效旋转轴。

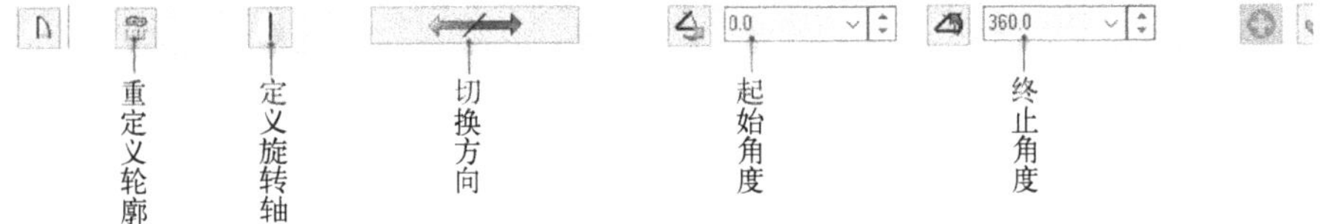

图 5-37 “旋转曲面”操作栏

4 在“旋转曲面”操作栏中设置起始角度和终止角度。如果需要，可以进行旋转方向的切换操作。

5 在“旋转曲面”操作栏中单击“应用”图标按钮或“确定”图标按钮。

【典型范例】：创建旋转曲面

1 打开网盘资料的“CH5”\“绘制旋转曲面.MCX”文件，该文件中包含的已有曲线如图 5-38 所示。

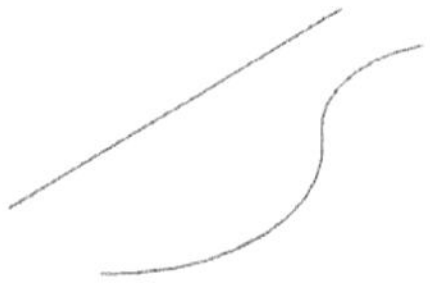

2 在菜单栏的“绘图”/“曲面”级联菜单中选择“旋转曲面”命令，或者在“曲面”工具栏中单击“旋转曲面”图标按钮。

3 系统弹出“串连选项”对话框，从中单击“串连”图标按钮，如图 5-39 所示。在绘图区选择如图 5-40 所示的曲线作为旋转轮廓曲线（即作为旋转母线）。

图 5-38 文件中已有的曲线

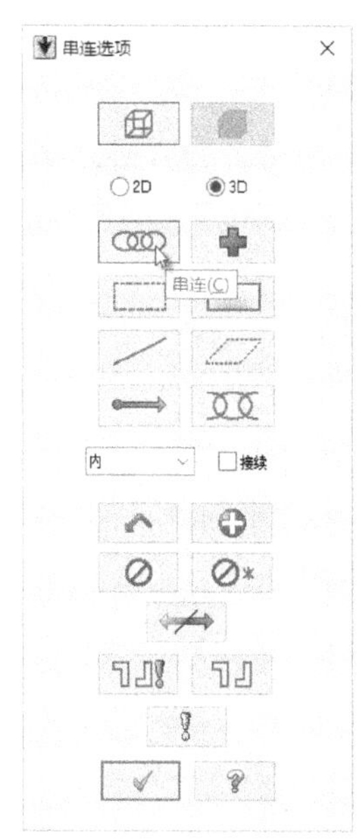

图 5-39 选择“串连”方式

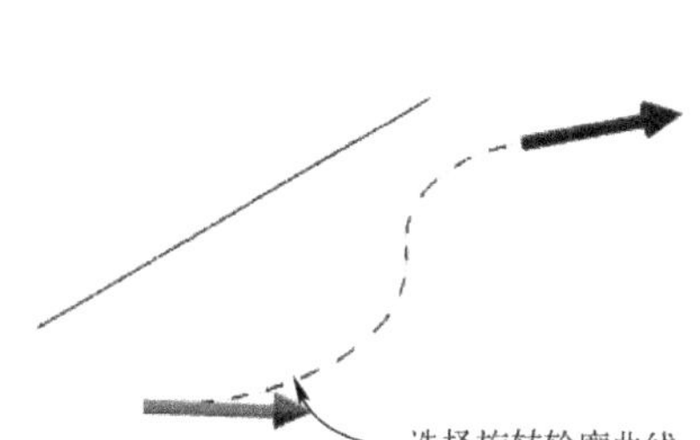

图 5-40 指定旋转轮廓曲线

4 在“串连选项”对话框中单击“确定”图标按钮 ✓ 。

5 选择如图 5-41 所示的直线作为旋转轴，在“旋转曲面”操作栏中设置旋转起始角度为“0”、终止角度为“360”，如图 5-42 所示。

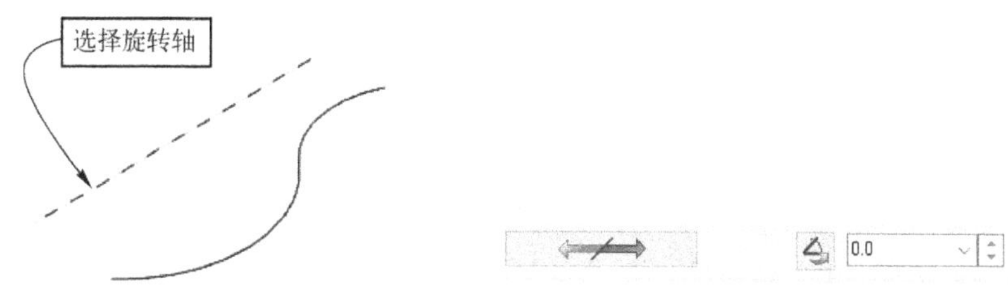

图 5-41 选择旋转轴

图 5-42 “旋转曲面”操作栏

6 在“旋转曲面”操作栏中单击“确定”图标按钮 ✓，从而完成一个旋转曲面。该旋转曲面的线架显示效果如图 5-43a 所示，按〈Alt+S〉组合键或单击“图形着色”图标按钮 ●，则对旋转曲面进行着色显示，效果如图 5-43b 所示。

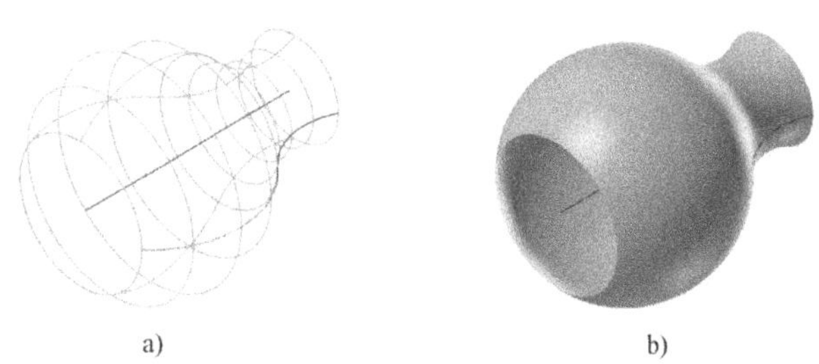

图 5-43 完成创建的旋转曲面

a) 线架模型 b) 着色显示

5.3.3 扫描曲面

扫描曲面是指将截面曲线沿着轨迹线（引导曲线）运动而形成的曲面，其中轨迹线可以是一条或两条，截面曲线也可以为一条或多条，系统会自动对这些曲线进行平滑的扫描过渡处理。采用绘制扫描曲面的方式可以绘制出较为复杂的曲面，以满足某些曲面造型的需要。

创建扫描曲面的一个简单示例如图 5-44 所示，在该示例中，选择 P1 曲线作为截面方向外形（截面曲线），选择 S1 作为轨迹线。

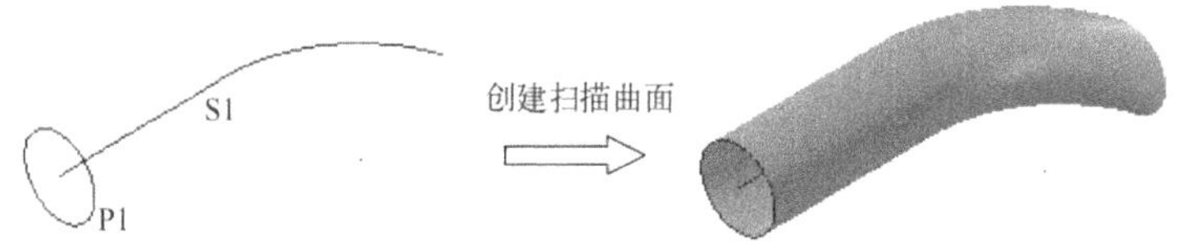

图 5-44　创建扫描曲面示例

常见扫描操作有以下两种情形。

1）选择一个外形轮廓沿着一条或两条轨迹线（路径）扫描，典型示例如图 5-45 所示。当两条轨迹路径同时使用时，它们不能相交或接触。

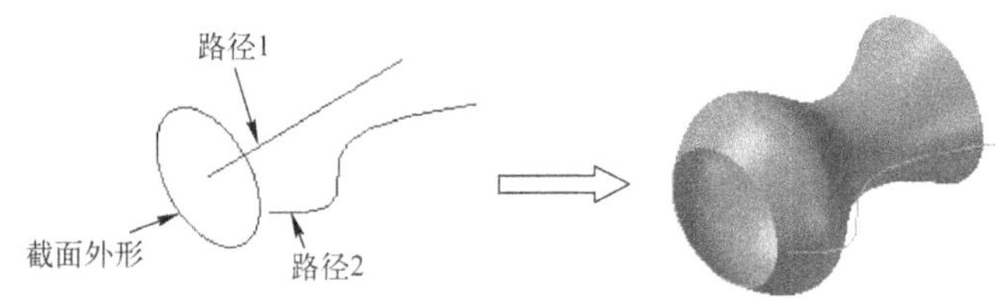

图 5-45　将一个外形轮廓沿着两条路径扫描

2）选择一个或多个外形轮廓沿着同一条轨迹线扫描，典型示例如图 5-46 所示。

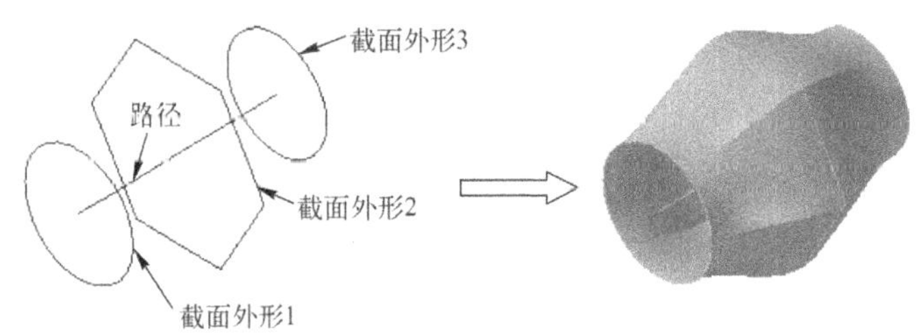

图 5-46　将 3 个外形轮廓沿着同一路径扫描

下面介绍两个创建扫描曲面的范例，希望读者在实际设计中能够举一反三。

【典型范例】：选择 3 个外形轮廓沿着同一条轨迹线扫描来创建曲面

1 打开网盘资料的“CH5”\“绘制扫描曲面 1.MCX”文件。

2 在菜单栏的“绘图”/“曲面”级联菜单中选择“扫描曲面”命令，或者在“曲面”工具栏中单击“扫描曲面”图标按钮。

3 在弹出的“串连选项”对话框中，单击“串连”图标，接着在绘图区先选择如图 5-47 所示的曲线作为扫描截面外形 1，然后在提示下依次选择截面外形 2 和截面外形 3，选择位置如图 5-48 所示。选择好 3 个截面外形后，在“串连选项”对话框中单击“确定”图标按钮 ✓ 。

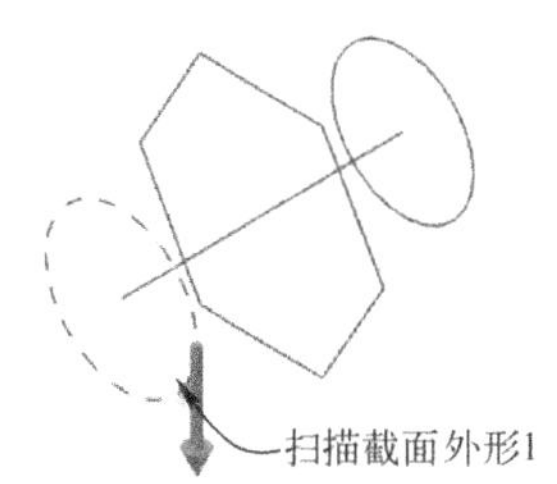

图 5-47 指定扫描截面外形 1

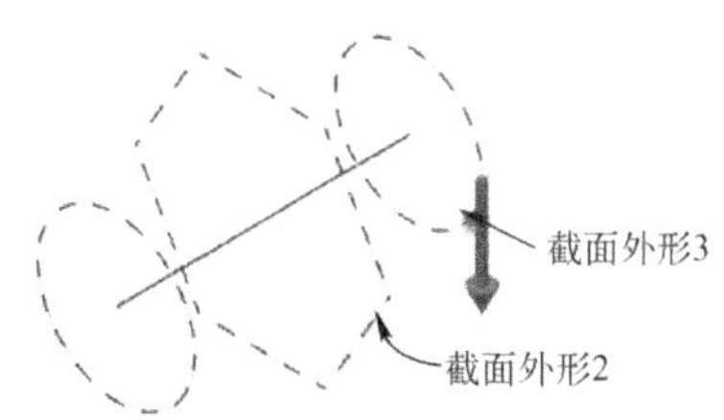

图 5-48 继续指定另两个扫描截面外形

4 在“扫描曲面”操作栏中单击如图 5-49 所示的“旋转扫描”图标按钮。

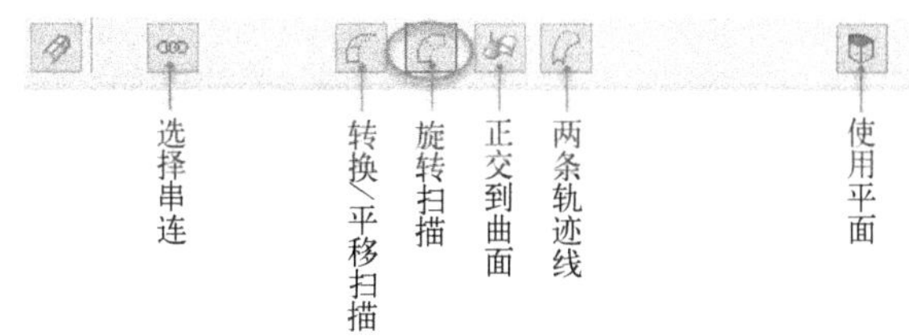

图 5-49 “扫描曲面”操作栏

5 系统提示“扫描曲面：定义引导方向外形”，在该提示下选择如图 5-50 所示的直线作为引导轨迹线，在“串连选项”对话框中单击“确定”图标按钮 ✓ 。

6 在“扫描曲面”操作栏中单击“确定”图标按钮✓，创建的扫描曲面如图 5-51 所示。

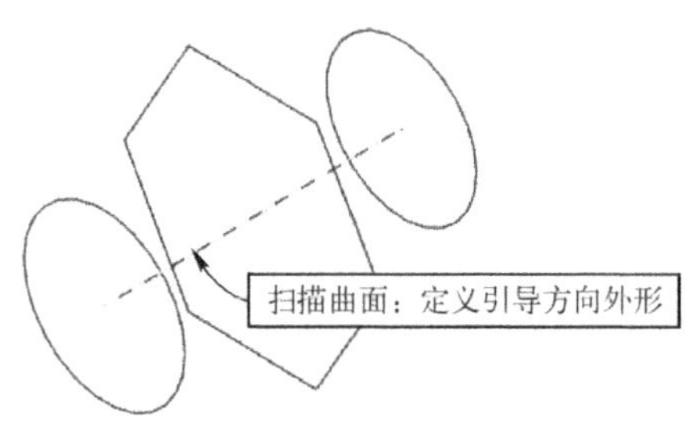

图 5-50 指定引导轨迹线

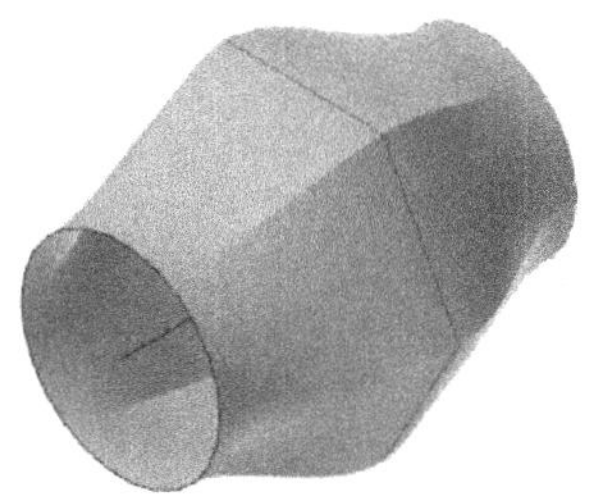

图 5-51 创建的扫描曲面

【典型范例】：将一个外形轮廓沿着两条轨迹线扫描来创建曲面

1 打开网盘资料的“CH5”\“绘制扫描曲面 2.MCX”文件，该文件中包含的已有曲线如图 5-52 所示。

2 在菜单栏的“绘图”/“曲面”级联菜单中选择“扫描曲面”命令，或者在“曲面”工具栏中单击“扫描曲面”图标按钮。

3 在弹出的“串连选项”对话框中，单击“串连”图标按钮，接着在绘图区先选择如图 5-53 所示的曲线作为扫描截面外形，然后在“串连选项”对话框中单击“确定”图标按钮 ✓ 。

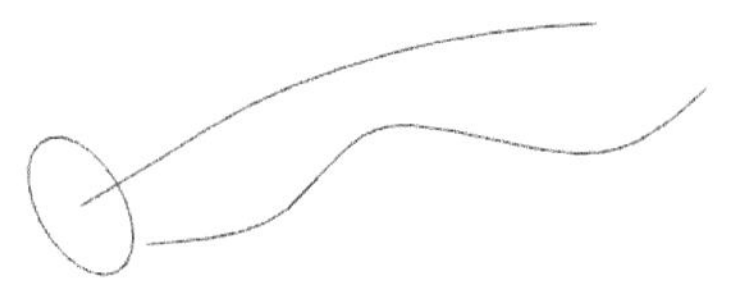
图 5-52　文件中已有的曲线

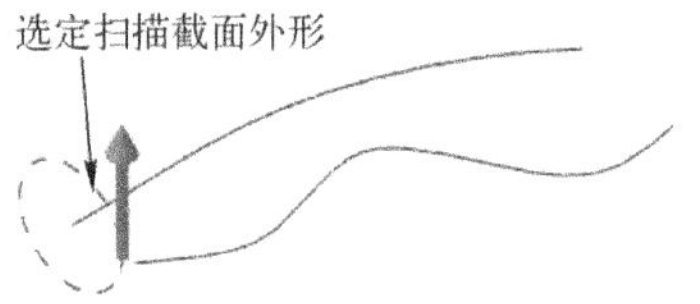

图 5-53　指定扫描截面外形

4 在“扫描曲面”操作栏中单击“两条轨迹线”图标按钮，根据“扫描曲面：定义引导方向外形”提示，依次选择 S1 曲线和 S2 曲线作为引导轨迹，如图 5-54 所示。然后，单击“串连选项”对话框中的“确定”图标按钮。

5 最后，在“扫描曲面”操作栏中单击“确定”图标按钮，创建的扫描曲面如图 5-55 所示。

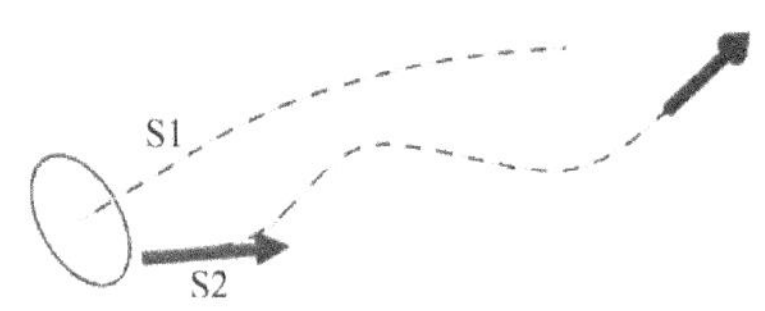

图 5-54　选择两条曲线作为引导轨迹线

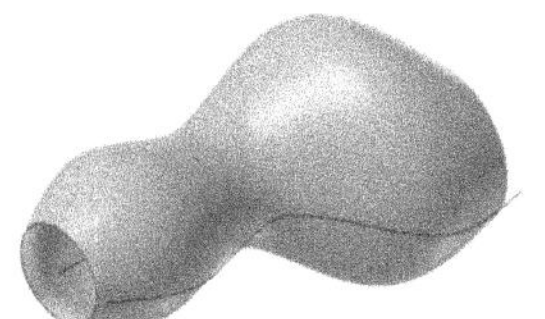
图 5-55　创建的扫描曲面

5.3.4 网状曲面

网状曲面是指通过选择所需的串连图形来生成的一类特殊曲面。简单的网状曲面如图 5-56 所示。在 Mastercam X9 中，绘制单片的网状曲面时，一般采用自动串连生成方式；而绘制多片网状曲面时，则采用手动串连生成方式。自动串连生成方式通过选用至少 3 个有效串连图形来定义曲面。当分歧点较多或线架结构复杂时，通常使用手动串连方式定义曲面，在操作过程中需要指定顶点基准点。

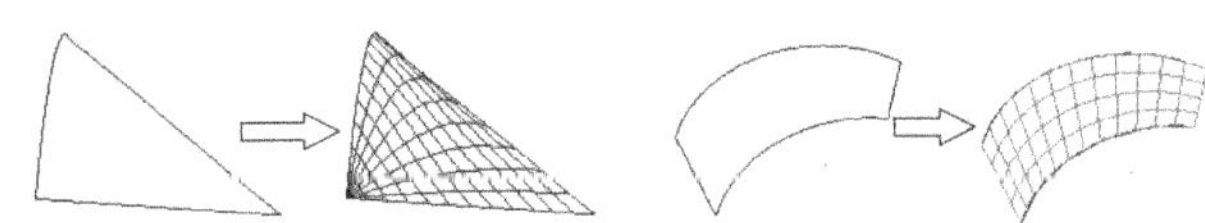
图 5-56　网状曲面示例

若要创建网状曲面，则需在菜单栏的“绘图”/“绘制曲面”级联菜单中选择“网状曲面”命令，或者在“曲面”工具栏中单击“网状曲面”图标按钮，打开如图 5-57 所示的“创建网状曲面”操作栏，注意该操作栏中各按钮、选项的功能含义。其中，在“类型”下拉列表框中可以通过选择“引导方向”“截断方向”或“平均”选项来定义曲面。在系统提示下进行选取串连图形等操作来完成网状曲面绘制。

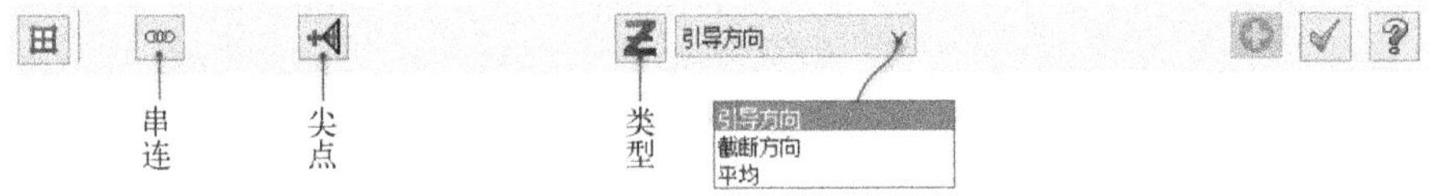

图 5-57　“创建网状曲面”操作栏

下面介绍生成网状曲面的两个范例。

【典型范例】：创建简单的网状曲面

1 打开网盘资料的“CH5”\“绘制网状曲面 1.MCX”文件，该文件中包含的已有曲线如图 5-58a 所示。

2 在菜单栏的“绘图”/“曲面”级联菜单中选择“网状曲面”命令，或者在“曲面”工具栏中单击“网状曲面”图标按钮，打开“创建网状曲面”操作栏，其中默认的类型选项为“引导方向”。

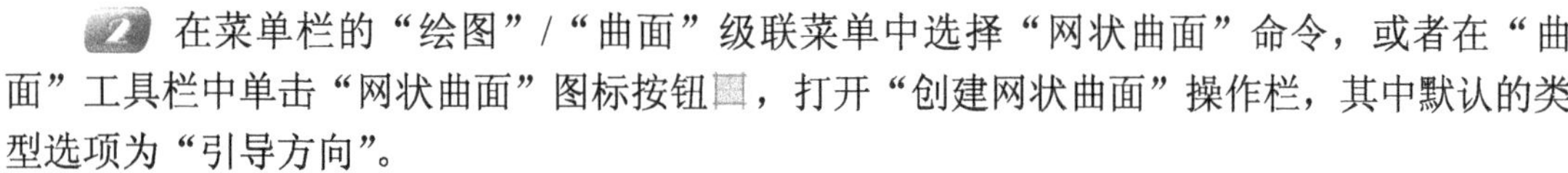

3 在弹出的“串连选项”对话框中单击“串连”图标，接着在绘图区分别选择曲线 1～曲线 4，如图 5-58b 所示。注意选择位置与串连方向的关系，串连方向（箭头指向）由选取位置靠近的相交点开始指向另一侧。

4 在“串连选项”对话框中单击“确定”图标按钮，然后在“创建网状曲面”操作栏中单击“确定”图标按钮，创建的网状曲面如图 5-58c 所示（图中以线框模式显示）。

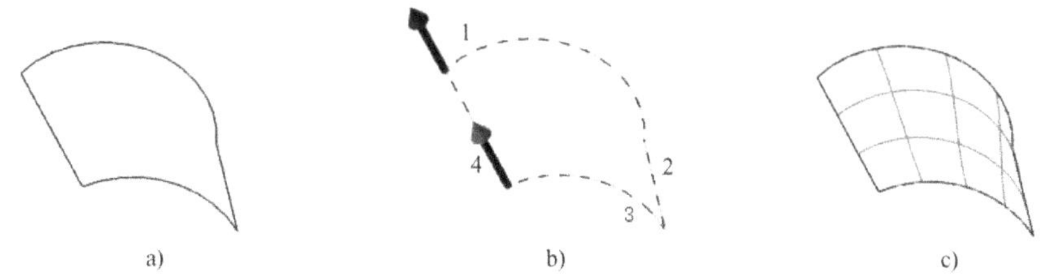

a) b) c)

图 5-58 创建简单的网状曲面

a) 已有曲线 b) 选择串连图形 c) 创建的网状曲面

【典型范例】：创建较为复杂的网状曲面

1 打开网盘资料的“CH5”\“绘制网状曲面 2.MCX”文件。

2 在菜单栏的“绘图”/“曲面”级联菜单中选择“网状曲面”命令，或者在“曲面”工具栏中单击“网状曲面”图标按钮，打开“创建网状曲面”操作栏，同时弹出“串连选项”对话框。

3 在“创建网状曲面”操作栏的“类型”下拉列表框中选择“引导方向”。在“串连选项”对话框中单击“窗选”图标按钮，使用鼠标框选所有的曲线，接着在“输入草绘起始点（搜索点）”提示下选择如图 5-59 所示的顶点，然后在“串连选项”对话框中单击“确定”图标按钮。

4 在“创建网状曲面”操作栏中单击“确定”图标按钮，创建的网状曲面如图 5-60 所示。

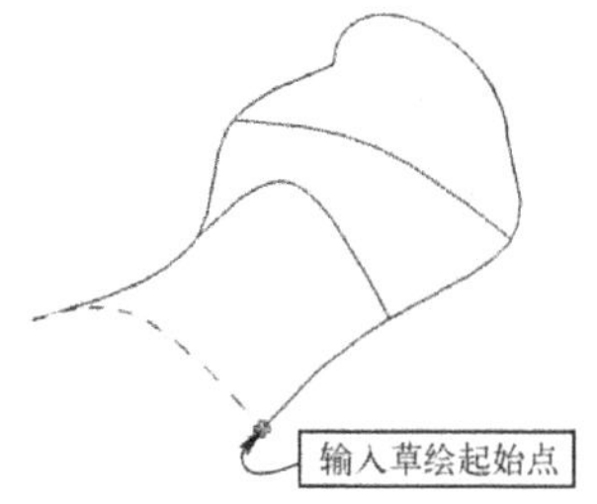

图 5-59 输入草绘起始点（搜索点）

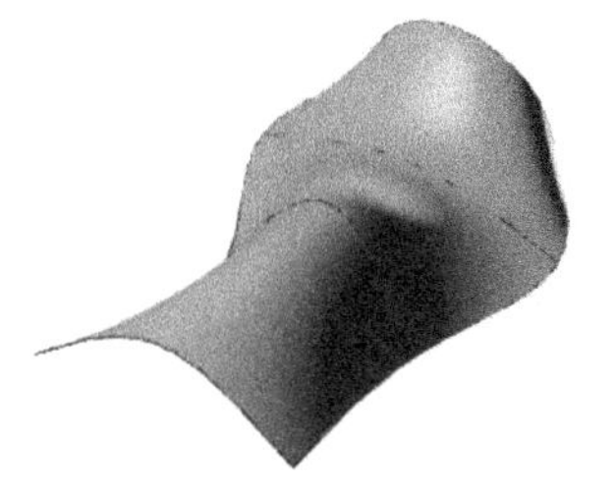

图 5-60 创建的网状曲面

5.3.5 围篱曲面

围篱曲面是指通过曲面上的指定边来生成与原曲面垂直或成其他给定角度的直曲面。创建围篱曲面的示例如图 5-61 所示。

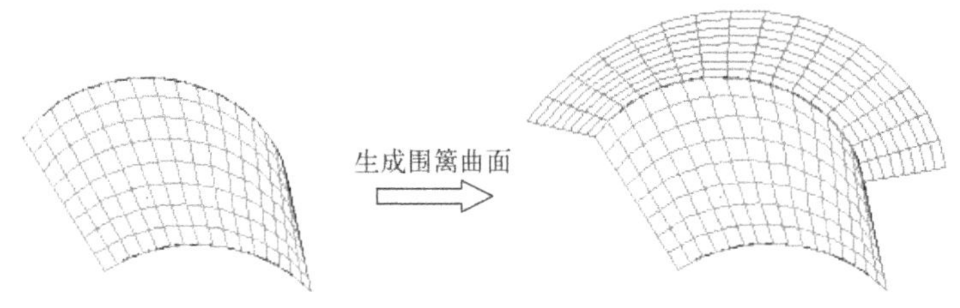

图 5-61　生成围篱曲面的示例

创建围篱曲面的一般方法及步骤如下。

1 在菜单栏的“绘图”/“曲面”级联菜单中选择“围篱曲面”命令，或者在“曲面”工具栏中单击“绘制围篱曲面”图标按钮，系统弹出如图 5-62 所示的“创建围篱曲面”操作栏。

图 5-62 “创建围篱曲面”操作栏

2 选择曲面。系统弹出“串连选项”对话框，在曲面上选择一个或多个串连，然后在“串连选项”对话框中单击“确定”图标按钮。

3 在“创建围篱曲面”操作栏中设置熔接方式，并根据设置的熔接方式设置相应的参数。如果需要，可以切换曲面的生成方向。

知识点拨 可以设置的熔接方式有“相同圆角”“线性锥度”和“立体混合”。其中，“相同圆角”表示所有扫描线的高度和角度均一致，以起点数据为准；“线性锥度”表示扫描线的高度和角度方向呈线性变化；“立体混合”表示根据一种立方体的混合方式生成。

4 进行相关设置后，单击“确定”图标按钮。

【典型范例】：创建围篱曲面

1 打开网盘资料的“CH5”\“绘制围篱曲面.MCX”文件。

2 在菜单栏的“绘图”/“曲面”级联菜单中选择“围篱曲面”命令，或者在“曲面”工具栏中单击“绘制围篱曲面”图标按钮，系统弹出“创建围篱曲面”操作栏。

3 单击如图 5-63 所示的曲面。

4 系统弹出“串连选项”对话框，使用默认的“串连”方式，在曲面上单击如图 5-64 所示的曲面边界，然后在“串连选项”对话框中单击“确定”图标按钮✓。

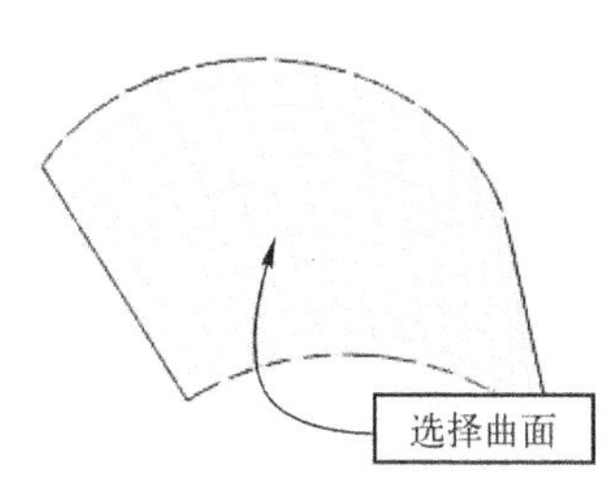

图 5-63 选择曲面

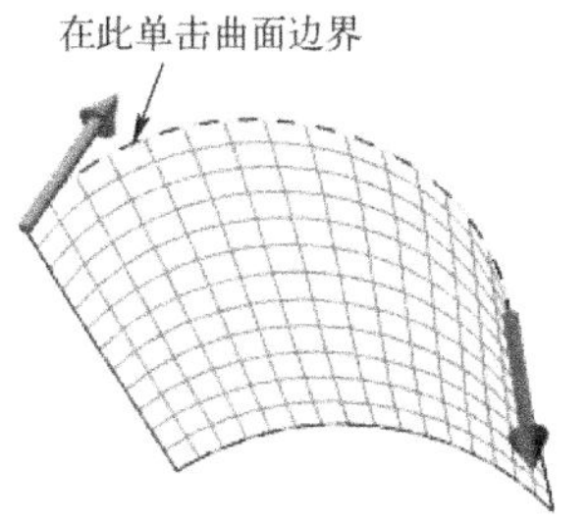

图 5-64 单击曲面边界

5 在“创建围篱曲面”操作栏的“熔接方式”下拉列表框中选择“线性锥度”，接着设置如图 5-65 所示的参数。

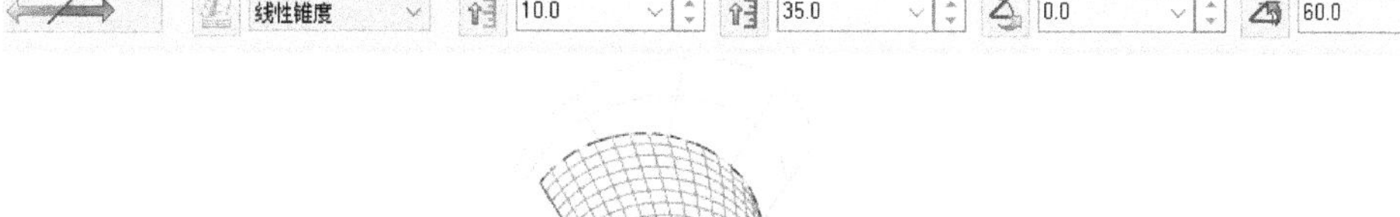

图 5-65 设置围篱曲面的参数

6 在“创建围篱曲面”操作栏单击“应用”图标按钮。

7 系统提示选择曲面，选择如图 5-66 所示的曲面。接着系统出现“选择串连 1”提示信息，单击如图 5-67 所示的曲线边，然后单击“串连选项”对话框中的“确定”图标按钮✓。

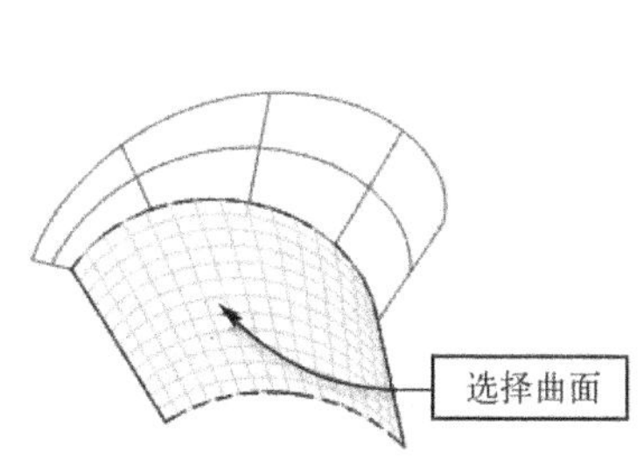

图 5-66 选择曲面

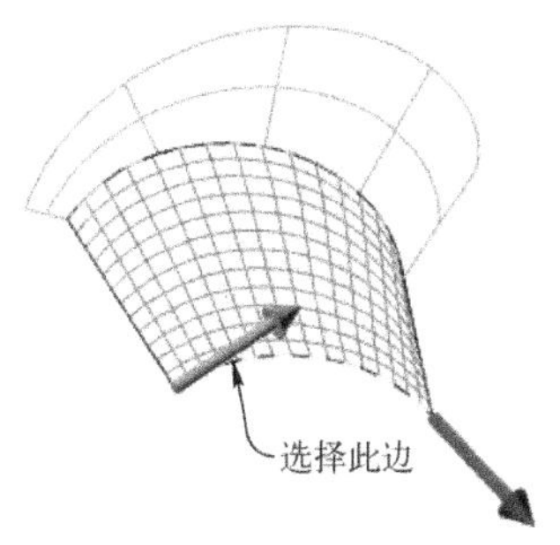

图 5-67 选择曲面边

8 在“创建围篱曲面”操作栏的“熔接方式”下拉列表框中选择“相同圆角”，并单击“切换方向”图标按钮，使围篱曲面在如图 5-68 所示的一侧生成。

9 设置如图 5-69 所示的参数。

10 在“创建围篱曲面”操作栏中单击“确定”图标按钮✓。

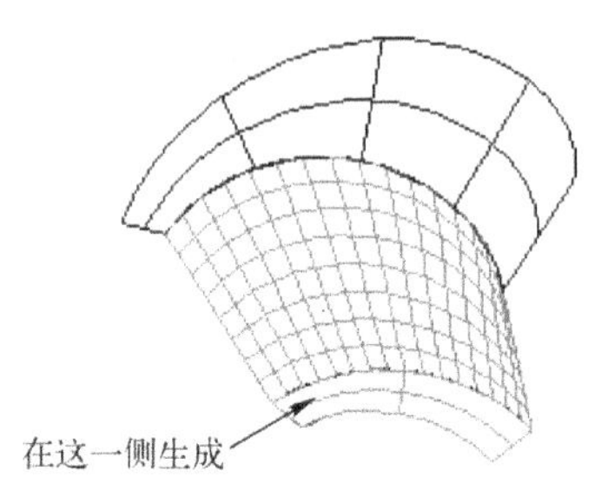

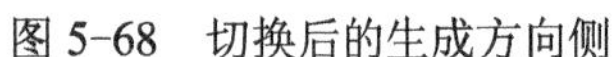

图 5-68　切换后的生成方向侧

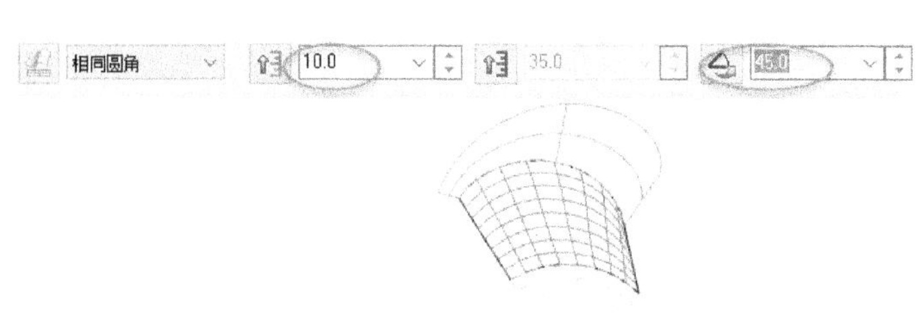

图 5-69　设置相关的参数

5.3.6 牵引曲面

创建牵引曲面是指以当前的绘图面（构图面）为牵引平面，将一条或多条外形轮廓按照设定的方式（如指定长度和角度，也可将其牵引到指定的平面）牵引出曲面。牵引曲面可以是垂直牵引的，也可以是具有一定角度牵引的，如图 5-70 所示。

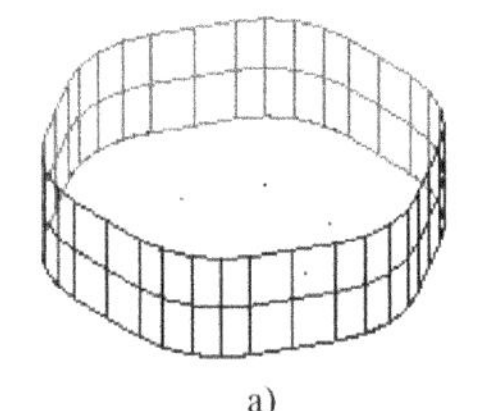

a)

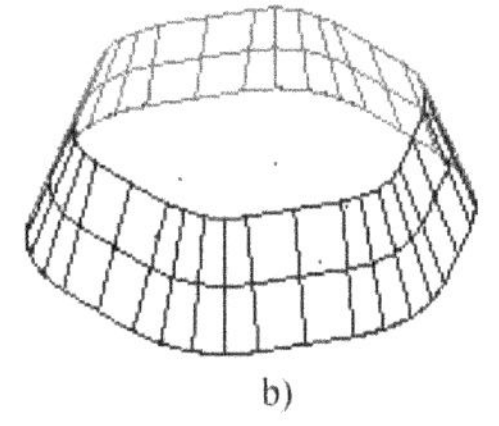

b)

图 5-70　牵引曲面示例

a) 垂直方式的牵引曲面　b) 具有斜度的牵引曲面

创建牵引曲面的典型流程如下。

1 在菜单栏的“绘图”/“曲面”级联菜单中选择“牵引曲面”命令，或者在“曲面”工具栏中单击“牵引曲面”图标按钮。

2 系统弹出“串连选项”对话框，利用该对话框在绘图区选择要牵引的曲线，确定之后，弹出如图 5-71 所示的“牵引曲面”对话框。

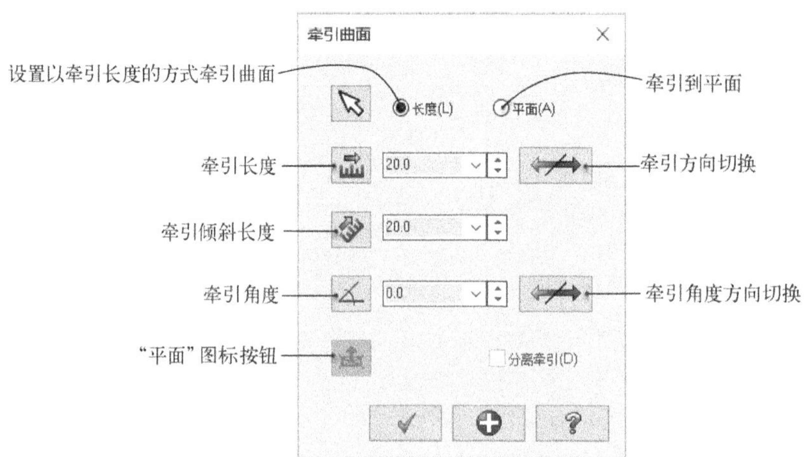

图 5-71　“牵引曲面”对话框

3 在“牵引曲面”对话框设置牵引参数及选项，然后单击“应用”图标按钮 或“确定”图标按钮 ，从而完成牵引曲面的绘制操作。

在创建牵引曲面之前，应该注意当前绘图平面（构图面）的选择，因为绘图平面决定着牵引曲面的默认牵引方向。

【典型范例】：创建牵引曲面

1 打开网盘资料的“CH5”\“绘制牵引曲面.MCX”文件，该文件中包含的已有曲线如图 5-72 所示。

2 确保当前的绘图平面（构图面）为俯视图。

3 在菜单栏的“绘图”/“曲面”级联菜单中选择“牵引曲面”命令，或者在“曲面”工具栏中单击“牵引曲面”图标按钮，系统弹出“串连选项”对话框，确保单击选中“串连”图标按钮，接着在绘图区选择如图 5-73 所示的串连图形作为牵引外形轮廓线。然后，在“串连选项”对话框中单击“确定”图标按钮。

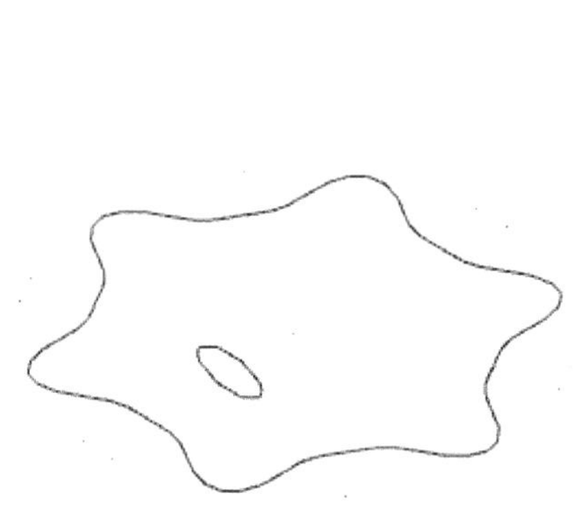

图 5-72　文件中已有的曲线

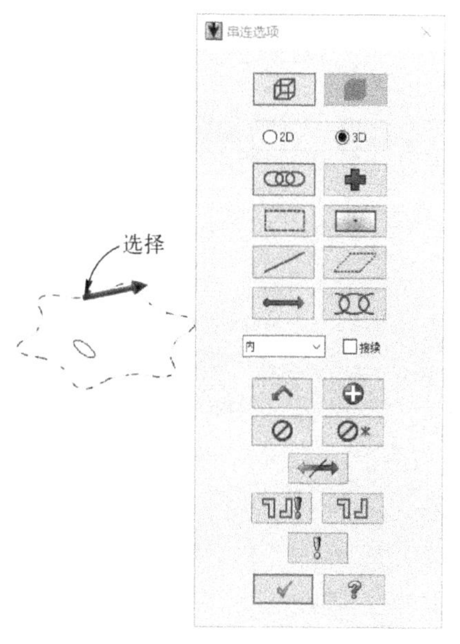

图 5-73　指定牵引外形轮廓线

4 系统弹出“牵引曲面”对话框，单击选中“长度”单选按钮，并设置牵引长度为“25”、牵引角度为“8”，同时要注意牵引角度方向，此时可视化的牵引曲面如图 5-74 所示。

5 在“牵引曲面”对话框中单击“确定”图标按钮 。如果对牵引曲面进行着色显示，那么其着色效果如图 5-75 所示。

6 在如图 5-76 所示的“绘图平面”工具栏中单击“前视图”按钮。也可以通过在属性栏中单击“平面”（绘图面和刀具面）标签，从打开的菜单中选择“前视图”选项。

7 在菜单栏的“绘图”/“曲面”级联菜单中选择“牵引曲面”命令，或者在“曲面”工具栏中单击“牵引曲面”图标按钮，系统弹出“串连选项”对话框，确保单击选中“串连”图标按钮，接着在绘图区选择如图 5-77 所示的串连图形作为牵引外形轮廓线。然后，在“串连选项”对话框中单击“确定”图标按钮。

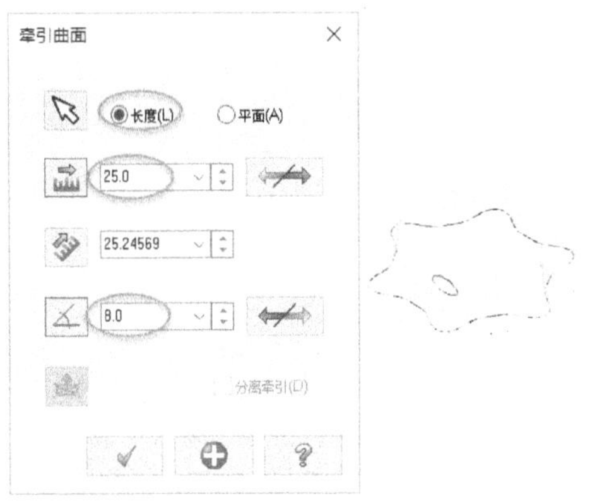

图 5-74　设置牵引参数及牵引曲面预览

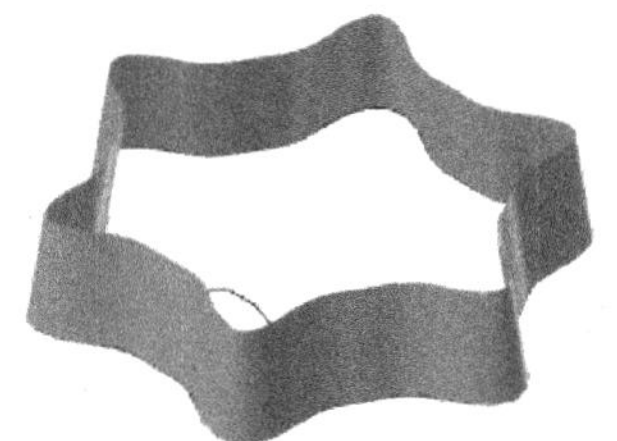

图 5-75　牵引曲面着色效果

图 5-76　设置构图面为前视图

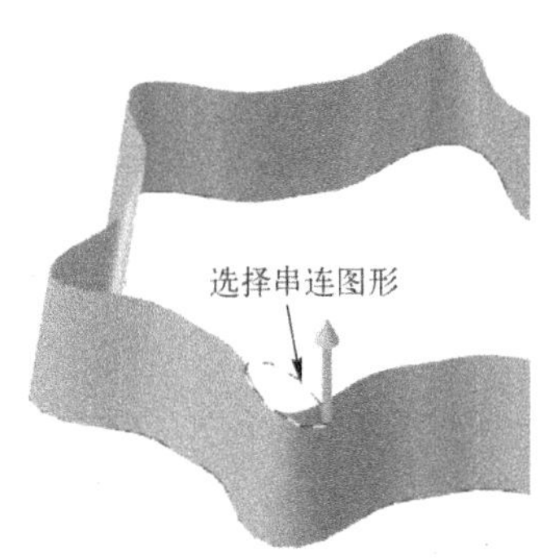

图 5-77　指定牵引外形

8 系统弹出“牵引曲面”对话框，从中单击选中“平面”单选按钮，如图 5-78 所示。单击“平面”图标按钮，弹出“选择平面”对话框。

9 在“选择平面”对话框中，设置如图 5-79 所示的参数，然后在该对话框中单击“确定”图标按钮 。

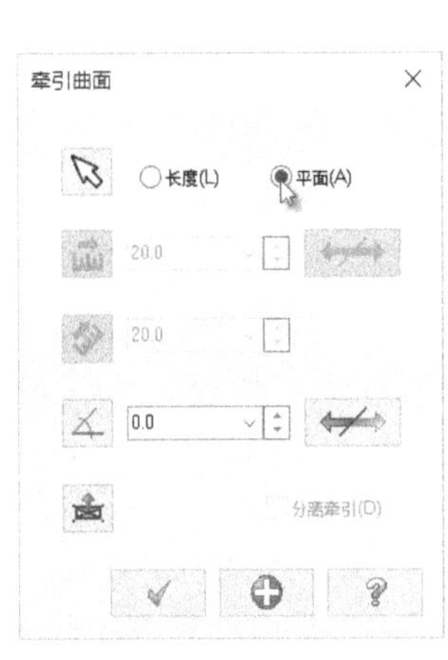

图 5-78　“牵引曲面”对话框

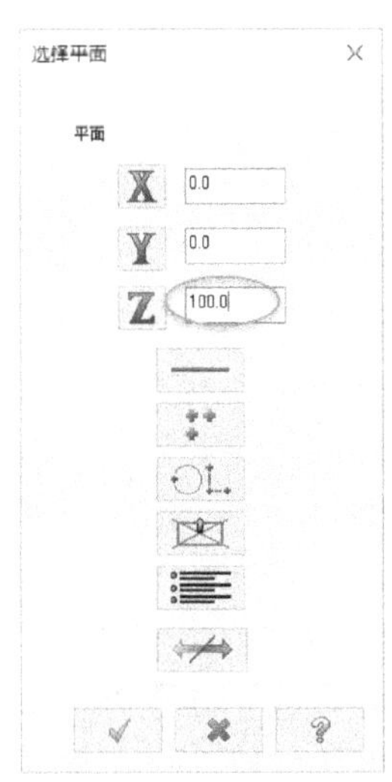

图 5-79　“选择平面”对话框

10 在“牵引曲面”对话框中单击“确定”图标按钮 ✓ ，创建的牵引曲面如图 5-80 所示。

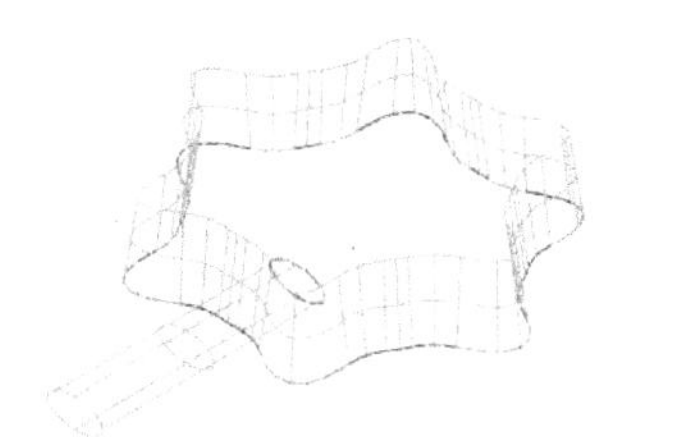
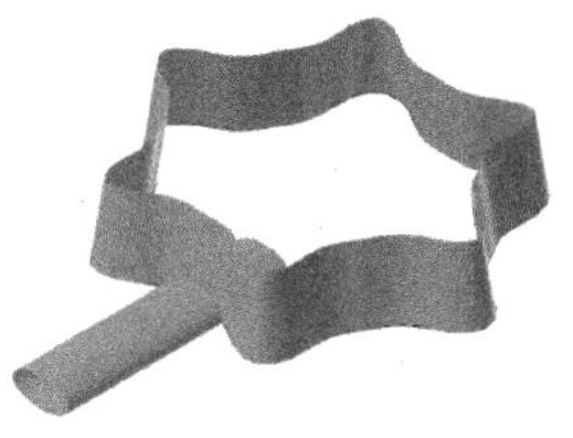

图 5-80 完成效果

5.3.7 拉伸曲面

拉伸曲面（也称“挤出曲面”）是指将一个基本封闭的线框沿着与之垂直的轴线移动而生成的曲面，该曲面可包含前后两个封闭的平曲面，如图 5-81 所示。

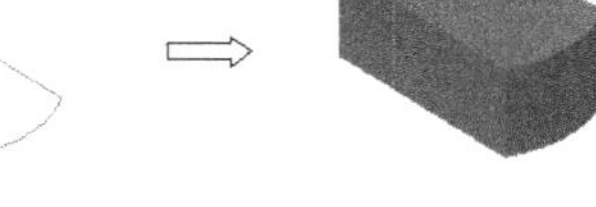

图 5-81 拉伸曲面

在菜单栏的“绘图”/“曲面”级联菜单中选择“拉伸曲面”命令，或者在“曲面”工具栏中单击“拉伸曲面”图标按钮，系统弹出“串连选项”对话框，指定串连线框后，系统弹出如图 5-82 所示的“拉伸曲面”对话框。在“拉伸曲面”对话框中设置相关的选项及参数后，单击“确定”图标按钮 ✓ 即可完成拉伸（挤出）曲面的创建过程。

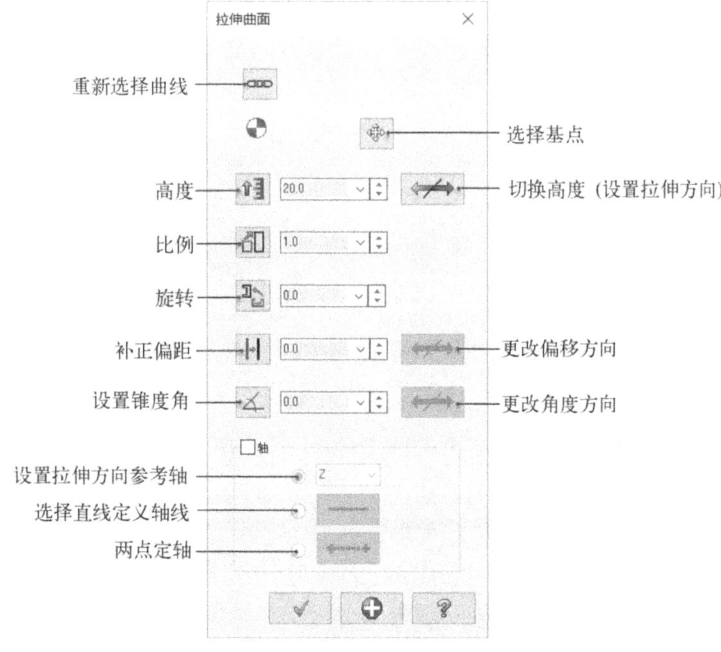

图 5-82 “拉伸曲面”对话框

【典型范例】：创建拉伸曲面

1 打开网盘资料的“CH5”\“绘制拉伸曲面.MCX”文件，该文件中包含的已有曲线如图 5-83 所示。

2 在菜单栏的“绘图”/“曲面”级联菜单中选择“拉伸曲面”命令，或者在“曲面”工具栏中单击“拉伸曲面”图标按钮。

3 系统弹出“串连选项”对话框，默认选择“串连”方式选项，此时系统弹出“选择由直线及圆弧构成的串连或一封闭曲线 1”提示信息。在绘图区选择文件中已有的曲线。

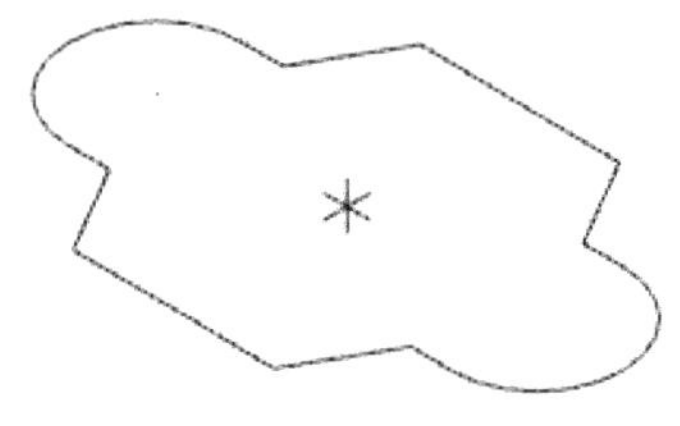

图 5-83 文件中已有的曲线

4 系统弹出“拉伸曲面”对话框。在该对话框中，设置拉伸高度为“36”、旋转角度为“45”、拉伸锥度角为“10”，如图 5-84 所示，并注意根据实际情况来设置锥度角方向。

5 在“拉伸曲面”对话框中单击“确定”图标按钮，完成的拉伸曲面如图 5-85 所示（图形着色显示时）。

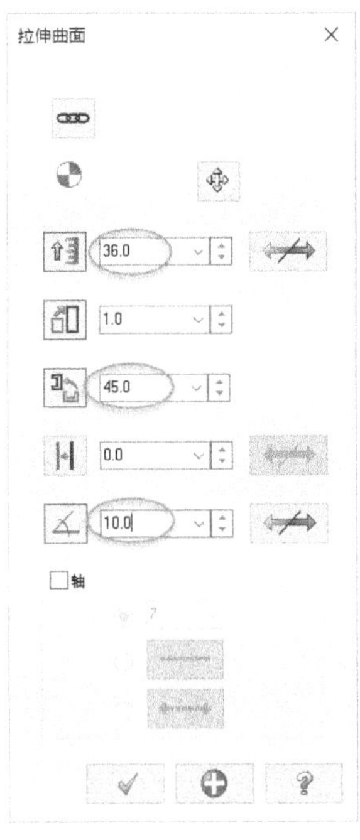

图 5-84 设置拉伸曲面参数

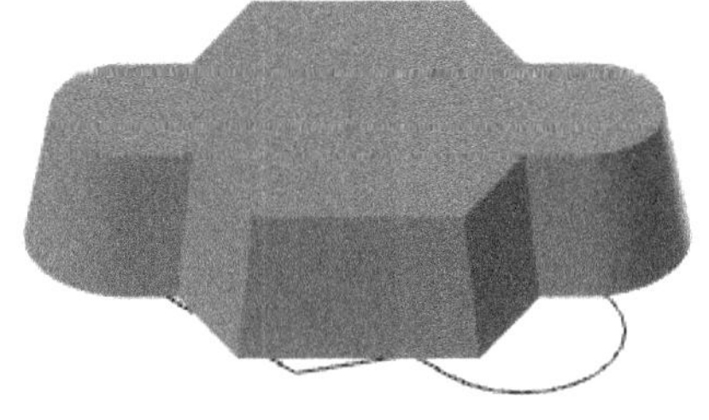

图 5-85 创建的拉伸曲面

试一试：如果在本例中，在“拉伸曲面”对话框中设置拉伸高度为“36”、缩放比例为“1”、绕基准点旋转的角度为“0”、偏距为“0”、拉伸锥度角为“10”，并选中“轴”复选框，接着设置 y 轴为拉伸方向参考轴，如图 5-86 所示，然后单击“确定”图标按钮，那么最后得到的拉伸曲面如图 5-87 所示。

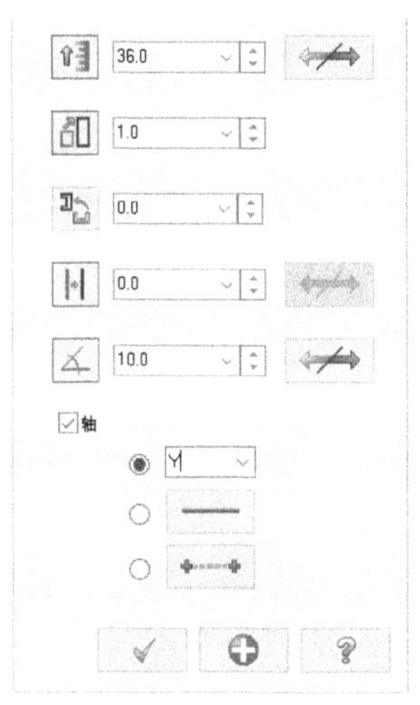

图 5-86 设置拉伸选项及参数

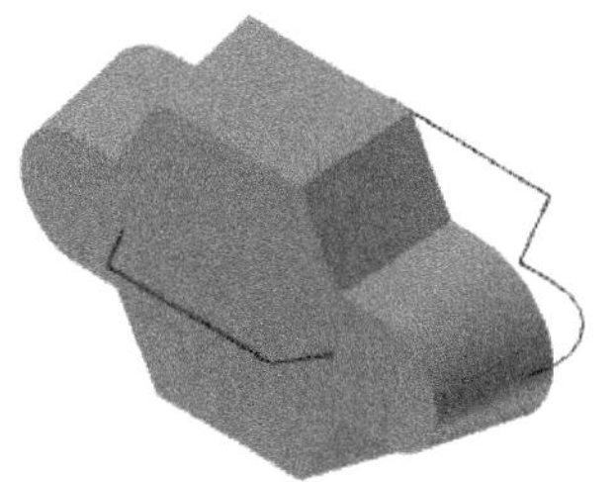

图 5-87 拉伸曲面效果

5.4 曲面编辑

Mastercam X9 提供了强大且灵活的曲面编辑功能。本书介绍的曲面编辑知识点包括曲面修剪（曲面修整）、曲面延伸、曲面补正、曲面倒圆、曲面分割/打断、曲面熔接、内孔填补、由实体产生曲面等。

5.4.1 曲面修剪

曲面修剪是指将指定曲面沿着选定边界进行修剪，从而形成新的曲面，用于修剪的选定边界可以是曲面、曲线或平面。曲面修剪的命令位于“绘图”/“曲面”/“曲面修剪”级联菜单中，包括“修整至曲面”、“修整至曲线”和“修整至平面”。

一、修整至曲面

执行“修整至曲面”编辑功能，可以将曲面修剪或延伸至另一个曲面的边界。“修整至曲面”的一个典型示例如图 5-88 所示，原始曲面为 A 和 B。

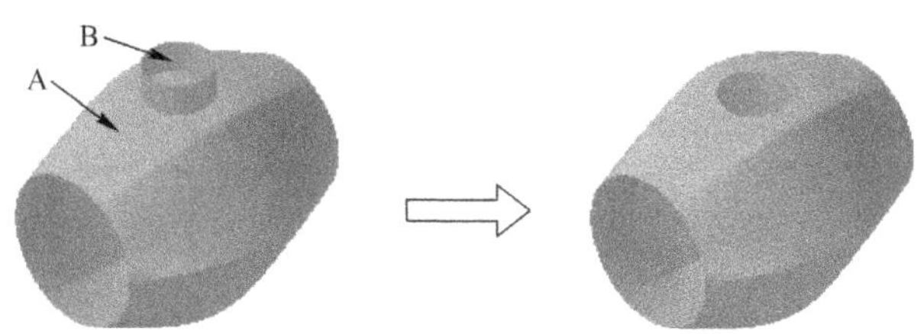

图 5-88 修整至曲面的示例

在“绘图”/“曲面”/“曲面修剪”级联菜单中选择“修整至曲面”命令，需要选择第一组曲面并按〈Enter〉键确认，然后选择第二组曲面并按〈Enter〉键确认，系统弹出如图 5-89 所示的“曲面至曲面”操作栏。在相应提示下指定对象来指出保留区域，并可利用该操作栏中的相关按钮设置参数，以获得所需的曲面修剪效果，最后单击该操作栏中的“应用”图标

按钮 或“确定”图标按钮 。

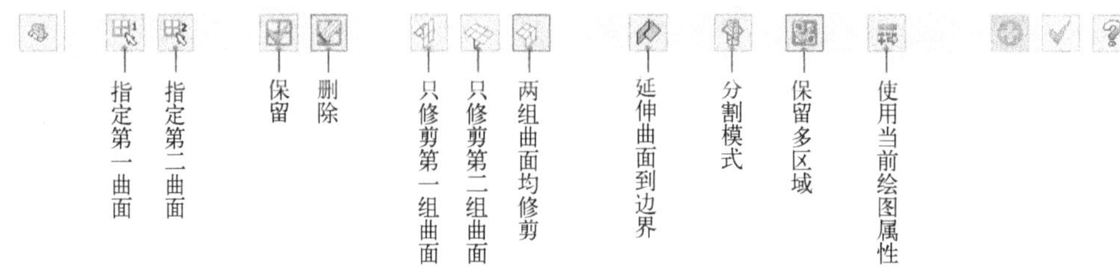

图 5-89 “曲面至曲面”操作栏

二、修整至曲线

“修整至曲线”用于对选定曲面与曲线进行修整。可以从曲面上剪去封闭曲线在曲面上的投影部分，如图 5-90 所示。

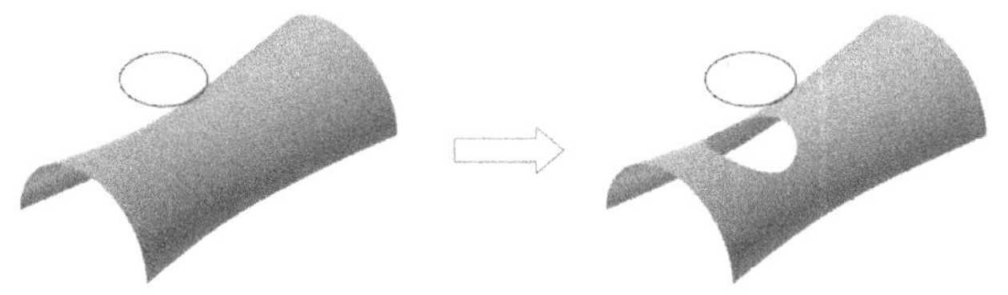

图 5-90 修整至曲线的典型示例

用于修整曲面的曲线既可以位于曲面上，也可以位于曲面之外。当用于修整曲面的曲线位于曲面之外时，可利用其投影到曲面上形成的曲线修剪曲面。需要用户注意的是，曲线投影到曲面上的方式有两种：①对曲面正交投影；②对构图面正交投影。

下面以图 5-90 为例，介绍“修整至曲线”的典型操作流程。

1 在“绘图”/“曲面”/“曲面修剪”级联菜单中选择“修整至曲线”命令。

2 系统提示选择曲面或按〈Esc〉键离开。在绘图区选择要修整的曲面，按〈Enter〉键确定。

3 系统弹出“串连选项”对话框，单击“串连”图标按钮，在绘图区选择所需的曲线，单击“确定”图标按钮 。

4 初始默认时，系统弹出“选择曲面去修剪-指出保留区域”提示信息。在要修整的曲面中单击，接着在相应提示下调整曲面修剪后保留的位置，如图 5-91 所示。

图 5-91 指定曲面修剪后保留的位置

5 在“曲面至曲线”操作栏中设置如图 5-92 所示的按钮选项。用户需要了解该操作栏中各按钮选项的功能含义。

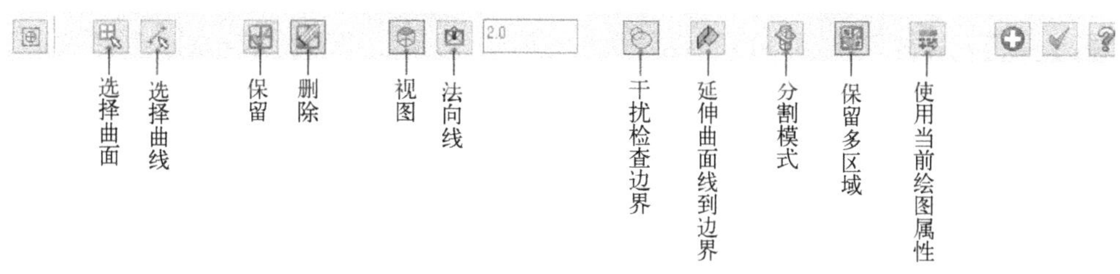

图 5-92 “曲面至曲线”操作栏

6 单击“曲面至曲线”操作栏中的“应用”图标按钮或“确定”图标按钮。

三、修整至平面

使用“修整至平面”功能，可以利用平面来修整曲面，即可以以指定平面为界，去除或分割部分曲面。

【典型范例】：曲面修整至平面

1 打开网盘资料的“CH5”\“曲面修整至平面.MCX”文件，该文件中存在的曲面如图 5-93 所示。

2 在“绘图”/“曲面”/“曲面修剪”级联菜单中选择“修整至平面”命令。

3 选择已有曲面，按〈Enter〉键。

4 系统弹出“选择平面”对话框，在“Z”文本框中输入“40”并按〈Enter〉键确定，如图 5-94 所示，然后单击“确定”图标按钮。

图 5-93 文件中存在的曲面

5 系统弹出“曲面至平面”操作栏，确保选中“删除”图标按钮，如图 5-95 所示，注意绘图区修整预览效果。

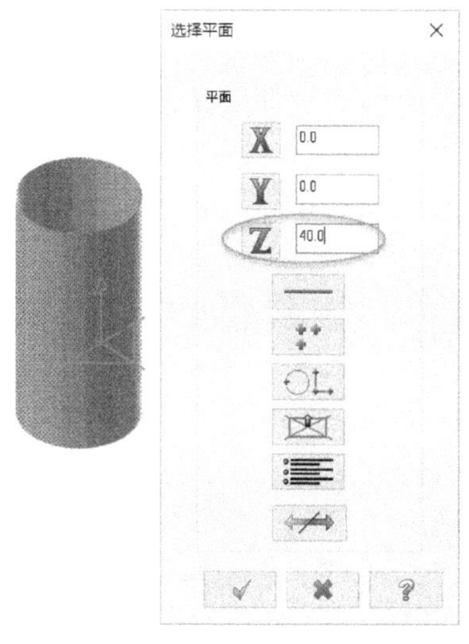

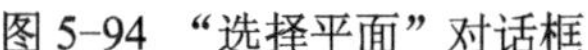

图 5-94 “选择平面”对话框

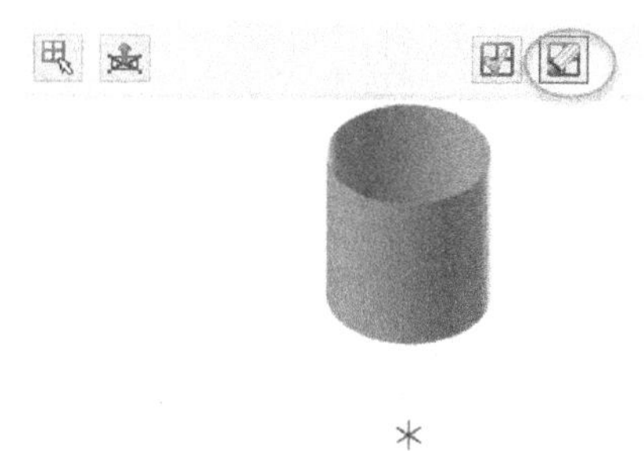

图 5-95 设置曲面至平面选项

6 在“曲面至平面”操作栏中单击“确定”图标按钮。

5.4.2 曲面延伸

曲面延伸是指将选定的曲面延伸指定的距离，或者将其延伸到指定的曲面。执行曲面延伸操作的基本流程简述如下。

1 在菜单栏中选择“绘图”/“曲面”/“延伸”命令，系统弹出如图 5-96 所示的“曲面延伸”操作栏。

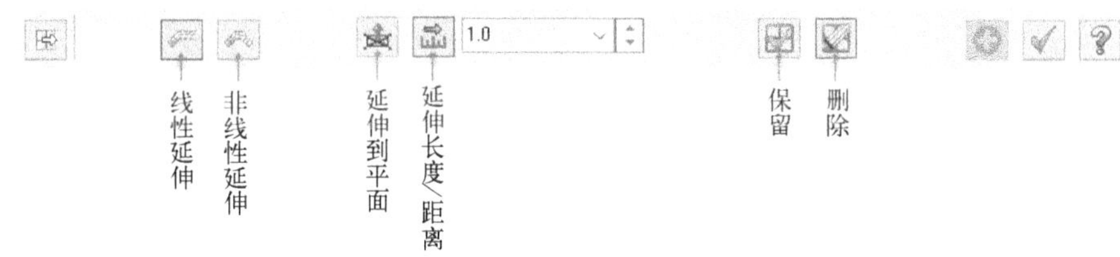

图 5-96 “曲面延伸”操作栏

2 系统出现“选择要延伸的曲面”提示信息。在该提示下选择要延伸的曲面。

3 移动显示的箭头到要延伸的边界。注意，箭头所在的边界不同，则延伸的效果不同。

4 在绘图区显示以默认设置来延伸曲面的预览效果，可以根据设计要求在“曲面延伸”操作栏中设置相应的曲面延伸选项及参数。

5 在“曲面延伸”操作栏中单击“应用”图标按钮或“确定”图标按钮。

【典型范例】：曲面延伸操作

1 打开网盘资料的“CH5”\“曲面延伸.MCX”文件，该文件中包含的原始曲面如图 5-97 所示（可设置以线框形式显示）。

2 在菜单栏中选择“绘图”/“曲面”/“延伸”命令，系统弹出“曲面延伸”操作栏。

3 使用鼠标选择要延伸的曲面，移动鼠标使箭头落到要延伸的边界，如图 5-98 所示。

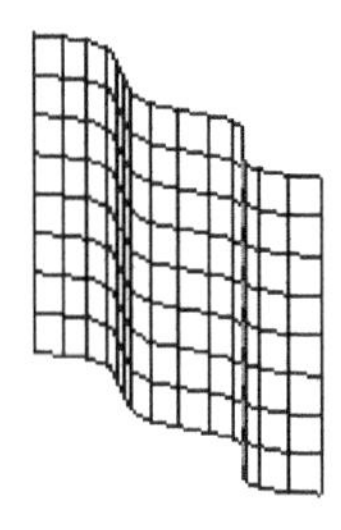

图 5-97 原始曲面

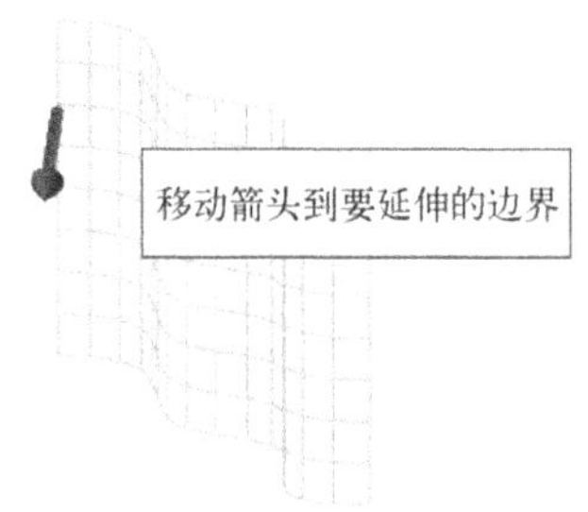

图 5-98 指定要延伸的边界

4 在“曲面延伸”操作栏中，设置延伸距离为“30”，单击选中“删除”图标按钮，如图 5-99 所示。

5 在“曲面延伸”操作栏中单击“确定”图标按钮，结果如图 5-100 所示。

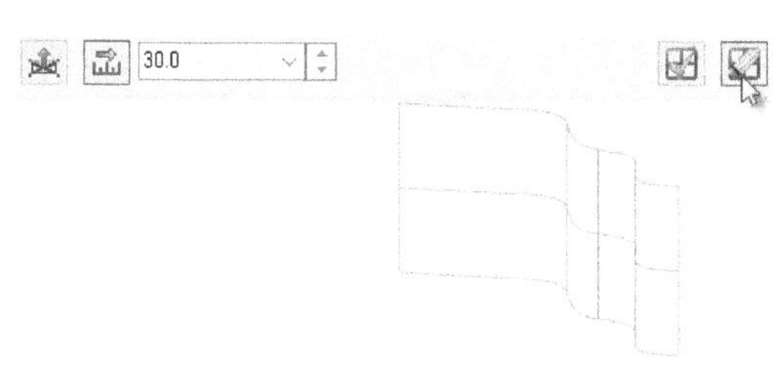

图 5-99　设置曲面延伸距离等参数

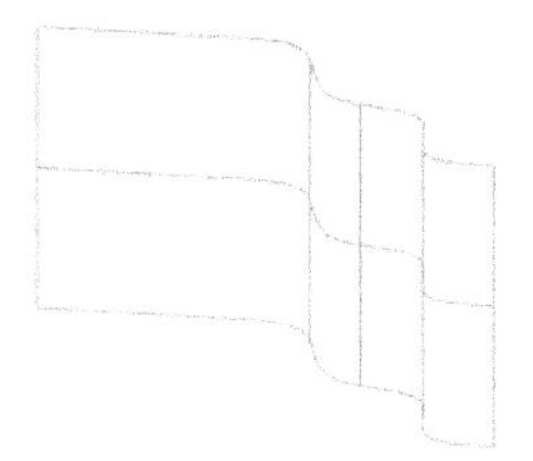

图 5-100　按设置距离延伸的结果

6 在属性栏中单击“层别”按钮，利用打开的“层别管理”对话框设置编号为“1”的图层为显示状态，单击“确定”图标按钮 ✓ ，此时的图形效果如图 5-101 所示。

7 在菜单栏中选择“绘图”/“曲面”/“延伸”命令，系统弹出“曲面延伸”操作栏。

8 选择要延伸的曲面，接着移动箭头到要延伸的上边界。

9 在“曲面延伸”操作栏中单击“延伸到平面”图标按钮，弹出如图 5-102 所示的“选择平面”对话框，从中单击“选择图形”图标按钮。

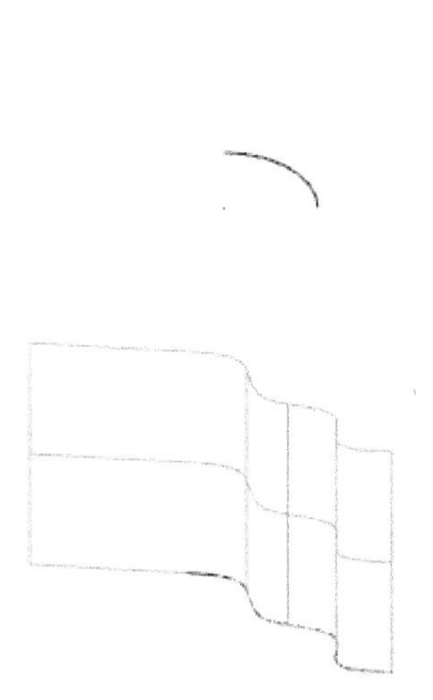

图 5-101　显示另一图层上的图形

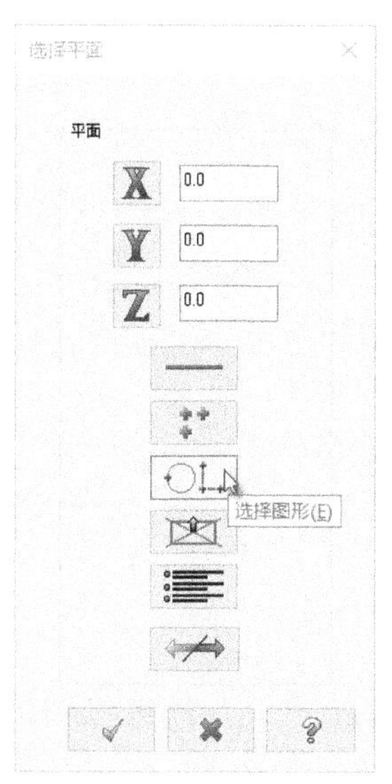

图 5-102　“选择平面”对话框

10 系统提示选择平直的图形、两条直线或三个点。在绘图区选择圆弧，在“选择平面”对话框中单击“确定”图标按钮 ✓ 。在“曲面延伸”操作栏中单击“确定”图标按钮 ✓，延伸结果如图 5-103 所示。

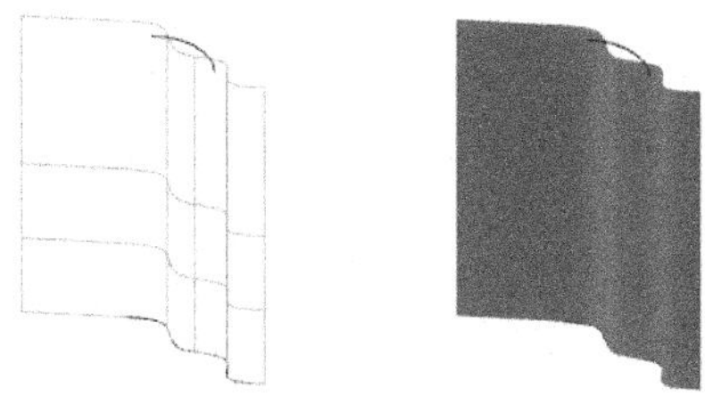

图 5-103　延伸结果

5.4.3 曲面补正

曲面补正是指将曲面沿着法线方向按照给定的距离补正来生成新的曲面，典型示例如图 5-104 所示。

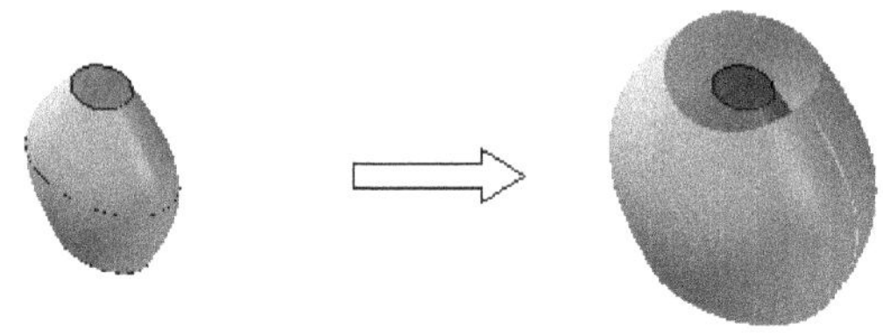

图 5-104 曲面补正的示例

曲面补正的操作流程简述如下。

1. 在菜单栏中选择“绘图”/“曲面”/“曲面补正”命令。
2. 在相应提示下选择要补正的曲面，按〈Enter〉键确定。
3. 系统弹出如图 5-105 所示的“补正曲面”操作栏。利用该操作栏设置相关的补正参数，并依据提示进行一些所需的选择操作。

图 5-105 “补正曲面”操作栏

4. 在“补正曲面”操作栏中单击“应用”图标按钮或“确定”图标按钮。

【典型范例】：曲面补正操作

1. 打开网盘资料的“CH5”\“曲面补正.MCX”文件，该文件中包含的原始曲面如图 5-106 所示。
2. 在菜单栏中选择“绘图”/“曲面”/“曲面补正”命令，或者在“曲面”工具栏中单击“曲面补正”图标按钮。
3. 在绘图区选择原始曲面作为要补正的曲面，然后按〈Enter〉键确定。
4. 系统弹出“补正曲面”操作栏，在“补正距离”文本框中输入补正距离为“15”，单击“复制原曲面”图标按钮，此时补正得到的预览曲面如图 5-107 所示。
5. 在“补正曲面”操作栏中单击“循环/下一个”图标按钮，系统提示选择反向或下一个，接着在该操作栏中单击“切换法向方向”图标按钮，以向原始曲面外侧补正，如图 5-108 所示。

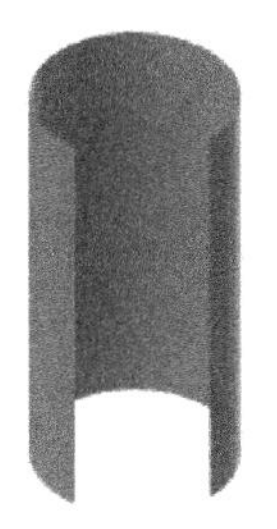

图 5-106 原始曲面

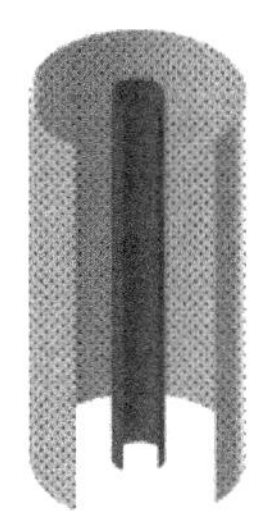
图 5-107 补正曲面预览

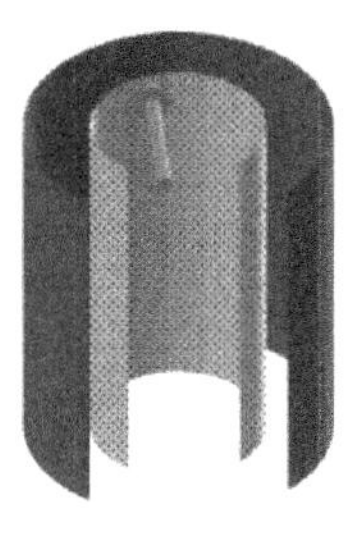
图 5-108 切换补正方向侧

6 在“补正曲面”操作栏中单击“确定”图标按钮✓。

5.4.4 曲面圆角

曲面圆角是指在已有曲面上产生一组由圆弧面构成的曲面，该圆弧面与一个或两个原曲面相切。在 Mastercam X9 系统中，可以在以下 3 种情况下进行曲面圆角操作。

- 曲面与曲面圆角。
- 曲线与曲面圆角。
- 曲面与平面圆角。

一、曲面与曲面圆角

可以在两个曲面之间创建一个光滑过渡的曲面，要求所选择的曲面的法向相交。下面通过如图 5-109 所示的示例介绍如何在曲面与曲面之间圆角。

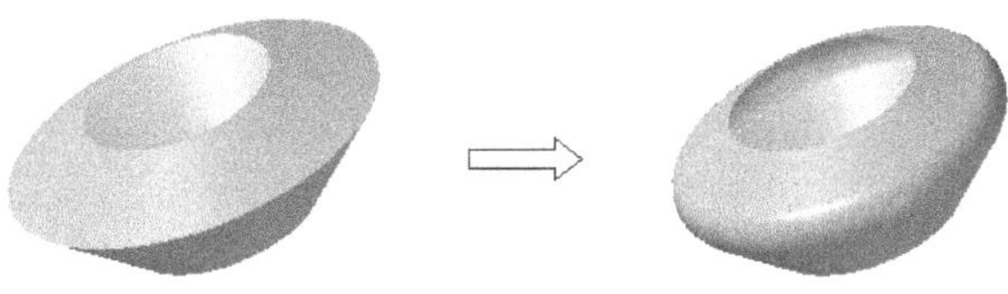
图 5-109 曲面与曲面圆角

1 打开网盘资料的“CH5”\“曲面与曲面圆角.MCX”文件。

2 在菜单栏的“绘图”菜单中选择“曲面”/“曲面倒圆角”/“曲面与曲面倒圆角”命令。

3 系统提示选择第一个曲面或按〈Esc〉键退出，在该提示下选择如图 5-110 所示的第一个曲面，按〈Enter〉键确定。接着系统提示选择第二个曲面或按〈Esc〉键退出，选择如图 5-111 所示的第二个曲面，按〈Enter〉键确定。

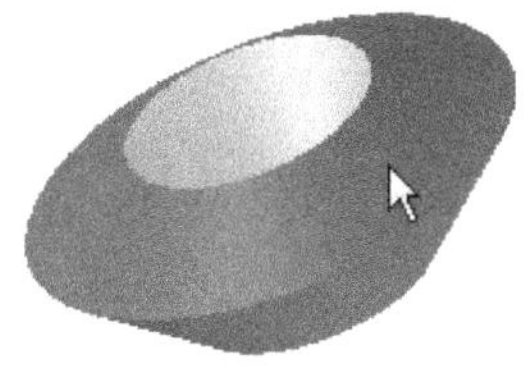
图 5-110 选取第一个曲面

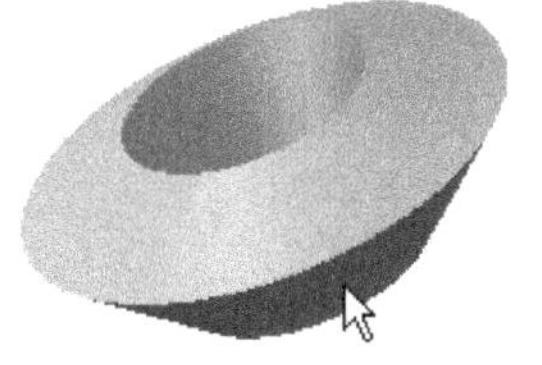
图 5-111 选取第二个曲面

4 系统弹出如图 5-112 所示的“曲面与曲面倒圆角”对话框，单击“切换法向”图标按钮，则在曲面显示法向箭头，如图 5-113 所示。

图 5-112 “曲面与曲面倒圆角”对话框

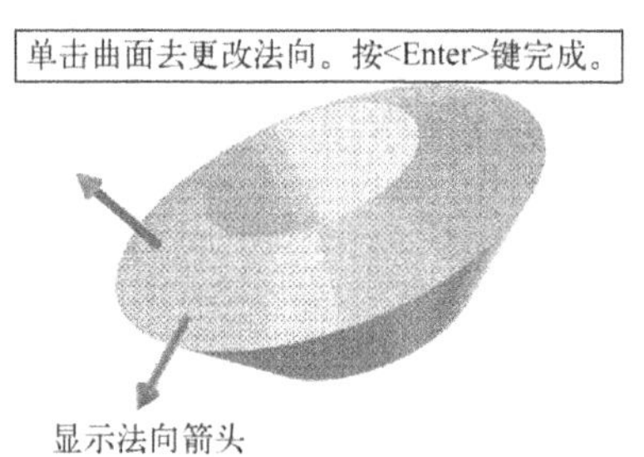

图 5-113 显示法向箭头

如果法向箭头不是所需要的，那么分别单击所需的曲面去改变法向，使法向箭头均指向圆角中心，如图 5-114 所示，然后按〈Enter〉键确定。

5 在“曲面与曲面倒圆角”对话框中，设置圆角半径为“3”，选中“修剪”复选框和“自动预览”复选框，如图 5-115 所示。

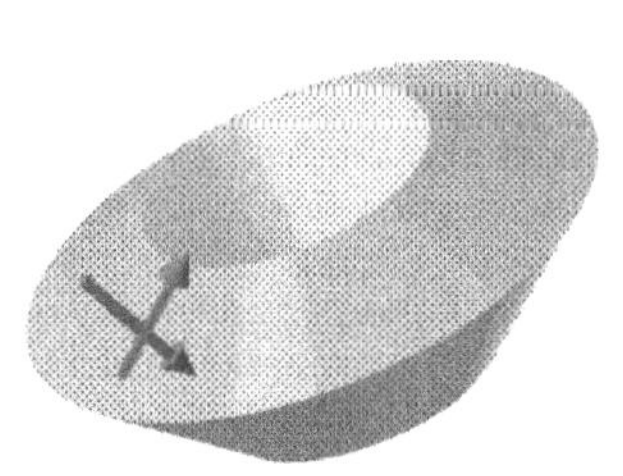

图 5-114 更改法向箭头

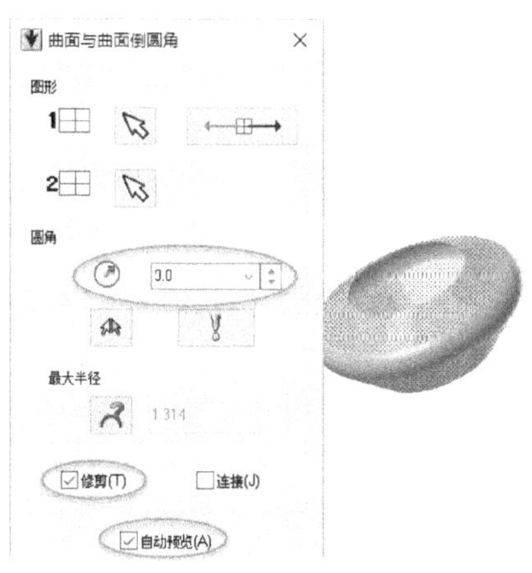

图 5-115 设置圆角半径等选项

知识点拨 在“曲面与曲面倒圆角”对话框中，如果单击“选项”图标按钮，则系统弹出如图 5-116 所示的“曲面倒圆角选项”对话框，从中可以设置选择图形生成圆角曲面、中心、边界曲线和曲面曲线，也可以设置寻找所有圆角结果，还可以设置连接公差和修剪曲面选项等。另外，在“曲面与曲面倒圆角”对话框中单击“展开”图标按钮，则该对话框提供的更多选项如图 5-117 所示，可以从中选中“变化圆角”复选框以设置创建变化圆角，此时注意“动态半径”图标按钮、“中心点半径”图标按钮、“更改半径”图标按钮、“移除半径”图标按钮和“循环”图标按钮的应用。

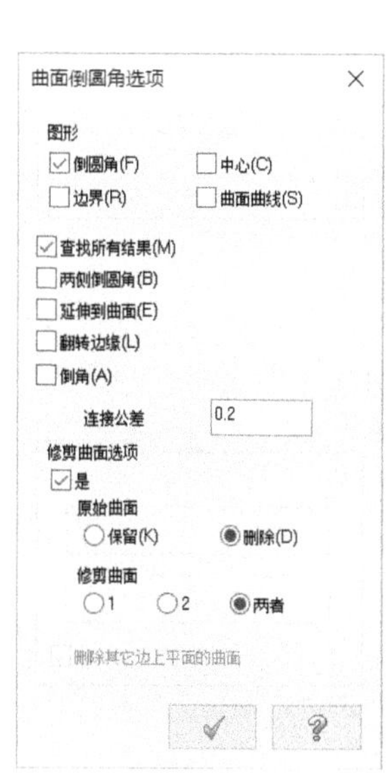

图 5-116 “曲面倒圆角选项”对话框

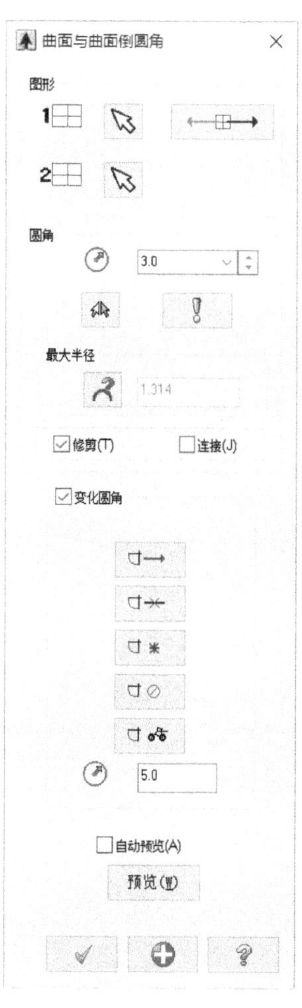

图 5-117 展开的“曲面与曲面倒圆角”对话框

6 最后，在“曲面与曲面倒圆角”对话框中单击“确定”图标按钮。

二、曲线与曲面圆角

曲线与曲面圆角是指在曲面与曲线间创建圆角曲面。下面介绍如何进行曲线与曲面倒圆角操作。

1 打开网盘资料的“CH5”\“曲线与曲面倒圆角.MCX”文件，该文件中包含的圆柱曲面与曲线如图 5-118 所示。

2 在菜单栏中选择“绘图”/“曲面”/“曲面倒圆角”/“曲线与曲面倒圆角”命令。

3 选择要倒圆角的曲面，按〈Enter〉键确定。系统弹出“串连选项”对话框，默认选择“串连”方式，在绘图区中单击所需的曲线，如图 5-119 所示，然后在“串连选项”对话框中单击“确定”图标按钮。

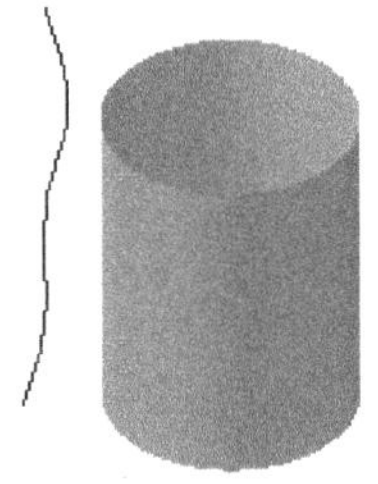

图 5-118　圆柱曲面和曲线

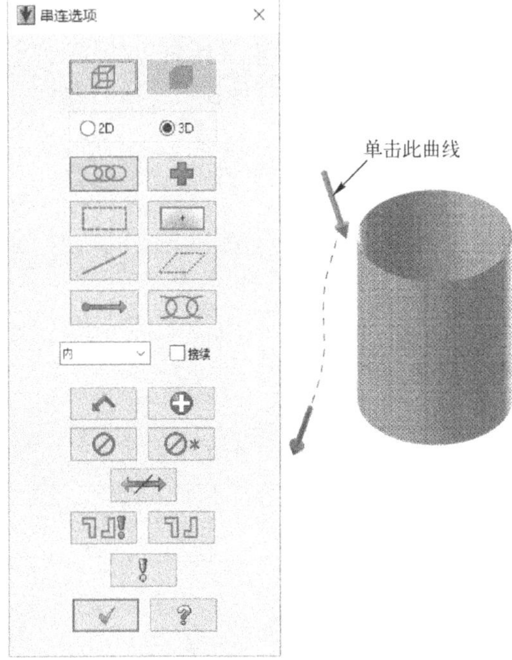

图 5-119　指定曲线

4 如果系统弹出“曲线与曲面倒圆角”对话框，那么在“圆角”选项组中设置圆角半径为“25”，如图 5-120 所示。单击“预览”按钮，此时倒圆角预览效果如果如图 5-121 所示，那么在“曲线与曲面倒圆角”对话框中单击“切换方向”图标按钮，并选中“自动预览”复选框，得到如图 5-122 所示的曲线与曲面倒圆角效果。

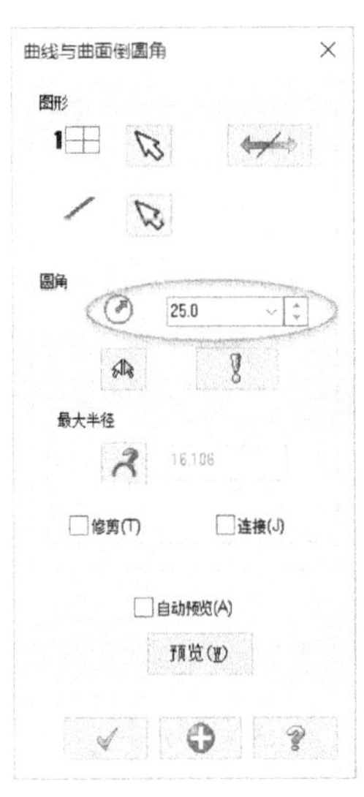

图 5-120 “曲线与曲面倒圆角”对话框

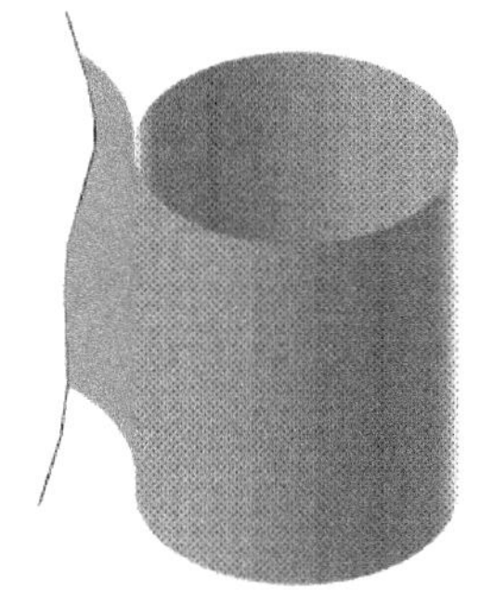

图 5-121　圆角预览效果

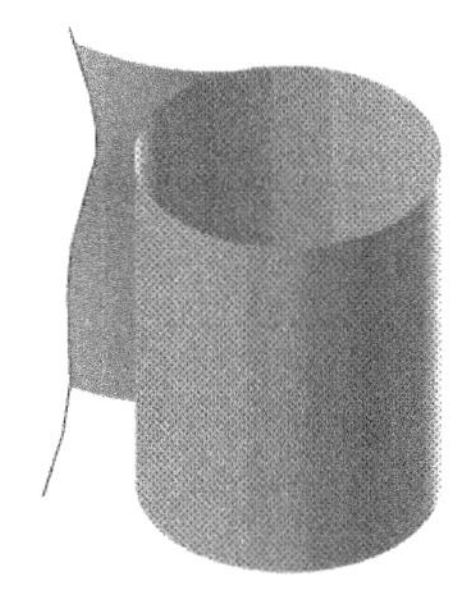

图 5-122　所要的效果

5 最后，在“曲线与曲面倒圆角”对话框中单击“确定”图标按钮。

三、曲面与平面圆角

曲面与平面圆角是指在曲面与平面之间产生过渡圆角。在如图 5-123 所示的示例中，首先在菜单栏中选择“绘图”/“曲面”/“曲面倒圆角”/“曲面与平面倒圆角”命令，接着在提示下选择圆柱曲面，按〈Enter〉键确定，利用“选择平面”对话框指定所需的平面，如图 5-124 所示，单击“确定”图标按钮，然后在如图 5-125 所示的“曲面与平面倒圆角”对话框中设置圆角半径、指定是否修剪等内容来确定即可。

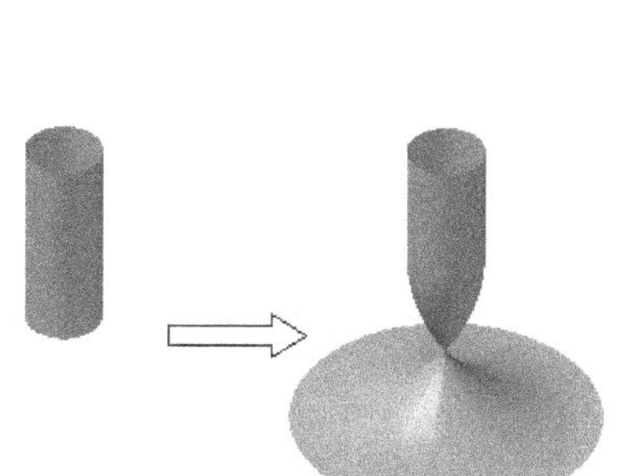

图 5-123 倒圆角示例

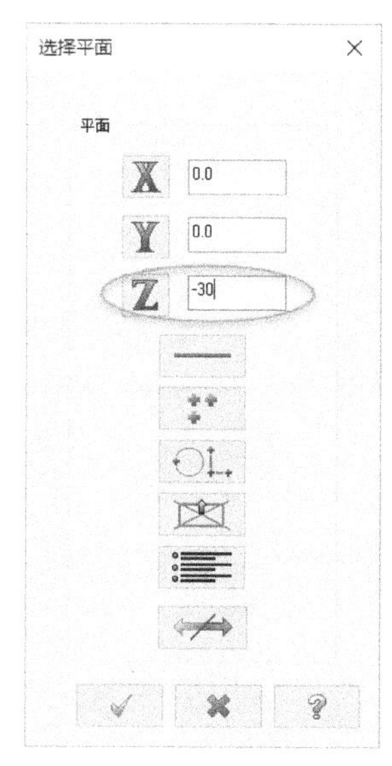

图 5-124 平面选择

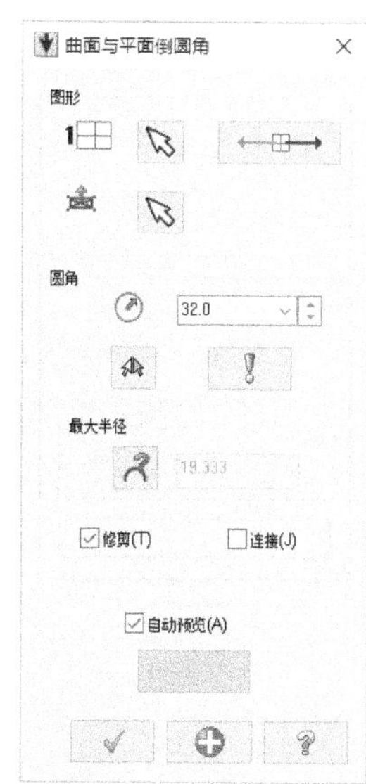

图 5-125 设置相关选项

5.4.5 曲面分割

曲面分割操作是指在一个指定的位置将曲面分割成两部分，有些类似于二维图形中的图形打断操作。曲面分割的操作流程比较简单，在“绘图”菜单中选择“曲面”/“分割曲面”命令，接着选择要编辑的曲面，并将曲面中显示的箭头移至欲分割的位置，然后在如图 5-126 所示的“分割曲面”操作栏中单击“切换”图标按钮以切换为所需的分割方向，并根据要求单击“系统属性”图标按钮或“曲面属性”图标按钮，最后单击“应用”图标按钮或“确定”图标按钮。

图 5-126 “分割曲面”操作栏

【典型范例】：将一个曲面分割成两部分

1 打开网盘资料的“CH5”\“曲面分割.MCX”文件，该文件中包含如图 5-127 所示的一个单独的原始曲面。

2 在“绘图”菜单中选择“曲面”/“分割曲面”命令。

3 选择要分割的曲面，接着将箭头移至欲分割的位置，如图 5-128 所示，然后单击鼠标左键。

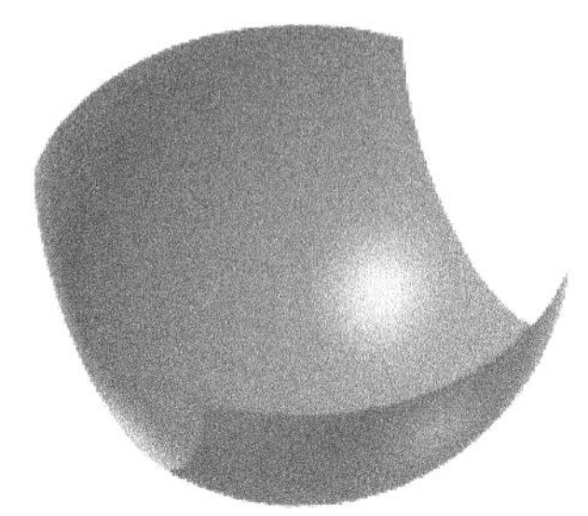

图 5-127 原始曲面

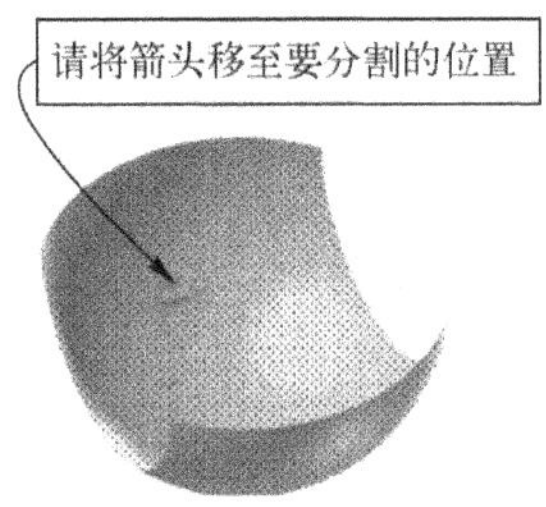

图 5-128 将箭头移至欲分割的位置

4 将曲面分割成如图 5-129 所示的两个曲面（图中用颜色深浅区分以表明生成两个曲面）。在"分割曲面"操作栏中单击"切换"图标按钮，得到另一种曲面分割效果，如图 5-130 所示。

图 5-129 分割效果 1

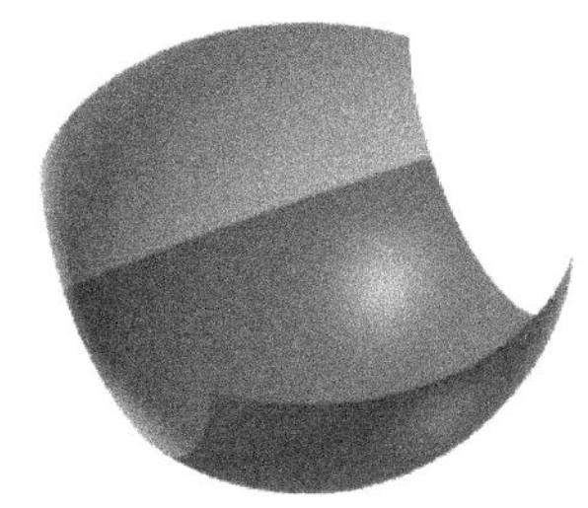

图 5-130 分割效果 2

5 最后，在"分割曲面"操作栏中单击"确定"图标按钮。

5.4.6 填补内孔

填补内孔是指在选定曲面的内孔处形成新曲面，如图 5-131 所示。在指定曲面上进行填补内孔操作的典型方法及步骤如下。

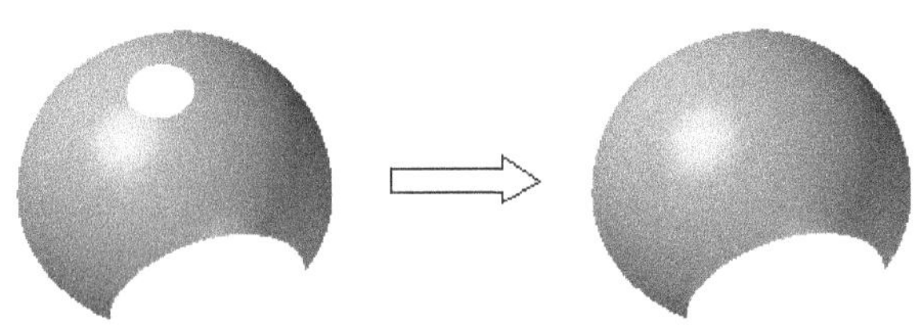

图 5-131 填补内孔的示例

1 在"绘图"菜单中选择"曲面"/"填补内孔"命令，或者在"曲面"工具栏中单击"填补内孔"图标按钮。

2 选择一个曲面或实体面，接着选择要填补的内孔边界，则所指定的内孔被填补。

③ 最后，在相应操作栏中单击“确定”图标按钮✓。

【典型范例】：进行填补内孔的操作

① 打开网盘资料的“CH5”\“填补内孔.MCX”文件，该文件包含如图 5-132 所示的带有两个孔洞的原始曲面。

② 在“绘图”菜单中选择“曲面”/“填补内孔”命令，或者在“曲面”工具栏中单击“填补内孔”图标按钮。

③ 选择如图 5-133 所示的曲面。

图 5-132 带有两个孔洞的原始曲面

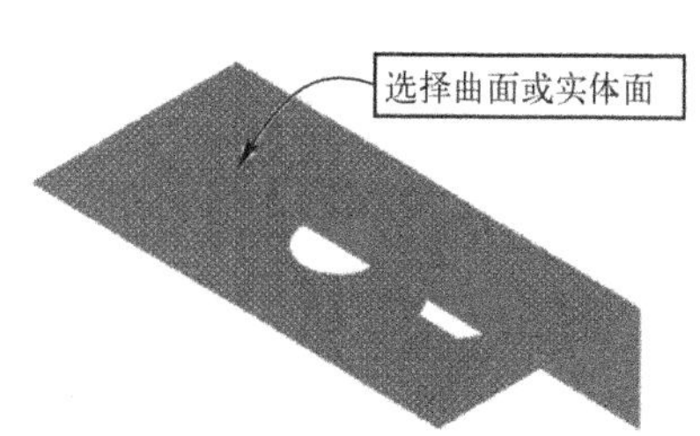

图 5-133 选择要操作的曲面

④ 指定要填补的一个内孔边界，系统会弹出“警告”对话框以提示是否填补所有的内孔，如图 5-134 所示，单击“是”按钮，则所有的内孔都被填补，如图 5-135 所示。

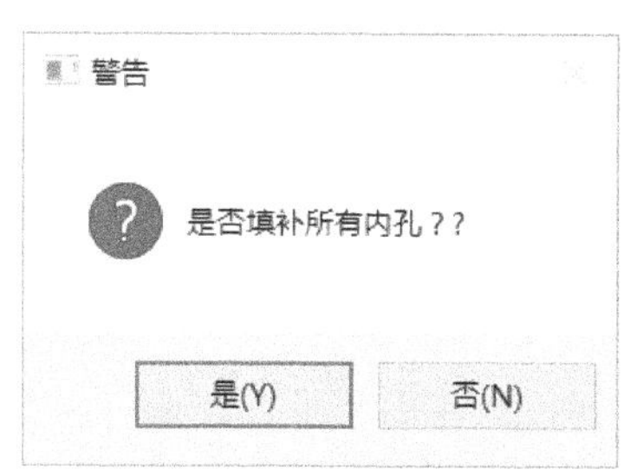

图 5-134 提示是否填补所有内孔

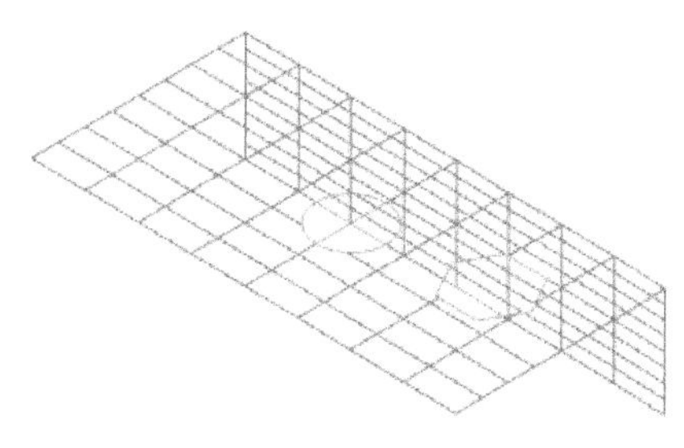

图 5-135 所有的内孔被填补

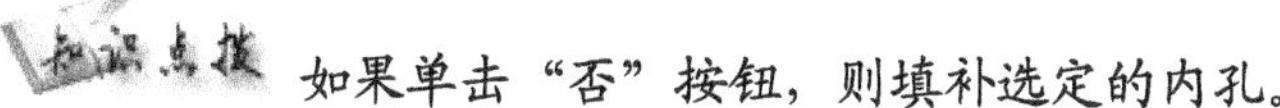

如果单击“否”按钮，则填补选定的内孔。

⑤ 最后，在“填补孔”操作栏中单击“确定”图标按钮✓。

5.4.7 恢复曲面边界

恢复曲面边界功能在某些方面和填补内孔有些相似，只是恢复曲面边界没有产生新的曲面。下面介绍恢复曲面边界的操作过程。

① 在“绘图”菜单中选择“曲面”/“恢复到边界”（恢复曲面边界）命令，或者在“曲面”工具栏中单击“恢复曲面边界”图标按钮。

② 选择要操作的曲面，则曲面表面出现一个临时的箭头。将箭头移到要恢复的边界

处，如图 5-136 所示，单击鼠标左键，系统弹出“警告”对话框提示是否移除所有内部边界，单击“是”按钮，则曲面恢复效果如图 5-137 所示。

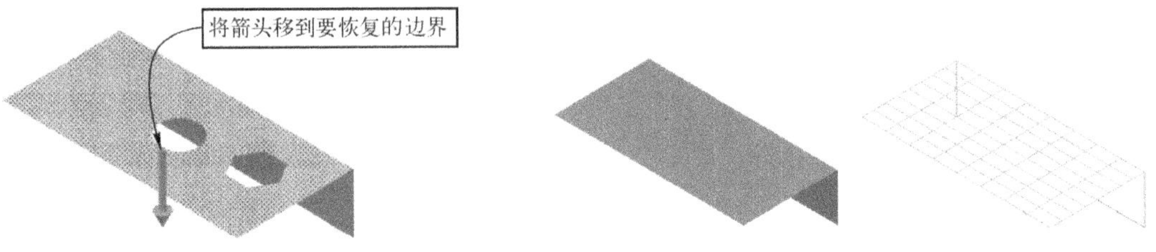

图 5-136　将箭头移到要恢复的边界　　　图 5-137　恢复曲面边界

知识点拨 如果在“警告”对话框中单击“否”按钮，则只是恢复指定的内边界。如果曲面只有一处内边界，那么系统不会弹出“警告”对话框，而是在将箭头移到要恢复的边界处并单击鼠标左键时便完成恢复曲面边界的处理。

5.4.8 曲面熔接

Mastercam X9 中的曲面熔接是指将两个或三个曲面通过一定的方式平滑连接起来，以得到一个流畅的单一曲面。Mastercam X9 为用户提供了 3 种熔接方式，即两曲面熔接、三曲面熔接和三圆角曲面熔接。

一、两曲面熔接

两曲面熔接是指在两个指定曲面之间产生顺滑的熔接曲面，如图 5-138 所示。

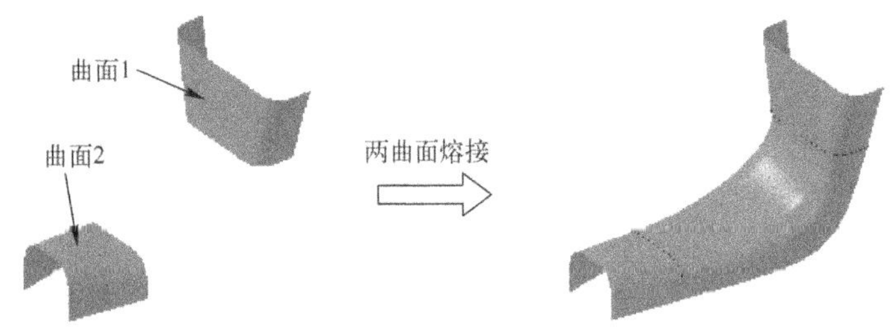

图 5-138　两曲面熔接

两曲面熔接的基本操作流程如下。

1 在菜单栏的“绘图”/“曲面”级联菜单中选择“两曲面熔接”命令，或者在“曲面”工具栏中单击“两曲面熔接”图标按钮。

2 选择要熔接的第一个曲面，并使用鼠标将曲面上显示的箭头移动到要熔接的位置，单击鼠标左键确定其熔接位置；接着选择要熔接的第二个曲面，并使用鼠标将该曲面上显示的箭头移动到要熔接的相应位置，单击鼠标左键。

3 在如图 5-139 所示的“两曲面熔接”对话框中进行相关的熔接选项及参数设置。

4 获得满意的熔接效果后，在“两曲面熔接”对话框中单击“确定”图标按钮。

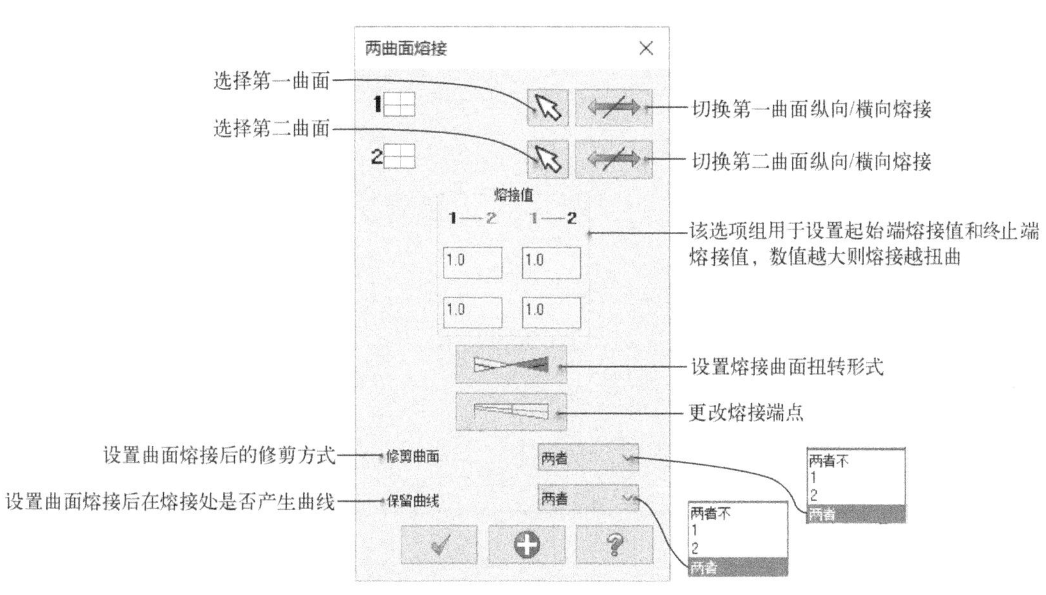

图 5-139 “两曲面熔接”对话框

【典型范例】：两曲面熔接操作

1 打开网盘资料的“CH5”\“两曲面熔接.MCX”文件，该文件包含如图 5-140 所示的两个原始曲面。

2 在菜单栏的“绘图”/“曲面”级联菜单中选择“两曲面熔接”命令，或者在“曲面”工具栏中单击“两曲面熔接”图标按钮。

3 选择曲面 1 作为第一个要熔接的曲面，接着移动箭头到要熔接的位置，如图 5-141 所示，单击鼠标左键。

图 5-140 两个原始曲面　　图 5-141 移动箭头到要熔接的位置

4 选择曲面 2 作为第二个要熔接的曲面，接着移动该曲面中显示的箭头到要熔接的位置，如图 5-142 所示，并单击鼠标左键。

此时，按默认设置得到的熔接预览效果如图 5-143 所示。

5 在“两曲面熔接”对话框中分别单击第一曲面和第二曲面对应的“切换方向”图标按钮，使本例中的两曲面产生如图 5-144 所示的熔接效果。

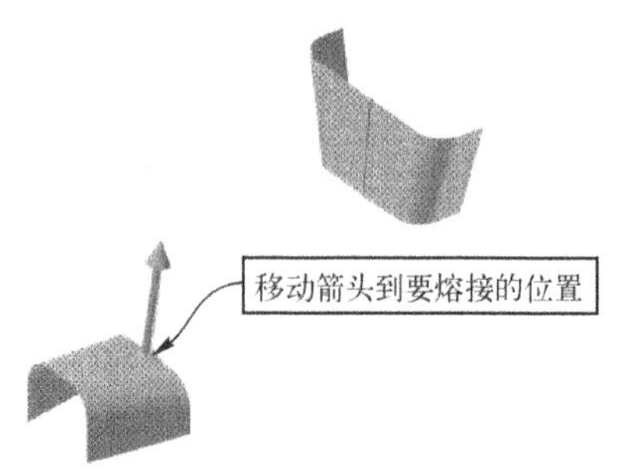

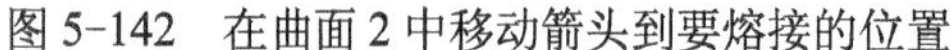

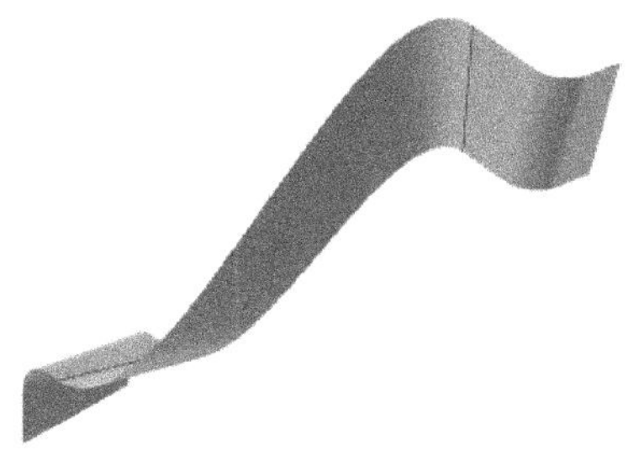

图 5-142　在曲面 2 中移动箭头到要熔接的位置　　图 5-143　默认的熔接效果

6 在“两曲面熔接”对话框设置相应的熔接值，设置修剪曲面选项为“两者”，设置保留曲线选项为“两者不”，如图 5-145 所示。

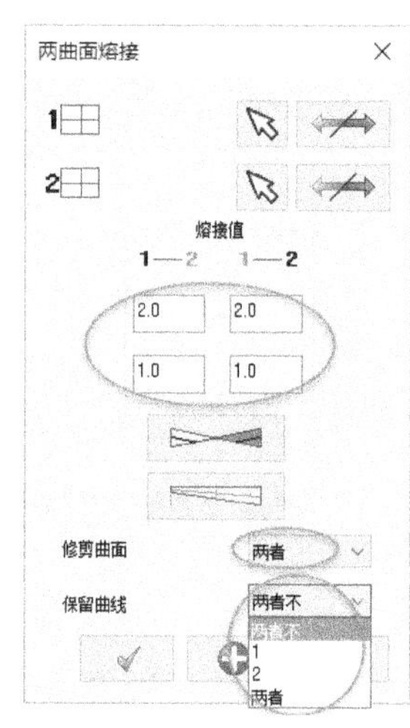

图 5-144　切换熔接方向后的效果　　图 5-145　设置两曲面熔接选项及参数

7 在“两曲面熔接”对话框中单击“确定”图标按钮 ✓，两曲面熔接的结果如图 5-146 所示。

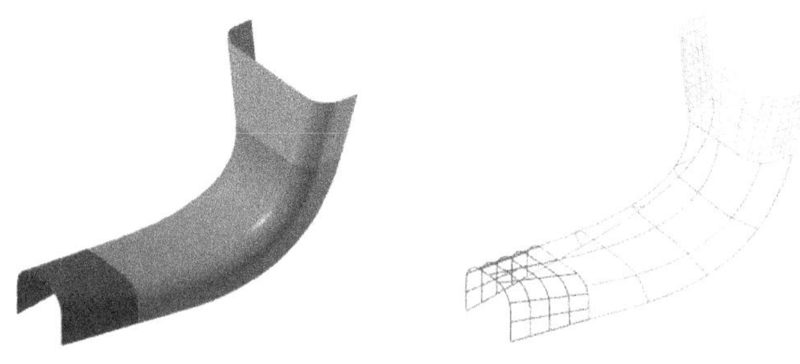

图 5-146　两曲面熔接的结果

二、三曲面熔接

“三曲面熔接”用于在三个曲面之间形成一段顺滑的熔接曲面，如图 5-147 所示。“三曲面熔接”的操作方法与“两曲面熔接”类似，主要的区别在于“三曲面熔接”需要分别指定

3 个曲面及其相应的熔接位置。

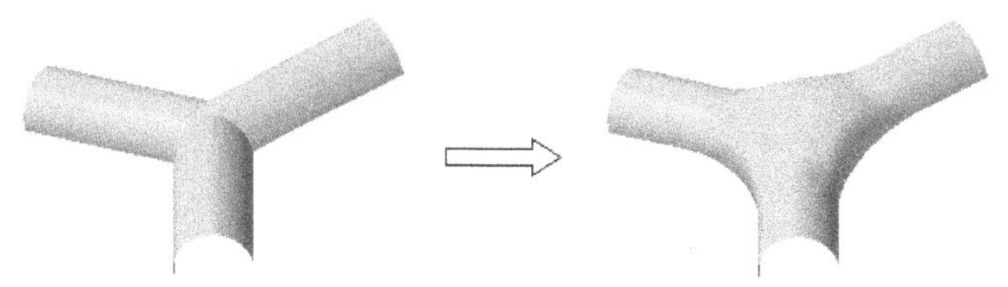

图 5-147　三曲面熔接的示例

【典型范例】：在三曲面间进行曲面熔接操作

1 打开网盘资料的"CH5"\"三曲面熔接.MCX"文件，该文件中包含的 3 个曲面如图 5-148 所示。

2 在菜单栏的"绘图"/"曲面"级联菜单中选择"三曲面熔接"命令，或者在"曲面"工具栏中单击"三曲面熔接"图标按钮。

3 选择曲面 1 作为第一熔接曲面，并使用鼠标移动箭头到要熔接的位置，如图 5-149 所示，单击鼠标左键。

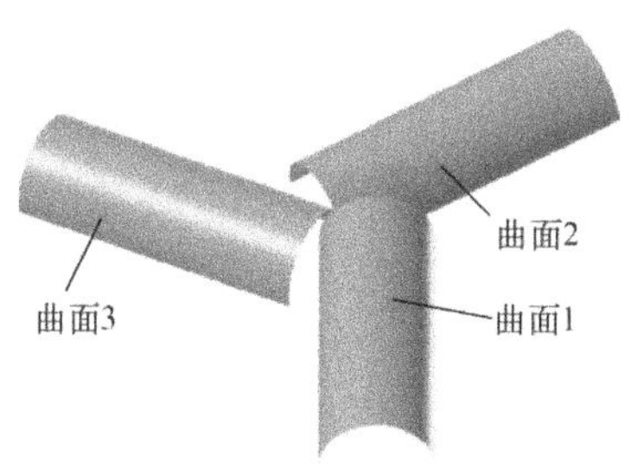

图 5-148　原始曲面

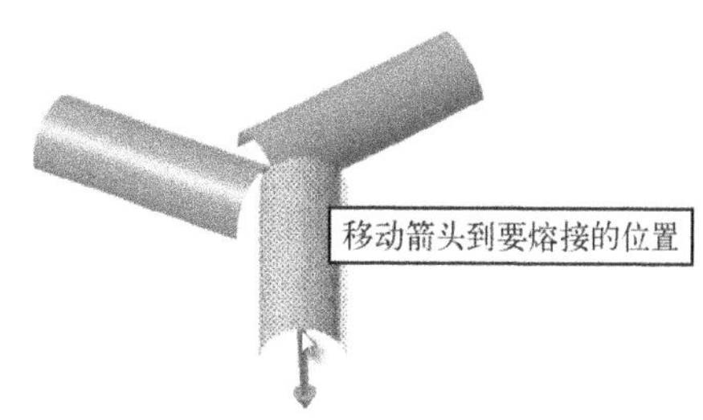

图 5-149　选择曲面 1 并指定要熔接的位置

4 单击曲面 2 作为第二熔接曲面，接着使用鼠标移动显示的箭头到要熔接的位置处并单击鼠标左键，如图 5-150a 所示。此时，在系统提示下，按键盘中的〈F〉键来切换曲线方向。

5 单击曲面 3 作为第三熔接曲面，接着使用鼠标移动显示的箭头到要熔接的位置处并单击鼠标左键，如图 5-150b 所示，按键盘中的〈F〉键切换曲线方向。

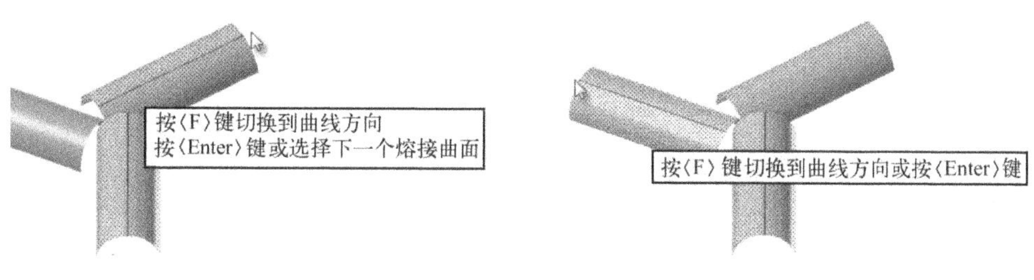

图 5-150　单击曲面并指定要熔接的位置

a) 选择曲面 2 并指定要熔接的位置　b) 选择曲面 3 并指定要熔接的位置

6 按〈Enter〉键确定，系统弹出“三曲面熔接”对话框。注意，在该对话框中，设置所需的熔接值，然后单击相关的“切换方向”图标按钮 来获得所需的熔接方向，如图 5-151 所示。必要时可单击相关的图标按钮 来重新选择该组曲面和指定要熔接的位置。

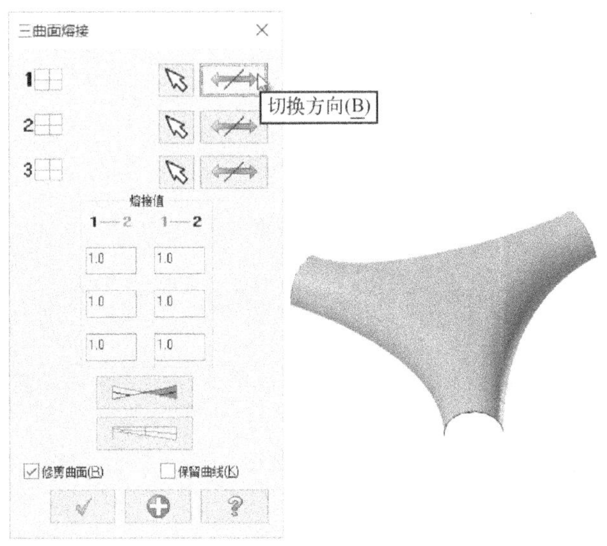

图 5-151　三曲面熔接选项及参数设置

7 在“三曲面熔接”对话框中单击“确定”图标按钮 ，熔接结果如图 5-152 所示。可以将原始的 3 个曲面删除。

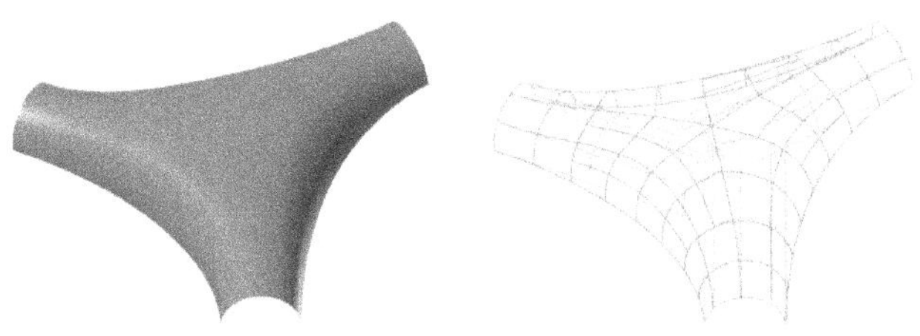

图 5-152　三曲面熔接的结果

三、三圆角曲面熔接

执行“三圆角曲面熔接”功能，可以在 3 个选定的圆角曲面上产生一个光滑曲面来将这 3 个圆角曲面熔接起来。在如图 5-153 所示的示例中，分别选择 S1、S2 和 S3 三个圆角曲面来进行熔接。

图 5-153　三圆角曲面熔接

【典型范例】：三圆角曲面熔接操作

1. 打开网盘资料的“CH5”\“三圆角曲面熔接.MCX”文件。

2. 在菜单栏的“绘图”/“曲面”级联菜单中选择“三圆角曲面熔接”命令，或者在“曲面”工具栏中单击“三圆角曲面熔接”图标按钮。

3. 依次选择3个圆角曲面，系统弹出如图5-154所示的“三圆角面熔接”对话框。在该对话框中单击选中“◎ ⑥”单选按钮，并选中“修剪曲面”复选框。

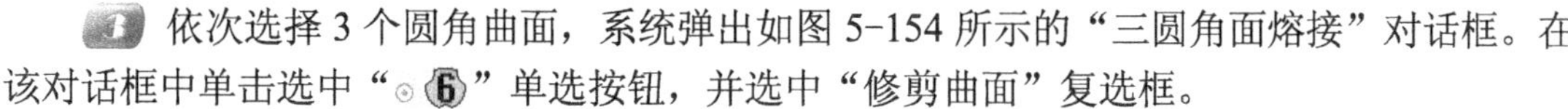

知识点拨 在“三圆角面熔接”对话框中，若单击“选择圆角曲面”图标按钮，则可以重新选定3个圆角曲面。当单击选中“◎ ③”单选按钮时，生成由3条边界构成的熔接曲面，如图5-155所示；当单击选中“◎ ⑥”单选按钮时，则生成具有6条边界的熔接曲面。“修剪曲面”复选框用于设置进行曲面修剪时修剪原始圆角曲面；“保留曲线”复选框则用于设置曲面熔接时在熔接处生成曲线。

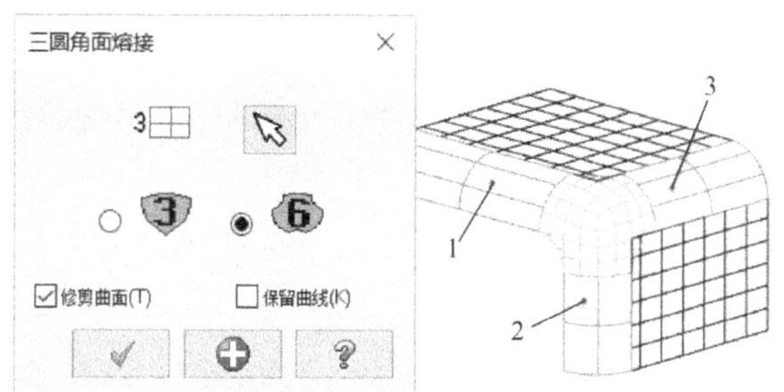

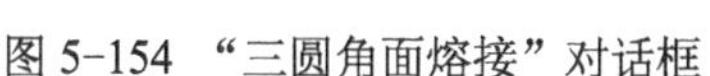
图5-154 “三圆角面熔接”对话框

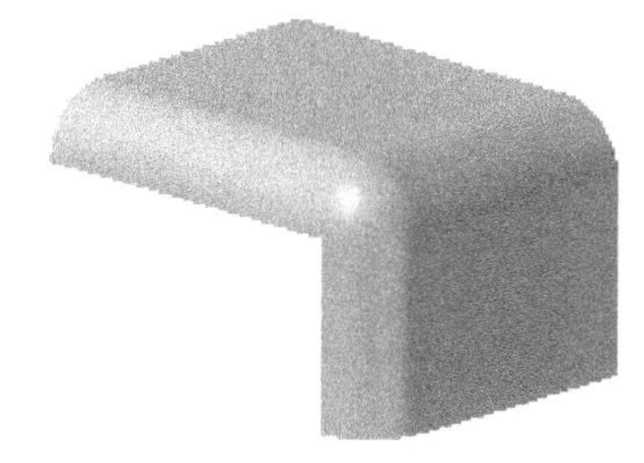
图5-155 由3条边界构成的熔接曲面

4. 在“三圆角面熔接”对话框中单击“确定”图标按钮，结果如图5-156所示。

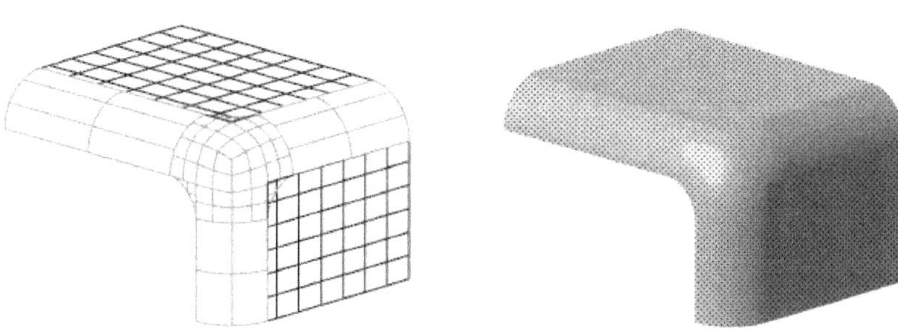
图5-156 三圆角曲面熔接的效果

5.4.9 由实体生成曲面

可以从实体造型中指定所需的表面来产生曲面，在执行该功能时，可以设置保留原始实体，也可以设置删除原始实体。

【典型范例】：由已有实体生成曲面

1 打开网盘资料的“CH5”\“由实体产生曲面范例.MCX-9”文件，该文件中包含如图 5-157 所示的实体模型。

2 在菜单栏的“绘图”/“曲面”级联菜单中选择“由实体生成曲面”命令，或者在“曲面”工具栏中单击“由实体生成曲面”图标按钮。

3 系统提示选择要产生曲面的主体或面。在绘图区单击如图 5-158 所示的实体表面，按〈Enter〉键确定。

图 5-157　已有的实体模型

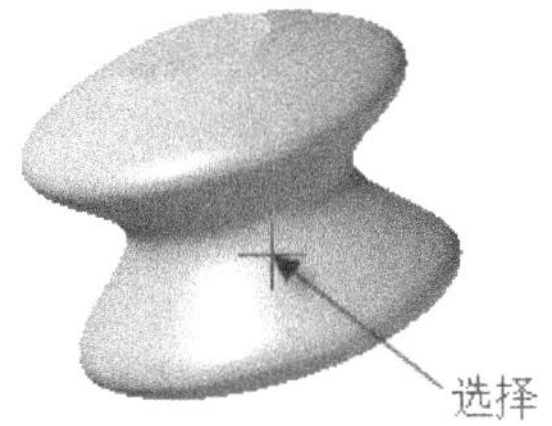

图 5-158　选择要产生曲面的实体表面

4 系统弹出“从实体到曲面”操作栏，在该操作栏中单击选中“删除”图标按钮，并确保选中“系统颜色”图标按钮，如图 5-159 所示。

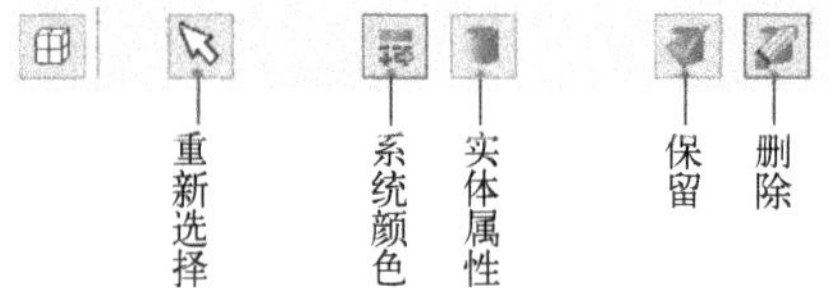

图 5-159　“从实体到曲面”操作栏

5 在“从实体到曲面”操作栏中单击“确定”图标按钮，结果如图 5-160 所示。

知识点拨　在菜单栏的“绘图”/“曲面”级联菜单中选择“由实体生成曲面”命令，或者在“曲面”工具栏中单击“由实体生成曲面”图标按钮时，系统提示选择要产生曲面的主体或面，此时应注意“标准选择”工具栏中被自动激活的与实体选择操作相关的图标按钮，如图 5-161 所示。

图 5-160　由实体生成曲面的结果

图 5-161　“标准选择”工具栏

5.4.10 恢复修剪曲面

使用“绘图”/“曲面”/“恢复修剪”命令，可以对修剪过的曲面进行恢复。

5.4.11 曲面其他主要编辑命令

曲面的其他主要编辑命令有“延伸修剪曲面到边界”和“平面修剪”等。“延伸修剪曲面到边界”命令和“平面修剪”命令位于菜单栏的“绘图”/“曲面”级联菜单中。这两个命令的应用都比较简单，下面通过实例的方式介绍这两个编辑命令的典型应用。

一、延伸修剪曲面到边界

1 打开网盘资料的“CH5”\“其他编辑.MCX”文件，该文件中包含如图 5-162 所示的一个矩形曲面（可通过单击“线框”图标按钮以线框形式显示模型）。

2 在菜单栏的“绘图”/“曲面”级联菜单中选择“延伸修剪曲面到边界”命令。

3 选择要延伸的曲面。

4 将游标箭头移动到如图 5-163 所示的位置 1 处并单击鼠标左键，接着将游标箭头移动到如图 5-163 所示的位置 2 处并单击鼠标左键，从而确定曲面要延伸的边界。

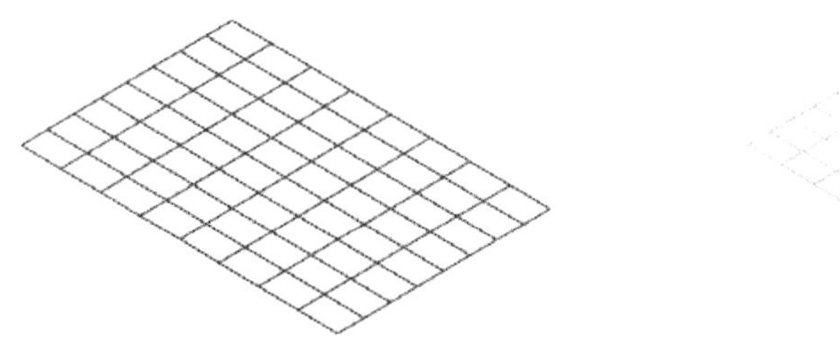

图 5-162 已有的一个矩形曲面

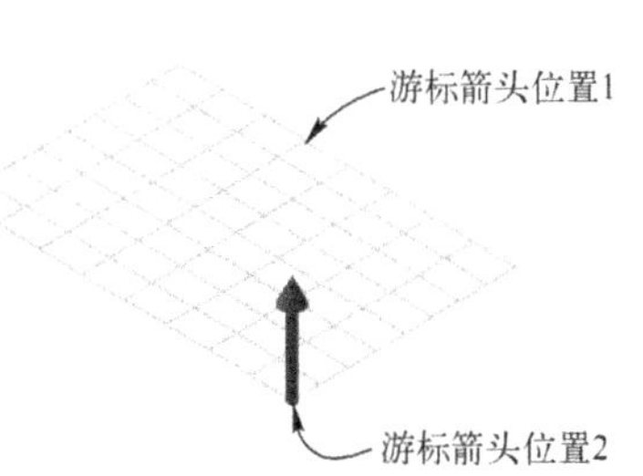

图 5-163 指定箭头位置

5 在“修整延伸边界”操作栏的“补正值”文本框中输入补正值为“36”，如图 5-164 所示。此时默认选中“斜接”图标按钮，图形预览如图 5-165 所示。

图 5-164 “修整延伸边界”操作栏

6 在“修整延伸边界”操作栏单击“圆角（圆形相接）”图标按钮，则曲面的预览效果如图 5-166 所示。

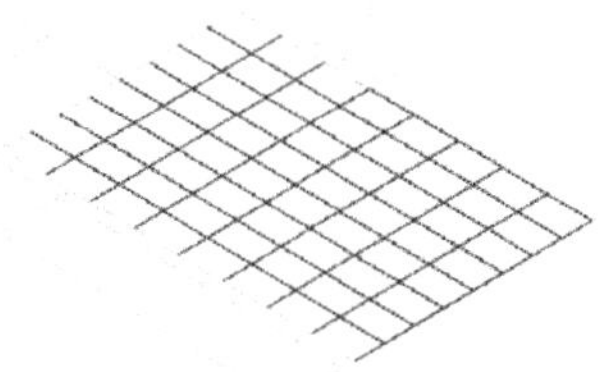

图 5-165 斜接的效果

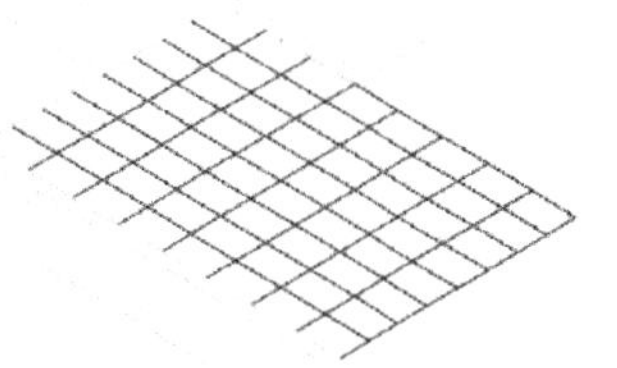

图 5-166 圆形相接的预览效果

7 在“修整延伸边界”操作栏中单击“切换”图标按钮，则曲面的预览效果如图 5-167 所示。

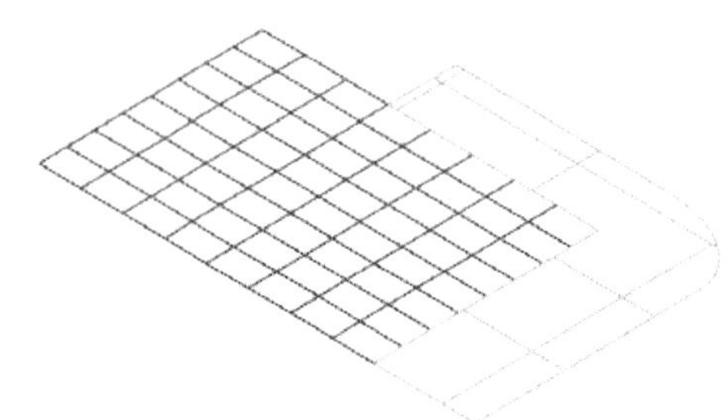

图 5-167 切换修整延伸边界

8 最后，在“修整延伸边界”操作栏单击“确定”图标按钮。

二、平面修剪

1 在曲面所在的平面中创建一个正六边形，完成效果如图 5-168 所示，具体尺寸由读者根据效果图确定。

2 在菜单栏的“绘图”/“曲面”级联菜单中选择“平面修剪”命令。

3 系统弹出“串连选项”对话框，从中单击选中“串连”图标按钮，在绘图区选择正六边形作为要定义平面边界的串连，然后在“串连选项”对话框中单击“确定”图标按钮。系统弹出“平面修剪”操作栏，如图 5-169 所示。

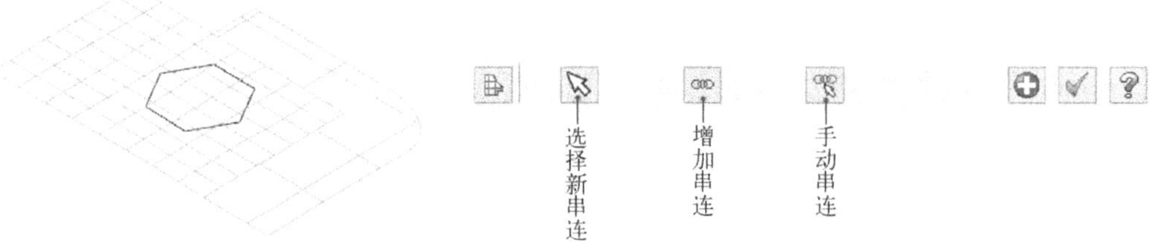

图 5-168 绘制一个正六边形　　图 5-169 “平面修剪”操作栏

知识点拨 如果在“平面修剪”操作栏中单击“手动串连”图标按钮，则操作栏变为如图 5-170 所示，从中可设置间隙公差值，同时系统提示选取曲线或曲面边界，在提示下进行手动串连操作。

图 5-170 “手动串连”操作栏

4 在“平面修剪”操作栏中单击“确定”图标按钮，则使用平面修剪方式生成的新曲面如图 5-171 所示。如果将大曲面及其延伸曲面删除后，可以发现剩下如图 5-172 所示的曲面。

图 5-171 平面修剪的结果

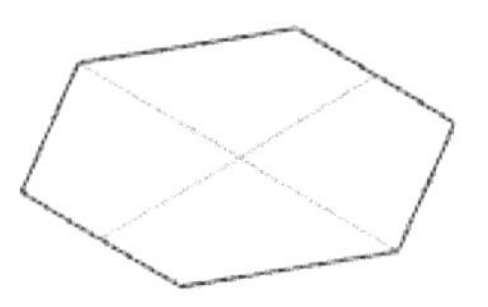

图 5-172 具有正六边形边界的曲面

5.5 曲面曲线的应用

在菜单栏的“绘图”/“曲面曲线”级联菜单中提供了“单一边界”“所有曲线边界”“缀面边线”“曲面流线”“动态绘曲线”“曲面剖切线”“曲面曲线”“分模线”和“曲面交线”命令，如图 5-173 所示。下面结合范例操作来介绍这些曲面曲线命令的应用知识。

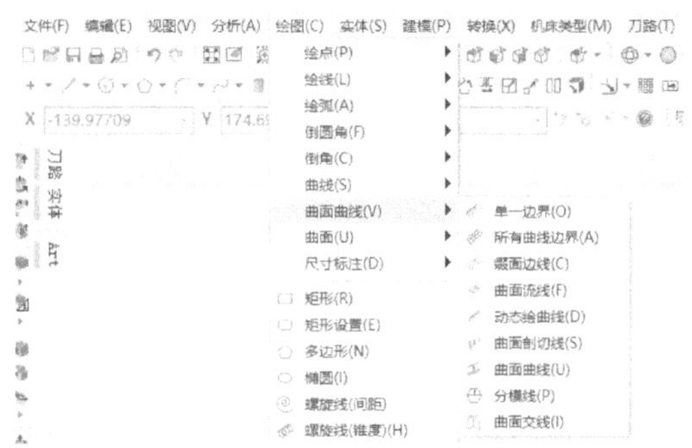

图 5-173 用于绘制典型三维空间曲线的命令

5.5.1 单一边界

使用“单一边界”命令，可以由被选曲面的边界生成边界曲线。下面介绍该命令的操作过程。

1. 打开网盘资料的“CH5”\“单一曲线范例.MCX-9”文件，该文件中包含的曲面如图 5-174 所示（可通过单击“图形着色”图标按钮以图形着色形式显示曲面）。
2. 在菜单栏的“绘图”/“曲面曲线”级联菜单中选择“单一边界”命令。
3. 选择曲面。
4. 移动箭头到所需的曲面边界处，如图 5-175 所示，单击鼠标左键。

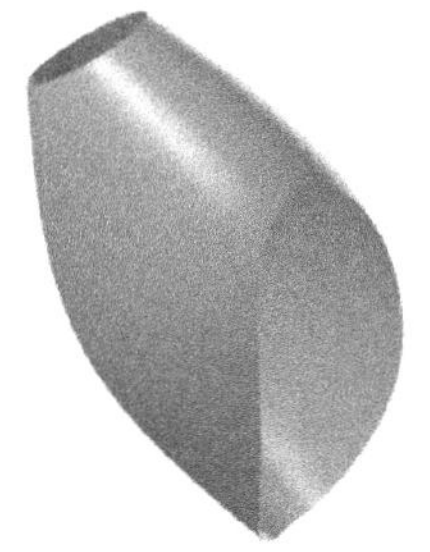

图 5-174 原始曲面

图 5-175 移动箭头到所需的曲面边界处

5 在“单一边界曲线”操作栏中单击“确定”图标按钮，完成创建的单一边界曲线如图 5-176 所示。如果将原曲面隐藏或者删除，那么可以更清楚地看到生成的曲线，如图 5-177 所示。

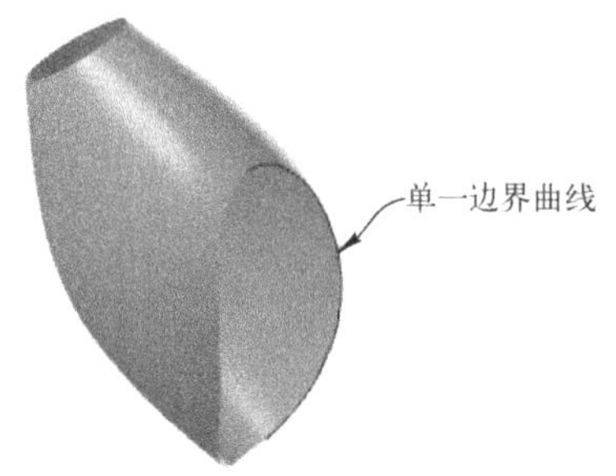

图 5-176 创建单一边界曲线

图 5-177 生成的曲线

5.5.2 所有曲线边界

使用“所有曲线边界”命令，可以在所选实体表面、曲面的所有边界处生成曲线，其典型操作流程如下。

1 在菜单栏的“绘图”/“曲面曲线”级联菜单中选择“所有曲线边界”命令。

2 系统出现“选择曲面、实体或实体面”提示信息。选择对象后，按〈Enter〉键确定。

3 系统按照默认设置显示新生成的边界曲线。可以在如图 5-178 所示的“创建所有边界线”操作栏中设置相关选项和参数。例如，可以单击选中“开放边界”图标按钮，并在其文本框中输入公差值，则生成的曲面边界线按设定的公差打断。

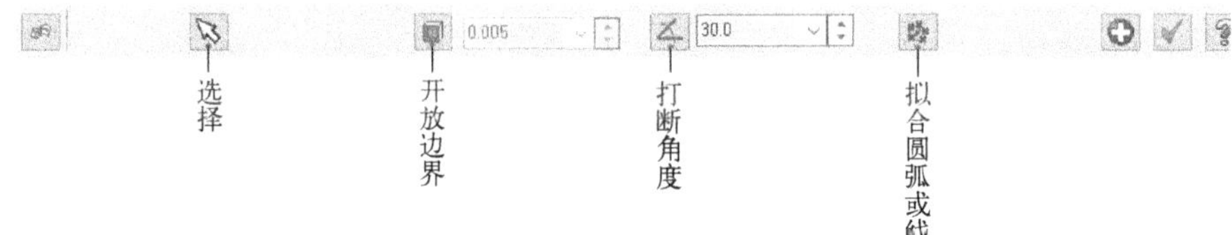

图 5-178 “创建所有边界线”操作栏

4 按〈Enter〉键确定，或者在该操作栏中单击“确定”图标按钮。

在选定曲面中生成所有曲线边界的示例如图 5-179 所示。

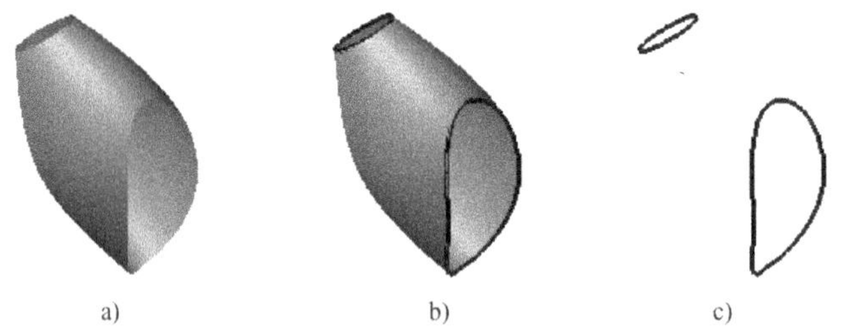

图 5-179 “所有曲线边界”示例

a) 选定的曲面 b) 生成所有边界线 c) 单独显示所有边界

5.5.3 缀面边线

缀面边线操作是指在曲面上沿着曲面的一个或两个常量参数方向在指定位置生成曲线，如图 5-180 所示。

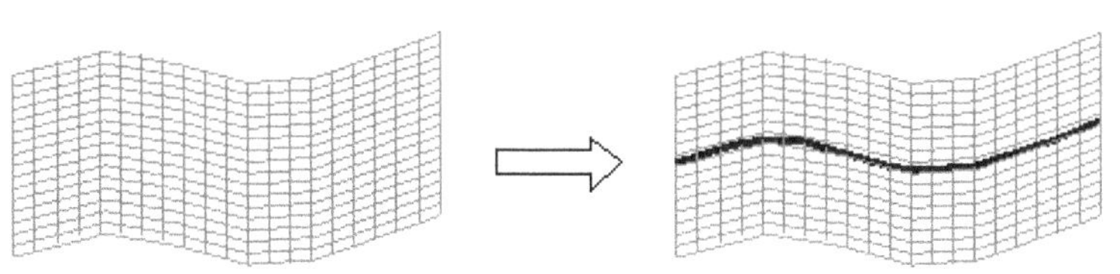

图 5-180 绘制缀面边线

【典型范例】：绘制缀面边线

1 打开网盘资料的“CH5”\“缀面边线范例.MCX-9”文件，然后在菜单栏的“绘图”/“曲面曲线”级联菜单中选择“缀面边线”命令。

2 选择要创建缀面边线的曲面，此时系统在曲面中显示一个箭头。将该箭头移动到所需的位置，如图 5-181 所示，单击鼠标左键，假设默认生成的曲线如图 5-182 所示。

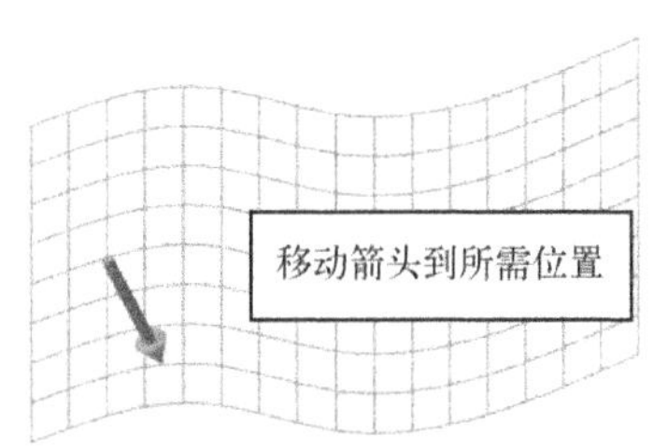

图 5-181 移动箭头到所需的位置

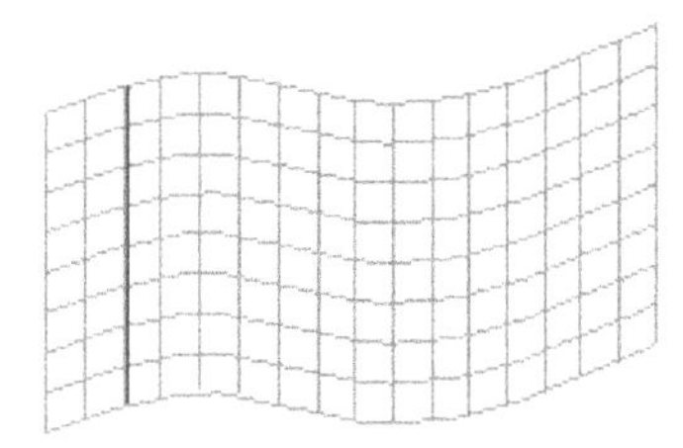

图 5-182 缀面边线

3 在“绘制指定位置的曲线曲面”操作栏中单击“切换”图标按钮，直到使该图标按钮显示为 （双向），如图 5-183 所示，同时可以设置弦差参数。弦差参数决定曲线从曲面的任意点可分离的最大距离。单击“应用”图标按钮，双方向生成缀面边线的效果如图 5-184 所示。

图 5-183 “绘制指定位置的曲线曲面”操作栏

4 可以继续选择该曲面，接着将显示的箭头移动到所需的位置处并单击鼠标左键，如图 5-185 所示。

5 在“绘制指定位置的曲线曲面”操作栏中单击“切换”图标按钮两次，直到使该切换图标按钮显示为 。

6 在“绘制指定位置的曲线曲面”操作栏中单击“确定”图标按钮，最终生成的缀面边线如图 5-186 所示。

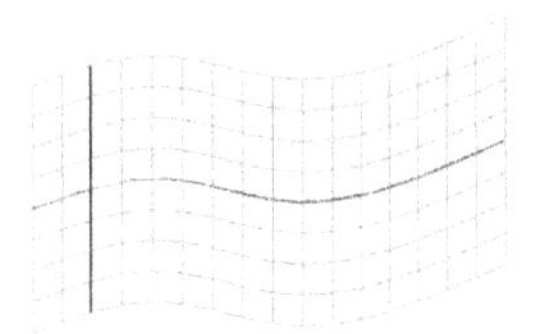
图 5-184　双方向生成缀面边线

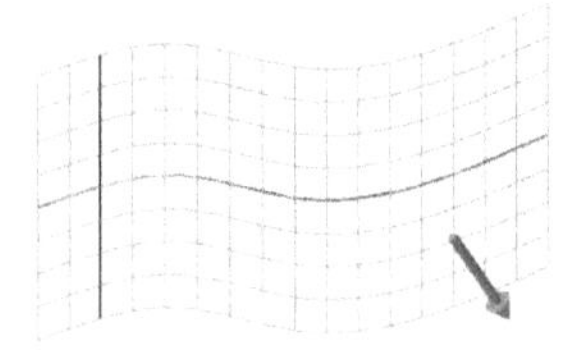
图 5-185　指定曲面与位置

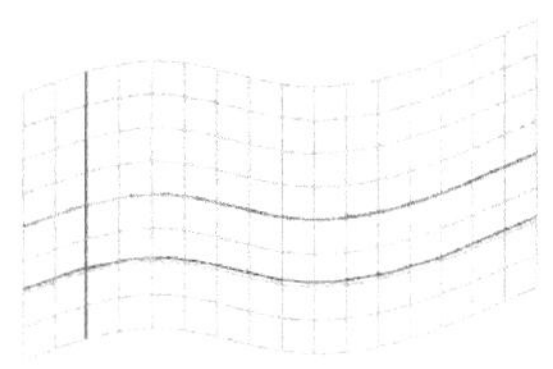
图 5-186　最终生成的缀面边线

5.5.4 曲面流线

使用“曲面流线”命令，可以沿着一个完整曲面在常量参数方向上一次构建多条曲线，如图 5-187 所示。

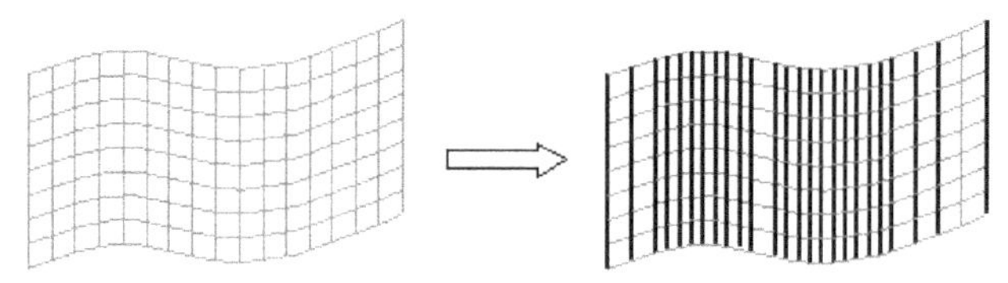
图 5-187　曲面流线的绘制示例

【典型范例】：绘制曲面流线

1. 打开网盘资料的“CH5”\“曲面流线.MCX”文件。
2. 在菜单栏的“绘图”/“曲面曲线”级联菜单中选择“曲面流线”命令。
3. 选择曲面，系统按照默认设置显示曲面流线。
4. 可以在“流线曲线”操作栏中设置如图 5-188 所示的选项和参数。

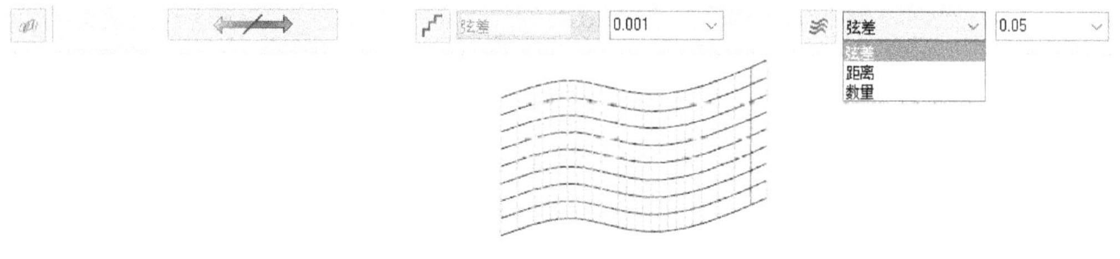

图 5-188　设置流线曲线选项和参数

5. 在“流线曲线”操作栏中单击“确定”图标按钮，完成绘制曲面上的流线曲线工作。

5.5.5 动态绘曲线

使用“动态绘曲线”命令，可以在指定曲面上通过依次指定若干点来绘制曲线，如图 5-189 所示。

动态绘曲线的典型方法及步骤简述如下。读者可以打开网盘资料的“CH5”\“动态绘曲线.MCX”文件进行练习。

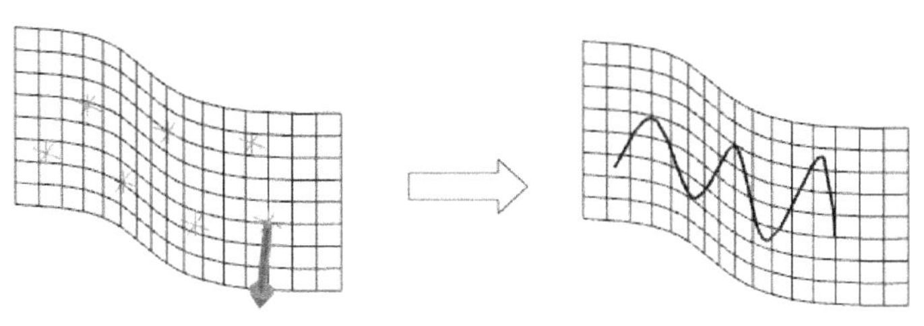

图 5-189　动态绘曲线的示例

1 在菜单栏的“绘图”/“曲面曲线”级联菜单中选择“动态绘曲线”命令。

2 在如图 5-190 所示的“绘制动态曲线”操作栏中设置弦差。

图 5-190　“绘制动态曲线”操作栏

3 选取所需的曲面，系统在所选曲面中显示了一个箭头符号。

4 将曲面中显示的箭头移到合适的位置并单击鼠标左键，从而在该曲面中指定一点。使用同样的方法依次在曲面中指定其他位置点，在指定最后一个位置点后，按〈Enter〉键，系统将绘制出依次经过这些位置点的曲线。

5 最后，在“绘制动态曲线”操作栏中单击“确定”图标按钮✓。

5.5.6 曲面剖切线

顾名思义，曲面剖切线是指根据剖切面与曲面相交的界线来创建的曲线，既可以是剖切面与曲面的交线，也可以是其交线偏移曲面（设置补正值非零时）形成的曲线，如图 5-191 所示。

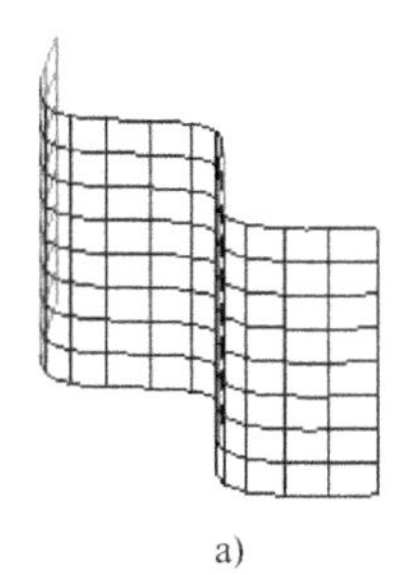

a)

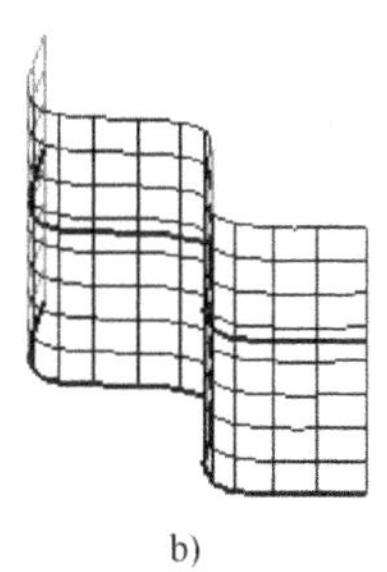

b)

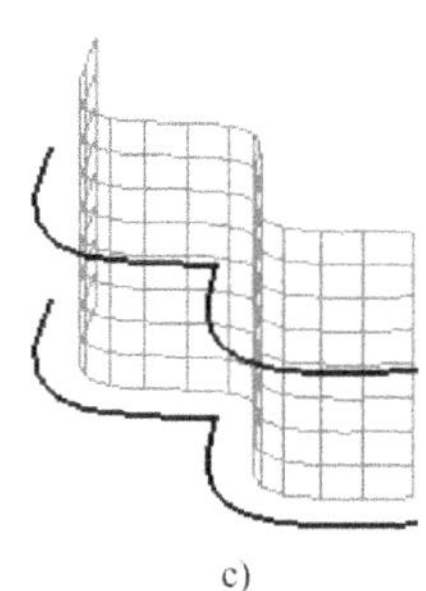

c)

图 5-191　曲面剖切线的示例

a) 原始曲面　b) 补正值为 0　c) 补正值非零

在指定曲面的基础上绘制曲面剖切线的典型方法及步骤简述如下。

1 在菜单栏的“绘图”/“曲面曲线”级联菜单中选择“曲面剖切线”命令，系统出现“选择曲面或曲线，按‘应用’键完成”提示信息。

2 选择所需的曲面，按〈Enter〉键。系统默认将当前构图面作为第一个剖切面。

3 在如图 5-192 所示的“剖切线”操作栏中可以重新指定剖切面，还可以设置各平面

（剖切面）间距及曲面曲线的补正距离等各项参数。

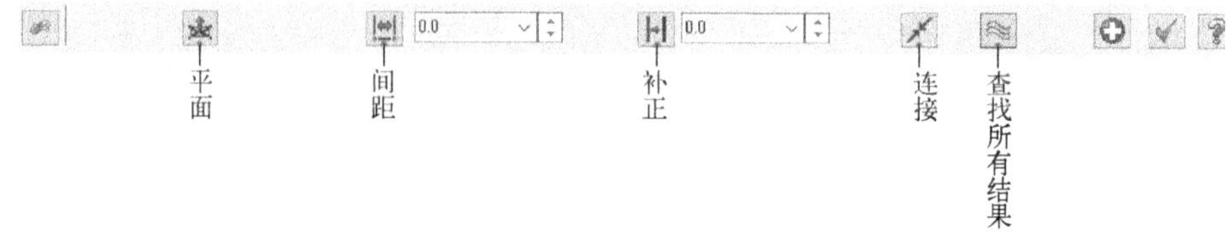

图 5-192 “剖切线”操作栏

例如，如果要重新指定剖切面，则可在“剖切线”操作栏中单击“平面”图标按钮，系统弹出如图 5-193 所示的“选择平面”对话框，用来设定第一个剖切面。

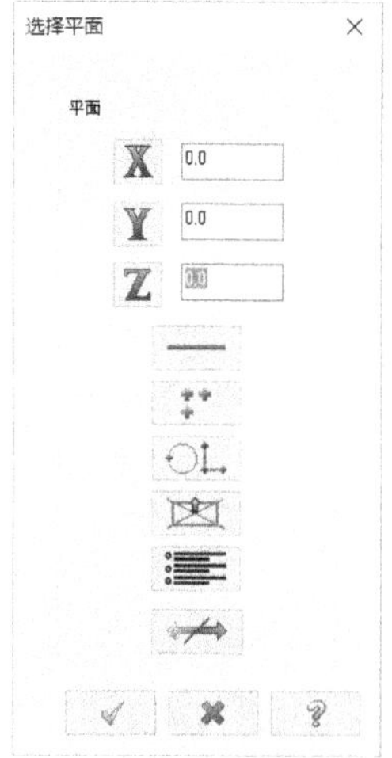

图 5-193 “选择平面”对话框

4 最后，在“剖切线”操作栏中单击“确定”图标按钮。

【典型范例】：绘制曲面剖切线

1 打开网盘资料的“CH5”\“曲面剖切线.MCX”文件，该文件中包含的曲面如图 5-194 所示，注意确保当前的绘图平面（构图面）为前视图。

图 5-194 原始曲面

2 在菜单栏的“绘图”/“曲面曲线”级联菜单中选择“曲面剖切线”命令，系统打开“剖切线”操作栏，同时弹出“选择曲面或曲线，按‘应用’键完成”提示信息。

3 使用鼠标选择所有的曲面片，选择完之后，按〈Enter〉键确定。

4 在“剖切线”操作栏中单击“平面”图标按钮，系统弹出“选择平面”对话框，在“Z”文本框中输入“10”并按〈Enter〉键确定，然后单击“平面选择”对话框中的“确定”图标按钮。

5 在“剖切线”操作栏的“间距”文本框中设置间距值为“25”，在“补正”文本框中设置补正值为“-10”，并单击选中“查找所有结果”图标按钮，如图 5-195 所示。

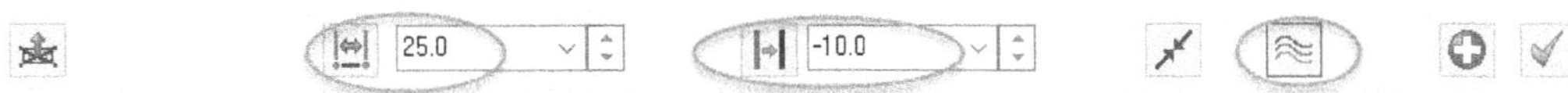

图 5-195 在“剖切线”操作栏中设置相关参数

6 在“剖切线”操作栏中单击“确定”图标按钮，结果如图 5-196 所示。

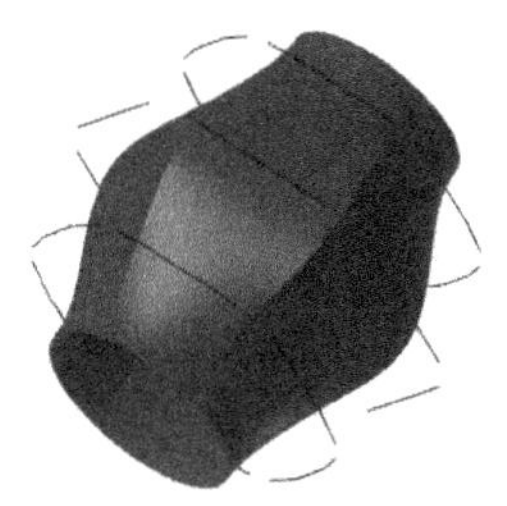

图 5-196 绘制曲面剖切线结果

5.5.7 曲面曲线

使用“绘图”/“曲面曲线”/“曲面曲线”命令，可以选择曲线并将其转换为曲面曲线。整个转换操作很简单，就是执行该命令后，选择所需的一条合理曲线即可完成将该曲线转换成曲面曲线的过程。

5.5.8 分模线

在设计中创建合理的分模线是很重要的。生成曲面分模线的典型方法及操作步骤如下。

1 在菜单栏中选择“绘图”/“曲面曲线”/“分模线”命令。

2 系统提示设置构图平面（绘图平面），重新指定构图平面或采用现有的构图平面。

3 选择欲创建分模线的曲面，按〈Enter〉键确定。

4 在如图 5-197 所示的“分模线”操作栏中，设置曲线品质选项，可以以“弦差”或“距离”方式来定义曲线质量（即曲线品质），并可以根据设计要求设置分模角度。

图 5-197 “分模线”操作栏

5 最后，在“分模线”操作栏中单击“确定”图标按钮✓。

【典型范例】：绘制分模线

打开网盘资料的“CH5”\“创建分模线范例.MCX-9”文件，在该文件包含的已有曲面中创建分模线，如图 5-198 所示。读者可以尝试设置多种选项及参数来观察最后所生成的分模线。

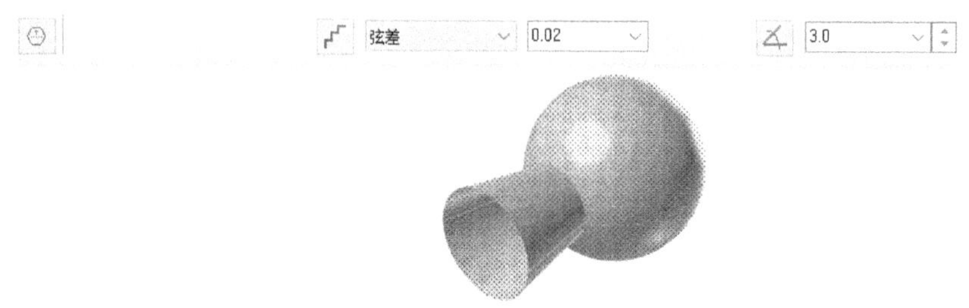

图 5-198　在曲面中绘制分模线

5.5.9 曲面交线

使用“曲面交线”命令，可以在指定的两组曲面的相交处创建曲线，如图 5-199 所示。

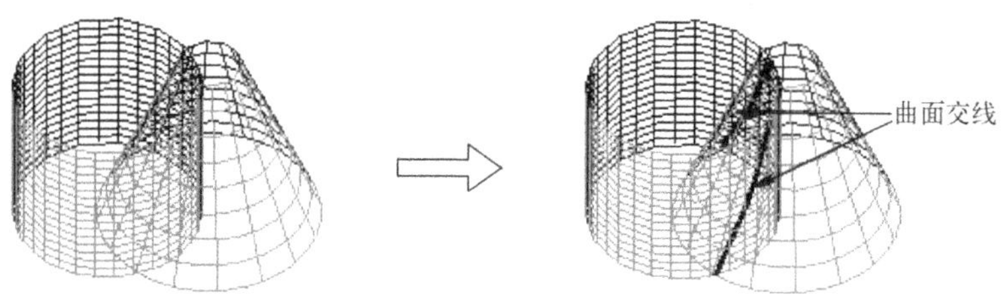

图 5-199　绘制曲面交线

绘制曲面交线的典型方法及步骤简述如下。

1 在菜单栏中选择“绘图”/“曲面曲线”/“曲面交线”命令。

2 选择设置的第一组曲面，按〈Enter〉键确定。

3 选择设置的第二组曲面，按〈Enter〉键确定。

4 在如图 5-200 所示的“曲面交线”操作栏中设置曲线品质、连接情况、补正一（第一曲面补正距离）和补正二（第二曲面补正距离）等。

图 5-200　“曲面交线”操作栏

5 最后，在“曲面交线”操作栏中单击“确定”图标按钮✓，完成相应操作。

第 6 章　三维实体设计

本章导读

实体模型是三维物体表现最逼真、信息包含最丰富的一种方式。三维实体模型由一个或多个特征组成，不但具有面的特性，而且具有体积等物理特性。通常将组成实体模型的每一个图素称为一个特征。

本章将介绍三维实体设计方面的实用知识，具体内容包括创建预定义的基本实体、实体布尔运算、创建拉伸实体、创建旋转实体、创建扫描实体、创建举升实体（放样实体）、由曲面生成实体、实体的一些编辑操作、实体管理器应用和查找实体特征等。最后还将介绍一个三维实体综合设计范例。

6.1　创建预定义的基本实体

在 Mastercam X9 系统中，可以快捷地创建一些预定义好的基本实体，如圆柱体、圆锥体、长方体、球体和圆环体等。用于创建这些预定义基本实体的相关命令位于菜单栏的“绘图”/“基本实体（基本曲面/实体）”级联菜单中。创建这些预定义基本实体的方法与创建相应预定义基本曲面的方法是一致的。下面以范例的方式介绍如何创建这些预定义的基本实体。

6.1.1 创建圆柱体范例

1 新建一个 Mastercam X9 设计文件，在菜单栏的“绘图”/“基本实体（基本曲面/实体）”级联菜单中选择“圆柱体”命令，或者在“绘图”工具栏中单击“画圆柱体”图标按钮。

2 系统弹出“圆柱”对话框。在该对话框中单击选中“实体”单选按钮，设置圆柱体半径为“25”、高度为“50”，其他选项采用如图 6-1 所示的默认设置。

3 指定坐标原点作为圆柱体的基准点位置。

4 在“圆柱”对话框中单击“确定”图标按钮。为了观察圆柱体的立体效果，可以在“绘图平面”工具栏中单击“等角视图”图标按钮将屏幕视角设置为“等角视图”，得到的圆柱体如图 6-2 所示。

图 6-1 “圆柱”对话框

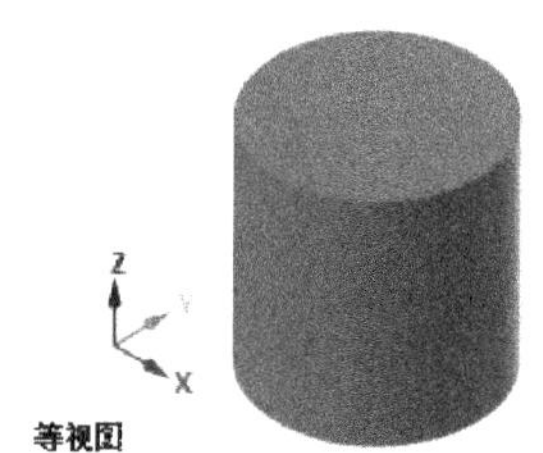

图 6-2 创建的圆柱体

6.1.2 创建圆锥体范例

1 在菜单栏的“绘图”/“基本实体（基本曲面/实体）”级联菜单中选择“圆锥体”命令，或者在“绘图”工具栏中单击“画圆锥体”图标按钮 。

2 系统弹出“锥体”对话框，单击对话框左上角的“展开”图标按钮使该对话框中显示更多的选项。接着单击选中“实体”单选按钮，设置基部半径为“60”、圆锥体高度为“150”、顶部半径为“25”、扫描起始角度为“0”、终止角度为“300”、默认轴为“Z”轴，如图 6-3 所示。

3 系统出现“选择圆锥体的基准点位置”提示信息，在绘图区指定一点作为圆锥体的基准点位置。

4 在“锥体”对话框中单击“确定”图标按钮 ，创建的“不完整”圆锥体如图 6-4 所示。

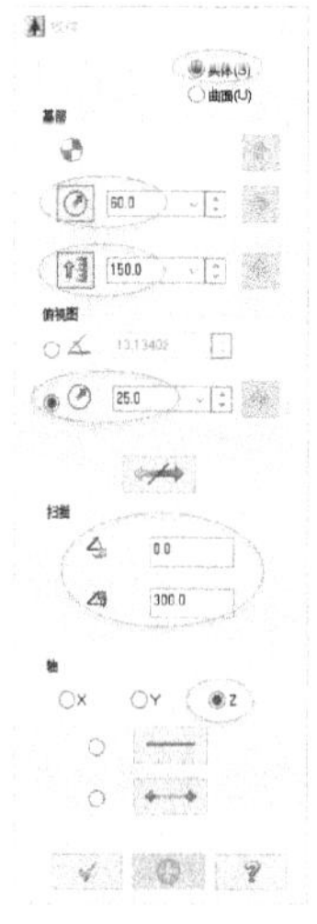

图 6-3 “锥体”对话框

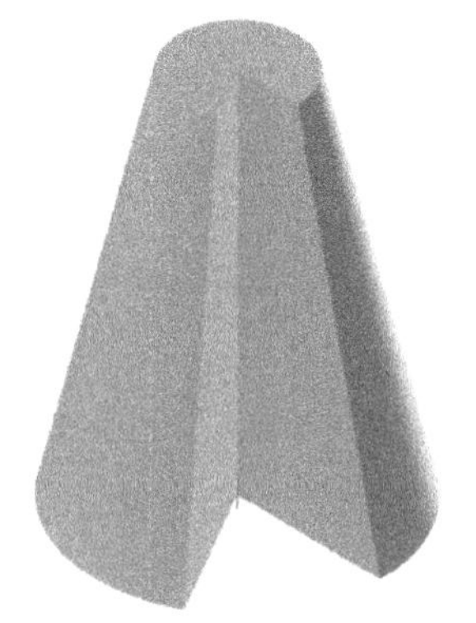

图 6-4 “不完整”的圆锥体

6.1.3 创建立方体（长方体）范例

1 在菜单栏的“绘图”/“基本实体（基本曲面/实体）”级联菜单中选择“立方体”命令，或者在“绘图”工具栏中单击“画立方体”图标按钮，打开“立方体”对话框。

2 在“立方体”对话框中设置如图 6-5 所示的选项及参数，注意设置固定位置和轴选项。

3 在“选择立方体的基准点位置”提示下在绘图区任意指定一点作为基准点。

4 在“立方体”对话框中单击“确定”图标按钮，创建的立方体（长方体）实体模型如图 6-6 所示。

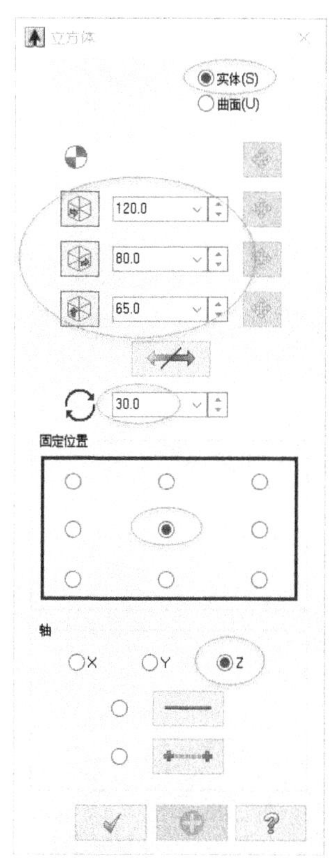

图 6-5 设置立方体选项与参数

图 6-6 创建的立方体实体模型

6.1.4 创建球体范例

1 在菜单栏的“绘图”/“基本实体（基本曲面/实体）”级联菜单中选择“球体”命令，或者在“绘图”工具栏中单击“画球形”图标按钮。

2 系统弹出“球形”对话框，从中单击选中“实体”单选按钮，设置球体半径为“68”，如图 6-7 所示。

3 在绘图区选择球体的基准点位置。

4 在“球形”对话框中单击“确定”图标按钮，创建的球体如图 6-8 所示。

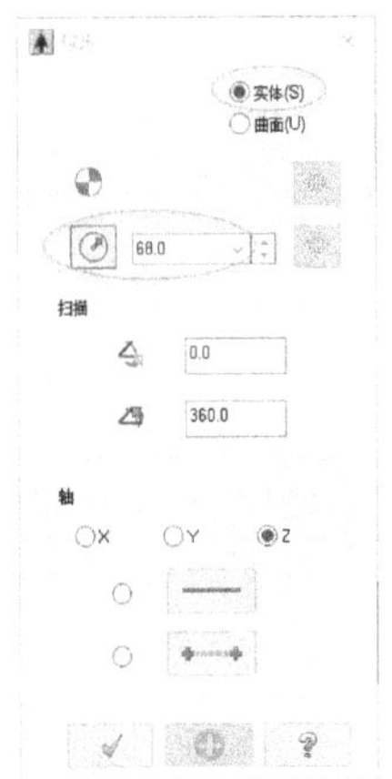

图 6-7　设置球体选项及参数

图 6-8　创建的球体

6.1.5 创建圆环体范例

1 在“绘图”工具栏中单击“画圆环体”图标按钮。

2 弹出“圆环体”对话框，从中单击选中“实体”单选按钮，设置半径值为“68”、较小半径值为“21”、扫描起始角度为“0”、终止角度为“310”、轴为“Z”，如图 6-9 所示。

3 在绘图区选择圆环体的基准点位置。

4 在“圆环体”对话框中单击“确定”图标按钮，创建的具有端面的圆环体模型如图 6-10 所示。

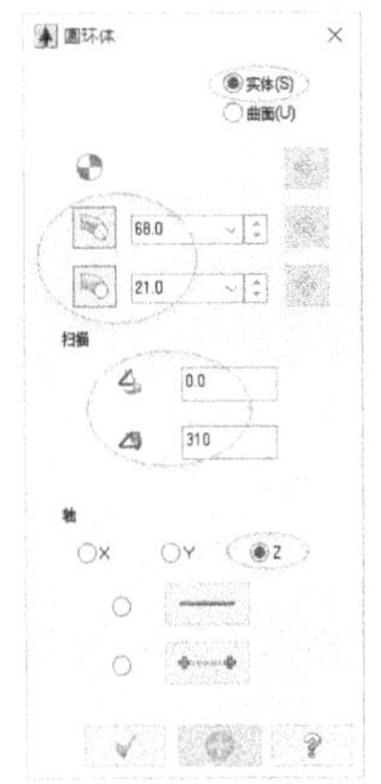

图 6-9　设置圆环体选项及参数

图 6-10　创建的圆环体

6.2 实体布尔运算

很多三维设计软件提供了布尔运算的命令，Mastercam X9 也不例外。布尔运算是指通过结合、切割和求交集的方法将多个实体组合成一个单独的实体。通过各实体间的布尔运算可以构建出复杂的实体造型。在实体布尔运算中，选择的第一个实体通常称为目标实体（也称目标主体），其余的称为工件实体（也称工件主体）。

布尔运算分为关联布尔运算和非关联布尔运算。关联布尔运算与非关联布尔运算的区别在于：关联布尔运算的目标实体将被删除，而非关联布尔运算的目标实体、工件实体则可以选择被保留。

6.2.1 布尔运算——增加

“布尔运算——增加”也称为“求和运算”，它是指将工件实体（一个或多个）的材料加入到目标主体中来构建一个新的实体。

下面结合一个典型的操作范例来介绍布尔运算——增加的操作步骤。

【典型范例】：布尔运算——增加操作

1 打开网盘资料的“CH6”\“关联布尔运算增加.MCX”文件，文件中包含的两个实体如图 6-11 所示。

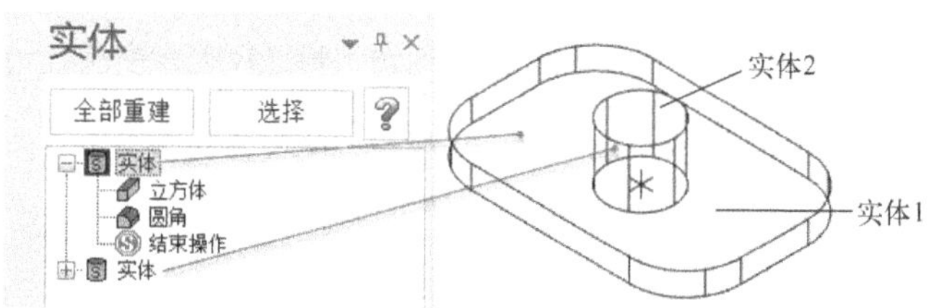

图 6-11　源文件中已有的两个单独实体

2 在“实体”菜单中选择“布尔运算”命令。

3 系统出现“选择进行布尔运算操作的目标主体”提示信息，选择具有 4 个倒圆角的长方体（即选择实体 1）。

4 系统弹出如图 6-12 所示的“实体选择”对话框，并出现“选择要布尔运算的工件主体”提示信息。在“实体选择”对话框中单击选中“主体”图标按钮，选择圆柱体，也即选择实体 2，按〈Enter〉键确定或单击“确定”图标按钮。

系统打开“布尔运算”对话框，在“基本”选项卡的“类型”选项组中单击选中“增加”单选按钮，如图 6-13 所示（注意观察求和的预览效果），单击“‘确定’并创建新操作”图标按钮或“确定”图标按钮。

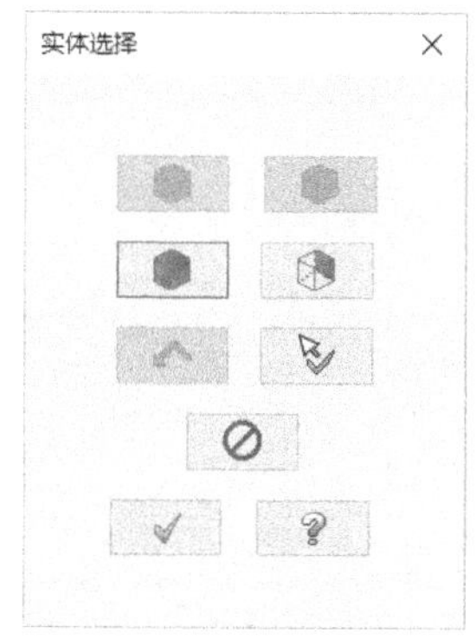

图 6-12　“实体选择”对话框

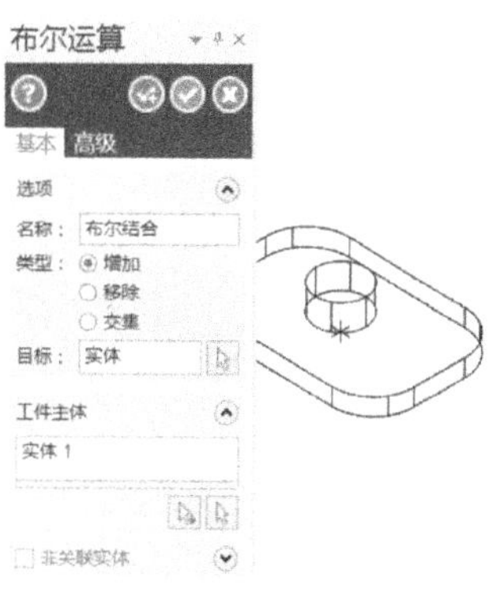

图 6-13　完成关联布尔运算之增加类型后的效果

6.2.2 布尔运算——移除

“布尔运算——移除”也称为“求差运算”，它是指在目标主体中减去与各工件主体公共部分的材料来形成一个新的实体，如图 6-14 所示。

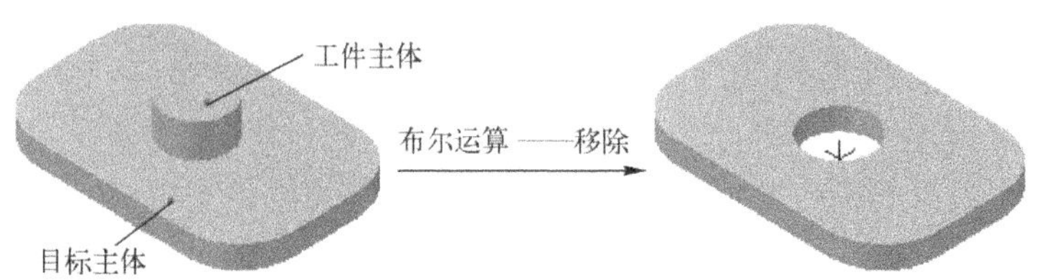

图 6-14 布尔运算——移除图解示例

【典型范例】：布尔运算——移除操作

1 打开网盘资料的“CH6”\“关联布尔运算移除.MCX”文件，文件中包含的几个实体如图 6-15 所示。

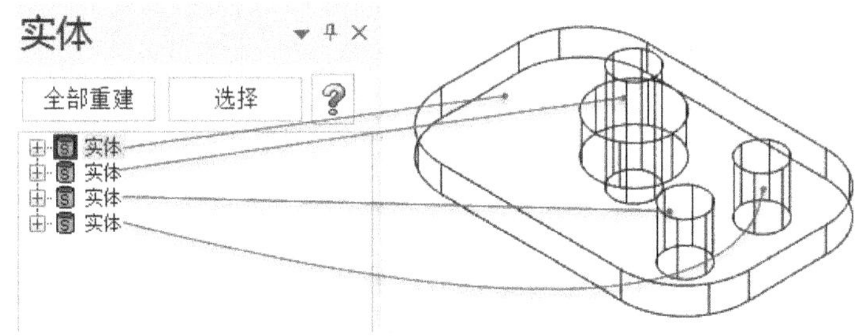

图 6-15 用于进行求差运算的原始实体

2 在“实体”菜单中选择“布尔运算”命令。

3 系统出现“选择进行布尔运算操作的目标主体”提示信息，在绘图区单击如图 6-16 所示的实体作为目标主体。

4 系统弹出“实体选择”对话框并出现“选择要布尔运算的工件主体”提示信息，在绘图区分别单击如图 6-17 所示的 3 个圆柱实体作为工件主体。

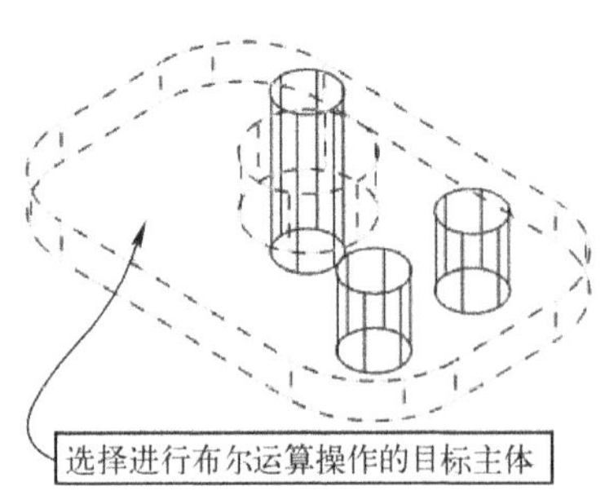

图 6-16 指定目标主体

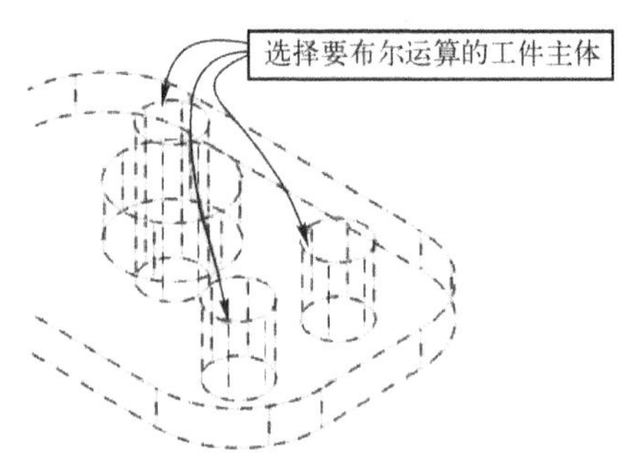

图 6-17 指定 3 个圆柱体作为工件主体

5 按〈Enter〉键确定，系统打开“布尔运算”对话框，在“基本”选项卡中单击选中“移除”单选按钮，确保取消选中“非关联实体”复选框，单击“确定”图标按钮，从而得到“移除”的布尔运算结果，如图 6-18 所示，原来的多个实体通过求差运算组合成一个实体。注意：使用“分析”/“图形属性”命令可以更改模型的颜色等。

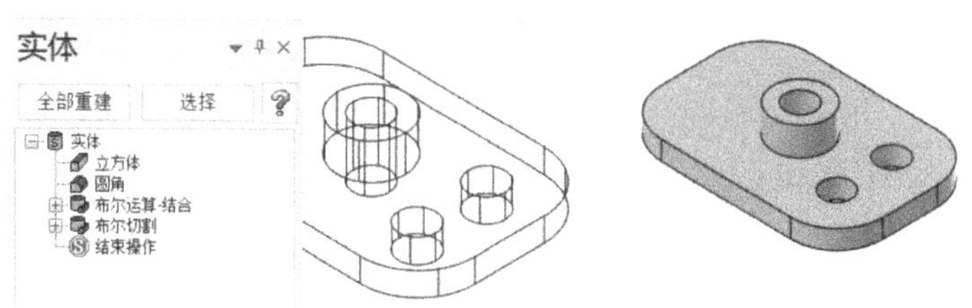

图 6-18 “移除”的布尔运算结果

6.2.3 布尔运算——交集

“布尔运算——交集”也称为“求交运算”，它是指将目标实体与各工件实体的公共部分组合成一个新的实体，其他部分被删除，如图 6-19 所示。

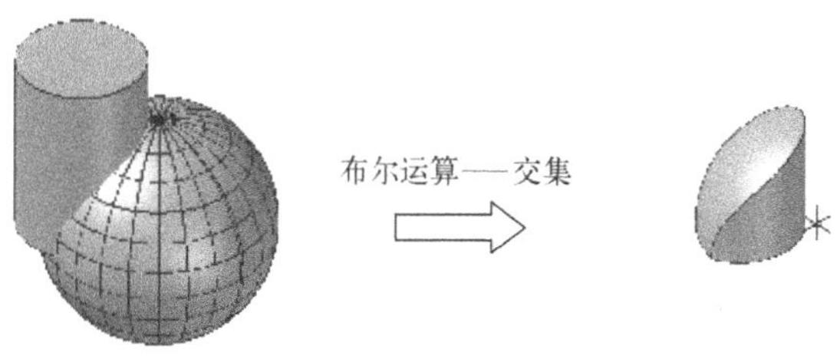

图 6-19 布尔运算——交集的图解示例

【典型范例】：布尔运算——交集操作

1 打开网盘资料的“CH6”\“关联布尔运算交集.MCX”文件，接着单击“线框”图标按钮以线框形式显示模型。该文件中包含的两个实体如图 6-20 所示。

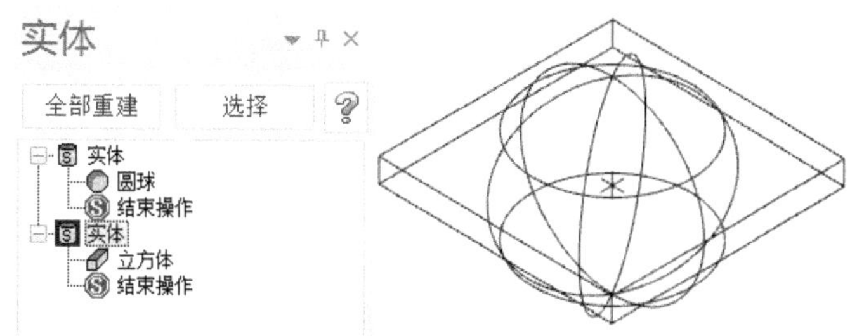

图 6-20 两个单独的实体

2 在“实体”菜单中选择“布尔运算”命令。

3 系统出现“选择进行布尔运算操作的目标主体”提示信息，在绘图区选择立方体。

4 系统弹出“实体选择”对话框并出现“选择要布尔运算的工件主体”提示信息，在绘图区选择球状的实体。

5 单击“实体选择”对话框中的“确定”图标按钮 或者按〈Enter〉键确定，系统打开“布尔运算”对话框，在“基本”选项卡中单击选中“交集”单选按钮，确保取消选中“非关联实体”复选框，单击“确定”图标按钮，完成求交运算，结果如图 6-21 所示，注意实体管理器中的特征操作列表。

图 6-21 布尔运算——交集的操作结果

6.2.4 实体非关联布尔运算

实体非关联布尔运算只包括“移除”和“交集”两种情况，其操作步骤和实体关联布尔运算的操作步骤相似，只是在执行实体非关联布尔运算的过程中，需要在“布尔运算”对话框的“基本”选项卡中选中“非关联实体”复选框，接着还可以决定是否保留原始目标实体和原始工件实体，如图 6-22 所示。

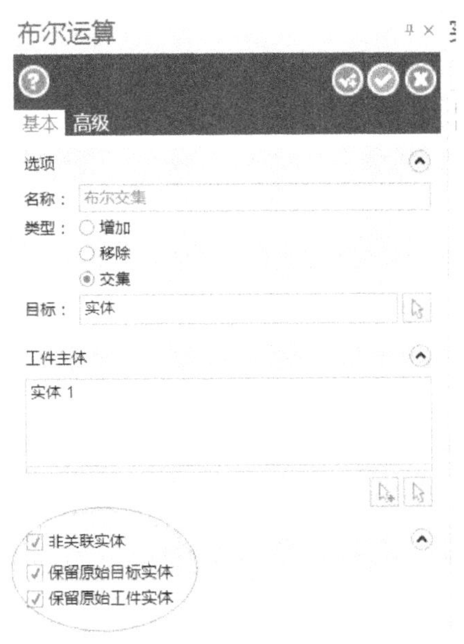

图 6-22 “实体非关联布尔运算”选项

6.3 创建拉伸实体

“拉伸实体”又称为“挤出实体”，它是由平面截面轮廓经过拉伸（挤出）而生成的。下面介绍创建拉伸实体的典型操作方法及步骤。

1 在“实体”菜单中选择“拉伸”命令。

2 系统弹出“串连选项”对话框，利用该对话框设置相应的串连方式，并在绘图区内指定要拉伸的串连图形，单击“确定”图标按钮 。

3 系统弹出“实体拉伸”对话框，该对话框具有两个选项卡，即如图 6-23 所示的“基本”选项卡和如图 6-24 所示的“高级”选项卡。在两个选项卡中设置相应选项及参数。

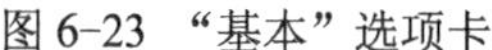
图 6-23 “基本”选项卡

图 6-24 “高级”选项卡

4 最后，在“实体拉伸”对话框中单击“确定”图标按钮。

要创建拉伸实体，必须掌握“实体拉伸”对话框中两个选项卡主要选项的功能用途。

一、“基本”选项卡

“基本”选项卡主要用于设置拉伸实体特征名称、拉伸操作类型、拉伸串连图形、拉伸距离、拉伸方向，以及是否创建单一操作等。

- “名称”文本框：在该文本框中可以更改拉伸实体的默认名称。
- “类型”选项组：该选项组用于设置拉伸操作的类型，包括“创建主体”、“切割主体”和“增加凸台”。当单击选中“创建主体”单选按钮时，则创建一个新的实体；当单击选中“切割主体”单选按钮时，则以拉伸方式切割原有实体；当单击选中“增加凸台”单选按钮时，则创建的拉伸体添加到原有实体中。如果需要，则可以选中“创建单一操作”复选框，使创建的拉伸体形成单一操作。
- “串连”选项组：该选项组用来定义用于拉伸操作的串连图形。“全部反向”图标按钮用于翻转全部拉伸串连的方向；“增加串连”图标按钮用于从实体操作中打开串连对话框，选择更多图形；“全部重建”图标按钮用于移除所有先前选择的串连，并返回到图形窗口选择新串连。
- “距离”选项组：该选项组用来设置拉伸操作的距离和方向等。

二、“高级”选项卡

“高级”选项卡用于设置是否具有拔模角度、是否产生壁厚，指定平面方向和是否可以自动预览结果等。

【典型范例】：创建拉伸实体来构建模型

1 打开网盘资料的“CH6”\“拉伸实体.MCX”文件，该文件包含如图 6-25 所示的平面曲线。

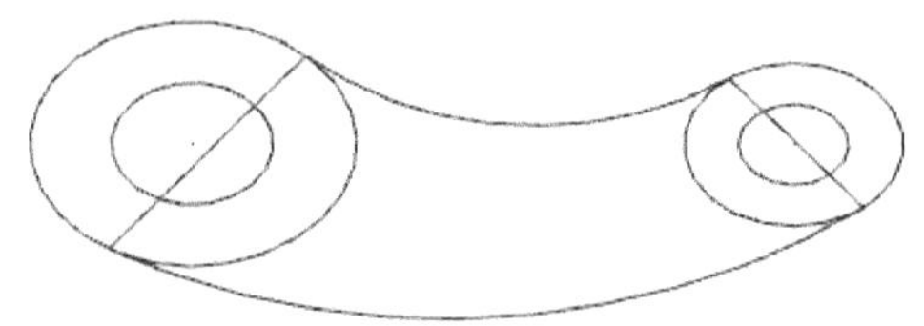

图 6-25　源文件中存在的平面曲线

2 将编号为“2”的图层设置为当前图层。

3 在“实体”菜单中选择“拉伸”命令。

4 在弹出的“串连选项”对话框中单击选中“串连”图标按钮，在绘图区单击如图 6-26 所示的图形，然后在“串连选项”对话框中单击“确定”图标按钮。

5 系统弹出“实体拉伸”对话框，在“基本”选项卡中设置如图 6-27 所示的选项及参数。另外，在“高级”选项卡中确保取消选中“拔模”复选框和“壁厚”复选框。

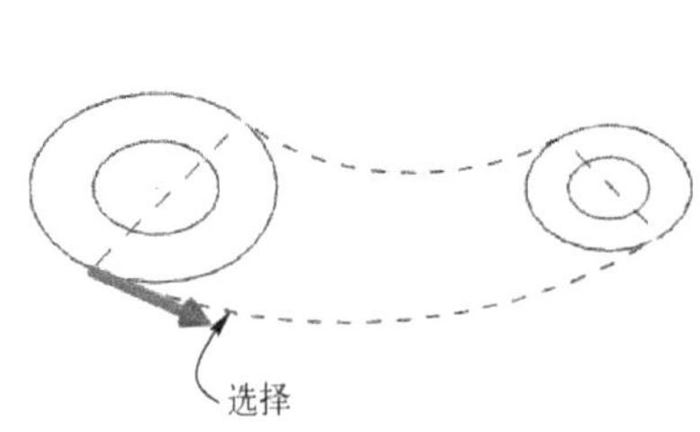

图 6-26　选取串连图形

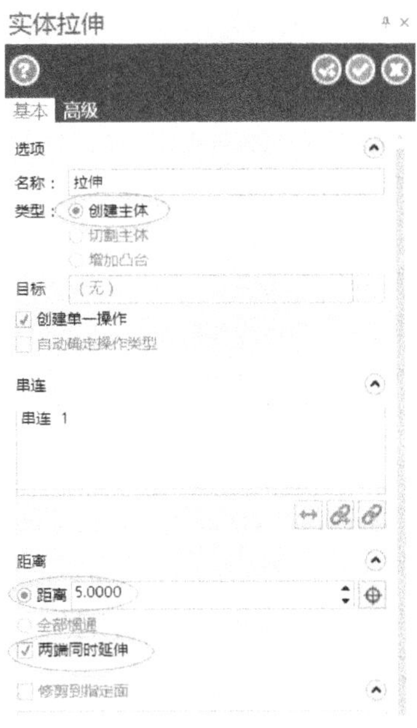

图 6-27　“实体拉伸”对话框

6 在“实体拉伸”对话框中单击“确定”图标按钮，创建的第一个拉伸实体如图 6-28 所示。

7 在“实体”菜单中选择“拉伸”命令，系统弹出“串连选项”对话框。

8 在“串连选项”对话框中单击选中“串连”图标按钮，在绘图区单击如图 6-29

所示的两个串连图形，然后在“串连选项”对话框中单击“确定”图标按钮 。

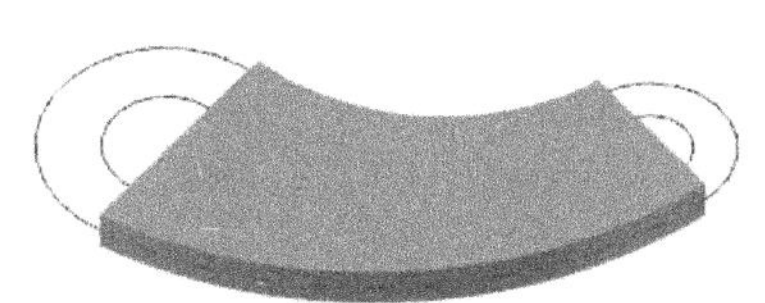

图 6-28　创建的拉伸实体

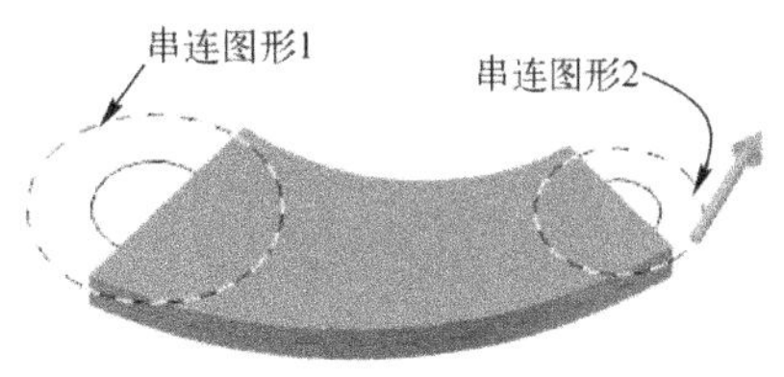

图 6-29　指定两个串连图形

9 系统弹出“实体拉伸”对话框，在“基本”选项卡中设置如图 6-30 所示的选项及参数，然后单击“‘确定’并创建新操作”图标按钮 （亦可将该按钮称为“应用”图标按钮），操作结果如图 6-31 所示。

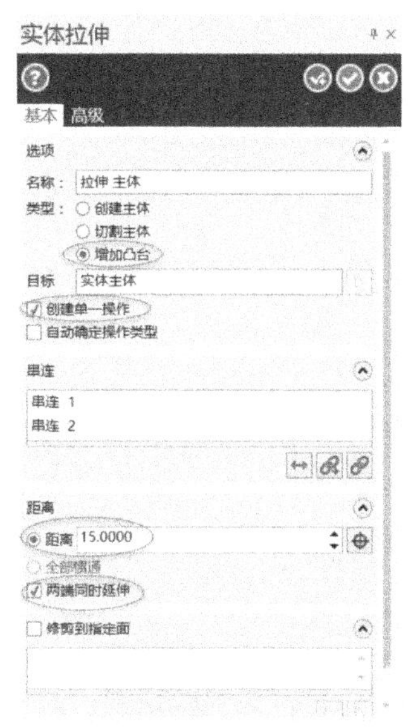

图 6-30　拉伸选项及参数设置

图 6-31　操作结果

10 系统弹出“串连选项”对话框，单击选中“串连”图标按钮 ，系统提示选择要拉伸的串连图形，在绘图区分别选取如图 6-32 所示的两个圆（为了便于选择串连图形，可在“着色”工具栏中单击“线架实体”图标按钮 以线架模式显示模型），然后单击“串连选项”对话框中的“确定”图标按钮 。

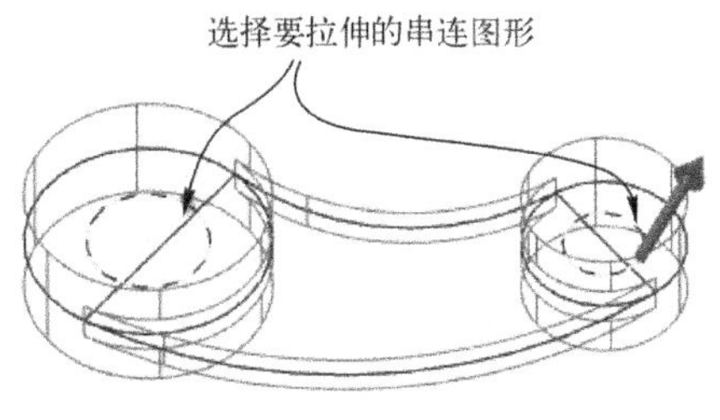

图 6-32　选择要拉伸的串连图形

11 系统弹出“实体拉伸”对话框，在“基本”选项卡中设置如图 6-33 所示的选项及参数，然后单击“实体拉伸”对话框中的“确定”图标按钮，操作结果如图 6-34 所示。

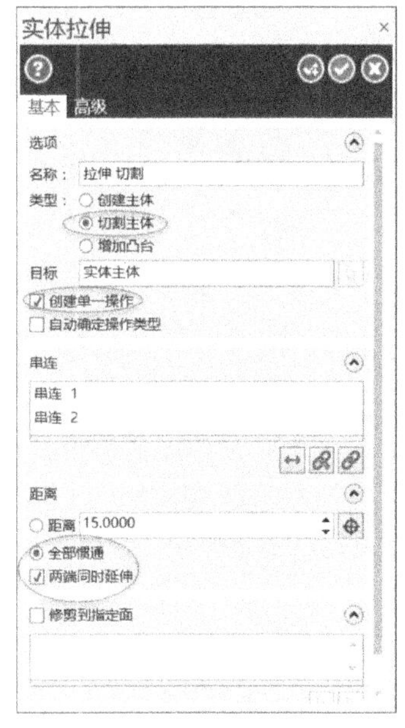

图 6-33 设置拉伸选项及参数

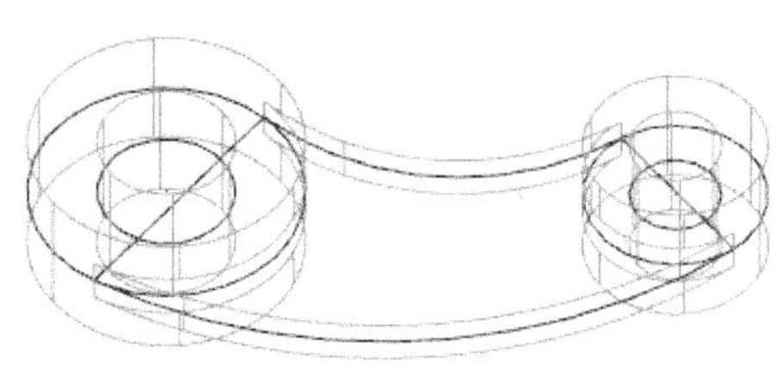

图 6-34 拉伸切除的结果

12 在属性栏中单击“层别”标签，打开“层别管理”对话框，从中设置隐藏编号为 1 的图层，从而将位于该层中的所有图素隐藏，结果如图 6-35a 所示。在“着色”工具栏中单击“图形着色”图标按钮，则实体着色效果如图 6-35b 所示。

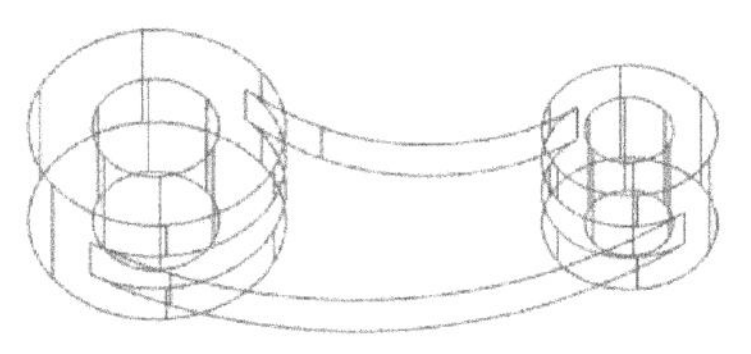

a)

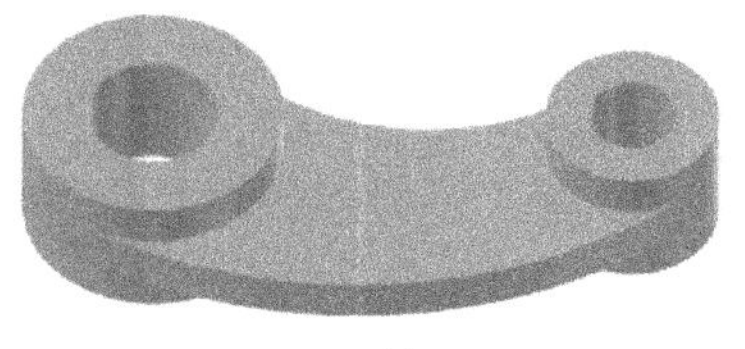

b)

图 6-35 完成的实体模型效果

a) 以线架实体方式显示 b) 以实体着色方式显示

【典型范例】：使用拉伸的方式创建薄壁拉伸实体

1 打开网盘资料的“CH6”\“创建薄壁拉伸实体.MCX”文件，该文件包含如图 6-36 所示的平面螺旋线。

2 在“实体”菜单中选择“拉伸”命令。

3 在弹出的“串连选项”对话框中，单击选中“串连”图标按钮，在绘图区单击平面螺旋线，然后在“串连选项”对话框中单击“确定”图标按钮。

4 系统弹出“实体拉伸”对话框。在“基本”选项卡中的设置

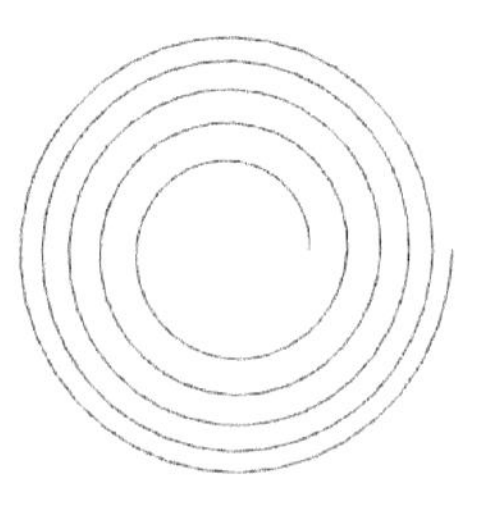

图 6-36 平面螺旋线

如图 6-37 所示；切换到“高级”选项卡，取消选中“拔模”复选框，而选中“壁厚”复选框，接着单击选中“方向 1”单选按钮，设置方向 1 厚度为“1”，如图 6-38 所示。

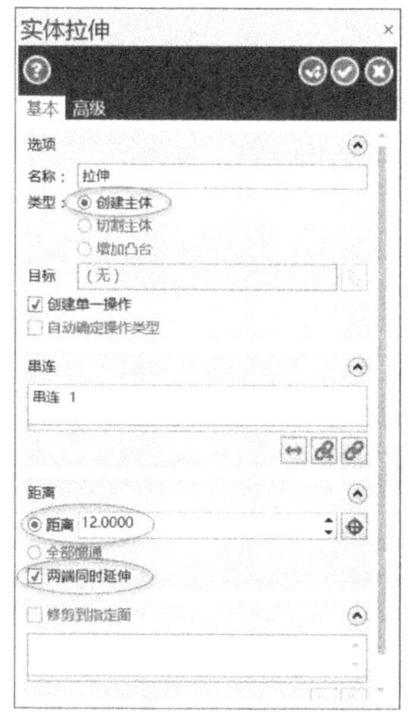

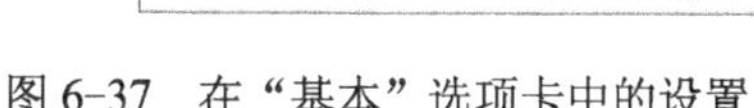
图 6-37　在“基本”选项卡中的设置

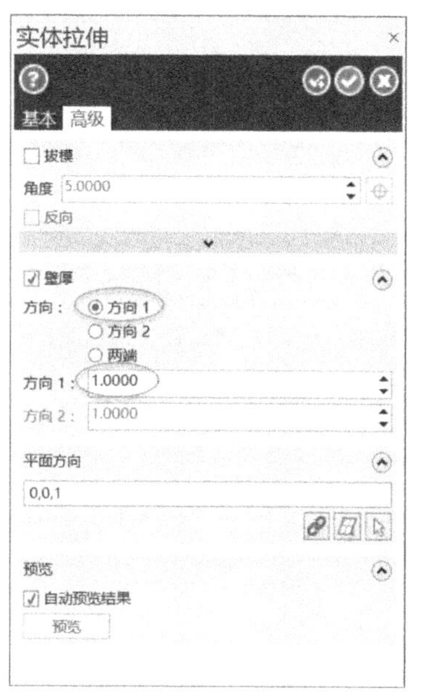

图 6-38　在“高级”选项卡中的设置

5 此时，预览效果如图 6-39 所示，在“实体拉伸”对话框中单击“确定”图标按钮。

6 单击“等角视图”图标按钮以等角视图显示模型，结果如图 6-40 所示。

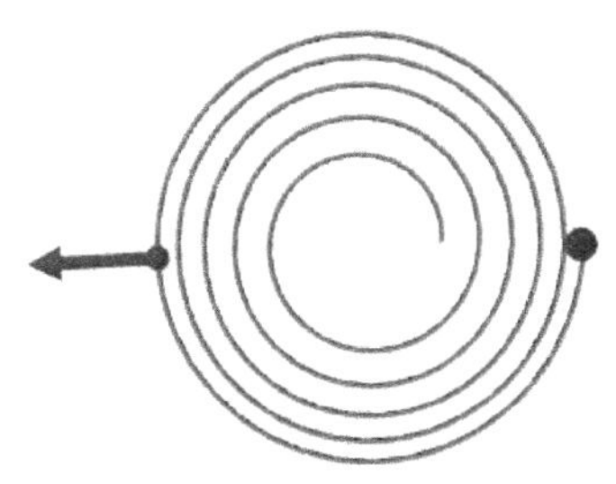
图 6-39　预览效果

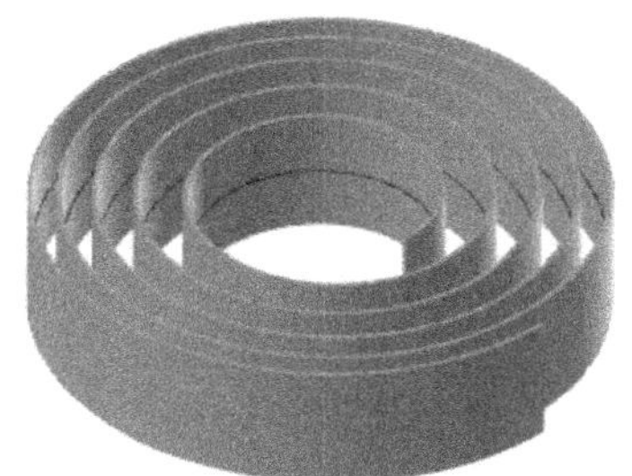
图 6-40　创建拉伸薄壁实体

6.4　创建旋转实体

可以将串连外形截面绕着定义的旋转轴旋转一定的角度来产生一个或多个新旋转实体或薄壁件。另外，也可以使用实体旋转功能对已经存在的实体做旋转切割操作或增加材料操作。

创建旋转实体的典型方法及步骤如下。

1 在“实体”菜单中选择“旋转”命令系统弹出“串连选项”对话框。

2 结合“串连选项”对话框指定旋转的串连图形，然后单击“确定”图标按钮。

3 系统弹出“选择作为旋转轴的线”提示信息，在绘图区选择一条直线作为旋转参考轴，然后系统弹出“旋转实体”对话框。

4 在“旋转实体”对话框的“基本”选项卡中，指定旋转操作名称、类型选项、旋转角度，并可以重定义旋转串连图形、旋转轴等，如图 6-41 所示。如果要创建旋转形式的薄壁实体，那么可以切换至“高级”选项卡，选中“壁厚”复选框，接着指定壁厚生成方向为“方向 1”、“方向 2”或“两端”，并指定相应的壁厚尺寸，如图 6-42 所示。

图 6-41 “旋转实体”对话框的“基本”选项卡

图 6-42 设置旋转壁厚参数

5 在“旋转实体”对话框中单击“应用”图标按钮或“确定”图标按钮，完成旋转实体设计。

图 6-43 是一个典型的旋转实体创建图例。

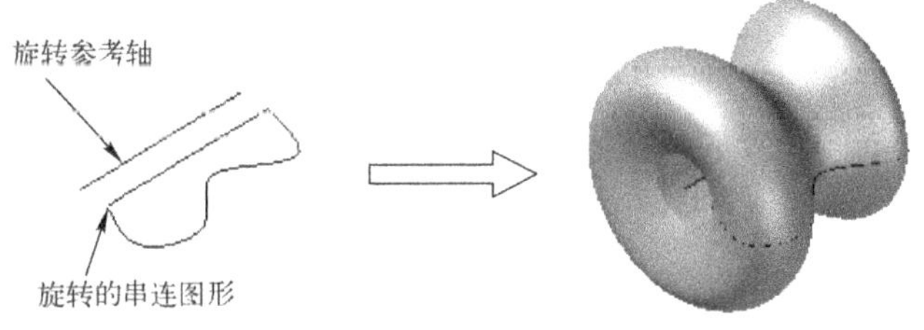

图 6-43 创建一个旋转实体的图例

【典型范例】：创建旋转实体

1 打开网盘资料的“CH6”\“旋转实体.MCX”文件，该文件中包含的原始图形如图 6-44 所示。

2 在“实体”菜单中选择“实体旋转”命令，系统弹出“串连选项”对话框。

3 在“串连选项”对话框中单击选中“串连”图标按钮，在绘图区单击如图 6-45 所示的图形，单击“确定”图标按钮。

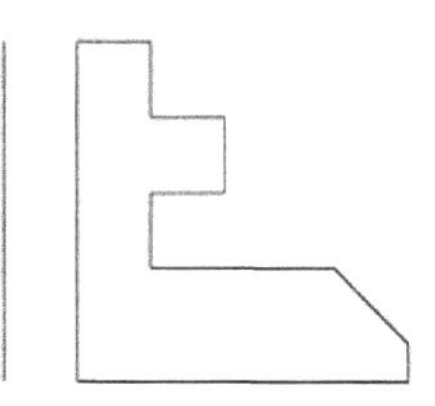

图 6-44　原始图形

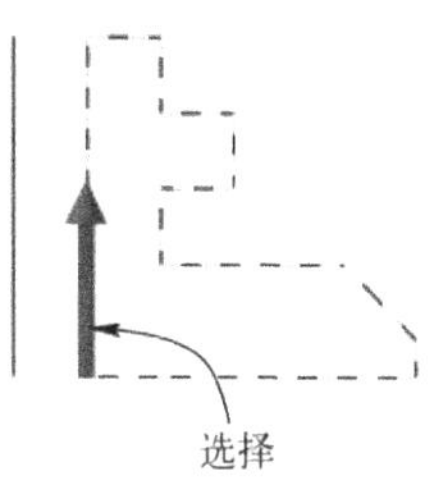

图 6-45　指定旋转的串连图形

4 选择另一条直线作为旋转参考轴，如图 6-46 所示，系统弹出“旋转实体”对话框。

5 在“旋转实体”对话框的“基本”选项卡中，接受默认的名称为“旋转”，单击选中“创建主体”单选按钮，并设置起始角度为“0”、结束角度为“360”，如图 6-47 所示。

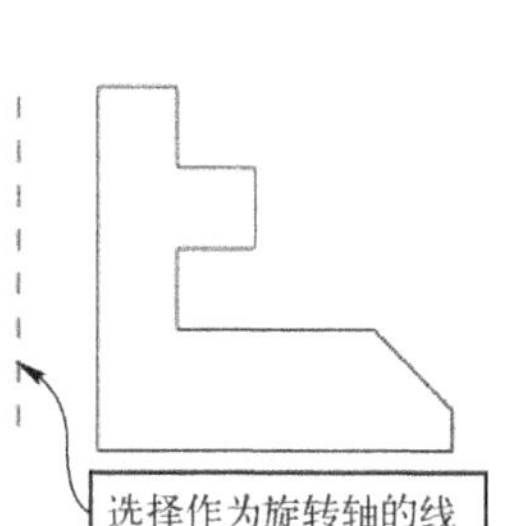

图 6-46　指定旋转参考轴及其方向

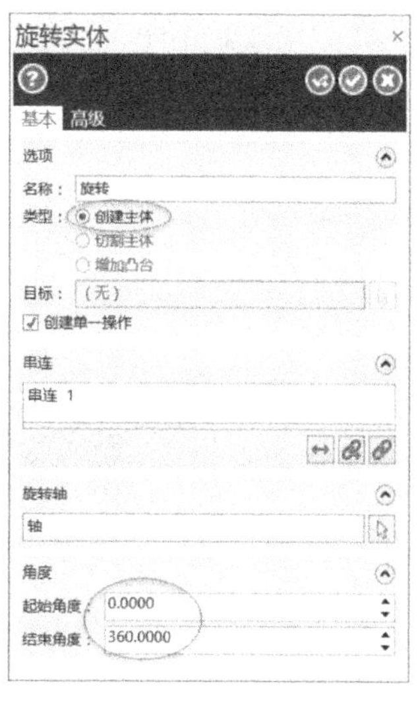

图 6-47　旋转实体的基本设置

6 在“旋转实体”对话框中单击“确定”图标按钮，创建的旋转实体如图 6-48 所示，可对该实体进行着色处理。

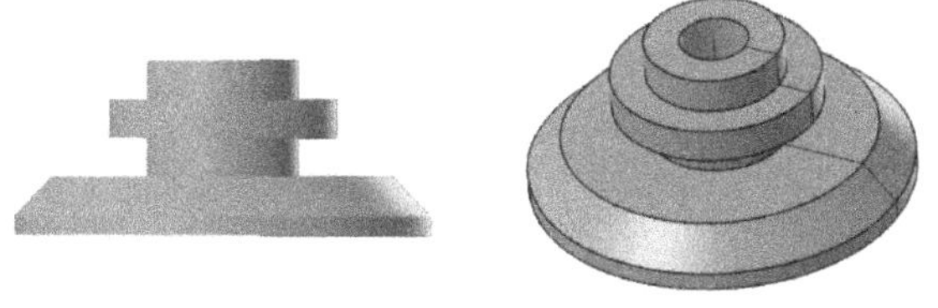

图 6-48　创建的旋转实体

6.5　创建扫描实体

使用系统提供的“扫描实体”功能，可以将封闭的并且共面的串连外形轮廓线沿着指定的轨迹路径扫掠来创建新实体，如图 6-49 所示。另外，使用“扫描实体”功能，还可以以扫描的方式切除现有实体，或者为现有实体增加凸缘材料。用于进行扫描操作的轨迹要求避免尖角，以免扫描失败。

图 6-49　创建扫描实体的典型示例

执行“扫描实体”功能的流程比较简单，即执行该命令后，在提示下选择要扫掠的串连图形，确定后选择扫掠路径的串连图形（引导串连图形），然后在系统弹出的如图 6-50 所示的“扫描”对话框中设置扫描操作的类型等，便可完成扫描实体操作。

下面介绍关于扫描实体的一个典型操作范例。

【典型范例】：创建扫描实体

1 打开网盘资料的“CH6”\“扫描实体.MCX”文件，该文件中包含的原始图形如图 6-51 所示。建议新建一个图层作为当前图层，将在新图层中创建扫描实体。

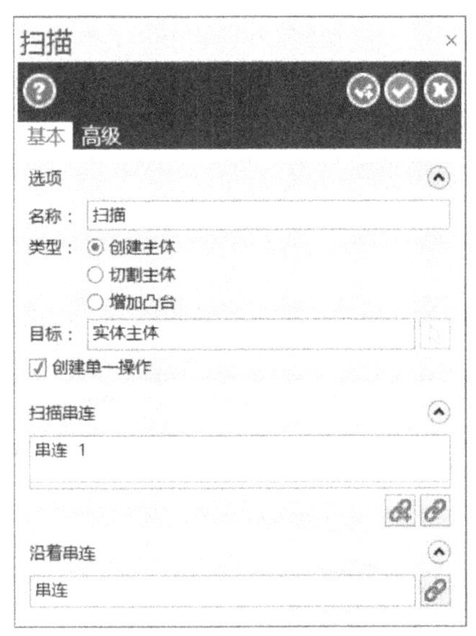

图 6-50 “扫描”对话框

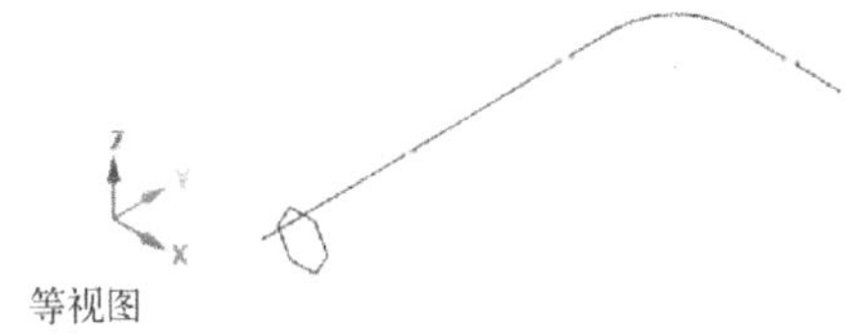

图 6-51　源文件中的原始图形

2 在“实体”菜单中选择“扫描”命令，系统弹出“串连选项”对话框。

3 在绘图区选择正六边形作为要扫掠的串连图形，按〈Enter〉键确定。

4 系统出现“选择引导串连 1”提示信息，在绘图区单击 L 形曲线。

5 系统弹出“扫描”对话框，在该对话框的“基本”选项卡中进行如图 6-52 所示的设置，然后单击“确定”图标按钮。完成扫描实体创建操作后，将原始图形所在的图层设置为隐藏状态，最后得到的模型效果如图 6-53 所示。

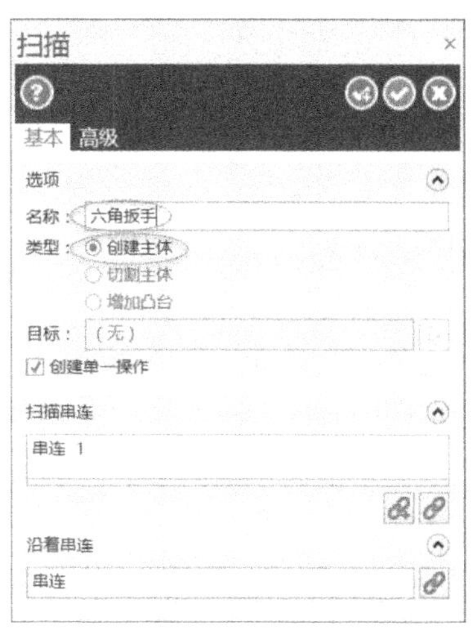

图 6-52　扫描实体的基本设置

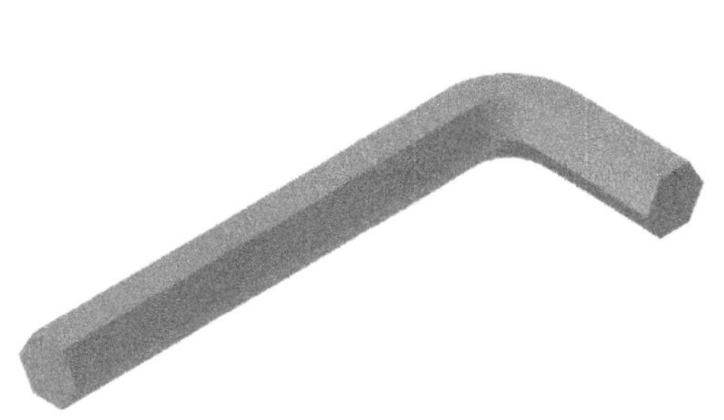

图 6-53　最后完成的六角扳手

6.6　创建举升实体

在有些资料中，也将“举升实体”称为“放样实体”。举升实体是指将两个或两个以上的封闭曲线串连，按照指定的熔接方式进行各轮廓之间的放样过渡来创建的新实体。采用“举升实体”功能，除了可以建立新实体之外，还可以用来切割实体和为实体增加凸缘。

用于创建举升实体的串连外形通常要符合以下几项原则。

- 每一串连外形图素都需共平面，且形成封闭边界，各串连外形之间不必共平面。
- 所有串连外形的串连方向要一致。
- 串连外形不能自我相交。
- 在举升实体操作后，选择串连外形时要注意选择顺序；另外，一个串连外形不能被多次选择。
- 串连外形尽量避免不必要的拐角，以免实体创建失败。

采用“举升实体”功能进行实体设计的典型方法及步骤如下。

1 在“实体”菜单中选择“举升实体”命令。

2 系统弹出“串连选项”对话框，利用该对话框设置相应的串连方式，接着在绘图区选择定义举升实体的串连外形图素，注意各串连外形图素的选择顺序及相应的方向，然后单击“确定”图标按钮 ✓ 。

3 系统弹出“举升”对话框，在该对话框中可更改名称，设置举升操作类型（如“创建主体”、“切割主体”或“增加凸台”），如图 6-54 所示。如果需要，则可设置创建直纹实体。

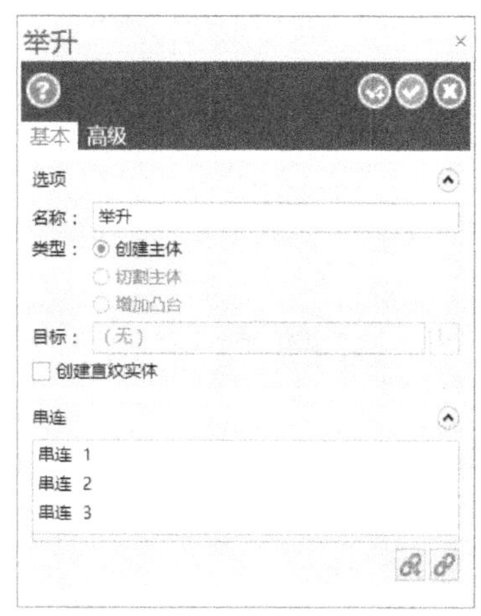

图 6-54　“举升”对话框

4 在“举升”对话框中，单击“确定”图标按钮，从而完成举升实体设计。

【典型范例】：创建举升实体

1 打开网盘资料的“CH6”\“举升实体.MCX”文件，该文件中包含的原始图形如图 6-55 所示。建议新建一个图层作为当前图层，将在新图层中创建举升实体。

2 在“实体”菜单中选择“举升”命令。

3 系统弹出“串连选项”对话框，在该对话框中单击选中“串连”图标按钮，然后依次选择串连图形 1、串连图形 2 和串连图形 3，注意它们的方向一致性，如图 6-56 所示。在“串连选项”对话框中单击“确定”图标按钮。

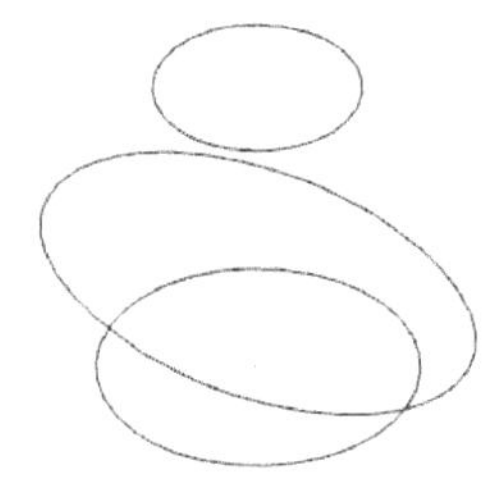

图 6-55　原始图形

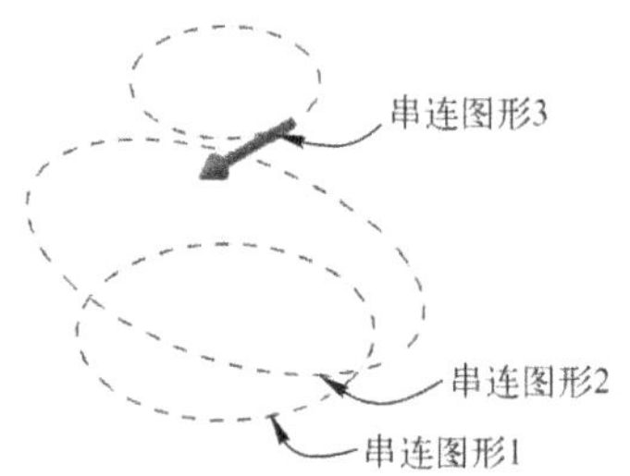

图 6-56　选择串连外形图素

4 系统弹出“举升”对话框，从中单击选中“创建主体”单选按钮，确保取消选中“创建直纹实体”复选框，单击“确定”图标按钮，创建的举升实体如图 6-57 所示。

知识点拨 在本例中，如果在“举升”对话框中选中“创建直纹实体”复选框，那么最终生成的实体如图 6-58 所示。

图 6-57　创建举升实体

图 6-58　以直纹方式生成的举升实体

6.7　由曲面生成实体与薄片加厚

使用“实体”菜单中的“曲面生成实体”命令，可以将开放或封闭的曲面转换成实体。如果是开放的曲面，那么转换得到的实体效果与其曲面形状还是一样的，但不再是曲面特征而是实体特征。

使用“实体”菜单中的“薄片加厚”命令，则可以将一些由曲面生成的没有厚度的实体（即薄片实体）进行加厚操作，从而形成具有一定厚度的实体。需要读者注意的是，“薄片加厚”命令只能对薄片实体进行加厚处理，而不能对曲面和实体进行加厚处理。

【典型范例】：由曲面生成薄片实体并对该薄片实体进行加厚处理

一、由曲面生成实体

1 打开网盘资料的“CH6”\“曲面转为实体及薄片实体加厚.MCX”文件，该文件中具有如图 6-59 所示的原始曲面。

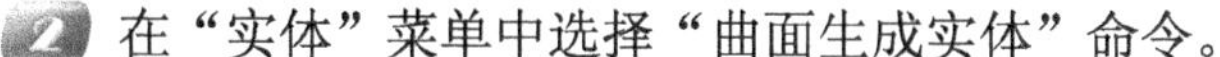

2 在“实体”菜单中选择“曲面生成实体”命令。

3 系统出现“选择一个或多个曲面缝合实体，按〈Ctrl+A〉组合键可选择所有可见曲面，完成选择后按〈Enter〉键”提示信息，如图 6-60 所示。在本例中，按〈Ctrl+A〉组合键选择所有可见曲面，然后按〈Enter〉键确定。

图 6-59 文件中的原始曲面

选择一个或多个曲面缝合实体，按〈Ctrl+A〉组合键可选择所有可见曲面。完成选择后按〈Enter〉键。

图 6-60 提示信息

4 系统打开“由曲面生成实体”对话框，在“原始曲面”选项组中单击选中“删除”单选按钮（可供选择的单选按钮有“保留”“消隐”“删除”）；在“边界”选项组中接受默认的公差选项，并取消选中“在开放边界上创建曲线”复选框，如图 6-61 所示。

5 在“由曲面生成实体”对话框中单击“确定”图标按钮，完成由曲面生成实体的命令操作以生成薄片实体。

知识点拨 如果在“由曲面生成实体”对话框的“边界”选项组中选中“在开放边界上创建曲线”复选框，那么最后将生成如图 6-62 所示的边界曲线。

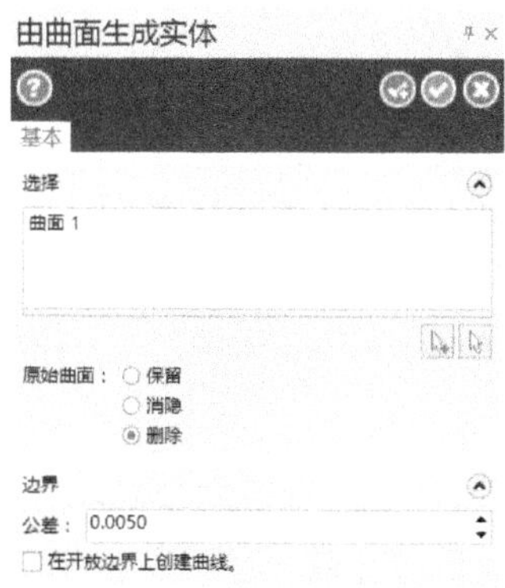

图 6-61 “由曲面生成实体”对话框

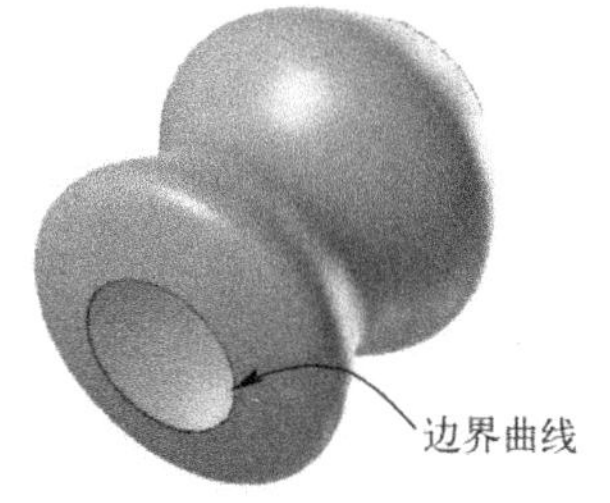

图 6-62 生成边界曲线

二、薄片实体加厚

1 选中要增加厚度的薄片实体，然后在“实体”菜单中选择“薄片加厚”命令，系统打开“加厚”对话框。

2 在“加厚”对话框的“基本”选项卡中接受默认的名称为“薄片加厚”，单击选中“方向 2”单选按钮（结合预览的方向来考虑选择“方向 1”单选按钮或“方向 2”单选按钮。另外，根据设计需要，还可以选择“两端”单选按钮以设置向两侧加厚），设置“方向 2”的厚度为“5”，如图 6-63 所示。有兴趣的读者可以尝试更改方向单选按钮以观察薄片实体加厚的预览效果，如图 6-64 所示。本例最终选择的是“方向 2”单选按钮。

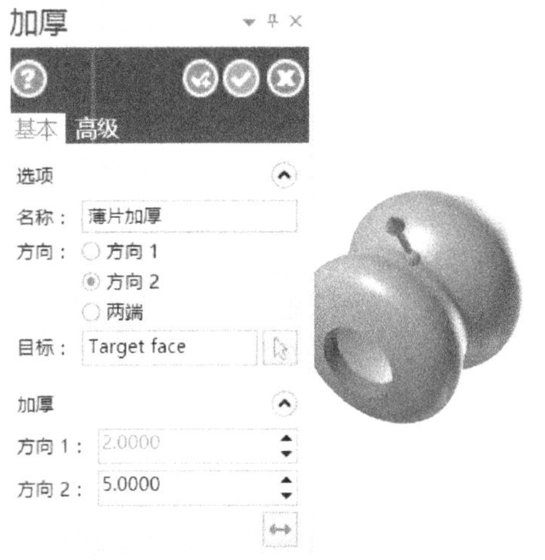

图 6-63 利用“加厚”对话框进行基本参数设置

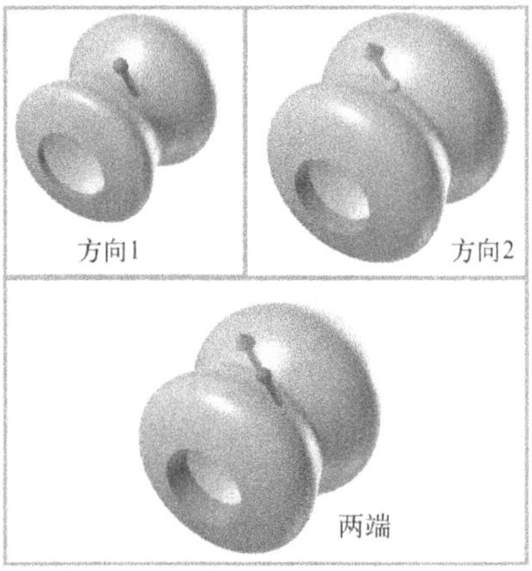

方向1 方向2 两端

图 6-64 不同的加厚方向

3 在“加厚”对话框中单击“确定”图标按钮。完成上述操作得到的薄片实体加厚的效果如图 6-65 所示。

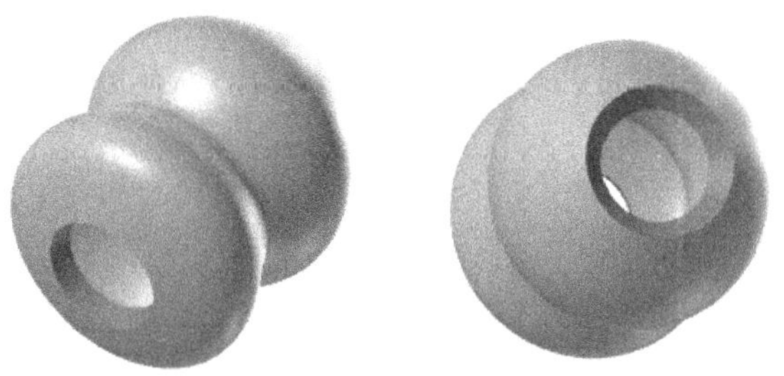

图 6-65 薄片实体加厚的效果

6.8 实体的一些编辑操作

设计好一些三维实体模型之后，可以根据设计要求来对实体模型进行倒圆角、倒角、实体抽壳、实体修剪、移动实体面、实体拔模和实体特征阵列等编辑操作。

6.8.1 实体圆角

实体圆角是指在实体两个相邻面的边界处按照指定的半径构建一个平滑的过渡圆弧面。圆角半径可以是固定的，也可以是变化的。

对实体进行圆角的命令有 3 种，即“固定半径倒圆角”“变化半径倒圆角”和“面与面倒圆角”。这 3 个命令位于“实体”/“倒圆角”级联菜单中，如图 6-66a 所示，其相应的工具按钮位于如图 6-66b 所示的“实体”工具栏中。

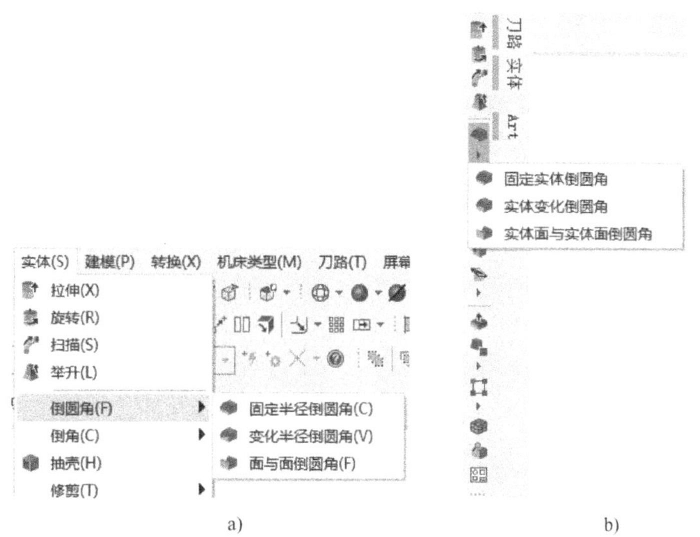

图 6-66 对实体进行倒圆角的命令/工具按钮

a)“实体”/“倒圆角”级联菜单 b)“实体”工具栏

一、固定半径圆角与变化半径圆角

可以通过选择实体边界、实体面或实体主体在其实体边界上创建过渡圆角，所创建的过渡圆角可以是固定半径的，也可以是变化半径的。固定半径倒圆角和变化半径倒圆角的操作流程是类似的，下面通过范例进行相应介绍。

例如，要在一个边长均为 50 的立方体的所有边界处创建半径为 5 的圆角。首先在绘图区构建该立方体，接着执行以下操作步骤来创建实体倒圆角。

1 在“实体”/“倒圆角”级联菜单中选择“固定半径倒圆角”命令，或者在“实体”工具栏中单击“固定实体倒圆角”图标按钮。

2 系统弹出“实体选择”对话框，从中选中所需的一个或多个图标按钮以便选择所需对象，如只选中“主体”图标按钮，如图 6-67 所示，接着在绘图区单击立方体，按〈Enter〉键确定或者单击“实体选择”对话框中的“确定”图标按钮。

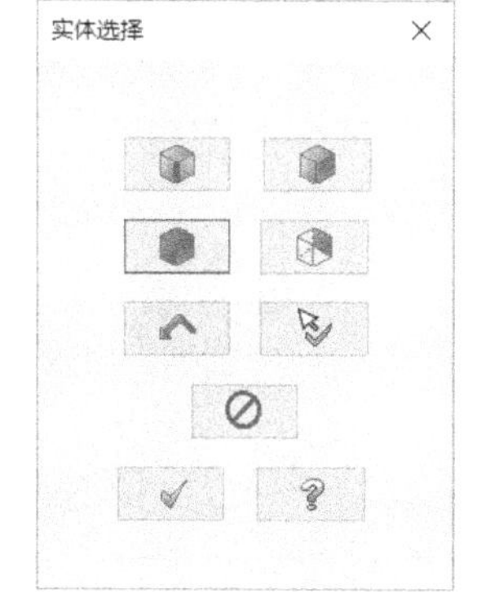

图 6-67 “实体选择”对话框

3 系统弹出“固定圆角半径”对话框，在该对话框的“基本”选项卡中选中“沿切线边界延伸”复选框，设置恒定半径为“5”，从“超出处理”下拉列表框中选择“默认”选项，如图 6-68 所示。

知识点拨 当选中“角落斜接”复选框时，不对顶点处进行平滑处理，而是采用斜接相交方式进行处理；当取消选中“角落斜接”复选框时，则在顶点处进行平滑处理，以获得圆滑相切的过渡效果。当选中“沿切线边界延伸”复选框时，与选择边相切的边线也一并被圆角处理，否则只对选择的边进行圆角处理。

4 在“固定圆角半径”对话框中单击“确定”图标按钮，结果如图 6-69 所示。

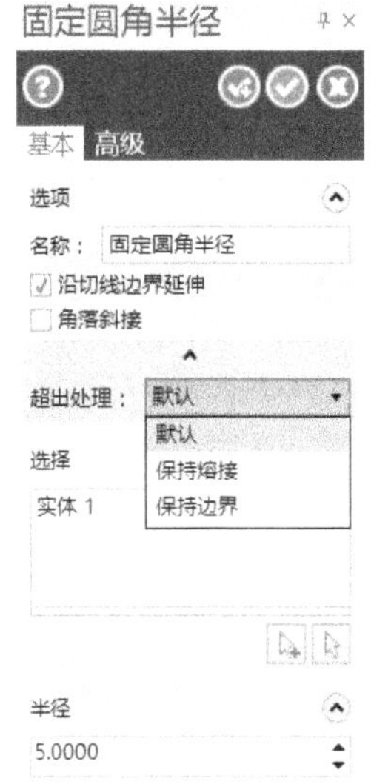

图 6-68 “固定圆角半径”对话框

图 6-69 对立方体各边倒圆角

【典型范例】：在模型中创建固定半径的倒圆角和变化半径的倒圆角

1 打开网盘资料的“CH6”\“实体倒圆角 A.MCX-9”文件，已有的原始实体如图 6-70 所示。

2 在“实体”/“倒圆角”级联菜单中选择“固定半径倒圆角”命令，或者在“实体”工具栏中单击“固定实体倒圆角”图标按钮。

3 在“实体选择”对话框中选中“边界”图标按钮和“实体面”图标按钮，接着在绘图区单击如图 6-71 所示的两个圆形端面，然后按〈Enter〉键确定。

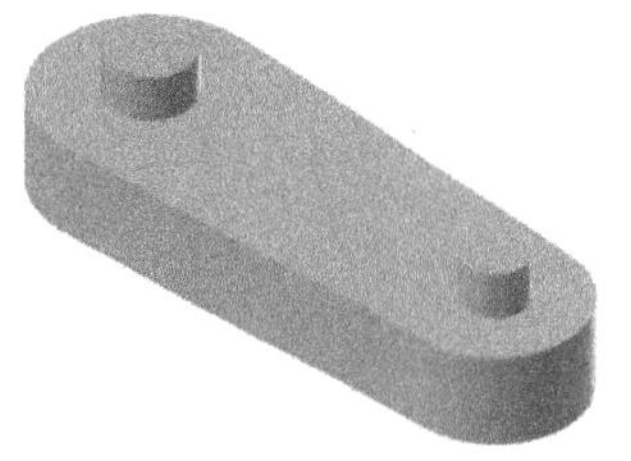

图 6-70 原始实体

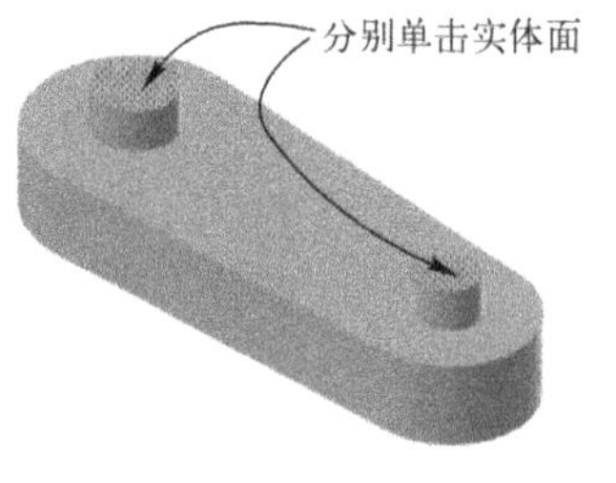

图 6-71 单击两个圆形端面来指定边界

4 在“固定圆角半径”对话框中设置如图 6-72 所示的选项及参数，然后单击“确定”图标按钮，结果如图 6-73 所示。

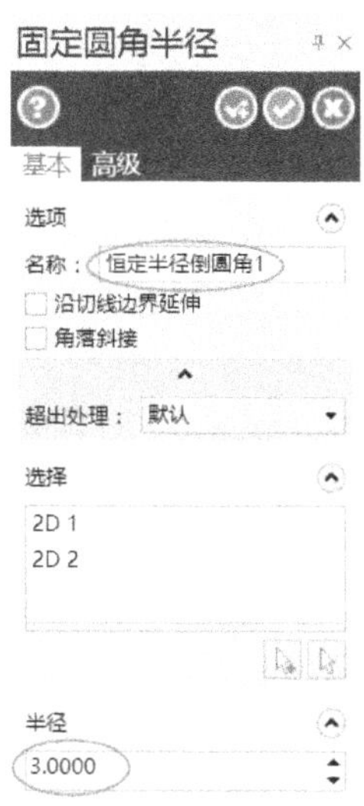

图 6-72 固定半径圆角参数设置

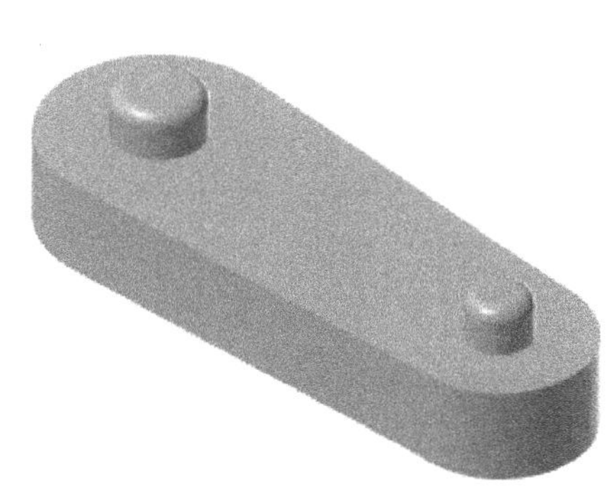

图 6-73 创建固定半径的圆角

5 在“实体”/“倒圆角”级联菜单中选择“变化半径倒圆角”命令，或者在“实体”工具栏中单击“实体变化倒圆角”图标按钮，弹出“实体选择”对话框。

6 使用在“实体选择”对话框中默认选中的“边界”图标按钮，在绘图区选择如图 6-74 所示的边线 1、边线 2 和边线 3，单击“确定”图标按钮。

7 系统弹出“变化圆角半径”对话框，在“基本”选项卡的“名称”文本框中输入“变化圆角半径”，接着单击选中“平滑”单选按钮，选中“沿切线边界延伸”复选框，在“半径”选项组的“默认”文本框中输入 4，如图 6-75 所示。

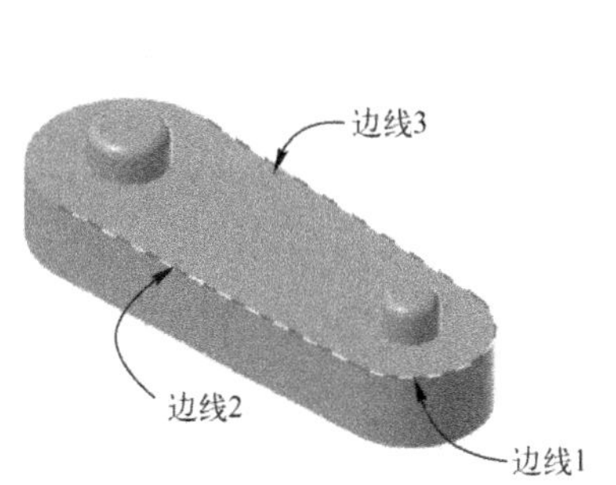

图 6-74 选取要圆角的图素

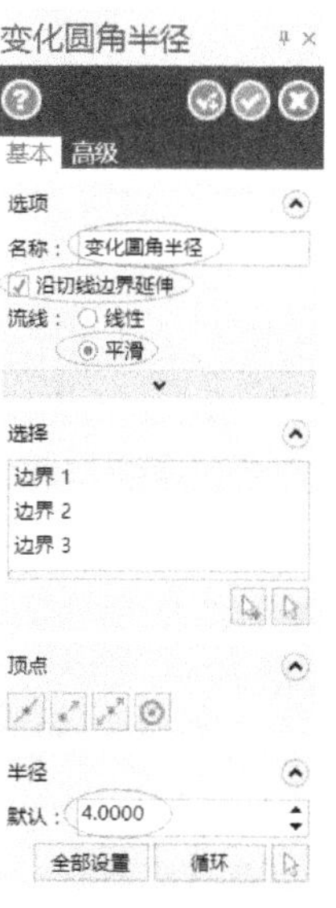

图 6-75 “变化圆角半径”对话框

8 在“变化圆角半径”对话框的“基本”选项卡中单击“循环”按钮，系统弹出如图 6-76 所示的“输入半径”文本框，输入第 1 位置点的半径为“2”，接着输入第 2 位置点的半径为“2”，按〈Enter〉键确定。使用同样的方法设置第 3 位置点和第 4 位置点的半径均为“4”。

知识点拨 在“变化圆角半径”对话框的“顶点”选项组中，提供了如图 6-77 所示的 4 个图标按钮。其中，“中点”图标按钮用于在图形窗口中的实体边界上的两个现有半径之间插入中点，并接着指定一个半径值；“动态”图标按钮用于在实体边界的任何指定位置插入半径，选择边界并将箭头移到期望的位置，然后输入半径值并按〈Enter〉键；“位置”图标按钮用于更改实体边界上用户创建的半径点位置，在图形窗口中显示选择现在的半径点，然后可沿边界将箭头移动到新位置；“移除顶点”图标按钮用于从实体边界中移除用户创建的半径点。

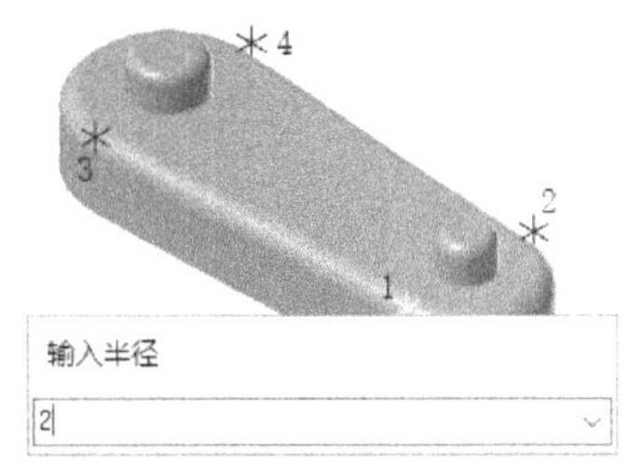

图 6-76　输入第 1 位置点的半径

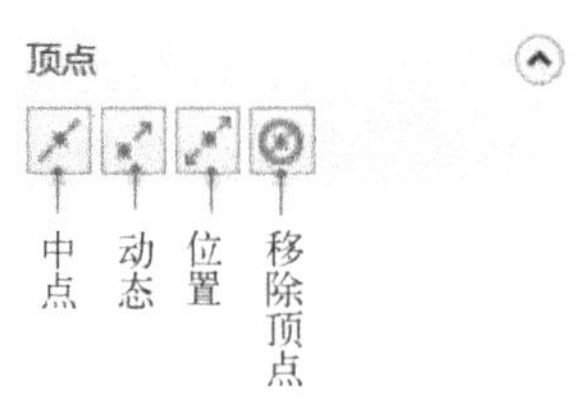

图 6-77　“顶点”选项组

9 在“变化圆角半径”对话框中单击“确定”图标按钮，结果如图 6-78（右）所示。

图 6-78　创建变化半径的倒圆角

二、面与面圆角

该方式的圆角是通过选择两组相邻的实体表面来创建的，其创建过程简述如下。

1 在“实体”/“倒圆角”级联菜单中选择“面与面倒圆角”命令，或者在“实体”工具栏中单击“实体面与实体面倒圆角”图标按钮，系统弹出“实体选择”对话框。

2 默认时，“实体选择”对话框中的“面”图标按钮处于被选中的状态，此时系统出现“选择执行面与面倒圆角的第一个面/第一组面”提示信息。在绘图区选择第一组实体面，按〈Enter〉键确定。

3 系统出现“选择执行面与面倒圆角的第二个面/第二组面”提示信息。在绘图区选择第二组实体面，按〈Enter〉键确定。

4 系统弹出如图 6-79 所示的“面与面倒圆角”对话框，在该对话框中设置相应的倒圆角选项及参数。注意，面与面倒圆角的类型有 3 种，即“半径”方式、“宽度”方式和

“控制线”方式。

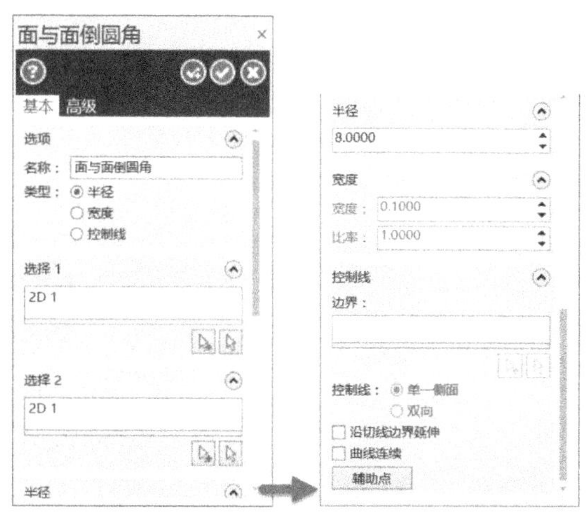

图 6-79 “面与面倒圆角”对话框

5 在“面与面倒圆角”对话框中单击“确定”图标按钮，完成面与面圆角操作。执行面与面倒圆角的图解示例如图 6-80 所示。

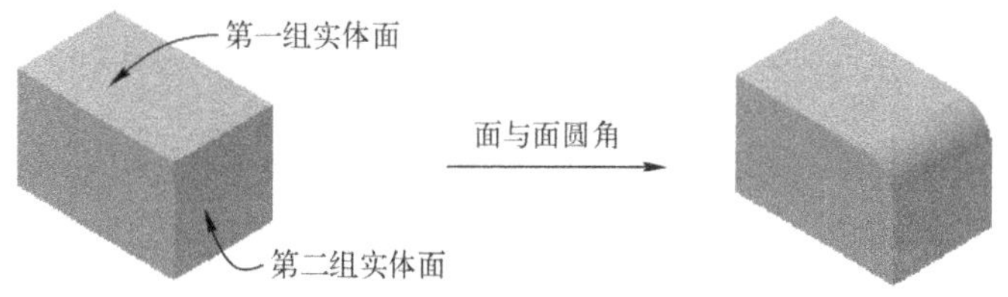

图 6-80 在实体中进行面与面圆角

6.8.2 实体倒角

实体倒角是指对实体的棱边以切除材料的方式实现倒角处理。Mastercam X9 提供了实体倒角的 3 种方式，如图 6-81 所示。

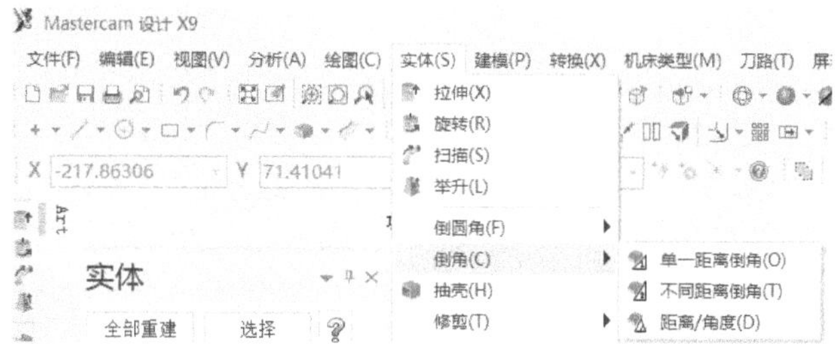

图 6-81 实体倒角的 3 种方式

一、单一距离倒角

单一距离倒角是以单一距离的方式来创建实体倒角，如图 6-82 所示。创建单一距离倒角的典型方法及步骤如下。

1 在“实体”/“倒角”级联菜单中选择“单一距离倒角”命令，或者在“实体”工具栏中单击“实体单一距离倒角”图标按钮，系统弹出“实体选择”对话框。

2 选择要倒角的图形。可以选择边界线、实体面或实体主体（根据实际操作情况），按〈Enter〉键确定。

3 系统弹出“单一距离倒角”对话框，如图 6-83 所示，在该对话框中设置实体倒角参数，如设置单一距离等。

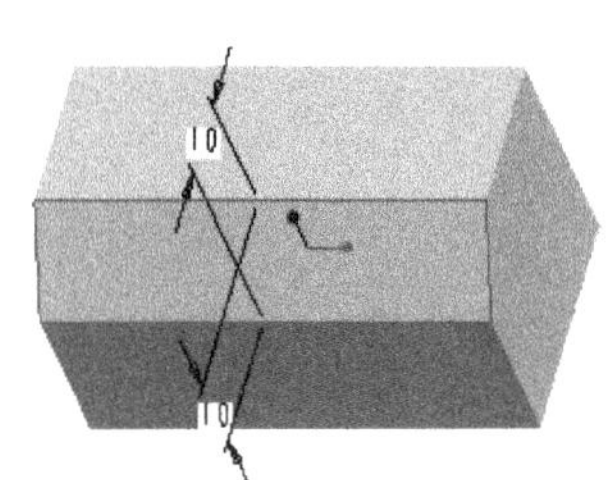

图 6-82　单一距离倒角

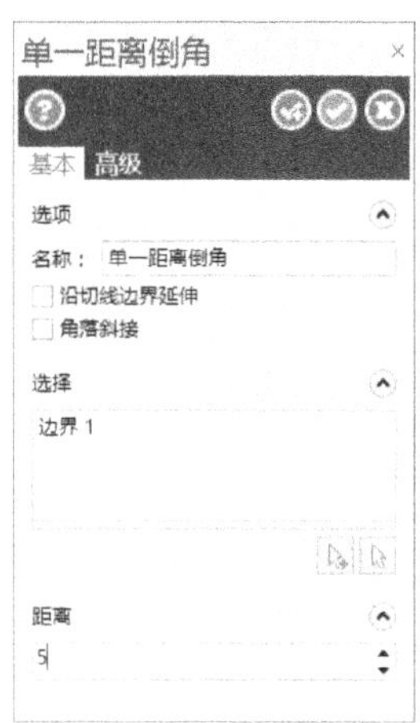

图 6-83 “单一距离倒角”对话框

4 在“单一距离倒角”对话框中单击“确定”图标按钮或“应用”图标按钮。

二、不同距离倒角

不同距离倒角是以两种不同的距离来创建实体倒角，如图 6-84 所示。在“实体”/“倒角”级联菜单中选择“不同距离倒角”命令，或者在“实体”工具栏中单击“实体不同距离倒角”图标按钮，接着利用“实体选择”对话框的相关工具选择边界线或实体面，按〈Enter〉键，系统弹出如图 6-85 所示的“不同距离倒角”对话框，从中设置相关的倒角参数，如距离 1 和距离 2，然后单击“确定”图标按钮或“应用”图标按钮。

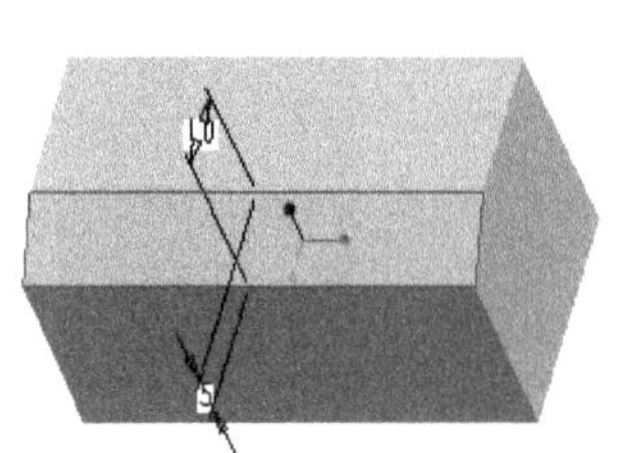

图 6-84　不同距离倒角

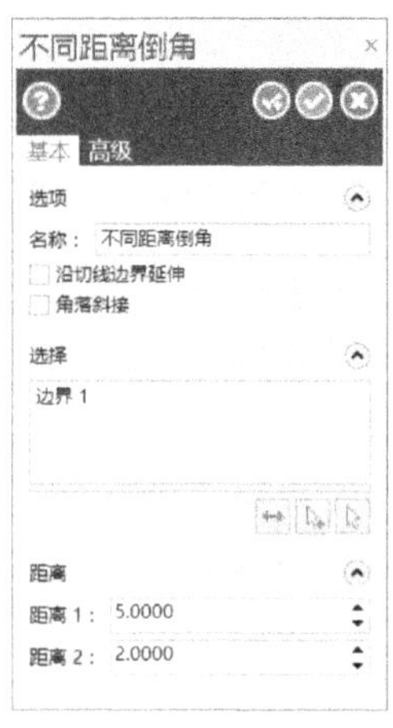

图 6-85 “不同距离倒角”对话框

三、距离/角度

距离/角度倒角是以设定一个距离尺寸和一个角度尺寸的方式来创建实体倒角，如图 6-86 所示。在“实体”/“倒角”级联菜单中选择“距离/角度”命令，或者在“实体”工具栏中单击“距离/角度倒角”图标按钮，接着借助“实体选择”对话框的相关工具按钮选择要倒角的有效图形，按〈Enter〉键，然后在弹出的“距离与角度倒角”对话框中设置距离尺寸值和角度尺寸值等，如图 6-87 所示，单击“确定”图标按钮或“应用”图标按钮。

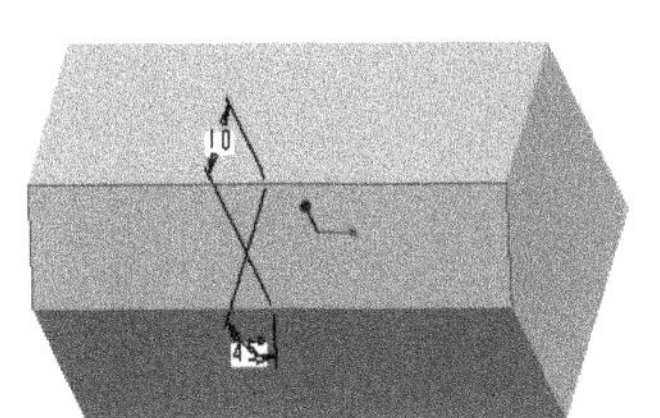

图 6-86　距离/角度倒角

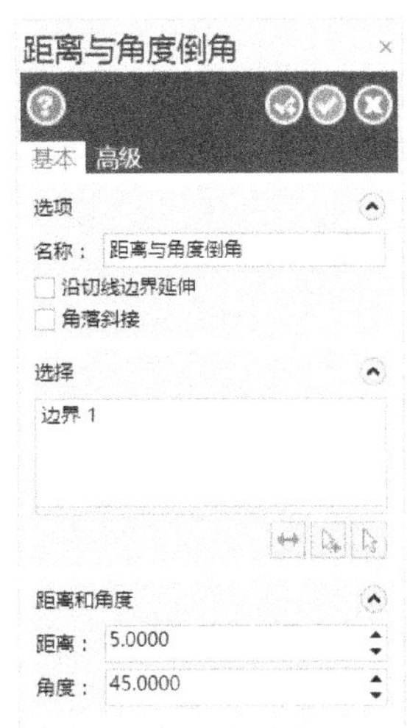

图 6-87　“距离与角度倒角”对话框

6.8.3 实体抽壳

使用“实体抽壳”功能可以将实体的内部材料掏空，从而形成一个具有指定壁厚的空心实体。实体抽壳可以选择整个实体来进行，也可以选择实体表面来进行。如果选择整个实体，则可以生成一个没有开口的壳体；如果选择实体上的一个或多个实体面，那么可移除这些实体面来形成壳体的开口结构，如图 6-88 所示。

图 6-88　实体抽壳的示例

实体抽壳的典型方法及步骤如下。

1 在“实体”菜单中选择“抽壳”命令，或者在“实体”工具栏中单击“实体抽壳”图标按钮，系统弹出“实体选择”对话框。

2 注意结合“实体选择”对话框中的“实体面”图标按钮和“选择主体”图标按钮等来选择相应的内容，按〈Enter〉键确定。

3 系统弹出如图 6-89 所示的“抽壳”对话框。在“抽壳”对话框中，设置抽壳的方向及相应的抽壳厚度等。

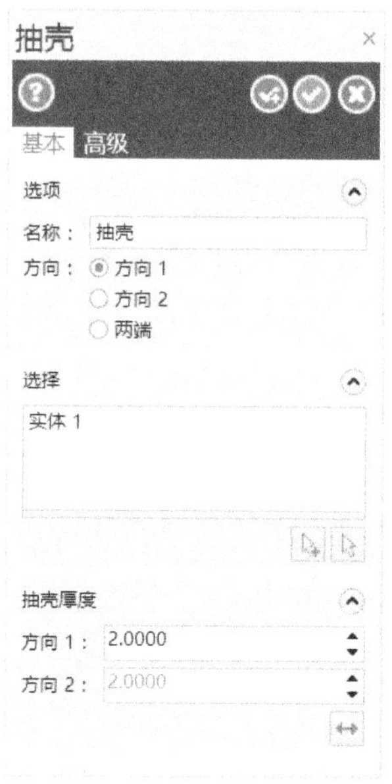

图 6-89 “抽壳”对话框

4 最后，在“抽壳”对话框中单击“确定”图标按钮或“应用”图标按钮。

读者可以打开网盘资料的“CH6”\“实体抽壳.MCX”文件来进行实体抽壳操作的练习。

6.8.4 实体修剪

实体修剪是指使用平面、曲面或薄片实体来对现有的实体进行修剪，如图 6-90 所示。在 Mastercam X9 中，实体修剪的主要命令有“依照平面修剪”和“修剪到曲面/薄片”，两者的操作步骤类似。下面以一个简单范例介绍“修剪到曲面/薄片”命令的一般操作步骤。

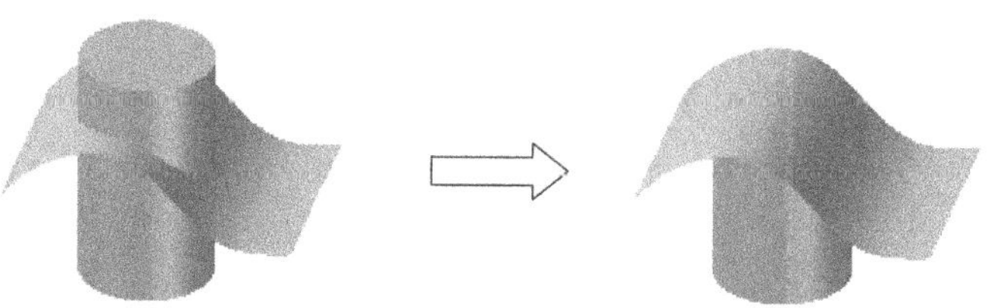

图 6-90 实体修剪示例：用曲面修剪实体

1 打开网盘资料的“CH6”\“实体修剪.MCX-9”文件，已有的原始实体与曲面如图 6-91 所示。在“实体”菜单中选择“修剪”\“修剪到曲面/薄片”命令，或者在“实体”工具栏中单击“实体修剪到曲面/薄片”图标按钮，弹出“实体选择”对话框。

2 在“实体选择”对话框中确保选中“主体”图标按钮，随后系统提示选择要修剪的主体。在本例中，选择圆柱体作为要修剪的主体。

3 系统提示选择要修剪的曲面或薄片，在该提示下选择已有曲面作为要修剪的曲面，如图 6-92 所示。

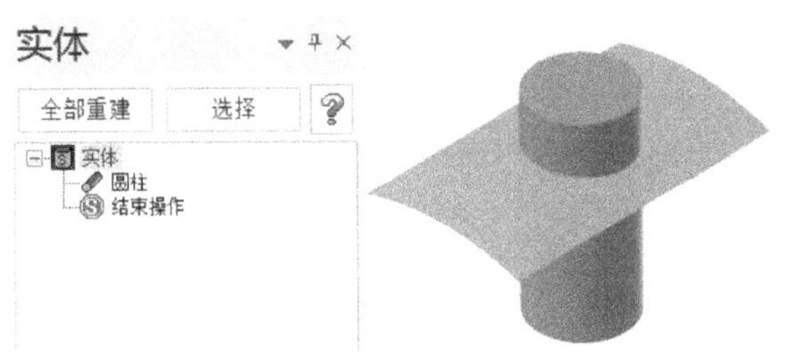

图 6-91 原始实体与曲面

4 系统弹出如图 6-93 所示的“修剪到曲面/薄片”对话框，在其“基本”选项卡中进行相关的设置。在本例中，在该对话框的“基本”选项卡中取消选中“分割实体”复选框，然后单击选中“使用曲面修剪”单选按钮。

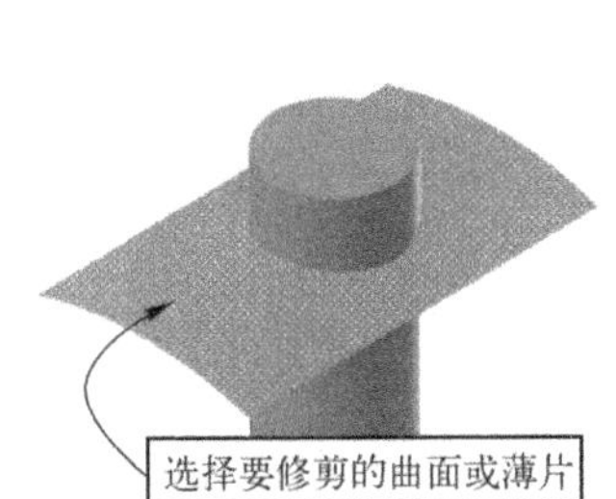

图 6-92 选择要修剪的曲面

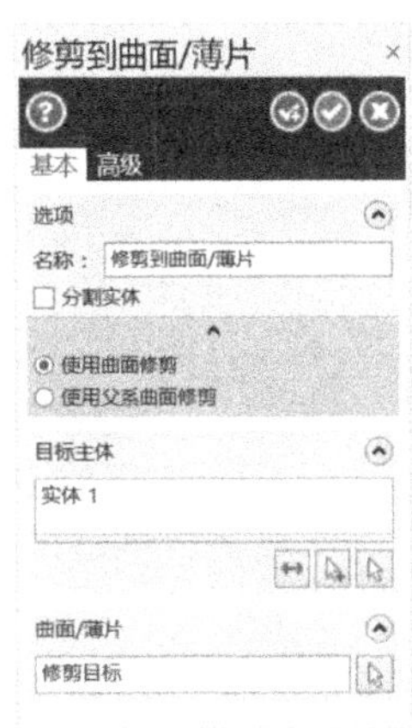

图 6-93 “修剪到曲面/薄片”对话框

此时，实体修剪的预览效果 1 如图 6-94 所示。注意，在实际设计中，很多时候可以利用“目标主体”选项组增加选择目标主体，或者重新选择目标主体等。这里，如果在“目标主体”选项组中单击“全部反向”图标按钮↔，则使修剪方向反向，其预览效果如图 6-95 所示，即使用此图标按钮可更改部分要保留的实体部分。本例最终选择预览效果 1 的修剪方向设置。

5 在“修剪到曲面/薄片”对话框中单击“确定”图标按钮，确定完成此实体修剪操作。

说明： 在本例中，如果在“修剪到曲面/薄片”对话框的“基本”选项卡中选中“分割实体”复选框，则最后得到被曲面修剪形成的两个实体（A 和 B），如图 6-96 所示。

图 6-94 预览效果 1

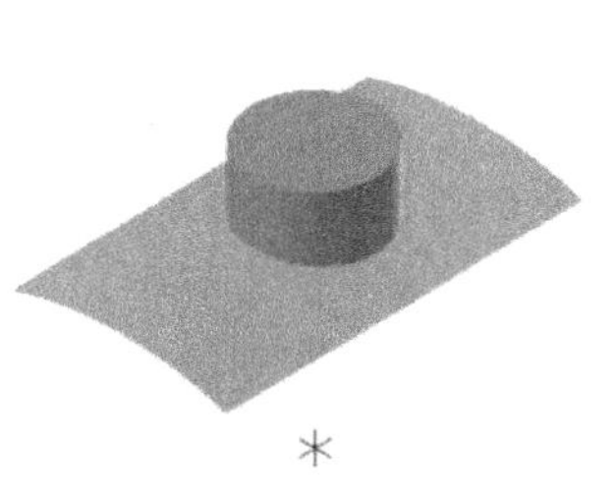

图 6-95 预览效果 2

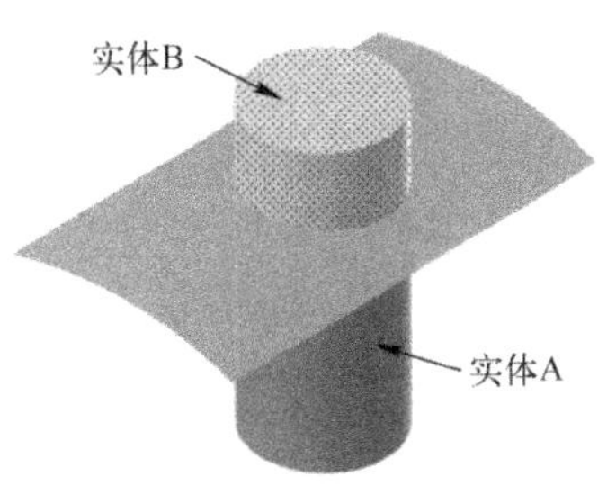

图 6-96 选中“分割实体”复选框时的效果

6.8.5 移除实体面

“移除实体面”是指将实体（包括封闭实体和薄片实体）上指定的表面移除，使该被移除表面的实体转换为薄片实体。该功能通常用来将有问题的实体面或需要设计变更的实体面删除。

【典型范例】：移除实体面

1. 打开网盘资料的“CH6”\“移除实体表面.MCX-9”文件，该文件中的原始实体模型如图 6-97 所示。
2. 在“建模”菜单中选择“移除实体面”命令。
3. 选择要移除的实体面，如图 6-98 所示，按〈Enter〉键确定。

图 6-97　文件中的原始实体模型

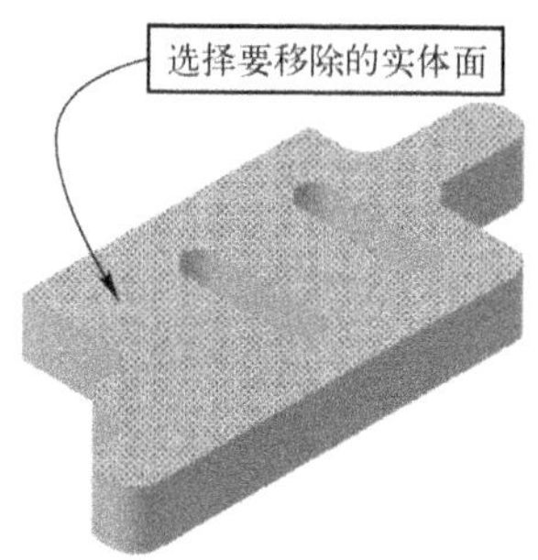

图 6-98　选择要移除的实体面

操作提示：可以同时对多个实体面进行移除。

4. 系统弹出“移除实体面”对话框，在“基本”选项卡的“原始面”选项组中单击选中“删除”单选按钮，如图 6-99 所示。注意，原始面可以被设置为“保留”“消隐”或“删除”。另外，在“边界”选项组中取消选中“在开放边界上创建曲线”复选框。

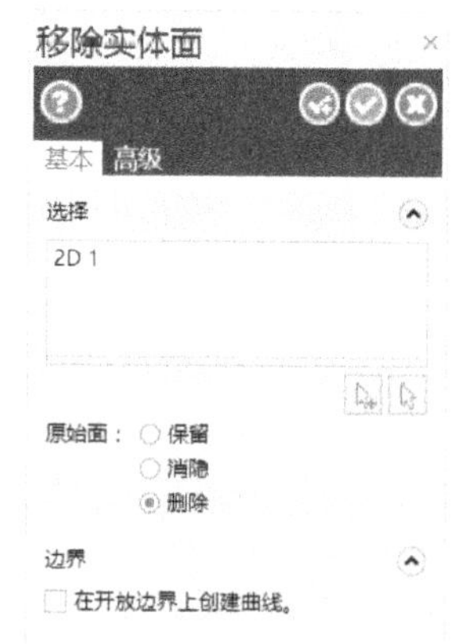

图 6-99　“移除实体面”对话框

5. 在“移除实体面”对话框中单击“确定”图标按钮，移除实体面后的结果如图 6-100 所示。

命令提示：本小节介绍的“移除实体面”命令位于菜单栏的“建模”菜单中。“建模”菜单还提供了其他实用建模命令，如图 6-101 所示，其中包括“更改实体特征”“移除实体圆角”“更改实体圆角”“分解实体”“移除实体历史记录”“更改实体面颜色”“设置实体特征颜色”“清除实体特征颜色”和“清除实体面和特征颜色”等，读者可以自行尝试学习。

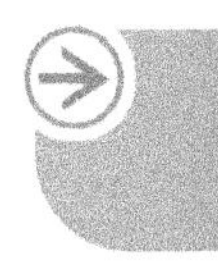

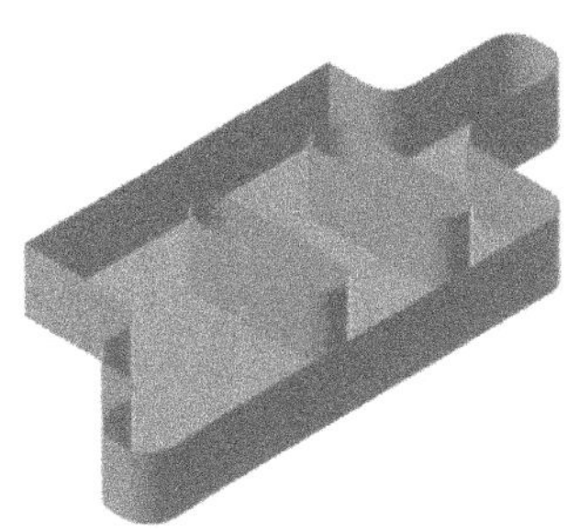

图 6-100 移除实体面的结果

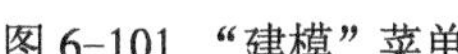

图 6-101 “建模”菜单

6.8.6 实体拔模

拔模处理在产品零件设计中很常见，主要是为了使产品零件在制造时便于出模（脱离模具）。在 Mastercam X9 中，实体拔模的命令位于菜单栏的“实体”/“拔模”级联菜单中，包括“依照实体面拔模”“依照平面拔模”“依照边界拔模”和“依照拉伸拔模”。

1）“依照实体面拔模”：需要选择一个或多个要拔模的实体面（即参考面），接着选择平面以指定拔模面，然后在如图 6-102 所示的“依照实体面拔模”对话框中设置拔模角度等。

2）“依照平面拔模”：需要选择要拔模的实体面，并利用弹出的“依照平面拔模”对话框（见图 6-103）中的“平面”工具来指定一个平面作为参考平面，然后设定拔模角度等。

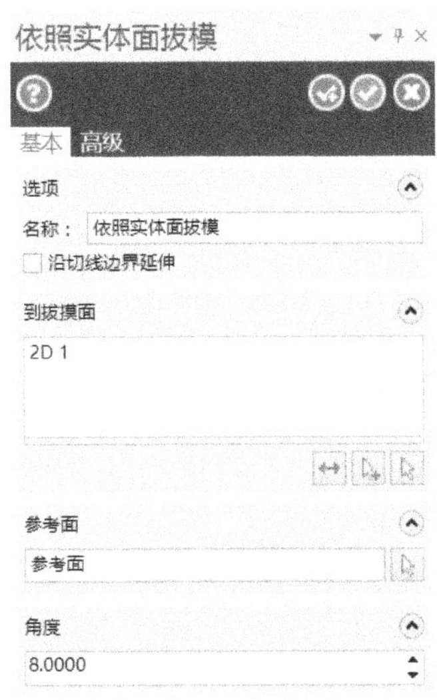

图 6-102 “依照实体面拔模”对话框

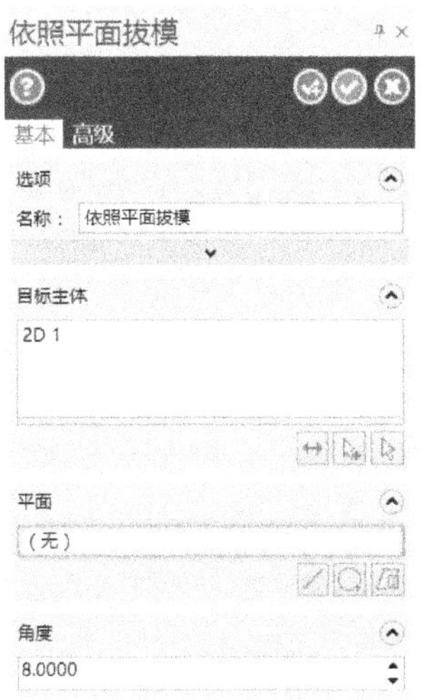

图 6-103 “依照平面拔模”对话框

3）“依照边界拔模”：需要选择要拔模的实体面，接着从高亮实体面选择参考边界，并需要选择边界或实体面指定拔模方向，然后利用如图 6-104 所示的“依照边界拔模”对话框设定拔模角度等。

4）“依照拉伸拔模”：对拉伸实体执行该命令，需要选择要拔模的实体面，接着在弹出的如图 6-105 所示的“依照拉伸拔模”对话框中设置拔模角度即可快速获得所需的基于拉伸的拔模效果。

图 6-104 “依照边界拔模”对话框

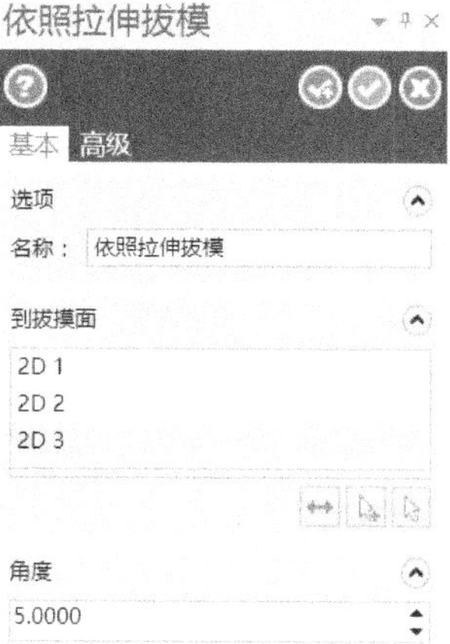

图 6-105 “依照拉伸拔模”对话框

执行实体拔模操作的一个典型示例如图 6-106 所示（此图例为最常见的“依照实体面拔模”操作例）。

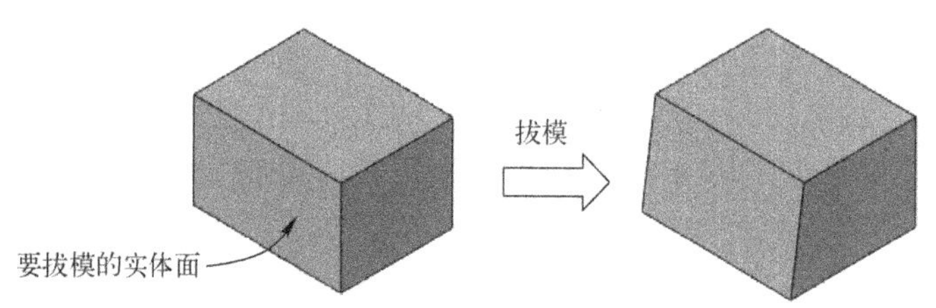

图 6-106 实体拔模示例

【典型范例】：在实体中进行拔模操作

1 打开网盘资料的“CH6”\“实体拔模.MCX-9”文件，该文件中的原始实体模型如图 6-107 所示。

2 在“实体”菜单中选择“拔模”/“依照实体面拔模”命令。

3 选择要拔模的一个实体面，如图 6-108 所示，按〈Enter〉键确定。

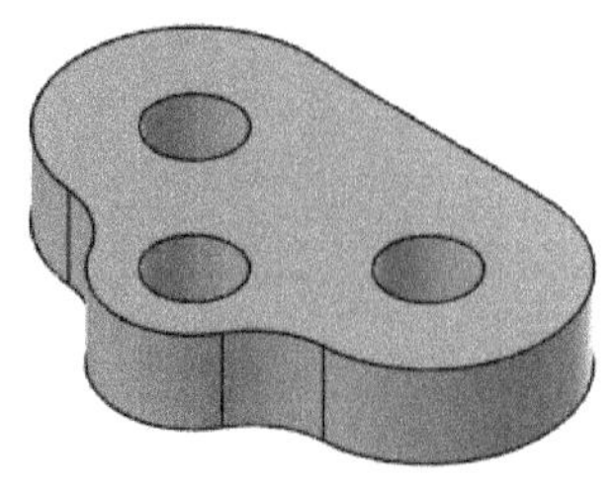

图 6-107 原始实体模型

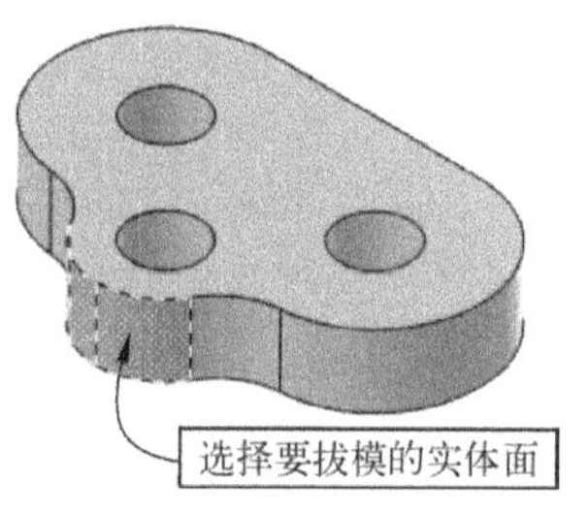

图 6-108 选择要拔模的实体面

4 系统出现“选择平面指定拔模面”提示信息。在该提示下，选择如图 6-109 所示的平整实体面。

5 系统弹出“依照实体面拔模”对话框，在“基本”选项卡中选中“沿切线边界延伸”复选框，并在“角度”文本框中设置拔模角度为“10”，如图 6-110 所示，注意观察此时拔模的预览效果。

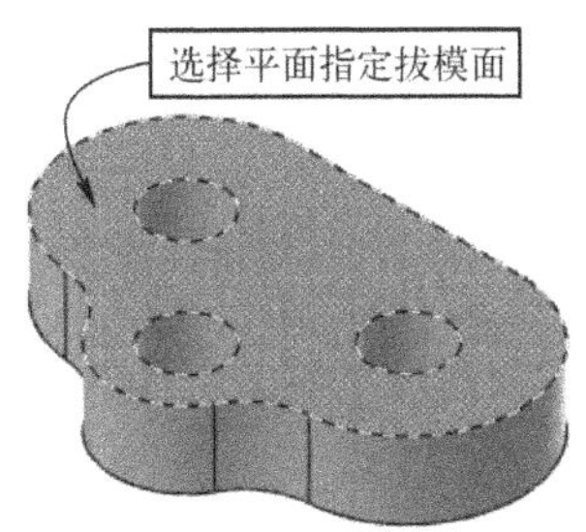

图 6-109 选择平面指定拔模面

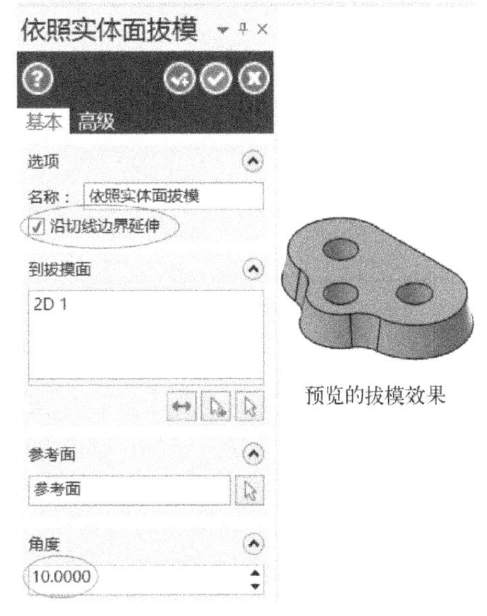

图 6-110 “依照实体面拔模”设置及预览效果

6 单击“确定”图标按钮，完成此拔模操作。

6.8.7 实体特征阵列

在 Mastercam X9 中，可以对实体特征进行阵列，其阵列方式有“直角坐标阵列”、“旋转阵列”和“手动阵列”3 种。

（1）直角坐标阵列

直角坐标阵列也称为矩形坐标阵列，它既可以是一个方向上的阵列，也可以是两个方向上的阵列。下面以网盘资料的“CH6”\“直角坐标阵列.MCX-9”文件为例辅助介绍如何创建直角坐标阵列。

首先，打开此素材文件，在菜单栏中选择“实体”/“实体特征阵列”/“直角坐标阵列”命令，系统提示选择一个或多个实体操作或工件主体去阵列（可以从屏幕窗口或实体历史树中选择）。在本例中，选择一个小矩形切口作为要阵列的实体特征，在“实体选择”对话框中单击“确定”图标按钮，系统弹出“直角坐标阵列”对话框。然后，在“直角坐标阵列”对话框的“基本”选项卡中分别指定方向 1 和方向 2 的阵列参数（包括阵列方向、阵列次数、距离和角度），典型设置示例如图 6-111 所示。最后，单击“确定”图标按钮即可。

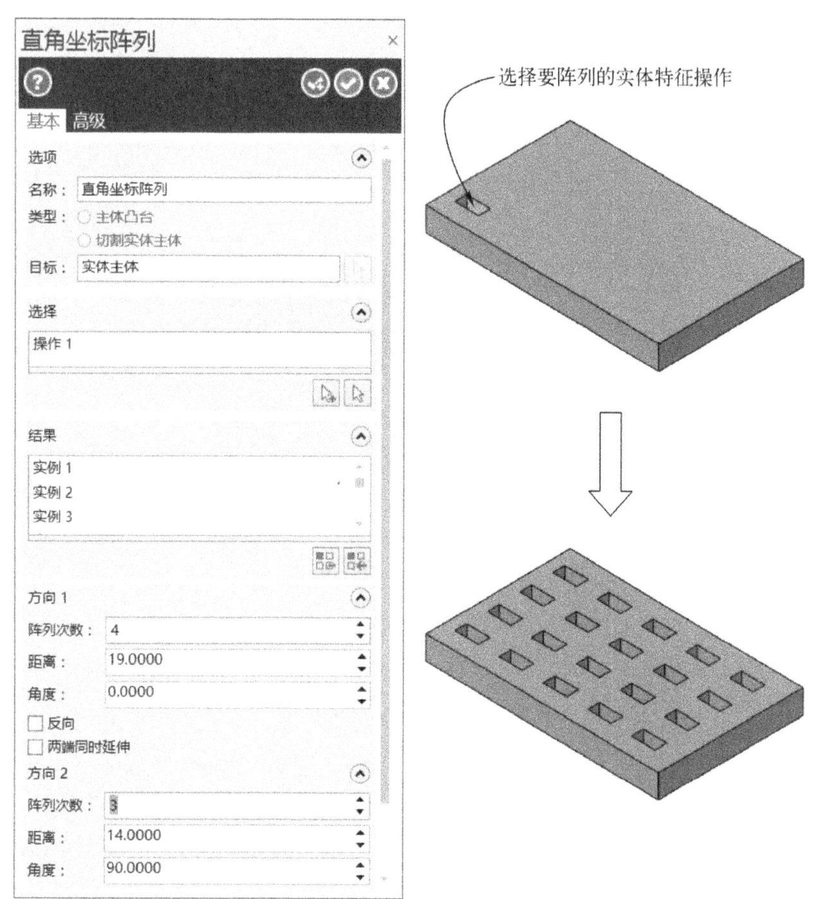

图 6-111　创建直角坐标阵列示例

（2）旋转阵列

旋转阵列是指选定对象围绕旋转轴进行布局的一种阵列。下面以一个范例来介绍“旋转阵列”的操作步骤。

1 打开网盘资料的“CH6”\“旋转阵列.MCX-9”文件。

2 在“实体”菜单中选择“实体特征阵列”/“旋转阵列”命令，系统弹出“实体选择”对话框。

3 选择如图 6-112 所示的一个三角形的切口特征，接着单击“实体选择”对话框中的“确定”图标按钮 ✓，系统弹出“旋转阵列”对话框。

4 在“旋转阵列”对话框的“基本”选项卡中，在“位置和距离”选项组中将阵列值设置为“5”，设置中心点位置坐标为“0，0”，单击选中“圆弧”单选按钮，设置角度为“45”，但取消选中“限制总扫描角度”复选框和“反向”复选框，如图 6-113 所示。当取消选中“限制总扫描角度”复选框时，设置的旋转角度代表的是每个相邻阵列成员间的角度；当选中“限制总扫描角度”复选框时，设置的旋转角度代表的是所有阵列成员加起来的总阵列角度。

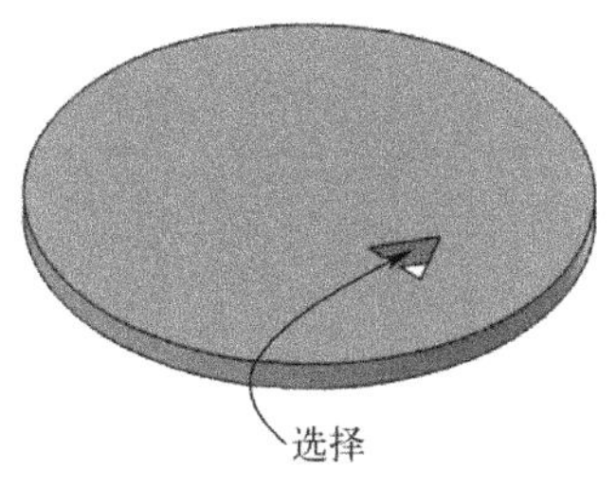

图 6-112　选择要阵列的实体特征操作

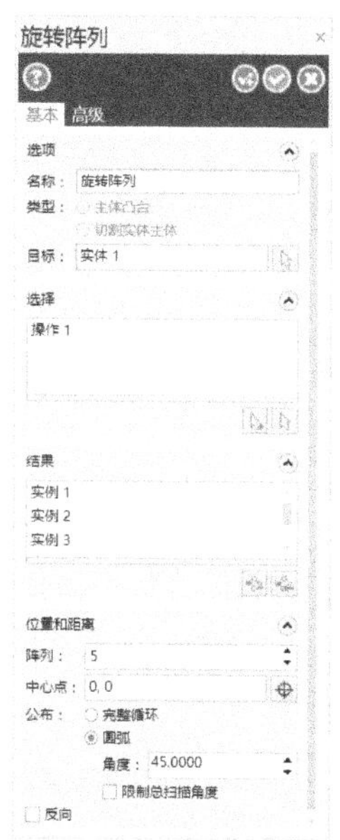

图 6-113　设置旋转阵列参数

单击“确定”图标按钮，旋转阵列结果如图 6-114 所示。

在本例中，如果选中“反向”复选框，则旋转阵列效果如图 6-115 所示。

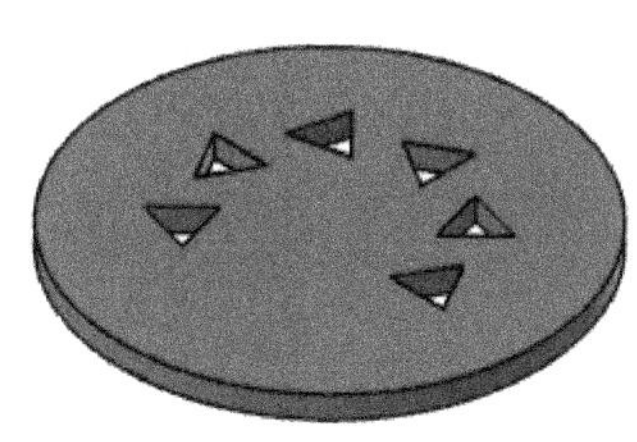

图 6-114　旋转阵列结果

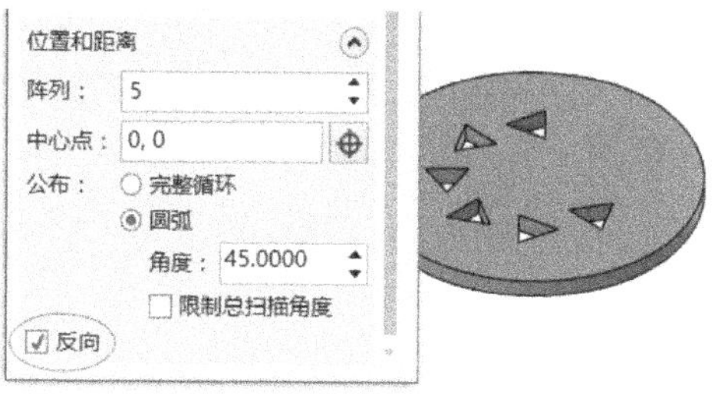

图 6-115　选中“反向”复选框时的旋转阵列效果

（3）手动阵列

手动阵列的操作流程和上述两种阵列的操作流程类似。不同的地方是，创建手动阵列时，在选择要阵列的实体操作或工件主体后弹出“手动阵列”对话框，需要在“结果”选项组中单击“增加”图标按钮，从而可通过单击的形式将阵列的副本增加到原始实体主体，即出现提示时，使用自动抓点来选择基本位置，然后将副本放置在实体零件上的期望位置。另外，“移除选择的特征”图标按钮用于通过单击在图形窗口中选择一个或多个特征和原副本进行移除。

6.9　实体管理器应用概述

Mastercam X9 系统提供了一个实用的实体管理器，它以阶层结构方式按创建顺序列出每个实体的操作记录，一个实体由一个或一个以上的操作（或者称为“特征”）组成，如图 6-116

所示。利用实体管理器，除了可以很直观地观察三维实体的构建记录和图形父子关系之外，还可以编辑实体特征的参数、重建实体、删除实体、重新命名实体，以及改变实体操作（实体特征）的次序等。在实体管理器的操作树中，对选定实体操作使用鼠标右键单击，则弹出如图 6-117 所示的快捷菜单，从中选择相关的命令进行处理。

图 6-116　实体管理器

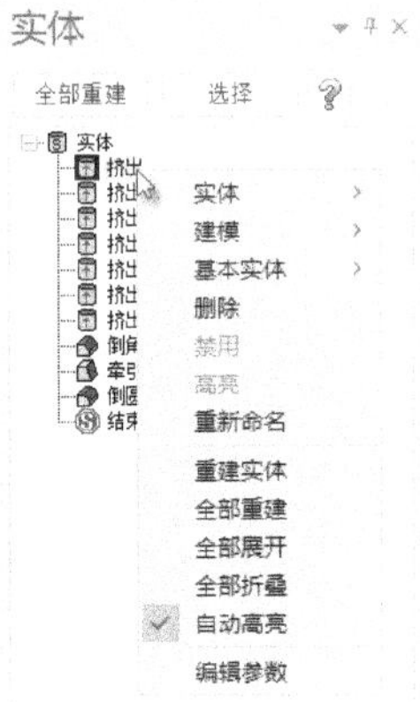

图 6-117　右键单击实体操作弹出的快捷菜单

编辑实体特征后，要观察编辑后的实体结果，需要让系统重新计算以全部重建。如果重新计算实体遇到问题，那么系统会返回到重新计算之前的状态，并在实体管理器中将有问题的实体和操作标识为“?”，便于用户从问题入手并改正错误。

在实体管理器中，可以使用拖动的方式将某一个操作移动到新的允许位置，以改变实体操作的顺序来产生不同的实体模型效果。在实体管理器的所有操作列表中，有一个结束操作标志Ⓢ，如果需要，则可以将该标志拖到实体操作目录列表的允许位置，以停止允许位置后面的操作。

【典型范例】：利用实体管理器来修改实体模型

1 打开网盘资料的“CH6”\“实体管理器操作.MCX-9”文件，该文件中的原始实体模型如图 6-118 所示。

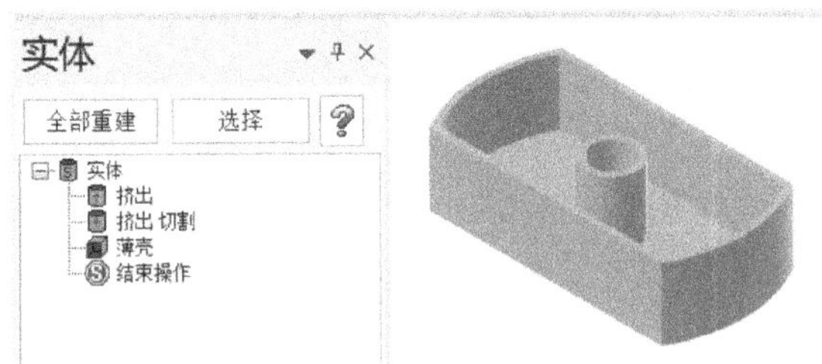

图 6-118　原始实体模型

2 在实体管理器中，如果“实体”节点未展开，那么单击“实体”节点前面的加号，此时展开此“实体”操作的内容，其加号变成减号。接着右键单击“拉伸”操作标识，系统弹出如图 6-119 所示的快捷菜单，从该快捷菜单中选择“编辑参数”命令。系统弹出“实体拉伸”对话框，将其拉伸距离修改为“12.5”，如图 6-120 所示，然后在“实体拉伸”对话框中单击“确定”图标按钮。

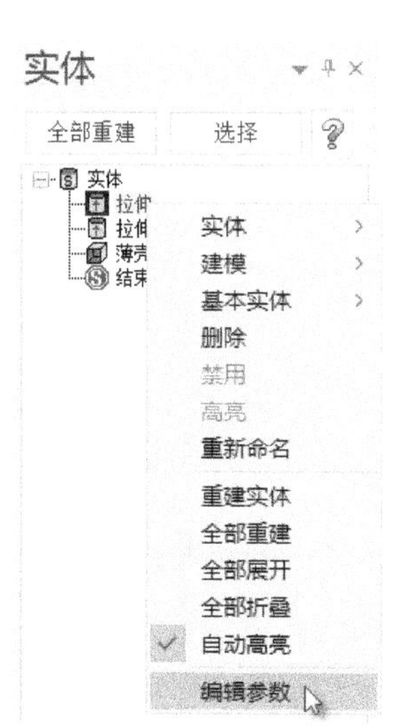

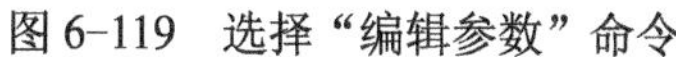

图 6-119 选择“编辑参数”命令

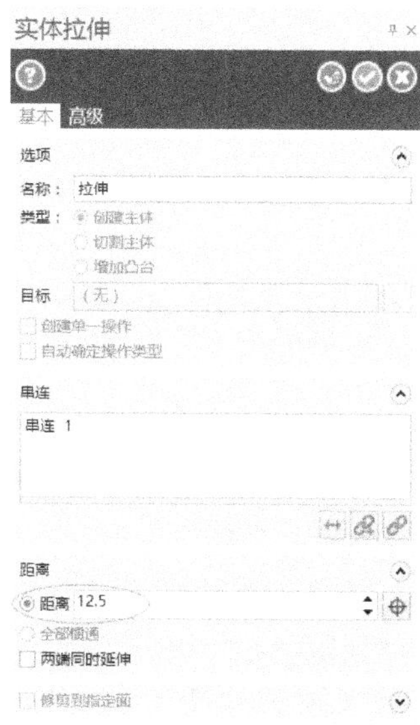

图 6-120 修改拉伸距离

3 此时，实体管理器中的阶层结构显示如图 6-121 所示，需要重建实体。在实体管理器中选择“实体”，单击鼠标右键，从弹出的如图 6-122 所示的快捷菜单中选择“重建实体”命令。也可以直接在实体管理器中单击“全部重建”按钮。

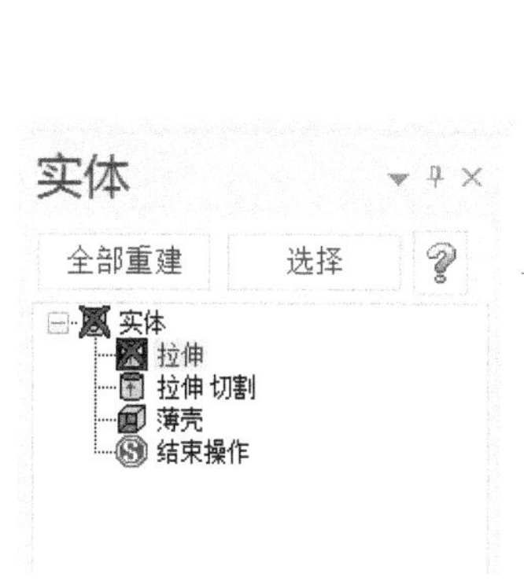

图 6-121 实体管理器

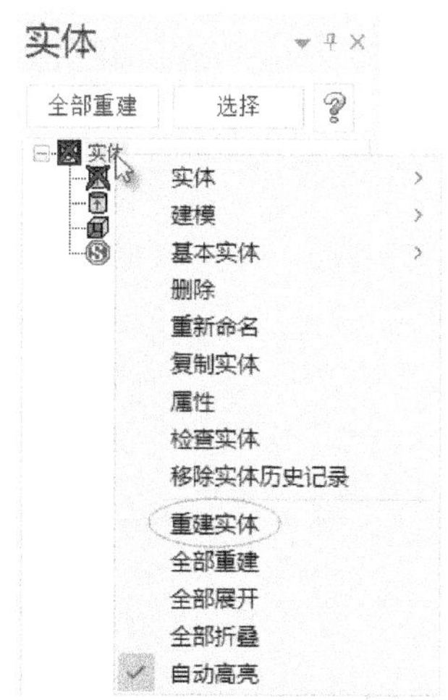

图 6-122 选择“重建实体”命令

重建实体后的实体模型效果如图 6-123 所示。

4 使用鼠标拖动的方法将“薄壳”操作拖到“拉伸”操作之后，得到的实体模型效果如图 6-124 所示。

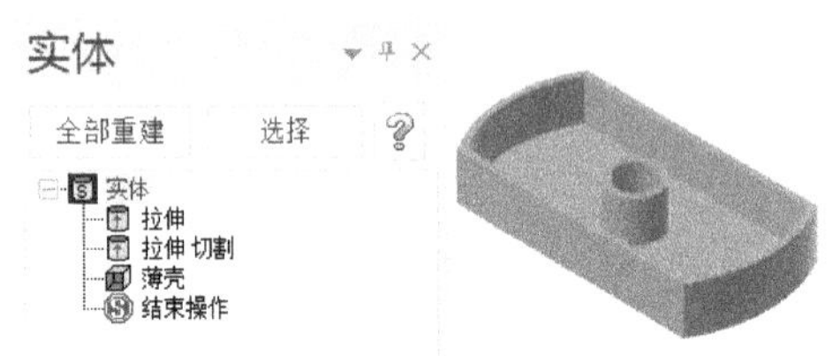

图 6-123　重建实体后的实体模型效果

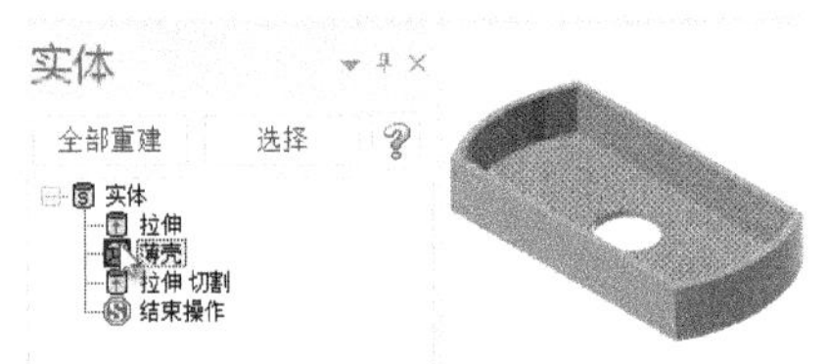

图 6-124　改变操作次序的结果

6.10　查找实体特征

在 Mastercam X9 实体造型设计中，有时会导入由其他软件设计的实体。导入实体没有具体的操作历史记录。通常为了通过编辑参数来编辑导入实体的某些结构，可执行系统提供的“查找实体特征”功能，以查找实体中的圆角和孔特征，并设置将查找的特征移除或建立新操作。

查找实体特征的流程比较简单，即在“实体”菜单中选择“查找实体特征”命令，系统将弹出如图 6-125 所示的“查找特征”对话框，从中设置类型为“创建操作”或“移除特征”、特征查找对象为“圆角”或“孔”（选择孔时可设置是否包括盲孔），以及设置最小半径和最大半径等，最后单击“确定”图标按钮，系统会给出查找特征的操作结果。

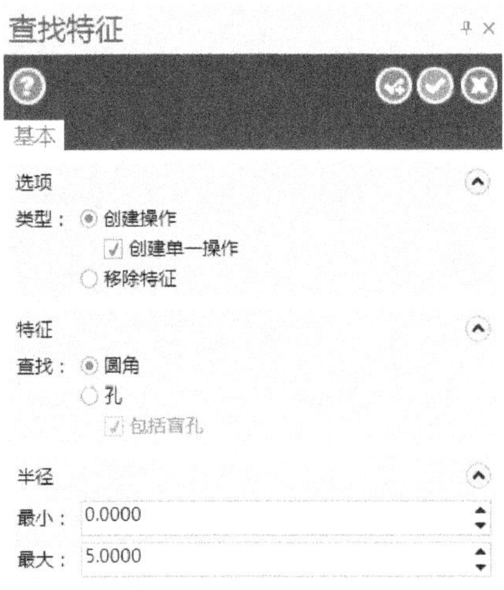

图 6-125　“查找特征”对话框

6.11　三维实体综合设计范例

本节介绍一个典型的三维实体综合设计范例，该范例要完成的三维实体模型如图 6-126 所示。在该综合设计范例中，注意各实体创建与编辑命令的应用，并需要掌握构图面、构图深度和图层管理等应用技巧。

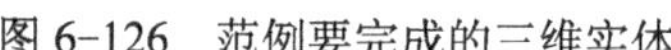

图 6-126　范例要完成的三维实体

本范例具体的操作方法及步骤如下。

1 新建一个图形文件。

在“文件”工具栏中单击“新建”图标按钮，或者从菜单栏的“文件”菜单中选择“新建”命令，新建一个 Mastercam X9 文件。

2 绘制平面图形。

默认视角为俯视图，在默认的绘图平面（其构图深度 z 为 0）中绘制如图 6-127 所示的图形，图形整体中心的坐标为（0，0）。

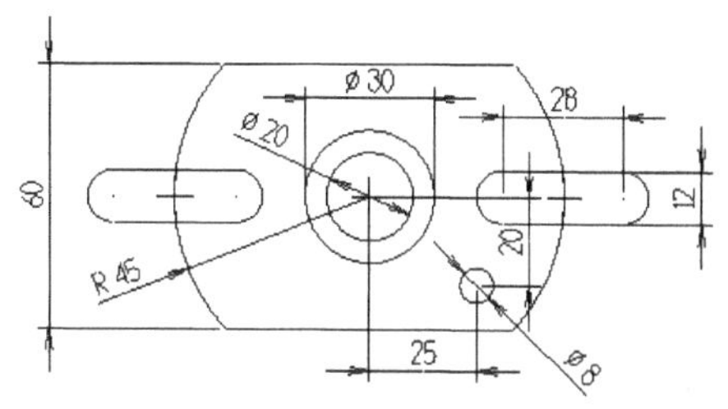

图 6-127　在俯视图绘图平面中绘制的图形

3 创建一个拉伸实体。

在属性状态栏中单击“层别”按钮，打开“层别管理”对话框，在该对话框的“层别号码”文本框中输入“2”，按〈Enter〉键确定；在“名称”文本框中输入“实体”，单击“确定”图标按钮。

在“实体”菜单中选择“拉伸”命令，或者在“实体”工具栏中单击“拉伸实体”图标按钮，系统弹出“串连选项”对话框，从中单击选中“串连”图标按钮，接着在绘图区单击如图 6-128 所示的图形，然后在“串连选项”对话框中单击“确定”图标按钮。在弹出的“实体拉伸”对话框中进行如图 6-129 所示的参数设置，单击“确定”图标按钮。

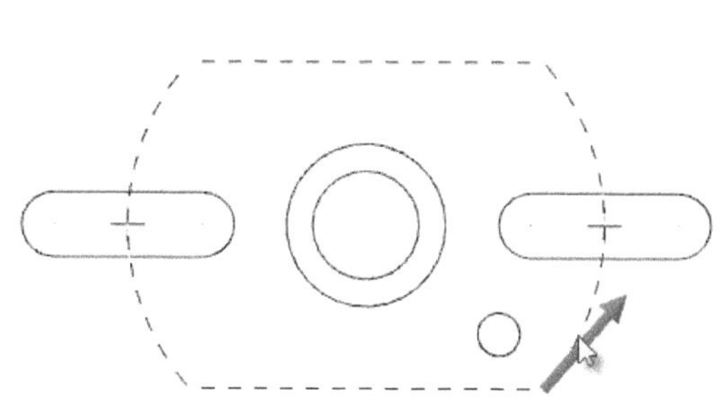

图 6-128　指定串连图形 1

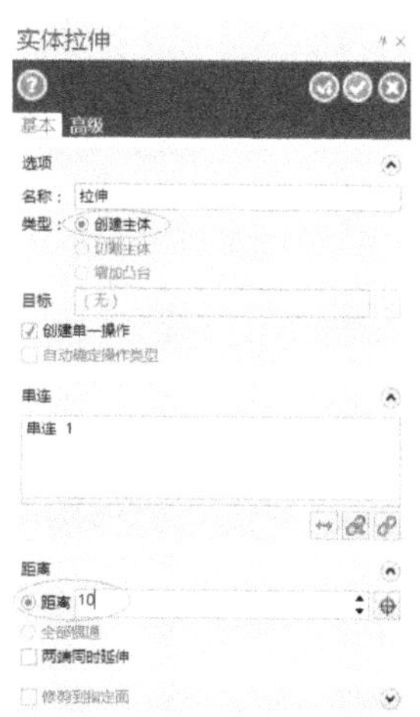

图 6-129　实体拉伸的设置

4 使用等角视图观察实体模型，以及设置材质。

在“视图”菜单中选择“标准视角”/“等视图”命令，或者在“绘图视角”工具栏中单击“等视图”图标按钮。

在“设置”菜单中选择“系统配置”命令，打开“系统配置”对话框，接着在该对话框的左窗格中选择“着色”类别，在右窗格的“颜色”选项组中单击选中“材质”单选按钮，并从材质下拉列表框中选择“黄铜”，如图 6-130 所示，单击“确定”图标按钮，然后在弹出的对话框中单击“否”按钮以指定这些设置将只应用于本次。

此时，拉伸实体模型的显示效果如图 6-131 所示。

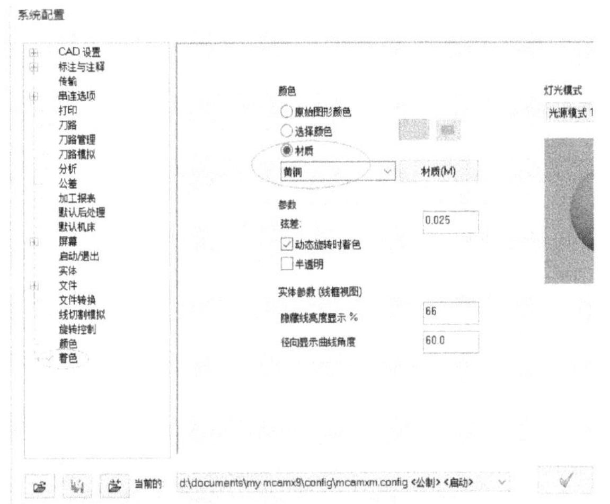

图 6-130　着色设置

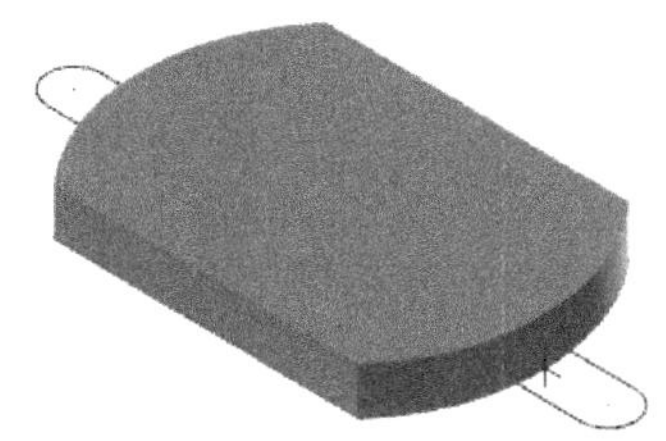
图 6-131　实体模型的显示效果

5 以拉伸方式切除实体材料。

在“实体”菜单中选择“拉伸”命令，或者在“实体”工具栏中单击“拉伸实体”图标按钮，系统弹出“串连选项”对话框，从中单击选中“串连”图标按钮，接着在绘图区域单击如图 6-132 所示的两个串连图形（为了便于选择二维图形，可以在“着色”工具栏中单击“线框”（线架实体）图标按钮，从而以线框实体的方式显示模型），然后在“串连选项”对话框中单击“确定”图标按钮，系统弹出“实体拉伸”对话框。

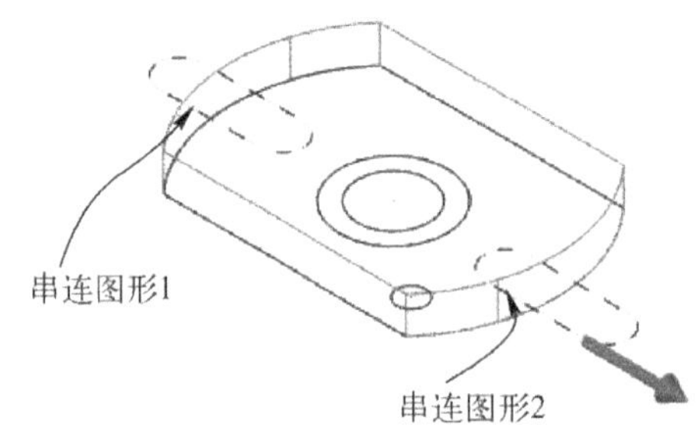

图 6-132　选择两个串连图形

在“实体拉伸”对话框的“基本”选项卡中进行如图 6-133 所示的拉伸选项及参数设置，单击“确定”图标按钮，完成切割主体的效果如图 6-134 所示。

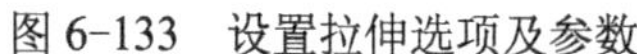
图 6-133 设置拉伸选项及参数

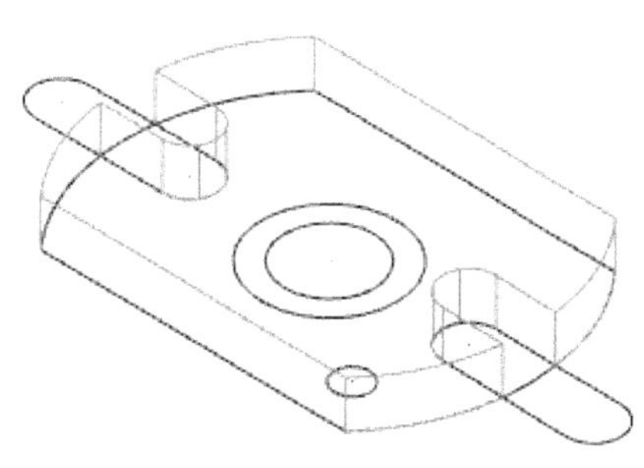
图 6-134 切割主体效果

6 以拉伸的方式在现有实体上增加凸台。

在“实体”菜单中选择“拉伸”命令，或者在“实体”工具栏中单击“拉伸实体”图标按钮，系统弹出“串连选项”对话框，从中单击选中“串连”图标按钮，接着在绘图区单击如图 6-135 所示的串连图形，然后在“串连选项”对话框中单击“确定”图标按钮。系统弹出“实体拉伸”对话框，从中设置如图 6-136 所示的拉伸选项及参数，注意图示默认的拉伸方向，然后在“实体拉伸”对话框中单击“确定”图标按钮，创建该拉伸凸台的结果如图 6-137 所示（着色显示）。

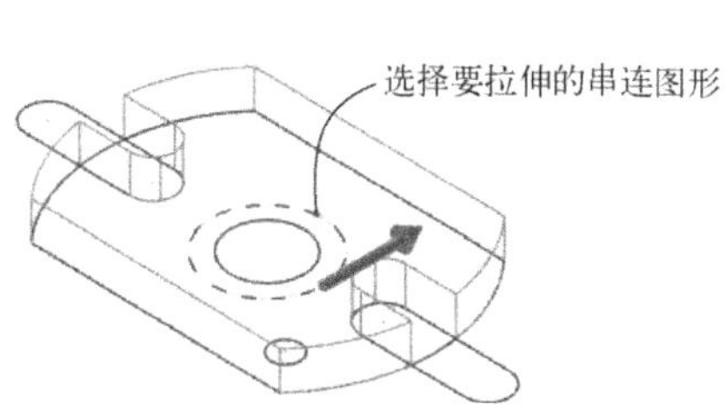

图 6-135 选择串连图形

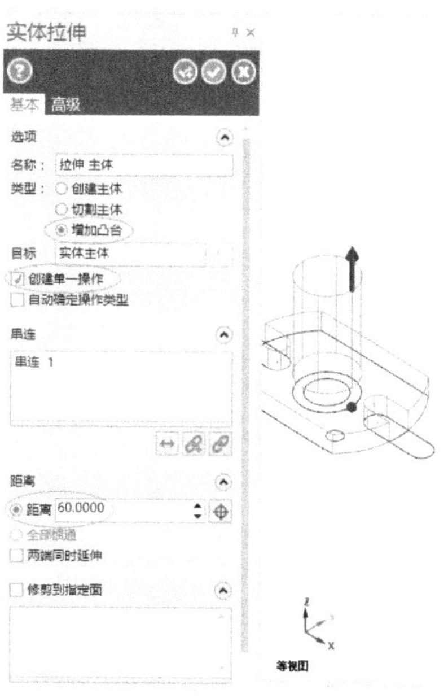

图 6-136 拉伸设置

7 以拉伸方式切除实体材料。

在“实体”菜单中选择“拉伸”命令，或者在“实体”工具栏中单击“拉伸实体”图标按钮，系统弹出“串连选项”对话框，从中单击选中“串连”图标按钮，接着在绘图区选择如图 6-138 所示的一个封闭串连图形（小圆），然后在“串连选项”对话框中单击“确定”图标按钮，系统弹出“实体拉伸”对话框。

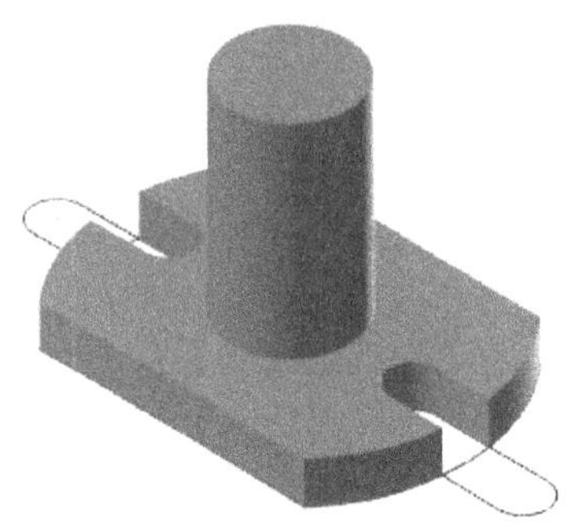

图 6-137　创建拉伸凸台

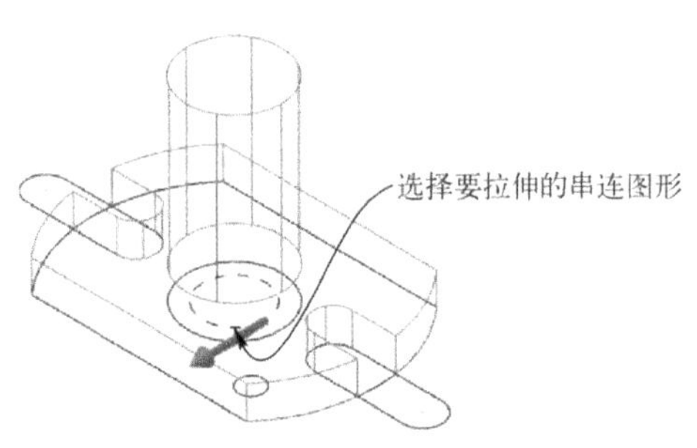

图 6-138　选择要拉伸的串连图形

在“实体拉伸”对话框的“基本”选项卡中设置如图 6-139 所示的拉伸选项及参数，注意设置正确的拉伸方向，然后单击“确定”图标按钮，结果如图 6-140 所示。

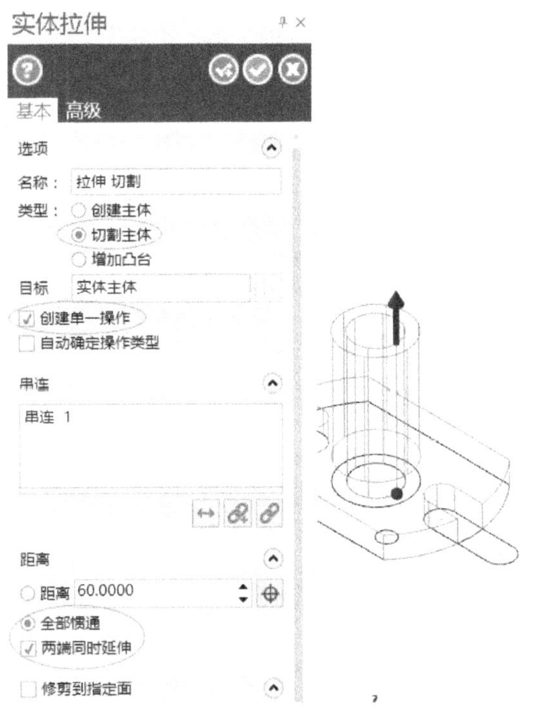

图 6-139　实体拉伸的设置

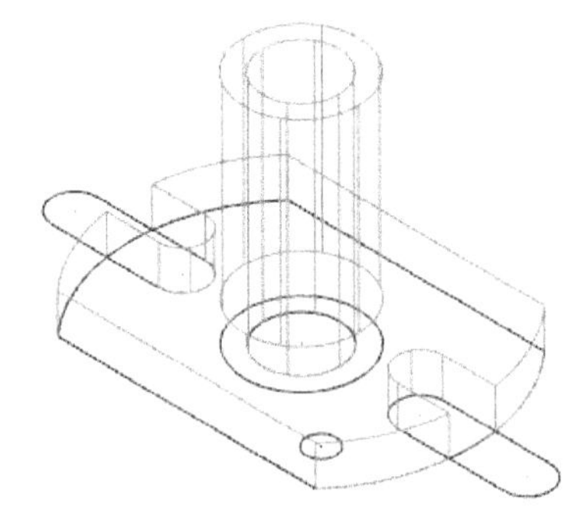

图 6-140　拉伸方式切除实体的结果

继续以拉伸方式切除实体材料。

使用和上述步骤相同的方法，采用拉伸方式切除实体材料，结果如图 6-141 所示。

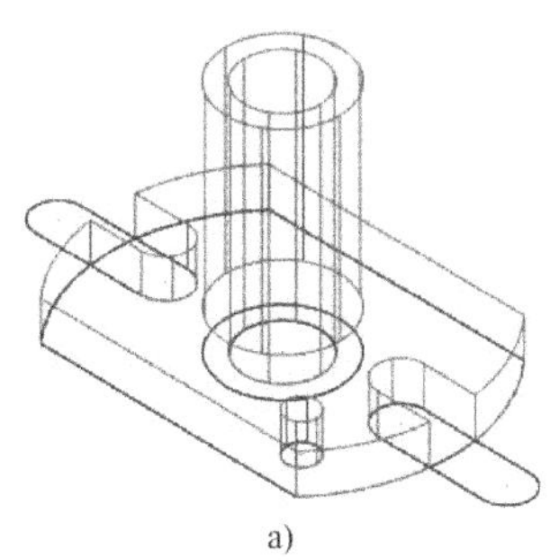
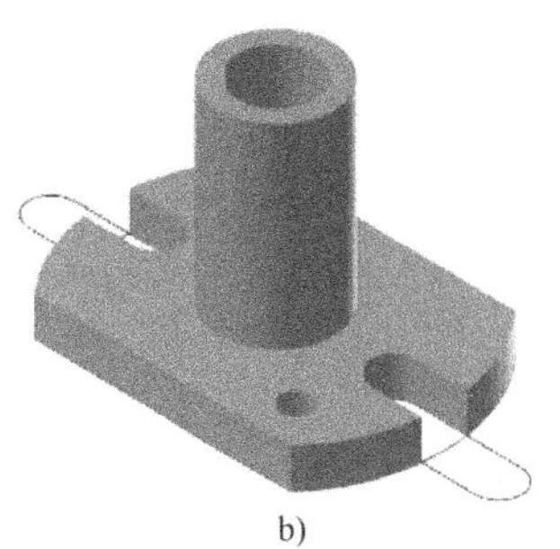

a) b)

图 6-141 模型效果

a) 线框显示 b) 着色显示

9 将层别“1”设置为当前图层。

在属性状态栏中单击“层别”标签，打开“层别管理”对话框，选择层别“1”作为当前图层，然后单击“层别管理”对话框中的“确定”图标按钮。

10 设置屏幕视角、构图面和构图深度。

在属性状态栏中，将屏幕视角设置为“前视图”，将构图面设置为“前视图”，构图深度Z设置为“30”。

11 绘制两个圆。

在“基础绘图”工具栏中单击“已知圆心点画圆”图标按钮，接着在“自动抓点”工具栏中单击“快速绘点”图标按钮，在文本框中输入“0，45”并按〈Enter〉键确定该点作为圆心，设置半径为 8，单击“应用”图标按钮，从而绘制一个圆。使用同样的方法，以同一个相对坐标点（0，45）作为圆心，绘制一个半径为“4.5”的圆，单击“确定”图标按钮。绘制的两个圆如图 6-142 所示。

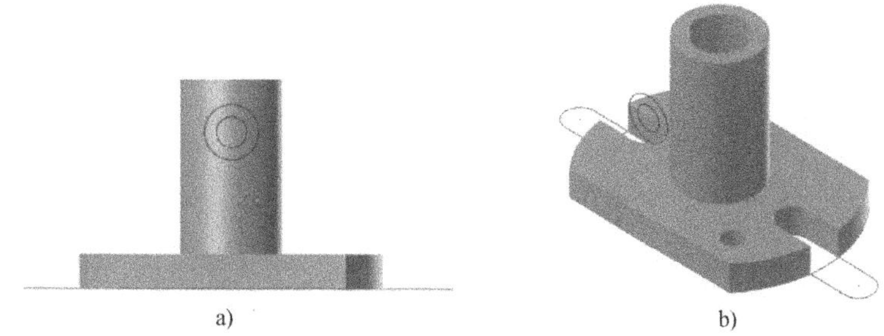

a) b)

图 6-142 绘制的两个圆

a) 屏幕视角为“前视图”时 b) 屏幕视角为“等角视图”时

12 拉伸操作。

先将层别“2”设置为当前图层。

在“实体”菜单中选择“拉伸”命令，或者在“实体”工具栏中单击“拉伸实体”图标按钮，系统弹出“串连选项”对话框，从中单击选中“串连”图标按钮，接着在绘图区选择上一步所创建的两个同心圆，注意方向一致，然后在“串连选项”对话框中单击“确定”图标按钮。

系统弹出“实体拉伸”对话框，在“基本”选项卡中设置如图 6-143 所示的拉伸选项及参数，注意利用“串连”选项组中的“全部反向”图标按钮↔设置合理的拉伸方向（箭头指向实体），并选中“修剪到指定面”复选框。接着单击“增加选择”图标按钮，弹出“实体选择”对话框，单击选中“面”图标按钮，在绘图区选择如图 6-144 所示的实体面，单击“实体选择”对话框中的“确定”图标按钮。此时，在“实体拉伸”对话框中，注意确保将拉伸距离设定为 30，然后单击“确定”图标按钮，完成创建的拉伸凸台如图 6-145 所示。

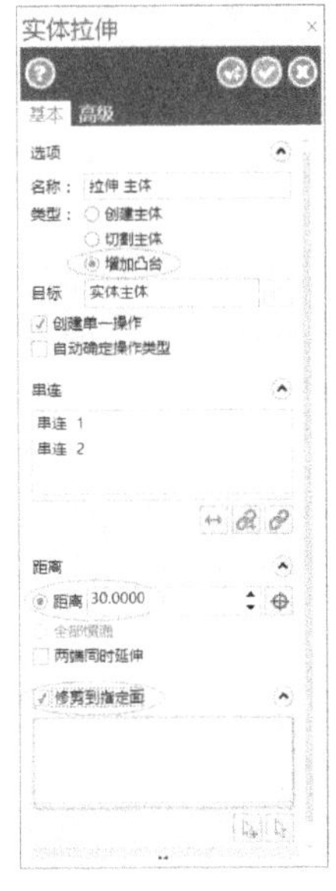

图 6-143　实体拉伸的设置

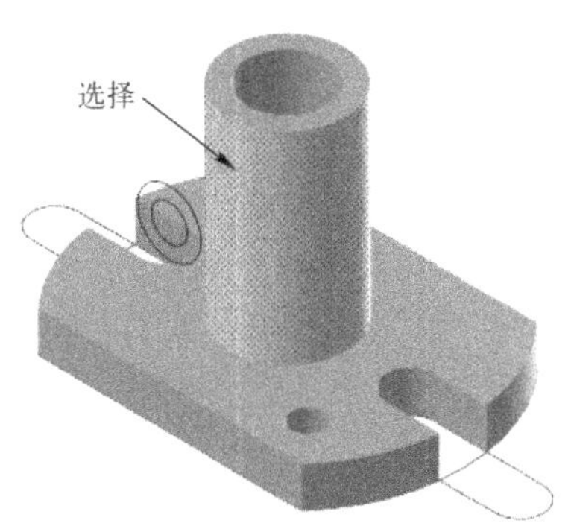

图 6-144　选择实体面

13 以拉伸方式切除实体材料。

使用相同的方法，采用拉伸方式来切除实体材料，得到如图 6-146 所示的孔结构。

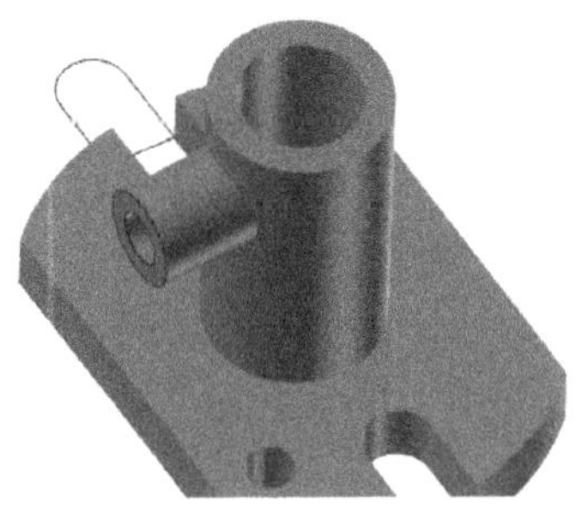

图 6-145　创建的拉伸凸台结构

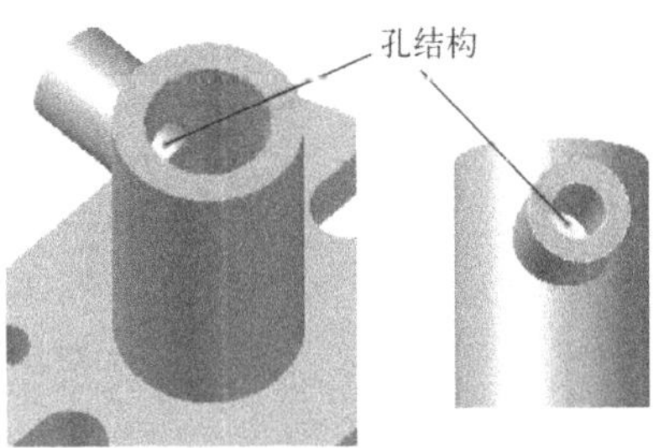

图 6-146　获得的孔结构

14 隐藏层别“1”中的二维图形。

单击“层别”标签，打开“层别管理”对话框。利用“层别管理”对话框，设置层别“1”中的图形不可见。

15 实体倒角。

在“实体”/“倒角”级联菜单中选择“单一距离倒角”命令，接着选择要倒角的边线，如图 6-147 所示。按〈Enter〉键确定所选的要倒角的边线，系统弹出“单一距离倒角”

对话框。在“单一距离倒角”对话框中，设置倒角距离为“1.5”，如图 6-148 所示。

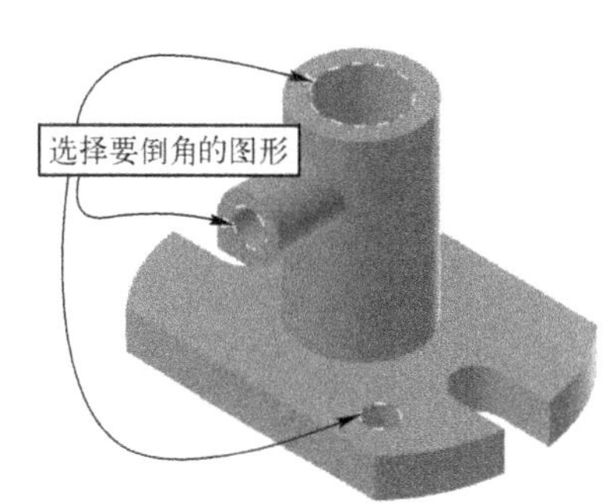

图 6-147 选择要倒角的图形

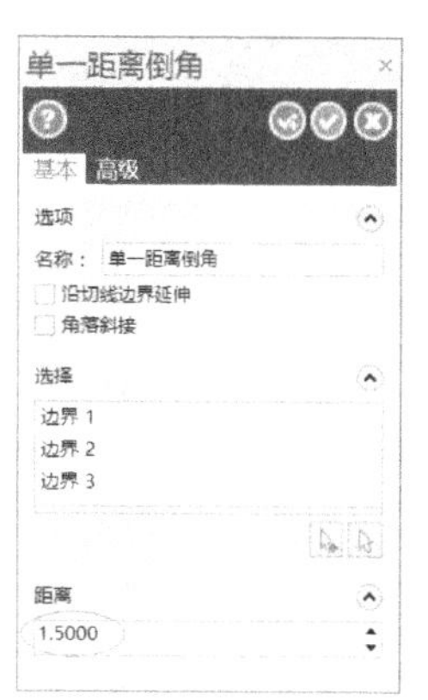

图 6-148 “单一距离倒角”对话框

在“单一距离倒角”对话框中，单击“确定”图标按钮，得到的倒角结果如图 6-149 所示。

16 创建拔模结构。

在“实体”菜单中选择“拔模”/“依照实体面拔模”命令，系统弹出如图 6-150 所示的“实体选择”对话框，选择如图 6-151 所示的圆柱面作为要拔模的实体面，按〈Enter〉键确认。

图 6-149 倒角结果

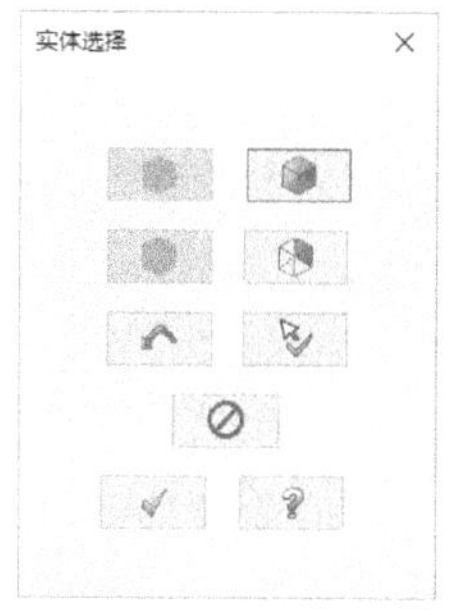

图 6-150 “实体选择”对话框

在提示下选择如图 6-152 所示的平整实体面，系统弹出“依照实体面拔模”对话框。在“角度”文本框中输入“2.5”，如图 6-153 所示。单击“确定”图标按钮，拔模结果如图 6-154 所示。

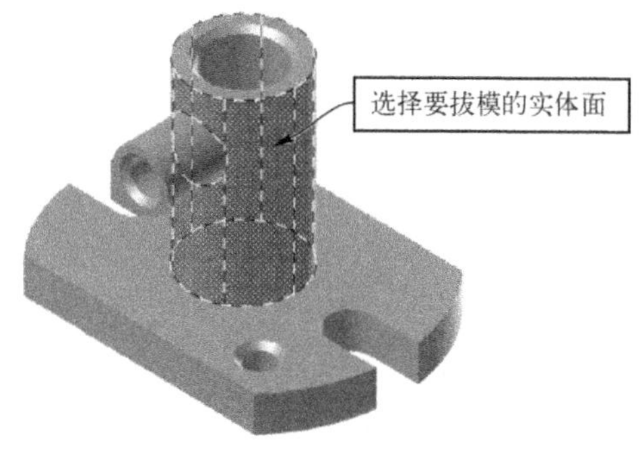

图 6-151 选择要拔模的实体面

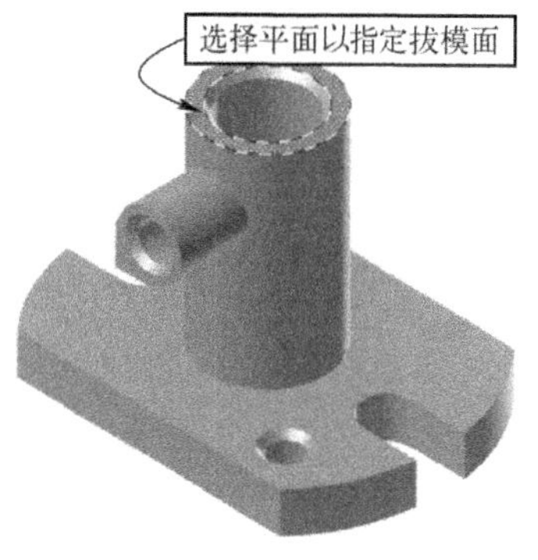

图 6-152 选择平面以指定拔模面

图 6-153　输入拔模角度

图 6-154　完成拔模实体操作

17 创建圆角。

在“实体”/“倒圆角”级联菜单中选择“固定半径倒圆角”命令，或者在“实体”工具栏中单击“固定实体倒圆角”图标按钮，系统弹出“实体选择”对话框，在该对话框中设置仅有“边界”图标按钮处于被选中的状态，然后选择如图 6-155 所示的要倒圆角的边线，按〈Enter〉键确定。系统弹出“固定圆角半径”对话框，设置半径为“3”，从“超出处理”下拉列表框中选择“保持熔接”选项，如图 6-156 所示，然后单击“确定”图标按钮，倒圆角的结果如图 6-157 所示。

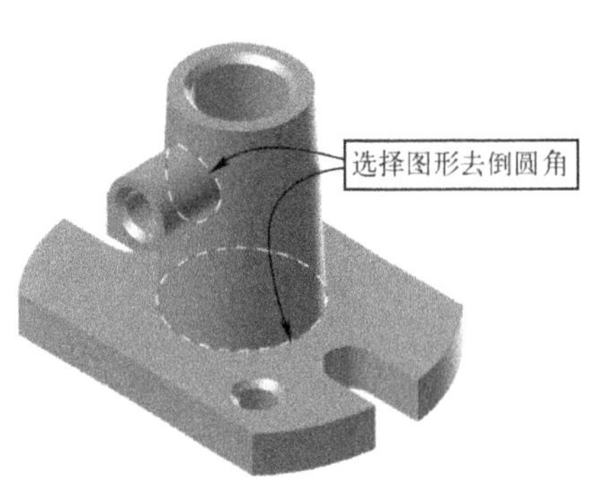

图 6-155　选择要倒圆角的边线

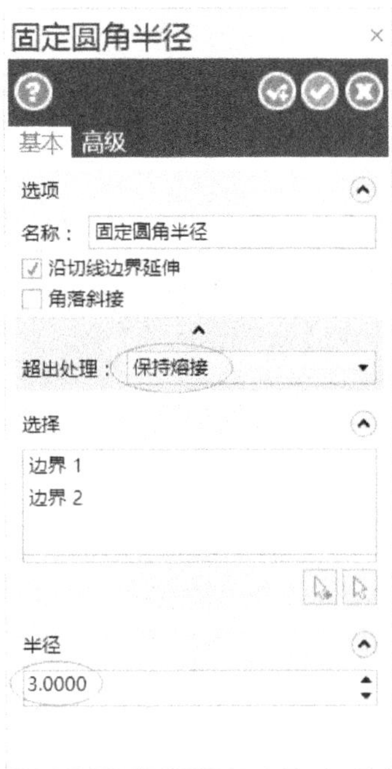

图 6-156　设置倒圆角参数

18 保存文件。

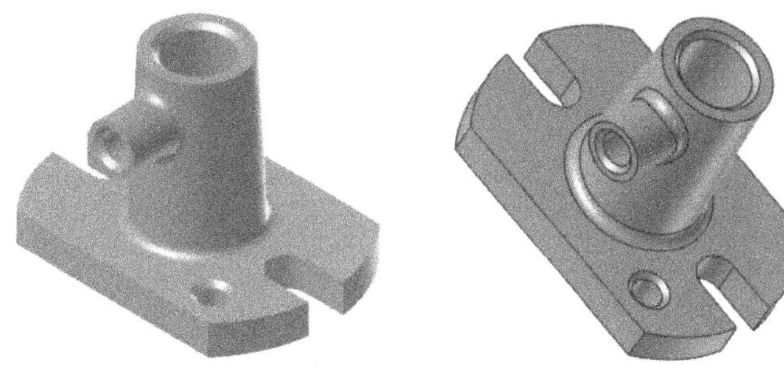

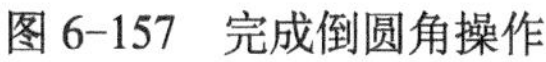

图 6-157　完成倒圆角操作

第 7 章　数控加工基础

本章导读

本章介绍数控加工基础知识，包括数控加工工艺概述、刀具设置、材料设置、机床群组属性的其他设置、刀路的操作管理（刀路模拟、加工模拟验证、锁定加工、关闭刀路、刀路后处理等）、路径转换和刀路修剪等内容。

通过本章的学习，读者将从概念上了解数控加工的一些关键基础知识，为后面深入学习利用 Mastercam X9 进行实际数控加工设计打下扎实基础。

7.1　数控加工工艺概述

在 Mastercam X9 中，只要根据设计要求进行加工方法选择、刀具选择、加工路径规划和切削用量设定等操作，系统便可根据设置的相关参数自动生成 NC 程序，并传输至数控机床来完成加工。

加工方法的选择，归根到底是将零件信息与企业的资料进行匹配的过程，通过加工方法选择所形成的加工工序称为加工链。可以从加工精度和效率等方面考虑工序的划分，例如：①按照粗加工、精加工划分工序；②按零件装夹定位方式划分工序；③按照所使用的刀具划分工序。另外，工序安排要从零件结构、毛坯状况、零件定位和夹具装备等方面进行考虑，其遵循的原则包括：先进行内形内腔加工工序，再进行外形加工工序；上道工序的加工不能影响下道工序的定位与夹紧，并要充分考虑通用机床加工特点；应该尽可能减少重复定位次数、换刀次数与挪动压板次数等；在同一次装夹中进行的多道加工工序，应该优先安排对工件刚性破坏较小的工序。

数控加工的加工路线是指刀具刀位点相对于工件运动的轨迹。在编程时确定加工路线需要遵照这些原则：加工路线在确保有较高效率的同时，被加工零件的精度和表面质量要有所保障；应该尽可能地使加工路线最短，以简化程序段和减少空走刀的时间；要充分考虑工件的加工余量和机床刀具的系统刚性等客观情况，合理确定是一次走刀还是多次走刀来完成加工。设计走刀路线时必须考虑刀具切入工件的方式。通常刀具切入工件的方式主要有 3 种，即法向切入、切向切入和任意向切入。

在数控加工工艺中，刀具选择是非常重要的一个环节，因为选择的刀具不但会影响机床的加工效率，而且会直接影响零件的加工质量。常见的数控刀具可以有不同的分类法，如根据刀具结构来划分，数控刀具可以划分为整体式、镶嵌式（采用焊接或机夹式连接）和特殊形式（如复合式刀具、减震式刀具等）；根据刀具材料来划分，则数控刀具可以划分为高速钢刀具、硬质合金刀具、金刚石刀具、其他材料刀具（如陶瓷刀具、立方氮化硼刀具等）；根据切削工艺的不同来划分，则数控刀具可以划分为车削刀具、钻削刀具、镗削刀具和铣削刀具等。选择刀具的原则为：要充分考虑机床加工能力、工件材料性能、加工工序、切削用量、经济效益及其他相关因素，确保安装调整方便、刚性好、耐用度高和精度高。选择刀具时，应该使刀具的尺寸与被加工工件的表面尺寸相适应。

知识点拨 关于加工不同形状工件的刀具选用说明。

在生产中，常采用立铣刀来加工平面零件周边轮廓；选用硬质合金刀片铣刀或立铣刀、可转面铣刀来铣削平面；要加工凸台、凹槽时，选用高速钢立铣刀；加工毛坯表面或粗加工孔时，可选用镶硬质合金刀片的玉米铣刀；对一些立体型面和变斜角轮廓外形的加工，常采用球形铣刀、环形铣刀、锥形铣刀和盘形铣刀。

在加工中心设备中，各种刀具分别装在刀库中，加工时按照程序规定来自动进行选刀和换刀动作。

在数控加工中，切削用量/切削参数包括主轴转速（切削速度）、切削深度、进给量等。不同的加工方法选用不同的切削用量。要做到合理选择切削用量，通常要认真考虑以下原则或要点。

- 在粗加工时，一般以提高生产效率为主，同时也要考虑经济性和加工成本。
- 半精加工和精加工时，应该在保证加工质量的前提下，兼顾切削效率、经济性和加工成本。要根据机床实际情况和切削用量手册，并结合经验来选择合理的切削用量。

7.2 刀具设置

在 Mastercam X9 系统中，编制刀路（即刀具路径）前通常先选择正确的加工设备，如铣床、车床、线切割设备和雕刻设备。用户可以在菜单栏的“机床类型”菜单中选择所需类型的机床。当选择一种机床类型时，系统便创建相应的新的机床群组和刀具群组，如图 7-1 所示。

刀具选择是机械数控加工中的一个重要环节，它直接影响到加工精度、加工表面质量和加工效率这些方面。为了使数控加工获得较好的效果，需要选用合适的刀具并使用合理的切削参数。

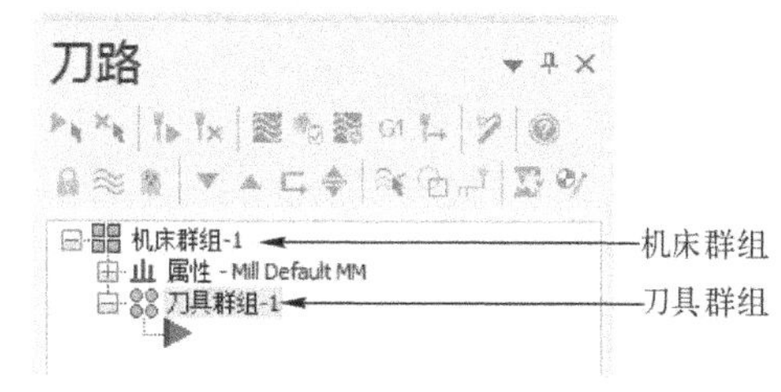

图 7-1 刀路管理器

7.2.1 Mastercam 刀具管理器

Mastercam X9 系统提供了专门的刀具管理器。在菜单栏的“刀路”菜单中选择“刀具管理”命令，打开如图 7-2 所示的“刀具管理”对话框（该对话框亦可简称为“刀具管理器”）。利用该对话框，可以选择和管理加工中所有使用的刀具和刀库中的刀具。下面介绍“刀具管理”对话框中各组成部分的功能含义。

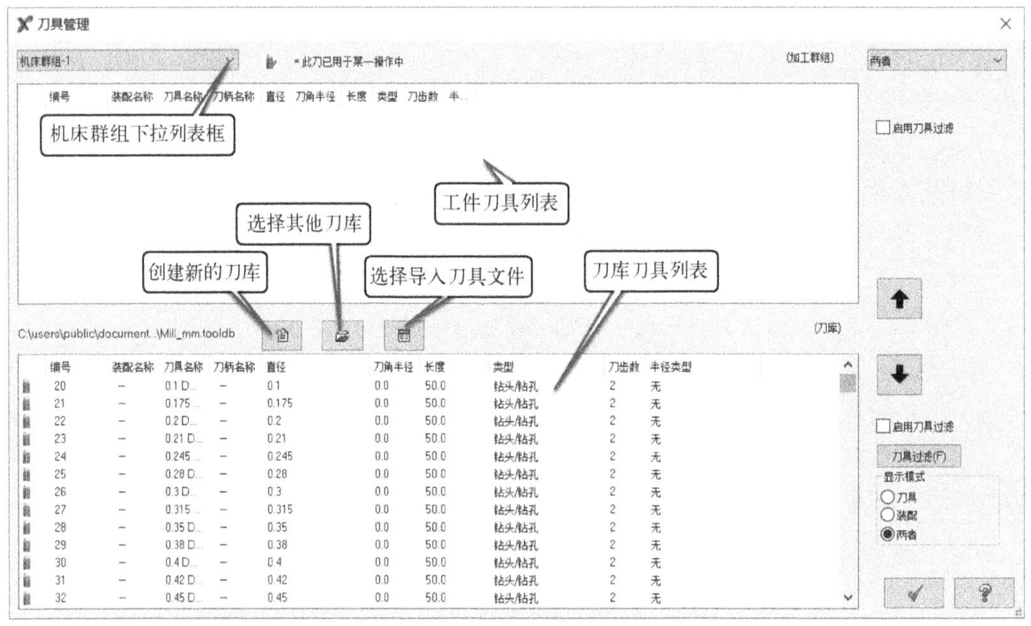

图 7-2 “刀具管理”对话框

一、机床群组下拉列表框与工件刀具列表

在机床组下拉列表框中列出了当前刀路下的所使用的机床。在该下拉列表框中选择所需的一种机床，则工件刀具列表（也称机床刀具列表或零件刀具列表）列出该机床在当前加工中的所有刀具。

二、刀库相关图标按钮与刀库刀具列表

刀库相关图标按钮包括“创建新的刀库”图标按钮、“选择其他刀库”图标按钮和“选择导入刀具文件”图标按钮。单击“选择其他刀库”图标按钮，系统弹出如图 7-3 所示的“选择刀库”对话框，接着利用该对话框从系统刀库列表中选择所需的一个刀库，如选择“MILL_MM（NEW）.TOOLDB”刀库，单击“打开”按钮，返回到“刀具管理”对话框，此时在“刀具管理”对话框的刀库刀具列表中显示所选刀库中所有的刀具。

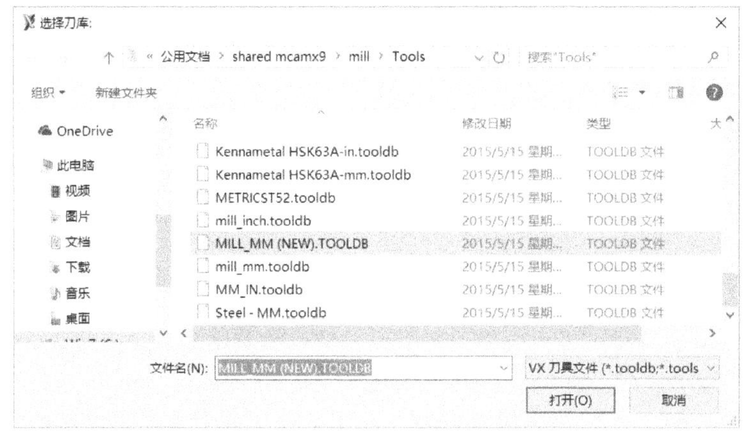

图 7-3 “选择刀库”对话框

三、右上部位的下拉列表框

在位于“刀具管理”对话框右上部位的下拉列表框中提供了“两者”、“工件刀具”（也称零件刀具）和“刀库刀具”选项，默认选项为“两者”，表示在“刀具管理”对话框中同时显示“工件刀具”列表和“刀库刀具”列表。如果选择“工件刀具”或“刀库刀具”，则该对话框只显示“工件刀具”列表部分或“刀库刀具”列表部分。

四、“启用刀具过滤”复选框和“刀具过滤”按钮

如果选中相应的“启用刀具过滤”复选框，则表示启用刀具过滤器以便快速从相应的刀具列表中选择刀具。用户可以设置刀具过滤条件，方法是在“刀具管理”对话框中单击“刀具过滤”按钮，弹出如图 7-4 所示的“刀具过滤列表设置”对话框，从中设置刀具类型、刀具直径、刀角半径、刀具材质、限定操作和限定单位等过滤规则。

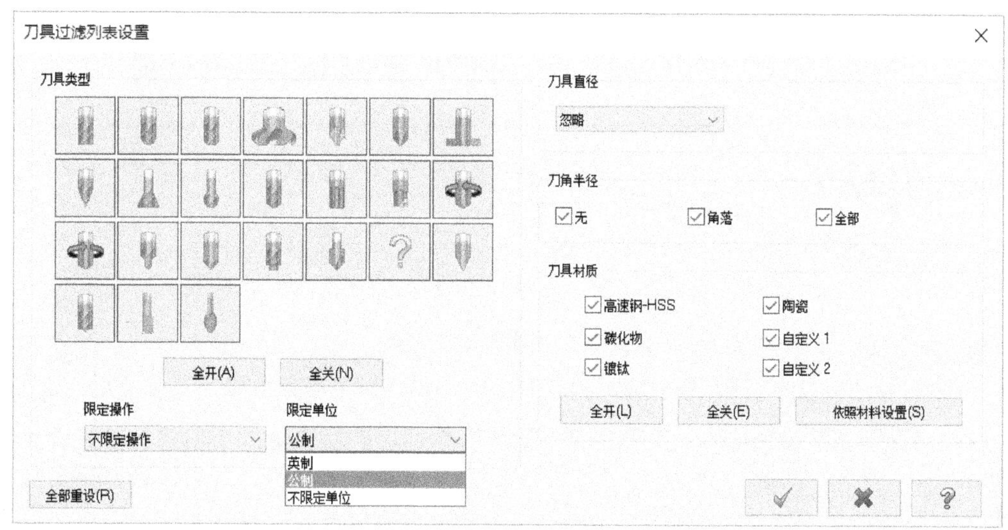

图 7-4 “刀具过滤列表设置”对话框

下面介绍“刀具过滤列表设置”对话框中主要选项的功能含义。

“刀具类型”选项组提供了 20 多种类型的刀具形状。将鼠标指针移到刀具形状的图标按钮处，则系统会显示该刀具的名称。根据要求选中所需的刀具形状，若单击“全开”按钮，则选中所有的刀具形状。用户还可以通过设置“限定操作”和“限制单位”来快速地选择需要的刀具。在“限定操作”下拉列表框中可选择“已使用于操作”、“未使用于操作”或“不限定操作”，在“限制单位”下拉列表框中可选择“英制”“公制”或“不限定单位”。

在“刀具直径”选项组的下拉列表框中可通过选择“忽略”“等于”“小于”“大于”或“两者之间”选项来设置刀具直径过滤条件。

在“刀角半径”选项组中，可设定 3 种刀角半径类型。在“刀具材质”选项组中，可设置刀具材质方面的过滤规则，包括“高速钢-HSS”“碳化物”“镀钛”“陶瓷”“自定义 1”和“自定义 2”。

五、其他图标按钮

- ↑：用于将选择的刀库刀具复制到机床群组的工件刀具列表中。
- ↓：用于将选择的机床群组刀具复制到刀库中。

7.2.2 编辑刀具参数

从刀库中选择加工刀具时，其刀具参数由系统给定。当然，用户也可以根据实际工作情况来修改指定刀具的参数。

例如，在“刀具管理”对话框的工件（零件）刀具列表中双击要编辑的刀具，或者右键单击该刀具并从弹出的如图 7-5a 所示的快捷菜单中选择“编辑刀具”命令，系统弹出如图 7-5b 所示的“定义刀具”对话框。在图 7-5b 中，要编辑的刀具为平底刀，在该“定义刀具图形”步骤页中调整定义刀具形状的图形属性，包括总尺寸、刀尖/圆角类型和非刀齿图形。

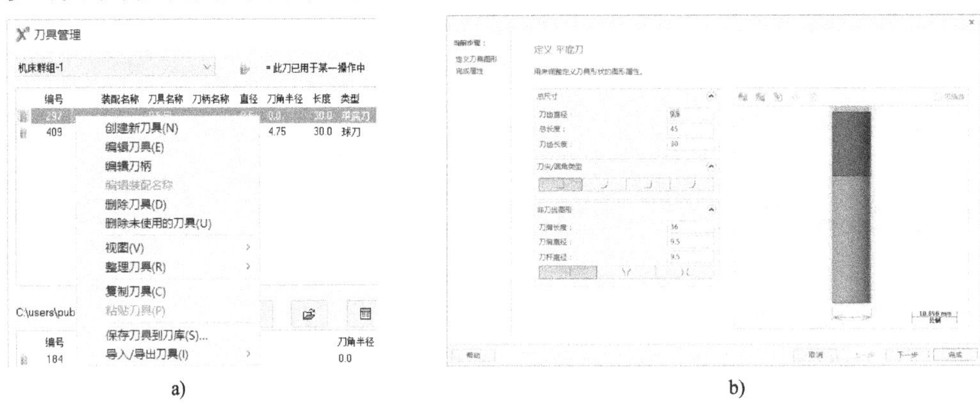

图 7-5 编辑与定义刀具

a) 从快捷菜单中选择“编辑刀具”命令 b) “定义刀具”对话框

在“定义刀具”对话框中，单击“下一步”按钮，切换到如图 7-6 所示的“完成属性”步骤页，从中设置刀具的其他属性，包括刀号、刀长补正、半径补正、刀座号、线速度、每齿进给量、刀齿数、进给速率、下刀速率、提刀速率、主轴转速、主轴方向、材料、刀具标准、铣削的各技术步进量等。刀具类型不同，其他属性可有所不同。下面以平底刀为例进行一些属性参数的说明。

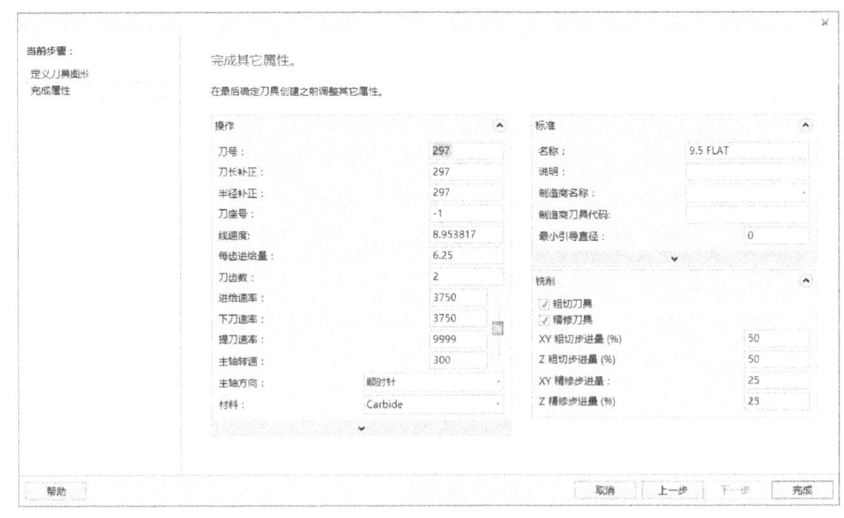

图 7-6 “定义刀具”对话框的“完成属性”步骤页

- “XY 粗切步进量（%）”：用于设置粗加工时在垂直刀轴方向（xy）的每次进给量，该步进量按照刀具直径的百分比参数来设定。
- “XY 精修步进量”：用于设定精加工时在垂直刀轴方向（xy）的每次进给量。
- “Z 粗切步进量”：用于设定粗加工时在 z 向的每次（步距）进给量。
- “Z 精修步进量”：用于设定精加工时在 z 向的每次（步距）进给量。
- “刀号”：用于设置在数控机床中的刀具号码。
- “刀长补正”：用于在机床控制器补偿时，设置在数控机床中的刀具长度补偿器号码。
- “半径补正”：用于设置在数控机床中的刀具半径补偿号码。
- “线速度”：用于设置刀片和工件接触位置的相对速度。切削的线速度是最重要的参数之一，因此在刀具的说明书上，针对不同的切削要求都会给出相应的切削线速度。在编程时，编程人员需要根据切削的实际情况再根据线速度计算出主轴的转速来编制程序。
- “每齿进给量”：多齿刀具每旋转一个齿间角时，铣刀相对工件在进给方向上的位移。
- “刀齿数”：用于设置刀具刀齿刃数量。系统会根据此刀齿刃数量计算进给率。
- “进给速率”：用于设置进给速率，即控制刀具进给的速度。
- “下刀速率”：用于设置进刀速率，即控制刀具快速趋近工件的速度。
- “提刀速率”：用于设置退刀速率，即控制刀具快速提刀返回的速度。
- “主轴转速”：用于设置主轴转速。
- “主轴方向”：用于设置主轴旋转方向，该方向为顺时针方向、逆时针方向或静止。
- “材料”：在该下拉列表框中设置刀具材料，可以将材质设置为“高速钢-HSS”“碳化物”“镀钛”“陶瓷”“自定义 1”或“自定义 2”。
- “名称”：用于为刀具命名，即设置刀具名称。
- “制造商刀具代码”：用于标识制造商的刀具代码。

需要用户注意的是，并不是要指定所有的刀具参数，有些参数可以采用由系统根据给定参数或信息来自动计算出来的结果。例如，单击此图标按钮，则可重新计算进给速率和主轴转速。

知识点拨 平底刀的有效切削面积大，但它没有过渡圆角，故用于对底部为平面的工件进行加工。球刀常用于复杂自由曲面的粗加工和精加工，包括小型模具、型面粗加工，以及大小型面精加工等。而圆鼻刀常用于比较平坦的大型自由曲面的零件粗加工，还可以对底部为平面但在转角处有过渡圆角的零部件进行粗加工、精加工。

如果在“刀具管理”对话框的工件刀具列表中右键单击选定的刀具，接着从弹出的快捷菜单中选择“编辑刀柄”命令，则可以通过打开的“定义刀柄”对话框（见图 7-7）来定义刀柄图形参数和相关的属性参数。

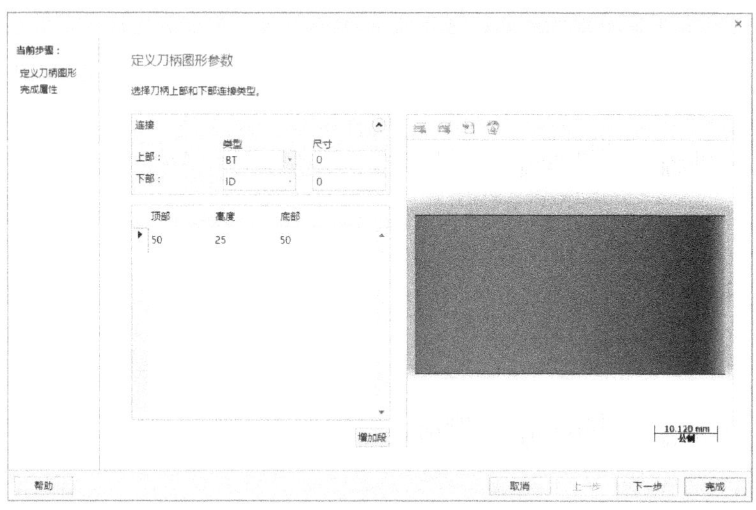

图 7-7 “定义刀柄”对话框

7.2.3 设置刀路及相关加工参数

刀路参数和加工参数等是数控加工的重要加工参数。执行具体刀路命令并指定加工对象/区域后，系统会弹出如图 7-8 所示的刀路设置对话框，在该对话框中可以设置刀路参数和相关加工参数等。其操作方法是在该对话框左上角的列表框（为了表述的方便，本书将该列表框统一描述为“参数类别列表框”）中选择参数类别选项，接着在右侧区域设置相应的参数和选项。在参数类别列表框中提供的参数类别选项主要包括“刀路类型”“刀具”“刀柄”“切削参数”“共同参数”“圆弧过渡/公差”“平面（WCS）”“冷却液”“插入指令”“杂项变量”“控制轴”和“旋转轴控制”等。由于在后面章节中会在具体的加工案例中频繁地介绍此类对话框的实际应用，因此在这里不做详细介绍。

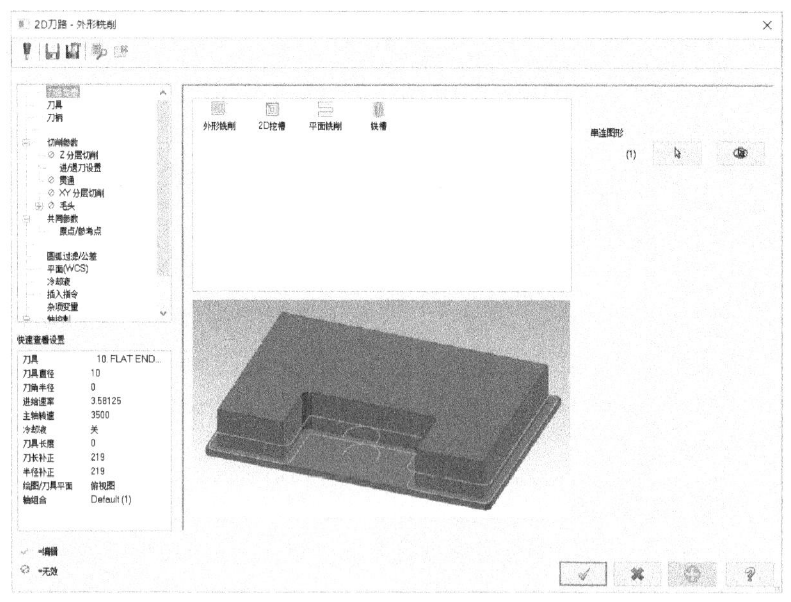

图 7-8 用于定义刀路等参数的对话框

7.3 材料设置

材料设置也是数控加工的一个重要方面。材料设置的内容包括素材视角、工件材料的形状、素材原点和显示方式等。

7.3.1 设置材料

在刀路管理器中，单击如图 7-9 所示的“毛坯设置”（即材料设置）节点，系统弹出如图 7-10 所示的“机床群组属性”对话框，并自动切换到“毛坯设置”选项卡。

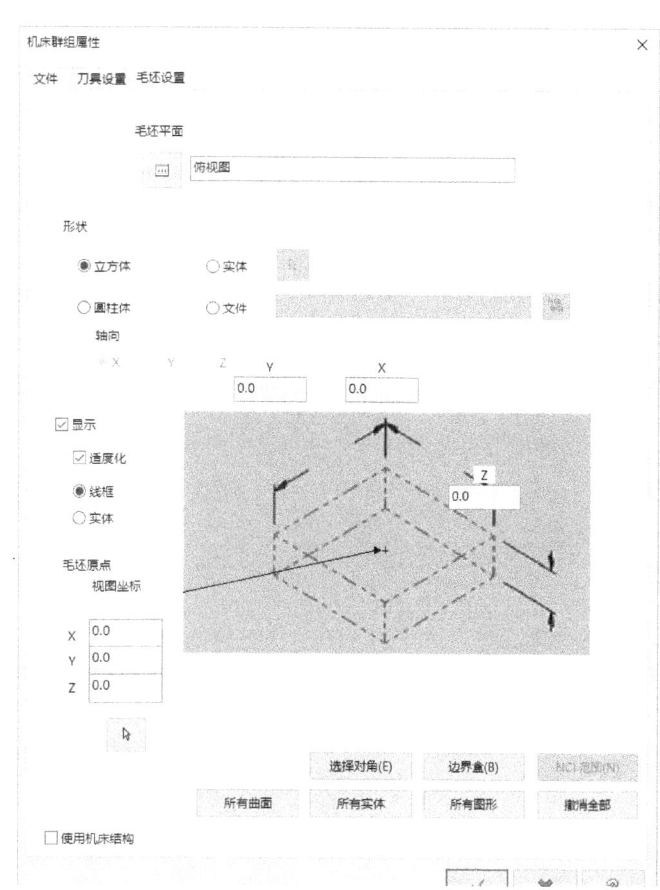

图 7-9 单击“毛坯设置”节点

图 7-10 “机床群组属性”对话框的“毛坯设置”选项卡

在“毛坯平面”选项组的文本框中列出了当前毛坯素材视角。若在“毛坯平面”选项组中单击“选择视角”图标按钮，则打开如图 7-11 所示的“选择平面”对话框，从中选择所需的视角平面。

在“形状”选项组中设定工件毛坯材料的形状类型，如“立方体”“实体”“圆柱体”等。设定形状类型后，可以根据实际情况设置素材尺寸。用户既可以在素材图例区域的相应尺寸文本框中输入尺寸值，也可以通过单击“选择对角”“边界盒”“NCI 范围”“所有曲面”

“所有实体”“所有图形”等其中的可用按钮之一来设置素材尺寸。例如，当在“形状”选项组中单击选中“立方体”单选按钮时，可以在素材图例区域的“X”“Y”“Z”文本框中输入所需的尺寸值，如图 7-12 所示；而当在“形状”选项组中单击选中“圆柱体”单选按钮时，还需要单击选中“X”单选按钮、“Y”单选按钮或“Z”单选按钮来定义圆柱体的轴向方位，并在素材图例区域中输入圆柱体的直径和高度尺寸值，如图 7-13 所示。

图 7-11 “选择平面”对话框

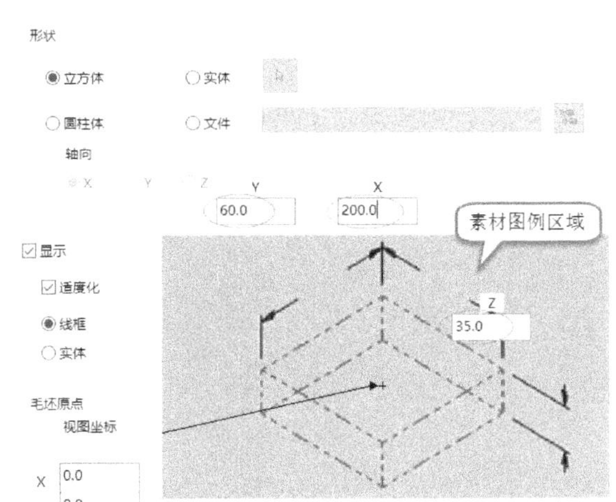

图 7-12 直接输入 x、y 和 z 方向上的尺寸

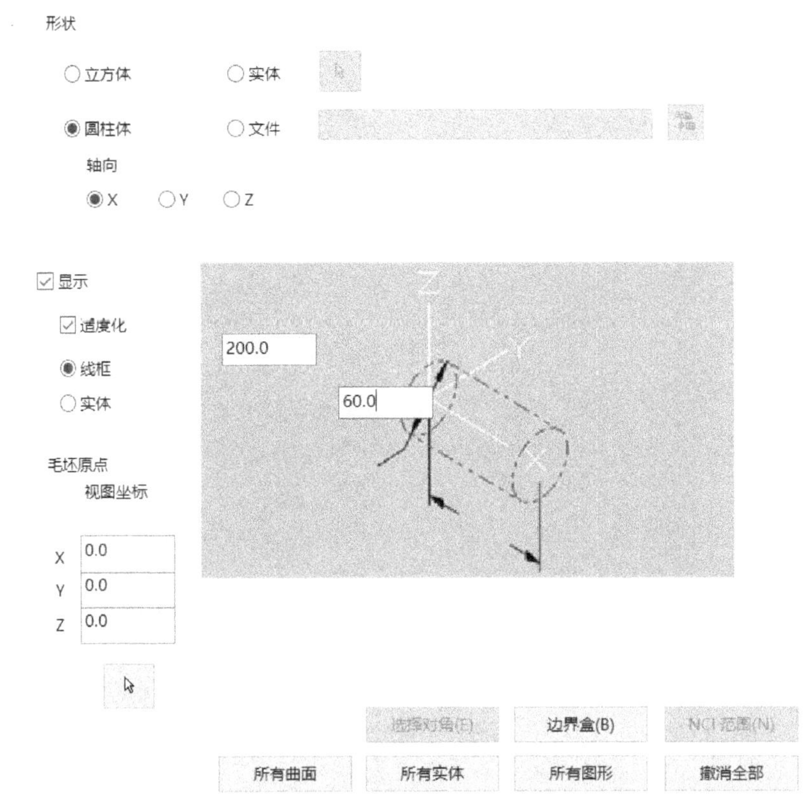

图 7-13 设置圆柱体素材的外形尺寸

如果单击“撤销全部”按钮，则可以撤销毛坯素材尺寸的设置。

除了设置毛坯素材外形尺寸，还应该设置毛坯素材原点来定位毛坯素材。在“毛坯原点”选项组中，分别输入 x、y 和 z 坐标值来直接指定毛坯素材原点。用户也可以在“毛坯原点”选项组中单击“选择”图标按钮，接着使用鼠标在绘图区单击目标点作为毛坯素材原点。

在“毛坯设置”选项卡中选中“显示”复选框，则在绘图区显示所设置的毛坯素材轮廓。用户可以设置是否启用“适度化”显示模式。另外，毛坯素材显示选项可以为“线框”，也可以为“实体”，前者是以线架的形式显示毛坯素材，而后者则是以实体形式显示毛坯素材。

在“机床群组属性”对话框中，切换到“刀具设置”选项卡，在“材质”选项组的文本框中列出了当前使用的材质，如图 7-14 所示。用户可以编辑该材质或选择新的材质。其中，若单击“材质”选项组中的“选择”按钮，则打开一个对话框，接着可选定材质来源并从相应的材质库中选择所需的材质，如图 7-15 所示，然后单击“确定”图标按钮。

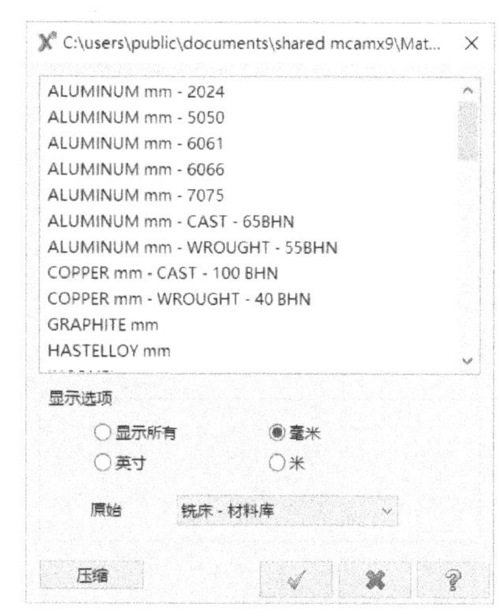

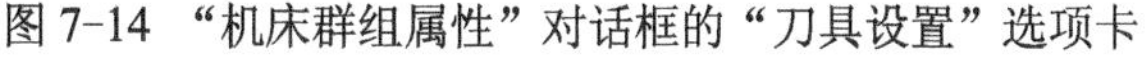
图 7-14 “机床群组属性”对话框的“刀具设置”选项卡

图 7-15 选择材质

7.3.2 材料管理器

在“刀路”菜单中选择“材料管理”命令，系统弹出如图 7-16 所示的“材料列表”对话框。在该对话框中，可以设置显示选项来决定材料列表显示的内容，可供选择的显示选项有“显示所有”“毫米”“英寸”和“米”。如果在“原始”下拉列表框中选择某一个材料资料库，则可以在材料列表中显示该材料资料库中满足显示选项要求的材料。如果在材料列表中右击，则可以利用弹出的如图 7-17 所示的快捷菜单进行相关的材料管理操作。例如，要新建一个自定义材料，用户可以从上述快捷菜单中选择“新建”命令，弹出“材料定义”对话框，然后根据需要自行设置自定义材料的相关参数即可。

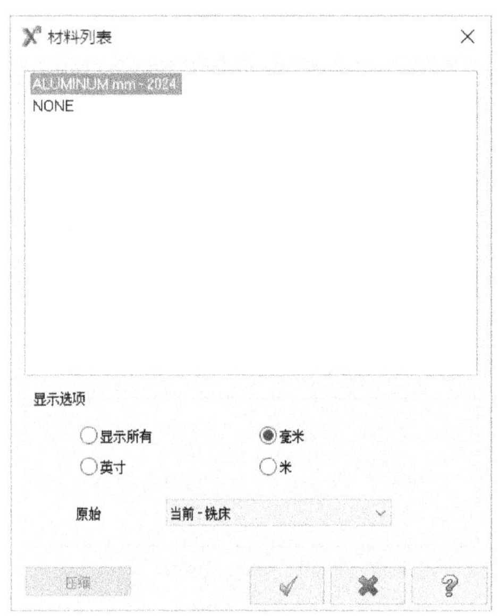

图 7-16 “材料列表”对话框

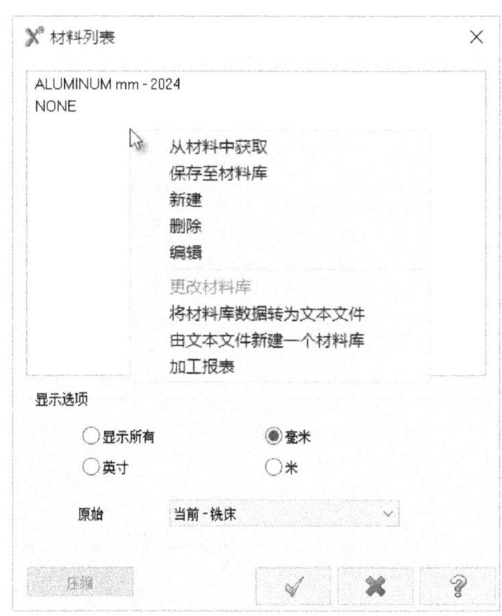

图 7-17 使用右键快捷方式

如果要编辑某一种材料参数，那么可以在“材料列表”对话框的材料列表中双击要编辑的材料，系统弹出如图 7-18 所示的“材料定义”对话框，从中编辑该材料的相关参数，包括材料名称、注释说明、基本切削速率、每转基本进给速率，以及允许的刀具材料和附加转速/进给速率的百分比等。

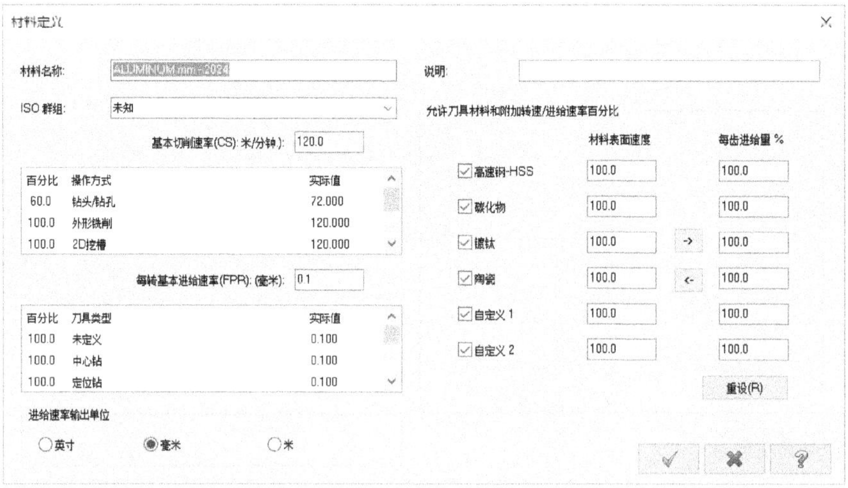

图 7-18 “材料定义”对话框

7.4 机床群组属性的其他设置

除了前面介绍的机床群组属性的部分设置之外，还包括文件设置和刀具设置。

7.4.1 机床群组属性的文件设置

在刀路管理器中单击如图 7-19 所示的“文件”选项，则系统弹出“机床群组属性”对话框，并自动切换到“文件”选项卡，如图 7-20 所示。在该“文件”选项卡中，可以更改默认的群组名称，设定刀路目录，输入群组说明，定制机床-刀路复制情况，指定刀库、操作库等的路径，以及设置输出说明到 NC 文件等。

图 7-19 单击“文件”选项

图 7-20 “机床群组属性”对话框的“文件”选项卡

7.4.2 刀具设置

在刀路管理器中单击如图 7-21 所示的“刀具设置”（工具设置）选项，则系统弹出“机床群组属性”对话框，并自动切换到“刀具设置”选项卡，如图 7-22 所示。在该选项卡中，可以进行进给速率设置、刀路设置、工具高级设置、行号设置和材质设置等。其中，进给速率设置方式有“依照刀具”、“依照材料”、“依照默认”和“用户定义”。刀路设置的内容包括以下 4 个方面。

- “按排序指定刀号”：“按排序指定刀号”复选框用于设置是否按顺序分配刀具序号。当选中该复选框时，则会为被创建或从刀库中选中的新刀具分配一个可用的刀具号，系统将用这个新值覆盖原来在刀库中的旧值；否则，系统将直接利用保存在刀库中的刀具号数值。
- “刀具号重复时显示警告信息”：该复选框用于设置在出现刀具号重复时是否显示警告信息。
- “使用刀具步进量冷却液等数据”：该复选框用于设置是否使用刀具定义的步进量、冷却液等资料。当选中该复选框时，系统将忽略保存在刀路中的默认值。
- “输入刀号后自动从刀库取刀”：该复选框用于设置输入刀号后是否自动从刀库中取刀。

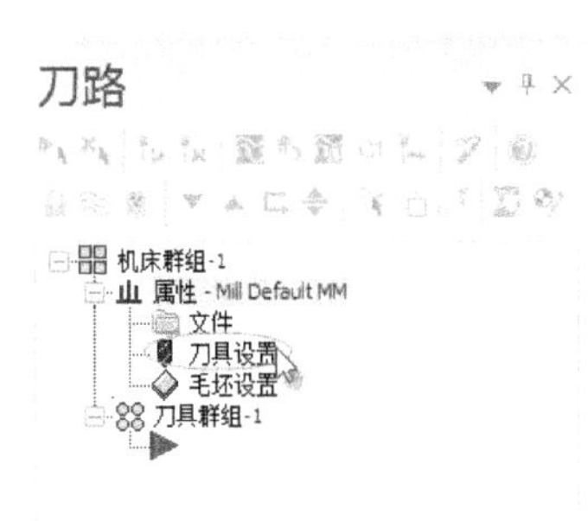

图 7-21 单击“刀具设置”选项

图 7-22 “机床群组属性”对话框的“刀具设置”选项卡

7.5 刀路的操作管理

在 Mastercam X9 系统中，用户可以利用刀路管理器来对刀路的相关内容进行操作管理，包括刀路选择、验证与移动，刀路模拟与加工模拟，锁定加工操作，加工路径后处理等。

在刀路管理器中，提供了如图 7-23 所示的操作管理工具，它们的简要功能含义及用途说明见表 7-1。

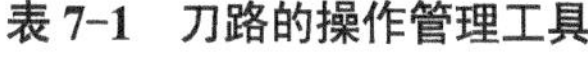

图 7-23 用于刀路操作管理的工具

表 7-1 刀路的操作管理工具

序号	图标按钮	功能含义/用途说明
1		选择全部操作
2		取消全部失效操作
3		重建全部已选择的操作
4		重建所有已失败的操作，即验证所有未选中的操作
5		模拟已选择的操作，即对选定的操作进行刀路模拟
6		验证已选择的操作，即进行加工模拟
7		模拟/验证选项
8	G1	锁定选择的操作后处理
9		省时高效率加工，即高速铣削
10		删除所有操作群组和刀具
11		切换锁定选中操作
12		切换显示已选择的刀路操作
13		切换（取消/恢复）已选择的后处理操作
14		移动插入箭头到下一操作，即它将待生成的刀路（▶标识）移动到目前为止的下一个刀路之后
15		移动插入箭头到上一操作，即它将待生成的刀路（▶标识）移动到目前为止的上一个刀路之前
16		插入箭头位于指定的操作或群组之后
17		滚动箭头插入指定操作
18		仅显示已选择的刀路
19		仅显示关联图形
20		隐藏快速提刀移动
21		在机床上装载刀具
22		编辑参考位置

下面介绍刀路的几种常见操作。

7.5.1 刀路模拟

在 Mastercam X9 系统中，对选定的操作进行刀路模拟是很有用的。刀路模拟是指通过刀具刀尖运动轨迹在工件上形象地显示刀具的加工情况，以此检验刀路的正确性，有利于及时发现问题。

在刀路管理器中单击“刀路模拟”图标按钮（该按钮也称为“模拟已选择的操作”图标按钮），系统弹出如图 7-24 所示的“路径模拟”对话框和如图 7-25 所示的“刀路模拟播放”操作栏。

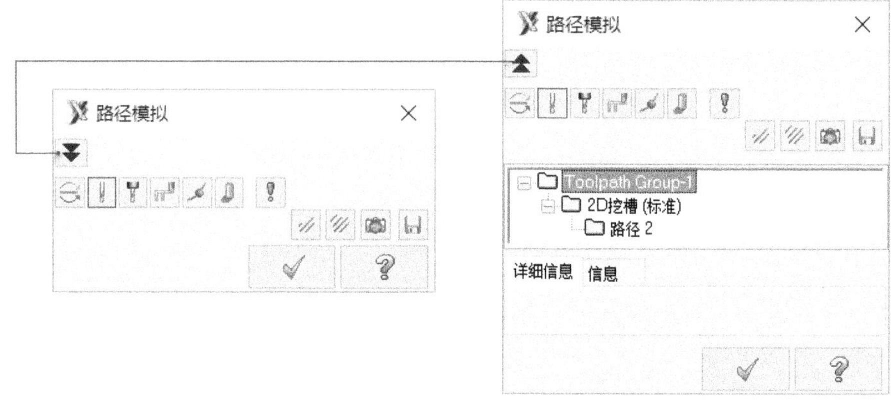

图 7-24 “路径模拟”对话框

图 7-25 “刀路模拟播放”操作栏

“路径模拟”对话框中主要图标按钮选项的功能含义见表 7-2。

表 7-2 “路径模拟”对话框中主要图标按钮选项的功能含义

序号	按钮图标	按钮名称	功能含义
1		显示颜色切换	将刀路用颜色显示出来，便于用户观察
2		显示刀具	在刀路模拟过程中显示刀具，便于检验刀具是否与工件发生碰撞干涉
3		显示刀柄（夹头）	在刀路模拟过程中显示刀柄（夹头）
4		显示快速移位	显示在加工过程中的快速进给路径，即显示以 G00 方式下刀时的刀路
5		显示端点（路径节点）	显示刀路的节点
6		着色验证	将刀路着色显示，快速检验刀路
7		选项	对刀路模拟过程中的一些选项及参数进行设置
8		限制描绘（限制路径）	用于设置如何限制路径
9		关闭路径限制	可实现部分显示，即允许直接选择刀路上的某段，系统将显示该段的刀路
10		将刀具保存为图形	抓图（保存显示状态）
11		保存刀路	将刀路保存为图形

若要对刀路模拟过程中的一些参数进行设置，则可在“路径模拟”对话框中单击“参数设置”图标按钮，系统弹出如图 7-26 所示的“刀路模拟选项”对话框，在该对话框中可以设置步进模式、清除屏幕（刷新屏幕）、刀具显示和刀柄显示等选项与参数。

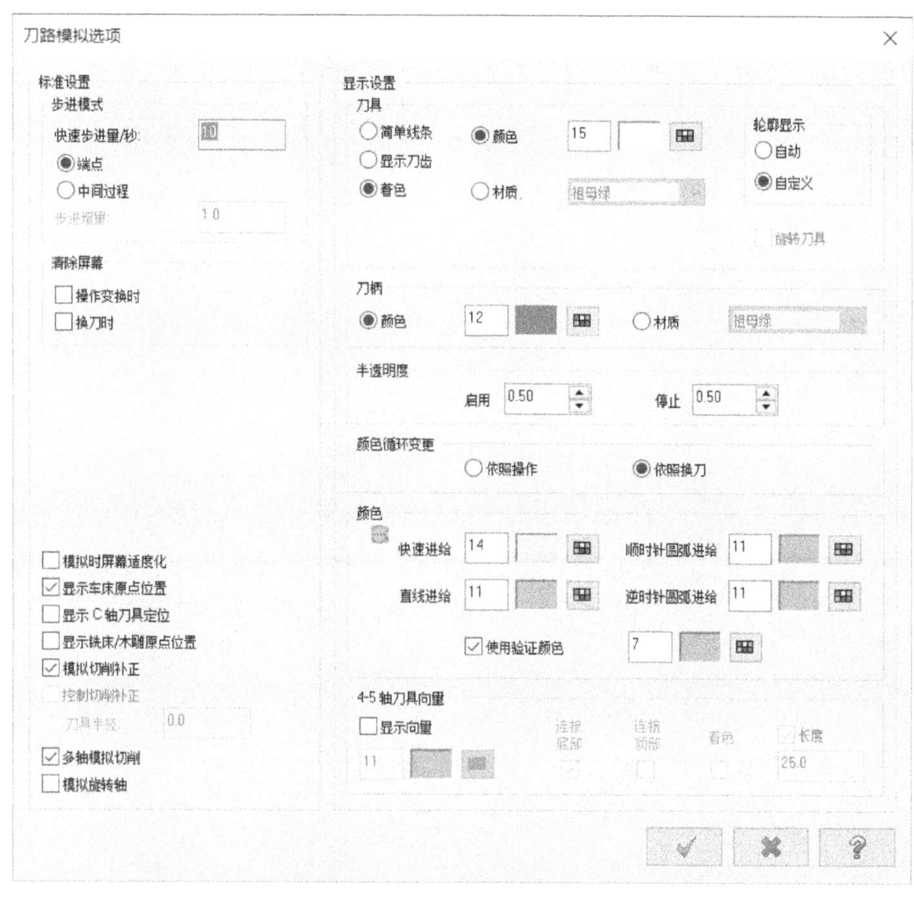

图 7-26 “刀路模拟选项”对话框

“刀路模拟播放”操作栏用于对刀路模拟过程进行控制。该操作栏中主要图标按钮的功能含义见表 7-3。

表 7-3 “刀路模拟播放”操作栏中主要图标按钮的功能含义

序号	按钮图标	按钮名称	功能含义
1		开始播放	单击此图标按钮，则系统开始自动运行刀路模拟
2		暂停	暂停正在进行的刀路模拟
3		跳返	返回到最前面，即返回到起始位置
4		单节后退	通过手动方式返回到上一节（帧）的移动轨迹
5		步进	单节前进，即通过手动方式前进到下一节（帧）的移动轨迹
6		到最后	直接跳到刀路模拟的终止位置
7		路径痕迹模式	执行时显示全部的刀路
8		运行模式	执行时只显示执行段的刀路
9		运行速度	设置模拟时的刀具运行速度
10		设置停止条件	设置刀路模拟停止时的选项与参数
11		帮助	使用帮助内容

除了可以使用表 7-3 所述的相关图标按钮来进行刀路模拟，还可以通过在“刀路模拟播放”操作栏中拖动如图 7-27 所示的滑块来手动实现刀路模拟。

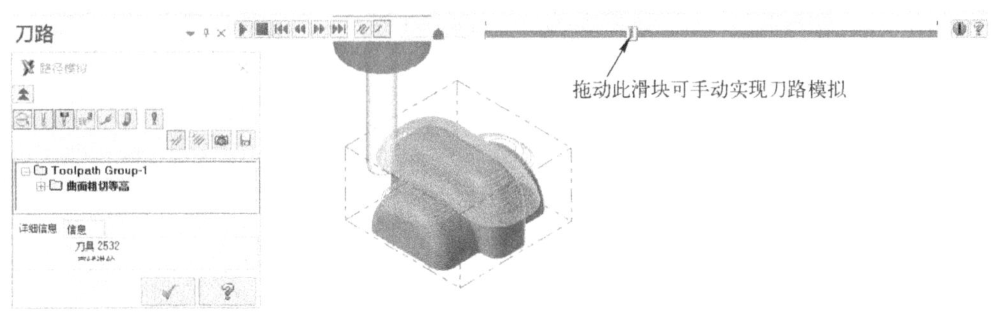

图 7-27　拖动滑块实现刀路模拟

若在“刀路模拟播放”操作栏中单击“设置停止条件”图标按钮，那么系统弹出如图 7-28 所示的“暂停设定”对话框。利用该对话框可对刀路模拟进行相关的停止选项及参数设置，如指定是否启用每个操作停止、是否换刀暂停、是否指定单节停止，以及设置指定位置停止参数等。

图 7-28　“暂停设定”对话框

7.5.2 加工模拟验证

加工模拟验证以实体模拟工件大小进行模拟切削，以检验所编制的刀路是否正确。如果发现刀路有误，则可以及时对其进行更正。

在刀路管理器中选择一个或多个操作后，单击“验证已选择的操作”图标按钮，系统弹出如图 7-29 所示的“Mastercam 模拟”窗口。在该窗口中，若单击“模拟”图标按钮，则切换至模拟模式；若单击“验证”图标按钮，则切换至“验证”模式。选择“验证”模式时，可以在“主页”选项卡的“可见的”面板中设置显示“毛坯”和“刀路”，而“模拟”模式无法对“毛坯”和“刀路”这两个复选框进行设置。为了更好地观察预期加工情况，通常使用“验证”模式。若本书没有特别说明，则相关范例均默认使用“验证”模式。

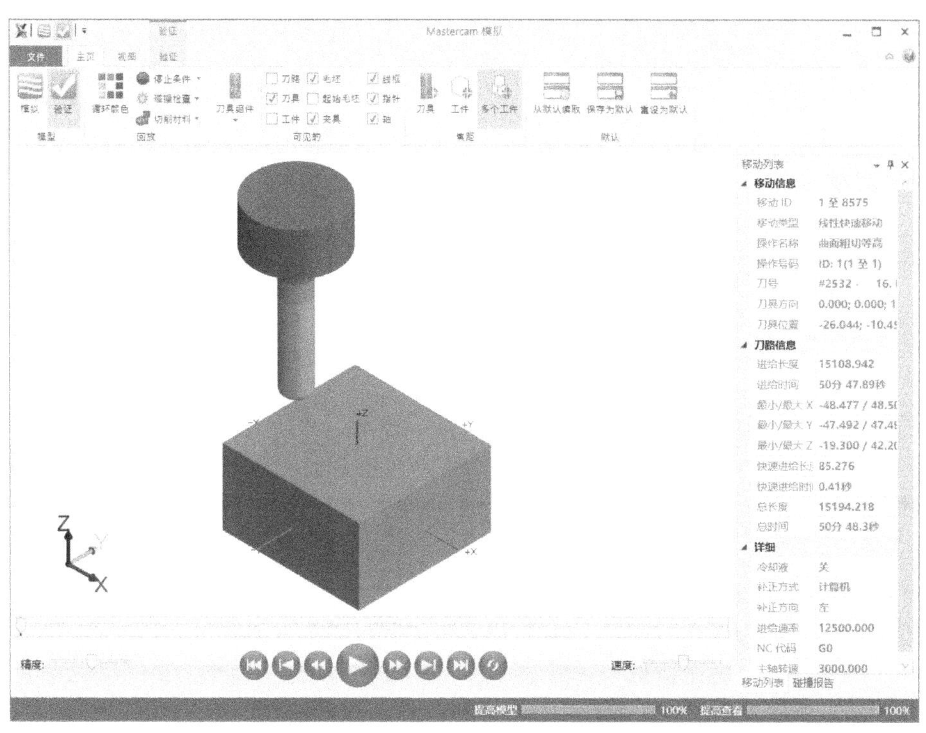

图 7-29 “Mastercam 模拟”窗口

在“验证”模式下，“主页”选项卡包含“回放”面板、“可见的”面板、“焦距”面板和“默认”面板。其中，在“回放”面板中可设置停止条件和碰撞检查。停止条件可以为“更换操作时”“换刀时”“碰撞时”“刀具检查”“更改指定 XYZ”或“更改指定值”。

在某些验证场合下，可能需要在“Mastercam 模拟”窗口中切换至“验证”选项卡，如图 7-30 所示，接着在“分析”面板中通过单击“保留碎片”图标按钮或“移除碎片”图标按钮来指定加工后哪些材料是保留的或被移除的。

图 7-30 “Mastercam 模拟”窗口的“验证”选项卡

在“Mastercam 模拟”窗口的底部区域，可以通过滑块的方式调整精度和模拟验证速度。如果单击“播放”图标按钮，则开始播放加工模拟或验证情况。

7.5.3 锁定加工与关闭刀路

在设置完加工操作的一系列参数并经过模拟验证后，可以单击刀路管理器中的“切换锁定操作”图标按钮，将所选的操作锁定，这样便可以避免以后某些误操作带来的参数影响。锁定加工操作示例如图 7-31 所示。

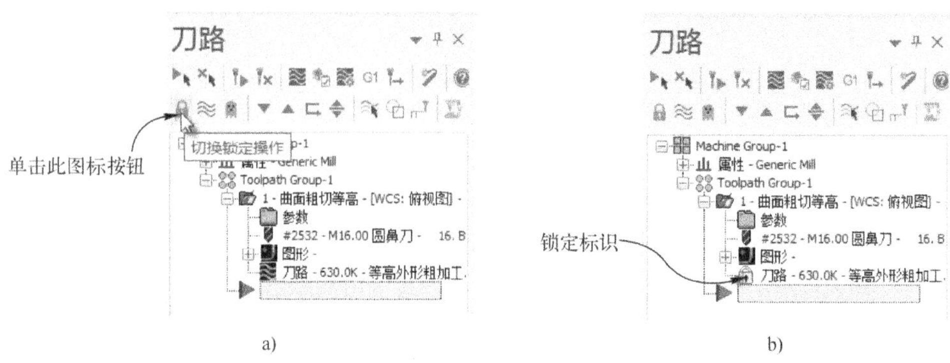

图 7-31 锁定加工操作

a) 锁定选定加工操作之前 b) 锁定选定加工操作之后

在实际工作中，有时可以将不需要显示的刀路关闭。若要关闭某个操作的刀路显示，则首先选择该加工操作，接着单击刀路管理器中的“切换显示所选的刀路操作”图标按钮≋，从而关闭其刀路显示。

7.5.4 刀路后处理

生成刀路，并对刀路进行检验且确定无误后，便可以执行刀路后处理来将刀路文件编译成数控加工程序，该程序通常称为后处理程序。有的资料将后处理程序描述为：“由 NCI 刀具文件转换成 NC 支持的机床上实现自动数控加工的一种途径”。

在刀路管理器中，单击“锁定选择的操作后处理”图标按钮G1，系统弹出如图 7-32 所示的“后处理程序”对话框。在该对话框中可以看出当前使用的后处理程序（后处理器类型）。如果在未指定后处理器的情况下，“选择后处理”按钮处于可用状态，此时可以单击“选择后处理”按钮来选择所需要的后处理类型。用户需要注意的是，不同的数控系统所使用的加工程序的格式可能有所不同，这就需要用户根据机床数控系统的类型选择相应的后处理器。

在“后处理程序”对话框中，若选中“输出 MCX 文件信息”复选框，则激活“属性”按钮，此时单击“属性”按钮，则打开如图 7-33 所示的“图形属性”对话框，其中列出了文件信息（文件名称、创建时间、修改时间、大小和单位），还可以对注解说明进行编辑。

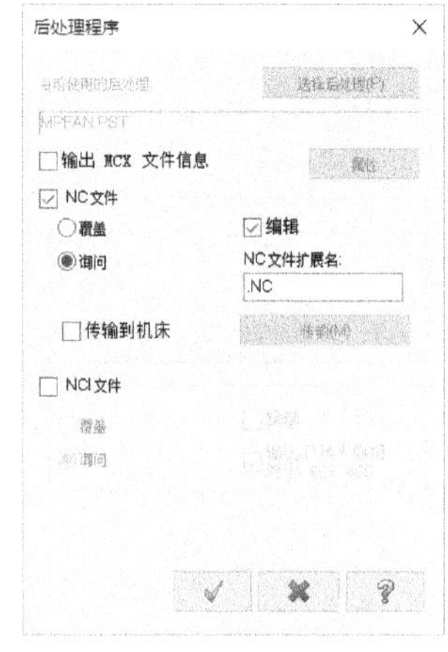

图 7-32 “后处理程序”对话框

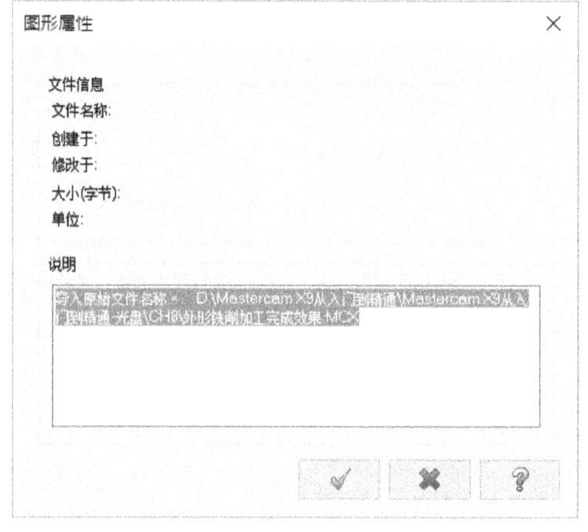

图 7-33 “图形属性”对话框

NC文件是传递给机床的数控G代码程序文件。在“后处理程序”对话框的“NC文件”选项组中，可以设置以下内容。

- “覆盖”单选按钮：选择此单选按钮时，系统自动对原来的同名NC文件进行覆盖更新。
- “询问”单选按钮：选择此单选按钮后，在生成NC文件时，若存在同名NC文件，那么系统在覆盖前面的NC文件时提示是否覆盖。
- “编辑”复选框：如果选中此复选框，那么系统在生成或保存NC文件后自动弹出NC文件编辑器，以供用户检查和编辑该NC程序。
- “NC文件扩展名”文本框：在该文本框中设置NC文件的扩展名，默认为“.NC”。
- “传输到机床”复选框：选中此复选框后，在生成并存储NC文件时，系统将NC程序通过串口或网络传输至机床设备的数控系统中。
- “传输”按钮：当选中“传输到机床”复选框时，“传输”按钮可用。单击此按钮，系统弹出如图7-34所示的“传输”对话框，从中设置相关的传输参数。

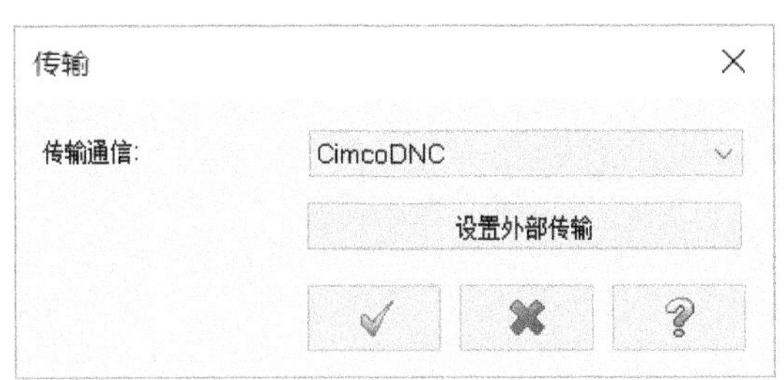

图7-34 “传输”对话框

NCI文件其实是一种过渡性质的文件，即刀路文件。在“后处理程序”对话框的“NCI文件”选项组中，可以设置NCI文件覆盖、覆盖前询问、编辑等内容。

7.6 路径转换

“路径转换”功能是很实用的，使用它可以对已有的一部分刀路进行平移、旋转或镜像操作，从而产生对整个零件加工的刀路。由刀路转换功能产生的刀路和原始的刀路是相互关联的，也就是说，当原始刀路重新计算并有改变时，其关联的转换刀路也随之发生变化。如果删除原始刀路，那么转换生成的刀路也会一起被删除。

在某些设计场合中，巧用刀路转换功能可以大大节省刀路计算的时间，并简化编程工作。

在菜单栏的“刀路”菜单中选择“路径转换”命令，打开如图7-35所示的“转换操作参数设置”对话框。在该对话框中，可以设置刀路转换的类型（形式）为“平移”、“旋转”或“镜像”，而刀路转换的方式可以是“刀具平面”或“坐标”；在“原始操作”列表框中可以选择要转换的原始操作，来源可以为“NCI”或“图形”；在“依照群组输出NCI”选项组中可以选择“操作类型”单选按钮或“操作排序”单选按钮；在“加工坐标系编号”选项组中可以设置关闭加工坐标系编号、维持原始操作或重新指定。另外，可以根据需要决定“创建新操作及图形”、“复制原始操作”和“使用子程序”这些复选框的状态。

图 7-35 “转换操作参数设置”对话框

7.6.1 平移复制刀路

平移复制刀路的思路是首先生成一个或一组刀路，然后使用平移转换的方法产生其他刀路。

在“转换操作参数设置”对话框的“刀路转换类型与方式”选项卡中单击选中“平移”单选按钮等，接着切换到“平移”选项卡，如图 7-36 所示。在该选项卡中，可设置平移转换的相关选项和模型图样原点的偏移参数等。

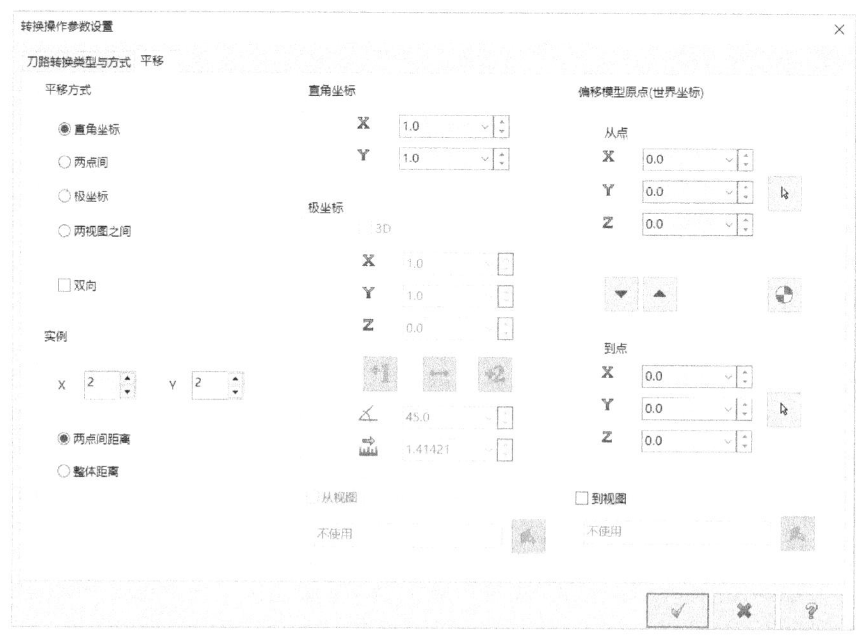

图 7-36 “转换操作参数设置”对话框的“平移”选项卡

【典型范例】：平移复制刀路并进行加工模拟验证

1 打开网盘资料的“CH7”\“刀路平移复制.MCX”文件，原始文件中的内容如图 7-37 所示，包括用于标准挖槽的刀路。

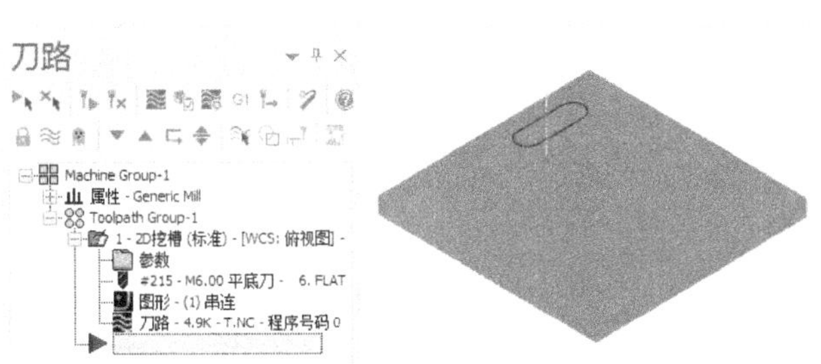

图 7-37 原始文件中的内容

2 在菜单栏的“刀路”菜单中选择“路径转换”命令，打开“转换操作参数设置”对话框。

3 在“刀路转换类型与方式”选项卡的“类型”选项组中单击选中“平移”单选按钮，如图 7-38 所示，注意，在“原始操作”列表框中选择要转换的原始操作。

图 7-38 单击选中“平移”单选按钮

4 切换到“平移”选项卡。在“平移方式”选项组中单击选中“直角坐标”单选按钮，在“实例”选项组中单击选中“两点间距离”单选按钮，并设置 x 方向的数量为“4”、y 方向的平移次数为“2”，然后在“直角坐标”选项组中设置 x 方向的间距为“18”、y 方向的间距为“-35”。

5 在“转换操作参数设置”对话框中单击“确定”图标按钮 ✓，通过平移转换而生成的刀路如图 7-39 所示。

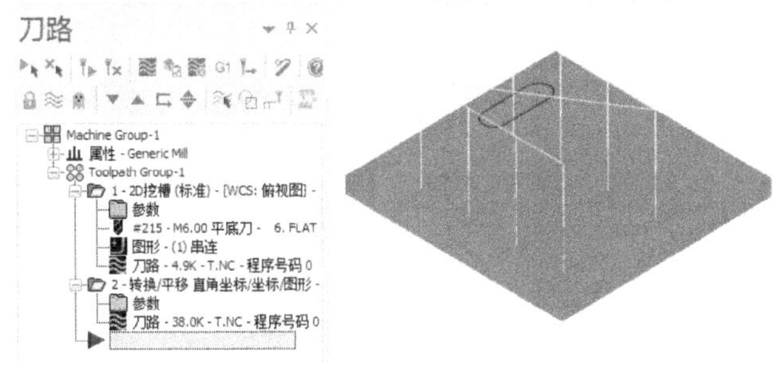

图 7-39 平移转换生成刀路

6 在刀路管理器中单击“选择全部操作”图标按钮，从而选择所有的操作。

7 在刀路管理器中单击“验证已选择的操作”图标按钮，系统弹出“Mastercam 模拟”窗口。在“Mastercam 模拟”窗口中设置相关的选项及参数，接着单击“播放”图标按钮，开始进行加工验证。如图 7-40 所示为加工模拟验证过程中的一个截图，最后的模拟验证效果如图 7-41 所示。

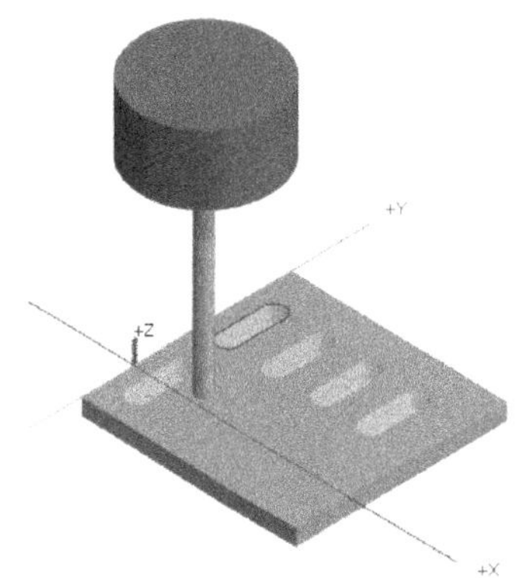

图 7-40　加工模拟验证过程中的一个截图

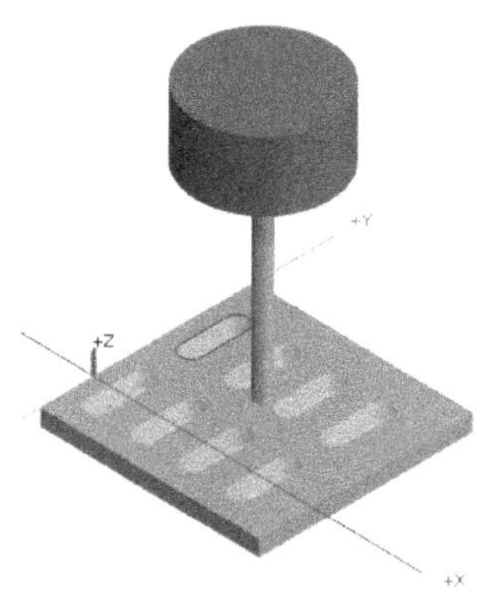

图 7-41　加工模拟验证结果

8 在“Mastercam 模拟”窗口中单击“关闭”图标按钮 ×，结束加工模拟验证操作。

7.6.2 旋转复制刀路

旋转复制刀路的思路是首先生成一个或一组刀路，然后使用旋转转换的方法产生其他刀路。

在“转换操作参数设置”对话框的“刀路转换类型与方式”选项卡中单击选中“旋转”单选按钮，接着切换到“旋转”选项卡，从中可以设置旋转的基准点，设置旋转次数、起始角度和旋转角度等，如图 7-42 所示。

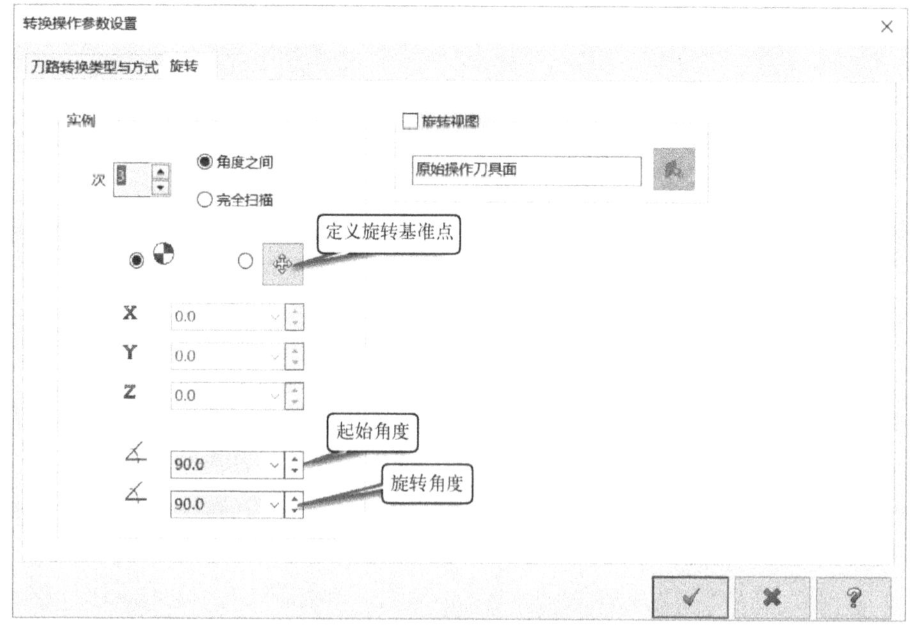

图 7-42　设置旋转转换参数

【典型范例】：旋转复制刀路并进行加工模拟验证

1 打开网盘资料的“CH7”\“刀路旋转复制.MCX”文件，原始文件中的内容如图 7-43 所示，包括用于数控加工的刀路。

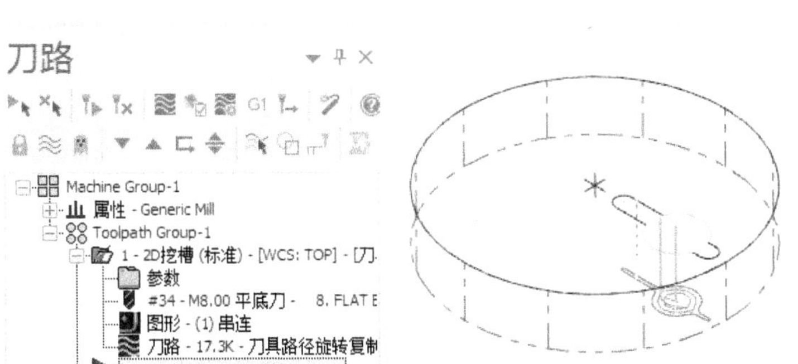

图 7-43 原始文件中的内容

2 在菜单栏的“刀路”菜单中选择“路径转换”命令，打开“转换操作参数设置”对话框。

3 在“刀路转换类型与方式”选项卡中，从“类型”选项组中单击选中“旋转”单选按钮，如图 7-44 所示，注意选中要转换的原始操作，其他采用初始默认设置。

4 切换到“旋转”选项卡。单击选中位于“定义旋转基准点”图标按钮前面的“点”单选按钮，接着单击“定义旋转基准点”图标按钮，在绘图区选择如图 7-45 所示的基准点。

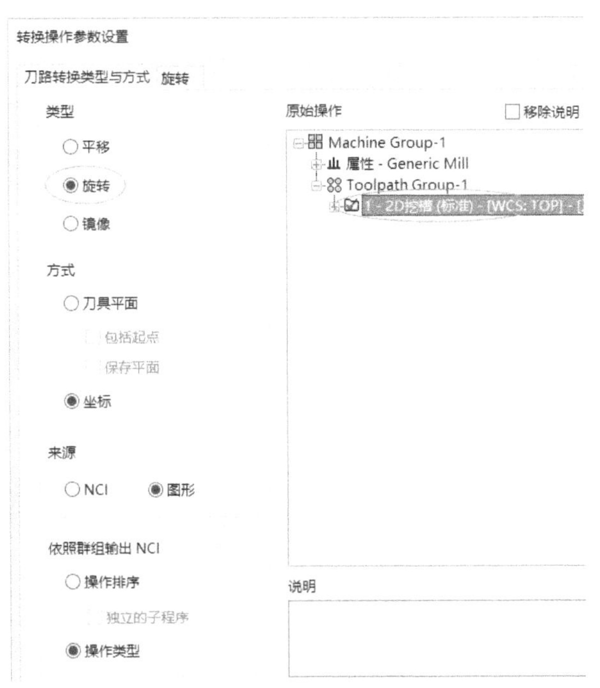

图 7-44 单击选中“旋转”单选按钮

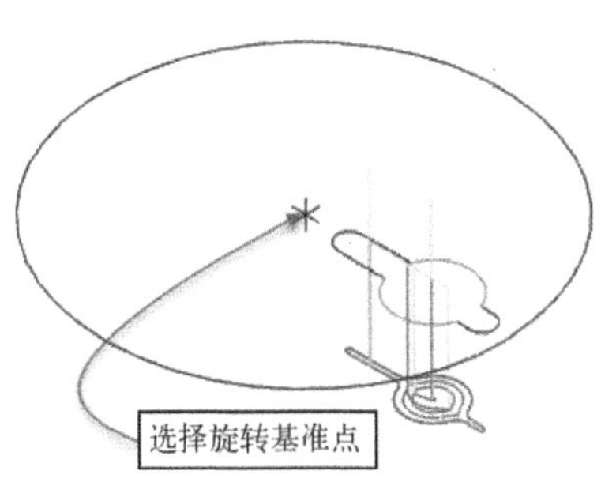

图 7-45 指定旋转基准点

5 在“旋转”选项卡中设置次数为“3”，单击选中“角度之间”单选按钮，设置起始角度为“90”、旋转角度为“90”，如图 7-46 所示。

图 7-46　设置旋转次数、起始角度和旋转角度等

6 在“转换操作参数设置”对话框中单击“确定”图标按钮，旋转复制刀路的结果如图 7-47 所示。

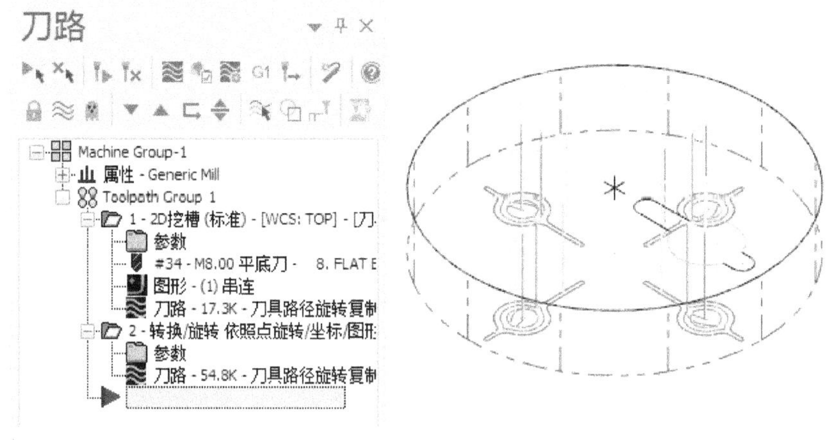

图 7-47　旋转复制刀路的结果

7 在刀路管理器中单击“选择全部操作”图标按钮，从而选择所有的操作。

8 在刀路管理器中单击“验证已选择的操作”图标按钮，系统弹出“Mastercam 模拟”窗口。在“Mastercam 模拟”窗口中设置相关的验证选项及参数，如图 7-48 所示，然后单击“播放”图标按钮，开始进行加工模拟验证，验证效果如图 7-49 所示。

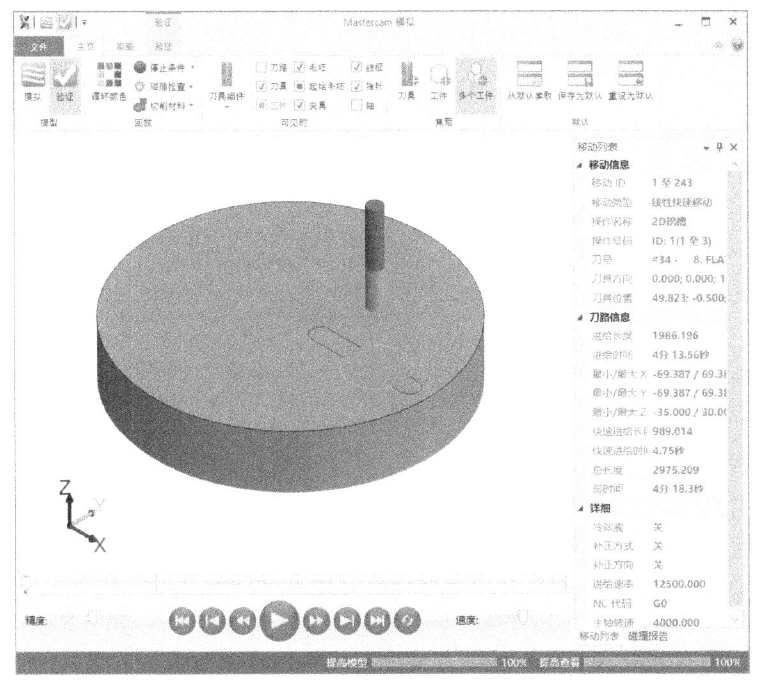

图 7-48 设置相关的验证选项及参数

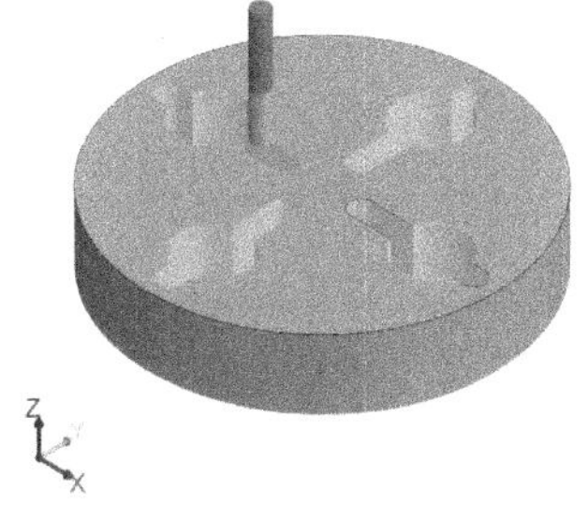

图 7-49 完成的加工模拟验证效果

9 在“Mastercam 模拟”窗口中单击“关闭”图标按钮 ×，结束加工模拟验证操作。

7.6.3 镜像复制刀路

镜像复制刀路是指产生零件形状具有对称轴的刀路，即先设计一侧的刀路，再使用镜像复制的方法产生另一侧的刀路，如图 7-50 所示。

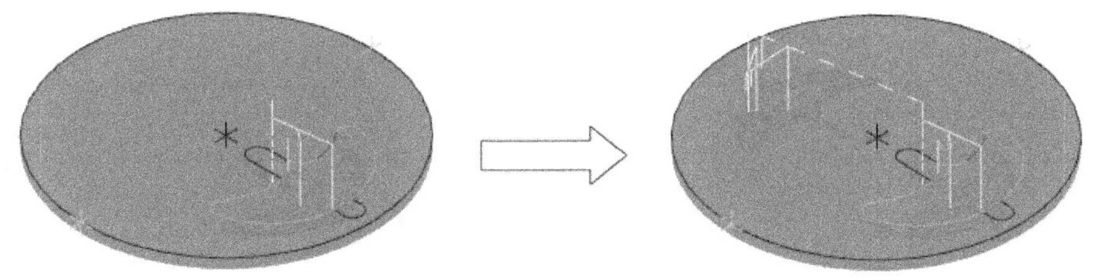

图 7-50 镜像复制刀路前后

【典型范例】：镜像复制刀路并进行加工模拟验证

1 打开网盘资料的“CH7”\“刀路镜像复制 A.MCX-9”文件。

2 在菜单栏的“刀路”菜单中选择“路径转换”命令，弹出“转换操作参数设置”对话框。

3 在“刀路转换类型与方式”选项卡中，从“类型”选项组中单击选中“镜像”单选按钮，并注意在“原始操作”列表框中选择要转换的原始操作。另外在“方式”选项组中单击选中“刀具平面”单选按钮。

4 切换到“镜像”选项卡。在“镜像方式（WCS 坐标）”选项组中单击选中位于“两点”图标按钮前面的单选按钮，如图 7-51 所示。

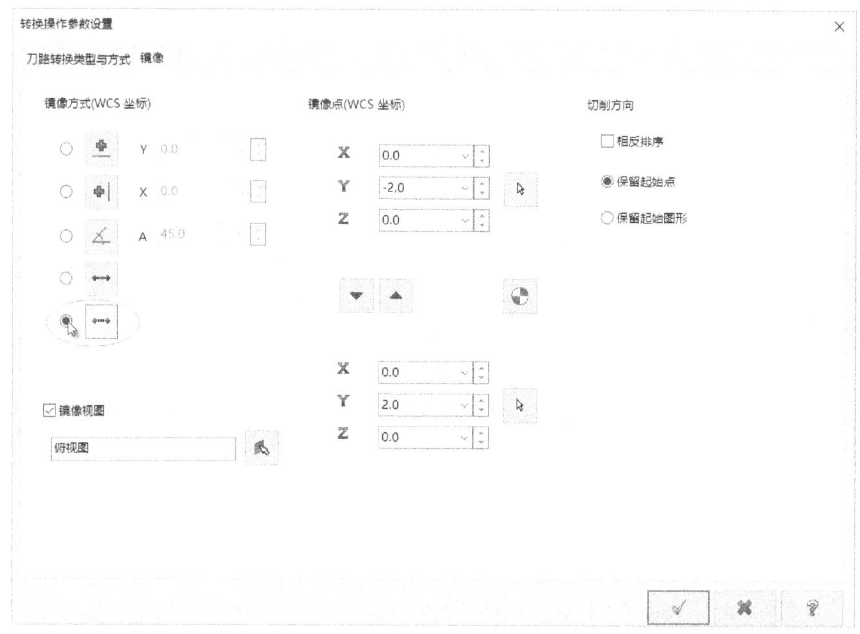

图 7-51 指定镜像的方式

5 在“镜像方式（WCS 坐标）”选项组中单击“两点”图标按钮，使用鼠标在绘图区依次选择 P1 点和 P2 点来定义镜像线，如图 7-52 所示。

6 返回到“转换操作参数设置”对话框，单击“确定”图标按钮，完成的镜像复制刀路如图 7-53 所示。

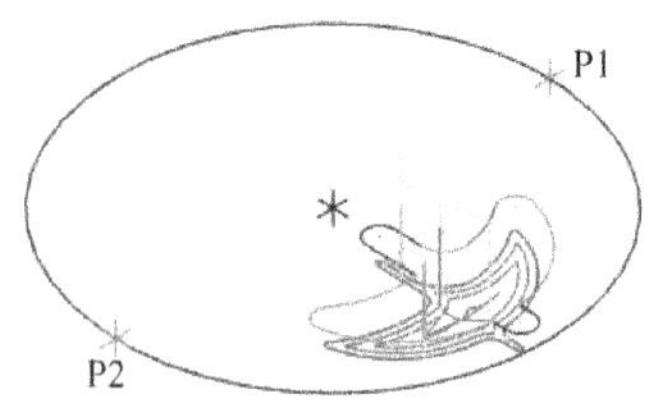

图 7-52 选择两点定义镜像线

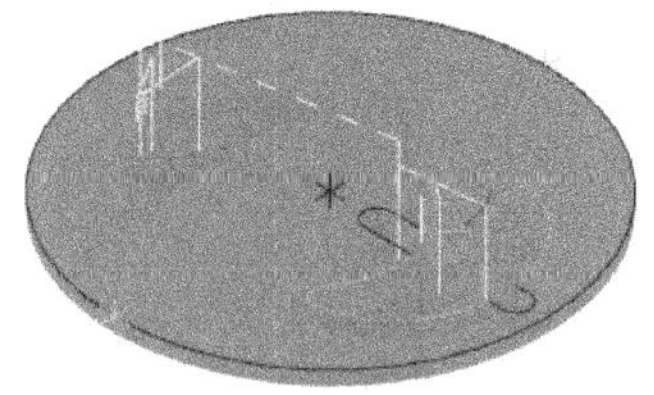

图 7-53 完成的镜像复制刀路

7 在刀路管理器中单击“选择全部操作”图标按钮，从而选择所有的操作。

8 在刀路管理器中单击“验证已选择的操作”图标按钮，系统弹出“Mastercam 模拟”窗口。在“Mastercam 模拟”窗口中设置相关的验证选项及参数，然后单击“播放”图标按钮开始进行加工模拟验证，验证效果如图 7-54 所示。

图 7-54 加工模拟验证效果

9 在“Mastercam 模拟”窗口中单击“关闭”图标

按钮×，结束加工模拟验证操作。

7.7 刀路修剪

在菜单栏的“刀路”菜单中提供了一个实用的“刀路修剪”命令，执行该命令功能可以使用新定义的边界去修剪某 NCI 刀路文件，并按要求指定保留位于新边界内部或边界外部的刀路部分，而另一部分被修剪，刀路修剪后形成新的 NCI 刀路文件。

执行刀路修剪的典型方法及步骤简述如下。

1 在菜单栏的“刀路”菜单中选择“刀路修剪”命令。

2 系统弹出“串连选项”对话框，设置相应的串连选项，选取修剪的边界，单击“确定”图标按钮✓。

3 在要保留路径的一侧选择一点。

4 系统弹出如图 7-55 所示的“修剪刀路”对话框。在“选择要修剪的操作”列表框中选择（勾选）要修剪的操作，如选择“2D 挖槽”操作，在“刀具在修剪边界位置”选项组中选择“提刀”单选按钮或“不提刀”单选按钮。另外，可以单击相应的按钮重新指定保留的位置、刀具/绘图面等。

图 7-55 “修剪刀路”对话框

5 在“修剪刀路”对话框中单击“确定”图标按钮✓，完成刀路修剪操作，从而产生一个新的刀路文件。

第 8 章　二维加工路径

本章导读

Mastercam X9 二维加工的功能是非常强大而灵活的。本章将介绍二维加工的应用知识，包括面铣、标准挖槽、外形铣削、钻孔、雕刻、全圆铣削刀路和 2D 高速刀路。在学习本章内容时，要注意相关刀路的刀具选择、加工参数设定等。

8.1　二维加工路径的类型

Mastercam X9 提供了实用的二维加工功能。二维加工路径（或者称为二维刀路）的类型主要包括以下几种。

- 面铣：即平面铣，用于加工工件的特征表面，也就是对工件进行平面铣削加工。
- 标准挖槽：用于对封闭式外形内的区域进行铣削，可分为有岛屿和无岛屿挖槽加工两种方式。
- 外形铣削：主要用于沿着所定义的形状轮廓进行切削加工，注意利用刀具补正控制外形。
- 钻孔：用于在所选点进行钻孔加工。
- 雕刻：主要用于对文字或产品修饰图案进行雕刻加工，以提高产品美观性或标识产品信息等。
- 全圆铣削刀路：针对圆或圆弧进行加工，包括全圆铣削、螺旋铣削、自动钻孔、钻起始孔、铣键槽和螺旋铣孔等加工操作。
- 2D 高速刀路：使用 2D 高速刀路进行加工，其类型有“动态铣削”“动态外形”“区域”“剥铣”和“熔接”。

8.2　面铣

面铣是对工件进行平面铣削加工的一种方法，通常用来加工零件坯料的表面，以提高工件的平面度、平行度，并能够使加工的表面达到合理的粗糙度要求。面铣的加工速度较快，效率也较高。

使用“面铣”铣削加工方法可以选择封闭的一个或多个外形边界进行平面加工。面铣加工时，多采用大一些的刀具（面铣刀）以提高加工效率，同时要注意，刀具偏移量大于刀具直径 50%以上才不会在工件边缘留下残料。

8.2.1 面铣加工参数

绘制好外形边界图形后，在菜单栏的“机床类型”菜单中选择“铣削”/“默认”命令，接着在“刀路”菜单中选择“平面铣”命令，弹出如图 8-1 所示的“输入新 NC 名称”对话框，输入新 NC 名称后，单击“确定”图标按钮 。接着利用“串连选项”对话框，在绘图区选择要加工的外形边界轮廓，单击“确定”图标按钮 。

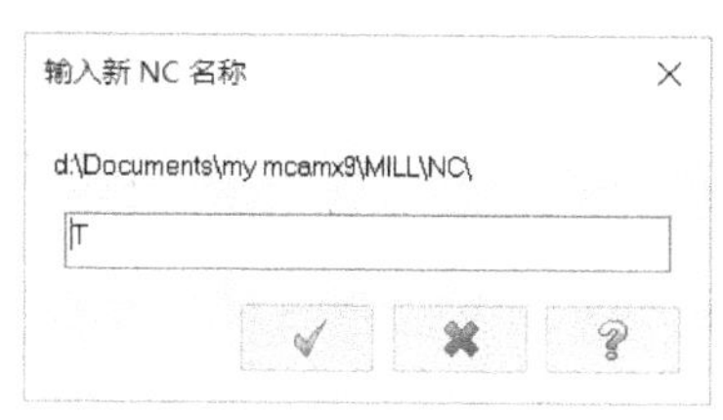

图 8-1 “输入新 NC 名称”对话框

系统弹出“2D 刀路-平面铣削”对话框，在参数类别列表框中选择“刀具”，单击“从刀库选择”按钮，并在指定的刀库中选择所需的面铣刀。若要进行正确的平面铣削，则必须选择合适的面铣刀。专用面铣刀的切削面积比一般铣刀的切削面积要大，其效率也更高。选择所需的面铣刀后，设置该刀具的相关参数，如图 8-2 所示。

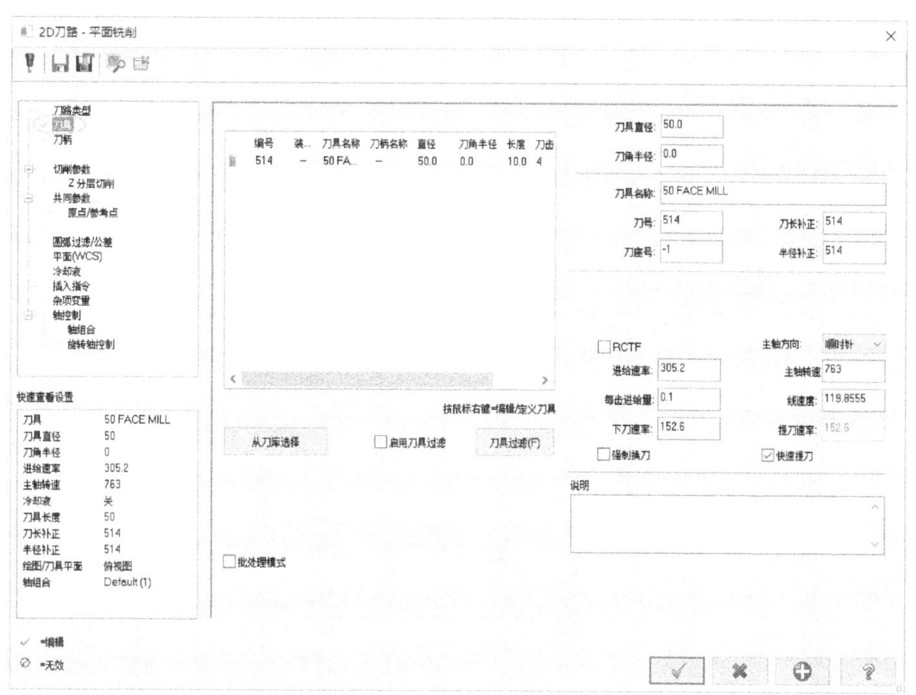

图 8-2 在“2D 刀路-平面铣削”对话框中设置刀具参数

知识点拨 若要编辑定义面铣刀，则可以在刀具列表框中右键单击选定的面铣刀，接着从弹出的快捷菜单中选择“编辑刀具”命令，从弹出的“定义刀具”对话框中可以看出面铣刀的相关定义内容（包括刀具图形属性和其他属性），如图 8-3 所示。面铣刀适用于粗切和精加工。

在“2D 刀路-平面铣削”对话框的参数类别列表框中选择“共同参数”类别，可根据加工实际情况分别设定参考高度、安全高度、进给下刀位置、工件表面和深度这些共同参数。

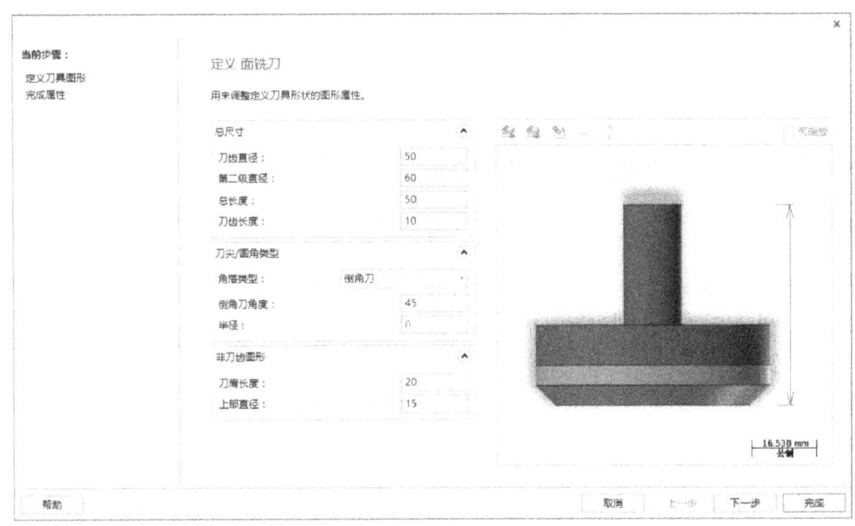

图 8-3　面铣刀定义

在“2D 刀路-平面铣削”对话框的参数类别列表框中选择“切削参数”类别，在“切削参数”类别选项区域中设置满足设计要求的面铣削加工参数，这些切削参数主要包括切削类型（方式）、校刀位置、两切削间移动方式、刀具在拐角处走圆角方式、最大步进量、底面预留量、铣削方向、截断方向超出量、引导方向超出量、进刀引线长度、退刀引线长度、粗切角度等，如图 8-4 所示。另外，在参数类别列表框中选择“Z 分层切削”，则可以设置启用深度分层切削，并可设置深度切削的最大粗切步进量、精修次数和精修量等。

下面主要介绍面铣加工特有的一些参数。

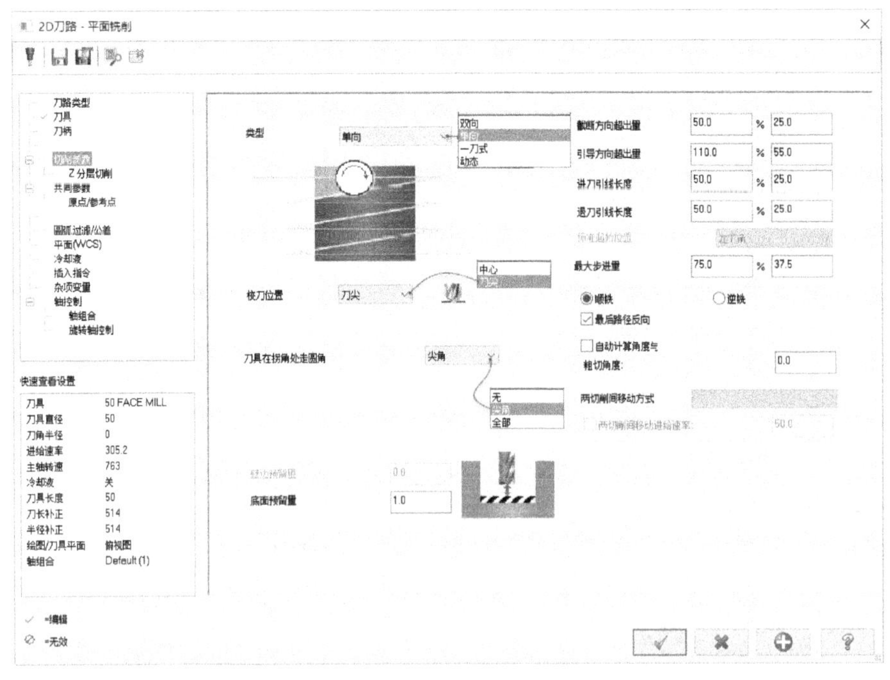

图 8-4　“2D 刀路-平面铣削”对话框的“切削参数”类别选项区域

一、切削类型

执行面铣削加工时，可以根据加工要求选择合适的铣削类型。在“切削参数”类别选项区域的“类型”下拉列表框中提供了用于设置加工时切削类型的选项，包括“双向”“单向”“动态”和“一刀式”。在面铣削加工中，一般使用双向的切削方式来提高加工效率。双向切削方式是指刀具在加工中可以反复走刀，来回均可实现铣削动作。

二、两切削间移动方式

当将切削类型（切削方式）设置为“双向”铣削类型时，可以根据情况设置刀具在两次铣削间的位移过渡方式。两切削间移动方式有“高速回圈”、“线性”和“快速进给”。当选择“高速回圈”选项时，刀具按照圆弧过渡的刀路快速移动到下一个铣削的起点；当选择“线性”选项时，刀具按照线性形式的刀路移动到下一个铣削的起点；当选择“快速进给”选项时，刀具在两切削间位移位置以 G00 快速移动到下一个切削位置。这 3 种移动方式的刀路示意效果如图 8-5 所示。

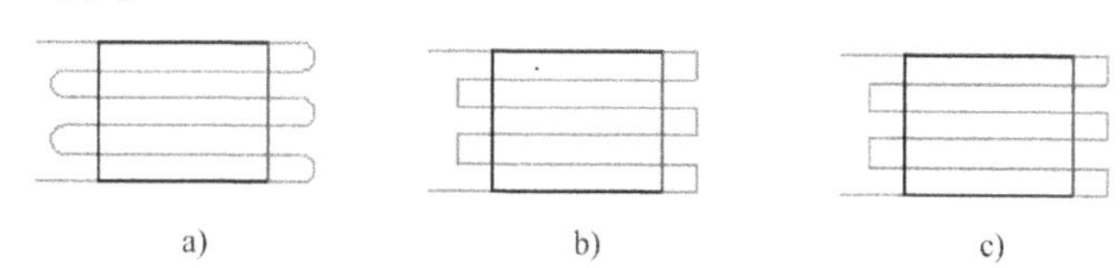

图 8-5　两切削间移动方式

a) 高速回圈　b) 线性　c) 快速进给

如果选中“两切削间移动进给速率”复选框，则可以在其相应的文本框中输入两切削间的移动进给速率。

三、最大步进量

可以设置相邻两刀切削之间的百分比或距离，其数值应该根据所选用的刀具直径来确定。

四、粗切角度

若选中“自动计算角度”复选框，则系统自动计算加工角度，计算出来的角度与所选加工边界最长边平行。若取消选中“自动计算角度”复选框，则可以在“粗切角度”文本框中设置粗切角度（刀具前进方向与 x 轴方向形成的夹角），以产生带有指定角度的刀路进行加工，如图 8-6 所示。

五、刀具超出量

面铣刀具超出量的设置内容包括“截断方向超出量”（非切削方向的超出量）、“引导方向（切削方向）超出量”、“进刀引线长度”和“退刀引线长度”。各超出量的图解示意如图 8-7 所示，这些超出量既可以以刀具直径百分比来确定，也可以以实际测量值来确定。

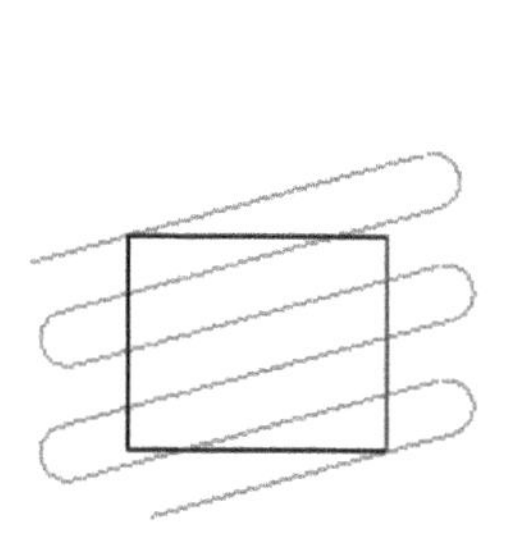

图 8-6　设置粗切角度为 15° 的刀路

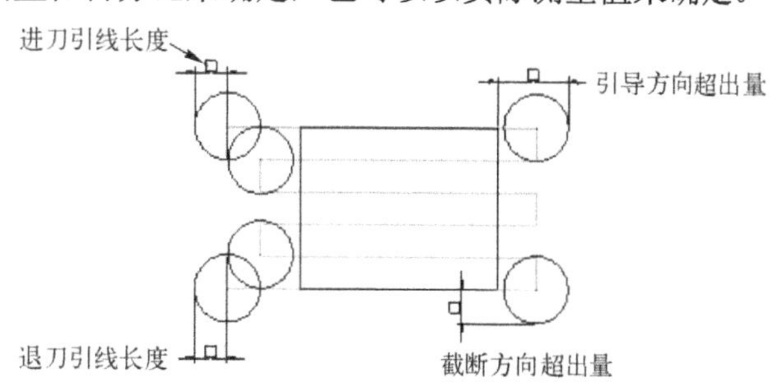

图 8-7　面铣刀具超出量示意

8.2.2 面铣加工操作范例

“面铣加工操作范例”的目的是对一个毛坯件顶面进行面铣削加工，以获得满足形状和位置精度要求的顶面。该范例是让读者掌握面铣加工的一般步骤。

一、创建基本图形

1 在“文件”工具栏中单击“新建”图标按钮，或者从菜单栏的“文件”菜单中选择“新建”命令，新建一个 Mastercam X9 文件。

2 在“基础绘图”工具栏中单击“矩形设置”图标按钮，绘制如图 8-8 所示的基本图形，该图形的中心位置为原点（0，0）。

二、选择机床

在本范例中选择默认的铣床。在菜单栏的“机床类型”菜单中选择“铣床”/“默认”命令。

三、工件设置

1 在刀路管理器中，单击“属性”节点下的如图 8-9 所示的“毛坯设置”选项，系统弹出“机床群组属性”对话框。

2 在“机床群组属性”对话框的“毛坯设置”选项卡中单击“边界盒”按钮，系统提示选择图形，使用鼠标框选所有图形，按〈Enter〉键确认，系统打开“边界盒”对话框，在“选择”选项组中单击选中“全部显示”单选按钮，在“形状”选项组中单击选中“立方体”单选按钮，并在“立方体设置”选项组中设置立方体形状尺寸，如图 8-10 所示，然后单击“边界盒”对话框中的“确定”图标按钮。

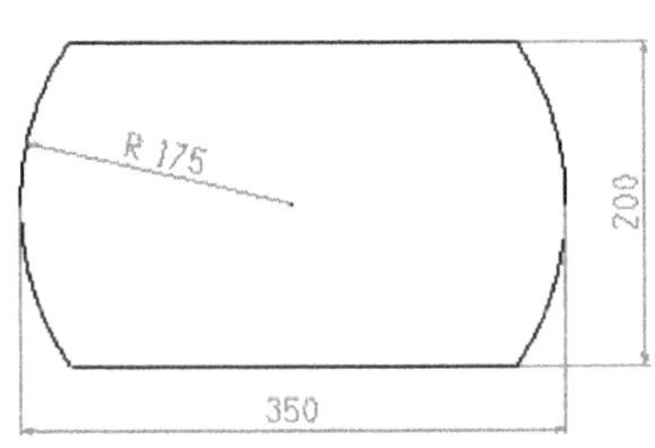

图 8-8　绘制的基本图形

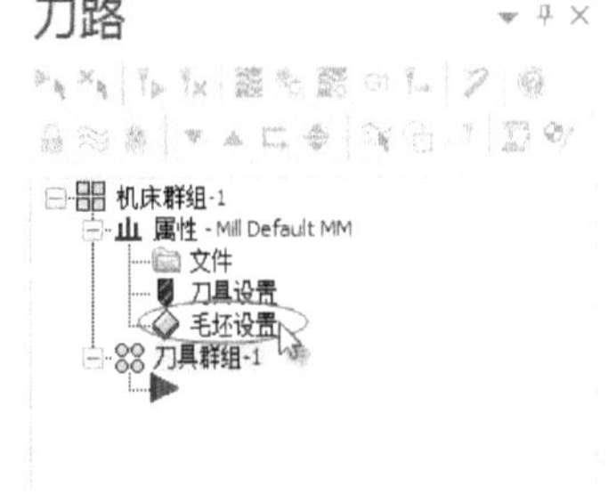

图 8-9　单击“毛坯设置”选项

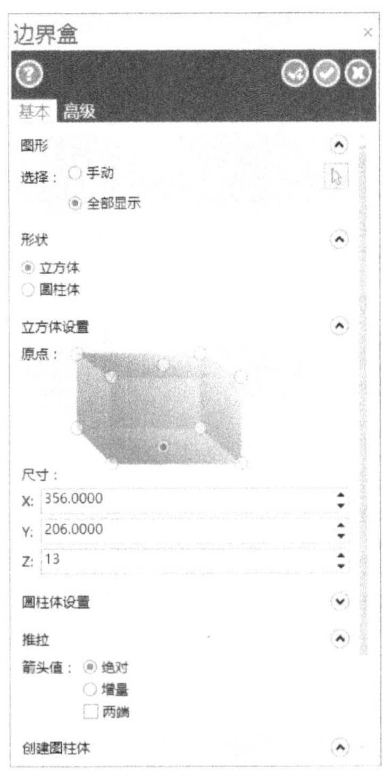

图 8-10　“边界盒”对话框

3 在“机床群组属性”对话框的“毛坯设置”选项卡中，设置工件坯料尺寸和毛坯原点，并选中“显示”复选框和“线框”单选按钮，如图 8-11 所示。

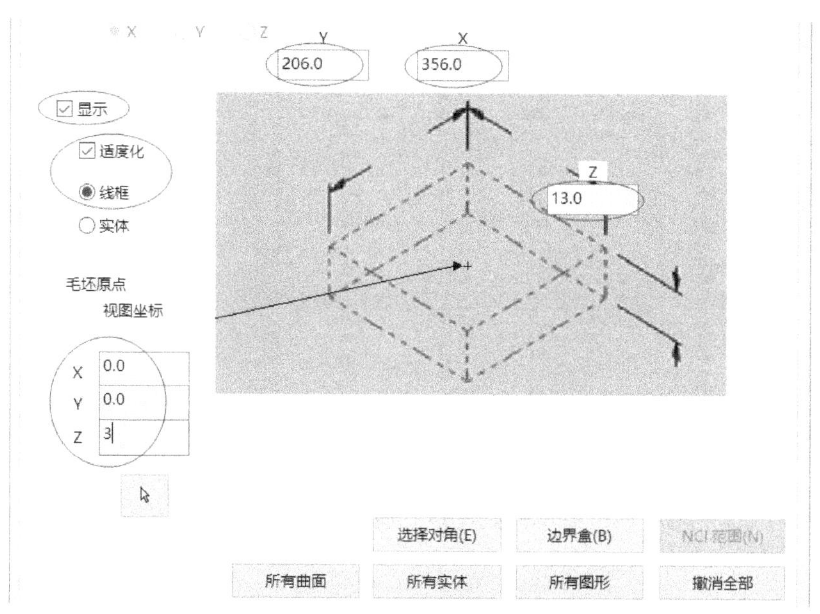

图 8-11 设置工件坯料尺寸和毛坯原点等

4 在“机床群组属性”对话框中单击“确定”图标按钮。

四、创建面铣削的刀路

1 在菜单栏的“刀路”菜单中选择“平面铣”命令。

2 系统弹出“输入新 NC 名称”对话框，输入“平面铣削”，如图 8-12 所示，然后单击“确定”图标按钮。

3 系统弹出“串连选项”对话框，选择如图 8-13 所示的轮廓，单击“确定”图标按钮，从而确定面铣削轮廓选择。串连的选择很重要，它决定了半径补偿方向，也将影响进刀和退刀的位置。

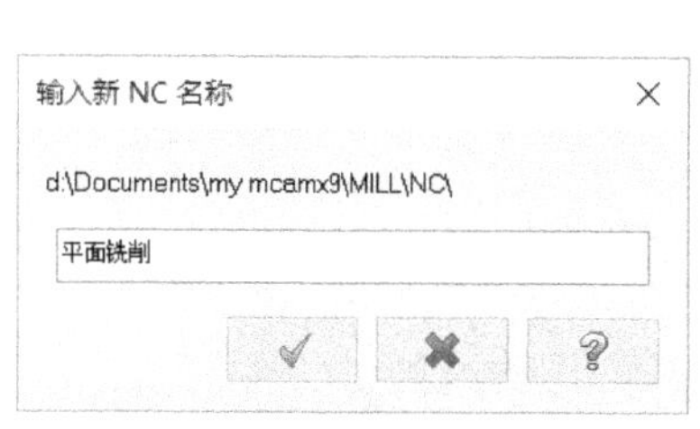

图 8-12 输入新 NC 名称

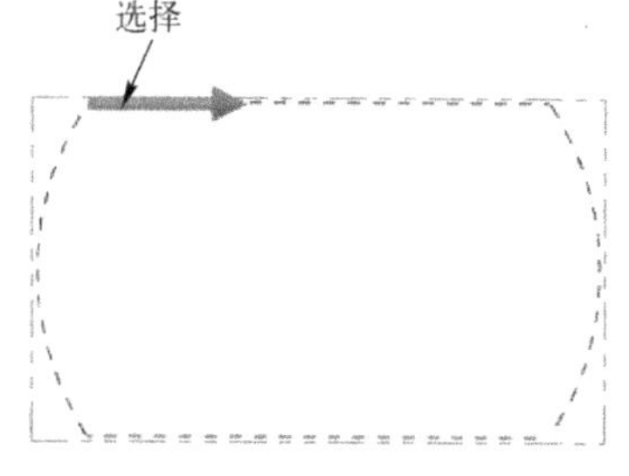

图 8-13 选择串连图形

4 系统弹出“2D 刀路-平面铣削”对话框，在参数类别列表框中选择“刀具”以切换到刀具参数类别选项区域，单击“从刀库选择”按钮，弹出“选择刀具”对话框，单击“打开刀库”图标按钮，利用弹出的“选择刀库”对话框选择“MILL_MM（NEW）.

TOOLDB”刀库，单击“打开”按钮，接着在“刀具管理”对话框中选择如图 8-14 所示的面铣刀，然后单击“确定”图标按钮 。

图 8-14　选择刀具

5 返回到“2D 刀路-平面铣削”对话框，在“刀具”参数类别选项区域中确定选择所需的面铣刀，并设置如图 8-15 所示的参数。具体参数可根据铣床设备实际情况和设计要求来自行设定。

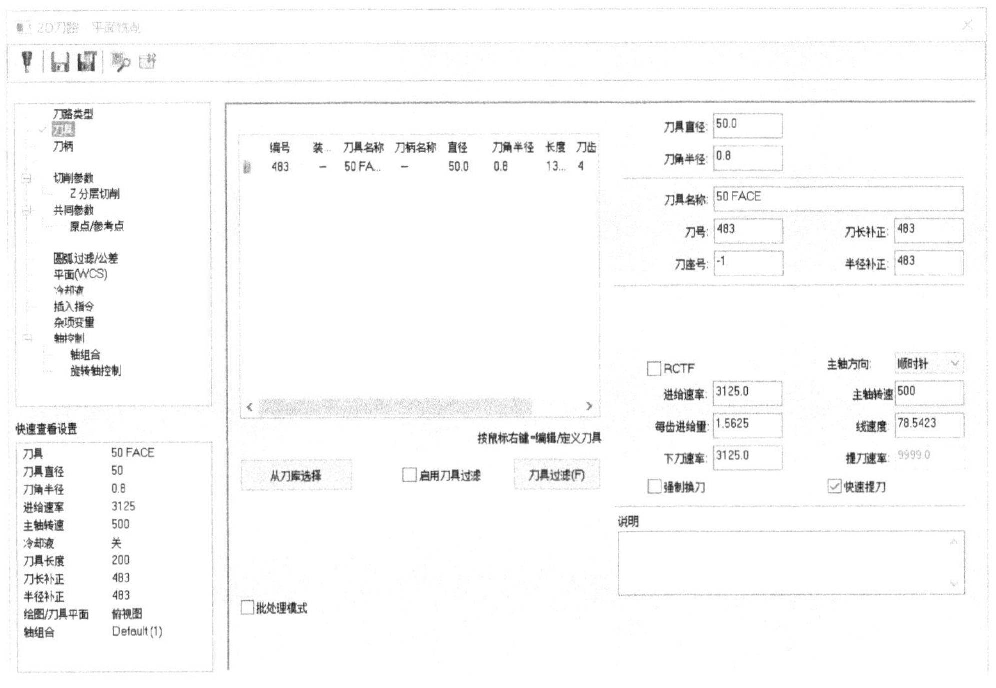

图 8-15　设置刀路参数

6 在参数类别列表框中选择“切削参数”，设置切削类型为“双向”，设置两切削间移动方式为“高速回圈”，根据实际需要设置校刀位置、刀具在拐角处走圆角方式等，如图 8-16

所示。

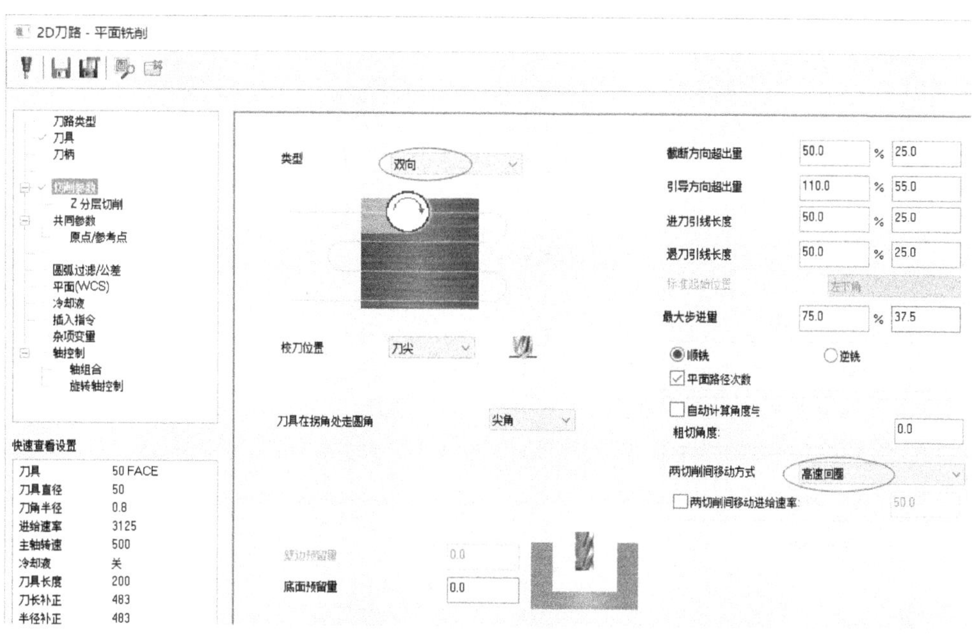

图 8-16 设置平面切削参数

7 在参数类别列表框中选择“切削参数”节点下的“Z 分层切削”子节点，在其选项区域选中“深度分层切削”复选框，并设置最大粗切步进量为“1”、精修次数为“1”、精修量为“0.5”，如图 8-17 所示。

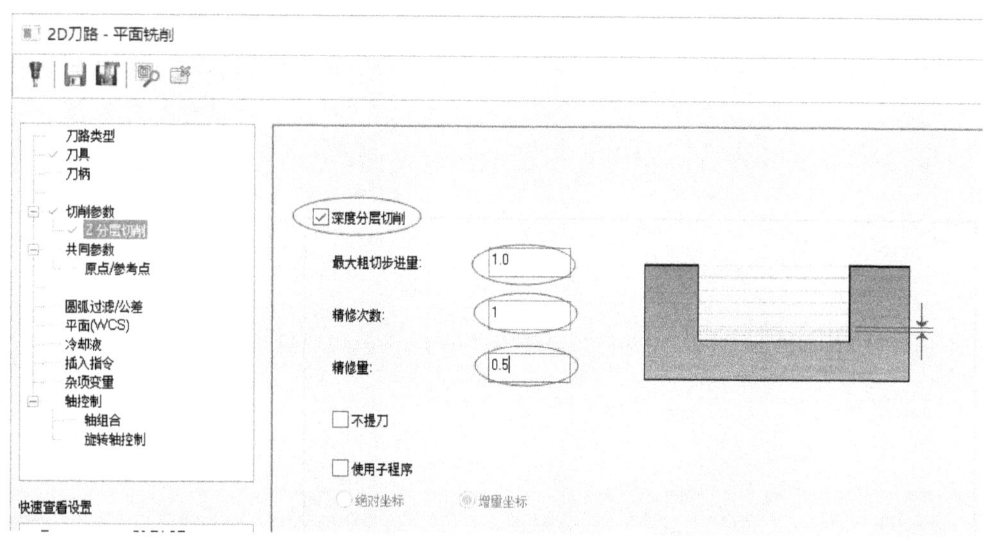

图 8-17 设置 z 轴分层铣削参数

8 在“2D 刀路-平面铣削”对话框中自行设置共同参数，本例中共同参数可以采用默认值。然后，单击“确定”图标按钮，创建的刀路如图 8-18 所示。建议将视角设置为“等角视图”。

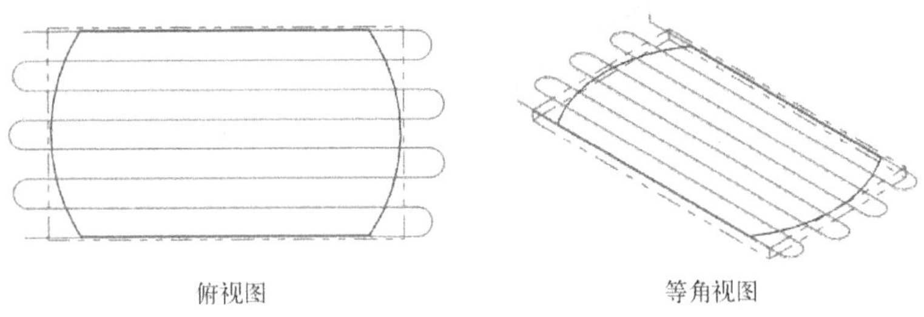

图 8-18 刀路

五、验证刀路、仿真加工和后处理等

1 在刀路管理器中单击“模拟已选择的操作”图标按钮，打开“路径模拟”对话框。利用该对话框和“刀路模拟播放”操作栏进行刀路模拟，如图 8-19 所示。完成刀路模拟后，在“路径模拟”对话框中单击“确定”图标按钮 ✓ 。

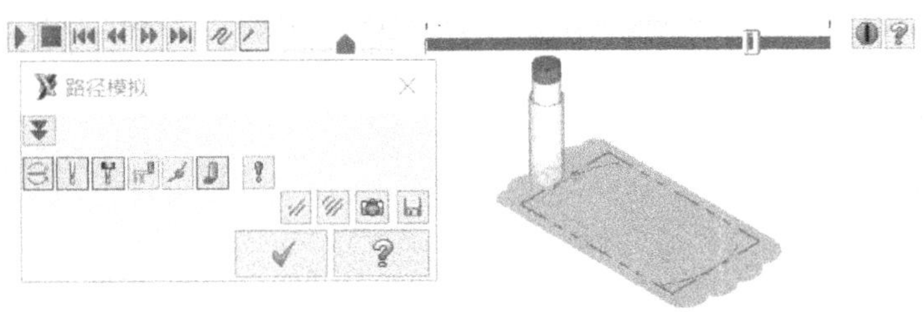

图 8-19 刀路模拟

2 在刀路管理器中单击“验证已选择的操作”图标按钮，打开“Mastercam 模拟”窗口。在“Mastercam 模拟”窗口的“主页”选项卡中设置相关的选项及参数，如图 8-20 所示，然后单击“播放”图标按钮从而开始进行加工模拟验证，图 8-21 所示为实体验证过程中的一个截图。完成实体验证后，单击“Mastercam 模拟”窗口中的“关闭”图标按钮 ×。

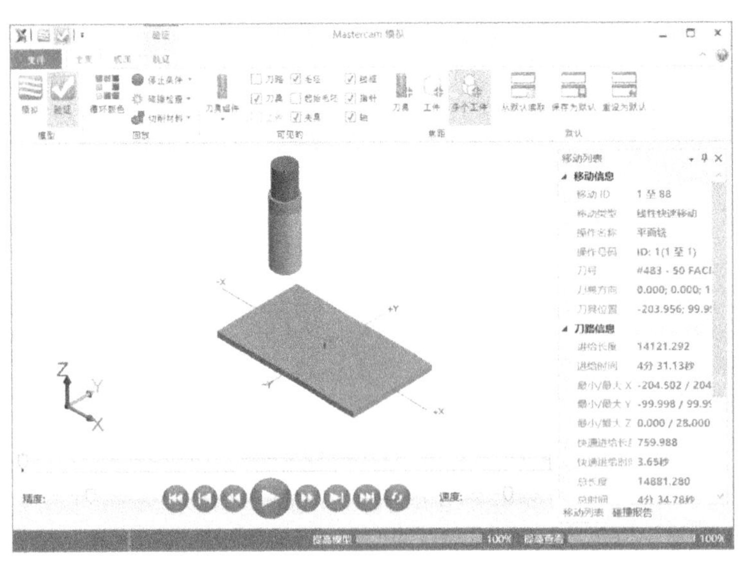

图 8-20 “Mastercam 模拟”窗口

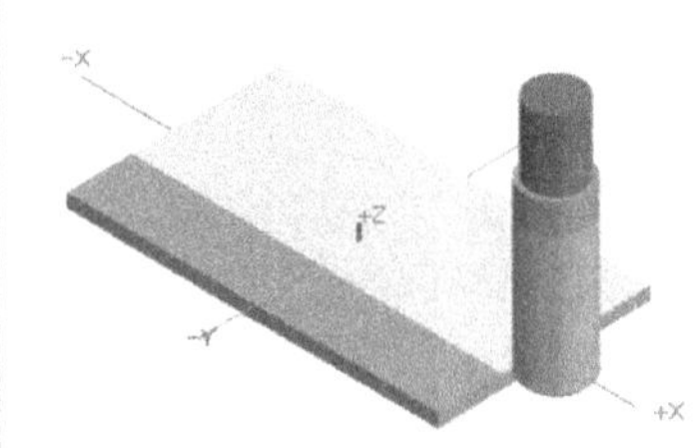

图 8-21 实体验证

③ 在刀路管理器中单击“后处理”图标按钮G1，弹出“后处理程序”对话框，执行相关后处理参数的设置来生成该刀路的加工程序。

④ 保存文件。

8.3 标准挖槽加工

标准挖槽加工（简称“挖槽加工”）是指将工件上指定区域内的材料挖去，使工件形成“槽”形状。有时在槽内还可包含一个称为“岛屿”的区域。在挖槽加工定义时，可选择与要切削的断面边缘具有相同外形的铣刀，一般选择端铣刀（EndMill）来进行挖槽加工。对于一些端铣刀而言，需要在进刀前先在工件上钻个小孔，然后再进刀，或者采用螺旋方式进刀。在挖槽加工时，可以设置分层铣削，必要时可以附加一个精加工操作，达到一次完成两个刀路规划的效果。

8.3.1 2D挖槽基本切削参数

准备好轮廓图形和指定铣床后，在菜单栏中选择“刀路”/“2D挖槽”命令，接下来的主要操作是在绘图区指定所需的串连图形，然后在打开的“2D刀路-2D挖槽”对话框中设置刀具参数、切削参数等，其中切削参数除了基本切削参数之外，还包括粗切工（包括进刀方式）、精修（包括进/退刀设置）、z分层切削和贯通这些子参数。

在本小节中，只重点介绍2D挖槽的基本切削参数。2D挖槽的基本切削参数主要包括加工方向、挖槽加工方式、校刀位置、刀具在转角处走圆角类型、曲线打断成线段的公差值、壁边预留量和底面预留量等，如图8-22所示。

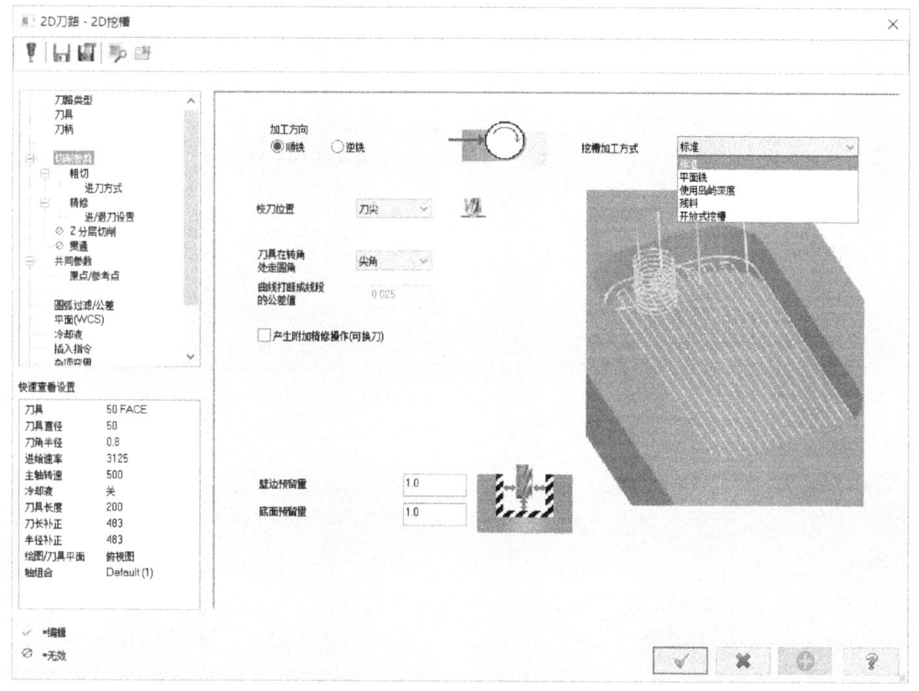

图8-22 “2D刀路-2D挖槽”对话框

一、加工方向

挖槽的加工方向分为顺铣和逆铣两种。在实际数控加工中，多选择顺铣加工方式，因为顺铣有利于延长刀具的寿命，还有利于获得较好的表面加工质量。精加工时多采用顺铣。逆铣多用于粗加工，因为逆铣加工时切削力会较好地将螺杆的间隙消除，减少震动。

二、挖槽加工方式

挖槽加工方式共有 5 种，即标准、平面铣、使用岛屿深度、残料和开放式挖槽。其中，标准挖槽是主要加工方式。

（1）标准

从“挖槽加工方式”下拉列表框中选择“标准”选项时，系统采用标准的挖槽加工方式，仅铣削定义凹槽内的材料，而不对边界外或岛屿的材料进行铣削。

（2）平面铣。

从“挖槽加工方式”下拉列表框中选择“平面铣”选项时，将挖槽刀路向边界延伸指定的距离，以达到对挖槽曲面的铣削效果。使用该方式可以对一般挖槽留下的边界毛刺进行铣削。从“挖槽加工方式”下拉列表框中选择“平面铣”选项后，接着可设置刀具重叠的百分比、重叠量、进刀引线长度和退刀引线长度，如图 8-23 所示。其中刀具重叠的百分比是指刀路的延伸量占刀具直径的百分比，而重叠量是指刀路的延伸量。

（3）使用岛屿深度

从“挖槽加工方式”下拉列表框中选择“使用岛屿深度”选项时，系统不会对边界外进行铣削，但可以将岛屿铣削至设置的深度。选择此挖槽加工方式，可以设置刀具重叠的百分比、重叠量、进刀引线长度、退刀引线长度和岛屿上方预留量，如图 8-24 所示。注意，在“平面铣”挖槽加工时，“岛屿上方预留量”文本框是不可用的，而在“使用岛屿深度”挖槽加工时，“岛屿上方预留量”文本框是可用的。

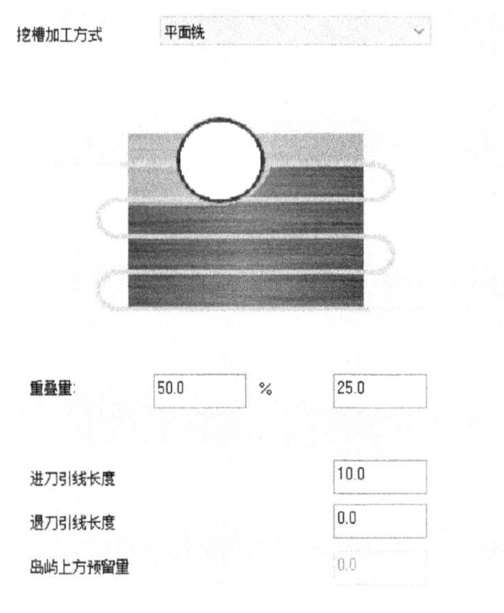

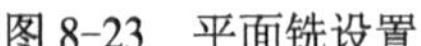

图 8-23　平面铣设置

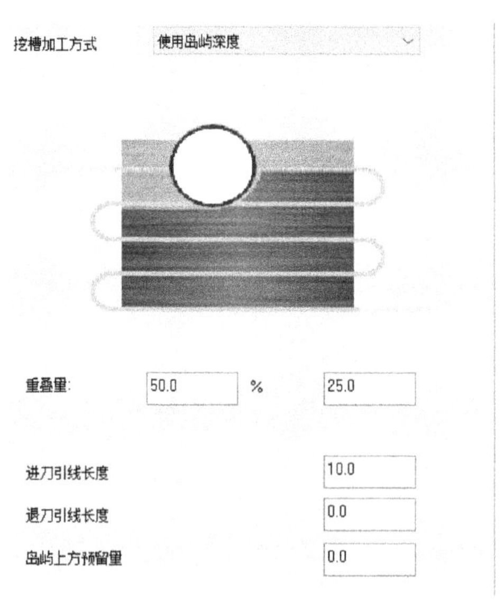

图 8-24　“使用岛屿深度”设置

“使用岛屿深度”挖槽加工方式适用于岛屿深度与槽的深度不一致的场合。

（4）残料

残料加工是指对之前加工留下的残料进行加工，主要是用较小的刀具切除上一次加工留下的残料部分。例如，图 8-25 所示为标准挖槽加工后的效果，其加工边界处带有较多残料，使用残料加工的挖槽方式可以清除所有的残料。从“挖槽加工方式”下拉列表框中选择“残料”选项时，可设置如图 8-26 所示的残料加工选项及参数。

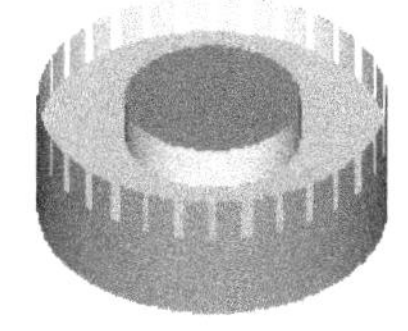

图 8-25 标准挖槽效果

图 8-26 设置挖槽的残料加工

（5）开放式挖槽

“开放式挖槽”方式用于轮廓串连没有完全封闭、一部分开放的槽形零件加工。实际上，系统可将没有完全封闭的串连进行封闭处理，然后对此区域进行挖槽加工。使用开放式挖槽加工的操作示例如图 8-27 所示。

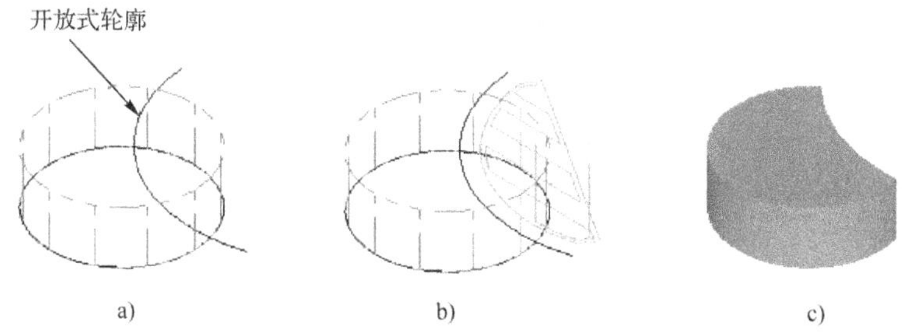

图 8-27 开放式挖槽加工示例

a) 开放式轮廓 b) 开放式挖槽刀路 c) 开放式挖槽结果

从“挖槽加工方式”下拉列表框中选择“开放式挖槽”选项后，如图 8-28 所示，可以在相应的文本框中定义重叠量（即设置开放式挖槽刀路超出边界的距离、超出量的大小，可以通过输入以刀具直径的百分比来表示，也可以直接在相应文本框中输入刀具超出量的大小）。如果选中“使用开放轮廓切削方式”复选框，则采用开放轮廓加工的走刀方式，其开放刀路从开放轮廓端点起刀。注意，此方式的刀路将在切削到超出距离后直线连接起点和终点。此外，还可以设置是否使用标准轮廓封闭串连。

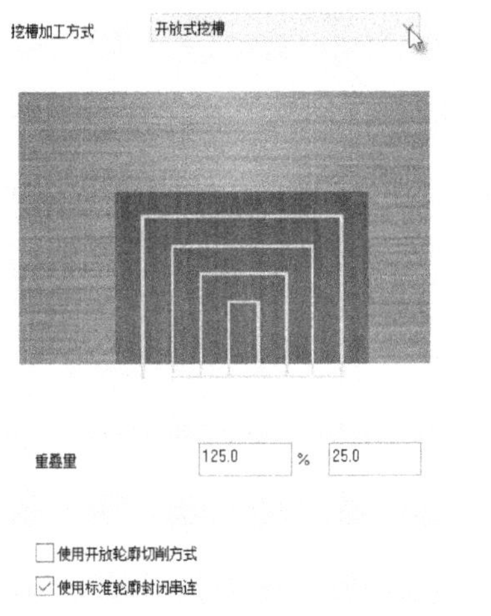

图 8-28 “开放式挖槽”设置

三、校刀位置

在“校刀位置”下拉列表框中可以选择“中心”或“刀尖”选项。

四、刀具在转角处走圆角

刀具在转角处走圆角有几种方式，即“无”、“尖角”或“全部”。

五、壁边预留量与底面预留量

在“壁边预留量”文本框中设定在 xy 方向上（壁边）预留的余量，该余量在半精加工或精加工时使用。

在“底面预留量”文本框中设置在 z 方向上预留的余量，该余量将在半精加工或精加工时使用。

8.3.2 粗切与精修的参数

在挖槽加工中加工余量一般会较大，用户可以通过设置精修参数来提高加工精度，这就涉及粗切与精修的问题。

一、挖槽粗切的参数设置

在“2D 刀路-2D 挖槽”对话框的参数类别列表框中选择“切削参数”节点下的“粗切”（粗加工），则可以对粗切进行设置，如图 8-29 所示。

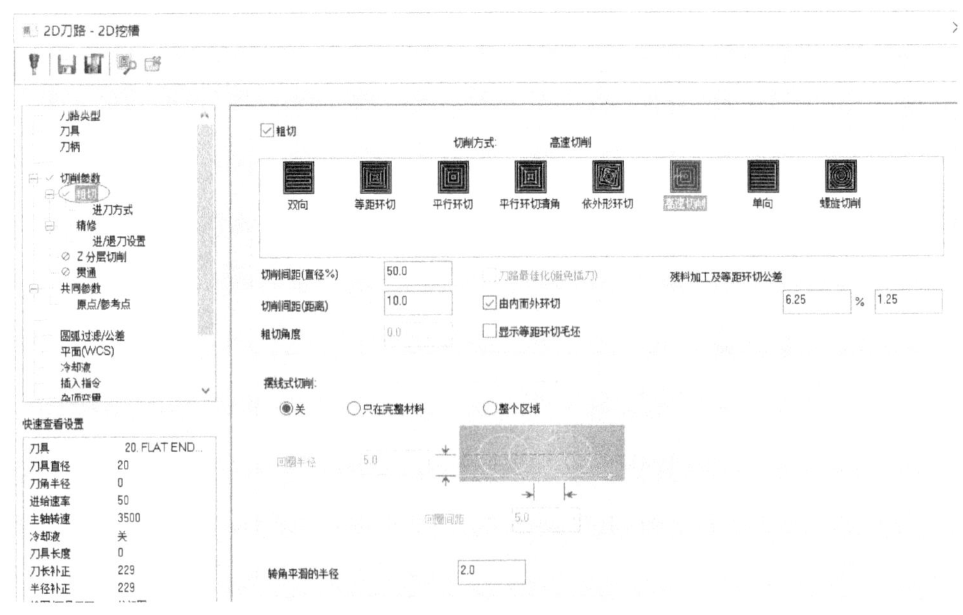

图 8-29 设置挖槽的粗切参数

当选中“粗切”复选框时，则启用粗切设置。Mastercam X9 系统提供如表 8-1 所示的几种粗切加工方式，包括双向、等距环切、平行环切、平行环切清角、依外形环切、高速切削、单向和螺旋切削。

表 8-1 粗切加工方式

粗切加工方式	图标样式	功能含义	应用特点
双向		使用一组往返的直线刀路，所述刀路连续且中间不提刀	经济且节省时间，特别适用于粗铣面加工
等距环切		使用一组以环绕式间距相等的切削路径	适合加工规则的或结构简单的单型腔，加工后的型腔底部质量较好
平行环切		产生一组平行螺旋式的切削路径来粗加工内腔，每次用横跨步距补正轮廓边界	加工时可能无法干净地清除毛坯
平行环切清角		产生一组平行螺旋并且清角的切削加工路径	可以切除更多的毛坯，可用性强，但不能保证将所有的毛坯都清除干净
依外形环切		根据轮廓外形产生螺旋式挖槽刀路，此刀路较长，并在外部边界和岛屿间逐步过滤插补，粗加工内腔	此方式适用于型腔内有单个或多个岛屿的挖槽粗切场合
高速切削		与平行环切方式有类似的地方，但在行间过渡时采用平滑过渡的方法，在转角处可圆角过渡，保证刀具整个路径平稳而高速	加工时间相对较长，但可清除转角或边界壁的余量
单向		其包含的每段刀路相互平行，在每段刀路的终点，提刀至安全高度后，以快速移动速度行进至下一段刀路的起点，然后开始下一段刀路的铣削动作	适用于切削参数较大的场合
螺旋切削		以圆形、螺旋方式产生挖槽刀路，运动平稳，可较好地清除毛坯余量	对周边余量不均的切削区域会产生较多抬刀

在 Mastercam X9 系统中，可以采用两种方式设置切削间距，既可以在“切削间距（直径%）”文本框中输入占刀具直径的百分比来间接指定切削间距，也可以在“切削间距（距离）”文本框中直接输入切削间距数值。“切削间距（直径%）”文本框和“切削间距（距离）”文本框的参数值是相互关联的，只需设定其中一个，另一个会随之确定。如果需要，可以在“粗切角度”文本框中设置粗切刀路的切削角度。

如果选中“刀路最佳化（避免插刀）”复选框，则能够优化挖槽刀路，以达到最佳挖槽铣削效果。在螺旋类、环切类等一些粗加工切削方式下，选中“由内而外环切”复选框，则系统从内到外逐圈切削，否则从外到内逐圈切削。

当选中“高速切削”的挖槽切削方式时，则可以在“摆线式切削”选项组中设置高速切削的相关参数，如摆线式切削选项（可供选择的选项有“关”、“只在完整材料”和“整个区域”）、回圈半径、回圈间距和转角平滑的半径。

在“2D 刀路-2D 挖槽”对话框的参数类别列表框中选择“粗切”下的“进刀方式”，如图 8-30 所示，可以设置挖槽粗切的进刀（下刀）方式。在挖槽粗切中，可以采用的进刀方式有 3 种，即垂直进刀（选择“关”单选按钮时）、斜插进刀和螺旋式进刀。其中，斜插进刀和螺旋式进刀应用最多，这是因为挖槽粗切一般使用平铣刀（主要用侧面刀刃切削材料），这种刀具在垂直方向的切削能力很弱。若采用直接垂直进刀方式，则会导致猛烈振动，且容易造成刀具损坏，除非在挖槽之前先在工件中加工好一个用于垂直进刀的小口或类似结构。

图 8-30　设置粗切的进刀方式

下面对螺旋式进刀和斜插进刀进行介绍。

若在“进刀方式”参数类别选项区域中单击选中“螺旋”单选按钮，则需要进一步设置螺旋式进刀参数，如图 8-31 所示，螺旋式进刀的主要参数说明如下。

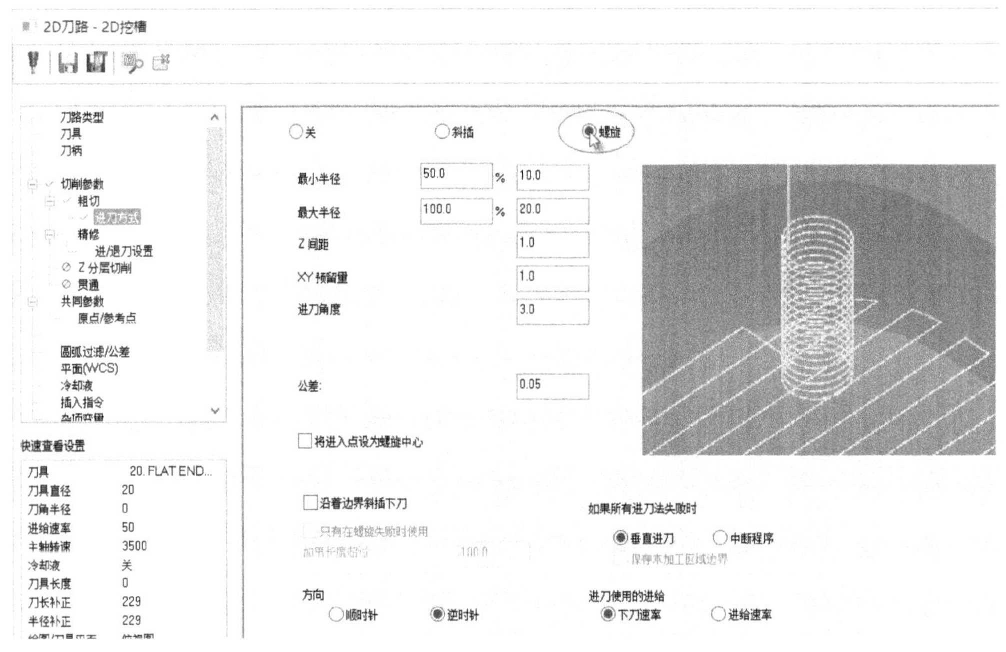

图 8-31　设置螺旋式进刀参数

- “最小半径”：用于设置螺旋式进刀的最小半径。
- “最大半径”：用于设置螺旋式进刀的最大半径。
- “Z 间距”：用于设置螺旋的进刀高度，即设置开始螺旋式进刀时距工件表面的高度。注意，将该值设置得越大，刀具在空中的螺旋时间就越长。
- “XY 预留量”：用于设置在 xy 方向的预留间隙。
- “进刀角度”：用于设置螺旋式下刀的角度。该角度为螺旋线与 xy 平面的夹角。
- “将进入点设为螺旋中心”复选框：用于将指定的进入点设置为螺旋下刀的中心点。
- “方向”选项组：用于设定螺旋下刀的螺旋方向，可以选择“顺时针”单选按钮或“逆时针”单选按钮。

- "沿着边界斜插下刀"复选框：选中此复选框，将沿着粗加工边界逐渐下刀。可以设置是否只在螺旋失败时采用。
- "如果所有进刀法失败时"选项组：用于设置当所有下刀尝试都失败后，系统采用垂直进刀或中断程序，还可设置在程序中断后保存未加工区域边界。
- "进刀使用的进给"选项组：用于设置螺旋式进刀采用的进给速率，可设定为深度方向的下刀速率或平面进给速率。

若在"进刀方式"参数类别选项区域中选择"斜插"单选按钮，则需要进一步设置斜插进刀参数，如最小长度、最大长度、Z 间距、XY 预留量、进刀角度、退刀角度、附加槽宽、进刀使用进给速率等，如图 8-32 所示。相关参数的含义和螺旋式进刀的类似，在此不再赘述。

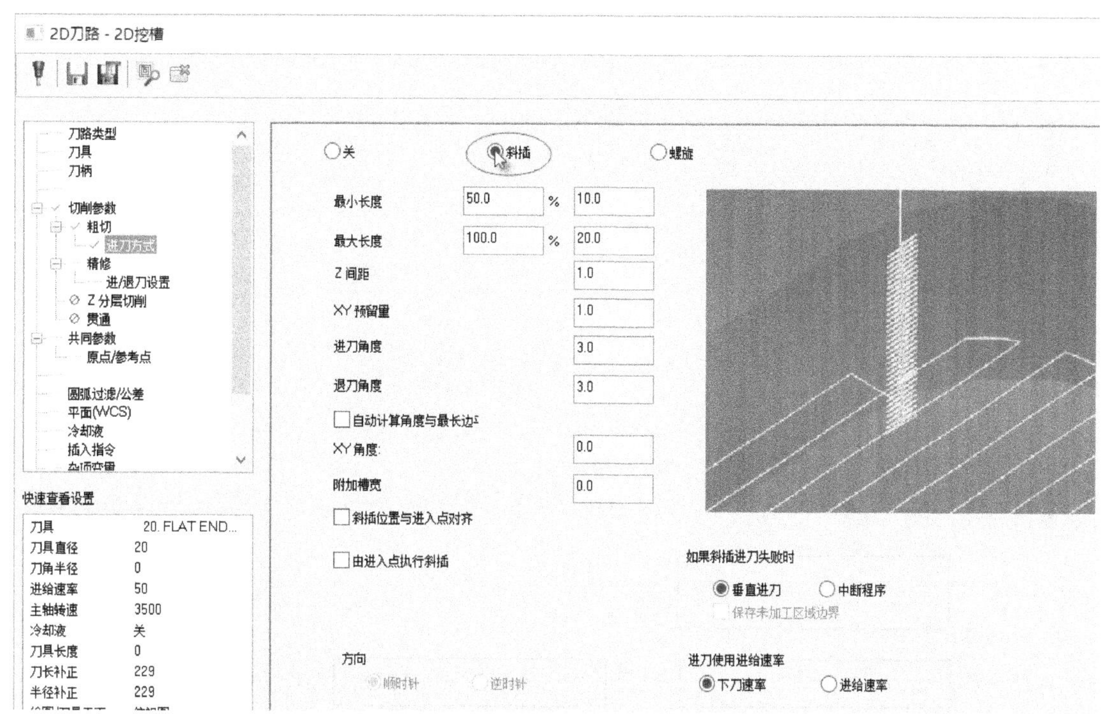

图 8-32　设置斜插进刀参数

二、精修的相关参数

在"2D 刀路-2D 挖槽"对话框的参数类别列表框中选择"切削参数"节点下的"精修"，在出现的选项区域选中"精修"复选框，可以设置粗切过后执行的精修程序。可设置的精修参数有精加工次数、精加工间距、精修次数、刀具补正方式、改写（覆盖）进给速率、薄壁精修和相关的精修复选项等，如图 8-33 所示。

- "次数"文本框：在该文本框中输入挖槽精加工的次数。
- "间距"文本框：在该文本框中输入每次精加工的切削间距，也就是设置每层的精加工切削量。
- "精修次数"文本框：在该文本框中设置修光次数。修光是指完成精加工后，再在精加工完成位置进行精修。

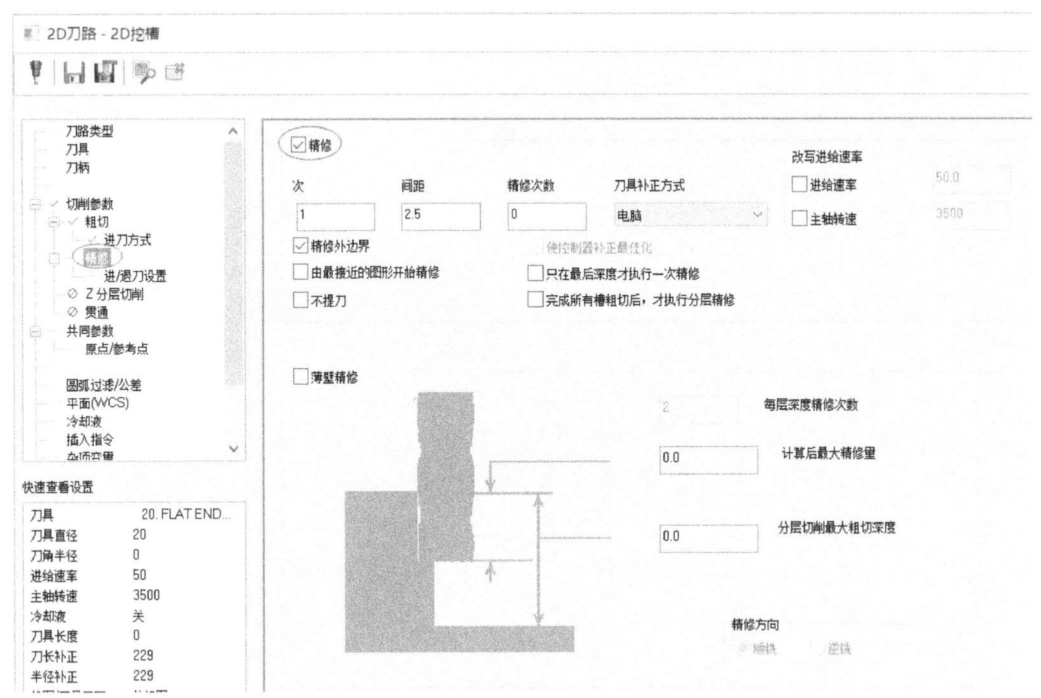

图 8-33　设置挖槽的精修参数

- “刀具补正方式”下拉列表框：在该下拉列表框中可选择的刀具补正方式选项有“电脑”“控制器”“磨损”和“两者磨损”。
- “改写进给速率”选项组：在该选项组中具有“进给速率”复选框、“主轴转速”复选框及其相应的文本框。用户可以设置精加工所使用的进给速率和主轴转速。如果未设置此选项组中的内容，则系统会默认进给率和主轴转速采用粗加工时的参数值。
- “精修外边界”复选框：选中此复选框时，对内腔壁和内腔岛屿进行精加工。
- “由最靠近的图形开始精修”复选框：选中此复选框时，当完成粗加工后，刀具以最靠近图形的最近点位置作为精修的起点。
- “只在最后深度才执行一次精修”复选框：如果粗加工采用深度分层铣削时，选中此复选框，则完成所有粗加工后，才在最后深度执行仅有的一次精修。
- “不提刀”复选框：用于设置粗切后要进行精加工时不提刀。
- “完成所有槽粗切后，才执行分层精修”复选框：如果粗加工采用深度分层铣削时，选中此复选框，则完成所有粗加工后，再进行分层精修加工，否则粗加工一层后便立即精加工一层。
- “薄壁精修”复选框：选中该复选框，启用薄壁精修程序。在“薄壁精修”选项组中可设置薄壁精修的相关参数，如图 8-34 所示。薄壁精修适用于挖槽铣削薄壁零件的加工场合。注意，精修方向有顺铣和逆铣两种。

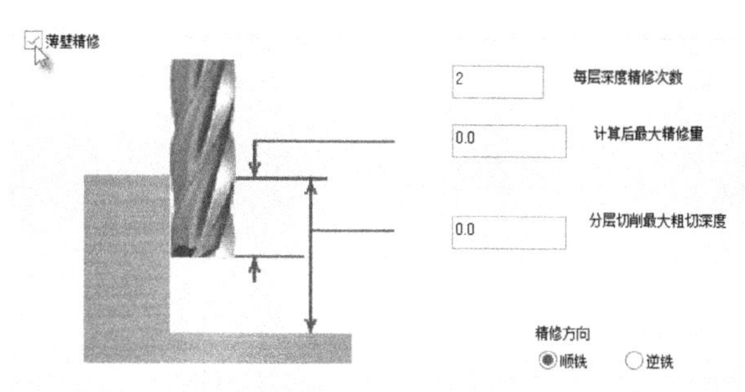

图 8-34　设置薄壁精修参数

另外，还可以设置精修的进刀、退刀参数，如图 8-35 所示。

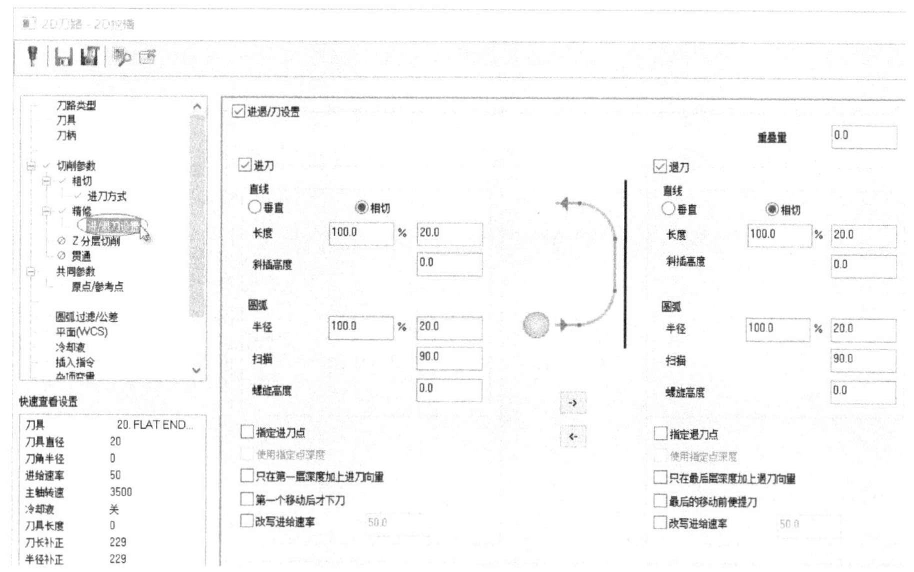

图 8-35　设置精修的进刀、退刀参数

8.3.3 Z 分层切削与贯通

本小节介绍挖槽加工的 Z 分层切削与贯通参数设置。

一、Z 分层切削参数设置

在“2D 刀路-2D 挖槽”对话框的参数类别列表框中选择“切削参数”节点下的“Z 分层切削”，在出现的选项区域选中“深度分层切削”复选框，则可以设置最大粗切步进量、精修次数、精修量、深度分层切削排序、锥度斜壁等参数，如图 8-36 所示。下面介绍其中几个常用的功能选项。

- “使用岛屿深度”复选框：选择此复选框时，以岛屿深度来加工岛屿。当岛屿深度与外形深度不一致时，将对岛屿深度进行铣削；当岛屿深度与外形深度一致时，只切削外形深度区域，以形成同样深度的岛屿。
- “使用子程序”复选框：选择此复选框时，系统在 NC 程序中用子程序处理相同的深度循环。

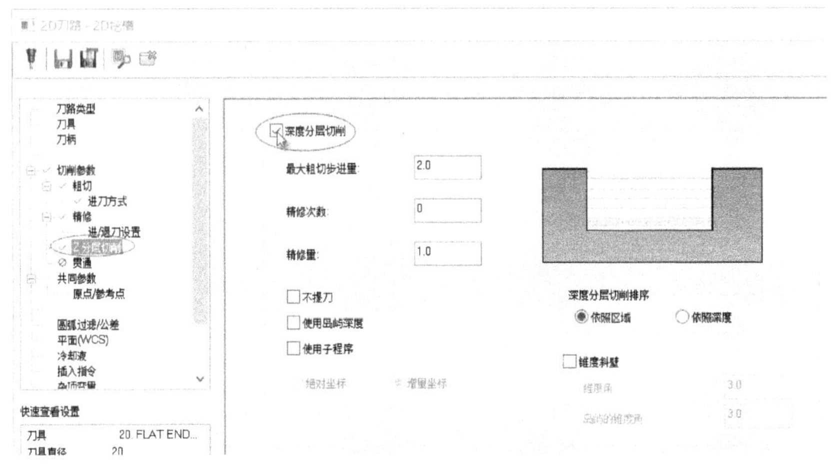

图 8-36 设置 Z 轴铣削参数

- “深度分层切削排序”选项组：在此选项组中可以选择“依照区域”单选按钮或“依照深度”单选按钮。当选择“依照区域”单选按钮时，每一个挖槽外形均铣削相同的深度，然后铣削每个外形的下一个深度；当选择“依照深度”单选按钮时，先铣削同一个挖槽外形的所有深度，再铣削下一个挖槽外形。
- “锥度斜壁”复选框：选中此复选框时，按照设置的外边界锥度角和岛屿锥度角进行深度分层铣削。使用锥度斜壁的 z 轴分层铣深示例如图 8-37 所示。

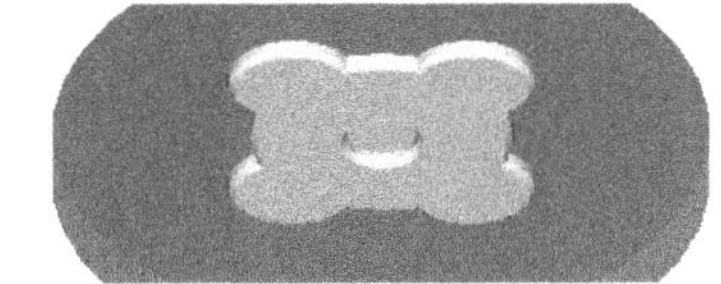

图 8-37 锥度斜壁的加工效果

二、贯通参数设置

在“2D 刀路-2D 挖槽”对话框的参数类别列表框中选择“切削参数”节点下的“贯通”，在出现的选项区域选中“贯通”复选框，则可以设置贯通距离，如图 8-38 所示。

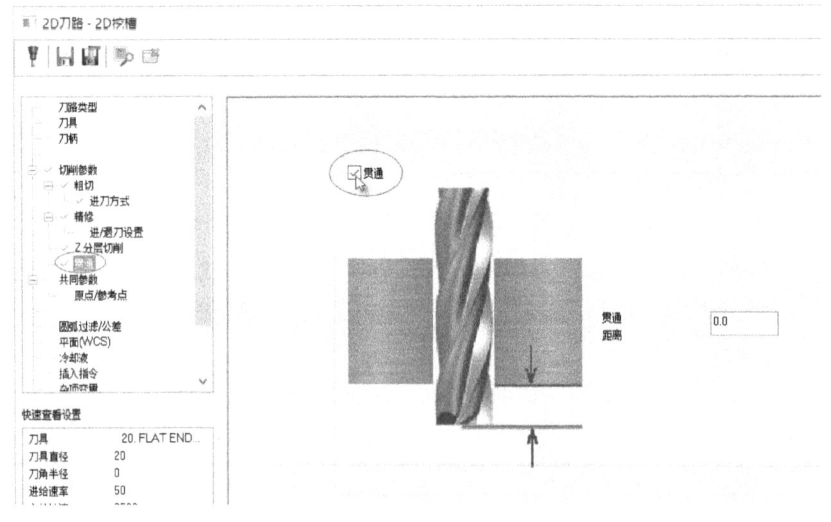

图 8-38 设置贯通参数

8.3.4 挖槽加工操作范例

挖槽加工操作范例的目的是让读者掌握挖槽加工的操作方法及其步骤，并能够学以致用，举一反三。

一、产生平面加工的挖槽加工刀路

1 打开网盘资料的“CH8”\“挖槽加工.MCX”文件，该文件中已有的刀路如图 8-39 所示。

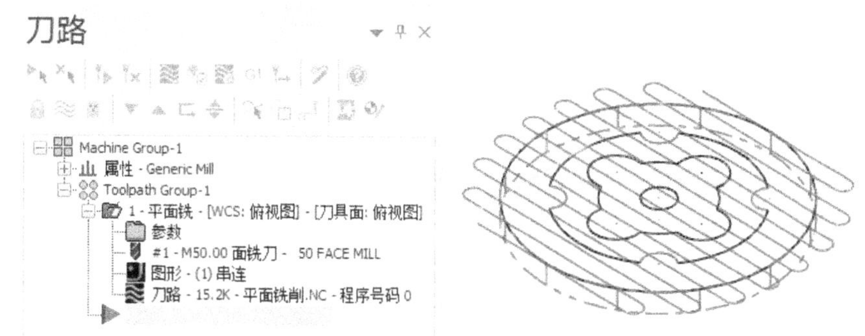

图 8-39 文件中已有的刀路

2 在菜单栏的“刀路”菜单中选择“2D 挖槽”命令。

3 系统弹出“串连选项”对话框，确保选中“串连”图标按钮，选择定义挖槽区域的两条外形轮廓串连（注意串连方向要一致），如图 8-40 所示，然后在“串连选项”对话框中单击“确定”图标按钮，系统弹出“2D 刀路-2D 挖槽”对话框。

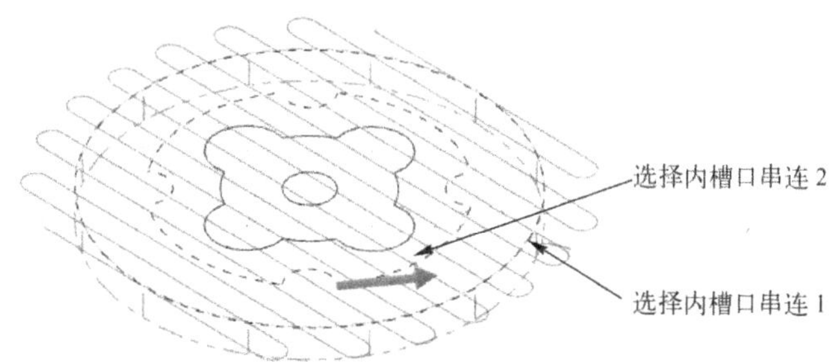

图 8-40 选取挖槽串连

4 在“2D 刀路-2D 挖槽”对话框的参数类别列表框中选择“刀具”参数，接着单击“从刀库选择”按钮，弹出“选择刀具”对话框，从“MILL_MM（NEW）.TOOLDB”刀库中选择如图 8-41 所示的平底刀，单击“确定”图标按钮。

5 从刀库中选择的该平底刀显示在“2D 刀路-2D 挖槽”对话框的“刀具”列表中，确保该平底刀处于被选中的状态，并设置相关的刀具参数，如图 8-42 所示。

6 在参数类别列表框中选择“共同参数”，接着设置参考高度、进给下刀位置、工件表面和深度值，如图 8-43 所示，单击“应用”图标按钮。

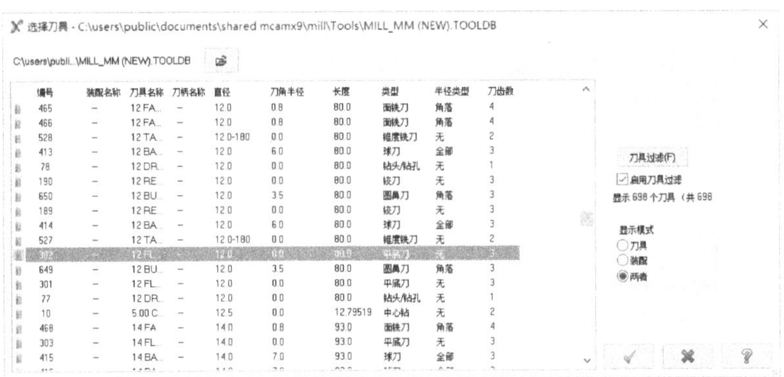

图 8-41 选择刀具

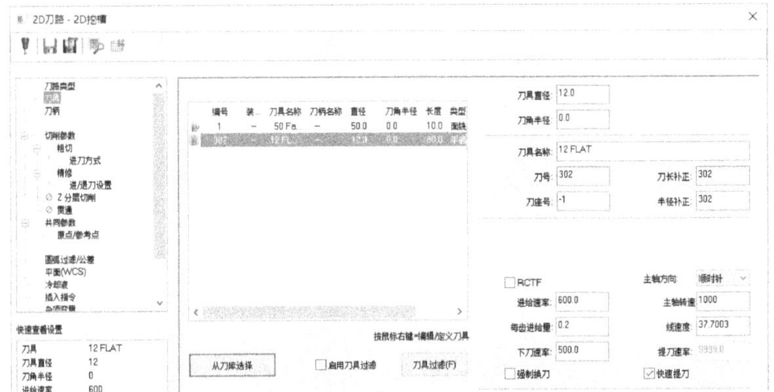

图 8-42 设置刀具参数

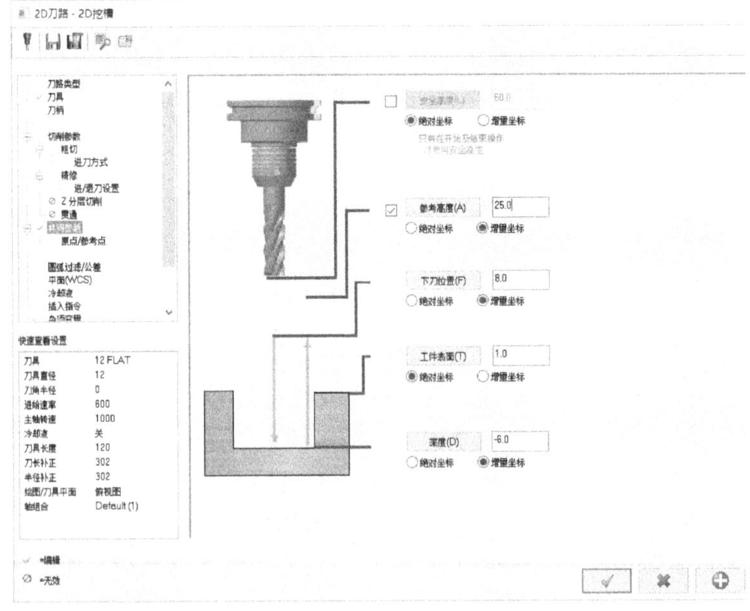

图 8-43 设置共同参数

7 在参数类别列表框中选择“切削参数”，然后在“加工方向”选项组中单击选中“顺铣”单选按钮，在“挖槽加工方式”下拉列表框中选择“平面铣”选项，接着将刀具重叠的百分比设置为“75”，设置壁边预留量和底面预留量均为 0，如图 8-44 所示，最后单击“应用”图标按钮 。

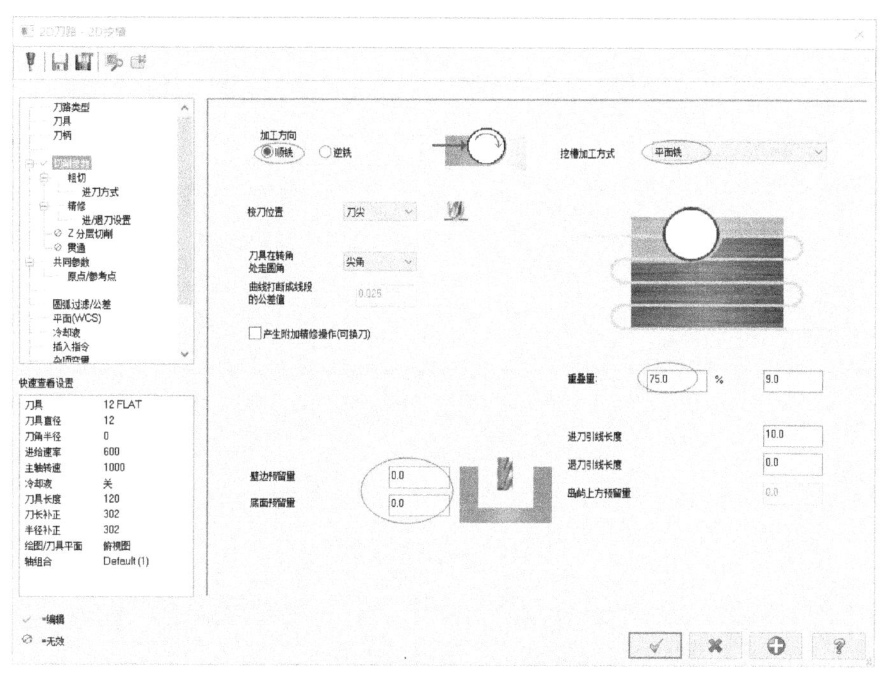

图 8-44 设置切削参数

8 在参数类别列表框中选择“Z 分层切削”，接着选中“深度分层切削”复选框，从中设置最大粗切步进量为“1”、精修次数为“1”、精修量为“0.2”，并选中“不提刀”复选框，然后在“深度分层切削排序”选项组中单击选中“依照区域”单选按钮，如图 8-45 所示。设置好深度分层切削参数后，单击“应用”图标按钮 。

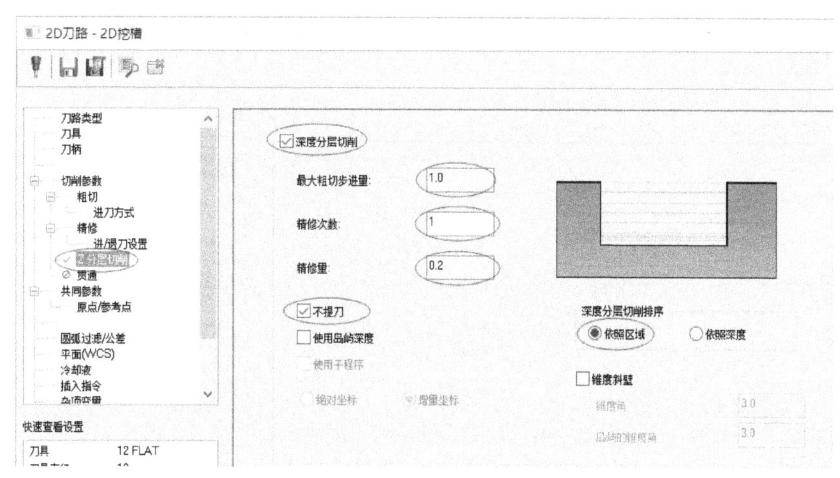

图 8-45 设置 Z 分层切削参数

9 在参数类别列表框中选择“粗切”节点下的“进刀方式”，然后单击选中“螺旋”单选按钮。接着，在参数类别列表框中选择“粗切”，并设置如图 8-46 所示的粗切参数。

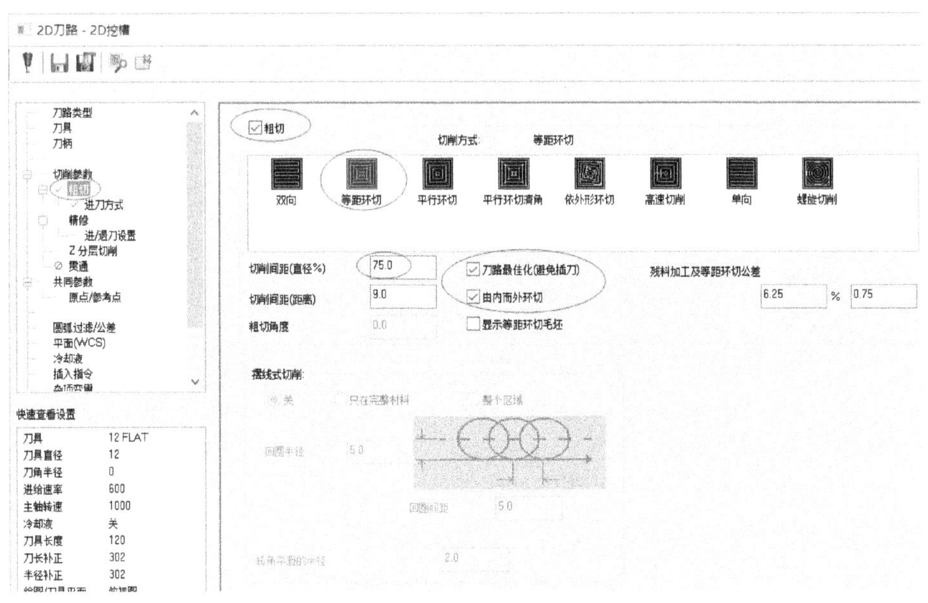

图 8-46 设置粗切参数

10 在参数类别列表框中选择“精修”，接着选中“精修”复选框，并设置如图 8-47 所示的精修参数。用户可以继续设置精修的进刀/退刀参数。

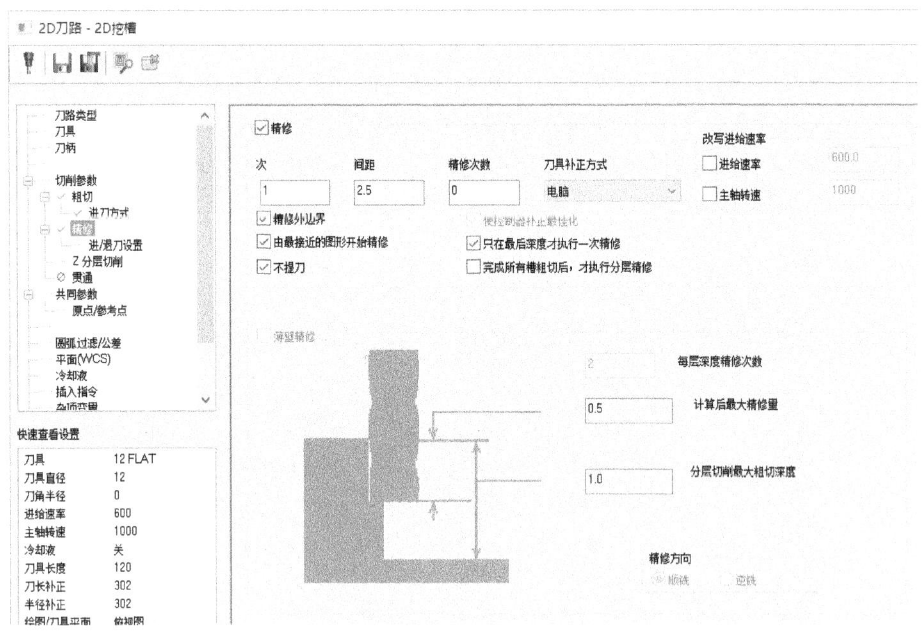

图 8-47 设置精修参数

11 在“2D 刀路-2D 挖槽”对话框中单击“确定”图标按钮 ✓ 。系统根据设置的挖槽参数来计算并生成挖槽加工的刀路，结果如图 8-48 所示。

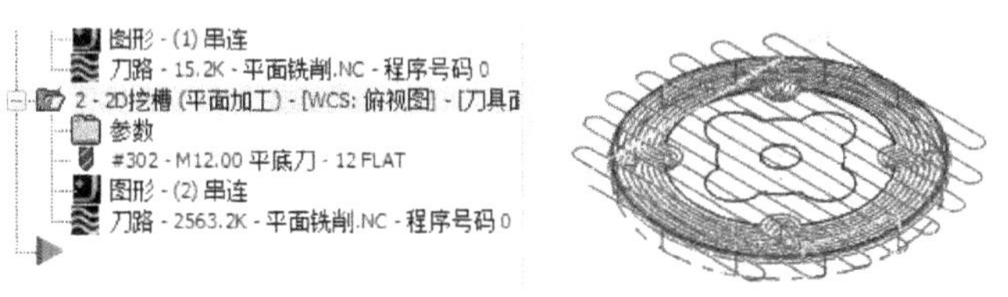

图 8-48　生成挖槽加工的刀路

二、产生适用岛屿深度的挖槽加工路径

1 在菜单栏的“刀路”菜单中选择“2D 挖槽”命令。

2 系统弹出“串连选项”对话框，单击选中“串连”图标按钮，接着选择定义挖槽区域的两条外形轮廓串连，如图 8-49 所示，然后在“串连选项”对话框中单击“确定”图标按钮。

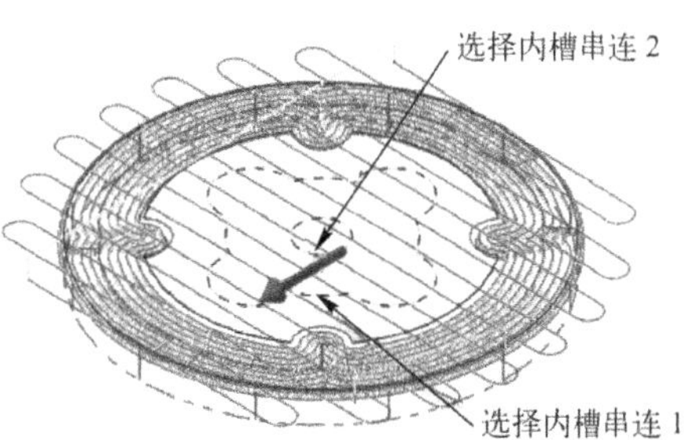

图 8-49　选择挖槽串连

3 系统弹出“2D 刀路-2D 挖槽”对话框，在其参数类别列表框中选择“刀具”，接着在刀具列表中选择直径为“12”的平底刀，设置和图 8-42 一样的刀具参数或接受默认值。

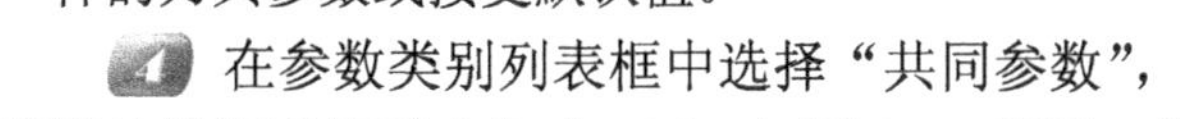

4 在参数类别列表框中选择“共同参数”，将默认的深度值更改为“-12”，如图 8-50 所示，单击“应用”图标按钮。

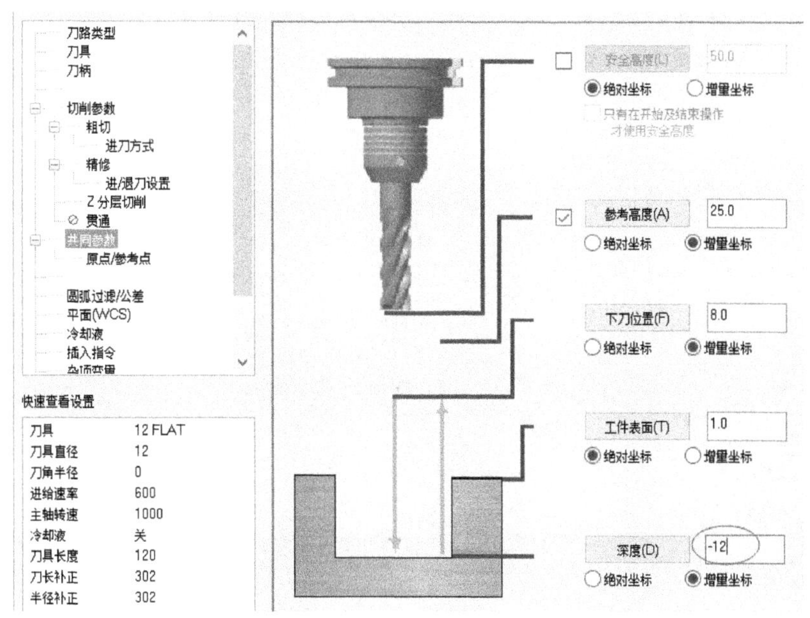

图 8-50　设置共同参数

5 在参数类别列表框中选择“切削参数”，然后在“加工方向”选项组中单击选中“顺铣”单选按钮，从“挖槽加工方式”下拉列表框中选择“使用岛屿深度”选项，设置岛

屿上方预留量为“-1”，其他参数设置如图 8-51 所示。设置好这些基本切削参数后，单击“应用”图标按钮 。

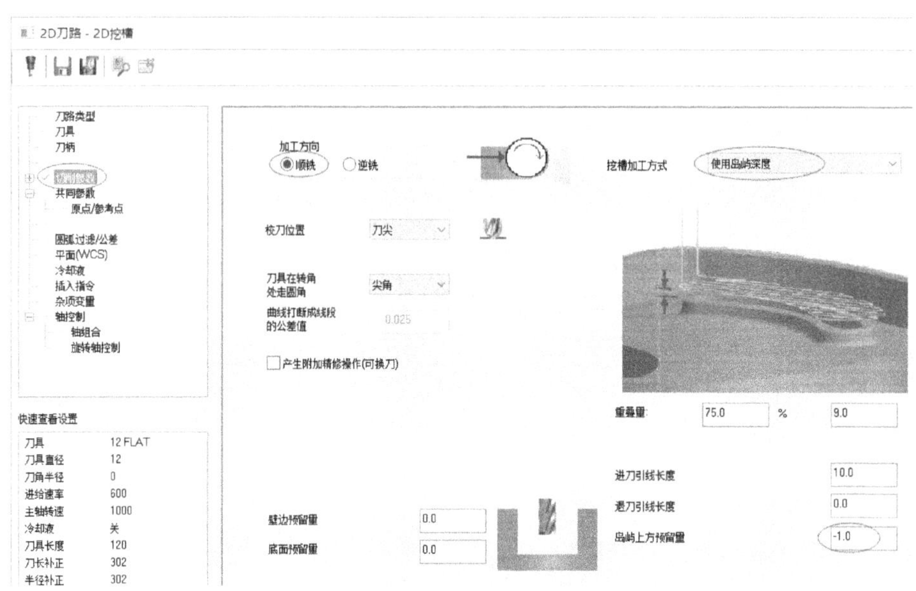

图 8-51　设置挖槽切削参数

6 在参数类别列表框中选择“切削参数”节点下的“Z 分层切削”，接着选中“深度分层切削”复选框，设置最大粗切步进量为“0.5”、精修次数为“1”、精修量为“0.1”；选中“不提刀”复选框和“使用岛屿深度”复选框；在“深度分层切削排序”选项组中单击选中“依照区域”单选按钮；选中“锥度斜壁”复选框，设置外边界与岛屿的锥度角均为“10”，如图 8-52 所示。

图 8-52　设置 Z 分层切削参数

7 在参数类别列表框中选择“切削参数”节点下的“粗切”，确保启用粗加工（即确保选中“粗切”复选框)，设置切削方式为“等距环切”，其他粗切参数如图 8-53 所示。

图 8-53 设置挖槽的粗切参数

8 在参数类别列表框中选择“粗切”节点下的“进刀方式”，然后单击选中“螺旋”单选按钮，并设置如图 8-54 所示的螺旋式进刀参数。

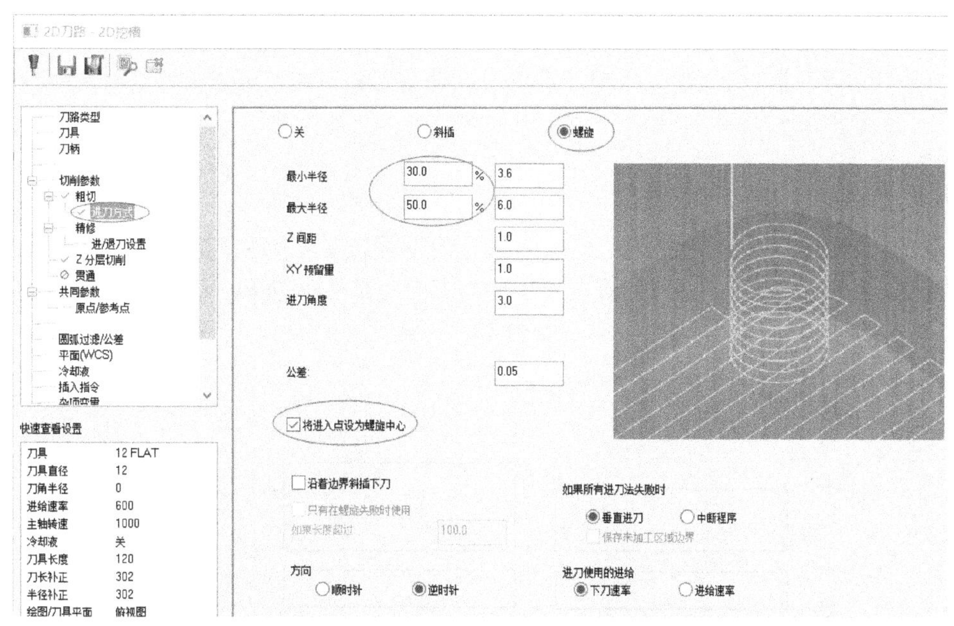

图 8-54 设置螺旋式进刀参数

9 在“2D 刀路-2D 挖槽”对话框中单击“确定”图标按钮 ✓ 。

三、对所选挖槽加工进行模拟

1 在刀路管理器中，结合〈Ctrl〉键选择两个挖槽操作，如图 8-55 所示。

2 在刀路管理器中单击“验证已选择的操作”图标按钮，打开“Mastercam 模拟”窗口。在“Mastercam 模拟”窗口中设置相关的验证选项及参数，然后单击“播放”图标按钮开始进行实体加工验证，完成的加工实体验证结果如图 8-56 所示。最后，关闭“Mastercam 模拟”窗口。

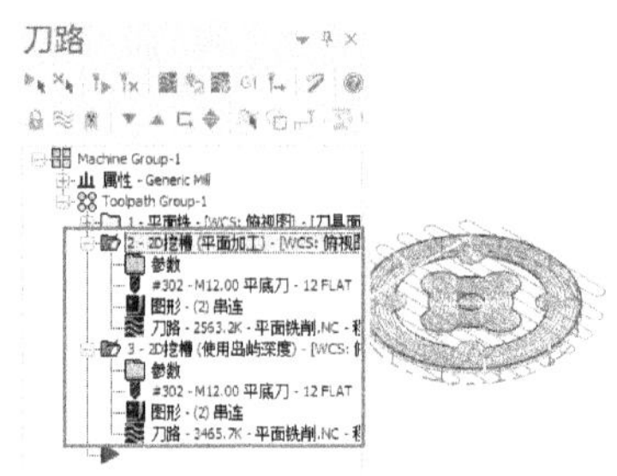

图 8-55　选择两个挖槽操作

图 8-56　实体验证结果

8.4　外形铣削

外形铣削是指沿着所定义的外形轮廓线铣削加工。它是针对垂直及倾斜角度不大的轮廓曲面所使用的一种加工方法，在数控铣削加工中应用非常广泛。外形铣削加工主要用于铣削轮廓边界、倒直角、清除边界残料等场合。例如，一些形状简单的、侧面为直面或边界倾斜度一致的工件，可采用外形铣削的方法来快捷处理。需要用户注意的是，外形铣削的轮廓线可以是二维的或三维的，如果是二维轮廓的，其产生的刀路的切削深度是固定的；如果是三维轮廓的，其产生的刀路的切削深度随着轮廓线的高度位置而相应变化。本节主要介绍二维外形轮廓的铣削加工。

外形铣削使用的刀具通常有平刀、斜度刀、圆角刀等。在使用相关刀具时，注意考虑中心路径是否与切削外形路径重合、不重合时如何设定刀具半径补偿等问题。

8.4.1　外形铣削的切削参数

准备好轮廓图形并指定铣削机床类型后，在菜单栏的“刀路”菜单中选择“外形”命令，接着指定 NC 文件名，并在绘图区选择要加工的二维外形轮廓，此时系统弹出如图 8-57 所示的“2D 刀路-外形铣削”对话框，从中设置外形铣削的相关切削参数。

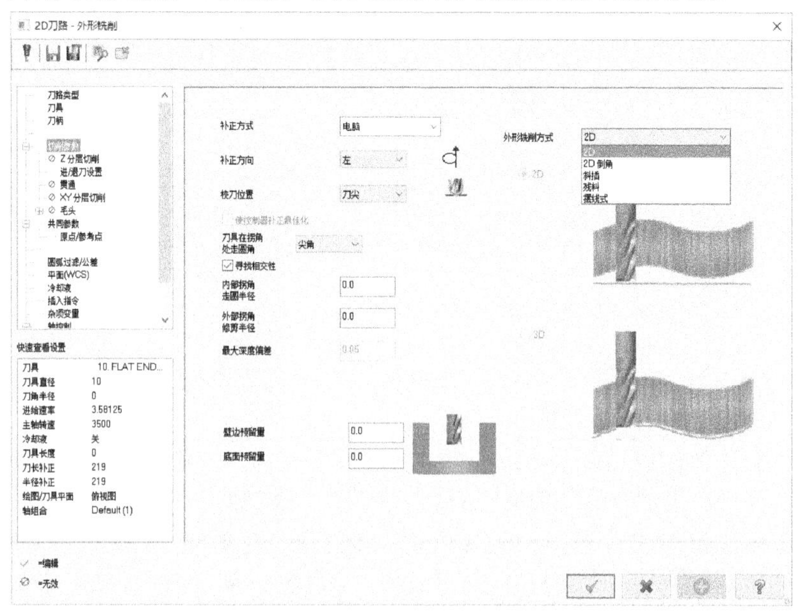

图 8-57　“2D 刀路-外形铣削”对话框

一、外形铣削方式

在参数类别列表框中选择“切削参数”，接着在“外形铣削方式”下拉列表框中指定外形铣削方式选项。可供选择的外形铣削方式选项包括“2D”“2D 倒角”“斜插”“残料”和“摆线式”。

（1）“2D”外形铣削

“2D”方式用于常规的二维轮廓外形铣削。选择该外形铣削方式时，可以根据设计情况设置 xy 轴分层切削、z 轴分层切削、贯通参数、进/退刀参数、圆弧过滤参数和毛头参数等。

（2）“2D 倒角”外形铣削

“2D 倒角”外形铣削可以利用倒角刀在轮廓上产生倒角铣削结构，如在零件边界处加工出倒角。倒角的角度由倒角刀的角度来决定。

选择“2D 倒角”选项时，需要设置倒角的宽度和刀尖补正参数，如图 8-58 所示。

（3）“斜插”外形铣削

“斜插”外形铣削加工是指刀具在 x/y 方向走刀时，在 z 轴方向也按照一定的方式进给，以加工出一段斜坡面。

选择“斜插”时，需要设置如图 8-59 所示的特定选项及参数，其中斜插方式有“角度”（指定每次斜插的角度）、“深度”（指定每次斜插的深度）和“垂直进刀”（采用直线下刀，以设定的深度值垂直下刀）。

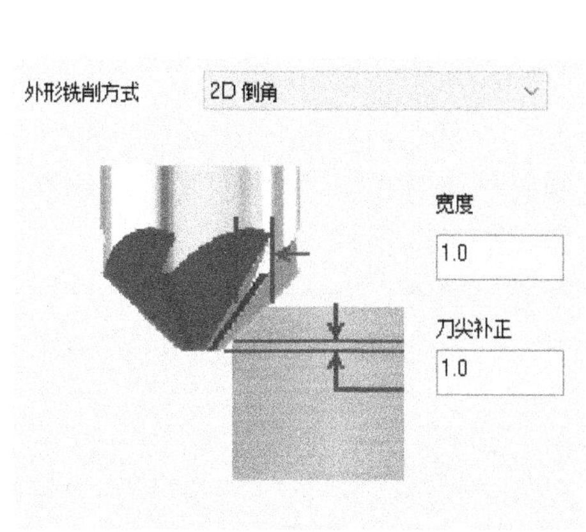

图 8-58 2D 倒角加工参数

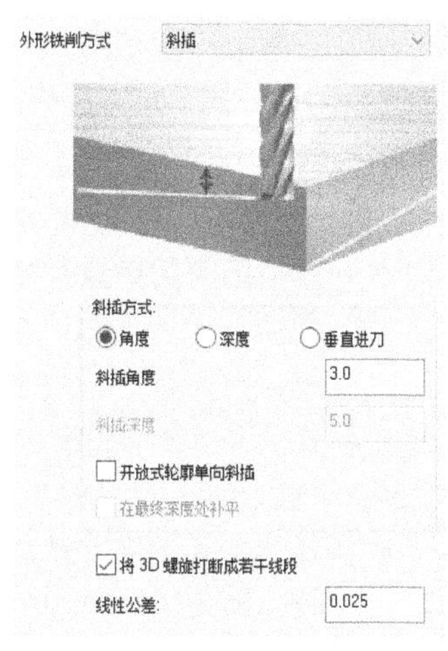

图 8-59 设置外形铣削的渐降斜插

（4）“残料”外形铣削

“残料”外形铣削加工主要对先前用较大直径刀具加工留下来的残料进行再加工，以铣削以前加工中采用大直径刀具在转角等处不能被铣削的部分。

选择“残料”时，可以设置如图 8-60 所示的残料加工选项及参数。

（5）“摆线式”外形铣削

“摆线式”外形铣削不能设置 z 轴分层铣深、毛头参数，而可以根据加工要求设置 xy 轴分层切削和贯通参数等。

选择“摆线式”选项时，其特定的参数设置内容如图 8-61 所示。

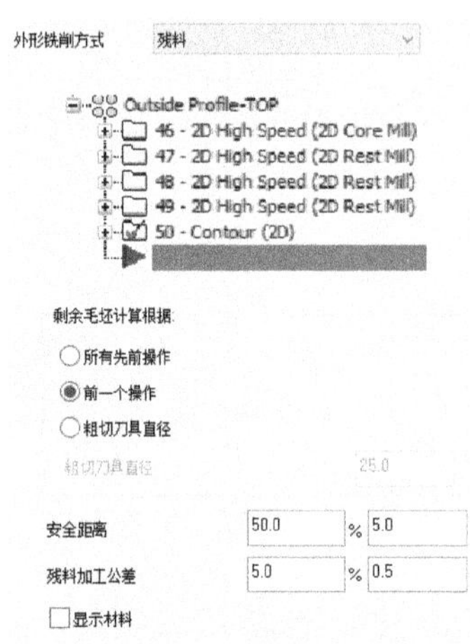

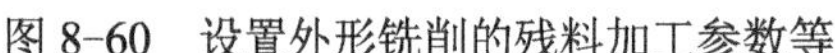

图 8-60　设置外形铣削的残料加工参数等

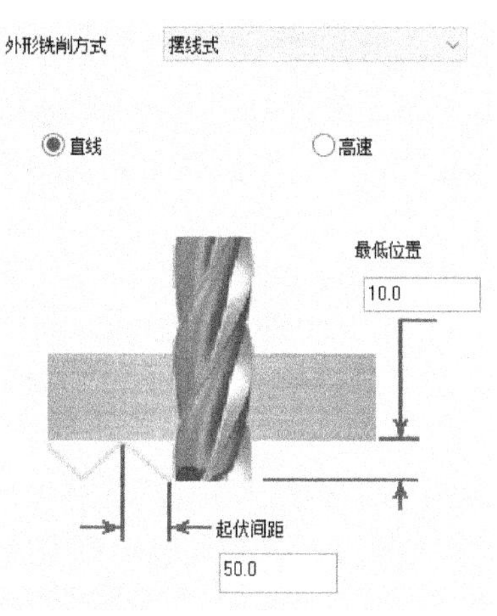

图 8-61　设置摆线式外形铣削参数

二、补正方式与补正方向

在数控加工中，刀具补正是一个很重要的概念。在加工中使用合理的刀具补正可避免过切现象。Mastercam X9 提供了丰富的补正方式（类型）和补正方向，用户可以根据实际加工需要来选用。

要设置刀具补正方式与补正方向，需在参数类别列表框中选择“切削参数”。在“补正方式”下拉列表框中提供了 5 种补正方式选项，即“电脑”“控制器”“磨损”“反向磨损”和“关”，如图 8-62a 所示。选用“电脑”补正方式时，由计算机直接计算出补正后的刀路，刀具中心向指定方向移动一个补正量（如刀具半径）来获得所需的刀具移动轨迹；选用“控制器”补正方式时，在 CNC 控制器上直接设定刀具补正，即按照零件轨迹编程，在需要的位置加入刀具补偿以及指定补偿号码，以使在执行程序时根据补偿指令自行计算刀具中心轨迹线；选用“磨损”方式时，系统同时采用计算机和控制器补正方式，其补正方向相同；选用“反向磨损”方式时，系统采用计算机和控制器反向补正方式；选用“关”方式时，系统关闭补正方式，在 NC 程序中给出外形轮廓的坐标值，并且 NC 程序中无控制补正代码 G41（左补正）或 G42（右补正）。

在“补正方向”下拉列表框中提供了如图 8-62b 所示的补正方向选项，包括“左补正”和“右补正”。

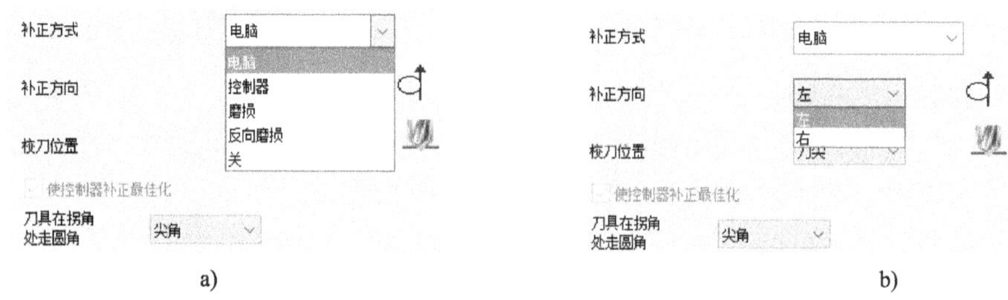

图 8-62　设置补正方式和补正方向

a) 补正方式　b) 补正方向

另外，可供选择的校刀位置选项包括“中心”和“刀尖”。其中，“中心”

用于补正至刀具端头中心，“刀尖” 用于补正到刀具的刀尖。通常为了避免发生过切现象，使用刀尖补正。

三、加工预留量

在参数类别列表框中选择“切削参数”时，可以设置加工预留量。所谓的加工预留量是指在工件上预留一定厚度的材料以进一步加工，这关系到加工精度和加工效率。一般在粗加工或半精加工时，要为相应的后续精加工（如半精加工或精加工）预留出加工预留量。预留量包括壁边预留量（xy 方向预留量）和底面预留量（z 方向预留量）。预留量的方向取决于计算机补正参数的设定。

四、拐角设置

刀路在拐角处，切削力可能会发生很大的变化，容易造成刀具的损坏，因此需在拐角处进行相关设置。在“切削参数”设置区域的“刀具在拐角处走圆角”下拉列表框中提供了以下 3 种拐角选项。

- “尖角”：用于只对尖角部位（默认小于 135°）采用圆弧形刀路，而对于不小于该角度的拐角部位采用尖角过渡。
- “无”：在拐角部位不采用弧形过渡，即所有的尖角均直接过渡，产生的刀具轨迹带有尖角形状。
- “全部”：对所有的拐角部位均采用圆角方式过渡。

五、XY 分层切削

在实际数控加工中，如果要铣削的材料较厚，超过刀具直径方向的许可切削深度，那么适宜将材料分成几层依次铣削。想要达到理想的表面加工质量，也可以将切削量相对较大的毛坯余量分层铣削。

在参数类别列表框中选择“XY 分层切削”，接着选中“XY 分层切削”复选框，便可以设置 XY 分层切削的粗切、精修参数，以及设置执行精修时的时机等，如图 8-63 所示。其中，“粗切”选项组用于设置沿着外形的粗切削次数及进刀间距；“精修”选项组用于设置沿着外形的精加工次数及进刀间距；在“执行精修时”选项组中可以选择“最后深度”单选按钮或“所有深度”单选按钮，前者表示系统只在铣削的最后深度才执行外形精铣加工路径，后者则表示系统在所有深度层粗铣后都执行外形精铣路径。

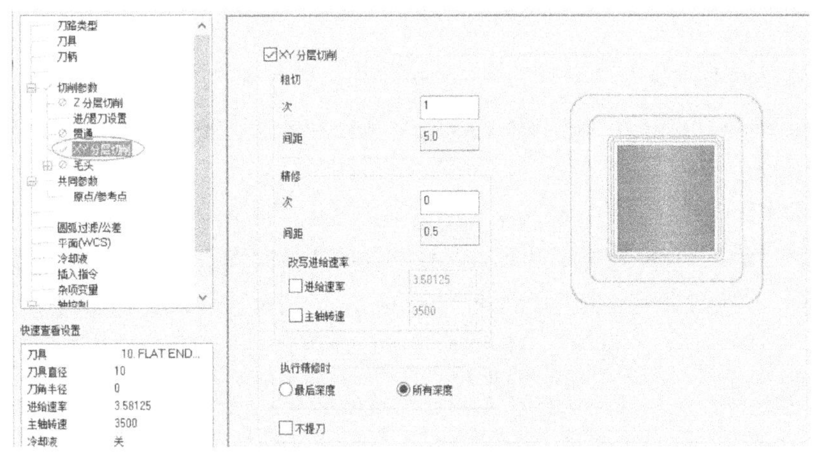

图 8-63 设置 XY 分层切削

六、Z 分层切削

Z 分层切削指外形铣削时在 Z 轴方向的分层铣削，包括粗铣和精铣。

要设置 Z 分层切削参数，需在参数类别列表框中选择“Z 分层切削”，接着选中“深度分层切削”复选框，以及设置最大粗切步进量、精修次数、精修量、深度分层切削排序选项和锥度斜壁等参数，如图 8-64 所示。

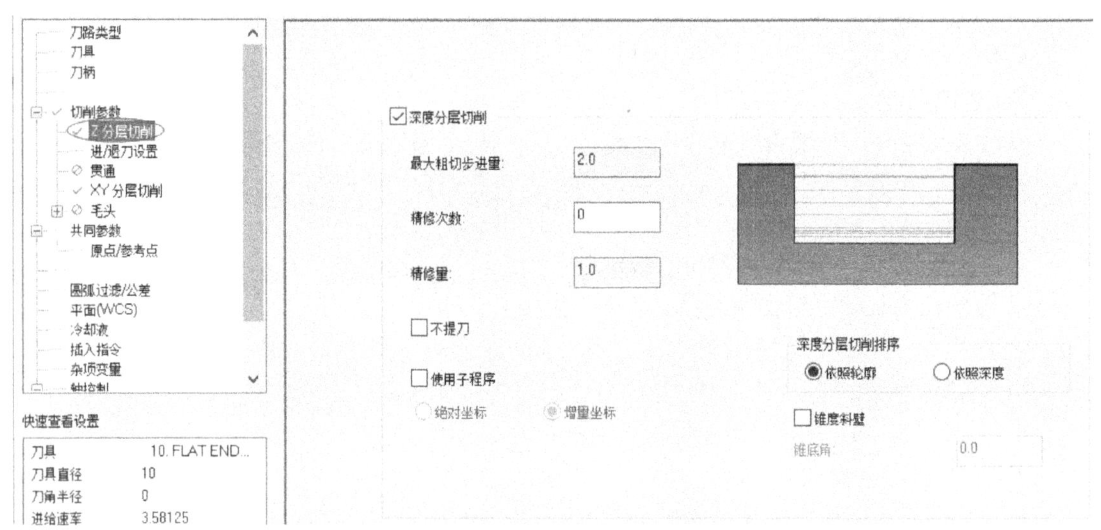

图 8-64　设置 Z 分层切削

知识点拨 实际加工中的总切削量等于最后切削深度减去 z 向预留量，实际粗切量则通常要比最大切削量的设定值要小。读者可了解这些经验公式：粗切次数={（总切削量－精修量×次数）－z 向预留量}÷最大粗切量，取整数即作为实际粗切次数；实际粗切量={总切削量－精修量×次数－z 向预留量}÷最大粗切次数。

七、其他

其他参数还包括贯通、进/退刀设置、毛头等，希望读者在平时的加工应用中多加注意。其中有些参数在前面的内容中曾经介绍过，在这里便不再重复介绍，这里仅对毛头参数进行简单介绍。

毛头参数实际上是设定的一种跳跃切削，以跨过加工路径中的一段凸台等。在参数类别列表框中选择“毛头”，接着选中“毛头”复选框，并分别设置毛头位置和毛头方式等，如图 8-65 所示。在参数类别列表框中选择“毛头终止”，接着选中“避让处的精修选项”复选框，并选择“加工完所有轮廓后”、“加工完每个轮廓后”和“单独的操作”这些单选按钮之一，如图 8-66 所示。

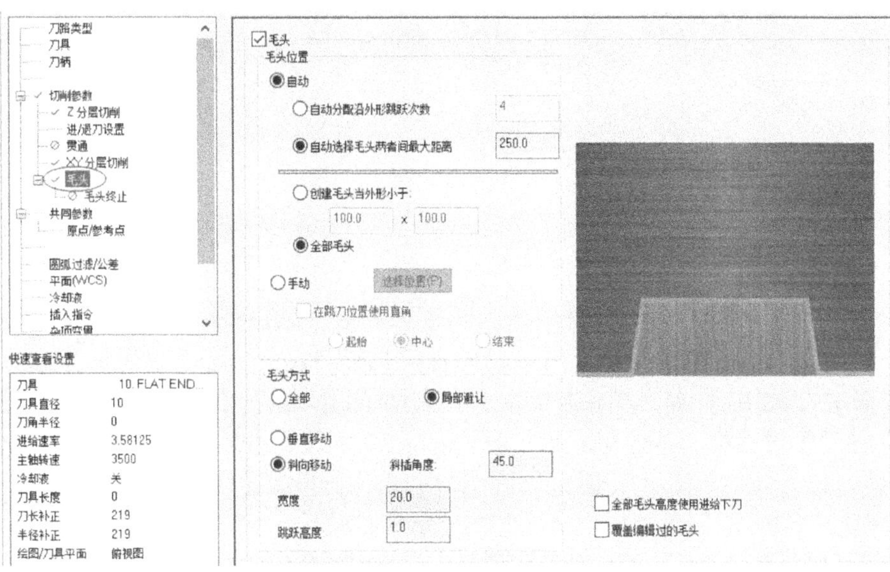

图 8-65　设置毛头参数

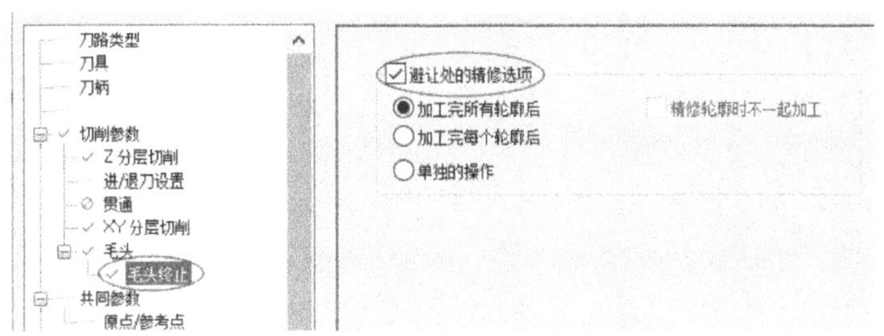

图 8-66　设置毛头终止

8.4.2 外形铣削加工操作范例

在本小节中，通过加工操作范例的形式介绍如何进行外形铣削加工。

一、“2D”外形铣削

1 打开网盘资料的“CH8”\“外形铣削加工.MCX”文件，如图 8-67 所示，已经设置好了工件材料和铣床。

2 在菜单栏的“刀路”菜单中选择“外形”命令。

3 系统弹出“输入新 NC 名称”对话框，如图 8-68 所示，接受默认的名称为“外形铣削加工”，单击“确定”图标按钮 ✓ 。

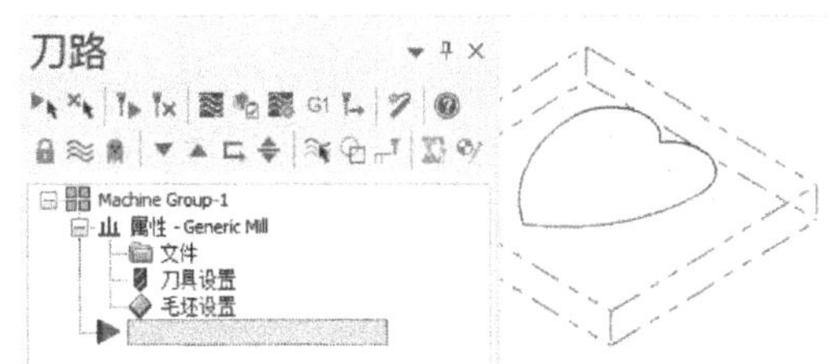

图 8-67　原始文件中的内容

4 系统弹出“串连选项”对话框，单击选中“串连”图标按钮 ，接着选择串连外形轮廓，如图 8-69 所示，然后在“串连选项”对话框中单击“确定”图标按钮 ✓ ，系统弹出“2D 刀路-外形铣削”对话框。

图 8-68　输入新 NC 名称

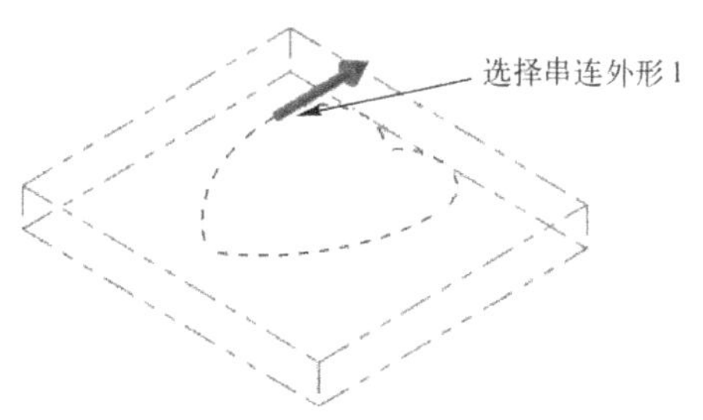

图 8-69　选择串连外形轮廓

5 在“2D 刀路-外形铣削”对话框的参数类别列表框中选择“刀具”，接着在“刀具”列表框中的空白区域单击鼠标右键，并从弹出的快捷菜单中选择“刀具管理”命令，打开“刀具管理”对话框。从“Mill_mm.tooldb”刀库中选择直径为“16”的平底刀，单击“将选择的刀库刀具复制到机床群组”图标按钮 ↑ ，结果如图 8-70 所示，然后单击“确定”图标按钮 ✓ ，返回到“2D 刀路-外形铣削”对话框。

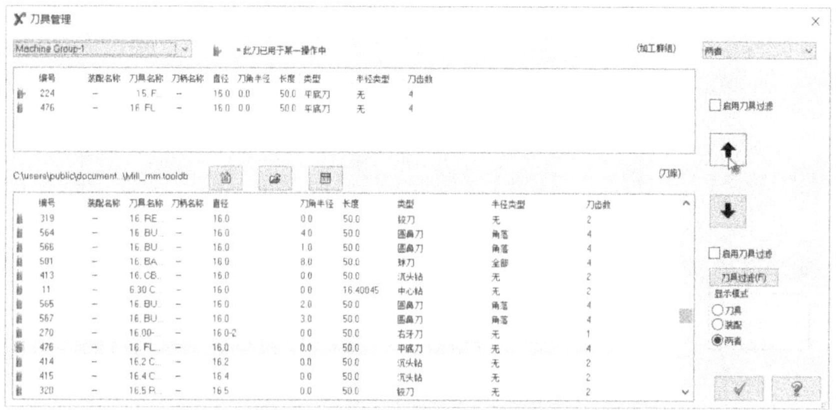

图 8-70　从刀库中复制所选刀具至机床群组

6 在“2D 刀路-外形铣削”对话框的刀具列表框中选择直径为 16 的平底刀，并设置如图 8-71 所示的刀具参数。

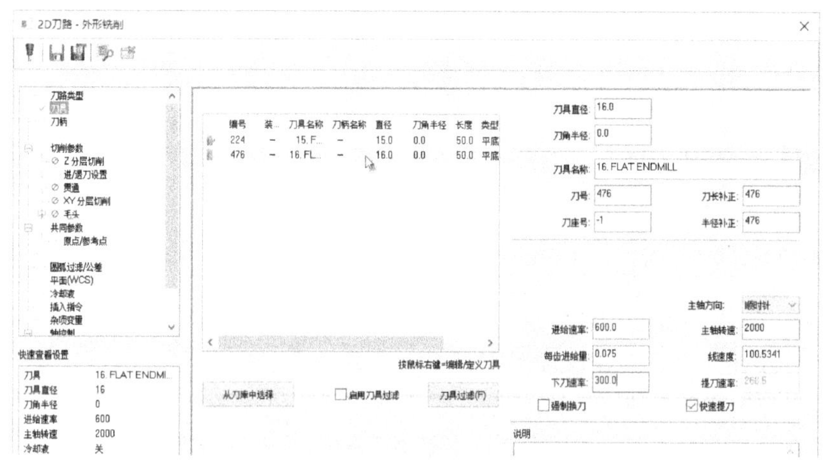

图 8-71　设置刀具参数

7 在参数类别列表框中选择“共同参数”，接着设置参考高度为“25”（增量坐标）、进给下刀位置为“10”（增量坐标）、工件表面参数值为“0”（绝对坐标）、深度参数值为“-26”（绝对坐标）。然后，在参数类别列表框中选择“切削参数”，设置如图 8-72 所示的基本切削参数，注意设置外形铣削方式选项为“2D”。

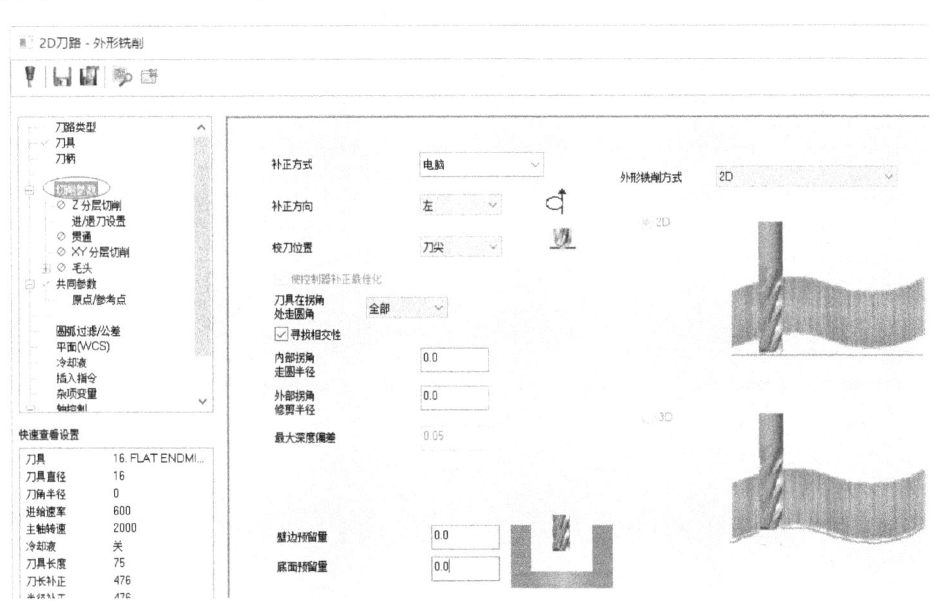

图 8-72 设置基本的切削参数

8 在参数类别列表框中选择“XY 分层切削”，接着选中“XY 分层切削”复选框，设置粗切的次数和间距，设置精修的次数和间距，并在“执行精修时”选项组中单击选中“所有深度”单选按钮，最后选中“不提刀”复选框，如图 8-73 所示。

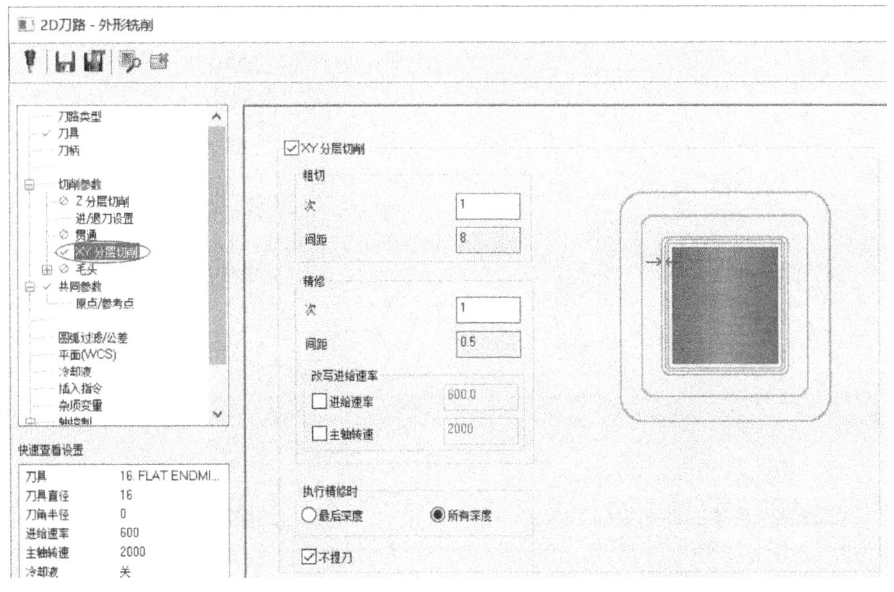

图 8-73 设置 XY 分层切削参数

9 在参数类别列表框中选择“Z 分层切削”，接着选中“深度分层切削”复选框，然后设置如图 8-74 所示的选项及参数。

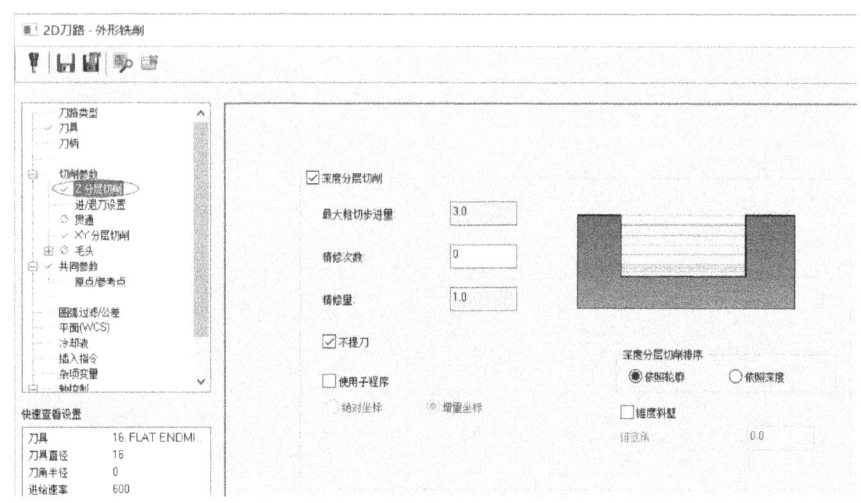

图 8-74　设置深度分层切削参数

10 在“2D 刀路-外形铣削”对话框中单击“确定”图标按钮，产生的刀路如图 8-75 所示。

操作技巧：如果产生的刀路进/退刀位置位于“心形”图形的内侧，则可以对刀路的串连外形进行编辑，使产生的刀路进/退刀位置位于图形外侧区域，编辑方法是在刀路管理器中单击该刀路下的“图形 - (1) 串连”，弹出“串连管理”对话框，在该对话框中右击选定的串连，如图 8-76 所示，并从弹出的快捷菜单中选择“反向”命令。用户应该掌握该用于编辑串连的快捷菜单功能。另外，用户也可以对切削参数进行编辑，更改补正方向即可。

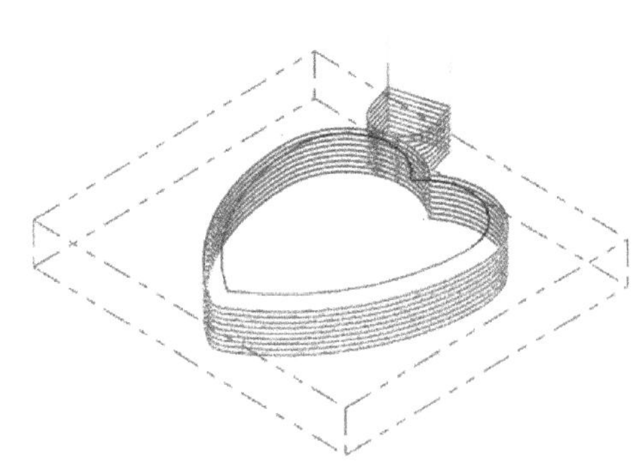

图 8-75　产生的外形铣削刀路

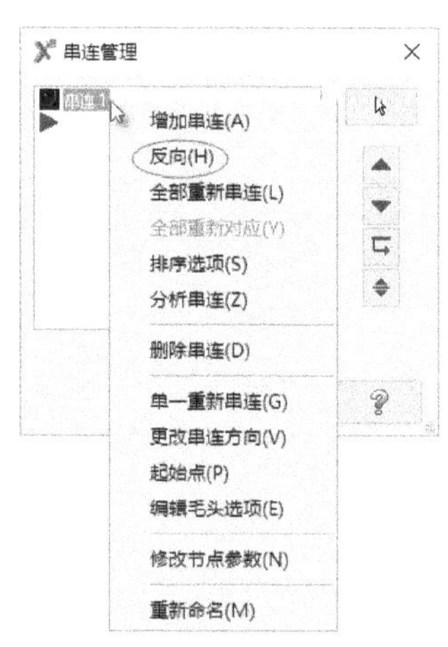

图 8-76　串连管理操作

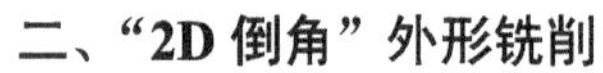

二、“2D 倒角”外形铣削

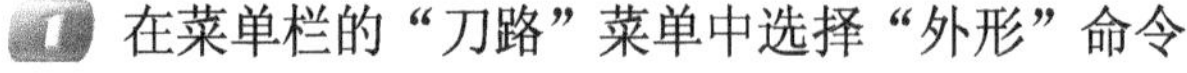

1 在菜单栏的“刀路”菜单中选择“外形”命令。

2 系统弹出“串连选项”对话框，单击选中“串连”图标按钮，接着选择心形的外形轮廓串连，如图 8-77 所示，然后在“串连选项”对话框中单击“确定”图标按钮，系统弹出“2D 刀路-外形铣削”对话框。

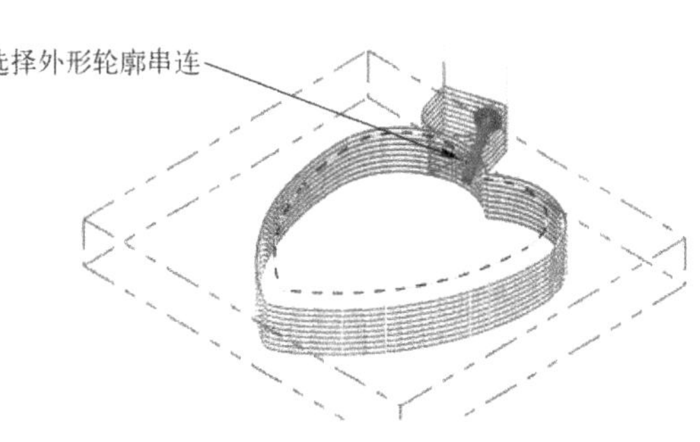

图 8-77　选择外形轮廓串连

3 在“2D 刀路-外形铣削”对话框的参数类别列表框中选择“切削参数”，接着从“外形铣削方式”下拉列表框中选择“2D 倒角”选项，并设置倒角宽度值为“5”、刀尖补正值为“1”。其他基本的切削参数如图 8-78 所示。

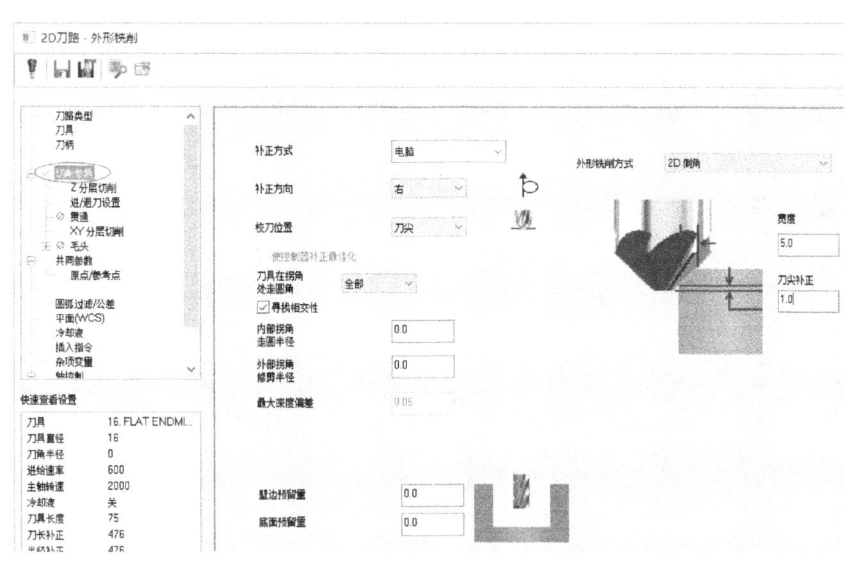

图 8-78　设置基本切削参数

4 在参数类别列表框中选择“XY 分层切削”，接着取消选中“XY 分层切削”复选框。在参数类别列表框中选择“Z 分层切削”，接着取消选中“深度分层切削”复选框。注意检查默认的共同参数是否合理。

5 在参数类别列表框中选择“刀具”，在“刀具”参数设置区域的刀具列表的空白区域单击鼠标右键，接着从弹出的快捷菜单中选择“刀具管理”命令，打开“刀具管理”对话框。从“Mill_mm.tooldb”刀库中选择直径为“25.0-45”的倒角刀，单击“将选择的刀库刀具复制到机床群组”图标按钮，结果如图 8-79 所示。单击“确定”图标按钮，返回到“2D 刀路-外形铣削”对话框。

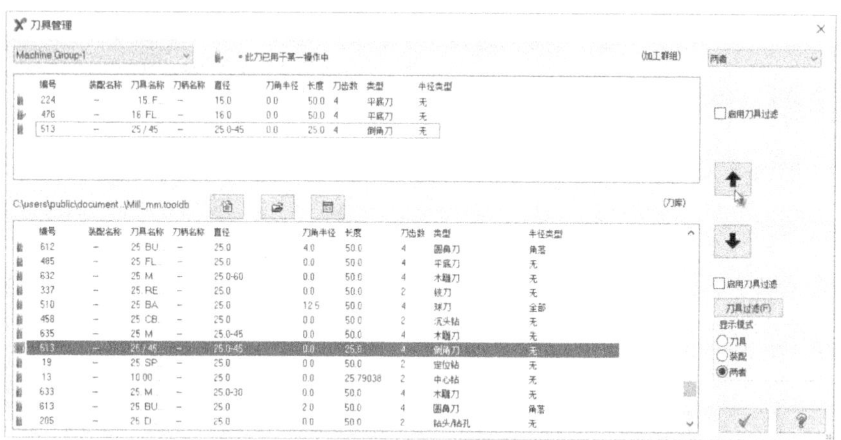

图 8-79 选择倒角刀

6 在“2D 刀路-外形铣削”对话框“刀具”参数设置区域的刀具列表中选择该倒角刀，并设置如图 8-80 所示的刀具参数。

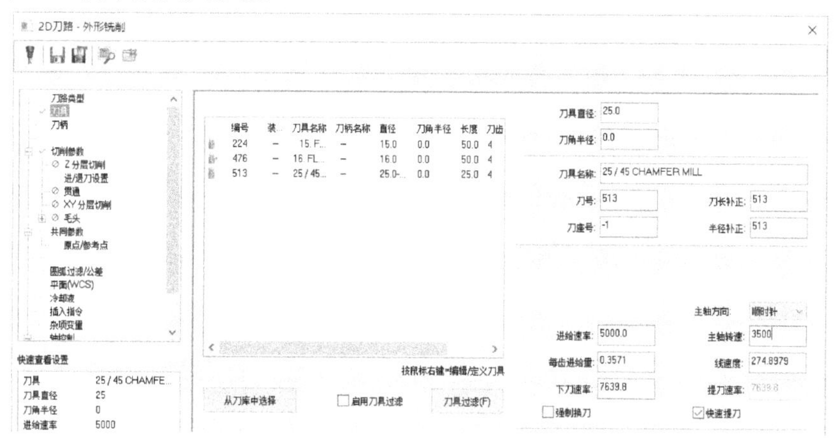

图 8-80 设置倒角刀的刀具参数

7 单击“确定”图标按钮，产生倒角路径的结果如图 8-81 所示。

三、对所有外形铣削加工进行模拟验证

1 在刀路管理器中单击“选择全部操作”图标按钮。

2 在刀路管理器中单击“验证已选择的操作”图标按钮，弹出“Mastercam 模拟”窗口。在“Mastercam 模拟”窗口中设置相关的选项及参数，接着单击“播放”图标按钮，从而开始进行加工模拟验证，完成的加工模拟验证结果如图 8-82 所示。

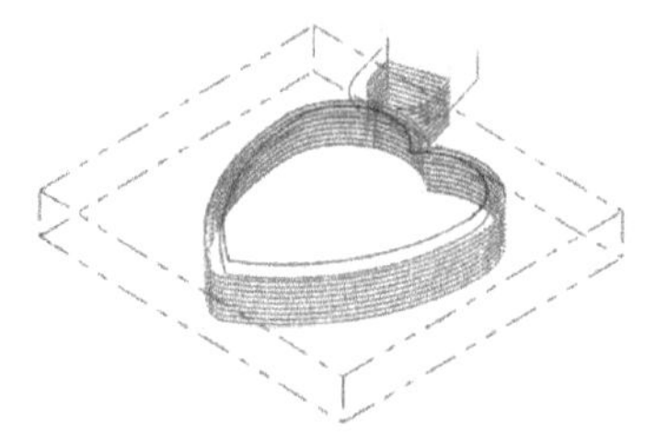

图 8-81 产生倒角路径

图 8-82 模拟验证后的效果

3 关闭“Mastercam 模拟”窗口。

8.5 钻孔加工

在机械加工中，钻孔加工是比较常见的。钻孔加工包括普通钻孔、镗孔、攻螺纹孔和绞孔等。孔的大小由选用的刀具直接决定。

8.5.1 指定钻孔点

钻孔加工需要指定钻孔的点。在“刀路”菜单中选择“钻孔”命令，并指定新 NC 名称后，系统弹出如图 8-83a 所示的“选择钻孔位置”对话框。在该对话框中单击“展开”图标按钮，可以使该对话框显示更多的选项，如图 8-83b 所示。

a)

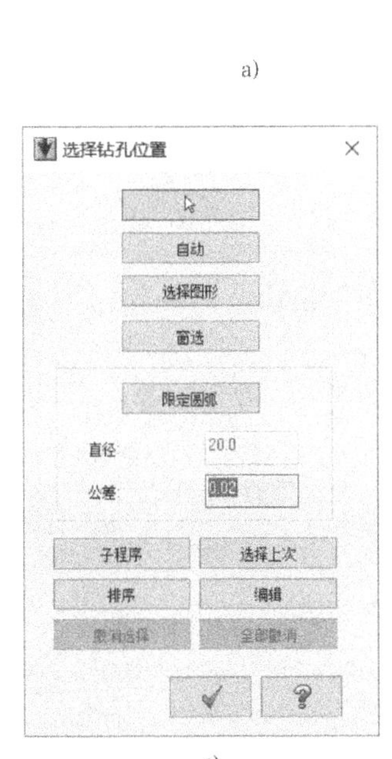

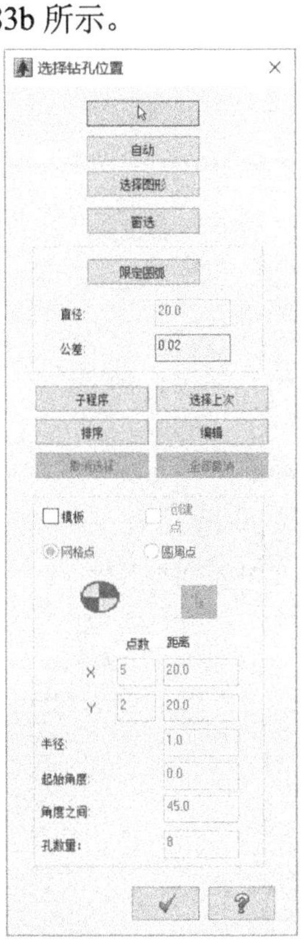

a) b)

图 8-83 “选择钻孔位置”对话框

a) 显示较少内容时 b) 显示较多内容时

一、在屏幕上选取钻孔点位置（手动选点）

单击选中“在屏幕上选择钻孔点位置”图标按钮时，可以通过手动的方式在屏幕上选取已经存在的点（包括捕捉几何图形上的点）来产生钻孔点，或输入钻孔点的坐标。

二、自动选点

“自动”按钮用于使用自动的方法选择一系列已经存在的点作为钻孔中心点。单击“自动”按钮，接着在系统提示下依次选择第一点、第二点和最后一点，系统自动选取一系列点作为钻孔点并产生钻孔刀路，如图 8-84 所示。

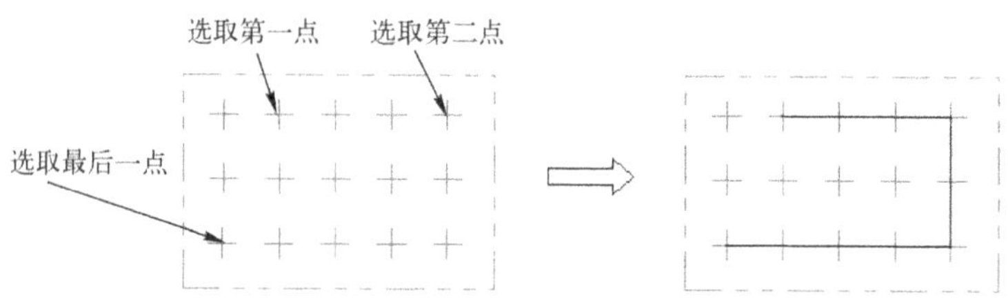

图 8-84　自动选点作为钻孔点

三、选择图形（选取图素）

“选择图形”按钮用于将选定图形的端点作为钻孔中心。单击“选择图形”按钮，系统提示选择图形，在该提示下选择图形，按〈Enter〉键确定，则系统自动以所选图形的端点作为钻孔点。

四、窗选

单击“窗选”按钮，则通过选择两个对角点形成一个矩形窗口，系统自动将该视窗口内的所有点作为钻孔点。

五、限定圆弧（限定半径）

“限定圆弧”按钮用于限定圆弧圆心作为钻孔点。

六、选择上次

单击“选择上次”按钮，则使用上一次钻孔刀路的点及排列方法作为此次钻孔刀路的点和排列方法。

七、设置钻孔点的排序方式

选择钻孔点后，如果需要，则可单击“排序”按钮，系统弹出如图 8-85 所示的“排序”对话框，从中重新设置钻孔顺序等。

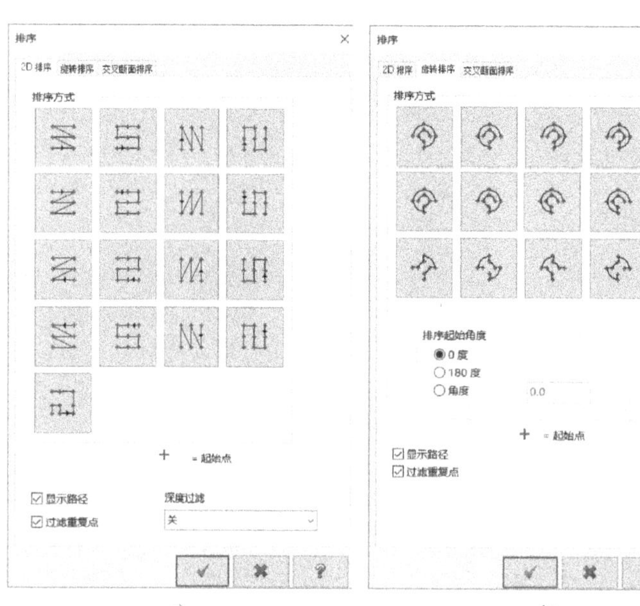

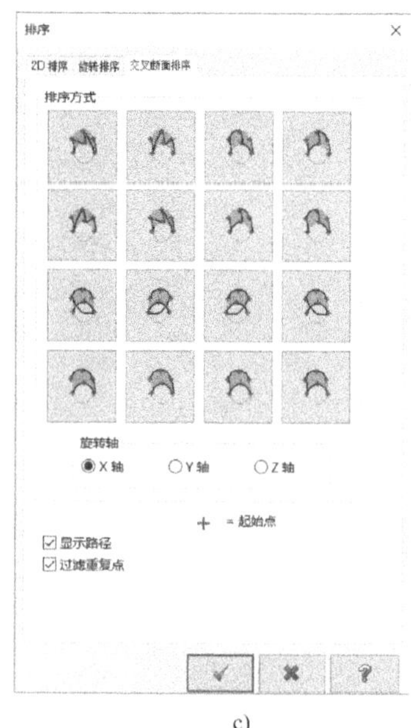

a)　　b)　　c)

图 8-85　设置钻孔点的排序方式

a) 2D 排序　b) 旋转排序　c) 交叉断面排序

八、编辑钻孔点

单击“编辑”按钮，选择要编辑的钻孔点，系统弹出“编辑钻孔点”对话框，利用该对话框编辑钻孔点。

九、设置阵列钻孔点

当选中（即勾选）“模板”复选框时，则可以根据设定的阵列样式定义钻孔点，有以下两种阵列模板（阵列样式）。

- “网格点”：选中此单选按钮时，激活 X、Y 的相应文本框，从中输入各方向要阵列的钻孔数目和间距，然后在绘图区指定网格点的起始位置，如图 8-86 所示，以产生网格（栅格）形式的钻孔点和钻孔刀路。
- “圆周点”：选中此单选按钮时，可以设置半径值、起始角度、角度增量和圆孔数量，并指定圆周的圆心位置，如图 8-87 所示，确定后系统将产生圆周阵列形式的钻孔刀路。

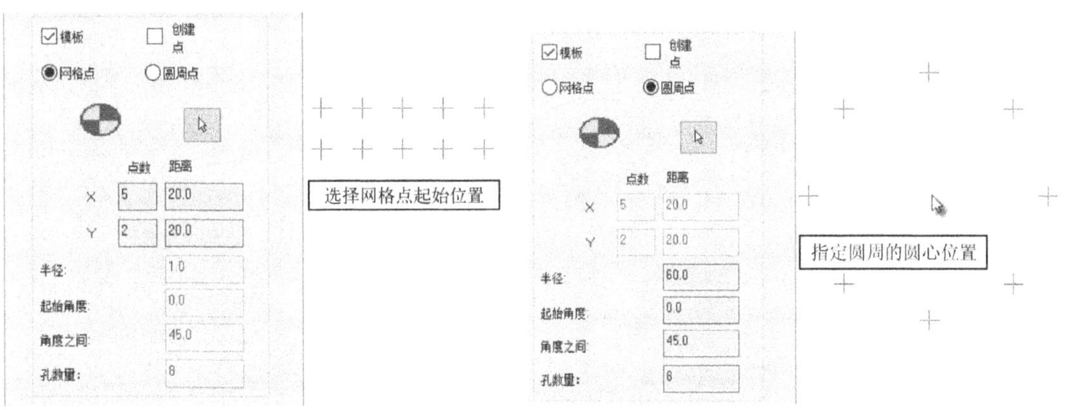

图 8-86　产生栅格形式的钻孔点　　　图 8-87　产生圆周阵列形式的钻孔刀路

8.5.2 钻孔的相关参数

执行钻孔命令并指定钻孔点后，系统将弹出如图 8-88 所示的“2D 刀路-钻孔”对话框。在参数类别列表框中选择“刀具”，接着可以从指定的刀库中选择用于钻孔的刀具，如选择中心钻、铰刀或钻孔刀。

在参数类别列表框中选择“切削参数”，此时可以根据需要从“循环方式”下拉列表框中选择所需的钻孔形式。系统为用户提供了多种钻孔形式，包括钻通孔/镗孔（Drill/Counterbore）、深孔啄钻、断削式钻孔、攻牙（攻螺纹）、镗孔 1#、镗孔 2#、高级镗孔、其他自定义钻孔方式，如图 8-89 所示。

- 钻通孔/镗孔（Drill/Counterbore）：该钻孔方式又称为标准钻孔，是钻头从起始高度快速下降到参考高度，然后以设定的进给量钻孔，直至钻至设定的深度，片刻（为了镗平孔底）再返回。该钻孔方式通常用于钻削和镗削孔深 H 小于 3 倍刀具直径 D（H<3D）的孔。

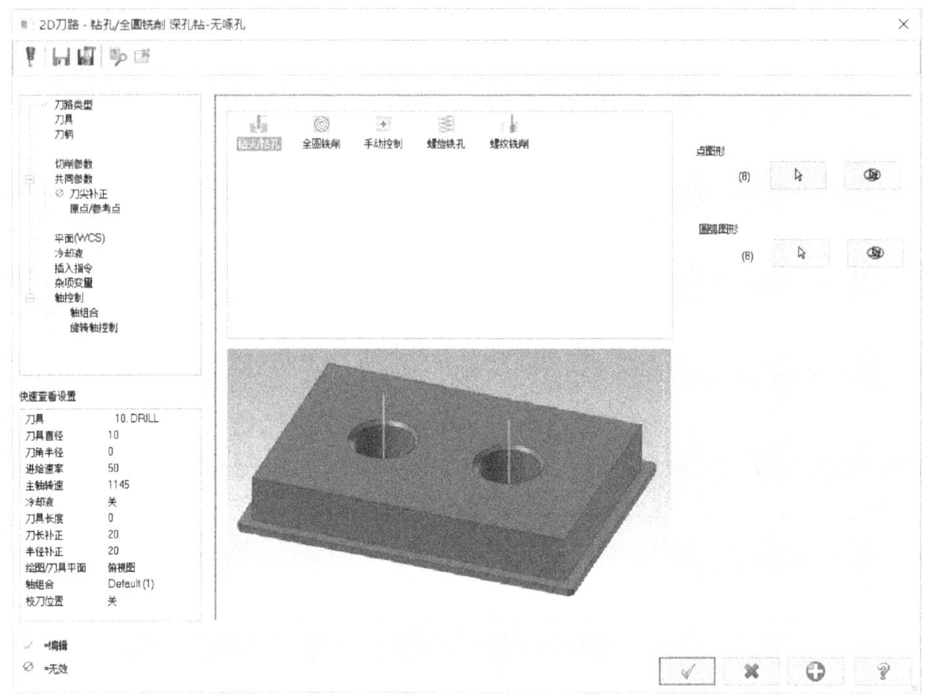

图 8-88　用于定义钻孔参数的对话框

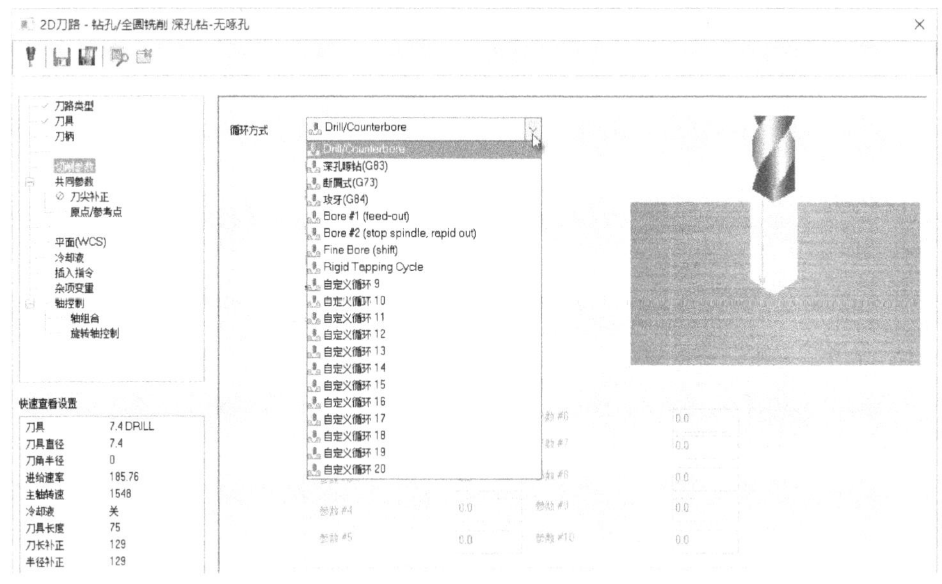

图 8-89　选择钻孔形式

- 深孔啄钻（G83）：在钻削过程中，刀具会间断性地快速提起到安全高度，以起到排屑的目的，如此反复地步进和提刀，直至钻好要求的深度。该钻孔方式通常用于钻削孔深大于 3 倍刀具直径的深孔。选择“深孔啄钻”时，需要设置步距和暂停时间。

- 断削式（G73）：该钻孔方式和深孔啄钻类似，都是需多次进退以达到排屑的目的。虽然断削式钻孔回缩距离较短，可节省时间，但排屑能力比不上深孔啄钻。断削式钻孔一般用于钻削孔深大于 3 倍刀具直径的深孔。
- 攻牙（G84）：该钻孔方式用于攻右旋或左旋的内螺纹。右旋和左旋取决于刀具和主轴旋向。
- 镗孔 1#（Bore #1）：使用给定的进给速率进刀镗孔和退刀，以获得表面光滑的直孔。
- 镗孔 2#（Bore #2）：系统以进给速率进刀镗孔，镗至孔底主轴停止，刀具快速退回。主轴停止主要是防止刀具划伤孔壁。
- 高级镗孔：镗孔到孔深处，主轴停止旋转，允许将刀具旋转一个角度后退刀，这样退刀时可避免刀尖与孔壁接触。该钻孔方式主要用于精镗孔。
- 其他自定义钻孔方式：系统为用户提供了多种自定义钻孔方式，由用户根据具体的设计要求来自定义钻孔。

为了解决在孔底留有残料问题或获得精确的孔深，可以利用刀尖补正功能。刀尖补正功能其实就是用于自动调整钻削的深度至钻头前端斜角部位的长度，以作为钻头端的刀尖补正值。当没有激活刀尖补正功能时，深度是按刀尖计算的；而当激活启用刀尖补正功能时，钻头的端部斜角部分不计算在深度尺寸之内。

在参数类别列表框中选择“刀尖补正”，接着选中“刀尖补正”复选框以激活刀尖补正功能，此时可以设置贯通距离、刀尖长度和刀尖角度等，如图 8-90 所示，以确保钻孔时所需的钻削深度。

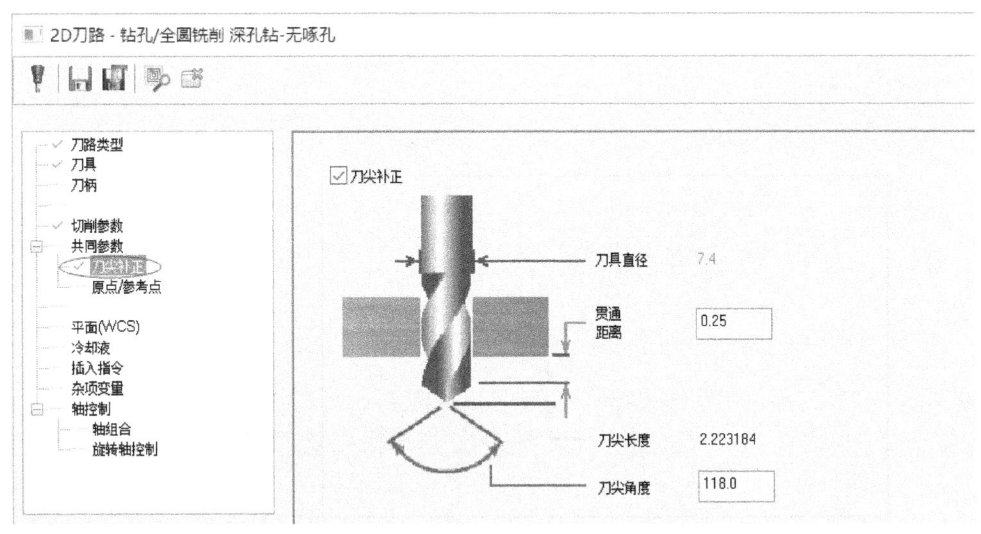

图 8-90 设置刀尖补正参数

在参数类别列表框中选择“切削参数”，用户还可以根据实际情况来选中“启用自定义钻孔参数”复选框，以自定义相关的钻孔参数。

8.5.3 钻孔加工操作范例

在本小节中，通过加工操作范例的形式介绍如何进行钻孔加工。

1 打开网盘资料的“CH8”\“钻孔加工.MCX”文件，如图 8-91 所示，该文件已经设置好了工件材料和机床类型，机床类型为默认的铣床。

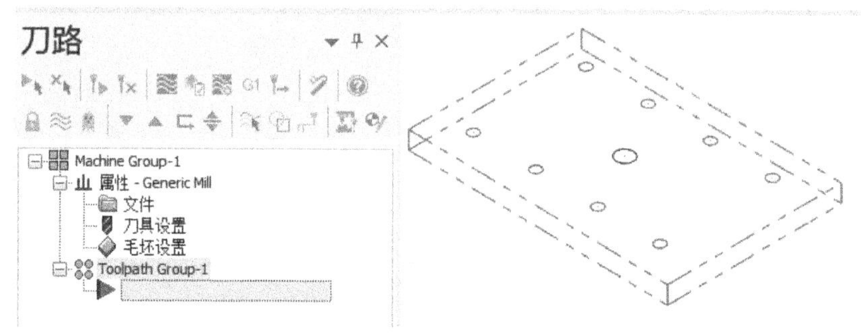

图 8-91 钻孔加工的源文件

2 在“刀路”菜单中选择“钻孔”命令，系统打开“输入新 NC 名称”对话框，默认新 NC 名称为“钻孔加工”，如图 8-92 所示，然后单击“确定”图标按钮 ✓。

3 系统弹出“选择钻孔位置”对话框，同时提示选择点图形，采用手动的方式选择如图 8-93 所示的圆心点作为钻孔点，然后在“选择钻孔位置”对话框中单击“确定”图标按钮 ✓，结束钻孔点选择。此时，系统弹出“2D 刀路-钻孔/全圆铣削 深孔钻-无啄孔”对话框。

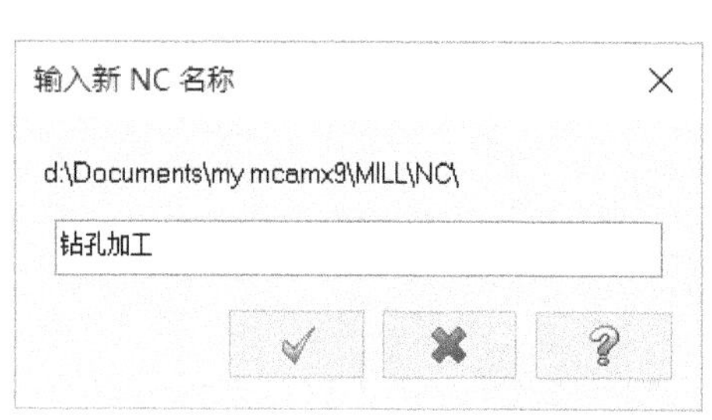

图 8-92 输入新 NC 名称

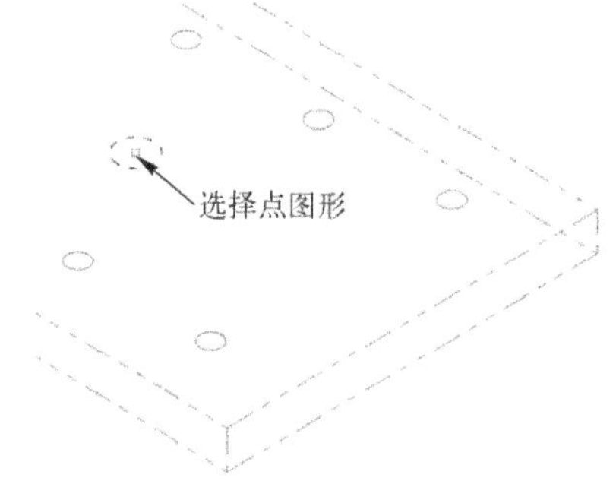

图 8-93 指定钻孔点

4 在“2D 刀路-钻孔/全圆铣削 深孔钻-无啄孔”对话框的参数类别列表框中选择“刀具”，在“刀具”参数设置区域的刀具列表空白区单击鼠标右键，并从弹出的快捷菜单中选择“刀具管理”命令，系统弹出“刀具管理”对话框，打开“Steel-MM.tooldb”刀库，从该刀库中选择直径为 20 的一个钻头（钻孔刀），单击“将选择的刀库刀具复制到机床群组”图标按钮 ↑，然后单击“确定”图标按钮 ✓ 结束刀具选择。

5 选择刚添加的直径为 20 的钻头（钻孔刀），设置“进给速率”为“420”，设置“主轴转速”为“1500”，设置主轴方向为“顺时针”，单击“应用”图标按钮 ⊕。

6 在参数类别列表框中选择“共同参数”，设置如图 8-94 所示的共同参数。

在参数类别列表框中选择“共同参数”节点下的“刀尖补正”，选中“刀尖补正”复选框，并接受刀尖补正的默认参数，如贯通距离、刀尖长度和刀尖角度。

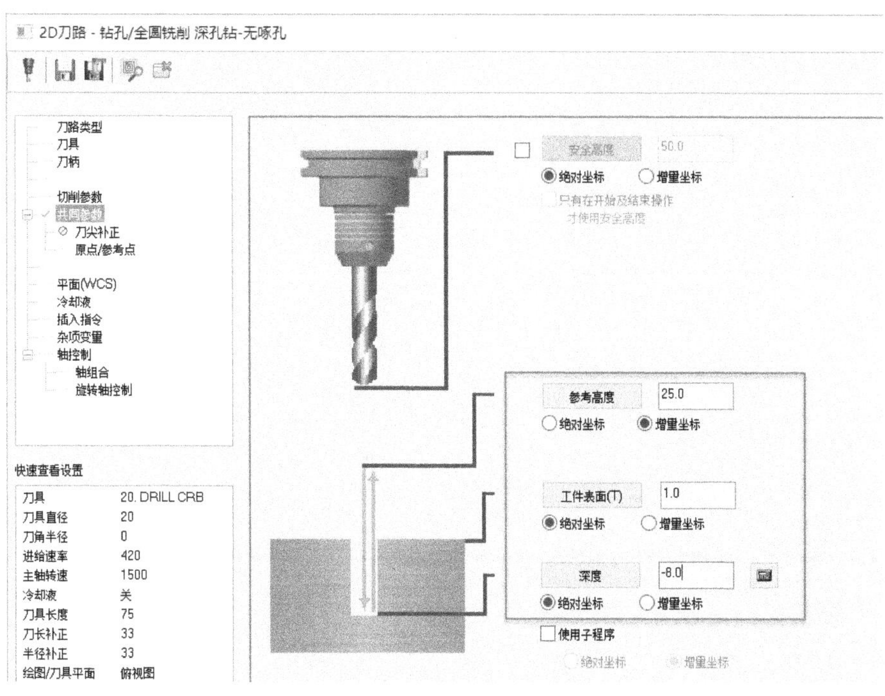

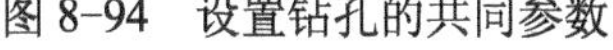
图 8-94　设置钻孔的共同参数

7 在参数类别列表框中选择“切削参数”，设置如图 8-95 所示的选项及参数。

图 8-95　设置钻孔的基本切削参数

8 单击“确定”图标按钮 ✓ ，完成创建第一个钻孔刀路。

9 在“刀路”菜单中选择“钻孔”命令，系统弹出“选择钻孔位置”对话框。单击“展开”图标按钮使“选择钻孔位置”对话框显示更多的选项，接着单击“排序”按钮，系统弹出“排序”对话框，在“2D 排序”选项卡中选择如图 8-96 所示的排序方式，单击“确定”图标按钮 ✓ ，返回到“选择钻孔位置”对话框。

10 在“选择钻孔位置”对话框中选中“模板”复选框和“创建点”复选框，并单击选中“网格点”单选按钮，设置 x 方向和 y 方向的参数，如图 8-97 所示，接着选取如图 8-98 所示的圆心点作为网格点的起始位置，然后在“选择钻孔位置”对话框中单击“确定”图标按钮 ✓ 。

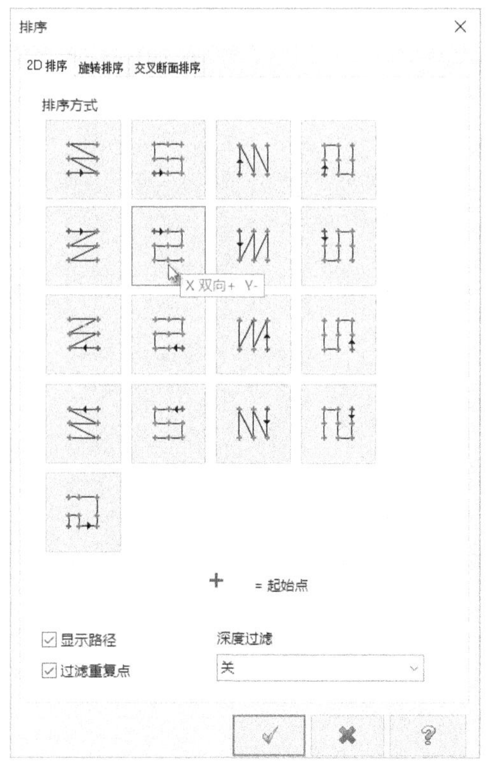

图 8-96　指定排序方式

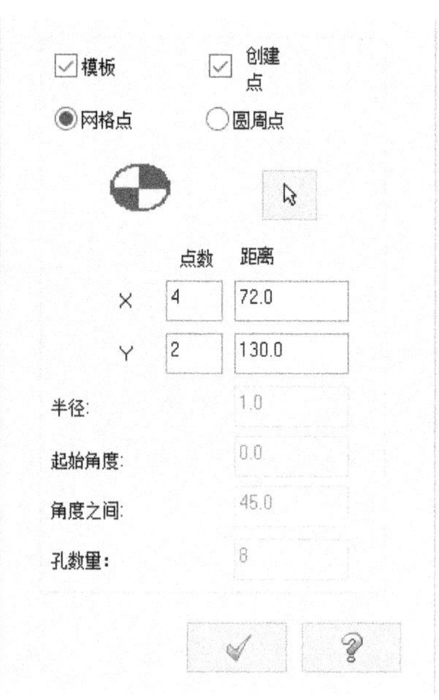

图 8-97　设置网格阵列模板参数

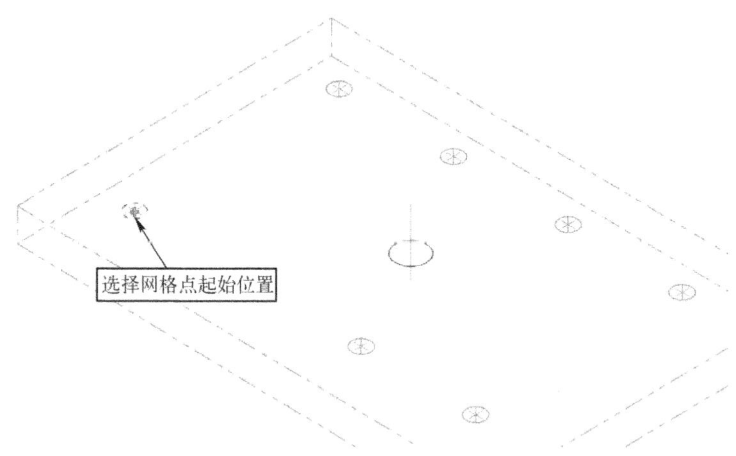

图 8-98　选取网格点的起始位置

11 系统弹出“2D 刀路-钻孔/全圆铣削 深孔钻-无啄孔”对话框。在参数类别列表框中选择“刀具”，单击“从刀库中选择”按钮，接着在弹出的“选择刀具”对话框中选择直径为 12 的铰刀，单击“确定”图标按钮 ✔ ，返回到“2D 刀路-钻孔/全圆铣削 深孔钻-无啄孔”对话框。接受直径为 12 的铰刀的默认刀具参数，单击“应用”图标按钮 ⊕ 。

12 在参数类别列表框中选择“共同参数”，设置如图 8-99 所示的共同参数。

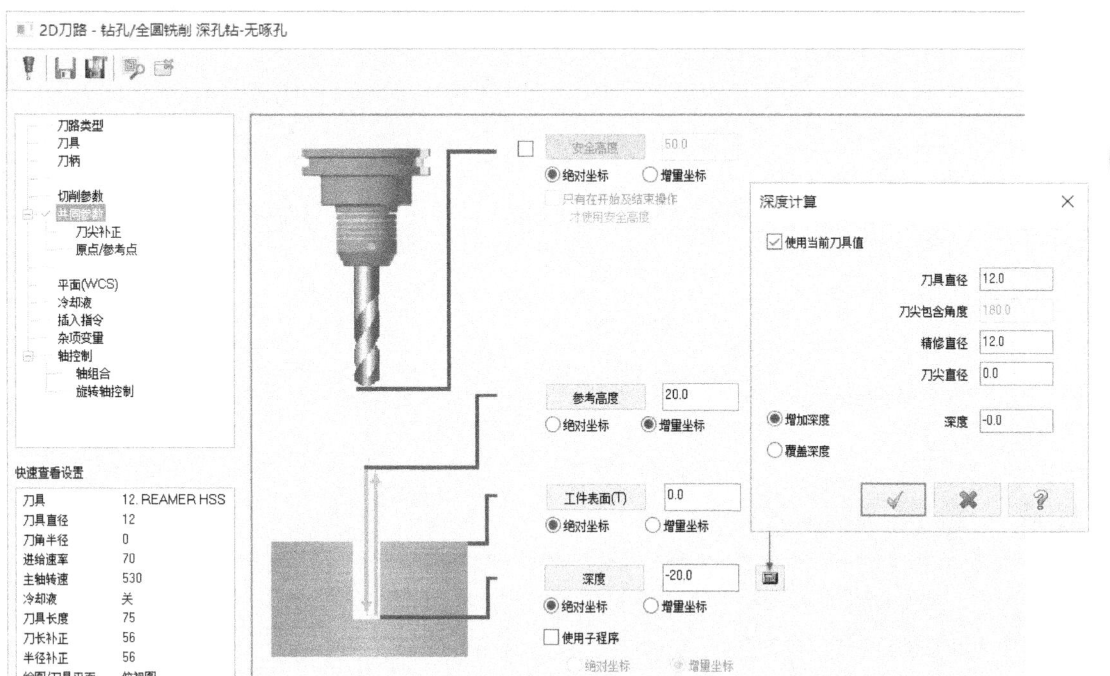

图 8-99 设置钻孔的共同参数

13 在参数类别列表框中选择“切削参数”，设置如图 8-100 所示的参数。

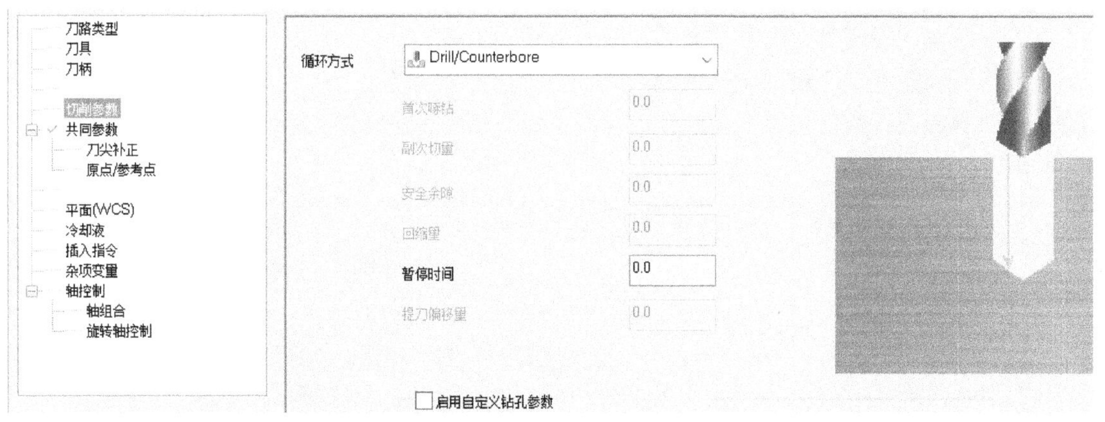

图 8-100 设置钻孔的切削参数

14 在“2D 刀路-钻孔/全圆铣削 深孔钻-无啄孔”对话框中单击“确定”图标按钮 ✓，生成的第二个钻孔加工的刀路如图 8-101 所示。

15 在刀路管理器中单击“选择全部操作”图标按钮。

16 在刀路管理器中单击“验证已选择的操作”图标按钮，系统弹出“Mastercam 模拟”窗口。在“Mastercam 模拟”窗口中单击“验证”图标按钮，在功能区中设置相关的选项及参数，然后单击“播放”图标按钮，从而开始加工验证，最后得到的加工验证结果如图 8-102 所示。

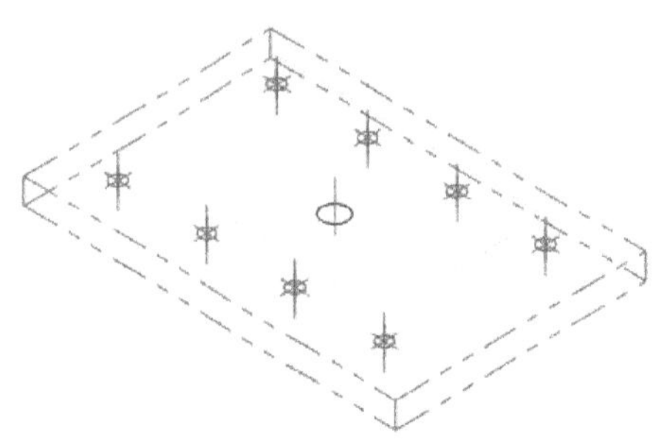

图 8-101　产生刀路

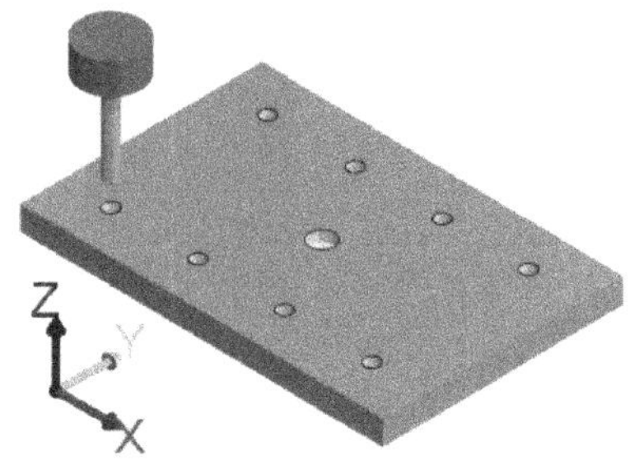

图 8-102　加工验证后的结果

17 在“Mastercam 模拟”窗口中单击“关闭”图标按钮×，结束验证操作。

18 保存文件。

8.6　全圆铣削刀路

在“刀路”菜单中提供了“全圆铣削刀路”功能，它是针对圆或圆弧进行铣削加工的方法，如图 8-103 所示，主要包括“全圆铣削”“螺纹铣削”“自动钻孔”“钻起始孔”“铣键槽”和“螺旋铣孔”。

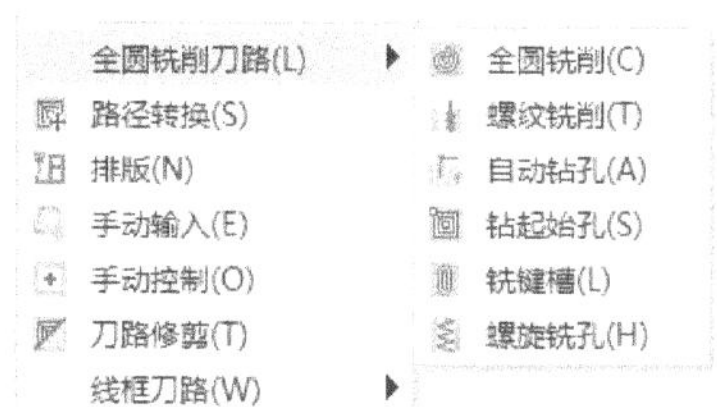

图 8-103　“全圆铣削刀路”功能

8.6.1　全圆铣削

全圆铣削的刀路是从圆心移动到轮廓然后绕圆轮廓移动而形成的，如图 8-104 所示。全圆铣削加工一般用于采用铣刀扩孔的场合。

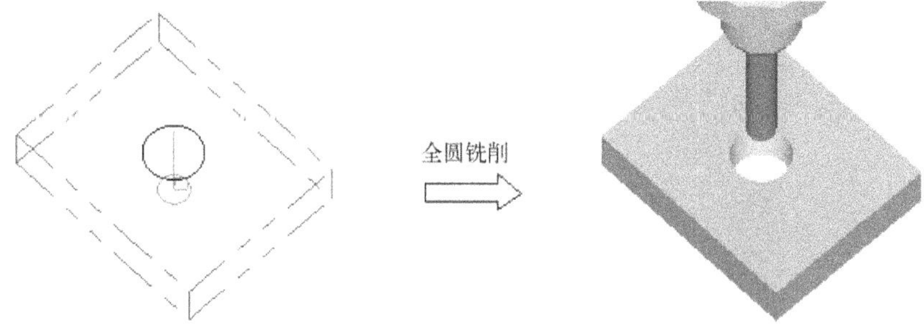

图 8-104　全圆铣削

在“刀路”/“全圆铣削刀路”级联菜单中选择“全圆铣削”命令，接着利用“选择钻孔位置”对话框来指定所需的圆/圆弧的圆心，单击“确定”图标按钮 ✓ ，系统弹出“2D 刀路-全圆铣削”对话框，如图 8-105 所示。需要设置的参数除了基本的刀具、刀柄、公同参数之外，还有全圆铣削的切削参数，具体包括基本的切削参数、粗切、精修加工、精修进刀方式、Z 分层切削和贯通这些参数。下面介绍全圆铣削的几个重要的参数或参数组。

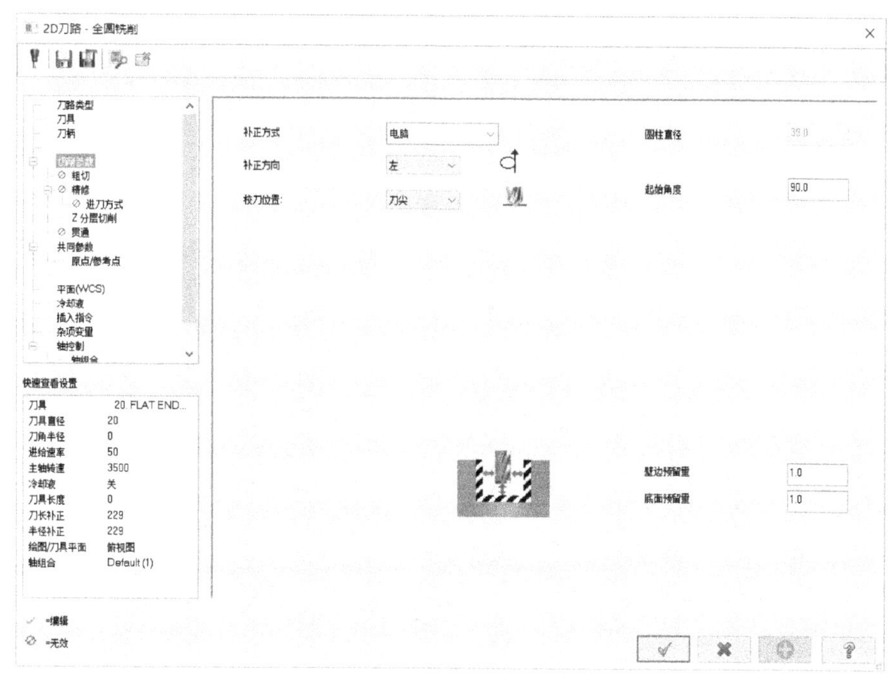

图 8-105 “2D 刀路-全圆铣削”对话框

- “圆柱直径”：用于设置全圆铣削刀路的直径。需要用户注意的是，如果在绘图区手动选择的点图形是圆心（或者通过“选择图形”按钮，在绘图区选择圆弧/圆），那么系统采用其直径作为全圆铣削刀路的直径；如果在绘图区定义的点图形是非圆心点，那么由用户在该文本框中设置全圆铣削刀路的直径。
- “起始角度”：在该文本框中设置全圆铣削刀路的起始角度。默认以沿 x 轴正方向为 0 作为起始角度基准。
- 粗切参数组：在参数类别列表框中选择“粗切”，接着选中“粗切”复选框，则可以设置如图 8-106 所示的粗切参数组，包括粗加工步进量、螺旋进刀的相关参数。

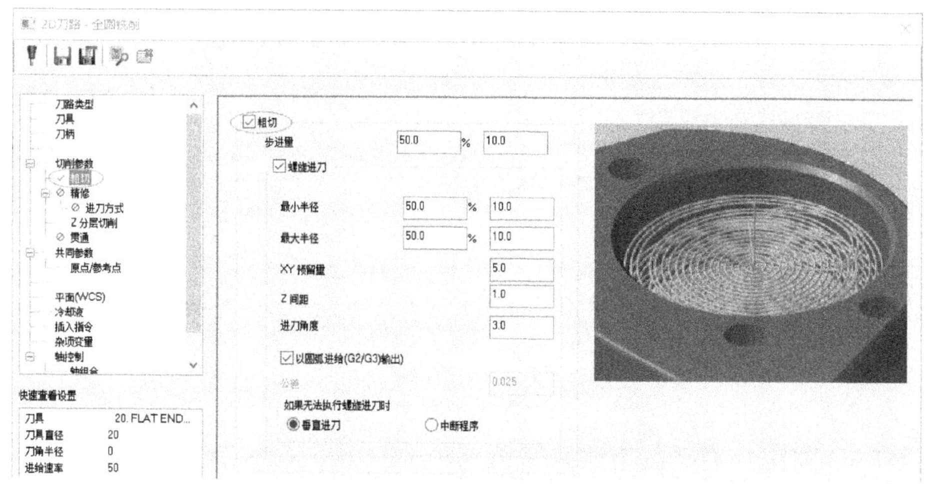

图 8-106 设置全圆铣削的粗切参数组

- 精修参数组：在参数类别列表框中选择“精修”，接着选中“精修”复选框，则可以根据需要设置是否启用局部精修和全精修，以及各自相应的参数和选项，如图 8-107 所示。

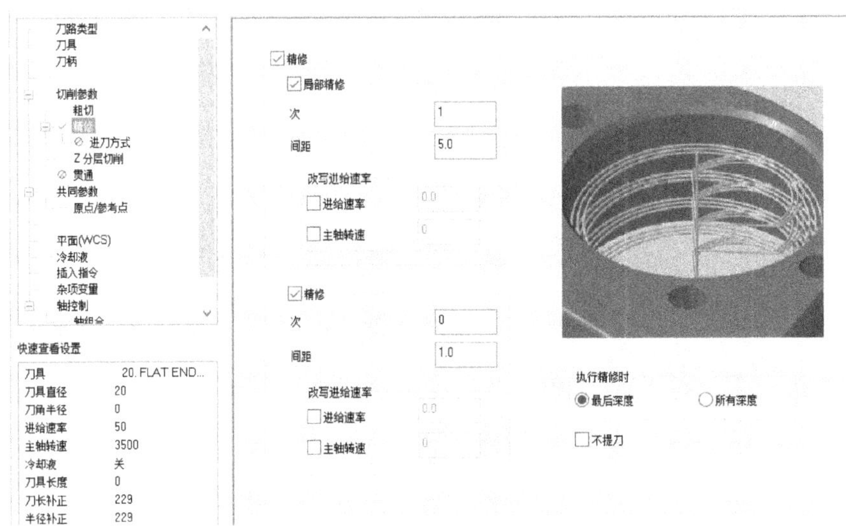

图 8-107　设置全圆铣削的精修参数组

- “进刀方式”：在参数类别列表框中选择“精修”节点下的“进刀方式”，则可以设置是否启用高速进刀，以及对进刀、退刀进行设置，如图 8-108 所示。当选中“进/退刀设置”复选框时，需要设置进/退刀圆弧扫描角度、重叠量等。其中，“进/退刀圆弧扫描角度”文本框用来设置全圆铣削刀路的摆角，即设置刀具从圆心到圆进/退刀时圆弧的扫描角度，该扫描角度通常不大于 180°；如果选中“由圆心开始”复选框，那么以圆心作为全圆铣削刀路的起点，刀具从圆心开始下刀铣削，移动至圆周切削后再返回到圆心退刀；“垂直进刀”复选框用于设置是否采用垂直进刀方式。

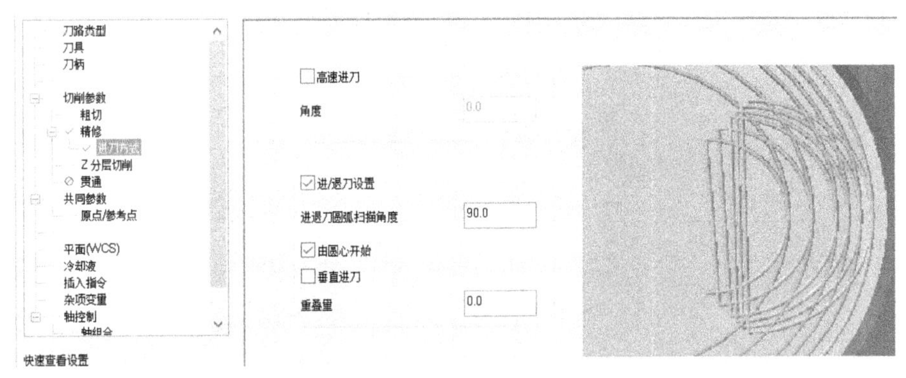

图 8-108　设置精修进刀方式

【典型范例】：使用全圆铣削方式来扩孔

1. 打开网盘资料的“CH8”\“全圆铣削.MCX”文件，如图 8-109 所示。

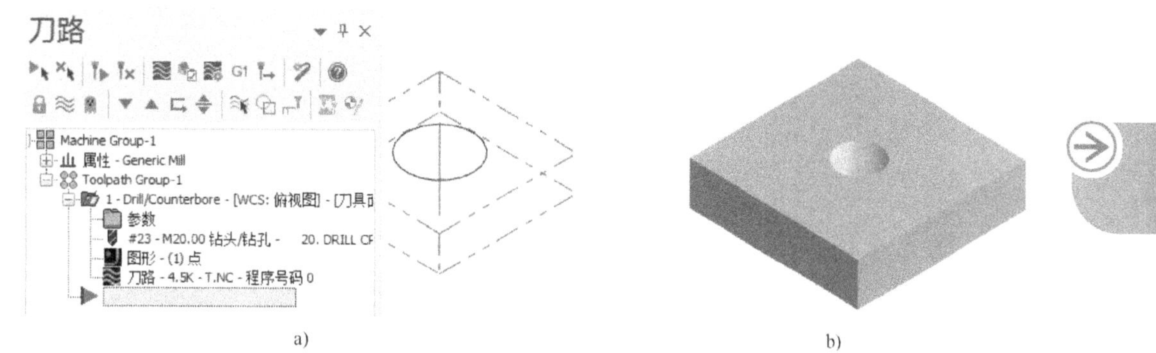

a) b)

图 8-109 原始文件

a) 原始文件中已有一个钻孔加工路径 b) 素材坯件中已有一个小孔

2 在“刀路”/“全圆铣削刀路”级联菜单中选择“全圆铣削”命令，系统弹出如图 8-110 所示的“选择钻孔位置”对话框。

3 在“选择钻孔位置”对话框中单击“选择图形”按钮，选择如图 8-111 所示的圆，然后单击“确定”图标按钮 ✓ ，系统弹出“2D 刀路-全圆铣削”对话框。

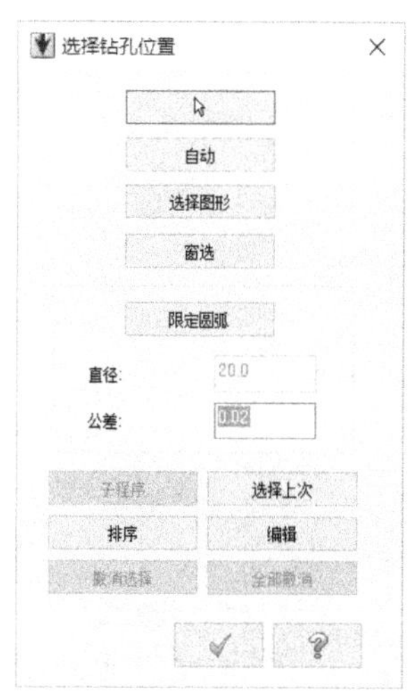

图 8-110 “选择钻孔位置”对话框

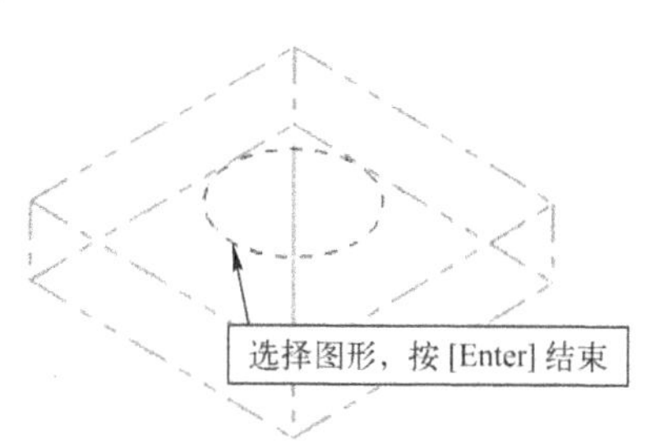

图 8-111 选择圆以指定圆心点为钻孔点

4 在“2D 刀路-全圆铣削”对话框的参数类别列表框中选择“刀具”，接着单击“从刀库选择”按钮，弹出“选择刀具”对话框，从“MILL_MM.tooldb”刀库中选择直径为 16 的平底刀，单击“确定”图标按钮 ✓ ，返回到“2D 刀路-全圆铣削”对话框。

5 确保在刀具列表中选中刚添加的直径为 16 的平底刀，设置如图 8-112 所示的刀具参数。

6 在参数类别列表框中选择“切削参数”，接着从“补正方式”下拉列表框中选择“电脑”选项，从“补正方向”下拉列表框中选择“左”选项，从“校刀位置”下拉列表框中选择“刀尖”选项，接受默认的起始角度为“90”，然后设置“壁边预留量”为“0”、“底面预留量”为“0”，单击“应用”图标按钮 ⊕ 。

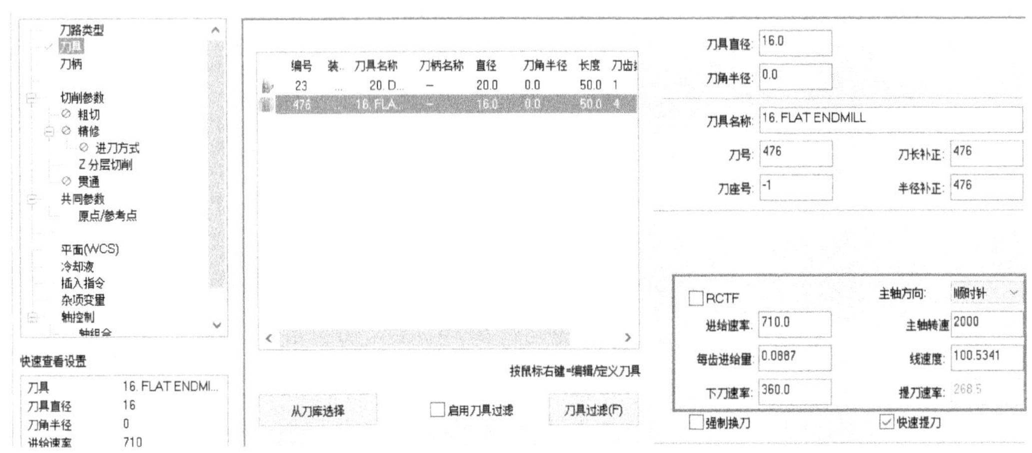

图 8-112　设置刀具参数

7 在参数类别列表框中选择“进刀方式”，接着取消选中“高速进刀”复选框，并确保选中“进/退刀设置”复选框，设定“进/退刀圆弧扫描角度”为“90”，选中“由圆心开始”复选框，取消选中“垂直进刀”复选框，“重叠量”默认为“0”，然后单击“应用”图标按钮 。

8 在参数类别列表框中选择“共同参数”，设置如图 8-113 所示的共同参数，然后单击“应用”图标按钮 。

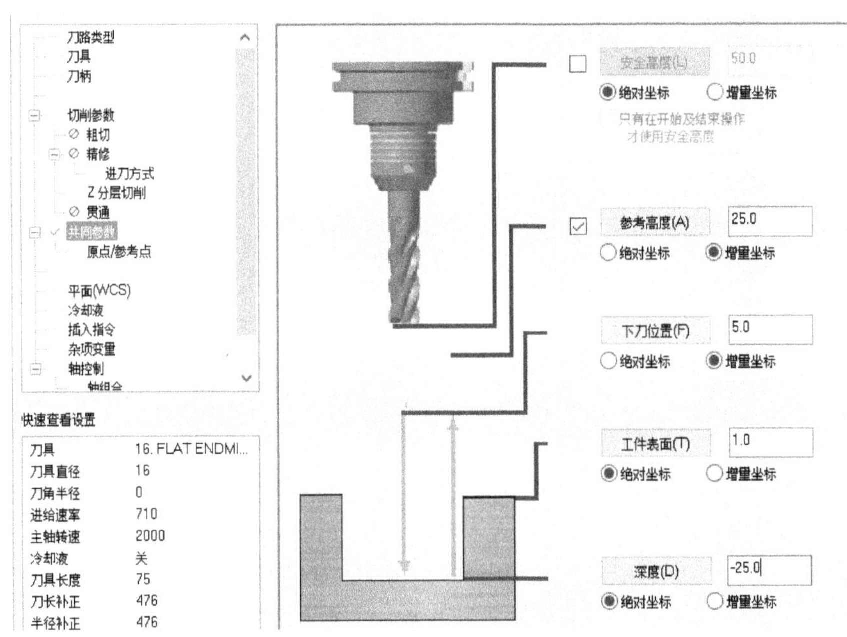

图 8-113　设置全圆铣削的共同参数

用户可以自行设置 Z 分层切削参数。

9 在“2D 刀路-全圆铣削”对话框中单击“确定”图标按钮 ，产生的全圆铣削刀路如图 8-114 所示。

10 在刀路管理器中单击“选择全部操作”图标按钮，接着单击“重建所有已选择的操作”图标按钮。

11 在刀路管理器中单击“验证已选择的操作”图标按钮，系统弹出“Mastercam 模拟”窗口。在“Mastercam 模拟”窗口中设置相关的验证选项及参数，然后单击“播放”图标按钮从而开始加工验证，最终得到的加工验证结果如图 8-115 所示，最后单击“Mastercam 模拟”窗口中的“关闭”图标按钮×。

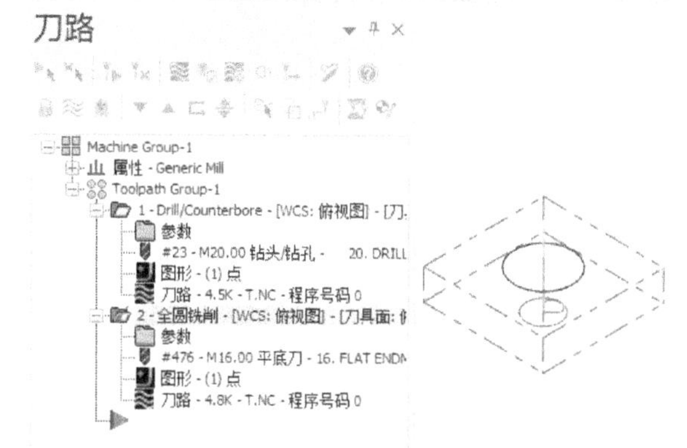

图 8-114　生成全圆铣削刀路

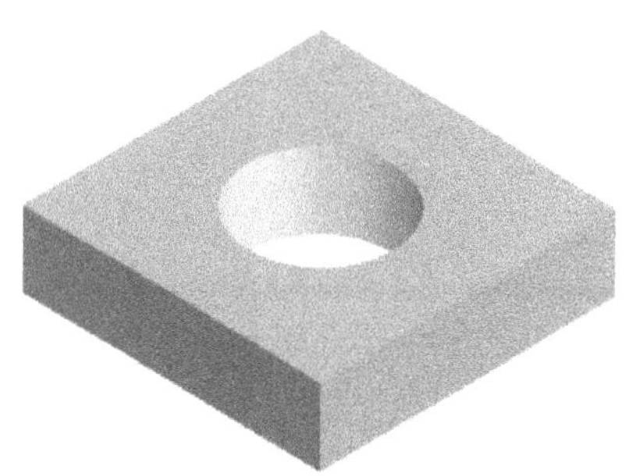

图 8-115　加工验证结果

8.6.2 螺纹铣削

螺纹铣削的刀路具有螺旋形的特点，如图 8-116 所示。螺纹铣削主要用来加工零件中的外螺纹或内螺纹，如在圆柱体上铣削外螺纹（圆柱体的直径约等于螺纹的大径），在基础内孔中铣削内螺纹（内孔直径等于螺纹的小径）。螺纹铣削的刀具切入和切出方式通常采用螺旋方式来进行，而螺纹铣削采用的刀具一般是镗刀（也称搪杆），其上可装有螺纹加工的刀头。

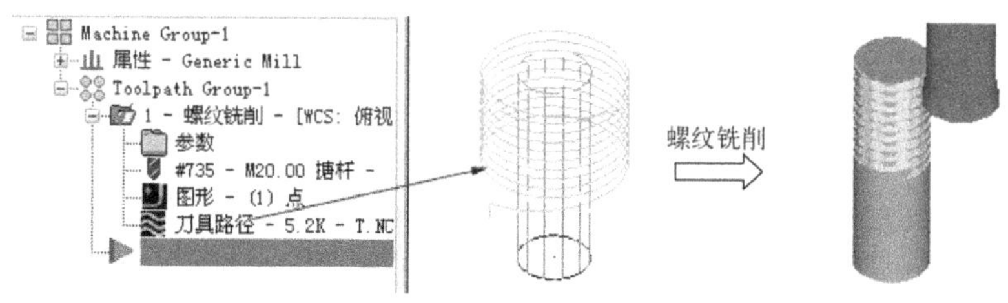

图 8-116　螺纹铣削示例

若要创建螺纹铣削的刀路，则在菜单栏的“刀路”菜单中选择“全圆铣削刀路”/“螺纹铣削”命令，接着选择所需的图形（如点图形），确定后系统弹出“2D 刀路-螺纹铣削”对话框。首先在参数类别列表框中选择“刀具”，接着从所需的刀库中选择用于螺纹铣削的特殊刀具——镗刀（搪杆），有关镗刀（搪杆）刀具定义的参数可以参见图 8-117，包括“定义刀具图形”和“完成属性”两页参数。亦可选择其他适用于螺纹铣削的刀具。

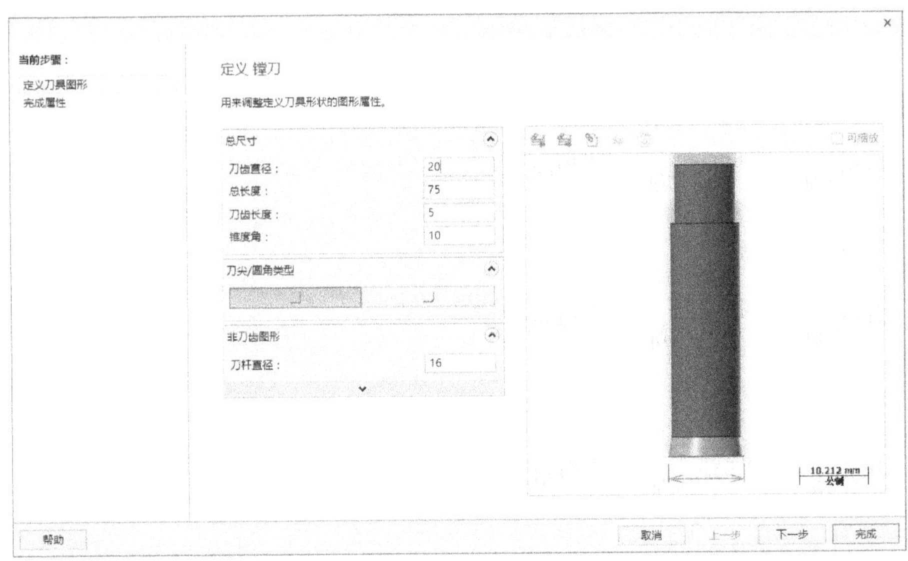

图 8-117　定义镗刀

在“2D 刀路-螺纹铣削”对话框的参数类别列表框中选择“切削参数”，可以设置图 8-118 所示的螺纹铣削参数。另外，还可以通过指定参数类别来分别设置其他参数，如进/退刀设置、XY 分层切削和共同参数等。

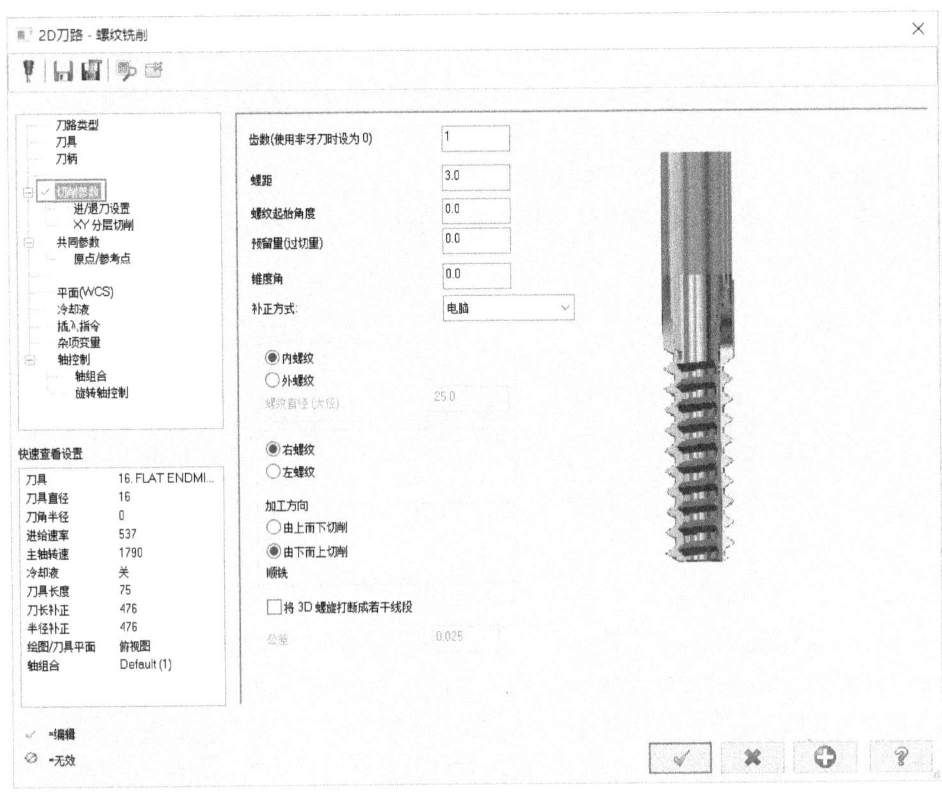

图 8-118　设置螺纹铣削的切削参数

8.6.3 自动钻孔

“自动钻孔”是指用户指定好相应的加工孔后，由系统自动选择相应的刀具和加工参数，从而自动生成刀路。用户也可以根据设计需要等因素自行修改自动钻孔的相关选项及内容。

在菜单栏中选择“刀路”/“全圆铣削刀路”/“自动钻孔”命令，接着直接或间接地指定钻孔点并确定后，系统弹出如图 8-119 所示的“自动圆弧钻孔”对话框。该对话框具有 4 个选项卡，即“刀具参数”选项卡、“深度、群组及数据库”选项卡、“自定义钻孔参数”选项卡和“预钻”选项卡，下面介绍这 4 个选项卡的主要功能含义。

图 8-119 “自动圆弧钻孔”对话框

一、“刀具参数”选项卡

在“刀具参数”选项卡中主要设置参数、定位钻（点钻）操作、使用定位钻倒角、注释说明和杂项变数等相关内容。其中，在“参数”选项组的“精修刀具类型”下拉列表框中可以设置本次精修使用的刀具形式，可供选择的刀具形式选项包括“钻孔”“右牙粗攻”“右牙精攻”“左牙粗攻”“左牙精攻”“铰刀”“搪孔（镗孔）”和“平底刀”，可以设置隐藏“接受最匹配的刀具”的提示。在“定位钻操作”选项组中，可以重新设置默认的定位钻操作参数，如产生定位钻操作、最大的刀具深度和默认的定位钻直径。

二、“深度、群组及数据库”选项卡

“深度、群组及数据库”选项卡主要用来设置钻孔深度、刀具安全高度、参考位置、工件表面、钻孔群组及类型、刀库等，如图 8-120 所示。

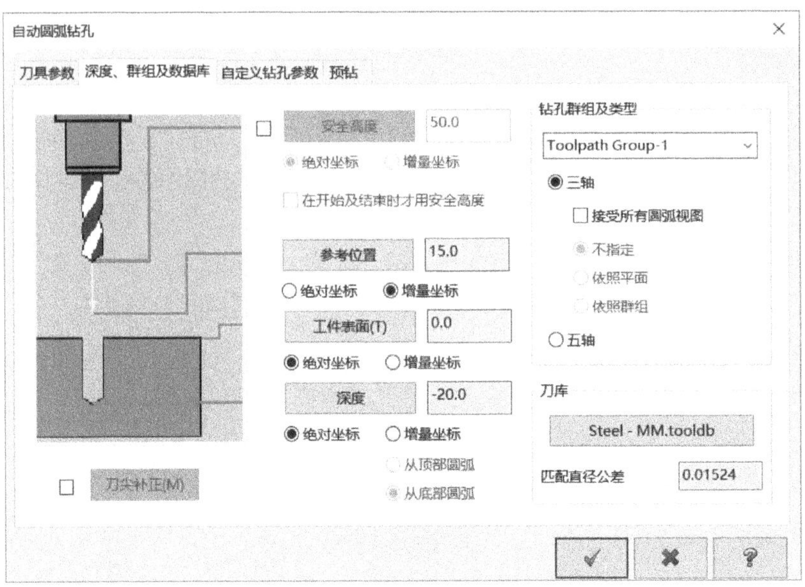

图 8-120 “自动圆弧钻孔”对话框的“深度、群组及数据库”选项卡

三、“自定义钻孔参数”选项卡

切换到“自定义钻孔参数”选项卡，如图 8-121 所示，可以根据自身需要来启用自定义钻孔参数的功能，这需要勾选“启用自定义钻孔参数”复选框，然后分别设置相应的自动钻孔参数。注意，对于一般的初学者而言，不建议启用自定义钻孔参数。

图 8-121 “自动圆弧钻孔”对话框的“自定义钻孔参数”选项卡

四、“预钻”选项卡

切换到“预钻”选项卡，如图 8-122 所示，主要用于设置预钻的操作。预钻操作是指当孔较大且精度要求较高时，在钻孔之前需要预先钻出较小的辅助孔，预钻后再用钻的方法将预钻的小孔扩大到所需的直径。预钻操作的主要参数有预钻刀具最小直径、预钻刀具直径增量、精修预留量等。要进行预钻操作，则需要选中“建立预钻操作”复选框，接着在“预钻刀具最小直径”文本框中设置预钻刀具的最小直径，在“预钻刀具直径增量”文本框中设置

多次预钻时预钻刀具的直径增量。若选中“精修预留量”复选框，则可以设置为精修留下的单边余量。另外，用户可以根据自身需要和实际情况来设置刀尖补正。

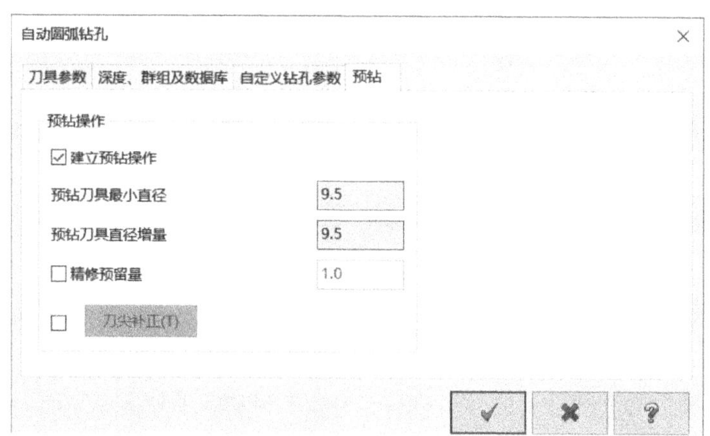

图 8-122 “自动圆弧钻孔”对话框的“预钻”选项卡

【典型范例】：自动钻孔操作

打开网盘资料的“CH8”\“自动钻孔.MCX”文件，进行如图 8-123 所示的自动钻孔操作。在执行“自动钻孔”命令时，可采用手动选点的方式依次选择圆心点 1、圆心点 2 和圆心点 3 作为钻孔点，确定后在“自动圆弧钻孔”对话框中设置相应的钻孔参数，可练习设置钻孔操作。

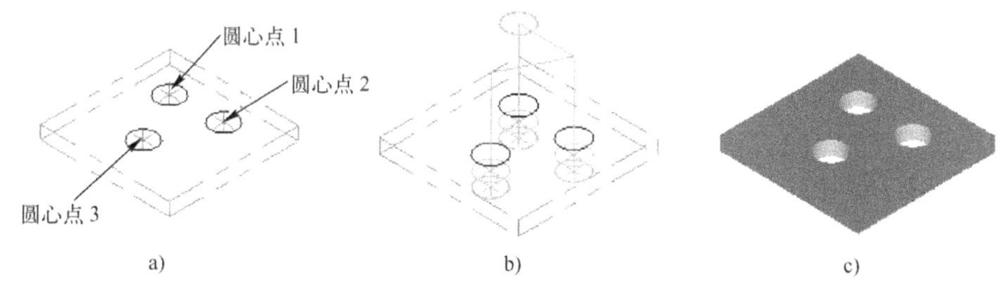

图 8-123 自动钻孔操作练习

a) 手动选取钻孔点 b) 生成自动钻孔刀路 c) 实体验证的钻孔结果

8.6.4 钻起始孔

钻起始孔在实际加工中是比较实用的。当遇到要加工一些直径较大的孔或深度较深的孔，在无法使用刀具一次加工成型的情况下，可以预先切削一些材料，如钻起始孔，从而保证后续加工能够实现。

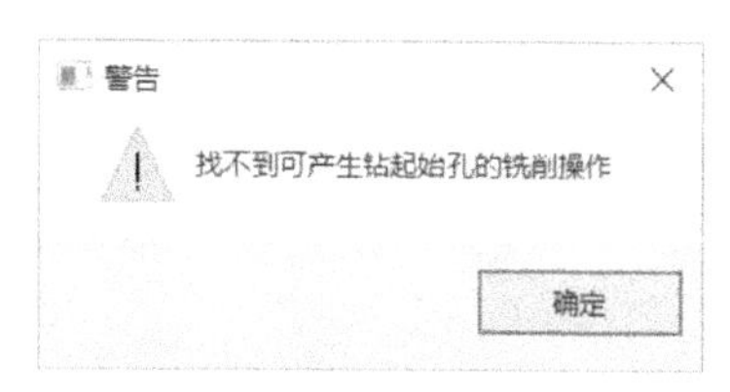

图 8-124 警告找不到可产生钻起始孔的铣削操作

钻起始孔首先需要创建好所需的铣削操作，否则系统会弹出如图 8-124 所示的“警告”对话框来提示找不到可产生钻起始孔的铣削操作。

创建的钻起始孔刀路会被自动添加到所选的铣削刀路之前。

创建好所需的铣削加工刀路之后，在“刀路”菜单中选择“全圆铣削刀路”/“钻起始孔”命令，系统弹出如图 8-125 所示的“钻起始孔”对话框。下面介绍“钻起始孔”对话框中主要组成元素的功能含义。

图 8-125 “钻起始孔”对话框

- “起始钻孔操作”列表框：在该列表框中选择要开始钻孔的操作。
- “附加直径数量”文本框：在该文本框中输入起始孔直径相比指定加工操作刀具直径的超出量。数值为 0 时表示起始孔直径和铣削操作刀具的直径相同。建议起始孔刀具要大一些，以便后续铣削刀具切入。
- “附加深度数量”文本框：在该文本框中设置起始孔深度在加工深度上的增加量。
- “基本及高级设置”选项组：在该选项组中提供了两个单选按钮，如果选择“基本-只创建钻孔操作，无点钻及吸钻”单选按钮，则系统自动添加起始孔操作，不需要用户进行下一步的钻孔设置；如果选择“高级-按确定键后弹出高级设置对话框”单选按钮，则确定后系统将弹出“自动圆弧钻孔”对话框，由用户根据需要而自行设置钻孔参数，如图 8-126 所示。
- “刀库”选项组：在该选项组中单击刀具图标按钮，可以从弹出的刀具资料库中选择所需的刀库。另外，可以更改刀具直径匹配的默认公差。

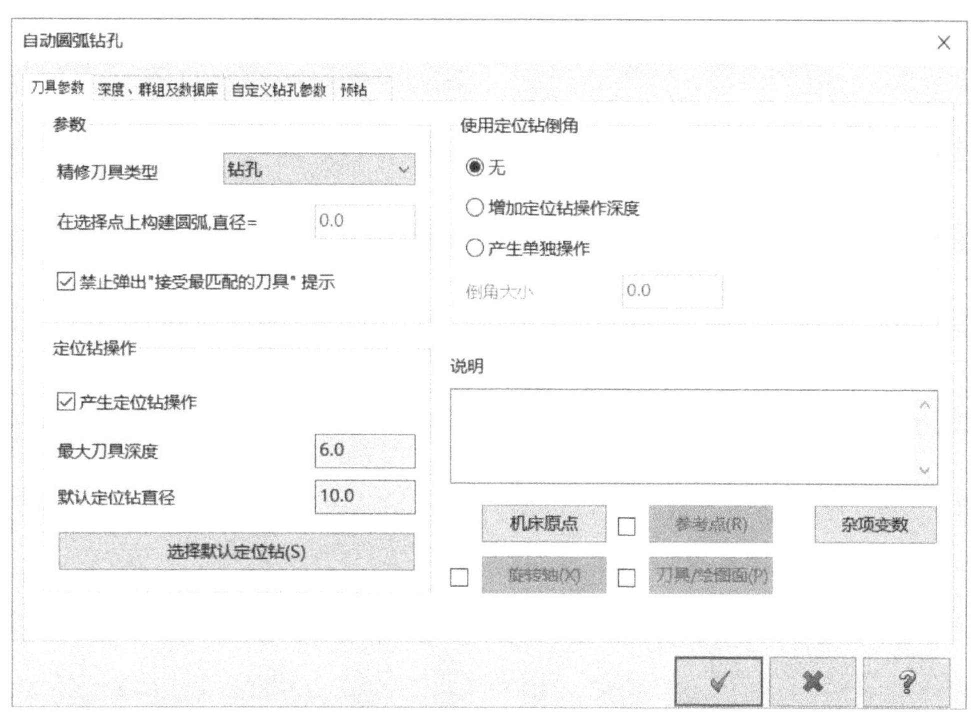

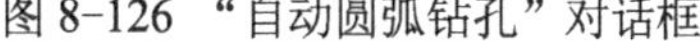
图 8-126 “自动圆弧钻孔”对话框

【典型范例】：创建钻起始孔操作的刀路

1 打开网盘资料的“CH8”\“钻起始孔.MCX”文件，如图 8-127 所示。

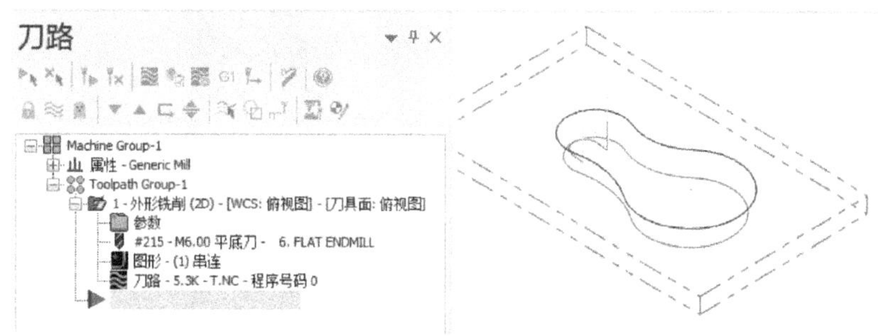

图 8-127 “钻起始孔.MCX”文件中的内容

2 在“刀路”菜单中选择“全圆铣削刀路”/“钻起始孔”命令，系统弹出“钻起始孔”对话框。

3 在“起始钻孔操作”列表框中确保选中外形铣削操作，在“附加直径数量”文本框中输入其增加量为“2”，在“附加深度数量”文本框中输入数值为“0”，并在“基本及高级设置”选项组中单击选中“基本-只创建钻孔操作，无点钻及吸钻”单选按钮，如图 8-128 所示。在“钻起始孔”对话框中单击“确定”图标按钮 ✓ ，创建的钻起始孔操作插入到外形铣削操作之前，如图 8-129 所示。

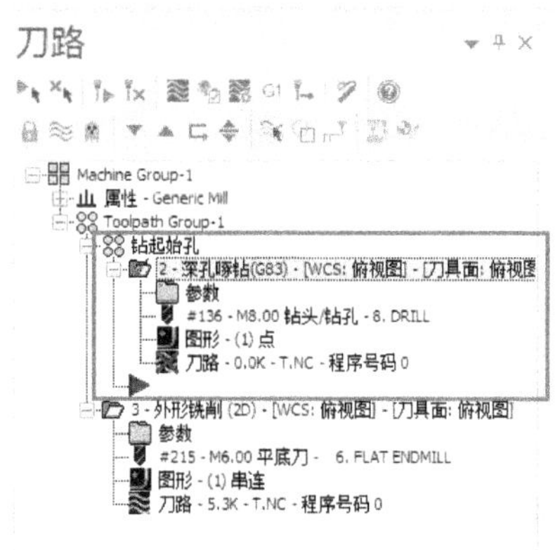

图 8-128　设置钻起始孔参数　　　　图 8-129　生成钻起始孔操作

4 在刀路管理器中单击“选择全部操作”图标按钮，接着单击“重建所有已选择的操作”图标按钮。

5 在刀路管理器中单击“验证已选择的操作”图标按钮，打开“Mastercam 模拟”窗口。在“Mastercam 模拟”窗口中自行设置所需的验证选项及参数，然后单击“播放”图标按钮开始加工验证，两个加工操作的验证结果如图 8-130 所示。

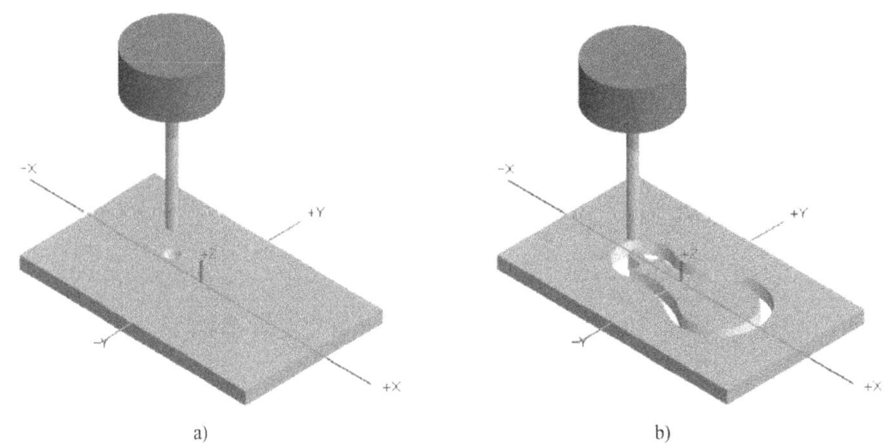

图 8-130　对两个加工操作进行实体加工验证

a) 钻起始孔加工验证结果　b) 外形铣削加工验证结果

6 在“Mastercam 模拟”窗口中单击“关闭”图标按钮×。

8.6.5 铣键槽

“铣键槽”功能是专门用来加工键槽的。用户也可以使用普通的挖槽加工来实现键槽加工。本小节简单介绍如何使用“铣键槽”功能来加工键槽。简单的铣键槽加工效果如图 8-131 所示。

在“刀路”菜单中选择“全圆铣削刀路”/“铣键槽”命令后，需要指定用于铣键槽的外形轮廓串连，确定外形轮廓串连后，系统弹出如图 8-132 所示的“2D 刀路-铣槽”对话框。该对话框的参数设置和挖槽加工的参数设置相似。在设置铣键槽切削参数时，需要注意粗/精加工等设置。

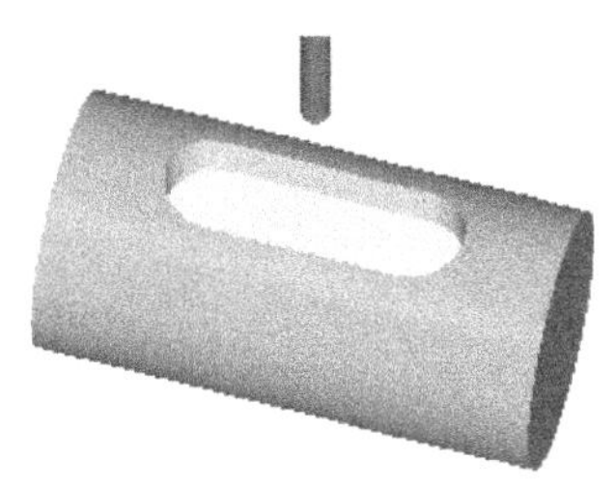

图 8-131　铣键槽加工

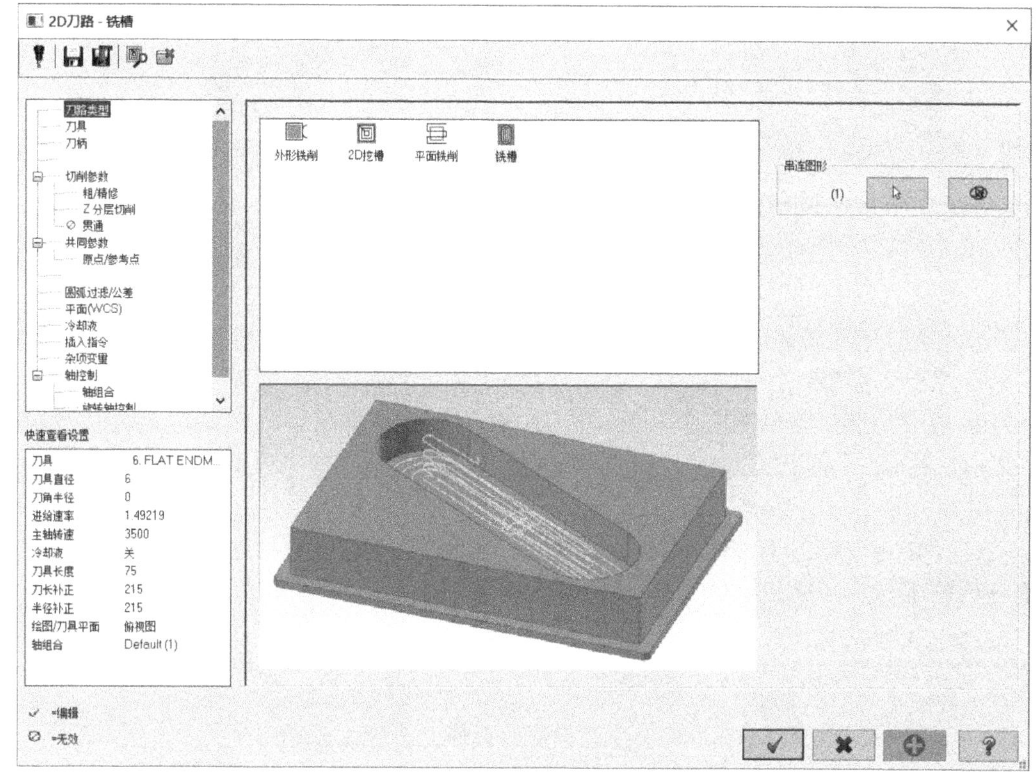

图 8-132　“2D刀路-铣槽”对话框

如果之前选择的外形轮廓串连不正确，则当完成铣键槽相关参数设置后（即单击“2D 刀路-铣槽”对话框中的“确定”图标按钮 ✓ 后），系统将弹出如图 8-133 所示的警告对话框来提示用户：边界必须封闭，并包含两条平行的直线。

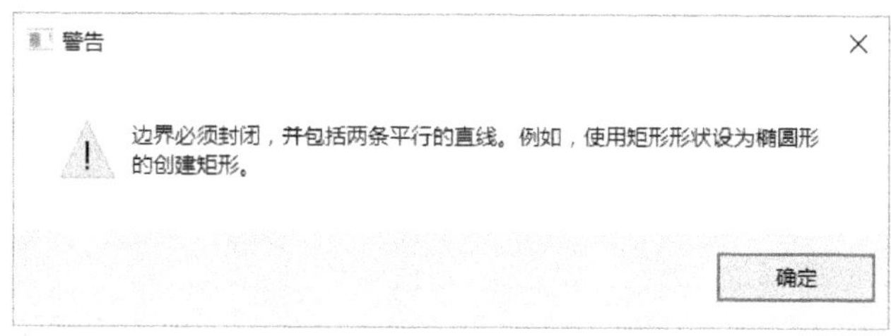

图 8-133　提示边界必须为键槽形

8.6.6 螺旋铣孔

使用螺旋铣孔（又称螺旋钻孔）的方式同样可以加工出比刀具直径大的孔。螺旋铣孔主要用于创建精度较高的孔，或用于孔的精加工。螺旋铣孔的下刀量比同等条件下螺纹铣削的下刀量要小。螺旋铣孔的加工路径示例如图 8-134 所示。

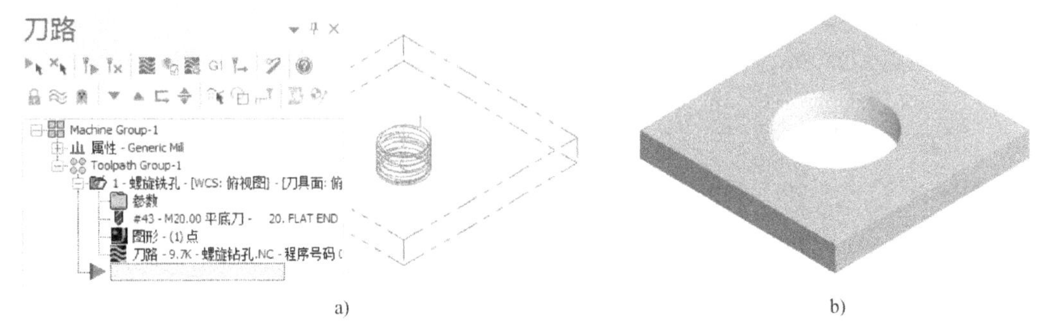

图 8-134 螺旋铣孔加工示例

a) 生成螺旋铣孔刀路 b) 螺旋铣孔实体验证

下面介绍上述螺旋铣孔加工示例的操作方法及步骤。

1 打开网盘资料的“CH8”\“螺旋铣孔.MCX”文件。

2 在“刀路”菜单中选择“全圆铣削刀路”/“螺旋铣孔”命令，系统弹出“输入新NC 名称”对话框，接受默认名称，单击“确定”图标按钮 ✓ ，系统弹出“选择钻孔位置”对话框。

3 手动选取如图 8-135 所示的一个点，然后单击“选择钻孔位置”对话框中的“确定”图标按钮 ✓ ，系统弹出“2D刀路-螺旋铣孔”对话框。

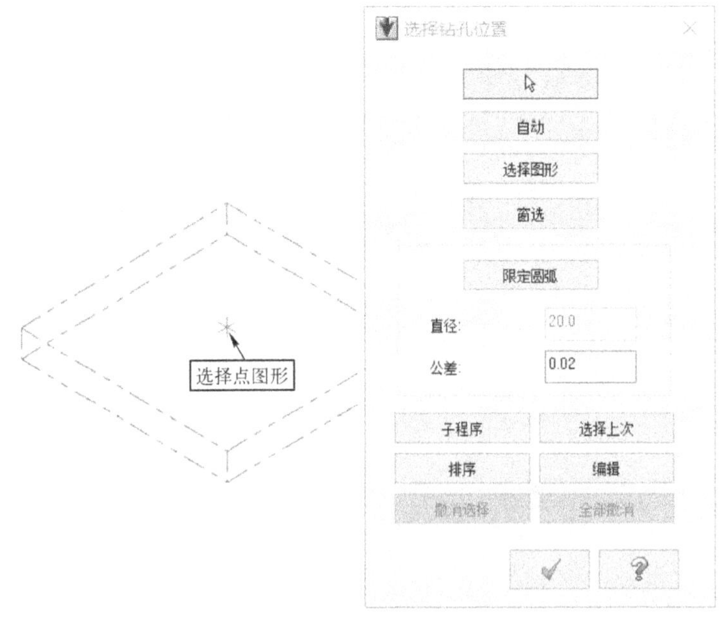

图 8-135 选择钻孔的点

4 在“2D刀路-螺旋铣孔”对话框的参数类别列表框中选择“刀具”，接着从刀库中选择所需的刀具，并设置相应的刀具参数，如图 8-136 所示。刀具参数可以由读者根据加工情况自行设置。

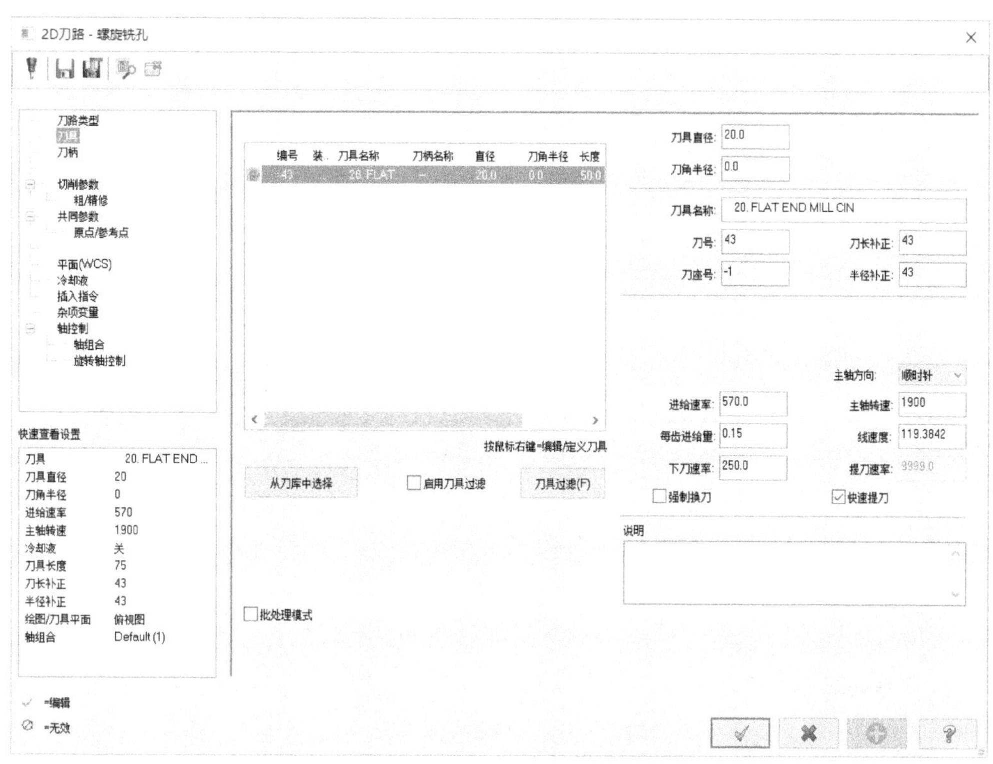

图 8-136 设置刀具参数

5 在参数类别列表框中选择“切削参数”，设置如图 8-137 所示的螺旋铣孔的基本切削参数。

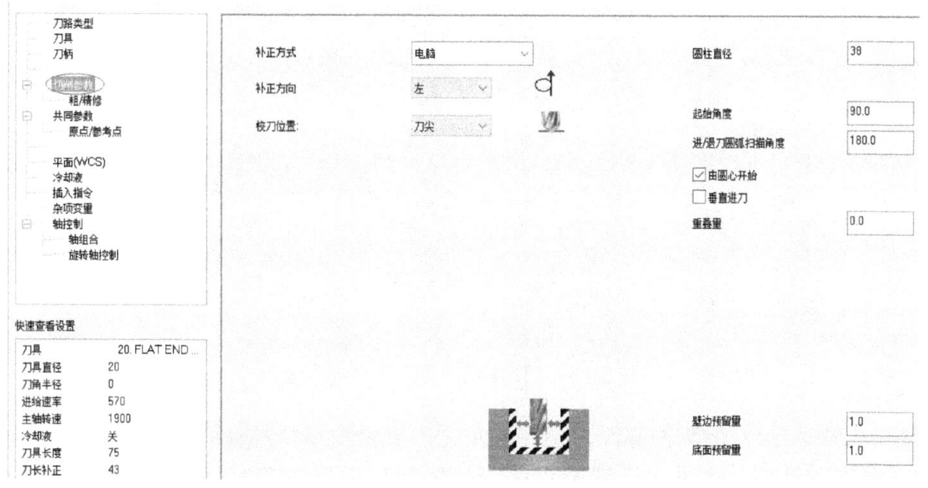

图 8-137 设置螺旋铣孔的基本切削参数

知识点拨 用户可以在参数类别列表框中选择“粗/精修”，接着在“粗切”选项组中设置粗切间距、粗切次数、最终深度进给速率等，并可以选中“精修”复选框，设置精修方式、精修间距、精修步进量、进给速率和主轴转速，另外，可以选中“以圆弧进给方式（G2/G3）输出”复选框，如图 8-138 所示。

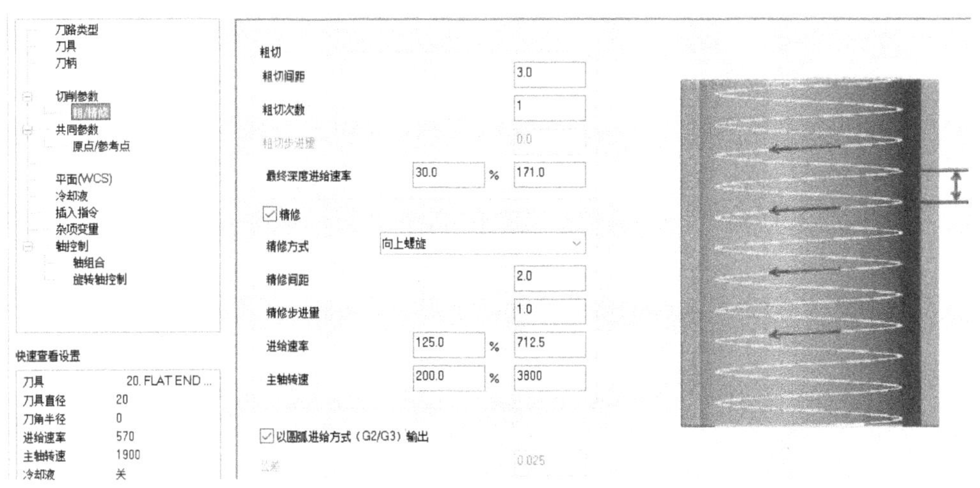

图 8-138 设置螺旋铣孔的粗切与精修参数

6 在参数类别列表框中选择“共同参数”，接着设置如图 8-139 所示的共同参数。

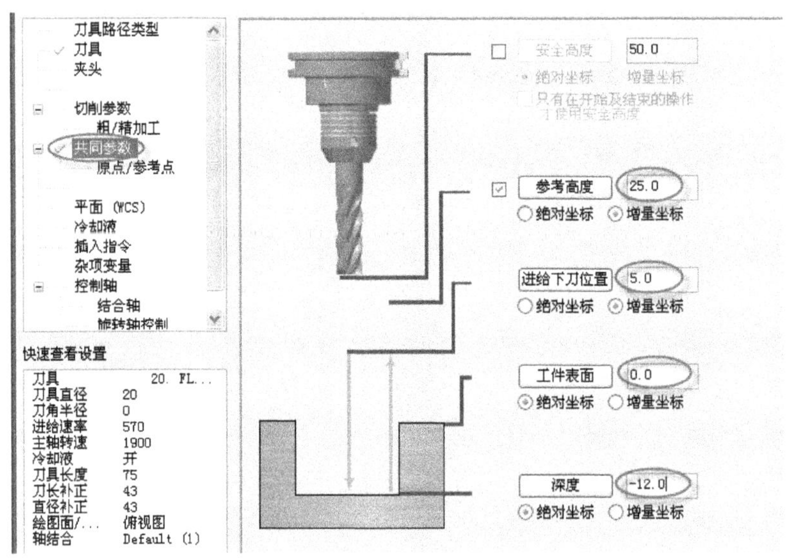

图 8-139 设置螺旋铣孔的共同参数

7 在“2D 刀路-螺旋铣孔”对话框中单击“确定”图标按钮 ✓。

8 在刀路管理器中单击“验证已选择的操作”图标按钮，对该螺旋加工操作进行实体验证。

8.7 雕刻

对于模型中的文字或产品修饰/标识图案，通常可以考虑采用雕刻加工的方式来完成，如图 8-140 所示。

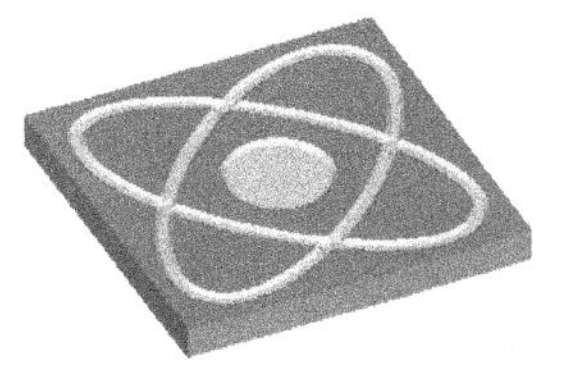

图 8-140 雕刻加工示例

若要进行雕刻加工，则先指定雕刻机床类型，即在“机床类型”菜单中选择“木雕”/“默认”命令。如果需要，也可以在“机床类型”菜单中选择“木雕”/“机床列表管理”命令，利用弹出的“自定义机床菜单管理”对话框进行自定义机床菜单管理操作。指定雕刻机床类型后，执行“刀路”菜单中的“木雕”命令，进行相关的操作来生成所需的雕刻加工刀路。

8.7.1 雕刻刀具及其相关加工参数

雕刻加工所需要的刀具一般为 V 形加工刀具，包括专用雕刻刀（木雕刀）和倒角刀等。木雕刀的定义参数如图 8-141 所示。

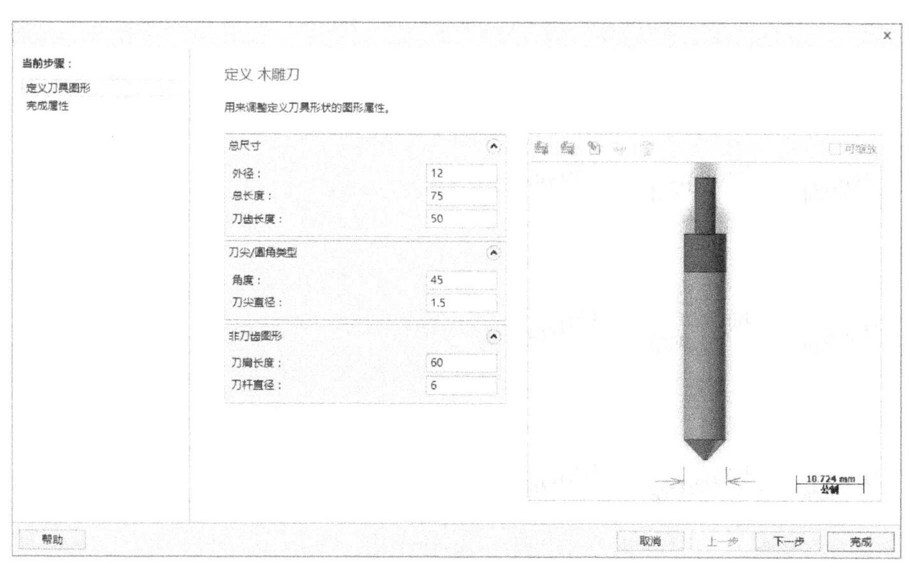

图 8-141 定义木雕刀

雕刻加工参数是在“木雕”对话框的“木雕参数”选项卡中进行设置的，主要包括加工方向、刀具在拐角处走圆角的方式、XY 预留量、安全高度、参考高度、工件表面和雕刻深度等，如图 8-142 所示。

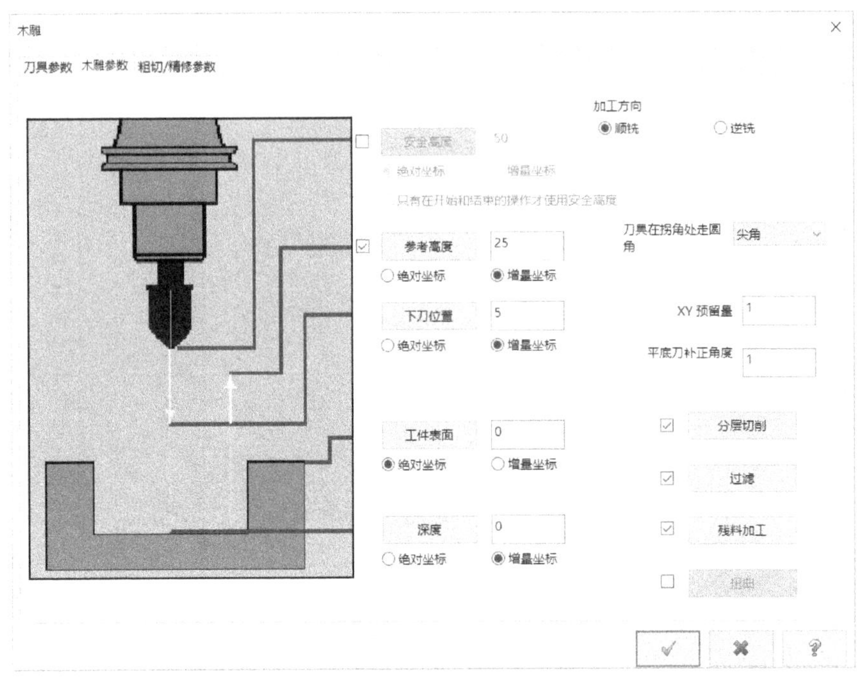

图 8-142　木雕参数设置

切换到“木雕”对话框的“粗切/精修参数”选项卡，可以设置粗加工（粗切）类型、排序方式、切削角度、切削间距（直径%）、切削间距（距离%）、公差、切削图形方式、粗切与精修的方式（如先粗切后精修）等，如图 8-143 所示。

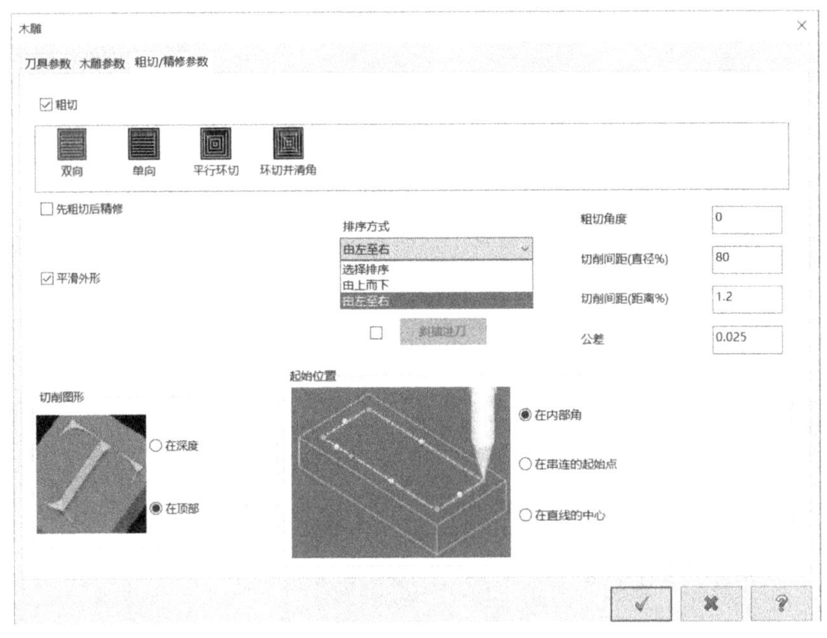

图 8-143　设置雕刻的粗切/精修参数

8.7.2 雕刻加工操作范例

为了让读者掌握雕刻加工的基本方法及操作步骤，下面介绍一个雕刻加工实例。该实例雕刻加工的完成效果如图 8-144 所示。

1 打开网盘资料的“CH8”\“雕刻加工.MCX”文件，如图 8-145 所示。该文件中采用的机床类型是默认的木雕机床系统。

图 8-144 范例完成后的雕刻加工效果

图 8-145 “雕刻加工.MCX”文件内容

2 在“刀路”菜单中选择“木雕”命令，系统弹出“输入新 NC 名称”对话框，输入新 NC 名称为“雕刻加工”，单击“确定”图标按钮 ✓ 。

3 系统弹出“串连选项”对话框，单击“窗选”图标按钮 ，如图 8-146 所示。使用鼠标指定两个对角点以窗口选择如图 8-147 所示的所有几何图形，接着在“输入草绘起始点”（搜寻点）提示下在串连图形上任意捕捉并单击一点，然后在“串连选项”对话框中单击“确定”图标按钮 ✓ ，系统弹出“木雕”对话框。

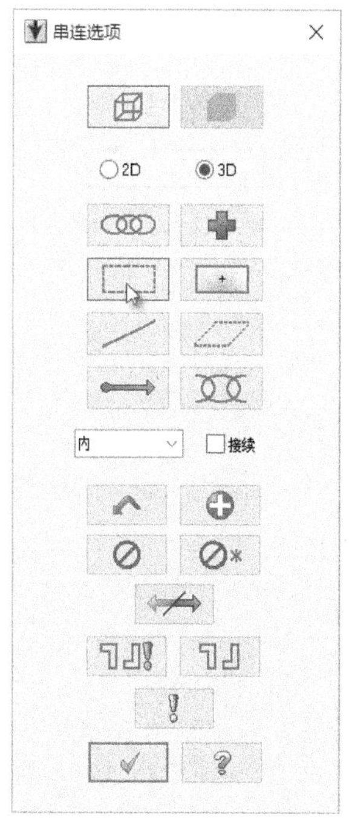

图 8-146 “串连选项”对话框

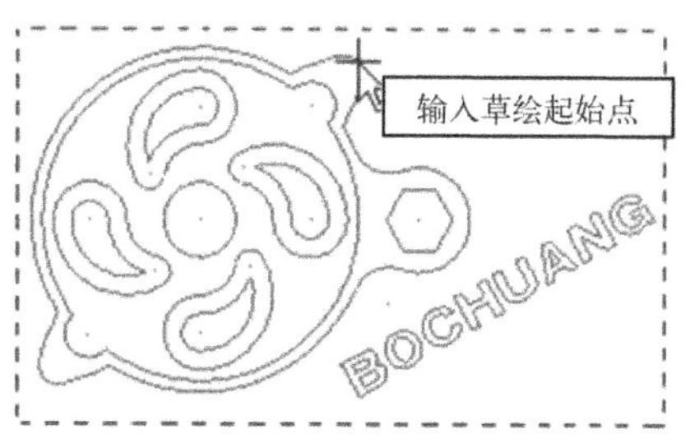

图 8-147 选择雕刻外形轮廓串连

4 在“木雕”对话框的“刀具参数”选项卡中，选择直径为 6 的木雕刀具，并设置其主轴方向、主轴转速、进给速率和参考位置等，如图 8-148 所示。

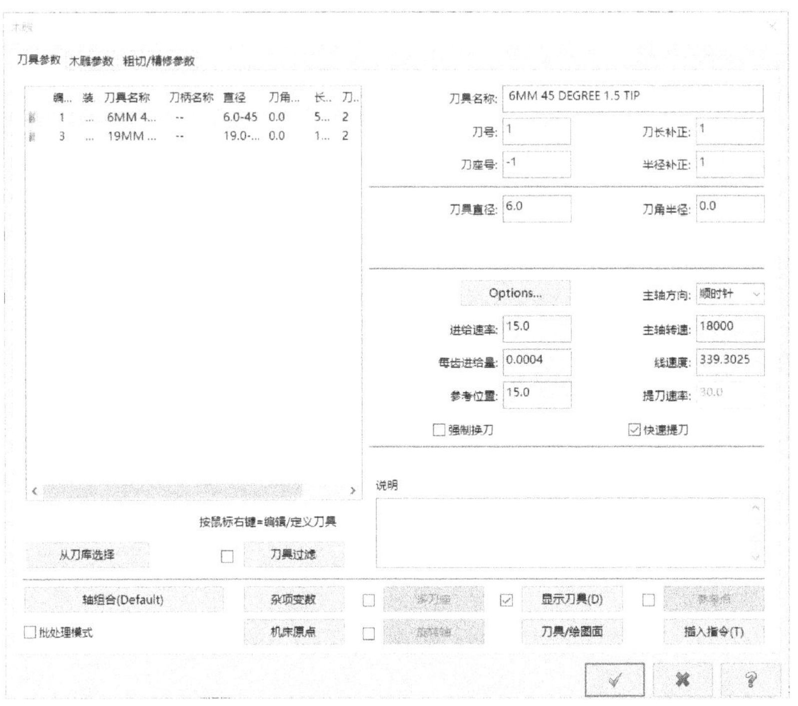

图 8-148 选择雕刻刀具并设置其刀具参数

5 在“木雕”对话框的“刀具参数”选项卡的刀具列表中，右键单击所选的直径为 6 雕刻刀具，并从弹出的快捷菜单中选择“编辑刀具”命令，系统弹出定义刀具对话框，将刀具刀尖直径修改为“0.8”，如图 8-149 所示，然后在该对话框中单击“完成”按钮，返回到“木雕”对话框。

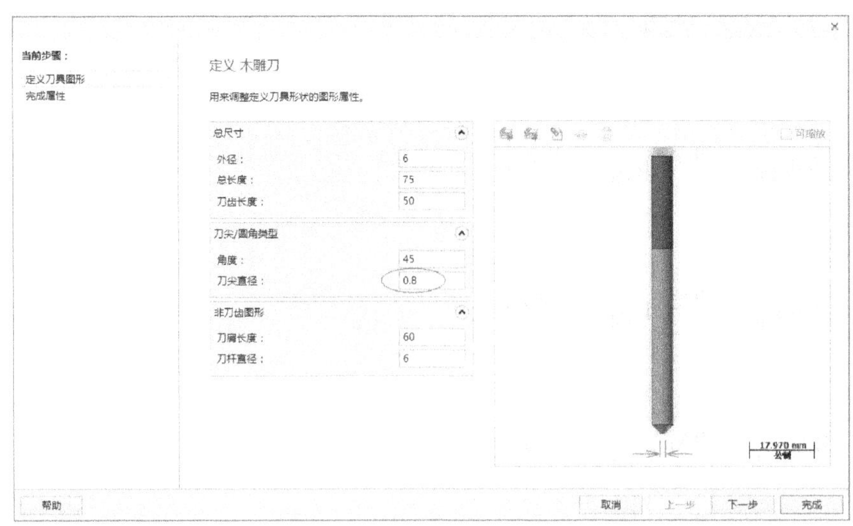

图 8-149 修改刀尖直径

6 在“木雕”对话框中切换到“木雕参数”选项卡，设置如图 8-150 所示的木雕加工参数。

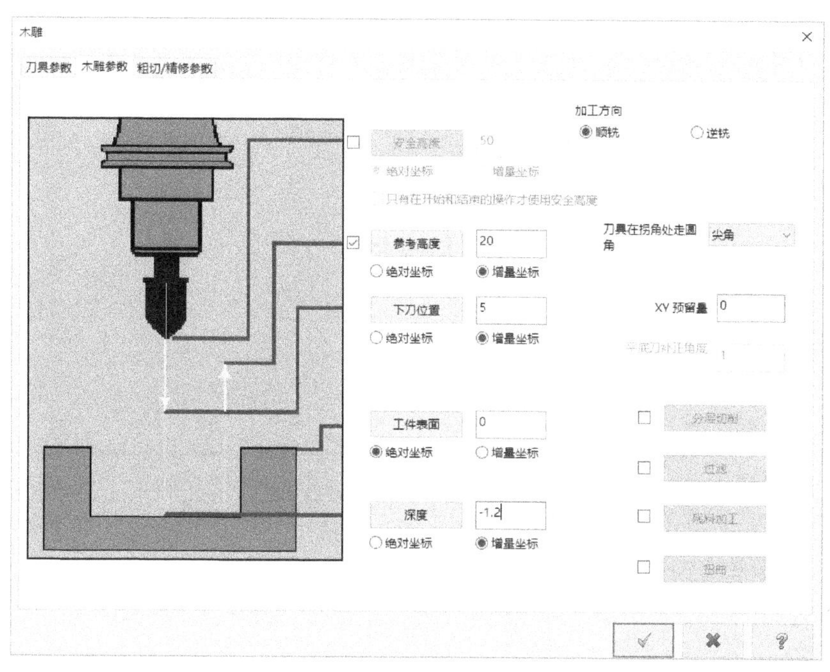

图 8-150 设置木雕加工参数

7 在“木雕”对话框中切换到“粗切/精修参数”选项卡，设置如图 8-151 所示的粗切/精修参数。

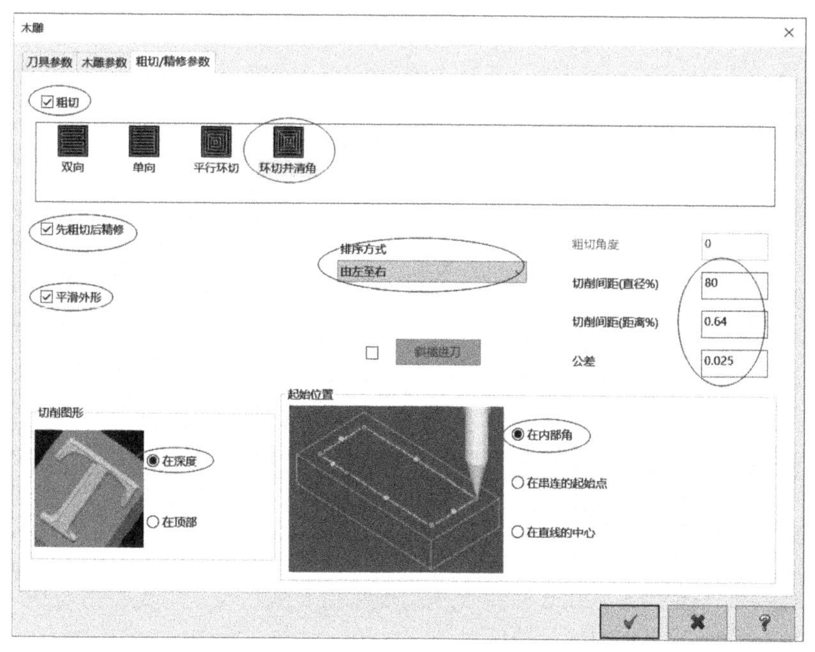

图 8-151 设置粗切/精修参数

8 在“木雕”对话框中单击“确定”图标按钮，结束雕刻参数设置。系统开始进行雕刻刀路计算，结果如图 8-152 所示。

9 在“绘图视角”工具栏中单击“等角视图”图标按钮。在刀路管理器中单击如图 8-153 所示的“毛坯设置”选项，系统弹出“机床群组属性”对话框。

图 8-152　生成雕刻刀路

图 8-153　执行毛坯设置

10 在“机床群组属性”对话框的“毛坯设置”选项卡中，单击“边界盒”按钮，接着在“选择图形”提示下直接按〈Enter〉键，系统弹出“边界盒”对话框，设置如图 8-154 所示的边界盒选项，单击“确定”图标按钮。

11 返回到“机床群组属性”对话框的“毛坯设置”选项卡，修改如图 8-155 所示的相关参数值和选项。

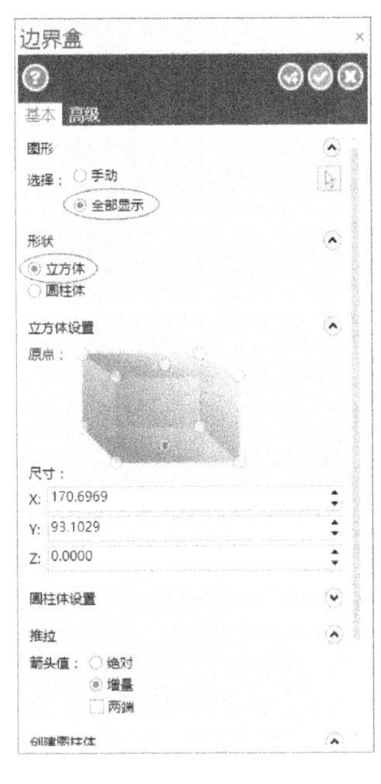

图 8-154　设置边界盒选项

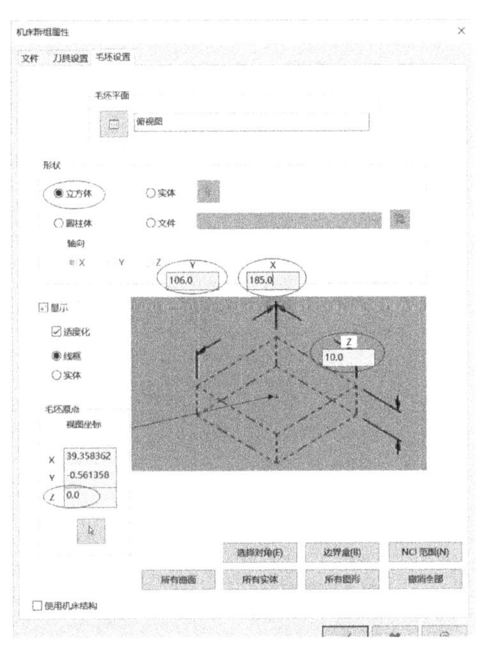

图 8-155　修改相关参数值和选项

12 在“机床群组属性”对话框中单击“确定”图标按钮，完成设置工件材料后的效果如图 8-156 所示。

13 在刀路管理器中单击“验证已选择的操作”图标按钮，弹出“Mastercam 模拟”

窗口，使用该窗口得到的实体验证结果如图 8-157 所示，然后关闭“Mastercam 模拟”窗口。

图 8-156　设置工件材料后的效果

图 8-157　实体验证的雕刻结果

8.8　2D 高速刀路

高速加工是实现高切削速度、高进给率加工的技术，其下刀部分通常采用倾斜式下刀或圆弧下刀，避免直上直下形式的下刀，保持加工刀具受力状态的平稳性。Mastercam X9 的 2D 高速刀路是为实现高效、优化的高速铣削加工而专门设计的，它可以有效地减少人工编程和加工周期。

8.8.1　2D 高速刀路的命令类型

在 Mastercam X9 中，提供了实用的 2D 高速刀路的命令选项，这些命令选项位于菜单栏的“刀路”/“2D 高速刀路”级联菜单中，主要包括“动态铣削”“动态外形”“区域”“剥铣”和“熔接”。从 2D 高速刀路的命令可以看出，2D 高速刀路包括 2D 高速区域铣削、2D 高速剥铣、2D 高速熔接铣削、2D 高速动态铣削和 2D 高速动态外形轮廓铣削，它们的图标及图例说明见表 8-2。

表 8-2　2D 高速刀路类型图标及其图例

序号	类型	图标	图例
1	2D 高速动态铣削		
2	2D 高速动态外形轮廓铣削		
3	2D 高速区域铣削		

（续）

序号	类型	图标	图例
4	2D 高速剥铣		
5	2D 高速熔接铣削		

8.8.2 2D 高速刀路的创建步骤

2D 高速刀路的创建步骤如下。

1 从“机床类型”菜单中选择一个铣削或雕刻定义选项。

2 从“刀路”/“2D 高速刀路”级联菜单中选择其中一个命令。

3 系统弹出“输入新 NC 名称”对话框，输入新的 NC 名称或接受默认的 NC 名称，单击“确定”图标按钮 。

4 系统弹出“串连选项”对话框，根据刀路要求，在图形窗口中选择一个或多个串连路径，然后单击“确定”图标按钮 ，关闭“串连选项”对话框并继续下一步。

5 系统弹出如图 8-158 所示的“2D 高速刀路”对话框，此时可以根据实际加工情况更改加工策略，即更改刀路类型。通过参数类别列表框选择要设置的参数，并在该参数的属性页（参数选项区域）中设置相关的内容。例如，设置刀具、刀柄、切削参数和共同参数等。

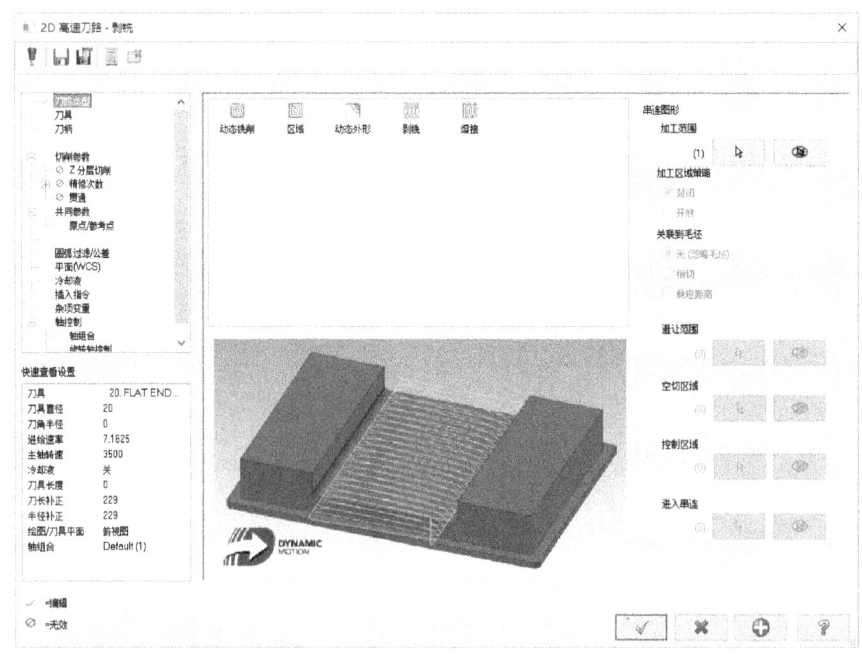

图 8-158 “2D 高速刀路”对话框

知识点拨 在“2D 高速刀路”对话框中，“刀具管理”图标按钮用于打开刀具管理器，“保存”图标按钮用于保存参数到默认文件，“读取”图标按钮用于从默认文件读取参数，“计算”图标按钮用于计算进给速率和主轴转速等。如果单击“计算”图标按钮，则弹出如图 8-159 所示的“进给速率与转速计算”对话框，在该对话框中进行相关操作来计算进给速率和转速。“隐藏”图标按钮用于隐藏对话框。

图 8-159 “进给速率与转速计算”对话框

6 单击“确定”图标按钮，从而创建一个 2D 高速刀路。

8.8.3 2D 高速刀路应用范例

不同类型的 2D 高速刀路，设置的参数内容也有所不同，但它们的参数设置方法都是类似的。下面以区域铣削为例介绍如何应用“2D 高速刀路”功能来实现铣削加工。

1 打开网盘资料的“CH8”\“区域铣削.MCX”文件，该文件已经定义好铣削机床系统。

2 在“刀路”/“2D 高速刀路”级联菜单中选择“区域”命令，系统弹出“输入新 NC 名称”对话框。

3 在“输入新 NC 名称”对话框中接受默认的新 NC 名称为“区域铣削”，单击“确定”图标按钮。

4 系统弹出如图 8-160 所示的“串连选项”对话框，在“串连图形”选项组的“加工范围”下单击“选择加工串连”图标按钮，系统弹出如图 8-161 所示的另一个“串连选项”对话框，此时已默认选中“串连”图标按钮，在绘图区选择如图 8-162 所示的一个外形串连，然后单击“确定”图标按钮，返回到图 8-160 所示的“串连选项”对话框，在“加工区域策略”子选项组中单击选中“封闭”单选按钮，在“关联到毛坯”子选项组中单击选中“无（忽略毛坯）”单选按钮，然后单击“确定”图标按钮。

知识点拨 对于图 8-160 所示的“串连选项”对话框，用户可以设置不再显示此对话框信息。

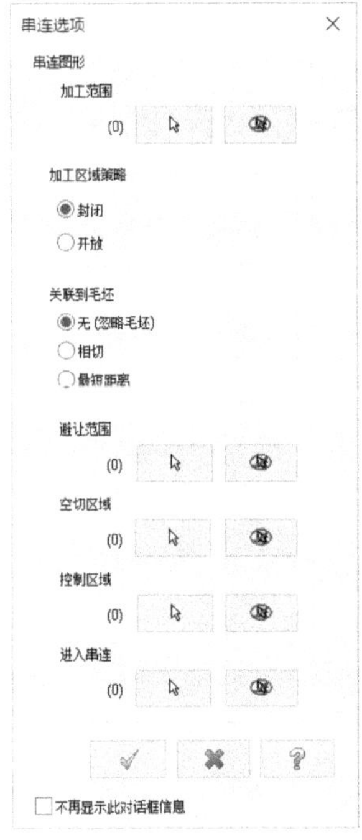

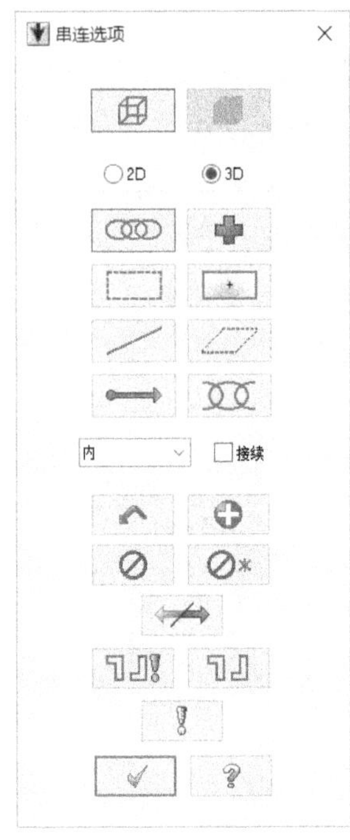

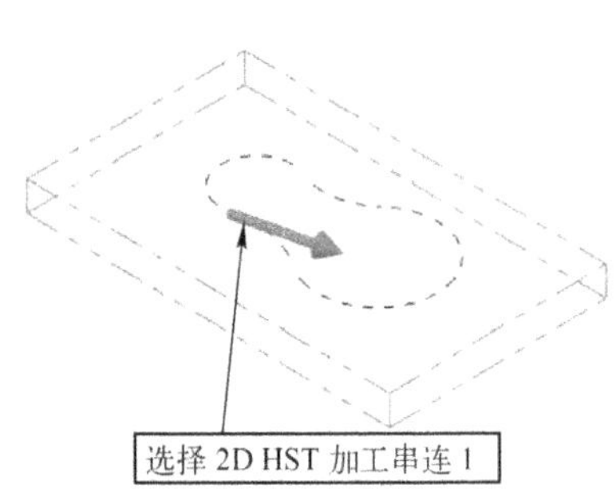

图 8-160 “串连选项”对话框 图 8-161 另一个“串连选项”对话框 图 8-162 选择加工串连

5 系统弹出“2D 高速刀路-区域”对话框，如图 8-163 所示，参数类别列表框中的“刀路类型”处于被选中的状态，其刀路类型默认为“区域”，此时在右部区域提供了和图 8-160 所示的“串连选项”对话框一样的选项，以供用户根据需要重新定义串连图形。

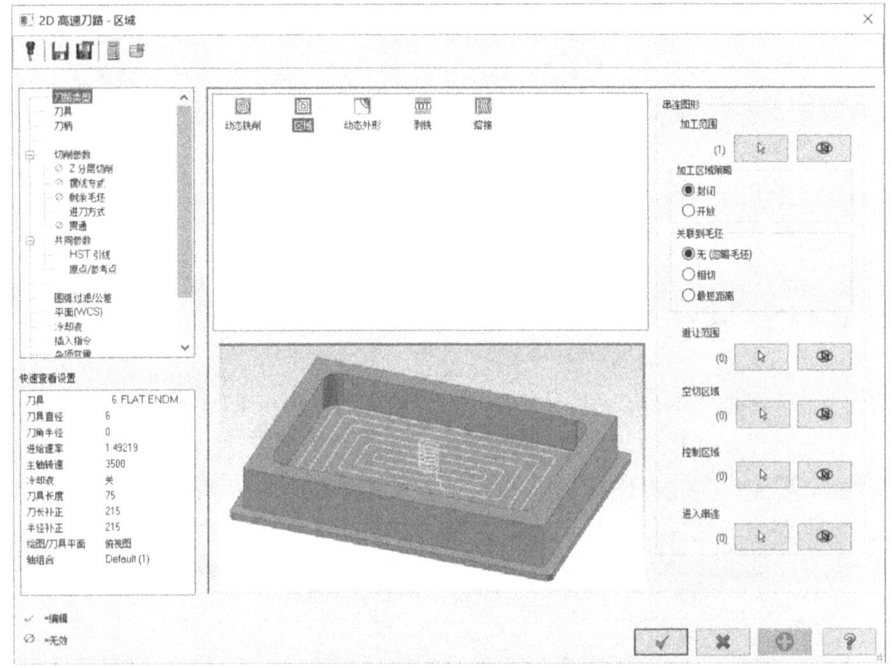

图 8-163 “2D 高速刀路-区域”对话框

在参数类别列表框中选择“刀具”选项，接着在该属性页中从指定刀库中选择所需的一把刀具（直径为 12 的平底刀），并设置相应的进给速率、主轴转速、下刀速率等，如图 8-164 所示。设置好该部分参数后，可单击“应用”图标按钮 。

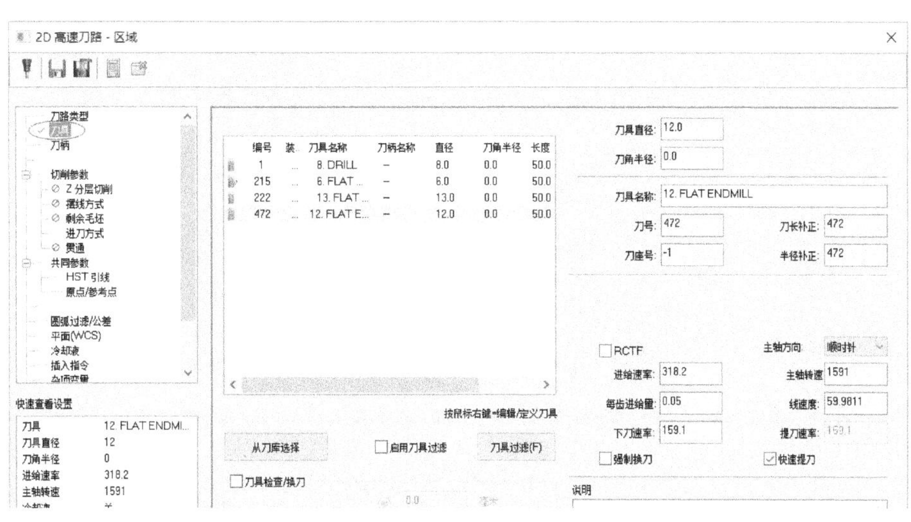

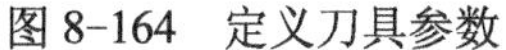
图 8-164　定义刀具参数

6 在参数类别列表框中选择“切削参数”选项，接着在该属性页中设置如图 8-165 所示的切削参数。例如，设置切削方向为“顺铣”、校刀位置为“刀尖”，选中“刀具在拐角处走圆角”复选框等。

图 8-165　设置切削参数

7 在参数类别列表框中选择“Z 分层切削”选项，接着在该属性页中设置如图 8-166 所示的 Z 分层切削参数，如设置最大粗切步进量为“4”、精修次数为“1”、精修量为“1”。

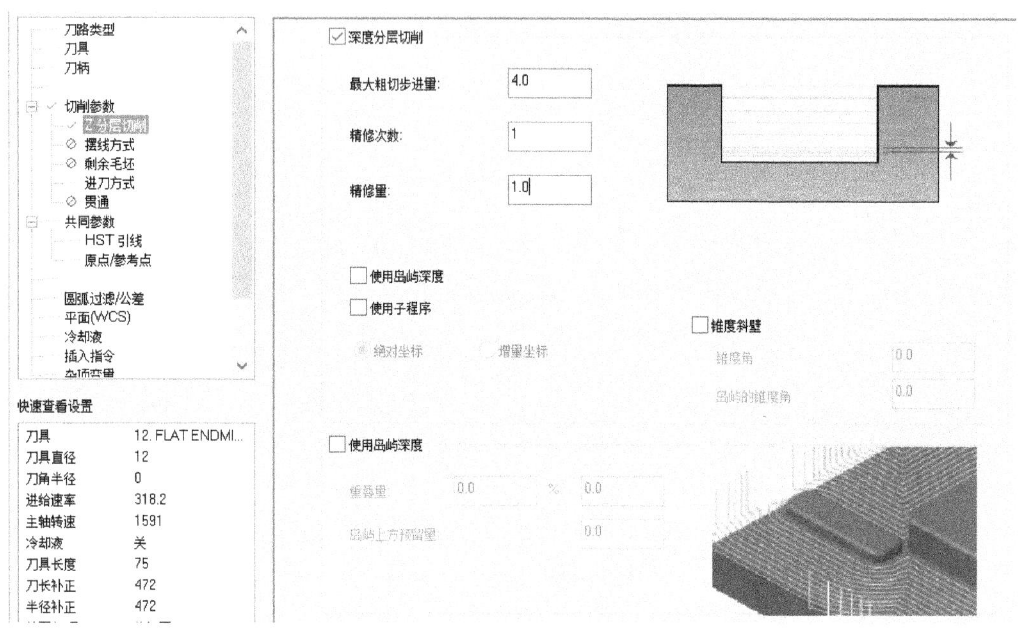

图 8-166　设置 Z 分层切削参数

8 在参数类别列表框中选择“共同参数”选项，设置如图 8-167 所示的共同参数。

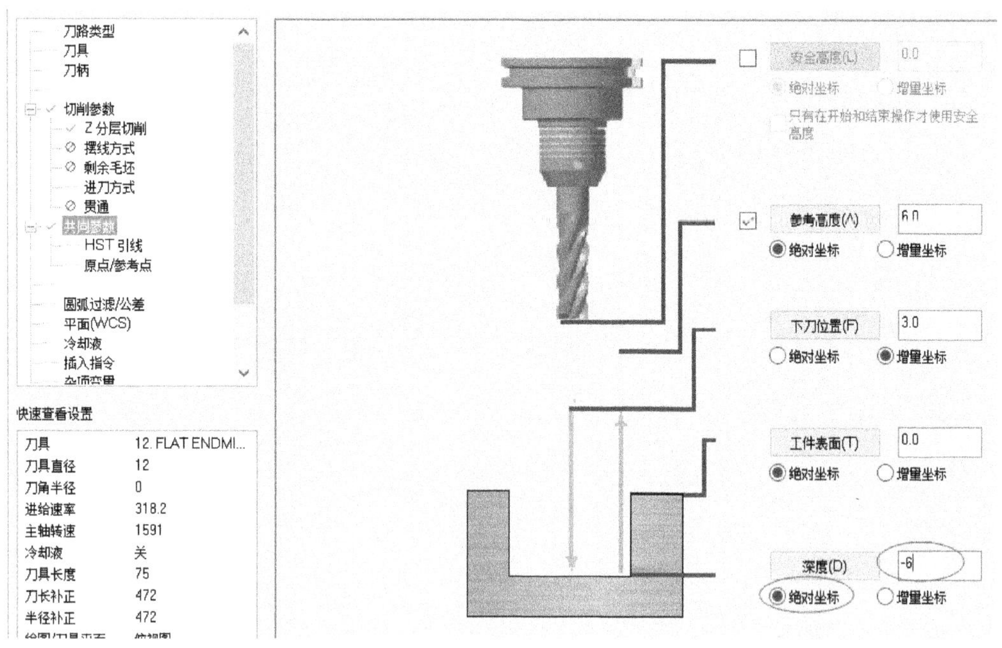

图 8-167　设置共同参数

9 其他参数可以采用默认设置或自行设置。在“2D 高速刀路-区域”对话框中单击

“确定”图标按钮[✓]，创建的 2D 高速刀路如图 8-168 所示。

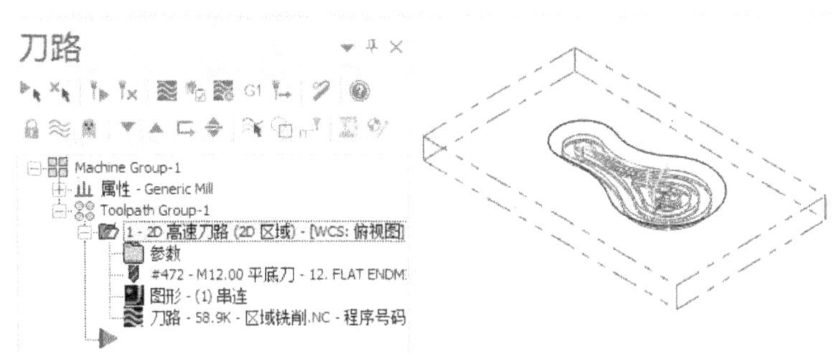

图 8-168 创建刀路

10 在刀路管理器中单击“验证已选择的操作”图标按钮并执行相应的操作，得到的实体验证结果如图 8-169 所示。

图 8-169 实体验证的结果

第 9 章　三维曲面加工与线框加工

本章导读

可以将三维曲面加工简称为曲面加工，此类加工主要指加工曲面或实体表面等复杂型面。曲面加工与二维加工的最大不同之处在于：曲面加工在 z 轴方向不是一种间歇式的运动，而是与 xy 轴方向一起运动以形成三维形式的刀路。曲面加工主要分为曲面粗切和曲面精修。大多数复杂零件的最终成型，都需要经过曲面粗切和曲面精修两大环节。

线框加工是指利用产生曲面的线架来定义刀路，其相当于略去曲面生成的过程。需要注意的是，利用线架加工只能生成相对单一的曲面刀路，其加工省时，程序简单。

本章主要介绍曲面粗切、曲面精修、线框加工和高速曲面刀路等重点知识。

9.1　三维曲面加工概述

三维曲面加工包括曲面粗切和曲面精修，其中，曲面粗切用于最大限度地切除毛坯工件上的多余材料，曲面精修则用于对经过粗切后的工件材料进行精加工，以使被加工件的几何形状和尺寸精度等满足最终的加工要求。通常，曲面粗切多采用圆鼻刀、平底端铣刀等，而曲面精修则多采用球铣刀。

在曲面加工操作过程中，免不了要选取欲加工的曲面，这便要求用户熟练掌握选取所需曲面的方法及操作技巧。另外，在一些曲面加工中，还需要指定一些相关的图形元素作为加工参考，如指定干涉曲面和切削边界。指定干涉曲面的主要用途是以后在进行该刀路计算时系统会绕开这些干涉部位，从而避免在曲面加工时刀具切削到这些曲面部分。

在曲面加工中，需要掌握曲面深度的设定。曲面深度设定是用于控制 z 方向要加工的范围。可以采用增量坐标设定方式，也可以采用绝对坐标设定方式。

9.2　曲面粗切

曲面粗切的方法包括粗切平行铣削加工、粗切放射状加工、粗切投影加工、粗切流线加工、粗切等高外形加工、粗切残料加工、粗切挖槽加工和粗切钻削式加工。这些曲面粗切的方法选项位于“刀路”/“曲面粗切”级联菜单中，如图 9-1 所示。

9.2.1 粗切平行铣削加工

粗切平行铣削加工（可简称为“平行铣粗切”）是一种简单有效的、应用较为广泛的曲面粗切，它的加工特点是沿着指定的进给方向去铣削（需要时可以设置加工角度），其刀路相互平行且紧贴着曲面轮廓，如图 9-2 所示。

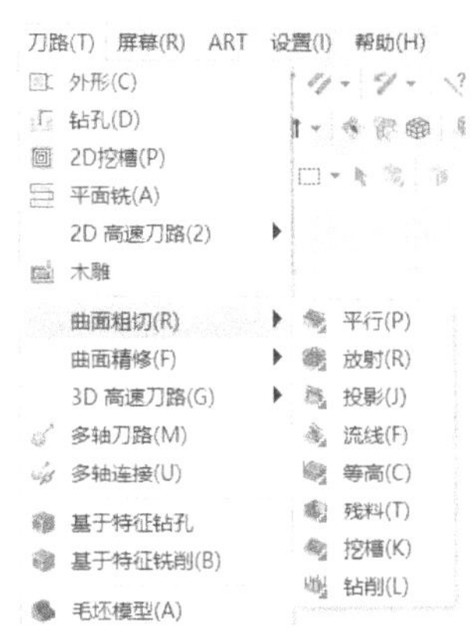

图 9-1 “刀路”/“曲面粗切”级联菜单

图 9-2 粗切平行铣削加工示例

粗切平行铣削加工的相关参数是在“曲面粗切平行”对话框中设置的，该对话框具有 3 个选项卡，即“刀具参数”选项卡、“曲面参数”选项卡和“粗切平行铣削参数”选项卡。由于前两个选项卡中的内容在第 8 章有所涉及，因此在这里便不再赘述。下面主要介绍“粗切平行铣削参数”选项卡（见图 9-3）中的主要内容。

图 9-3 “曲面粗切平行”对话框的“粗切平行铣削参数”选项卡

一、整体公差

在“整体公差”按钮右侧的相应文本框中输入刀路的精度误差（整体误差），该误差值越小，则加工得到的曲面就越接近于真实曲面，但所需的加工时间也越长。在粗切阶段，可以将该误差值设置得相对大一些，以提高加工效率。

若单击“整体公差”按钮，那么系统弹出如图 9-4 所示的“圆弧过滤公差”对话框，使用此对话框可以进一步设置公差参数选项（涉及线/弧过滤设置、平滑性过滤设置等）、切削公差、线/圆弧公差、平滑性过滤公差、总公差等。总公差（整体公差）是指过滤公差和切削公差之和。在这里，还是有必要对过滤公差和切削公差进行介绍的。在一些资料中，对过滤公差这样描述：当两条路径之间的距离不大于指定值时，系统会将这两条路径合为一条，从而简化加工路径，提高加工效率。而切削公差是指切削方向的误差，即指刀路逼近真实曲面的精度。

二、最大切削间距

最大切削间距主要是指同一层相邻两条刀路之间的最大距离，该值通常可以设置为刀具直径的 50%～75%。在“最大切削间距”按钮右侧的对应文本框中可设置最大切削间距值。如果单击“最大切削间距”按钮，则系统弹出“最大切削间距”对话框，从中可设置如图 9-5 所示的参数。

图 9-4 “圆弧过滤公差”对话框

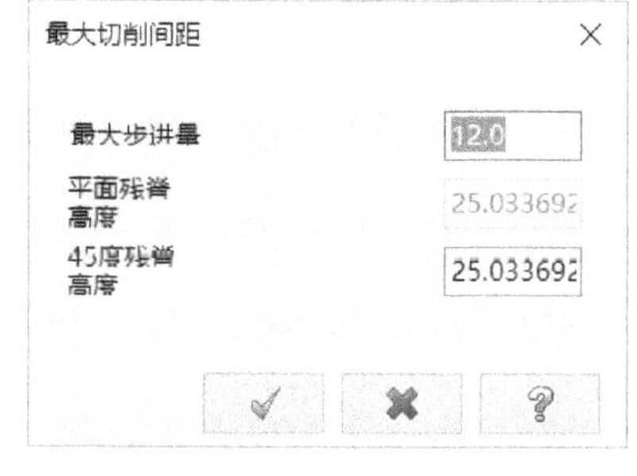

图 9-5 “最大切削间距”对话框

最大切削间距越大，则产生的粗切行数便越少，加工表面效果越粗糙；反之，该值设置得越小，则加工的行数便越多，加工表面的效果也越光滑，当然所需要的加工时间也越多。

三、切削方向

在“切削方向”下拉列表框中可以选择“单向”或“双向”选项。当选择“单向”选项时，加工时刀具仅沿着一个方向进给，完成一行后，需要抬刀返回到起始点再进行下一行的加工；当选择“双向”选项时，刀具在完成一行铣削后便往回铣削材料，即刀具来回行进时均切削材料。“双向”切削加工效率高，所需的加工时间也相对较短；而“单向”切削能够保证一直采用顺铣或逆铣加工，故可以获得良好的曲面加工质量，多用于精修阶段。

四、Z 最大步进量（最大 z 轴进给）

在“Z 最大步进量”文本框中输入在 z 轴方向上的最大进给量（最大切削厚度）。该值设置得越大，则粗切的层数越少，加工效率越高，但加工较为粗糙，对刀具刚性的要求也越高；该值设置得越小，则粗切的层数越多，加工表面越光滑。通常将 Z 最大步进量设置为 0.5～3。在图 9-6 所示的图例中，当设置“Z 最大步进量”值不同时，其加工路径的层数也不同。

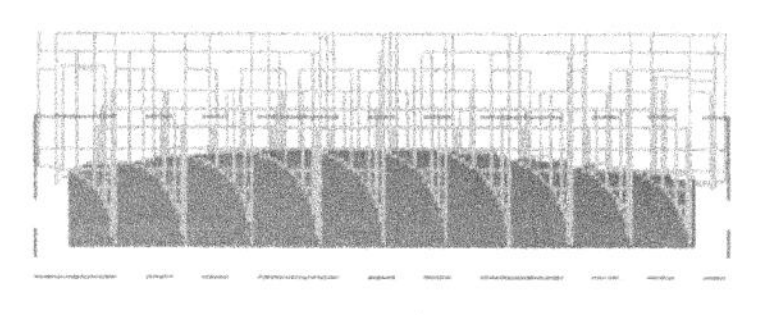

a)

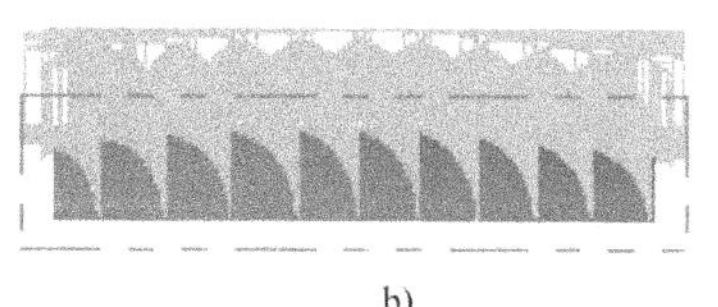

b)

图 9-6 “Z 最大步进量”值与加工路径

a) 将“Z 最大步进量”值设置为 3　b) 将“Z 最大步进量”值设置为 0.5

五、加工角度

在“加工角度”文本框中设置刀路的切削加工角度，如图 9-7 所示。

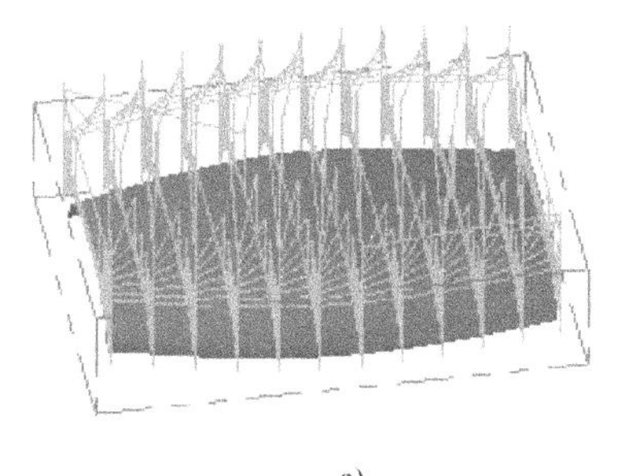

a)

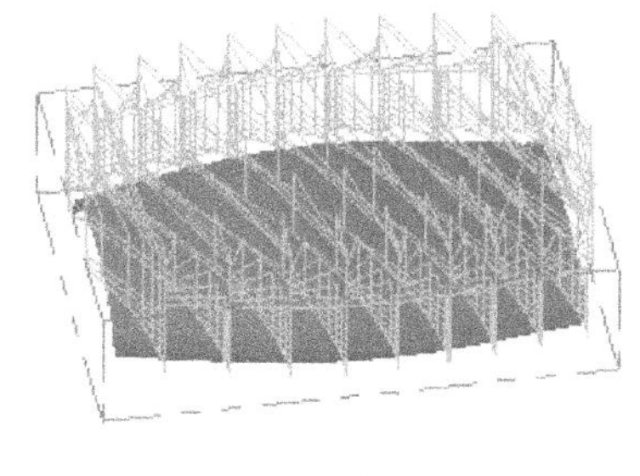

b)

图 9-7　加工角度不同时

a) 加工角度为 0°时　b) 加工角度为 30°时

六、下刀控制

在“下刀控制”选项组中可选择以下单选按钮之一。

- “切削路径允许连续下刀/提刀”单选按钮：选择此单选按钮时，在加工过程中可沿工件曲面连续下刀和提刀，特别适用于多重凹凸曲面的加工。
- “单侧切削”单选按钮：选择此单选按钮时，刀具只在曲面单侧下刀或提刀。
- “双侧切削”单选按钮：选择此单选按钮时，刀具在曲面两侧下刀或提刀。

七、切削深度

可以设置粗切的切削深度。若单击“切削深度”按钮，则系统弹出如图 9-8 所示的“切削深度设置”对话框。当选择“增量坐标”单选按钮时，设置第一刀相对位置（切削第一层到顶面的距离）和其他深度预留量（切削最后一层到底面的距离）。当选择“绝对坐标”单选按钮时，设置最高位置和最低位置等。

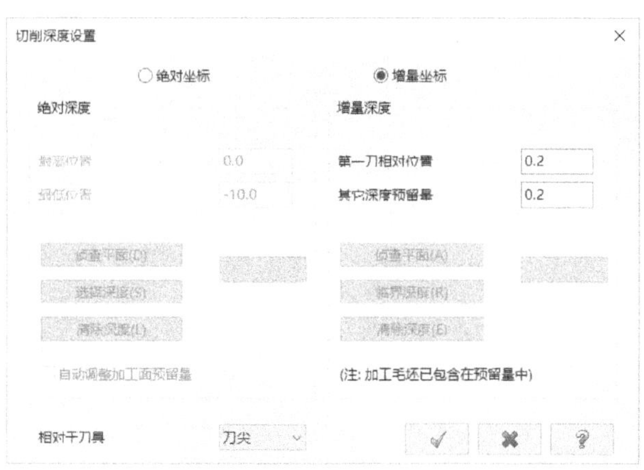

图 9-8 “切削深度设置”对话框

八、间隙设置

间隙是指曲面上有缺口或曲面有断开的地方。用户可以设置刀路如何跨越这些间隙。单击“间隙设置”按钮，系统弹出“刀路间隙设置”对话框，如图 9-9 所示。在“允许间隙大小”选项组中设置曲面加工允许的间隙值，可以通过“距离”来设置，也可以通过“步进量%”来设定。在“移动小于允许间隙时，不提刀”选项组中，设置当刀具移动量小于允许间隙时，刀具在不提刀情况下如何跨越间隙，并可以设置检查间隙位移的过切情形等。不提刀的跨越方式有“不提刀（直接）”“打断”“平滑”和“沿着曲面”，选择不同的跨越方式时，在该对话框中会形象地列出该跨越方式的示例图。在“移动大于允许间隙时，提刀至安全高度”选项组中，可以设置检查提刀时的过切情形。

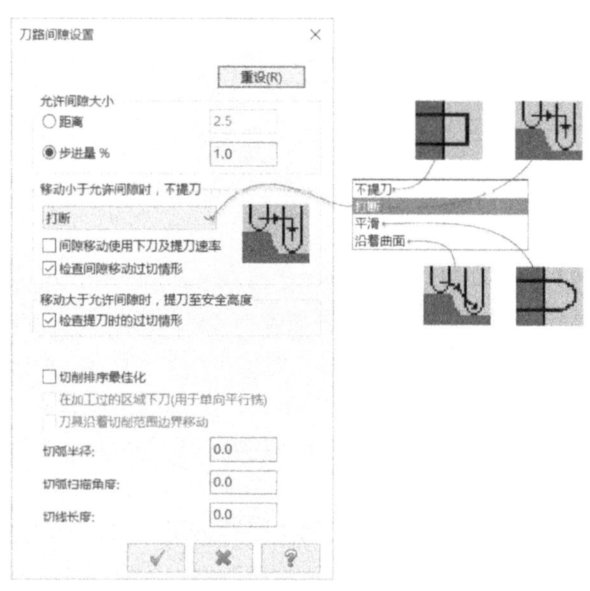

图 9-9 “刀路间隙设置”对话框

另外，可以设置切削排序最佳化，并可以设置切弧半径、切弧扫描角度和切弧长度等。

九、高级设置

高级设置主要是指设定刀具在曲面边界的运动方式。单击“高级设置”按钮，系统弹出如图 9-10 所示的“高级设置”对话框。

图 9-10 “高级设置”对话框

- “刀具在曲面（实体面）边缘走圆角”选项组：在该选项组中可以选择 3 个单选按钮之一。当选择“自动（以图形为基础）”单选按钮时，系统自动根据曲面（实体面）的实际情况决定是否在曲面（实体面）边缘走圆角；当选择“只在两曲面（实体面）之间”单选按钮时，刀具只在曲面（实体面）间走圆角刀路；当选择“在所有边缘”单选按钮时，则刀具在所有的边缘都走圆角。
- “尖角公差（在曲面/实体面边缘）”选项组：该选项组用于设置刀具圆角走向移动量的误差，可以通过“距离”或“切削方向公差百分比”方式来设定。
- “忽略实体中隐藏面检测（适用于复杂实体）”复选框：如果选中此复选框，当实体中存在隐藏面时，系统忽略隐藏面，即隐藏面不产生相应的刀路。此复选框适用于复杂实体。
- “检测曲面内部锐角”复选框：选中此复选框时，系统将曲面内部的锐角突出显示，即系统会检查曲面内部的锐角部位。

十、其他参数设置

在“曲面粗切平行”对话框的“粗切平行铣削参数”选项卡中，还可以进行以下参数设置。

- “定义下刀点”复选框：用于为设置要求指定一个下刀点。
- “允许沿面下降切削（-Z）”复选框：用于指定刀具在沿面下降时进行切削。
- “允许沿面上升切削（+Z）”复选框：用于指定刀具在沿面上升时进行切削。

下面介绍一个粗切平行铣削加工的操作范例。

1 打开网盘资料的“CH9”\“平行铣削粗切.MCX”文件，如图 9-11 所示。

2 在“刀路”菜单中选择“曲面粗切”/“平行”命令，系统弹出“选择工件形状”对话框，如图 9-12 所示，单击选中“凸”单选按钮，单击“确定”图标按钮。

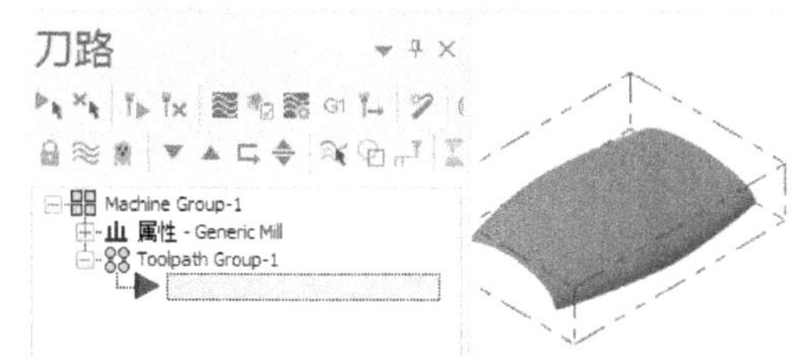

图 9-11 “粗切平行铣削加工.MCX”文件内容

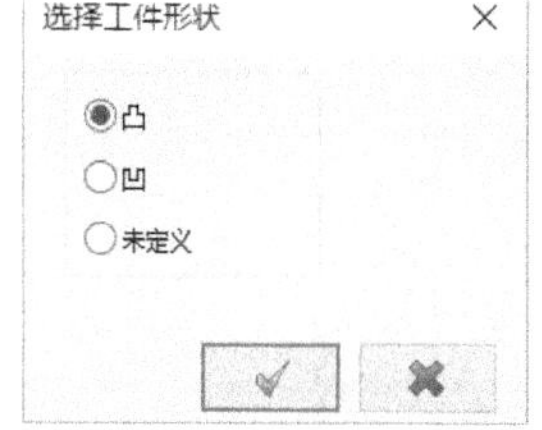

图 9-12 “选择工件形状”对话框

3 系统弹出如图 9-13 所示的“输入新 NC 名称”对话框，输入“平行铣削粗切”，然后单击“确定”图标按钮。

4 选择如图 9-14 所示的曲面作为加工曲面，按〈Enter〉键确定。系统弹出如图 9-15 所示的“刀路曲面选择”对话框，直接在该对话框中单击“确定”图标按钮。

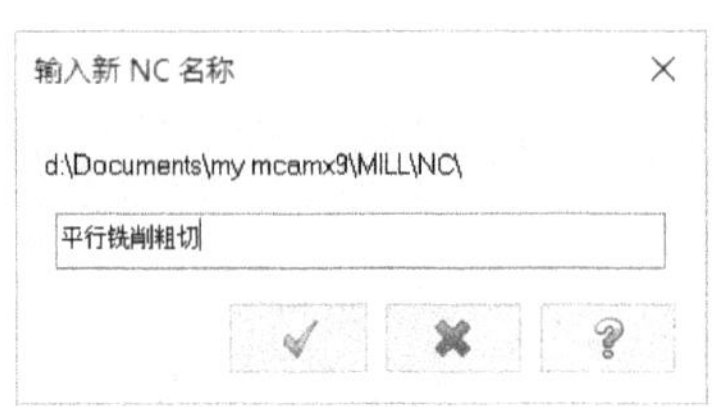

图 9-13 “输入新 NC 名称”对话框

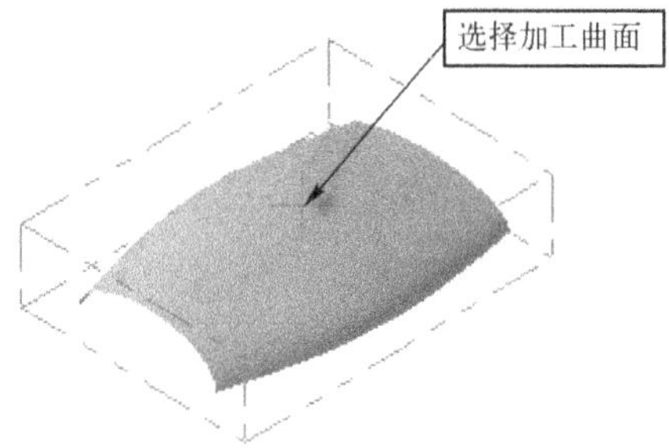

图 9-14 选择加工曲面

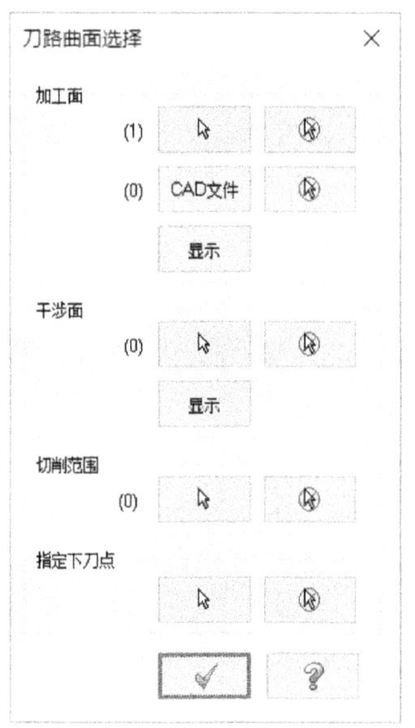

图 9-15 “刀路曲面选择”对话框

知识点拨 在“刀路曲面选择”对话框，除了可以指定加工曲面外，还可以根据曲面加工的情况指定干涉面、切削范围或指定下刀点。图标按钮 用于选择相应的图形对象，图标按钮 用于从现有的选择集中移出图形对象。

5 系统弹出“曲面粗切平行”对话框。在“刀具参数”选项卡中单击“从刀库选择”按钮，弹出“选择刀具”对话框，单击“打开刀库”图标按钮 并利用弹出的“选择刀库”对话框来选择“Steel-MM.tooldb”刀库，然后单击“打开”按钮，弹出“刀具管理”对话框。从“Steel-MM.tooldb”刀库列表中选择直径为 10 的圆鼻刀，单击“确定”图标按钮 ，结束刀具选择，返回到“曲面粗切平行”对话框。

6 在“曲面粗切平行”对话框的“刀具参数”选项卡中，从刀具列表中选择直径为 10 的圆鼻刀，并设置其相应的刀具参数，如图 9-16 所示。

图 9-16 设置刀具参数

7 切换到“曲面参数”选项卡，设置“参考高度”为“20”（采用增量坐标测量）、“下刀位置”为“5”（采用增量坐标测量）、“加工面预留量”为“0.5”、“校刀位置”选项为“刀尖”、“刀具位置”选项为“中心”，并选中“进/退刀”复选框。接着单击“进/退刀”按钮，弹出“方向”对话框，设置如图 9-17 所示的进刀向量和退刀向量参数，然后单击“确定”图标按钮 ✓ 。

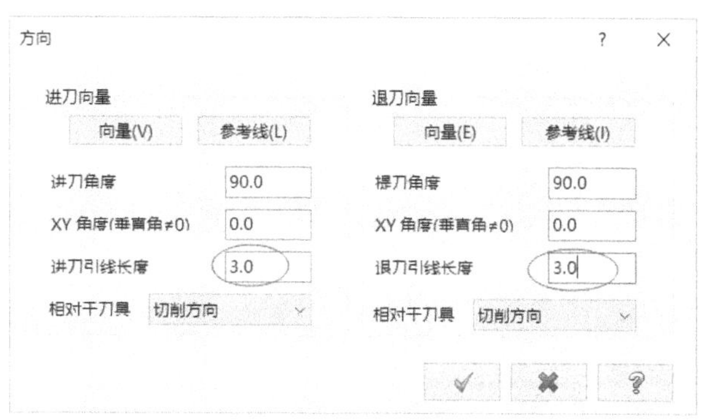

图 9-17 设置进刀向量和退刀向量参数

8 切换到“粗切平行铣削参数”选项卡，设置如图 9-18 所示的参数。

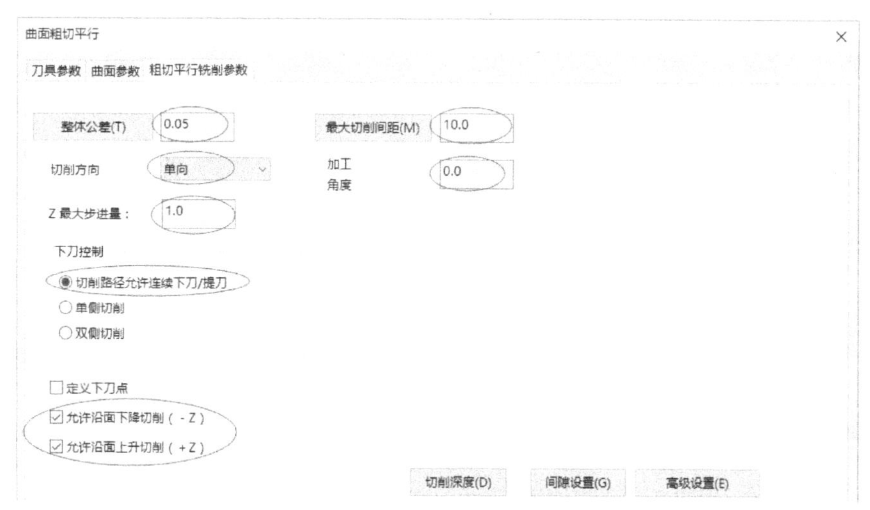

图 9-18 设置粗切平行铣削参数

9 在“粗切平行铣削参数”选项卡中单击“切削深度”按钮，系统弹出“切削深度设置”对话框，单击选中“增量坐标”单选按钮，接着在“第一刀相对位置”文本框中输入“0.8”，在“其他深度预留量”文本框中输入“0.2”，在“相对于刀具”下拉列表框中选择“刀尖”选项，单击“确定”图标按钮 ✓ ，完成切削深度设置。

10 单击“间隙设置”按钮，系统弹出“刀路间隙设置”对话框，设置如图 9-19 所示的间隙选项及参数，单击“确定”图标按钮 ✓ 。

11 单击“高级设置”按钮，系统弹出“高级设置”对话框，设置如图 9-20 所示的选项，单击“确定”图标按钮 ✓ 。

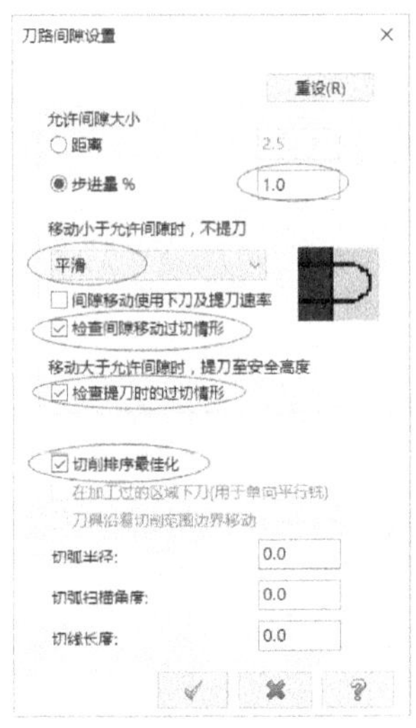

图 9-19　设置刀路间隙

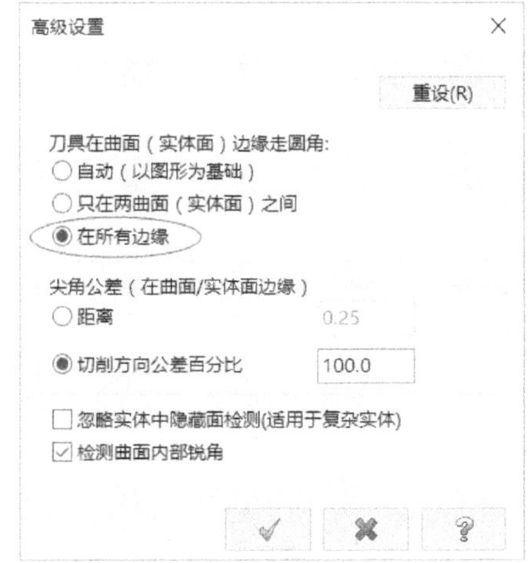

图 9-20　“高级设置”对话框

12 在“曲面粗切平行”对话框中单击“确定”图标按钮，产生的刀路如图 9-21 所示。

13 在刀路管理器中单击“验证已选择的操作”图标按钮，打开“Mastercam 模拟”窗口。在“Mastercam 模拟”窗口中设置相关的验证选项及参数，如调整模拟验证加工的速度为合理值，然后单击“播放”图标按钮，最后的验证结果如图 9-22 所示。

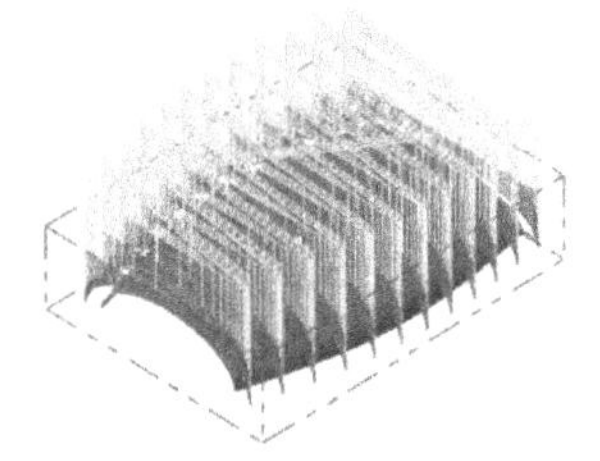

图 9-21　产生的粗切平行铣削刀路

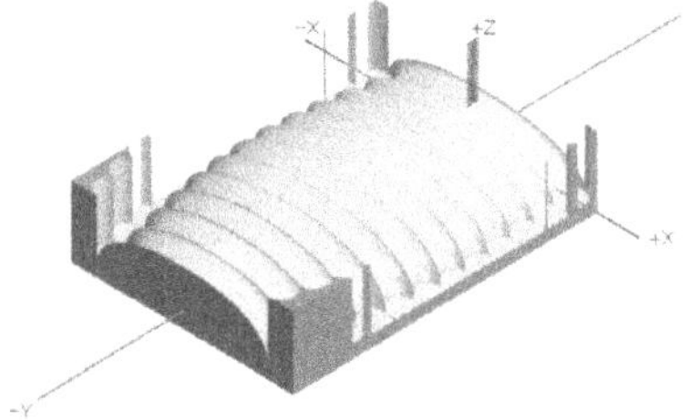

图 9-22　粗切平行铣削加工的验证结果

9.2.2 粗切放射状加工

放射粗切是以指定的一点作为放射中心，呈放射状分层铣削来加工工件。该粗切方法常用于圆形坯件的切削，如图 9-23 所示，其刀路呈放射状。

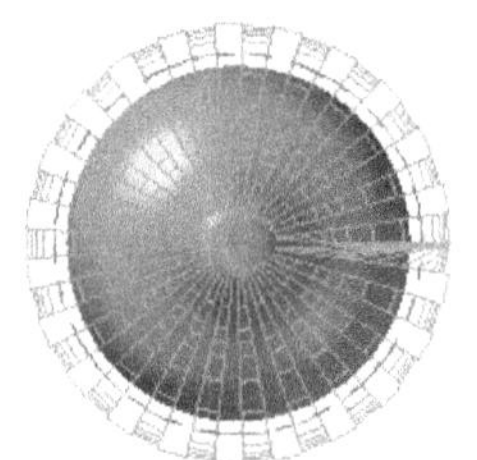

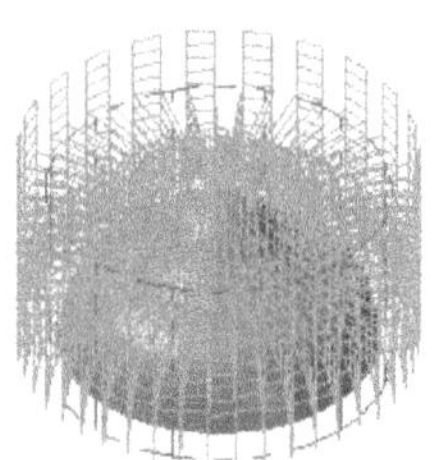

图 9-23　放射粗切示例

放射粗切的相关参数是在如图 9-24 所示的“曲面粗切放射”对话框中设置的。该对话框的参数内容和“曲面粗切平行”对话框的参数内容类似，下面仅介绍放射粗切专用的参数。

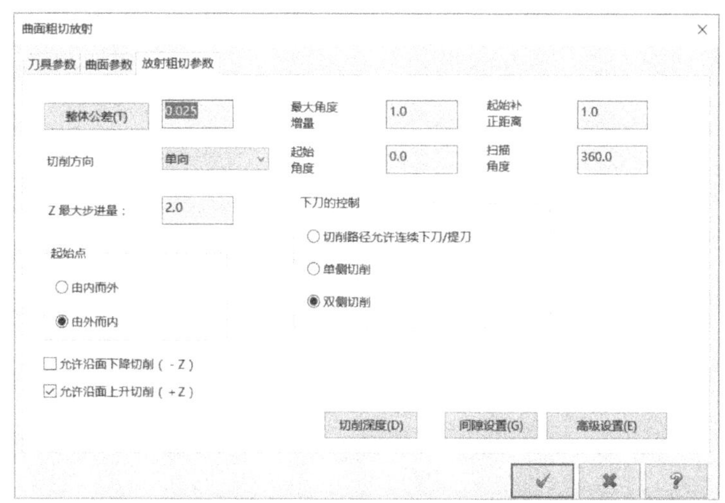

图 9-24 “曲面粗切放射”对话框

一、最大角度增量

在“最大角度增量”文本框中设置放射状切削刀路的角度增量，即相邻刀路之间的角度。角度增量值设置得越小，则加工出来的工件就越光滑。考虑到粗切要达到的加工效率和表面质量要求，该角度增量值并不是设置得越小越好，而是选择适合的一个角度增量值。

二、起始补正距离

起始补正距离是指刀路开始点到刀路中心的距离。由于中心部分的刀路集中，为了防止中心部分刀痕过密，可以设置合适的起始补正距离来解决此问题。

三、起始角度和扫描角度

在“起始角度”文本框中设置放射状刀路的起始角度，在“扫描角度”文本框中设置放射状刀路的扫描角度，该扫描角度是指起始刀路与终止刀路之间的角度。

起始角度、扫描角度和最大角度增量三者的关系如图 9-25 所示。

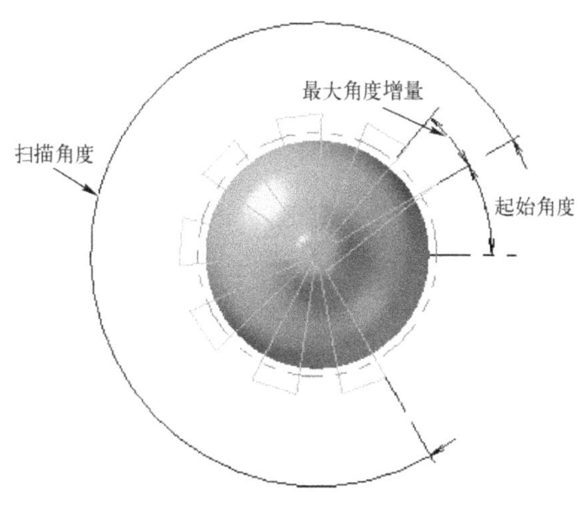

图 9-25 起始角度、扫描角度和最大角度增量的关系示意图

四、起始点

在“起始点”选项组中可以将放射方向设置为“由外而内”或“由内而外”。“由外而内”是指刀具从放射状周围向中心点切削，“由内而外”则是指刀具从放射状中心点向圆周切削。

下面介绍一个关于放射粗切的操作范例。

1 打开网盘资料的“CH9”\“放射粗切.MCX”文件，如图 9-26 所示。

2 在“刀路”菜单中选择“曲面粗切”/“放射”命令，系统弹出“选择工件形状”对话框，如图 9-27 所示，单击选中“凸”单选按钮，单击“确定”图标按钮 ✓。

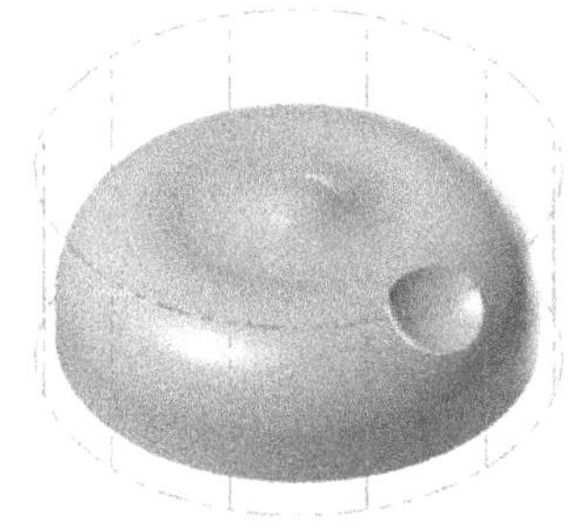

图 9-26 “放射粗切.MCX”文件内容

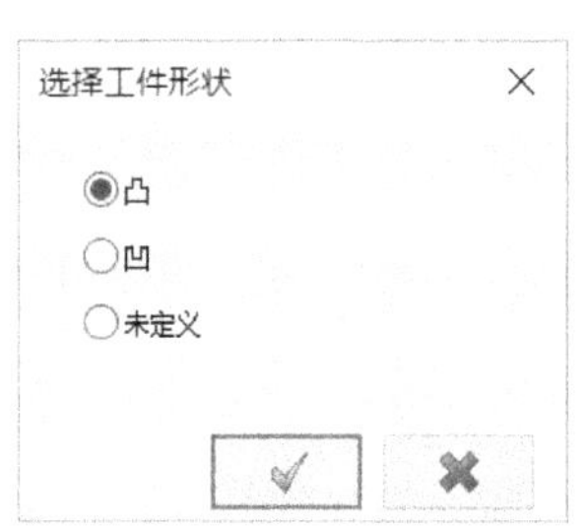

图 9-27 “选择工件形状”对话框

3 系统弹出“输入新 NC 名称”对话框，接受默认的名称，单击“确定”图标按钮 ✓。

4 使用鼠标依次选择如图 9-28 所示的几个曲面作为加工曲面，按〈Enter〉键确定。

5 系统弹出“刀路曲面选择”对话框。在“干涉面”选项组中单击“选取”图标按钮 ，选择如图 9-29 所示的曲面片作为干涉曲面，按〈Enter〉键确定。在本例中亦可不设置干涉曲面。

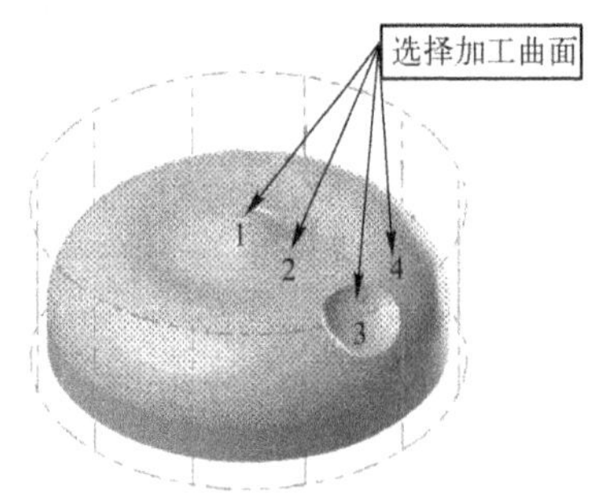

图 9-28 选择加工曲面

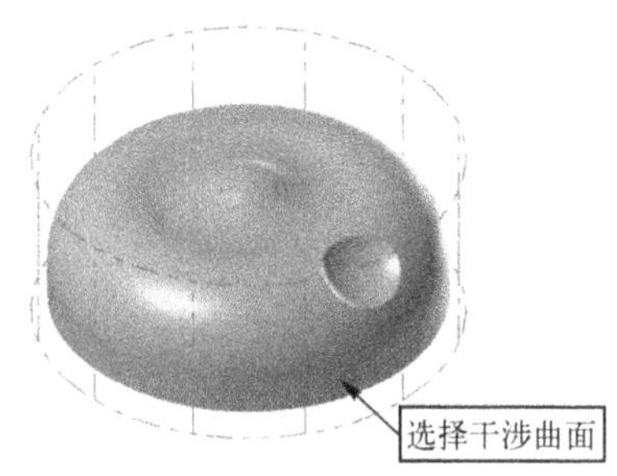

图 9-29 选择干涉曲面

6 在“刀路曲面选择”对话框的“选择放射中心点”选项组中单击“选取”图标按钮 ，选择原点（0，0，0）作为放射中心点，然后在“刀路曲面选择”对话框中单击“确定”图标按钮 ✓。

7 系统弹出“曲面粗切放射”对话框。在“刀具参数”选项卡中单击“从刀库选择”按钮，打开“选择刀具”对话框，先选择“Steel-MM.tooldb”刀库，接着从该刀库刀具列表中选择直径为 12 的圆鼻刀（其刀角半径为 1），单击“确定”图标按钮 ✓，结束刀具选择，并返回“曲面粗切放射”对话框。

8 在“刀具参数”选项卡的刀具列表中选择刚添加进来的直径为12的圆鼻刀，并分别设置进给速率、下刀速率、主轴转速和提刀速率，如图9-30所示。

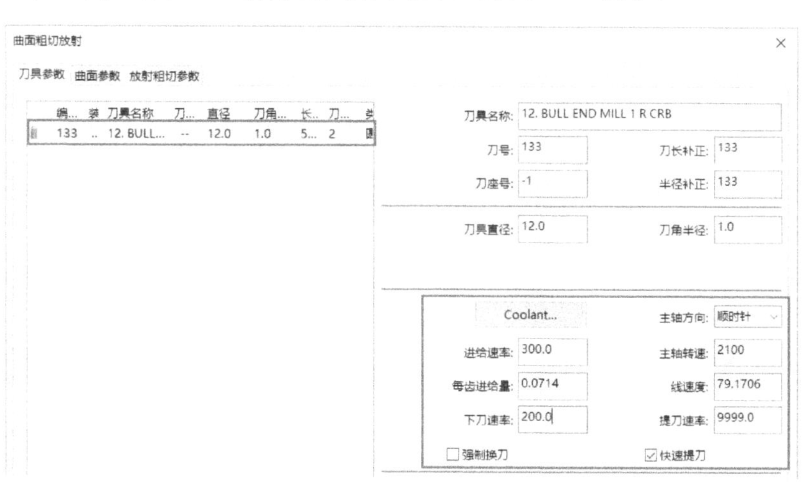

图9-30 设置刀具参数

9 切换到“曲面参数”选项卡，设置“参考高度”为“15”（采用增量坐标测量）、“下刀位置”为“5”（采用增量坐标测量）、“加工面预留量”为“0.5”、“干涉面预留量”为“0”，该选项卡中的其他参数采用默认设置。

用户可以自行练习设置进/退刀参数，如可以将进刀引线长度和退刀引线长度均设置为“3”。

10 切换到“放射粗切参数”选项卡，设置如图9-31所示的参数。

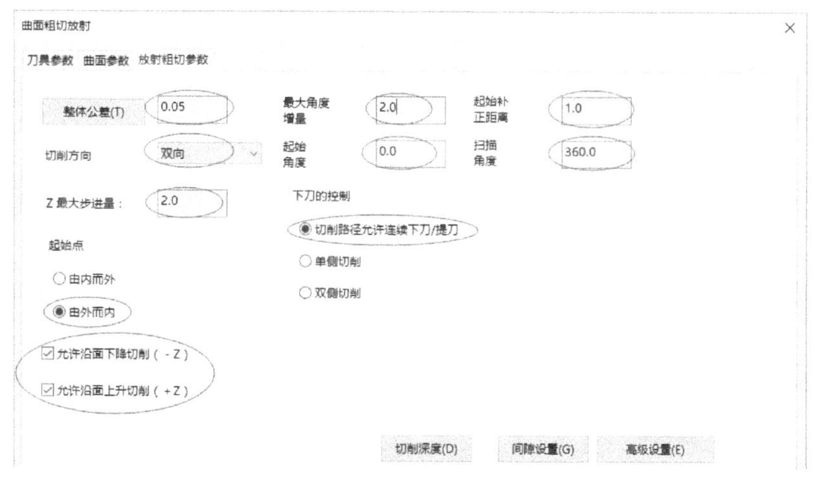

图9-31 设置放射粗切参数

11 单击“切削深度”按钮，系统弹出“切削深度设置”对话框，单击“增量坐标”单选按钮，接着在“第一刀相对位置”文本框中输入“0.9”，在“其他深度预留量”文本框中输入“0.2”，在“相对于刀具”下拉列表框中选择“刀尖”选项，单击“确定”图标按钮

✓，完成切削深度设置。

12 单击“间隙设置”按钮，系统弹出“刀路间隙设置”对话框，设置如图 9-32 所示的间隙选项及参数，单击“确定”图标按钮 ✓ 。

13 单击“高级设置”按钮，系统弹出“高级设置”对话框，设置如图 9-33 所示的选项，单击“确定”图标按钮 ✓ 。

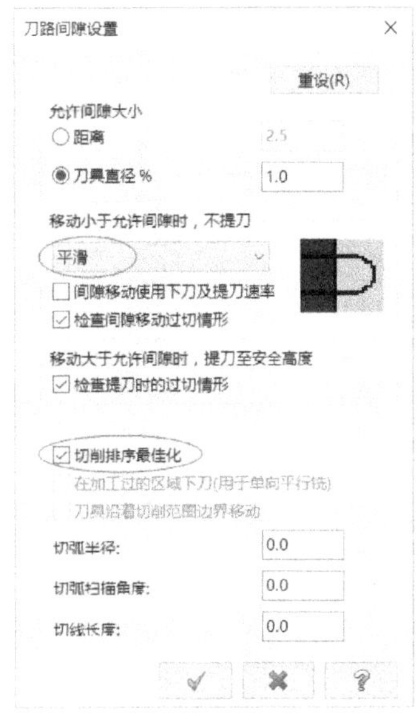

图 9-32 刀路间隙设置

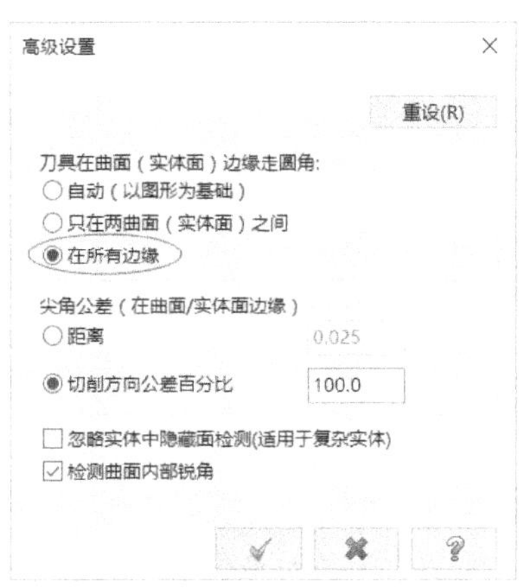

图 9-33 “高级设置”对话框

14 在“曲面粗切放射”对话框中单击“确定”图标按钮 ✓ ，产生的刀路如图 9-34 所示。

15 在刀路管理器中单击“验证已选择的操作”图标按钮，打开“Mastercam 模拟”窗口。在“Mastercam 模拟”窗口中设置相关的验证选项及参数，如调整模拟验证加工的速度为合理值，然后单击“播放”图标按钮，最后得到的模拟验证效果如图 9-35 所示。

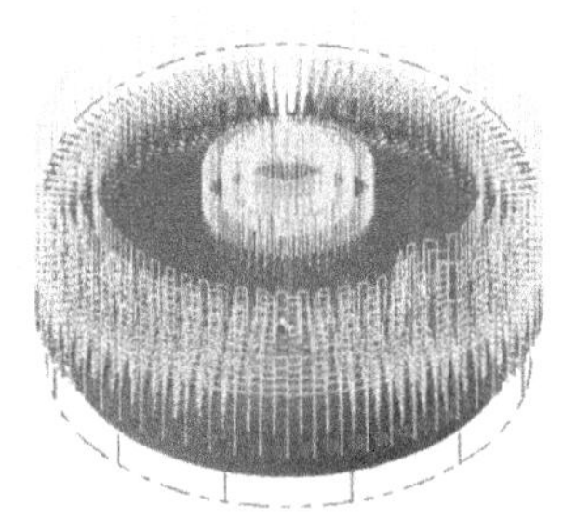

图 9-34 放射粗切刀路

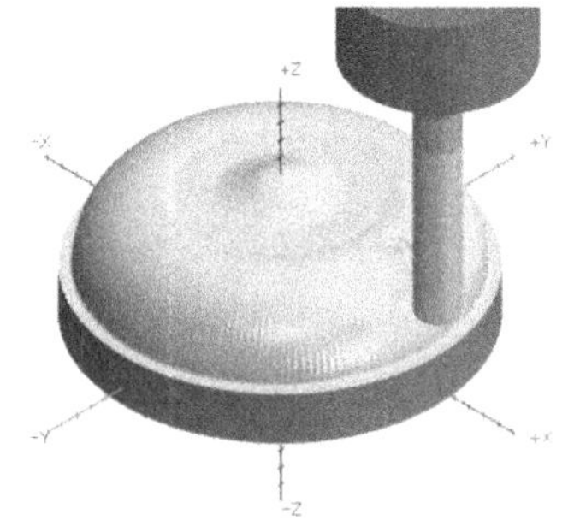

图 9-35 模拟验证效果

9.2.3 粗切投影加工

粗切投影加工（亦可称为“投影粗切”）是指将已有的有效图形（线条或点）、刀路等投影到曲面上进行加工。粗切投影加工的相关参数是在如图 9-36 所示的“曲面粗切投影”对话框中设置的，其刀具参数和曲面参数（即曲面加工参数）不再进行具体介绍，而是介绍一下投影粗切专用的一些参数（在“投影粗切参数”选项卡中进行设置），如投影方式和原始操作。在“投影粗切参数”选项卡的“投影方式”选项组中，可以设置投影粗切投影对象的类型。

- “NCI”单选按钮：用于选择已有的 NCI 文件作为投影的对象。注意“原始操作”列表框显示的操作。
- “曲线”单选按钮：用于选择已有的曲线作为投影的对象。
- “点”单选按钮：用于选择已有的点进行投影。

图 9-36 投影粗切参数设置

下面通过一个范例介绍投影粗切的典型操作方法及步骤。

1 打开网盘资料的“CH9”\“投影粗切.MCX”文件，如图 9-37 所示。

2 在“刀路”菜单中选择“曲面粗切”/“投影”命令，系统弹出如图 9-38 所示的“选择工件形状”对话框，单击选中“未定义”单选按钮，单击“确定”图标按钮 ✓ 。

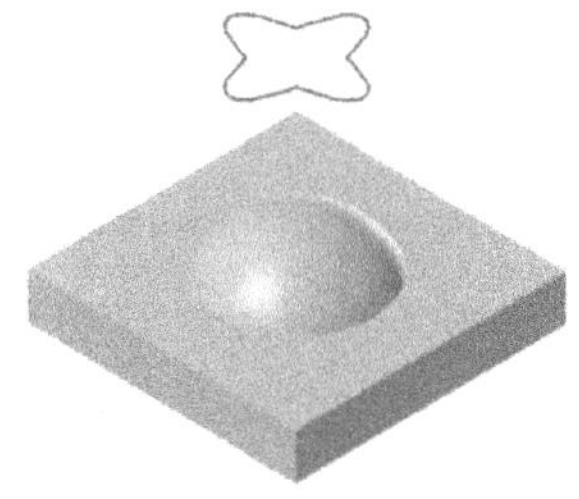

图 9-37 原始图形

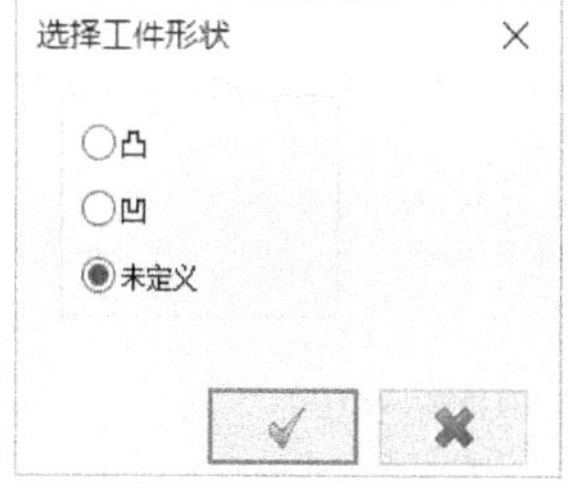

图 9-38 “选择工件形状”对话框

3 系统弹出“输入新 NC 名称”对话框，接受默认的新 NC 名称为“投影粗切”，单击“确定”图标按钮 ✓ 。

4 系统提示选择加工曲面。在如图 9-39 所示的实体曲面中单击，按〈Enter〉键确定。

5 系统弹出如图 9-40 所示的“刀路曲面选择”对话框，在“加工面”选项组中自动显示所选加工曲面的数量，直接在该对话框中单击“确定”图标按钮 ✓ 。

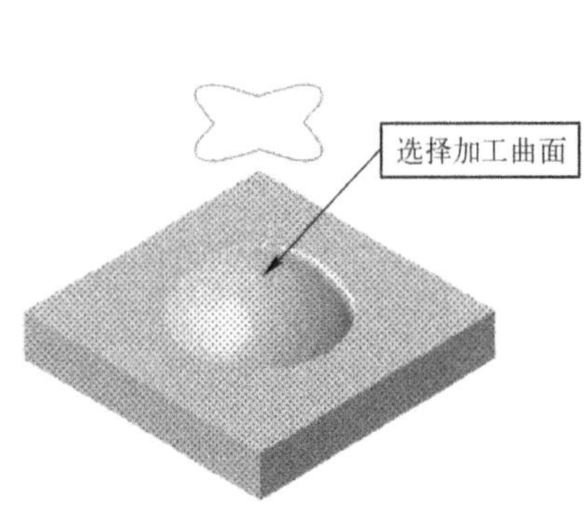

图 9-39　选择加工曲面

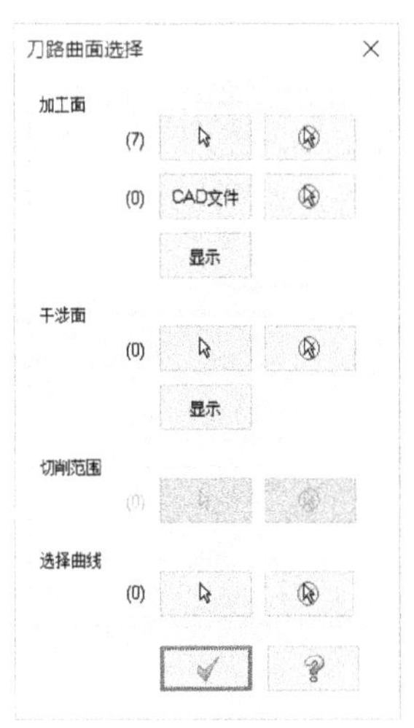

图 9-40　“刀路曲面选择”对话框

6 系统弹出“曲面粗切投影”对话框。进入“刀具参数”选项卡，单击“从刀库选择”按钮，打开“选择刀具”对话框，从“Steel-MM.tooldb”刀库列表中选择直径为 2 的球刀，单击“确定”图标按钮 ✓ ，结束刀具选择。

7 在“刀具参数”选项卡的刀具列表中确保选择刚添加的直径为 2 的球刀，分别设置进给速率、下刀速率、主轴转速和提刀速率，如图 9-41 所示，并将刀号、刀长补正、半径补正均设置为“1”。

图 9-41　设置刀具参数

8 切换到“曲面参数”选项卡，设置如图 9-42 所示的参数。

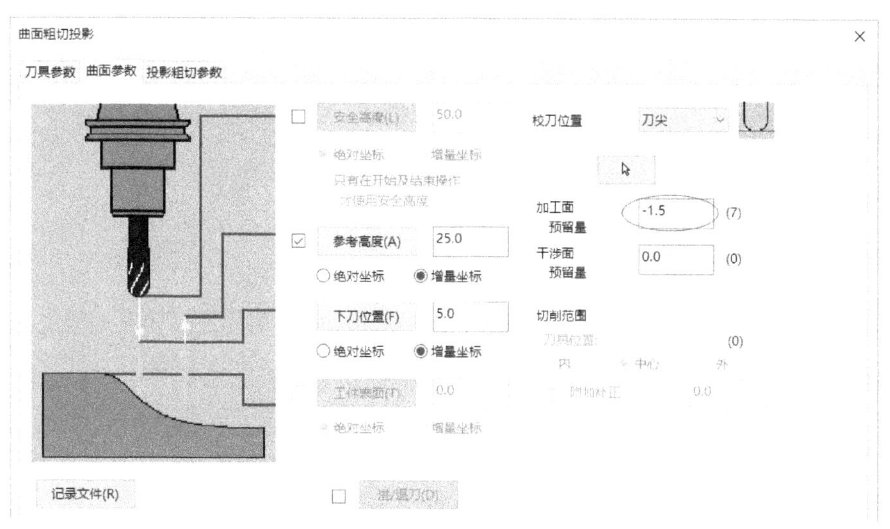

图 9-42 设置曲面参数

9 切换到“投影粗切参数”选项卡，设置如图 9-43 所示的投影粗切参数。用户还可以进一步进行切削深度设置、间隙设置和高级设置。

图 9-43 设置投影粗切参数

10 在“曲面粗切投影”对话框中单击“确定”图标按钮 。

11 系统弹出“串连选项”对话框，在“串连选项”对话框中单击“窗选”图标按钮 ，以窗口选择方式框选整条曲线，接着指定草绘起始点（搜寻点），如图 9-44 所示，然后在“串连选项”对话框中单击“确定”图标按钮 ，生成的刀路如图 9-45 所示。

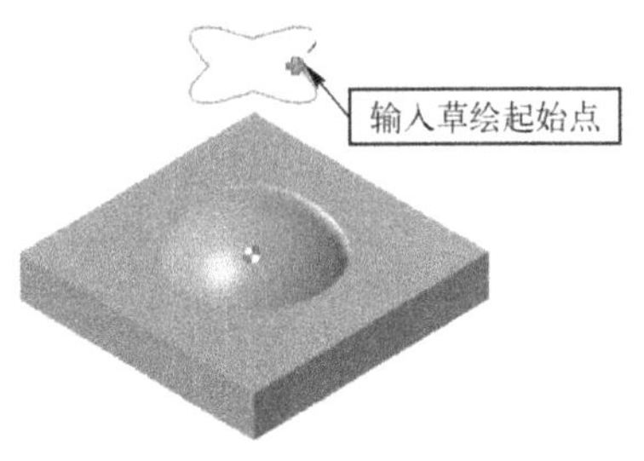

图 9-44　指定草绘起始点

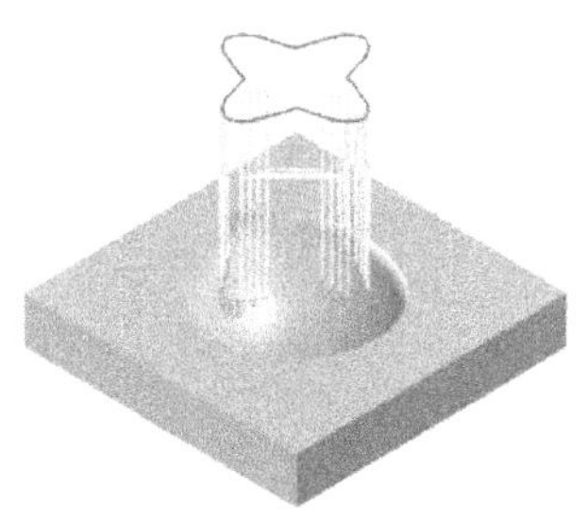

图 9-45　生成的刀路

12 在刀路管理器中单击“属性”节点下的“毛坯设置”，系统弹出“机床群组属性”对话框，在“毛坯设置”选项卡的“形状”选项组中单击选中“实体”单选按钮，单击“选择”图标按钮，接着在绘图区单击实体，返回到“毛坯设置”选项卡，然后在“显示”复选框下方单击选中“实体”单选按钮来设置以实体显示，如图 9-46 所示。

13 在“机床群组属性”对话框中单击“确定”图标按钮。

14 在刀路管理器中单击“验证已选择的操作”图标按钮，打开“Mastercam 模拟”窗口。在“Mastercam 模拟”窗口中设置相关的验证选项及参数，然后单击“播放”图标按钮，最后得到的粗切模拟验证效果如图 9-47 所示，单击“关闭”图标按钮，关闭“Mastercam 模拟”窗口。

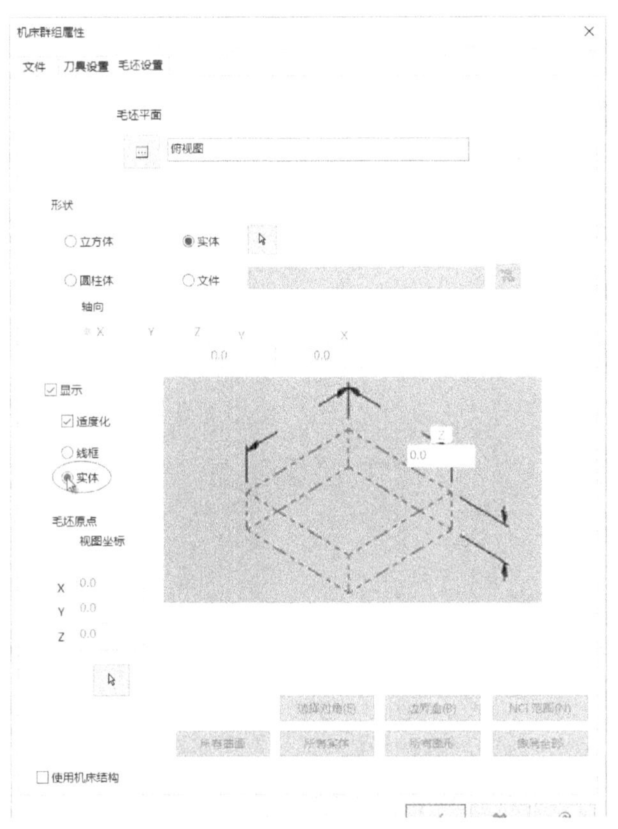

图 9-46　毛坯设置

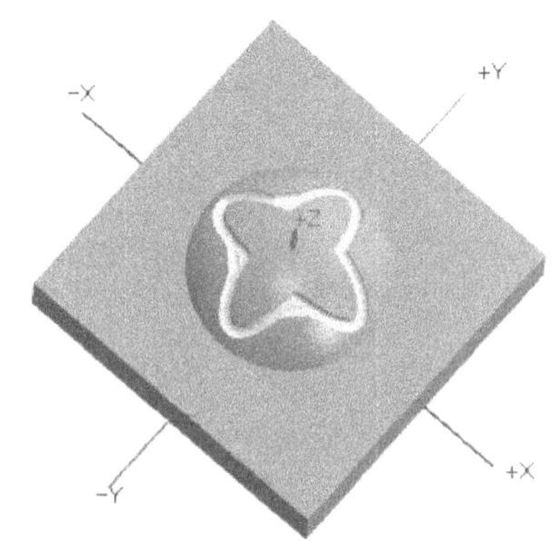

图 9-47　模拟验证效果

9.2.4 粗切流线加工

粗切流线加工（亦可称为“流线粗切”）是指刀路沿着曲面流线方向（即依据构成曲面的横向或纵向网格方向）切削。流线粗切的示例如图 9-48 所示，具有沿流线方向的刀具痕迹。

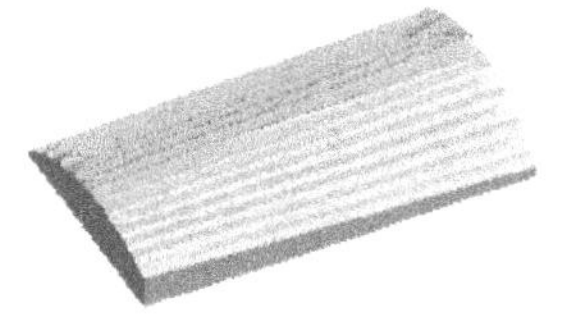

图 9-48 流线粗切示例

在进行流线粗切操作的过程中，需要在如图 9-49 所示的“曲面粗切流线”对话框中进行相关的参数设置。其中，流线切削特有的参数在“曲面流线粗切参数”选项卡中设置。下面介绍“曲面流线粗切参数”选项卡中的一些参数。

图 9-49 “曲面粗切流线”对话框

一、“切削控制”选项组

选中“距离”复选框时，可设置流线切削方向的进刀量。在“整体公差”按钮后的文本框中可以设置整体误差。

选中“执行过切检查”复选框时，系统将检查可能出现的过切现象，并给出检查结果，这对于系统自动调整刀路以避免过切是很有帮助的。

二、“截断方向控制”选项组

截断方向的控制有两种方法，一种是选择“距离”单选按钮，输入截断方向的切削步进量，另一种则是选择“残脊高度”（环绕高度）单选按钮，并设置残脊高度（环绕高度）来控制截断方向的步进量，残脊高度越大，则截断方向的步进量也越大。

三、切削方向

“切削方向”下拉列表框用来设置切削方向，可供选择的切削方向有“双向”、“单向”和“螺旋”。

四、其他参数设置

其他参数设置包括“只有单行”复选框和“带状切削”复选框等。

下面通过一个范例简单地介绍流线粗切的典型操作方法及步骤。

1 打开网盘资料的“CH9”\“流线粗切.MCX”文件，如图 9-50 所示。

2 在“刀路”菜单中选择“曲面粗切”/“流线”命令，系统弹出“选择工件形状”对话框，如图 9-51 所示，从中单击选中“凸”单选按钮，然后单击“确定”图标按钮。

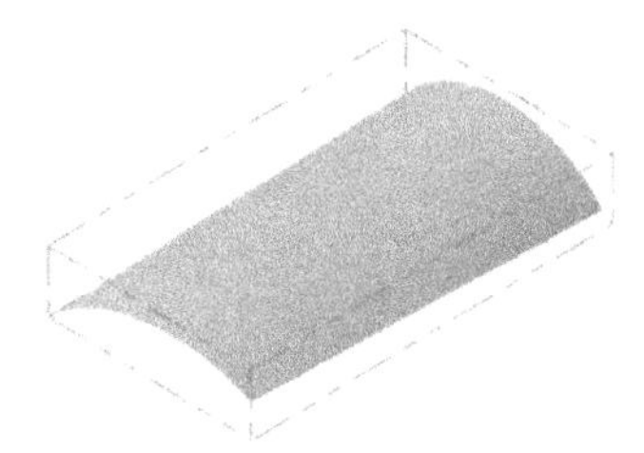

图 9-50 “流线粗切.MCX”文件内容

图 9-51 “选择工件形状”对话框

3 系统弹出“输入新 NC 名称”对话框，接受默认的新 NC 名称，单击“确定”图标按钮。

4 选择加工曲面，按〈Enter〉键确认，系统弹出如图 9-52 所示的“刀路曲面选择”对话框，在“曲面流线”选项组中单击“流线参数”图标按钮，系统弹出如图 9-53 所示的“曲面流线设置”对话框。

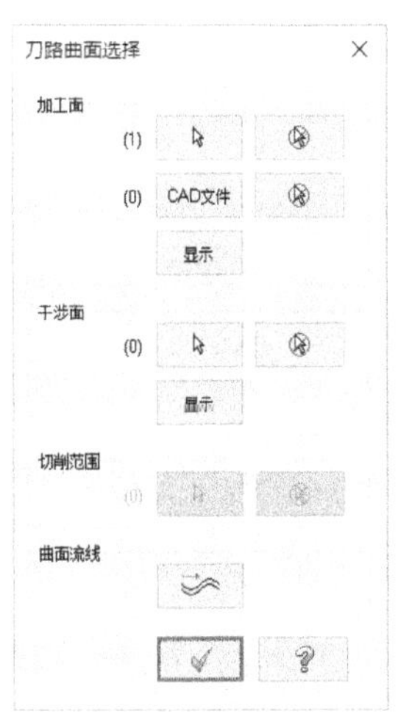

图 9-52 “刀路曲面选择”对话框

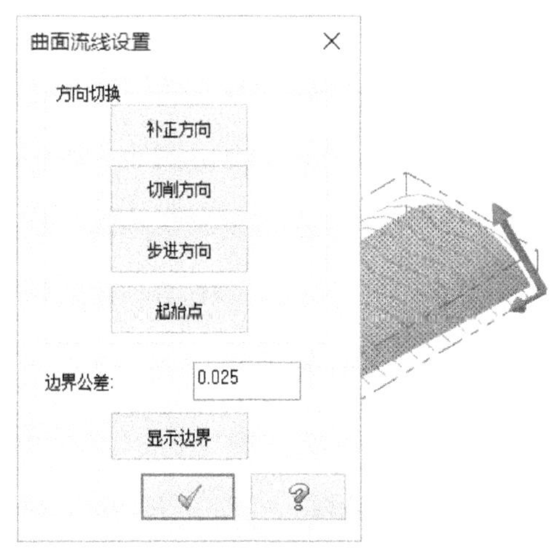

图 9-53 “曲面流线设置”对话框

5 在“曲面流线设置”对话框中单击“切削方向”按钮，调整曲面的切削流线方向如图 9-54 所示，单击“确定”图标按钮，接着在“刀路曲面选择”对话框中单击“确定”图标按钮。

6 系统弹出“曲面粗切流线”对话框。首先设置刀具参数，在“刀具参数”选项卡中，单击“从刀库选择”按钮，系统弹出“选择刀具”对话框，从“Steel-MM.tooldb”刀库刀具列表中选择直径为 10 的圆鼻刀，单击“确定”图标按钮，结束刀具选择。

7 在“刀具参数”选项卡的刀具列表中选择刚添加进来的直径为 10 的圆鼻刀，并分别设置进给速率为“700”、下刀速率为“350”、主轴转速为“4500”、提刀速率为“9999”。

8 切换到“曲面参数”选项卡，设置如图 9-55 所示的曲面加工参数。

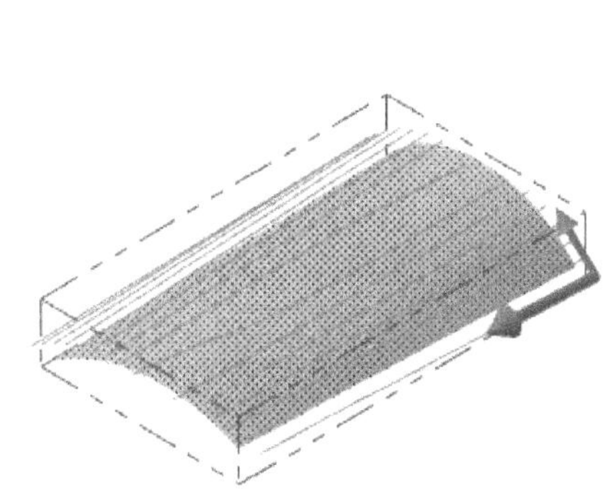

图 9-54 调整曲面的切削流线方向

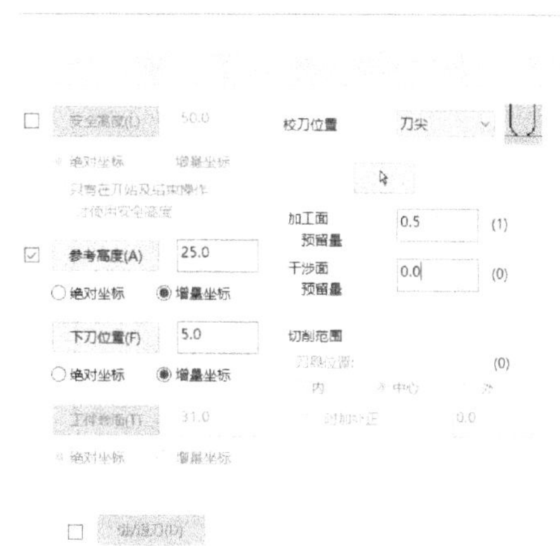

图 9-55 设置曲面加工参数

9 切换到“曲面流线粗切参数”选项卡，设置如图 9-56 所示的曲面流线粗切参数。用户还可以自行进行切削深度设置、间隙设置和高级设置。

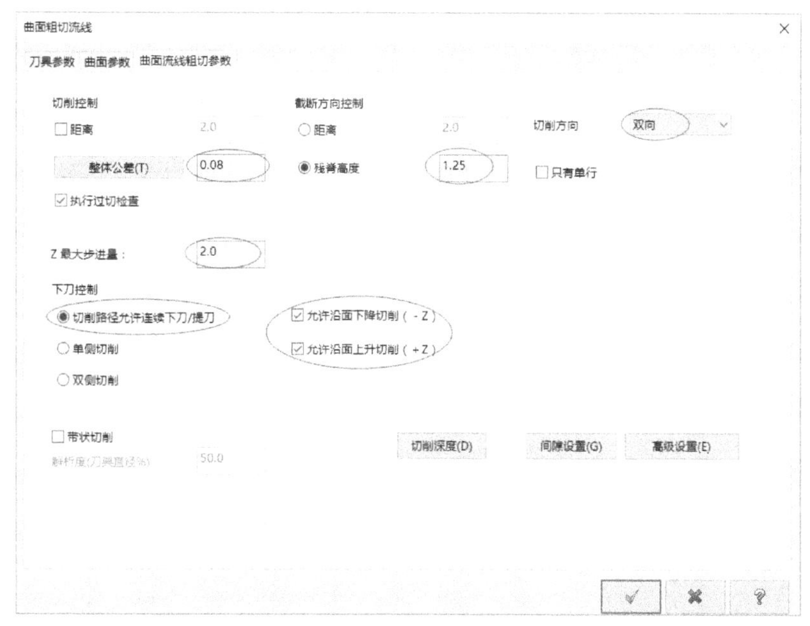

图 9-56 设置曲面流线粗切参数

10 在“曲面粗切流线”对话框中单击“确定”图标按钮，结束曲面流线粗切参数设置，产生的刀路如图 9-57 所示。

11 使用刀路管理器中的“验证已选择的操作”图标按钮，得到如图 9-58 所示的验证模拟加工结果。

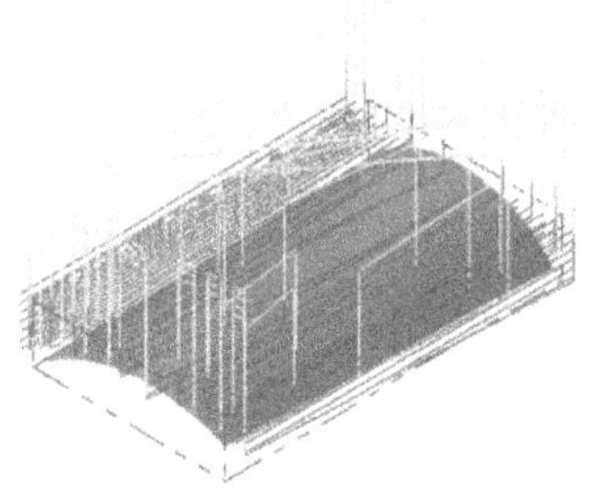

图 9-57 生成流线粗切的刀路

图 9-58 验证模拟加工结果

9.2.5 粗切等高外形加工

粗切等高外形加工（亦可称为“等高粗切”）是指紧挨着曲面边界产生一系列等高外形的刀路，一层一层地往下铣削（z 向进给），如图 9-59 所示。

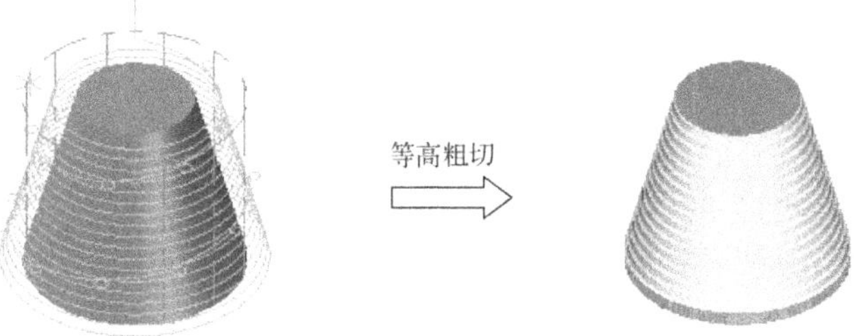

图 9-59 等高粗切示例

若要进行等高粗切，则需要在“刀路”菜单中选择“曲面粗切”/“等高”命令，在提示下指定新 NC 名称和加工曲面等，并在如图 9-60 所示的“曲面粗切等高”对话框中设置相关的参数。下面着重介绍“等高粗切参数”选项卡中的一些参数。

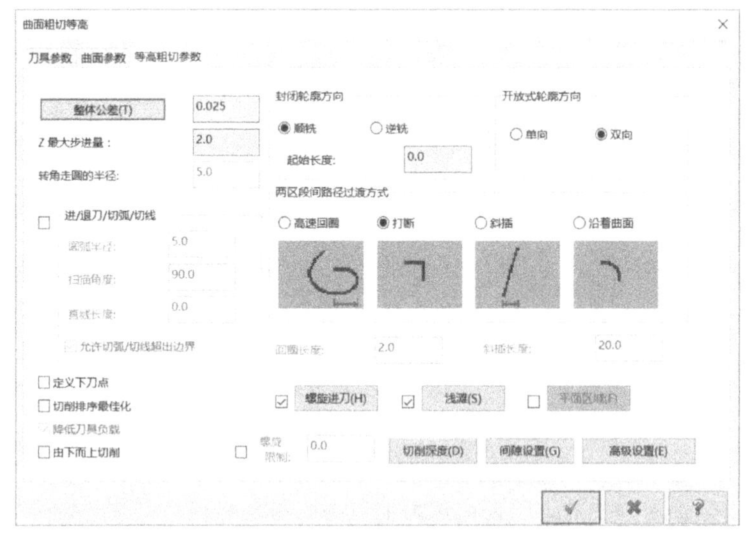

图 9-60 “曲面粗切等高”对话框

一、“封闭轮廓方向”选项组

在该选项组中设置封闭式轮廓外形加工时是采用顺铣还是逆铣方式，并可以在“起始长度”文本框中设置每层等高外形粗切刀路起点到系统默认起始点的距离。

二、“开放式轮廓方向”选项组

该选项组提供了定义开放式轮廓方向的“单向”单选按钮和“双向”单选按钮，这两个单选按钮的功能含义如下。

- “单向”：刀具加工到边界后提刀，快速返回到另一头，再下刀沿着相应的下一条刀路进行单向加工。
- “双向”：刀具在来回方向上均进行切削动作。

三、“两区段间路径过渡方式”选项组

该选项组主要用于设置当刀具移动量小于设定的间隙时，刀具从一条路径过渡到另一条路径的方式，一共有以下 4 种过渡方式。

- “高速回圈”：刀具以平滑方式跨越曲面间隙，快速过渡到另一条路径上。选择此过渡方式，可设置回圈长度。
- “打断”：刀具以打断方式越过曲面间隙。
- “斜插”：刀具以直线式斜插的方式直接越过曲面间隙。选择此方式，可设置斜插长度。
- “沿着曲面”：根据曲面的外形变化趋势，刀具相应地沿曲面上升/下降来越过曲面间隙。

四、螺旋进刀（螺旋下刀）

选中“螺旋进刀”按钮前的复选框，并单击“螺旋进刀”按钮，系统弹出如图 9-61 所示的“螺旋进刀设置”对话框，从中可设置相应的螺旋进刀参数。

五、浅滩（浅平面）加工

选中“浅滩”按钮前的复选框，并单击“浅滩”按钮，系统弹出如图 9-62 所示的“浅滩加工”对话框。利用此对话框，可以在等高外形加工中增加或移除浅滩区域的刀路，以保证曲面上浅滩的加工质量。可以设置允许局部切削，并可设置加工角度的限制范围和步进量的限制范围。

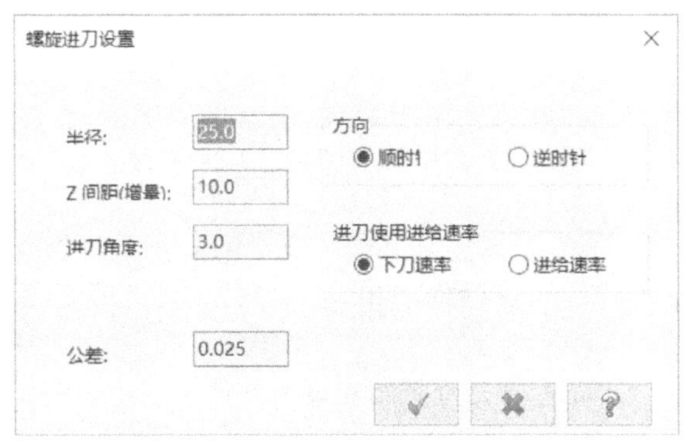

图 9-61 “螺旋进刀设置”对话框

图 9-62 “浅滩加工”对话框

六、平面区域设置

选中“平面区域”按钮前的复选框，并单击“平面区域”按钮，系统弹出如图 9-63 所示的“平面区域加工设置”对话框，从中进行平面区域加工设置。当单击选中“2d”单选按钮时，表示切削间距为刀路在二维平面区域中的投影。

图 9-63 “平面区域加工设置”对话框

七、“进/退刀/切弧/切线”选项组

在该选项组中，可设置进/退刀的圆弧半径、扫描角度和直线长度，并可设置允许切弧/切线超出边界。

下面通过一个范例简单地介绍等高粗切的典型操作方法及步骤。

1 打开网盘资料的“CH9”\“等高粗切.MCX”文件，如图 9-64 所示。

2 在“刀路”菜单中选择“曲面粗切”/“等高”命令，系统弹出“输入新 NC 名称”对话框，接受默认的新 NC 名称为“等高粗切”，单击“确定”图标按钮 ✓ 。

3 系统提示选择加工曲面，使用窗口方式选择所有的曲面作为加工曲面。选择好加工曲面后按〈Enter〉键确定，系统弹出如图 9-65 所示的“刀路曲面选择”对话框，直接单击“确定”图标按钮 ✓ 。

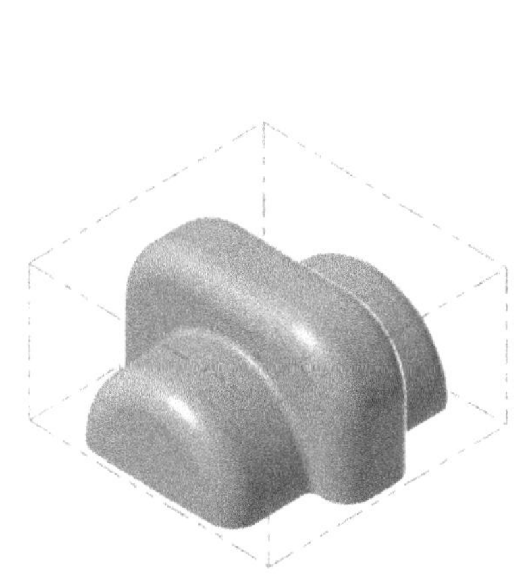

图 9-64 “等高粗切.MCX”文件内容

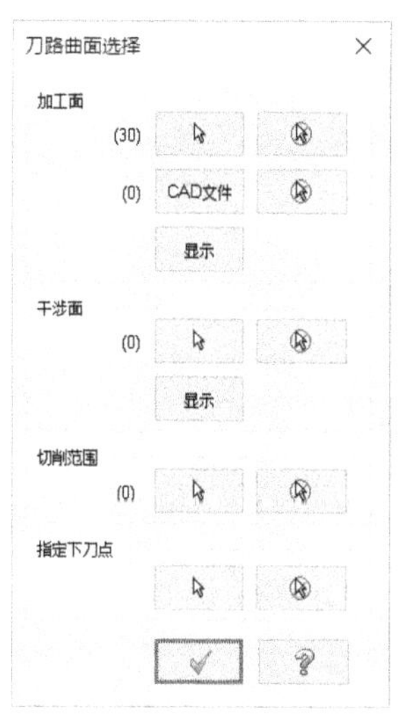

图 9-65 “刀路曲面选择”对话框

4 系统弹出“曲面粗切等高”对话框。首先设置刀具参数，在“刀具参数”选项卡中，单击“从刀库选择”按钮，打开“选择刀具”对话框，单击“打开刀库”图标按钮 ，弹出“选择刀库”对话框，选择“Steel-MM.tooldb”刀库，单击“打开”按钮，切换到“刀具管理”对话框，然后从该刀库列表中选择直径为 16 的圆鼻刀，单击“确定”图标按钮 ✓ ，结束刀具选择。

5 在“刀具参数”选项卡的刀具列表中确保选择刚添加进来的直径为 16 的圆鼻刀，并分别设置进给速率为“300”、下刀速率为“100”、主轴转速为“3000”、提刀速率为

"9999"。

6 切换到"曲面参数"选项卡，设置如图 9-66 所示的曲面加工参数。

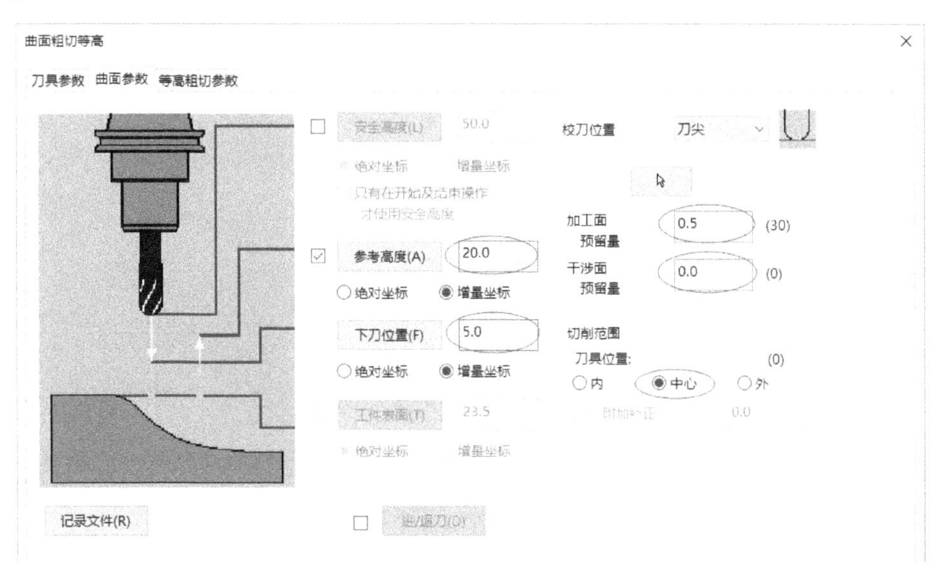

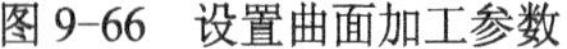
图 9-66　设置曲面加工参数

7 切换到"等高粗切参数"选项卡，按照图 9-67 所示设置整体公差、封闭轮廓方向、开放式轮廓方向、两区段间路径过渡方式等参数。

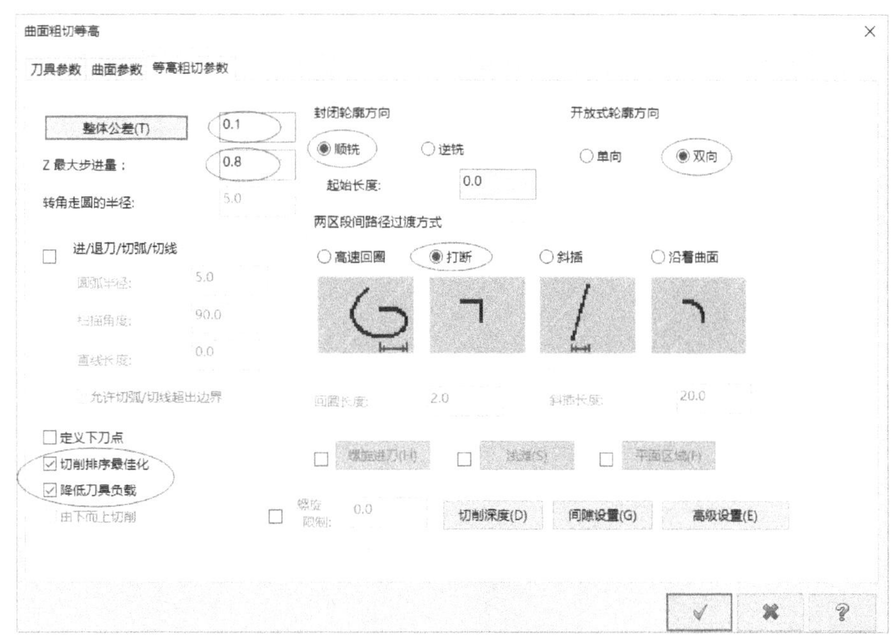

图 9-67　设置等高粗切参数

8 单击"切削深度"按钮，系统弹出"切削深度设置"对话框，设置如图 9-68 所示的切削深度参数，单击"确定"图标按钮 ✓ 。

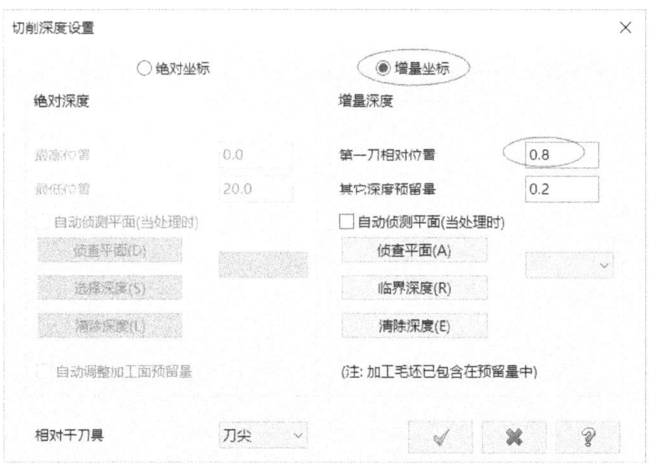

图 9-68 “切削深度设置”对话框

9 在“曲面粗切等高”对话框中单击“确定”图标按钮，系统按照设定的曲面等高粗切参数进行计算，产生如图 9-69 所示的曲面等高粗切刀路。

10 单击刀路管理器中的“验证已选择的操作”图标按钮，执行相关操作，最后得到如图 9-70 所示的模拟加工验证结果。

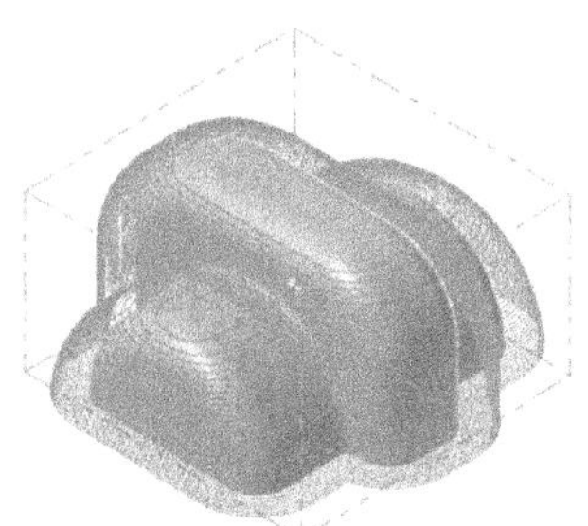

图 9-69 生成等高粗切刀路

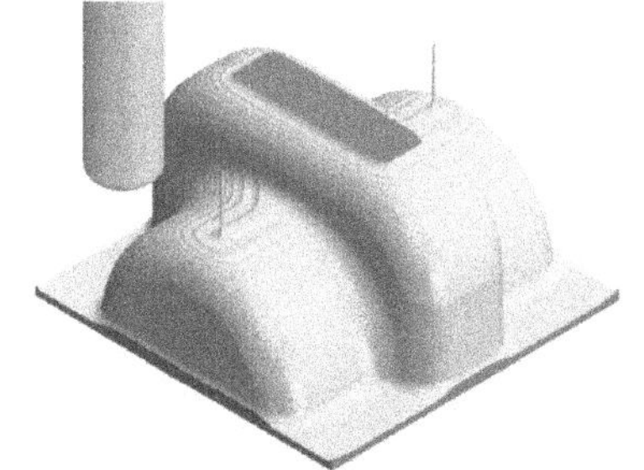

图 9-70 验证模拟加工结果

9.2.6 粗切挖槽加工

粗切挖槽加工（亦可称为“挖槽粗切”）在实际工作中应用较多。挖槽粗切的主要特点是加工时按设定高度来分层路径，在同一个高度完成相应的加工后再进行另一个高度的加工。挖槽粗切的典型示例如图 9-71 所示。

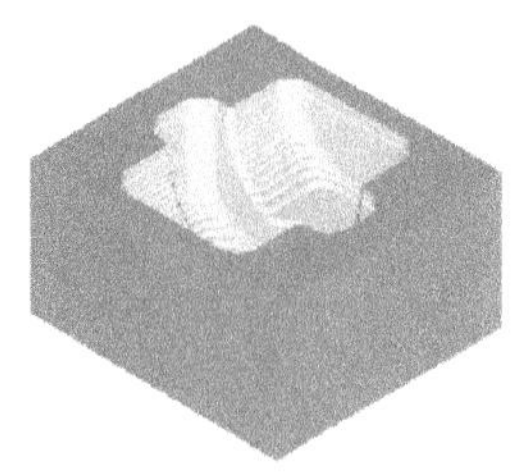

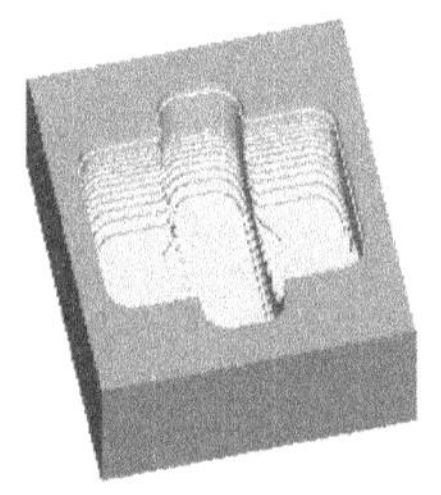

图 9-71 挖槽粗切

挖槽粗切需要在如图 9-72 所示的“曲面粗切挖槽”对话框中设置相关的参数。该对话框具有 4 个选项卡，即“刀具参数”选项卡、“曲面参数”选项卡、“粗切参数”选项卡和“挖槽参数”选项卡。

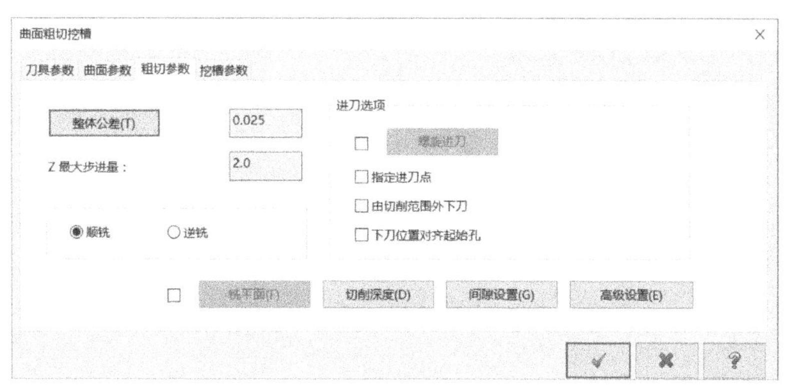

图 9-72 “曲面粗切挖槽”对话框

其中，在“粗切参数”选项卡中除了可以设置整体公差、Z 最大步进量，还可以设置加工方式是顺铣还是逆铣，同时可以设置进刀选项，进刀选项包括“螺旋进刀”/“斜插进刀”“指定进刀点”“由切削范围外下刀”和“下刀位置对齐起始孔”等。

- “螺旋进刀”/“斜插进刀”：用于设置启用设定的螺旋式进刀方式或斜插式进刀方式。
- “指定进刀点”：若勾选此复选框，则系统以选择的加工曲面前的指定点作为切入点（进刀点）。
- “由切削范围外下刀”：若勾选此复选框，则系统从挖槽边界外下刀。
- “下刀位置对齐起始孔”：若勾选此复选框，则系统从起始基础工艺孔处下刀。

在“挖槽参数”选项卡中，除了可以设置粗切方式、切削间距（直径%）、粗切角度等，还可以设置启用精修，同时可以设置次数、间距、精修次数等，如图 9-73 所示。

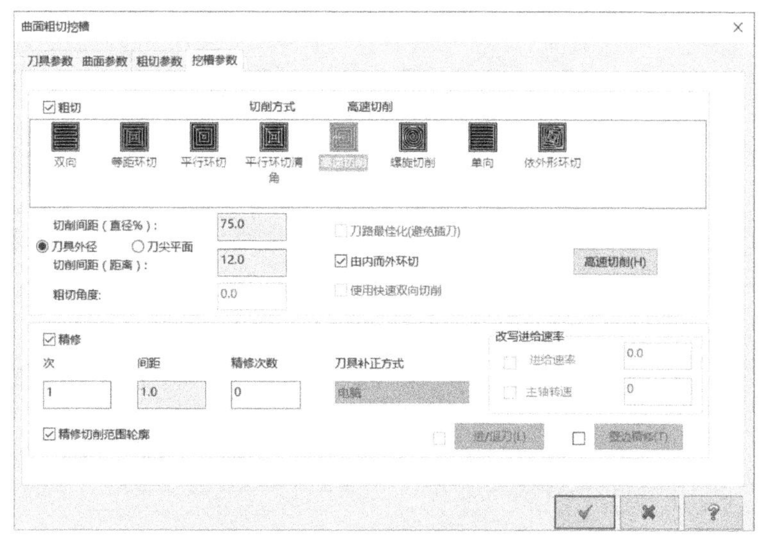

图 9-73 “曲面粗切挖槽”对话框的“挖槽参数”选项卡

下面通过一个范例简单地介绍挖槽粗切的典型操作方法及步骤。

1 打开网盘资料的“CH9”\“挖槽粗切.MCX”文件。

2 在“刀路”菜单中选择“曲面粗切”/“挖槽”命令，系统弹出“输入新 NC 名称”对话框，接受默认的新 NC 名称为“挖槽粗切”，单击“确定”图标按钮 ✓ 。

3 系统提示选择加工曲面。以框选的方式选择所有的曲面，按〈Enter〉键确定。系统弹出“刀路曲面选择”对话框，单击“确定”图标按钮 ✓ 。

4 系统弹出“曲面粗切挖槽”对话框。在“刀具参数”选项卡中，单击“从刀库选择”按钮，系统弹出“选择刀具”对话框，从指定的“Steel-MM.tooldb”刀库列表中选择直径为 10 的圆鼻刀（其刀角半径为 1），单击“确定”图标按钮 ✓ ，结束刀具选择，返回到“曲面粗切挖槽”对话框。

5 在“刀具参数”选项卡的刀具列表中选择刚添加进来的直径为 10 的圆鼻刀，并分别设置进给速率为“700”、下刀速率为“350”、主轴转速为“4500”、提刀速率为“9999”。

6 切换到“曲面参数”选项卡，设置如图 9-74 所示的参数。

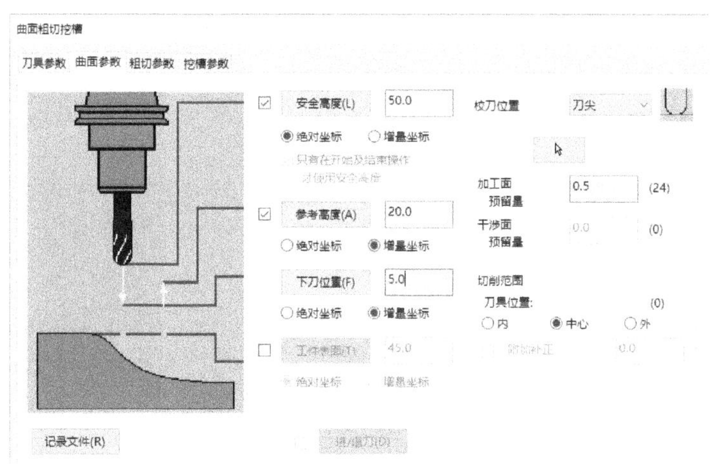

图 9-74 在“曲面参数”选项卡中的设置

7 切换到“粗切参数”选项卡，将整体公差设置为“0.025”，设置 Z 最大步进量为“1.2”，如图 9-75 所示。具体的螺旋进刀参数、切削深度参数等由用户自行设定。

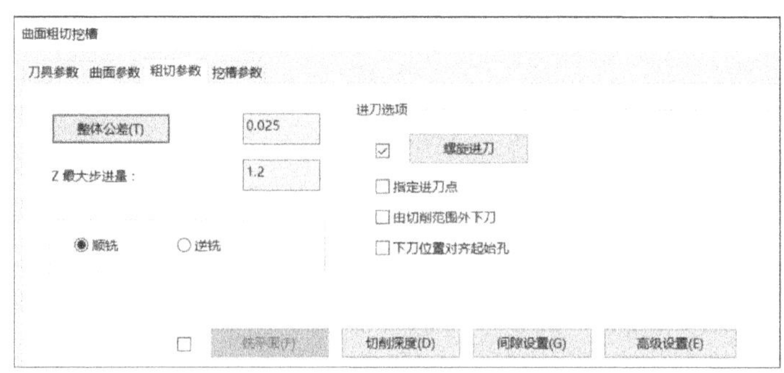

图 9-75 在“粗切参数”选项卡中的设置

8 切换到“挖槽参数”选项卡，设置如图 9-76 所示的挖槽参数。用户可以单击“进/退刀”按钮，将进刀和退刀的长度百分比设置为“50%”。然后，在“曲面粗切挖槽”对话框中单击“确定”图标按钮 ，系统根据设定的曲面粗切挖槽的相关参数产生相应的刀路。

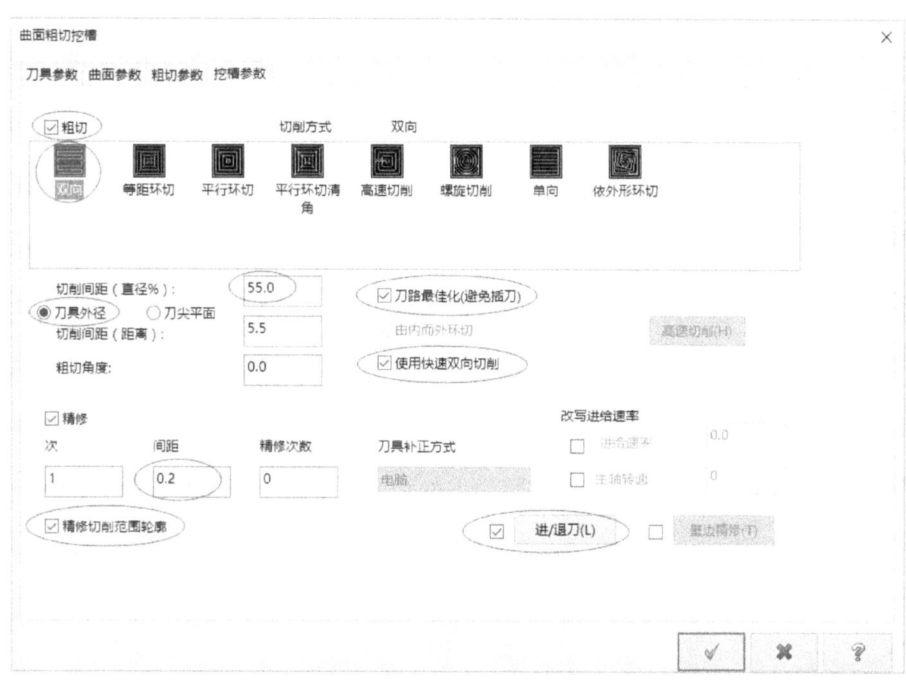

图 9-76　设置挖槽参数

9 单击刀路管理器中的“验证已选择的操作”图标按钮 ，执行相关的操作，最后得到如图 9-77 所示的验证模拟加工结果。

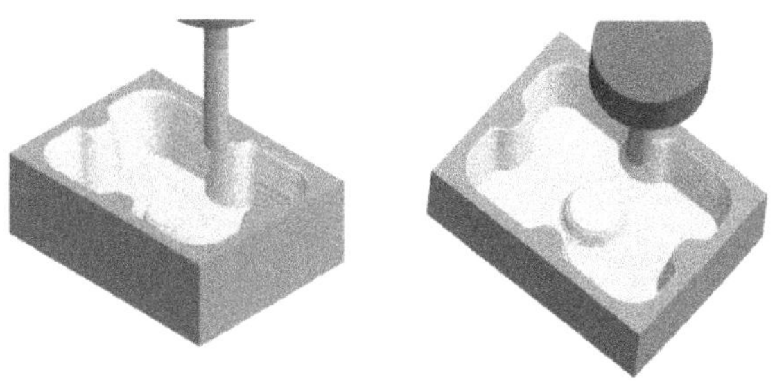

图 9-77　验证模拟加工结果

9.2.7 粗切钻削式加工

粗切钻削式加工（亦可称为“钻削式粗切”）是指用刀具在毛坯上采用类似于钻孔的方式去除材料，该粗切速度快，去除材料的效率高，但对刀具和机床的要求较高。在如图 9-78 所示的加工示例中，便应用了钻削式粗切，加工刀具采用直径合适的钻孔刀。

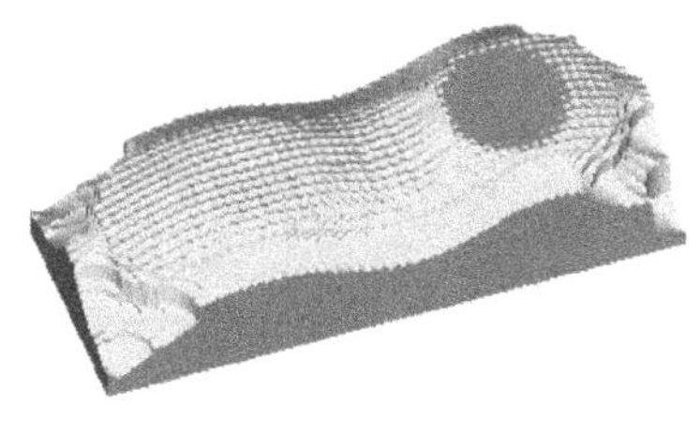

图 9-78　钻削式粗切

钻削式粗切的相关参数是在如图 9-79 所示的“曲面粗切钻削”对话框中设置的，尤其要注意“钻削式粗切参数”选项卡中的特有参数设置。

图 9-79 “曲面粗切钻削”对话框

其中，在“下刀路径”选项组中提供了两个单选按钮，即“NCI”单选按钮和“双向”单选按钮。当在“下刀路径”选项组中选择“NCI”单选按钮时，则可以从右侧列表中选择一种操作（该操作必须针对同一个表面或同一个区域的加工）作为下刀路径；当选择“双向”单选按钮时，则采用来回钻削的刀路。

下面通过一个范例简单地介绍钻削式粗切的典型操作方法及步骤。

1 打开网盘资料的“CH9”\“钻削式粗切.MCX”文件，如图 9-80 所示。

2 在“刀路”菜单中选择“曲面粗切”/“钻削”命令，系统弹出“输入新 NC 名称”对话框，接受默认的新 NC 名称为“钻削式粗切”，单击“确定”图标按钮 ✓ 。

3 系统提示选择加工曲面。使用鼠标框选所有曲面作为加工曲面，如图 9-81 所示，选择好加工曲面后按〈Enter〉键确定。

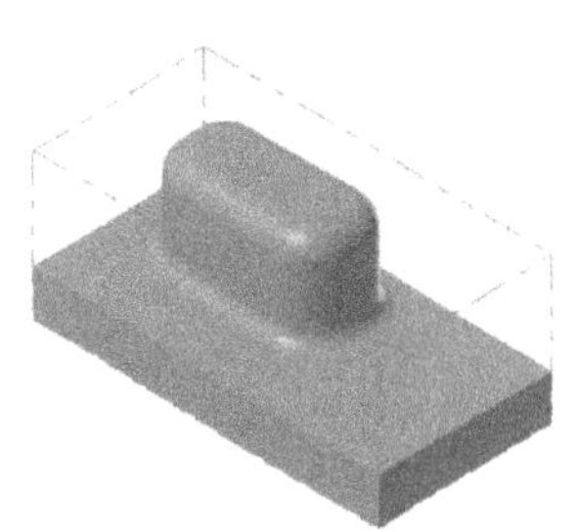

图 9-80 “钻削式粗切.MCX”文件内容

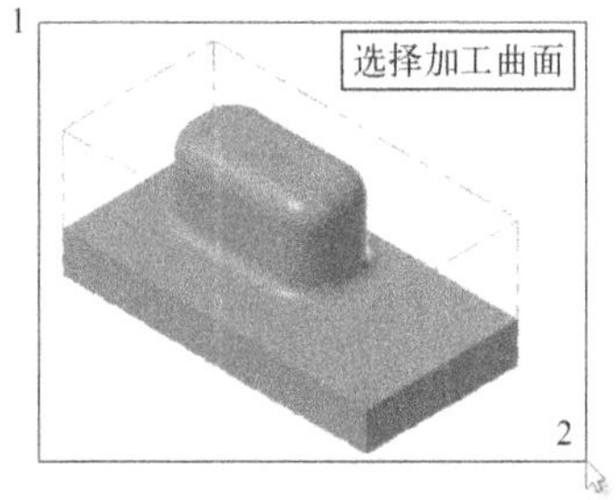

图 9-81 选择加工曲面

4 在系统弹出的“刀路曲面选择”对话框中直接单击“确定”图标按钮 ✓ 。

5 系统打开“曲面粗切钻削”对话框，在“刀具参数”选项卡的刀具列表空白区域右击，从弹出的快捷菜单中选择“刀具管理”命令，打开“刀具管理”对话框。从默认的“mill_mm.tooldb”刀具资料库（或其他刀库）中选择直径为 10 的一把钻孔刀，单击“将选择的刀库刀具复制到机床群组”图标按钮 ，然后单击“刀具管理”对话框中的“确定”图标按钮 。

6 在“刀具参数”选项卡中选择刚复制过来的钻孔刀，接受默认的进给速率、下刀速率和提刀速率等。用户可以根据设计情况和机器情况更改这些刀具参数。

7 切换到“曲面参数”选项卡，设置如图 9-82 所示的曲面加工参数。

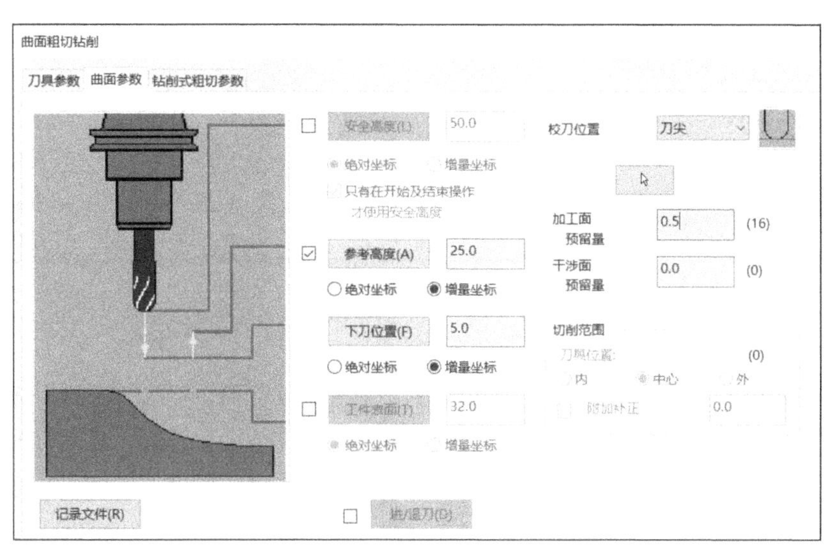

图 9-82　设置曲面加工参数

8 切换到“钻削式粗切参数”选项卡，设置如图 9-83 所示的钻削式粗切参数。

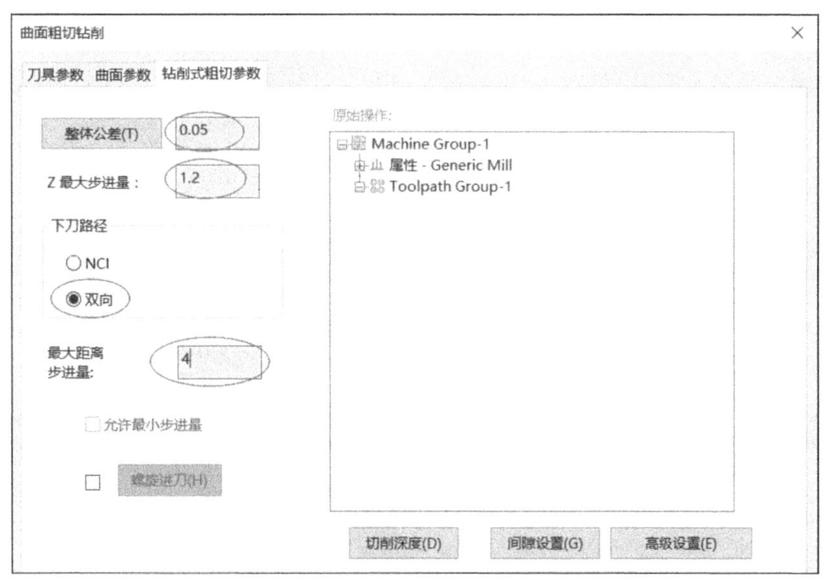

图 9-83　钻削式粗切参数设置

9 单击“切削深度”按钮，系统弹出“切削深度设置”对话框，单击选中“增量坐标”单选按钮，在“第一刀相对位置”文本框中输入“0.5”，在“其他深度预留量”文本框中输入“0.1”，然后单击该对话框中的“确定”图标按钮 ✓ 。

10 在“曲面粗切钻削”对话框中单击“确定”图标按钮 ✓ ，系统弹出“在左下角选择下刀点”提示信息，选择如图 9-84a 所示的 P1 点，系统接着弹出“在右上角选择下刀点”提示信息，选择如图 9-84b 所示的 P2 点。

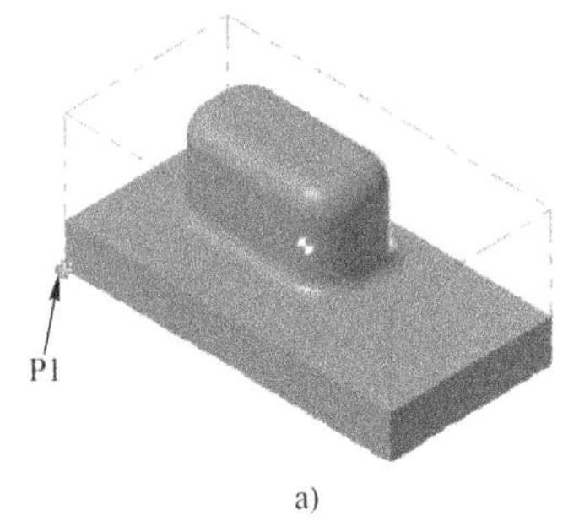

a)

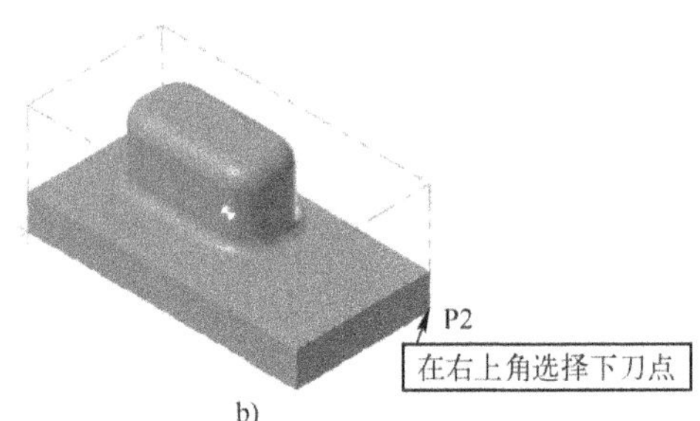

b)

图 9-84　选择下刀点

指定下刀点后，系统产生如图 9-85 所示的钻削式粗切刀路。

11 单击刀路管理器中的“验证已选择的操作”图标按钮，执行相关的操作，最后得到如图 9-86 所示的验证模拟加工结果。

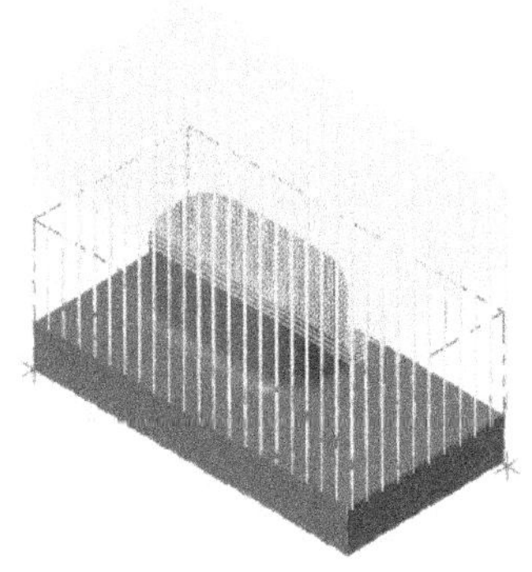

图 9-85　产生钻削式粗切刀路

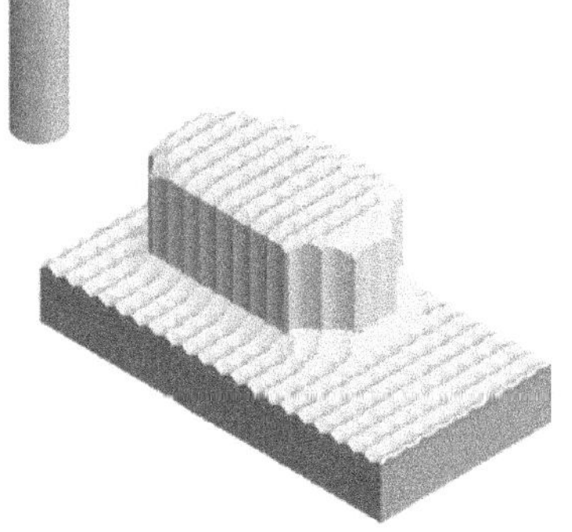

图 9-86　验证模拟加工结果

9.2.8 粗切残料加工

在进行一般的粗切之后，在工件上通常还留下一些部位没有加工到。使用系统提供的“粗切残料加工”功能，可以对先前使用较大直径的刀具加工所留下的残料区域进行粗切，使工件表面达到精加工之前的要求。

残料粗切需要在如图 9-87 所示的“曲面残料粗切”对话框中设置相关的参数，包括刀具参数、曲面参数、残料加工参数和剩余毛坯参数。下面介绍“剩余毛坯参数”选项卡中的特有参数选项。

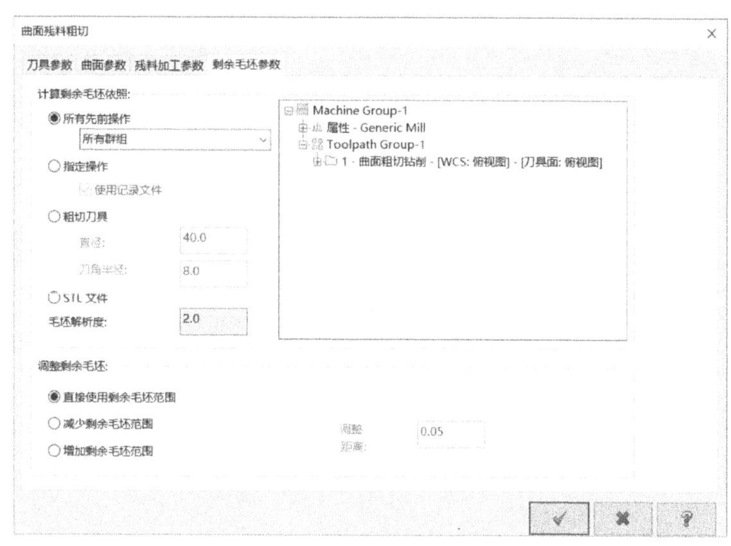

图 9-87 “曲面残料粗切”对话框

一、“计算剩余毛坯依照”选项组

该选项组用来设置计算残料粗切中需要清除的剩余毛坯材料的方法。剩余毛坯材料的计算方法有以下 4 种。

- “所有先前操作”：选择此单选按钮，则对之前所有的加工操作进行残料计算。
- “指定操作”：选择此单选按钮，则用户可以在右侧的加工操作列表中选择某个操作进行残料计算。
- “粗切刀具”：选择此单选按钮，则根据设定的刀具直径和刀角半径来计算出残料粗切需切削的区域。只对符合设定刀具直径和刀角半径大小的加工操作进行残料计算。
- “STL 文件”：选择此单选按钮，则系统对 STL 文件进行残料计算，可设置材料的解析度，此值越小，加工质量越好，而加工速度会越慢。

二、“调整剩余毛坯”选项组

该选项组主要用于放大或缩小定义的残料粗切区域。可以选择“直接使用剩余毛坯范围”、“减少剩余毛坯范围”或“增加剩余毛坯范围”单选按钮。

下面通过一个范例简单地介绍粗切残料加工的典型操作方法及步骤。

1 打开网盘资料的“CH9”\“残料粗切.MCX”文件，如图 9-88 所示。

2 在“刀路”菜单中选择“曲面粗切”/“残料”命令。

3 系统提示选择加工曲面。使用鼠标框选所有曲面作为加工曲面，按〈Enter〉键。

4 系统弹出“刀路曲面选择”对话框，在“切削范围”选项组中单击“选择”图标按钮，指定加工边界，如图 9-89 所示，接着在“串连选项”对话框中单击“确定”图标按钮。

5 在“刀路曲面选择”对话框中单击“确定”图标按钮，弹出“曲面残料粗切”对话框。

6 在“刀具参数”选项卡中，单击“从刀库选择”按钮，弹出“选择刀具”对话框，从“MILL_MM.tooldb”刀库的刀具列表中选择直径为 5 的圆鼻刀，其长度为“50”，刀角半径为“1”，单击“确定”图标按钮，结束刀具选择。

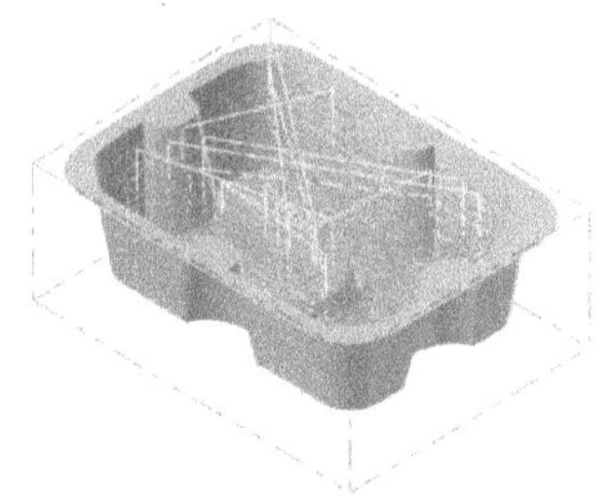

图 9-88 “残料粗切.MCX”文件内容

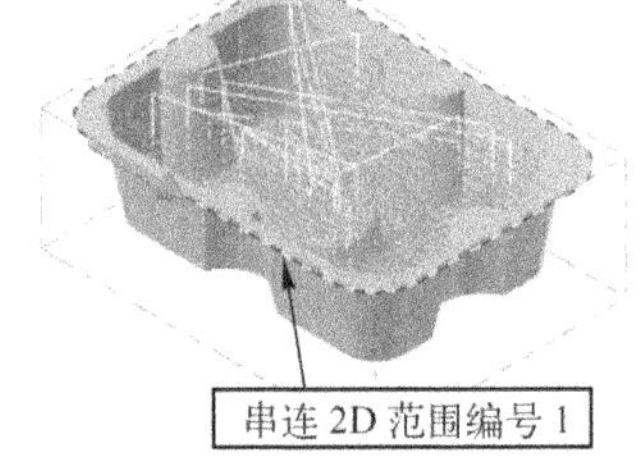

图 9-89 指定加工边界

7 在“刀具参数”选项卡的刀具列表中选择刚添加进来的直径为 5 的圆鼻刀，并分别设置进给速率为“200”、下刀速率为“100”、主轴转速为“1600”、提刀速率为“100”。

8 切换到“曲面参数”选项卡，设置如图 9-90 所示的参数。

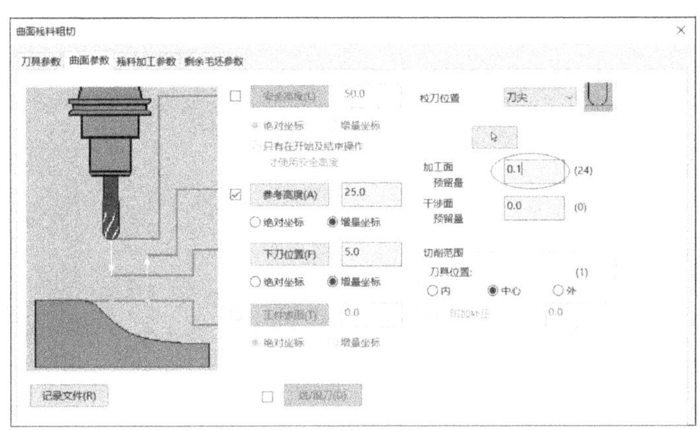

图 9-90 设置曲面加工参数

9 切换到“残料加工参数”选项卡，设置如图 9-91 所示的参数。螺旋进刀、切削深度、间隙设置和高级设置可由读者自行指定。

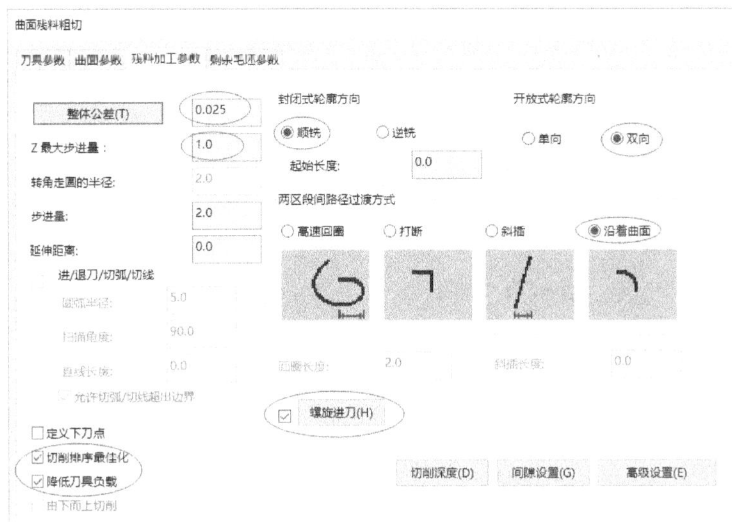

图 9-91 设置残料加工参数

10 切换到“剩余毛坯参数”选项卡，在“计算剩余毛坯依照”选项组中单击选中“所有先前操作”单选按钮；在“调整剩余毛坯”选项组中单击选中“直接使用剩余毛坯范围”单选按钮。

11 在“曲面残料粗切”对话框中单击“确定”图标按钮，系统产生相应的曲面残料粗切刀路。

12 在刀路管理器中单击“选择全部操作”图标按钮。

13 单击刀路管理器中的“验证已选择的操作”图标按钮，完成第一次粗切（挖槽粗切）时的验证效果如图 9-92 所示，而完成粗切残料加工的验证效果如图 9-93 所示。

图 9-92　挖槽粗切的验证效果

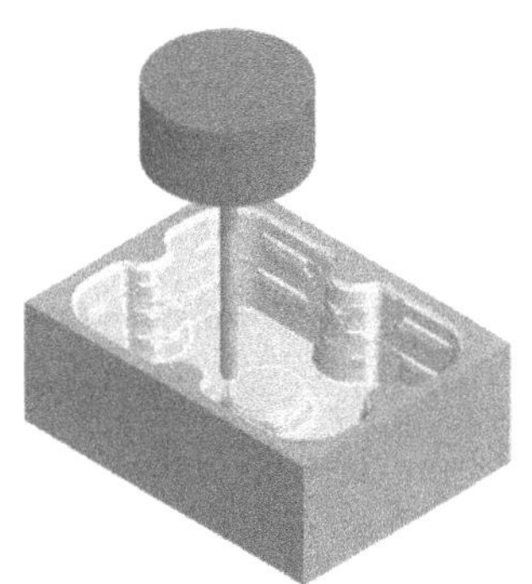

图 9-93　粗切残料加工的验证效果

9.3 曲面精修

曲面精修也就是曲面精加工，其方法包括平行铣削精修、平行陡斜面精修、放射精修、投影精修、流线精修、等高精修、浅滩精修、清角精修、残料精修、环绕等距精修和熔接精修等。这些用于曲面精修的命令位于“刀路”/“曲面精修”级联菜单中，如图 9-94 所示。曲面精修的操作方法和曲面粗切的操作方法类似，重点在于曲面精修的参数设置。

图 9-94　“刀路”/“曲面精修”级联菜单

9.3.1 平行铣削精修

使用“刀路”/“曲面精修”级联菜单中的“平行”命令，可以产生平行铣削的精修刀路。与平行铣削粗切相比，平行铣削精修需要更低的公差值，并尽可能采用能获得更好加工效果的切削方式。

平行铣削精修的一些典型参数如图 9-95 所示。下面介绍“曲面精修平行”对话框的“平行精修铣削参数”选项卡中的主要参数。

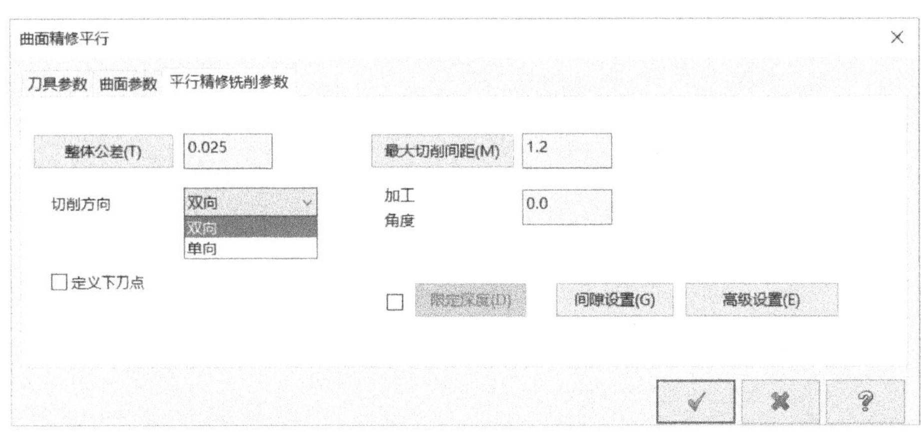

图 9-95 “曲面精修平行”对话框

一、“整体公差”按钮

在“整体公差”按钮后面的对应文本框中设置平行铣削精修的整体误差。若单击“整体公差”按钮，则可以利用弹出的对话框进行整体误差设置，包括过滤误差和切削误差之间的关系。在精修阶段，需要将该误差值设置得更低一些，同时还要综合考虑加工设备的加工精度等。

二、“切削方向”下拉列表框

在“切削方向”下拉列表框中指定切削方向。切削方向可以为“单向”或“双向”。根据实际情况，选择合适的切削方向以获得好的加工效果。

三、“加工角度”文本框

在“加工角度”文本框中输入当前平行铣削精修要采用的加工角度。该角度通常与粗切时的角度不同，从而形成与粗切时的刀痕成交叉状的刀路，这样可以获得相对更好的加工表面质量。

四、“限定深度”按钮

要启用“限定深度”功能，需要选中“限制深度”按钮前面的复选框。单击“限制深度”按钮，系统弹出如图 9-96 所示的“限定深度”对话框，利用该对话框设置以相对于刀具的中心或刀尖来测量的最高位置和最低位置，从而起到限制加工深度的作用。

下面介绍曲面平行铣削精修的范例。

1 打开网盘资料的“CH9”\“曲面平行铣削精修.MCX”文件，执行该文件已有的粗切模拟，结果如图 9-97 所示。

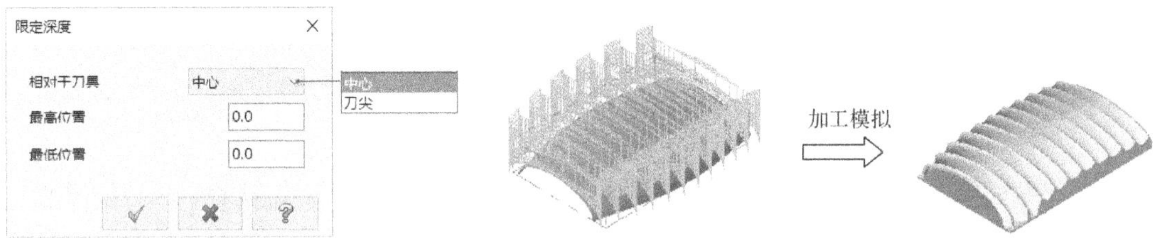

图 9-96 “限定深度”对话框

图 9-97 已有的平行铣削粗切

2 在“刀路”菜单中选择“曲面精修”/“平行”命令。

3 系统提示选择加工曲面。选择如图 9-98 所示的曲面作为加工曲面，按〈Enter〉键确定。在如图 9-99 所示的“刀路曲面选择”对话框中单击“确定”图标按钮 ✓ 。

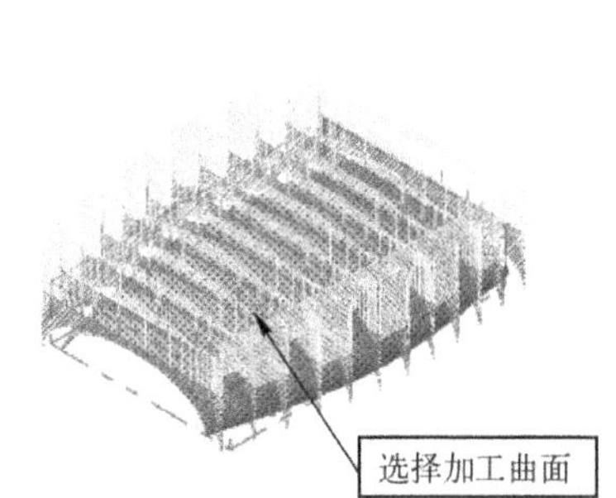

图 9-98 选择加工曲面

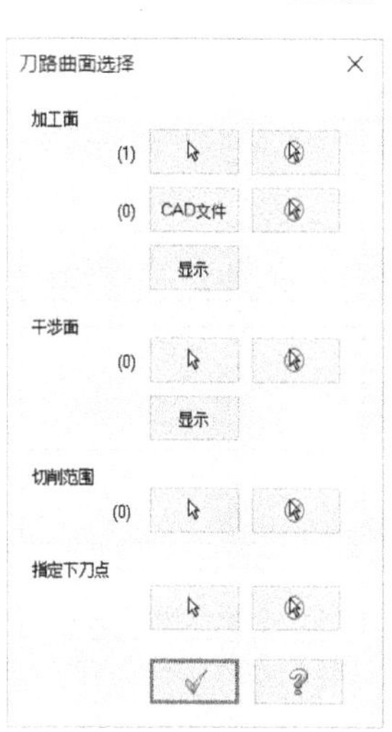

图 9-99 “刀路曲面选择”对话框

4 系统弹出“曲面精修平行”对话框。在“刀具参数”选项卡中，单击“从刀库选择”按钮，打开“选择刀具”对话框，从“mill_mm.tooldb”刀库列表中选择直径为 5 的球刀，单击“确定”图标按钮 ✓ ，结束刀具选择。

5 在“刀具参数”选项卡的刀具列表中选择刚添加进来的直径为 5 的球刀，并分别设置如图 9-100 所示的参数。

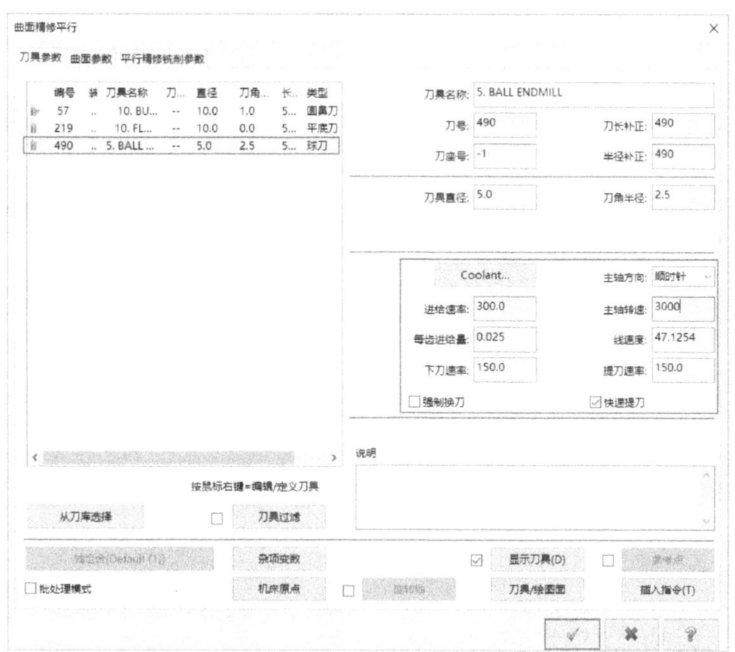

图 9-100 设置刀具参数

6 切换到“曲面参数”选项卡，设置如图 9-101 所示的曲面加工参数。

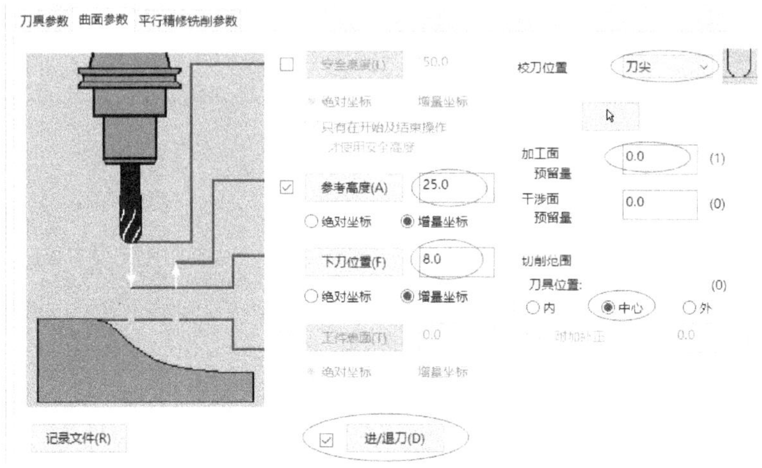

图 9-101 设置曲面加工参数

7 单击“进/退刀”按钮，系统弹出“方向”对话框，设置如图 9-102 所示的进刀/退刀向量参数，然后单击“确定”图标按钮 ✓ 。

图 9-102 “方向”对话框

8 切换到“平行精修铣削参数”选项卡，设置如图 9-103 所示的参数。用户可以通过单击“间隙设置”按钮、“高级设置”按钮分别设置间隙和高级方面的参数。

图 9-103 设置平行精修铣削参数

9 在“曲面精修平行”对话框中单击“确定”图标按钮，产生的刀路如图 9-104 所示。

10 在刀路管理器中单击“选择全部操作”图标按钮，然后单击刀路管理器中的“验证已选择的操作”图标按钮，精修验证结果如图 9-105 所示。

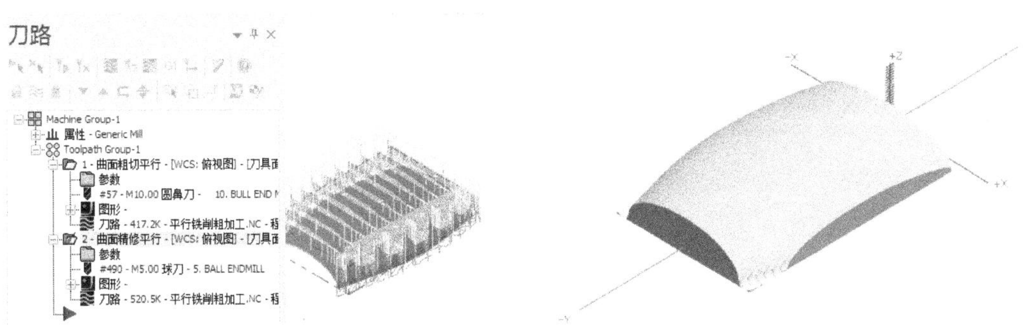

图 9-104 产生的刀路　　图 9-105 验证加工结果

9.3.2 平行陡斜面精修

在加工中受刀具切削间距的影响，通常在平坦曲面上刀路较密，而陡斜面（包括一般倾斜的面、接近于垂直的曲面和垂直面）上的刀路要相对稀疏一些，这样容易导致有较多余料。Mastercam 在曲面精修中提供了专门针对陡斜面的精修方式——平行陡斜面精修，该精修方式主要用于某些粗切或精修之后。

在平行陡斜面精修操作过程中，需要在如图 9-106 所示的“曲面精修平行式陡斜面”对话框中进行相关的刀具参数、曲面加工参数和陡斜面精修参数设置。下面专门介绍平行陡斜面精修的特定参数设置。

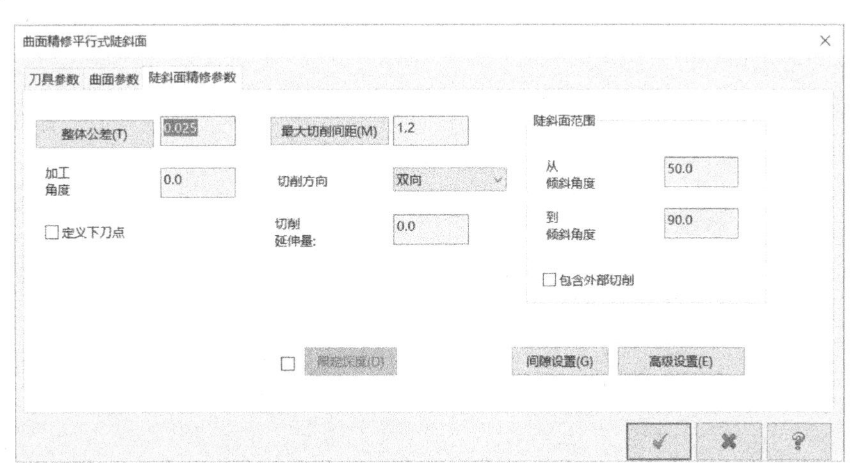

图 9-106 “曲面精修平行式陡斜面”对话框

一、切削延伸量

切削延伸量即切削方向延伸量。刀具在之前加工过的区域开始进刀，经过设定的切削延伸量才正式切入到需要加工的陡斜面区，在退出陡斜面区时也需要经过这样的一个距离，也就是说，切削延伸量相当于添加在刀路两端，使切削能够跟随曲面圆滑过渡。

二、陡斜面范围

在“陡斜面范围”选项组中，可以通过指定两个倾斜角度来设置陡斜面的切削范围。其中，在“从倾斜角度”文本框中设置开始加工曲面的位置（加工范围的最小坡度），在“到倾斜角度”文本框中设置终止加工的位置（加工范围的最大坡度）。

下面介绍曲面平行陡斜面精修的范例。

1 打开网盘资料的“CH9”\“平行式陡斜面精修.MCX-6”文件，执行该文件已有的粗切模拟，结果如图 9-107 所示。

2 在“刀路”菜单中选择“曲面精修”/“平行陡斜面”命令。

3 系统提示选择加工曲面。使用鼠标框选如图 9-108 所示的曲面作为加工曲面，按〈Enter〉键确定。系统弹出“刀路曲面选择”对话框，直接单击“确定”图标按钮✓。

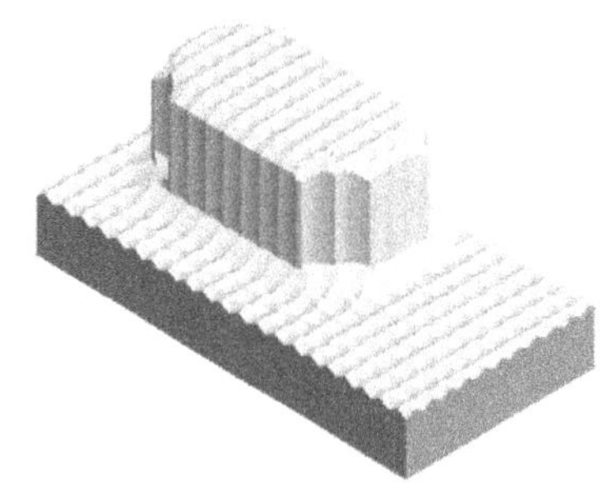

图 9-107 已有的粗切模拟

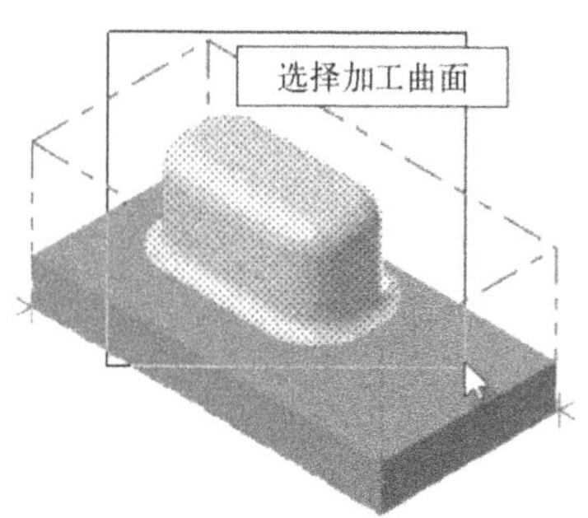

图 9-108 选择加工曲面

4 系统弹出“曲面精修平行式陡斜面”对话框。在“刀具参数”选项卡中，单击“从刀库选择”按钮，打开“选择刀具”对话框，从“Steel-MM.tooldb”刀库列表中选择直径为 5 的球刀，单击“确定”图标按钮✓，结束刀具选择。接着自行设置合适的进给速率、下刀速率、提刀速率和主轴转速等。

5 切换到“曲面参数”选项卡，设置如图 9-109 所示的曲面精修参数。

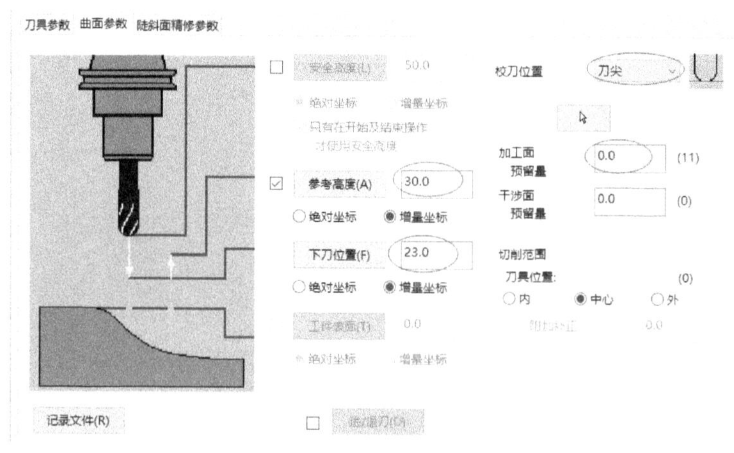

图 9-109 设置曲面精修参数

6 切换到“陡斜面精修参数”选项卡，设置如图 9-110 所示的参数。

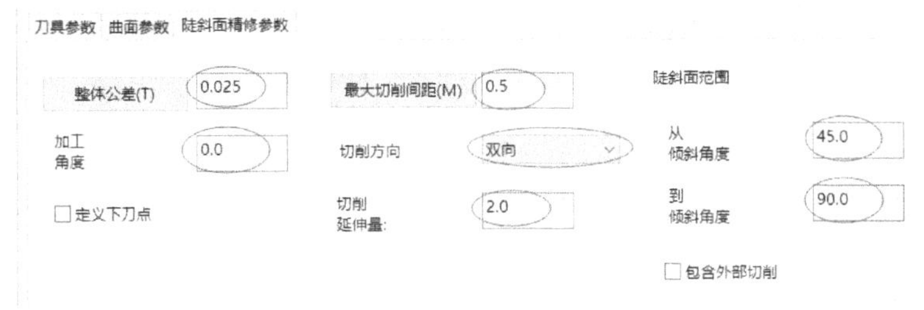

图 9-110 设置陡斜面精修参数

7 在“曲面精修平行式陡斜面”对话框中单击“确定”图标按钮，生成的平行陡斜面精修刀路如图 9-111 所示。

8 在刀路管理器中单击“选择全部操作”图标按钮，然后在刀路管理器中单击“验证已选择的操作”图标按钮，执行相关操作得到的加工模拟验证结果如图 9-112 所示。

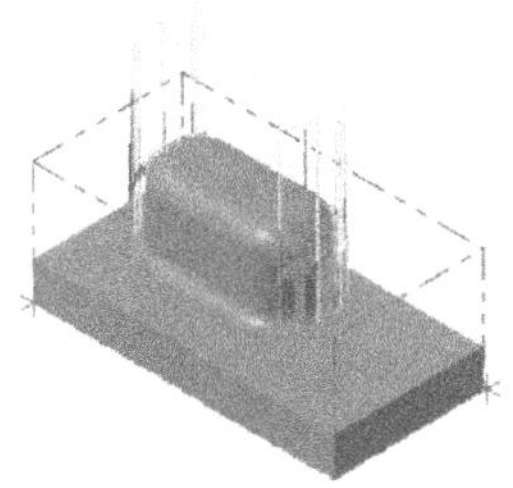

图 9-111 平行陡斜面精修刀路

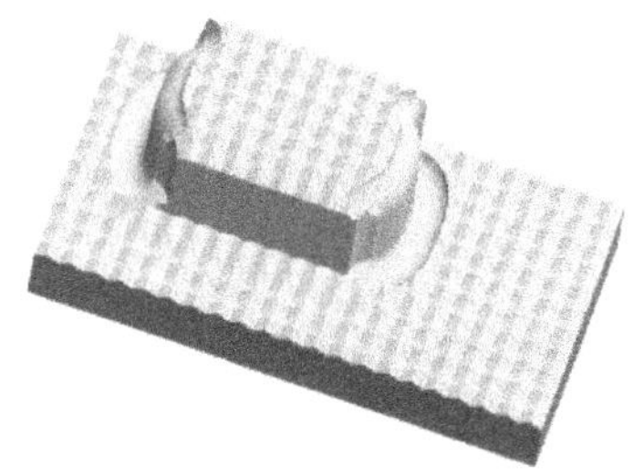

图 9-112 加工模拟的验证结果

9.3.3 放射精修

放射精修指刀具绕着放射状中心进行工件某一范围内的放射性精加工，通常用于圆形、对称性模具结构的精加工。放射精修的操作方法和参数设置与放射粗切类似。放射精修的参数设置是在如图 9-113 所示的“曲面精修放射”对话框中进行的。

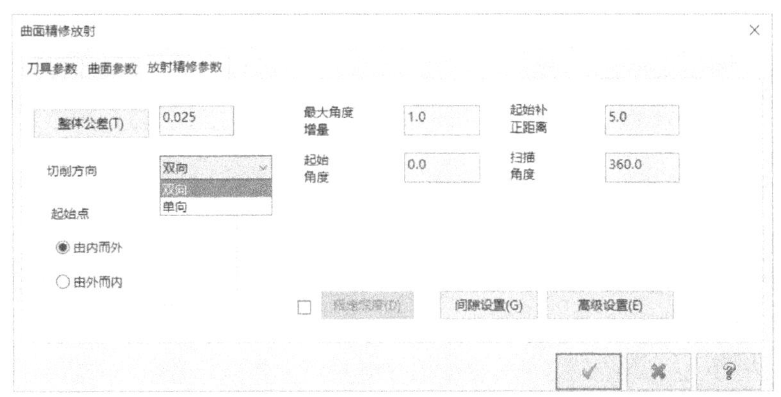

图 9-113 “曲面精修放射”对话框

下面介绍一个放射精修的操作范例，执行放射精修前后的模型效果如图 9-114 所示。

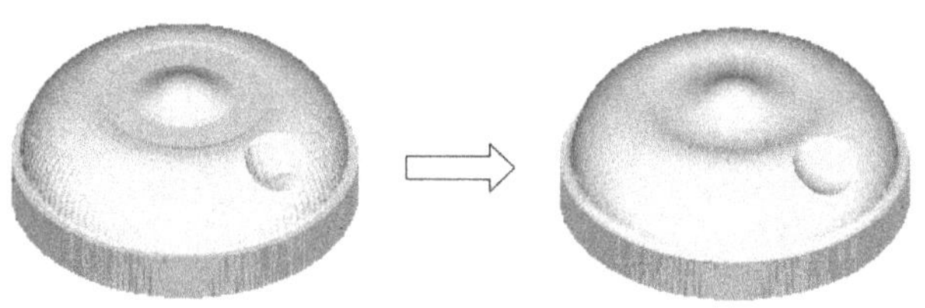

图 9-114　放射精修

1 打开网盘资料的“CH9”\“放射精修.MCX”文件。

2 在“刀路”菜单中选择“曲面精修”/“放射”命令。

3 在提示下使用鼠标分别单击要加工的曲面，如图 9-115 所示，按〈Enter〉键确定。接着在“刀路曲面选择”对话框的“选择放射中心点”选项组中单击“选择”图标按钮，选择如图 9-116 所示的点（0，0，0）作为放射中心，然后单击“刀路曲面选择”对话框中的“确定”图标按钮。

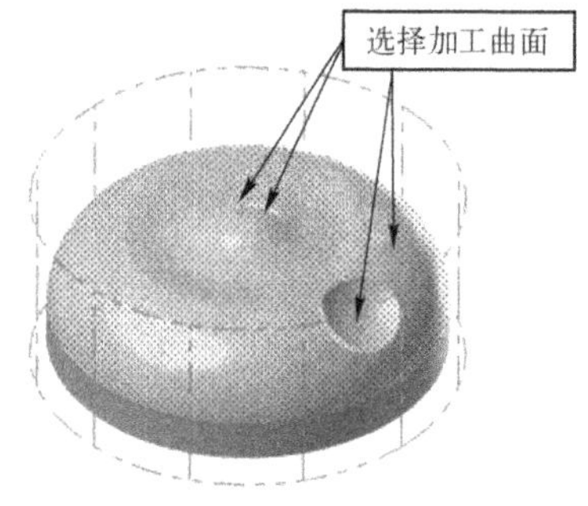

图 9-115　选择加工曲面

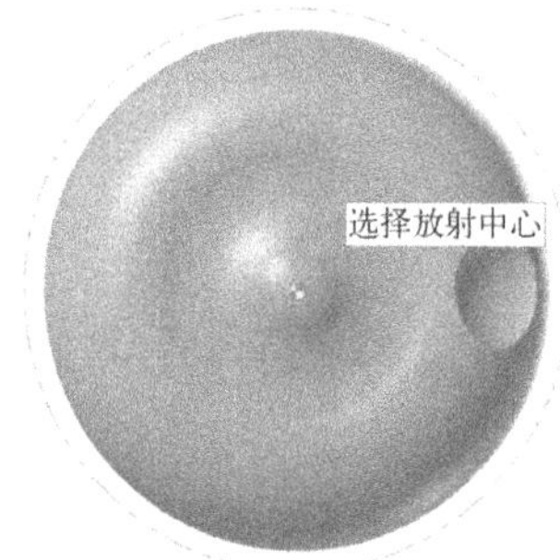

图 9-116　选择放射中心

4 系统弹出“曲面精修放射”对话框。在“刀具参数”选项卡中单击“从刀库选择”按钮，打开“选择刀具”对话框，从“Steel-MM.tooldb”刀库列表中选择直径为 6 的球刀，单击“确定”图标按钮，结束刀具选择。用户可自行设置合适的进给速率、下刀速率、提刀速率和主轴转速等。

5 切换到“曲面参数”选项卡，设置如图 9-117 所示的参数。

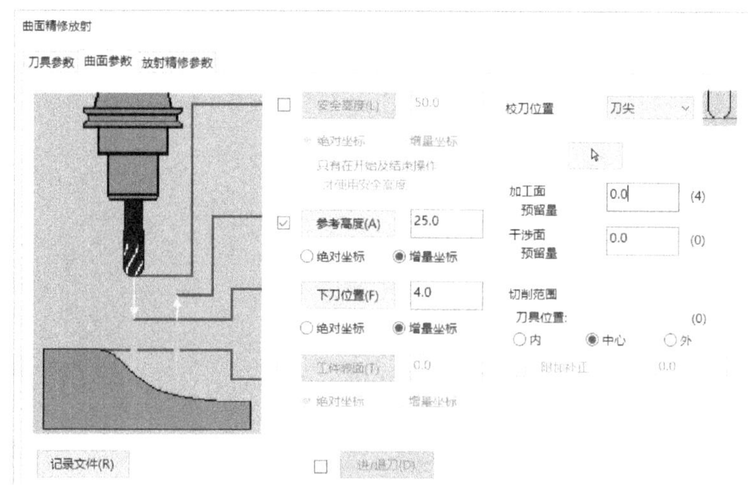

图 9-117　在“曲面参数”选项卡中的设置

6 切换到“放射精修参数”选项卡，设置如图 9-118 所示的放射精修参数。

7 在“曲面精修放射”对话框中单击“确定”图标按钮✓。

8 在刀路管理器中单击“选择全部操作”图标按钮，然后在刀路管理器中单击“验证已选择的操作”图标按钮来进行验证操作，最后得到的加工模拟验证结果如图 9-119 所示。

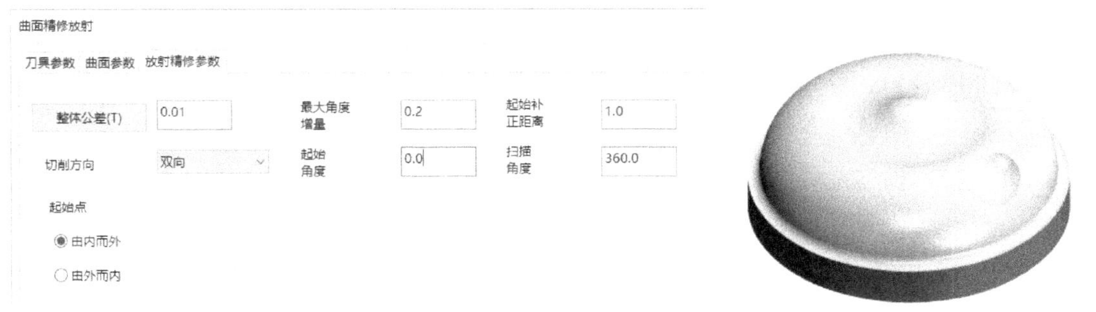

图 9-118 设置放射精修参数

图 9-119 加工模拟的验证结果

9.3.4 投影精修

投影精修是指将已有的刀路或几何图形投影到要进行精加工的曲面上，以生成相应的刀路来精铣。

要进行投影精修，需要在“曲面精修投影”对话框中设置如图 9-120 所示的典型的投影精修参数。投影方式包括“NCI”“曲线”和“点”。当选择“NCI”投影方式时，“增加深度”复选框可用，该复选框用于将存在刀路 NCI 文件中的切削深度加诸于投影曲面上。

图 9-120 “曲面精修投影”对话框

下面介绍一个投影精修的操作范例。

1 打开网盘资料的“CH9”\“投影精修.MCX”文件，该文件中已有的加工操作如图 9-121 所示。

2 在“刀路”菜单中选择“曲面精修”/“投影”命令。

3 系统提示选择加工曲面。使用鼠标单击要加工的曲面，按〈Enter〉键确定。

4 系统弹出“刀路曲面选择”对话框，在“选择曲线”选项组中单击“选择”图标按钮，系统弹出“串连选项”对话框，单击“窗选”图标按钮，接着使用鼠标框选“TianShiM”字样，并指定草绘起始点（搜寻点），如图 9-122 所示，然后在“串连选项”对话框中单击“确定”图标按钮。

图 9-121　已有加工操作　　图 9-122　选择曲线和指定草绘起始点

5 在“刀路曲面选择”对话框中单击“确定”图标按钮。

6 系统弹出“曲面精修投影”对话框。在“刀具参数”选项卡中，单击“从刀库选择”按钮，打开“选择刀具”对话框，从“mill_mm.tooldb”刀库列表中选择直径为 3 的球刀，单击“确定”图标按钮，结束刀具选择。用户可自行设置合适的进给速率、下刀速率、提刀速率和主轴转速等。

7 切换到“曲面参数”选项卡，设置如图 9-123 所示的参数，如加工面预留量等。

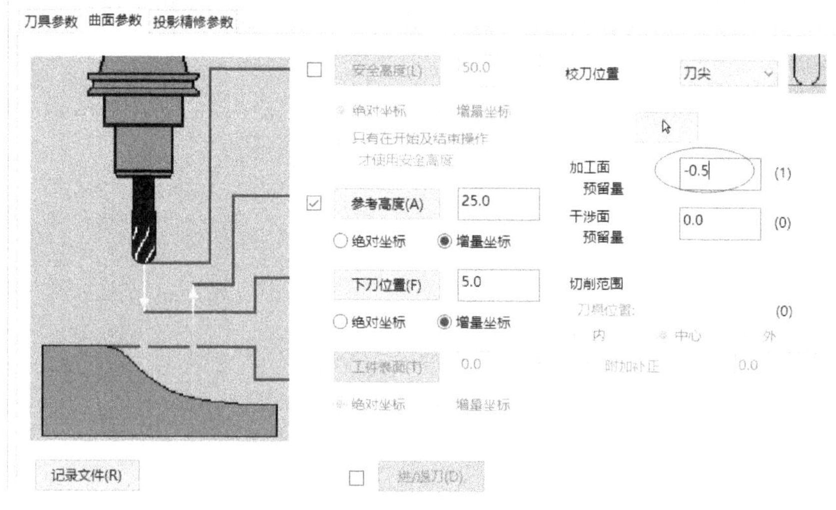

图 9-123　设置曲面加工参数

8 切换到“投影精修参数”选项卡，设置如图 9-124 所示的投影精修参数。

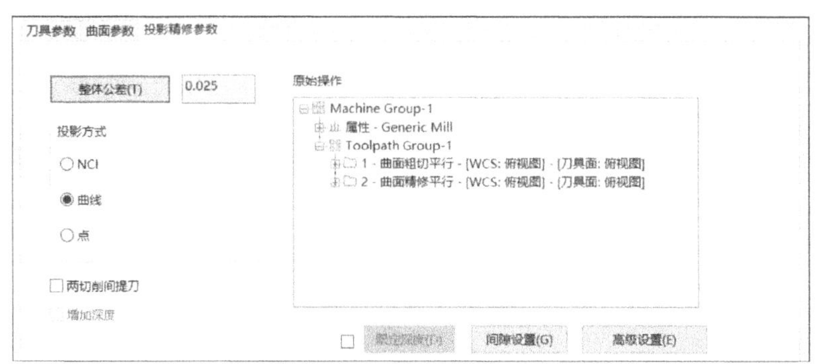

图 9-124 设置投影精修参数

9 在“曲面精修投影”对话框中单击“确定”图标按钮。

10 在刀路管理器中单击“选择全部操作”图标按钮，然后在刀路管理器中单击“验证已选择的操作”图标按钮，最后得到的加工模拟验证结果如图 9-125 所示。

图 9-125 加工模拟的验证结果

9.3.5 流线精修

在流线精修中，刀具沿着曲面流线运动，必要时用户可以通过控制曲面的“残脊高度”来加工出较平滑的加工曲面。当曲面较陡时，采用流线精修获得的加工质量明显要好于一般的平行铣削加工。

流线精修的相关参数是在如图 9-126 所示的“曲面精修流线”对话框中设置的。在“曲面流线精修参数”选项卡中，可以设置“切削控制”、“截断方向控制”和“切削方向”等参数。这些参数的含义和曲面流线粗切相应参数的含义是一致的，这里不再赘述。

图 9-126 “曲面精修流线”对话框

下面介绍一个流线精修的操作范例，即对流线粗切后的模型进行精修。

1 打开网盘资料的“CH9”\“流线精修.MCX-6”文件，该文件中已有的粗切结果如

图 9-127 所示。

2 在“刀路”菜单中选择“曲面精修”/“流线”命令。

图 9-127 已有粗切结果

3 系统提示选择加工曲面，选择如图 9-128 所示的曲面作为加工曲面，按〈Enter〉键确定。在弹出的“刀路曲面选择”对话框中单击“曲面流线”选项组中的“流线参数”图标按钮，系统弹出如图 9-129 所示的“曲面流线设置”对话框，观察曲面中显示的流线情况，在本例中接受默认的切削方向，单击“曲面流线设置”对话框中的“确定”图标按钮。

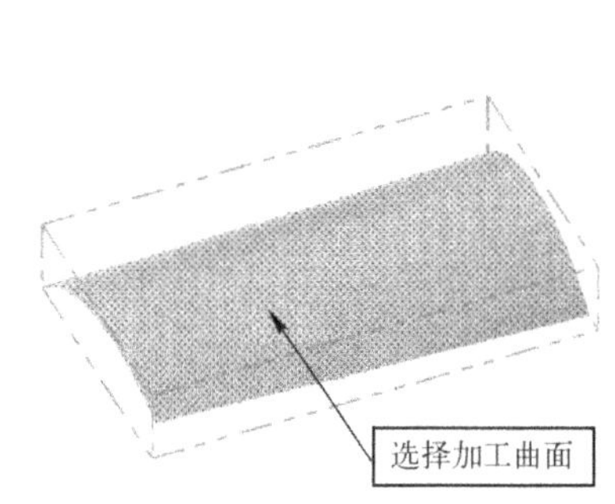

图 9-128 选择加工曲面

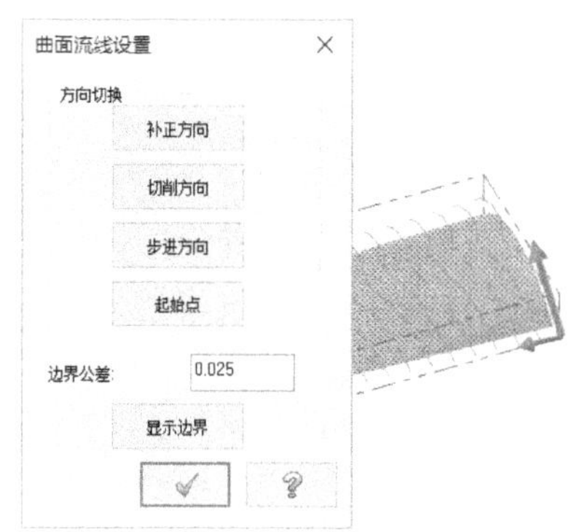

图 9-129 曲面流线设置

4 在“刀路曲面选择”对话框中单击“确定”图标按钮，系统弹出“曲面精修流线”对话框。

5 在“刀具参数”选项卡中，单击“从刀库选择”按钮，打开“选择刀具”对话框，从“Steel-MM.tooldb”刀库列表中选择直径为 5 的球刀，单击“确定”图标按钮，结束刀具的选择过程。用户可自行设置合适的进给速率、下刀速率、提刀速率和主轴转速等。

6 切换到“曲面参数”选项卡，设置如图 9-130 所示的曲面加工参数。

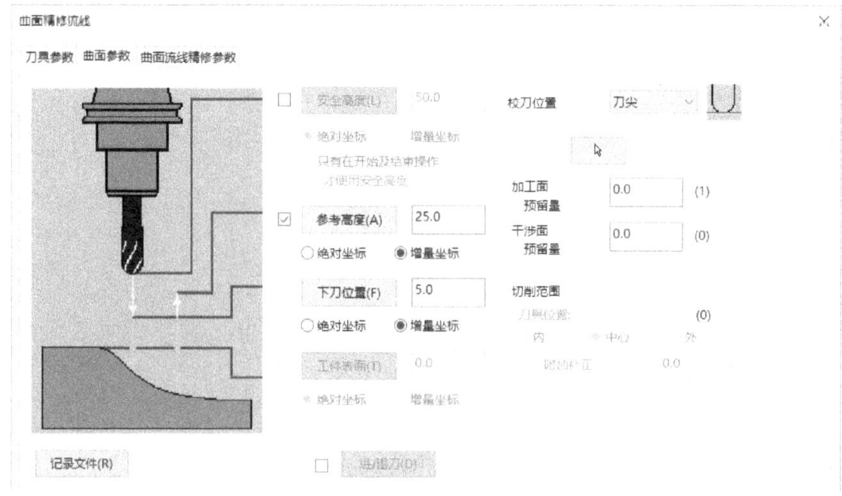

图 9-130 在“曲面参数”选项卡中进行参数设置

7 切换到“曲面流线精修参数”选项卡，设置如图 9-131 所示的参数。

曲面精修流线
刀具参数 曲面参数 曲面流线精修参数
切削控制
距离 2.0
整体公差(T) 0.03
执行过切检查
截断方向控制
距离 2.0
残脊高度 0.1
切削方向 双向
只有单行
带状切削
解析度(刀具直径%) 50.0
限定深度(D) 间隙设置(G) 高级设置(E)

图 9-131　在“曲面流线精修参数”选项卡中进行参数设置

8 在“曲面精修流线”对话框中单击“确定”图标按钮，产生的曲面流线精修刀路如图 9-132 所示。

9 在刀路管理器中单击“选择全部操作”图标按钮，然后在刀路管理器中单击“验证已选择的操作”图标按钮，执行相关操作后得到的加工模拟验证结果如图 9-133 所示。

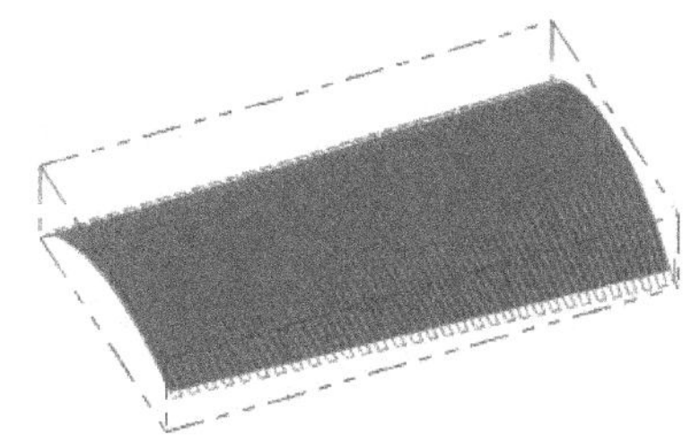

图 9-132　流线精修刀路

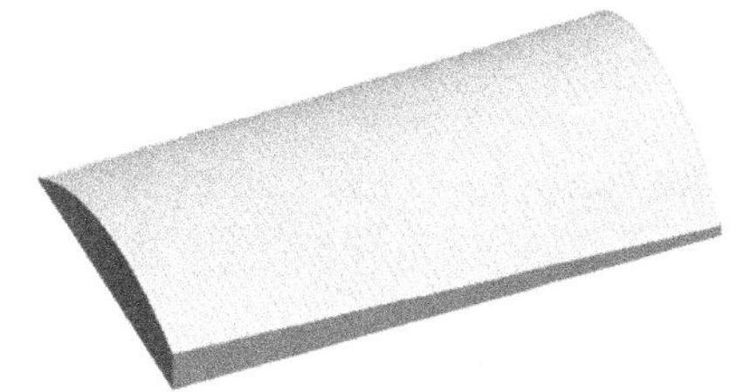

图 9-133　加工模拟验证结果

9.3.6 等高精修

等高精修是指刀具沿着三维模型的外形进行等高铣削，首先完成一个高度面上的所有加工后，才进行下一个高度的外形加工。

等高精修需要设置如图 9-134 所示的典型参数。等高精修参数和等高粗切参数基本一致，这里不再赘述。

下面介绍等高精修的操作范例。

1 打开网盘资料的“CH9”\“等高精修.MCX-6”文件，该文件中已有的等高粗切结果如图 9-135 所示。

2 在“刀路”菜单中选择“曲面精修”/“等高”命令。

3 系统提示选择加工曲面。使用鼠标框选如图 9-136 所示的曲面，按〈Enter〉键确定。

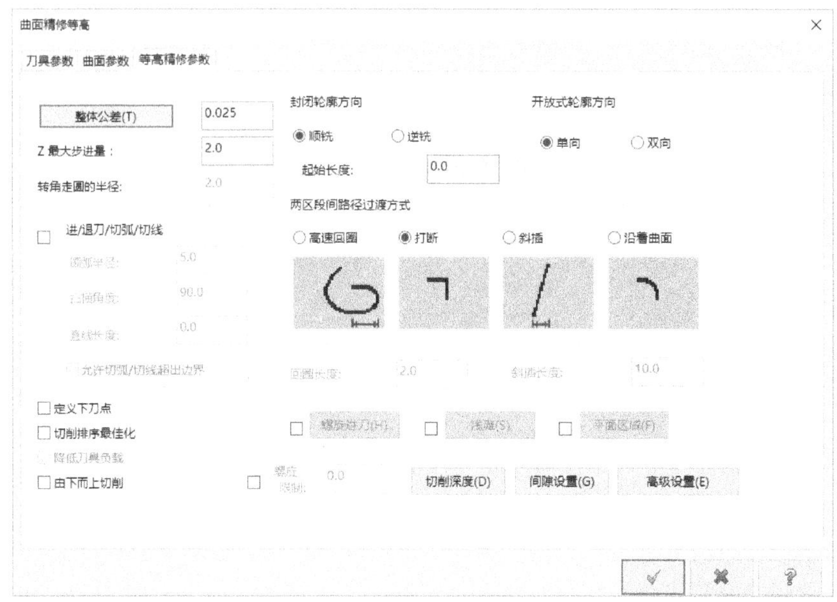

图 9-134 “曲面精修等高”对话框

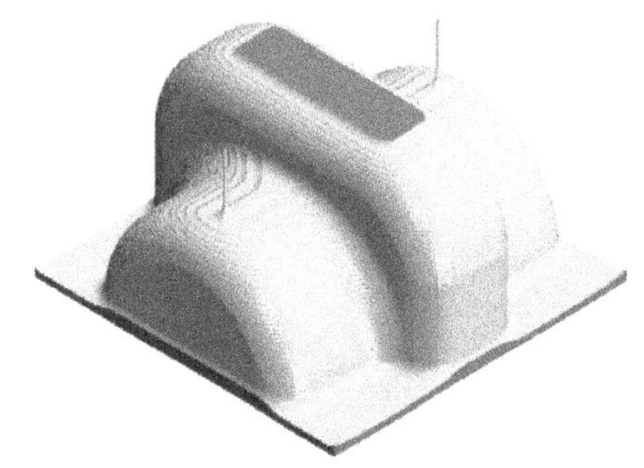

图 9-135 等高粗切结果

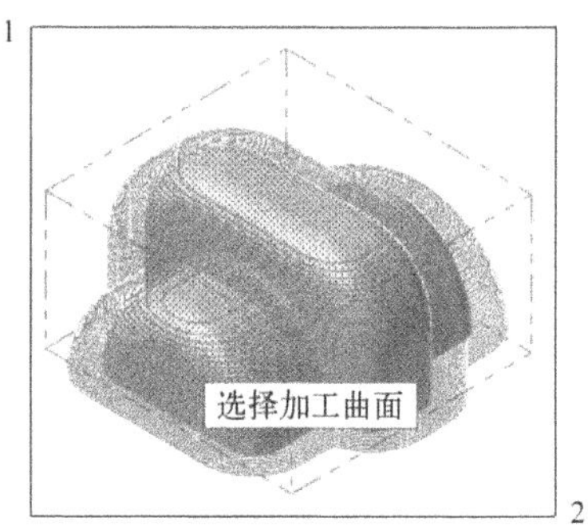

图 9-136 选择加工曲面

4 系统弹出“刀路曲面选择”对话框，单击“确定”图标按钮 ✓ 。

5 系统弹出“曲面精修等高”对话框。在“刀具参数”选项卡中单击“从刀库选择”按钮，打开“选择刀具”对话框，从“Steel-MM.tooldb”刀库列表中选择直径为 8 的球刀，单击“确定”图标按钮 ✓ ，结束刀具选择。接着为该球刀设置进给速率、下刀速率、提刀速率和主轴转速等，如图 9-137 所示。

图 9-137 设置刀具参数

6 切换到“曲面参数”选项卡，进行如图 9-138 所示的参数设置。

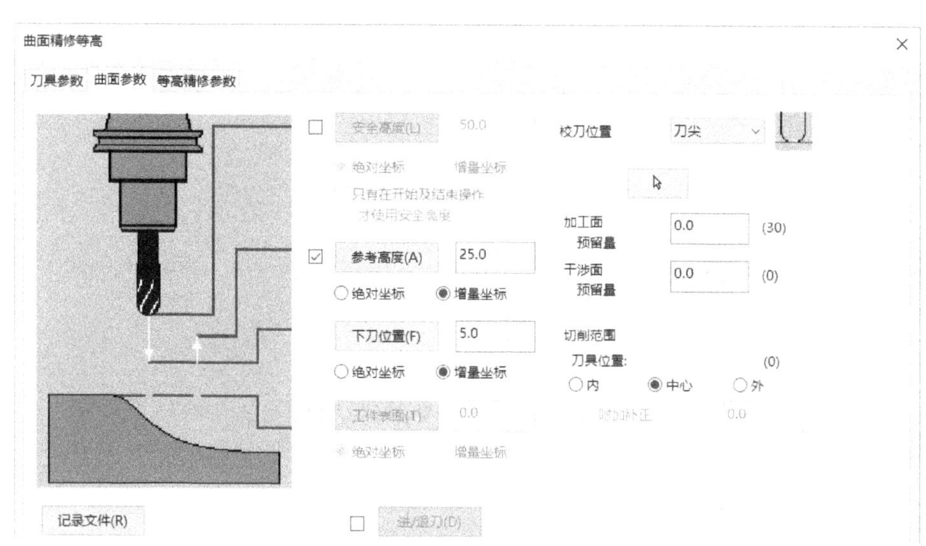

图 9-138 设置曲面加工参数

7 切换到“等高精修参数”选项卡，进行如图 9-139 所示的参数设置。

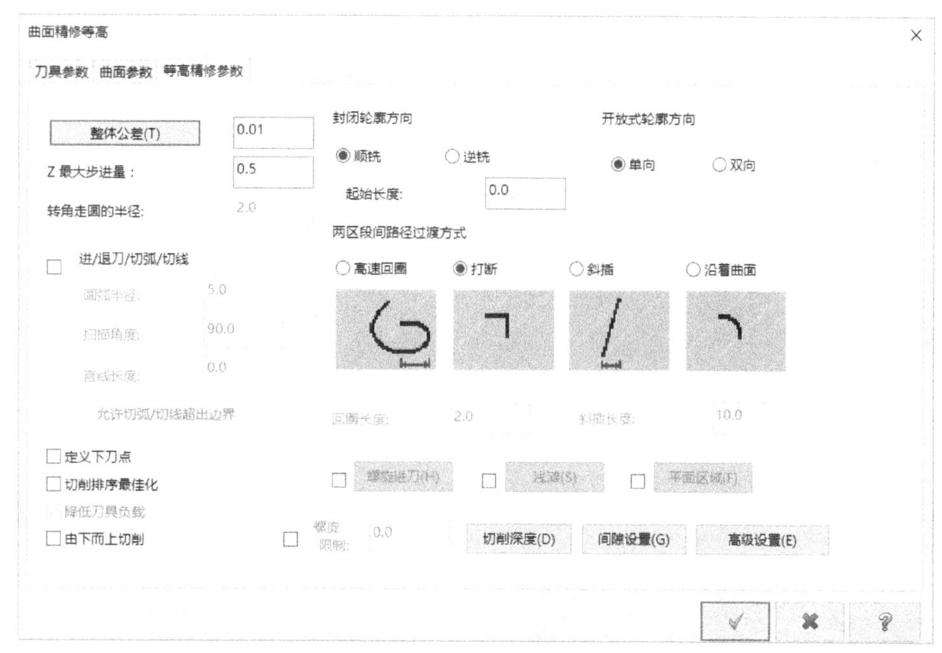

图 9-139 设置等高精修参数

8 在“曲面精修等高”对话框中单击“确定”图标按钮，结束曲面等高精修的相关参数设置，产生的刀路如图 9-140 所示。

9 在刀路管理器中单击“选择全部操作”图标按钮，然后在刀路管理器中单击“验证已选择的操作”图标按钮，最后得到的加工模拟验证结果如图 9-141 所示。从该加工模拟的结果图来看，采用等高精修来加工斜度较大的零件表面效果较好。读者应该仔细观察本例的加工模拟验证图，总结哪些部位的表面加工质量要好些。

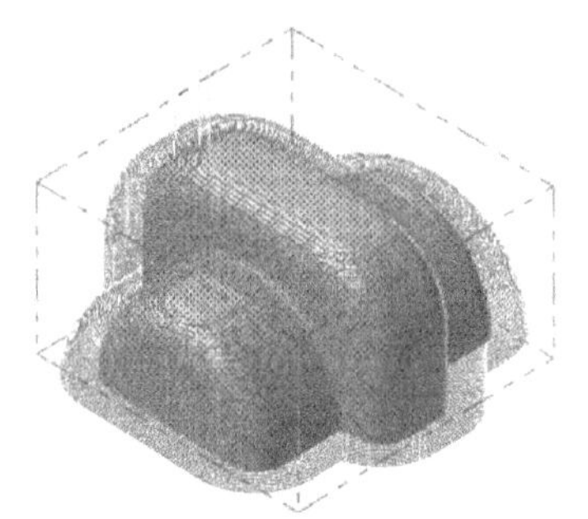

图 9-140　等高精修刀路

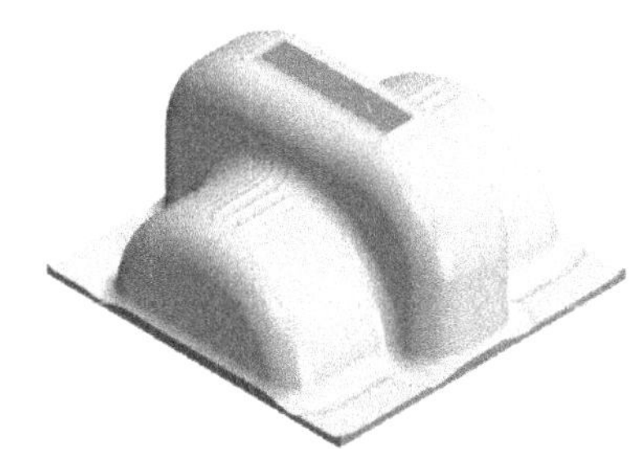

图 9-141　加工模拟验证结果

9.3.7 浅滩精修

浅滩精修（即浅平面精加工）与之前介绍的陡斜面精修用途正好相反，浅滩精修主要用于加工一些比较平坦的曲面。在许多精加工场合下，较为平坦的部分往往加工不够，这便需要在后续的精加工中采用浅滩精修来有针对性地处理这些加工尚不足的平坦部分，从而保障整个零件的加工质量。在使用浅滩精修时，系统会从选定的加工曲面中自动筛选出那些符合给定条件的浅平面（包含接近于浅平面的浅坑等）来产生相应的刀路。

浅滩精修的相关参数需要在如图 9-142 所示的“曲面精修浅滩”对话框中设置。下面主要介绍“浅滩精修参数”选项卡中的典型参数。

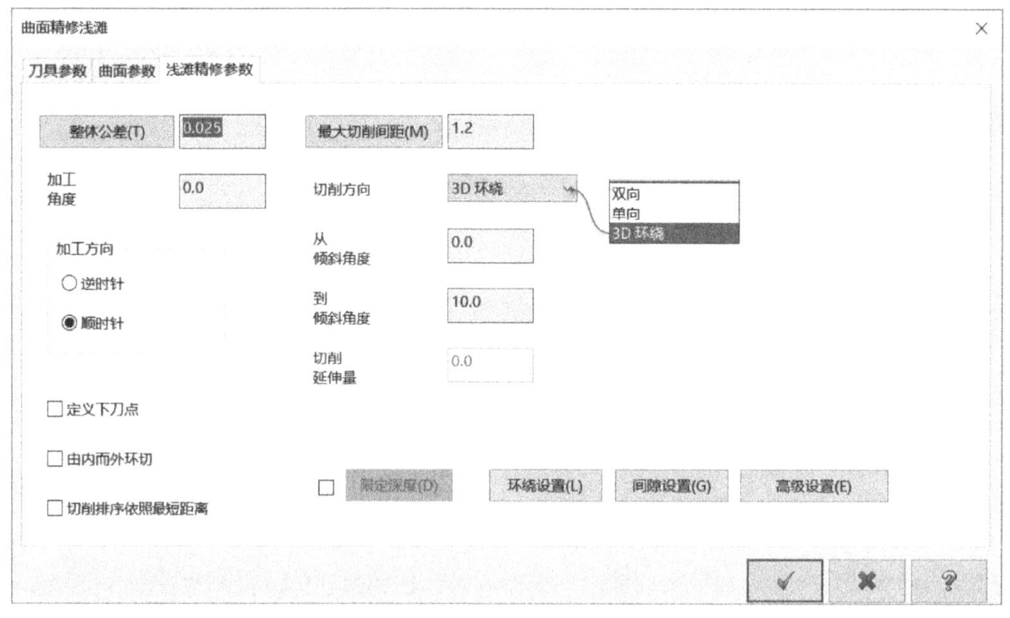

图 9-142　“曲面精修浅滩”对话框

一、“加工方向”选项组

当从“切削方向”下拉列表框中选择“3D 环绕”选项时，“加工方向”选项组可用。在该选项组中设置“3D 环绕”切削的加工方向为顺时针或逆时针。

二、“切削方向”下拉列表框

“切削方向”下拉列表框用于设置浅滩精修的切削方向。在该下拉列表框中，可供选择的切削方向选项有“3D 环绕”、“单向”和“双向”。

三、“从倾斜角度”和“到倾斜角度”文本框

可以在这两个文本框中设定相应的倾斜角度来指定浅平面的加工范围，即坡度范围。系统默认的范围为 0°～10°。用户可以根据实际情况将加工范围扩大到更陡的斜坡上。

四、“环绕设置”按钮

在浅滩精修中，采用“3D 环绕”切削方向时，可以根据实际情况单击“环绕设置”按钮，打开如图 9-143 所示的“环绕设置”对话框。在“3D 环绕精度”选项组中，可以设置覆盖自动精度的计算，并设置步进量的百分比；若选中“将限定区域边界存为图形”复选框，则可从 3D 环绕加工的刀具中心产生几何边界范围图形。

图 9-143 “环绕设置”对话框

下面以范例的方式介绍浅滩精修的方法及操作步骤。在该范例中，需要对经过等高粗切与等高精修后的模型再次进行浅滩精修。

1. 打开网盘资料的“CH9”\“浅滩精修.MCX-6”文件，该文件中已有的等高粗切和等高精修结果如图 9-144 所示。
2. 在菜单栏中选择“刀路”/“曲面精修”/“浅滩”命令。
3. 系统提示选择加工曲面。使用鼠标框选如图 9-145 所示的曲面，按〈Enter〉键确定。

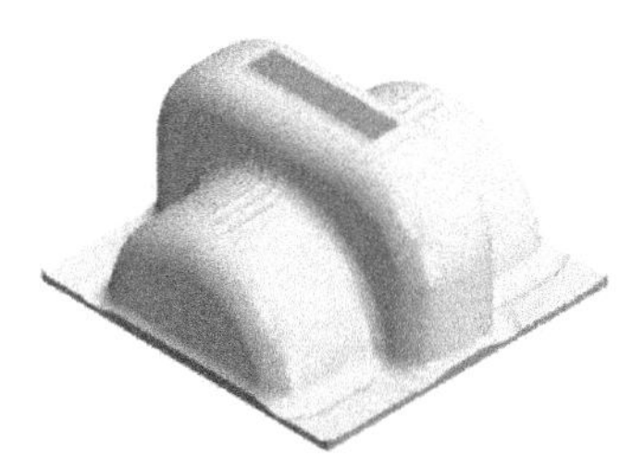

图 9-144 已有加工效果

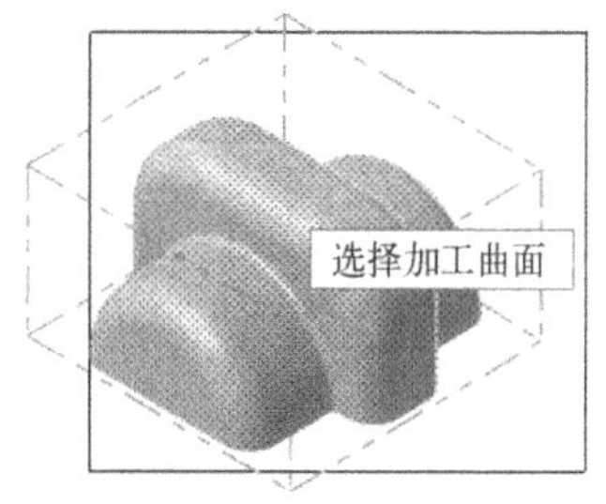

图 9-145 选择加工曲面

4. 系统弹出“刀路曲面选择”对话框，单击“确定”图标按钮 ✓ 。
5. 系统弹出“曲面精修浅滩”对话框。在“刀具参数”选项卡中单击“从刀库选择”按钮，打开“选择刀具”对话框，从“Steel-MM.tooldb”刀具资料库列表中选择直径为 6 的球刀，单击“确定”图标按钮 ✓ ，结束刀具选择。接着为该球刀设置进给速率、下刀速率、提刀速率和主轴转速等，如图 9-146 所示。

图 9-146 设置刀具参数

6 切换到“曲面参数”选项卡，进行如图 9-147 所示的参数设置。

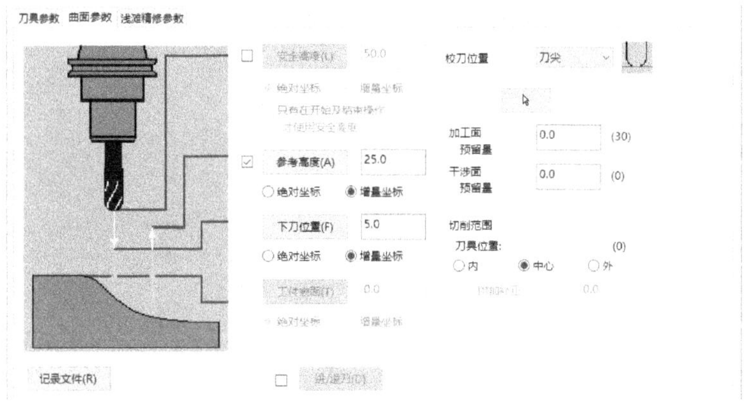

图 9-147 “曲面参数”选项卡中的参数设置

7 切换到“浅滩精修参数”选项卡，进行如图 9-148 所示的参数设置。

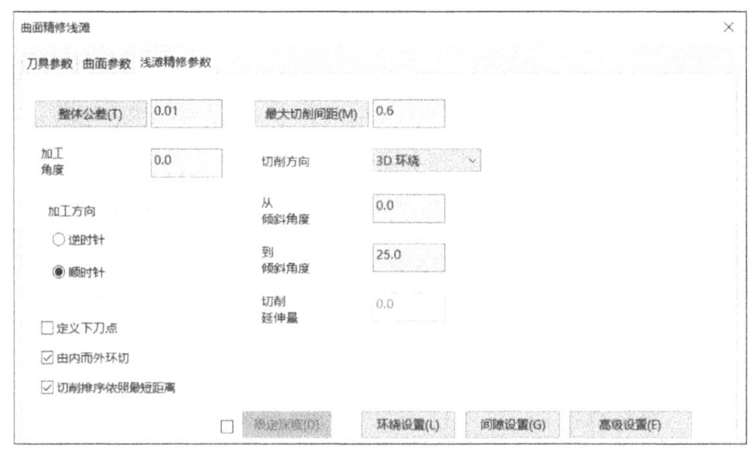

图 9-148 “浅滩精修参数”选项卡中的参数设置

8 单击“曲面精修浅滩”对话框中的“确定”图标按钮，生成的刀路如图 9-149 所示。

9 在刀路管理器中单击“选择全部操作”图标按钮，然后在刀路管理器中单击“验证已选择的操作”图标按钮，最后得到的加工模拟验证结果如图 9-150 所示。

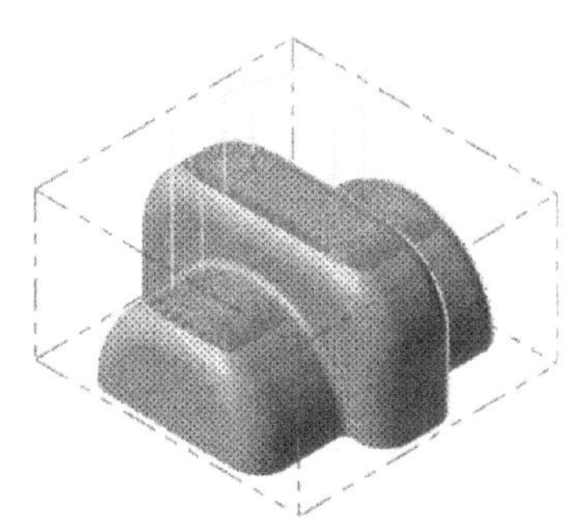

图 9-149　浅滩精修刀路

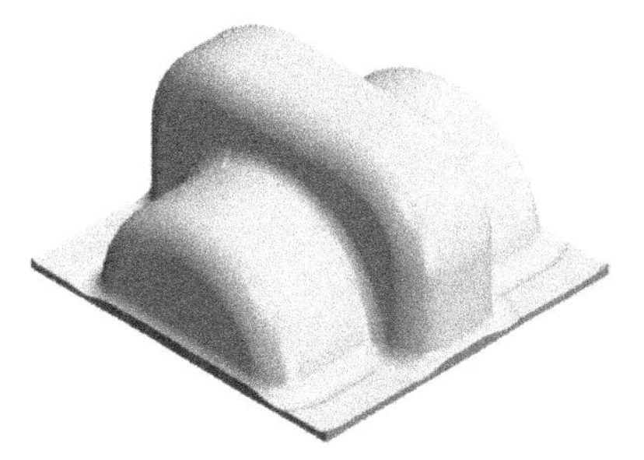

图 9-150　加工模拟验证结果

9.3.8 清角精修

清角精修主要用于清除曲面之间相交处的残余材料，通常与其他加工方法灵活配合使用。执行清角加工设置时，清角精修的刀路主要产生于那些非圆滑过渡的曲面交线部分，而非经过倒圆角或熔接处理的曲面相交部位。

清角精修的典型参数是在如图 9-151 所示的“曲面精修清角”对话框中设置的。在“清角精修参数”选项卡中，可以设置整体公差、切削方式、平行加工次数、清角曲面最大夹角和刀具半径接近参数等，并可以限定深度。设置好清角精修的相关参数后，系统会自动计算出哪些部位需要清角，然后实施相应的精修。

图 9-151　“曲面精修清角”对话框

下面以范例的方式介绍清角精修的方法及操作步骤。

1 打开网盘资料的“CH9”\“清角精修.MCX”文件，该文件中已有的粗切结果如图 9-152 所示。

2 在菜单栏中选择“刀路”/“曲面精修”/“清角”命令。

3 系统提示选择加工曲面。使用鼠标框选如图 9-153 所示的曲面，按〈Enter〉键确定。

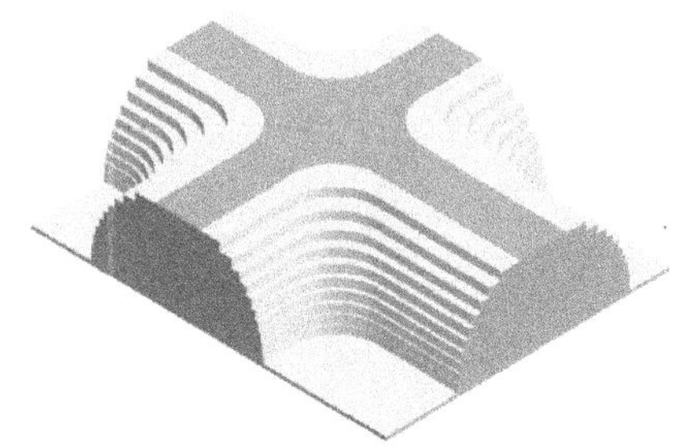

图 9-152　已有的粗切结果

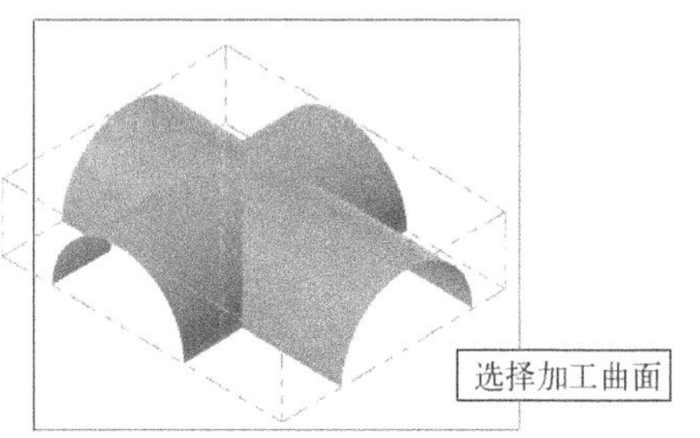

图 9-153　选择加工曲面

4 系统弹出“刀路曲面选择”对话框，直接在该对话框中单击“确定”图标按钮 ✓ 。

5 系统弹出“曲面精修清角”对话框。在“刀具参数”选项卡中，单击“从刀库选择”按钮，打开“选择刀具”对话框，从默认的“mill_mm.tooldb”刀具资料库列表中选择直径为 6 的球刀，单击“确定”图标按钮 ✓ ，结束刀具选择。接着为选定的球刀设置进给速率、下刀速率、提刀速率和主轴转速等，如图 9-154 所示。

图 9-154　设置刀具参数

6 切换到“曲面参数”选项卡，进行如图 9-155 所示的参数设置。

7 切换到“清角精修参数”选项卡，进行如图 9-156 所示的参数设置。接着在该选项卡中单击“限定深度”按钮，系统弹出“限定深度”对话框，最高位置和最低位置的设置如图 9-157 所示，然后单击“限定深度”对话框中的“确定”图标按钮 ✓ 。

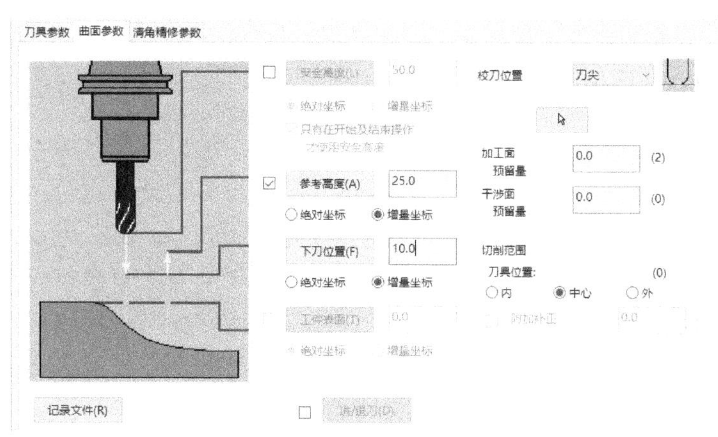

图 9-155　设置曲面加工参数

图 9-156　设置清角精修参数

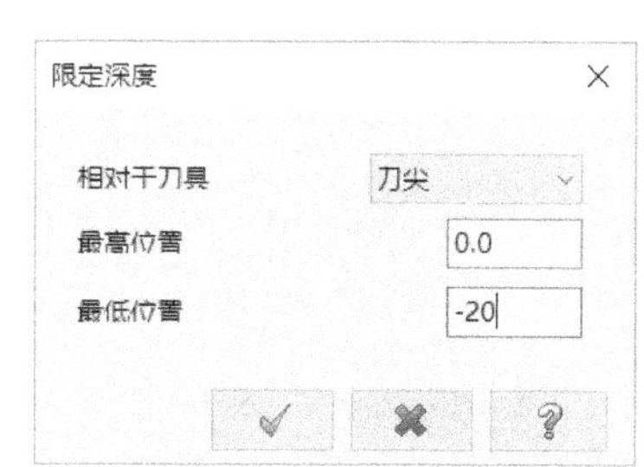

图 9-157　限定深度设置

8　在“曲面精修清角”对话框中单击“确定”图标按钮 ✓，结束清角精修参数设置，系统经过计算生成如图 9-158 所示的刀路。

9　在刀路管理器中单击“选择全部操作”图标按钮，从而选中所有的加工操作。单击刀路管理器中的“验证已选择的操作”图标按钮，最后得到的加工验证结果如图 9-159 所示。

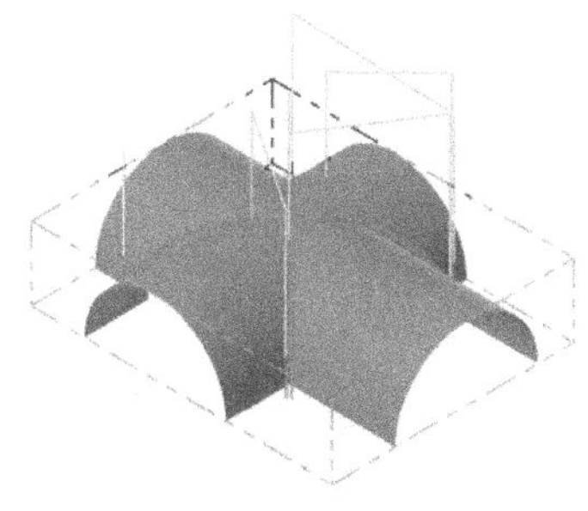

图 9-158　生成清角精修刀路

图 9-159　清角精修验证结果

9.3.9 残料精修

残料精修用于产生刀路以清除之前使用大口径刀具加工所残余的毛坯材料。残料精修通常应用于一些曲面交接处，包括非圆滑过渡的曲面交接处，也包括曲面倒圆部位。在粗切中，当曲面交接处的转角部位无法被刀具完全切削到，那么可以在精加工环节更换较小的刀具进行残料精修。从某些方面来看，残料精修与清角精修有几分相似之处，希望用户在实际加工中多对它们进行比较，总结在什么情况下使用残料精修较佳，在什么情况下使用清角精修合适。对于从事数控加工设计与操作的技术人员而言，加工经验是极其重要的。

残料精修的相关参数设置是在“曲面精修残料清角”对话框中进行的。“曲面精修残料清角”对话框具有“刀具参数”“曲面参数”“残料清角精修参数”和“残料清角材料参数”4 个选项卡，下面仅介绍“残料清角精修参数”选项卡和“残料清角材料参数”选项卡中的典型参数。

“残料清角精修参数”选项卡如图 9-160 所示。在该选项卡中，可以设置残料精修的整体公差、最大切削间距、定义下刀点、从倾斜角度、到倾斜角度、切削方向和混合路径等。这里主要介绍“混合路径”选项组和“保持切削方向与残料区域垂直”复选框的作用。

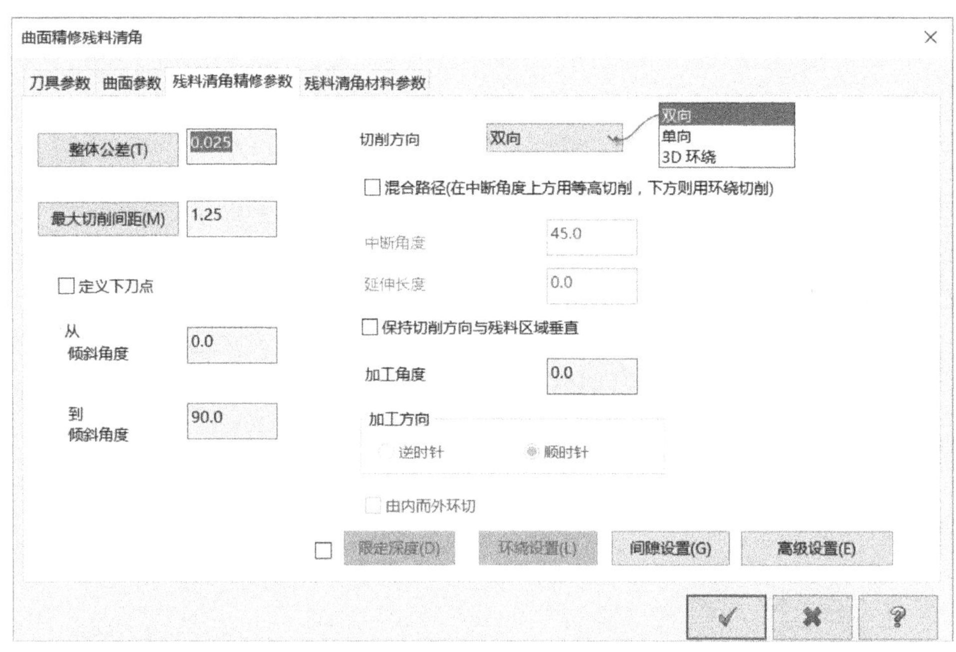

图 9-160 “残料清角精修参数”选项卡

- “混合路径”选项组：用于设置是否启用混合路径。混合路径的特点是在中断角度上方用等高切削，下方则用环绕切削。只有当切削方向选项选择为“双向”或

“单向”时，“混合路径”选项组才可以使用；而当切削方向选项选择为“3D环绕”时，该选项组不可用。选中“混合路径”复选框后，在“中断角度”文本框中输入一个角度值，则系统将采用双重加工路径，在中断角度范围内采用等高切削，在中断角度范围之外采用 3D 环绕切削。在“延伸长度”文本框中可设置延伸刀路的长度。

- “保持切削方向与残料区域垂直”复选框：选中该复选框后，刀具切削时保持切削方向与残料区域曲面垂直。

“残料清角材料参数”选项卡如图 9-161 所示，该选项卡主要用来从粗切刀具计算剩余材料，需要设置的参数包括“粗切刀具直径”、“粗切刀角半径”和“重叠距离”。

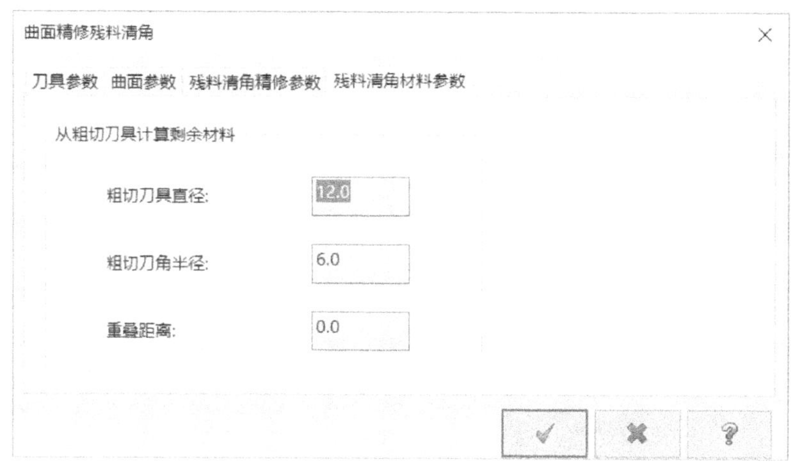

图 9-161 “残料清角材料参数”选项卡

读者可以打开“残料精修.MCX-6”文件（该原始文件的内容和 9.3.8 节范例原始文件的内容相同），在该原始文件中进行残料精修操作，加工图解如图 9-162 所示，图左侧给出了残料精修的 3D 环绕刀路，而图右侧为加工模拟验证效果。

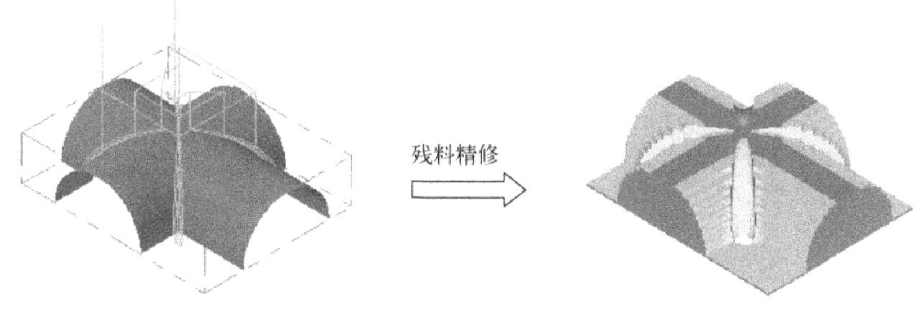

图 9-162 残料精修

在该范例的操作中，可以采用直径为 5 的球刀，并在“曲面精修残料清角”对话框的“残料清角精修参数”选项卡中进行如图 9-163 所示的参数设置，同时在“残料清角材料参数”选项卡中设置粗切刀具直径为“10”、粗切刀角半径为“5”、重叠距离为“0”。

图 9-163 “残料清角精修参数”设置

该范例的具体操作步骤和其他精修的操作步骤类似，这里不再赘述。

9.3.10 环绕等距精修

环绕等距精修是指刀具在精加工多个曲面的时候，刀路环绕曲面且相互等距（残留高度固定）。采用该方法加工时切削深度根据加工曲面的形态来决定。当毛坯尺寸和形状接近于零件，并且曲面变化也比较大时，可以采用这种三维环绕式的等距精修方法。

在“刀路”菜单中选择“曲面精修”/“环绕”命令，接着选择加工曲面，按〈Enter〉键确定后，系统弹出“刀路曲面选择”对话框。根据需要调整相关选项及相应的指定图形后，单击“刀路曲面选择”对话框中的“确定”图标按钮 ✓ ，系统弹出“曲面精修环绕等距”对话框，利用该对话框设置相关的参数即可，如图 9-164 所示。

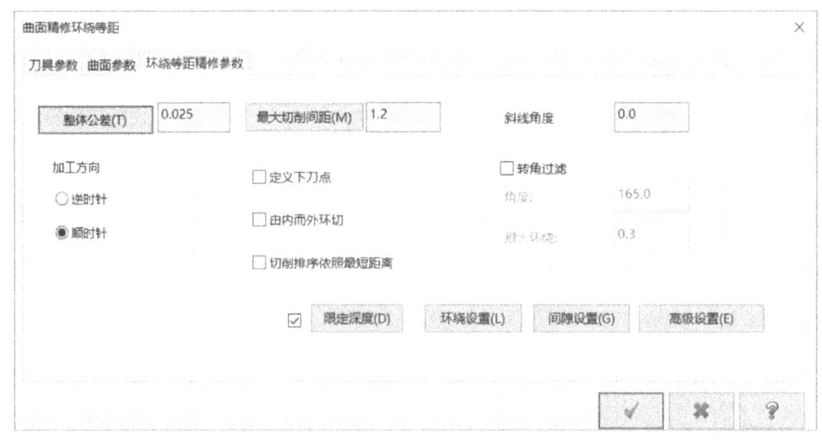

图 9-164 “曲面精修环绕等距”对话框

下面以范例的方式介绍环绕等距精修的方法及操作步骤。

1 打开网盘资料的“CH9”\“环绕等距精修.MCX”文件，该文件中已有的图形如

图 9-165 所示。

2 在“刀路”菜单中选择“曲面精修”/“环绕”命令。

3 系统提示选择加工曲面。使用鼠标指定两个角点来框选如图 9-166 所示的所有曲面，按〈Enter〉键确定。系统弹出如图 9-167 所示的“刀路曲面选择”对话框，单击“确定”图标按钮 。

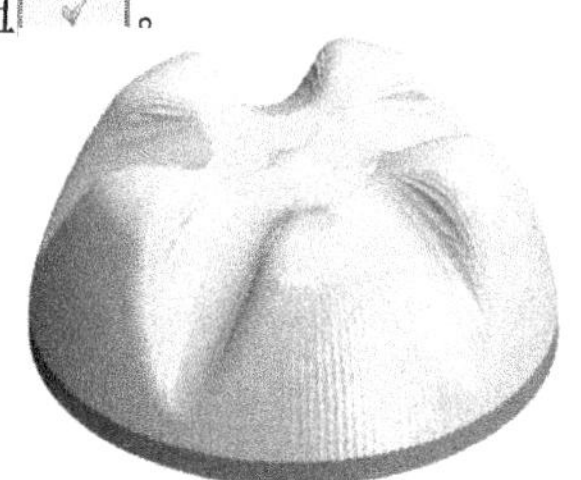

图 9-165 将用于环绕等距精修的材料（已部分加工）

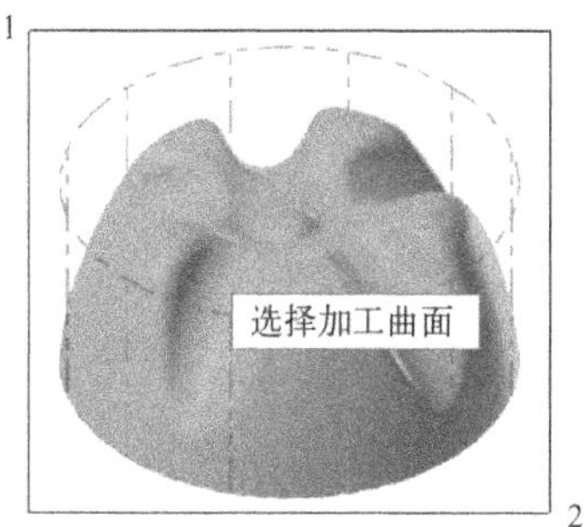

图 9-166 框选加工曲面

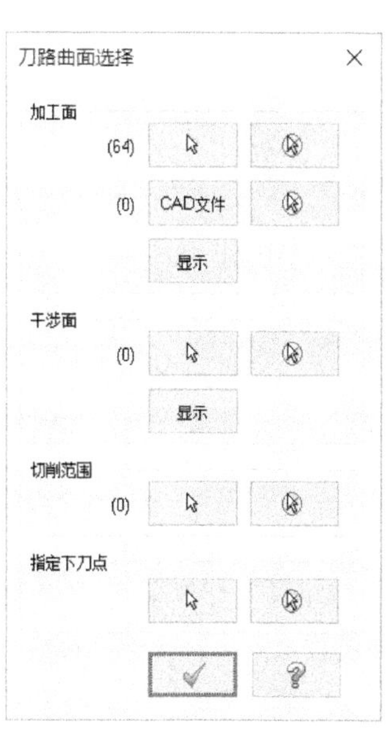

图 9-167 “刀路曲面选择”对话框

4 系统弹出“曲面精修环绕等距”对话框，在“刀具参数”选项卡中，单击“从刀库选择”按钮，打开“选择刀具”对话框，从“Mill_mm.tooldb”刀具资料库列表中选择直径为 5 的球刀，单击“确定”图标按钮 ，结束刀具选择。接着为选定的球刀设置进给速率、下刀速率、提刀速率和主轴转速等，如图 9-168 所示。

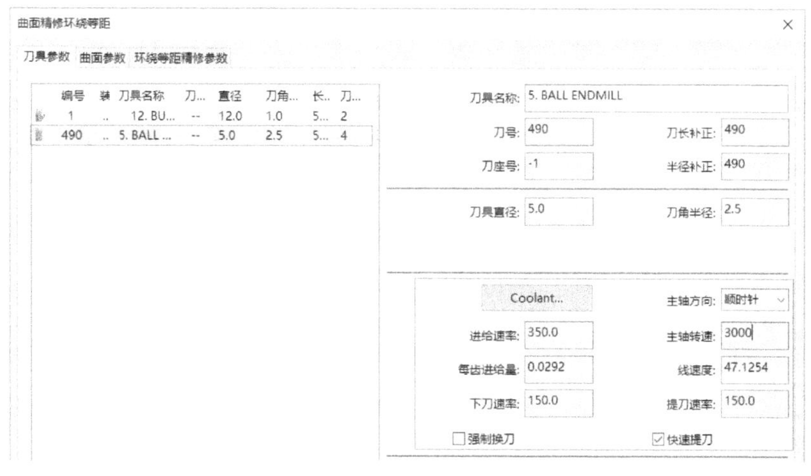

图 9-168 设置刀具参数

5 切换到“曲面参数”选项卡，进行如图 9-169 所示的参数设置。

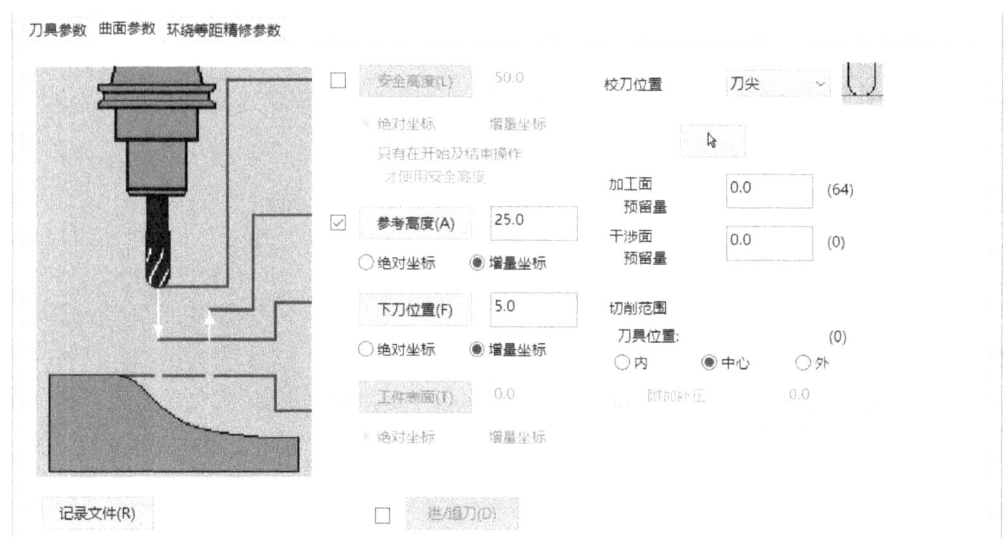

图 9-169 “曲面参数”设置

6 切换到“环绕等距精修参数”选项卡，进行如图 9-170 所示的参数设置，注意取消限定深度设置。

图 9-170 “环绕等距精修参数”设置

7 在“曲面精修环绕等距”对话框中单击“确定”图标按钮 ✓ ，系统经过计算产生如图 9-171 所示的刀路。

8 在刀路管理器中单击“选择全部操作”图标按钮，从而选中所有的加工操作。单击刀路管理器中的“验证已选择的操作”图标按钮来执行验证操作，最后得到的加工模拟验证结果如图 9-172 所示。

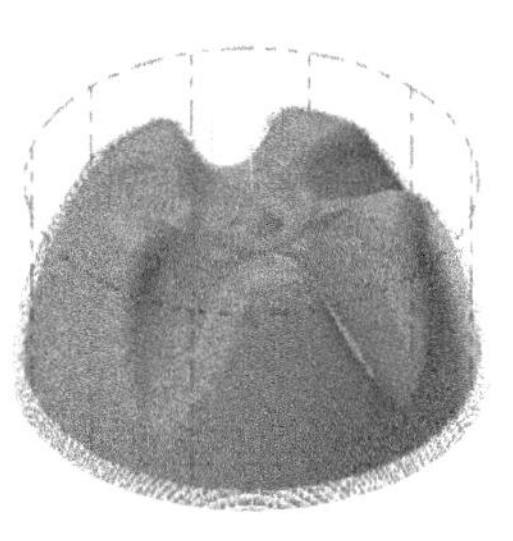

图 9-171 产生环绕等距精修的刀路

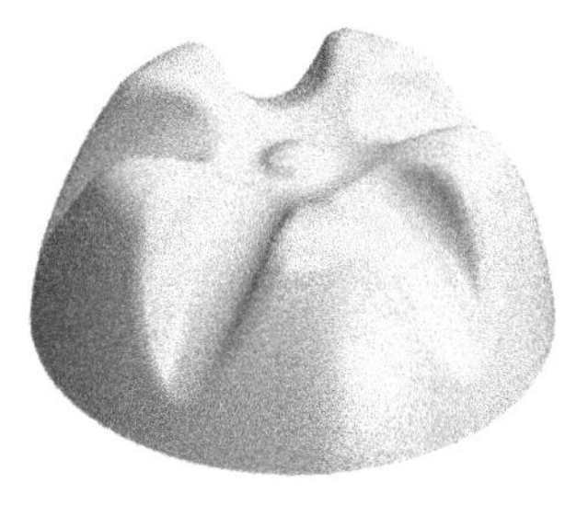

图 9-172 加工模拟验证结果

9.3.11 熔接精修

曲面熔接精修主要针对由两条串连曲线决定的区域进行切削，示例如图 9-173 所示。

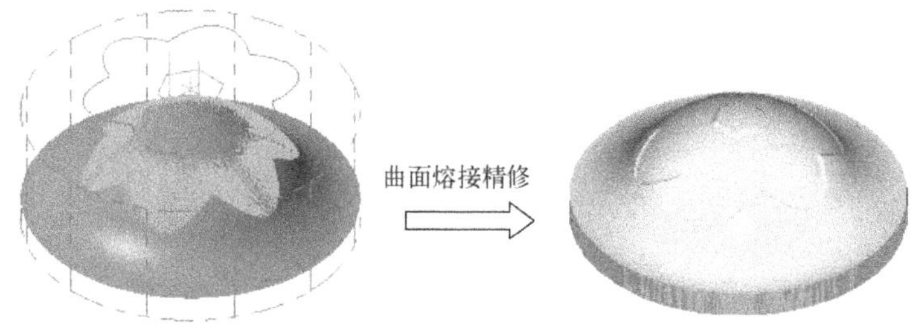

图 9-173 曲面熔接精修的典型示例

熔接精修的相关参数设置是在如图 9-174 所示的“曲面精修熔接”对话框中进行的。其中，在“熔接精修参数”选项卡中可以设置整体公差、最大步进量、切削方式（双向、单向或螺旋式）、截断方向/引导方向，还可以进行熔接设置等。

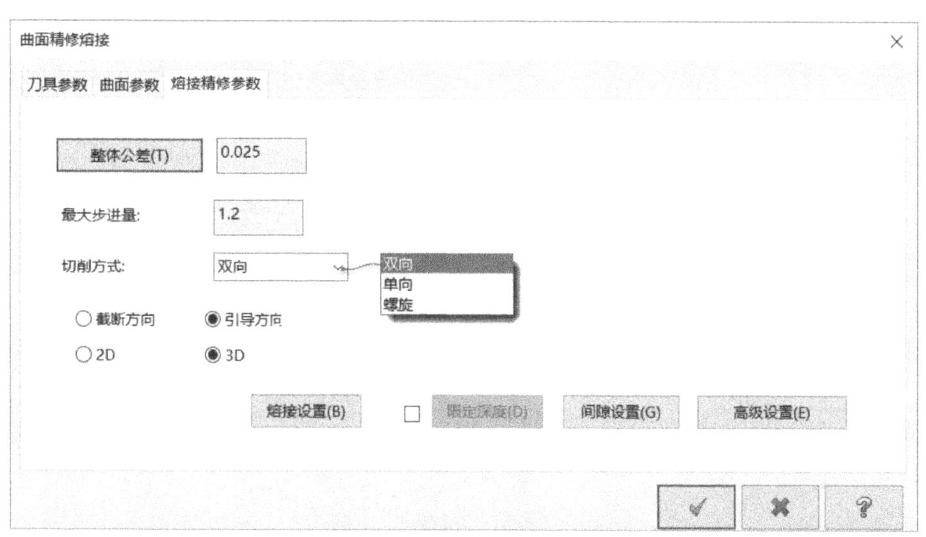

图 9-174 “曲面精修熔接”对话框

- “截断方向”单选按钮：用于设置刀路与截断方向同向，相当于刀路是横向生成的。

- “引导方向”单选按钮：用于设置刀路与引导方向相同，相当于刀路是纵向生成的。
- “熔接设置”按钮：当选择“引导方向”单选按钮时，“熔接设置”按钮可用。单击此按钮，则系统弹出如图 9-175 所示的“引导方向熔接设置”对话框。利用该对话框，进行引导方向熔接的设置。

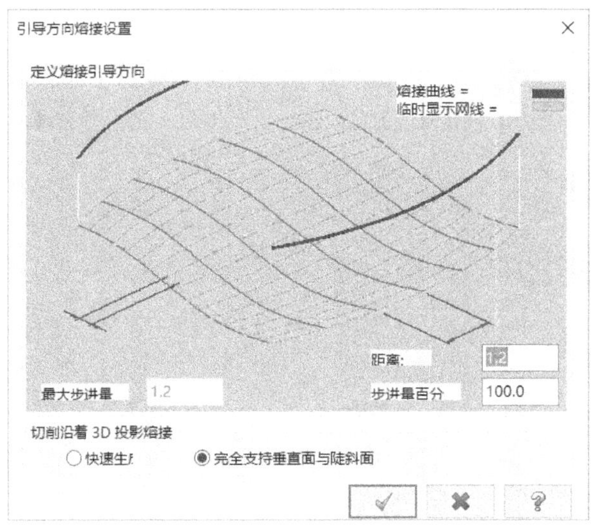

图 9-175 “引导方向熔接设置”对话框

下面以范例的方式介绍曲面熔接精修的一般方法及操作步骤。

1 打开网盘资料的“CH9”\“曲面熔接精修.MCX”文件，该文件的原始内容如图 9-176 所示。

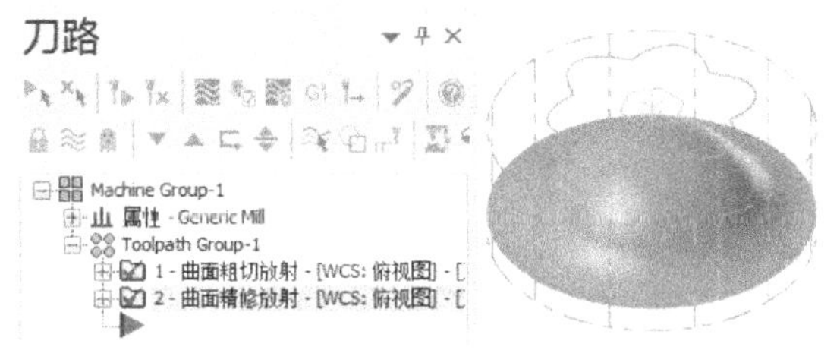

图 9-176 “曲面熔接精修.MCX”原始文件

2 在“刀路”菜单中选择“曲面精修”/“熔接”命令。

3 系统提示选择加工曲面。使用鼠标框选如图 9-177 所示的全部曲面，按〈Enter〉键确定。系统弹出如图 9-178 所示的“刀路曲面选择”对话框，单击“选择熔接曲线”选项组中的“熔接曲线选择”图标按钮，分别选择如图 9-179 所示的两条串连曲线作为熔接曲线（熔接边界）。选择好之后单击“串连选项”对话框中的“确定”图标按钮，然后在“刀路曲面选择”对话框中单击“确定”图标按钮。

4 系统弹出“曲面精修熔接”对话框，在“刀具参数”选项卡中选择直径为 5 的球刀，并设置如图 9-180 所示的参数。

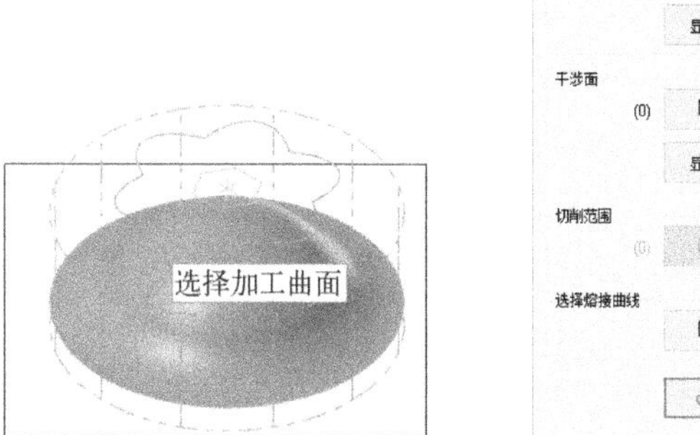

图 9-177 选择加工曲面

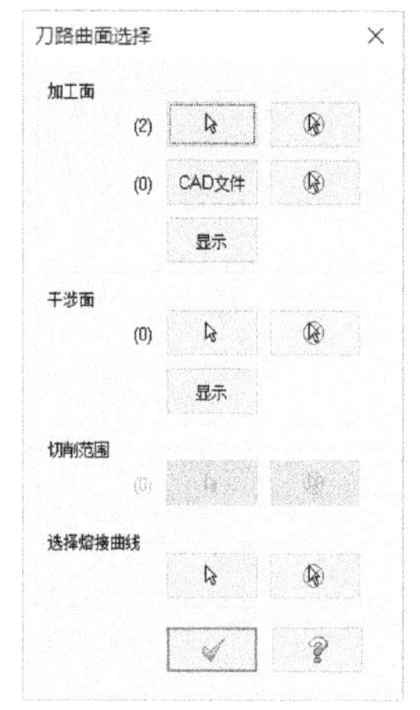

图 9-178 “刀路曲面选择”对话框

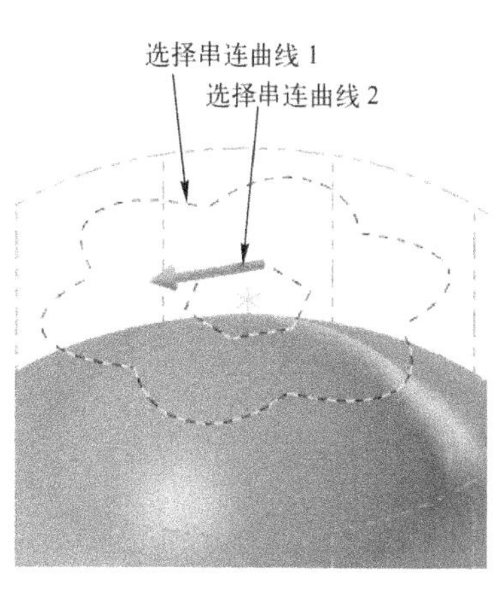

图 9-179 选择串连曲线作为熔接曲线

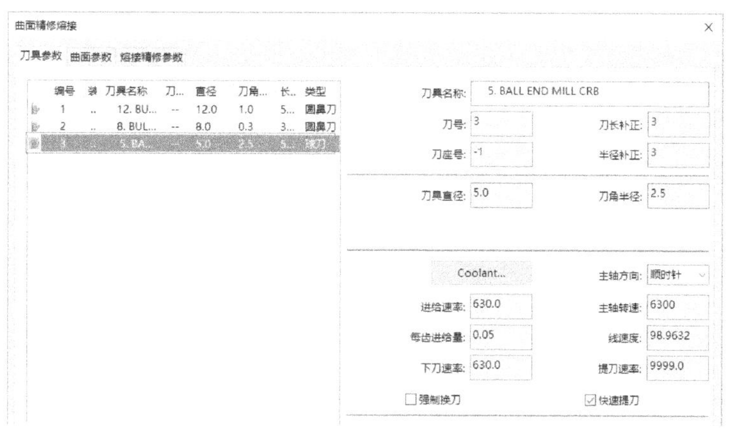

图 9-180 设置刀具参数

切换到“曲面参数”选项卡，进行如图 9-181 所示的参数设置。

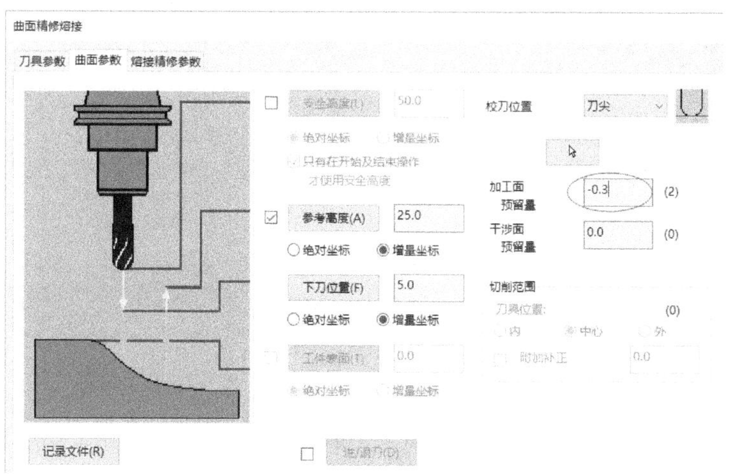

图 9-181 曲面加工参数设置

6 切换到“熔接精修参数”选项卡，进行如图 9-182 所示的参数设置。

图 9-182 熔接精修参数设置

7 在“曲面精修熔接”对话框中单击“确定”图标按钮✓。

8 在刀路管理器中单击“选择全部操作”图标按钮，从而选中所有的加工操作。单击刀路管理器中的“验证已选择的操作”图标按钮来进行相关操作，最后得到的加工模拟验证结果如图 9-183 所示。

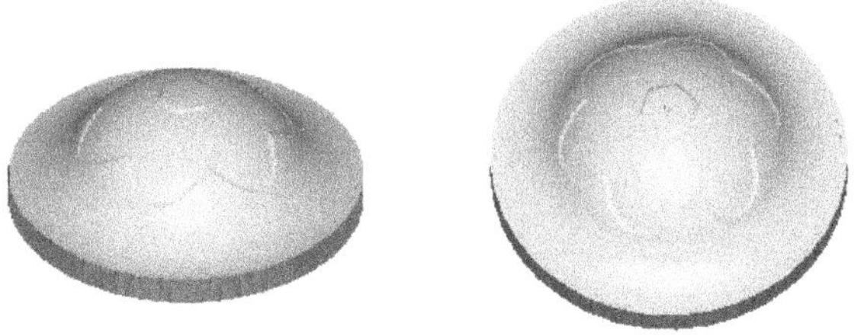

图 9-183 加工模拟验证结果

9.4 线框加工

在 Mastercam X9 中，可以利用线框来生成单一形式的曲面刀路。线框加工，相当于略去了曲面生成的过程。线框加工方法有直纹加工、旋转加工、2D 扫描加工、3D 扫描加工、混式加工（昆氏加工）和举升加工，如图 9-184 所示。鉴于线框加工方法的应用局限性，本书只对这些线框加工方法进行简单介绍，读者在未来的实际应用中可以随时查阅和参考。

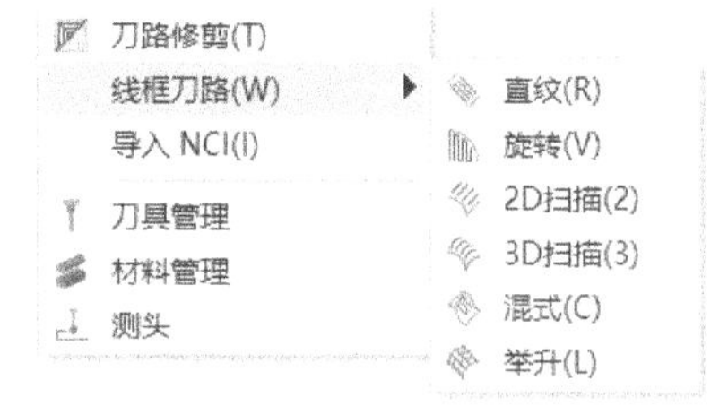

图 9-184 “刀路”/“线框刀路”级联菜单

9.4.1 直纹加工

使用“直纹加工”功能，可以根据两个或两个以上的有效 2D 截面来生成直纹曲面加工刀路。在默认铣床系统下，进行直纹加工的操作比较简单。下面通过范例的形式介绍直纹加工的典型方法及步骤。

1 打开网盘资料的“CH9”\“直纹加工.MCX”文件，该文件包含的原始图形如图 9-185 所示。

2 在“刀路”/“线框刀路”级联菜单中选择“直纹”命令，系统弹出如图 9-186 所示的“输入新 NC 名称”对话框，指定新 NC 名称为“直纹加工”，然后单击“确定”图标按钮。

3 系统弹出“串连选项”对话框，单击选中“串连”图标按钮，按照顺序依次指定串连 1、串连 2 和串连 3，如图 9-187 所示。注意，各串连的起点和方向应保持一致，然后在“串连选项”对话框中单击“确定”图标按钮。

图 9-185　原始图形

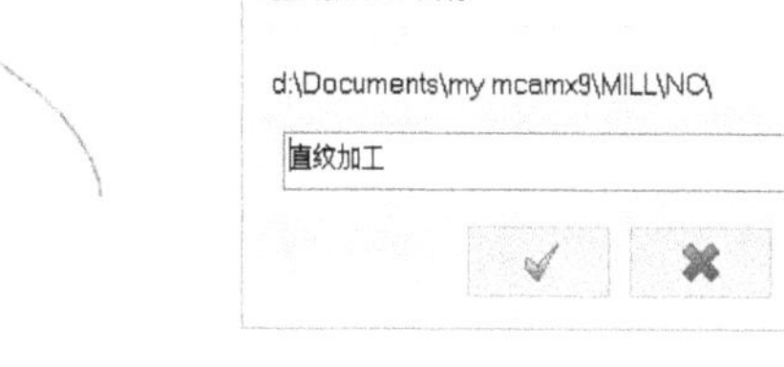

图 9-186　“输入新 NC 名称”对话框

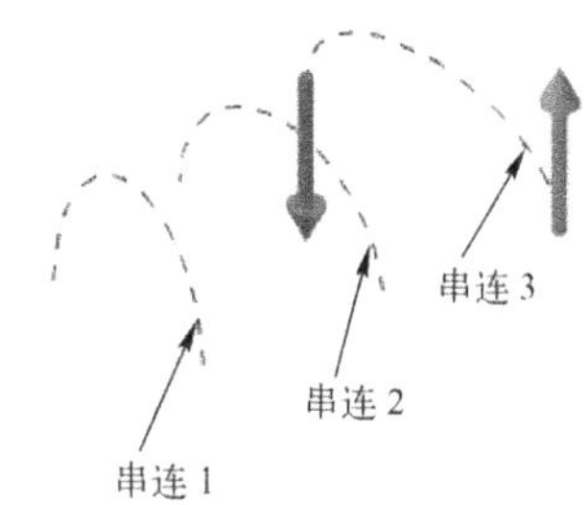

图 9-187　选择串连轮廓

4 系统弹出“直纹”对话框。在“刀具参数”选项卡中单击“从刀库选择”按钮，打开“选择刀具”对话框，从“Mill_mm.tooldb”刀具资料库列表中选择直径为 10 的球刀，单击“确定”图标按钮，结束刀具选择。接着为选定的球刀设置进给速率、下刀速率和主轴转速等，如图 9-188 所示。

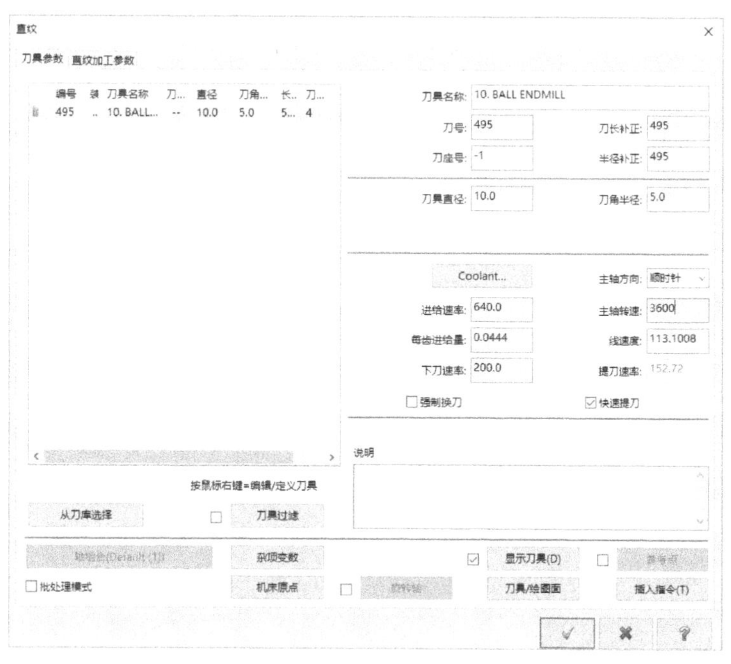

图 9-188　设置刀具参数

5 切换到“直纹加工参数”选项卡，进行如图 9-189 所示的直纹加工参数设置。

图 9-189　设置直纹加工参数

6 在“直纹”对话框中单击“确定”图标按钮，系统产生的直纹加工刀路如图 9-190 所示。

7 在刀路管理器中单击“属性”节点下的“毛坯设置”，如图 9-191 所示，系统弹出“机床群组属性”对话框，并显示其“毛坯设置”选项卡。

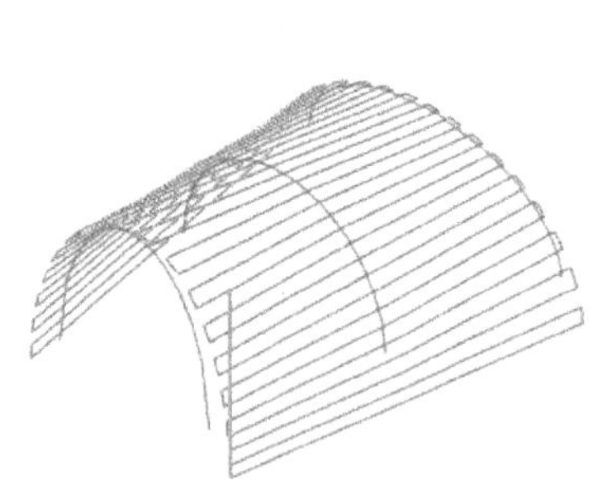

图 9-190　直纹加工刀路

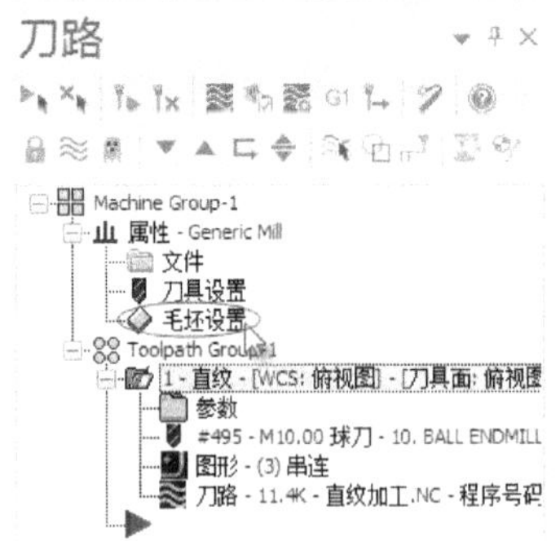

图 9-191　单击“毛坯设置”选项

8 在“毛坯设置”选项卡中单击“边界盒”按钮，在“选择图形”提示下直接按〈Enter〉键，系统弹出“边界盒”对话框，进行如图 9-192 所示的设置，然后单击该对话框中的“确定”图标按钮，返回到“机床群组属性”对话框的“毛坯设置”选项卡，如图 9-193 所示。

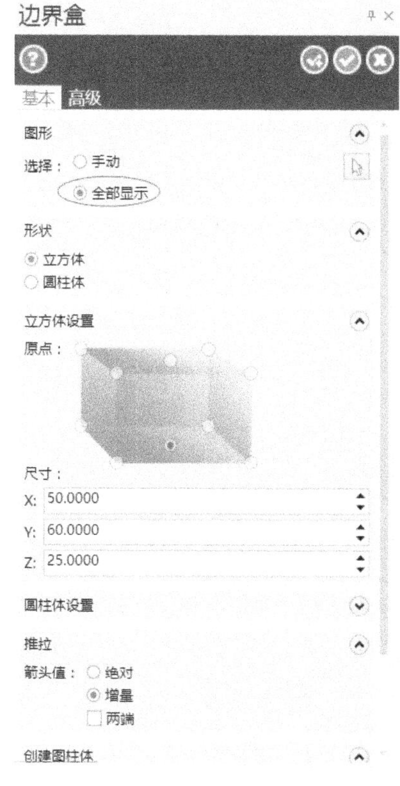

图 9-192 “边界盒”对话框

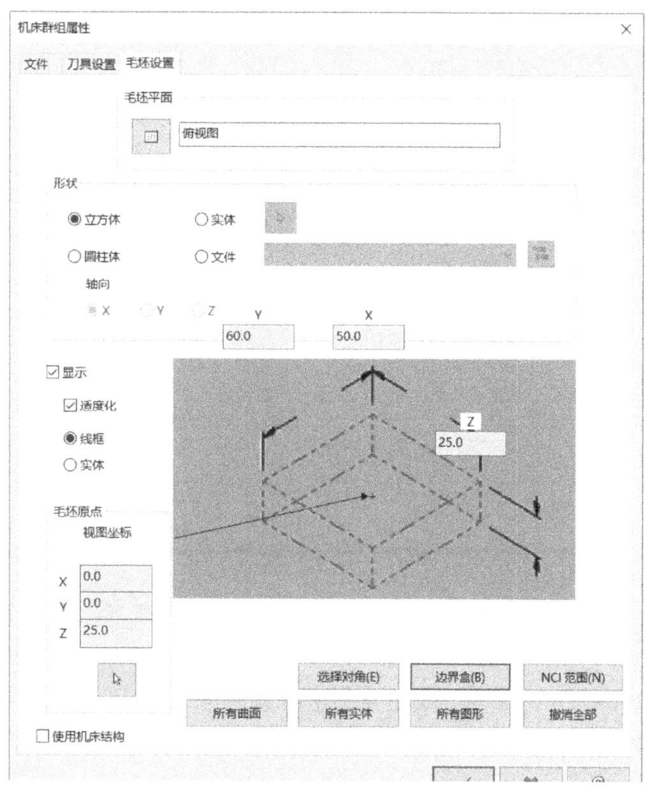

图 9-193 “毛坯设置”选项卡

9 在“机床群组属性”对话框中单击“确定”图标按钮，结束材料设置，产生的工件坯件如图 9-194 所示。

10 单击刀路管理器中的“验证已选择的操作”图标按钮来进行相关验证操作，得到的加工模拟验证结果如图 9-195 所示。

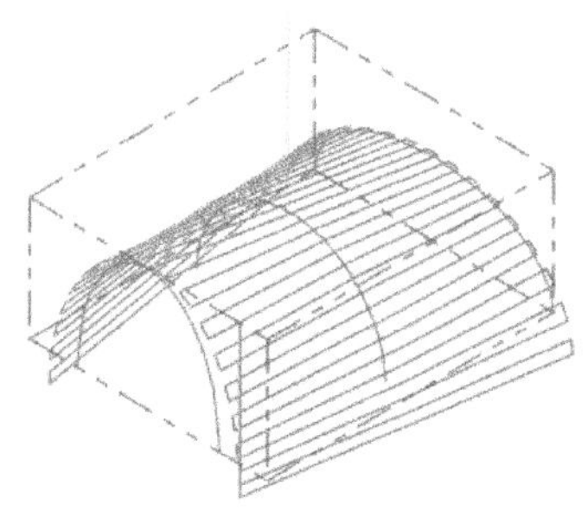

图 9-194 产生的工件坯件

图 9-195 加工模拟验证结果

9.4.2 旋转加工

使用“旋转加工”功能，可以将 2D 截面（在顶部构图面绘制）绕着指定的旋转轴产生旋转刀路。在这里通过范例的形式介绍旋转加工的典型方法及其步骤。

1 在顶部构图面（Z=0）中绘制如图 9-196 所示的 2D 截面。也可使用网盘资料的

“CH9”\“旋转加工.MCX”文件中的已有截面。

2 在“刀路”/“线框刀路”级联菜单中选择“旋转”命令，系统弹出“输入新 NC 名称”对话框，指定新 NC 名称为“旋转加工”，然后单击“确定”图标按钮 ✓ 。

3 系统弹出“串连选项”对话框，单击选中“串连”图标按钮 。在系统的“旋转曲面：请定义曲面边界 1”提示下，选择实线定义外形轮廓，接着在“请选择旋转轴的轴心位置”提示下选取中心线的一个端点定义旋转轴之轴心位置，如图 9-197 所示。

图 9-196　2D 截面

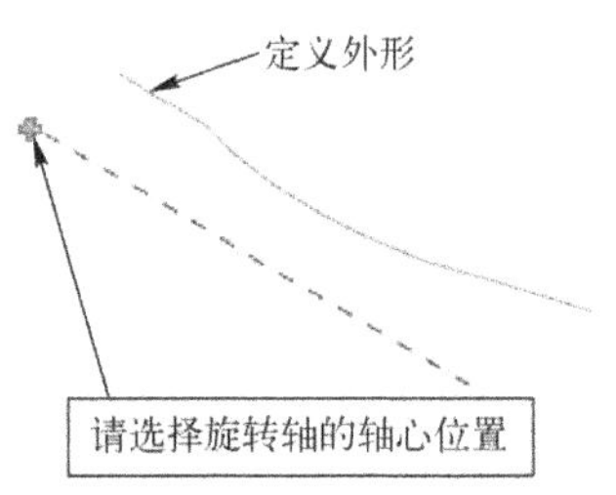

图 9-197　选择外形轮廓及旋转轴的轴心位置

4 定义外形轮廓及旋转轴的轴心位置后，系统弹出“旋转”对话框。在“刀具参数”选项卡中单击“从刀库选择”按钮，系统弹出“选择刀具”对话框，从默认的“Mill_mm.tooldb”刀具资料库列表中选择直径为 10 的平底刀，单击“确定”图标按钮 ✓ ，结束刀具选择。接着为选定的平底刀设置进给速率、下刀速率和主轴转速等，如图 9-198 所示。

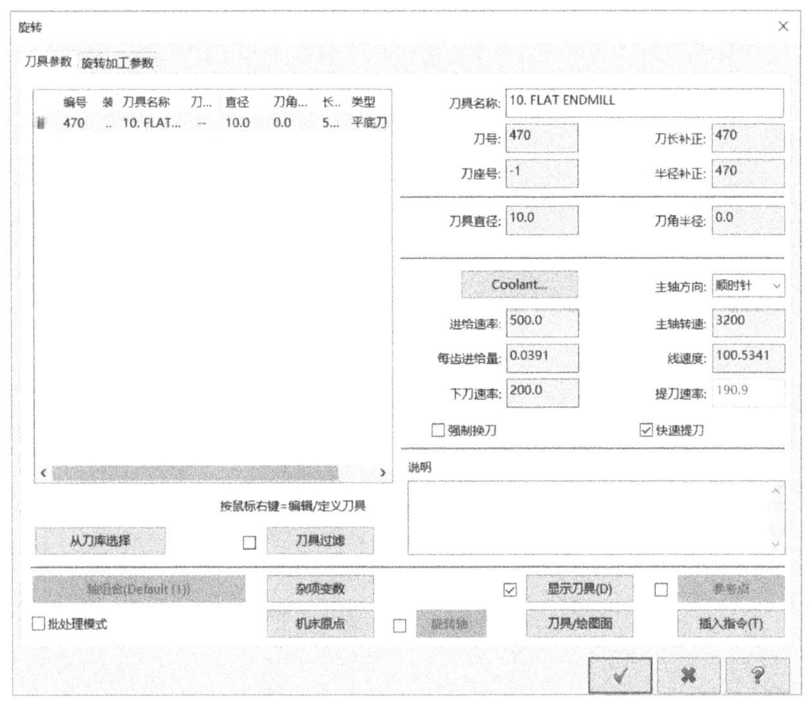

图 9-198　设置刀具参数

5 切换到“旋转加工参数”选项卡，进行如图 9-199 所示的旋转加工参数设置。

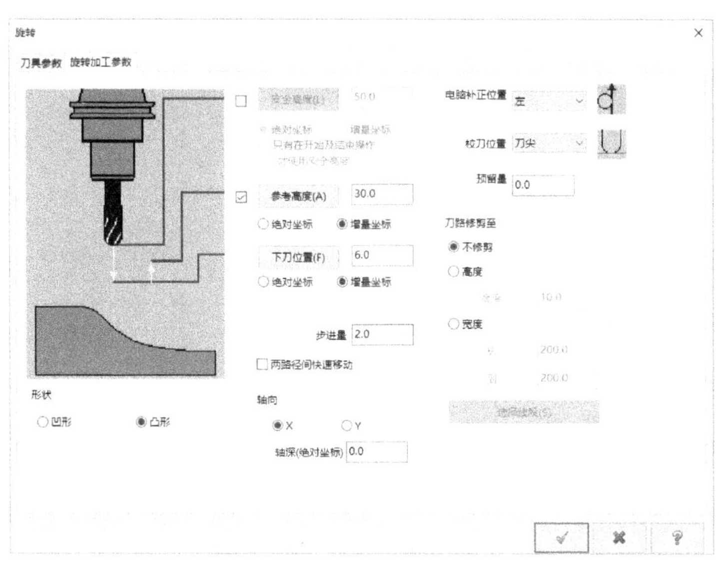

图 9-199 设置旋转加工参数

6 在“旋转”对话框中单击“确定”图标按钮，产生的旋转加工刀路如图 9-200 所示。

7 在刀路管理器中单击“属性”节点下的“毛坯设置”，系统弹出“机床群组属性”对话框，并自动切换至“毛坯设置”选项卡。可以进行如图 9-201 所示的毛坯材料设置，然后单击“确定”图标按钮。

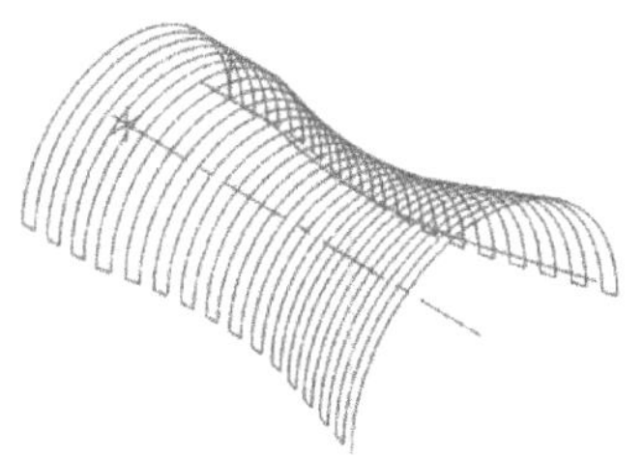

图 9-200 旋转加工刀路

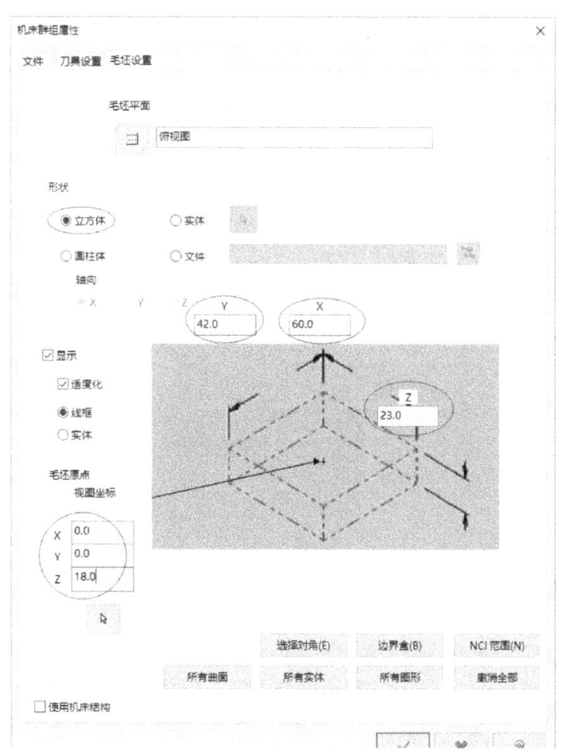

图 9-201 毛坯材料设置

5 在刀路管理器中单击“验证已选择的操作”图标按钮，系统弹出“Mastercam模拟”窗口，设置所需的验证选项及参数来进行验证操作，最后得到的加工模拟验证结果如图 9-202 所示。

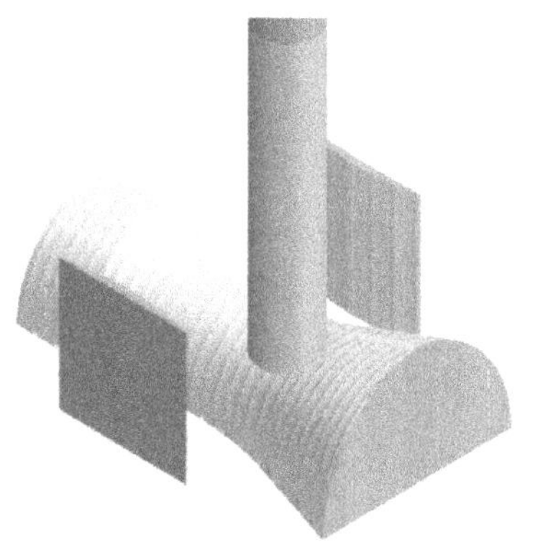
图 9-202　加工模拟验证结果

9.4.3 2D 扫描加工

使用“2D 扫描加工”功能，可以将 2D 截面沿着指定的 2D 路径扫描，从而产生相应的扫描刀路。图 9-203 所示为 2D 扫描加工示例，下面简述该加工示例的操作方法，所采用的原始文件为网盘资料的“CH9”\“2D 扫描加工.MCX”，文件中已指定采用默认的铣床系统。

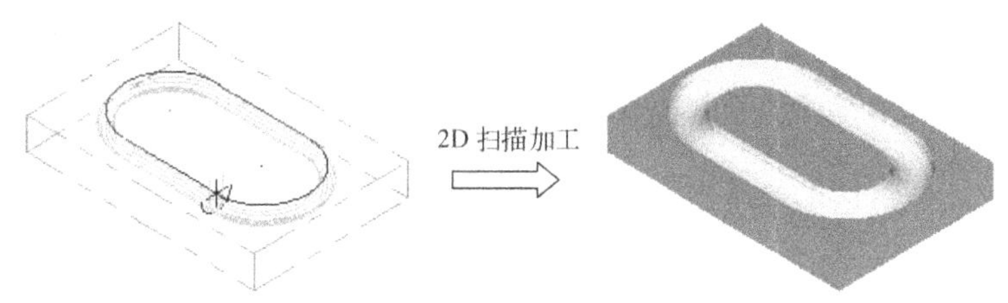

图 9-203　2D 扫描加工示例

1 在“刀路”/“线框刀路”级联菜单中选择“2D 扫描”命令，系统弹出“输入新 NC 名称”对话框，指定新 NC 名称为“2D 扫描加工”，然后单击“确定”图标按钮。

2 系统弹出“串连选项”对话框，在提示下依次指定截断轮廓（即断面外形）和引导轮廓（即引导外形），如图 9-204 所示，然后在“串连选项”对话框中单击“确定”图标按钮。

3 选择如图 9-205 所示的点作为引导方向和截断方向的交点。

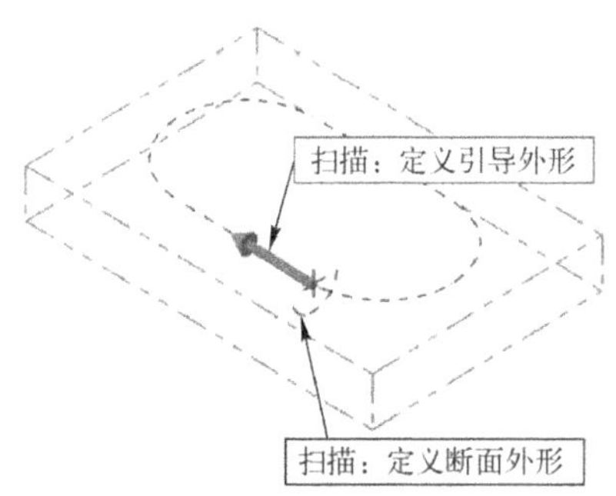

图 9-204　依次指定截断轮廓与引导轮廓

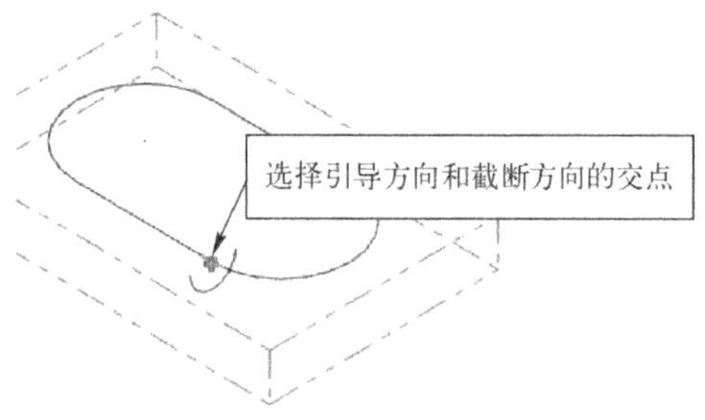

图 9-205　选择引导方向和截断方向的交点

4 系统弹出“2D扫描”对话框。在“刀具参数”选项卡中选用直径为 6 的球刀，并将刀号、刀长补正和半径补正更改为“1”，同时设置进给速率为“1200”、下刀速率为“300”、主轴转速为“5300”，如图 9-206 所示。

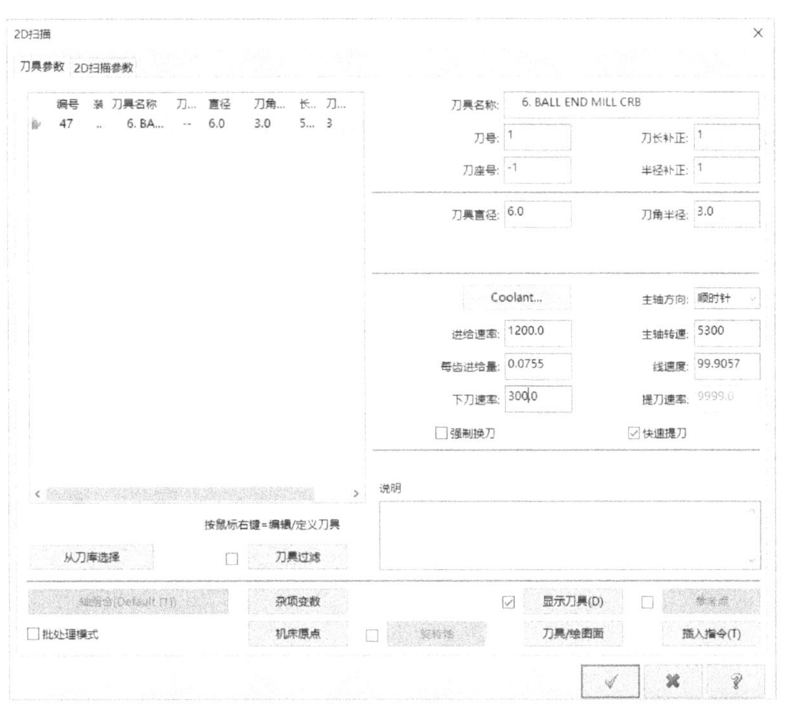

图 9-206　设置刀具参数

5 切换到“2D扫描参数”选项卡，进行如图 9-207 所示的 2D 扫描加工参数设置。注意，图形对应模式有“无”“依照图形”“依照分支点”“依照节点”“依照存在点”“手动”和“手动/密度”。

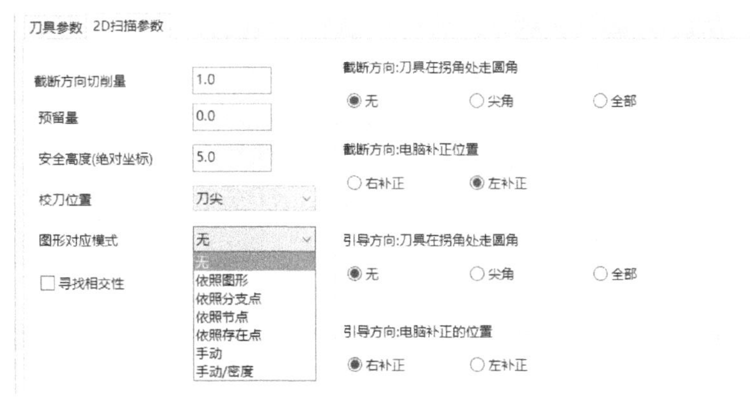

图 9-207　设置 2D 扫描加工参数

6 在“2D 扫描”对话框中单击“确定”图标按钮 ✓ ，从而生成 2D 扫描加工刀路。

7 在刀路管理器中单击“验证已选择的操作”图标按钮，进行实体验证操作。

9.4.4 3D 扫描加工

使用“3D 扫描加工”功能，可以将指定的 2D 截面沿着指定的 3D 路径轨迹线扫描来产生相应的刀路。3D 扫描加工的典型示例如图 9-208 所示。

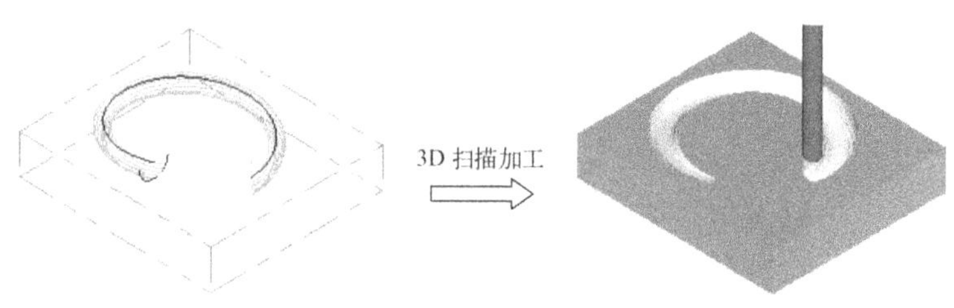

图 9-208　3D 扫描加工

在默认的铣床系统中，选择“刀路”/“线框刀路”级联菜单中的“3D扫描”命令，指定新 NC 名称，指定截断轮廓（扫描截面）数量，接着依次选择截断轮廓（扫描截面）和扫描路径轮廓，然后在如图 9-209 所示的“3D 扫描”对话框中设置相应的刀具参数和 3D 扫描加工参数。其中，在“3D扫描加工参数”选项卡中，可设置引导方向切削量、截断方向切削量，指定切削方向（如双向、单向、环切、5 轴-双向、5 轴-单向或 5 轴-环绕），设定预留量、安全高度、电脑补正位置、校刀位置和图形对应模式，在“切削方向”选项组中选择“引导方向”或“截断方向”，在“旋转/平移”选项组中选择“旋转断面外形”或“平移断面外形”。

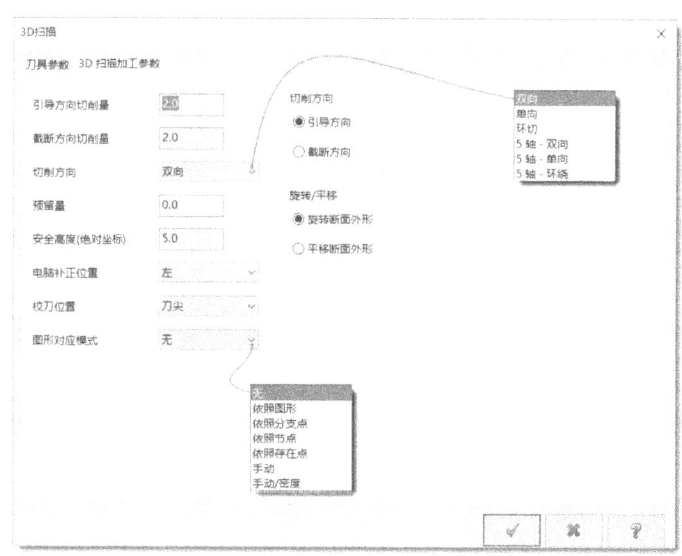

图 9-209　“3D 扫描”对话框

9.4.5 昆氏加工

可以利用昆氏线架所决定的曲面来产生刀路，其典型方法如下（结合范例文件“CH9”\“昆氏加工.MCX”进行介绍）。

1 在默认的铣床系统中，选择“刀路”/“线框刀路”级联菜单中的“混式”命令，接着可指定新 NC 名称为“昆氏加工”，单击“确定”图标按钮 ✔。

2 输入引导方向缀面数为 3，如图 9-210 所示，按〈Enter〉键确认。

3 输入截断方向缀面数为 1，如图 9-211 所示，按〈Enter〉键确认。

4 系统弹出“串连选项”对话框，单击“单体”图标按钮 ╱。在提示下依次单击如图 9-212 所示的曲线 1～曲线 6，注意串连方向一致。

图 9-210 输入引导方向缀面数

图 9-211 输入截断方向缀面数

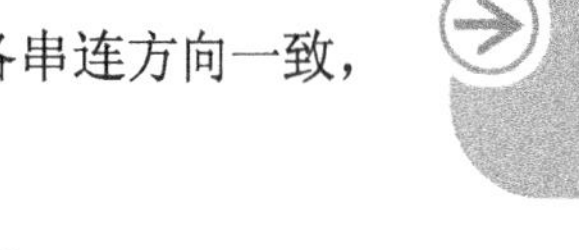

5 接着在提示下依次单击如图 9-213 所示的曲面 7～曲线 10，注意各串连方向一致，选择完后，系统提示完成串连。

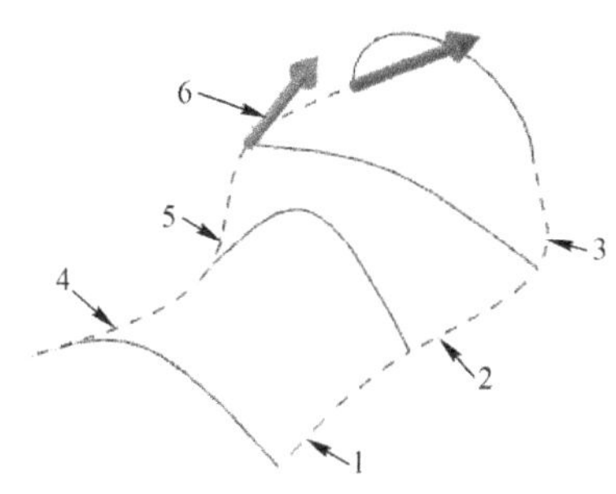

图 9-212 指定引导方向的串连外形

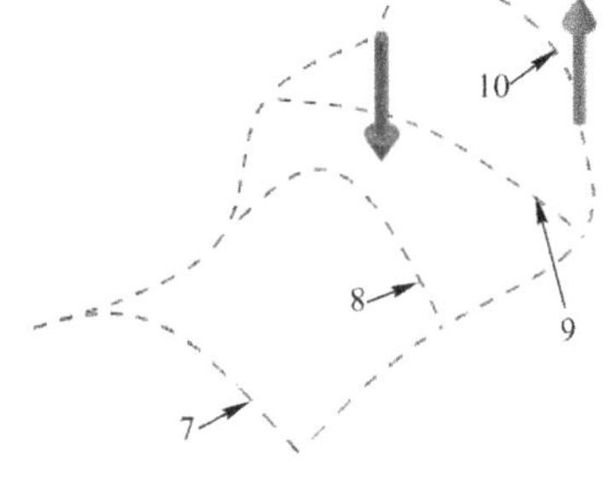

图 9-213 指定截断方向的串连外形

6 在“串连选项”对话框中单击“确定”图标按钮 ✓ 。

7 系统弹出“昆氏加工”对话框。在“刀具参数”选项卡中，单击“从刀库选择”按钮，打开“选择刀具”对话框，从“Mill_mm.tooldb”刀库中选用直径为 6 的一个圆鼻刀（刀角半径为 2），单击“确定”图标按钮 ✓ ，返回到“昆氏加工”对话框的“刀具参数”选项卡，将刀号、刀长补正和半径补正更改为“1”，并设置进给速率为“300”、下刀速率为“300”、主轴转速为“4200”，如图 9-214 所示。

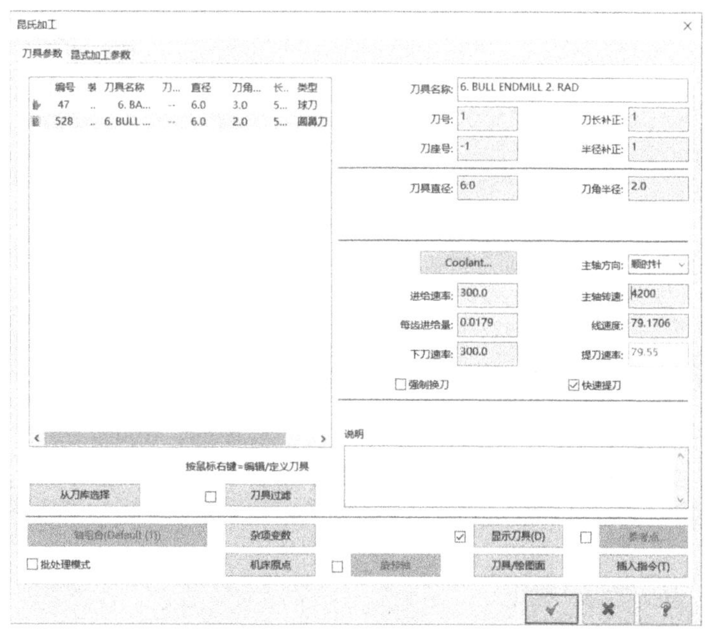

图 9-214 设置昆氏加工的刀具参数

8 切换到“昆氏加工参数”选项卡，进行如图 9-215 所示的参数设置。

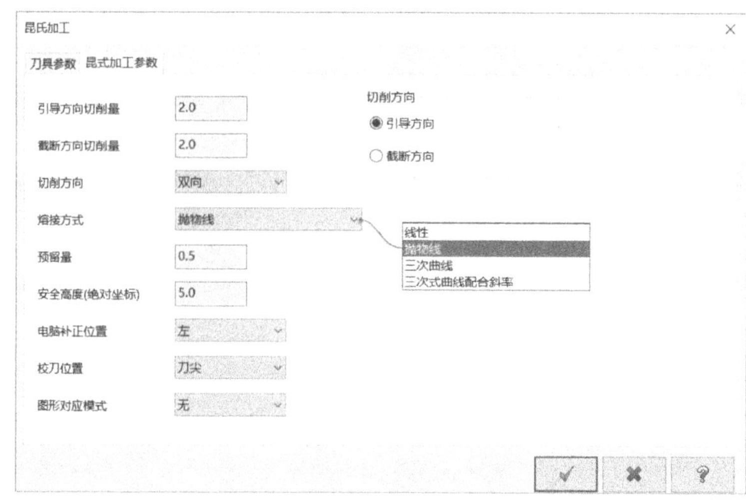

图 9-215　设置昆氏加工参数

9 在“昆氏加工”对话框中单击“确定”图标按钮 ✓ ，生成如图 9-216 所示的刀路。

10 自行设置长方体的毛坯材料，并可以进行实体切削验证的加工模拟，结果如图 9-217 所示。

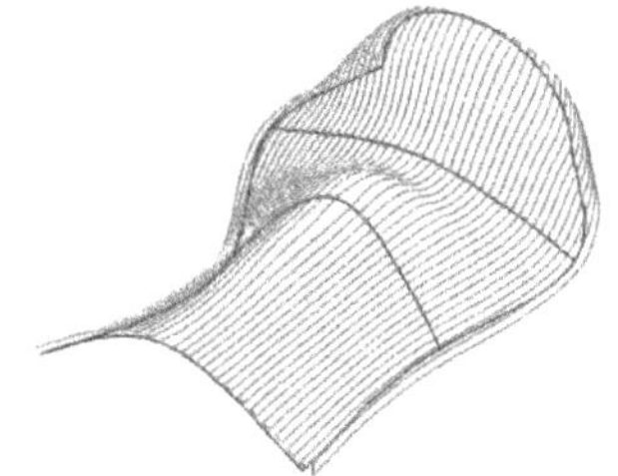

图 9-216　生成昆氏加工刀路

图 9-217　实体切削验证

9.4.6 举升加工

使用“举升加工”功能，可以由多个举升截面产生加工刀路，如图 9-218 所示。举升刀路的内在产生方法其实和举升曲面的绘制方法类似，不同的是前者产生的为刀路，后者产生的为举升曲面。

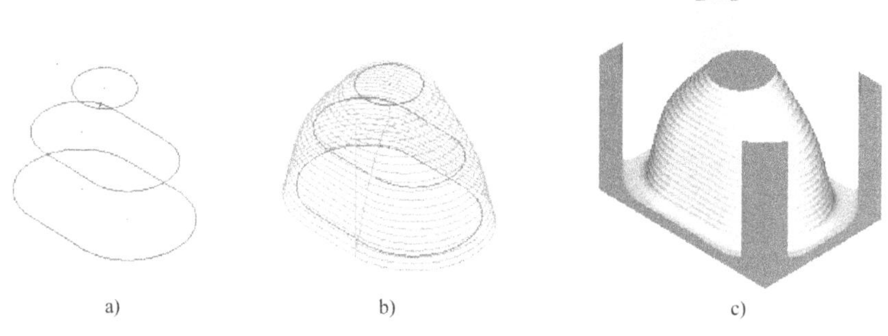

图 9-218　举升加工典型示例

a) 举升线架　b) 举升加工刀路　c) 举升加工模拟结果

下面以如图 9-218 所示的示例介绍举升加工的方法，该范例采用的素材来自文件“CH9”\“举升加工.MCX”。

1 在“刀路”/“线框刀路”级联菜单中选择“举升”命令，系统弹出“输入新 NC 名称”对话框，指定新 NC 名称为“举升加工”，然后单击“确定”图标按钮 ✓ 。

2 系统弹出“串连选项”对话框，依次指定如图 9-219 所示的 3 个串连外形（截面），注意各串连的起始点方向要一致，否则会产生非希望的刀路。

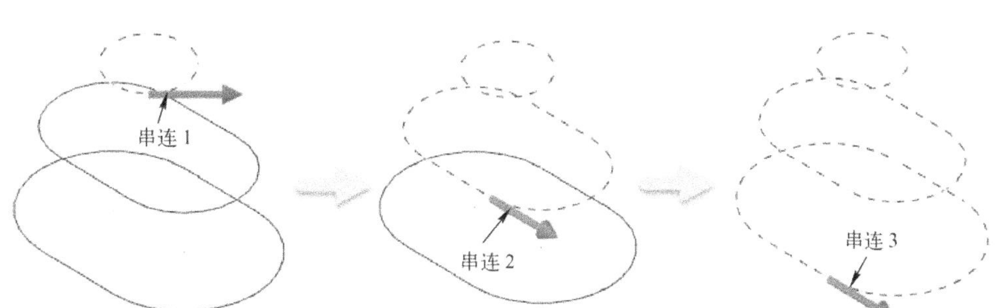

图 9-219 指定 3 个串连外形截面

设计技巧：为了使圆截面获得和其他两个截面一致的串连起点位置，在执行“举升加工”命令之前，已经对该圆进行了 8 等分的编辑处理。

3 在“串连选项”对话框中单击“确定”图标按钮 ✓ ，系统弹出“举升加工”对话框。

4 在“刀具参数”选项卡中选用直径为 8 的圆鼻刀，将刀号、刀长补正和半径补正更改为“1”，并设置进给速率为“280”、下刀速率为“280”、主轴转速为“9500”，如图 9-220 所示。

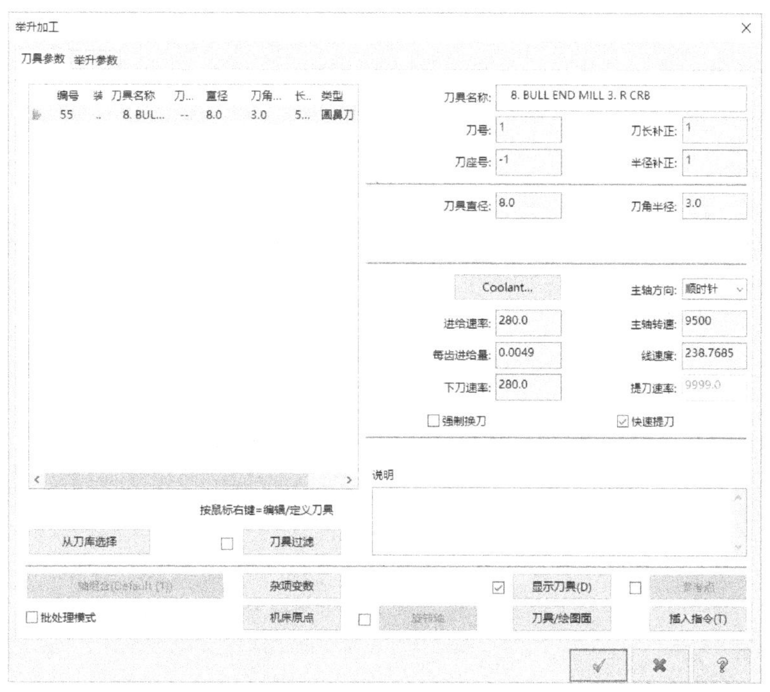

图 9-220 设置刀具参数

5 切换到“举升参数”选项卡，进行如图 9-221 所示的举升加工参数设置。

图 9-221 设置举升加工参数

6 在“举升加工”对话框中单击“确定”图标按钮 ✓，生成举升加工刀路。可以对该举升加工刀路进行实体切除验证。

9.5 3D 高速刀路

3D 高速刀路也称高速曲面刀路。在“刀路”菜单中提供了“3D 高速刀路”的相关命令，使用这些命令可以进行曲面高速粗切和曲面高速精修等操作，而且整个参数设置过程的界面直观，可视化程度高。需要注意的是，使用高速曲面刀路会导致系统计算时间相对较长。

9.5.1 高速曲面刀路的类型及其参数

高速曲面刀路有粗切和精修之分，其中粗切的曲面高速加工有“区域粗切”和“优化动态粗切”等，而精修的曲面高速加工主要包括“等高”“环绕”“水平”“平行”“清角”“螺旋”“放射”“混合”和“投影”。

高速曲面刀路的相关参数是在如图 9-222 所示的“高速曲面刀路-<刀路类型>”对话框中设置的。该对话框的形式和操作方式同“2D 高速刀路”对话框类似。在该对话框左侧部位的参数类别列表框中选择某一个参数类别项（相当于选项卡/属性页的作用），则在其右侧区域（属性页）显示该类别的相应选项及参数等，由用户根据实际情况和加工要求来进行设置。主参数类别主要包括“刀路类型”“刀具”“刀柄（夹头）”“切削参数”“共同参数”“冷却液”“平面（WCS）”“插入指令”和“杂项变量”等。

用户可以更改高速曲面刀路的类型，其方法是在参数类别列表框中选择“刀路类型”，并在“刀路类型”属性页中选择“粗切”单选按钮或“精修”单选按钮，然后选择所需的某一个粗切类型图标或某一个精修类型图标。

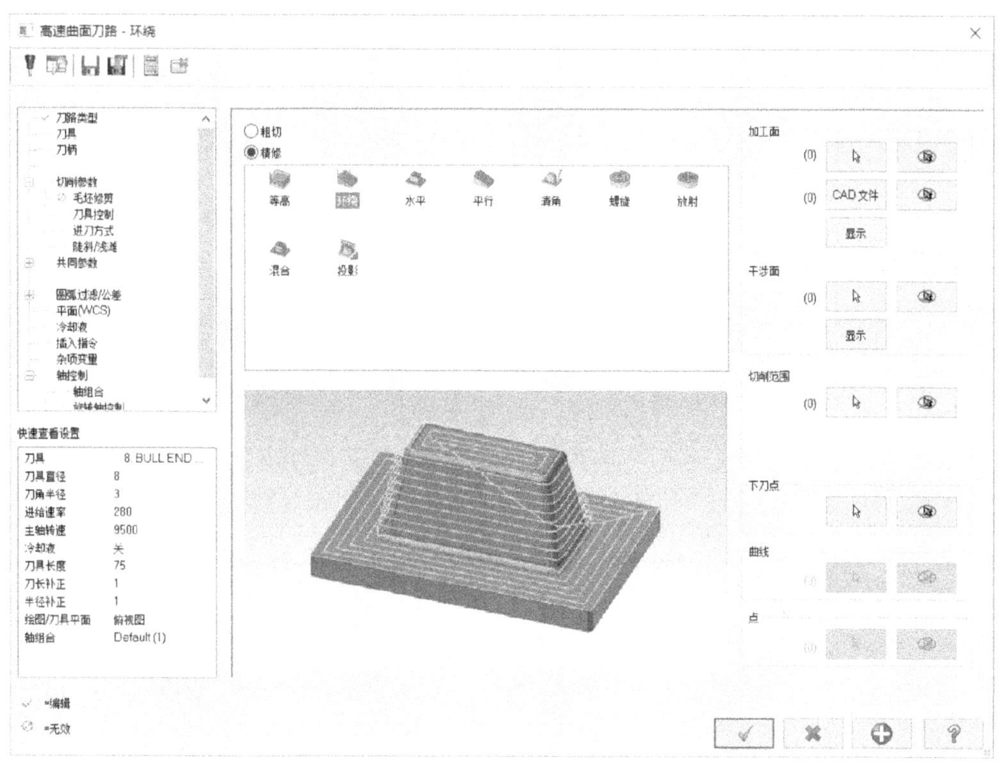

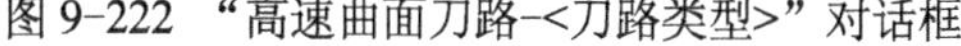
图 9-222 “高速曲面刀路-<刀路类型>”对话框

Mastercam X9 高速曲面刀路的类型图标（出现在“高速曲面刀路”对话框中的图标）及其图例见表 9-1，从图例中可以较为直观地看出相应类型的高速曲面刀路的特点。

表 9-1 Mastercam X9 高速曲面刀路的类型图标及其图例

序号	类型		图标	图例
1	粗切	区域粗切		
2		优化动态粗切		
3	精修	等高		

（续）

序号	类型		图标	图例
4	精修	环绕		
5		水平		
6		平行		
7		清角		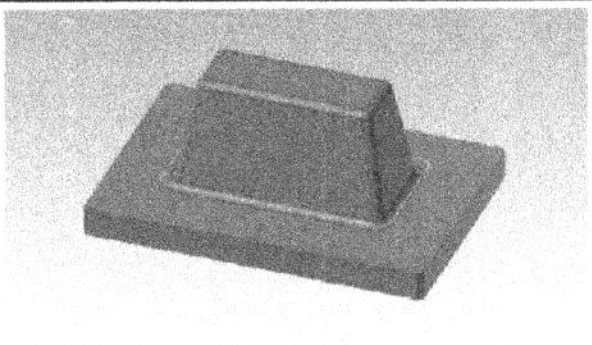
8		螺旋		
9		放射		
10		混合		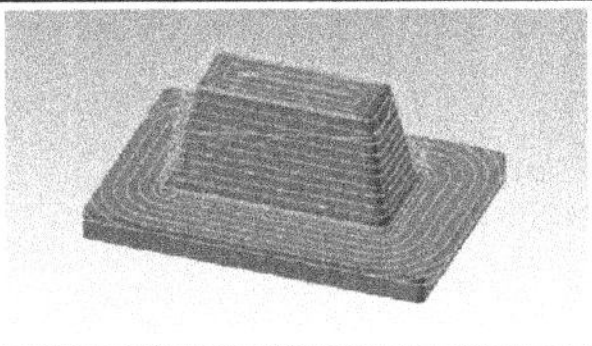
11		投影		

9.5.2 高速曲面刀路的创建步骤

高速曲面刀路的基本创建步骤如下。

1 指定机床类型后，根据加工策略，从“刀路”/“3D 高速刀路”级联菜单中选择其中所需的一个命令。“刀路”/“3D 高速刀路”级联菜单可供选择的命令有“优化动态粗切”“区域粗切”“等高”“环绕”“水平”“平行”“清角”“螺旋”“放射”“混合”和“投影”。

2 选择加工曲面，按〈Enter〉键确认。

3 系统弹出如图 9-223 所示的“刀路曲面选择”对话框，使用此对话框可以辅助指定加工面、干涉面、切削范围和下刀点。完成刀路的曲面选择操作后，单击“确定”图标按钮 ✓。

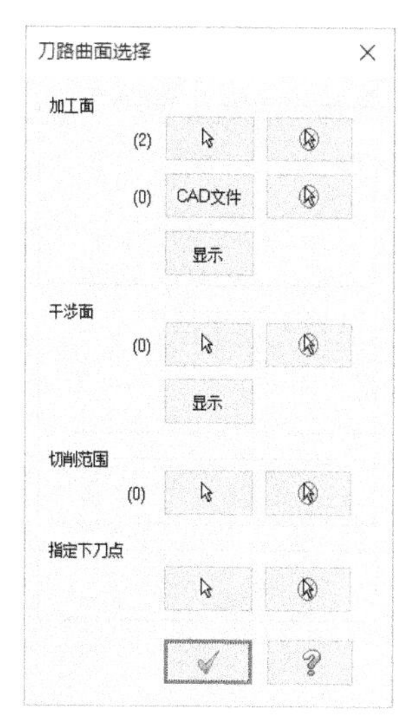

图 9-223 “刀路曲面选择”对话框

4 系统弹出“高速曲面刀路”对话框，此时可以根据实际加工情况更改加工策略，即更改刀路类型。通过参数类别列表框选择要设置的参数类别，并在该参数类别的属性页（参数选项区域）中设置相关的内容。例如，设置刀具、刀柄、切削参数、共同参数等。图 9-224 所示为“高速曲面刀路-区域粗切”的切削参数设置示例。

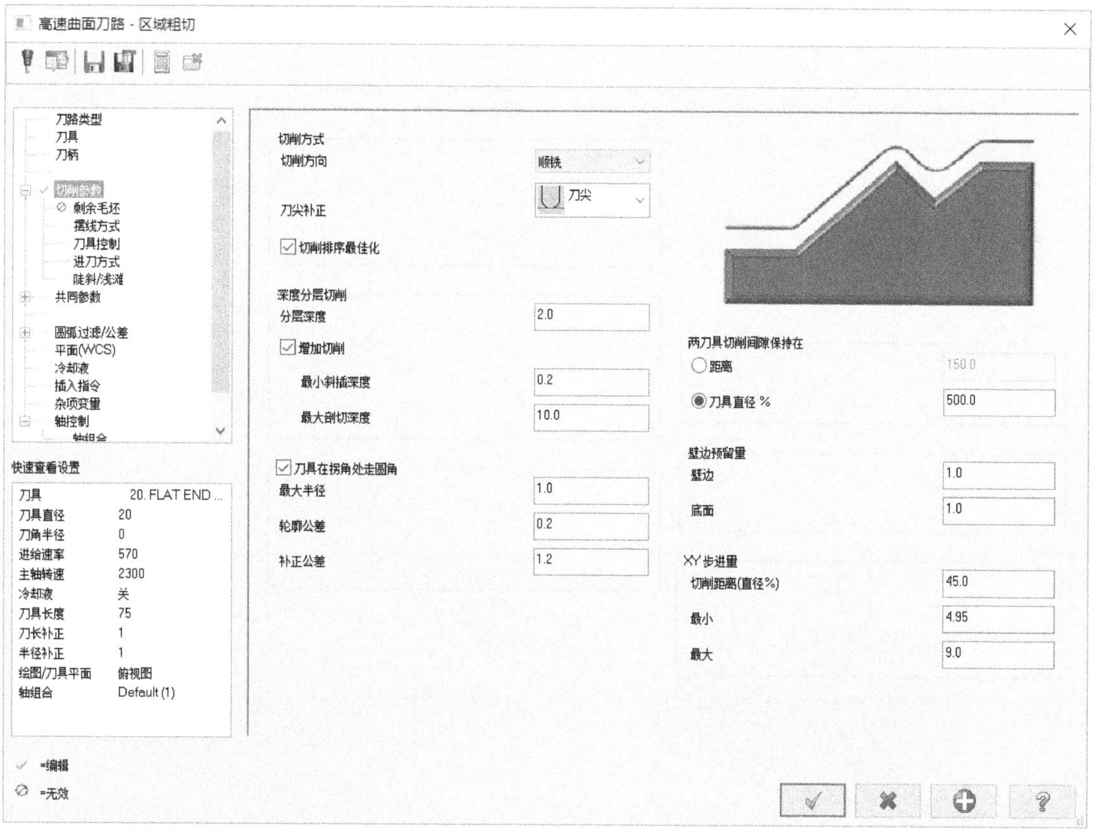

图 9-224 “高速曲面刀路-区域粗切”的切削参数设置示例

5 在“高速曲面刀路”对话框中单击“确定”图标按钮[✓]。

9.5.3 高速曲面刀路应用范例

采用不同类型的高速曲面刀路，需要设置的内容也将有所不同，但设置方法都是相似的。下面介绍一个高速曲面刀路的应用范例。

1 打开网盘资料的“CH9”\“高速曲面刀具路径.MCX”文件，对该文件已有的粗切操作进行实体切削模拟，如图 9-225 所示。

图 9-225　原始文件中已有的粗切

2 在“刀路”菜单中选择“3D 高速刀路”/“螺旋”命令。

3 系统提示选择加工曲面。使用鼠标框选所有的曲面作为加工曲面，如图 9-226 所示，然后按〈Enter〉键确定。

4 系统弹出“刀路曲面选择”对话框，如图 9-227 所示，直接单击“确定”图标按钮[✓]，系统弹出“高速曲面刀路-螺旋”对话框。在“高速曲面刀路-螺旋”对话框左侧的参数类别列表框中选择“刀路类型”时，可以看到“精修”单选按钮已经处于选中状态，同时默认选中“螺旋”刀路类型图标，如图 9-228 所示。

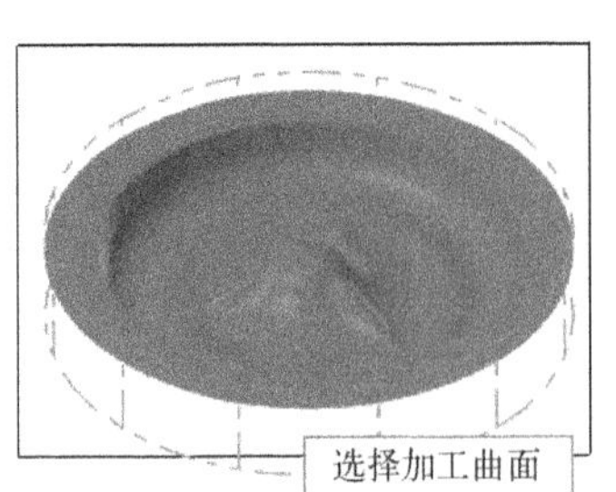

图 9-226　选择加工曲面

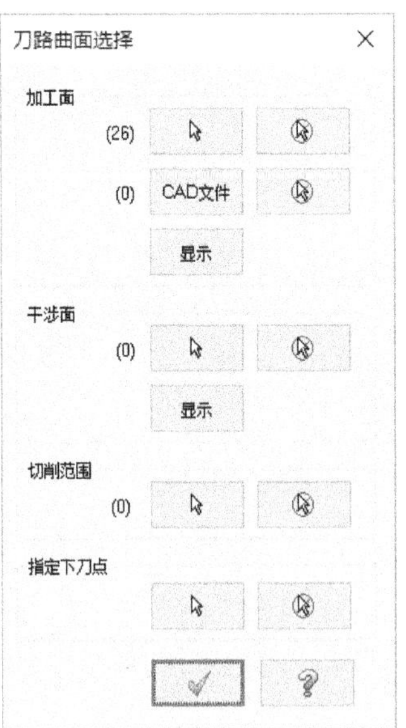

图 9-227　“刀路曲面选择”对话框

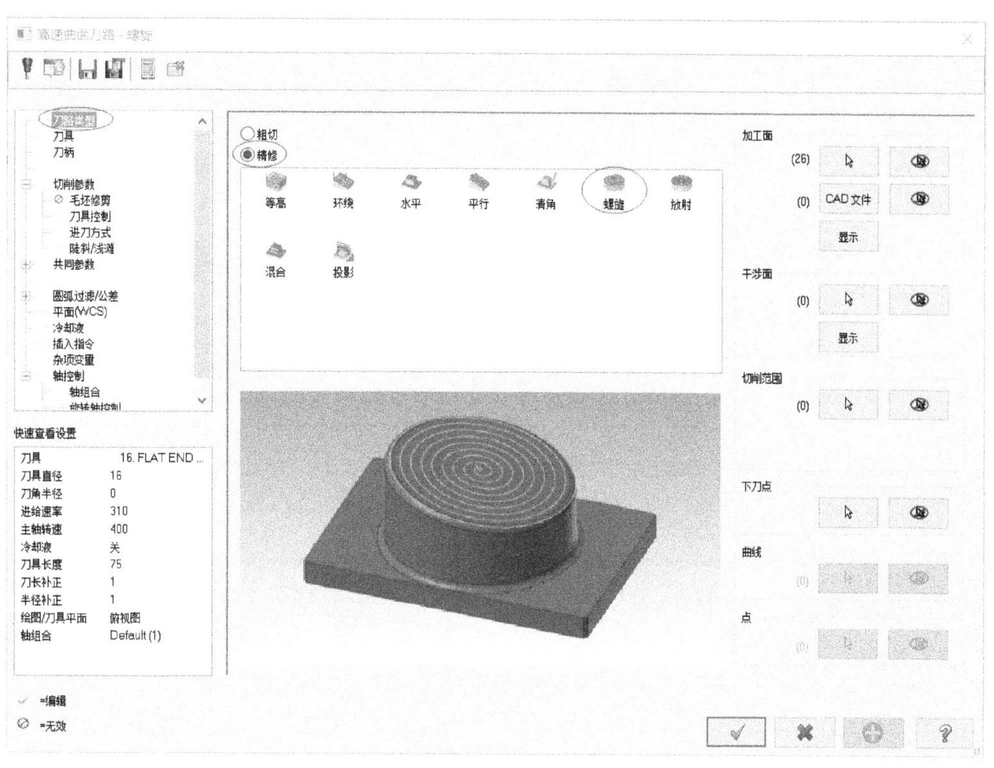

图 9-228 查看刀路类型

5 在参数类别列表框中选择“刀具”，接着单击“从刀库中选择”按钮，打开“选择刀具”对话框，从“Mill_mm.tooldb”刀具资料库列表中选择一把直径为 4 的球刀，单击“确定”图标按钮 ✓，返回到“高速曲面刀路-螺旋”对话框。

6 在“高速曲面刀路-螺旋”对话框的刀具属性页中为选定的刀具设置相应的进给速率、下刀速率、主轴转速和提刀速率等，如图 9-229 所示。

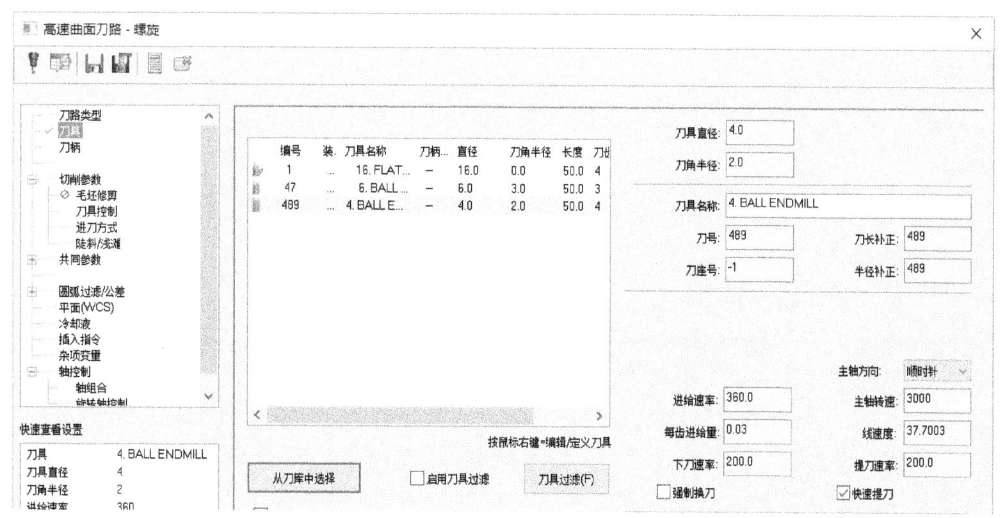

图 9-229 指定刀具参数

7 在参数类别列表框中选择“切削参数”，接着在其属性页进行如图 9-230 所示的参数设置，然后单击“应用”图标按钮 ⊕ 。

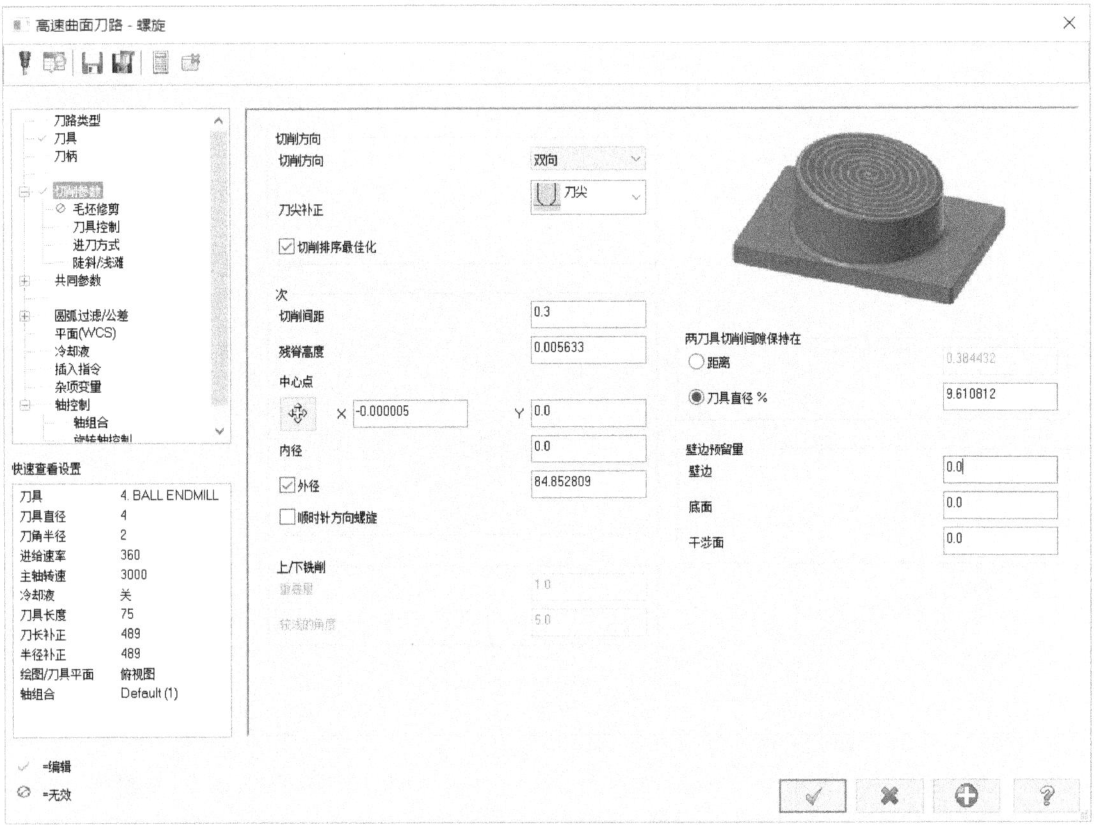

图 9-230 设置切削参数

在参数类别列表框中选择“切削参数”节点下的“进刀方式”，接着在“进刀方式”属性页的“两区段间路径过渡方式”选项组中选择“平滑”单选按钮，如图 9-231 所示。

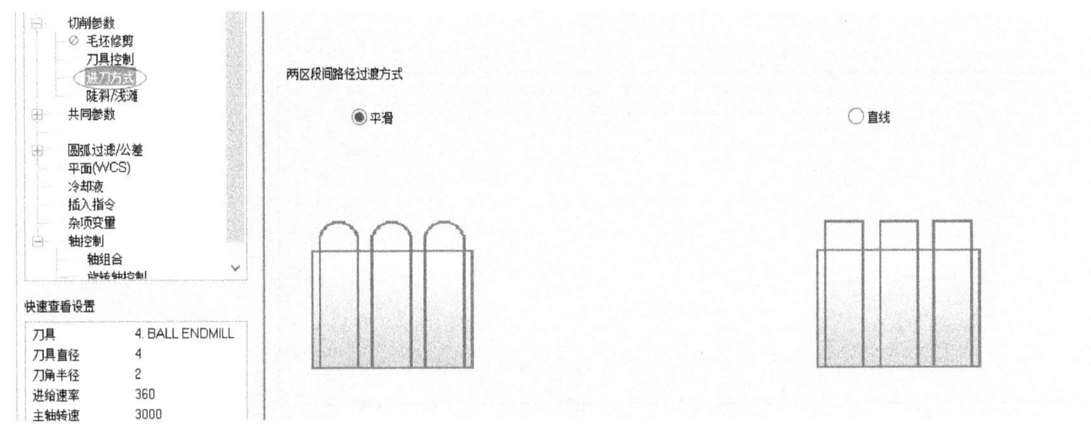

图 9-231 设置进刀方式

8 使用同样的方法，可以对陡斜/浅滩、刀柄、共同参数等相关参数进行设置。对于初学者，其他参数项可采用默认选项或默认值。

9 单击“高速曲面刀路-螺旋”对话框中的“确定”图标按钮，经过系统计算，系统生成螺旋形的高速曲面加工刀路。

10 在刀路管理器中单击“选择全部操作”图标按钮，从而选中所有的加工操作。接着在刀路管理器中单击“验证已选择的操作”图标按钮，利用弹出的“Mastercam 模拟”窗口进行加工模拟验证，最后得到的加工模拟验证结果如图 9-232 所示。

图 9-232 所有加工模拟验证后的结果

第 10 章　多轴加工路径

本章导读

传统的数控机床一般是 x 轴、y 轴和 z 轴这 3 个轴联动，可以满足绝大多数零件的加工要求。随着数控加工技术的快速发展，多轴加工数控设备也得到了普遍应用。多轴加工是指加工轴为三轴以上的加工，主要包括四轴加工和五轴加工。采用多轴加工方法可以很好地实现一些形状特别或形状复杂的曲面的加工。例如，五轴加工多用于加工工业自由曲面。

本章首先介绍多轴加工基础，接着结合范例重点介绍常用的几种多轴加工。

10.1　多轴加工基础

本节介绍多轴加工基础，具体内容包括多轴加工的概念及其特点、多轴刀路类型和多轴刀路创建步骤。

10.1.1　多轴加工的概念及其特点

习惯上将三轴以上的加工称为多轴加工，如四轴加工和五轴加工。四轴加工是指在三轴的基础上增加一个回转轴，可以加工具有回转轴的零件或沿某一个轴四周需加工的零件。五轴加工相当于在三轴的基础上添加两个回转轴来加工，从原理上来讲，五轴加工可同时使五轴连续独立运动，可以加工特殊五面体和任意形状的曲面。五轴加工的加工范围比三轴加工的要大许多，同时也提高了加工效率和加工精度，并且能够很好地解决三轴加工无法正确加工某些特殊曲面的问题。

在 Mastercam 多轴加工中，系统具有强大的刀轴方向控制能力，提供了多种控制刀具切入与切出的方法，还可以控制刀具在走刀进程中的前仰角度、后仰角度和左右侧倾斜角度，以改变刀具的受力状况，提高加工件的表面质量，并可避免刀具、刀杆与工件不必要的碰撞等。

10.1.2　多轴铣削刀路类型

Mastercam X9 系统为用户提供了功能强大的多轴加工功能。在定义好铣削机床类型后，从“刀路”菜单中选择“多轴刀路”命令，接着指定新 NC 名称，系统将弹出如图 10-1 所示的“多轴刀路-*”对话框（“*”表示所选的多轴刀路类型的名称）。根据要加工的对象，指定多轴刀路类型，其方法是在参数类别列表框中选择“刀路类型”，接着在其属性页中单

击相应的按钮来设置多轴刀路计算建立在哪个方面，如“标准”“线框”“曲面/实体”“钻孔/全圆铣削”“扩展应用”和“高级应用”，然后选择具体的刀路类型。

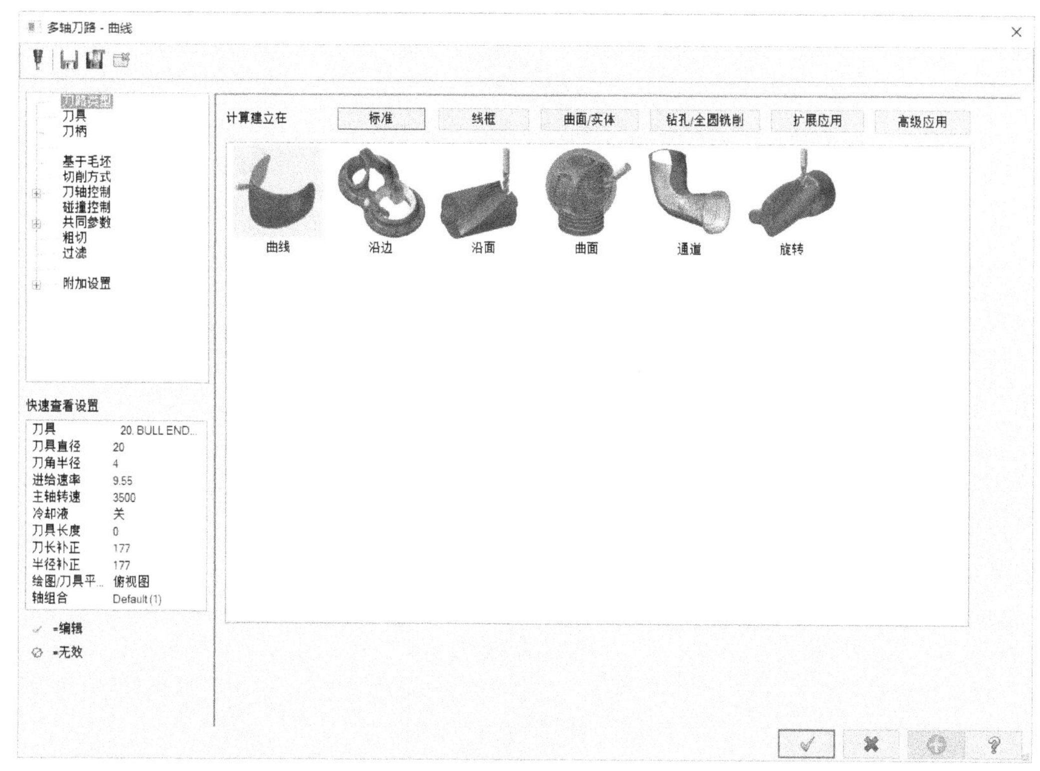

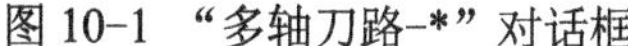
图 10-1 “多轴刀路-*”对话框

Mastercam X9 多轴刀路的类型见表 10-1。

表 10-1 Mastercam X9 多轴刀路的类型

序号	计算建立在	刀路类型	图标/图例	说明/备注
1	标准	曲线多轴		用于对 2D 曲线、3D 曲线或曲面边界产生多轴加工刀路（三轴、四轴或五轴），可以加工出非常漂亮的图案、文字和各种曲线，其刀具位置的控制设置更灵活
2		沿边多轴		利用刀具的侧刃顺着工件侧壁进行切削，即可以设定沿着曲面边界进行加工
3		沿面多轴		能够顺着曲面生成多轴加工刀路
4		曲面多轴		用于在一系列的 3D 曲面或实体上产生多轴粗加工和精加工刀路，特别适合用在复杂、高质量和高精度要求的加工场合

（续）

序号	计算建立在	刀路类型	图标/图例	说明/备注
5		旋转多轴		适合加工近似圆柱体、螺杆的工件，其刀具轴可以在垂直设定轴的方向上旋转
6		通道多轴		主要用于加工一些拐弯形结构的通道零件
7	线框	两曲线之间渐变		加工两曲线之间的渐变形状
8		平行于曲线		生成平行于曲线的多轴刀路
9		沿曲线切削		生成沿着曲线切削的多轴刀路
10		曲线投影		通过投影到曲线的线框生成相应的多轴刀路
11	曲面/实体	平等于曲面		通过平等于曲面的方式产生用于加工曲面/实体面的多轴刀路，此多轴加工除了要设置常规的切削方式参数之外，还可设置曲面路径模式高级选项、处理曲面边界参数和曲面品质高级选项等
12		平行切削		生成平行切削的多轴刀路，此多轴加工除了要设置常规的切削方式参数之外，还可设置处理曲面边界参数和曲面品质高级选项等
13		两曲面之间渐变		产生“两曲面之间渐变”的多轴刀路，此多轴加工除了要设置常规的切削方式参数之外，还可设置曲面路径模式高级选项、处理曲面边界参数和曲面品质高级选项等
14		三角网格		生成网格形式的多轴刀路，此多轴加工除了要设置常规的切削方式参数之外，还可设置高度、加工方向、曲面品质高级选项等
15		侧铣		生成专门用于加工零件侧面的多轴刀路，此多轴加工需要分别定义切削方式、刀轴控制、过切检查、连接方式、分层切削、转角、刀路调整等参数

（续）

序号	计算建立在	刀路类型	图标/图例	说明/备注
16		多轴粗切		生成用于粗切的多轴刀路，需要分别定义切削方式、连接方式、粗切、刀路调整和其他操作等参数
17	钻孔/全圆铣削	钻孔五轴		用于在曲面上不同的方向进行钻孔加工
18		全圆铣削五轴		生成全圆铣削五轴刀路
19	扩展应用	转换到五轴	5x	将选定刀路转换为五轴刀路
20		精修叶片		专门用于叶轮叶片精加工
21		轮毂精修		专门用于叶轮底部曲面加工
22		轮毂精修 无倾斜曲线		专门用于加工叶轮底部曲面外面倾斜曲线
23		投影		用于生成投影多轴刀路，在操作过程中，需要选择加工面、投影曲线，设定最大投影距离，指定曲面误差、限制轴、碰撞检测、提刀距离和深度分层铣削等
24		曲线控制型腔加工		生成型腔倾斜曲线多轴刀路
25		曲线控制型腔加工 （带碰撞检查）		进行曲线控制型腔碰撞操作

（续）

序号	计算建立在	刀路类型	图标/图例	说明/备注
26		4+1 轴电极加工		生成 4+1 轴电极加工刀路
27		叶轮根部加工		主要用于加工叶轮根部
28	高级应用	通道专家		专门用于加工通道型零件
29		叶片专家		专门用于加工叶片，其加工方式包括“叶片粗切”、“精修叶片”、“精修轮毂”和“精修圆角”

10.1.3 多轴铣削刀路的基本创建步骤

在 Mastercam X9 中，创建各类多轴铣削刀路的方法步骤基本一致。下面简要介绍多轴刀路的基本创建步骤。

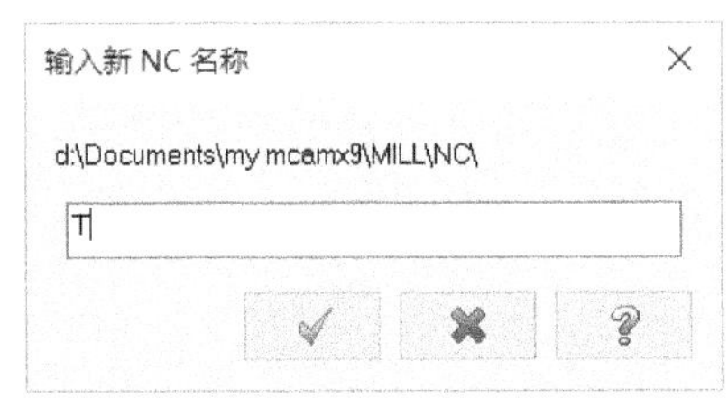

图 10-2 “输入新 NC 名称”对话框

1 定义好铣削机床类型后，在菜单栏中选择“刀路”/“多轴刀路”命令。

2 系统弹出“输入新 NC 名称”对话框，输入新的 NC 名称或接受默认的 NC 名称，如图 10-2 所示，单击“确定”图标按钮 ✓，系统弹出“多轴刀路”对话框。

知识点拨 如果之前在定义好铣削机床类型后，并在创建其他刀路时已经指定了新 NC 名称，那么再次在菜单栏中选择“刀路”/“多轴加工”命令时，系统将直接弹出“多轴刀路”对话框。

3 在“多轴刀路”对话框的参数类别列表框中选择“刀路类型”，接着在“刀路类型”属性页中单击“标准”“线框”“曲面/实体”“钻孔/全圆铣削”“扩展应用”和“高级应用”按钮之一，然后从位于上述按钮下面的列表框中选择其中一个多轴加工类型图标，从而指定多轴加工的刀路类型。此时，在该对话框的标题栏中会显示该刀路类型的名称。

4 根据加工策略，通过参数类别列表框选择要设置的参数类别，接着在其属性页中设置相应的参数和选项。

5 在“多轴刀路”对话框中单击“确定”图标按钮 ✓，根据提示进行相关选择设置即可完成多轴刀路。

10.2 曲线多轴加工

使用“曲线多轴”功能，可以参照 2D 曲线、3D 曲线或曲面边界来产生相应的多轴加工刀路（三轴、四轴或五轴），注意刀具轴的控制对刀路的影响。通常使用该多轴加工方法在模型曲面上加工出各种图案、文字和各种曲线样式的结构。

10.2.1 曲线多轴加工的相关参数

执行“刀路”/“多轴刀路”命令并指定新 NC 名称后，在“多轴刀路”对话框的参数类别列表框中选择“刀路类型”，接着在其属性页中单击“标准”按钮，并选择属于标准多轴的“曲线五轴”。接着，通过参数类别列表框分别设置刀具、刀柄（夹头）、基于毛坯、切削方式、刀轴控制、碰撞控制、共同参数（包含“进/退刀”“原点/参考点”和“安全区域”）、粗切和过滤的相关参数，并可以进行附加设置（附加设置的子参数类别包括“（WCS）平面”“冷却液”“插入指令”“杂项变数”和“轴组合”）。下面主要介绍曲线五轴加工的一些相关参数。由于其共同参数等在前面的章节中已多次介绍，故不再赘述。

一、切削方式

在参数类别列表框中选择“切削方式”，可以在其属性页中分别设置曲线五轴加工的曲线类型、补正方式、补正方向、刀尖补正、径向补正、刀路连接方式和投影选项等，如图 10-3 所示。切削方式的如下几个参数设置需要用户注意。

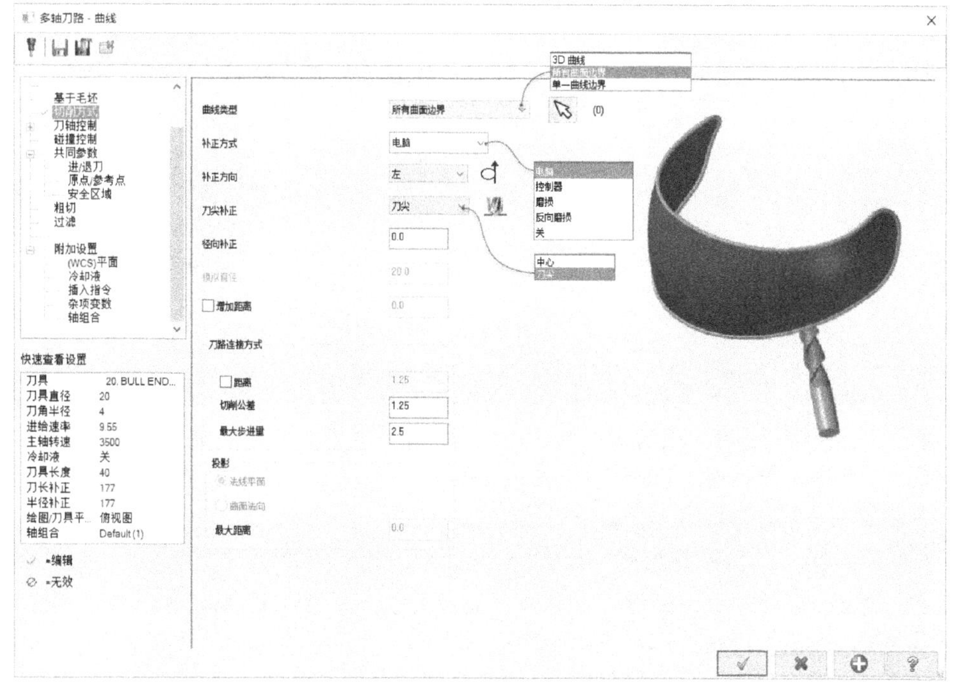

图 10-3 设置曲线多轴加工的切削方式

- 曲线类型：“曲线类型”下拉列表框用于指定加工轮廓曲线的类型，从该下拉列表框中可以选择“3D 曲线”、“所有曲面边界”或“单一曲线边界”，接着单击“选择”图标按钮选择所需的对象来定义加工曲线。
- 补正方式与补正方向：在“补正方式”下拉列表框中设置补正方式，可供选择的补正方式有“电脑”“控制器”“磨损”“反向磨损”和“关”。在“补正方向”下拉列表框中可选择“左”或“右”。
- “投影”选项组：当在“曲线类型”下拉列表框中选择“3D 曲线”选项时，“投影”选项组可用。该选项组提供了两种投影方式单选按钮，选择“法线平面”单选按钮时，投影垂直于平面（沿着平面的法线方向投影）；选择“曲面法向”单选按钮时，投影垂直于曲面（沿着曲面的法线方向投影），此时可以在“最大距离”文本框中输入最大的投影距离。

二、刀轴控制

在参数类别列表框中选择“刀轴控制”，则可以在其属性页中设置如图 10-4 所示的刀具轴参数，包括刀轴控制方式、输出方式（汇出格式）、模拟旋转轴方向、前倾角（引线角度）、侧倾角、增量角度和刀具向量长度。

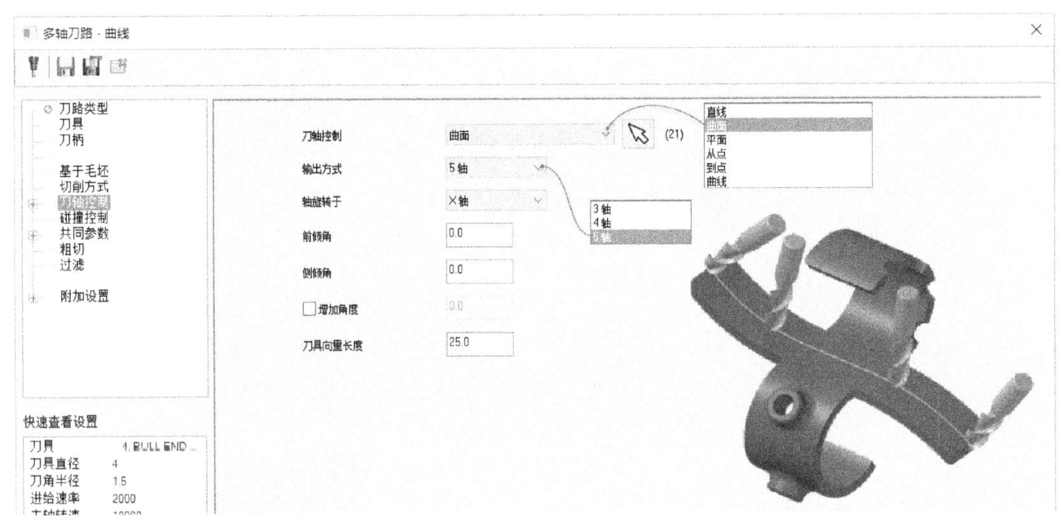

图 10-4　设置刀具轴控制参数

- “刀轴控制”下拉列表框：该下拉列表框用于设置刀具轴向的控制方式，一共提供 6 种控制刀具轴向的方式选项。其中，“直线”选项用于选择一条线段来控制刀具的轴向；“曲面”选项用于选择某个曲面来控制刀具的轴向，刀具轴线垂直于选定的曲面；“平面”选项用于选择某个平面来控制刀具的轴向，刀具轴线垂直于选定的平面；“从点”选项用于选择一点作为刀具轴线的起点；“到点”选项用于选择一点作为刀具轴线的终点；“曲线”选项用于选择已有的线段、圆弧、曲线或任何串连的几何图形来控制刀具的轴向。
- “输出方式”下拉列表框：该下拉列表框中提供 3 个选项供用户设置输出的格式，这 3 个选项为“3 轴”“4 轴”和“5 轴”。当选择“3 轴”选项时，不必对刀具轴向进行设置，生成的是 3 轴切削刀路，类似于曲面外形铣削；当选择“4 轴”选项时，将生成 4 轴切削刀路，此时可以从属性页出现的“轴旋转于”下拉列表框中选择“X 轴”“Y 轴”或“Z 轴”来定义第四轴；当选择“5 轴”选项时，将生成 5 轴切削刀路。

- 刀轴控制的其他参数：在“前倾角”文本框中输入刀具前倾或后倾角度；在“侧倾角”文本框中设置侧倾角度；选中“增量角度”复选框时可以设置增量角度值；在“刀具向量长度”文本框中设置刀具的向量长度，以及输入在屏幕上显示的刀路长度。

三、刀轴控制的限制参数

在参数类别列表框中选择“刀轴控制”节点下的“限制”子参数类别，可以分别设置 x 轴、y 轴和 z 轴的限制角度（最小角度和最大角度），并可以设置限制方式（可供选择的限制方式有“移除超过限制的移动”和“修改超过限制的移动”），如图 10-5 所示。

四、碰撞控制

在参数类别列表框中选择“碰撞控制”参数类别，则可以在相应的属性页中分别设置刀尖控制、干涉曲面和过切处理情形，如图 10-6 所示。

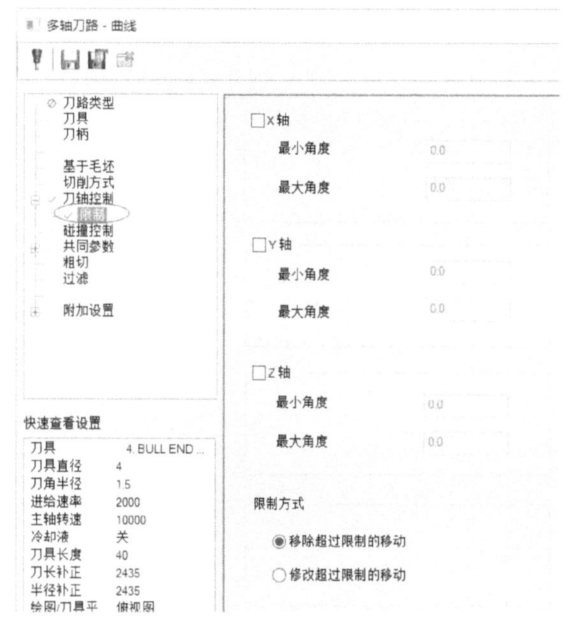

图 10-5 设置刀轴控制的限制参数

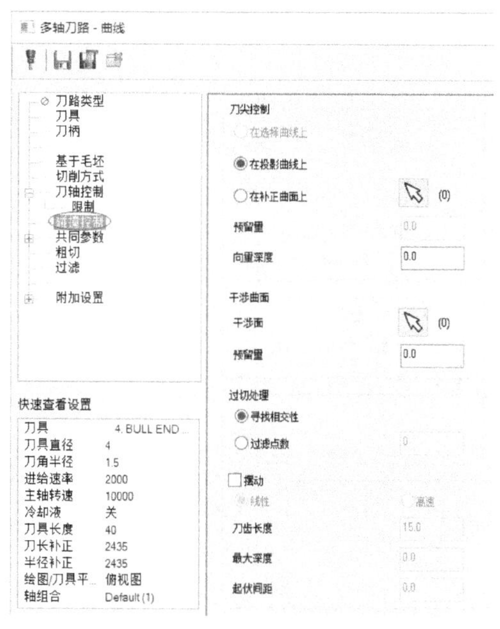

图 10-6 设置碰撞控制的相关参数

- “刀尖控制”选项组：该选项组用于控制刀具顶点（刀尖）的位置。刀具控制方式有 3 种，当选择“在选择曲线上”单选按钮时，则刀具顶点位于选取的曲线上，即从运动的方向看，刀尖行走在所选的曲线上；当选择“在投影曲线上”单选按钮时，刀具顶点在投影曲线上，即从运动的方向看，刀尖行走在位于曲面的投影曲线上；当选择“在补正曲面上”单选按钮时，刀尖所走的位置由选定的曲面决定，此时需要单击“选择补正曲面”图标按钮，系统弹出如图 10-7 所示的“刀路曲面选择”对话框，利用该对话框可选择所需的曲面或移除曲面。另外，在“刀尖控制”选项组中还可以设置预留量和向量深度。向量深度可以为负值，也可以为正值，还可以为 0，如图 10-8 所示。

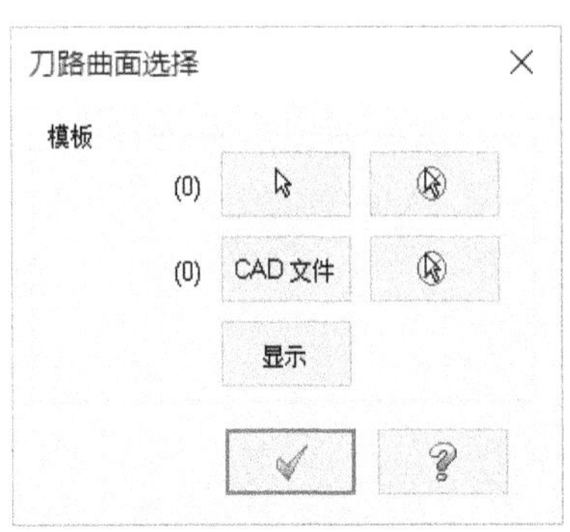

图 10-7 “刀路曲面选择”对话框

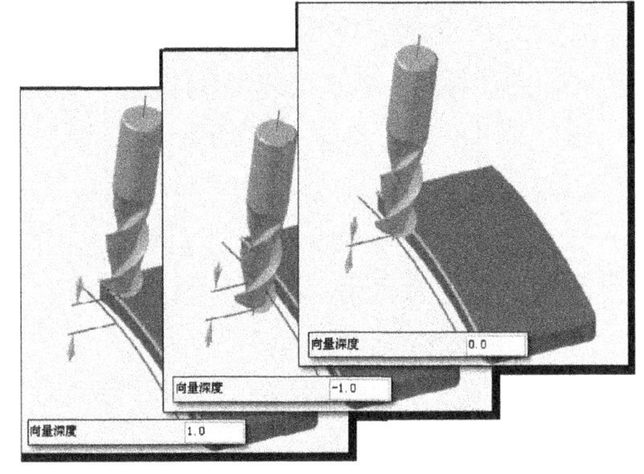

图 10-8 向量深度的设置图解示例

- “干涉曲面”选项组：该选项组用于指定干涉面及干涉曲面的预留量。在该选项组中单击“选择”图标按钮，系统弹出如图 10-9 所示的“刀路曲面选择”对话框，利用该对话框选择或移除干涉面，或显示已定义的干涉面。
- “过切处理”选项组：在该选项组中选择“寻求相交性”单选按钮或“过滤点数”单选按钮以定义过切处理情形。当选择“寻找相交性”单选按钮时，系统启动寻找相交功能，在创建切削轨迹前检测几何图形自身是否相交，如果发现几何图形自身相交，那么在交点之后的几何图形不产生切削轨迹。

图 10-9 “刀路曲面选择”对话框

五、粗切

在参数类别列表框中选择“粗切”参数类别，则可以在其属性页中设置深度分层切削参数，如图 10-10 所示。

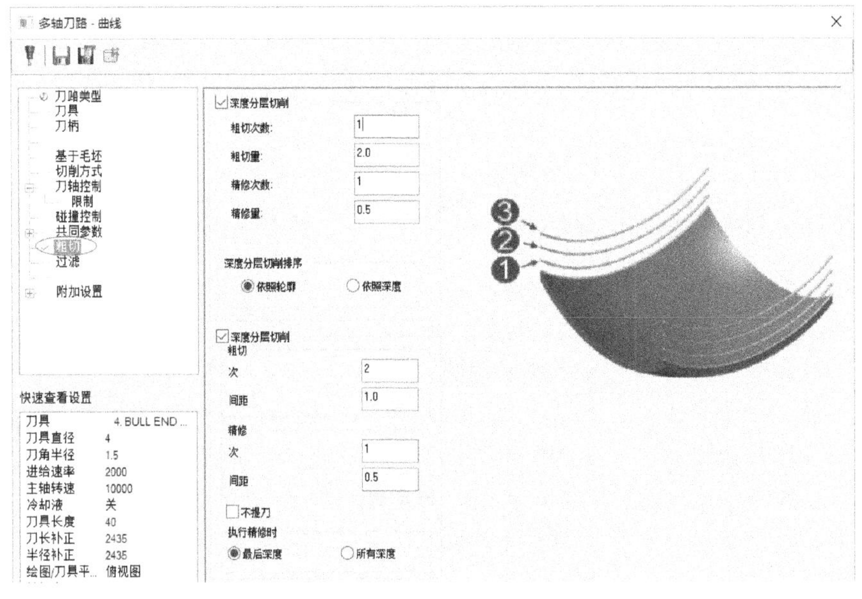

图 10-10 “粗切”参数类别

10.2.2 曲线五轴加工范例

下面介绍曲线五轴加工的一个范例，目的是让读者通过该范例掌握曲线五轴加工的基本方法及操作步骤。

1 打开网盘资料的“CH10”\“五轴曲线加工.MCX”文件，该文件的已有曲面和曲线如图 10-11 所示，已经采用默认的铣床机床类型系统。

2 在菜单栏的“刀路”菜单中选择“多轴刀路”命令，系统弹出“输入新 NC 名称”对话框，指定新 NC 名称为“五轴曲线加工”，如图 10-12 所示，然后单击“确定”图标按钮，系统弹出“多轴刀路”对话框。

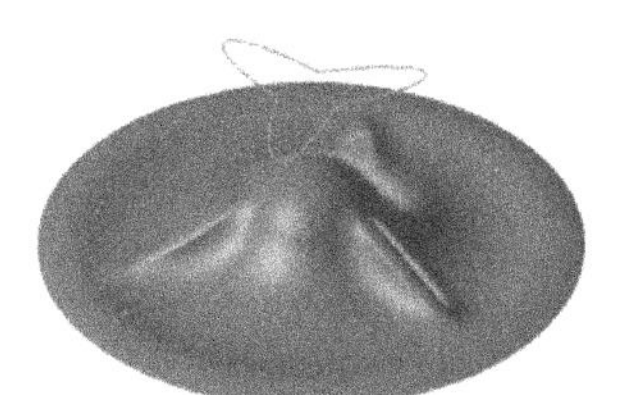

图 10-11 原始图形

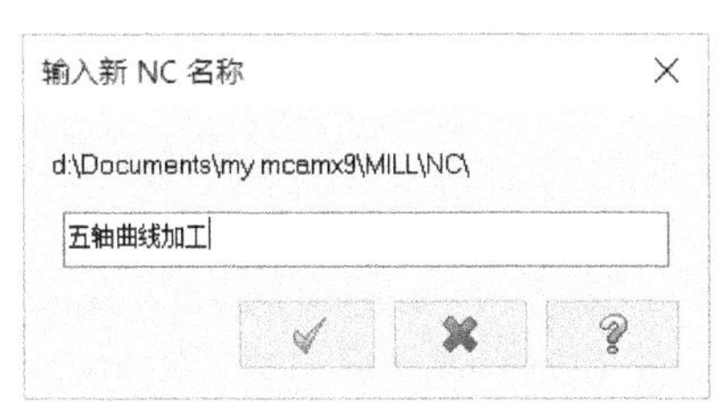

图 10-12 输入新 NC 名称

3 在“多轴刀路”对话框的参数类别列表框中选择“刀路类型”参数类别，接着确保在该属性页中单击选中“标准”按钮，并选中“曲线”刀路类型图标。

4 在参数类别列表框中选择“刀具”参数类别，接着在该属性页中单击“从刀库中选择”按钮，弹出“选择刀具”对话框，单击“打开（新建）刀库”图标按钮，从弹出的对话框的刀库列表中选择“Steel-MM.tooldb”刀库，单击“打开”按钮，然后选择直径为 4、刀刃长度为 15 的圆鼻刀，单击“确定”图标按钮，返回到“多轴刀路-曲线”对话框，并为该选定的刀具设置进给速率、下刀速率和主轴转速等，如图 10-13 所示。设置好刀具的相关参数后，单击“应用”图标按钮。

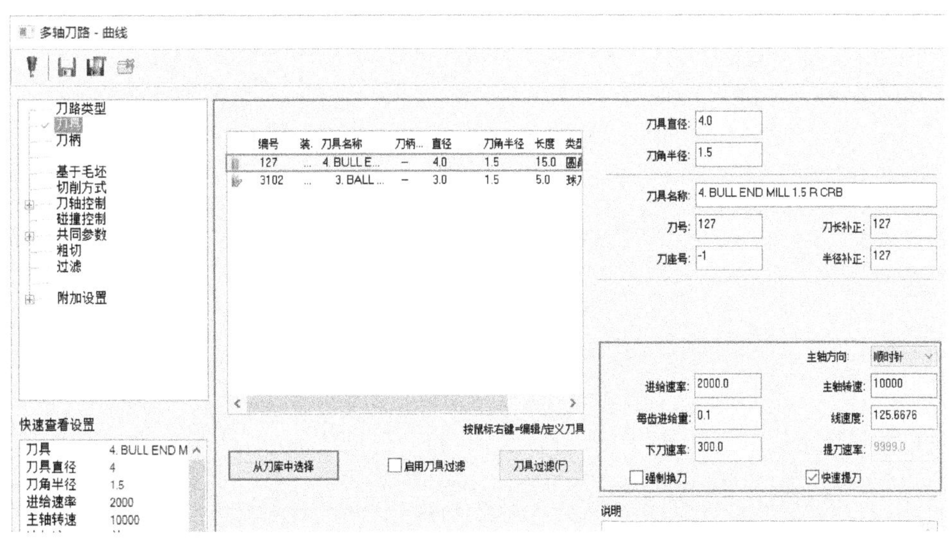

图 10-13 设置刀具参数

5 在参数类别列表框中选择“刀轴控制”参数类别，在其属性页中设置如图 10-14 所示的参数和选项。其中，在“刀轴控制”下拉列表框中选择“曲面”选项，并单击“选择”图标按钮，使用鼠标分别指定两个角点以框选所有曲面作为刀轴曲面，按〈Enter〉键确定，接着从“输出方式”下拉列表框中选择“5 轴”，从“轴旋转于”下拉列表框中选择“X 轴”，将前倾角和侧倾角均设为“0”，将刀具向量长度设置为“25”，然后单击“应用”图标按钮。

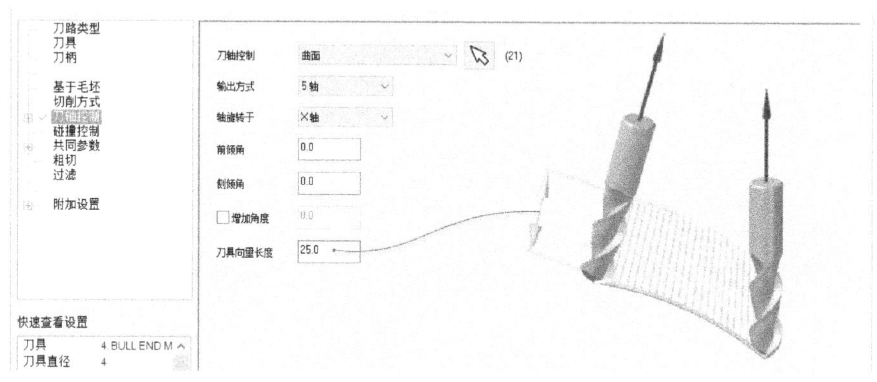

图 10-14　刀轴控制

6 在参数类别列表框中选择“切削方式”参数类别，接着在该属性页中设置如图 10-15 所示的切削方式参数。其中，从“曲线类型”下拉列表框中选择“3D 曲线”选项，并单击“选择”图标按钮，在图形窗口中选择如图 10-16 所示的串连曲线，按〈Enter〉键确定，然后设置补正方式选项为“关”、补正方向为“左”、刀尖补正选项为“刀尖”、径向补正值为“2”、切削公差为“0.1”、最大步进量为“2”。设置好切削方式参数后，单击“应用”图标按钮。

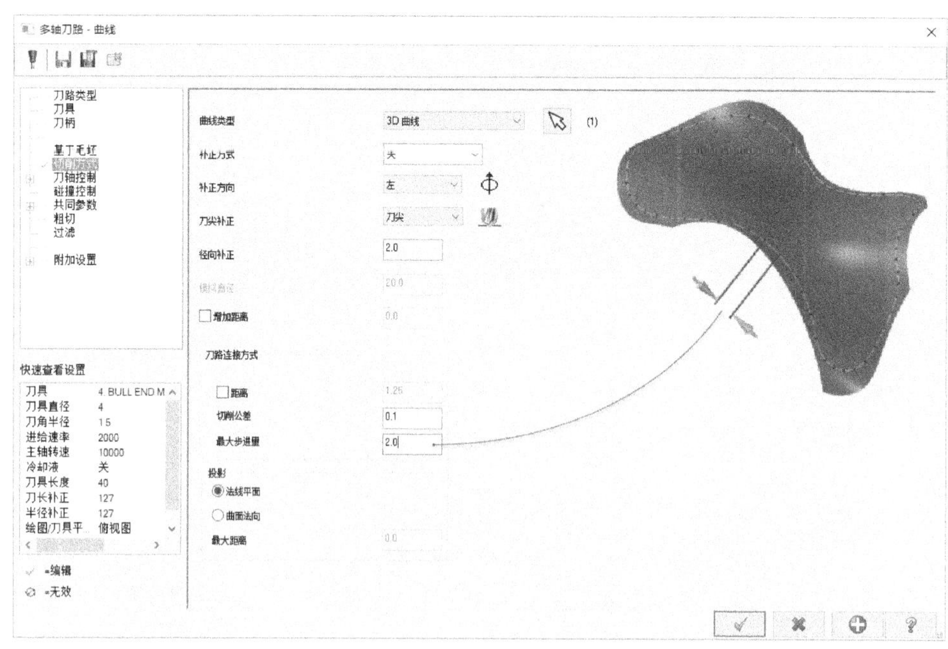

图 10-15　设置切削方式参数

7 在参数类别列表框中选择“共同参数”参数类别，接着在“共同参数”属性页中设置安全高度参数值为“50”（增量坐标）、提刀速率参考高度参数值为“40”（增量坐标）、下刀位置为“5”（增量坐标），并在“两刀具切削间隙保持在”选项组中选择“刀具直径%”单选按钮，接受其他默认值，然后单击“应用”图标按钮 ⊕ 。

8 在参数类别列表框中选择“碰撞控制”参数类别，在“碰撞控制”属性页的“刀尖控制”选项组中单击选中“在投影曲线上”单选按钮，设置向量深度为“0”，在“过切处理”选项组中单击选中“寻求相交性”单选按钮，如图 10-17 所示。

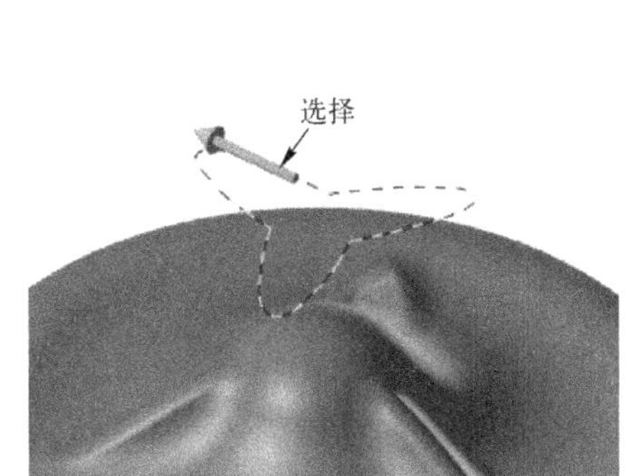

图 10-16 选择串连曲线

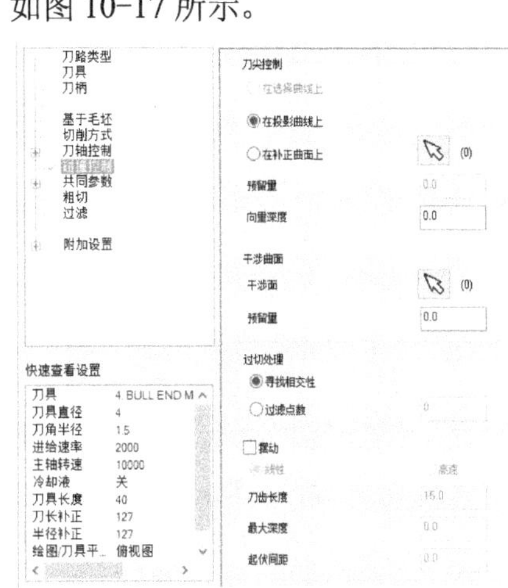

图 10-17 设置碰撞控制选项及参数

9 在参数类别列表框中选择“粗切”参数类别，接着在“粗切”属性页中选中“深度分层切削”复选框，设置粗切次数为“1”、粗切量为“1”、精修次数为“1”、精修量为“0.5”，从“深度分层切削排序”子选项组中单击选中“依照轮廓”单选按钮，如图 10-18 所示。

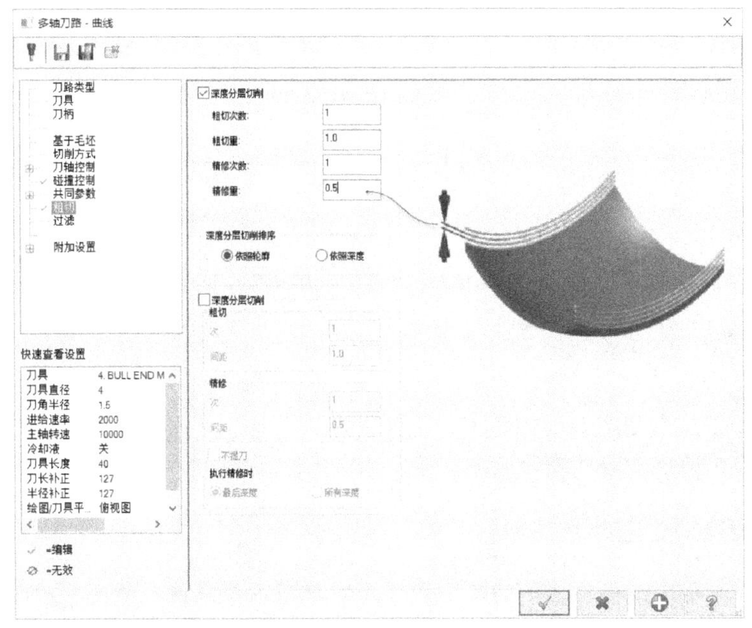

图 10-18 设置曲线五轴加工的粗切参数

10 在“多轴刀路-曲线”对话框中单击“应用”图标按钮 ，系统生成的多轴刀路如图 10-19 所示。

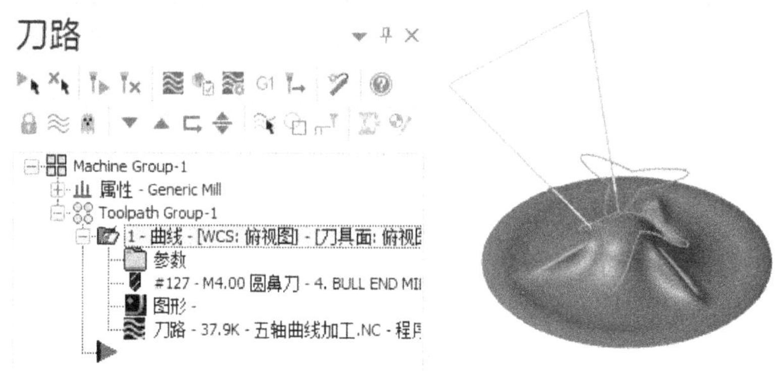

图 10-19　生成的多轴刀路

11 在刀路操作管理器中单击“模拟已选择的操作”图标按钮，系统弹出如图 10-20 所示的“路径模拟”对话框。在“路径模拟”对话框设置好相关选项，以及在其相应的刀路模拟操作栏中设置相关参数后，单击刀路模拟操作栏中的“开始”图标按钮，系统开始刀路模拟，图 10-21 所示为刀路模拟过程中的一个截图。刀路模拟停止后，在“路径模拟”对话框中单击“确定”图标按钮 。

图 10-20 “路径模拟”对话框

图 10-21　刀路模拟截图

10.3　沿边多轴加工

沿边多轴加工是指利用刀具的侧刃对工件侧壁进行加工，根据刀具轴的控制方式不同，可以生成 4 轴或 5 轴沿侧壁铣削的加工刀路。

10.3.1　沿边多轴加工的相关参数

在“刀路”菜单中选择“多轴刀路”命令，指定新 NC 名称（如果之前没有指定 NC 名称的话），系统弹出“多轴刀路”对话框，从参数类别列表框中选择“刀路类型”参数类别，接着在“刀路类型”属性页中单击“标准”按钮，并选择“沿边”图标。下面针对沿边五轴加工介绍其中的一些参数设置。

一、切削方式

在参数类别列表框中选择“切削方式”参数类别，接着在“切削方式”属性页中定义侧壁铣削面，设置切削方向（切削方向分“双向”和“单向”两种）、补正方式（补正方式分“电脑”“控制器”“磨损”“反向磨损”和“关”5 种）、补正方向（包括“左”和“右”两种）、刀尖补正（可供选择的刀尖补正选项有“刀尖”和“中心”）、壁边预留量、刀路连接方式和封闭壁边选项等，如图 10-22 所示。

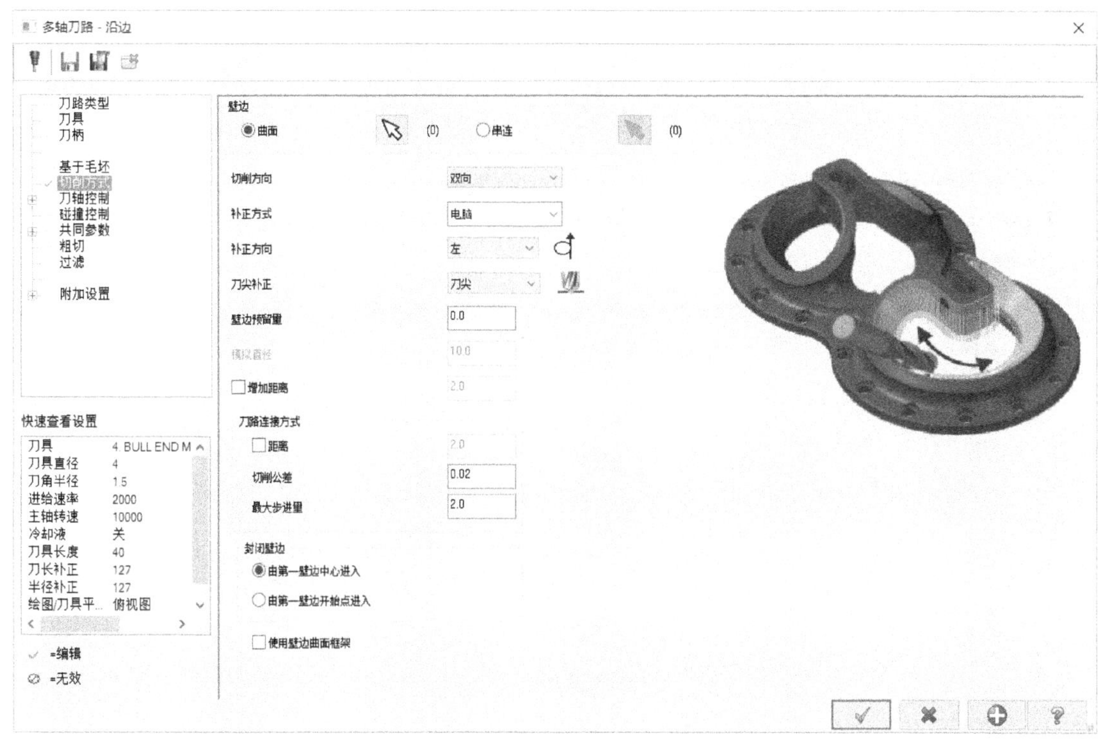

图 10-22 设置沿边多轴加工的切削方式

需要用户注意的是，“壁边”选项组提供了定义侧壁铣削面的两种方式，即“曲面”和“串连”。在“壁边”选项组中选择“曲面”单选按钮时，单击“选择曲面”图标按钮，接着选择侧边曲面，按〈Enter〉键确定后根据系统提示指定第一曲面并定义其侧壁下沿，然后利用“设置边界方向”对话框设置边界方向。在“壁边”选项组中选择“串连”单选按钮时，需要单击“选择串连”图标按钮并利用“串连选项”对话框辅助选择两个曲线串连来定义侧壁铣削面，如先选取作为侧壁下沿的曲线串连，接着选取作为侧壁上沿的曲线串连。图 10-23 所示为“曲面”和“串连”两种壁边定义图例，注意它们之间的不同之处。

在“封闭壁边”选项组中，可以设置由第一壁边中心进入或由第一壁边开始点进入。

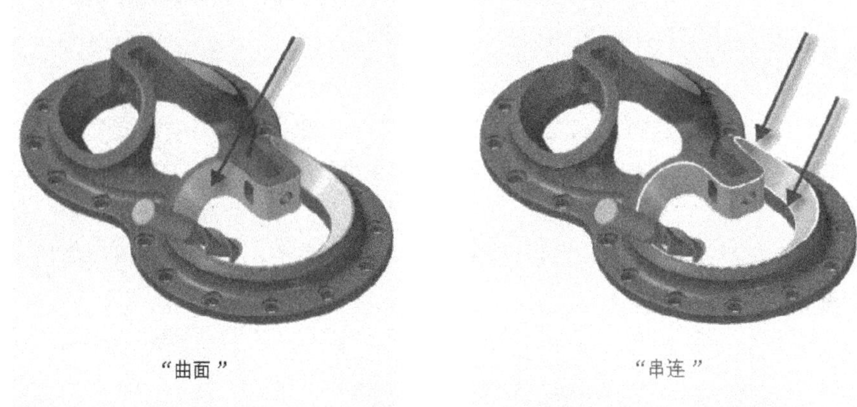

图 10-23　定义侧壁铣削面的两种方式

二、刀轴控制

在参数类别列表框中选择“刀轴控制”参数类别，接着在“刀轴控制”属性页中设置如图 10-24 所示的刀轴控制参数。

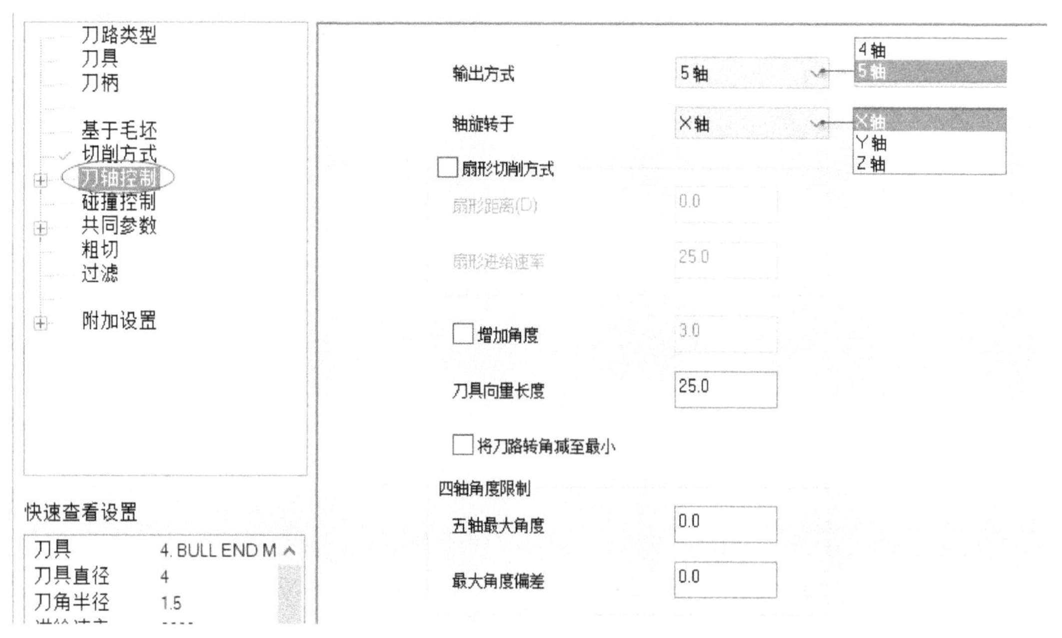

图 10-24　设置刀轴控制参数

其中，在“输出方式”下拉列表框中，可以根据加工对象的形状特点和加工要求等来选择“4 轴”或“5 轴”格式选项。当选择“4 轴”选项时，还需要选择“X 轴”“Y 轴”或“Z 轴”来定义旋转轴，系统将生成 4 轴铣削刀路；当选择“5 轴”选项时，需要从“轴旋转于”下拉列表框中选择“X 轴”“Y 轴”或“Z 轴”来模拟旋转轴，系统将生成 5 轴铣削刀路。4 轴和 5 轴输出方式（汇出格式）的图例如图 10-25 所示。

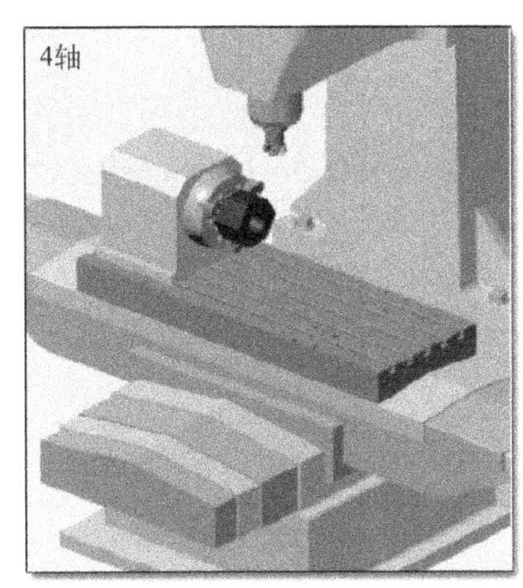

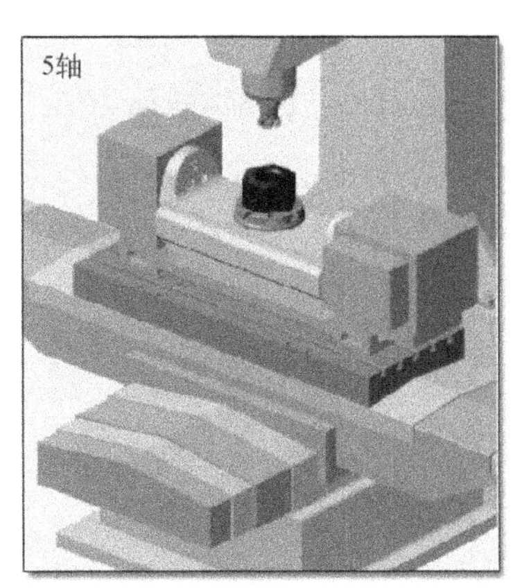

图 10-25　4 轴和 5 轴输出方式的图例

当选中“扇形切削方式”复选框时，需要设置扇形距离和扇形进给速率，每一个侧壁的终点处按该扇形距离展开切削。扇形距离的示意图如图 10-26 所示。

另外，增加角度示意图如图 10-27 所示，刀具向量长度如图 10-28 所示，而将刀路转角减至最小的设置效果如图 10-29 所示。

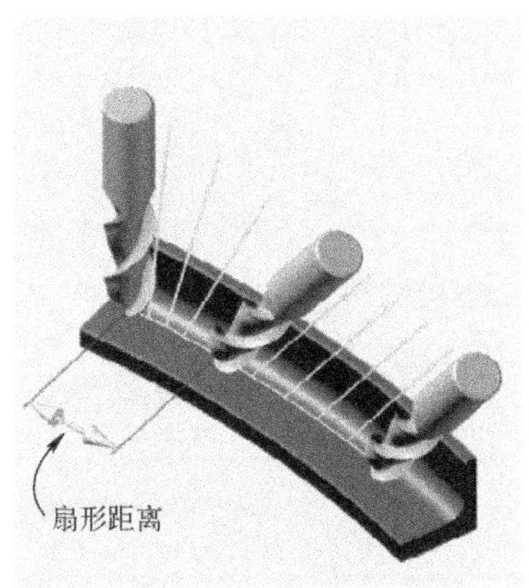

图 10-26　扇形距离示意

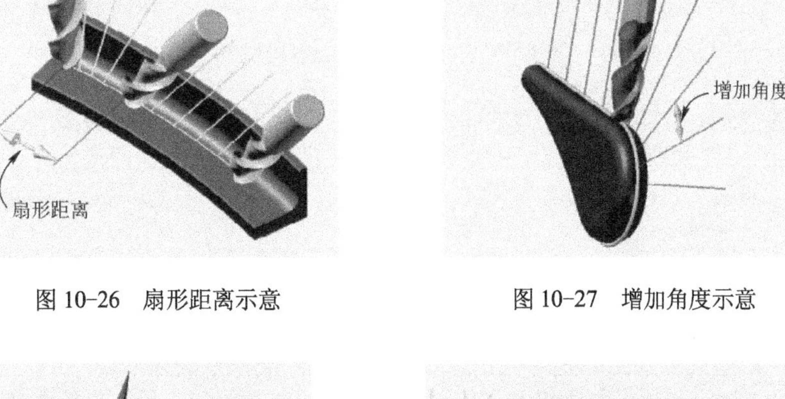

图 10-27　增加角度示意

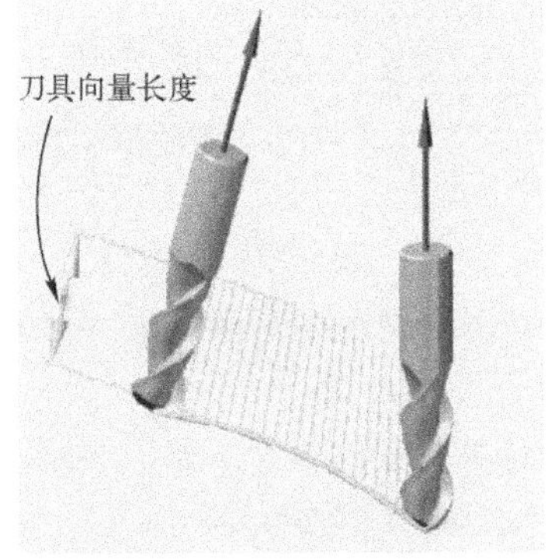

图 10-28　刀具向量长度

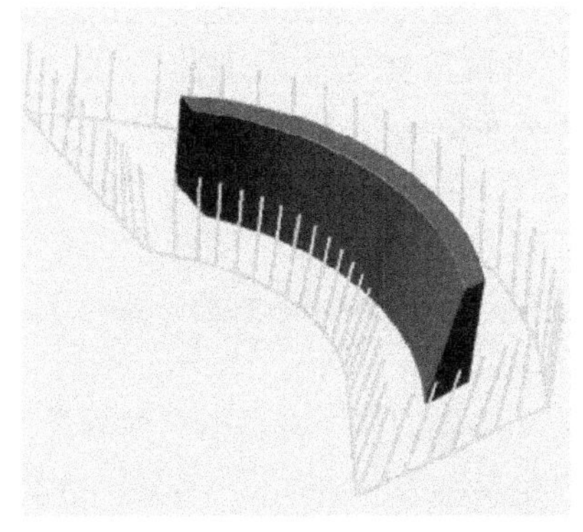

图 10-29　将刀路转角减至最小

三、碰撞控制

在参数类别列表框中选择“碰撞控制”参数类别，则可以在该属性页中分别设置刀尖控制、补正曲面、干涉曲面和底部过切处理参数，如图 10-30 所示。刀尖控制的 3 种方式如下。

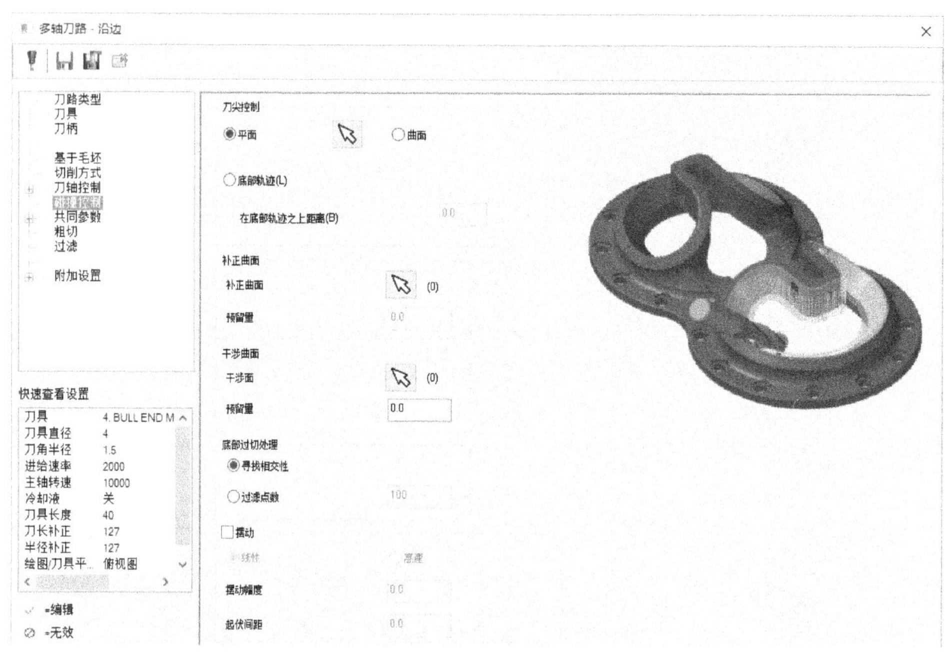

图 10-30　沿边多轴加工的碰撞控制

- “平面”：使用一个平面作为刀路的下底面，即刀尖所走位置由所选平面决定。
- “曲面”：使用曲面作为刀路的下底面，即刀尖所走位置由曲面决定。
- “底部轨迹”：选择“底部轨迹”单选按钮时，需要设置刀中心与轨迹的距离，从而确定刀尖所走位置。

10.3.2 沿边五轴加工范例

下面介绍沿边五轴加工的一个范例，该范例的具体操作步骤如下。

1 打开网盘资料的“CH10”\“沿边五轴加工.MCX-6”文件，该文件中的原始曲面如图 10-31 所示。

2 在菜单栏的“机床类型”菜单中选择“铣床”/“默认”命令。

3 在菜单栏的“刀路”菜单中选择“多轴刀路”命令，系统弹出“输入新 NC 名称”对话框，接受默认的 NC 名称为“沿边五轴加工”，单击“确定”图标按钮，系统弹出“多轴刀路”对话框。

4 在“多轴刀路”对话框的参数类别列表框中选择“刀路类型”参数类别，接着确保在该属性页中单击选中“标准”按钮，并选中“沿边”刀路类型图标。

5 在“多轴刀路-沿边”对话框的参数类别列表框中选择“刀具”参数类别，在该属性页中单击“从刀库中选择”按钮，弹出“选择刀具”对话框，从默认的“Mill_mm.tooldb”

刀库中选择一把直径为 10 的球刀，单击“确定”图标按钮 ✓ 后返回到“多轴刀路-沿边”对话框，然后设置进给速率、下刀速率、主轴转速等参数（可接受默认设置值），如图 10-32 所示。

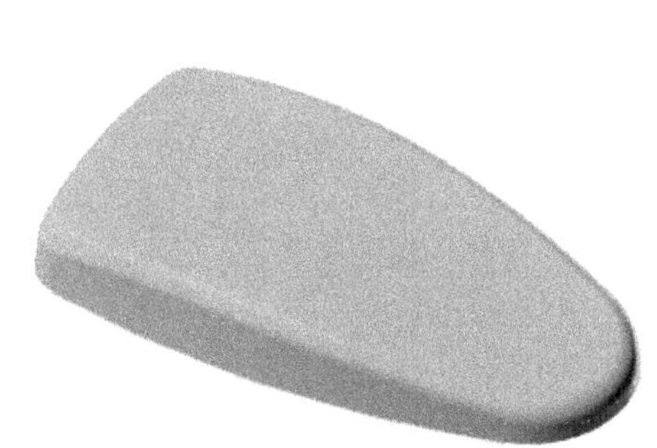

图 10-31 沿边五轴加工原始曲面

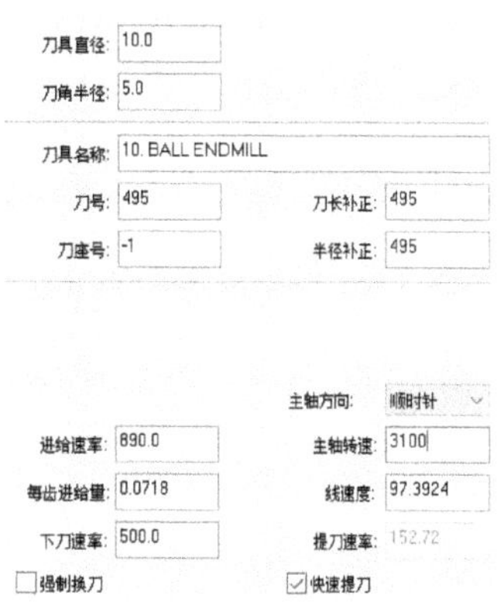

图 10-32 设置刀具参数

6 在“多轴刀路-沿边”对话框的参数类别列表框中选择“刀轴控制”参数类别，接着在该属性页的“输出方式”下拉列表框中选择“5 轴”，从“轴旋转于”下拉列表框中选择“X 轴”，然后选中“扇形切削方式”复选框，并设置扇形距离为“2”、扇形进给速率为“25”、刀具向量长度为“25”，如图 10-33 所示。

7 在“多轴刀路-沿边”对话框的参数类别列表框中选择“切削方式”参数类别，接着在该属性页中设置如图 10-34 所示的切削方式参数。确保在“壁边”选项组中选择“曲面”单选按钮，接着单击“选择曲面”图标按钮，系统提示“请选择壁边曲面”，选择类似如图 10-35 所示的所有壁边曲面作为加工曲面，按〈Enter〉键确认。

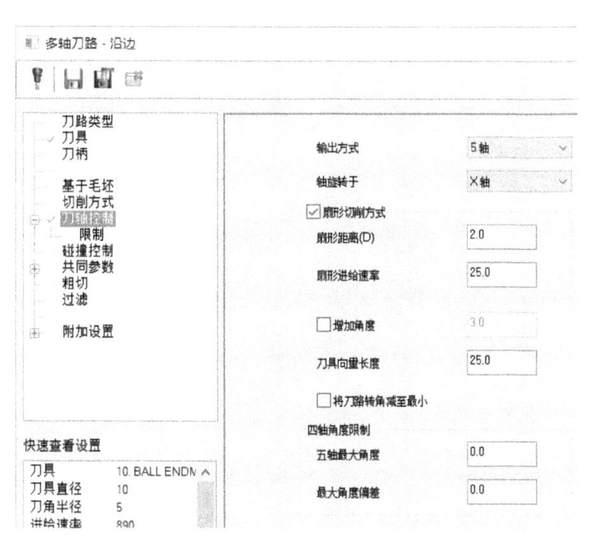

图 10-33 设置刀轴控制参数

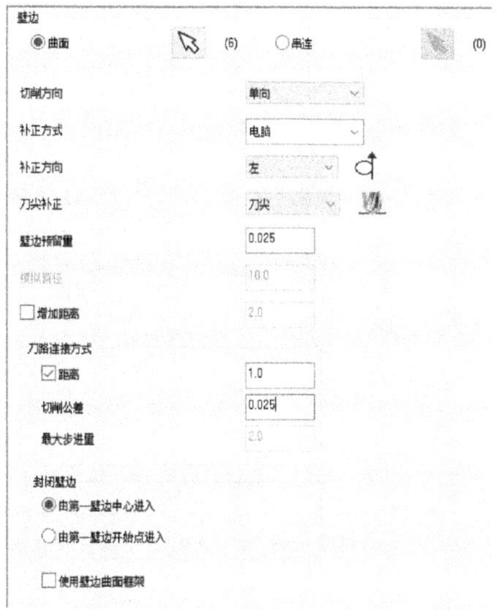

图 10-34 设置切削方式参数

8 系统提示“选择第一曲面”，选择如图 10-36 所示的曲面作为第一曲面（以等角视图显示），接着系统提示“选择第一个较低的轨迹”，选择如图 10-37 所示的侧壁下沿。系统弹出如图 10-38 所示的“设置边界方向”对话框，直接单击“确定”图标按钮 ✓ 。随后将返回到“多轴刀路-沿边”对话框，单击“应用”图标按钮 ⊕ 。

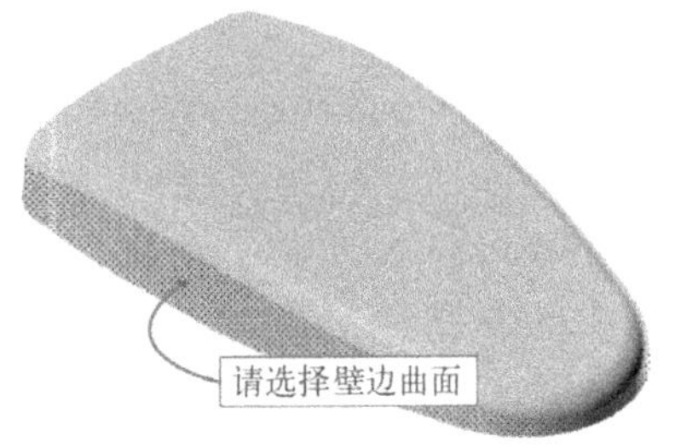

图 10-35　选择壁边曲面

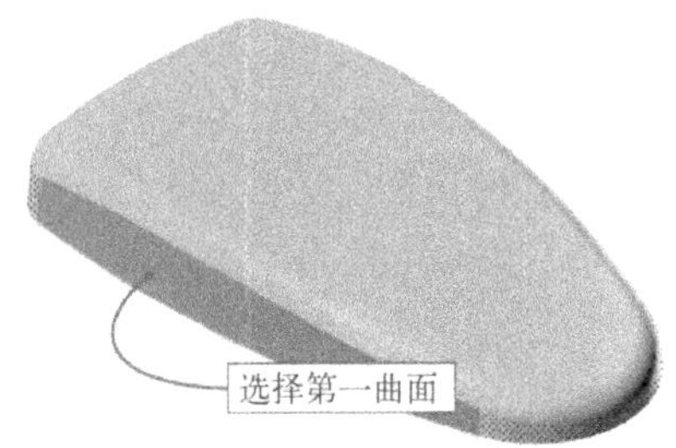

图 10-36　选择第一曲面

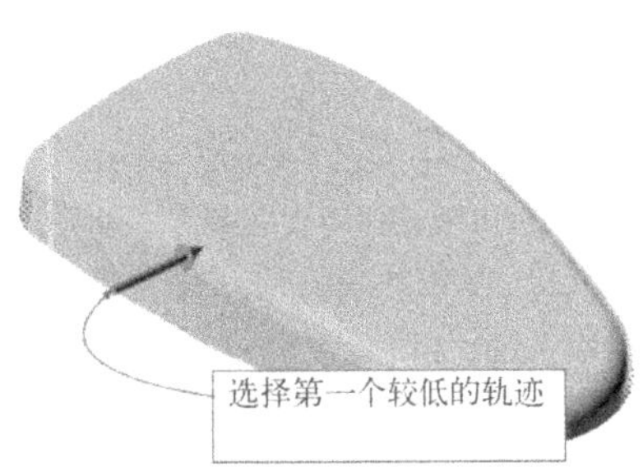

图 10-37　选择第一个较低的轨迹

图 10-38　设置边界方向

9 在“多轴刀路-沿边”对话框的参数类别列表框中选择“碰撞控制”参数类别，接着在该属性页的“刀尖控制”选项组中单击选中“底部轨迹”单选按钮，并在“在底部轨迹之上距离”文本框中输入“1.2”，然后在“底部过切处理”选项组中单击选中“寻找相交性”单选按钮，如图 10-39 所示。

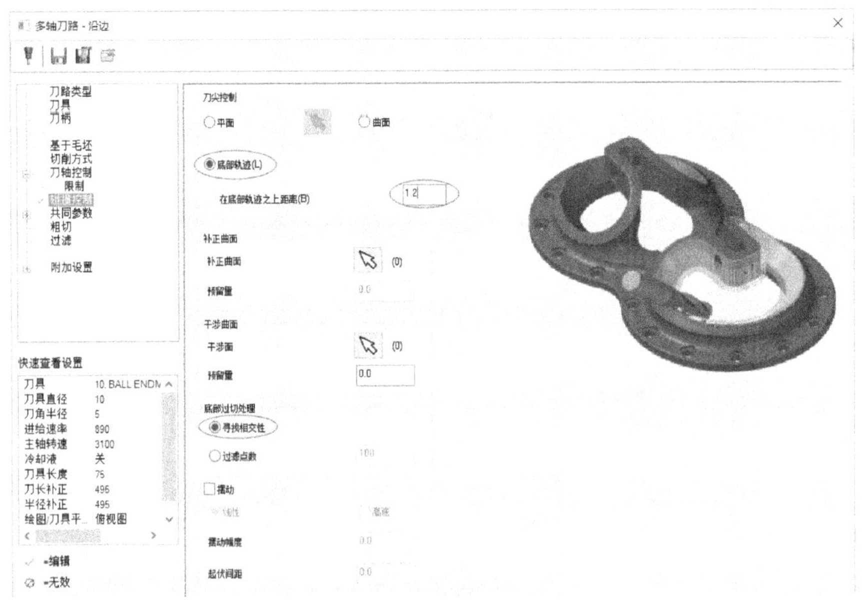

图 10-39　设置碰撞控制选项与参数

10 在参数类别列表框中选择“共同参数”参数类别，取消选中“安全高度”复选框，确保选中“参考高度”复选框，设置提刀速率参考高度为“30”（增量坐标），设置下刀位置参数值为“6”（增量坐标），其他共同参数采用默认值。

11 在“多轴刀路-沿边”对话框中单击“确定”图标按钮，系统生成的沿边五轴加工刀路如图 10-40 所示。

12 在刀路操作管理器中单击“模拟已选择的操作”图标按钮，打开“路径模拟”对话框和刀路模拟操作栏。在“路径模拟”对话框设置好相关选项，以及在其相应的刀路模拟操作栏中设置相关参数后，单击刀路模拟操作栏中的“开始”图标按钮，系统开始刀路模拟，图 10-41 所示为刀路模拟过程中的一个截图。

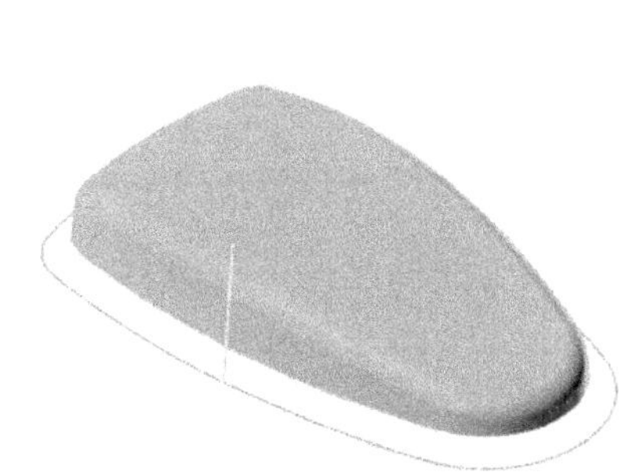

图 10-40 沿边五轴加工刀路

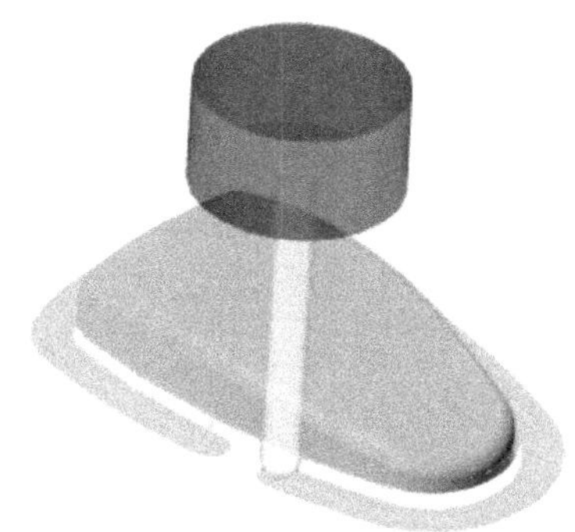

图 10-41 沿边五轴加工的刀路模拟

10.4 曲面多轴加工

曲面多轴加工适用于一次加工一系列曲面。

10.4.1 曲面多轴加工的相关参数

在“刀路”菜单中选择“多轴刀路”命令，接着指定新 NC 名称（如果之前没有指定 NC 名称的话），系统弹出“多轴刀路”对话框，从参数类别列表框中选择“刀路类型”参数类别，接着在“刀路类型”属性页中单击“标准”按钮，并选择“曲面”图标。下面针对曲面多轴加工介绍其中的一些参数设置。

一、切削方式

在参数类别列表框中选择“切削方式”参数类别，接着在该类别属性页中可以设置模型选项、切削方向选项、补正方式、补正方向、刀尖补正、加工面预留量、切削公差、截断方向步进量、引导方向步进量和沿面参数等，如图 10-42 所示。用户要掌握切削方式的以下几个参数选项。

- 模型选项：在“模型选项”下拉列表框中提供了 4 种模型选项，即“曲面”、“圆柱”、“球形”和“立方体”，它们对应的切削模式图例如图 10-43 所示。

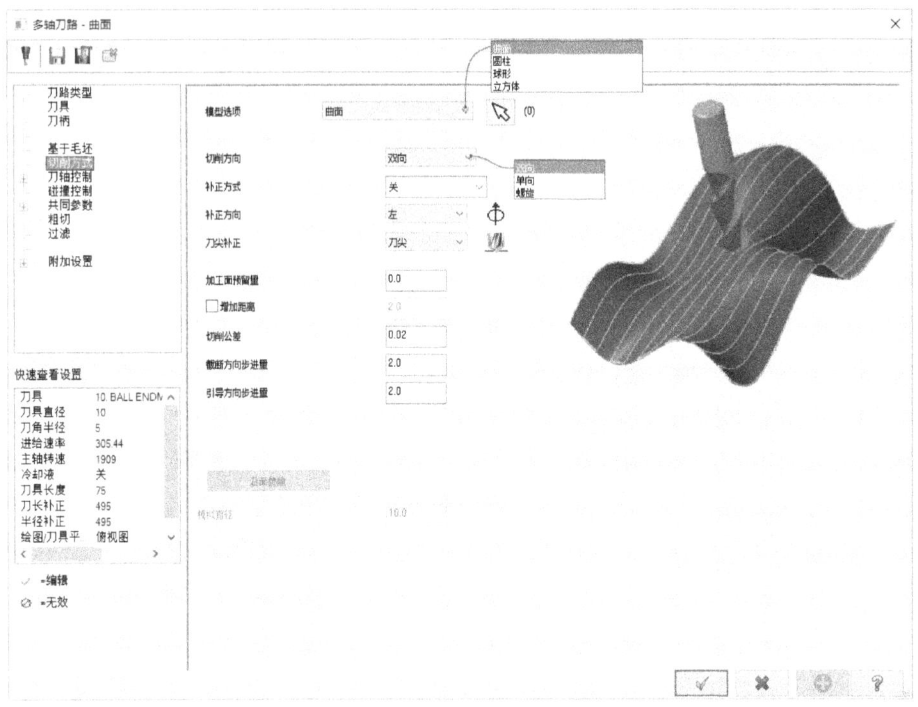

图 10-42　设置曲面多轴加工的切削方式的相关参数

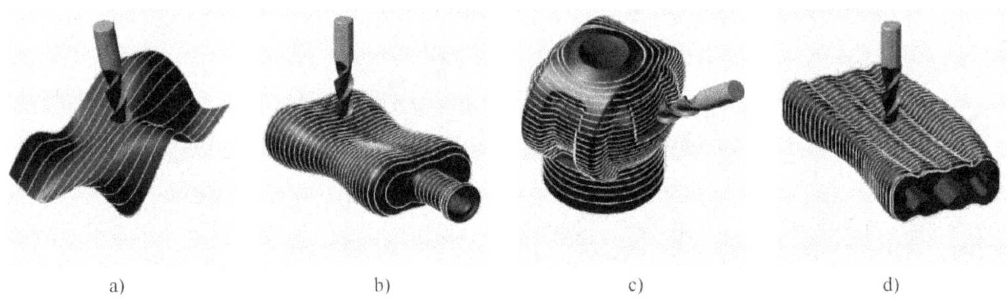

a)　b)　c)　d)

图 10-43　4 种切削模式图例

a)“曲面”模式　b)“圆柱”模式　c)“球形”模式　d)“立方体”模式

● 切削方向：在“切削方向”下拉列表框中可以选择“双向”“单向”或“螺旋”，这 3 种切削方向选项对应的图例如图 10-44 所示。

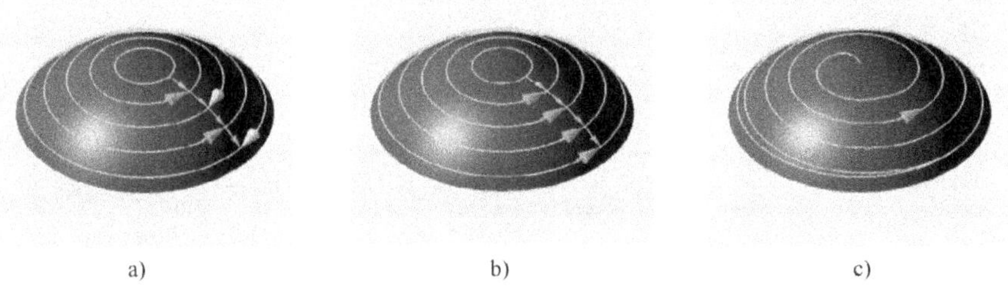

a)　b)　c)

图 10-44　切削方向选项

a) 双向　b) 单向　c) 螺旋

- "沿面参数"按钮：单击"沿面参数"按钮，系统弹出如图 10-45 所示的"曲面流线设置"对话框，从中可以切换补正方向、切削方向、步进方向和起始点，并可以设置边界公差和显示边界。
- 截断方向步进量和引导方向步进量：在相应的文本框中设定截断方向步进量和引导方向步进量。截断方向步进量和引导方向步进量的示意图如图 10-46 所示。

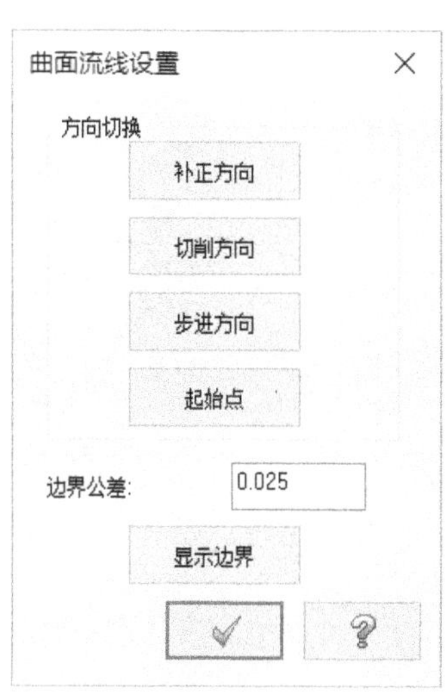

图 10-45 "曲面流线设置"对话框

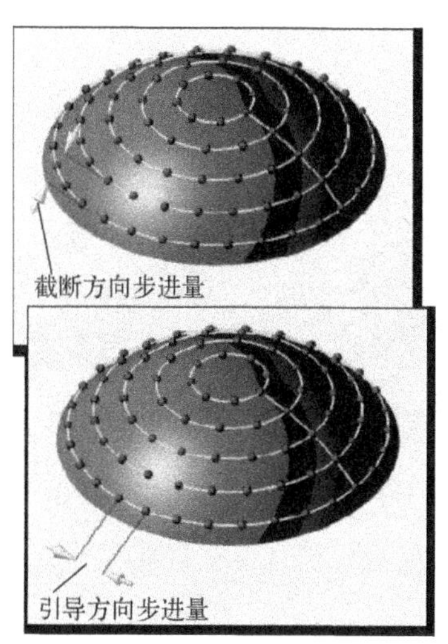

图 10-46 截断方向步进量和引导方向步进量

二、刀轴控制

在参数类别列表框中选择"刀轴控制"参数类别，接着可以设置如图 10-47 所示的选项及参数，包括刀轴控制选项、输出方式（汇出格式）、"轴旋转于"设置、前倾角、侧倾角、增加角度和刀具向量长度等。下面介绍一下刀轴控制的主要选项及参数。

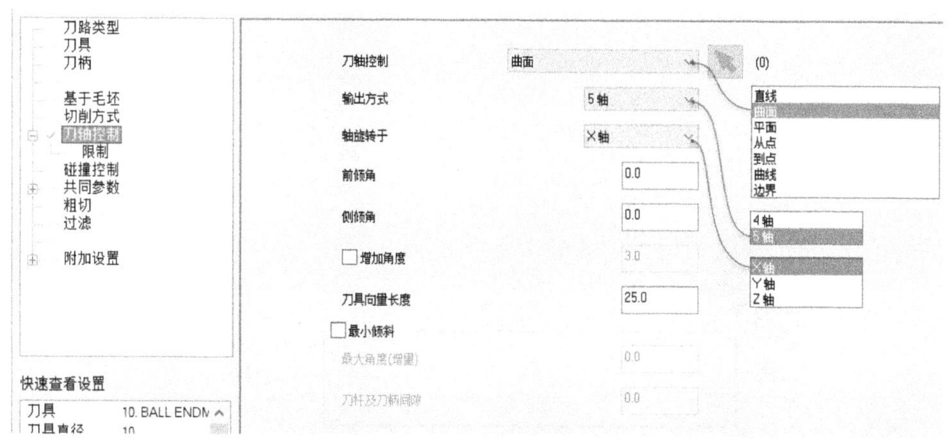

图 10-47 刀轴控制设置

- 刀轴控制："刀轴控制"下拉列表框用于控制刀具轴向。该下拉列表框提供的刀具轴向控制选项有"直线""曲面""平面""从点""到点""曲线"和"边界"，它们的功能图解如图 10-48 所示。

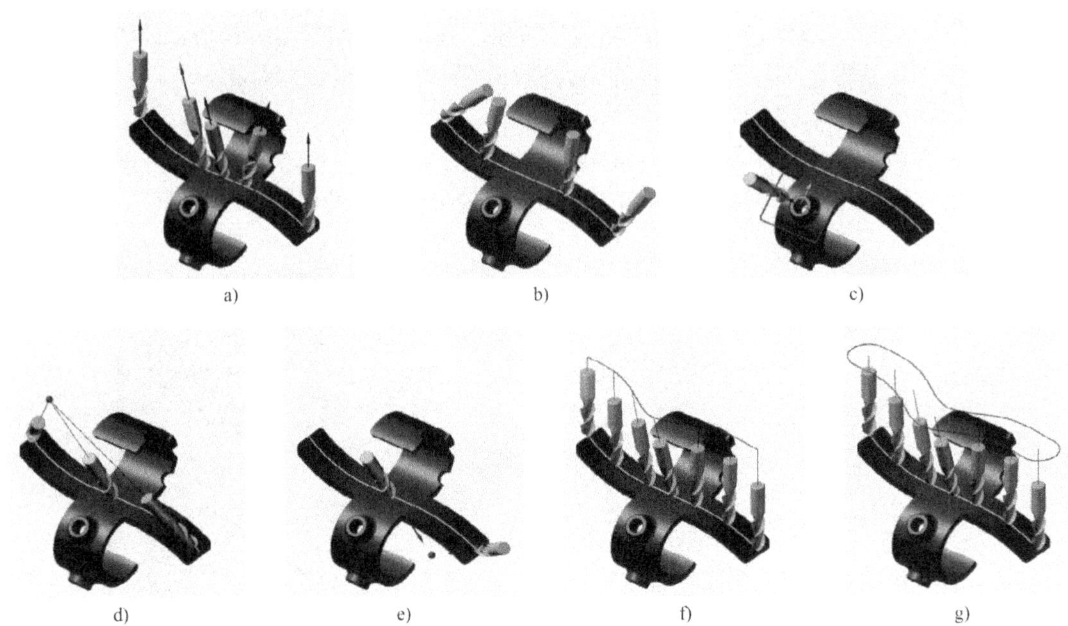

图 10-48　7 种刀具轴向控制选项的功能图解

a) 直线　b) 曲面　c) 平面　d) 从点　e) 到点　f) 曲线　g) 边界

- 输出方式：可以从“输出方式”下拉列表框中选择“4 轴”或“5 轴”。当选择“4 轴”输出方式选项时，需要从出现的“旋转轴”下拉列表框中选择“X 轴”“Y 轴”或“Z 轴”来定义旋转轴，系统将输出 4 轴铣削刀路；当选择“5 轴”输出方式选项时，需要从“轴旋转于”下拉列表框中选择“X 轴”“Y 轴”或“Z 轴”来模拟旋转轴，系统将输出 5 轴铣削刀路。
- 前倾角与侧倾角：前倾角（也称“引线角度”）是指在刀路进/退刀方向刀具倾斜的角度，如图 10-49a 所示；侧倾角则是指刀具在移动方向倾斜一个角度，如图 10-49b 所示。

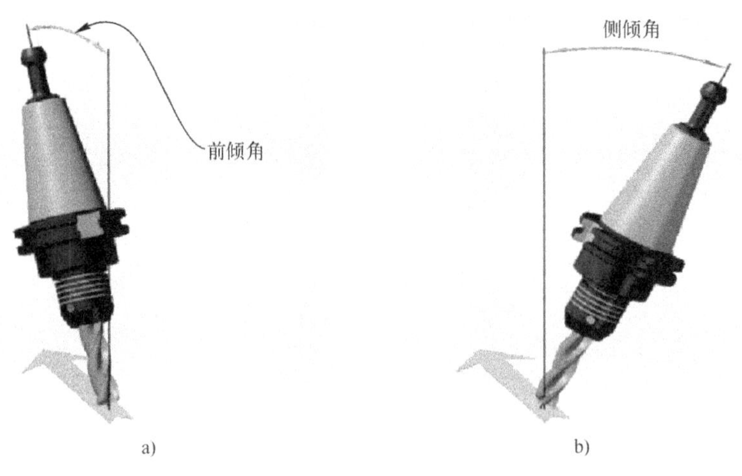

图 10-49　前倾角与侧倾角示意

a) 前倾角　b) 侧倾角

三、碰撞控制

在参数类别列表框中选择“碰撞控制”参数类别，接着可以在其属性页中进行刀尖控制设置，包括定义补正曲面和干涉曲面，如图 10-50 所示。

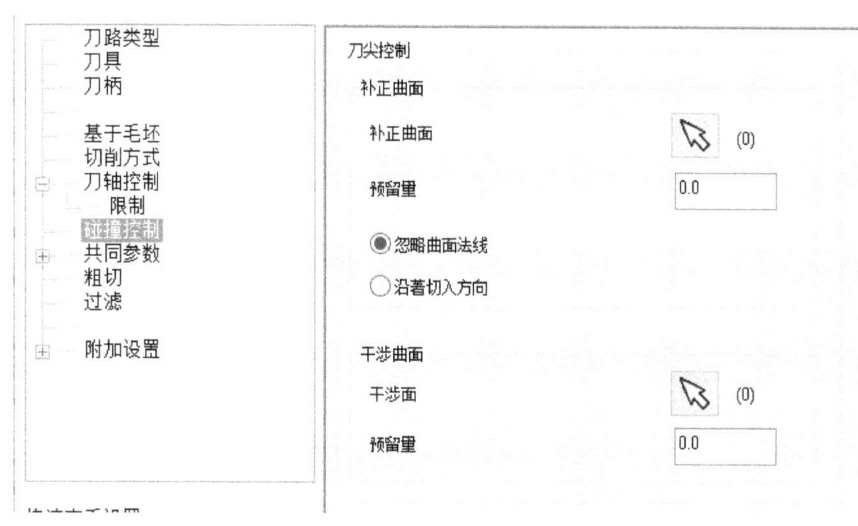

图 10-50　设置碰撞控制

10.4.2 曲面五轴加工范例

下面介绍曲面五轴加工的一个范例，该范例要加工出如图 10-51 所示的零件模型。

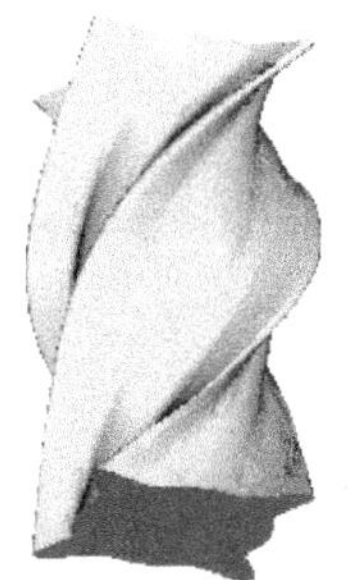
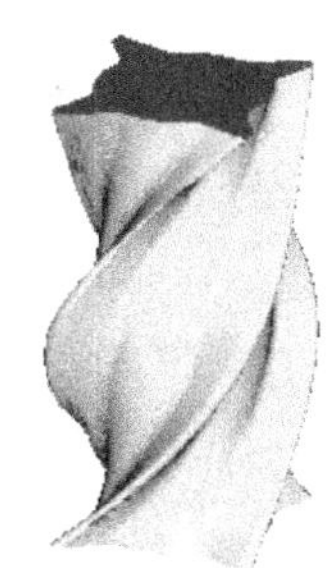

图 10-51　加工出来的零件模型

该范例的具体操作步骤如下。

1 打开网盘资料的“CH10”\“曲面五轴加工.MCX”文件，该文件中的原始曲面如图 10-52 所示。

2 要创建刀路，需要指定一台可实现数控加工的机床。在菜单栏的“机床类型”菜单中选择“铣床”/“默认”命令。

3 在菜单栏的“刀路”菜单中选择“多轴刀路”命令，系统弹出“输入新 NC 名称”对话框，指定新 NC 名称为“曲面五轴加工”，接着单击此对话框中的“确定”图标按钮 ✓ ，系统弹出“多轴刀路”对话框。

4 在“多轴刀路”对话框的参数类别列表框中选择“刀路类型”参数类别，接着确保在该属性页中单击选中“标准”按钮，并选中“曲面”刀路类型图标。

5 在参数类别列表框中选择“刀轴控制”参数类别，接着从“刀轴控制”下拉列表框中选择“曲面”选项，从“输出方式”下拉列表框中选择“5 轴”，从“轴旋转于”下拉列表框中选择“X 轴”，设置前倾角为“0”、侧倾角为“0”、刀具向量长度为“20”，如图 10-53 所示，然后单击“应用”图标按钮 ⊕ 。

图 10-52　原始曲面

图 10-53　设置刀轴控制选项及参数

6 在参数类别列表框中选择“切削方式”参数类别，在该属性页的“模型选项”下拉列表框中选择“曲面”选项，并单击“选择”图标按钮，采用窗口的方式框选所有曲面，如图 10-54 所示。选择好曲面后，按〈Enter〉键确认，系统弹出如图 10-55 所示的“曲面流线设置”对话框，接受默认的曲面流线设置，单击“确定”图标按钮。

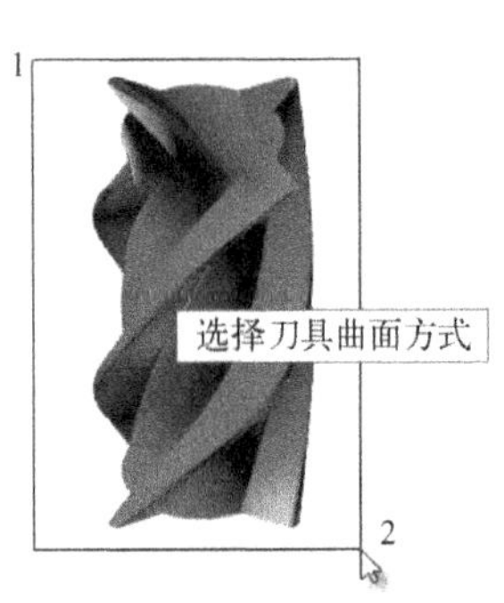

图 10-54　选择刀具曲面

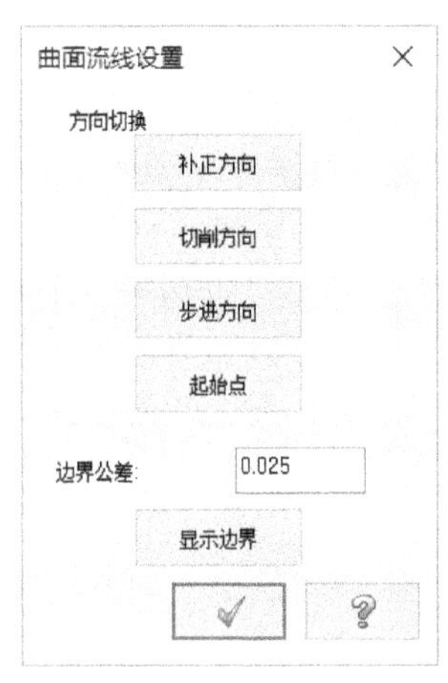

图 10-55　“曲面流线设置”对话框

7 在“切削方式”类别属性页中设置如图 10-56 所示的参数，然后单击“应用”图标按钮。

8 在参数类别列表框中选择“刀具”参数类别，在该属性页中单击“从刀库中选择”按钮，系统弹出“选择刀具”对话框，从默认的“Mill_mm.tooldb”刀库中选择直径为 5 的球刀，单击“确定”图标按钮，返回到“多轴刀路-曲面”对话框。在“多轴刀路-曲面”对话框的“刀具”属性页中设置如图 10-57 所示的刀具参数，然后单击“应用”图标按钮。

图 10-56 设置切削方式的相关参数

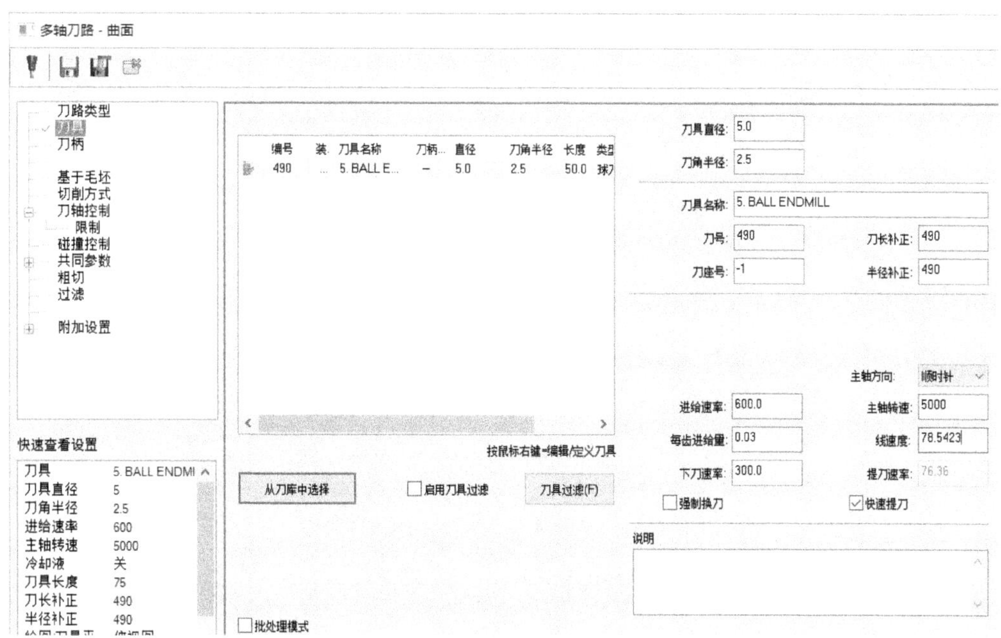

图 10-57 设置刀具参数

9 在参数类别列表框中选择“碰撞控制”参数类别，对刀尖控制进行设置，设置结果如图 10-58 所示。

10 在参数类别列表框中选择“共同参数”参数类别，设置的共同参数如图 10-59 所示，然后单击“应用”图标按钮 ⊕ 。

图 10-58 设置碰撞控制选项及参数

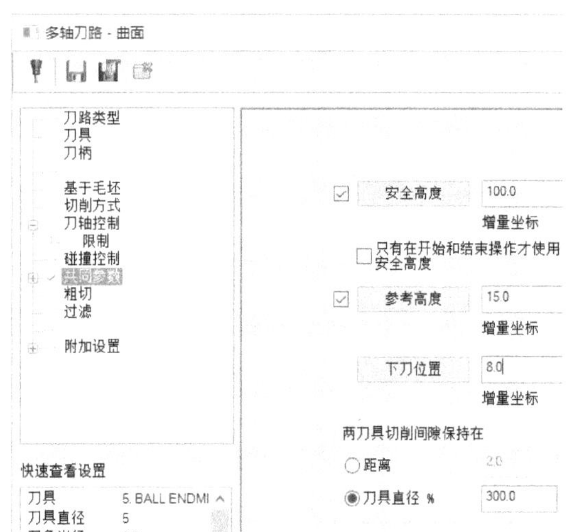

图 10-59 设置共同参数

11 在参数类别列表框中选择“粗切”参数类别，接着选中“深度分层切削”复选框，并设置粗切次数为“2”、粗切步进量为“3.0”、精修次数为“1”、精修量为“0.3”，然后在“深度分层切削排序”选项组中单击选中“依照外形”单选按钮，如图 10-60 所示。

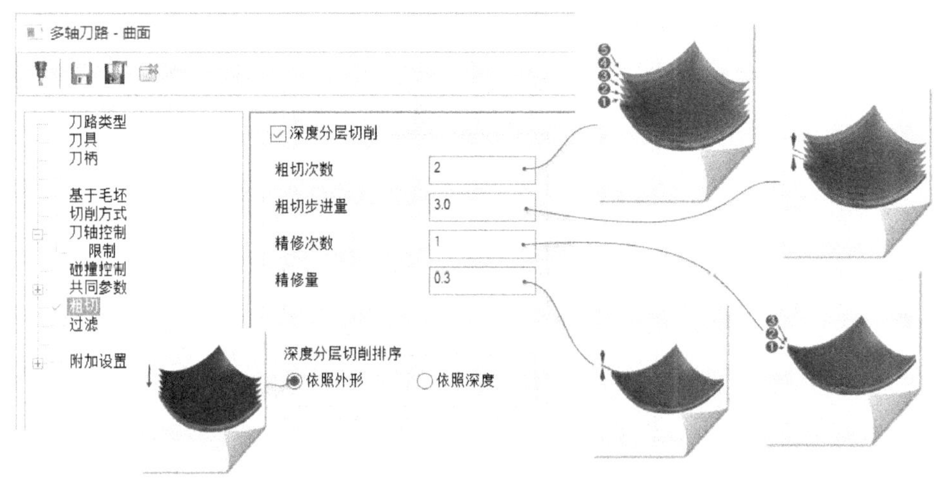

图 10-60 设置曲面五轴加工的粗切参数

12 在“多轴刀路-曲面”对话框中单击“确定”图标按钮 ✓ ，创建的刀路如图 10-61 所示。

13 在刀路操作管理器中单击“属性”下的“毛坯设置”选项，系统弹出“机床群组属性”对话框，在“毛坯设置”选项卡中单击“边界盒”按钮，选择全部曲面后按〈Enter〉键，系统弹出“边界盒”对话框，设置如图 10-62 所示的选项及参数，然后单击“确定”图标按钮 ✓ 。

图 10-61 生成曲面五轴加工刀路

边界盒
基本 高级
图形
选择： 手动 全部显示
形状
立方体
圆柱体
立方体设置
圆柱体设置
原点：
尺寸：
半径： 20.2000
高度： 60.2
轴心： X Y Z
中心轴
推拉
箭头值： 绝对 增量
两端

图 10-62 设置边界盒选项及参数

14 返回到“机床群组属性”对话框的“毛坯设置”选项卡，其他设置如图 10-63 所示，然后单击“确定”图标按钮。

15 在刀路管理器中单击“验证已选择的操作”图标按钮，对刀路进行加工验证，其验证结果如图 10-64 所示。

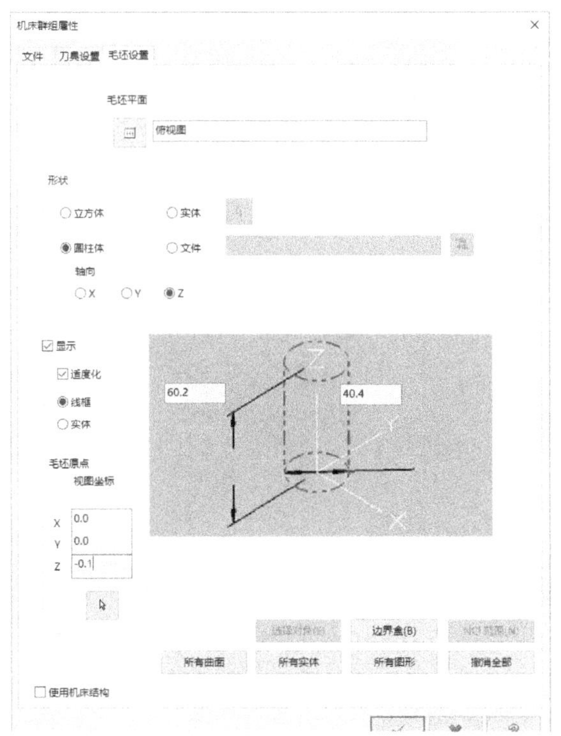

图 10-63 “毛坯设置”选项卡中的设置

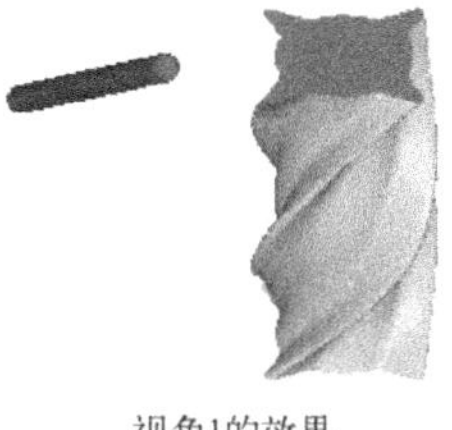

视角1的效果

视角2的效果

图 10-64 曲面五轴加工验证结果

10.5 沿面多轴加工

沿面多轴加工也常称为流线多轴加工，使用该加工功能能够顺着曲面产生四轴或五轴加工刀路，加工出来的曲面质量较好，故在多轴加工中应用较多。在沿面多轴加工中，刀具轴线方向可以控制，可通过调整刀具实际加工角度（包括切削前角、后角等）来改善切削条件。

10.5.1 沿面多轴加工的相关参数

在“刀路”菜单中选择“多轴刀路”命令，接着指定新 NC 名称（如果之前没有指定 NC 名称的话），系统弹出“多轴刀路”对话框，从参数类别列表框中选择“刀路类型”参数类别，接着在“刀路类型”属性页中单击“标准”按钮，并选择“沿面”图标。下面针对沿面五轴加工介绍其中的一些参数设置。

一、切削方式

在参数类别列表框中选择“切削方式”参数类别，接着在该类别属性页中可以定义沿面参数、切削方向、补正方式、补正方向、刀尖补正、加工面预留面、切削控制距离、切削公差、切削间距和带状切削等，如图 10-65 所示。其中一些参数和选项在前面章节中多次出现，这里不再赘述，而是着重以图例的方式介绍切削间距参数和带状切削。

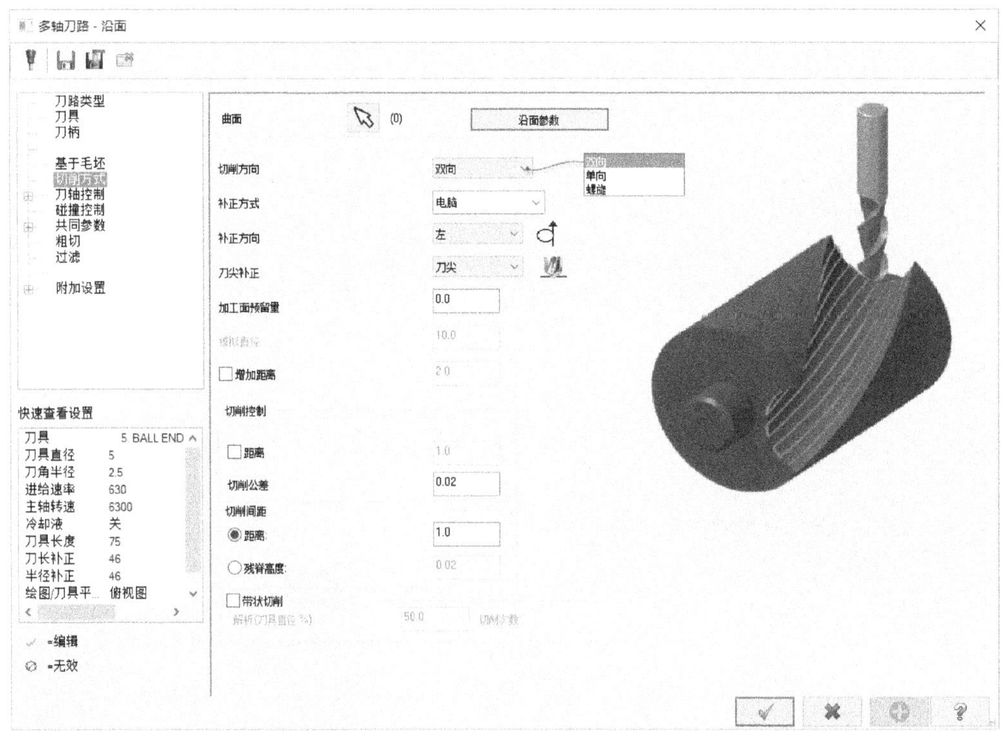

图 10-65 沿面多轴加工的切削方式的相关参数

● 切削间距：沿面五轴加工的切削间距分两种，一种是“距离”，另一种是“残脊高度”，它们的形象含义如图 10-66 所示。用户可以根据实际要求设置切削间距值或残脊高度值。

- 带状切削：选中“带状切削”复选框，则启用带状切削功能，此时需要设置带状切削的解析参数值（刀具直径百分比数值）和切削次数。带状切削的图例如图 10-67 所示。

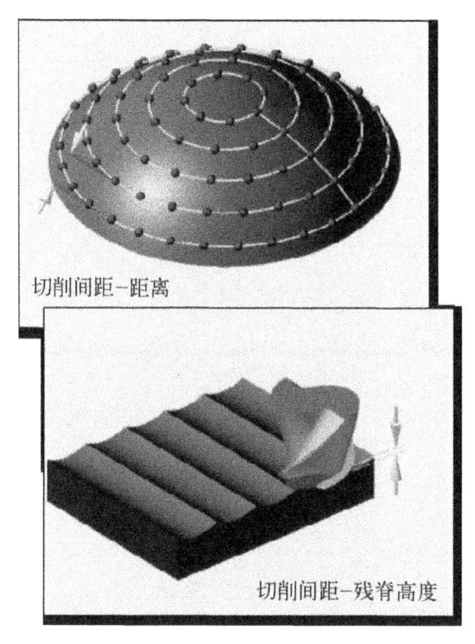

图 10-66 切削间距的两种参数

图 10-67 带状切削图例

二、刀轴控制

在参数类别列表框中选择“刀轴控制”参数类别，接着在该类别属性页中设置刀轴控制选项、输出方式（汇出格式）、前倾角、侧倾角、增加角度和刀具向量长度等，如图 10-68 所示。这些参数都较为常见，不再赘述。另外，还可以设置刀轴限制条件。

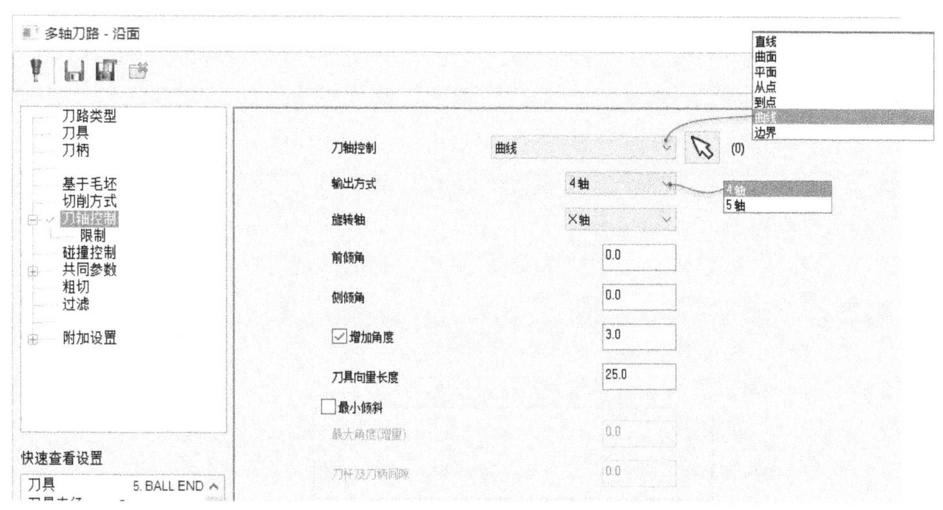

图 10-68 沿面多轴加工的刀轴控制设置

三、碰撞控制

在参数类别列表框中选择“碰撞控制”参数类别，可以进行如图 10-69 所示的设置。注意，必要时可以选中“执行过切检查”复选框以设置执行过切检查。

图 10-69 沿面多轴加工的碰撞控制设置

10.5.2 沿面五轴加工范例

下面介绍沿面五轴加工的一个范例，该范例的具体操作步骤如下。

1 打开网盘资料的“CH10”\“沿面五轴加工.MCX”文件，该文件中的原始曲面和工件材料形状如图 10-70 所示。

2 在“刀路”菜单中选择“多轴刀路”命令，系统弹出“输入新 NC 名称”对话框，默认新 NC 名称为“沿面五轴加工”，单击“确定”图标按钮 ✓ ，系统弹出“多轴刀路”对话框。

3 在“多轴刀路”对话框的参数类别列表框中选择“刀路类型”参数类别，确保在该属性页中单击选中“标准”按钮，并选中“沿面”刀路类型图标。

4 在“多轴刀路-沿面”对话框的参数类别列表框中选择“切削方式”参数类别，在该参数类别属性页中单击“曲面”选项组中的“选择曲面”图标按钮，接着在图形窗口中单击如图 10-71 所示的曲面，按〈Enter〉键确认。

5 系统弹出“曲面流线设置”对话框，确保补正方向、切削方向、步进方向和起始点如图 10-72 所示，然后单击“曲面流线设置”对话框中的“确定”图标按钮 ✓ ，返回到“多轴刀路-沿面”对话框。

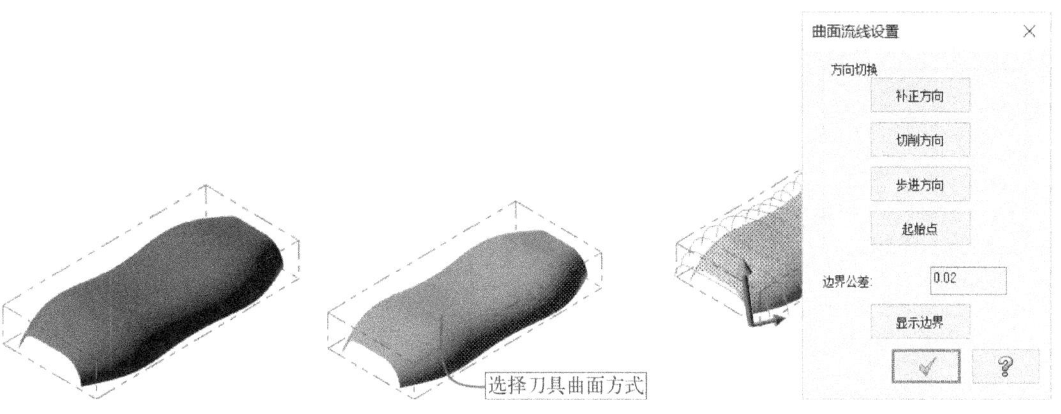

图 10-70 原始文件中的内容　　图 10-71 单击曲面　　图 10-72 曲面流线设置

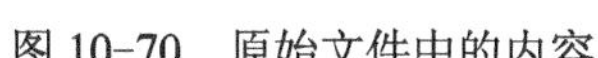
读者可以尝试在“曲面流线设置”对话框中单击各方向切换按钮，在图形窗口中观察曲面流线的变化情况，以进一步熟悉和加深对曲面流线的认识。

6 在“切削方式”参数类别属性页中设置如图 10-73 所示的参数。

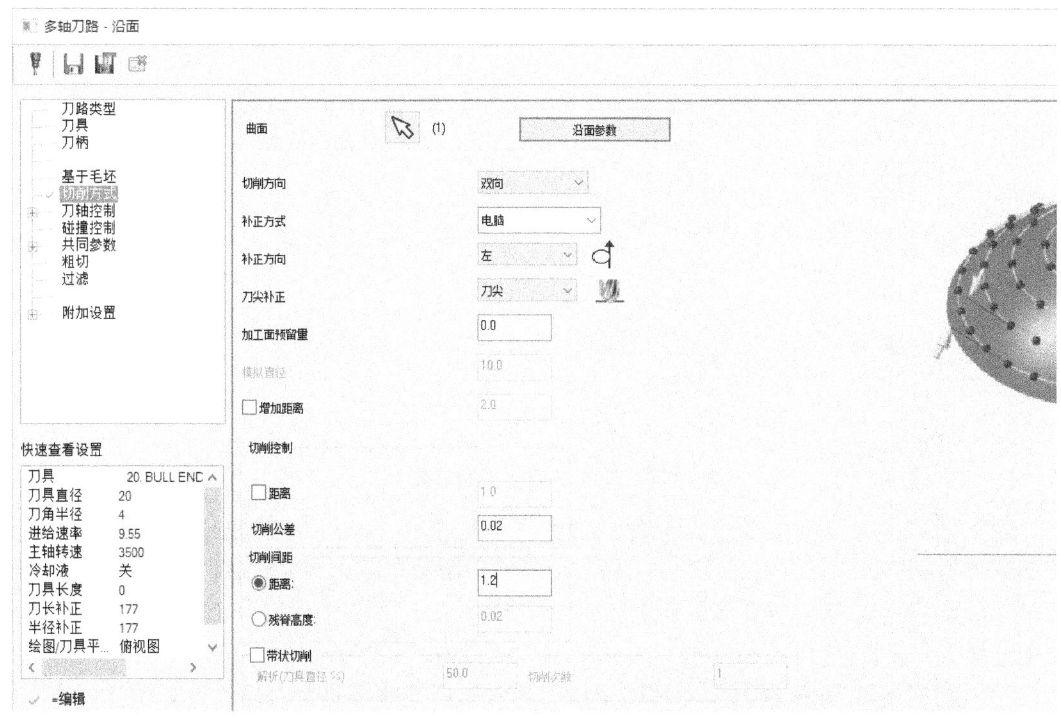

图 10-73 设置沿面五轴加工的切削方式参数

7 在“多轴刀路-沿面”对话框的参数类别列表框中选择“刀轴控制”参数类别，在该参数类别属性页中设置如图 10-74 所示的选项和参数，注意从“刀轴控制”下拉列表框中选择“曲面”选项，从“输出方式”下拉列表框中选择“5 轴”选项。

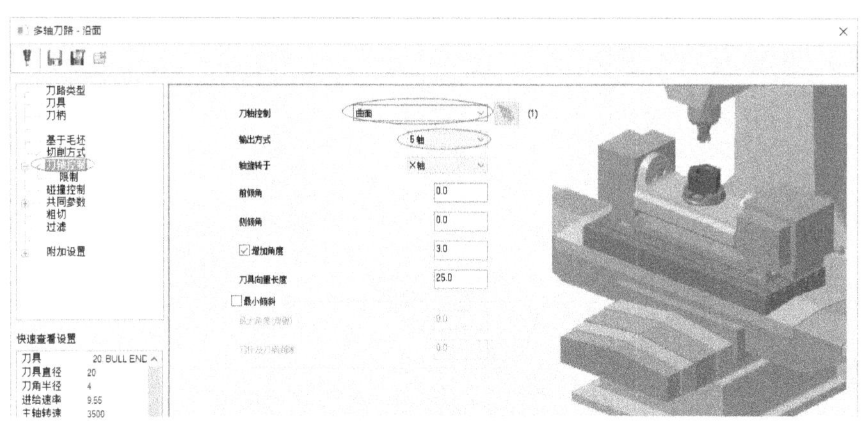

图 10-74　沿面五轴加工的刀轴控制设置

8 在“多轴刀路-沿面”对话框的参数类别列表框中选择“刀具”参数类别，在该参数类别属性页中单击“从刀库中选择”按钮，弹出“选择刀具”对话框，从默认的“Mill_mm.tooldb”刀库中选择直径为 10 的球刀，单击“确定”图标按钮，返回到“多轴刀路-沿面”对话框，设置如图 10-75 所示的刀具参数。

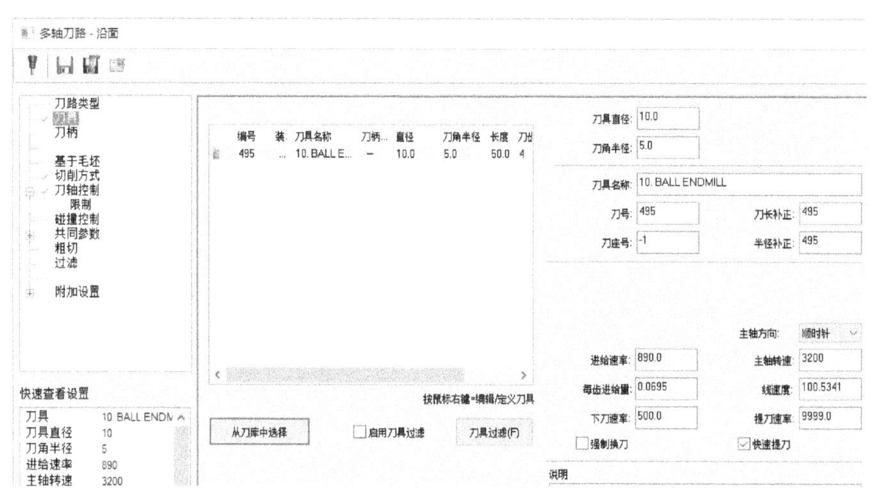

图 10-75　设置刀具参数

9 在“多轴刀路-沿面”对话框的参数类别列表框中选择“共同参数”参数类别，在该参数类别属性页中设置安全高度参数值为“50”（增量坐标）、参考高度（提刀）参数值为“20”（增量坐标）、下刀位置参数值为“8”（增量坐标），并在“两刀具切削间隙保持在”选项中选择“刀具直径%”单选按钮，并接受其默认值为“300”。

10 在“多轴刀路-沿面”对话框中读者可对碰撞控制等进行合理设置。注意，在本例中不启用深度分层切削（在“相切”参数类别属性页中设置）。

11 在“多轴刀路-沿面”对话框中单击“确定”图标按钮，系统通过计算来生成沿面五轴加工刀路，如图 10-76 所示。

12 在刀路管理器中单击“验证已选择的操作”图标按钮，对刀路进行实体加工模拟验证，其模拟验证结果如图 10-77 所示。

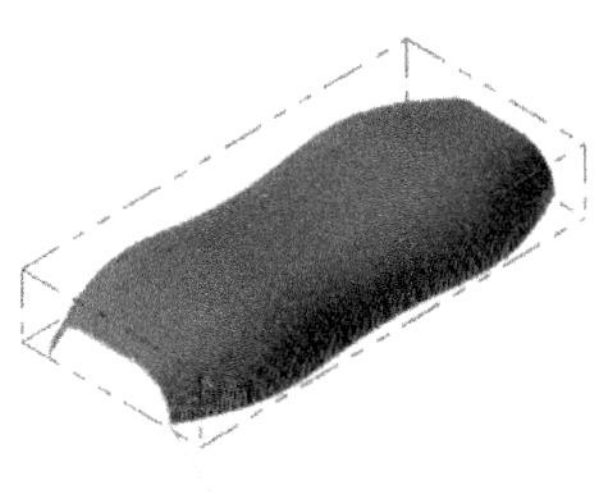

图 10-76　生成沿面五轴加工刀路

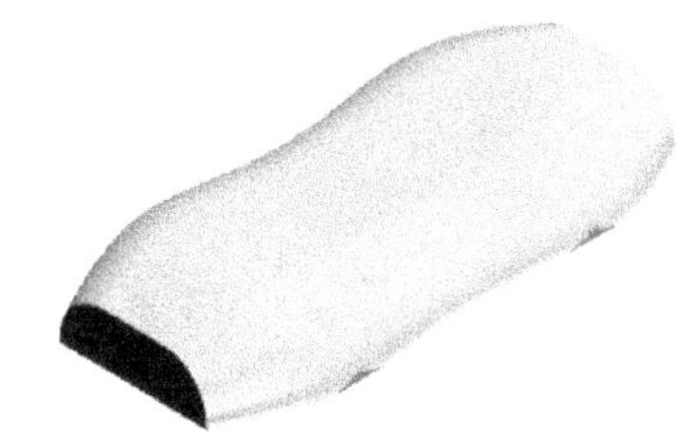

图 10-77　沿面五轴加工模拟验证的结果

10.6　旋转多轴加工

使用“旋转多轴加工”功能，可以加工出具有回转轴的零件或者近似于回转体的工件。

10.6.1　旋转多轴加工的相关参数

在“刀路”菜单中选择“多轴刀路”命令，接着指定新 NC 名称（如果之前没有指定 NC 名称的话），系统弹出“多轴刀路”对话框，从参数类别列表框中选择“刀路类型”参数类别，接着在“刀路类型”属性页中单击“标准”按钮，并选择“旋转”图标。下面介绍旋转多轴加工的一些重要参数。

一、切削方式

在参数类别列表框中选择“切削方式”参数类别，接着在该类别属性页中进行如图 10-78 所示的参数设置，包括切削曲面、切削控制（切削控制参数又包括切削方向、补正方式、补正方向、刀尖补正、加工面预留量和切削公差）、封闭外形方向（顺铣或逆铣）和开放外形方向（单向或双向）。其中，切削方向分两种，一种是绕着旋转轴切削，另一种则是沿着旋转轴切削，如图 10-79 所示。

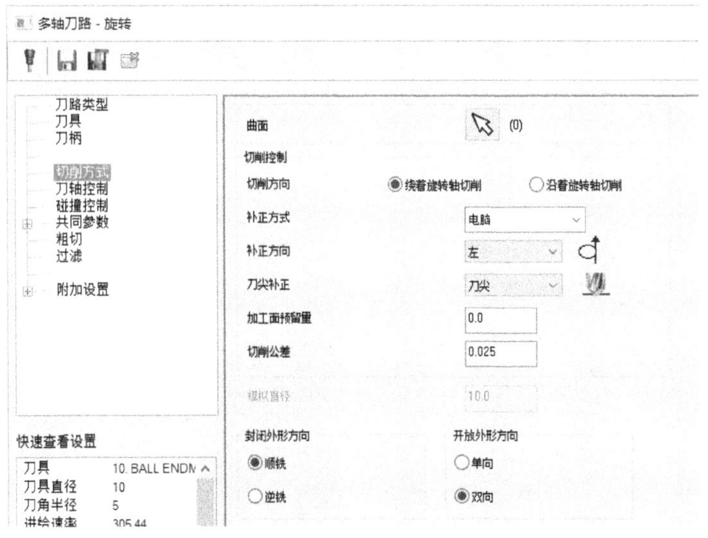

图 10-78　旋转多轴加工的切削方式参数

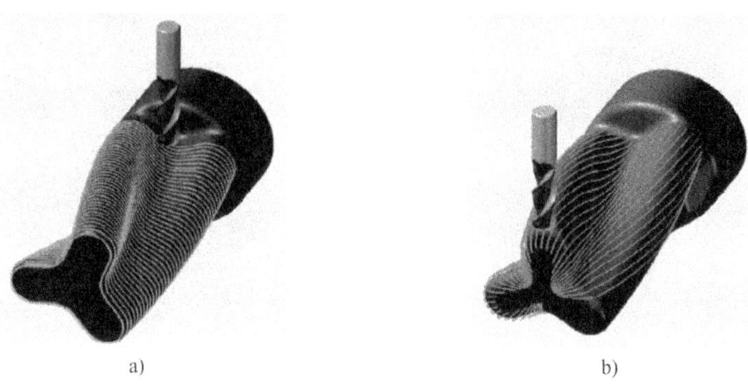

图 10-79 旋转多轴加工的两种切削方向

a) 绕着旋转轴切削 b) 沿着旋转轴切削

二、刀轴控制

在参数类别列表框中选择“刀轴控制”参数类别，可以进行如图 10-80 所示的刀轴控制参数设置。

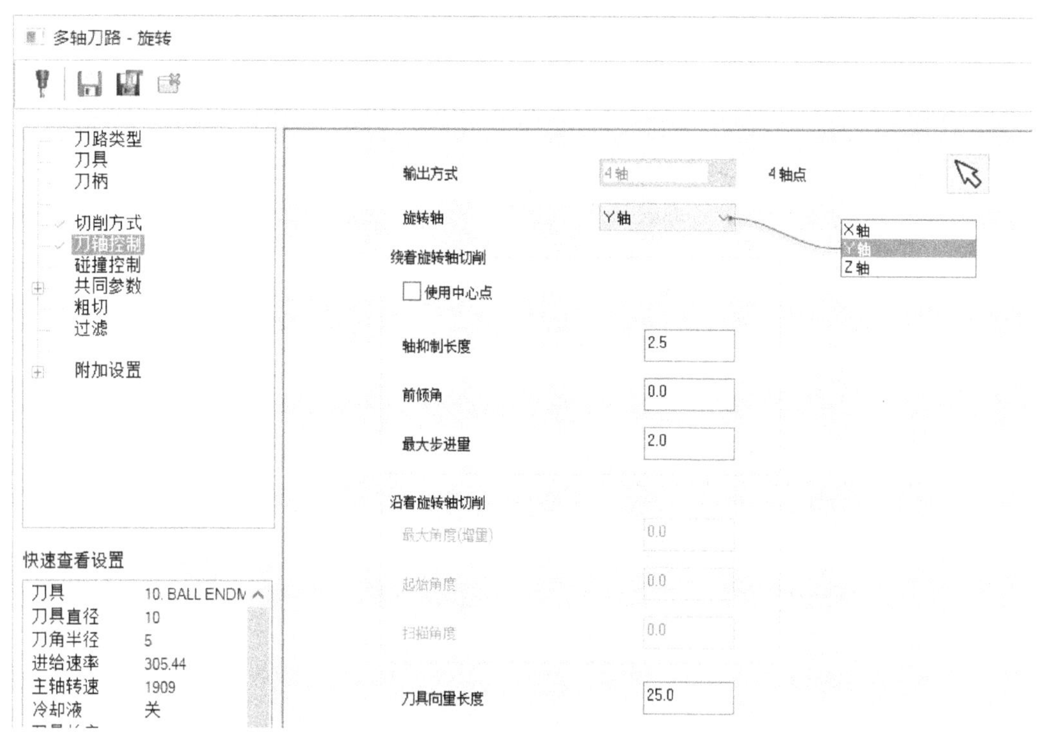

图 10-80 刀轴控制

如果设置的切削方向为“绕着旋转轴切削”，那么“绕着旋转轴切削”选项组可用，“绕着旋转轴切削”选项组中各选项、参数的示意图如图 10-81 所示；如果设置的切削方向为“沿着旋转轴切削”，那么“沿着旋转轴切削”选项组可用，“沿着旋转轴切削”选项组中各选项、参数的示意图如图 10-82 所示。

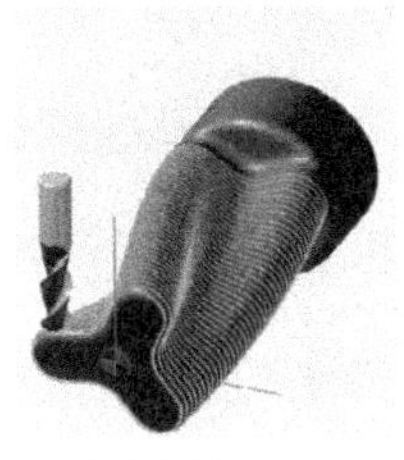
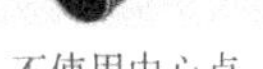
不使用中心点

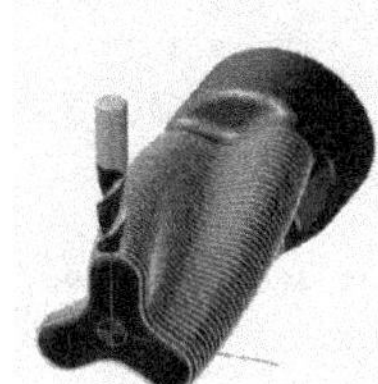
使用中心点

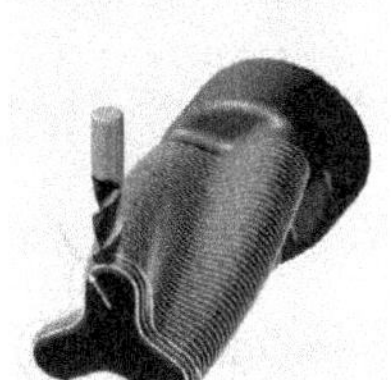
轴抑制长度

前倾角

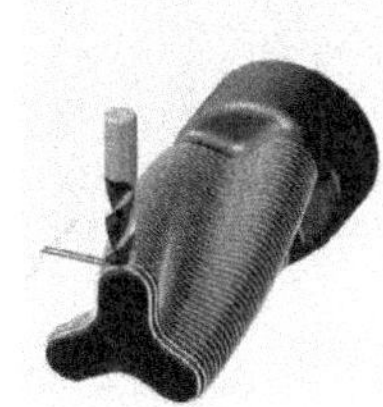
最大步进量

图 10-81 绕着旋转轴切削的控制选项及参数

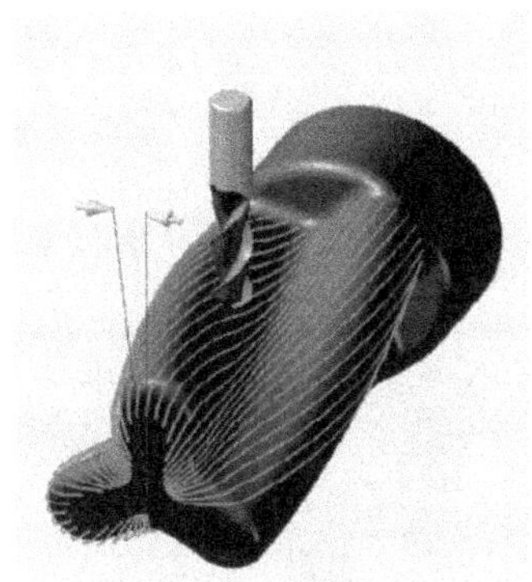
最大角度（增量）

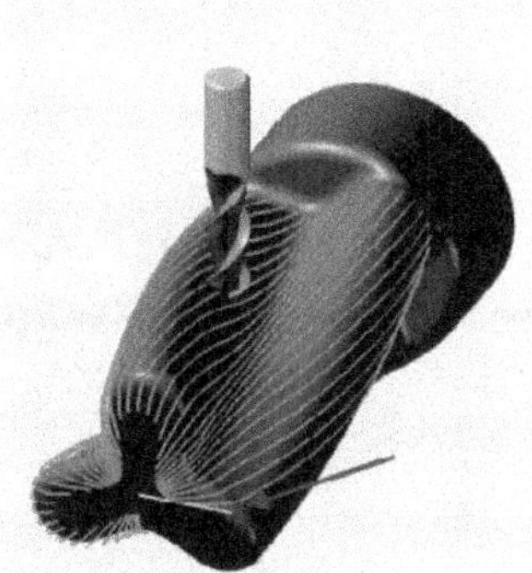
起始角度

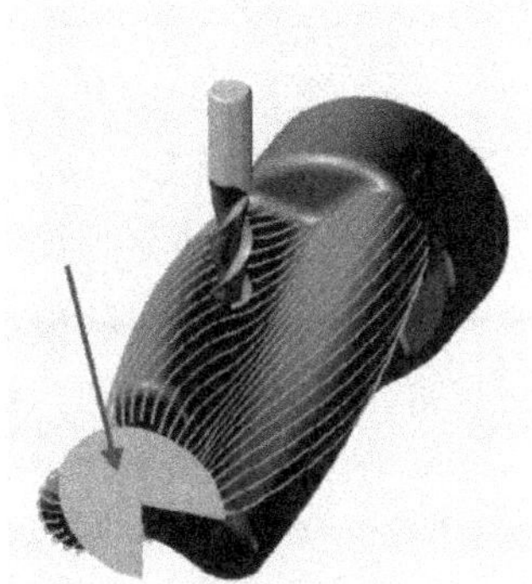
扫描角度

图 10-82 沿着旋转轴切削的控制选项及参数

三、碰撞控制

在参数类别列表框中选择“碰撞控制”参数类别，如图 10-83 所示，可以根据需要指定干涉面，以及设置干涉面的预留量。

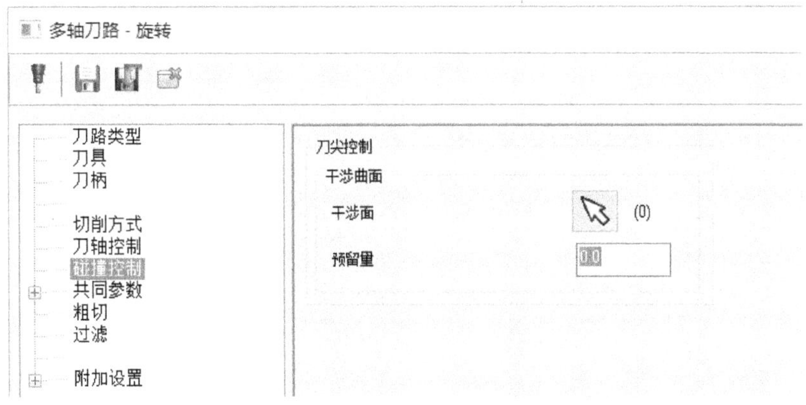

图 10-83 旋转多轴加工的碰撞控制设置

10.6.2 旋转多轴加工范例

下面介绍旋转多轴加工的一个范例，该范例要完成的多轴加工刀路和相应的加工模拟验证结果如图 10-84 所示。

该范例的具体操作步骤如下。

1 打开随书光盘配套的“CH10”\“旋转多轴加工.MCX-6”文件，该文件中作为加工曲面的原始曲面如图 10-85 所示。

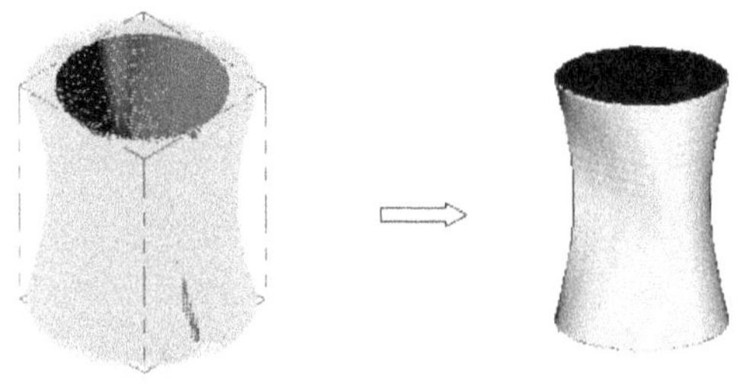

图 10-84　旋转多轴加工范例

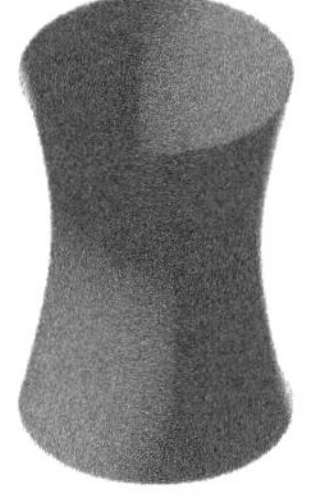

图 10-85　作为加工曲面的原始曲面

2 定义机床系统。在“机床类型”菜单中选择“铣床”/“默认”命令。

3 在菜单栏的“刀路”菜单中选择“多轴刀路”命令，系统弹出“输入新 NC 名称”对话框，指定新 NC 名称为“旋转多轴加工”，单击“确定”图标按钮 ✓，系统弹出“多轴刀路”对话框。

4 在“多轴刀路”对话框的参数类别列表框中选择“刀路类型”参数类别，确保在该属性页中单击选中“标准”按钮，并单击“旋转”刀路类型图标。

5 在“多轴刀路-旋转”对话框的参数类别列表框中选择“切削方式”参数类别，在“切削方式”参数类别属性页中单击“选择曲面”图标按钮，接着在图形窗口中选择如图 10-86 所示的曲面作为加工曲面，按〈Enter〉键。

图 10-86　指定旋转加工曲面

6 在“切削方式”参数类别属性页中设置如图 10-87 所示的选项及参数，然后单击“应用”图标按钮。

图 10-87　设置切削方式的相关参数

7 在参数类别列表框中选择“刀轴控制”参数类别，在该参数类别属性页中设置如图 10-88 所示的选项及参数，注意要从“旋转轴”下拉列表框中选择“Z 轴”来定义第四轴（旋转轴），在“绕着旋转轴切削”选项组中取消选中“使用中心点”复选框，设置轴抑制长度为“2.5”、前倾角为“0”、最大步进量为“2”，并设置刀具向量长度为“20”。此外，单击“选择轴点”图标按钮，在图形窗口中选择如图 10-89 所示的一点，该点为原点（0，0，0）。返回到“多轴刀路-旋转”对话框，单击“应用”图标按钮。

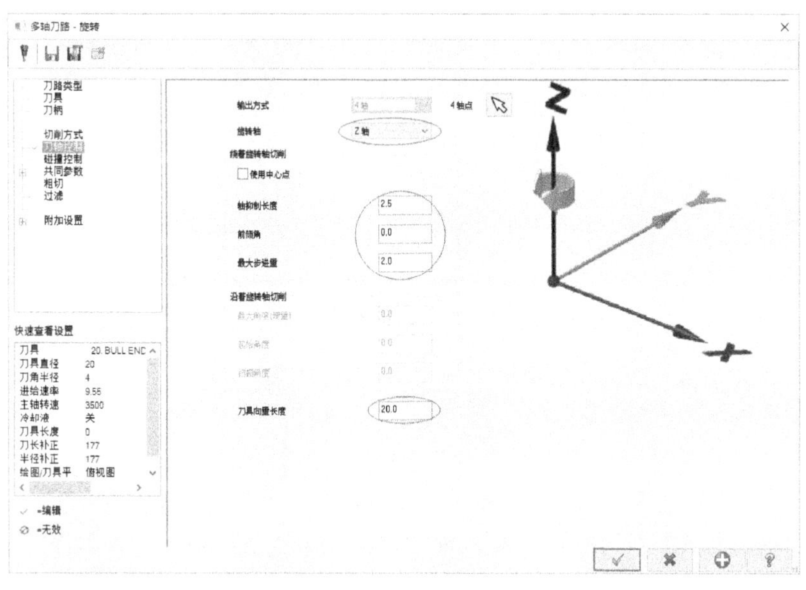

图 10-88 刀轴控制

8 在参数类别列表框中选择“共同参数”参数类别，在该参数类别属性页中进行如图 10-90 所示的设置。

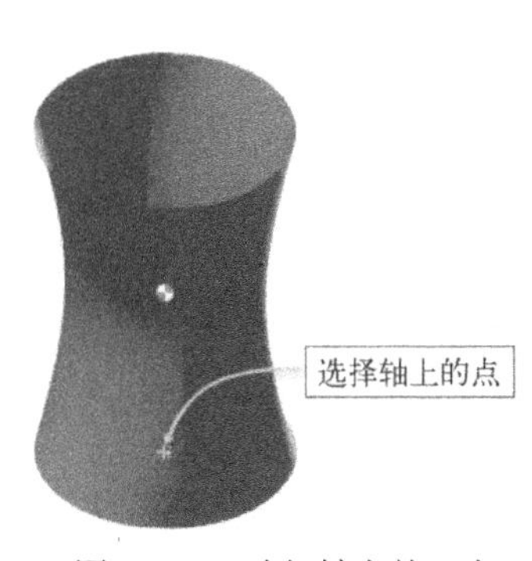

图 10-89 选择轴上的一点

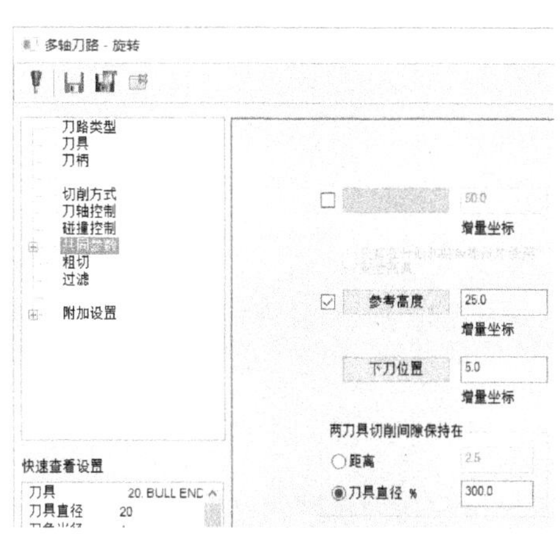

图 10-90 设置共同参数

9 在参数类别列表框中选择“刀具”参数类别，在该参数类别属性页中单击“从刀库中选择”按钮，弹出“选择刀具”对话框，从“Mill_mm.tooldb”刀库中选择直径为 10 的球刀，单击“确定”图标按钮，返回到“多轴刀路-旋转”对话框的“刀具”参数类别属性页，设置如图 10-91 所示的刀具参数。

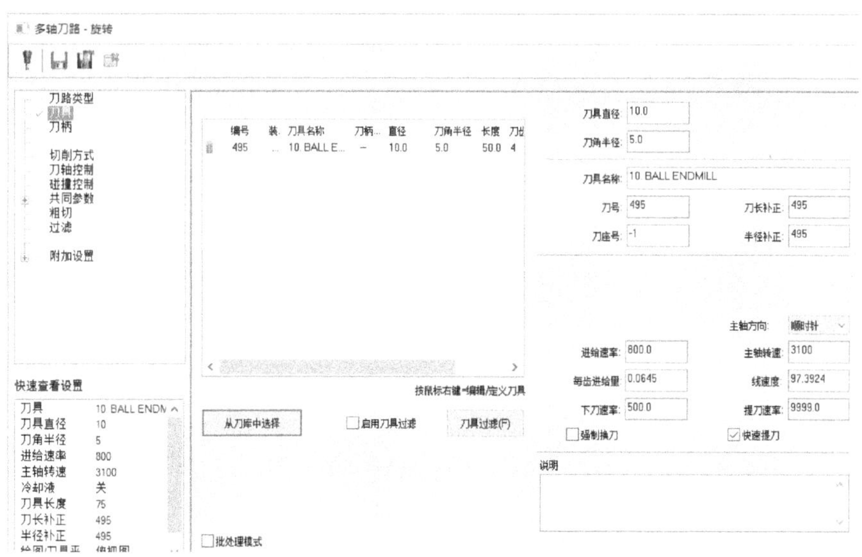

图 10-91　设置刀具参数

10 在“多轴刀路-旋转”对话框中单击“确定”图标按钮，系统根据所进行的设置来生成旋转多轴加工刀路，如图 10-92 所示。

11 在刀路操作管理器中单击“属性”下的“毛坯设置”选项，系统弹出“机床群组属性”对话框，在“毛坯设置”选项卡中单击“边界盒”按钮，选择全部曲面图形，按〈Enter〉键，系统弹出“边界盒”对话框，设置如图 10-93 所示的选项及参数（可接受默认选项和参数）。单击“边界盒”对话框中的“确定”图标按钮，返回到“机床群组属性”对话框，选中“显示”复选框，接着选择“线框”单选按钮，并可适当修改长方体的长度值和宽度值（例如，将长和宽均改为 90），然后单击“机床群组属性”对话框中的“确定”图标按钮。

图 10-92　生成旋转多轴加工刀路

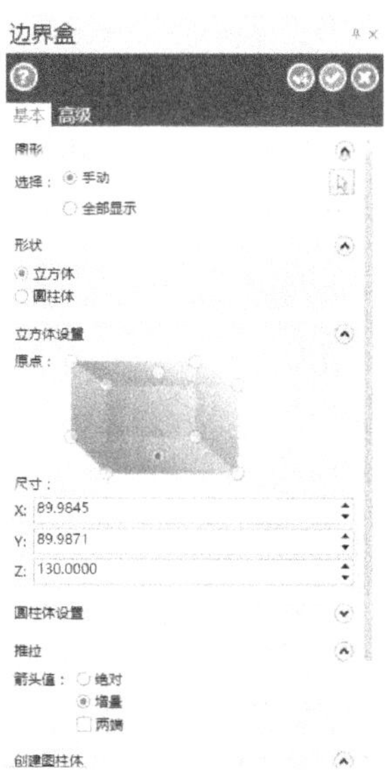

图 10-93　设置边界盒选项

12 单击刀路管理器中的“验证已选择的操作”图标按钮，对该旋转多轴加工的刀路进行加工模拟验证，其模拟验证过程中的某一截图和模拟验证结果分别如图 10-94a 和图 10-94b 所示。

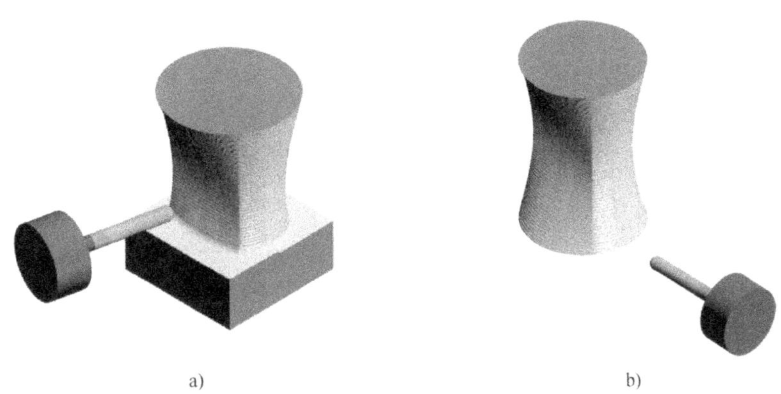

图 10-94 旋转多轴（四轴）加工模拟验证

a) 模拟验证过程中的某一截图 b) 模拟验证结果

10.7 钻孔多轴加工

使用“钻孔多轴加工”方法，可以在曲面上不同的方向进行钻孔加工，也就是可以很方便地加工出不同的斜孔。根据刀具轴控制方式的不同，使用该多轴加工方法可以产生 3 轴、4 轴或 5 轴钻孔刀路。

10.7.1 钻孔多轴加工的相关参数

在“刀路”菜单中选择“多轴刀路”命令，接着指定新 NC 名称（如果之前没有指定 NC 名称的话），系统弹出“多轴刀路”对话框，从参数类别列表框中选择“刀路类型”参数类别，接着在“刀路类型”属性页中单击“钻孔/全圆铣削”按钮，并单击选择“钻孔”刀路类型图标，如图 10-95 所示。

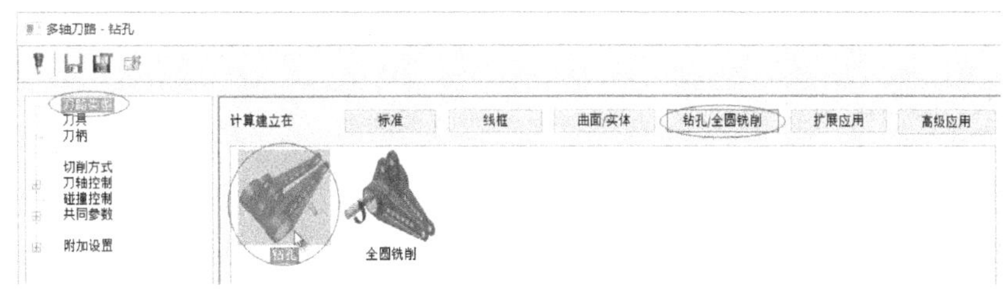

图 10-95 选择“钻孔”类型

下面介绍钻孔多轴加工的一些重要参数的设置方法或含义。

一、切削方式

在参数类别列表框中选择“切削方式”参数类别，如图 10-96 所示，接着在该类别属性页中指定图形类型和钻孔循环方式等。

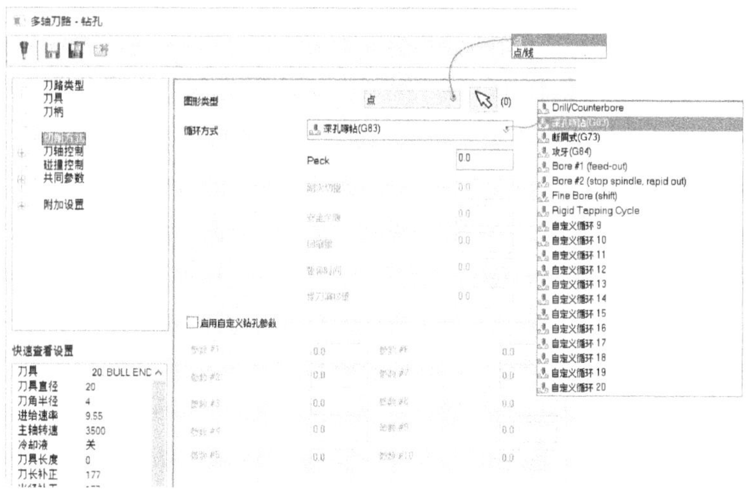

图 10-96　钻孔多轴加工的切削方式设置

其中图形类型分两种，一种是“点”，另一种则是“点/线”，前者用于选择已有的点图形或投影点来指定钻孔位置，如图 10-97a 所示；后者则用于选择线段的端点来作为生成钻孔刀路的图形，如图 10-97b 所示，后者无须手动进行刀具轴向控制设置。位于“图形类型”下拉列表框右侧的“选择”图标按钮用于选择所需的有效图形。

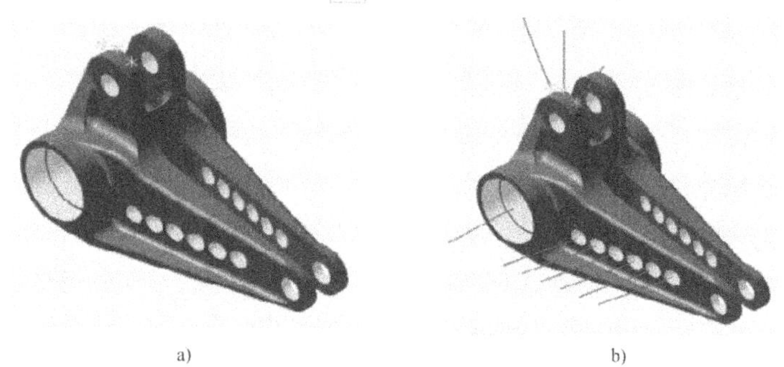

a)　　　　b)

图 10-97　图形类型

a) 选择“点”选项时　b) 选择“点/线”选项时

二、刀轴控制

在参数类别列表框中选择“刀轴控制”参数类别，如图 10-98 所示，则可以在该属性页中指定刀轴控制选项和输出方式等。

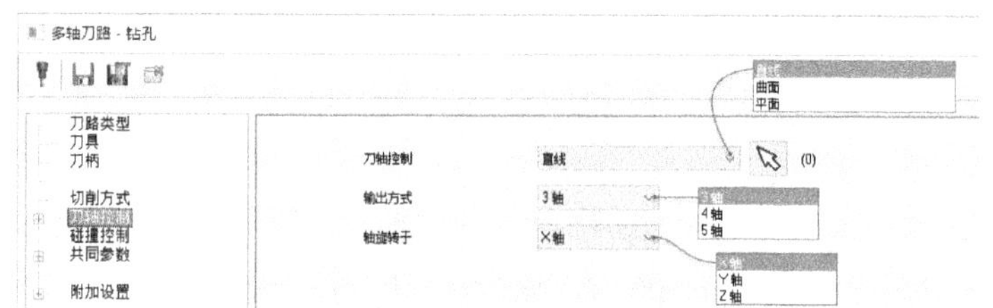

图 10-98　钻孔多轴加工的刀轴控制设置

“刀轴控制”下拉列表框提供了 3 个选项用于设置刀具轴向的控制方式，即“直线”、“曲面”和“平面”，它们的功能含义如下。

- “直线”：用于将刀轴设置与选取的直线平行，如图 10-99a 所示。
- “曲面”：用于将选取曲面的法向作为刀轴方向，如图 10-99b 所示。
- “平面”：需要选取平面，以使刀轴的方向垂直于该平面，如图 10-99c 所示。

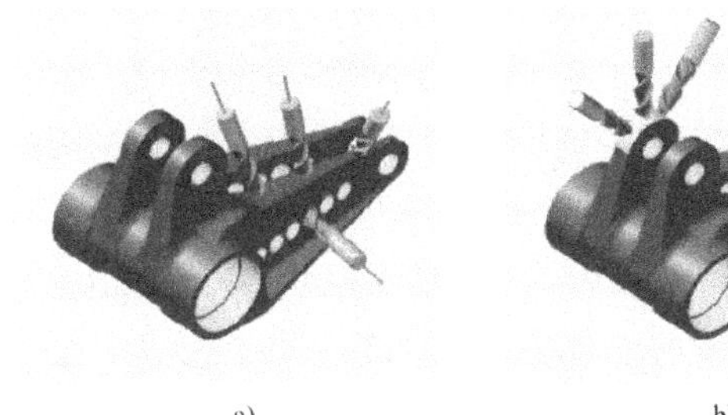

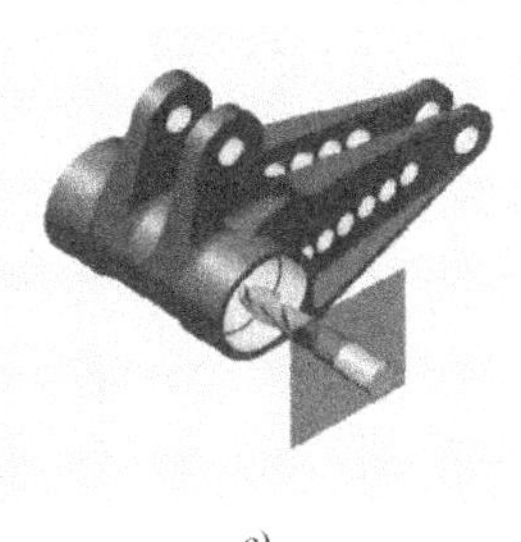

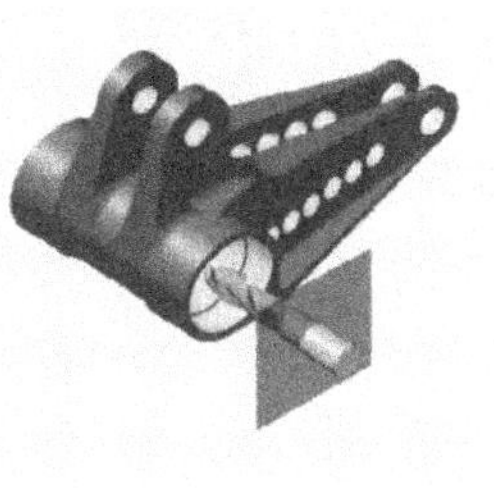

a)　　b)　　c)

图 10-99　刀轴控制方式选项

a) 直线　b) 曲面　c) 平面

三、碰撞控制

在参数类别列表框中选择“碰撞控制”参数类别，则可以在该属性页中定义刀尖控制方式和刀尖补正参数，如图 10-100 所示。

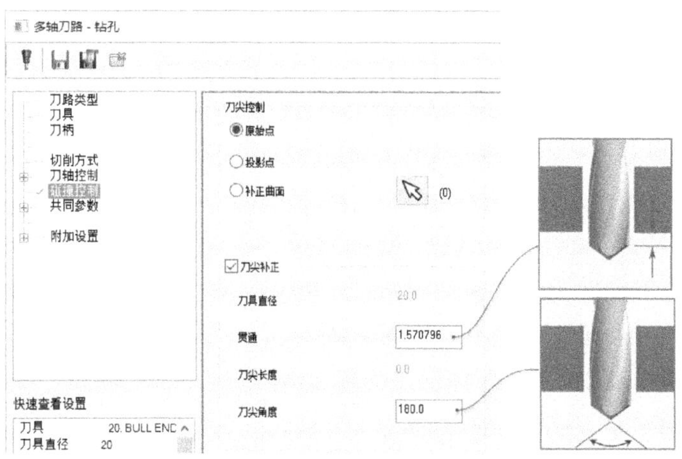

图 10-100　钻孔多轴加工的碰撞控制设置

在“刀尖控制”选项组中提供了 3 种刀尖控制方式，即“原始点”、“投影点”和“补正曲面”，它们的功能图解如图 10-101 所示。

a)　　b)　　c)

图 10-101　3 种刀尖控制方式

a) 原始点　b) 投影点　c) 补正曲面

10.7.2 钻孔五轴加工范例

下面介绍钻孔五轴加工的一个范例，该范例完成后的钻孔效果如图 10-102 所示，各孔的轴线均垂直于实体表面。

该加工范例具体的操作步骤如下。

1 打开网盘资料的“CH10”\“钻孔五轴加工.MCX”文件，该文件中的原始图形如图 10-103 所示。本次钻孔五轴加工采用系统默认的铣床。

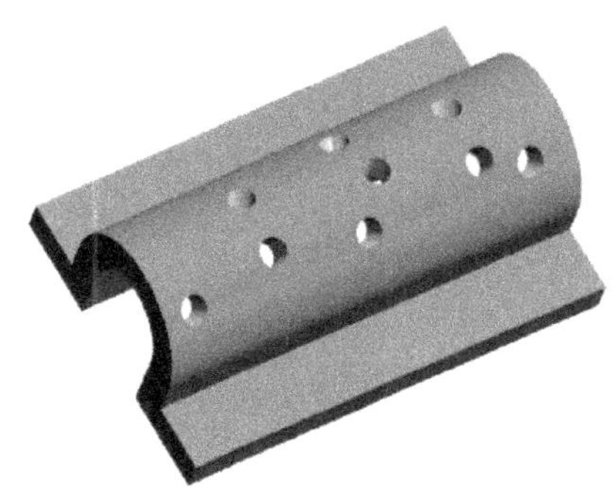

图 10-102 钻孔五轴加工完成后的效果

图 10-103 原始图形

2 在菜单栏中选择“刀路”/“多轴刀路”命令，系统弹出“输入新 NC 名称”对话框，输入新 NC 名称为“钻孔五轴加工”，单击“确定”图标按钮，系统弹出“多轴刀路”对话框。

3 在“多轴刀路”对话框的参数类别列表框中选择“刀路类型”参数类别，接着在该属性页中单击选中“钻孔/全圆铣削”按钮，然后在“钻孔/全圆铣削”列表中单击“钻孔”刀路类型图标。

4 在参数类别列表框中选择“切削方式”参数类别，并在该参数类别属性页的“图形类型”下拉列表框中选择“点”选项，接着单击“选择点”图标按钮，系统弹出如图 10-104 所示的“选择钻孔位置”对话框。

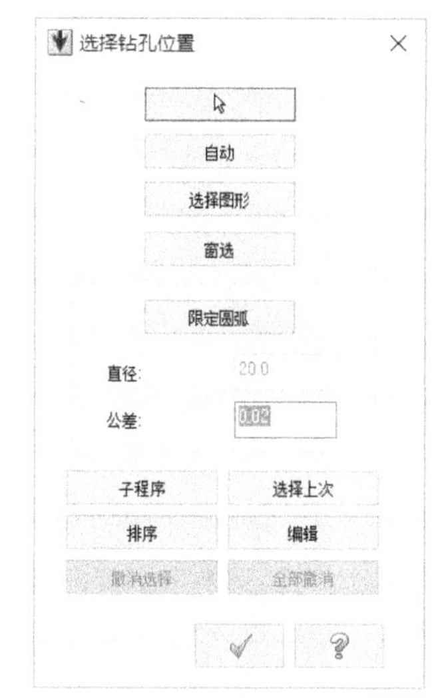

图 10-104 “选择钻孔位置”对话框

5 在“选择钻孔位置”对话框中单击“窗选”按钮，使用鼠标在图形窗口中指定两个角点来窗选如图 10-105 所示的所有钻孔点，然后单击“选择钻孔位置”对话框中的“确定”图标按钮。

操作技巧： 如果对系统默认的钻孔点排序不满意，那么可以在“选择钻孔位置”对话框中单击“排序”按钮，从弹出的对话框中选择所需的一种排序方式。在本例中采用默认的排序方式。

6 在“切削方式”参数类别属性页的“循环方式”下拉列表框中选择“深孔啄钻（G83）”。

7 在参数类别列表框中选择“刀轴控制”，在该参数类别属性页的“刀轴控制”下拉列表框中选择“曲面”选项，接着单击“选择”图标按钮，在图形窗口中单击如图 10-106 所示的实体表面，按〈Enter〉键确认。

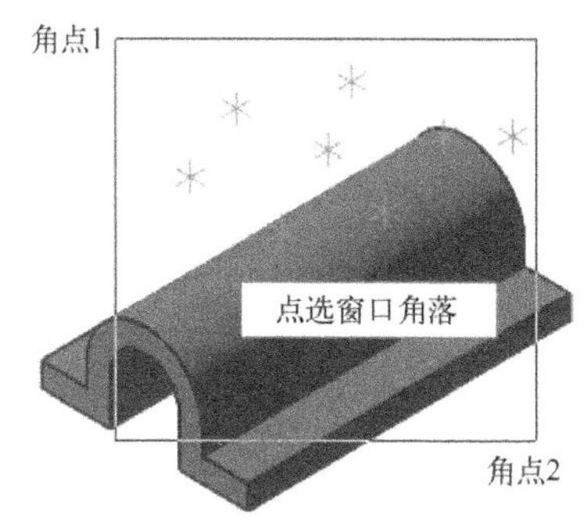

图 10-105 窗选所有的点

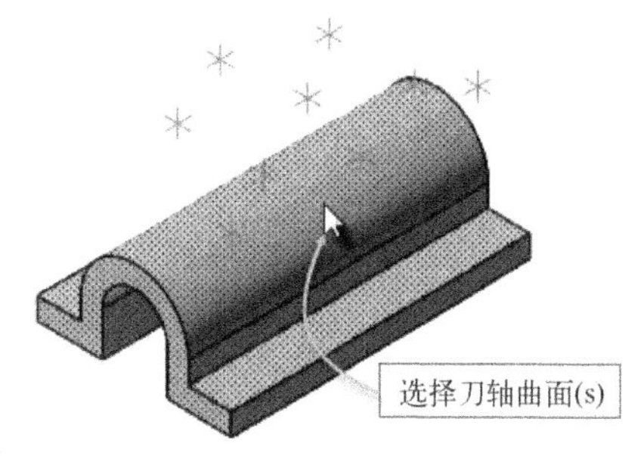

图 10-106 选择刀具轴曲面

8 在“刀轴控制”参数类别属性页中，从“输出方式”下拉列表框中选择“5 轴”选项，从“轴旋转于”下拉列表框中选择“X 轴”选项，如图 10-107 所示，然后单击“应用”图标按钮。

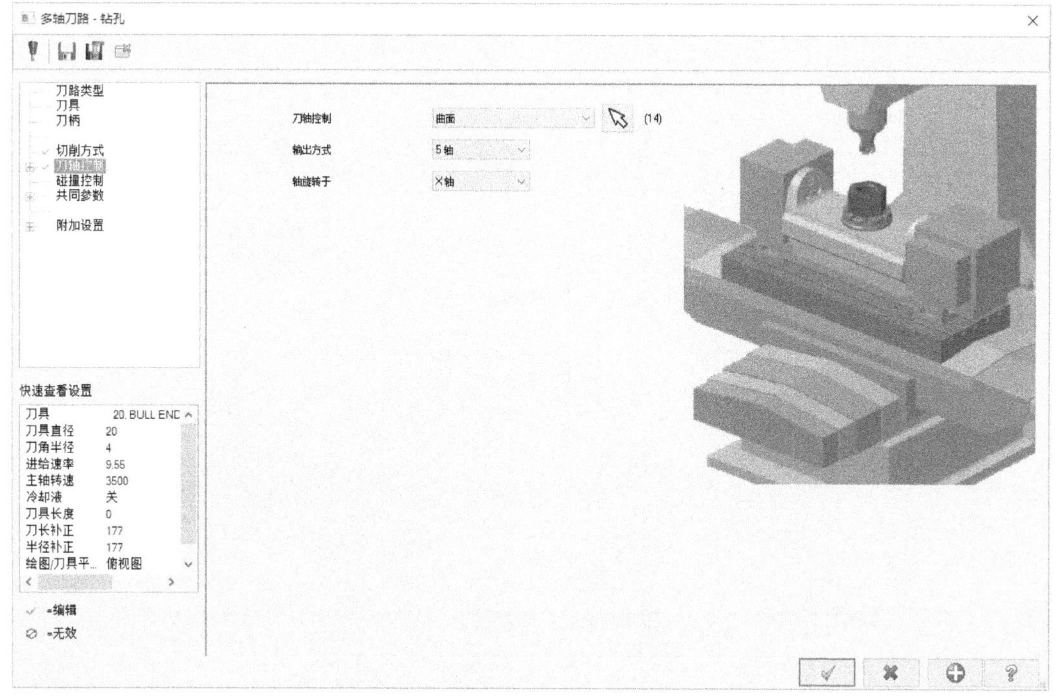

图 10-107 设置刀轴控制相关参数

9 在参数类别列表框中选择“碰撞控制”参数类别，在该参数类别属性页的“刀尖控制”选项组中单击选中“投影点”单选按钮，如图 10-108 所示。

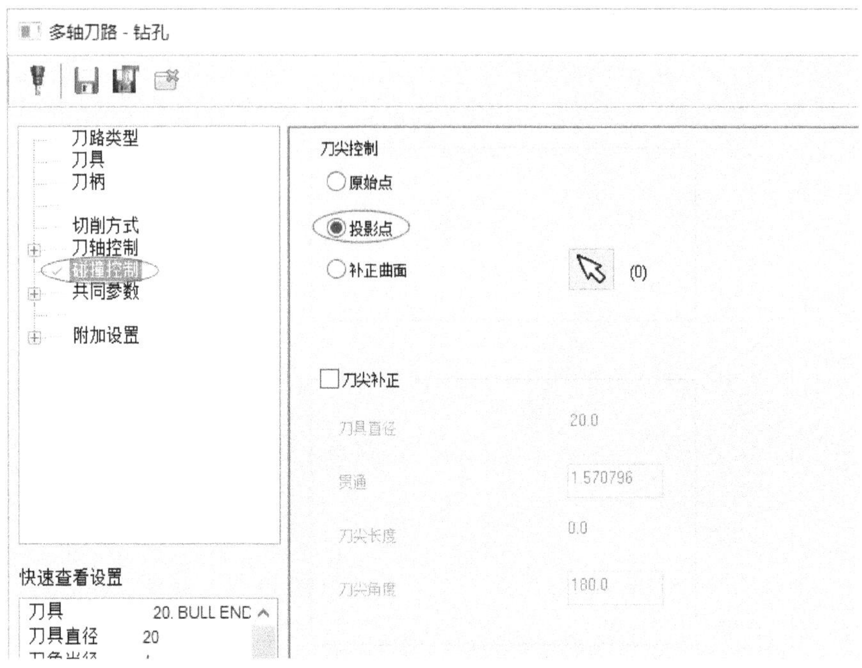

图 10-108 设置碰撞控制参数

10 在参数类别列表框中选择“共同参数”参数类别，在该参数类别属性页中设置如图 10-109 所示的共同参数，然后单击“应用”图标按钮 。

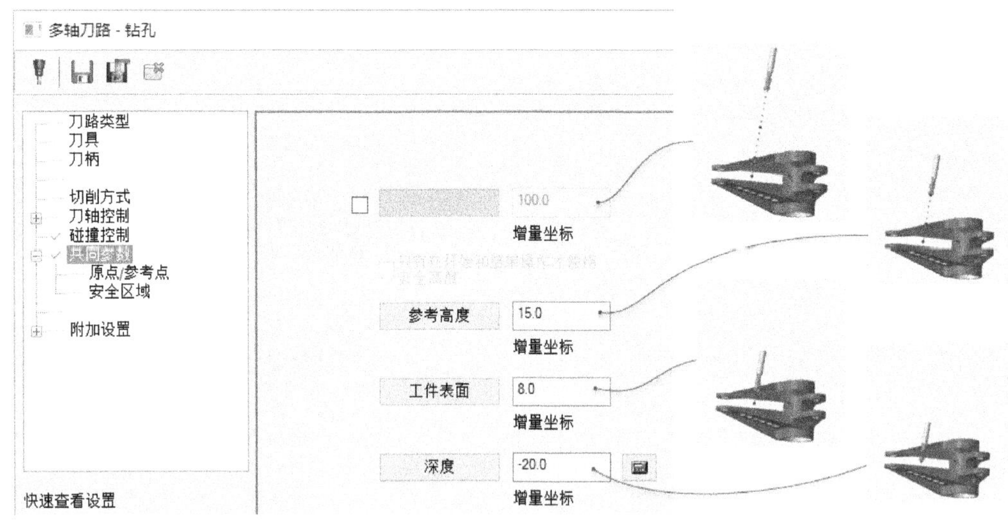

图 10-109 设置共同参数

知识点拨 如果单击位于“深度”文本框右侧的“深度计算”图标按钮，则系统弹出如图 10-110 所示的“深度计算”对话框，从中可以设置使用当前的刀具值，定义刀尖包含角度、精修直径、刀尖直径，以及设置增加深度或覆盖深度等。

11 在参数类别列表框中选择“刀具”参数类别，在该参数类别属性页的刀具列表中右击空白区域，如图 10-111 所示，弹出一个快捷菜单，选择“刀具管理”命令，弹出“刀具管理”对话框，从“Mill_mm.tooldb”刀库中选择直径为 8.5 的钻头，单击“将选择的刀库刀具复制到机床群组”图标按钮，然后在“刀具管理”对话框中单击“确定”图标按钮，返回到“多轴刀路-钻孔”对话框。

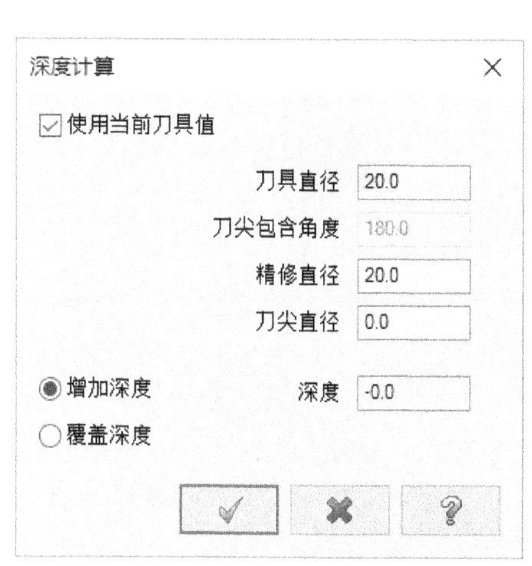

图 10-110 “深度计算”对话框

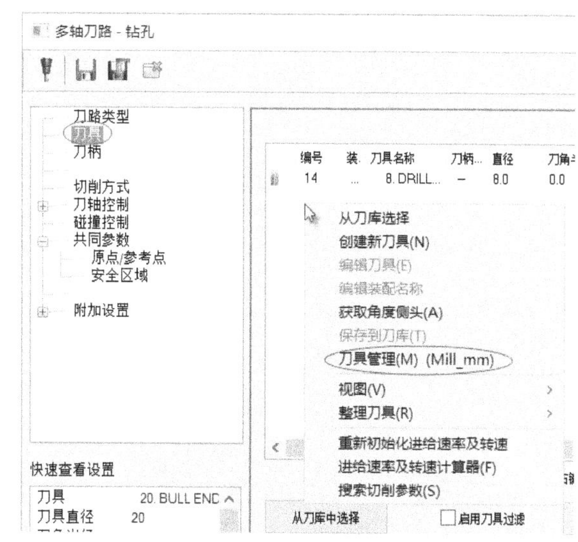

图 10-111 选择“刀具管理”命令

12 在“刀具”参数类别属性页中设置如图 10-112 所示的刀具参数。

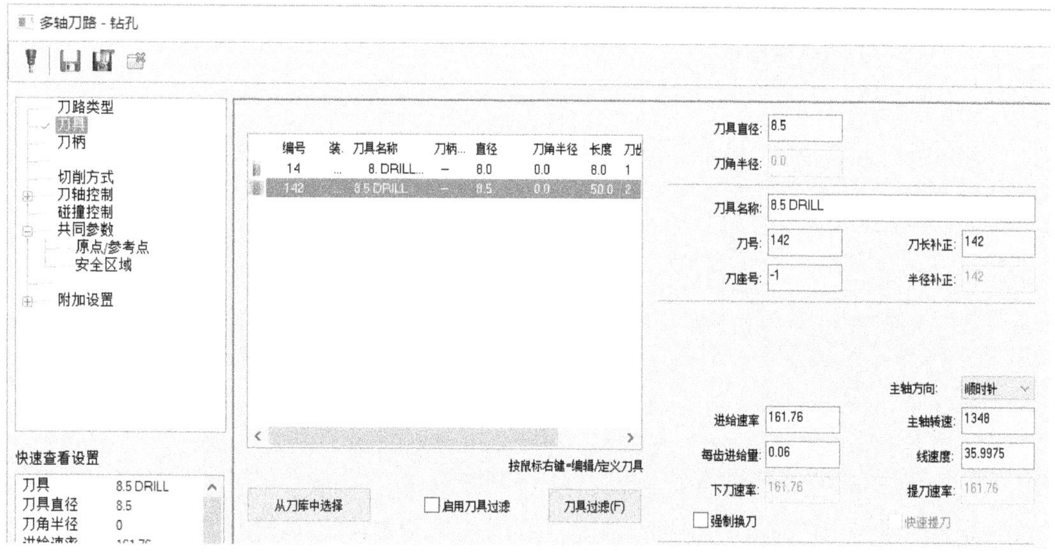

图 10-112 设置刀具参数

13 在“多轴刀路-钻孔”对话框中单击“确定”图标按钮，从而生成钻孔五轴加工刀路，如图 10-113 所示。

14 在刀路操作管理器中单击“模拟已选择的操作”图标按钮，系统弹出“路径模拟”对话框，利用该对话框进行刀路模拟。

15 在刀路操作管理器中单击“属性”下的“毛坯设置”选项，系统弹出“机床群组属性”对话框，在“毛坯设置”选项卡的“形状”选项组中选择“实体”单选按钮，接着单击“选择实体”图标按钮，在绘图区域中单击实体模型，返回到“机床群组属性”对话框，然后单击“确定”图标按钮。

16 在刀路管理器中单击“验证已选择的操作”图标按钮，系统弹出“Mastercam 模拟”窗口，利用此窗口进行模拟验证操作，得到的加工模拟验证结果如图 10-114 所示。

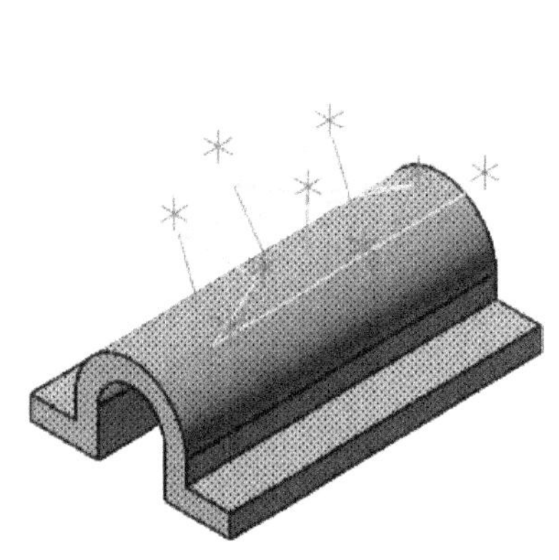

图 10-113　生成刀路

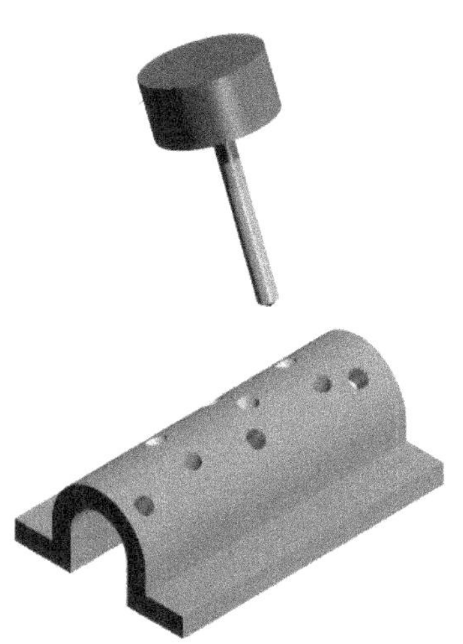

图 10-114　钻孔五轴加工模拟验证结果

10.8　其他多轴刀路

在 Mastercam X9 中，除了可以生成“标准”类的多轴刀路和“钻孔/全圆铣削”类的多轴刀路之外，还可以生成其他多轴刀路，如“线框”类的多轴刀路、“曲面/实体”类的多轴刀路、“扩展应用”和“高级应用”类的多轴刀路等。这些其他多轴刀路的创建方法和“标准”类、“钻孔/全圆铣削”类多轴刀路的创建方法类似，只是不同类的多轴刀路需要定义的参数会有所不同。例如，“线框”类的多轴刀路和“曲面/实体”类的多轴刀路，在创建过程中需要在“多轴刀路”对话框中设置特殊的“连接方式”、“定义机床”等参数组。

以“平行切削”多轴刀路（属于“曲面/实体”类多轴刀路）为例，在“多轴刀路-平行切削”对话框的参数类别列表框中选择“连接方式”参数类别时，可在“连接方式”类别属性页中设置如图 10-115 所示的连接方式参数，这些连接方式参数和之前介绍的多轴加工的共同参数是明显不同的；在“多轴刀路-平行切削”对话框的参数类别列表框中选择“定义机床”时，可在其属性页中指定机床类型，以及定义旋转轴和线性轴等，如图 10-116 所示。

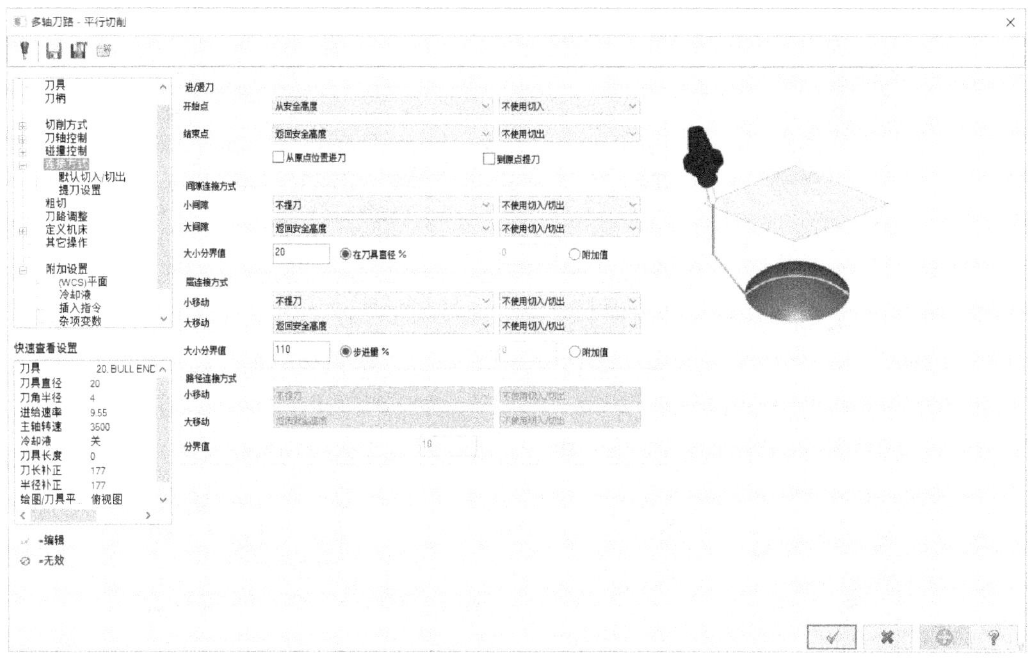

图 10-115　设置连接方式参数

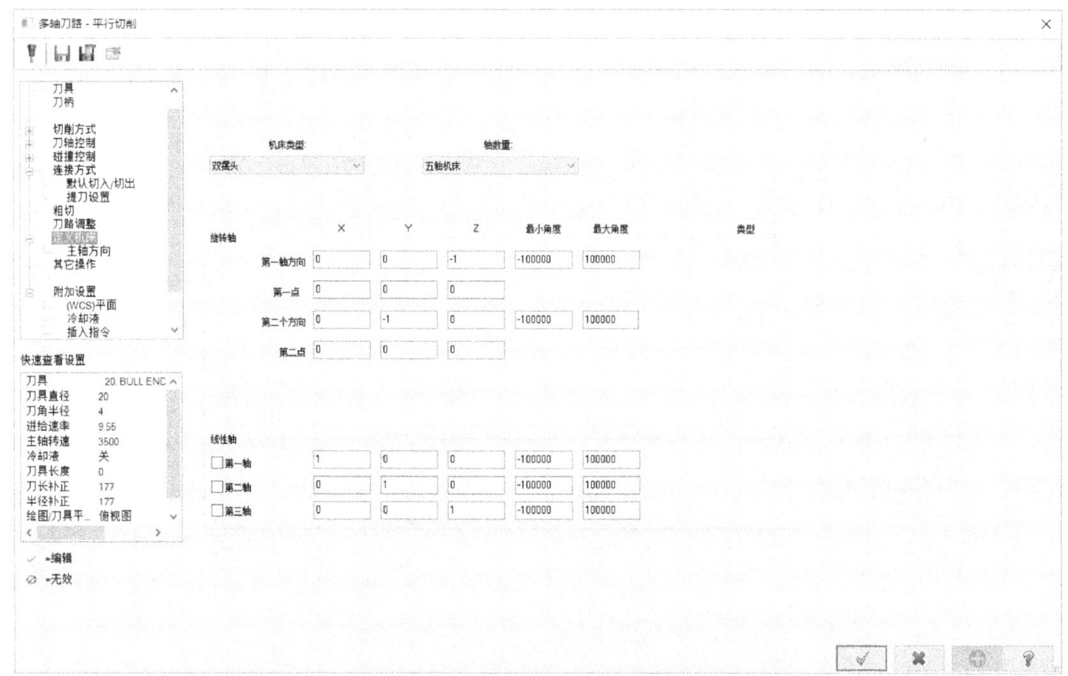

图 10-116　定义机床参数

本书不再介绍其他多轴刀路加工操作实例，希望读者能够举一反三、融会贯通。

第11章　车削加工

本章导读

车削加工是数控加工中的一个重要子领域，在机械制造中应用广泛。通常使用数控车床来加工轴类、盘类等回转体零件。典型的车削加工包括轮廓车削、端面车削、沟槽、钻孔、镗孔、车螺纹、倒角、滚花、攻螺纹和切断工件等。

本章首先介绍车削加工的一些基础内容，接着结合软件功能、车削理论和范例来介绍粗车加工、精车加工、车端面、沟槽车削、车螺纹、车削钻孔、切断车削、车床简式加工与切削循环等实用知识，最后介绍一个车削综合范例。

11.1　车削加工基础概述

数控车床是数控机床中的一大类，其加工精度高，具有自动变速等功能。使用数控车床可以进行轮廓车削、端面车削、沟槽、钻孔、镗孔、车螺纹、倒角、滚花、攻螺纹和切断工件等加工操作。数控车床的车削特点是工件的旋转是主运动，刀架的移动是进给运动，工件与刀具之间产生的相对运动使刀具车削工件。数控车床主要用来加工回转体形状的零件，包括表面粗糙度和尺寸精度要求较高的回转体零件和带特殊螺纹的回转体零件等。

在 Mastercam X9 系统中，要使用车削加工，则需要在菜单栏的“机床类型”/“车床”级联菜单中选择一种车床系统，通常可采用“默认”的车床系统。定义好车床系统后，“刀路”菜单中的命令选项变为如图 11-1 所示的命令选项。

图 11-1　车床系统下的“刀路”菜单

在 Mastercam X9 中，大多数的车削加工可以看作是在 xz 平面上的二维加工。如果仅是要定义车削刀路，则可以只在构图面中绘制出一半的 2D 轮廓图形。

同铣削加工操作类似，车削加工同样需要进行工件、刀具和材料等方面的设置。当生成车削刀路之后，可以对刀路进行编辑、模拟、验证和后处理等工作。例如，要设置用于车削加工的工件材料，则可以在刀路管理器中展开机床群组下的“属性”，接着单击“毛坯设置”，如图 11-2 所示，系统弹出“机床群组属性”对话框，并自动切换至“毛坯设置”选项卡，如图 11-3 所示。下面介绍该选项卡中的主要选项。

图 11-2 选择“毛坯设置”

图 11-3 “毛坯设置”选项卡

一、定义素材（毛坯件）

在“毛坯”选项组中，可以设置工件的主轴转向，如“左侧主轴”或“右侧主轴”，系统默认为“左侧主轴”。如果在“毛坯”选项组中单击“参数”按钮，那么系统弹出如图 11-4 所示的“机床组件管理-毛坯”对话框。在此对话框的“图形”选项卡中，可以从“图形”下拉列表框中选择“实体图形”“立方体”“圆柱体”“拉伸”或“旋转”来定义工件毛坯素材的形状，并设置相应的参数或选取所需的图形对象。注意，亦可设置没有图形。

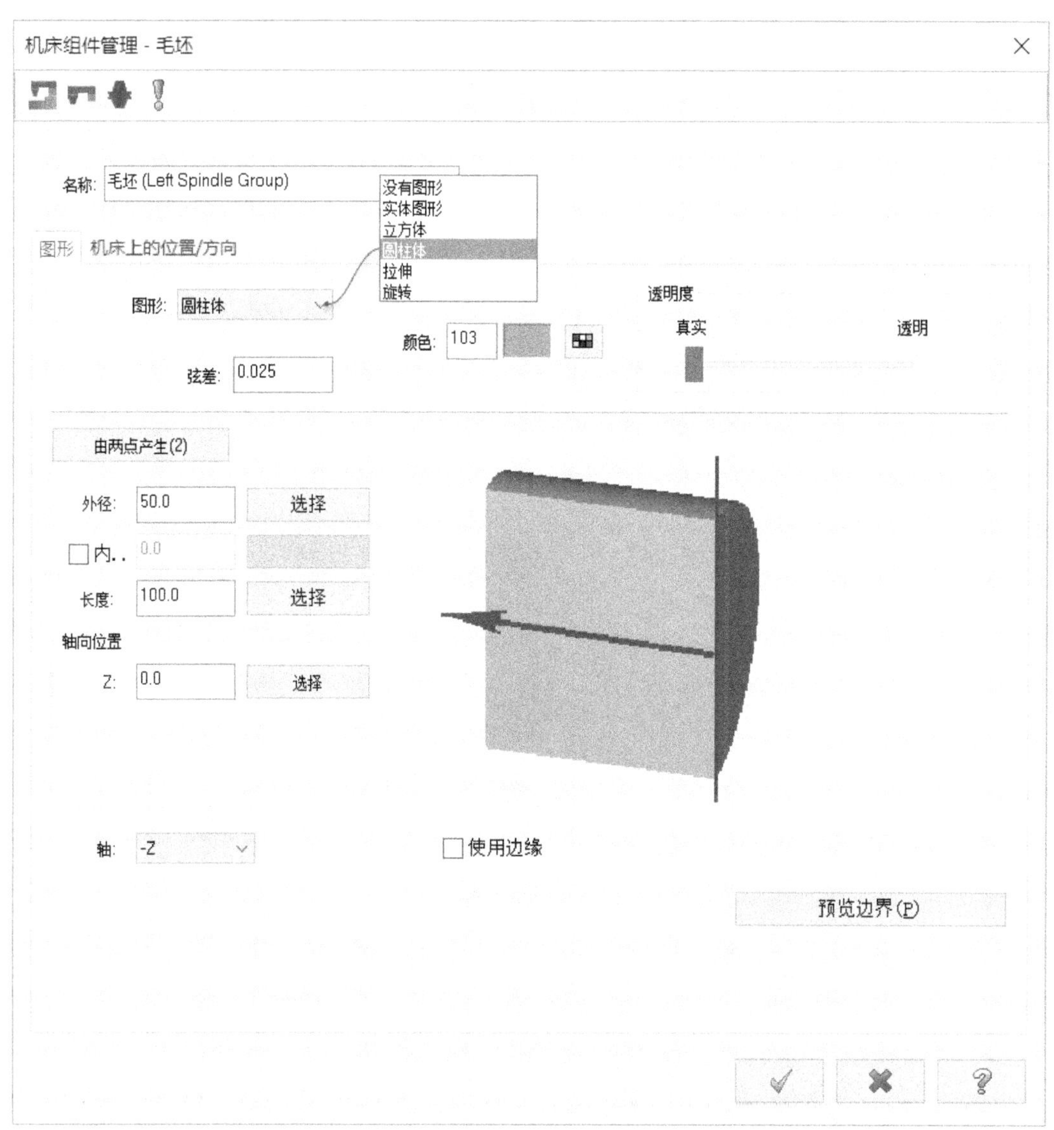

图 11-4 “机床组件管理-毛坯”对话框

二、设定卡爪（夹爪）

卡爪（亦称“夹爪”或“夹头”）也就是卡盘，主要用于夹紧工件以确定工件的位置。卡爪边界在绘图区以设定的颜色显示。在“机床群组属性”对话框的“毛坯设置”选项卡的“卡爪设置”选项组中，同样可以选择“左侧主轴”或“右侧主轴”来定义卡爪的转向。在“卡爪设置”选项组中单击“参数”按钮，系统弹出如图 11-5 所示的“机床组件管理-卡盘”对话框。在该对话框中，可以设置轮廓的显示方式、夹紧方式和卡爪的位置。其中，轮廓的显示方式有“参数”和“串连”两种，注意各自可用的参数和选项。如果将轮廓的显示方式设置为“串连”，那么可以单击“串连”按钮，利用弹出的“串连选项”对话框在绘图区辅助选择串连曲线来定义卡爪（卡盘）轮廓。

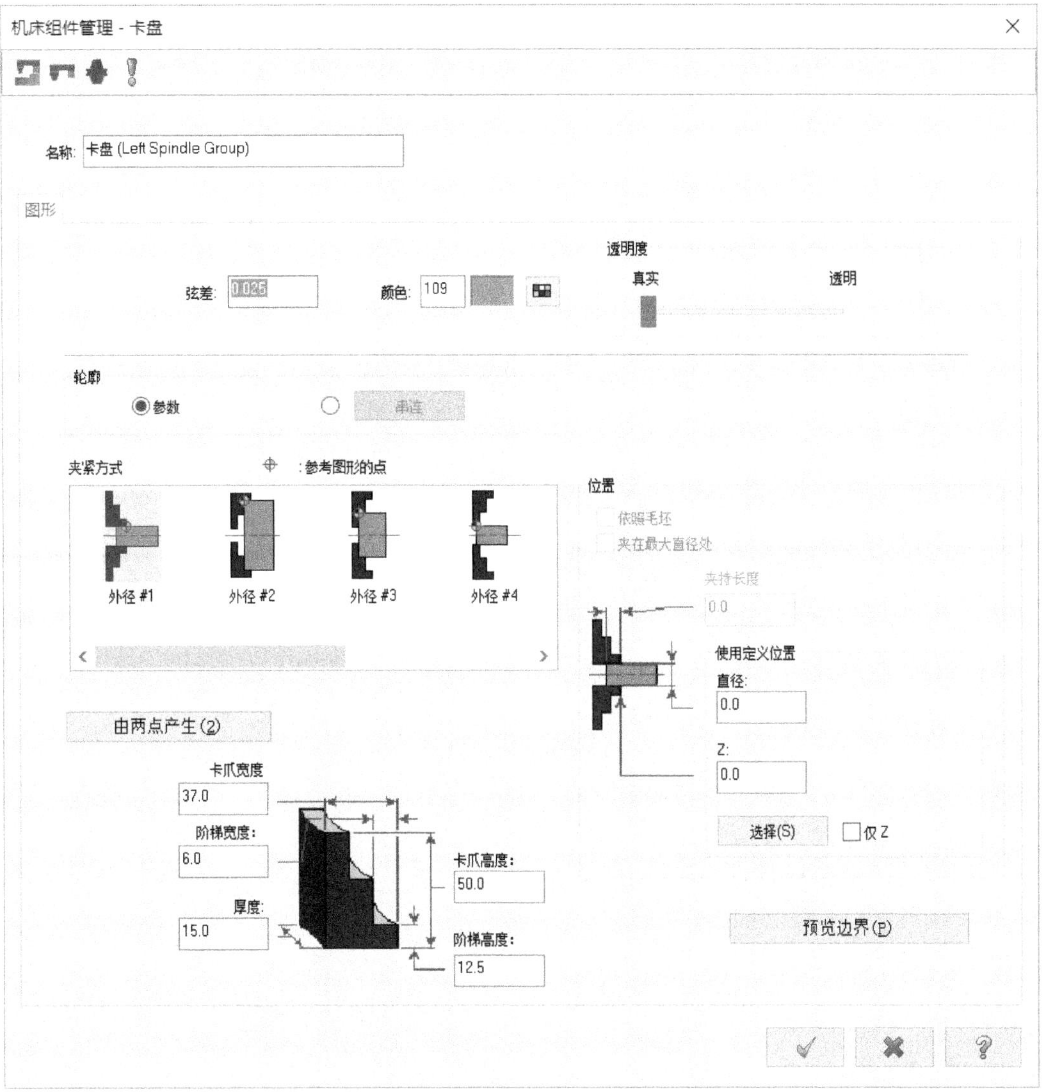

图 11-5 “机床组件管理-卡盘”对话框

三、尾座设置

可以定义尾座相对于工件的位置，以及尾座的其他参数。

在“机床群组属性”对话框的“毛坯设置”选项卡的“尾座设置”选项组中单击“参数”按钮，系统弹出如图 11-6 所示的“机床组件管理-中心”对话框，从中定义尾座的相关参数。通常选用“参数式”的定义方式，以便较为形象地设置其中心直径、指定角度、中心长度和轴向位置等。

四、定义中心架

在“机床群组属性”对话框的“毛坯设置”选项卡的“中心架”选项组中单击“参数”按钮，系统弹出如图 11-7 所示的“机床组件管理-中心架”对话框。利用该对话框，可设置中心架的参数（如程序点位置）、中心架图形和机床上的位置/方向。

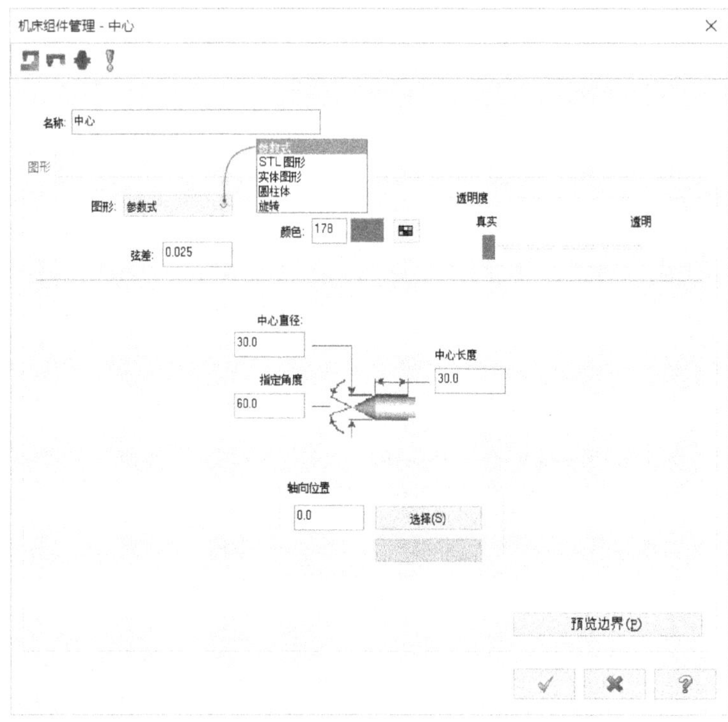

图 11-6 “机床组件管理-中心”对话框

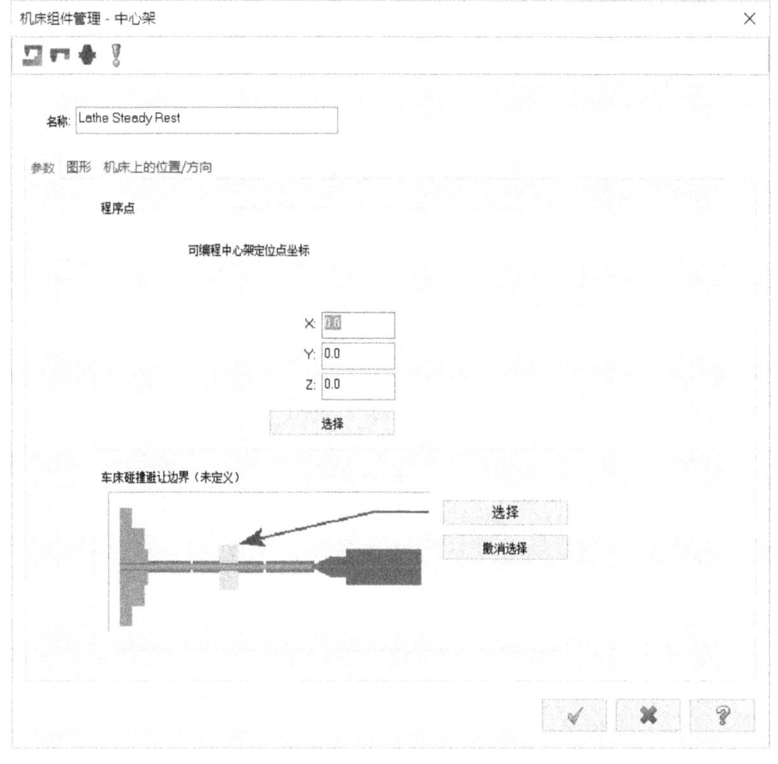

图 11-7 “机床组件管理-中心架”对话框

五、设置显示选项

“机床群组属性”对话框的“毛坯设置”选项卡中的“显示选项”选项组用于设置机床群组相关材料的显示选项，如设置显示左毛坯、右毛坯、左卡爪、右卡爪、尾座和中心架（即中间支撑架）等，还可以设置着色范围和显示适度化范围。

知识点拨 有些对车床设备不太了解的读者可能在阅读以上内容时对卡爪（即夹爪/卡盘）、毛坯（工件材料）、中心架和尾座的理解较为抽象。为了便于读者了解卡爪（卡盘）、毛坯（工件材料）、中心架和尾座之间的关系，特给出了如图 11-8 所示的示意图。

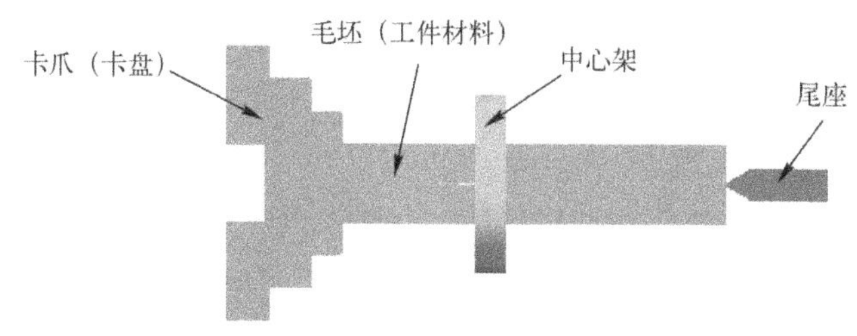

图 11-8 卡爪（卡盘）、毛坯（工件材料）、中心架和尾座之间的关系

在“机床群组属性”对话框中切换至“刀具设置”选项卡，还可以对刀具进给速率、刀路、刀具移位安全间隙、行位和刀具材料等进行设置。

另外，车削加工使用专门的车削刀具。在“刀路”菜单中选择“车刀管理”命令，系统将弹出如图 11-9 所示的“刀具管理”对话框，利用该对话框可以将在刀具资料库（即刀库）中选取的刀具复制到机床群组中。

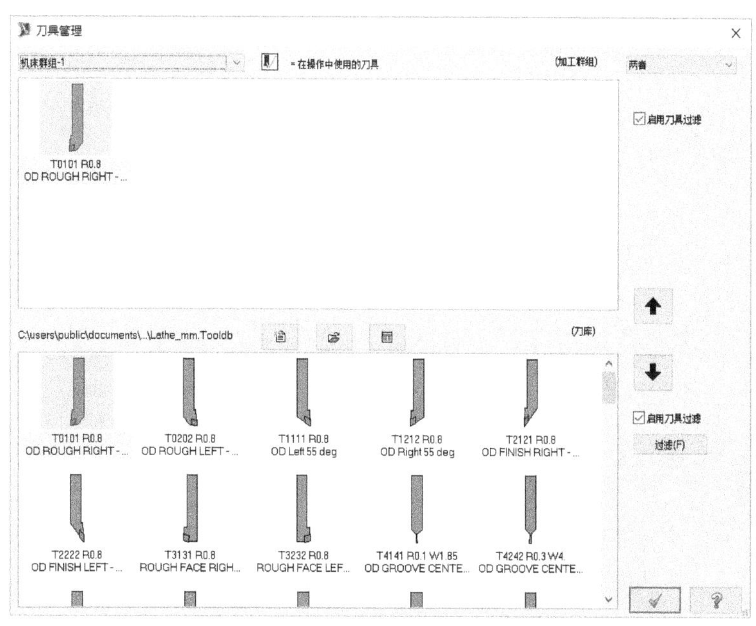

图 11-9 “刀具管理”对话框

用户可以对复制到机床群组中的刀具进行参数设置。在“刀具管理”对话框的机床群组

刀具列表（上方第一个刀具列表）中双击要设置的刀具，系统弹出“定义刀具”对话框。该“定义刀具”对话框具有 4 个选项卡，即“类型”选项卡、“刀片”选项卡、“刀杆”选项卡和“参数”选项卡，如图 11-10 所示。其中，在“类型”选项卡中，系统提供了 6 种刀具类型，包括“标准车刀”“螺纹车刀”“沟槽车削/切断”“镗刀”“钻头/攻螺纹/铰孔”和“自定义”。选择不同的刀具类型，则在其他 3 个选项卡中设置的参数可能有所不同。根据实际所选用的刀具信息来设置相关的刀片、刀杆和相关参数即可。

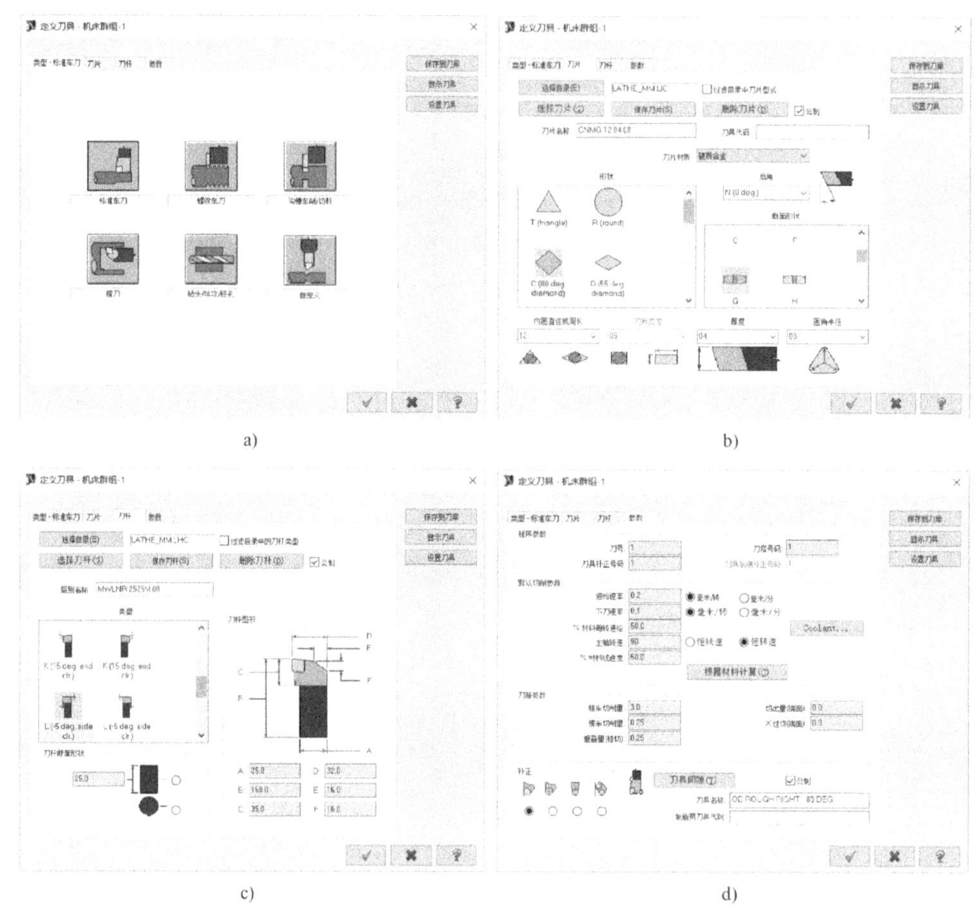

图 11-10 “定义刀具”对话框

a)“类型”选项卡 b)“刀片”选项卡 c)“刀杆”选项卡 d)“参数”选项卡

11.2 粗车加工

在车削加工中，最初的加工工序往往是粗车加工，它主要用于切除工件的外侧、内侧或端面的多余材料，以使工件接近于最终尺寸和形状轮廓，从而为下一步的精车加工做好准备。

11.2.1 粗车加工参数

指定车床系统后，在“刀路”菜单中选择“粗车”命令，系统会弹出如图 11-11 所示的

“串连选项”对话框，利用该对话框的功能辅助选择加工轮廓，单击“确定”图标按钮 ✓ 确定加工轮廓选择，系统弹出“粗车”对话框，如图 11-12 所示。在“刀具参数”选项卡中选择所需的用于粗车的刀具，并设置其相应的进给速率、下刀速率、主轴转速和最大主轴转速等。然后，切换至“粗车参数”选项卡，从中进行粗车加工的相关参数设置，如图 11-13 所示。设置完毕后单击“确定”图标按钮 ✓ ，则系统根据所设参数来生成所需的粗车刀路。

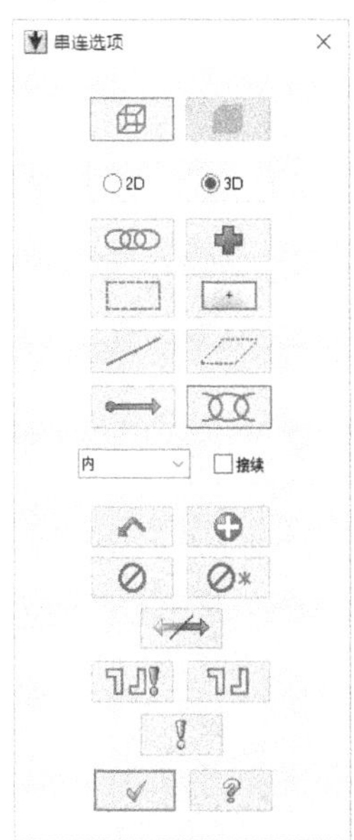

图 11-11 “串连选项”对话框

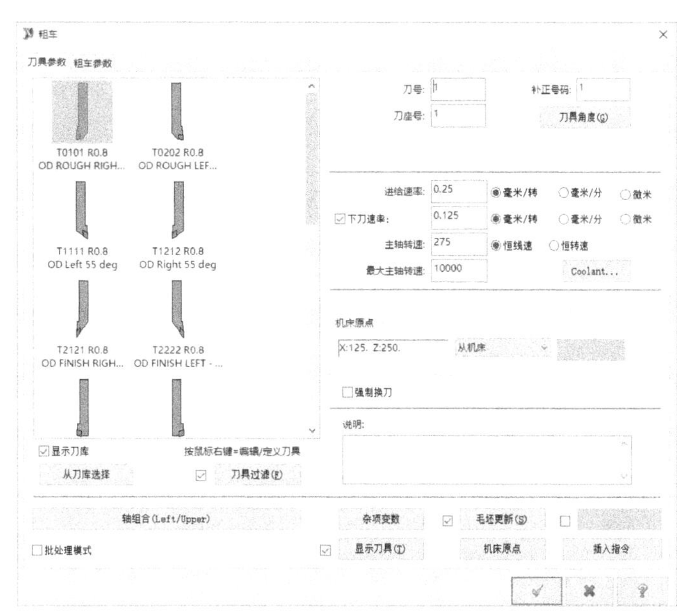

图 11-12 “粗车”对话框

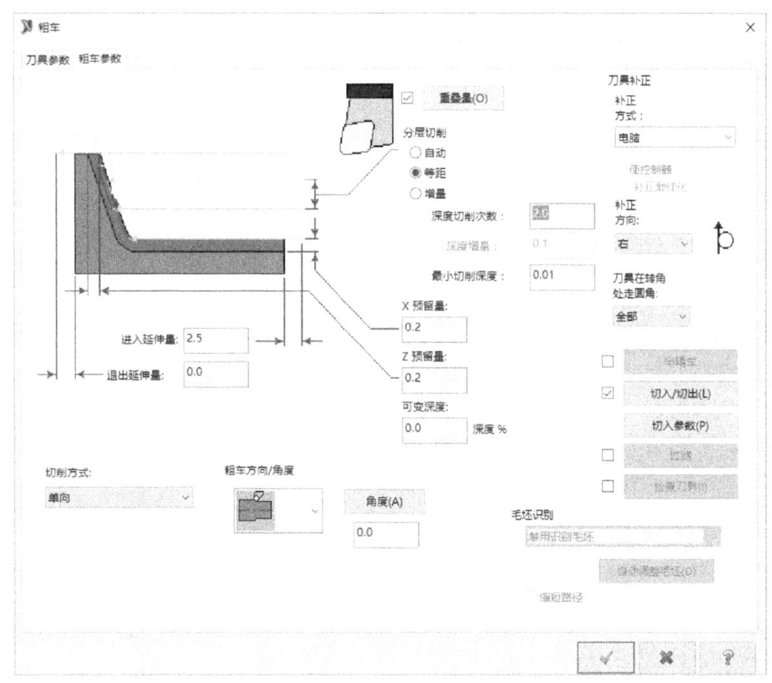

图 11-13 “粗车”对话框的“粗车参数”选项卡

下面介绍“粗车”对话框中的相关粗车（车削粗加工）参数。

一、粗车参数

这里所述的粗车参数包括重叠量、深度增量（粗车步进量）、深度切削次数、最小切削深度、X 预留量、Z 预留量、进入延伸量和退出延伸量等。

- “重叠量”：用于设置相邻粗车削之间的重叠距离，使得每次车削的退刀量等于车削深度加上重叠量部分。要设置重叠量，首先选中“重叠量”按钮之前的复选框，接着单击“重叠量”按钮，系统弹出如图 11-14 所示的“粗车重叠量参数”对话框，从中设置重叠量和最小重叠角度。

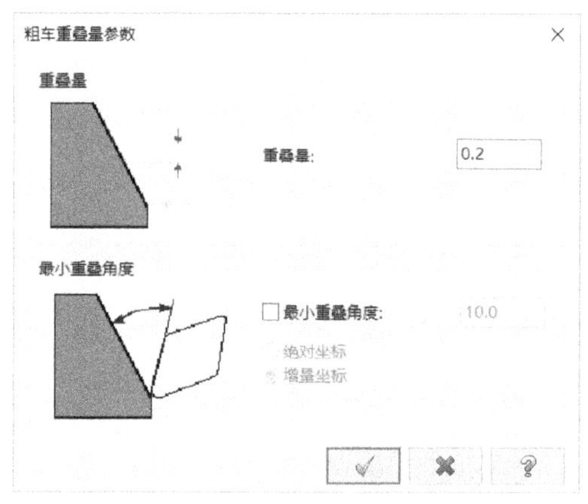

图 11-14 “粗车重叠量参数”对话框

- “深度增量”/“首次切削深度”/“最终切削深度”：当在“分层切削”选项组中选择“增量”单选按钮时，提供“首次切削深度”文本框、“最终切削深度”文本框、“深度增量”复选框及其文本框。此时，可以分别设定粗车时的首次切削深度和最终切削深度，必要时，还可以选中“深度增量”复选框并在其相应的文本框中输入深度增量值。
- “深度切削次数”/“最小切削深度”：当在“分层切削”选项组中选择“自动”单选按钮或“等距”单选按钮时，提供“深度切削次数”文本框和“最小切削深度”文本框，在相应文本框中分别设置深度切削次数和最小切削深度。
- “X 预留量”/“Z 预留量”：用于设置 x 轴方向或 z 轴方向上的预留量。
- “进入延伸量”：在“进入延伸量”文本框中设置进入时的进刀延伸量，即进刀时刀具距工件的距离。
- “退出延伸量”：在“退出延伸量”文本框中设置退刀时的延伸量。

二、切削方式

在“切削方式”下拉列表框中可以选择“单向”、“双向往复”或“双向斜插”选项。“单向”切削方式是指刀具按照一个方向进行车削加工；“双向往复”切削方式是指刀具在两个方向来回进行往复车削加工，此切削方式需采用双向车刀；“双向斜插”切削方式是以斜插的方式进行双向车削加工。

三、粗车方向/角度

在“粗车方向/角度”选项组的下拉列表框中为用户提供了 4 种粗车方向图标选项，即“外径”、“内径”、“前端面”和“背面”。“外径”是指在工件外部直径方向进行车削，“内径”是指在工件内部直径方向进行车削，“前端面”是指在工件前端面方向进行车削，“背面”是指在工件后端面（背面）方向进行车削。“外径”、“内径”、“前端面”和“背面”的粗车方向示意如图 11-15 所示。

在“粗车方向/角度”选项组中的“角度”文本框中设置粗车角度，该粗车角度的设置范围为-89°～89°，通常在外径或内径车削时采用 0°粗车角。

单击“角度”按钮，系统弹出如图 11-16 所示的“角度”对话框，利用该对话框可更精确地或更形象地设置粗车角度。

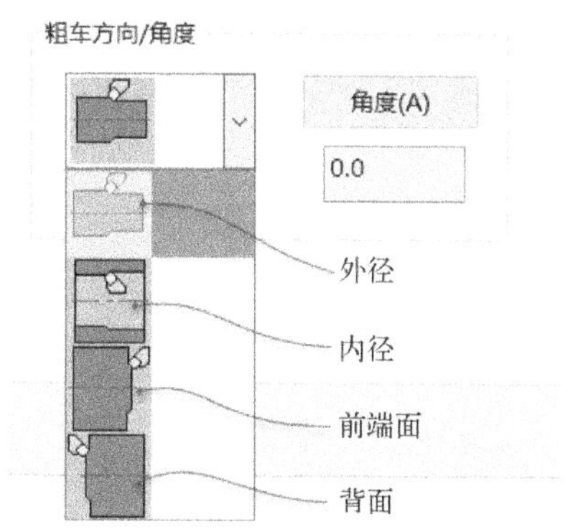

图 11-15　4 种粗车方向图标选项

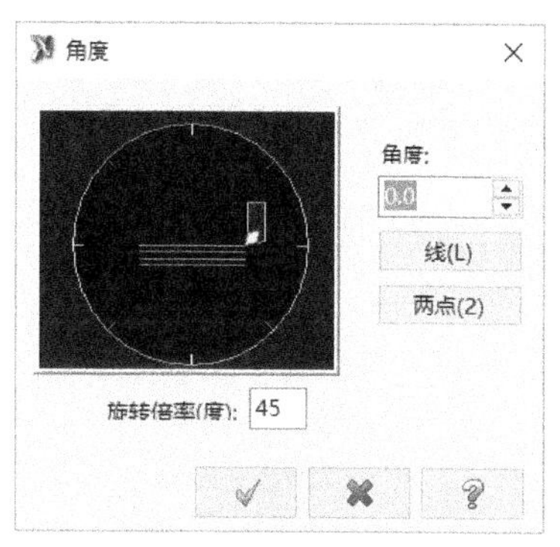

图 11-16 “角度”对话框

四、刀具补正

在“刀具补正”选项组中，可以设置粗车时的刀具补正形式、补正方向和刀具在转角处走圆角方式。刀具补正的具体设置方式与铣床加工系统的大致相同，此处不再赘述。

五、切入/切出

要设置进/退刀向量，需要选中“切入/切出”按钮之前的复选框，接着才能单击“切入/切出”按钮，系统弹出如图 11-17 所示的“切入/切出设置”对话框，从中设置切入/切出参数。设置内容包括：调整外形线，定义切入圆弧/切出圆弧，设置进/退刀进给速率和进入/退出向量等。其中，进入/退出向量固定方向有 3 种，即“无”“相切”和“垂直”。调整外形线方法主要有两种，即“延长/缩短起始外形线”和“增加线”。另外，还可以设置“切入圆弧/切出圆弧”。

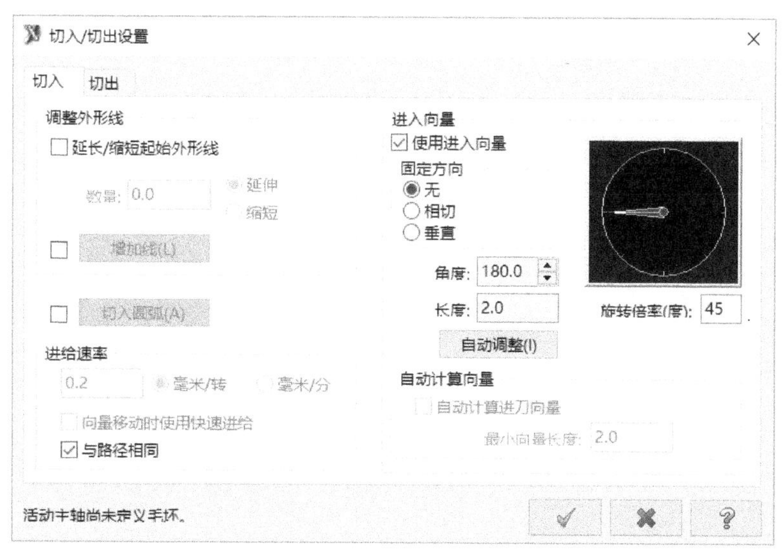

图 11-17 “切入/切出设置”对话框

- “延长/缩短起始外形线”：选中此复选框时，可以设置沿着串连起点处的切线方向延伸或缩短外形轮廓线，延伸或缩短的数值由在“数量”文本框中设定的数值确定。

- “增加线”：选中此复选框时，可单击“增加线”按钮，系统弹出如图 11-18 所示的“新建轮廓线”对话框，在此对话框中可通过设置长度、角度来定义新轮廓线。
- “切入圆弧”/“切出圆弧”：在“切入”选项卡中选中“切入圆弧”复选框时，可单击“切入圆弧”按钮，系统弹出如图 11-19 所示的“切入/切出圆弧”对话框，从中可设置扫描角度和半径。在“切出”选项卡中选中“切出圆弧”复选框并单击“切出圆弧”按钮时，同样打开“切入/切出圆弧”对话框。

图 11-18 “新建轮廓线”对话框

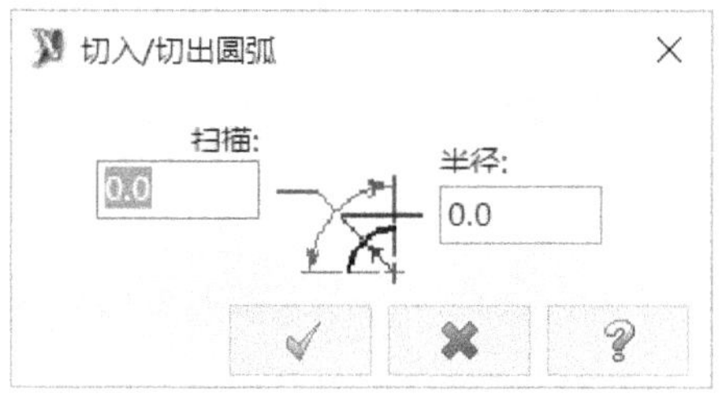

图 11-19 “切入/切出圆弧”对话框

六、切入参数

若要设置进刀参数，则单击“切入参数”按钮，系统弹出如图 11-20 所示的“车削切入参数”对话框。利用该对话框，可以进行车削切入设置，并设置角度间隙和起始切削选项。

七、半精车

若要进行半精车削加工，则需要先选中位于“半精车”按钮前面的复选框，接着单击“半精车”按钮，系统弹出如图 11-21 所示的“半精车参数”对话框。在“半精车参数”对话框中，设置用于半精车的切削次数、步进量、X 预留量和 Z 预留量，然后单击“确定”图标按钮 。

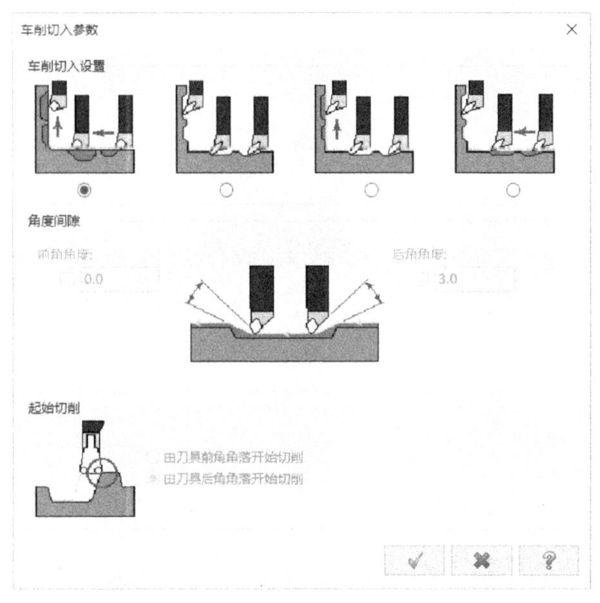

图 11-20 “车削切入参数”对话框

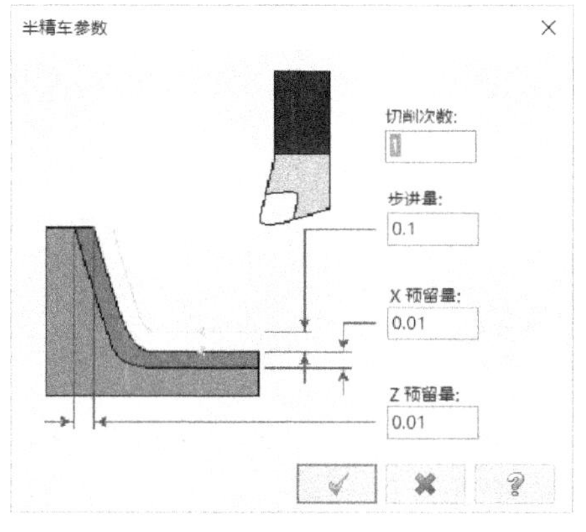

图 11-21 “半精车参数”对话框

11.2.2 粗车加工范例

在本小节中，介绍一个粗车加工范例，目的是让读者掌握应用 Mastercam X9 的粗车加工功能来完成一般粗车加工的操作方法、步骤和技巧等。

具体的操作步骤如下。

一、新建一个图形文件

在“文件”工具栏中单击“新建”图标按钮，或者从菜单栏的“文件”菜单中选择“新建”命令，新建一个 Mastercam X9 文件。

二、设置绘图面、视图平面及图层等参数

1 在 Mastercam X9 界面底部的属性栏中单击“平面”按钮（绘图面/刀具面），接着在弹出的菜单中选择“车床半径”/“+X+Z（WCS）”命令，如图 11-22 所示。

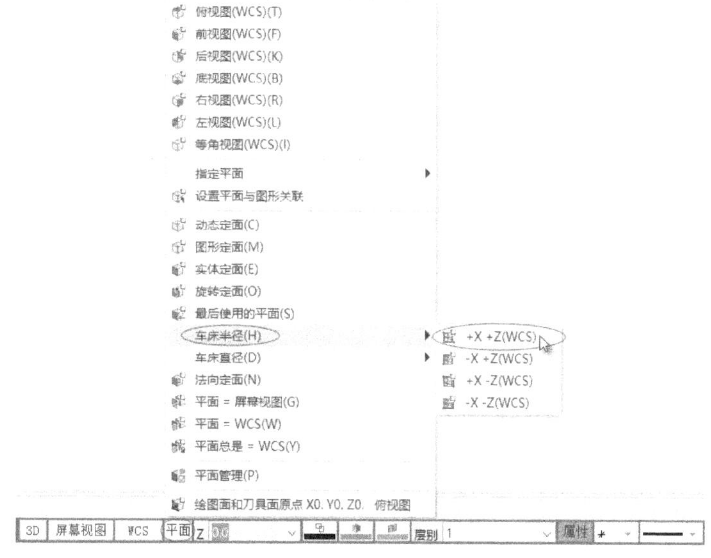

图 11-22 设置绘图面

2 在属性栏中设置工作深度 Z 为“0”、线型为“中心线”、图层编号为“1”。

三、绘制中心线

1 在“绘图”菜单中选择“绘线”/“任意线”命令，或者在“基础绘图”工具栏中单击“任意线”图标按钮，系统弹出“直线”操作栏。

2 在如图 11-23 所示的“自动抓点”操作栏中单击“快速绘点”图标按钮，接着在坐标文本框中输入“0，-5”（即表示 x=0，z=-5），按〈Enter〉键确认。

11-23 “自动抓点”操作栏

3 在“直线”操作栏中设置线段的长度和角度，如图 11-24 所示，然后单击“完成”图标按钮，绘制好中心线。

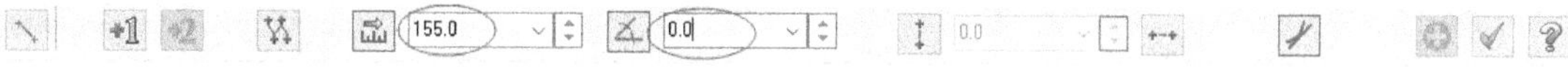

11-24 “直线”操作栏

四、绘制外形轮廓线

1 在绘制外形轮廓线之前，先将图层设置为 2，线型设置为实线。

2 在“绘图”菜单中选择“绘线”/“任意线”命令，或者在“基础绘图”工具栏中单击“任意线”图标按钮，系统弹出“直线”操作栏。

3 在“直线”操作栏中选中“连续线”图标按钮，并在“自动抓点”操作栏中单击“快速绘点”图标按钮，或者直接按空格键，在出现的坐标文本框中输入“0，0”并按〈Enter〉键确认。使用同样的坐标输入方式，依次指定其他点的坐标来绘制连续的线段，其他点的坐标依次为（75，0）、（75，42）、（60，42）、（60，88）、（36，100）、（36，145）和（0，145），最终绘制的连续轮廓线如图 11-25 所示。

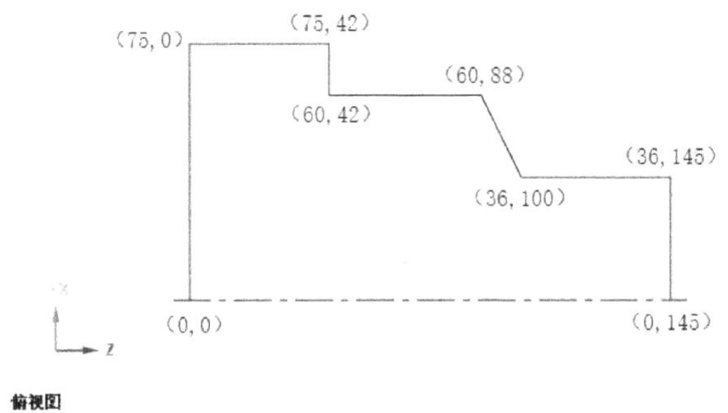

图 11-25　绘制的外形轮廓

五、定义机床类型

在菜单栏的“机床类型”菜单中选择“车床”/“默认”命令。

六、设置工件毛坯素材

1 在刀路管理器中，单击机床群组“属性”节点下的“毛坯设置”，系统弹出“机床群组属性”对话框并自动切换到“毛坯设置”选项卡。

2 在“毛坯”选项组中单击“参数”按钮，系统弹出“机床组件管理-毛坯”对话框，从“图形”选项卡的“图形”下拉列表框中选择圆柱体，单击“由两点产生”按钮，此时在位于图形窗口下方的属性栏中单击“平面”按钮并从打开的菜单中选择“车床半径”/“+X+Z（WCS）”命令，接着依次指定点 A（x=76.5，z=-45）和点 B（x=0，z=145）来定义工件外形，如图 11-26 所示，然后在“机床组件管理-毛坯”对话框中单击“确定”图标按钮。

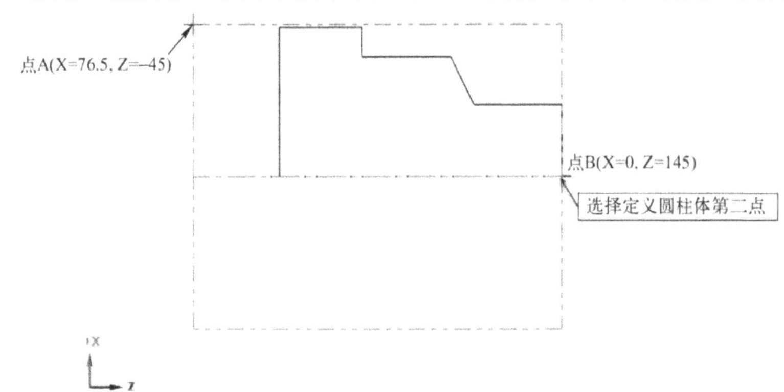

图 11-26　选择两点来定义圆柱体工件

③ 在“机床群组属性”对话框中单击“确定”图标按钮。

七、创建粗车加工刀路

① 在菜单栏的“刀路”菜单中选择“粗车”命令。

② 系统弹出“输入新 NC 名称”对话框，输入新 NC 名称为“粗车”，单击“确定”图标按钮。

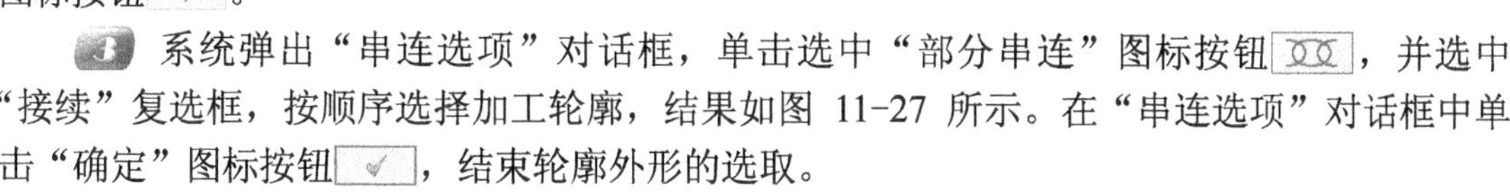

③ 系统弹出“串连选项”对话框，单击选中“部分串连”图标按钮，并选中“接续”复选框，按顺序选择加工轮廓，结果如图 11-27 所示。在“串连选项”对话框中单击“确定”图标按钮，结束轮廓外形的选取。

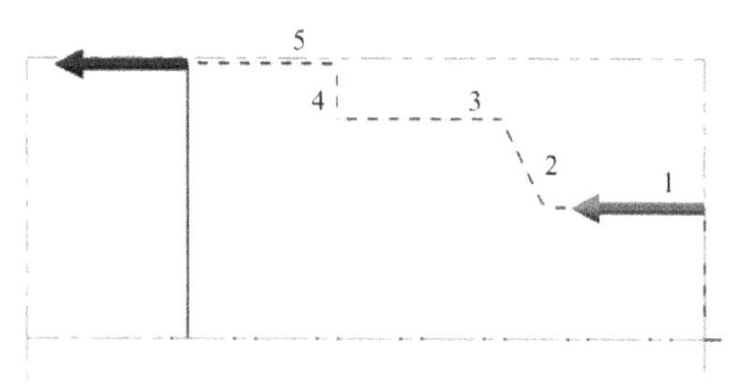

图 11-27 选择加工轮廓

④ 系统弹出“粗车”对话框。在“刀具参数”选项卡中，选择“T0101”车刀，并设置如图 11-28 所示的相关刀具参数。

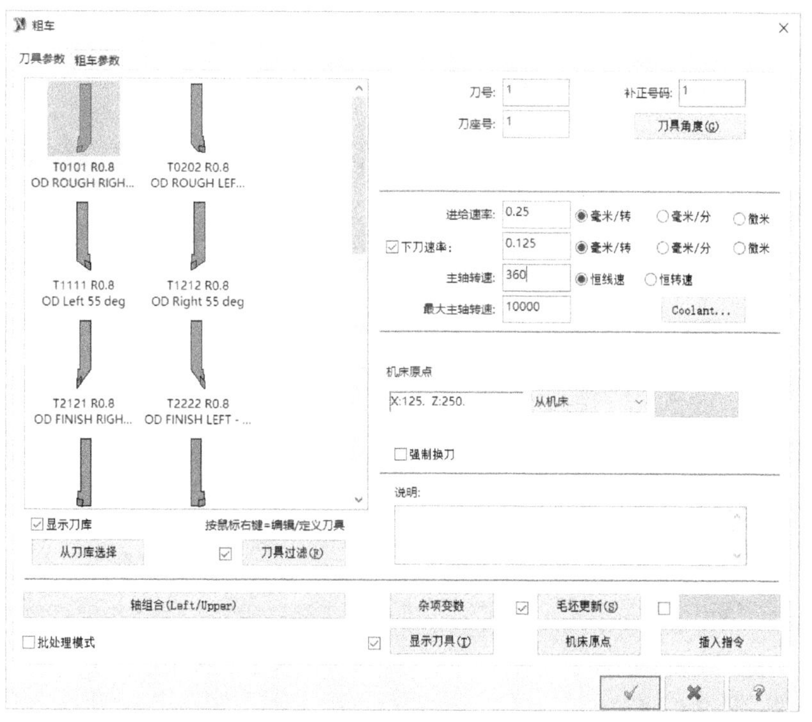

图 11-28 选择车刀和设置相应的刀具参数

⑤ 切换到“粗车参数”选项卡，进行如图 11-29 所示的粗车参数设置。

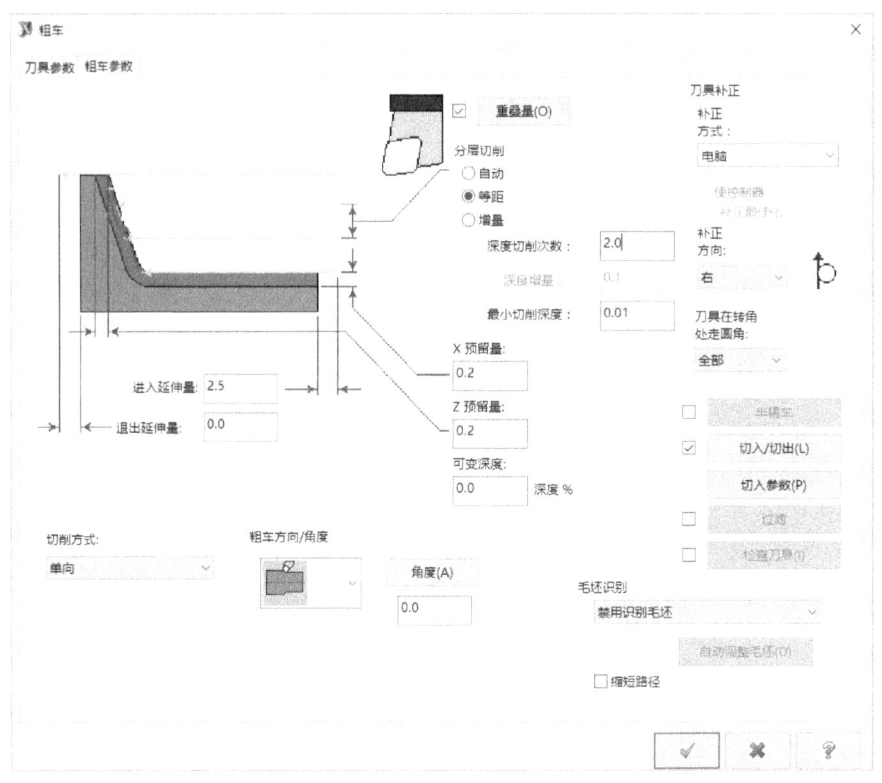

图 11-29　设置粗车参数

6 在“粗车”对话框中单击“确定”图标按钮，产生的粗车加工刀路如图 11-30 所示。

八、实体加工模拟

1 单击“等角视图”图标按钮，将视图调整为等角视图。

2 单击刀路管理器中的“验证已选择的操作”图标按钮，利用打开的“Mastercam 模拟”窗口对刀路进行实体加工模拟验证，其模拟验证结果如图 11-31 所示。

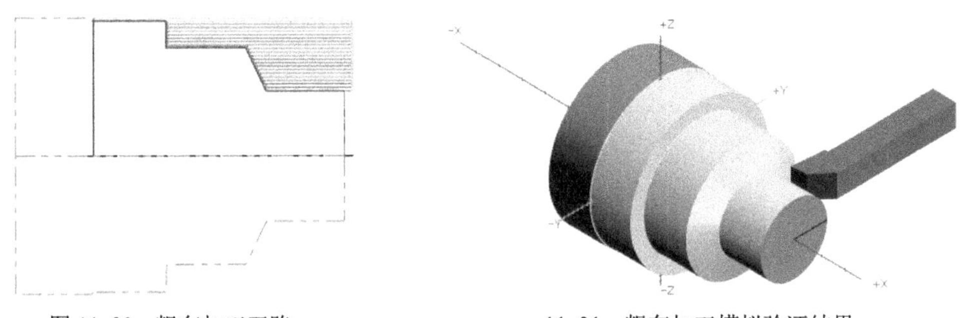

图 11-30　粗车加工刀路　　11-31　粗车加工模拟验证结果

11.3　精车加工

粗车之后，往往要进行精车加工。精车加工同样是切除工件预留的外侧、内侧或端面的多余材料，使加工件获得满足设计要求的表面粗糙度。与粗车的步进量相比，精车的步进量要相对小得多。

11.3.1 精车加工参数

精车和粗车的操作步骤相似。在菜单栏的“刀路”菜单中选择“精车”命令后，系统弹出“串连选项”对话框，指定加工串连外形轮廓后，系统弹出如图 11-32 所示的“精车”对话框。

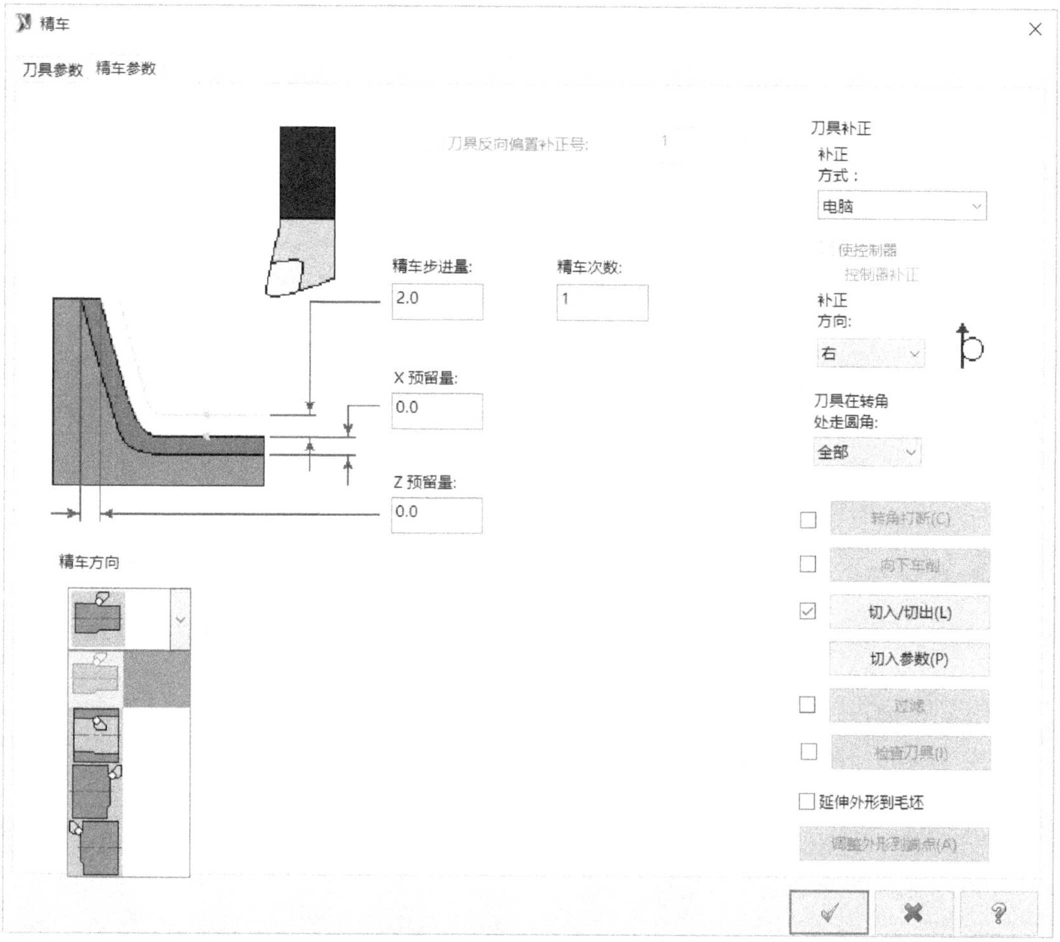

图 11-32 “精车”对话框

在“精车参数”选项卡中，除了可以设置刀具补正、进/退刀（切入/切出）向量、程序过滤、延伸外形至毛坯边界等参数外，还可以设置精车步进量、精车次数、X 预留量、Z 预留量、精车方向（精车方向可以为“外径”“内径”“前端面”或“背面”）和转角打断。

若要设置转角打断，则需要选中“转角打断”复选框，接着单击“转角打断”按钮，系统弹出如图 11-33 所示的“圆角参数”对话框，从中可设置圆角参数或倒角参数，并可设置角落打断进给速率。

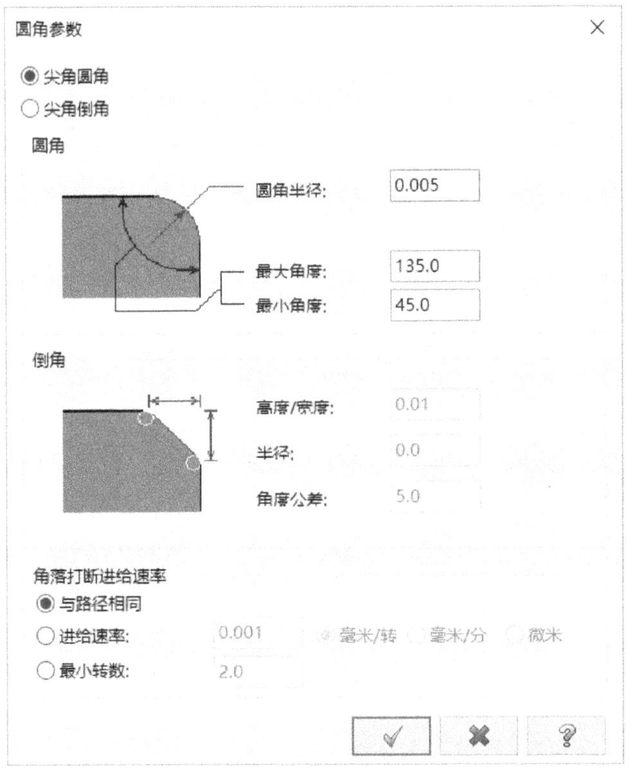

图 11-33 “圆角参数”对话框

11.3.2 精车加工范例

下面介绍一个精车加工范例。该范例是对 11.2.2 节粗车加工之后的工件再进行精车加工。

1. 打开网盘资料的“CH11”\“精车.MCX”文件。
2. 在菜单栏的“刀路”菜单中选择“精车”命令。
3. 系统弹出“串连选项”对话框，单击选中“部分串连”图标按钮，并选中“接续”复选框，按顺序选择加工轮廓，选择结果如图 11-34 所示（图中已经隐藏了车床粗加工刀路）。在“串连选项”对话框中单击“确定”图标按钮，结束轮廓外形的选取。

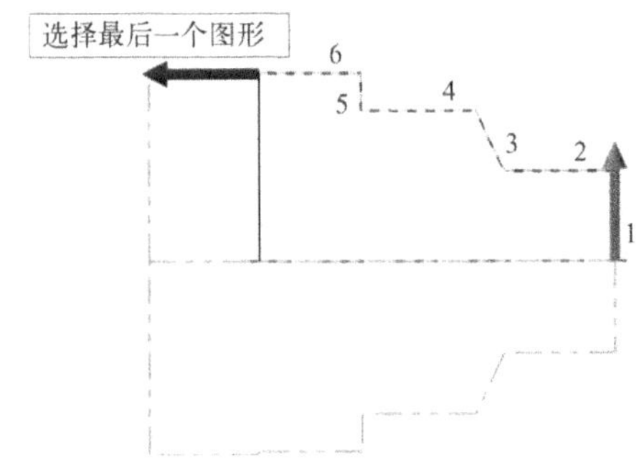

图 11-34 选择加工轮廓

4 系统弹出“精车”对话框，在“刀具参数”选项卡中选择“T2121”精车车刀，并设置相应的进给速率、主轴转速和最大主轴转速等，如图 11-35 所示。

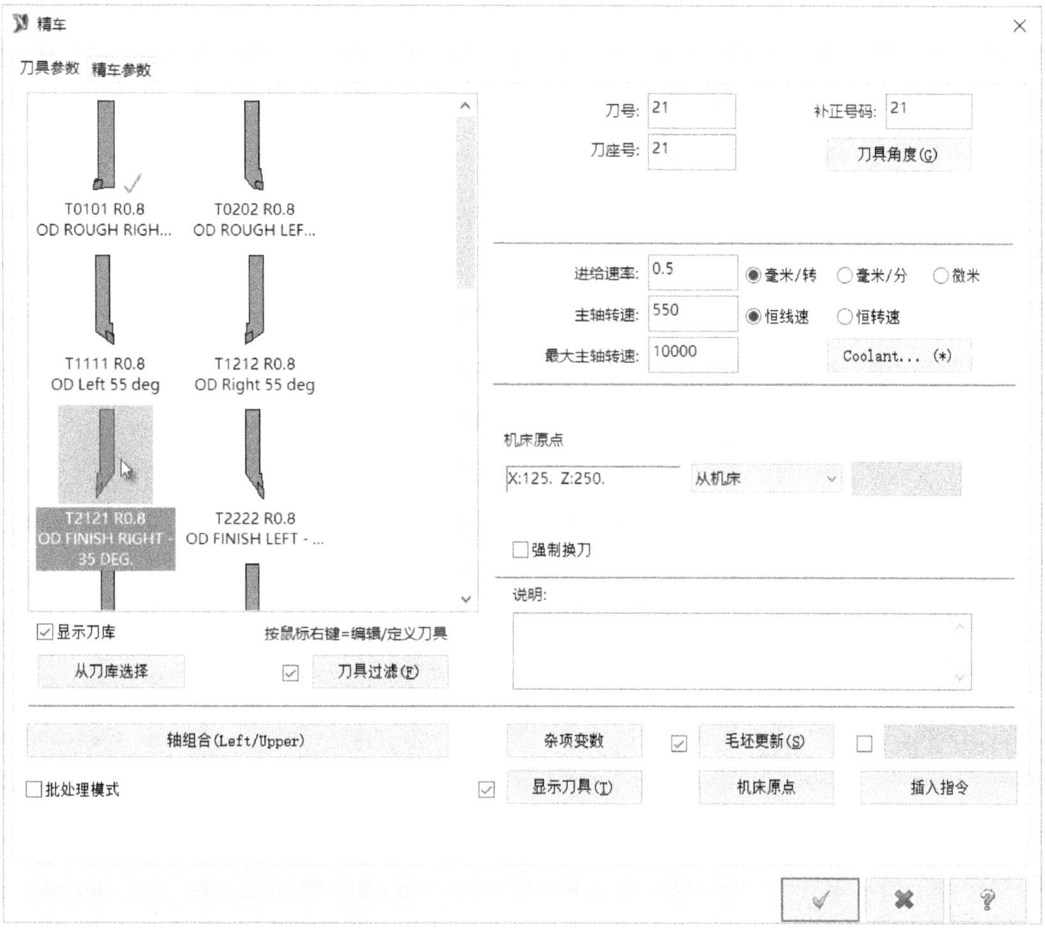

图 11-35　设置刀具参数

5 切换到“精车参数”选项卡，进行如图 11-36 所示的精车参数设置。

6 在“精车”对话框中单击“确定”图标按钮 ，创建如图 11-37 所示的精车加工刀路。

7 在“绘图视角”工具栏中单击“等角视图”图标按钮 ，将视图转换为等角视图。

8 在刀路操作管理器中单击“选择全部操作”图标按钮 ，以选择所有的加工操作。在刀路操作管理器中单击“验证已选择的操作”图标按钮 ，系统弹出“Mastercam 模拟”窗口，从中设置加工验证的相关参数，然后单击“播放”图标按钮 ，系统开始进行加工模拟验证，最后得到的验证结果如图 11-38 所示。

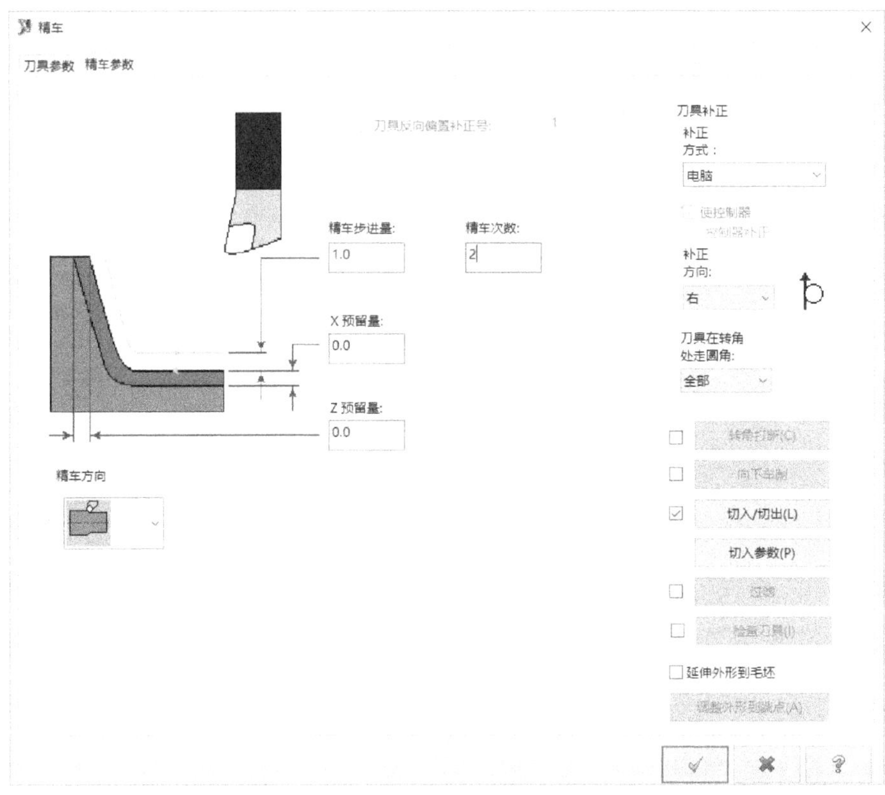

图 11-36　设置精车参数

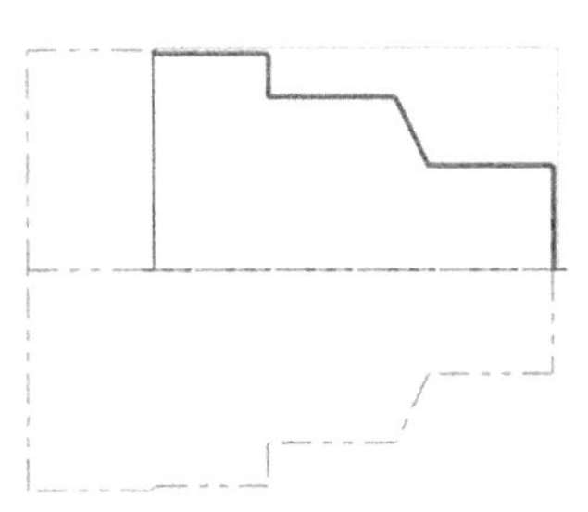

图 11-37　生成精车加工刀路

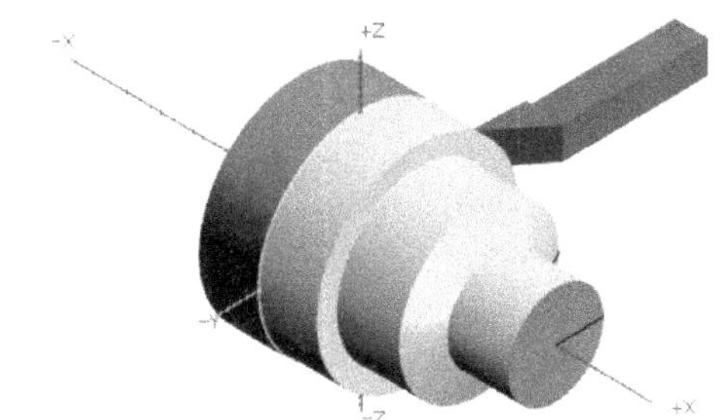

图 11-38　加工模拟验证结果

11.4　车端面

车端面也常称为“端面车削加工”，它同样是车削加工中的一个重要方面，用于车削工件的端面。

11.4.1　车端面的参数

在菜单栏的“刀路”菜单中选择“端面”命令，系统打开“车端面”对话框。在该对话框的“刀具参数”选项卡中选用车刀并设置相应的刀具参数后，切换到“车端面参数”选项

卡，如图 11-39 所示。在“车端面参数”选项卡中可以设置刀具补正、进/退刀（切入/切出）向量、过滤选项、进刀延伸量、粗车步进量、精车步进量、最大精修路径次数、重叠量、退刀延伸量和预留量等。

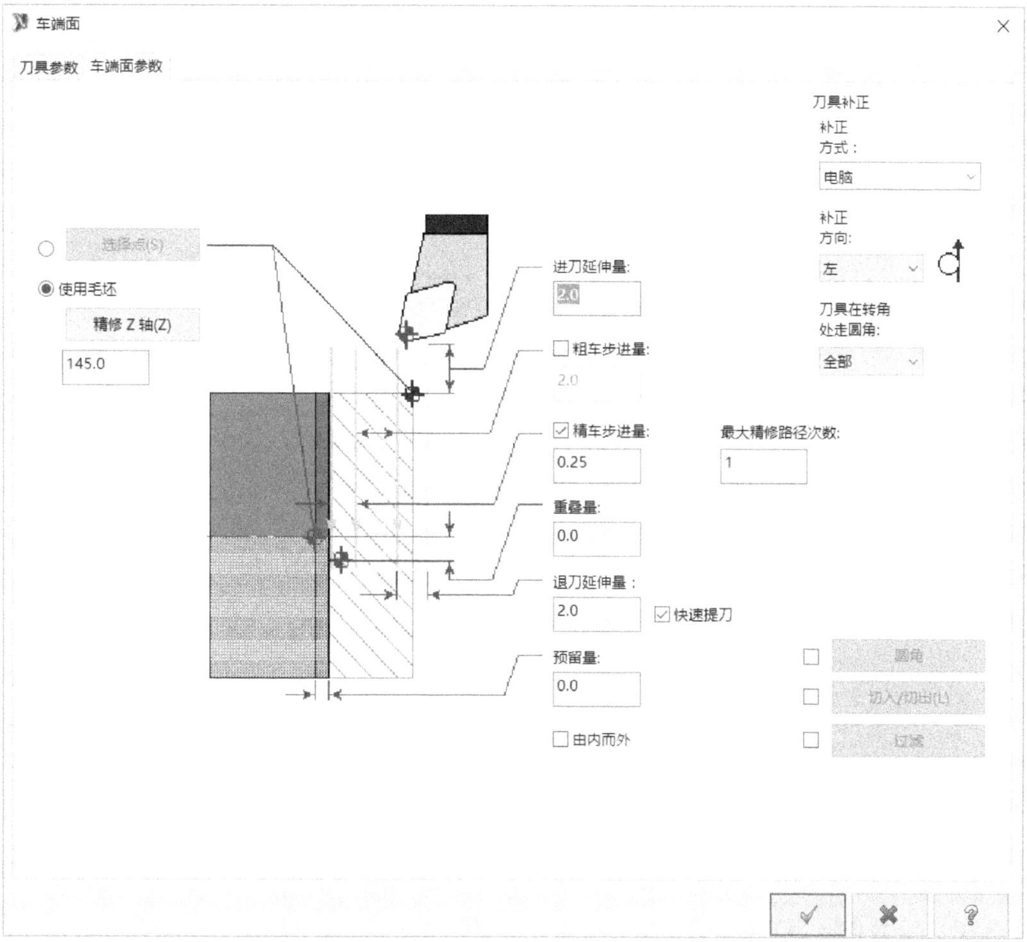

图 11-39　设置车端面参数

值得注意的是，当选中“由内而外”复选框时，表示从距工件旋转轴较近的位置开始向外加工；当取消选中“由内而外”复选框时，表示由外向工件旋转中心轴方向加工。

11.4.2 车端面加工范例

本小节介绍车端面加工的一个范例，具体的操作步骤如下。

1. 打开网盘资料的“CH11”\“车端面.MCX”文件。
2. 在菜单栏的“刀路”菜单中选择“端面”命令，系统弹出“车端面”对话框。
3. 在“刀具参数”选项卡的刀具列表中选择所需的一把车刀，如选择“T0101”车刀，并自行设置相应的进给速率、主轴转速和最大主轴转速。
4. 切换至“车端面参数”选项卡，进行如图 11-40 所示的车端面参数设置。

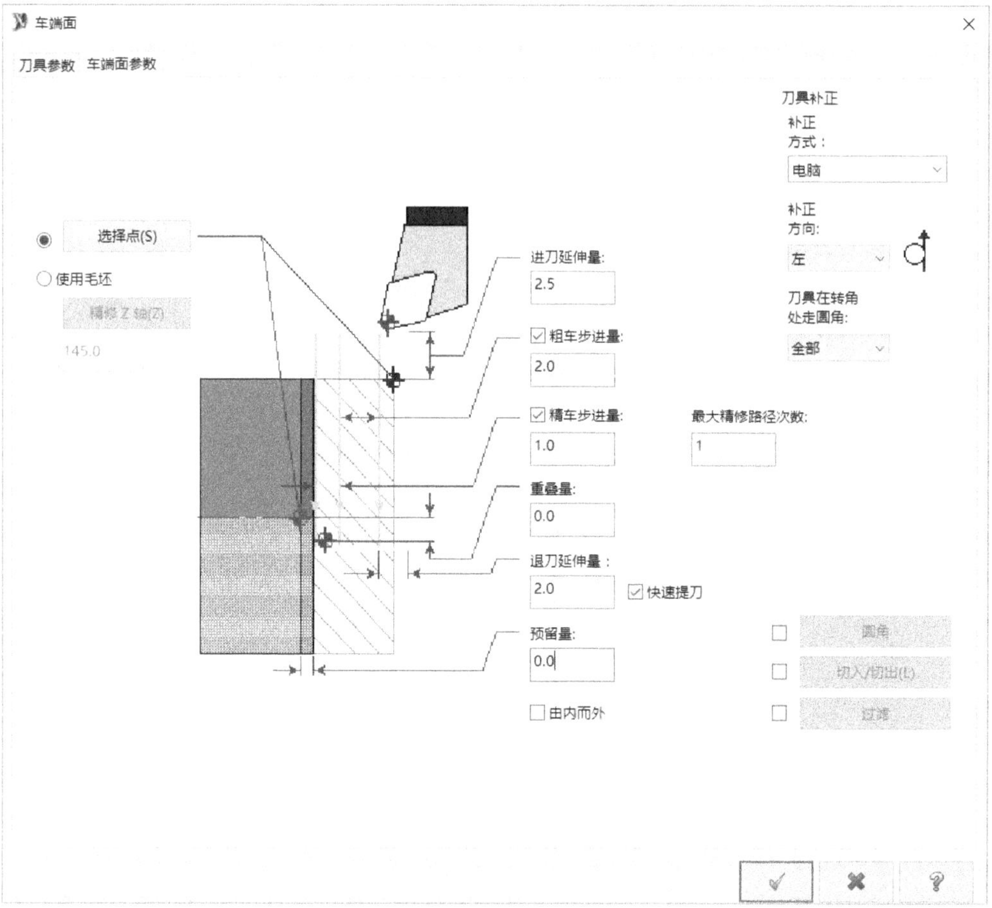

图 11-40　设置车端面参数

5 在“车端面参数”选项卡中单击“选择点”按钮，系统提示选择第一边界点，在绘图区指定如图 11-41a 所示的 P1 点（可通过输入坐标的形式来指定），接着系统提示选择第二边界点，在绘图区指定如图 11-41b 所示的 P2 点，然后系统返回到“车端面”对话框。

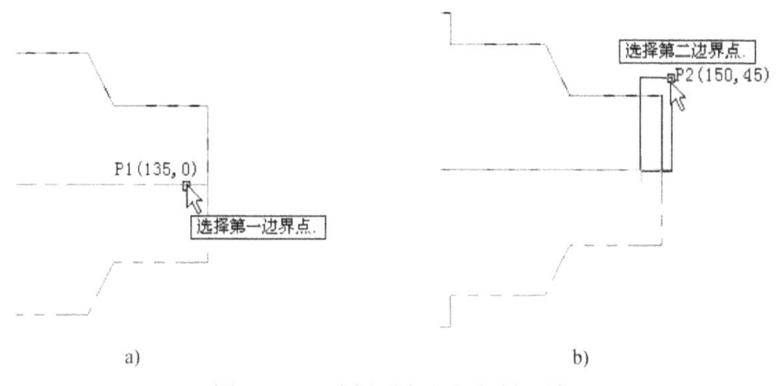

图 11-41　选择两点定义车削区域

a) 选择第一边界点　b) 选择第二边界点

6 在“车端面”对话框中单击“确定”图标按钮，生成车端面刀路，如图 11-42

所示。

7 在刀路操作管理器中单击“选择全部操作”图标按钮，从而选择所有的加工操作。可以将当前视图调整为等角视图。

8 在刀路操作管理器中单击“验证已选择的操作”图标按钮，系统弹出“Mastercam 模拟”窗口，从中设置加工验证的相关参数，然后单击“播放”图标按钮，系统开始进行加工模拟验证，最后的加工模拟验证结果如图 11-43 所示。

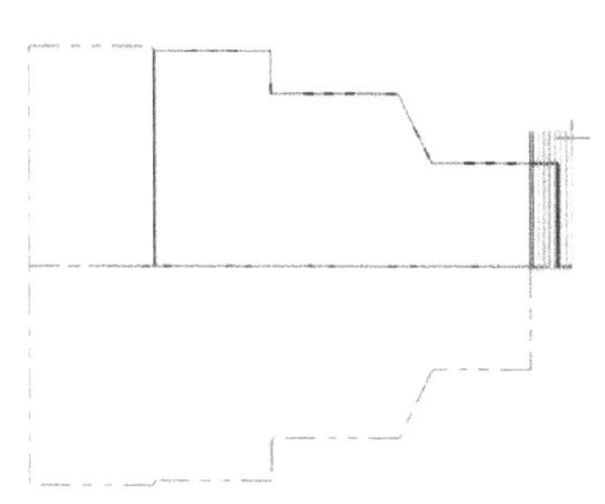

图 11-42 生成车端面刀路

图 11-43 车端面加工模拟验证的结果

11.5 沟槽车削

在车床机器系统下的“刀路”菜单中有“沟槽”命令，使用该命令，可以在工件中创建径向车削刀路，以加工回转体零件的凹槽部分。用于径向车削加工凹槽的刀具与其他车削加工方式的刀具有所不同，通常而言，车削出凹槽所用的车刀两侧都有切削刃，刀具控制点可落在左侧刀尖半径的中心，可同时对凹槽两侧进行车削加工。

11.5.1 沟槽车削参数

在车床机器系统下，从“刀路”菜单中选择“沟槽”命令，系统弹出如图 11-44 所示的“沟槽选项”对话框。该对话框提供了以下 5 种沟槽的定义方式。

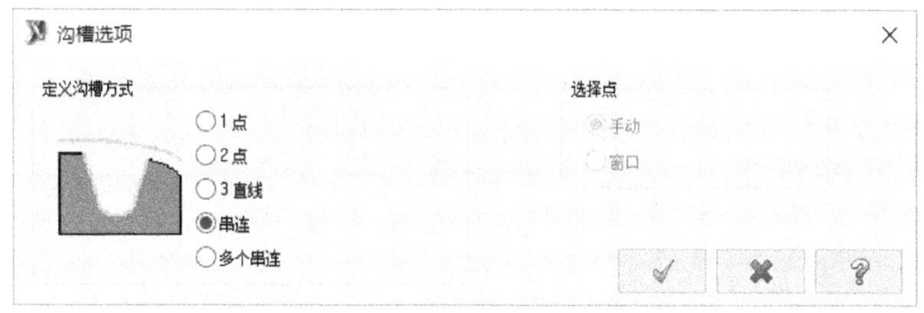

图 11-44 “沟槽选项”对话框

- “1 点”：当选择“1 点”单选按钮时，在绘图区选择一点作为沟槽的沟槽点，此时选择点的方式可以为“手动”或“窗口”。注意，实际加工区域还需通过设置沟槽外形来进一步定义。
- “2 点”：当选择“2 点”单选按钮时，在绘图区选择两个点定义沟槽的宽度和高度。

- “3 直线”：当选择“3 直线”单选按钮时，在绘图区选择包含 3 条曲线的串连作为沟槽的 3 条轮廓边。
- “串连”：当选择“串连”单选按钮时，在绘图区选取两个串连来定义加工区域的内外边界。
- “多个串连”：当选择“多个串连”单选按钮时，可以选择更多的串连曲线来定义多个沟槽。

指定沟槽的定义方法后单击“沟槽选项”对话框中的“确定”图标按钮 ✓ ，接着在系统提示下选择定义沟槽的有效图素，然后利用系统弹出的“沟槽”对话框进行刀具参数、沟槽形状参数、沟槽粗车参数和沟槽精车参数等方面的设置。下面介绍“沟槽”对话框后 3 个选项卡中的主要功能的含义。

一、“沟槽形状参数”选项卡

“沟槽形状参数”选项卡如图 11-45 所示，主要用于设置沟槽角度和沟槽形状等。沟槽形状的参数主要包括高度、宽度、锥度角、槽口圆角半径/倒角、槽底圆角半径/倒角等。对于不同的沟槽定义方式，需要定义的沟槽外形参数不尽相同。使用“快速设定角落”选项组中的按钮，可以快速设置沟槽形状的各参数。

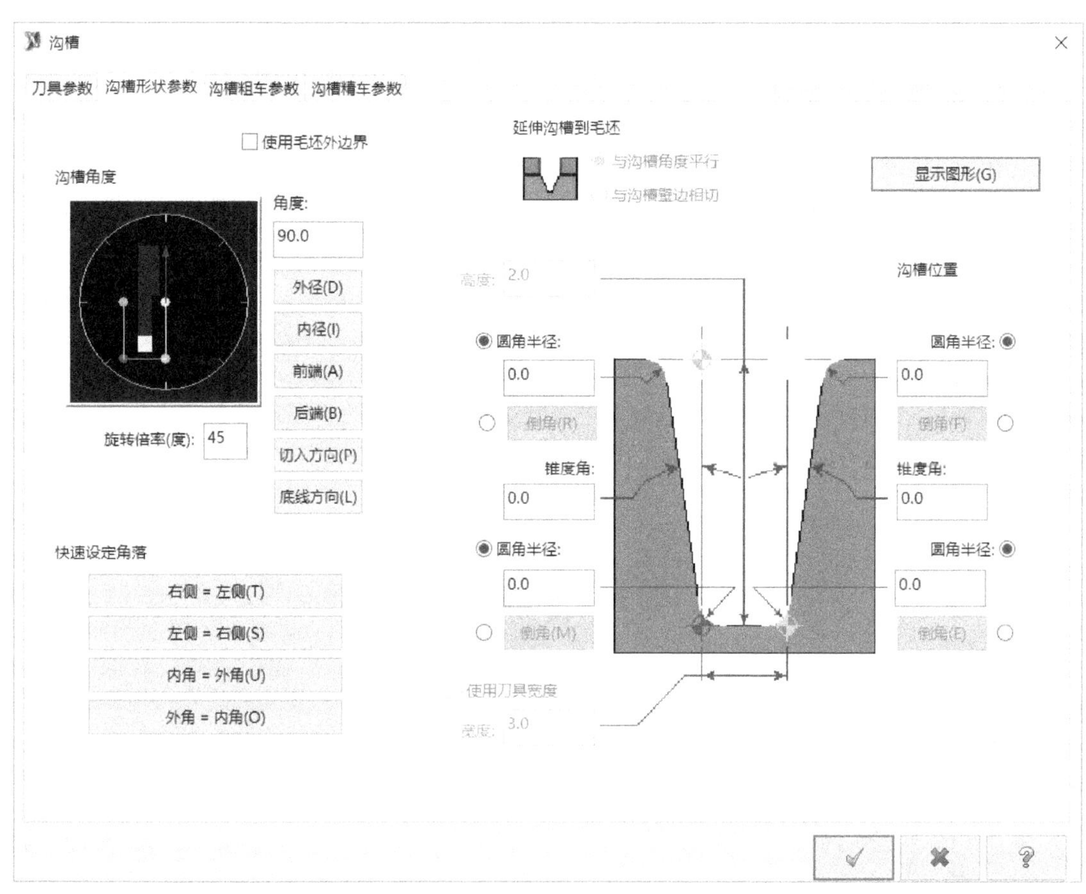

图 11-45 “沟槽形状参数”选项卡

二、“沟槽粗车参数”选项卡

“沟槽粗车参数”选项卡如图 11-46 所示。当选中“粗车”复选框时，则启用粗车沟槽设置。沟槽加工的粗车参数主要包括切削方向、切出（退刀）移位方式、首次切入进给速率、暂停时间、槽壁加工方式、毛坯安全间隙、毛坯量、X 预留量、Z 预留量、粗切量、端面槽起始最大直径/起始最小直径、啄车参数和深度切削等。

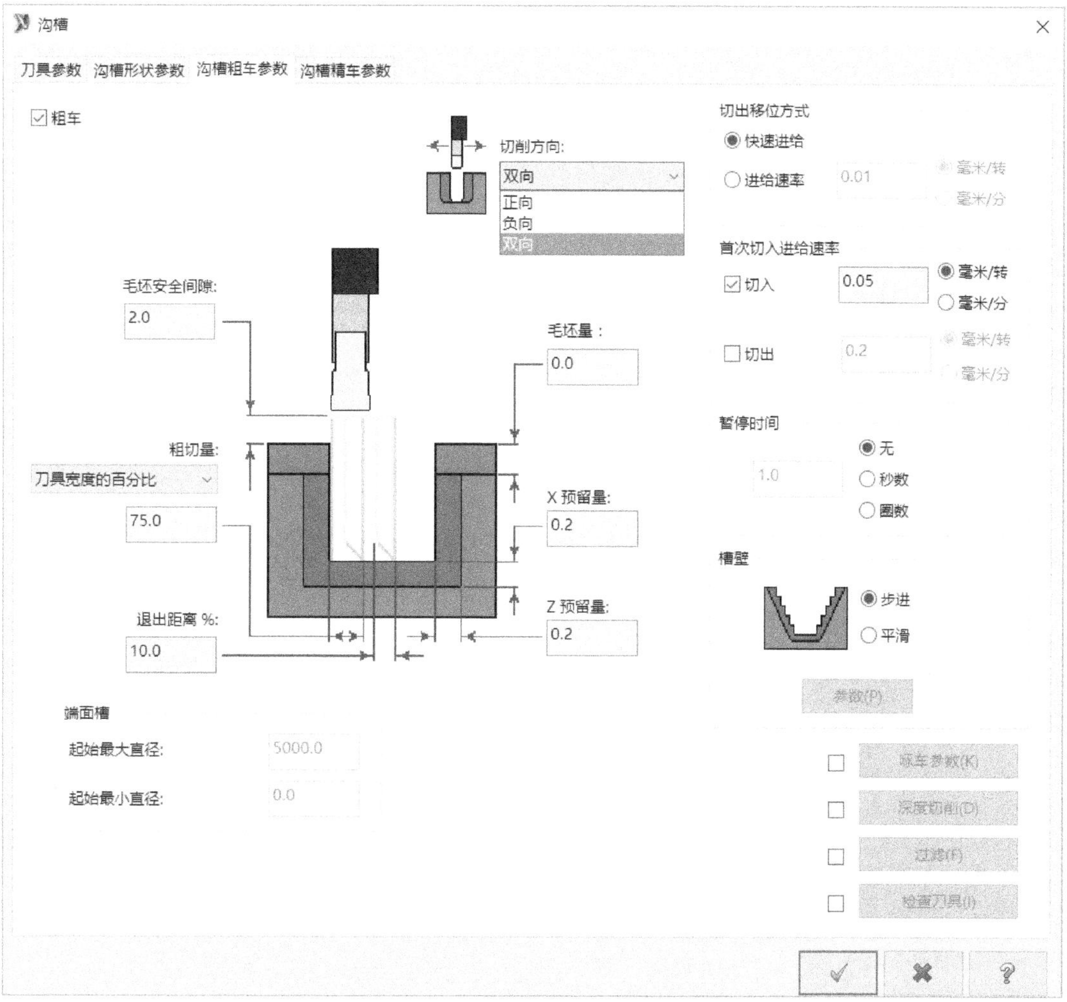

图 11-46 “沟槽粗车参数”选项卡

关于粗切量、切出移位方式、暂停时间、槽壁与啄车参数，介绍如下。

- 粗切量：在“粗切量”下拉列表框中可以设置粗切进刀量的方式，如图 11-47 所示。选择“刀具宽度的百分比”选项时，将进刀量设置为刀具宽度的百分比数值；选择“切削次数”选项时，通过指定车削次数来计算进刀量；选择“步进量”选项时，由用户直接指定粗切进刀量。

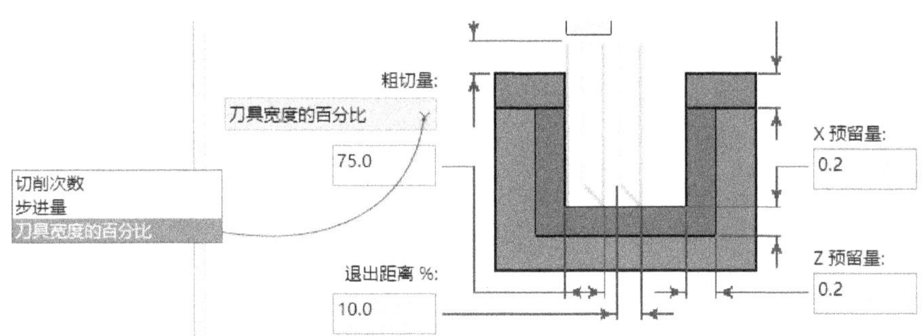

图 11-47 粗切量设置

- 切出移位方式：切出移位方式有两种，即“快速进给”和“进给速率”。前者为快速退刀，后者则按照设定的进给速率数值进行退刀。
- 暂停时间：“暂停时间”选项组用于设置每次粗车加工时在凹槽底部刀具停留的时间。当选择“无”单选按钮时，刀具在凹槽底部不停留；当选择“秒数”单选按钮时，刀具在凹槽底部暂留设定的时间；当选择“圈数”单选按钮时，刀具在凹槽底部停留设定的圈数。
- 槽壁：“槽壁”选项组用于设置当沟槽侧壁倾斜时侧壁的加工方式，当选择“步进”单选按钮时，则系统按照设置的进刀量进行加工，侧壁会形成台阶形式的加工效果；当选择“平滑”单选按钮时，该选项组中的“参数”按钮可用，此时单击“参数”按钮，系统弹出如图 11-48 所示的“槽壁平滑设定”对话框，从中可设置合适的最小步进量、进刀切弧的扫描角度和半径，从而使侧壁加工起来显得较为平滑。
- 啄车参数：当选中“啄车参数”复选框时，则可以单击“啄车参数”按钮，打开如图 11-49 所示的“啄车参数”对话框，从中可设置只在第一次切入时啄车，并可设置啄车量计算方式、退出移位和暂停选项。其中，暂停的设置选项有“无”、“所有啄车”和“仅最后啄车”。

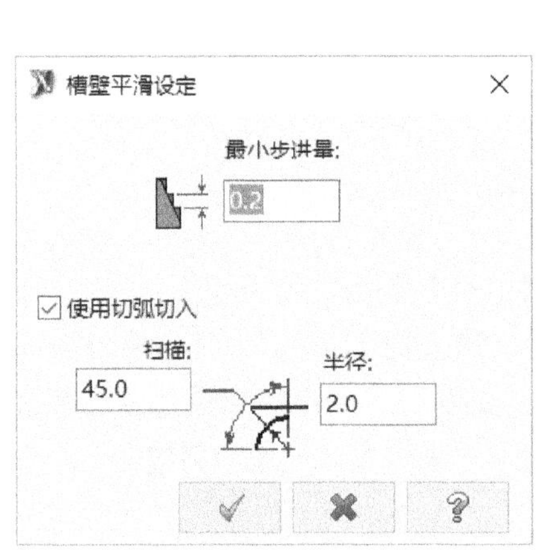

图 11-48 “槽壁平滑设定”对话框

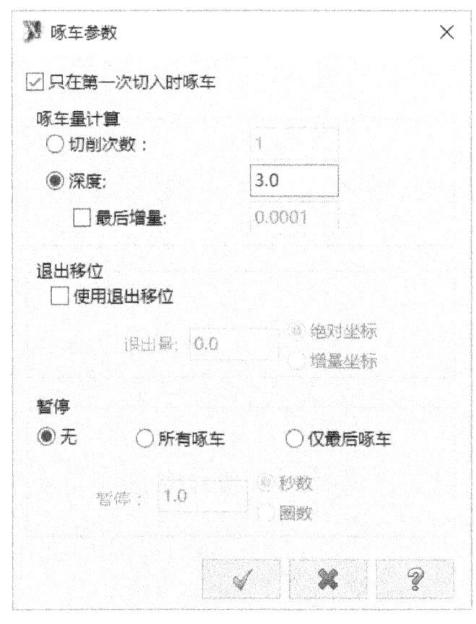

图 11-49 “啄车参数”对话框

三、“沟槽精车参数”选项卡

“沟槽精车参数”选项卡如图 11-50 所示。若要进行精车沟槽，则首先需要在该选项卡中选中“精修”复选框。精车沟槽的参数包括第一刀切削方向、刀具补正、切出移位方式、壁边退出距离、精车次数、精车步进量、X 预留量、Z 预留量、转角暂停和重叠量等。

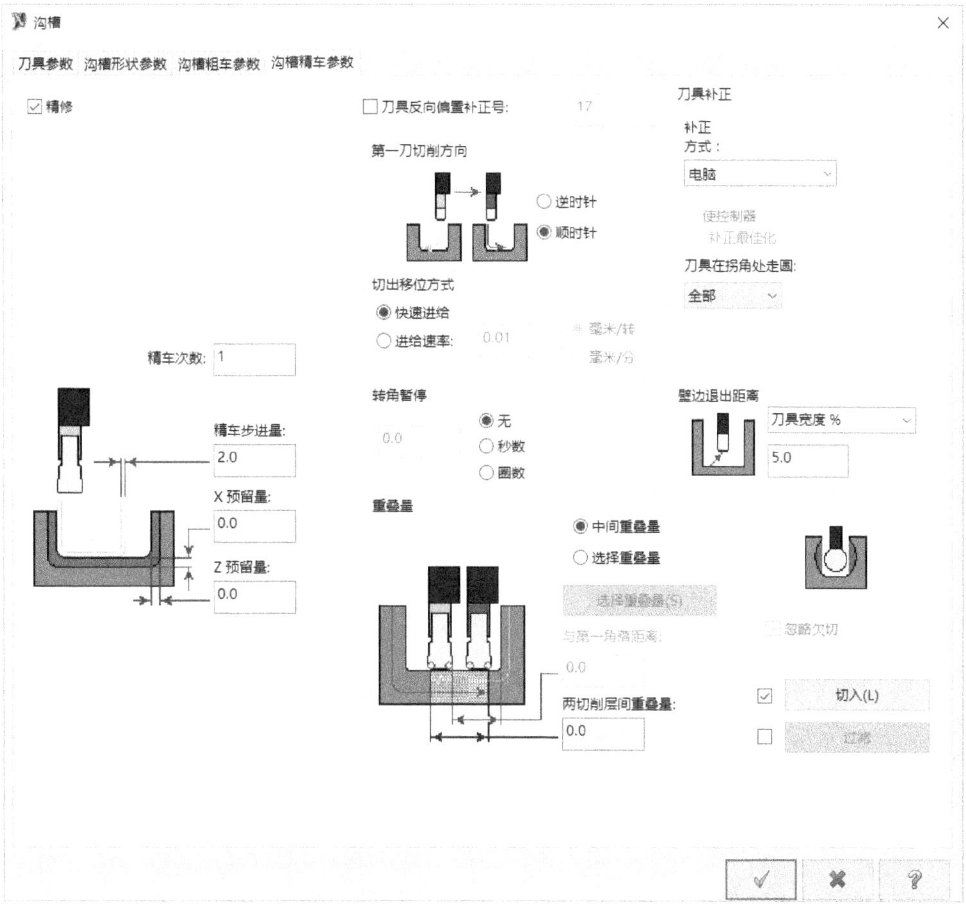

图 11-50 “沟槽精车参数”选项卡

11.5.2 沟槽车削加工的范例

本小节通过范例的形式介绍沟槽车削加工（径向加工）的一般流程。在一根轴上完成的两个沟槽如图 11-51 所示。

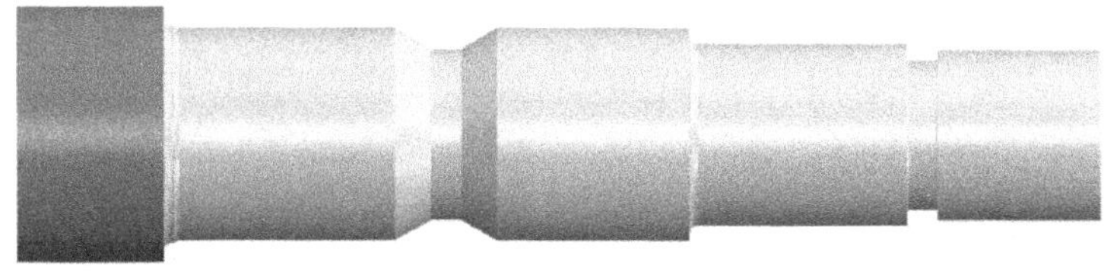

图 11-51 沟槽车削加工完成效果

一、生成第一个沟槽刀路

1 打开网盘资料的“CH11”\“沟槽车削.MCX”文件，如图 11-52 所示。

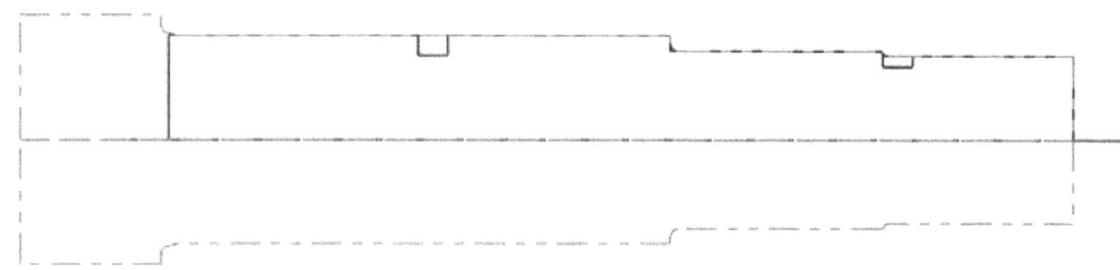

图 11-52 “沟槽车削.MCX”文件内容

2 在“刀路”菜单中选择“沟槽”命令。

3 系统弹出“沟槽选项”对话框，在“定义沟槽方式”选项组中单击选中“3 直线”单选按钮，如图 11-53 所示，然后单击“确定”图标按钮 ✓ 。

图 11-53 “沟槽选项”对话框

4 系统弹出“串连选项”对话框，从中单击选中“部分串连”图标按钮，并选中“接续”复选框，在绘图区分别单击如图 11-54 所示的线段 1～线段 3，注意串连方向，然后在“串连选项”对话框中单击“确定”图标按钮 ✓ 。

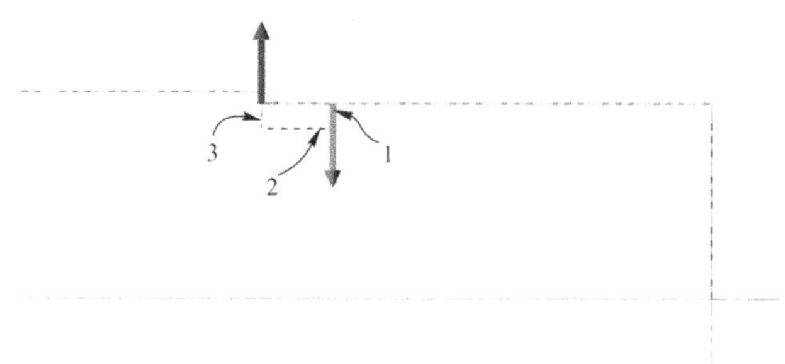

图 11-54 选择串连矩形沟槽

5 系统弹出“沟槽”对话框，在“刀具参数”选项卡中选择“T1717”沟槽车刀，并设置相应的刀具参数，如图 11-55 所示。

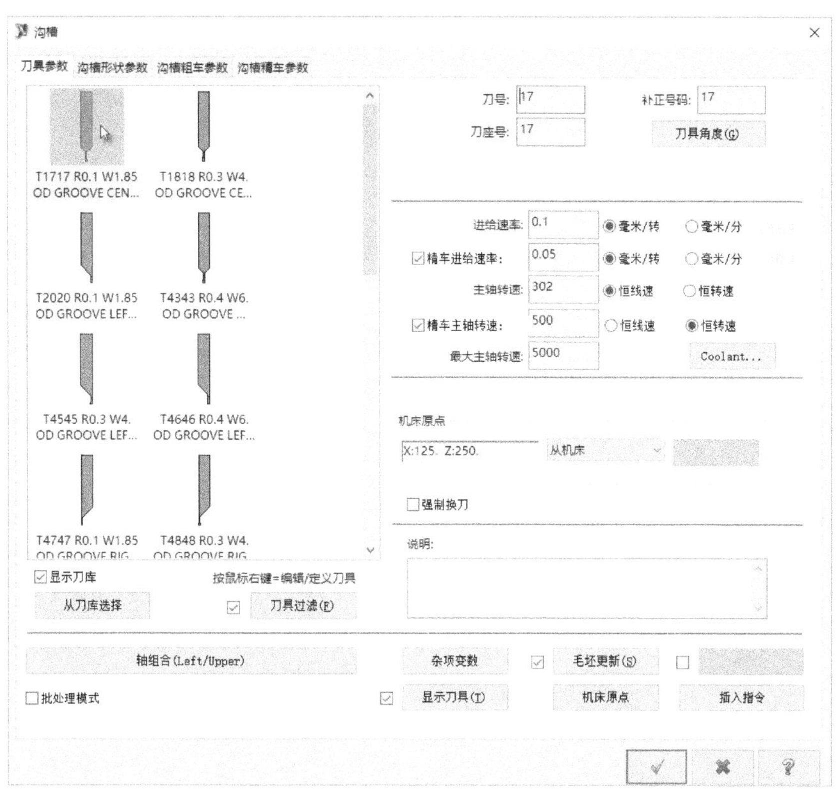

图 11-55 选择车刀和设置相应的刀具参数

6 切换到“沟槽形状参数”选项卡，进行如图 11-56 所示的沟槽形状参数设置，注意该沟槽的锥度角为 0。

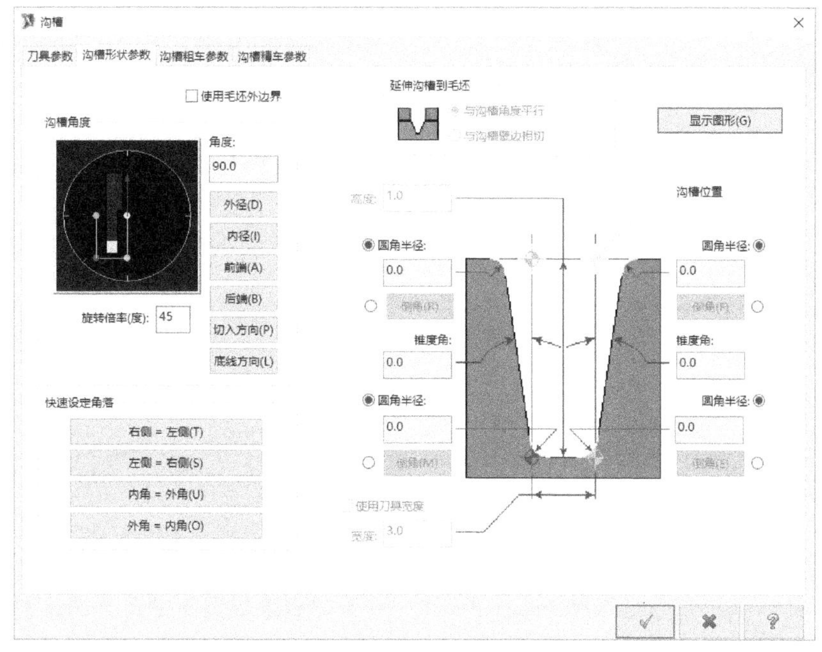

图 11-56 沟槽形状参数设置

7 切换到“沟槽粗车参数”选项卡，进行如图 11-57 所示的沟槽粗车参数设置。

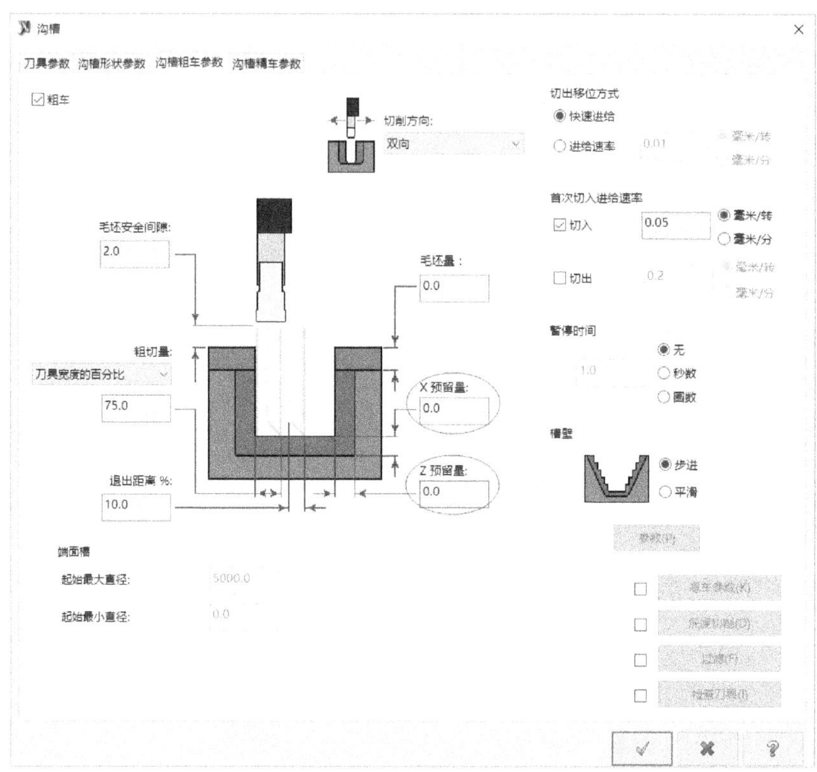

图 11-57　设置沟槽粗车参数

8 切换到“沟槽精车参数”选项卡，取消选中“精修”复选框。

9 在“沟槽”对话框中单击“确定”图标按钮 ✓ ，从而生成第一个沟槽刀路。

二、生成第二个沟槽刀路

1 在“刀路”菜单中选择“沟槽”命令。

2 系统弹出“沟槽选项”对话框，在“定义沟槽方式”选项组中单击选中“2 点”单选按钮，然后单击“确定”图标按钮 ✓ 。

3 在绘图区依次选择第一点和第二点作为沟槽的两点，如图 11-58 所示，按〈Enter〉键确认。

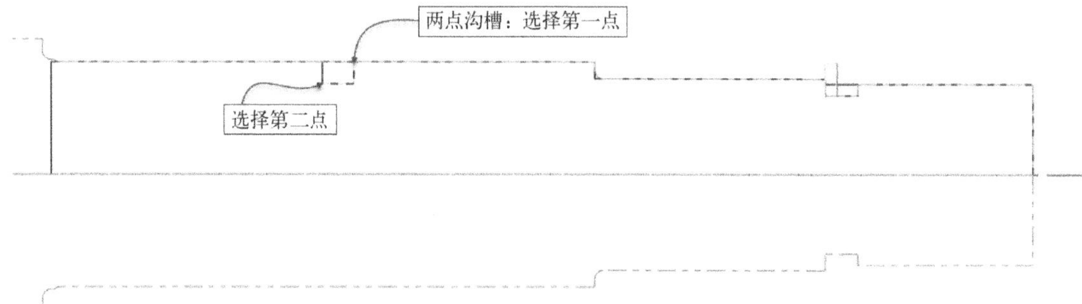

图 11-58　定义两点的沟槽

4 系统弹出“沟槽”对话框，在“刀具参数”选项卡中选择“T1717”沟槽车刀，并自行设置相应的刀具参数，如进给速率、主轴转速、最大主轴转速等。

5 切换到“沟槽形状参数”选项卡，将两侧的锥度角均设置为“60”，如图 11-59 所示。

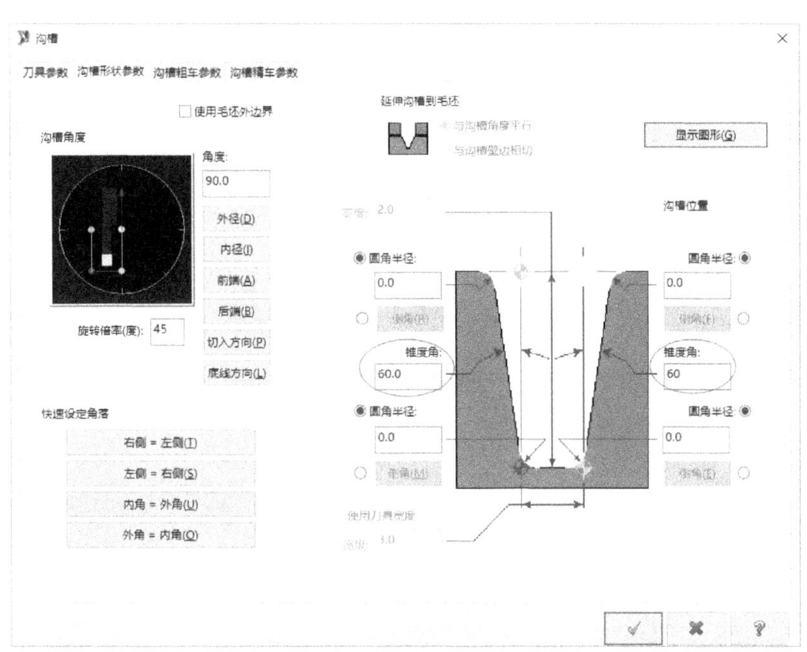

图 11-59 设置沟槽形状参数

6 切换到“沟槽粗车参数”选项卡，进行如图 11-60 所示的沟槽粗车参数设置。

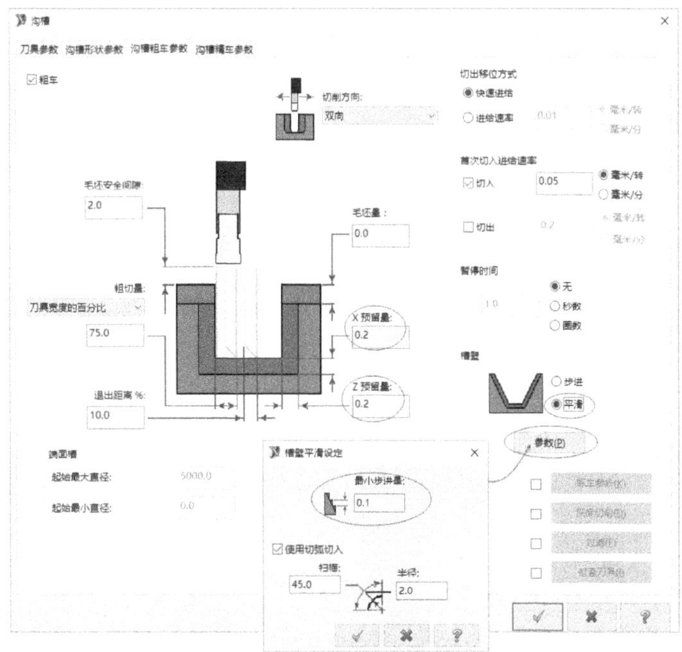

图 11-60 设置沟槽粗车参数

7 切换到“沟槽精车参数”选项卡，进行如图 11-61 所示的沟槽精车参数设置。

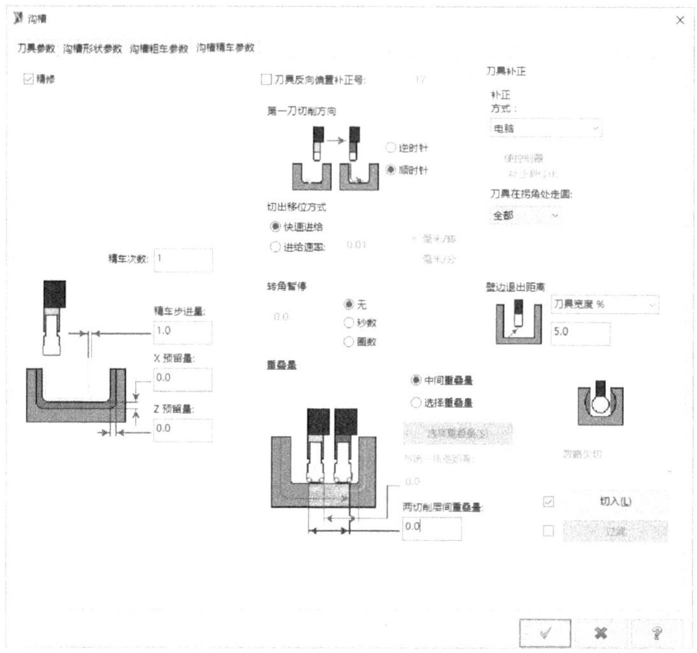

图 11-61　设置沟槽精车参数

8 在“沟槽”对话框中单击“确定”图标按钮，从而完成第二个沟槽的刀路。

三、调整视角来观察加工模拟验证结果

1 将当前视图调整为等角视图。

2 在刀路操作管理器中单击“选择全部操作”图标按钮，选择所有的加工操作。

3 在刀路操作管理器中单击“验证已选择的操作”图标按钮，系统弹出“Mastercam 模拟”窗口，从中设置加工模拟验证的相关参数，单击“播放”图标按钮，系统开始进行加工模拟验证，最后的验证结果如图 11-62 所示。

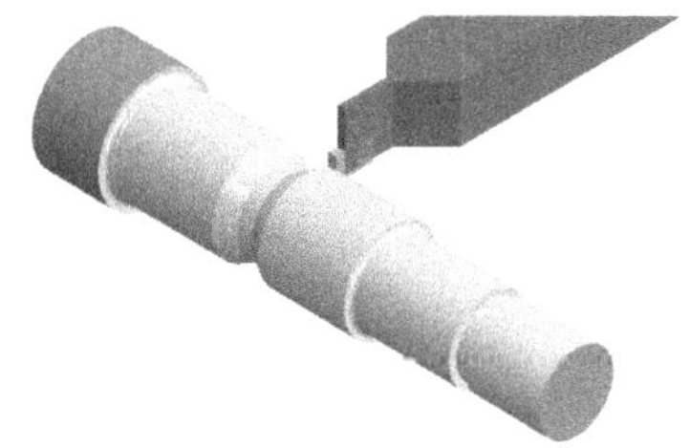

图 11-62　加工模拟验证结果

11.6　车螺纹

在车床上可以进行车螺纹操作。车螺纹主要是指在回转体工件上车削出螺纹特征，这些螺纹可以为内螺纹、外螺纹或螺纹槽。

11.6.1　车螺纹加工参数

在车床系统下执行“刀路”菜单中的“螺纹”命令，系统将会打开“车螺纹”对话框，该对话框具有“刀具参数”选项卡、“螺纹外形参数”选项卡和“螺纹切削参数”选项卡。下面介绍“螺纹外形参数”选项卡和“螺纹切削参数”选项卡中的主要参数设置。

一、螺纹外形参数

在“螺纹外形参数”选项卡中可以设置螺纹型式、螺纹参数（包括螺纹导程、牙型角度、牙型半角、大径、小径、螺纹深度、起始位置、结束位置、螺纹方向和锥度角）、螺纹预留量和调整过的直径等，如图 11-63 所示。

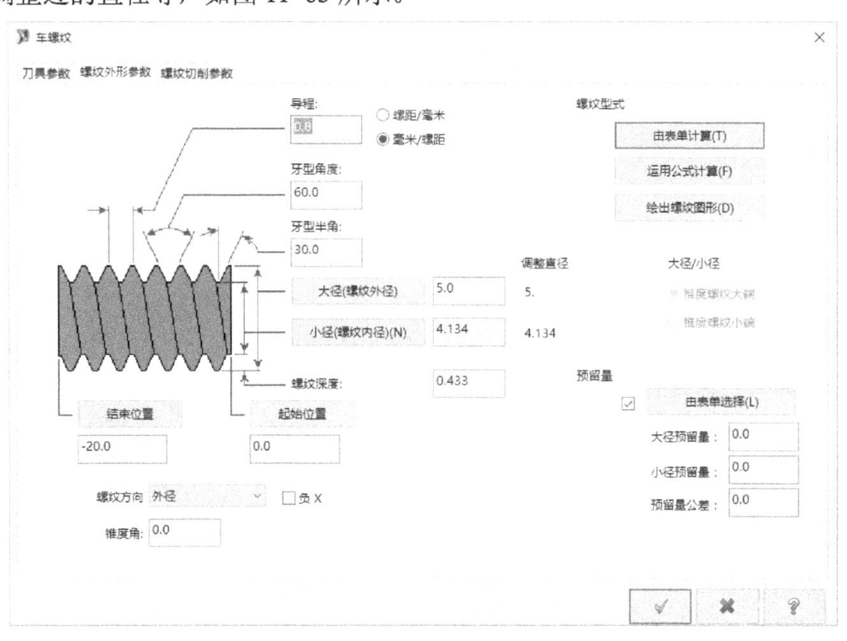

图 11-63　车螺纹的螺纹外形参数

在“螺纹型式”选项组中提供了“由表单计算”、“运用公式计算”和“绘出螺纹图形”3 个按钮，允许用户根据设计情况单击其中的一个按钮来设置螺纹参数。例如，如果在“螺纹型式”选项组中单击“由表单计算”按钮，则系统弹出如图 11-64 所示的“螺纹表单”对话框，从指定的螺纹型式列表中选择一种螺纹；如果单击“运用公式计算”按钮，则系统弹出图 11-65 所示的“运用公式计算螺纹”对话框，从中通过设定公式参数来计算螺纹。

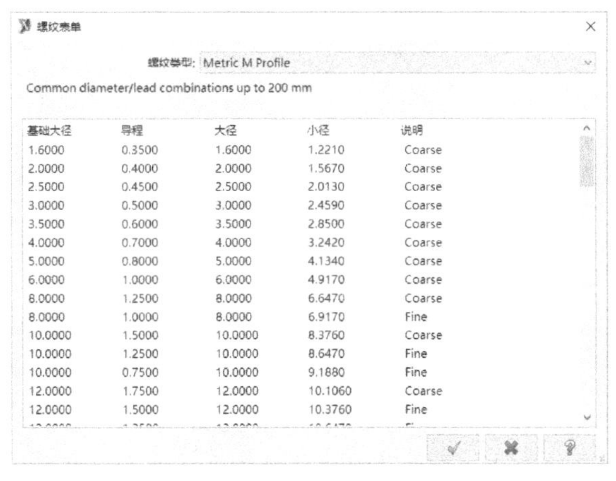

基础大径	导程	大径	小径	说明
1.6000	0.3500	1.6000	1.2210	Coarse
2.0000	0.4000	2.0000	1.5670	Coarse
2.5000	0.4500	2.5000	2.0130	Coarse
3.0000	0.5000	3.0000	2.4590	Coarse
3.5000	0.6000	3.5000	2.8500	Coarse
4.0000	0.7000	4.0000	3.2420	Coarse
5.0000	0.8000	5.0000	4.1340	Coarse
6.0000	1.0000	6.0000	4.9170	Coarse
8.0000	1.2500	8.0000	6.6470	Coarse
8.0000	1.0000	8.0000	6.9170	Fine
10.0000	1.5000	10.0000	8.3760	Coarse
10.0000	1.2500	10.0000	8.6470	Fine
10.0000	0.7500	10.0000	9.1880	Fine
12.0000	1.7500	12.0000	10.1060	Coarse
12.0000	1.5000	12.0000	10.3760	Fine

图 11-64　“螺纹表单”对话框

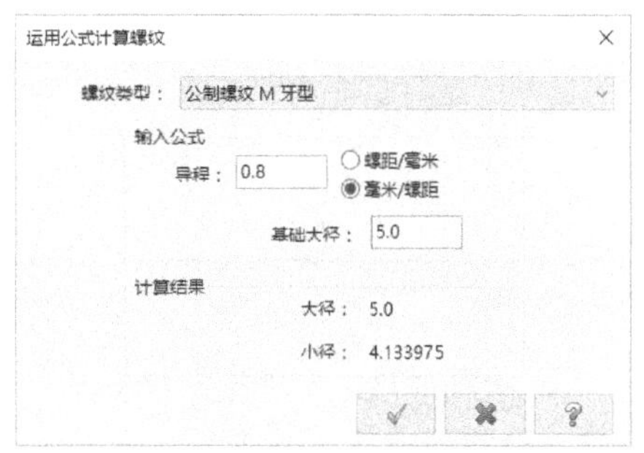

图 11-65　“运用公式计算螺纹”对话框

在“螺纹方向”下拉列表框中具有 3 种螺纹方向类型，包括“内径”、“外径”和“端面

/背面”。注意，如果选择“端面/背面”螺纹方向，则需要设置开始 X 坐标值（“起始 X”）和结束 X 坐标值（“结束 X”），如图 11-66 所示。

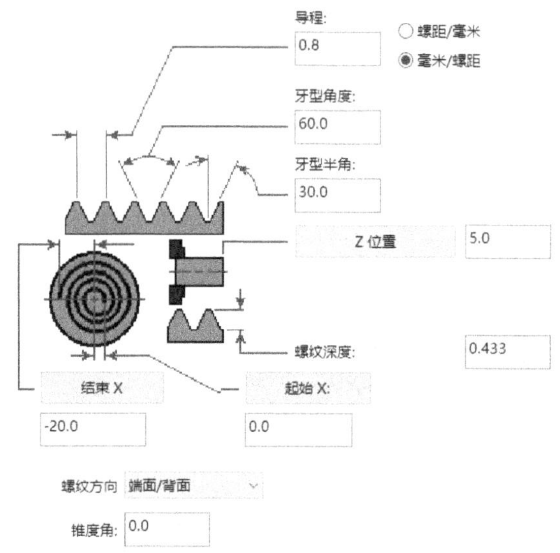

图 11-66 当螺纹方向选项为“端面/背面”时

二、螺纹切削参数

螺纹切削参数（即车螺纹参数）的设置在如图 11-67 所示的“螺纹切削参数”选项卡中进行。在该选项卡中，可以设置 NC 代码格式、切削深度方式、切削次数方式、毛坯安全间隙、退出（退刀）延伸量、收尾距离、切入（进刀）加速距离、切入（进刀）角度、精修预留量、最后一刀切削量和最后深度精修次数。

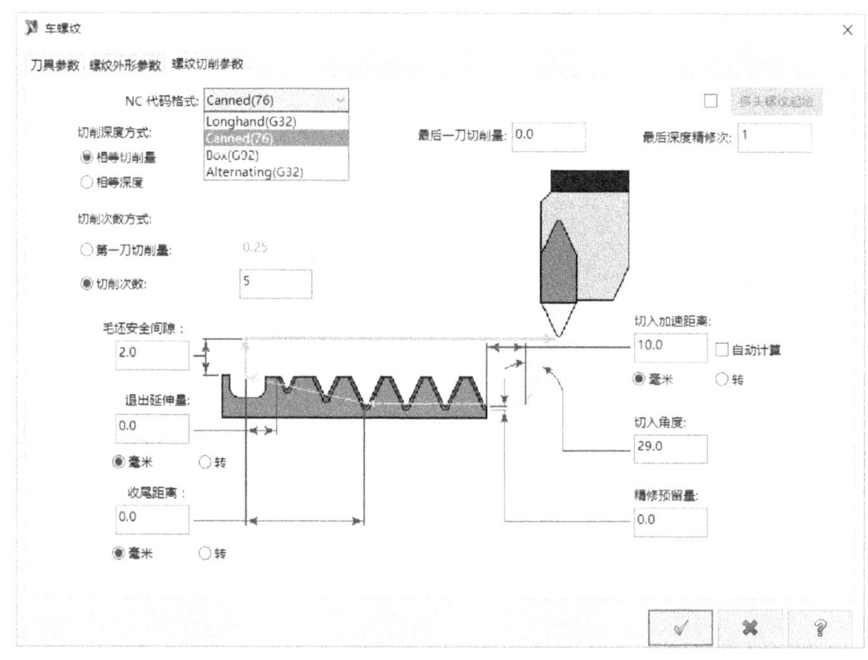

图 11-67 螺纹切削参数设置

- “NC 代码格式”下拉列表框：在该下拉列表框中可供选择的选项有“Longhand”（一般切削）、“Canned”（切削循环）、“Box”（立方体）和“Alternating”（交替切削）。“Canned”主要用于车削复合螺纹，而其他 3 个选项则主要用于简单螺纹或常规螺纹的车削。
- “切削深度方式”选项组：该选项组用于设置每次车削时车削深度的决定方式。当选择“相等切削量”单选按钮时，系统按照相同的车削量来设置每次车削的深度；当选择“相等深度”单选按钮时，系统按照相同的深度进行车削加工。
- “切削次数方式”选项组：该选项组用于设置车削时车削次数的决定方式。当选择“第一刀切削量”单选按钮时，系统根据设定的第一刀切削量等参数来计算车削次数；当选择“切削次数”单选按钮时，需要直接设定切削次数。

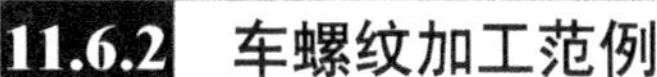

11.6.2 车螺纹加工范例

下面介绍车螺纹加工的一个范例。该范例完成后的车螺纹的加工模拟结果如图 11-68 所示。

1 打开网盘资料的“CH11”\“车螺纹.MCX”文件，文件内容如图 11-69 所示。

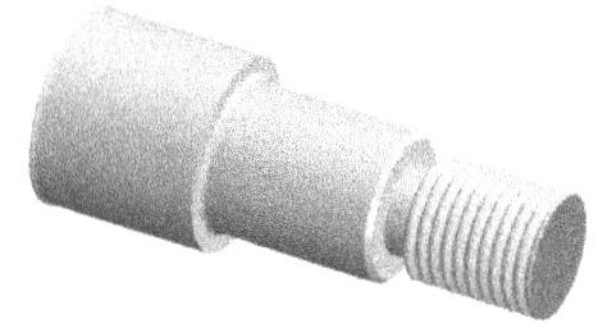

图 11-68　车螺纹的加工模拟结果

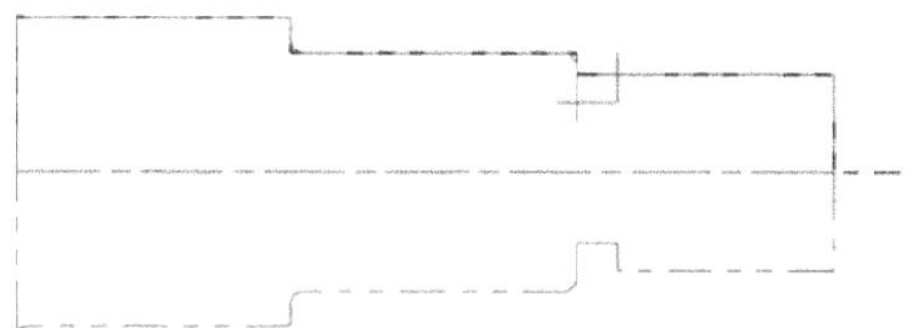

图 11-69　“车螺纹.MCX”文件内容

2 在“刀路”菜单中选择“螺纹”命令，系统弹出“车螺纹”对话框。

3 在“刀具参数”选项卡中选择刀号为“T9696”的螺纹车刀，并设置其相应的刀具参数，如图 11-70 所示。

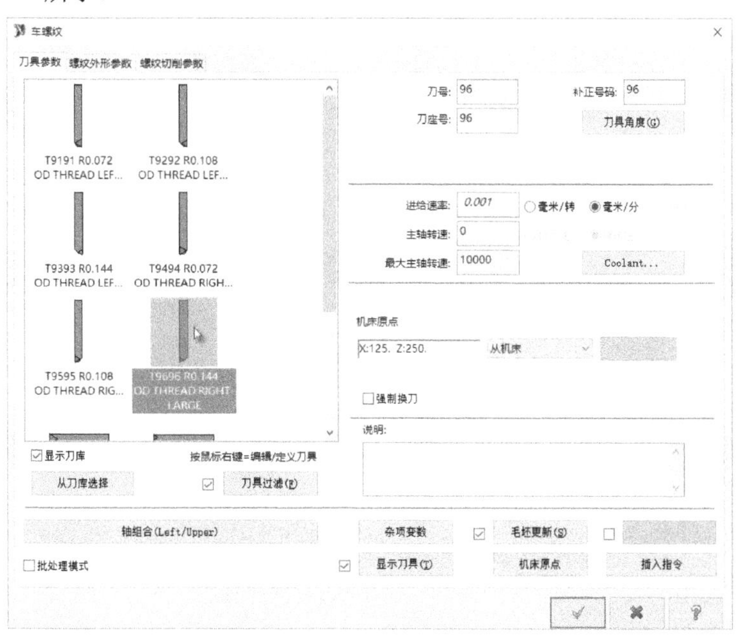

图 11-70　选择车刀并设置刀具参数

4 切换到“螺纹外形参数”选项卡，从“螺纹方向”下拉列表框中选择“外径”（外螺纹），在“螺纹型式”选项组中单击“运用公式计算”按钮，系统弹出“运用公式计算螺纹”对话框，在“输入公式”选项组中输入导程为“1.5”（单位为“毫米/螺距”），设置基础大径为“14”，如图 11-71 所示，然后单击“运用公式计算螺纹”对话框中的“确定”图标按钮 ✓ 。

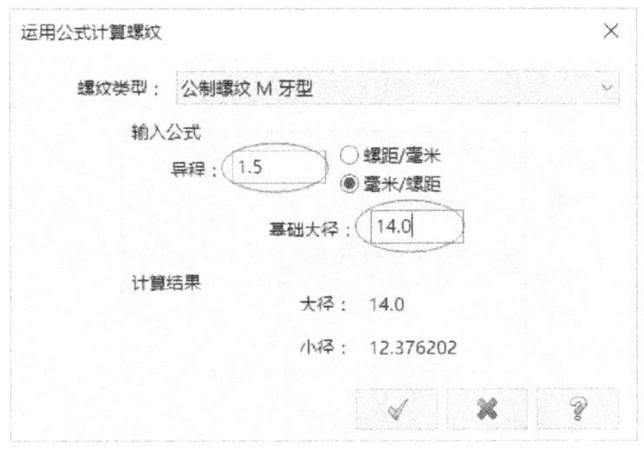

图 11-71 运用公式计算螺纹

5 在“螺纹外形参数”选项卡中单击“起始位置”按钮，选择如图 11-72 所示的 A 点作为螺纹的起始位置，接着单击“结束位置”按钮，选择如图 11-72 所示的 B 点作为螺纹的结束位置（终止位置）。

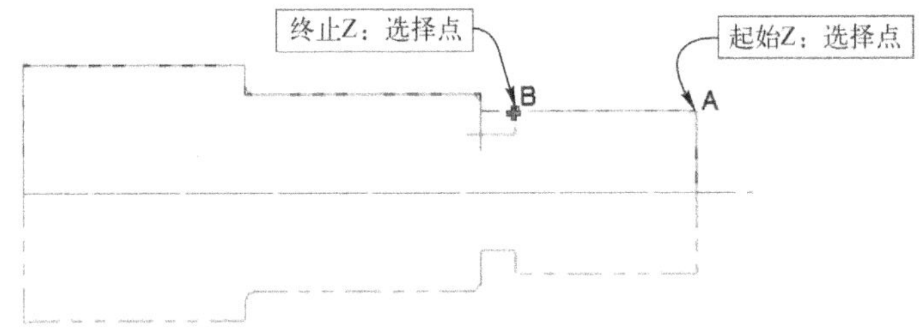

图 11-72 指定螺纹的起始位置和结束位置

6 切换至“螺纹切削参数”选项卡，进行如图 11-73 所示的设置。

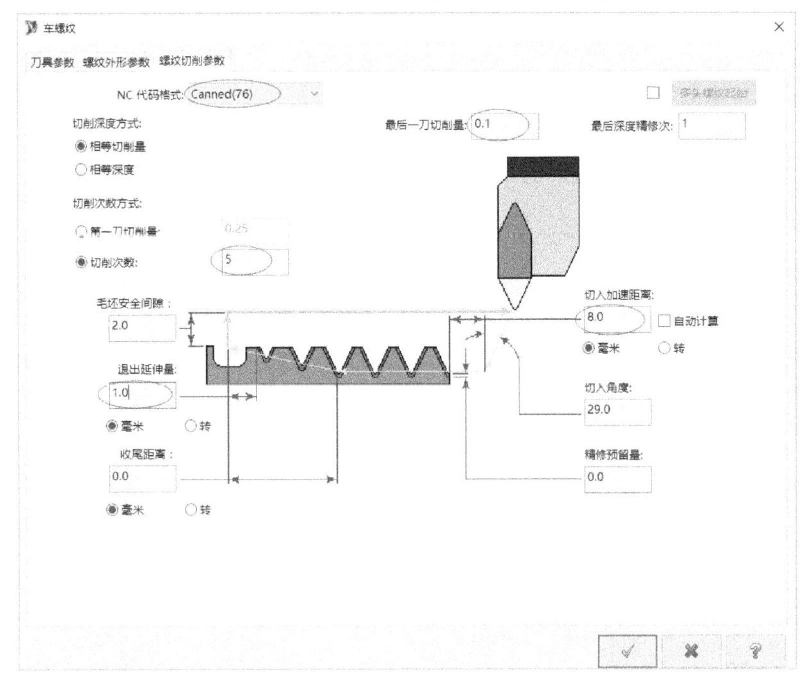

图 11-73 设置螺纹切削参数

7 单击“车螺纹”对话框中的“确定”图标按钮 ✓ ，系统产生车螺纹的刀路，如图 11-74 所示。

8 单击“等角视图”图标按钮，将当前视图调整为等角视图。然后，在刀路操作管理器中单击“选择全部操作”图标按钮，选择所有的加工操作。

9 在刀路操作管理器中单击“验证已选择的操作”图标按钮，系统弹出“Mastercam 模拟”窗口，从中设置加工模拟验证的相关参数，然后单击“播放”图标按钮，系统开始进行加工模拟验证，最后的加工模拟验证结果如图 11-75 所示。

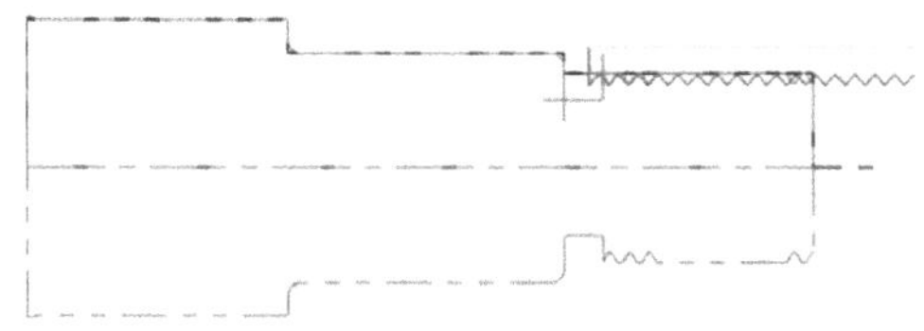

图 11-74　生成车螺纹刀路

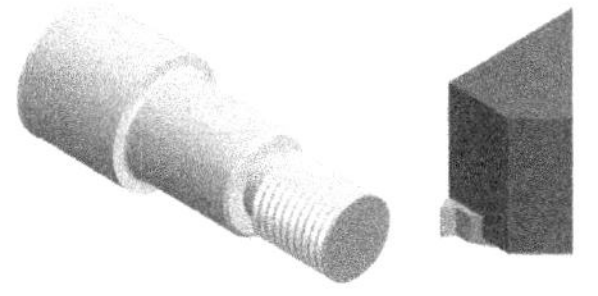

图 11-75　车螺纹加工模拟验证结果

11.7　车削中的钻孔加工

车削加工中也有钻孔加工，此类钻孔加工主要是针对回转体零件上的孔特征而采用的一种车削加工方法，这些孔特征的中心位于机床主轴的轴线上。车削钻孔同样有一般钻孔、镗孔和攻螺纹孔之分。

11.7.1　车削钻孔参数

在车床加工系统情形下选择“刀路”菜单中的“钻孔”命令，系统将弹出如图 11-76 所示的“车削钻孔”对话框。在车床上钻孔的相关参数设置和在铣床上钻孔的相关参数设置类似，只是要注意车削钻孔对钻孔位置的不同设置方法。

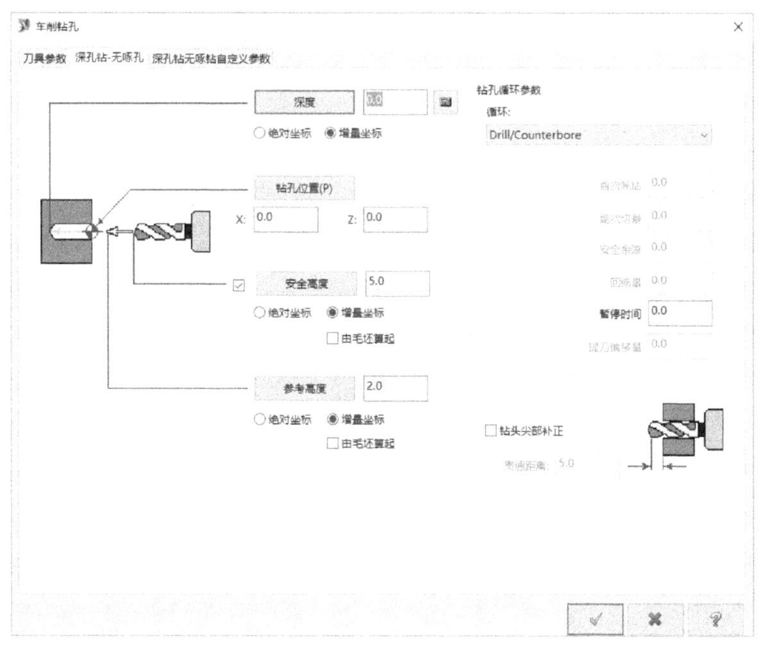

图 11-76　“车削钻孔”对话框

在“车削钻孔”对话框的“深孔钻-无啄孔”选项卡中，可以设置钻孔深度、钻孔位置、安全高度、参考高度和钻孔循环参数等，并可以启用钻头尖部补正。在“钻孔循环参数”选项组的“循环”下拉列表框中，提供了多种标准形式和自定义形式的钻孔加工方式。钻孔位置既可以通过 x、z 轴坐标值设定，也可以通过单击“钻孔位置”按钮在绘图区选择中心孔来设定。

11.7.2 车削钻孔范例

本小节介绍如何在车床系统中编制钻孔的刀路，该孔的最终钻削验证结果如图 11-77 所示。

1 打开网盘资料的“CH11”\“车削钻孔.MCX”文件，原始工件如图 11-78 所示。

图 11-77　车削钻孔的加工验证结果

图 11-78　原始工件

2 在“刀路”菜单中选择“钻孔”命令，系统弹出“输入新 NC 名称”对话框，输入名称为“车削钻孔”，单击“确定”图标按钮 ✓ 。

3 系统弹出“车削钻孔”对话框，在“刀具参数”选项卡中选择刀号为“T4242”的钻孔车刀，并设置相应的进给速率、主轴转速和最大主轴转速，如图 11-79 所示。

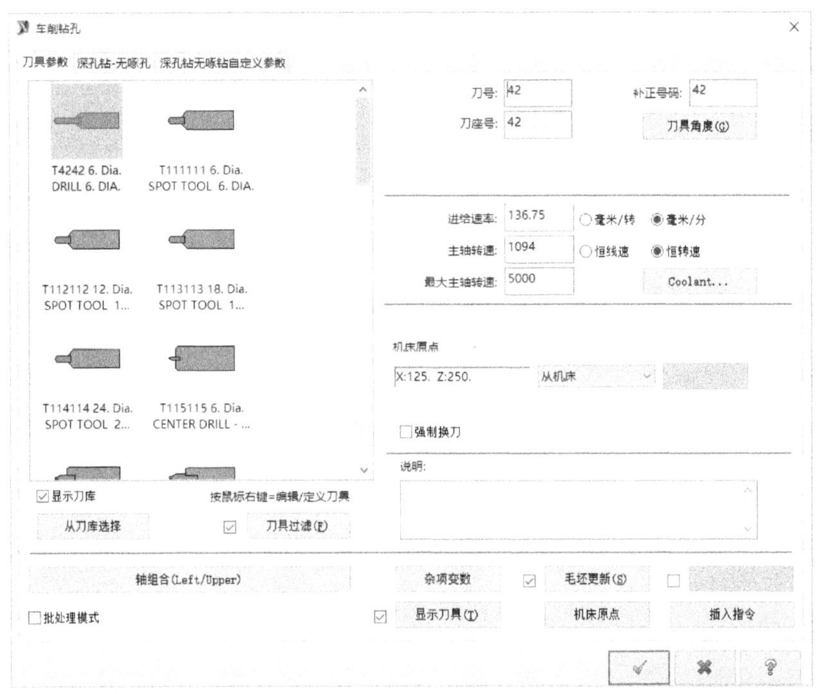

图 11-79　选择车刀并设置刀具参数

4 切换到“深孔钻-无啄孔”选项卡，将钻孔深度设置为-20（增量坐标），接着单击“钻孔位置”按钮，从选择条的一个下拉列表框中选择“圆弧中心”图标选项⊕，然后在绘图区单击如图 11-80 所示的端面圆边线来获取其圆心作为钻孔位置点。

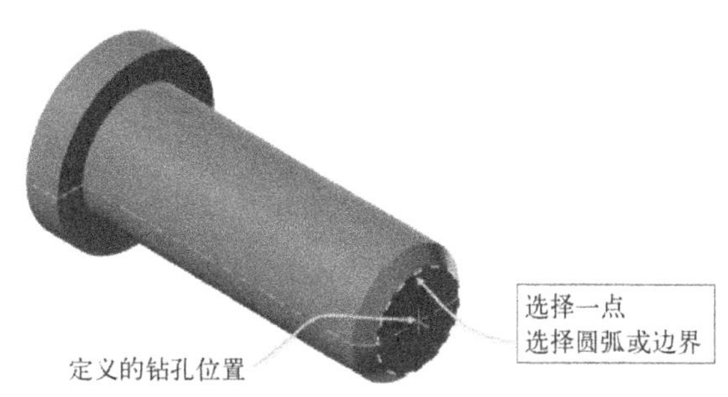

11-80 指定钻孔位置点

5 系统返回到“深孔钻-无啄孔”选项卡，此时可以看到自动计算钻孔的 X 和 Z 坐标，然后将钻孔循环的选项设置为“Drill/Counterbore”，如图 11-81 所示。最后，单击“确定”图标按钮✓。

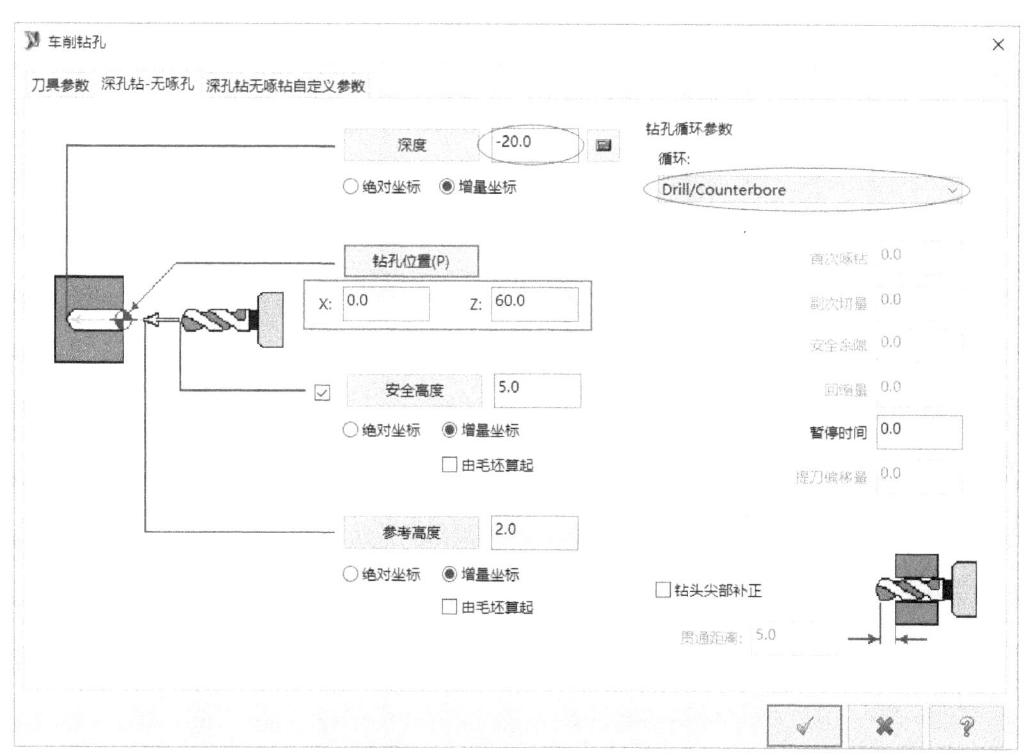

11-81 “深孔钻-无啄孔”选项卡

6 在刀路操作管理器中单击“验证已选择的操作”图标按钮，系统弹出“Mastercam 模拟”窗口，从中设置加工模拟验证的相关参数，然后单击“播放”图标按钮▶，系统开始进行加工模拟验证，最后得到的加工模拟验证结果如图 11-82 所示。

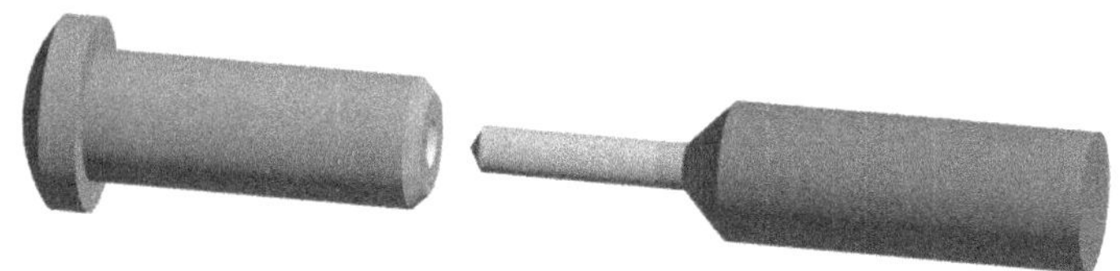

图 11-82 车削钻孔加工模拟验证结果

11.8 切断车削

切断（截断）车削是指采用车削的方式截断工件。

1. 在车床加工系统下，从“刀路”菜单中选择“切断”命令。
2. 系统提示选择切断边界点，在该提示下指定切断的边界点。
3. 指定切断的边界点后，系统弹出“切断”对话框。在“刀具参数”选项卡选择合适的车刀并设置相应的刀具参数；在“切断参数”选项卡中，设置进入延伸量、退出（退刀）距离、X 相切位置、切深位置、拐角图形样式、刀具补正、切入/切出向量等，如图 11-83 所示。

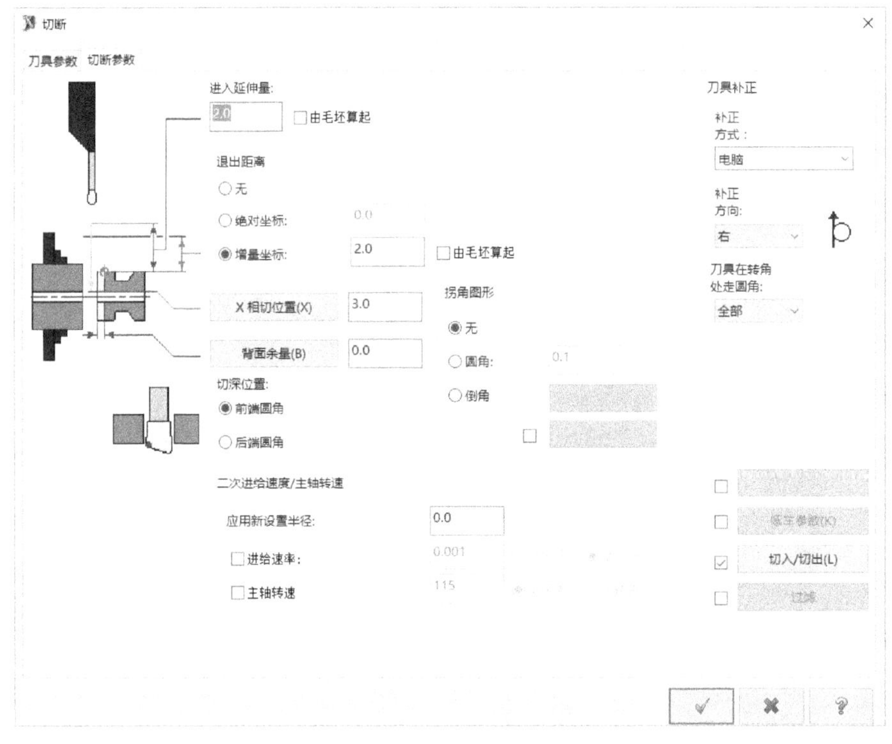

图 11-83 “切断参数”选项卡

知识点拨 下面介绍切断的几个典型参数。

- “X 相切位置”：用于设置切断车削终止点的 x 坐标值，其初始默认值为 0。
- “切深位置”：在“切深位置”选项组中可以选择“前端圆角”单选按钮或“后端圆角”单选按钮，前者表示刀具的前端角点切入至指定终止点 x 坐标，后者则表示刀

具的后端角点切入至指定终止点 x 坐标。

- "拐角图形"：该选项组用于设置在车削起始点位置的图形。拐角图形形式可以为"无"、"圆角"或"倒角"。当选择"倒角"时，可以设置倒角参数和第一刀直插参数。

4 单击"确定"图标按钮 ✓ ，生成切断车削的刀路。

下面介绍一个简单的切断操作范例。

1 打开网盘资料的"CH11"\"切断.MCX"文件，用于切断的零件如图 11-84 所示。

2 在"刀路"菜单中选择"切断"命令。

3 系统弹出"选择切断边界点"提示信息，单击"快速绘点"图标按钮，在出现的坐标输入文本框中输入"39，7.5"，按〈Enter〉键确定。

4 系统弹出"切断"对话框，在"刀具参数"选项卡中选择刀号为"T4141"的切断车刀或其他合适的刀具，并设置进给速率、主轴转速和最大主轴转速，如图 11-85 所示。

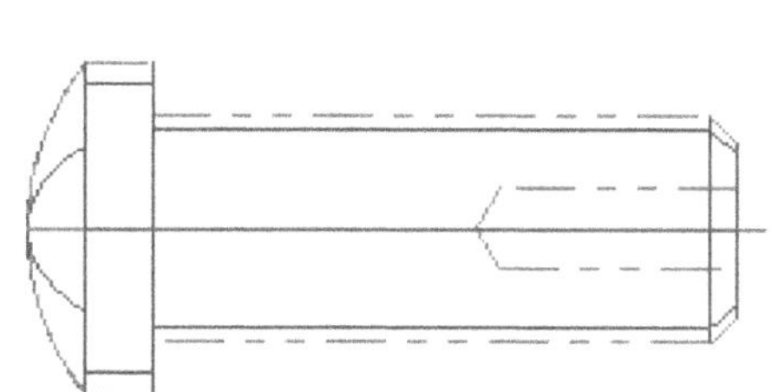

图 11-84 用于切断的零件

图 11-85 设置刀具参数

5 切换到"切断参数"选项卡，设置如图 11-86 所示的切断参数。

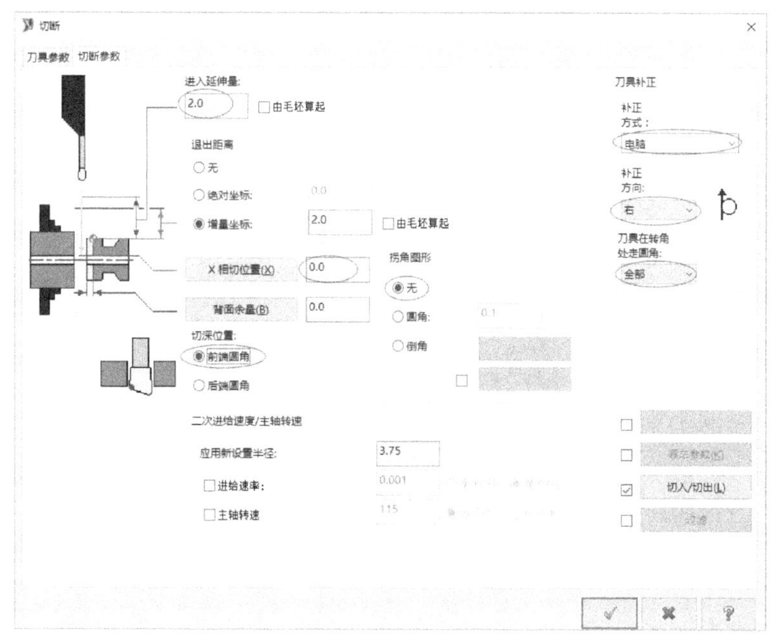

图 11-86 设置切断参数

6 在“切断”对话框中单击“确定”图标按钮。

7 在刀路操作管理器中单击“选择全部操作”图标按钮，选择所有的加工操作。接着，在刀路操作管理器中单击“验证已选择的操作”图标按钮，系统弹出“Mastercam模拟”窗口，从中设置加工模拟验证的相关参数，然后单击“播放”图标按钮，系统开始进行加工模拟验证，最后得到的模拟验证结果如图 11-87 所示。

操作说明 1：如果在本例中，在“切断参数”选项卡的“X 相切位置”文本框中输入的值为正值（不妨设置为 5），而不是默认的 0，并且拐角图形为“无”，那么最终呈现的是沟槽效果，如图 11-88 所示。

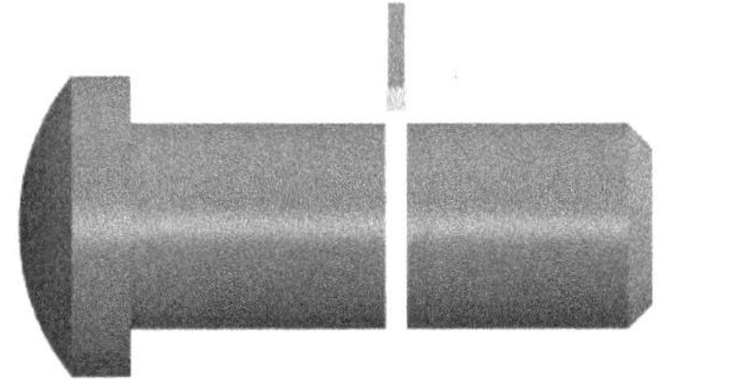

图 11-87 切断加工模拟验证结果

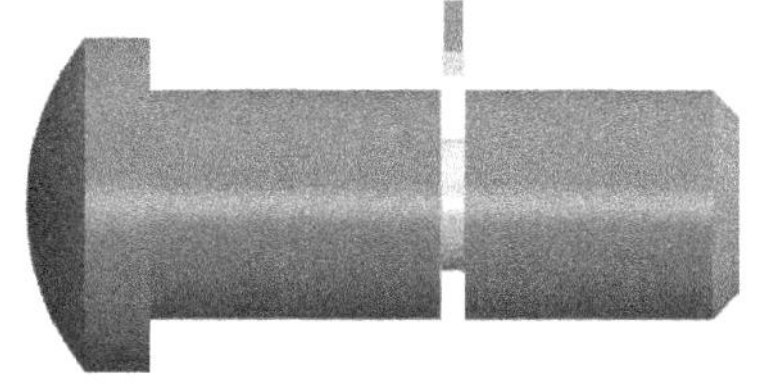

图 11-88 切断呈现沟槽效果

操作说明 2：在本例中，也可以将“X 相切位置”值设置为 0，并在“拐角图形”选项组中选择“倒角”单选按钮，接着单击“参数”按钮，系统弹出“切断倒角”对话框，进行如图 11-89 所示的设置，然后单击“确定”图标按钮，注意观察加工模拟的效果。

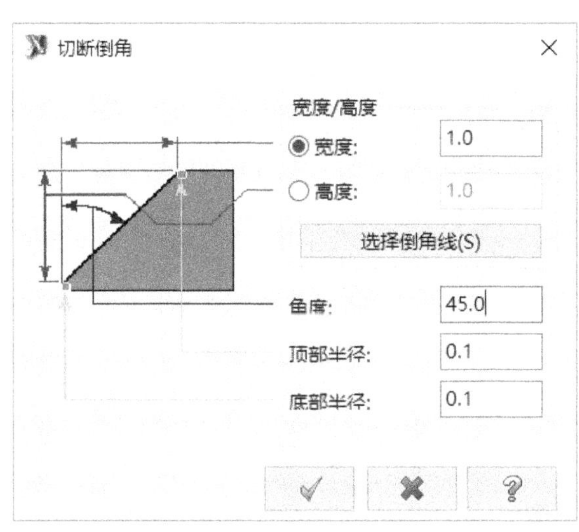

图 11-89 切断倒角设定

11.9 车床简式加工与切削循环

在车床加工系统的“刀路”菜单中，还提供了“简式”和“循环”命令，如图 11-90 所示。

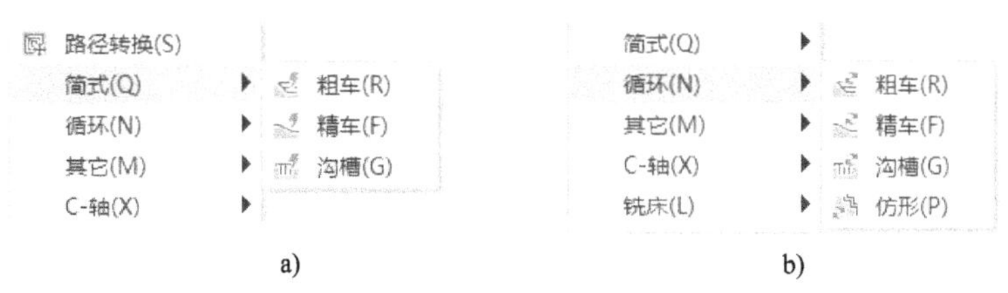

a) b)

图 11-90 “简式”与“循环”命令

a)“简式”命令 b)“循环”命令

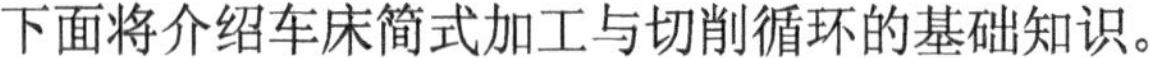

下面将介绍车床简式加工与切削循环的基础知识。

11.9.1 车床简式加工

车床简式加工（也称为“车床快速加工”）的功能包括简式粗车、简式精车和简式沟槽车削。这些简式加工所需设置的参数较少，可用于相对简单的工件粗车、精车和沟槽车削。

一、简式粗车

要使用简式粗车，则需在“刀路”菜单中选择“简式”/“粗车”命令，并指定用于简式粗车的串连外形轮廓/图形，系统弹出“简式粗车”对话框，在该对话框中设置相关的简式车刀参数和简式粗车参数即可。简式粗车的参数设置和常规粗车的参数设置比较类似，只是简式粗车的参数设置更简单，如图 11-91 所示。对于简式粗车而言，在“简式粗车参数”选项卡中只需设置粗切量、X 预留量、Z 预留量、进刀延伸量、退刀延伸量、粗车方向、刀具补正方式、补正方向、切入/切出向量（即进/退刀向量）等。其各参数的功能含义和常规粗车相应参数的功能含义是一致的，不再赘述。

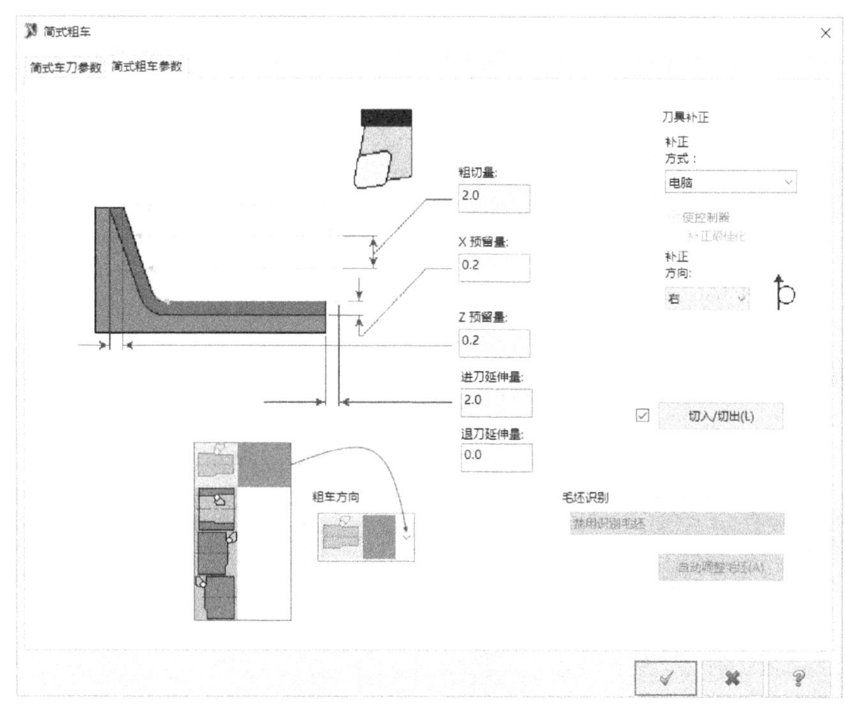

图 11-91 简式粗车参数设置

二、简式精车

在“刀路”菜单中选择“简式”/“精车”命令，系统将会打开“简式精车”对话框。在该对话框中除了可以设置简式车刀参数之外，还可以切换至如图 11-92 所示的“简式精车参数”选项卡，设置精车方向、精车步进量、精车次数、精车外形、刀具补正方式和补正方向等。与常规精车相比，简式精车的定义参数和操作要简单些。

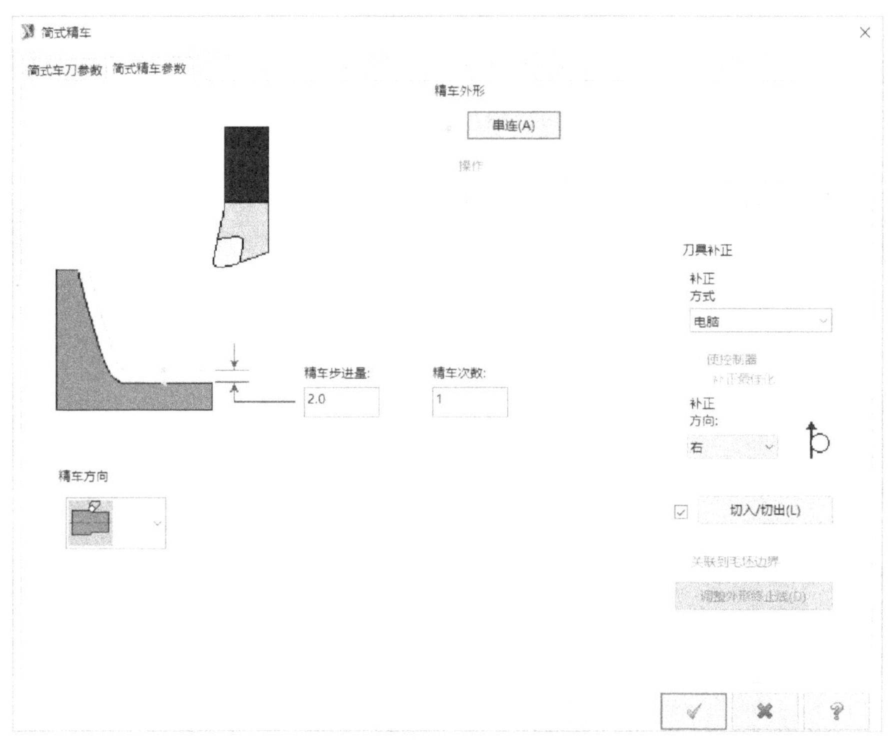

图 11-92　简式精车参数设置

值得用户注意的是，在简式精车中，精车外形通常可以由列表中选定的某一粗车操作来决定，当然，用户可以在“精车外形”选项组中单击选中“串连”单选按钮，并单击“串连”按钮，接着在绘图区选择要精加工的外形轮廓串连。

三、简式沟槽车削

简式沟槽车削（也称为“简式径向车削”）的加工方法和常规沟槽车削（径向车削）的加工方法基本相同。在“刀路”菜单中选择“简式”/“沟槽”命令，系统将弹出如图 11-93 所示的“简式沟槽选项”对话框，由用户从中选定沟槽定义方式，并在随后根据所设定的沟槽定义方式来选择图形对象定义沟槽外形。注意，简式沟槽车削的沟槽定义方式只有 3 种，即“1 点”“2 点”和“3 直线”。

图 11-93　简式沟槽选项

之后系统弹出“简式沟槽车削”对话框，在“简式沟槽形状参数”选项卡中设置简式沟槽形状参数，如图 11-94 所示。与常规沟槽车削相比，简式沟槽车削不用设置沟槽外形的开口方向和侧壁锥度角等参数，更为简便。

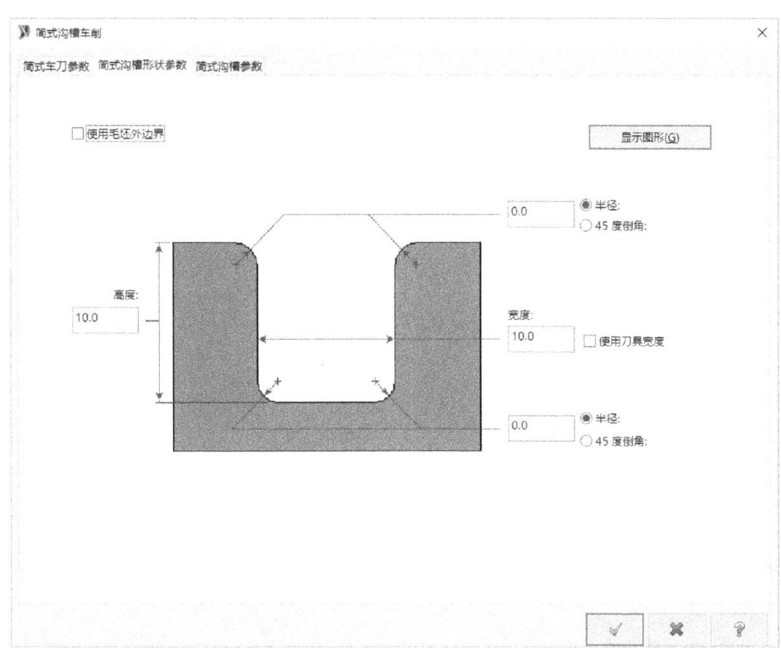

11-94　设置简式沟槽形状参数

切换至“简式沟槽参数”选项卡，可以设置进行沟槽粗车和沟槽精车的相关参数，如图 11-95 所示。

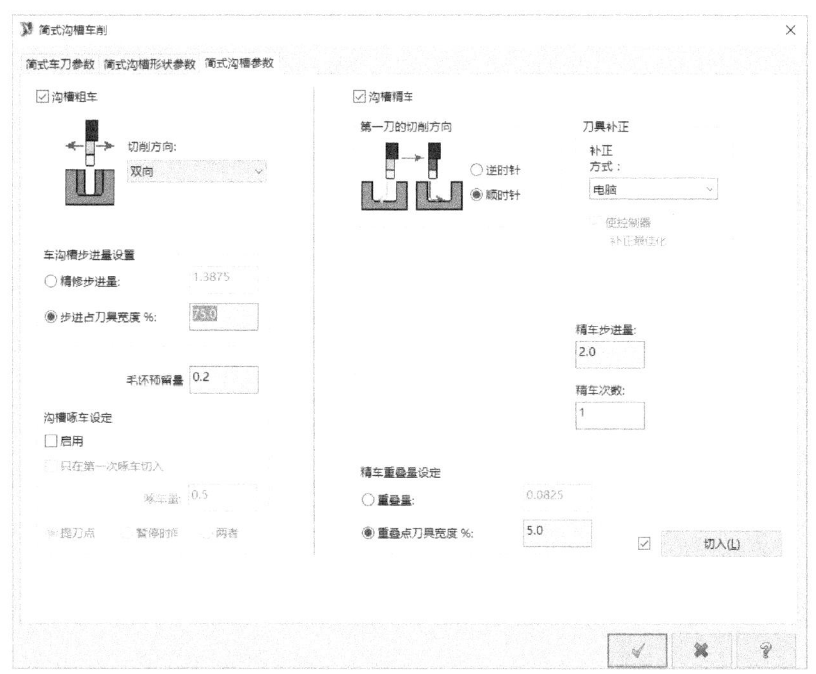

图 11-95　设置简式沟槽参数

11.9.2 车床切削循环

车床切削循环的功能包括循环粗车、循环精车、沟槽车削循环和仿形循环。

车床切削循环各命令的操作方法和其他车削加工的操作方法是相似的，这里不再赘述，只列出各切削循环命令所特有的参数设置选项卡，以便读者了解各自特有的参数设置。

一、循环粗车

“循环粗车参数”选项卡如图 11-96 所示，设置的参数包括 X 安全高度、Z 安全高度、深度切削、退出长度、Z 预留量、X 预留量、粗车方向、刀具补正和切入参数（进刀参数）等。如果需要，则可以在该选项卡中选中“改为标准车削（不支持循环切削）”复选框。

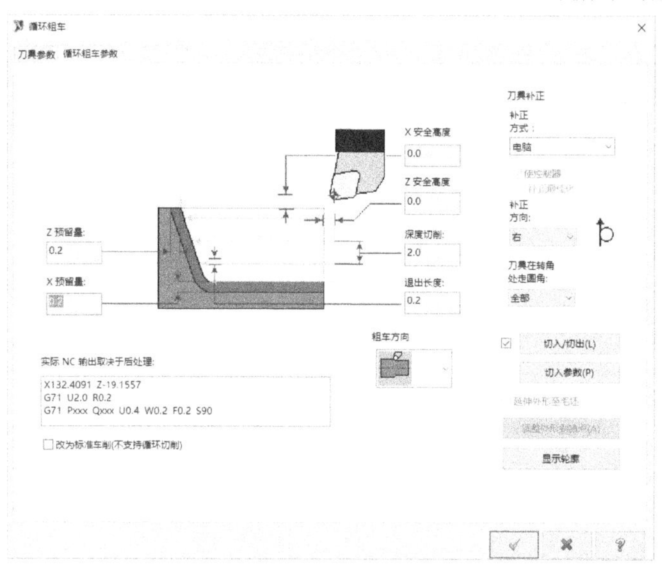

图 11-96 “循环粗车参数”选项卡

二、循环精车

“循环精车参数”选项卡如图 11-97 所示。在该选项卡中，可以指定执行循环精车操作，设定切出距离（返回间隙）和刀具补正，还可以根据情况设置切入点和切出点。同循环粗车一样，在该选项卡中也提供了“改为标准车削（不支持循环切削）”复选框。

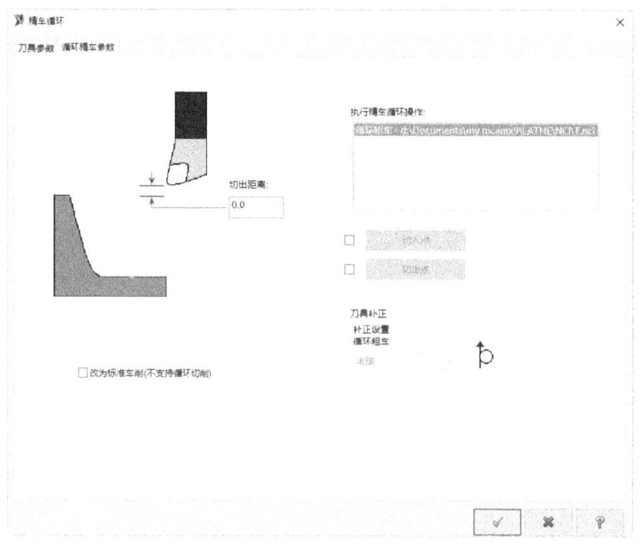

图 11-97 “循环精车参数”选项卡

三、沟槽车削循环

沟槽车削循环需要指定沟槽定义方式，并需要在如图 11-98 所示的“沟槽车削循环”对话框中进行相关的参数设置，包括刀具参数、沟槽形状参数、沟槽粗车参数和沟槽精车参数设置。这些参数和常规沟槽车削的参数基本一致，不再赘述。

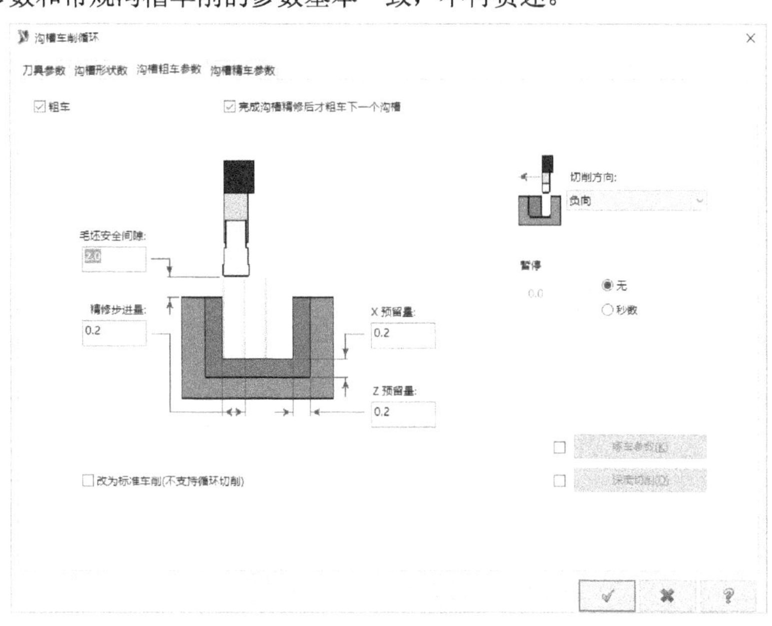

图 11-98 “沟槽车削循环”对话框

四、仿形循环

在“刀路”菜单中选择“循环”/“仿形”命令，并指定所需的外形轮廓等图形后，系统弹出“仿形循环”对话框。在“刀具参数”选项卡中指定外形加工车刀和相应的刀具参数，切换到“仿形参数”选项卡，设置如图 11-99 所示的参数，包括外形补正角度、步进量、切削次数、X 预留量、Z 预留量、刀具补正、切入/切出（进/退刀）向量等。

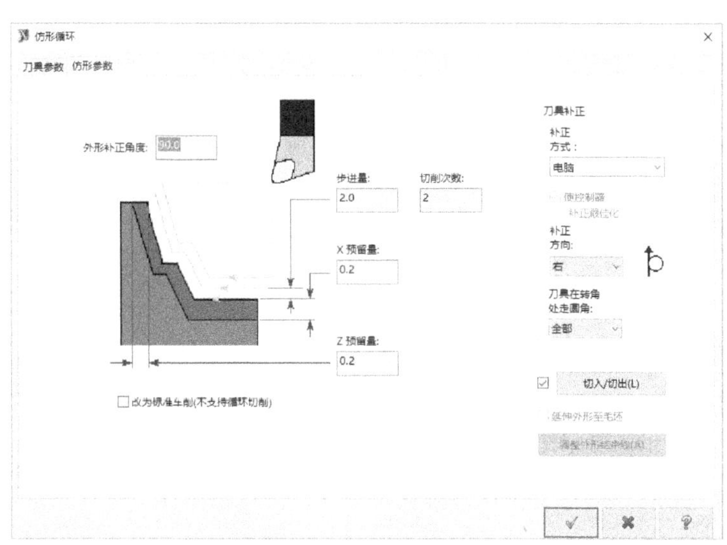

图 11-99 设置仿形参数

11.10 车削综合范例

图 11-100 所示为车削加工而成的轴零件，应用到的车削加工包括车端面、轮廓粗车、轮廓精车、沟槽车削（径向车削）、车螺纹和车削钻孔等。

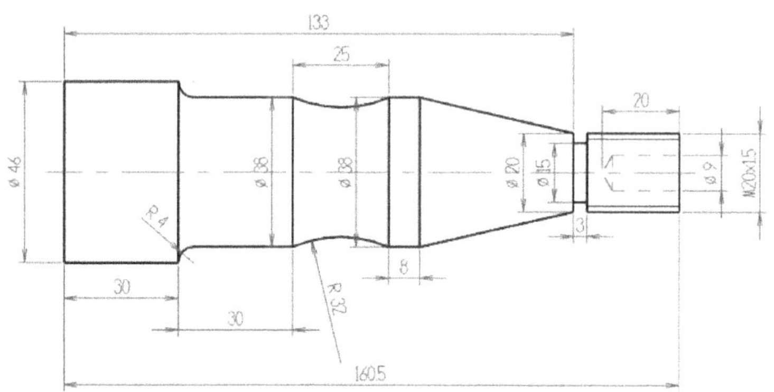

图 11-100 车削加工而成的轴零件

本车削综合范例按照先主后次、先粗后精的加工原则，即先车端面，再进行主轮廓粗车和精车，然后在轴工件中使用“沟槽”命令车削出沟槽，最后车螺纹和钻孔。

一、设置机床类型与工件材料

1 在“文件”工具栏中单击“新建”图标按钮，或者从菜单栏的“文件”菜单中选择“新建”命令，新建一个 Mastercam X9 文件。接着在默认的绘图面（构图面）中按照已知尺寸绘制如图 11-101 所示的二维图形，点 A 和点 B 均是指实线的端点。

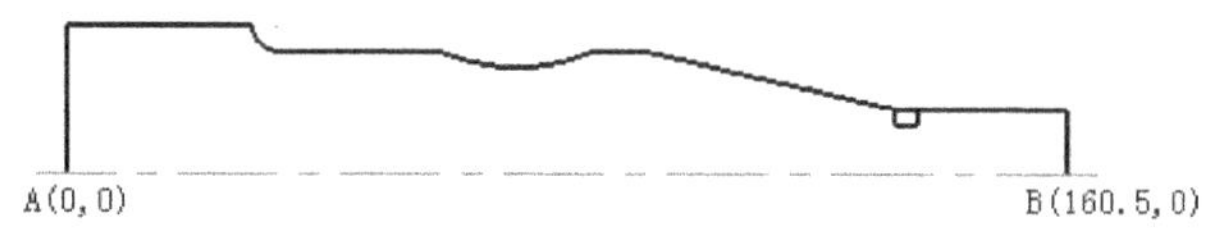

图 11-101 绘制二维图形

读者也可以直接打开网盘资料的“CH11”\“车削加工综合实例.MCX”文件，该文件已经准备好上述所需的二维图形。

2 在菜单栏的“机床类型”菜单中选择“车床”/“默认”命令。

3 在刀路操作管理器中单击机床群组“属性”节点下的“毛坯设置”子节点，系统弹出“机床群组属性”对话框，并自动切换至“毛坯设置”选项卡。

4 在“毛坯”选项组中单击“参数”按钮，系统弹出“机床组件管理-毛坯”对话框，设置图形选项为“圆柱体”，单击“由两点产生”按钮。

系统提示选择定义圆柱体第一点，此时单击“快速绘点”图标按钮，在出现的坐标输入文本框中输入“-36，24”，并按〈Enter〉键确认。系统提示选择定义圆柱体第二点，此时单击“快速绘点”图标按钮，在出现的坐标输入文本框中输入“165，0”，并按〈Enter〉键确认。

此时，“机床组件管理-毛坯”对话框如图 11-102 所示，单击“确定”图标按钮，从而通过指定两个点定义圆柱体工件外形。

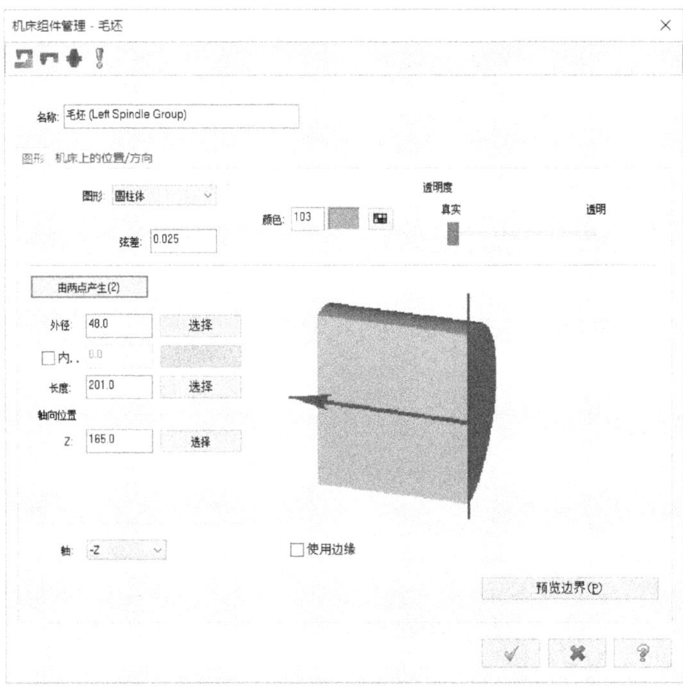
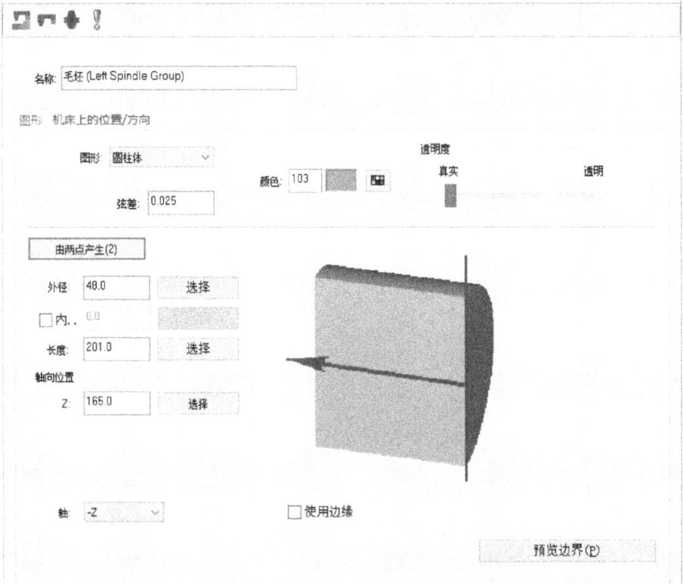

图 11-102 “机床组件管理-毛坯”对话框

5 在“卡爪设置”选项组中单击“参数”按钮，系统弹出“机床组件管理-卡盘”对话框，从中进行如图 11-103 所示的机床组件卡爪参数设置。

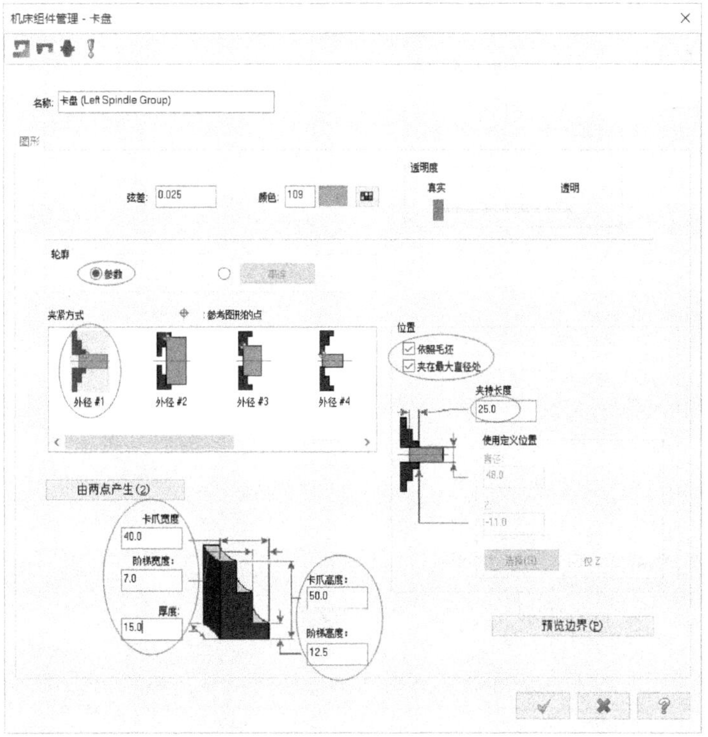

图 11-103 设定卡爪参数

6 在“机床组件管理-卡盘”对话框中单击“确定”图标按钮 ✓ ，然后在“机床群组属性”对话框中单击“确定”图标按钮 ✓ 。定义的工件外形和卡爪如图 11-104 所示。

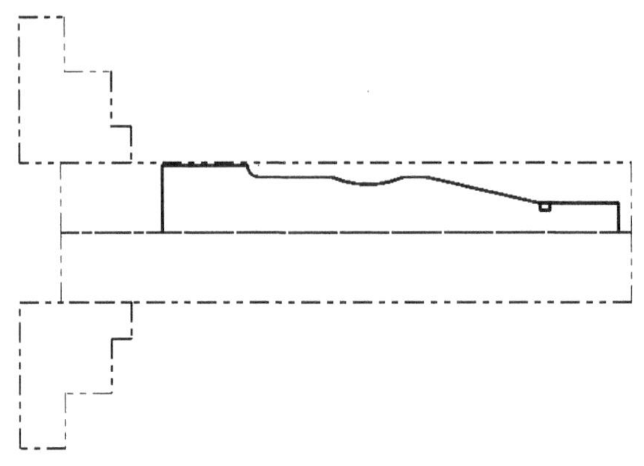

图 11-104　定义工件外形和卡爪

二、车端面

1 在菜单栏的“刀路”菜单中选择“端面”命令。

2 系统弹出“输入新 NC 名称”对话框，输入新 NC 名称为“轴车削加工”，然后单击“确定”图标按钮 ✓ 。

3 系统弹出“车端面”对话框，在“刀具参数”选项卡中选择“T3131”号车刀，并设置如图 11-105 所示的参数。

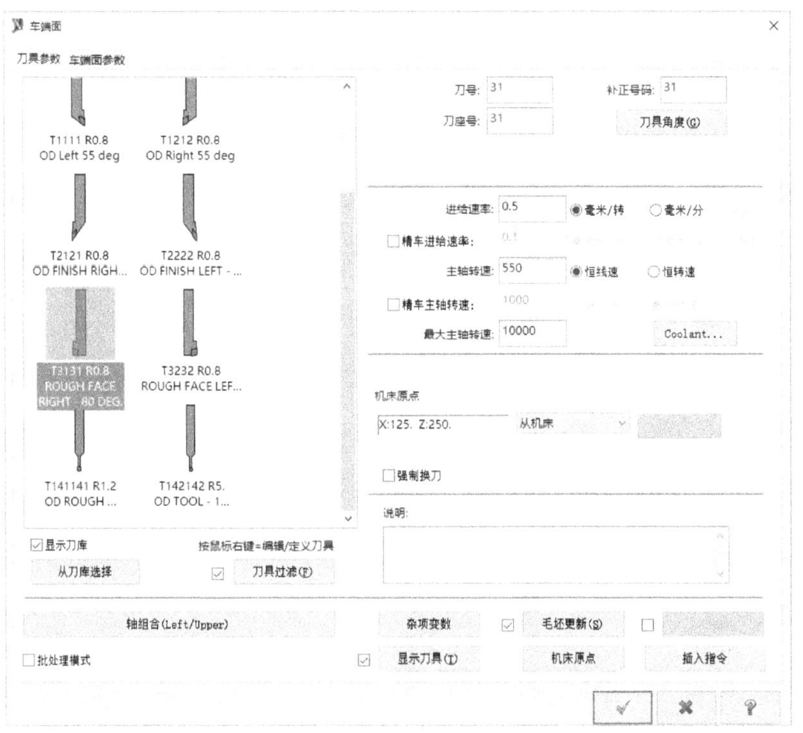

图 11-105　选择车刀和设置刀具参数

4 切换至“车端面参数”选项卡，设置预留量为 0，单击选中“选择点”单选按钮，其他参数如图 11-106 所示。

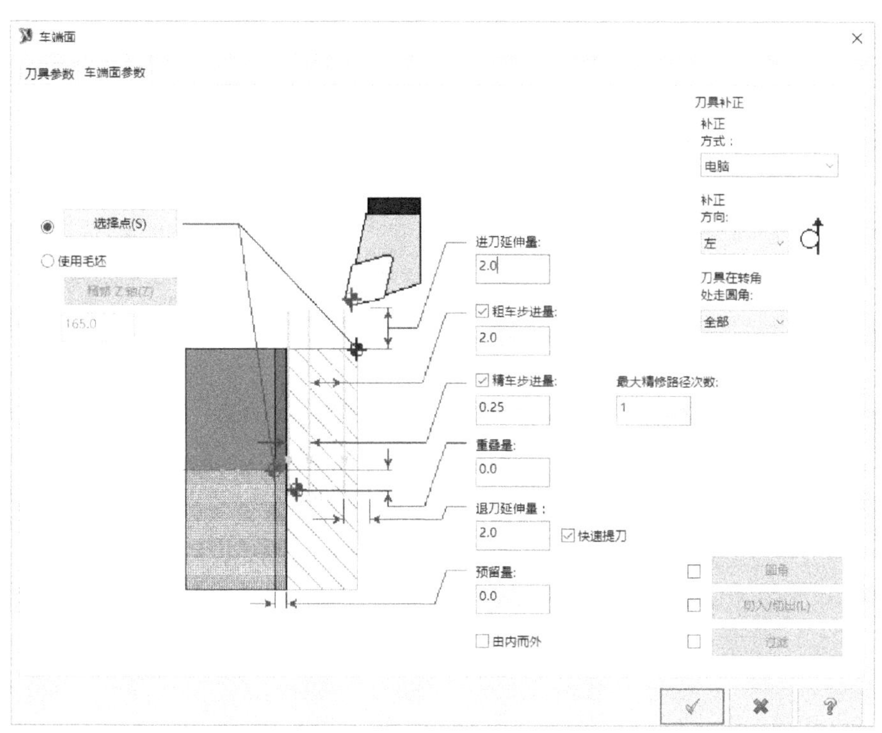

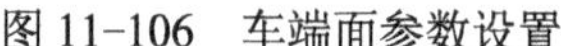
图 11-106　车端面参数设置

5 单击“选择点”按钮，在绘图区分别选择如图 11-107 所示的两点来定义车端面区域。

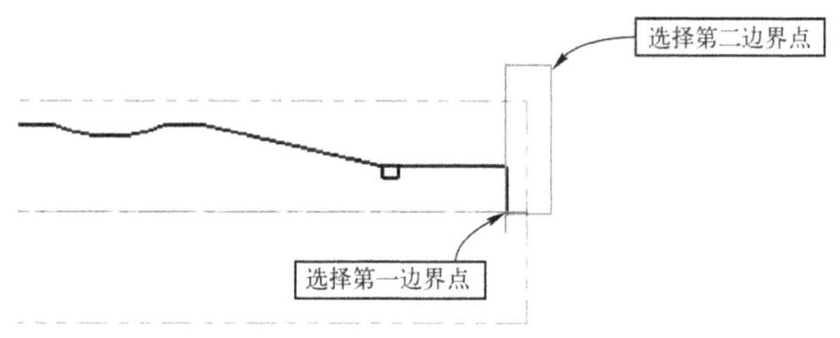

图 11-107　指定两点定义车端面区域

6 在“车端面”对话框中单击“确定”图标按钮，从而生成车端面的刀路。

7 在刀路管理器中选择车端面操作，单击“切换显示所选操作”图标按钮≋，从而隐藏车端面的刀路。

三、粗车主轮廓

1 在菜单栏的“刀路”菜单中选择“粗车”命令。

2 系统弹出“串连选项”对话框，选中“部分串连”图标按钮，并选中“接续”复选框，按顺序选择加工轮廓，结果如图 11-108 所示。在“串连选项”对话框中单击

“确定”图标按钮[✓]，结束轮廓外形选取操作。

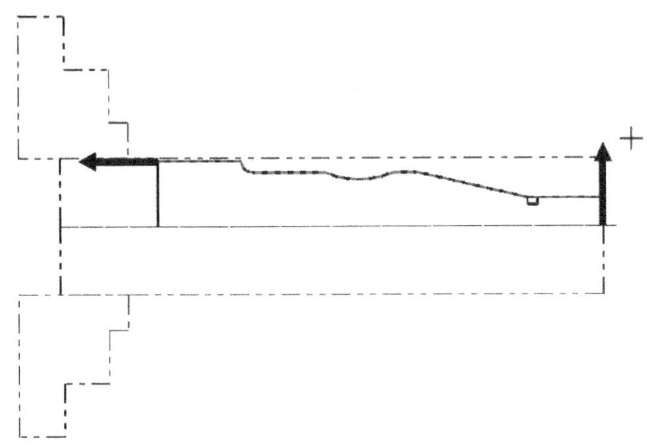

图 11-108　选择要粗车的轮廓外形

3 系统弹出“粗车”对话框，在“刀具参数”选项卡中，选择刀号为“T0101”的车刀，并自行设置进给速率、下刀速率、主轴转速和最大主轴转速等。

4 切换到“粗车参数”选项卡，进行如图 11-109 所示的粗车参数设置。注意，需要设置刀具补正方式为“控制器”，选中“使控制器补正最佳化”复选框，并设置补正方向为“右”。

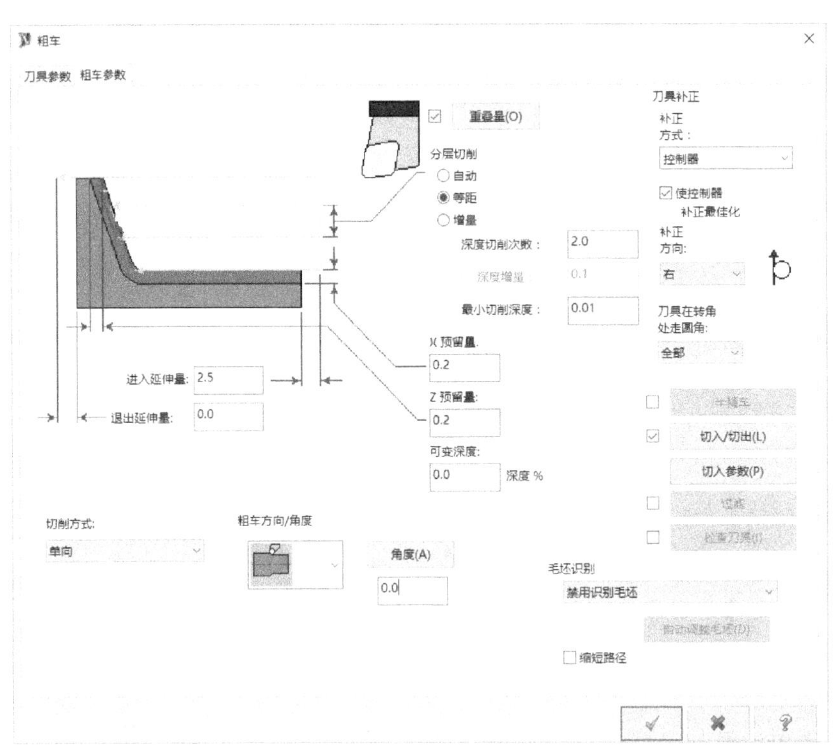

图 11-109　设置粗车参数

5 单击“切入/切出”按钮，系统弹出“切入/切出设置”对话框。在“切入”选项卡

的“进入向量”选项组中，将“固定方向”选项设置为“垂直”，如图 11-110 所示，单击“确定”图标按钮 。

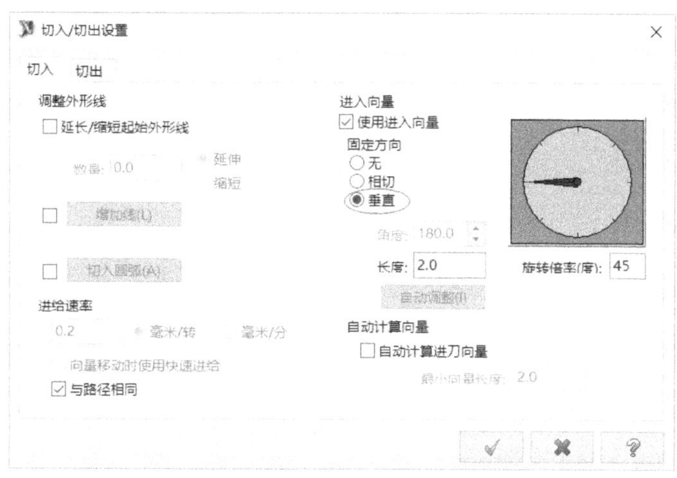

图 11-110　切入设置

 单击“切入参数”按钮，系统弹出“车削切入参数”对话框，设置如图 11-111 所示的参数，然后单击该对话框中的“确定”图标按钮 。

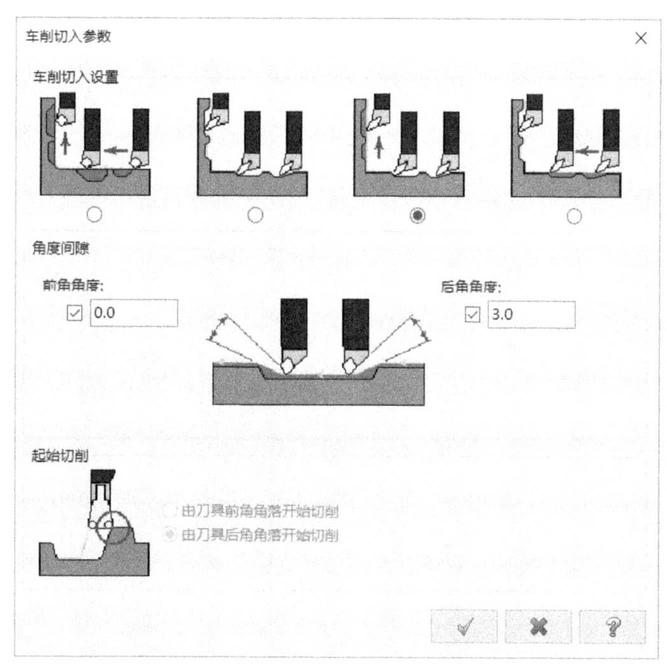

图 11-111　“车削切入参数”对话框

 在“粗车”对话框中单击“确定”图标按钮 ，产生的粗车加工刀路如图 11-112 所示。

 在刀路管理器中选择粗车操作，单击“切换显示所选操作”图标按钮 ≋，从而隐藏该粗车的刀路。

四、精车主轮廓

1 在菜单栏的“刀路”菜单中选择“精车”命令。

2 系统弹出“串连选项”对话框，选中“部分串连”图标按钮，并选中“接续”复选框，按顺序选择加工轮廓，选择结果如图 11-113 所示。在“串连选项”对话框中单击“确定”图标按钮，结束轮廓外形的选取操作。

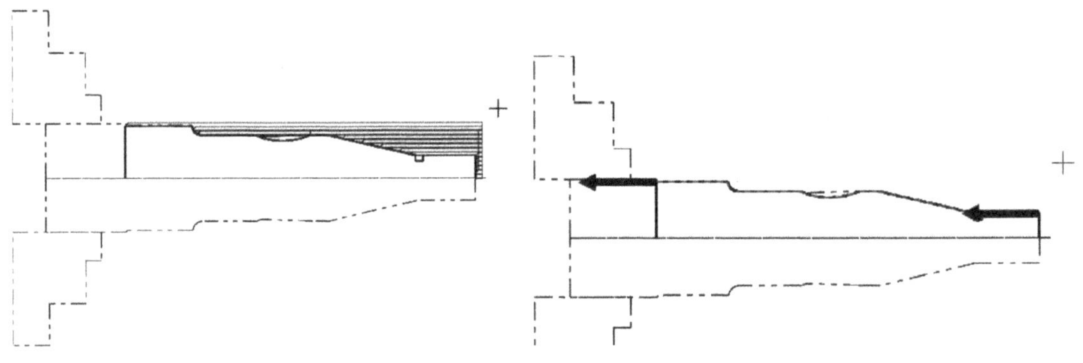

图 11-112 粗车加工刀路　　图 11-113 选择轮廓外形串连

3 系统弹出“精车”对话框，在“刀具参数”选项卡中选择刀号为“T2121”的车刀，并自行设置相应的进给速率、主轴转速、最大主轴转速等。

4 切换至“精车参数”选项卡，进行如图 11-114 所示的精车参数设置。

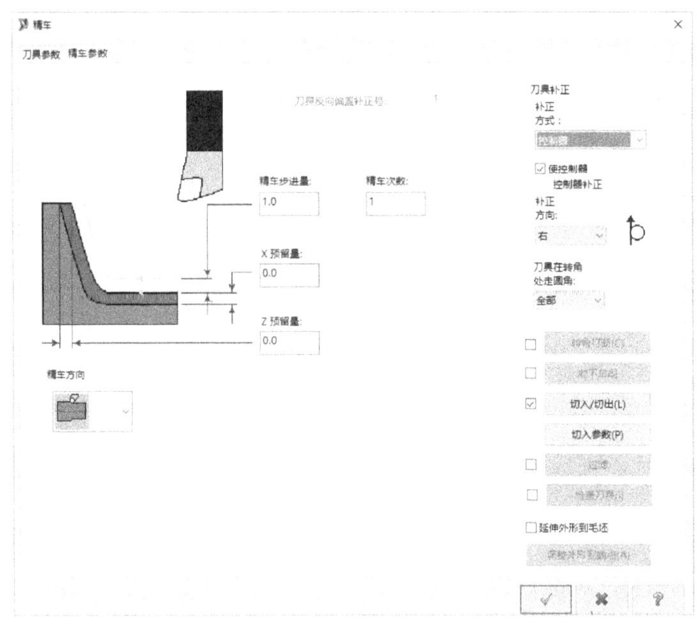

图 11-114 设置精车参数

5 单击“切入/切出”按钮，系统弹出“切入/切出设置”对话框。在“切入”选项卡的“进入向量”选项组中，将“固定方向”选项设置为“垂直”，如图 11-115 所示，然后单击“确定”图标按钮。

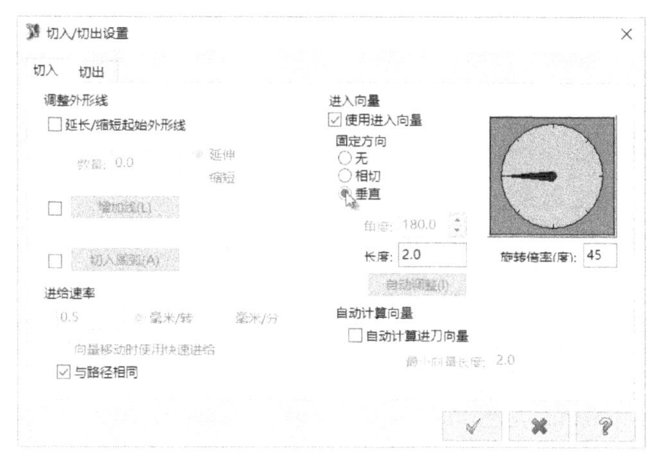

图 11-115　切入设置

6 单击“切入参数”按钮，系统弹出“车削切入参数”对话框，按照如图 11-116 所示的参数进行设置，然后单击该对话框中的“确定”图标按钮 ✓ 。

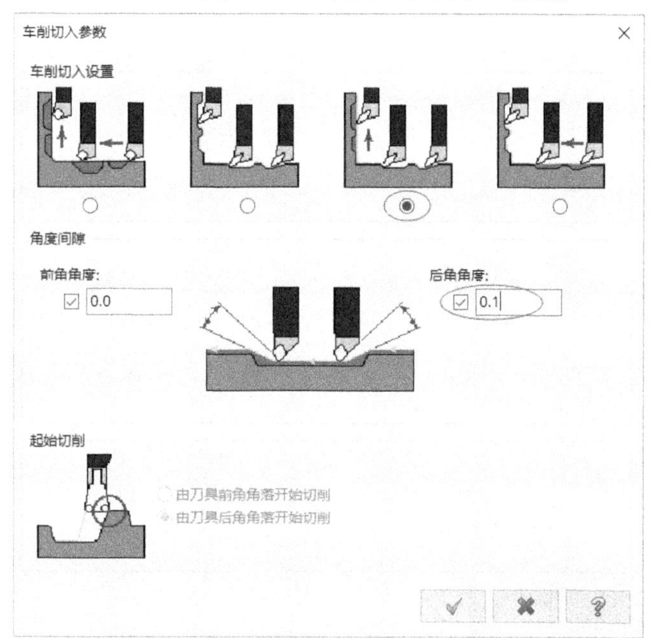

图 11-116　“车削切入参数”对话框

7 在“精车”对话框中单击“确定”图标按钮 ✓ ，生成的精车刀路如图 11-117 所示。

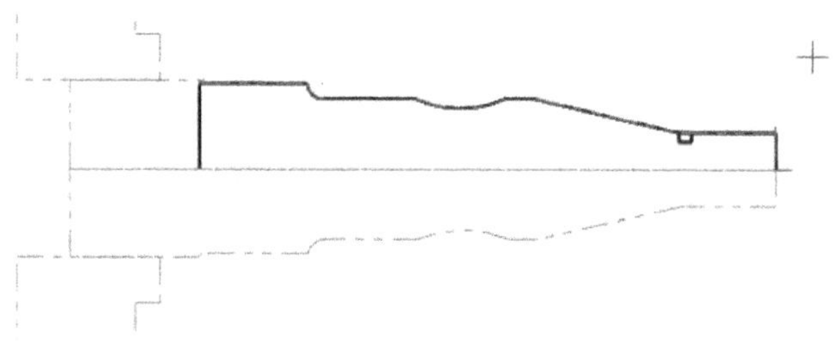

图 11-117　生成精车刀路

8 在刀路管理器中确保选择刚创建的精车操作，然后单击“切换显示所选操作”图标按钮≋，从而隐藏该精车的刀路。

五、车削沟槽

1 在“刀路”菜单中选择“沟槽”命令。

2 系统弹出“沟槽选项”对话框。在“定义沟槽方式”选项组中单击选中“3直线”单选按钮，如图11-118所示，然后单击“确定”图标按钮✓。

图11-118 “沟槽选项”对话框

3 系统弹出“串连选项”对话框，确保选中“部分串连”图标按钮，并选中“接续”复选框，使用鼠标在绘图区指定如图11-119所示的串连矩形沟槽（包含3条曲线），然后单击“确定”图标按钮✓，系统弹出“沟槽”对话框。

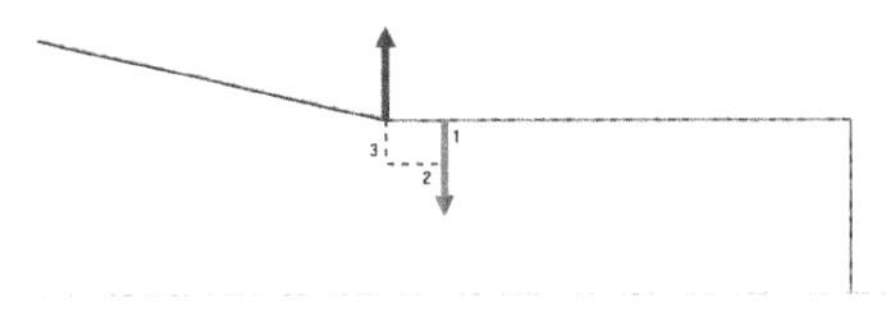

图11-119 选择串连矩形沟槽

4 在“刀具参数”选项卡中选择刀号为“T4141”的沟槽车刀或其他合适的沟槽车刀，并设置进给速率为0.2毫米/转、主轴转速为302css（恒线速）、最大主轴转速为5000等。

5 切换至“沟槽形状参数”选项卡，进行如图11-120所示的沟槽形状参数设置。

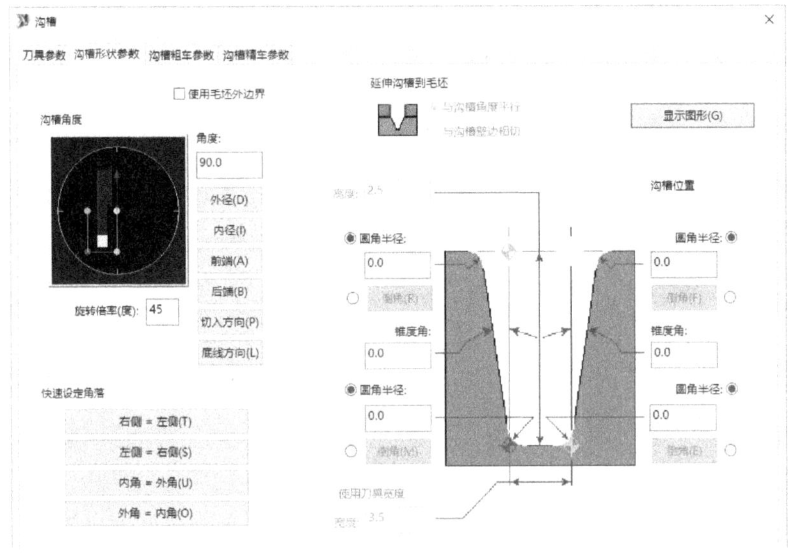

图11-120 设置沟槽形状参数

6 切换至“沟槽粗车参数”选项卡，进行如图 11-121 所示的沟槽粗车参数设置。

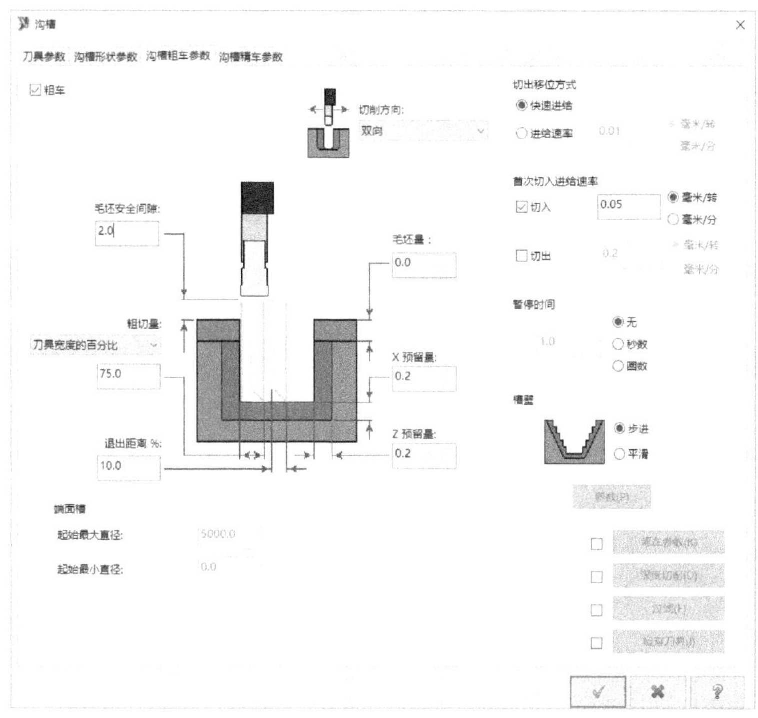

图 11-121　设置沟槽粗车参数

7 切换至“沟槽精车参数”选项卡，进行如图 11-122 所示的沟槽精车参数设置。

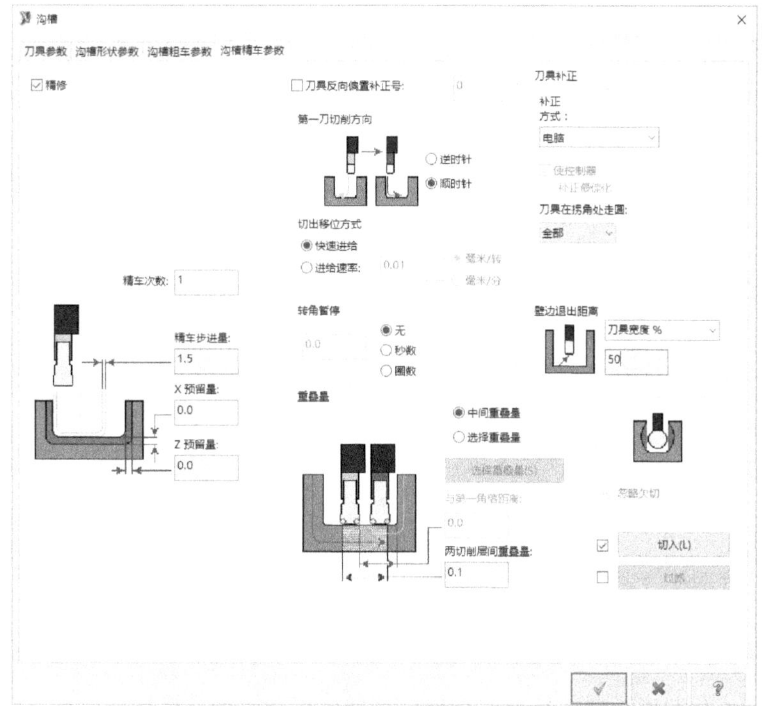

图 11-122　设置沟槽精车参数

8 在“沟槽”对话框中单击“确定”图标按钮✓，系统根据所进行的设置来生成径向沟槽刀路。

9 在刀路管理器中确保选择刚建立的沟槽操作，然后单击“切换显示所选操作”图标按钮≈，从而隐藏该沟槽操作的刀路。

六、车螺纹

1 在“刀路”菜单中选择“螺纹”命令。

2 系统弹出“车螺纹”对话框。在“刀具参数”选项卡中，选择刀号为“T9595”的螺纹车刀，并自行根据车床设备情况设置相应的主轴转速和最大主轴转速等。

3 切换至“螺纹外形参数”选项卡，单击“由表单计算”按钮，系统弹出“螺纹表单”对话框，选择如图 11-123 所示的螺纹规格，然后单击“确定”图标按钮✓。

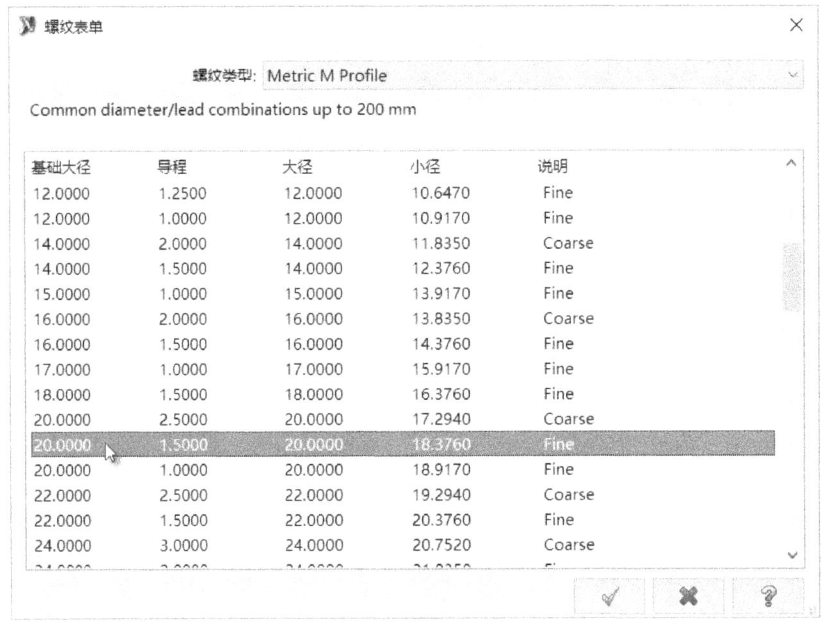

基础大径	导程	大径	小径	说明
12.0000	1.2500	12.0000	10.6470	Fine
12.0000	1.0000	12.0000	10.9170	Fine
14.0000	2.0000	14.0000	11.8350	Coarse
14.0000	1.5000	14.0000	12.3760	Fine
15.0000	1.0000	15.0000	13.9170	Fine
16.0000	2.0000	16.0000	13.8350	Coarse
16.0000	1.5000	16.0000	14.3760	Fine
17.0000	1.0000	17.0000	15.9170	Fine
18.0000	1.5000	18.0000	16.3760	Fine
20.0000	2.5000	20.0000	17.2940	Coarse
20.0000	1.5000	20.0000	18.3760	Fine
20.0000	1.0000	20.0000	18.9170	Fine
22.0000	2.5000	22.0000	19.2940	Coarse
22.0000	1.5000	22.0000	20.3760	Fine
24.0000	3.0000	24.0000	20.7520	Coarse

图 11-123 “螺纹表单”对话框

4 在“螺纹外形参数”选项卡中单击“起始位置”按钮，选择如图 11-124 所示的右端点，接着单击“结束位置”按钮，选择如图 11-124 所示的相应交点。

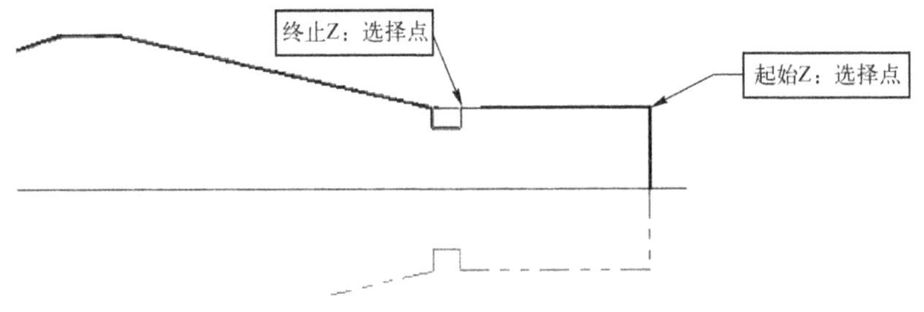

图 11-124 选择螺纹的起始位置和结束位置

5 切换至“螺纹切削参数”选项卡，按照如图 11-125 所示的参数进行设置。

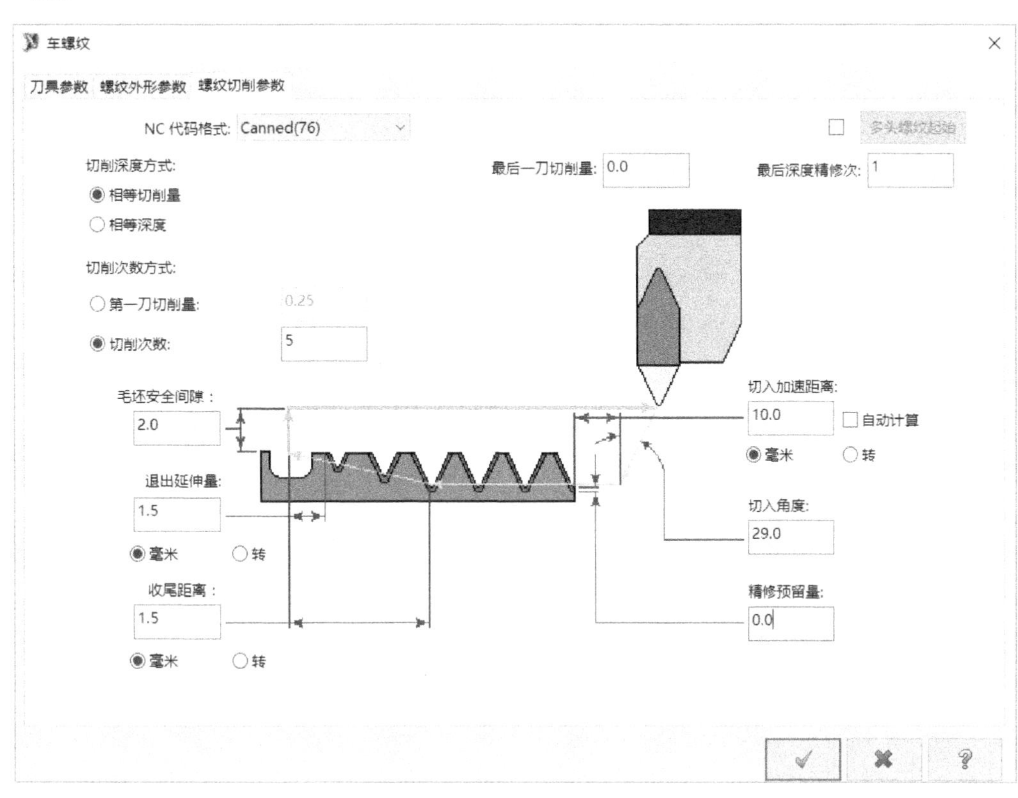

图 11-125　设置螺纹切削参数

6 在“车螺纹”对话框中单击“确定”图标按钮，生成如图 11-126 所示的车螺纹刀路。

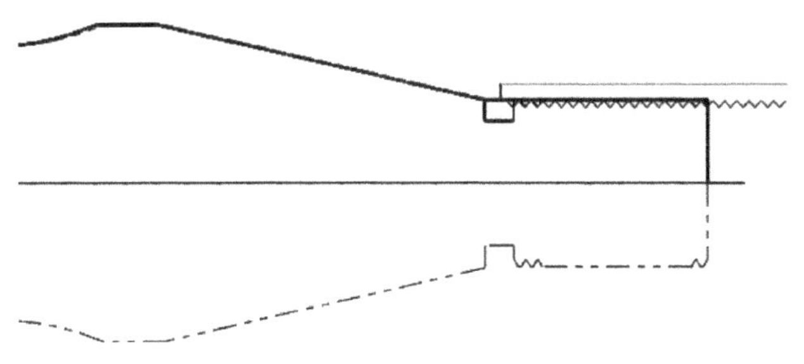

图 11-126　生成车螺纹刀路

7 在刀路管理器中确保选中刚建立的车螺纹操作，然后单击“切换显示所选操作”图标按钮≋，从而隐藏该车螺纹刀路。

七、车削钻孔

1 在“刀路”菜单中选择“钻孔”命令，系统弹出“车削钻孔”对话框。

2 在“刀具参数”选项卡中，选择刀号为“T123123”的钻头（直径为 9mm），并设置如图 11-127 所示的刀具参数。

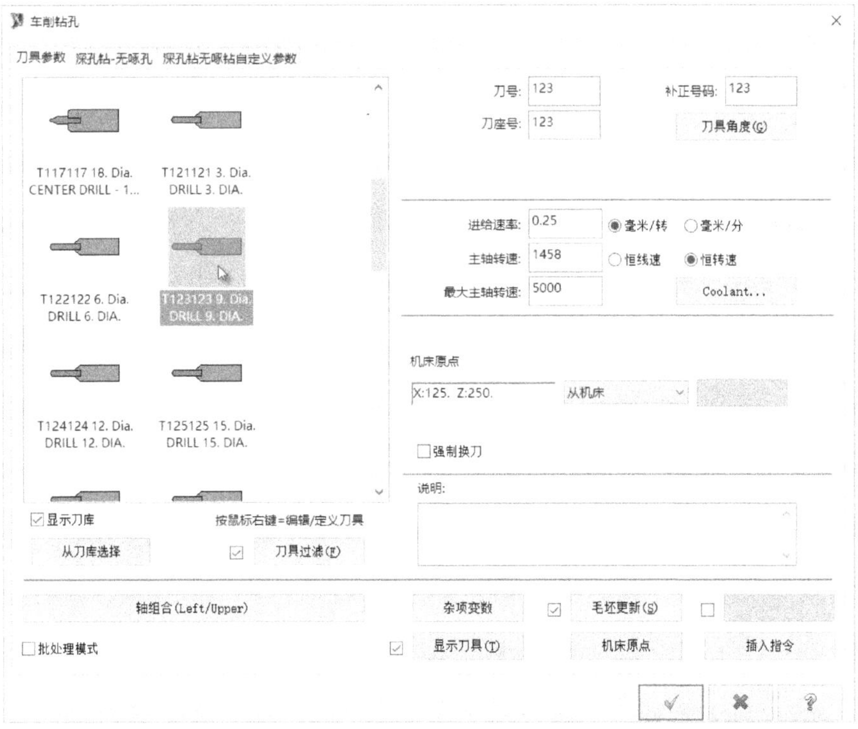

图 11-127　设置钻孔刀具参数

切换至“深孔钻-无啄孔”选项卡，按照如图 11-128 所示的参数进行设置。

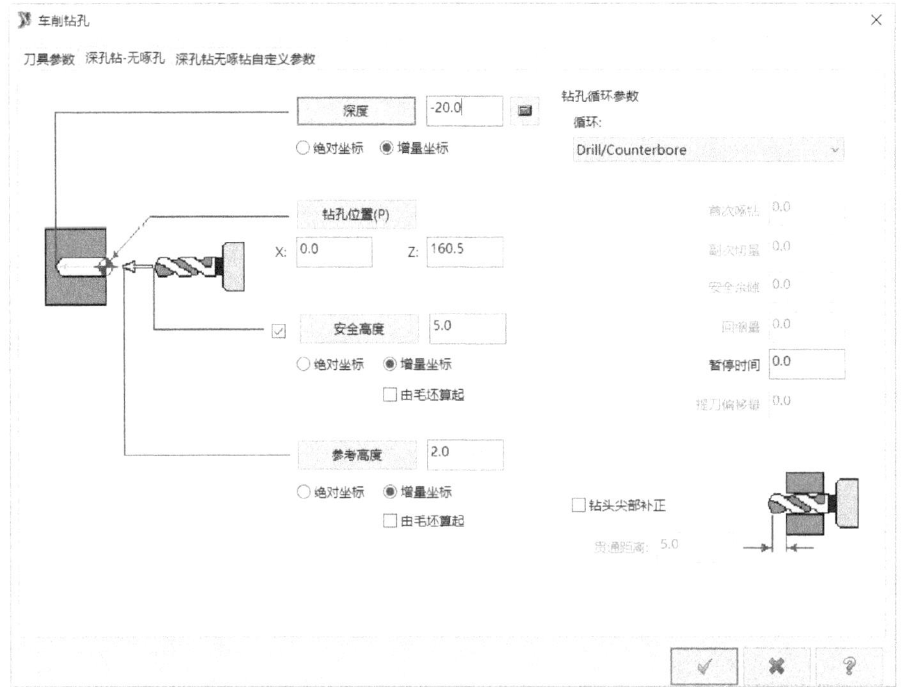

图 11-128　设置钻孔深度和钻孔位置等参数

4 单击“钻孔位置”按钮，在绘图区选取如图 11-129 所示的一点作为钻孔位置点。

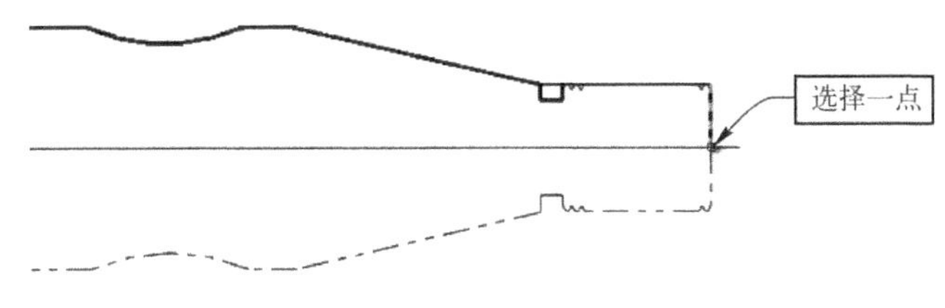

图 11-129　指定钻孔位置

5 在“车削钻孔”对话框中单击“确定”图标按钮，完成钻孔刀路创建。

八、车削加工验证

1 在刀路管理器中单击“选择全部操作”图标按钮，从而选择所有的加工操作。

2 在刀路管理器中单击“验证已选择的操作”图标按钮，系统弹出“Mastercam 模拟”窗口，单击“验证”图标按钮，接着在功能区的“主页”选项卡的“可见性”面板中选中“刀具”复选框、“毛坯”复选框、“夹具”复选框和“指针”复选框，并设置加工模拟的其他参数，如可以在“回放”面板中单击“停止条件”右侧的“小三角展开”图标按钮，并选择“碰撞时”选项。

3 单击“播放”图标按钮，系统开始加工验证。这里只给出最后的加工验证结果，如图 11-130 所示。

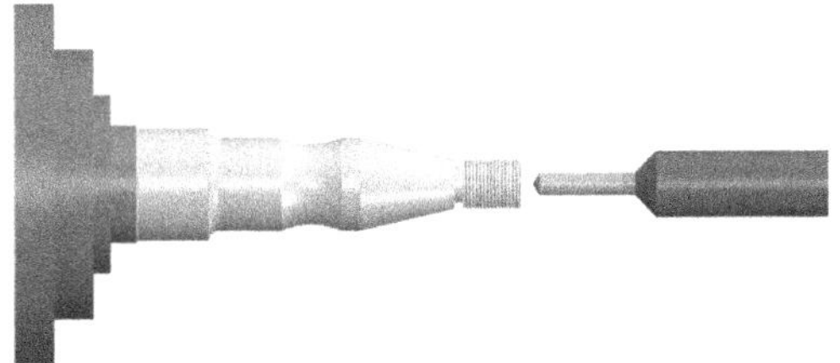

图 11-130　车削加工的最后验证结果

第 12 章　线切割数控加工

本章导读

线切割数控加工在现代制造业中获得普遍应用，它是在电火花加工的基础上发展起来的一种新加工工艺形式。线切割广泛应用于加工硬质合金、淬火钢模具零件及切割样板，可以加工用一般切削方法难以加工或无法加工的形状复杂的工件，如冲模、样板、凸轮、外形复杂的精密零件及窄缝等。

本章首先介绍线切割数控加工的基础知识，接着结合软件功能以范例形式分别介绍外形线切割加工（即轨迹生成线切割）、无屑线切割加工和四轴线切割加工等。

12.1　线切割数控加工概述

线切割数控加工是线电极电火花加工的简称，其英文描述为 Wire Cut EDM（英文缩写为 WEDM）。线切割数控加工是在电火花加工的基础上发展起来的一种新型加工工艺，在现代制造业中具有重要的地位。

本节简要地介绍线切割数控加工的一些应用特点和加工工艺参数，并介绍 Mastercam X9 线切割数控加工参数设置的一些实用内容。这些基础知识将有助于读者快速学习后面的线切割数控加工范例。

12.1.1　了解线切割数控加工

线切割数控加工是指通过电极丝与导电工件之间放电腐蚀成型来完成工件加工，电极丝可以是钼丝、铜丝或钨丝。本章以钼丝为例。

在现代制造业中，线切割数控加工得到了广泛应用。对于一些用一般切割方法难以加工或无法加工的形状复杂的工件而言，可以考虑采用线切割数控加工方法。线切割数控加工可以获得很好的尺寸精度和表面粗糙度，并且便于实现加工过程的自动化控制。使用线切割数控加工可以加工用一般切削方法不容易加工的金属材料和半导体材料（如硬质合金、淬火钢等），但要注意非导电材料不能采用线切割数控加工。线切割数控加工特别适用于加工形状复杂的细小零件、窄缝，这是由于线切割数控加工所采用的钼丝直径可以很小。

在利用线切割机床进行加工时，需要制定出合理的线切割加工工艺，这便要求用户要结合实际情况认真做好以下几个方面。

- 指定切割起点：切割起点是工件串连几何图形的起始切割点，通常起始切割点也是几何图形的终止切割点。起始切割点尽可能选择在几何图形的拐角处（优先选择直线与直线相交的拐角点，其次是直线与圆弧、圆弧与圆弧的交点），尽可能选择在工件表面粗糙度要求低的一侧或工件切割后容易修磨的表面上，便于改善切割痕迹。

- 选择切割路径：这要以防止或减少工件变形为原则。
- 选择穿丝孔：所谓的穿丝孔是工件上为了穿过钼丝预先钻制的小孔，主要用来保证工件的加工部位相对于工件其他部位的位置精度。穿丝孔直径一般在 10mm 以内，需要在具有较高精度的机床上进行钻孔或镗孔，或者直接采用电火花穿孔来保证穿丝孔的位置精度和尺寸精度。
- 选用电参数：线切割电参数选择是很重要的，它直接影响加工质量和加工效率。线切割的电参数主要包括脉冲宽度、脉冲间隔、放电峰值电流和空载电压等。表 12-1 整理和总结了线切割主要电参数的选择/应用特点。

表 12-1　线切割的主要电参数

序号	主要电参数	选择/应用特点	备　注
1	脉冲宽度	较小的脉冲宽度能减小表面粗糙度，但放电间隙较小将导致加工稳定性较差；如果将脉冲宽度设置得越宽，则单个脉冲的能量越大，放电间隙越大，切割效率越高，加工也越稳定，但表面粗糙度会增大	根据不同工件的加工要求选择合适的脉冲宽度
2	脉冲间隔	如果将脉冲间隔减少，则相当于提高脉冲频率，增加单位时间内的放电次数，使切割速度提高，但会造成排屑困难，加工间隙的绝缘度恢复不顺，容易导致加工不稳定；如果将脉冲间隔增大，使排屑时间充裕，则可以防止断丝，但也导致单位时间的放电次数减少，线切割速度下降	一般脉冲间隔与工件厚度成正比
3	放电峰值电流	放电峰值电流会影响切割速度及断丝，一般在进行试切时要限定放电峰值电流的大小	工件较厚、粗切削时可采用较大的放电峰值电流；低速走丝机床峰值电流一般为 100～150A，最大可达 1000A
4	空载电压	空载电压的大小直接影响放电间隙的大小，进而会导致切割速度和加工精度发生变化，对断丝也有较大的影响	选择较高的空载电压，有助于改善表面粗糙度，减少拐角的塌角；如果钼丝直径较小（如 0.1mm）、切缝较窄，建议选择较低的空载电压

12.1.2 Mastercam X9 线切割加工参数设置

在 Mastercam X9 系统中集成了专门的线切割功能，使用户可以快速、高效地编制出所需的线切割程序。要使用 Mastercam X9 的线切割功能，首先需要选择线切割机床（即定义线切割机床系统），如在菜单栏的“机床类型”菜单中选择“线切割”/“默认”命令，采用默认的线切割数控机床系统。此时的“刀路”菜单如图 12-1 所示，即包含了用于创建线切割加工刀路的 4 种方式命令（“外形切割”“循环切割”“无屑切割”和“四轴”），分别用于外形线切割、自设循环线切割、无屑线切割和四轴线切割。

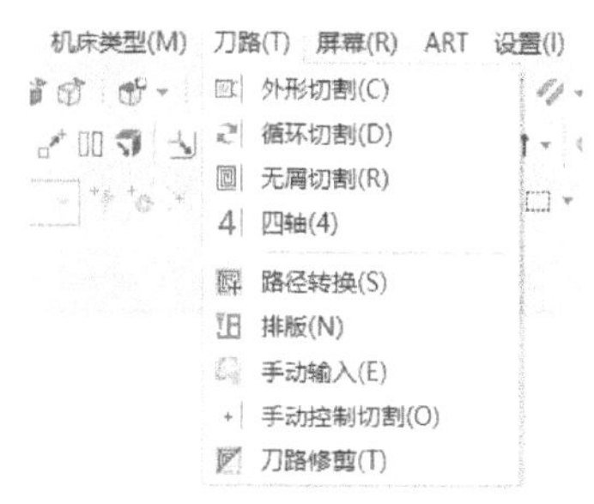

图 12-1　默认线切割机床系统下的“刀路”菜单

在执行相关的线切割刀路创建命令的过程中，需要在相应对话框的指定选项卡中对钼丝（电极丝）与电源进行设置，如图 12-2 所示。下面介绍钼丝与电源设置中的主要选项/参数。

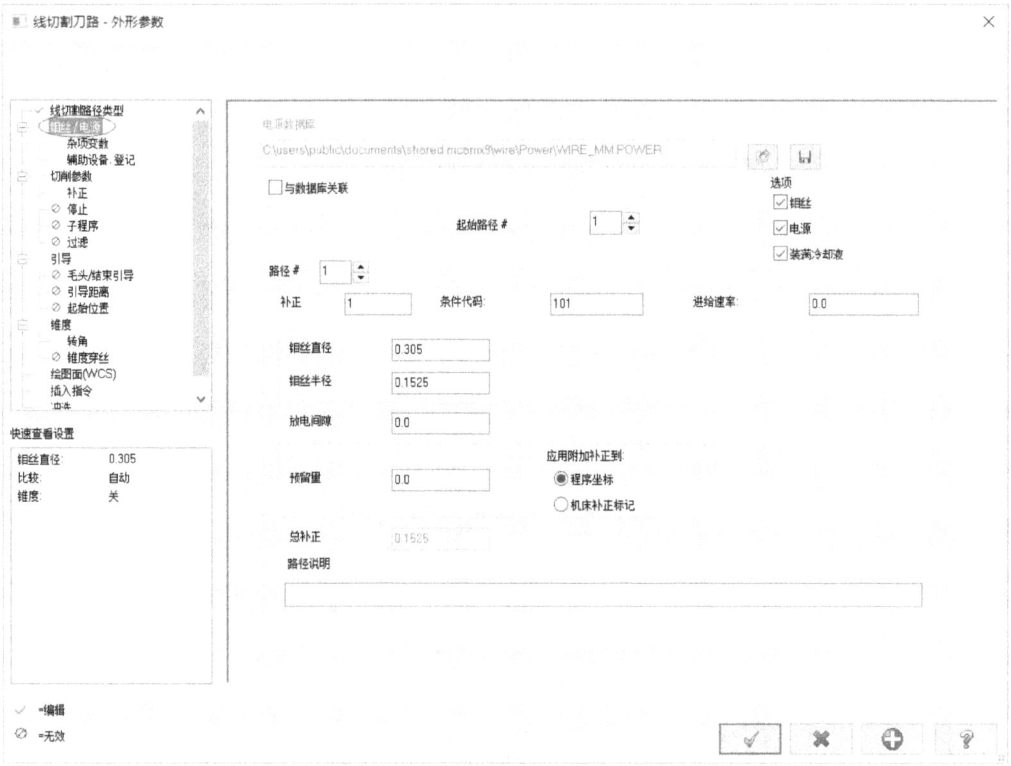

图 12-2　钼丝/电源设置

一、“与数据库关联”复选框与电源数据库

如果选中“与数据库关联”复选框，则系统将使用钼丝参数库中的钼丝参数作为当前钼丝的使用参数，“电源数据库”文本框将可用，此时单击出现的“编辑库”图标按钮，系统弹出如图 12-3 所示的“编辑数据库”对话框，利用该对话框可以选择数据库，编辑补正、条件代码、进给速率、钼丝直径/钼丝半径、放电间隙等参数。

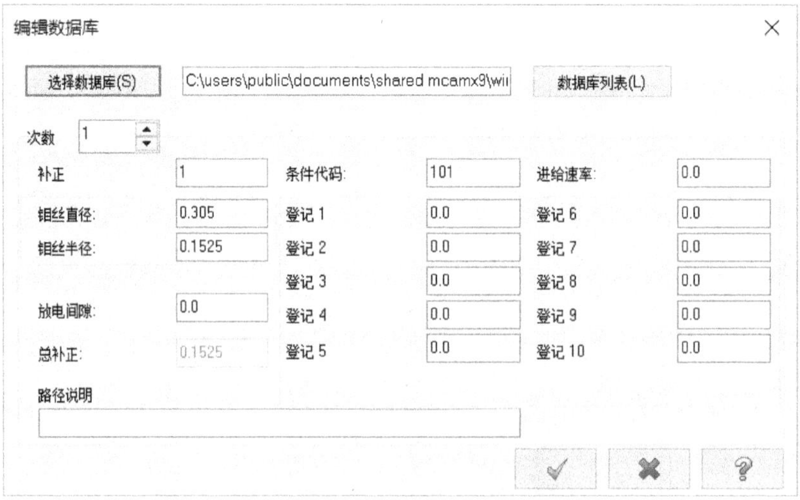

图 12-3　“编辑数据库”对话框

当取消选中“与数据库关联”复选框时，系统将不使用钼丝参数库中的钼丝参数，而是由用户输入所需的相关参数。

二、“起始路径#”框

“起始路径#”框用于设置线切割的起始步骤编号。

三、“选项”选项组

该选项组包含 3 个选项，即“钼丝”、“电源”和“装满冷却液”。例如，当选中“电源”复选框时，表示线切割机脉冲电源准备就绪，并可在 NC 程序中产生相应代码；当选中“装满冷却液”复选框时，表示为线切割机加满冷却液。

四、“路径#”选项组

该选项组用于设置补正、条件代码、进给速率、钼丝直径/钼丝半径、放电间隙和预留量等线切割公共参数。

“钼丝直径”文本框与“钼丝半径”文本框是相互关联的，设置其中一个，另一个即相应发生变化。

在“放电间隙”文本框中设置钼丝的放电间隙，精切割时一般将放电间隙值设置为 0.01。在“预留量”文本框中设置工件切割后的单边预留量。在“总补正”文本框中显示了钼丝的总补正量，该补正量等于钼丝半径+放电间隙+预留量。

通常不能将放电间隙设置得太小，否则容易产生短路，同时不利于冷却和电蚀物排出；如果放电间隙设置得太大，那么将直接影响表面粗糙度和加工速度。另外要注意：放电间隙的选择需要考虑工件厚度，当切割较大厚度的工件时，应该尽量选用大一些的脉宽电流并使放电间隙大一些，增强排屑能力，提高线切割的稳定性。

除了设置钼丝与电源参数外，线切割加工还需要设置各自类型的切削参数、引导参数和锥度参数等，这些类别的参数设置与其他数控加工的参数设置是类似的，不再赘述。在后面的线切割加工范例中，会涉及相关参数设置的操作方法及技巧。

12.2 外形线切割加工范例

本节介绍一个关于外形线切割（即轨迹生成线切割）的加工范例。要求采用直径为 0.2 的钼丝进行线切割，单边放电间隙设置为 0.01，其他参数自行设定。该外形线切割加工的效果如图 12-4 所示。

a)

b)

图 12-4 外形线切割实例

a) 加工轮廓 b) 线切割加工模拟结果

该外形线切割加工范例的具体操作步骤如下。

1 打开网盘资料的“CH12”\“外形线切割.MCX”文件，该文件已经定义好默认的线切割机床类型。

2 在“刀路”菜单中选择“外形切割”命令。

3 系统弹出“输入新 NC 名称”对话框，在文本框中输入“外形线切割”，单击“确定”图标按钮 ✓ 。

4 系统弹出“串连选项”对话框，以串连的方式选择如图 12-5 所示的加工轮廓线，然后单击“确定”图标按钮 ✓ 。

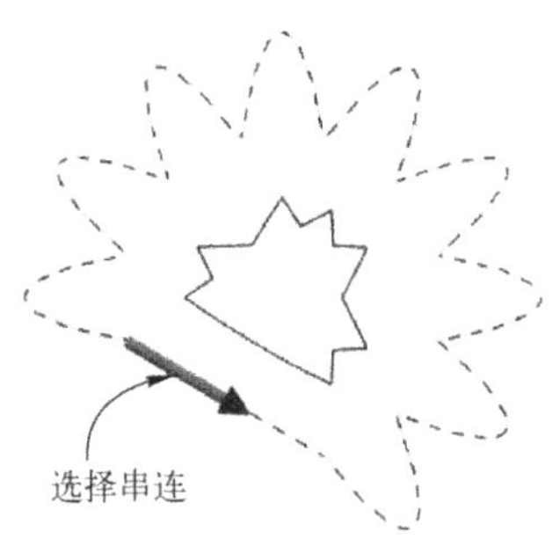

图 12-5 选择外形加工轮廓

5 系统弹出“线切割刀路-外形参数”对话框，从参数类别列表框中选择“钼丝/电源”，接着在该参数类别属性页中取消选中“与数据库关联”复选框，并设置钼丝直径为“0.2”、放电间隙为“0.01”、预留量为“0”，其他设置如图 12-6 所示。

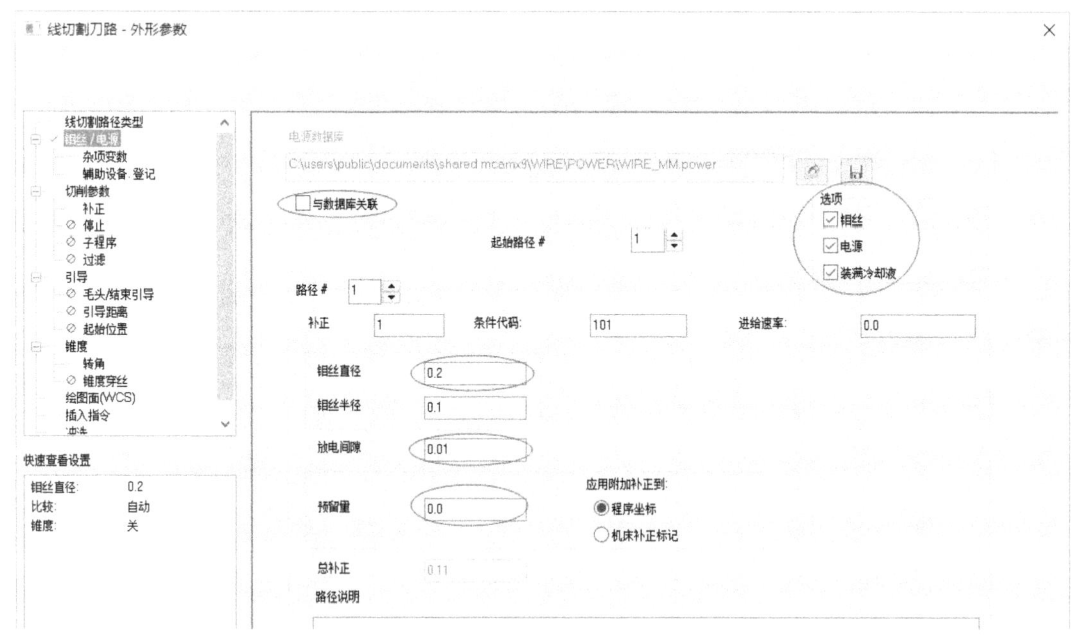

图 12-6 钼丝/电源设置

6 在参数类别列表框中选择“切削参数”，并按照如图 12-7 所示的参数进行设置，然后单击“应用”图标按钮 。

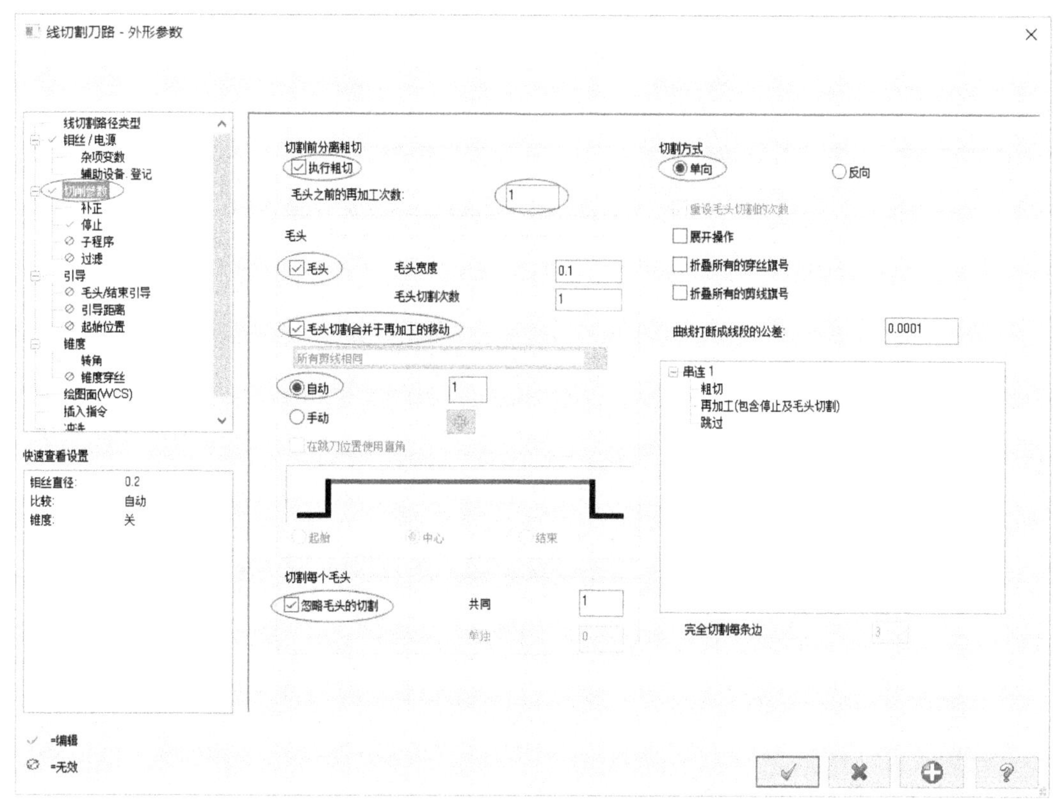

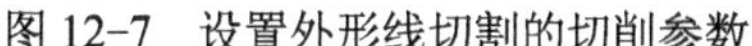
图 12-7 设置外形线切割的切削参数

7 在参数类别列表框中选择“补正”，接着在其属性页中设置补正方式、补正方向和路径最佳化选项，如图 12-8 所示。

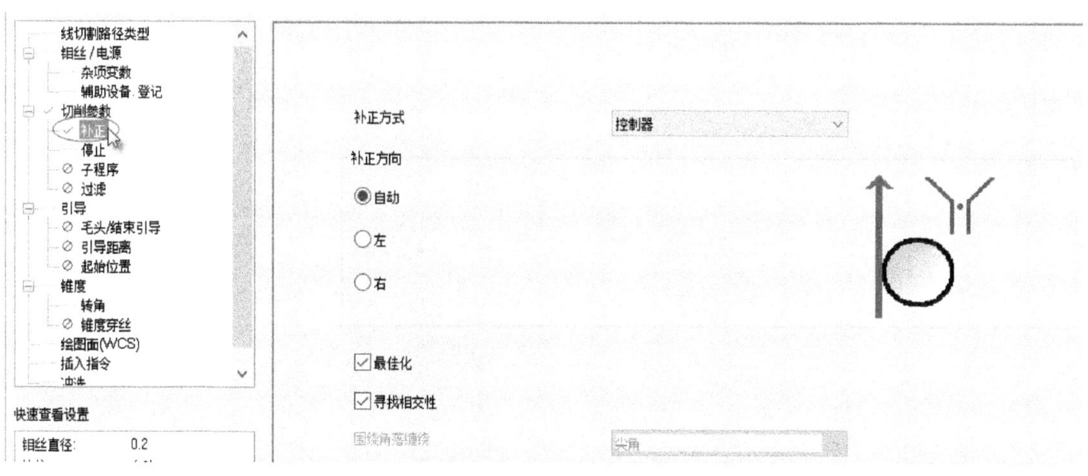

图 12-8 设置切削补正参数

8 在参数类别列表框中选择“停止”，进行如图 12-9 所示的参数设置。

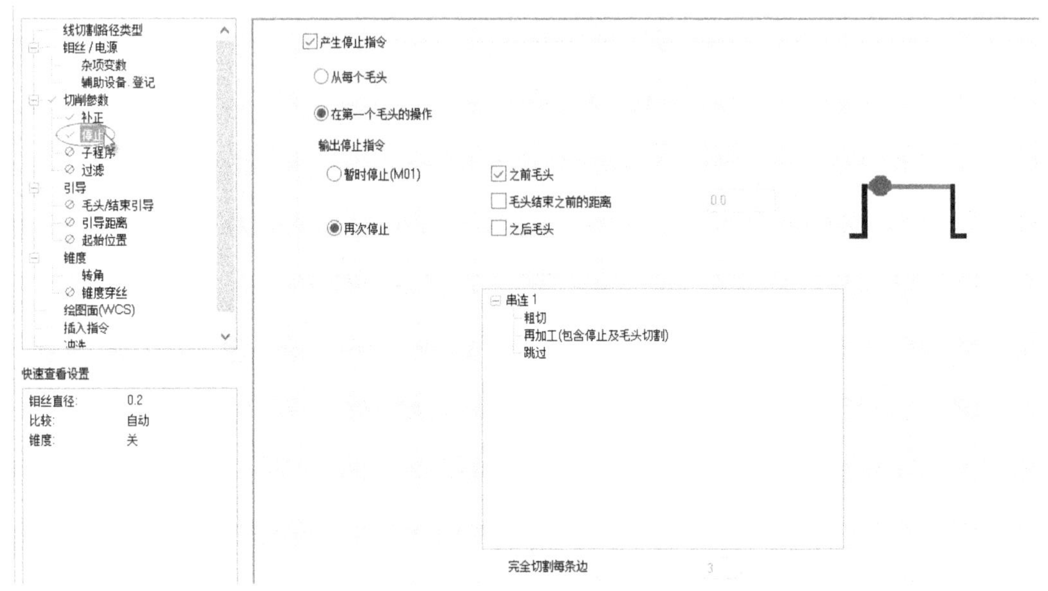

图 12-9 设置切削停止参数

9 在参数类别列表框中选择“引导”，进行如图 12-10 所示的引导参数设置。

图 12-10 设置引导参数

知识点拨 外形（轨迹生成）的引导功能是让用户在外形切割轨迹的开始处和末尾处加入一个合适的引导轨迹，以提高加工的平稳性，并可以在一定程度上改善加工质量，起到消除一些不必要的切痕的作用。轮廓的主要引导功能可参见表 12-2。

表 12-2　轮廓引导功能主要用法

引导功能	具体选项	用法说明/功用	示意图例
进刀（引入）	只有直线	在穿丝点和轮廓串连起始点之间加入一条直线引入切割轨迹	
	线与圆弧	在穿丝点和轮廓串连起始点之间加入一条直线和一个圆弧引入切割轨迹	
	2 线与圆弧	在穿丝点和轮廓串连起始点之间加入两条直线和一个圆弧引入切割轨迹	
退刀（引出）	只有直线	在轮廓串连终止点和停留点之间加入一条直线引出切割轨迹	
	单一圆弧	在轮廓串连终止点和停留点之间加入单一圆弧引出切割轨迹	
	圆弧与直线	在轮廓串连终止点和停留点之间加入一个圆弧和一条直线引出切割轨迹	
	圆弧和 2 线	在轮廓串连终止点和停留点之间加入一个圆弧和两条直线引出切割轨迹	

10 在参数类别列表框中选择“引导距离”，并设置如图 12-11 所示的引导距离选项及其参数，然后单击“应用”图标按钮 。

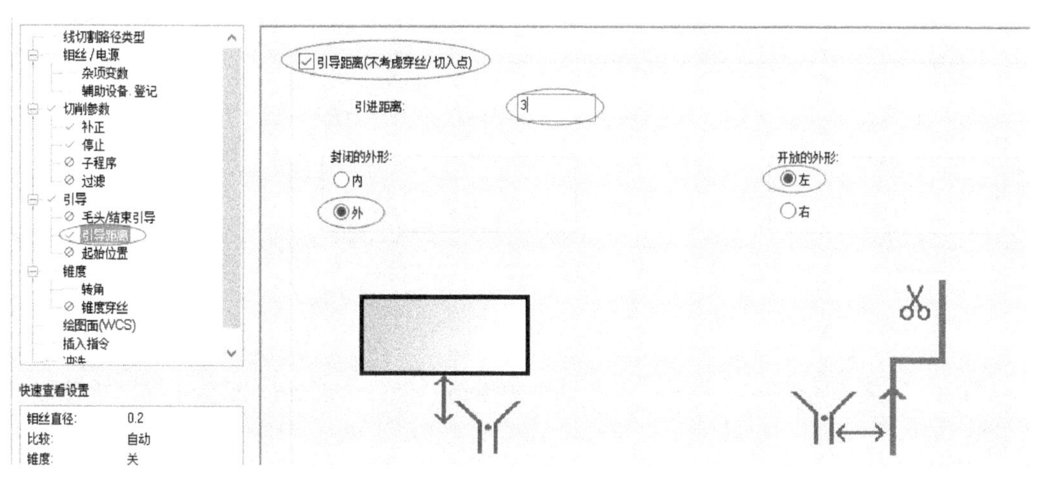

图 12-11　设置引导距离

11 在参数类别列表框中选择“锥度”，可以进行锥度设置，如图 12-12 所示，但本例不启用“锥度”复选框。在参数类别列表框中选择“转角”，则可以进行转角设置，其设置的相关内容如图 12-13 所示。

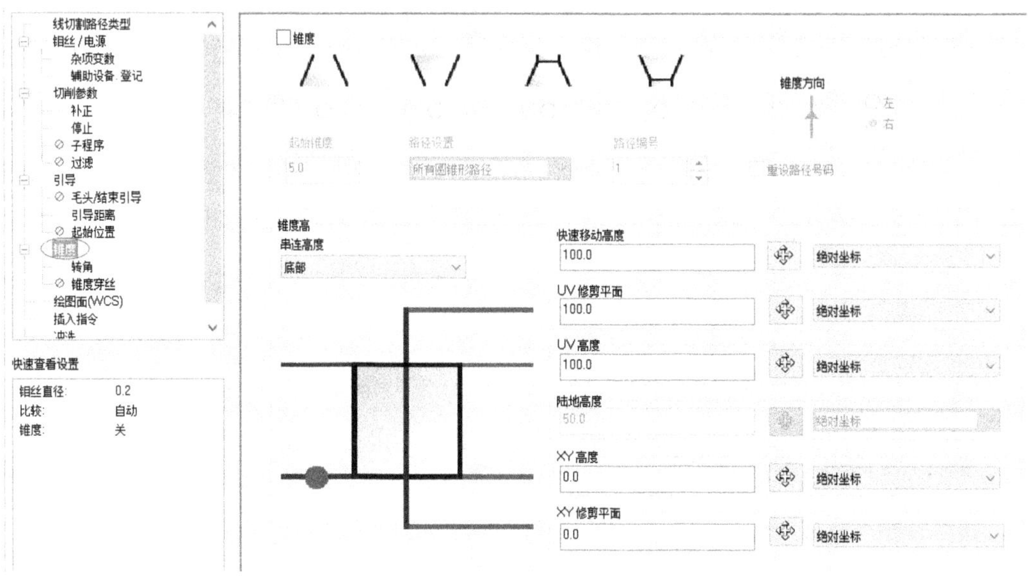

图 12-12 锥度设置

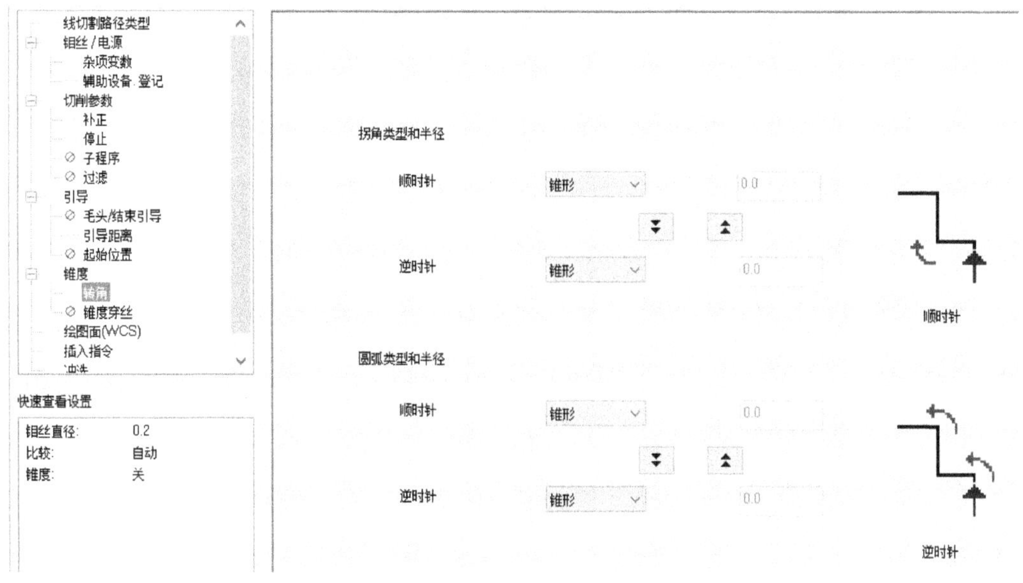

图 12-13 转角设置

12 在“线切割刀路-外形参数”对话框中单击“确定”图标按钮 ✓，系统弹出“串连管理”对话框，如图 12-14 所示，然后单击“确定”图标按钮 ✓，系统根据所设置的参数生成相应的外形线切割刀路。

13 在“刀路”菜单中选择“外形切割”命令，系统弹出“串连选项”对话框，以串连的方式选择如图 12-15 所示的加工轮廓线，注意切换串连方向，然后单击“确定”图标按钮 ✓。

图 12-14 “串连管理”对话框

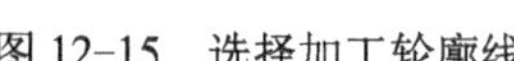
图 12-15 选择加工轮廓线

14 系统弹出“线切割刀路-外形参数”对话框，在该对话框中进行相关参数的设置，其中设置的引导距离如图 12-16 所示，而其他参数设置和之前进行的外形线切割参数设置相同，不再赘述。

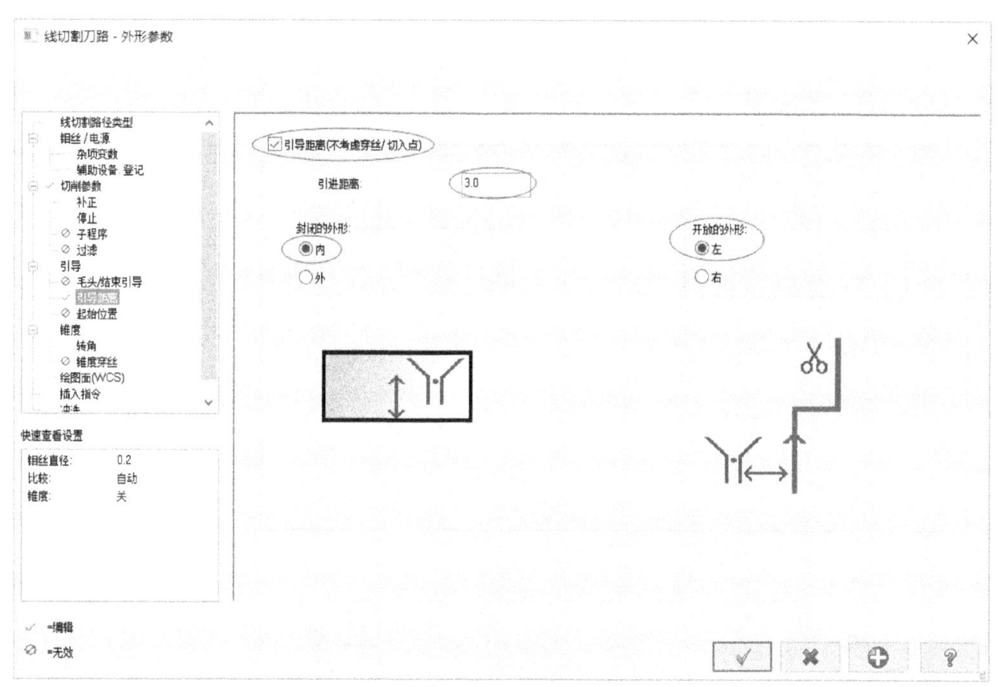

图 12-16 设置引导距离

15 在“线切割刀路-外形参数”对话框中设置好相关的参数后，单击“确定”图标按钮，然后在弹出的“串连管理”对话框中单击“确定”图标按钮，从而生成第二外形线切割刀路。

16 在刀路管理器中展开机床群组的“属性”节点，如图 12-17 所示，接着单击“毛坯设置”，系统弹出“机床群组属性”对话框，并自动切换至“毛坯设置”选项卡。单击“边界盒”按钮，以窗口形式选择所有图形，按〈Enter〉键，系统弹出“边界盒”对话框，并设置如图 12-18 所示的选项及参数。单击“边界盒”对话框中的“确定”图标按钮，返回到“机床群组属性”对话框的“毛坯设置”选项卡。

图 12-17 启用毛坯设置

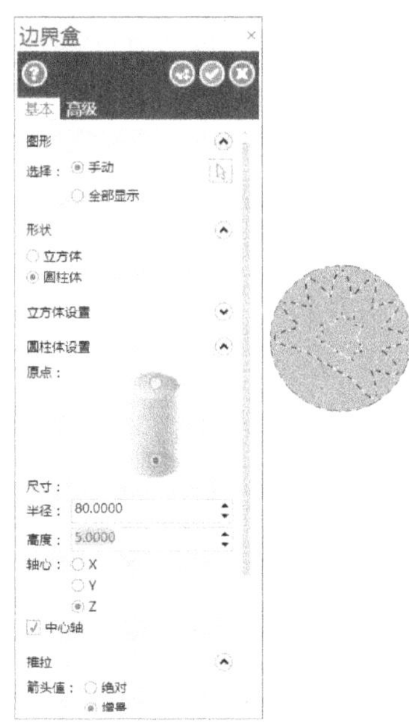

图 12-18 设置边界盒选项

17 在“机床群组属性”对话框的“毛坯设置”选项卡中设置如图 12-19 所示的参数，然后单击“确定”图标按钮 。

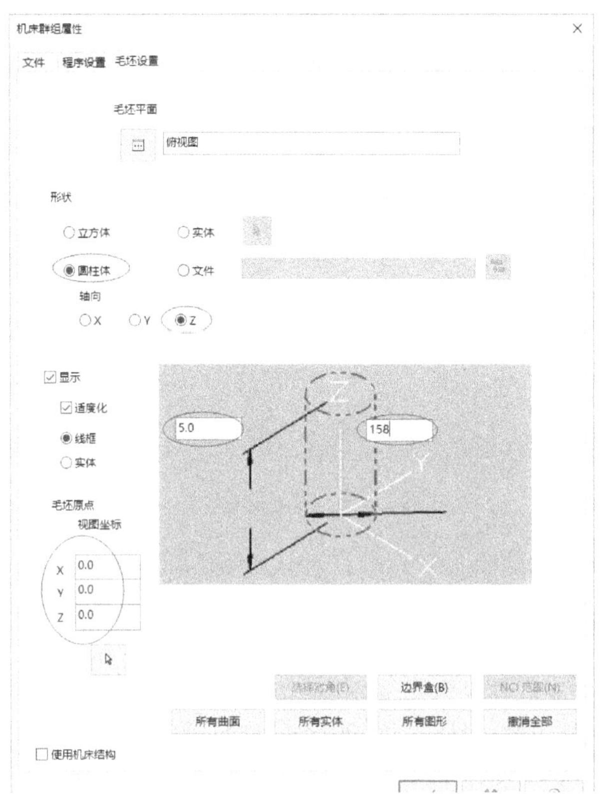

图 12-19 毛坯设置

18 在“绘图视角”工具栏中单击“等角视图”图标按钮。

19 在刀路管理器中单击“选择全部操作”图标按钮，从而选择两次的外形线切割操作。

20 在刀路管理器中单击“验证已选择的操作”图标按钮，系统弹出“Mastercam 模拟”窗口，在“主页”选项卡中设置加工验证的相关参数，如图 12-20 所示，如可以设置停止条件选项为“碰撞时”。

图 12-20 在“Mastercam 模拟”窗口的“主页”选项卡中进行相关验证设置

21 在“Mastercam 模拟”窗口中单击“播放”图标按钮，系统开始进行外形线切割加工模拟验证，模拟验证的效果如图 12-21 所示。

22 在“Mastercam 模拟”窗口的功能区中切换至“验证”选项卡，在“分析”面板中单击选中“保留碎片”图标按钮，如图 12-22 所示。

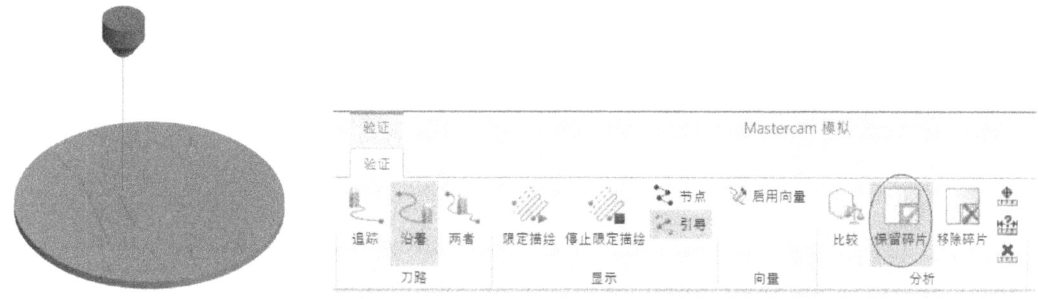

图 12-21 外形线切割加工模拟验证　　　　图 12-22 选中“保留碎片”图标按钮

使用鼠标在绘图区单击要保留的部分，如图 12-23 所示，得到的保留结果如图 12-24 所示。

知识点拨 用户也可以在“分析”面板中单击“移除碎片”图标按钮，接着在绘图区单击要移除的碎片部分即可。

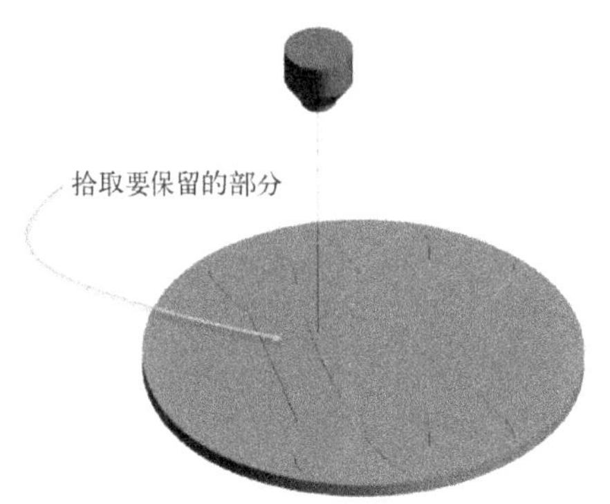

图 12-23　拾取要保留的部分

图 12-24　切割后的零件

23 在“Mastercam 模拟”窗口中单击“关闭”图标按钮 ×，关闭“Mastercam 模拟”窗口。

12.3　无屑线切割加工范例

无屑线切割加工是沿着已经封闭的串连几何图形产生相应的线切割刀路，以挖除封闭几何图形内的材料。从切割结果来看，无屑线切割加工与数控铣削挖槽比较类似。

本节以如图 12-25 所示的线切割加工范例介绍生成无屑线切割加工刀路的一般方法及步骤。在该范例中，要求采用直径为 0.305 的钼丝进行无屑线切割加工，其中单边放电间隙为 0.01，补正方式为控制器补正方式，穿丝点等参数可自行设定。

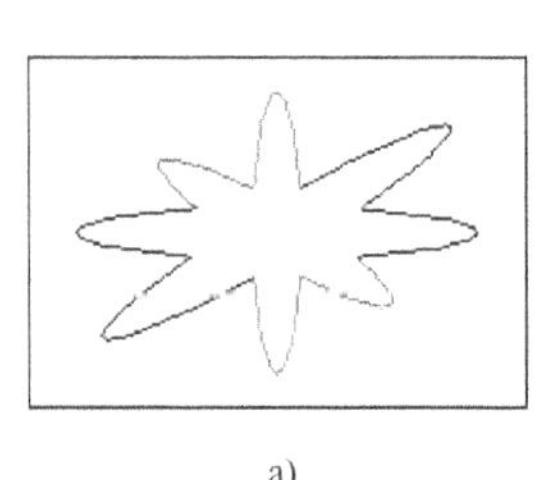

a)

b)

图 12-25　无屑线切割加工范例

a) 串连几何图形　b) 无屑线切割加工模拟结果

该无屑线切割加工范例的具体操作步骤如下。

1 打开网盘资料的“CH12”\“无屑线切割.MCX”文件，该文件采用默认的线切割机床类型。

2 在“刀路”菜单中选择“无屑切割”命令。

3 系统弹出“输入新 NC 名称”对话框，从中指定新 NC 名称为“无屑线切割”，单击“确定”图标按钮 ✓。

4 系统弹出“串连选项”对话框，以串连的方式选择串连 1，如图 12-26 所示，然后在“串连选项”对话框中单击“确定”图标按钮 ✓ 。

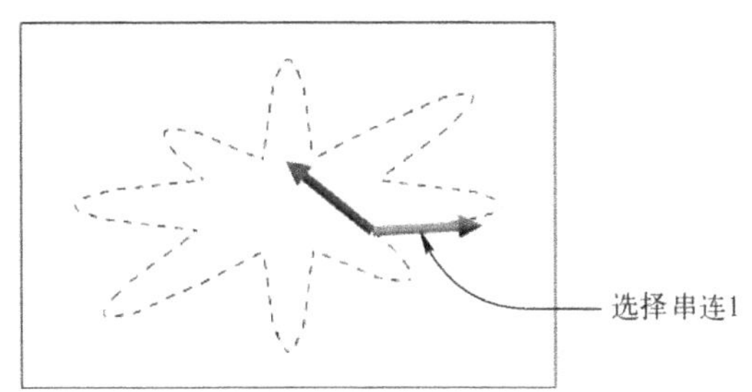

图 12-26　选择串连 1

5 系统弹出“线切割刀路-无屑切割”对话框，从参数类别列表框中选择“钼丝/电源”，接着在该参数类别属性页中取消选中“与数据库关联”复选框，并设置钼丝直径为“0.305”、放电间隙为“0.01”、预留量为“0”，如图 12-27 所示。

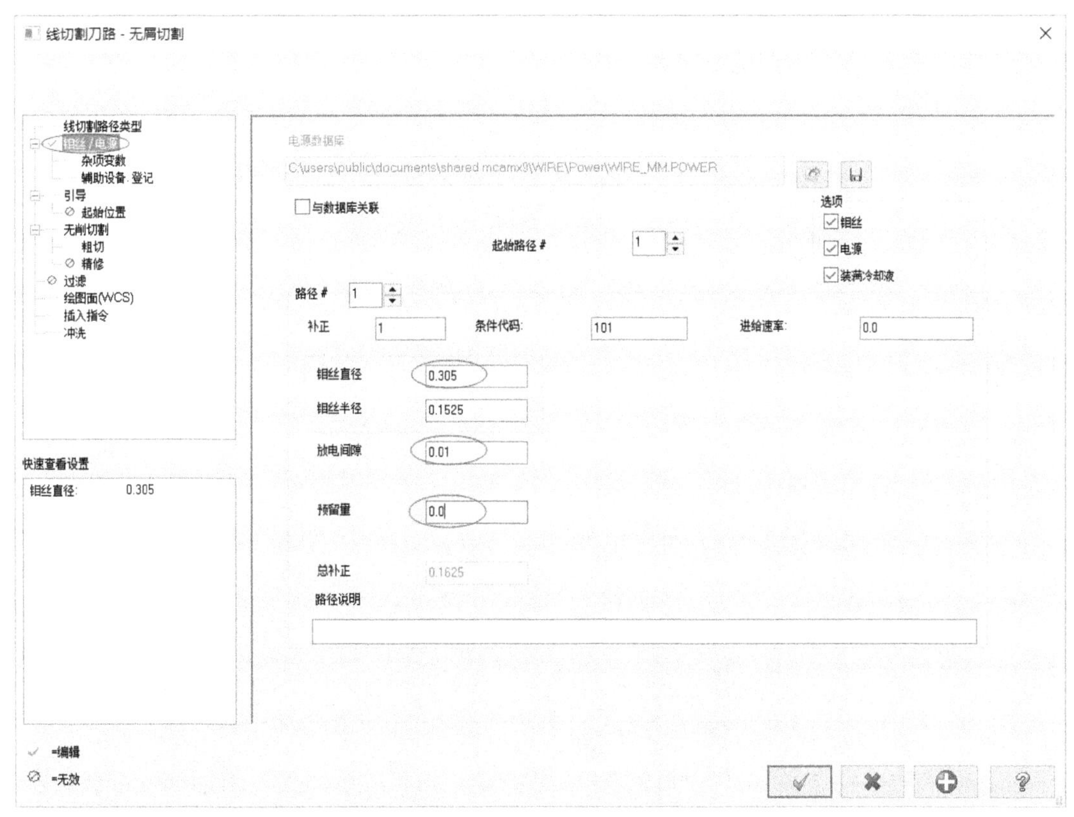

图 12-27　钼丝/电源设置

6 在参数类别列表框中选择“引导”，并设置如图 12-28 所示的引导参数，然后单击“确定”图标按钮 ⊕ 。

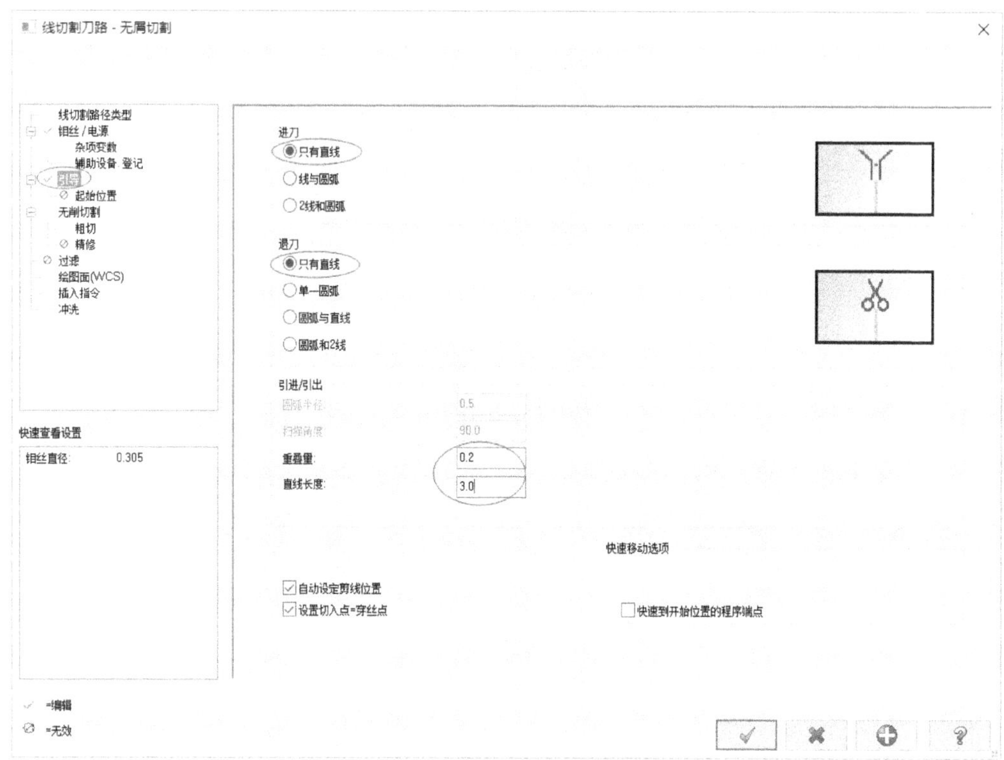

图 12-28　设置无屑切割的引导参数

7 在参数类别列表框中选择“无屑切割”，并设置如图 12-29 所示的无屑切割参数。

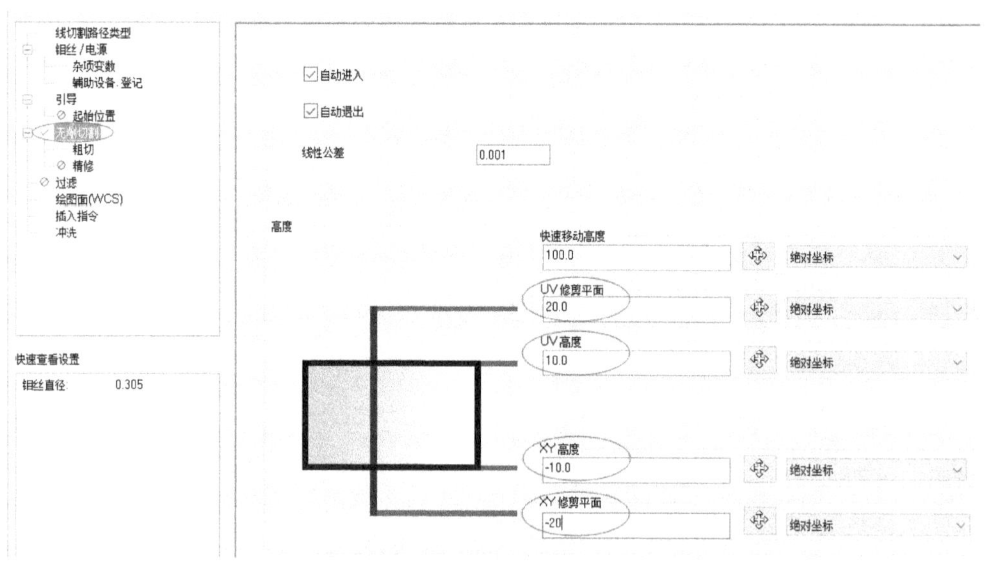

图 12-29　设置无屑切割参数

8 在参数类别列表框中选择“粗切”，在其属性页中选择“依外形环切”切削方式，设置切削间距（直径%）为直径的 30%、切削方向为顺时针，如图 12-30 所示。

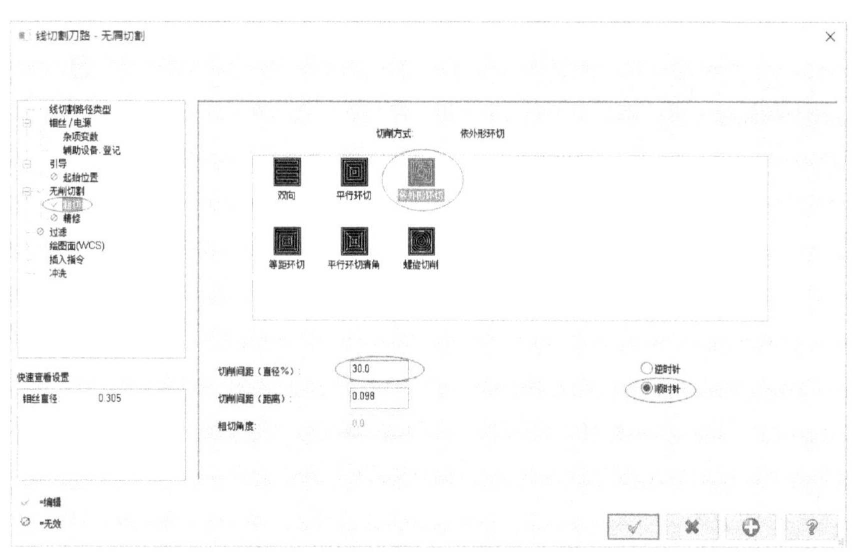

图 12-30 设置无屑切割的粗切参数

9 在参数类别列表框中选择“精修”，并设置如图 12-31 所示的无屑精修参数，其中设置精修次数为“1”、路径间隔为“0.001”、补正方式为“控制器”。

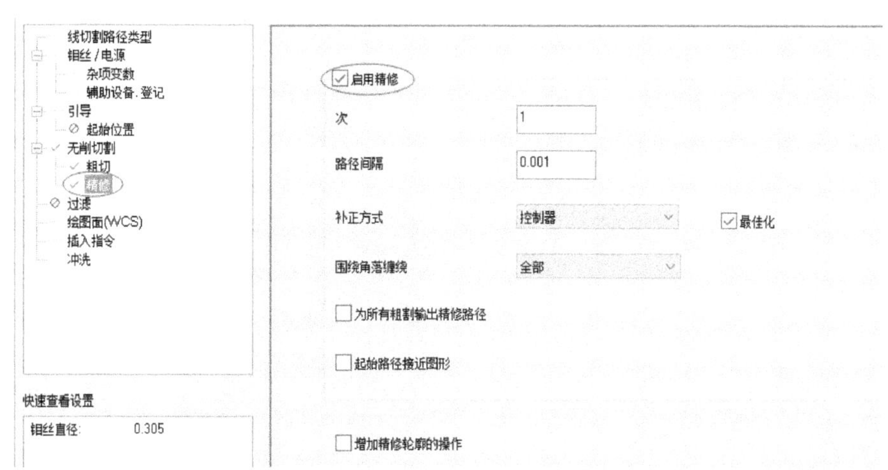

图 12-31 设置无屑切割的精修参数

知识点拨 如果在设置无屑精修参数的时候，选中“增加精修轮廓的操作”复选框，那么在完成无屑线切割相关参数设置并单击“线切割刀路-无屑切割”对话框的“确定”图标按钮 ✓ 后，系统会弹出对话框，由用户定义轮廓线切割（外形线切割）的相关参数，也就是说，在进行无屑线切割加工后，系统还要对轮廓边进行外形线切割精修。此外形线切割精修可以采用更细的钼丝。

10 在“线切割刀路-无屑切割”对话框中单击“确定”图标按钮 ✓，系统弹出如图 12-32 所示的“线切割穿线警告！”对话框，直接单击该对话框中的“确定”图标按钮 ✓。系统生成的无屑线切割刀路如图 12-33 所示。

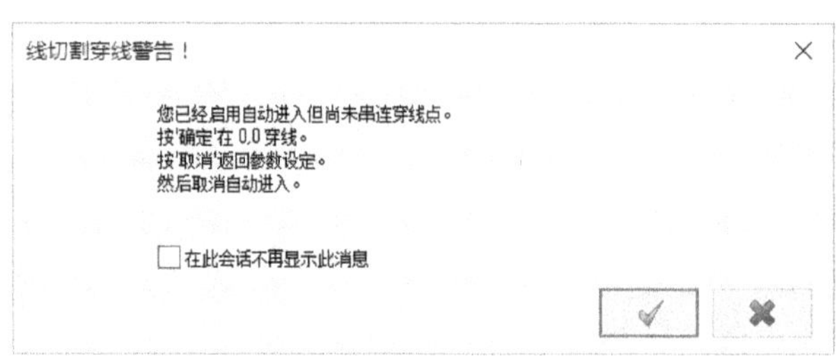

图 12-32 “线切割穿线警告！”对话框

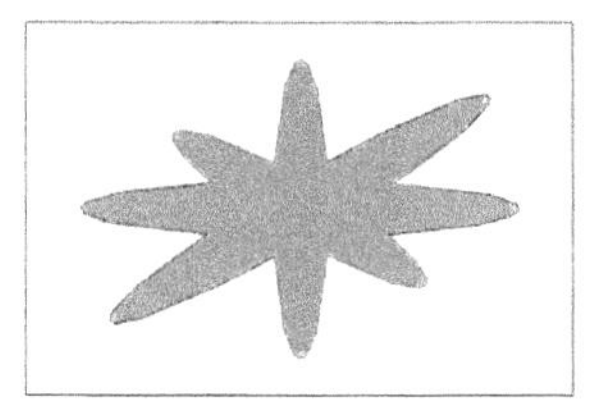

图 12-33 无屑线切割刀路

11 在“绘图视角”工具栏中单击“等角视图”图标按钮。

12 在刀路管理器中展开机床群组的“属性”节点，单击“属性”节点下的“毛坯设置”，系统弹出“机床群组属性”对话框，并自动切换至“毛坯设置”选项卡。在该选项卡中设置工件毛坯材料的形状为“立方体”，并设置如图 12-34 所示的工件毛坯参数。

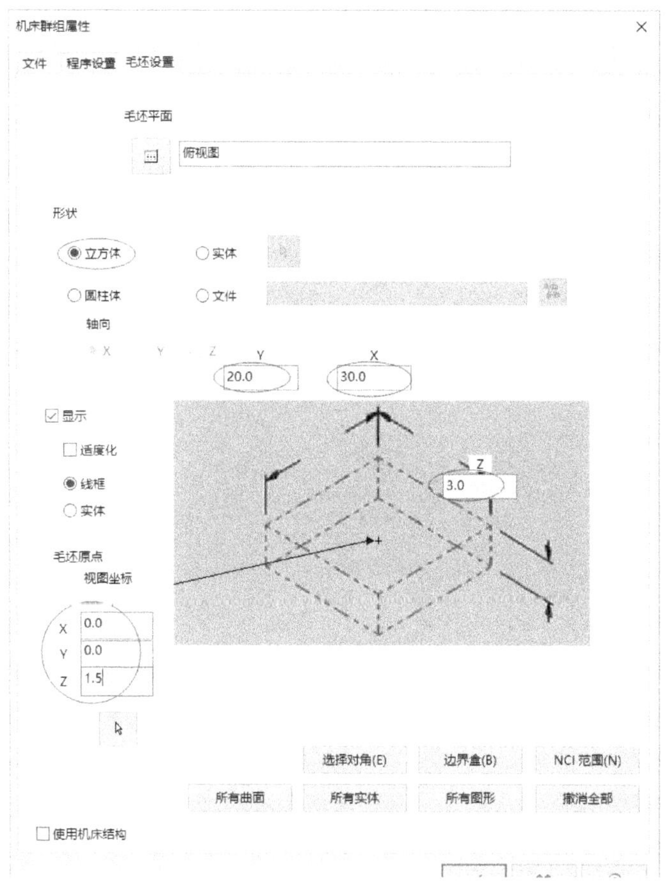

图 12-34 毛坯设置

13 设置好工件毛坯参数后，单击“确定”图标按钮，设置好的工件毛坯如图 12-35 所示。

14 在刀路管理器中单击“验证已选择的操作”图标按钮，以实体方式验证该无屑线切割加工，验证结果如图 12-36 所示。

图 12-35 设置好的工件毛坯

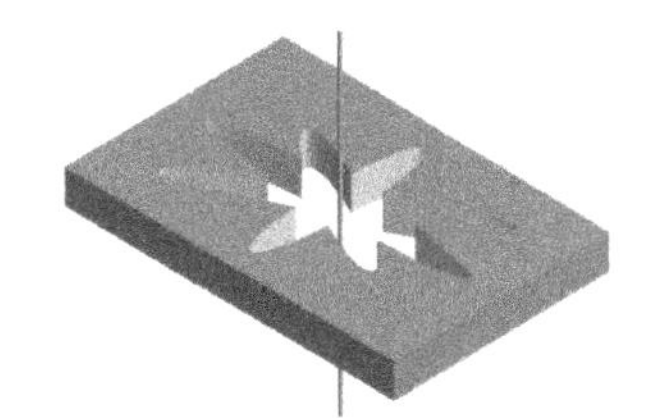

图 12-36 无屑线切割加工模拟验证结果

12.4 四轴线切割加工范例

外形线切割与无屑线切割只能用来加工垂直平面的轮廓和凹槽，而四轴线切割可以用来加工那些具有倾斜轮廓面或上下异形面的零件。四轴线切割加工需要采用 4 轴（x、y、U、V）控制的线切割机床。

本节以如图 12-37 所示的线切割加工范例介绍生成四轴线切割加工刀路的一般方法及步骤。在该范例中，要求采用直径为 0.2 的钼丝进行线切割加工，其中单边放电间隙为 0.01，补正方式为控制器，补正方向为自动，穿丝点为外侧 2mm，其他参数可自行设定。

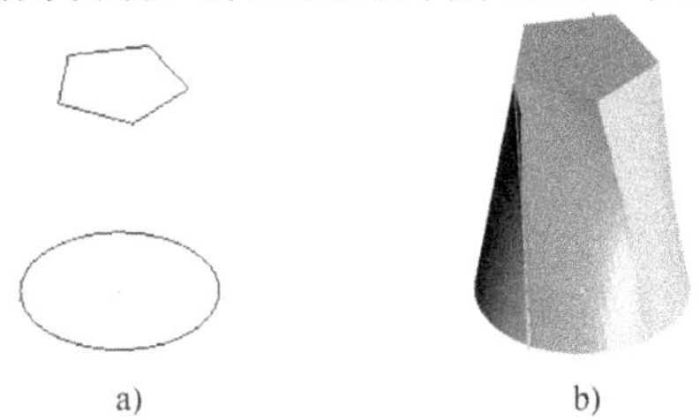

a) b)

图 12-37 四轴线切割加工范例

a) 串连线架 b) 四轴线切割加工模拟结果

该四轴线切割加工范例的具体操作步骤如下。

1 打开网盘资料的“CH12”\“四轴线切割.MCX”文件，该文件采用默认的线切割机床类型。

2 在“刀路”菜单中选择“四轴”命令，系统弹出“输入新 NC 名称”对话框，接受默认的新 NC 名称，直接在该对话框中单击“确定”图标按钮。

3 系统弹出“串连选项”对话框，确保选中“串连”图标按钮，系统出现“直纹加工：定义串连 1”提示信息，在该提示下单击如图 12-38a 所示的线段定义串连 1；系统出现“直纹加工：定义串连 2”提示信息，在该提示下单击如图 12-38b 所示的圆弧段定义串连 2，然后在“串连选项”对话框中单击“确定”图标按钮。

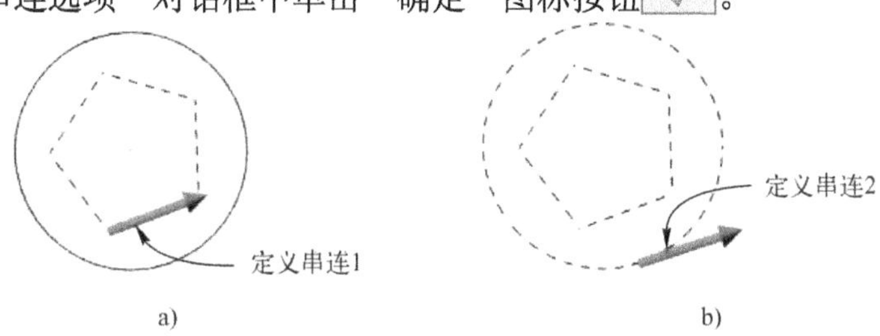

图 12-38 定义两个串连

a) 定义串连 1 b) 定义串连 2

4 系统弹出“线切割刀路-四轴”对话框，在参数类别列表框中选择“钼丝/电源”，确保取消选中“与数据库关联”复选框，并设置钼丝直径为“0.2”、放电间隙为“0.01”，其他设置如图 12-39 所示。

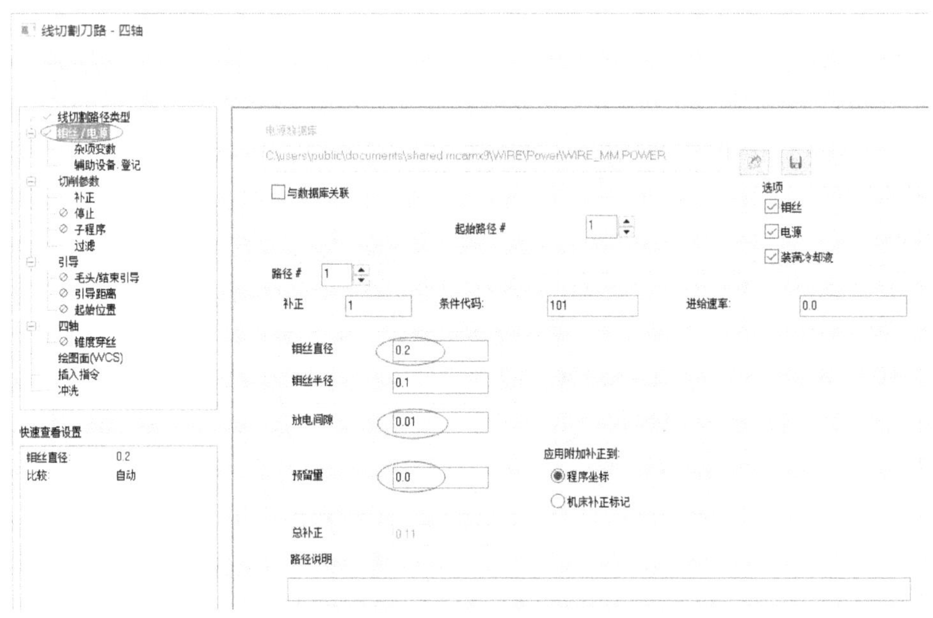

图 12-39　钼丝/电源设置

5 在参数类别列表框中选择“切削参数”，按照如图 12-40 所示进行切削参数设置。

图 12-40　切削参数设置

6 在参数类别列表框中选择“补正”，按照如图 12-41 所示进行补正参数设置。

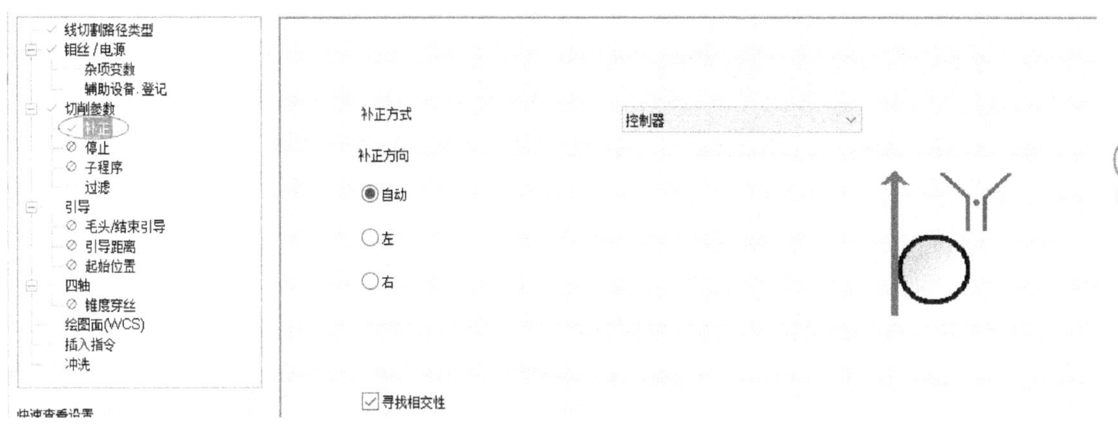

图 12-41　补正参数设置

7 在参数类别列表框中选择“引导”，按照如图 12-42 所示进行引导设置。

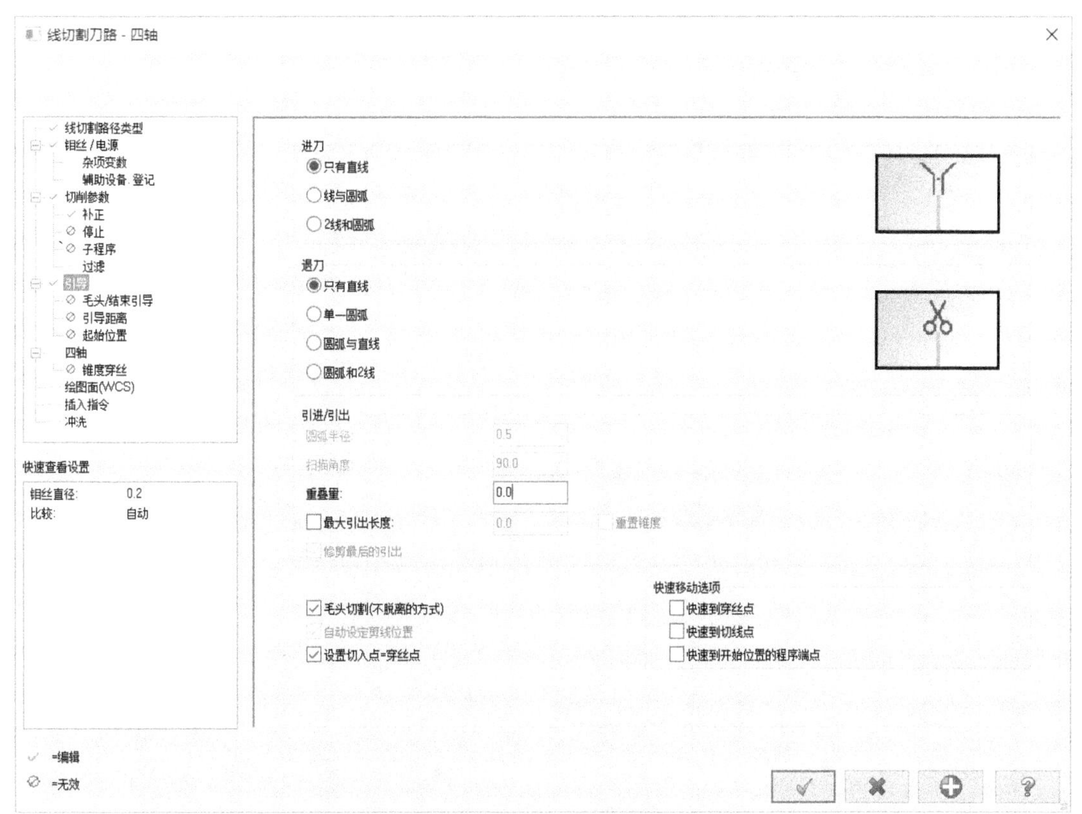

图 12-42　引导参数设置

8 在参数类别列表框中选择“引导距离”，按照如图 12-43 所示进行引导距离设置，即将“引进距离”设置为“2”，在“封闭的外形”选项组中单击选中“外”单选按钮，在“开放的外形”选项组中单击选中“左”单选按钮。

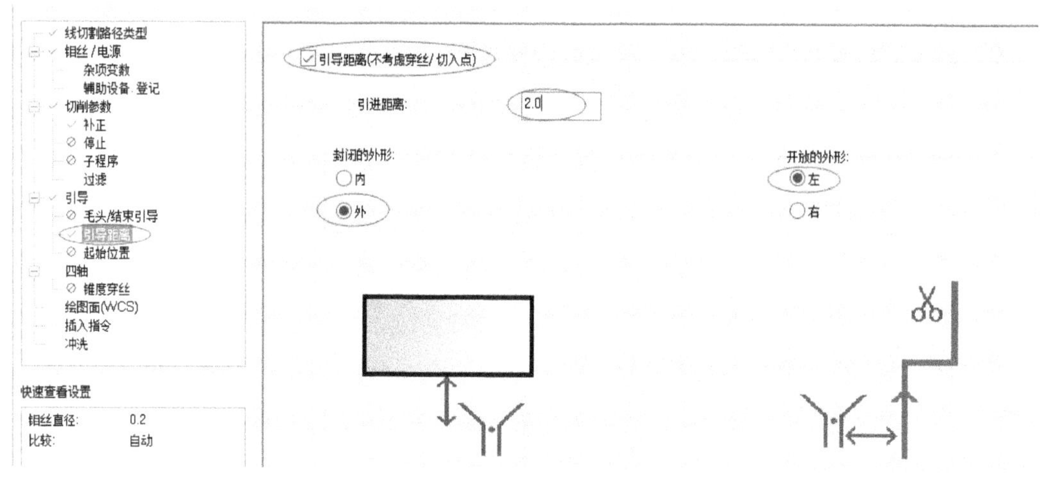

图 12-43 设置引导距离

9 在参数类别列表框中选择“四轴”，进行如图 12-44 所示的参数设置。

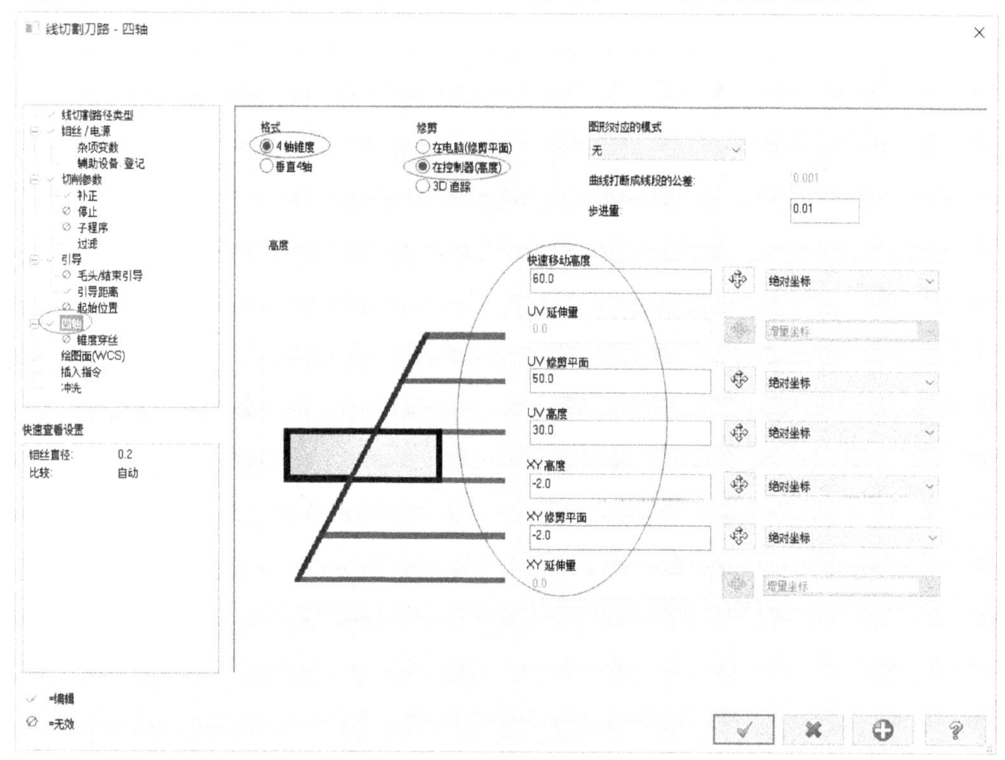

图 12-44 设置四轴加工参数

10 在“线切割刀路-四轴”对话框中单击“确定”图标按钮 ✓ ，生成的四轴线切割刀路如图 12-45 所示（可以设置以等角视图显示）。

11 在刀路管理器中单击机床群组的“属性”节点下的“毛坯设置”，系统弹出“机床群组属性”对话框，并自动切换至“毛坯设置”选项卡，设置工件毛坯材料形状为“立方体”，其他参数按照图 12-46 所示进行设置。

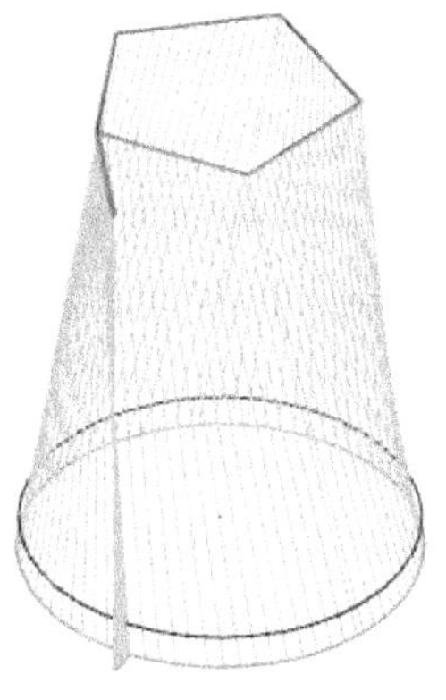

图 12-45　生成四轴线切割刀路

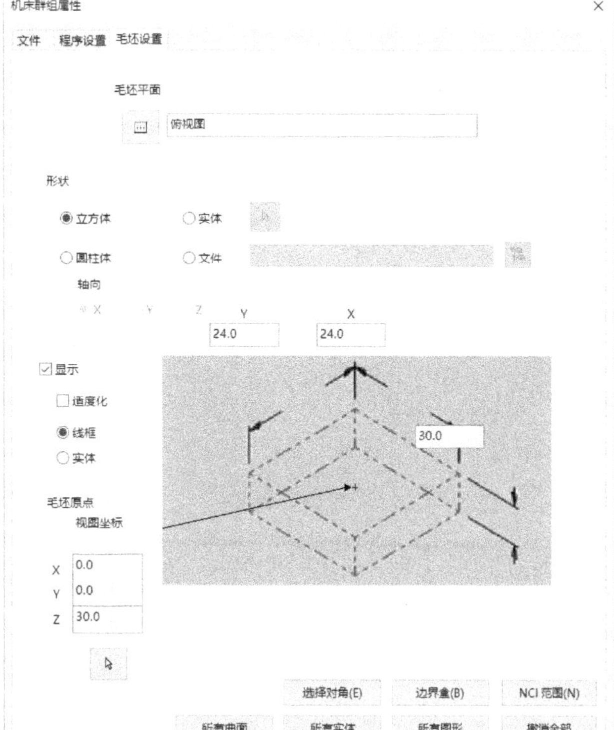

图 12-46　毛坯设置

12 在“机床群组属性”对话框中单击“确定”图标按钮，结束材料设置，形成的工件坯料如图 12-47 所示。

13 在刀路管理器中单击“验证已选择的操作”图标按钮，系统弹出“Mastercam 模拟”窗口，在“主页”选项卡中设置加工验证的相关参数，如图 12-48 所示，如可以设置止“停止条件”选项为“碰撞时”。

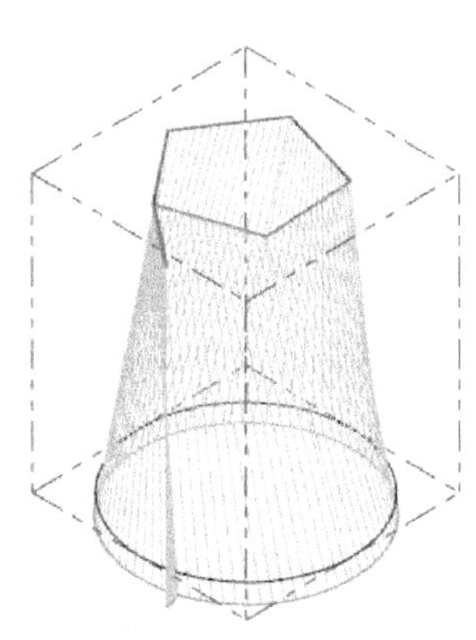

图 12-47　形成的工件坯料

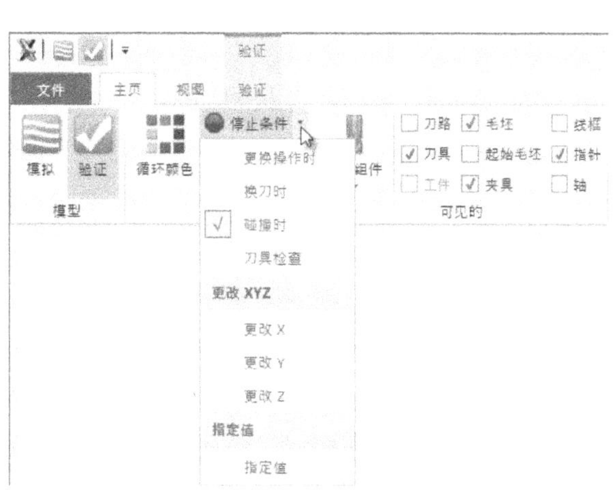

图 12-48　设置相关的验证选项

14 在“Mastercam 模拟”窗口中单击“播放”图标按钮，系统开始进行四轴线切割加工模拟验证，模拟验证完毕的效果如图 12-49 所示。

15 在“Mastercam 模拟”窗口的功能区中切换至“验证”选项卡，在“分析”面板中单击选中“保留碎片”图标按钮，如图 12-50 所示。

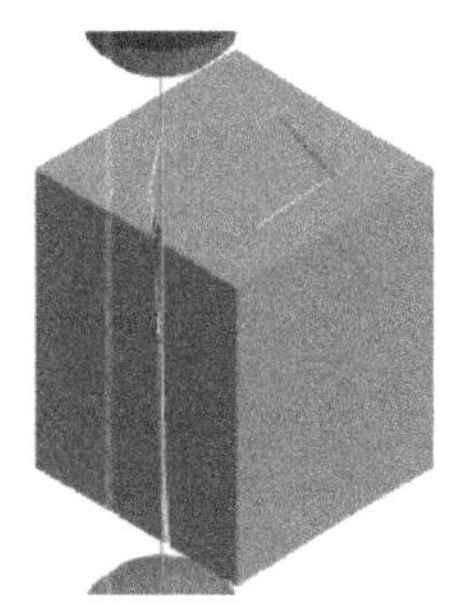

图 12-49 四轴线切割加工模拟验证效果

图 12-50 单击选中“保留碎片”图标按钮

16 在绘图区单击要保留的部分，结果如图 12-51 所示。

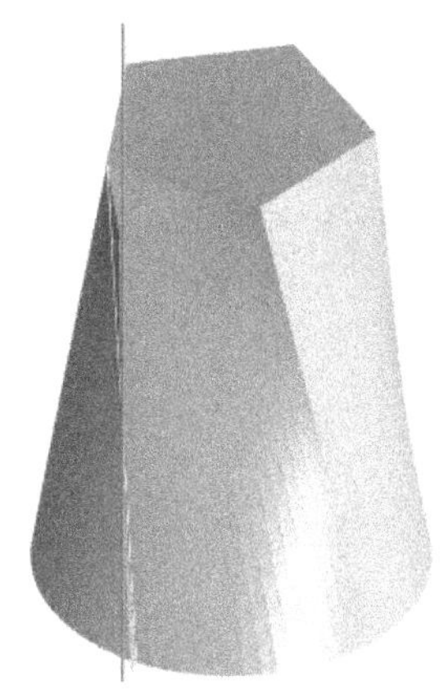

图 12-51 线切割后的工件

17 关闭“Mastercam 模拟”窗口。